Mathematik für das Lehramt

Mathematik für das Lehramt

K. Reiss/G. Schmieder†: Basiswissen Zahlentheorie
A. Büchter/H.-W. Henn: Elementare Stochastik

Herausgeber: Prof. Dr. Kristina Reiss, Prof. Dr. Rudolf Scharlau,
Prof. Dr. Thomas Sonar, Prof. Dr. Hans-Georg Weigand

Andreas Büchter Hans-Wolfgang Henn

Elementare Stochastik

Eine Einführung in die Mathematik der Daten und des Zufalls

Zweite, überarbeitete und erweiterte Auflage

Mit 260 Abbildungen und 45 Tabellen

Springer

Andreas Büchter
Ministerium für Schule und Weiterbildung
des Landes Nordrhein-Westfalen
– Dienststelle Soest –
Referat 72: Entwicklungsarbeiten
Standardüberprüfungen und schulische Standards
Paradieser Weg 64
59494 Soest
E-mail: andreas.buechter@msw.nrw.de

Hans-Wolfgang Henn
Universität Dortmund
Fachbereich Mathematik
Institut für Entwicklung und Erforschung
des Mathematikunterrichts
Vogelpothsweg 87
44221 Dortmund
E-mail: wolfgang.henn@uni-dortmund.de

Bibliografische Information der Deutschen Nationalbibliothek

Die Deutsche Nationalbibliothek verzeichnet diese Publikation in der Deutschen Nationalbibliografie; detaillierte bibliografische Daten sind im Internet über http://dnb.d-nb.de abrufbar.

Mathematics Subject Classification (2000): 60-01, 62-01

ISBN 978-3-540-45381-9 Springer Berlin Heidelberg New York
ISBN 978-3-540-22250-7 1. Aufl. Springer Berlin Heidelberg New York

Springer ist ein Unternehmen von Springer Science+Business Media
springer.de

Satz und Herstellung: LE-TEX Jelonek, Schmidt & Vöckler GbR, Leipzig
Einbandgestaltung: WMXDesign GmbH, Heidelberg

Gedruckt auf säurefreiem Papier 175/3100YL - 5 4 3 2 1 0

Vorwort zur zweiten Auflage

Liebe Leserin, lieber Leser,

wir freuen uns, Ihnen die zweite Auflage unserer *Einführung in die Mathematik der Daten und des Zufalls* präsentieren zu können. Unser Dank gilt dabei zunächst dem Verlag, der unser Konzept eines fachwissenschaftlichen Buchs, das primär unter didaktischen Gesichtspunkten mit einem ausführlichen Lehrtext geschrieben ist, mitgetragen hat – und natürlich auch den Leserinnen und Lesern, die durch den Kauf unseres Buchs eine zweite Auflage ermöglicht haben. Die breite Zustimmung, die wir zu unserem Konzept erfahren haben, hat uns ermutigt die „alten" Bestandteile der ersten Auflage im Wesentlichen redaktionell zu überarbeiten, die zitierten Internet-Adressen zu aktualisieren, einige hilfreiche Anregungen von Leserinnen und Lesern aufzugreifen und dem Werk ein weiteres Teilkapitel *Markov-Ketten* im bewährten Stil hinzuzufügen. Besonders danken möchten wir – stellvertretend für alle, die uns Rückmeldungen gegeben haben – Hans Schupp, der uns über seine wohlwollende Rezension (Schupp 2005) hinaus eine Vielzahl wertvoller Hinweise gegeben hat.
Den Online-Service zum Buch mit einer Reihe ergänzender Materialien haben wird ebenfalls überarbeitet. Sie finden diese Internetseiten unter

http://www.elementare-stochastik.de .

Dortmund, November 2006

Andreas Büchter
Hans-Wolfgang Henn

Vorwort zur ersten Auflage

Liebe Leserin, lieber Leser,

herzlich Willkommen zu diesem Einstieg in die Welt der Daten und des Zufalls und damit in die *elementare Stochastik*. Der Brockhaus nennt das Wort *elementar* im Zusammenhang mit den grundlegenden Begriffen und Sätzen einer wissenschaftlichen Theorie. Die alte *Elementarschule* wollte die für das Leben nach der Schule grundlegende Bildung und Ausbildung vermitteln. In diesem Sinne wollen wir Sie in dem vorliegenden Buch mit den grundlegenden Ideen, Zusammenhängen und Ergebnissen der Statistik und der Wahrscheinlichkeitsrechnung vertraut machen. Dabei wollen wir Sie bei *Ihrem* Vorwissen und *Ihren* intuitiven stochastischen Vorstellungen abholen und die Theorie

von realen Situationen aus entwickeln. Es geht uns daher nicht in erster Linie um einen (wie normalerweise bei Mathematikbüchern üblichen) systematischen und axiomatisch-deduktiv geprägten Aufbau einer Theorie.
Vermutlich studieren Sie das Fach Mathematik für ein Lehramt in den Sekundarstufen. Die Auswahl der Inhalte wurde unter anderem anhand der Frage der Relevanz für den Unterricht in diesen Schulstufen getroffen. Dieses Buch ist aber ebenso gut geeignet, um Studierenden des Lehramts für die Primarstufe einen tieferen Einblick in die elementare Stochastik zu ermöglichen. Darüber hinaus kann es Mathematik-Studierenden mit dem Ziel Diplom oder BA/MA dazu dienen, einen Zugang zur Stochastik zu finden, der für weiterführende Stochastik-Vorlesungen sinngebend wirken kann. Die Darstellung dieser Inhalte erfolgt nicht auf dem Niveau schulischen Unterrichts, sondern aus der „höheren" Sicht der Hochschulmathematik. Hier standen uns die berühmten Vorlesungen „Elementarmathematik vom höheren Standpunkte aus" von *Felix Klein* (1849–1925) vor Augen. *Klein* hat diese beiden auch als Buch erschienenen Vorlesungen (*Klein* 1908, 1909; im Internet verfügbar) im Wintersemester 1907/08 und im Sommersemester 1908 in Göttingen gehalten. Im Vorwort beschreibt er seine Ziele:

> „Ich habe mich bemüht, dem Lehrer – oder auch dem reiferen Studenten – Inhalt und Grundlegung der im Unterricht zu behandelnden Gebiete vom Standpunkte der heutigen Wissenschaft in möglichst einfacher und anregender Weise überzeugend darzulegen."

Das vorliegende Buch setzt eine gewisse „mathematische Grundbildung" voraus, wie sie z. B. in den ersten beiden mathematischen Studiensemestern erworben wird. Vor jedem größeren Abschnitt steht ein kurzer Überblick über das, was den Leser im Folgenden erwartet. Nicht alles, was behandelt wird, wird auch ausführlich bewiesen. Ein fundierter Überblick mit dem Ziel einer „mathematischen Allgemeinbildung" oder – wie es der frühere Präsident der Deutschen Mathematiker Vereinigung (DMV) *Gernot Stroth* einmal als Aufgabe der Schule genannt hat – ein „stimmiges Bild von Mathematik" waren uns wichtiger als ein deduktiver Aufbau im Detail. Dieser bleibt mathematischen Spezialvorlesungen vorbehalten. Möglichst oft haben wir historische Zusammenhänge als Ausgangspunkt genommen und immer wieder konkrete Anwendungssituationen der behandelten Inhalte beschrieben.
Getreu dem chinesischen Sprichwort „ein Bild sagt mehr als tausend Worte" haben wir versucht, viele Zusammenhänge zu visualisieren und damit verständlicher zu machen sowie unser Buch durch viele Bilder aufzulockern und interessanter zu gestalten. Viele der Abbildungen haben wir mit Hilfe der Computer-Algebra-Systeme MAPLE und DERIVE, der dynamischen Geometrie-Software DYNAGEO und der speziellen Software STOCHASTIK er-

stellt. Für Bilder dieses Buches, die nicht von uns selbst erstellt worden sind, wurde soweit möglich die Abdruckerlaubnis eingeholt. Inhaber von Bildrechten, die wir nicht ausfindig machen konnten, bitten wir, sich beim Verlag zu melden.
Die von uns zitierten Internet-Adressen haben wir noch einmal im November 2004 kontrolliert; wir können keine Garantie dafür übernehmen, dass sie nach diesem Zeitpunkt unverändert zugänglich sind.
Trotz aller Mühen und Anstrengungen beim Korrekturlesen kommt es wohl bei jedem Buch (zumindest in der Erstauflage) vor, dass der Fehlerteufel den sorgfältig arbeitenden Autoren ins Handwerk pfuscht. Daher werden auch in diesem Buch *wahrscheinlich* einige kleinere Rechtschreib-, Grammatik- oder Rechenfehler stecken. Umso mehr freuen wir uns über jede Reaktion auf dieses Buch, über kritische inhaltliche Hinweise, über Hinweise auf (hoffentlich kleine) Fehler, aber natürlich auch über Lob. Wenn Sie Anregungen, Hinweise oder Kommentare haben, so schicken Sie bitte einfach eine E-Mail an

mail@elementare-stochastik.de .

Wir bemühen uns, jede Mail umgehend zu beantworten! Sollte es einmal ein paar Tage dauern, so ruhen wir uns gerade vom Schreiben eines Buchs aus...
In jedem Fall bearbeiten wir jede Mail. Sollte uns an irgendeiner Stelle trotz sorgfältigen Arbeitens der Fehlerteufel einen ganz großen Streich gespielt haben, so werden wir eine entsprechende Korrekturanmerkung auf der Homepage zu diesem Buch veröffentlichen. Sie finden diese unter

http://www.elementare-stochastik.de .

Zu guter Letzt bedanken wir uns herzlich bei allen, die uns unterstützt haben. Das sind insbesondere unsere Kollegen Privatdozent Dr. Hans Humenberger (Dortmund), Prof. Dr. Timo Leuders (Freiburg), Dr. Jörg Meyer (Hameln) und StR i.H. Jan Henrik Müller (Dortmund), die uns ungezählte wertvolle Hinweise und Verbesserungsvorschläge gegeben und das Manuskript sorgfältig durchgesehen haben. Unser Dank gilt auch Herrn Lars Riffert (Dortmund), der als „Zielgruppen-Leser" mit dem Manuskript gearbeitet hat und uns ebenfalls viele Hinweise und Anregungen gegeben hat. Unser besonderer Dank gilt unseren Familien, die monatelang zwei ungeduldige Autoren geduldig ertragen haben.

Dortmund, November 2004

Andreas Büchter
Hans-Wolfgang Henn

Inhaltsverzeichnis

Kapitel 1
Einleitung

1

1

1 Einleitung

„Was ein Punkt, ein rechter Winkel, ein Kreis ist, weiß ich schon vor der ersten Geometriestunde, ich kann es nur noch nicht präzisieren. Ebenso weiß ich schon, was Wahrscheinlichkeit ist, ehe ich es definiert habe.“ (Freudenthal 1975, S. 7)

Abb. 1.1. Freudenthal

Dieses intuitive Verständnis, das der niederländische Mathematiker und Mathematikdidaktiker *Hans Freudenthal* (1905–1990) in seinem Buch „Wahrscheinlichkeit und Statistik“ darstellt, haben wir als Ausgangspunkt für unseren Zugang zur Stochastik gewählt. Die mathematische Theorie und ihre Anwendungen sollen entsprechend *Freudenthals* „Didaktischer Phänomenologie der Begriffe“ (*Freudenthal* 1983) von realen Situationen und dem intuitiven Vorverständnis der Leserinnen und Leser aus entwickelt werden. Stochastik soll im Freudenthal'schen Sinn erfahrbar werden „als ein Musterbeispiel angewandter Mathematik, und das kann jedenfalls, was immer man unter Anwendungen verstehen möchte, nur eine wirklichkeitsnahe beziehungshaltige Mathematik sein“ (*Freudenthal* 1973, S. 527). Darüber hinaus ist die Stochastik hervorragend geeignet, die Entstehung mathematischer Theorie und Prinzipien mathematischen Arbeitens im Prozess erfahrbar zu machen.

Im Folgenden stellen wir zunächst dar, warum wir dieses Buch für eine sinnvolle Ergänzung zu den bereits vorhandenen Lehrbüchern für Stochastik halten und was wir unter „Elementarer Stochastik“ verstehen. Von besonderer Bedeutung für die Entwicklung einer wissenschaftlichen Teildisziplin sind die spezifischen Probleme, zu deren Lösung sie beitragen soll. Einige klassische Probleme und typische stochastische Fragestellungen, die besonders gut für den schulischen Unterricht und die universitäre Lehre geeignet sind, haben wir daher am Anfang des Buchs zusammengestellt. Die anschließenden historischen Bemerkungen sollen einen Eindruck von den Rahmenbedingungen ermöglichen, unter denen sich Stochastik als mathematische Teildisziplin entwickelt hat. Diese Einleitung endet mit einigen Bemerkungen zum Aufbau des Buchs und zum Umgang mit diesem Buch. Wir wünschen allen Leserinnen und Lesern ebenso viele „Aha-Effekte“ und so viel Vergnügen beim Lesen dieses Buchs, wie wir beim Schreiben hatten!

1.1

1.1 Warum dieses Buch?

Wer nach Lehrbüchern zur *Stochastik* oder spezieller zur *Statistik* oder *Wahrscheinlichkeitsrechnung* sucht, wird in den Datenbanken der Bibliotheken oder Buchhandlungen ein kaum überschaubares Angebot finden. Typische Titel dieser Bücher sind „Stochastik für Einsteiger" (*Henze* 2000), „Stochastische Methoden" (*Krickeberg* & *Ziezold* 1995), „Wahrscheinlichkeitsrechnung und mathematische Statistik" (*Fisz* 1966), „Großes Lehrbuch der Statistik" (*Bosch* 1996) oder einfach „Stochastik" (*Engel* 1987). Neben solchen eher an Studierende der Mathematik gerichteten Büchern gibt es noch eine viel größere Anzahl von Statistik-Büchern für die Anwendungswissenschaften. Warum also noch ein Buch für diese mathematische Teildisziplin?

Die vorhandenen Lehrbücher, die sich an Studierende der Mathematik wenden, weisen in der Regel den typischen axiomatisch-deduktiven Aufbau mathematischer Texte auf. Dieser Aufbau ist an sich nichts Schlechtes. Der axiomatisch-deduktive Aufbau ist gerade *das* charakteristische Merkmal der Mathematik, das ihre Stärke ausmacht. Aber ein solcher Aufbau eines Buchs orientiert sich an der Struktur der Mathematik und nicht am Lernprozess der Leserinnen und Leser. Der axiomatisch-deduktive Aufbau der Mathematik ist das Produkt eines langen Entwicklungsprozesses, nicht der Ausgangspunkt. Dementsprechend soll auch der Lernprozess gestaltet werden: Ausgehend von den Phänomenen des Alltags und vom Vorwissen der Leserinnen und Leser entsteht sukzessive die mathematische Theorie. Den Leserinnen und Lesern muss eine individuelle schrittweise Konstruktion der mathematischen Theorie ermöglicht werden. Dieses „genetische Prinzip" (*Wittmann* 1981) ist vor allem dann wichtig, wenn sich ein Buch an Studierende des Lehramts richtet. Schließlich sollen sie später als Lehrerinnen und Lehrer produktive Lernumgebungen entwickeln, in denen die Schülerinnen und Schüler entsprechend diesem genetischen Prinzip Mathematik entdecken und betreiben können.

Das vorliegende Buch richtet sich vor allem an Studierende des Lehramts für die Sekundarstufen I und II. Die Auswahl der Inhalte wurde unter anderem anhand der Frage der Relevanz für den Unterricht in diesen Schulstufen getroffen. Die Darstellung dieser Inhalte erfolgt dabei nicht auf dem Niveau schulischen Unterrichts, sondern von dem für Lehrerinnen und Lehrer notwendigen höheren Standpunkt aus. Dieses Buch ist aber ebenso gut geeignet, um Studierenden des Lehramts für die Primarstufe einen tieferen Einblick in die elementare Stochastik zu ermöglichen. Darüber hinaus kann es Studierenden der Diplom-Mathematik dazu dienen, einen Zugang zur Stochastik zu finden, der für weiterführende Stochastik-Vorlesungen sinngebend wirken und damit zu einem „stimmigen Bild" von Mathematik beitragen kann.

Entsprechend dem Anliegen, das genetische Prinzip umzusetzen, und mit besonderem Blick auf Lehramtsstudierende als Hauptzielgruppe möchten wir mit diesem Buch erfahrbar machen, wie Stochastik in der Schule allgemeinbildend unterrichtet werden kann. Die Stochastik ist hervorragend geeignet, um Schülerinnen und Schülern die Kraft der Mathematik nahe zu bringen: „Dass man mit so simpler Mathematik in der Wahrscheinlichkeitsrechnung so viel und vielerlei erreichen kann, spricht für die Mathematik (und für die Wahrscheinlichkeitsrechnung)" (*Freudenthal* 1973, S. 528). Die Besonderheit und Kraft der axiomatisch-deduktiven Theorie der Mathematik kann in der Stochastik mit einem sehr natürlichen und einfachen Axiomensystem erfahren werden (siehe Teilkapitel 3.1).

Allgemeinbildender Mathematikunterricht muss dem deutschen Mathematikdidaktiker *Heinrich Winter* zufolge den Schülerinnen und Schülern insgesamt drei Grunderfahrungen ermöglichen (*Winter* 2004, S. 6 f.):

(G1) Erscheinungen der Welt um uns, die uns alle angehen oder angehen sollten, aus Natur, Gesellschaft und Kultur, in einer spezifischen Art wahrzunehmen und zu verstehen,

(G2) mathematische Gegenstände und Sachverhalte, repräsentiert in Sprache, Symbolen, Bildern und Formeln, als geistige Schöpfung, als eine deduktiv geordnete Welt eigener Art kennen zu lernen und zu begreifen,

(G3) in der Auseinandersetzung mit Aufgaben Problemlösefähigkeiten, die über die Mathematik hinausgehen (heuristische Fähigkeiten), zu erwerben.

Der mögliche Beitrag der Stochastik zur zweiten Grunderfahrung (G2) wurde bereits dargestellt. Darüber hinaus ist Stochastikunterricht in der Schule immer auch stochastische Modellbildung (siehe Abschnitt 3.1.9). Hierbei können viele *Erscheinungen der Welt um uns* aus einer besonderen Perspektive betrachtet und im Zuge der stochastischen Modellbildung auch verstanden werden (G1). Schließlich ist die stochastische Modellbildung von Phänomenen des Alltags häufig mit vielen normativen Zusatzannahmen und deren Reflexion sowie konkurrierenden Modellen und deren Diskussion verbunden (siehe Teilkapitel 3.4). So können Schülerinnen und Schüler in der Reflexion dieser Vorgänge ihre *heuristischen Fähigkeiten* weiterentwickeln (G3).

1.2 Was ist „Elementare Stochastik"? 1.2

Wir haben uns bei der Namensgebung für dieses Buch sehr schnell für „Elementare Stochastik" entschieden und dabei mögliche Alternativen wie „Einführung in die Stochastik" oder „Diskrete Stochastik" verworfen, weil der gewählte Titel die Inhalte und die Gestaltung des Buchs sehr prägnant wiedergibt. Dabei verstehen wir „elementar" im Sinne *Felix Kleins* (vgl. auch *Henn* 2003, S. V): *Elementare Stochastik* ist ein Zugang zur Stochastik, der

mit zunächst relativ einfachen Hilfsmitteln und Methoden typische Fragestellungen und Arbeitsweisen der Stochastik sowie die mathematische Theoriebildung in der Stochastik darstellt und nachvollziehbar macht. Dabei gelangt man zu ersten tiefer liegenden Resultaten, die im Sinne des Spiralprinzips in weiterführenden Veranstaltungen bzw. mit anderen Lehrwerken vertieft werden können.
Natürlich handelt es sich hierbei auch um eine „Einführung in die Stochastik“, aber eben eine im elementarmathematischen Sinne. Die Phänomene des Alltags und die Fragestellungen, von denen aus in diesem Buch die mathematische Theorie entwickelt wird, lassen sich überwiegend durch Zufallsexperimente mit endlich vielen Ergebnissen beschreiben. Dennoch ist die Entwicklung der Begriffe und Resultate vielfach nicht auf den endlichen Fall beschränkt, sondern darüber hinaus gültig. Im Allgemeinen werden allerdings komplexere mathematische Methoden vor allem aus der Analysis bzw. Maßtheorie benötigt, die in diesem Buch nicht thematisiert werden. Jedoch wird die Notwendigkeit dieser Methoden für den überabzählbaren Fall motiviert und in einfachen Fällen auch behandelt.

1.3

1.3 Klassische Probleme und typische Fragen

In der Geschichte der Stochastik spielen unter anderem die folgenden Probleme eine wichtige Rolle:

- *Teilungsproblem:* Zwei Spieler werden mitten in ihrem Glücksspiel beim Stand von 4:3 für einen Spieler unterbrochen. Sie hatten verabredet, dass derjenige den Einsatz gewinnt, der zuerst fünf Punkte hat. Wie sollen die beiden Spieler nun den Einsatz „gerecht“ aufteilen?
- *Würfelprobleme des Chevalier de Méré:* Der *Chevalier de Méré* war ein begeisterter, aber nicht immer vom Glück verfolgter Glücksspieler. Unter anderem zwei Probleme bereiteten ihm Kopfzerbrechen:
  Warum kommt die Augensumme 11 beim Würfeln mit drei Würfeln häufiger vor als die Augensumme 12, obwohl es – zumindest nach *de Mérés* Auffassung – für beide Augensummen genau sechs Möglichkeiten gibt?
  Warum sind die Chancen, bei vier Würfen mit einem Würfel eine Sechs zu bekommen, größer als bei 24 Würfen mit zwei Würfeln eine Doppel-Sechs zu bekommen? Nach seiner Erfahrung konnte man erfolgreich darauf wetten, dass beim mehrmaligen Werfen eines Würfels spätestens bis zum vierten Wurf eine „6“ fällt. Eine „Doppel-6“ beim Werfen zweier Würfel ist sechsmal seltener als eine „6“ bei einem Würfel. Also müsste man nach *de Mérés* Auffassung eigentlich erfolgreich darauf wetten können, dass beim mehrmaligen Werfen zweier Würfe spätestens bis zum vierundzwanzigsten Wurf (denn $6 \cdot 4 = 24$) eine „Doppel-6“ fällt.

- *St. Petersburger Paradoxon:* Jemand bietet Ihnen das folgende Spiel an: Er wirft eine Münze solange, bis zum ersten Mal „Zahl" oben liegt. Wenn dies beim ersten Wurf geschieht, erhalten Sie einen Euro. Geschieht dies beim zweiten Wurf, erhalten Sie zwei Euro, beim dritten Wurf vier Euro, beim vierten Wurf acht Euro usw. Welchen Einsatz wären Sie bereit zu zahlen? Welcher Einsatz wäre „fair"?
- *Kästchen-Paradoxon von Bertrand:* Vor Ihnen steht ein Kästchen mit drei Schubladen, die jeweils zu beiden Seiten des Kästchens herausgezogen werden können. Jede Schublade ist in zwei Fächer unterteilt. In einer Schublade liegt in beiden Fächern eine Goldmünze, in einer Schublade in einem Fach eine Goldmünze und im anderen Fach eine Silbermünze und in der letzten Schublade in beiden Fächern eine Silbermünze. Sie ziehen eine zufällig gewählte Schublade halb heraus und sehen eine Goldmünze. Wie wahrscheinlich ist es, dass die andere Münze in dieser Schublade silbern ist?

Aus heutiger Sicht sind unter anderem die folgenden Fragestellungen typisch Anwendungen der Stochastik:

- Es ist vernünftig, davon auszugehen, dass größere Menschen tendenziell schwerer sind als kleinere. Wie lässt sich dieser Gleichklang von Körpergröße und -gewicht quantifizieren?
- Eine Blutspenderin erhält nach der Routineuntersuchung ihres Bluts die Schreckensnachricht, dass ein HIV-Test „positiv" reagiert habe. In einer Beratung wird ihr mitgeteilt, dass die verwendeten Tests fast 100-prozentig sicher sind. Wie groß ist tatsächlich die Gefahr, dass sie infiziert ist?
- Eine Wissenschaftlerin hat ein Programm entwickelt, das die räumliche Vorstellungsfähigkeit von Jugendlichen verbessern soll. Anhand einer Stichprobe von 436 Jugendlichen möchte sie die vermutete Wirksamkeit des Programms überprüfen. Wie muss sie dabei vorgehen? Welche Fehler können passieren, wenn sie das Ergebnis für die Stichprobe verallgemeinert?
- Im Rahmen einer internationalen Schulleistungsstudie (z. B. PISA, vgl. Deutsches PISA-Konsortium 2001a) werden in verschiedenen teilnehmenden Staaten u. a. die Mathematikleistungen von 15-Jährigen gemessen. Dazu wird in jedem Staat eine Stichprobe von 1800 15-Jährigen getestet. Wie lassen sich die vielen Daten zusammenfassen und übersichtlich darstellen? Was lässt sich aufgrund des Ergebnisses für die Stichprobe über alle 15-Jährigen in einem Staat aussagen?

  Die durchschnittlichen Testwerte der untersuchten 15-Jährigen eines Staates sind schlechter als die eines anderen Staates. Wie verlässlich lässt sich nun sagen, dass die durchschnittlichen Testwerte aller 15-Jährigen des einen Staates schlechter sind als die des anderen Staates? Wie lassen sich auf Grund der in der Schulleistungsstudie erhobenen Daten die Wirkungen von Einflussfaktoren auf Mathematikleistung quantifizieren?

1.4

1.4 Historische Bemerkungen

Über die Entstehung der modernen Stochastik als integrierte Wahrscheinlichkeitsrechnung und mathematische Statistik lassen sich ganze Bücher oder Kapitel interessant und aufschlussreich schreiben (vgl. *Gigerenzer* u. a. 1999, *Steinbring* 1980). Daher wollen wir es an dieser Stelle bei einigen historischen Bemerkungen belassen. Die Beispiele im voranstehenden Teilkapitel geben einen Eindruck von den klassischen Problemen, die zur Entstehung der Stochastik geführt haben. Diese Probleme und die typischen Fragestellungen stellen auch im Sinne des genetischen Prinzips und der „didaktischen Phänomenologie der Begriffe“ geeignete Ausgangspunkte für Lernprozesse dar.

Freudenthals eingangs zitierte Auffassung, dass Stochastik ein Musterbeispiel angewandter Mathematik sei, ist unter anderem in der Entwicklungsgeschichte dieser mathematischen Teildisziplin begründbar. Im Allgemeinen wird das Jahr 1654 als Geburtsstunde der Wahrscheinlichkeitsrechnung angesehen. In diesem Jahr setzten sich *Pierre de Fermat* und *Blaise Pascal* in Briefwechseln über das Teilungsproblem und die Würfelprobleme des *Chevalier de Méré* (siehe Teilkapitel 1.3) auseinander. Zwar gab es schon von der griechischen Antike bis zur Renaissance gelegentliche Auseinandersetzungen unter Gelehrten über Zufall und Wahrscheinlichkeit, insbesondere zu Fragen des Glücksspiels, aber erst seit dieser Geburtsstunde im 17. Jahrhundert wurde eine mathematische Entwicklung der Wahrscheinlichkeitsrechnung intensiv und systematisch betrieben. Neben *Fermat* und *Pascal* waren weitere bekannte Mathematiker der damaligen Zeit an dieser Entwicklung beteiligt, etwa *Jakob Bernoulli*, der sich unter anderem intensiv mit dem St. Petersburger Paradoxon beschäftigte, oder *Pierre Simon Marquis de Laplace*. In der Wendezeit vom 18. ins 19. Jahrhundert systematisierte *Laplace* den Kenntnisstand seiner Zeit in seiner Grundlegung für die Wahrscheinlichkeitstheorie, der „Théorie Analytique des Probabilités“ (1812). Diese Entwicklung der Wahrscheinlichkeitsrechnung wurde vor allem von den klassischen Problemen und Streitfragen aus bestimmt. Zunächst ging es dabei um eine Anwendung mathematischer Methoden auf Probleme, die für das Glücksspiel (Würfelprobleme) oder die akademische Auseinandersetzung (St. Petersburger Paradoxon) besondere Relevanz hatten. Dabei mussten sich die mathe-

matisch erarbeiteten Lösungsvorschläge ungewohnt stark am „gesunden Menschenverstand" messen lassen (vgl. *Gigerenzer* u. a. 1999, Kapitel 1–2).
Die enge Bindung der Stochastik an ihre Anwendungen und die damit verbundene Verknüpfung von stochastischen Methoden an bestimmte inhaltliche Fragestellungen haben dazu geführt, dass erst im Jahr 1933 dem russischen Mathematiker *Andrej Nikolajewitsch Kolmogorov* eine mathematisch befriedigende Definition des Wahrscheinlichkeitsbegriffs gelang (siehe Teilkapitel 3.1).
Die Statistik hatte zwar ebenfalls Vorläufer in der Antike, wo z. B. Daten in Volkszählungen gesammelt und dargestellt wurden. Eine intensive und wissenschaftliche Nutzung von Daten, vor allem für wirtschaftliche und politische Fragen, fand aber erst etwa ab dem 18. Jahrhundert statt. Ein Beispiel hierfür sind Sterbetafeln, die für Fragen der Lebensversicherung ausgewertet wurden. Dabei entstanden zunächst Methoden, die heute der beschreibenden Statistik zugeordnet werden (siehe Kapitel 2).
In der Analyse von Daten und Planung von empirischen Untersuchungen hat die beurteilende Statistik ihre Wurzeln (siehe Kapitel 4). Die beurteilende Statistik stellt eine Synthese von beschreibender Statistik und Wahrscheinlichkeitsrechnung dar und entwickelte sich erst im 20. Jahrhundert richtig, dann aber mit immenser Geschwindigkeit. Heute steht den Anwendern eine Vielzahl von elaborierten, teilweise hoch spezialisierten Methoden der mathematischen Statistik zur Verfügung, die teilweise nur mit besonderen Computerprogrammen einsetzbar sind. In fast allen wissenschaftlichen Disziplinen gehören empirische Forschungsmethoden, mit denen die wissenschaftlichen Theorien an der Realität geprüft werden sollen, zum Standardrepertoire. Die quantitativen empirischen Forschungsmethoden verwenden dabei Standardverfahren der mathematischen Statistik. Die Anwendungen bereichern einerseits die mathematische Theoriebildung. Andererseits beeinflusst der Wunsch, gewisse quantitative empirische Forschungsmethoden einzusetzen, die Entscheidung, welche Aspekte eines Problems untersucht werden (siehe Kapitel 5).

1.5 Zum Umgang mit diesem Buch

1.5

Entsprechend der im Teilkapitel 1.1 dargestellten didaktischen Grundsätze, die wir in diesem Buch umsetzen möchten, werden die einzelnen Betrachtungen von *paradigmatischen Beispielen* aus begonnen. Ein solches Beispiel ist dazu geeignet, dass von ihm ausgehend ein Teilbereich mathematischer Theorie entdeckt bzw. entwickelt werden kann. Den Lernenden dienen solche paradigmatischen Beispiele als Anker, da es vielfach leichter ist, einen mathematischen Satz in einer typischen Situation zu repräsentieren, als ihn

symbolisch und allgemein „abzuspeichern“. Die jeweiligen Abschnitte dieses Buches enthalten viele Anregungen zur Eigenaktivität, da Lernen immer ein aktiver, konstruktiver Akt der Lernenden ist. Die Anregungen zur Eigenaktivität sind unterteilt in *Arbeitsaufträge*, *Aufgaben* und *weitere Übungen*.
Die *Arbeitsaufträge* stehen jeweils im laufenden Text. Sie sind am Rand mit der Marginalie „Auftrag“ gekennzeichnet und stellen keine klassischen Aufgaben dar, sondern Aufforderungen, inne zu halten und sich noch einmal selbstständig mit dem Gelesenen auseinander zu setzen. Dies kann z. B. in der Reflexion des Voranstehenden, dem Vergleich mit anderen Herangehensweisen, der selbstständigen Ausführung einfacher Beweise, der Suche nach weiteren typischen Beispielen oder der Aktivierung notwendigen Vorwissens bestehen.
Die *Aufgaben* sind auch in den laufenden Text integriert, jedoch explizit als Aufgaben formuliert. Ihre Bearbeitung ist für das Verständnis der Inhalte und Prozesse besonders bedeutsam. Anders als die Beispiele, die ausführlich im Text behandelt werden, müssen die Aufgaben selbstständig von den Leserinnen und Lesern bearbeitet werden. Da diese Aufgaben für das Verständnis des Buches wichtig sind, finden sich im hinteren Teil des Buches in Kapitel A Lösungshinweise.
Weitere Übungen finden sich am Ende jedes Kapitels. Sie dienen dem Anwenden und dem Transfer des zuvor Gelernten, der Vernetzung des Gelernten mit anderen Inhalten und der weitergehenden Reflexion. Die Lösungshinweise zu diesen Übungen finden sich bewusst nicht in, sondern auf den Internetseiten zu diesem Buch. Dort finden Sie neben diesen Lösungshinweisen auch Applets zur Simulation und Visualisierung von stochastischen Prozessen sowie weitere Informationen und interessante Links:

http://www.elementare-stochastik.de/

Dieses Buch enthält neben der Entwicklung der mathematischen Theorie von den Phänomenen aus zahlreiche historische und didaktische Bemerkungen. Hiermit sollen einerseits die historische Entwicklung von Mathematik erfahrbar und andererseits typische Aspekte des Stochastiklernens thematisiert werden. Immer wieder wird der Computer als natürliches Werkzeug zum Betreiben von Mathematik verwendet. In der Regel geschieht dies ohne einen expliziten Hinweis darauf.
Als Voraussetzung für eine gewinnbringende Auseinandersetzung mit diesem Buch sollten die Leserinnen und Leser eine sichere Beherrschung der Oberstufen-Mathematik mitbringen. Solide Kenntnisse der klassischen Grundvorlesungen in Mathematik (Analysis I, Lineare Algebra I) sind hilfreich. Das Buch dürfte also für Studierende des Lehramts für das Gymnasium und der Diplom-Mathematik im Grundstudium einen guten Einstieg in die Stochas-

tik darstellen, für Studierende des Lehramts für die Grund-, Haupt- oder Realschule eher im Hauptstudium.

Beim Aufbau des Buches haben wir uns stark vom Realitätsbezug der Stochastik leiten lassen. So erscheinen im ersten inhaltlichen Kapitel 2 über beschreibende Statistik Daten und Datenreihen als konkrete Objekte, deren mathematische Verarbeitung viel Bedeutung für das tägliche Leben hat.

Das Kapitel 3 entwickelt die Wahrscheinlichkeitsrechnung ausgehend von typischen Problemen. Ausgangspunkte hierfür sind häufig Glücksspiele, aber es wird an vielen Stellen erfahrbar gemacht, dass Wahrscheinlichkeitsrechnung über Glücksspiele hinaus eine große Bedeutung für das tägliche Leben hat. Die klassischen Probleme, die zur Entstehung der Wahrscheinlichkeitsrechnung geführt haben, entstammen aber eben dem Glücksspiel. Sie wirken übrigens auf Lernende in aller Regel sehr motivierend!

Die Methoden der beschreibenden Statistik stoßen an ihre Grenzen, wenn Daten nicht mehr für vollständige Grundgesamtheiten, sondern nur noch für Stichproben vorliegen. Durch die Stichprobenauswahl können zufällige Effekte entstehen. Um diese Unsicherheiten kalkulierbar zu halten, werden Methoden aus der Wahrscheinlichkeitsrechnung benötigt. Im Kapitel 4 werden daher die beschreibende Statistik und die Wahrscheinlichkeitsrechnung in der beurteilenden Statistik zusammengeführt. Die beurteilende Statistik ist durch ihren Realitätsbezug gekennzeichnet und ein hervorragendes Beispiel dafür, dass mathematische Theorie und ihre Anwendungen einander bereichern.

Schließlich werden zum Ende der inhaltlichen Darstellungen in Kapitel 5 besondere Aspekte des Anwendens stochastischer Methoden in den empirischen Wissenschaften dargestellt. Hier geht es unter anderem um Besonderheiten der Anwendungen in verschiedenen Disziplinen, um generelle Forschungsstrategien und um Fragen der Untersuchungsplanung.

Abschließend möchten wir ausdrücklich betonen, dass wir das Rad natürlich nicht neu erfunden haben, sondern uns an vielen Lehrbüchern zur Stochastik orientiert haben. Lediglich unsere Perspektive und Darstellungsweise ist eigenständig. Da es im Lernprozess immer hilfreich ist, weitere Quellen heranzuziehen, möchte wir drei Bücher als Begleitung bzw. Vertiefung empfehlen. Das Buch „Stochastik für Einsteiger“ von *Norbert Henze* (2000) stellt einen systematischen Zugang (mit klassischem Aufbau) zur elementaren Stochastik mit vielen anregenden Beispielen und Übungsaufgaben dar. Die Bücher „Einführung in die Wahrscheinlichkeitstheorie und Statistik“ von *Ulrich Krengel* (2003) sowie „Stochastische Methoden“ von *Klaus Krickeberg* und *Herbert Ziezold* (1995) sind für tiefere Einblicke in die Stochastik geeignet. Natürlich gibt es viele weitere gute Bücher, und jeder Leserin und jedem Leser ist es selbst vorbehalten, solche Texte aufzuspüren, mit denen sie bzw. er besonders gut zurecht kommt.

2

Kapitel 2

Beschreibende Statistik

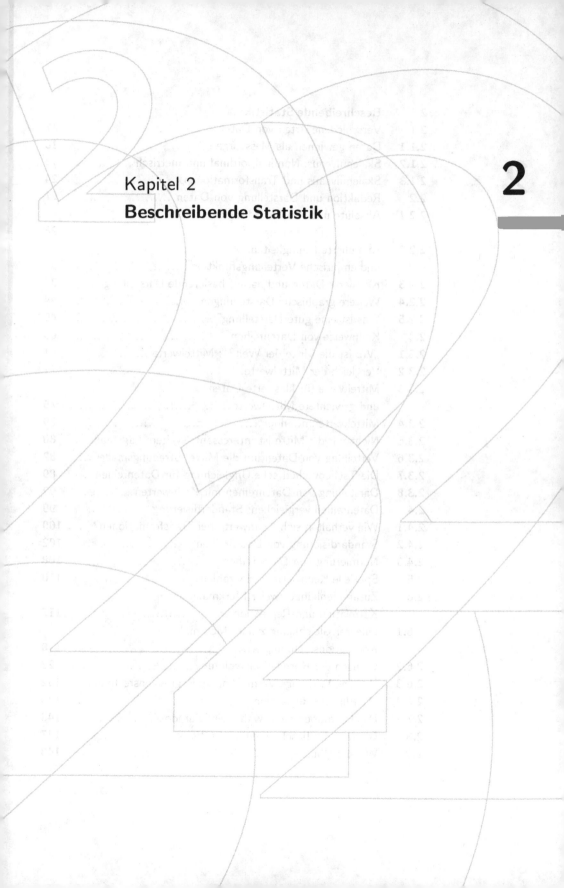

2

2 Beschreibende Statistik

Im alltäglichen Leben werden wir fast ununterbrochen mit allen möglichen Daten konfrontiert. Ob am Arbeitsplatz, während der Zeitungslektüre am Frühstückstisch, beim Radiohören oder im Gespräch mit der Versicherungsmaklerin, überall wird mit Zahlen argumentiert, polemisiert und versucht zu überzeugen. Dabei werden diese Zahlen mal mehr, mal weniger redlich eingesetzt. Ihre Berechnungsgrundlagen werden offengelegt oder eben nicht. In bunten oder schwarz-weißen Graphiken, mal schlicht zweidimensional, mal dreidimensional und multimedial animiert, werden uns Daten in komprimierter Form präsentiert. Dies geschieht meistens in der Absicht, uns von irgendetwas zu überzeugen. Die Aufgabe der beschreibenden Statistik ist es, aus schwer überschaubaren Datenmengen wesentliche Informationen herauszuziehen und verständliche, informative (meistens graphische) Darstellungen bereitzustellen, die ein möglichst unverzerrtes Bild des Sachverhaltes liefern. Es geht um *Datenreduktion*. Die folgenden Beispiele sind Ergebnisse von solchen Datenreduktionen:

Mathematik

Länder	Mittelwerte (Standardfehler in Klammern)	Spannbreite*
Japan	557 (5,5)	286
Korea	547 (2,8)	276
Neuseeland	537 (3,1)	325
Finnland	536 (2,2)	264
Australien	533 (3,5)	299
Kanada	533 (1,4)	278
Schweiz	529 (4,4)	329
Vereinigtes Königreich	529 (2,5)	302
Belgien	520 (3,9)	350
Frankreich	517 (2,7)	292
Österreich	515 (2,5)	306
Dänemark	514 (2,4)	283
Island	514 (2,3)	277
Liechtenstein	514 (7,0)	322
Schweden	510 (2,5)	309
Irland	503 (2,7)	273
OECD-Durchschnitt	500 (0,7)	329
Norwegen	499 (2,8)	303
Tschechische Republik	498 (2,8)	320
Vereinigte Staaten	493 (7,6)	325
Deutschland	490 (2,5)	338
Ungarn	488 (4,0)	321
Russische Föderation	478 (5,5)	343

Abb. 2.1. Mathematikleistungen bei PISA 2000[1]

- Bei der Schulleistungsstudie PISA 2000 lagen die getesteten deutschen Schülerinnen und Schüler mit einem durchschnittlichen Testwert von 490 Punkten in Mathematik „signifikant" unter dem OECD[2]-Durchschnitt von 500 Punkten (vgl. Abb. 2.1). Es wird berichtet, dass der Abstand zwischen „guten" und „schlechten" Schülern in Deutschland besonders groß ist (vgl. Deutsches PISA-Konsortium 2001a). Mit Hilfe der Korrelationsrechnung (siehe Teilkapitel 2.6) wird gezeigt, dass ge-

[1]Deutsches PISA-Konsortium (2003), S. 52.

[2]OECD steht für „**O**rganisation for **E**conomic **C**o-operation and **D**evelopment". Die OECD ist die Initiatorin und Auftraggeberin der PISA-Studie („**P**rogramme for **I**nternational **S**tudent **A**ssessment", vgl. http://www.pisa.oecd.org/)

nerell der Zusammenhang von Mathematik- und Naturwissenschaftsleistung sehr hoch ist.

- Jeweils zu Beginn eines Monats gibt die Nürnberger „Bundesagentur für Arbeit“ (ehemals „Bundesanstalt für Arbeit“) die aktuelle „Arbeitslosenstatistik“ bekannt. Neben der aktuellen „Arbeitslosenquote“, wird ein Vergleich zum Vorjahr angegebenen und eine Aussage über „saisonbereinigte Veränderungen“ gemacht.
- Auf der Betriebsversammlung eines Automobilwerkes kündigt der Vorstandsvorsitzende an, dass die Stückzahlen der Produktion nächstes Jahr um 8 Prozent gesteigert werden sollen. Über die Nichtbesetzung freiwerdender Stellen soll die Effizienz des Werkes sogar um 12 Prozent steigen.
- Im Internet berichtet der Deutsche Wetterdienst (DWD) über den Sommer 2003: „Damit wurde ... der gesamte klimatologische Sommer zum Rekordsommer. Die mittlere Tagestemperatur betrug etwa 19,6 °C und lag damit 3,4 Grad über dem Referenzwert.“

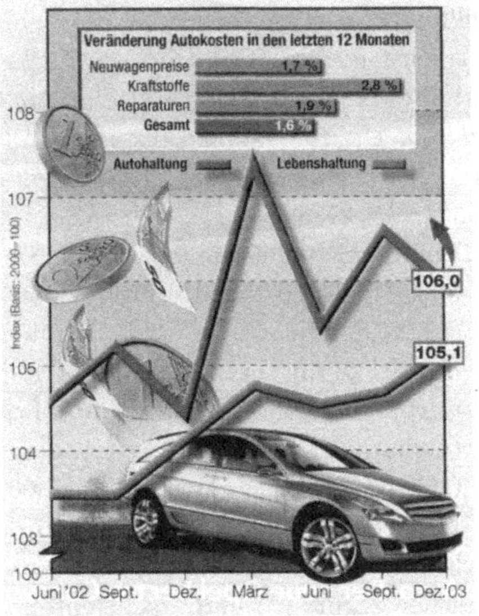

Abb. 2.2. ADAC motorwelt 2/2004

- Mit der nebenstehenden Graphik (Abb. 2.2) möchte der ADAC in seiner Zeitschrift „motorwelt“ die Leserinnen und Leser davon überzeugen, dass Autofahrer überdurchschnittlich stark unter Preissteigerung leiden.
- Nach der letzten Mathematikarbeit der Klasse 9c hat die Lehrerin, Frau Schmidt, eine Tabelle mit der Verteilung der Schülerinnen und Schüler auf die sechs Ziffernoten an die Tafel geschrieben. Als „kleine Zusatzaufgabe“ mussten die Jugendlichen noch den „Notendurchschnitt“ berechnen.
- Der Diplom-Prüfungssausschuss des Fachbereichs Mathematik der Universität Dortmund teilt dem Fachbereichsrat in seinem jährlichen Bericht mit, dass im vergangenen Jahr 52 Studierende das Vordiplom und 37 Studierende das Diplom erfolgreich absolviert haben. Die durchschnittliche Studiendauer betrug 13 Semester.

Diese Auflistung von Beispielen aus dem täglichen Leben ließe sich beliebig erweitern. Es gibt sogar Statistiken darüber, mit wie vielen Statistiken ein

Mensch konfrontiert wird. Umso wichtiger ist es für „den mündigen Bürger“, mit den Daten und ihren Darstellungen kritisch und kompetent umgehen zu können. Daher leistet gerade die beschreibende Statistik einen wesentlichen Beitrag des Mathematikunterrichts zur Allgemeinbildung (vgl. *Winter* 1981). Diese Auseinandersetzung kann und sollte schon in der Grundschule beginnen.
In diesem Kapitel werden überwiegend Konzepte entwickelt und dargestellt, die zwar rechnerisch einfach, aber für den Umgang mit Daten im Alltag, in der Schule, im Studium und in der Wissenschaft wichtig sind. Weniger einfach als die rechnerische Durchführung ist häufig die Auswahl des sachangemessenen Konzepts. Zunächst werden verschiedene Arten von Daten vorgestellt. Es gibt Daten, von denen sich nur entscheiden lässt, ob sie übereinstimmen oder nicht (z. B. Autofarbe), und solche, die „miteinander verrechnet“ werden können (z. B. Körpergröße). Anschließend werden Kennwerte für Datenreihen entwickelt. Dies sind Werte, die bestimmte Eigenschaften einer Datenreihe zusammenfassen, wie z. B. Mittelwerte, die angeben wo ein „Schwerpunkt“ der Datenreihe liegt, oder Streuungsmaße, die angeben wie eng oder weniger eng die Daten beieinander liegen. Ein wichtiges Thema der beschreibenden Statistik ist darüber hinaus die Frage, wie sich Daten informativ darstellen lassen, aber auch wo Darstellungen uns aufs Glatteis führen sollen. Wenn man mehrere Datenreihen in den Blick nimmt (z. B. Körpergröße und -gewicht von Menschen), kann man die Frage nach dem Zusammenhang zwischen diesen Daten stellen. Mit der Korrelations- und Regressionsrechnung lassen sich erste Antworten finden. Das Kapitel schließt mit einigen überraschenden Phänomenen sowie Bemerkungen zu den Grenzen der beschreibenden Statistik.

2.1 Verschiedene Arten von Daten

2.1

Im Alltag werden wir, wie eingangs dargestellt, mit ***Daten*** der unterschiedlichsten Arten in den unterschiedlichsten Formen konfrontiert. Dabei kann man unter einem ***Datum*** einfach ein „Stück“ Information verstehen, das uns in symbolischer Form, überwiegend in Form von Zahlen, präsentiert wird. Das kalendarische Datum liefert uns Informationen darüber, an welchem Tag etwas passiert ist. Die 136 Pferdestärken bei einem Auto liefern denjenigen, die diese Zahl interpretieren können, Informationen über die Leistungsstärke des Vehikels. Das Farbwort „blau“ im Personalausweis informiert über die Augenfarbe der Besitzerin dieses Dokumentes.
Solche Daten können aus unterschiedlichen Perspektiven systematisch nach ***Datenarten*** geordnet werden. So könnte man unterscheiden, woher sie stammen. Menschen auf der Straße können nach ihrer Trinkgewohnheit gefragt worden sein, das Verhalten von Vögeln in der Natur kann von einem Be-

obachter schriftlich fixiert worden sein, die Akten der Einwohnermeldeämter können ausgewertet worden sein usw. Aus mathematischer Sicht ist interessant, welche rechnerische Weiterverarbeitung solche Daten erlauben. So kann aus der Jahresarbeitszeit und dem Beschäftigungszeitraum (abzüglich Urlaubs- und Krankheitstage) einer Arbeitnehmerin ihre durchschnittliche Wochenarbeitszeit berechnet werden. Gefühlte Temperaturen wie „heiß", „kalt", „warm" und „lauwarm" können in eine sinnvolle Reihenfolge gebracht werden. Andere Daten wie die Nationalität von Urlaubern auf Mallorca lassen sich jedoch nicht sinnvoll rechnerisch weiterverarbeiten.
In diesem Teilkapitel gehen wir zunächst auf die Gewinnung von Daten ein. Diese kann generell als Messvorgang interpretiert werden. Danach werden Daten im Hinblick auf die Möglichkeiten unterschieden, wie mit ihnen rechnerisch umgegangen werden kann. Diese Unterscheidung führt zu den so genannten Skalenniveaus. Abschließend werden wir in einem Exkurs auf die mathematische Definition von Skalenniveaus mit Hilfe geeigneter Klassen von Transformationen eingehen.

2.1.1 Daten gewinnen als Messvorgang

Die Daten, die uns im Alltag begegnen, haben irgendeinen Ursprung. Schließlich sollen sie einen Teil der uns umgebenden Realität beschreiben. Dieser Prozess der Gewinnung von Daten lässt sich im Allgemeinen als ***Messvorgang*** verstehen (vgl. *Bortz* 1999, S. 17 ff.). Bei naturwissenschaftlichen Größen wie Temperatur, Länge, Gewicht, Stromstärke oder Zeit ist diese Auffassung sehr nahe liegend und auch in der Umgangssprache fest verankert. Aber auch die Schulleistung in Mathematik (z. B. PISA 2000, vgl. Deutsches PISA-Konsortium 2001a), die Zahl der Falschparker in Dortmund oder die Gewaltbereitschaft von Jugendlichen kann mit geeigneten „Instrumenten" gemessen werden. Selbst das Interaktionsverhalten von Kindern lässt sich mit einem so genannten Soziogramm messen.
Wenn man die Schulleistung von 15-Jährigen in Mathematik messen möchte, so interessiert man sich genau für die Eigenschaft Mathematikleistung bzw. mathematische Fähigkeit (die gezeigte Leistung wird als Indikator für die zugrunde liegende Fähigkeit betrachtet). Bei Messvorgängen wird also nie versucht, die untersuchten ***Objekte***[3] in ihrer Ganzheit zu erfassen. Dies ist in der Regel weder bei so komplexen „Objekten" wie Menschen, noch bei einfacheren Objekten wie einer bestimmten Substanz möglich. Wenn ein Naturwissenschaftler die spezifische Dichte dieser Substanz messen möchte, so blendet er bei diesem Messvorgang andere Eigenschaften der Substanz wie den Siedepunkt oder die elektrische Leitfähigkeit aus. Im Rahmen des ***Messens***

[3] Auch im Fall von untersuchten Menschen oder Tieren spricht man hier von Objekten.

werden also ***empirischen Objekten*** (15-Jährigen, chemischen Substanzen) bestimmte ***Symbole*** (Mathematikleistung, spezifische Dichte) zugeordnet. Bei diesen Symbolen handelt es sich meistens um Zahlen. Vor einer Messung steht fest, aus welcher maximal möglichen Menge diese Symbole stammen. Wenn ich mich für die Musiknote von Schülerinnen und Schülern interessiere, so können höchstens die Symbole „1“ bis „6“ auftreten. Am Beispiel der spezifischen Dichte einer Substanz wird klar, dass Messen meistens mit Fehlern behaftet ist. Dies wird nach einer Messung häufig vergessen.
Damit bei Datenerhebungen die untersuchten Objekte, die interessierenden Eigenschaften und die Symbole auseinander gehalten werden können und ihre Beziehung untereinander klar ist, gibt es hierfür drei prägnante Fachbegriffe. Die untersuchten Objekte (Schülerinnen und Schüler) heißen ***Merkmalsträger***, die interessierende Eigenschaften heißen ***Merkmale*** (Musiknote) und die möglichen Symbole heißen ***Merkmalsausprägungen*** („1“ bis „6“). Die Menge aller untersuchten Merkmalsträger heißt ***Stichprobe***, die Menge aller potenziellen Merkmalsträger ***Grundgesamtheit***. Alle Ausprägungen eines Merkmals innerhalb einer Stichprobe werden zusammen auch ***Datenreihe*** genannt. Ein Hilfsmittel, mit dem man ein Merkmal misst, wird ***Skala*** genannt. Diese Bezeichnung wird verständlich, wenn man z. B. an das Fieberthermometer mit seiner Temperaturskala denkt. Die Skala ermöglicht es, für einen Merkmalsträger (grippekranker Autor) die Merkmalsausprägung (39,7 Grad Celsius) des Merkmals Körpertemperatur zu ermitteln.

2.1.2 Skalenniveaus: Nominal, ordinal und metrisch

Das Messen eines Merkmals mit Hilfe einer Skala kann unterschiedliche mathematische Qualitäten aufweisen. Damit ist nicht die Frage der Messfehler gemeint, sondern die Frage, wie man mit den gewonnen Daten (Merkmalsausprägungen) rechnerisch sinnvoll weiter arbeiten kann. Die unterschiedlichen Qualitäten von Skalen werden auch ***Skalenarten*** oder ***Skalenniveaus*** genannt. Anhand des Beispiels Schulleistungsuntersuchung wird klar, dass es unterschiedliche Qualitäten gibt. So werden die Schülerinnen und Schüler in einem umfangreichen Fragebogen nach so genannten Hintergrundmerkmalen gefragt. Dabei geht es um Aspekte des persönlichen, sozialen Umfelds, die möglicherweise Einfluss auf Schulleistungen haben. Unter anderem wird nach der Muttersprache der Eltern (Merkmalsausprägungen: Deutsch, Englisch, Russisch, Spanisch ...), dem Schulabschluss der Eltern (kein Schulabschluss, Hauptschulabschluss, Fachoberschulreife, Abitur) und dem durchschnittlichen täglichen Fernsehkonsum der Schülerinnen und Schüler (in Stunden: 0, 1, 2, 3, 4, ...) gefragt.
Bei der Auswertung der Untersuchung kann gezählt werden, bei wie vielen Schülerinnen und Schülern ein Elternteil die Muttersprache Russisch hat.

Dies kann man für alle möglichen Muttersprachen der Eltern durchführen. Die verschiedenen Muttersprachen untereinander lassen sich aber nicht sinnvoll mathematisch vergleichen. Es lässt sich keine mathematische Beziehung zwischen „Englisch" und „Spanisch" herstellen. Genauso können die beiden Sprachen nicht sinnvoll mit einem mathematischen Operator („+", „−" etc.) miteinander verknüpft werden. Es handelt sich bei den Sprachen lediglich um Merkmalsausprägungen, die *qualitativ* unterschiedlich sind. Da unterschiedliche Ausprägungen unterschiedliche *Namen* haben, spricht man von einem ***nominal skalierten Merkmal***, wobei auch der Begriff ***qualitatives Merkmal*** hierfür üblich ist. Die zugehörige Skala, mit der gemessen wird, heißt ***Nominalskala***.

Aufgabe 1 (Messung der Muttersprache der Eltern) Im Zusammenhang mit der oben dargestellten Erhebung der Muttersprache der Eltern kommt Armin auf zwei Ideen:

a. „Ich zähle einfach, welche Muttersprache wie oft vorkommt. Dann kann ich die vorkommenden Sprachen ihrer Häufigkeit nach sortieren. Also kann man doch sinnvolle mathematische Beziehungen für das Merkmal Muttersprache finden!"
b. „Außerdem kann man doch mit den Muttersprachen rechnen. Ich ordne einfach Deutsch eine 1, Englisch eine 2, Russisch eine 3, Spanisch eine 4 zu usw. Dann kann ich mit den Werten ganz normal rechnen!"

Welchen Irrtümern sitzt Armin hier auf?

Das zweite oben genannte Hintergrundmerkmal ist der Schulabschluss der Eltern. Auch hier lassen sich die Merkmalsausprägungen, also z. B. „kein Schulabschluss" und „Abitur", nicht sinnvoll mit einem mathematischen Operator miteinander verknüpfen. Sie lassen sich aber vernünftig zueinander in Beziehung setzen. So schließt das Abitur alle anderen Schulabschlüsse ein. Wer im deutschen Bildungssystem das Abitur hat, erfüllt damit automatisch auch die Zugangsvoraussetzungen für Ausbildungen, die durch einen anderen Abschluss erfüllt sind. So lassen sich je zwei der möglichen Merkmalsausprägungen miteinander vergleichen. Dies führt zu einer sinnvollen Ordnung: „kein Schulabschluss" – „Hauptschulabschluss" – „Fachoberschulreife" – „Abitur". Wenn sich die Ausprägungen eines Merkmals derart in eine angemessene *Ordnung* bringen lassen, so spricht man auch von einem ***ordinal skalierten Merkmal***. Die zugehörige Skala heißt dementsprechend ***Ordinalskala***, wobei auch die Bezeichnungen ***Rangskala*** und ***Rangmerkmal*** üblich sind. Darüber hinaus findet man aufgrund des möglichen Vergleichs von je zwei Merkmalsausprägungen den Begriff ***komparatives Merkmal***.

Beim dritten betrachteten Hintergrundmerkmal, dem täglichen Fernsehkonsum in Stunden, ist direkt klar, dass sich die Merkmalsausprägungen nicht nur in eine vernünftige Ordnung bringen lassen, sondern dass sich die Differenzen von je zwei Werten bilden und vernünftig interpretieren lassen, und gleiche Differenzen bedeuten das Gleiche. Wenn ein Schüler zwei Stunden fernsieht und ein anderer Schüler drei Stunden, so beträgt die Differenz eine Stunde, also ca. zwei Folgen der „Lindenstraße“. Die Differenz von zwei Stunden zu einer Stunde beträgt ebenfalls eine Stunde und hat auch dieselbe inhaltliche Bedeutung. Folglich lassen sich die Merkmalsausprägungen inhaltlich sinnvoll subtrahieren und addieren. Ein solches Merkmal heißt ***metrisch skaliert*** oder auch ***quantitatives Merkmal***. Die zugehörige Skala heißt ***metrische Skala***. Die Ausprägungen von quantitativen Merkmalen sind also Zahlen. Die größtmögliche Menge von Merkmalsausprägungen ist die Menge die reellen Zahlen.

Metrische Skalen können noch unterschieden werden in drei Untertypen: ***Intervallskalen***, ***Verhältnisskalen*** (oder ***Proportionalskalen***) und ***Absolutskalen***. Bei einer Intervallskala lassen sich Differenzen von Merkmalsausprägungen sinnvoll betrachten, bei einer Verhältnisskala zusätzlich Quotienten und bei der Absolutskala ist die Einheit des Messens in natürlicher Weise festgelegt. Dies soll im Folgenden mit Hilfe von Beispielen detailliert dargestellt werden.

Ein Merkmal heißt ***intervallskaliert***, wenn, wie für metrische Skalen dargestellt wurde, gleiche Differenzen von Merkmalen gleiche inhaltliche Bedeutungen haben. Ein typisches Beispiel hierfür ist das Merkmal „Temperatur“ gemessen in der Celsius-Skala. So lässt sich physikalisch begründen, dass der Abstand von 10 Grad Celsius zu 25 Grad Celsius genauso groß ist wie der von 17 Grad Celsius zu 32 Grad Celsius. Genau genommen handelt es sich hierbei um den gleichen Unterschied der von den Teilchen getragenen Energie (bei gleichem Aggregatzustand). Allerdings lassen sich Quotienten von Celsius-Temperaturen nicht sinnvoll interpretieren. Es macht keinen Sinn zu sagen, „40 Grad Celsius ist doppelt so warm wie 20 Grad Celsius und 20 Grad Celsius ist doppelt so warm wie 10 Grad Celsius“. Es gibt keine physikalische Grundlage für diese Interpretation. Dies liegt an der willkürlichen Lage des Nullpunktes der Celsius-Skala. Im Vergleich mit der Fahrenheit-Skala wird diese Willkür deutlich. Dabei wird auch klar, dass beide Skalen mathematisch die gleiche Qualität besitzen (vgl. die Einträge im Online-Lexikon WIKIPEDIA[4]).

Der schwedische Astronom, Mathematiker und Physiker *Anders Celsius* (1701–1744) normierte seine Temperaturskala, die Celsius-Skala, anhand des Gefrierpunkts und des Siedepunkts von Wasser. Am Gefrierpunkt verankerte

---

[4]http://de.wikipedia.org/

Abb. 2.3. Celsius

er 100 Grad Celsius, am Siedepunkt Null Grad Celsius. Das Intervall dazwischen zerlegte er in 100 gleich große Abstände von je einem Grad Celsius. Damit war auch die Einheit dieser Skala festgelegt. Erst sein Landsmann *Carl von Linné* (1707–1778) drehte die Skala kurz nach *Celsius*' Tod so um, wie sie noch heute verwendet wird. Der praktische Vorteil dieser Skala ist ihre universelle Festlegung anhand der Elementeigenschaften von Wasser. So konnte sie ohne viel Mühe überall auf der Welt in gleicher Weise unter Rückgriff auf Wasser und seine Eigenschaften normiert und anschließend verwendet werden.

Der in Danzig geborene Physiker *Gabriel Daniel Fahrenheit* (1686–1736) wählte willkürlichere Ankerpunkte für seine Temperaturskala. Null Grad Fahrenheit verankerte er mit der tiefsten im Winter 1708/09 in Danzig gemessenen Temperatur. Diese tiefste Temperatur konnte er mit einer Mischung aus Eis, Salmiak und Wasser rekonstruieren. 100 Grad Fahrenheit legte er durch seine Körpertemperatur fest. Auch auf der Fahrenheit-Skala bedeuten gleichgroße Abstände einen gleichgroßen Energieunterschied. Null Grad Celsius entsprechen 32 Grad Fahrenheit, und ein Temperaturunterschied von einem Grad Celsius entspricht 1,8 Grad Fahrenheit. Dies führt zu den Umrechnungsformeln, bei denen die Temperaturen in der jeweiligen Einheit (also Grad Celsius bzw. Grad Fahrenheit) angegeben sind:

$$T_{\text{Celsius}} = \frac{5}{9} \cdot (T_{\text{Fahrenheit}} - 32) \quad \text{und} \quad T_{\text{Fahrenheit}} = 32 + \frac{9}{5} \cdot T_{\text{Celsius}}$$

Diese Formeln stellen offensichtlich jeweils eine Transformation einer Intervallskala in eine andere Intervallskala dar. Welche Transformationen für welche Skalenniveaus charakteristisch sind, wird im Abschnitt 2.1.3 betrachtet. Auf der Celsius-Skala haben 40 Grad Celsius und 20 Grad Celsius den Quotienten 2, auf der Fahrenheit-Skala muss für gleiche Temperaturen aber 104 Grad Fahrenheit durch 68 Grad Fahrenheit geteilt werden, was sich von 2 unterscheidet. Da beide Skalen relativ willkürlich abgeleitet wurden und die Quotienten unterschiedlich sind, kann man davon ausgehen, dass bei keiner der beiden Skalen Quotienten einen inhaltlichen Sinn haben[5]. Die Lösung die-

[5]Eine weitere Temperatur-Skala mit Intervallniveau entwickelte *René Antoine Ferchault de Réaumur* (1683–1757). Seine Reaumur-Skala verankerte er mit 0 Grad Reaumur am Gefrierpunkt des Wassers und 80 Grad Reaumur am Siedepunkt des Wassers.

Abb. 2.4. Lord Kelvin

ser Problematik und damit eine Verhältnisskala für Temperaturen schaffte erst *Kelvin*.

Der britische Physiker *William Thomson* (1824–1907), ab 1892 *Lord Kelvin*, entwickelte eine Temperatur-Skala, die Kelvin-Skala, bei der Quotienten von Merkmalsausprägungen inhaltlich interpretierbar sind. Dies gelang ihm, indem er den Nullpunkt seiner Skala nicht willkürlich setzte, sondern aus physikalischen Überlegungen entwickelte. Dabei hatte er im Gegensatz zu *Celsius* und *Fahrenheit* den Vorteil, dass es zu seiner Zeit möglich war, experimentelle Untersuchungen bei besonders tiefen Temperaturen durchzuführen. Null Kelvin ist der absolute Nullpunkt: Eine tiefere Temperatur ist nach dem *Dritten Hauptsatz der Thermodynamik* nicht möglich (vgl. den entsprechenden Eintrag bei WIKIPEDIA unter der in Fußnote 4 angegebenen Internetadresse). Dieser Temperatur entsprechen −273,15 Grad Celsius. Weniger Energie kann eine Substanz nicht speichern. Als Einheit für seine Skala nahm er die der Celsius-Skala[6]. Ein Unterschied von einem Kelvin und einen Grad Celsius sind also gleich groß. Bei einem vereinfachten physikalischen Modell, wie dem des *idealen Gases*, tragen die Teilchen beim absoluten Nullpunkt keine Energie. Ab dann kommt Energie hinzu. Diese Zunahme findet in unserem Erfahrungsbereich linear statt, so dass sich Quotienten vernünftig als doppelt so warm, im Sinne von doppelt soviel Energie, interpretieren lassen. Merkmale, die solche Interpretationen erlauben, heißen ***proportional skaliert***. Den Proportionalskalen bzw. Verhältnisskalen ist gemein, dass sich der Nullpunkt aus dem Sachzusammenhang nahezu zwangsläufig ergibt. Den Ansätzen von *Celsius*, *Fahrenheit* und *Lord Kelvin* ist gemeinsam, dass sie das Maß Temperatur aus dem Maß Energie entwickeln.

Aufgabe 2 (Umrechnungsformeln für Temperaturen)

a. Entwickeln Sie analog zu den Umrechnungsformeln zwischen der Celsius- und der Fahrenheit-Skala, solche für die Celsius- und Kelvin-Skala sowie für die Fahrenheit- und Kelvin-Skala.
b. Wie viel ist das Doppelte von 20 Grad Celsius?

---

[6] Einen ähnlichen Weg wie *Kelvin* ging *William John Macquorn Rankine* (1820–1872) vor. Er teilte seine Skala allerdings analog zur Fahrenheit-Skala auf.

Der Übergang zur Absolutskala gelingt dann, wenn nicht nur die Differenzen und Quotienten von Merkmalsausprägungen inhaltlich Sinn machen, sondern zusätzlich die Einheit der Skala sich aus dem Sachzusammenhang zwangsläufig ergibt. Dies ist bei der Kelvin-Skala nicht der Fall. Statt einem Grad Celsius hätte *Kelvin* ebenso gut den doppelten Energieunterschied nehmen können. Er hat sich bei seiner Festlegung aus pragmatischen Gründen an die bereits etablierte Celsius-Skala angelehnt. Aus dem Sachzusammenhang ergibt sich noch keine zwangsläufige Einheit. So etwas gelingt, wenn es um Anzahlen geht. Wenn im Rahmen einer Schulleistungsstudie die Klassengröße durch die Anzahl der zugehörigen Schülerinnen und Schüler gemessen wird, so steht die Einheit fest. Ein entsprechendes Merkmal ist dann ***absolut skaliert***.
Die in diesem Abschnitt verwendeten Bezeichnungen für die verschiedenen Skalen werden in der Literatur überwiegend in gleicher Weise verwendet. Im Einzelnen lassen sich aber gerade in den Anwendungswissenschaften Bücher finden, die leicht abweichende Bezeichnungen verwenden. Aus dem Zusammenhang oder den expliziten Definitionen geht aber in der Regel klar hervor, welche Skala gemeint ist. Neben diesen fünf Skalen kann man mit weiteren Skalen, z. B. mit logarithmischen Skalen, arbeiten. In der Anwendung kommt man jedoch weitestgehend mit diesen fünf Skalenarten aus:

- *Nominalskala* (*qualitatives Merkmal*)
- *Ordinalskala* (*komparatives Merkmal*)
- *Metrische Skalen* (*quantitatives Merkmal*):
  - *Intervallskala*,
  - *Verhältnisskala* (oder *Proportionalskala*) und
  - *Absolutskala*

Aufgabe 3 (Beispiele für Skalenniveaus)

a. Welche Skalenniveaus haben die folgenden Merkmale:
Schulnote, Körpergröße, Windstärke nach Beaufort, französische Schuhgröße, amerikanische Schuhgröße, Autofarbe, Einwohnerzahl und Polizeidienstgrade.

b. Finden Sie für jedes der fünf inhaltlich festgelegten Skalenniveaus jeweils zwei Merkmale als aussagekräftige Beispiele.

2.1.3 Skalenniveaus und Transformationen

Im vorangehenden Abschnitt wurden die unterschiedlichen Qualitäten von Skalen inhaltlich hergeleitet und dargestellt. Dabei ergaben sich je nach Zählart drei bzw. fünf Skalenniveaus, da es drei Untertypen der metrischen Skala gibt. Diese Skalenarten können selbst wieder als Ausprägungen des ordinal skalierten Merkmals „Skalenniveau“ aufgefasst werden, da von der Nominals-

kala bis zur Absolutskala, die Anforderungen an die Messung steigen: Bei der Nominalskala sind Merkmalsausprägungen unterscheidbar, bei der Ordinalskala können sie sinnvoll angeordnet werden, bei der Intervallskala machen ihre Differenzen inhaltlich Sinn usw.
Die Skalenniveaus lassen sich nicht nur inhaltlich, sondern auch mathematisch präzise definieren, und es kann untersucht werden, welche Transformationen und damit auch welche Berechnungen zu welcher Skalenart passen. Im Abschnitt 2.1.2 haben wir am Beispiel der Celsius- und Fahrenheit-Skala eine solche Transformation dargestellt. Auch die Umrechnung von Geldbeträgen einer Währung in einer andere Währung lässt sich als eine Transformation auffassen.

Aufgabe 4 (Währungsumrechnung) Stellen Sie alle möglichen Transformationsformeln für die Umrechnung zwischen Euro, US-Dollar und japanischem Yen auf. Um welches Skalenniveau handelt es sich, wenn Ihr monatliches Einkommen in Euro gemessen wird?

Auf eine mathematisch präzise Definition der Skalenniveaus verzichten wir an dieser Stelle, da sie mit viel Aufwand verbunden ist und wenig Einsicht für die Anwendung schafft. Wer an diesem Aspekt besonders interessiert ist findet z. B. bei *Jürgen Bortz* (1999, S. 18 ff.) diesbezügliche Ausführungen. Statt dessen vertiefen wir die Frage, welche Transformationen einer Datenreihe möglich sind, ohne dass das Skalenniveau sich ändert. Dazu betrachten wir den ***Messvorgang*** als Prozess, bei dem einem Objekt eine reelle Zahl zugeordnet wird, so dass als ***Messergebnis*** eine Datenreihe vorliegt, die aus reellen Zahlen besteht, mit denen wir wie gewohnt rechnen können.[7]
Damit begeben wir uns auf eine abstraktere Stufe, da die verwendeten Symbole (reelle Zahlen) nicht direkt inhaltlich mit dem interessierenden Sachverhalt zusammenhängen. Diese Abstraktion ist hilfreich bei der Entwicklung von universellen statistischen Verfahren, die nicht an eine konkrete Datenreihe gebunden sind. So werden auch Ausprägungen eines nominalen Merkmals für die Auswertung von Fragebögen mithilfe einer Statistik-Software durch Zahlen codiert in den Computer eingegeben. Das ist einerseits effizient, stellt

[7]Diese Forderung ist keine wesentliche Einschränkung, denn Messwerte können einfach *(um)codiert* werden. Für das Hintergrundmerkmal Muttersprache aus dem obigen Beispiel „Schulleistungsstudie", können die auftretenden Merkmalsausprägungen *umkehrbar eindeutig* z. B. mit „1" für „Russisch", „2" für „Deutsch", „3" für „Spanisch" usw. codiert werden. Durch eine derartige *(Um)Codierung* entsteht kein Informationsverlust (jedenfalls nicht, solange die Codierungsvorschrift nicht verloren geht).

andererseits hohe Anforderungen an die Dokumentation der Datenerfassung. Wenn die Codierungsvorschriften verloren gehen, sind große Mengen an Daten nur noch wertlose „Datenfriedhöfe".
Da die Zuordnung von reellen Zahlen zu Merkmalsausprägungen z. B. bei nominalen Merkmalen sehr willkürlich erscheint, lohnt sich die Frage nach der *Eindeutigkeit des Messens.* Anders ausgedrückt: Welche anderen Möglichkeiten gibt es, die Merkmalsausprägungen mit reellen Zahlen zu codieren, ohne dass sich das Skalenniveau beim Messvorgang verändert. An einem Beispiel wird diese Frage klarer: Statt die Muttersprachen von Schülerinnen und Schülern mit „1" für „Russisch", „2" für „Deutsch", „3" für „Spanisch" usw. zu codieren, hätte man genauso gut „17" für „Russisch", „21" für „Deutsch", „5" für „Spanisch" usw. nehmen können.
Offensichtlich ist es bei einem nominalen Merkmal nur wichtig, dass unterschiedliche Ausprägungen durch unterschiedliche Zahlen codiert werden. Jede ***Transformation*** einer entsprechenden Datenreihe, bei der unterschiedliche Werte *nicht* zusammenfallen, erhält das Nominalniveau. Als ***niveauerhaltende Transformationen*** von Nominalskalen kommen somit alle *injektiven Funktionen*[8] infrage.
Analog kann man sich für ordinal skalierte Daten überlegen, dass genau die Transformationen das Ordinalniveau erhalten, bei denen erstens unterschiedliche Werte nicht zusammenfallen und zweitens die Reihenfolge (die Ordnungsrelation) erhalten bleibt. Die geschieht durch alle *streng monotonen Funktionen*[9]. Dabei kann der größte Wert zum kleinsten werden und umgekehrt, die Reihenfolge also erhalten bleiben, aber auf den Kopf gestellt werden. So sind Notenskalen in einigen Bildungssystemen so angelegt, dass gute schulische Leistungen mit großen Zahlen codiert werden (dies ist in Deutschland in der gymnasialen Oberstufe der Fall), in anderen stehen kleine Zahlen für gute Leistungen (dies ist in Deutschland z. B. in der Sekundarstufe I der Fall).
Bei Intervallskalen ist es nicht nur wichtig Unterschiede und Reihenfolgen zwischen Merkmalsausprägungen zu berücksichtigen, sondern auch Differenzen zwischen ihnen. Am Beispiel der Temperaturskalen lässt sich erkennen, dass solche Transformationen niveauerhaltend sind, die gleich große Abstände in gleich große Abstände überführen. Also kommen Funktionen $f\colon \mathbb{R} \to \mathbb{R}$ infrage, bei denen für alle $a, b, c, d \in \mathbb{R}$ gilt:

$$\text{Aus} \quad a - b = c - d \quad \text{folgt} \quad f(a) - f(b) = f(c) - f(d)\,.$$

---

[8]Injektive Funktionen sind genau die Funktionen $f\colon A \to B$, bei denen für alle $a, b \in A$ gilt: Aus $f(a) = f(b)$ folgt $a = b$.

[9]Streng monoton steigend (bzw. fallend) sind genau die Funktionen $f\colon A \to B$, bei denen für alle $a, b \in A$ gilt: Aus $a > b$ folgt $f(a) > f(b)$ (bzw. $f(a) < f(b)$).

Man kann zeigen, dass genau die *affin-linearen Funktionen* bei Intervallskalen niveauerhaltend sind. Affin-linear sind Funktionen, deren Funktionsterm sich schreiben lässt als $f(x) = s \cdot x + t$ mit geeigneten Parametern $s, t. \in \mathbb{R}$ $(s \neq 0)$.

Aufgabe 5 (Niveauerhaltende Transformationen)

a. Zeigen Sie, dass die affin-linearen Funktionen niveauerhaltende Transformationen zwischen Intervallskalen sind.
b. Untersuchen Sie, welche Transformationen bei Verhältnisskalen und bei Absolutskalen niveauerhaltend sind.

2.2 Reduktion und Darstellung von Daten

2.2

Wir haben in der Einleitung zu diesem Kapitel dargestellt, dass man es in der Praxis überwiegend mit großen Datenmengen zu tun hat. So sind in der empirischen Forschung vierstellige und größere Stichprobenzahlen durchaus üblich. Man stelle sich vor, dass 9 450 Schülerinnen und Schüler einen Test mit 90 Teilaufgaben bearbeiten und anschließend einen Fragebogen mit 75 Einzelfragen, unter anderem zu Hintergrundmerkmalen, ausfüllen sollen. Daraus ergeben sich 1 559 250 Messwerte. Die beschreibende Statistik hat vor allem die Aufgabe, diese Menge auf das Wesentliche zu reduzieren und dieses Wesentliche informativ und sachangemessen darzustellen. Dabei hängt es vom *subjektiven Erkenntnisinteresse* ab, was „wesentlich“ ist.
Wer weiß, wie eine gute Reduktion und Darstellung von Daten aussieht, hat damit auch das Handwerkszeug, um verfälschende und tendenziöse Präsentationen von Daten zu entlarven – in heutigen Zeiten („Informationsgesellschaft“) eine wichtige Kompetenz für „den mündigen Bürger“. Wir werden in diesem Teilkapitel zunächst die einfachsten rechnerischen Wege der Datenreduktion vorstellen. Dies sind die Bestimmung von absoluten und relativen Häufigkeiten für Merkmalsausprägungen („Wie viele Kinder haben mindestens einen Elternteil mit nichtdeutscher Muttersprache?“). Damit lassen sich erste informative Darstellungen von Daten gewinnen. Manchmal hat ein Merkmal so viele Ausprägungen, dass ein wichtiger Schritt der Datenreduktion die geeignete Zusammenfassung von Merkmalsausprägungen ist. Dann spricht man auch von *Gruppenbildung* oder *Klasseneinteilung*. Hierauf basieren informative Darstellungen wie das *Histogramm* oder das *Stängel-Blatt-Diagramm*. Nach der Einführung einiger Darstellungsarten für zwei und mehr Merkmale gehen wir am Ende dieses Teilkapitels auf unglaubwürdige Zahlen, verfälschende graphische Darstellungen, besonders gelungene Darstellungen und die Frage ein, wie eigentlich eine gute Darstellung aussehen sollte. Nicht zuletzt die Befähigung zum kompetenten Umgang mit solchen Darstellungen

tragen dazu bei, dass die Stochastik schon bis zum Ende der Sekundarstufe I ein erhebliches allgemein bildendes Potenzial hat (vgl. *Winter* 1981).

2.2.1 Absolute und relative Häufigkeiten sowie ihre Darstellung

Absolute und relative Häufigkeiten sind erste, ganz natürliche Schritte der Datenreduktion und die Grundlage für einige graphische Darstellungen von Daten. Als Beispiel betrachten wir Wahl des Klassensprechers bzw. der Klassensprecherin in den Klassen 9a und 9b des Felix-Klein-Gymnasiums. In der 9a stehen Celina, Henry und Sybille zur Wahl. Insgesamt gehören 34 Jugendliche zur dieser Klasse. Die 28 Schülerinnen und Schüler der 9b haben die Wahl zwischen Dennis, Marie-Josefin und Ümit. Wie üblich wird geheim gewählt. Alle schreiben einen Namen auf einen Zettel. Hinterher wird an der Tafel in *Strichlisten* festgehalten, wer wie viele Stimmen bekommen hat. Die Ergebnisse der beiden Klassen sehen an den Tafeln wie folgt aus:

Tabelle 2.1. Ergebnis Klasse 9a

Name	Stimmen
Celina	𝍸 |||
Henry	𝍸 𝍸 𝍸 ||
Sybille	𝍸 ||||

Tabelle 2.2. Ergebnis Klasse 9b

Name	Stimmen
Dennis	||||
Marie-Josefin	𝍸 𝍸 𝍸 |
Ümit	𝍸 |||

Mit den Bezeichnungen von Teilkapitel 2.1 handelt es sich hier um einen Messvorgang. Die Merkmalsträger sind jeweils alle Schülerinnen und Schüler der Klasse 9a bzw. 9b. Das Merkmal ist „zu wählende/r Mitschüler/in“. Offensichtlich handelt es sich um ein nominal skaliertes Merkmal mit den Ausprägungen „Celina“, „Henry“ und „Sybille“ bzw. „Dennis“, „Marie-Josefin“ und „Ümit“. Die Strichlisten sind schon erste komprimierte Darstellungen der vorliegenden Daten. Diese liegen zunächst als so genannte ***Urliste*** in Form „Celina, Celina, Celina, Henry, Sybille, Sybille, Henry, Henry, Henry, Henry, Sybille, Henry ...“ (hier für die 9a) vor.
Die angefertigten Strichlisten können als Ausgangspunkt für eine Darstellung der Daten in einer Tabelle mit ***relativen*** und ***absoluten Häufigkeiten*** genommen werden. Dabei ist die absolute Häufigkeit einer Merkmalsausprägung einfach die Anzahl ihres Auftretens. Die relative Häufigkeit ist der Anteil dieser Anzahl an der Gesamtzahl der Merkmalsträger, also für Henry aus der Klasse 9a z. B. $17 : 34 = 0{,}5$. Relative Häufigkeiten werden dabei als Bruch, Dezimal- oder Prozentzahl angegeben. Die folgenden Tabellen stellen die Daten der Klassensprecherwahl mit Prozentzahlen und zusätzlich die Summen der absoluten und relativen Häufigkeiten dar.

Tabelle 2.3. Ergebnis Klasse 9a

Name	Absolut	Relativ
Celina	8	23,5%
Henry	17	50,0%
Sybille	9	26,5%
Summe	34	100,0%

Tabelle 2.4. Ergebnis Klasse 9b

Name	Absolut	Relativ
Dennis	4	14,3%
Marie-Jos.	16	57,1%
Ümit	8	28,6%
Summe	28	100,0%

Bei diesen Tabellen handelt es sich bereits um stark reduzierte und aufbereitete Darstellungen der Daten. An ihnen lassen sich einige wichtige Eigenschaften ablesen, die generell für relative und absolute Häufigkeiten sowie den Umgang mit ihnen gelten:

a. Die Summe der absoluten Häufigkeiten für alle Merkmalsausprägungen ist gleich der Gesamtzahl der Merkmalsträger, also hier aller Schülerinnen und Schüler.
b. Der Eintrag für die relative Häufigkeit hinter einer Merkmalsausprägung ergibt sich aus der absoluten Häufigkeit für die diese Ausprägung, geteilt durch die Summe der absoluten Häufigkeiten.
c. Die Summe der relativen Häufigkeiten ist 100%.
d. Bei dem Vergleich von Anteilen in unterschiedlichen ***Grundgesamtheiten***, hier jeweils alle Schülerinnen und Schüler einer Klasse (34 in der 9a und 28 in der 9b), ist es unerlässlich, zwischen absoluten und relativen Häufigkeiten zu unterscheiden. So hat Henry zwar mehr Stimmen als Marie-Josefin bekommen (17 gegenüber 16), aber Marie-Josefin hat den höheren Stimmenanteil (57,1% gegenüber 50,0%).
e. In den beiden Tabellen stammen jeweils drei Werte aus der Auszählung der Stimmzettel, also aus der Urliste der Daten. Die anderen jeweils fünf Werte lassen sich daraus berechnen. Daher eignen sich *Tabellenkalkulations-Programme* besonders für solche Auswertungen. Bei ihnen kann man in die fünf zu berechnenden Zellen die entsprechenden Berechnungsformeln mit Bezügen zu jenen drei Zellen eintragen, in die die ausgezählten Werte eingetragen werden. So erhält man ein *dynamisches Werkzeug* für Berechnungen dieser Art. Ändert man einen Wert in einer „Ursprungszelle“, z. B. weil zunächst falsch ausgezählt wurde, so ändern sich die anderen automatisch mit.

In Abb. 2.5 ist eine solche Tabelle für die Wahl des Klassensprechers bzw. der Klassensprecherin in der Klasse 9c dargestellt. In der Kopfzeile steht die Berechnungsvorschrift für den relativen Stimmanteil für Zoe.

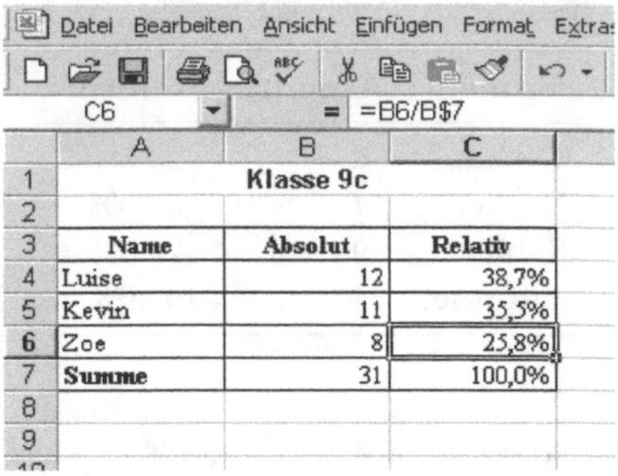

Name	Absolut	Relativ
Luise	12	38,7%
Kevin	11	35,5%
Zoe	8	25,8%
Summe	31	100,0%

Abb. 2.5. Tabellenkalkulation

Dieses Vorgehen bei der Wahl des Klassensprechers bzw. der Klassensprecherin ist ganz natürlich und wird tagtäglich intuitiv angewendet. Auch die mathematische Formalisierung ist ebenso naheliegend wie verständlich:

1 **Definition 1 (Absolute und relative Häufigkeit)** Bei n *Merkmalsträgern* werde ein *Merkmal* mit den *Ausprägungen* $x_1, \ldots, x_k$ gemessen.

a. Für jede Ausprägung x_i wird die Anzahl der Merkmalsträger mit dieser Ausprägung mit $H_n(x_i)$ bezeichnet und ***absolute Häufigkeit*** *von x_i bei n untersuchten Merkmalsträgern* genannt.
b. Der *Anteil* eines Merkmals wird definiert durch $h_n(x_i) := \frac{H_n(x_i)}{n}$ und ***relative Häufigkeit*** *von x_i bei n untersuchten Merkmalsträgern* genannt.

Die Bemerkungen a. bis c. auf S. 29 können mit dieser Notation wie folgt ausgedrückt werden:

a. $\sum_{i=1}^{k} H_n(x_i) = n\,.$
b. Die Bemerkung b. auf S. 29 ist gerade die Definition der relativen Häufigkeit.
c. $\sum_{i=1}^{k} h_n(x_i) = \sum_{i=1}^{k} \frac{H_n(x_i)}{n} = \frac{1}{n} \cdot \sum_{i=1}^{k} H_n(x_i) = \frac{1}{n} \cdot n = 1 = 100\%\,.$

Die bisherigen Betrachtungen in diesem Teilkapitel sind für alle Skalenniveaus gültig! Die relativen Häufigkeiten werden später in Abschnitt 3.1.3 genutzt, um Wahrscheinlichkeitsverteilungen empirisch fundiert aufzustellen (*frequentistische Wahrscheinlichkeiten*).

Absolute und relative Häufigkeiten sind einfache Arten der Datenreduktion, die wie in dem Beispiel oben durch die Auszählung von Merkmalsausprägungen gewonnen werden. Auf ihnen basieren erste graphische Darstellungsmöglichkeiten für Daten. Es gibt viele derartige Darstellungen, so dass wir uns hier auf einige übliche und wichtige beschränken. Für die Erstellung von

Diagrammen bietet sich wiederum die Verwendung von *Tabellenkalkulations-Programmen* oder von spezieller *Statistik-Software* an. Im Folgenden werden *Säulen-*, *Balken-*, *Kreis-* und *Stapeldiagramme* anhand der oben tabellarisch dargestellten Zahlen für die Klasse 9a (Tabelle 2.3) dargestellt.
Bei einem ***Säulendiagramm*** werden die *absoluten* oder *relativen Häufigkeiten* der Merkmale als *Höhe von Säulen* interpretiert. In die konkrete Gestaltung von Säulendiagrammen gehen weitere Fragen wie die der Beschriftung oder Farbwahl ein. Solche zusätzlichen Aspekte scheinen randständig zu sein. Für die Wirkung einer Graphik und deren Informationsgehalt können sie aber von großer Bedeutung sein. Da die Häufigkeiten in einem Säulendiagramm über die Höhe der Säulen und Unterschiede über die Höhendifferenzen visualisiert werden, ist es notwendig, dass die Säulen unten *bei Null beginnen*, also „die y-Achse nicht abgeschnitten wird". In einem Säulendiagramm lässt sich offensichtlich sehr gut ablesen, wer die relative Mehrheit der Stimmen, also die meisten Stimmen, gewonnen hat.
In welcher *Reihenfolge* die Merkmalsausprägungen im Säulendiagramm abgetragen werden, ist bei nominal skalierten Merkmalen willkürlich festlegbar. In Abb. 2.6 wurden die drei Namen alphabetisch sortiert. Bei Hochrechnungen zu Bundestagswahlen werden die Parteien in den Säulendiagrammen häufig nach den Stimmen bei der letzten Wahl sortiert, wobei links die Partei mit den meisten Stimmen steht. Bei ordinal skalierten Merkmalen muss die Ordnung der Merkmalsausprägungen in der Darstellung berücksichtigt werden, bei quantitativen Merkmalen sollte sich auch der Abstand der Merkmalsausprägungen proportional wiederfinden.

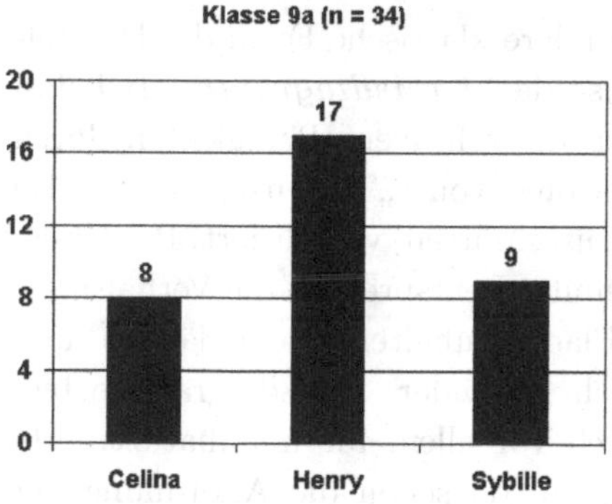

Abb. 2.6. Säulendiagramm

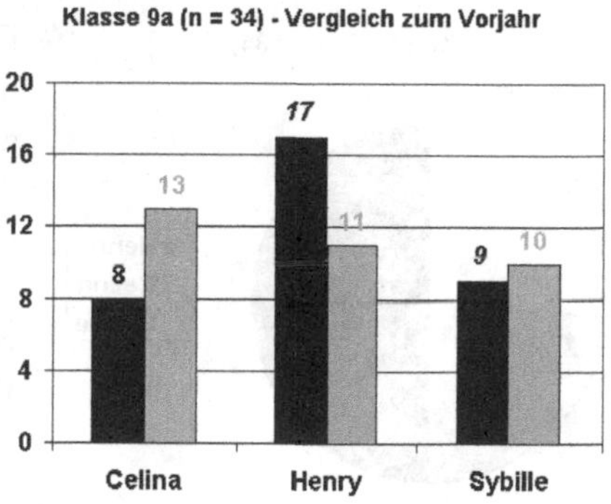

Abb. 2.7. Zwei Messzeitpunkte

Säulendiagramme eignen sich neben der Darstellung einer empirischen Untersuchung mit einem Messzeitpunkt (***Querschnittsuntersuchung***) auch, um Untersuchungen mit mehreren Messzeitpunkten (***Längsschnittuntersuchungen***) darzustellen. Wenn die Träger und Ausprägungen eines Merkmals zu zwei Messzeitpunkten gleich bleiben, lassen sich die Häufigkeiten gemeinsam in einem Säulendiagramm darstellen. Nehmen wir an, die Klasse 9a hat vor einem Jahr ebenfalls 34 Schülerinnen und Schüler umfasst und die gleichen Kandidaten standen zur Wahl. Dann kann sich ein Diagramm wie in Abb. 2.7 ergeben. Die Veränderungen zwischen beiden Jahren kann deutlich optisch erfasst werden. Das Diagramm hat jedoch auch eine Schwachstelle: Es ist nicht selbsterklärend. So steht im Diagramm nicht, welche Säulen für welches Jahr stehen. Ein informatives Diagramm sollte diese Information mitliefern.

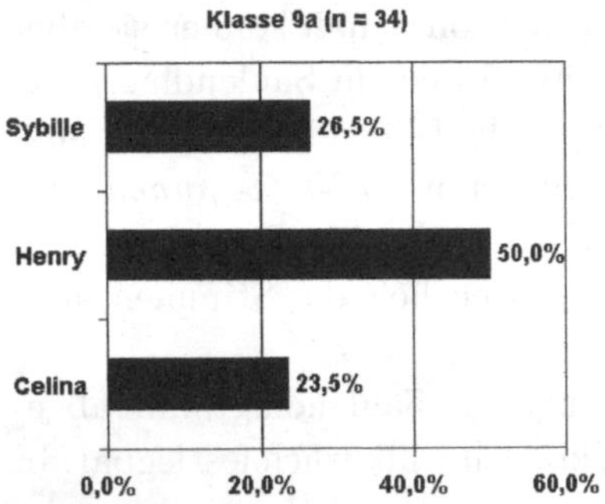

Abb. 2.8. Balkendiagramm

Auf zwei Verwandte der Säulendiagramme gehen wir hier nur kurz ein, da für sie die gleichen Kriterien gelten wie für Säulendiagramme. Von einem ***Balkendiagramm*** spricht man, wenn die Häufigkeiten nicht vertikal, sondern wie in Abb. 2.8 horizontal dargestellt werden (das Ergebnis der Wahlen in der 9a ist hier mit Prozentwerten dargestellt). Ein ***Stabdiagramm*** wiederum ist ein Säulendiagramm, bei dem die Säulen kaum noch Breitenausdehnung haben, also zu Stäben zusammen geschrumpft sind (ohne Abbildung). Wann man sich für welche der drei Varianten entscheidet, lässt sich nicht allgemein klären, sondern hängt vom jeweiligen Verwendungskontext und ästhetischen Empfinden ab.

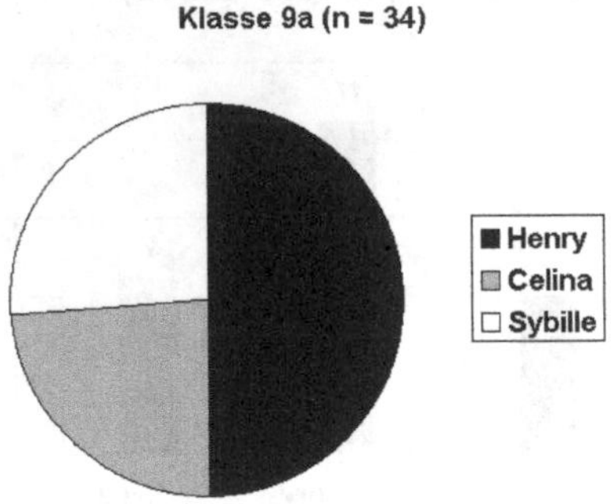

Abb. 2.9. Kreisdiagramm

Eine andere klassische Form der Darstellung ist das ***Kreisdiagramm***. Bei ihm werden die relativen Häufigkeiten durch die Größe von „Tortenstücken“, also Kreisausschnitten, visualisiert. Bei Kreisausschnitten entsprechen die Verhältnisse von Flächeninhalten, Bogenlängen und Winkeln einander. Kreisdiagramme bieten sich vor allem für nominal skalierte Daten an, da schon die Anordnung der Merkmalsausprägungen nicht vollständig dargestellt werden kann. Man könnte zwar bei der größten Merkmalausprägung beginnend im Uhrzeigersinn jeweils das nächstkleinere abtragen, aber spätestens hinter der kleinsten Ausprägung würde dann die größte folgen. Kreisdiagramme haben aber auch einen großen Vorteil, der gerade bei Wahlen genutzt wird: An ihnen ist leicht ablesbar, wer die absolute Mehrheit gewonnen hat. In Abb. 2.9 wird mit Hilfe eines Kreisdiagramms das Ergebnis der Klassensprecherwahl in der Klasse 9a dargestellt. Es lässt sich gut erkennen, dass Henry genau die Hälfte aller Stimmen erhalten hat. Da bei der Klassensprecherwahl jedoch die relative Mehrheit die entscheidende Rolle spielt, kann man sich hier aus genannten Gründen besser eines Säulen-, Balken- oder Stabdiagramms bedienen.

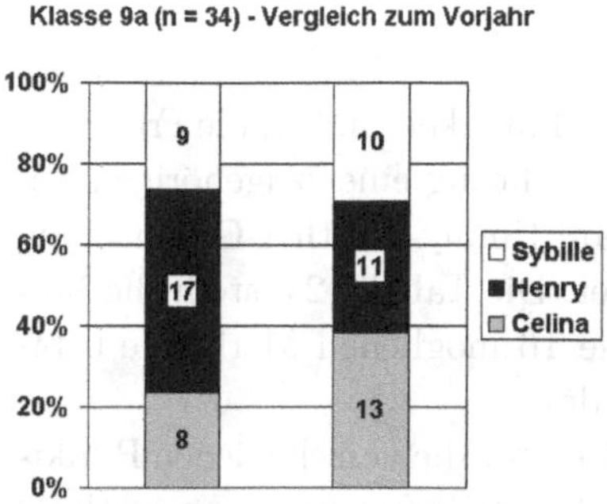

Abb. 2.10. Stapeldiagramm

Schließlich stellen wir hier noch das ***Stapeldiagramm*** als Möglichkeit der graphischen Darstellung von Daten vor. Bei Stapeldiagrammen werden relative Häufigkeiten in einer Rechtecksäule dargestellt. Ähnlich wie beim Kreisdiagramm werden die Häufigkeiten durch Flächen dargestellt. Dabei entsprechen die Verhältnisse von Flächeninhalten den Verhältnissen der Höhen bei gleich bleibender Breite. Stapeldiagramme eignen sich besonders gut, um Längsschnittuntersuchungen graphisch darzustellen. Wie in Abb. 2.7 werden in der nebenstehenden Abb. 2.10 die Ergebnisse der beiden Klassensprecherwahlen in der Klasse 9a in den Jahren 2003 und 2004 in einer Graphik dargestellt. Die Veränderungen sind gut beobachtbar!

2.2.2 Kumulierte Häufigkeiten und empirische Verteilungsfunktion

In der Praxis interessiert man sich häufig nicht nur für die absoluten und relativen Häufigkeiten einzelner Merkmalsausprägungen, sondern möchte wissen, wie groß der Anteil der untersuchten Objekte ist, deren Ausprägung in einem bestimmten Bereich liegt. Dieses abstrakt formulierte Ziel soll an zwei Beispielen verdeutlicht werden:

a. In vielen Ländern wird ein Zentralabitur geschrieben. Dies bietet Schulen die Möglichkeit, ihre Unterrichtsqualität z. B. anhand der Anzahl der Schülerinnen und Schüler zu messen, die nicht durchfallen o. ä. Wenn viele gute Noten erzielt werden, wird die Schule annehmen, dass im Vergleich gute Arbeit geleistet worden ist. Im Abitur werden die Leistungen mit 0 bis 15 Punkten bewertet. Von einem Defizit spricht man, wenn weniger als 5 Punkte erzielt werden, „gut“ oder „sehr gut“ ist die Leistung bei mehr als 9 Punkten. Man kann sich also z. B. fragen, wie viele Schülerinnen und Schüler höchstens 4 Punkte oder mindestens 10 Punkte erzielt haben.

b. Das Wetter ist bekanntlich ein sehr beliebtes Thema. Steht kein anderer Gesprächsstoff zur Verfügung steht, eignet es sich im Zweifel immer („Schönes Wetter heute ...“). Die Wettervorhersage und Dokumentation der vergangenen Wetterlagen erfolgt anhand einer Vielzahl von Daten. Gerade in ungewöhnlichen Großwetterlagen („Rekordsommer 2003“) werden Daten wie Tageshöchsttemperaturen ausgewertet und dargestellt. Ob ein August rekordverdächtig ist, kann dann z. B. daran festgestellt werden, dass er besonders viele Tage hatte, an denen die in Dortmund gemessene Tageshöchsttemperatur mindestens 30 °C betrug.

Solche Fragestellungen führen zu kumulierten Häufigkeiten. Um die Frage aus Beispiel a. anzugehen, liegt zunächst die Betrachtung einer zugehörigen Tabelle nahe. Dafür wird der Abiturjahrgang am Emmy-Noether-Gymnasium, mit 117 Schülerinnen und Schülern betrachtet. Die Tabelle 2.5 stellt die Verteilung der Schülerinnen und Schüler auf die 16 möglichen Merkmale 0 bis 15 Punkte für die erste schriftliche Prüfung dar:
Neben den absoluten und relativen Häufigkeiten für die verschiedenen Punktzahlen enthält die Tabelle 2.5 die ***kumulierten Häufigkeiten***. In Spalte 4 sind dies die ***kumulierten absoluten Häufigkeiten***, in Spalte 5 die ***kumu-***

Tabelle 2.5. Kumulierte Häufigkeiten für Punktezahlen bei der Abiturprüfung

Punkte	**Absolute Häufigkeit**	**Relative Häufigkeit**	**Kumulierte absolute Häufigkeit**	**Kumulierte relative Häufigkeit**
0	1	0,9%	1	0,9%
1	4	3,4%	5	4,3%
2	6	5,1%	11	9,4%
3	5	4,3%	16	13,7%
4	9	7,7%	25	21,4%
5	9	7,7%	34	29,1%
6	12	10,3%	46	39,3%
7	10	8,5%	56	47,9%
8	14	12,0%	70	59,8%
9	12	10,3%	82	70,1%
10	9	7,7%	91	77,8%
11	8	6,8%	99	84,6%
12	5	4,3%	104	88,9%
13	6	5,1%	110	94,0%
14	4	3,4%	114	97,4%
15	3	2,6%	117	100,0%

lierten relativen Häufigkeiten. Dies sind gerade die aufsummierten Werte der Spalten 2 bzw. 3. So erhält man die kumulierte absolute Häufigkeit für 4 Punkte als Summe der absoluten Häufigkeiten für 0, 1, 2, 3 und 4 Punkte. Man kann der Tabelle also entnehmen, dass 25 Schülerinnen und Schüler des Emmy-Noether-Gymnasiums in der ersten schriftlichen Abiturprüfung ein Defizit haben. Dies entspricht 21,4%. Mit „gut" oder „sehr gut" bewertet wurden alle, die mehr als 9 Punkte erreicht haben, also $117 - 82 = 35$ Schülerinnen und Schüler. Dies sind $100{,}0\% - 70{,}1\% = 29{,}9\%$. Offensichtlich ist die kumulierte absolute Häufigkeit für die größte auftretende Merkmalsausprägung gleich der Anzahl der untersuchten „Objekte" und die kumulierte relative Häufigkeit für diese Ausprägung gleich 100%.
Da für die *kumulierten Häufigkeiten* wie oben eine *Anordnung der Merkmalsausprägungen* benötigt wird, ist klar, dass sie nur für *mindestens komparative Merkmale*[10] vernünftig festgelegt werden können. Die Definition der kumulierten relativen Häufigkeiten ist damit wiederum naheliegend:

Definition 2 (Kumulierte Häufigkeiten) Bei n Merkmalsträgern werde ein komparatives Merkmal mit den Ausprägungen $x_1, \ldots, x_k$ gemessen. 2

a. Für $i = 1, \ldots, k$ heißt $\sum\limits_{x \le x_i} H_n(x)$ die ***kumulierte absolute Häufigkeit von*** x_i.

b. Für $i = 1, \ldots, k$ heißt $\sum\limits_{x \le x_i} h_n(x)$ die ***kumulierte relative Häufigkeit von*** x_i.

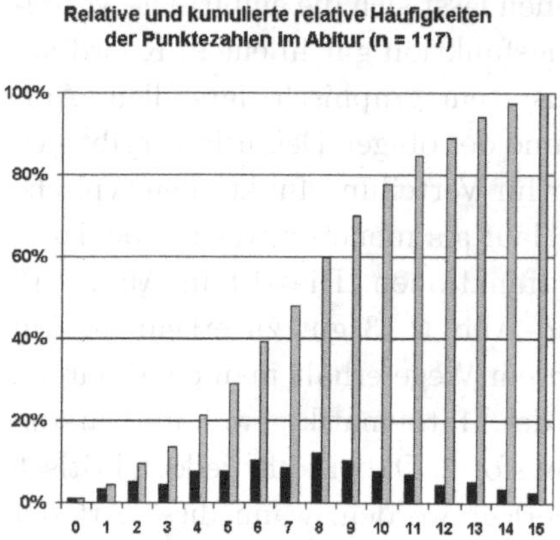

Abb. 2.11. Punktzahlen im Abitur

Die Summen in a. und b. sind so zu verstehen, dass über die endlich vielen Merkmalsausprägungen, die tatsächlich auftreten, für die die Häufigkeiten also positive Werte annehmen, summiert wird. Für alle anderen $x \in \mathbb{R}$ nehmen die Häufigkeiten den Wert Null an.

Die kumulierten Häufigkeiten lassen sich wiederum graphisch darstellen. In der Abb. 2.11 sind die relativen Häufigkeiten der Punktezahlen aus dem obigen Beispiel zusammen mit den kumulierten relativen Häufigkeiten dargestellt. Mit einem solchen Säulen-

---

[10] Die Forderung eines komparativen Merkmals bedeutet, dass natürlich auch quantitative Merkmals infrage kommen, da diese insbesondere komparative sind.

diagramm lässt sich z. B. optisch feststellen, oberhalb welcher Punktezahl die Hälfte aller Schülerinnen und Schüler liegt o. ä.

Aufgabe 6 (Eigenschaft der kumulierten relativen Häufigkeiten) Zeigen Sie, dass für alle Ausprägungen x_i eines Merkmals X bei n untersuchten Merkmalsträgern $0 \leq \sum_{x \leq x_i} h_n(x) \leq 1$ gilt.

Die Definition der kumulierten relativen Häufigkeit gibt Anlass zu einer anderen Art der Darstellung einer Datenreihe. Die Definition der kumulierten relativen Häufigkeiten ist für alle $x \in \mathbb{R}$ verallgemeinerbar, und es gilt aufgrund der Eigenschaften der kumulierten relativen Häufigkeiten $0 \leq \sum_{y \leq x} h_n(y) \leq 1$ für alle $y \in \mathbb{R}$. Also lässt sich durch diese Verallgemeinerung eine monotone Funktion mit Definitionsbereich $\mathbb{R}$ und dem Wertebereich $[0; 1]$ definieren.

3 **Definition 3 (Empirische Verteilungsfunktion)** Bei n *Merkmalsträgern* werde das (mindestens ordinal skalierte) *Merkmal* X mit den *Ausprägungen* $x_1, \ldots, x_k$ gemessen.
Die ***empirische Verteilungsfunktion*** $F: \mathbb{R} \to \mathbb{R}$ von X wird für diese n Merkmalsträger durch $F(x) := \sum_{y \leq x} h_n(y)$ definiert.[11]

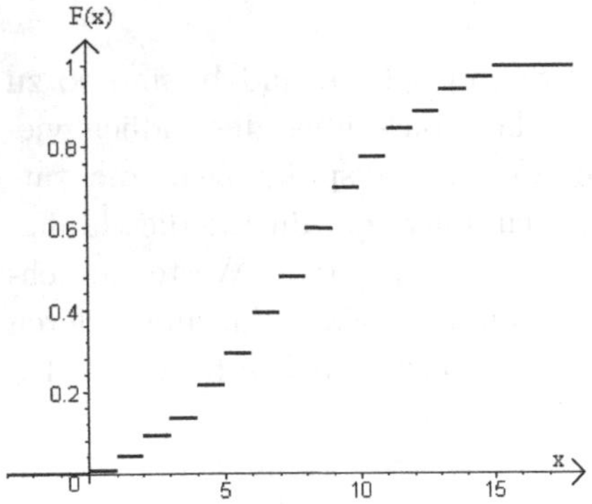

Abb. 2.12. Verteilungsfunktion für Punktezahlen

Wie fast alle in Anwendungskontexten auftretenden reellwertigen Funktionen lässt sich die empirische Verteilungsfunktion gut in einem Koordinatensystem graphisch darstellen. Aufgrund der obigen Definition ergibt sich der für Verteilungsfunktionen typische Verlauf als monoton wachsende Treppenfunktionen. Dies ist in Abb. 2.12 und Abb. 2.13 gut zu erkennen. Auf diesem Wege erhält man eine weitere, in der Mathematik gewohnte Darstellungsform. Dabei sollte jedoch kritisch überlegt werden, wann diese Art der Darstellung angemessen ist. Für die Punktezahlen aus dem Beispiel oben

[11] Die in dieser Definition auftretende Summe ist wie in Definition 2 als Summe über die endlich vielen positiven relativen Häufigkeiten zu verstehen.

ergibt sich die Abb. 2.12. Die optische Analogie zur Darstellung der kumulierten relativen Häufigkeiten in Abb. 2.11 ist deutlich.
Dennoch ist die Verteilungsfunktion auf den zweiten Blick nicht die angemessene Darstellungsart für Leistungspunkte im Abitur. Die Verteilungsfunktion ergibt sich für jede endliche Stichprobe als Treppenfunktion. Optisch bekommen nun die Längen der Stufen Bedeutung. Gleiche Längen werden als gleiche Abstände verstanden. Bei einem nur ordinal skalierten Merkmal wie Leistungspunkten im Abitur ist dies aber nicht der Fall (vgl. Zeugnisnoten in Aufgabe 3).
Diese Art der Darstellung bleibt also quantitativen Merkmalen vorbehalten, bei denen gleiche Abstände inhaltlich die gleiche Bedeutung haben. Mit dem eingangs dieses Abschnitts auf S. 33 dargestellten Beispiel b., den Tageshöchsttemperaturen, hat man ein solches Merkmal. Die empirische Verteilungsfunktion für dieses Merkmal könnte in einem „Rekord-August" wie in Abb. 2.13 aussehen. Gleiche horizontale Abstände haben hier die gleiche inhaltliche Bedeutung (Temperaturdifferenzen, vgl. Abschnitt 2.1.2). Man kann der graphischen Darstellung der Verteilungsfunktion z. B. ansehen, dass an keinem Tag in diesem August die Höchsttemperatur unter 19 °C lag. Konstante Abschnitte bedeuten hier, dass „keine relative Häufigkeit dazu kommt", es gab also keine Tageshöchsttemperatur zwischen 27 °C und 31 °C. Ab der höchsten in diesem August gemessenen Tageshöchsttemperatur, 39 °C, ist die Verteilungsfunktion konstant 1.

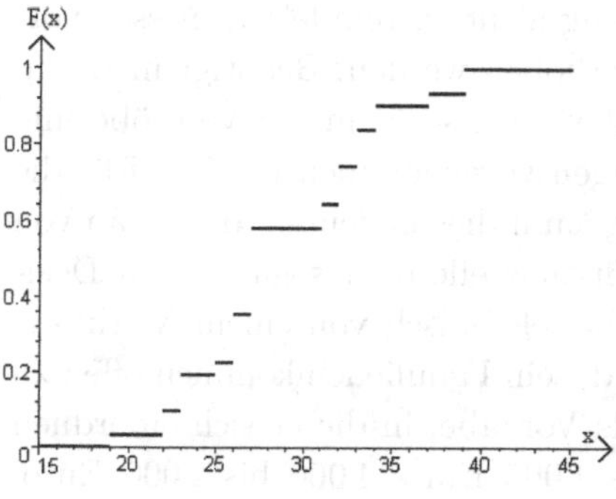

Abb. 2.13. Verteilungsfunktion für Temperaturen

Analog zur *empirischen Verteilungsfunktion* wird in Abschnitt 3.5.1 die *Verteilungsfunktion einer Zufallsgröße* eingeführt. Ausgehend von einer Wahrscheinlichkeitsverteilung lässt sich bestimmen, wie wahrscheinlich es ist, dass eine Zufallsgröße, z. B. die Augensumme beim Werfen zweier Würfel, höchstens einen bestimmten Wert erreicht.

2.2.3 Klassierte Daten und darauf basierende Darstellungen

In der Praxis hat man es oft nicht nur mit unüberschaubaren Datenmengen zu tun, häufig sind schon die Anzahlen möglicher und tatsächlich angenommener Merkmalsausprägungen kaum zu überschauen. So sind die vollständige Übersicht über die Punktezahlen in der ersten schriftlichen Abiturprüfung in

Tabelle 2.5 und ihre graphische Darstellung im Säulendiagramm in Abb. 2.11 schon an der Grenze dessen, was man visuell verarbeiten kann. Mit wachsender Zahl der präsentierten Merkmalsausprägungen droht die Gefahr, dass der Informationsgehalt der Darstellung sinkt. Dabei sind 16 Merkmalsausprägungen wie bei den Punktezahlen noch nicht besonders viel. Stellen Sie sich vor, im Rahmen einer Reihenuntersuchung werden unter anderem die Körpergröße und das Körpergewicht der untersuchten Personen in Zentimeter und Kilogramm mit einer Nachkommastelle gemessen. Bei hinreichend vielen Personen kommen da schnell einige Hundert tatsächlich angenommener Merkmalsausprägungen zusammen.

Der Ausweg liegt bei dieser Problematik auf der Hand: Die Merkmalsausprägungen werden spätestens bei der Darstellung der Daten weniger fein, aber hinreichend informativ dargestellt. Dabei hängt die Antwort auf die Frage, was „hinreichend" ist, wieder vom Verwendungszweck der Daten und deren Darstellung ab. Eine Vergröberung kann zu zwei Zeitpunkten stattfinden: Wenn die Daten für die spätere Verwendung nicht extrem fein gemessen vorliegen müssen, können sie direkt gröber erhoben werden. Benötigt man fein gemessene Daten oder ist man sich nicht sicher, so kann die Vergröberung erst zum Zwecke informativer Darstellungen vorgenommen werden. Für die Körpergröße in einer Reihenuntersuchung kann dies bedeuten, dass man von vorneherein in Zentimetern ohne Nachkommastelle oder sogar nur in Dezimetern ohne Nachkommastelle misst. Wer telefonisch von einem Marktforschungsinstitut behelligt und gebeten wird, sein Familieneinkommen offen zu legen, erhält meistens grobe Intervalle als Vorgabe, in die er sich einordnen soll (z. B. weniger als 500 Euro, 500 bis 1 000 Euro, 1 000 bis 2 000 Euro, 2 000 bis 3 000 Euro, mehr als 3 000 Euro). Dies scheint für die Zwecke der Marktforschung hinreichend zu sein.

Wenn man von vorhandenen Daten ausgehend eine gröbere Darstellung entwickeln möchte, spricht man auch von ***Klassierung***, ***Klassifizierung***, ***Klassenbildung***, ***Klasseneinteilung*** oder auch z. B. von ***Gruppenbildung***. Bei den Daten spricht man entsprechend von ***klassierten, klassifizierten*** oder ***gruppierten Daten***. Diese Begriffe sind aufgrund des täglichen Sprachgebrauchs fast selbsterklärend. So werden z. B. Hühnereier entspre-

Tabelle 2.6. Gewichtsklassen für Hühnereier

Kurzbezeichnung	Bezeichnung	Gewichtsklasse
S	klein	unter 53 g
M	mittel	53 g bis unter 63 g
L	groß	63 g bis unter 73 g
XL	sehr groß	73 g und darüber

chend ihrem Gewicht in Gewichtsklassen klassifiziert. In Tabelle 2.6 sind die per EU-Verordnung festgelegten Gewichtsklassen aufgelistet. Wenn ein quantitatives Merkmal, wie das in Gramm gemessene Gewicht von Hühnereiern, vorliegt, ist eine *Klasse* nichts anderes als ein *Intervall.*

Eine Klassenbildung wie die obige erfolgt also durch die Festlegung von ***Klassengrenzen*** $g_1 < g_2 < \cdots < g_n$. Dabei können die Anzahl der Klassengrenzen und ihre Werte zunächst willkürlich gewählt werden. Diese n Klassengrenzen zerlegen $\mathbb{R}$ in $n+1$ (disjunkte) Klassen $(-\infty; g_1)$, $[g_1; g_2)$, …, $[g_{n-1}; g_n)$, $[g_n; \infty)$. Hiervon sind n Klassen halboffene Intervalle und ist eine Klasse ein offenes Intervall. Ob die Intervalle links oder rechts abgeschlossen sind ist egal und kann pragmatisch festgelegt werden. Wichtig ist nur, dass sie lückenlos und überschneidungsfrei sind, damit eine eindeutige Zuordnung einer Merkmalsausprägung zu den Klassen stattfinden kann. Es kann sinnvoll sein, dass die Abstände von je zwei aufeinander folgenden Klassengrenzen gleich groß sind, dies ist aber nicht zwingend erforderlich. Außerdem kann es im konkreten Anwendungsfall sinnvoll sein, nicht ganz $\mathbb{R}$ zu betrachten, sondern nur einen Bereich möglicher oder vorkommender Merkmalsausprägungen. Dann würden $-\infty$ und ∞ durch g_0 und g_{n+1} ersetzt (beide jeweils möglicherweise eingeschlossen, wodurch die Klassenbildung links oder rechts ein abgeschlossenes Intervall als Klasse enthalten kann).

Die Breiten der Klassen sind gerade die Intervalllängen. Für die $n-1$ inneren Klassen K_2, …, K_n mit $K_i := (g_{i-1}; g_i]$ bzw. $K_i := [g_{i-1}; g_i)$ ergibt sich als ***Klassenbreite*** b_i also die Differenz der Klassengrenzen $b_i := g_i - g_{i-1}$. Die ***Klassenmitte*** m_i wird festgelegt als Mittelpunkt zwischen den beiden Klassengrenzen, also $m_i := \frac{g_{i-1}+g_i}{2}$. Die Frage der konkret zu wählenden ***Klassenanzahl*** lässt sich, wie oben angedeutet, nicht mathematisch ableiten. Sie hängt im Einzelfall von der Anzahl der Merkmalsträger, dem konkreten Merkmal, der Anzahl der Merkmalsausprägungen und der Art der gewünschten Darstellung der Daten ab. In der Literatur lassen sich manchmal Faustregeln finden wie $Klassenanzahl \approx \sqrt{\text{Anzahl der untersuchten Merkmalsträger}}$ (vgl. *Henze* 2000, S. 29). Tatsächlich wird man im Einzelfall pragmatische Festlegungen treffen. Dies bedeutet insbesondere, dass man weder sehr viele, noch sehr wenige Klassen wählen wird. Bei einer zu großen Zahl von Klassen tritt der Effekt der Datenreduktion nicht hinreichend stark auf, bei sehr wenigen gehen zu viele Informationen verloren, und es wird kaum noch etwas über den interessierenden Sachverhalt ausgesagt.

Die bisher in diesem Abschnitt gemachten Betrachtungen zur *Datenreduktion durch Klassenbildung* werden üblicherweise für quantitative Merkmale gemacht. Dennoch sind sie in ähnlicher Form auch für ordinal skalierte Merkmale möglich. So werden die 16 möglichen Punktezahlen in der Abiturprüfung zu sechs Noten zusammengefasst:

Tabelle 2.7. Klassenbildung bei Punktezahlen im Abitur

Note	ungenügend	mangelhaft	ausreichend	befriedigend	gut	sehr gut
Punkte	0	1–3	4–6	7–9	10–12	≥ 13

Wenn man bei ordinal skalierten Merkmalen so vorgeht, muss man allerdings beachten, dass *Klassenbreiten* und *Klassenmitten* nicht zwingend inhaltlich interpretierbar sind. So sind z. B. Klassenbreiten *Differenzen*, die erst bei *quantitativen* Merkmalen in jedem Fall inhaltlich Sinn machen (vgl. Abschnitt 2.1.2). Die drei im Folgenden betrachteten graphischen Darstellungen, die auf Klassenbildungen basieren, sind allgemein ebenfalls nur für quantitative Merkmale sinnvoll.

Die *Säulen-* und *Balkendiagramme* aus Abschnitt 2.2.1 sind in der Regel sehr informative graphische Darstellungen. Sie ermöglichen einen Überblick über die Verteilung der Merkmalsträger auf die Merkmalsausprägungen. Dort hatte jede auftretende Ausprägung eine eigene Säule. Wenn aufgrund der großen Anzahl vorkommender Merkmalsausprägungen mit einer Klassenbildung gearbeitet wird, dann werden einfach diese Klassen als Ausgangspunkt für ein modifiziertes Säulendiagramm genommen, das ***Histogramm*** heißt. Da es vorkommen kann, dass Klassen unterschiedlich breit sind, ist die Bestimmung der Höhe der als Säulen aneinander gesetzten Rechteckflächen der wichtigste Punkt bei der Erstellung eines Histogramms. Denn optisch repräsentieren die Flächeninhalte der Rechtecke die Häufigkeiten einer Klasse. Daher müssen sie proportional zu diesen Häufigkeiten sein. Diesen Sachverhalt verdeutlichen wir an einem Beispiel.

Tabelle 2.8. Höchsttemperaturen

$\mathbf{x_i}$ [°C]	$\mathbf{H_{31}(x_i)}$	$\mathbf{h_{31}(x_i)}$
19	1	0,032
22	2	0,065
23	3	0,097
25	1	0,032
26	4	0,129
27	7	0,226
31	2	0,065
32	3	0,097
33	3	0,097
34	2	0,065
37	1	0,032
39	2	0,065

Der in Abschnitt 2.2.2 in Abb. 2.13 dargestellten Verteilungsfunktion für Tageshöchsttemperaturen in einem fiktiven August kann man entnehmen, wie häufig die einzelnen Temperaturen vorgekommen sind. Daraus lässt sich die Tabelle 2.8 erstellen. Eine mögliche Klasseneinteilung wäre $K_1 := [19; 27)$, $K_2 := [27; 28)$ und $K_3 := [28; 39]$. In Analogie zu den relativen Häufigkeiten für Merkmalsprägungen werden die *relativen Häufigkeiten für Klassen* mit $h_n(K_i)$ bezeichnet. Aus der Tabelle ergibt sich $h_{31}(K_1) = 0{,}355$, $h_{31}(K_2) = 0{,}226$ und $h_{31}(K_3) = 0{,}419$.

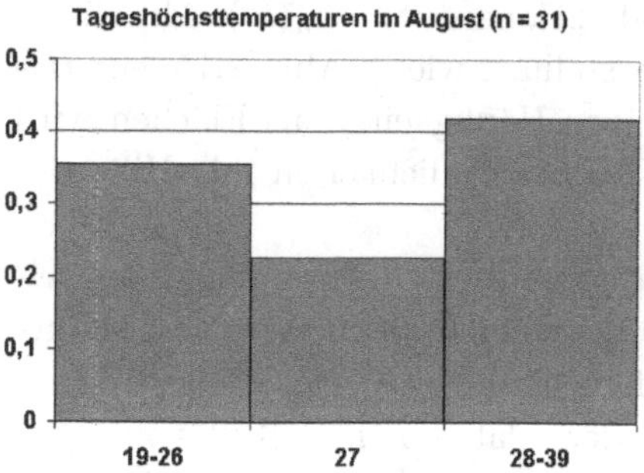

Abb. 2.14. Säulen mit gleicher Breite

Eine erste Idee könnte sein, für diese drei Klassen gleich breite Säulen aneinander zu setzen und als Höhe die relativen Häufigkeiten zu nehmen. So ergibt sich ein Bild wie in Abb. 2.14. Obwohl 27 °C die Tageshöchsttemperatur ist, die am häufigsten gemessen wurde, sieht es hier zunächst so aus, als wäre dieser Bereich im betrachteten Monat seltener aufgetreten. In der Darstellung geht unter, dass die Klassen mit $b_1 = 8$, $b_2 = 1$ und $b_3 = 11$ ganz unterschiedliche Breiten aufweisen. Die Inhalte der dargestellten Flächen sind gerade proportional zu den relativen Häufigkeiten der Klassen, da bei gleicher Breite der Säulen die relativen Häufigkeiten als Höhen genommen wurden. Es macht übrigens inhaltlich Sinn, die Rechtecksflächen als Säulen aneinander zu setzen, da die Temperatur ein quantitatives Merkmal ist, bei dem zwischen je zwei Werten auch jeder andere zumindest theoretisch angenommen werden kann[12].

Um zu einer Darstellung zu gelangen, die sowohl die Flächeninhalte als anschauliches Maß für die relative Häufigkeit einer Klasse erhält, als auch die Klassenbreite berücksichtigt, wird wie folgt vorgegangen: Die Breiten der Säulen werden proportional zur Klassenbreite gewählt. Bei festgelegter Einheit auf der horizontalen Achse werden die Klassenbreiten in dieser Einheit dargestellt. Die Höhen der Rechteckflächen des Histogramms ergeben sich nun aus der Forderung, dass die Flächeninhalte proportional zur relativen Häufigkeit der Klasse sein sollen. Da der Flächeninhalt sich aus dem Produkt aus Klassenbreite und Höhe des Rechtecks ergibt, wird festgelegt:

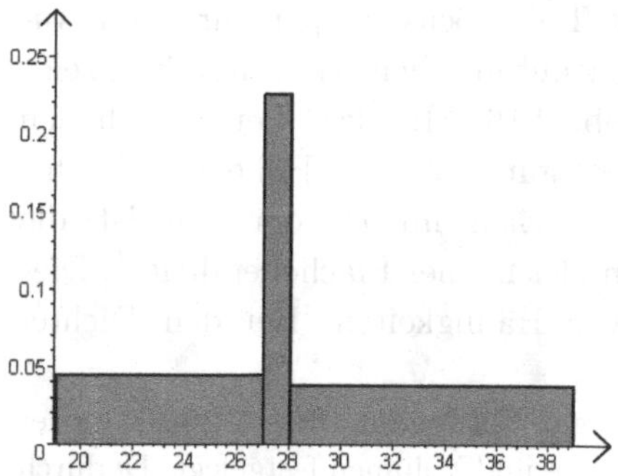

Abb. 2.15. Histogramm

$$„\text{Höhe des Rechtecks über } K_i“ = h_n(K_i) : b_i \,.$$

[12] Wer genau hinsieht, stellt übrigens fest, dass die Tageshöchsttemperaturen schon klassiert erhoben wurden. Es wurden von vorneherein nur ganzzahlige Werte gemessen. Wenn dies z. B. durch „Abschneiden der Nachkommastelle“ erfolgte, dann werden z. B. 27,15 °C und 27,98 °C jeweils als 27 °C gemessen.

Genau dann ist nämlich der Flächeninhalt „Höhe $\cdot b_i$“ $= h_n(k_i)$. Mit dieser Festlegung ergibt sich eine graphische Darstellung wie in Abb. 2.15, ein ***Histogramm***. Die Visualisierung von relativen Häufigkeiten als Flächen wird in Abschnitt 3.1.8 als Darstellung von Wahrscheinlichkeiten mit Hilfe der *Dichtefunktionen* wieder auftauchen.
Der Begriff *Dichte* ist schon in dem hier präsentierten Zusammenhang anschaulich. Betrachten wir die Klasse K_3: Bei einer Klassenbreite von 11 (genauer: 11 °C) ergibt sich die relative Häufigkeit zu $h_{31}(K_3) = 0{,}419$. Pro Einheit (1 °C) ergibt sich also eine Dichte[13] der relativen Häufigkeit von $\frac{0{,}419}{11}$. Bei einer vollständigen Achsenbeschriftung müsste dementsprechend an der horizontalen Achse die Einheit °C angegeben sein und an der vertikalen Achse die Einheit $\frac{1}{°\mathrm{C}}$. Da diese letzte Einheit nicht anschaulich ist und die Höhen der Rechtecksflächen im Allgemeinen, wie dargestellt, nicht proportional zu den relativen Häufigkeiten der Klasse sind, wird häufig auf eine Beschriftung der vertikalen Achse verzichtet.

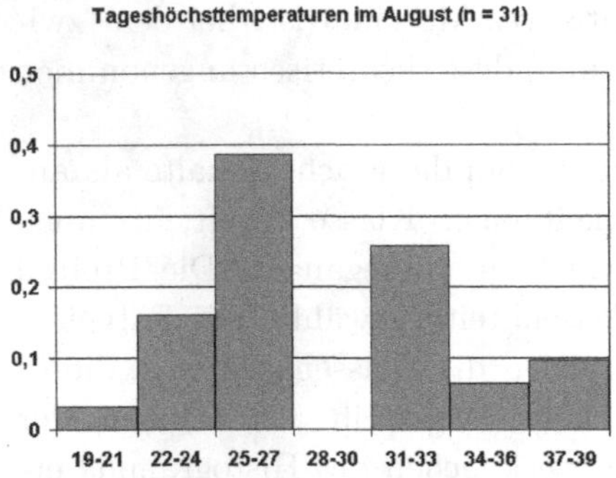

Abb. 2.16. Histogramm mit gleichen Klassenbreiten

In der Praxis werden bei Klassenbildungen und darauf basierenden Histogrammen häufig gleiche Klassenbreiten gewählt. Damit gibt die Höhe einer Rechtecksfläche im Histogramm nicht nur die „Dichte“ an der Stelle an, sondern ist auch – wie beim Säulendiagramm – proportional zur relativen Häufigkeit der zugehörigen Klasse. Ein Histogramm für die Tageshöchsttemperaturen im August mit gleichen Klassenbreiten zeigt Abb. 2.16. Mit der oben getroffenen Festlegung für die Höhe der Rechtecksflächen im Histogramm ist die Summe aller Inhalte der Rechtecksflächen gleich einer Flächeneinheit[14]. Dies folgt aus den Eigenschaften der relativen Häufigkeiten. Bei den Dichte-

[13]Diese Bedeutung von *Dichte* ist analog zur Verwendung des Begriffs in der Physik. Dort wird Dichte als Quotient aus Masse und Volumen festgelegt. Dadurch ergibt sich ein Maß „kg/dm^3“.

[14]In Abb. 2.16 wurde von der normierten Darstellung eines Histogramms abgewichen. Da die Klassen gleich breit sind, sind sowohl die Flächeninhalte der Rechtecke als auch ihre Höhe proportional zur relativen Häufigkeit der Klassen. Da relative Häufigkeiten direkter einer Interpretation zugänglich sind, wurden sie zur Einteilung der y-Achse genutzt. Ein „richtiges“ Histogramm entsteht durch Normierung der Höhen durch Division durch die Summe der Flächeninhalte.

1	
1	9
2	2 2 3 3 3
2	5 6 6 6 6 7 7 7 7 7 7 7
3	1 1 2 2 2 3 3 3 4 4
3	7 9 9
4	

Abb. 2.17. Stängel-Blatt-Diagramm

funktionen für Wahrscheinlichkeitsverteilungen wird dies durch die Normierung erreicht werden (vgl. Abschnitt 3.1.8).

Eine andere Art der graphischen Darstellung von Daten, die auf einer Klassenbildung basiert, ist das ***Stängel-Blatt-Diagramm***. In Abb. 2.17 ist ein Stängel-Blatt-Diagramm für die Tageshöchsttemperaturen dargestellt. Der Abbildung können das Bildungsprinzip und wichtige Eigenschaften dieser Diagramme direkt entnommen werden. Zunächst muss eine Einteilung in gleich große Klassen vogenommen werden. Hier wurden die Klassen [10; 15), [15; 20), [20; 25), [25; 30), [30; 35), [35; 40) und [40; 45] gewählt. Dabei wurde „oben“ und „unten“ jeweils eine Klasse gewählt, in die keine Werte fallen. Dies kann so gemacht werden, um die Grenzen der Verteilung zu verdeutlichen, muss aber nicht so sein. Innerhalb einer Klasse muss mindestens die führende Ziffer der Dezimaldarstellung aller zugehörigen Zahlen übereinstimmen. Diese wird dann links einer vertikalen Linie notiert. Im Beispiel ist auf der rechten Seite jeweils die zweite Ziffer der zweistelligen natürlichen Zahlen für die Tageshöchsttemperaturen eingetragen. Da wir oben schon eine geordnete Tabelle vorliegen hatten, treten die Zahlen rechts der vertikalen Linie auch sortiert auf. Dies muss aber nicht so sein. Man kann aus der Urliste der Daten zügig das Diagramm anfertigen, indem nach gewählter Klassenbildung jeweils die weiteren Dezimalstellen rechts der Linie passend notiert werden. Dabei muss jeder Eintrag gleich viel Platz (horizontal und vertikal) einnehmen.

Ein Vorteil dieser einfachen Darstellungsweise ist, dass man durch die optische Reduktion einen schnellen Überblick über die Verteilung der Daten erhält. Trotzdem sind alle Informationen noch vorhanden. Im Gegensatz zum Histogramm kann jeder einzelne Wert rekonstruiert werden. Für sehr große Datenmengen ist das Stängel-Blatt-Diagramm allerdings eher weniger geeignet als ein Histogramm, da die Anfertigung mühsam wird und Einzelwerte immer unbedeutender werden, je mehr Daten in die Darstellung eingehen. Eine andere übliche Bezeichnung für diese Darstellungsart ist ***Stamm-und-Blatt-Darstellung*** (aus dem Englischen „*stam and leaf display*“).

Die letzte hier besprochene Form der graphischen Darstellung von klassierten Daten ist die ***klassierte Verteilungsfunktion***. Hier wird die empirische Verteilungsfunktion aus Abschnitt 2.2.2 auf eine Klassenbildung angewendet. Die Grundlage für die Verteilungsfunktion sind die kumulierten relativen Häufigkeiten. Diese lassen sich natürlich auch für die Klassen bestimmen. Die

Tabelle 2.9. Kumulierte relative Häufigkeiten für Klassen

K_i	$h_{31}(K_i)$	$H_{31}(K_i)$
[19;22)	0,0323	0,0323
[22;25)	0,1613	0,1935
[25;28)	0,3871	0,5806
[28;31)	0,0000	0,5806
[31;34)	0,2581	0,8387
[34;37)	0,0645	0,9032
[37;39)	0,0968	1,0000

Tabelle 2.9 enthält die kumulierten Häufigkeiten zu der Klassenbildung, die dem Histogramm in Abb. 2.16 zugrunde liegt. Die klassierte Verteilungsfunktion wird angefertigt, wenn die Rohdaten (die Urliste) nicht mehr verfügbar sind, sondern nur Werte für die Klassen vorliegen. Es wird dann ein Polygonzug erstellt, der jeweils die zu den Klassengrenzen gehörigen Punkte verbindet. Die Klasse K_i hat als linke Grenze den Wert g_{i-1}. An der Stelle g_{i-1} wird der Punkt eingezeichnet, der die kumulierte relative Häufigkeit von K_{i-1} als y-Wert hat. Daraus entsteht eine graphische Darstellung wie in Abb. 2.18. Dort sind die Klassenmitten als Striche für die Achseneinteilung mit angegeben. Innerhalb einer Klasse K_i verläuft der Polygonzug also linear von der kumulierten relativen Häufigkeit für K_{i-1} zu der für K_i. Vergleichen Sie diese Darstellung mit Abb. 2.13 auf S. 37. Welcher Zusammenhang besteht zwischen einem Histogramm und der zugehörigen klassierten Verteilungsfunktion? Wenn man beim Histogramm die vertikalen Seiten der Rechteckflächen weglässt, erhält man eine stückweise konstante *Dichtefunktion* (vgl. Abschnitt 3.1.8). Durch Integration über dem Intervall $(-\infty; a]$ erhält man den Funktionswert der klassierten Verteilungsfunktion an der Stelle a. Dieser Zusammenhang wird in Abschnitt 3.9.3 auf Dichtefunktionen und Verteilungsfunktionen für stetige Zufallsgrößen übertragen. Es handelt sich um den Zusammenhang, der im Hauptsatz der Differential- und Integralrechnung ausgedrückt wird.

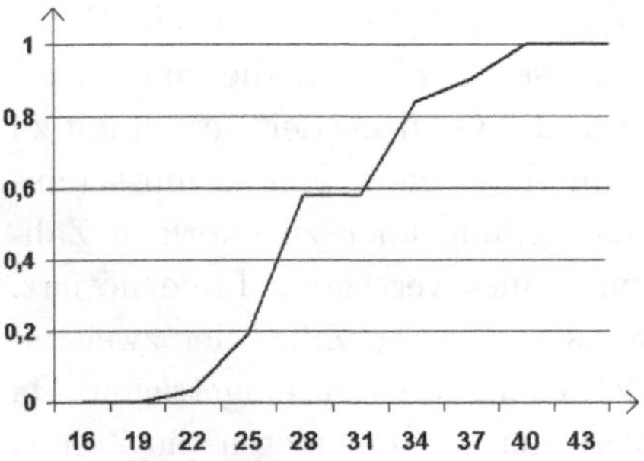

Abb. 2.18. Klassierte Verteilungsfunktion für Tageshöchsttemperaturen

2.2.4 Weitere graphische Darstellungen

In den vorangehenden Abschnitten haben wir Darstellungsmöglichkeiten für *ein* untersuchtes Merkmal angegeben. Verfahren, die sich auf ein einziges untersuchtes Merkmal beschränken, heißen ***univariat***. Es gibt aber eine Reihe von Möglichkeiten, Daten für mehrere untersuchte Merkmale gleichzeitig informativ darzustellen, ohne vorher komplexe Berechnungen durchführen zu

müssen. Generell heißen statistische Verfahren für zwei untersuchte Merkmale ***bivariat*** und solche für mehr als zwei untersuchte Merkmale ***multivariat***. Im Folgenden werden einige wichtige und teilweise auch kreative Möglichkeiten der Darstellung für mehrere Merkmale angegeben.
Bisher sind in den tabellarischen Darstellungen stets die verschiedenen Häufigkeiten für alle Ausprägungen eines Merkmals oder für gebildete Klassen dargestellt worden. Dies waren absolute, relative und kumulierte Häufigkeiten. Damit ergab sich ein erster Überblick über die Verteilung der Merkmalsträger auf die Merkmalsausprägungen.

Tabelle 2.10. Verteilung auf Güteklassen

Güteklasse	Absolute Häufigkeit	Relative Häufigkeit
A	361	0,722
B	84	0,168
C	55	0,110
Summe	500	1,000

Tabelle 2.11. Verteilung auf Gewichtsklassen

Gewichtsklasse	Absolute Häufigkeit	Relative Häufigkeit
S	31	0,062
M	48	0,096
L	126	0,252
XL	295	0,590
Summe	500	1,000

Bei vielen Untersuchungen ist mehr als ein Merkmal interessant. Schon bei den Hühnereiern gibt es nicht nur die Zuordnung zu den in Tabelle 2.6 auf S. 38 dargestellten Gewichtsklassen, sondern auch eine zu den so genannten Güteklassen. Die Güteklassen geben den Zustand der Eier an (A: „frisch“, B: „2. Qualität bzw. haltbar gemacht“, C: „nur zur Verarbeitung“). Auf einer Hühnerfarm wird nun nicht nur von Interesse sein, wie viele Eier in welche Gewichtsklassen fallen, sondern auch in welche Güteklassen sie fallen. Separat aufgelistet können sich für eine Stichprobe von 500 Eiern die Tabelle 2.10 und die Tabelle 2.11 ergeben. In der Praxis liegt die Frage nahe, ob sich „schlechtere“ Eier in bestimmten Gewichtsklassen häufen, z. B. um den Ursachen für Qualitätsmängel auf den Grund zu gehen. Die Frage, wie sich die Eier einer Gewichtsklasse auf die Güteklassen verteilen, führt zu einer ***Kreuztabelle***, in der ein Merkmal in den Spalten und ein Merkmal in den Zeilen eingetragen wird. Eine solche Kreuztabelle kann für zwei Merkmale stets erstellt werden. So erhält man einen Überblick über die ***gemeinsame Verteilung*** beider Merkmale wie in Tabelle 2.12. Die Zeilen- bzw. Spaltensummen sind gerade die Verteilungen aus Tabelle 2.10 und Tabelle 2.11.
In Tabelle 2.12 sind jeweils direkt die absoluten und relativen Häufigkeiten für die einzelnen Zellen der Kreuztabelle angegeben. So lässt sich zum Beispiel leicht ablesen, dass nur 3 Eier aus der Gewichtsklasse XL in die Güteklasse C

Tabelle 2.12. Kreuztabelle: Gewichts- u. Güteklasse

	A	B	C	
S	6	10	15	31
	0,012	0,020	0,030	0,062
M	12	19	17	48
	0,024	0,038	0,034	0,096
L	63	43	20	126
	0,126	0,086	0,040	0,252
XL	280	12	3	295
	0,560	0,024	0,006	0,590
	361	84	55	500
	0,722	0,168	0,110	1,000

fallen. Ingesamt zeigt die Tabelle 2.12, dass in der untersuchten Stichprobe Eier der Gewichtsklasse XL fast ausschließlich in die Güteklasse A fallen. Leichtere Eier sind öfter von minderer Qualität. Häufig werden bei gemeinsamen Verteilungen nur relative Häufigkeiten angegeben. Dann ist es wichtig, die Tabelle mit der Information zu versehen, wie groß die Stichprobe ist. So lassen sich die absoluten aus den relativen Häufigkeiten rekonstruieren. Die Größe der Stichprobe ist bedeutsam, um die Frage einzuschätzen, ob die Verteilung typisch oder vielleicht nur zufällig bedingt ist. Solche Fragen gehören in das Gebiet der beurteilenden Statistik. Kreuztabellen werden als gemeinsame Verteilungen im Rahmen der Wahrscheinlichkeitsrechnung für zwei Zufallsgrößen betrachtet (siehe Abschnitt 3.5.3).

Bei mehr als zwei Merkmalen lässt sich die gemeinsame Verteilung der Merkmalsträger auf die möglichen Kombinationen von Ausprägungen der Merkmale im Allgemeinen nicht mehr übersichtlich tabellarisch darstellen. Es kann aber eine Datenmatrix in tabellarischer Form präsentiert werden, die für jeden Merkmalsträger die Ausprägungen aller Merkmale enthält. Die Merkmalsträger werden dafür mit eindeutigen Schlüsselnummern z. B. in der ersten Spalte identifiziert, und in jeder Zeile stehen dann die Ausprägungen für alle Merkmale. Die Schlüsselnummer kann so als erstes (nominal skaliertes) Merkmal aufgefasst werden. Im Rahmen einer großen Schulleistungsstudie könnte der Anfang einer solchen Datenmatrix wie die Tabelle 2.13 aussehen.

In der Zelle (i, j), also der i-ten Zeile und j-ten Spalte steht jeweils die Ausprägung des j-ten Merkmals für den $(i-1)$-ten Merkmalsträger. Die Merkmalsausprägungen in der Datenmatrix sind dabei schon reelle Zahlen. Hierfür mussten nominal und ordinal skalierte Merkmale geeignet codiert werden. In der dritten Spalte könnte die „1" bei Geschlecht „weiblich" bedeuten, die „0" stünde dann für „männlich". Bei der Nationalität würde man ebenfalls so

Tabelle 2.13. Datenmatrix

Nr.	Alter	Geschlecht	Nationalität	Bearbeitungszeit	Deutschnote	Mathematiknote	...
1	14	1	1	88	4	1	...
2	14	1	1	90	4	2	...
3	15	0	4	81	3	5	...
...	...	...	...	...	...	...	...

vorgehen, wie schon in Abschnitt 2.1.2 vorgestellt wurde. Eine Datenmatrix bildet, wenn sie einmal in den Computer eingegeben wurde, die Grundlage für die computergestützte Anwendung statistischer Darstellungen und Verfahren. Hierfür gibt es eine Vielzahl spezieller Statistik-Programme. Mittlerweile beherrschen jedoch auch die üblichen Tabellenkalkulationsprogramme viele statistische Verfahren.

Bei der graphischen Darstellung für zwei Merkmale liegt es nahe, diese in einem Koordinatensystem darzustellen. Das eine Merkmal wird horizontal, das andere vertikal abgetragen. Für jeden Merkmalsträger wird ein Punkt an der Stelle eingetragen, die seinen Merkmalsausprägungen entspricht. Dadurch entsteht ein Schaubild, das den schönen Namen ***Punktwolke*** trägt und auch ***Streudiagramm*** oder ***Scatterplot*** genannt wird. Im Anschluss an eine Schulleistungsstudie wurden für die 63 Schülerinnen und Schüler der Carl-Friedrich-Gauß-Realschule die Testwerte in Mathematik und in Naturwissenschaften mittels einer solchen Punktwolke in Abb. 2.19 dargestellt. Dabei wurde die Mathematikleistung horizontal und die Leistung in Naturwissenschaften vertikal abgetragen. Das Schaubild bietet eine informative Übersicht über die gemeinsame Verteilung der beiden Leistungen. Es ist der Trend

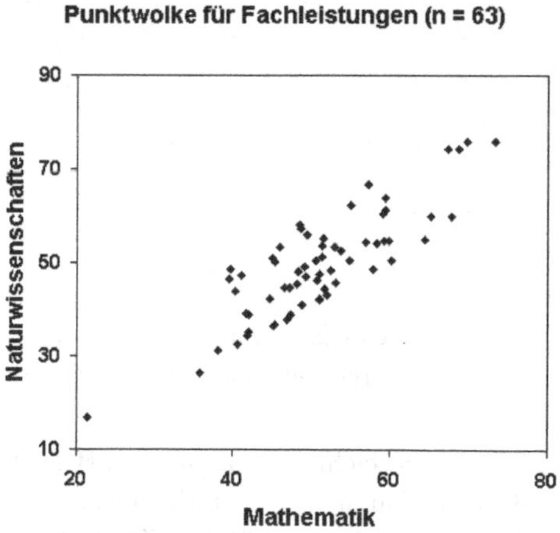

Abb. 2.19. Punktwolke für Testleistungen in Mathematik und Naturwissenschaften

sichtbar, dass gute Leistungen in der einen Domäne[15] mit guten Leistungen in der anderen Domäne einhergehen. Dieser Trend lässt sich mittels Korrelations- und Regressionsrechnung, die im Teilkapitel 2.6 entwickelt wird, auch quantifizieren. Einen qualitativen Eindruck des Zusammenhangs beider Merkmale liefert aber schon diese Abbildung.
Bei mehr als zwei Merkmalen ist diese Art der Darstellung in einem n-dimensionalen Koordinatensystem praktisch kaum noch möglich. Schon bei dreidimensionalen Punktwolken muss man einige Erfahrung im Lesen solcher Darstellungen haben, da es sich immer um Projektionen auf zwei Dimensionen handeln muss (zumindest hier auf den Buchseiten, aber auch beim Computer-Bildschirm). Dies kann für drei Dimensionen ansatzweise durch den Einsatz von Farben, die dann eine Dimension mit visualisieren, aufgefangen werden. Noch mehr Dimensionen lassen sich auf diesem Weg aber nicht darstellen. Ein allgemeiner Ausweg bietet sich hier nicht an.
Im konkreten Fall lassen sich aber manchmal spezielle Lösungen finden. Beispielsweise können in einem zweidimensionalen Koordinatensystem statt einfacher Punkte andere informationshaltige Symbole verwendet werden. So hätten in Abb. 2.19 statt der Punkte die üblichen Symbole für männlich und weiblich verwendet werden können, und das Merkmal „Geschlecht" wäre mit in der Graphik untergebracht. Möglicherweise ist der Zusammenhang

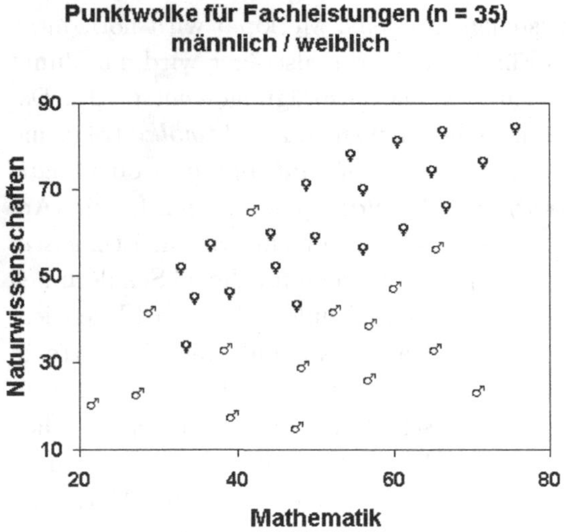

Abb. 2.20. Punktwolke mit 3 dargestellten Merkmalen

[15] Im Rahmen von Schulleistungsuntersuchungen bezeichnet man mit dem Begriff „Domäne" die einzelnen Leistungsbereiche. Einige Domänen, wie Mathematik, sind Schulfächern ähnlich. Andere, wie Problemlösen, sind eher fachübergreifend. Aber auch die Lesekompetenz in PISA 2000 (vgl. Deutsches PISA-Konsortium 2001a) ist nicht deckungsgleich mit dem Fach Deutsch.

zwischen den Fachleistungen bei einem Geschlecht größer als beim anderen. So etwas ließe sich dann aus Abb. 2.20 ablesen[16].

2.2.5 Was ist eine gute Darstellung?

Die Frage nach einer „guten Darstellung" ist einerseits besonders wichtig, andererseits kaum allgemein verbindlich zu klären. In den vorangegangenen Abschnitten haben wir bei den dargestellten Möglichkeiten immer wieder darauf hingewiesen, für welche Skalenniveaus eine Darstellung geeignet ist oder worauf bei einer konkreten Darstellung besonders zu achten ist. Es gibt aber eine Vielzahl weiterer Kriterien, anhand derer man entscheiden kann, ob eine Darstellung mehr oder weniger gut gelungen ist. Da nicht zuletzt auch ästhetische Aspekte eine Rolle spielen können *und* sollen, ist die Klärung der Frage nach einer „guten Darstellung" immer auch subjektiv. Ein Hauptzweck von Darstellungen ist die Datenreduktion und bei graphischen Darstellungen die Visualisierung. Dabei sollen dem Betrachter oder der Betrachterin möglichst die für einen Sachzusammenhang wichtigen Informationen übersichtlich und unverfälscht präsentiert werden. Aus diesen allgemeinen Anforderungen lassen sich einige allgemeine Kriterien zur Beurteilung von Darstellungen ableiten. Bei einer konkreten Graphik können aber weitere Aspekte wichtig werden, so dass wir hier keine vollständige Checkliste angeben können.

Da wir das Rad mit diesem Buch nicht neu erfinden und es eine Vielzahl guter Bücher gibt, die sich mit beschreibender Statistik befassen, verweisen wir für die Frage nach einer guten Darstellung auf zwei Autoren, die hierzu viel beigetragen haben. Außerdem kann man zu Darstellungen von Daten alleine ein ganzes Buch schreiben, und es gibt viele Beispiele „guter" und „schlechter" sowie offensichtlich bewusst verfälschter Darstellungen. In den hier empfohlenen Werken finden Sie viel Material und Anregungen. Zunächst möchten wir Ihnen die populärwissenschaftlichen Bücher des Dortmunder Statistikers *Walter Krämer* ans Herz legen. Neben vielen anderen Büchern hat er mit „So überzeugt man mit Statistik" (1994), „So lügt man mit Statistik" (1998) und „Statistik verstehen" (2002) drei unterhaltsam geschriebene Werke verfasst, die sich u. a. dem Thema dieses Abschnitts, aber auch weiteren Themen der beschreibenden Statistik widmen. In diesen Büchern sind reichlich „gute" und „schlechte" Graphiken enthalten und kommentiert. Insbesondere enthalten sie neben der Kritik an verfälschenden Darstellungen auch konstruktive Teile mit Anregungen für gute Darstellungen. Als weiteres Buch empfehlen wir Ihnen *Herbert Kütting*, der mit „Beschreibende Statistik im Schulunterricht" (1994) das Thema aus didaktischer Perspektive entwickelt. Gerade für

[16] In Abb. 2.20 werden andere (fiktive) Daten dargestellt als in Abb. 2.19.

Tabelle 2.14. Urliste mit den Testwerten der 153 Schülerinnen und Schüler

31	12	8	22	3	37	27	43	35	8	22	11	29	12	28	18	40	21	19	39	21	17
33	29	36	29	17	23	22	26	34	43	34	22	27	42	15	35	40	39	37	40	31	37
37	25	31	25	19	17	47	34	42	34	50	17	32	24	13	17	27	33	47	19	16	41
37	26	32	11	19	13	25	23	26	30	38	26	36	48	37	18	30	40	13	26	30	23
19	26	27	13	43	42	32	38	28	34	25	36	47	33	30	6	29	23	19	21	46	33
36	25	29	16	5	9	15	32	36	34	29	26	20	21	13	9	20	41	34	24	24	28
21	29	15	27	24	16	40	14	18	33	27	32	22	43	30	43	15	41	23	12	22	

Tabelle 2.15. Absolute Häufigkeiten der aufgetretenen Testwerte

3	**5**	**6**	**8**	**9**	**11**	**12**	**13**	**14**	**15**	**16**	**17**	**18**	**19**	**20**	**21**	**22**	**23**	**24**	**25**	**26**
1	1	1	2	2	2	3	5	1	4	3	5	3	6	2	5	6	5	4	5	7

27	**28**	**29**	**30**	**31**	**32**	**33**	**34**	**35**	**36**	**37**	**38**	**39**	**40**	**41**	**42**	**43**	**46**	**47**	**48**	**50**
6	3	7	5	3	5	5	7	2	5	6	2	2	5	3	3	5	1	3	1	1

angehende Lehrerinnen und Lehrer lohnt sich der Blick in dieses Buch, das ebenfalls eine Fülle von Beispielen enthält.[17]

Wenn es hier um mehr oder weniger gute, manchmal um verfälschende Darstellungen von Daten geht, haben wir jeweils die *Darstellung* und nicht die *Gewinnung* der Daten im Blick. Es wird also davon ausgegangen, dass die „nackten Zahlen" stimmen. Auch diese Voraussetzung ist keineswegs selbstverständlich, darauf gehen wir am Ende dieses Abschnitts noch mal ein.

Zunächst kommt es bei einer „guten Darstellung" auf die Wahl der Darstellungsart an. Betrachten wir das folgende Beispiel: Im Rahmen einer landeseinheitlichen Lernstandsmessung wurden an der Blaise-Pascal-Gesamtschule 153 Schülerinnen und Schüler des neunten Jahrgangs getestet. Im Mathematiktest konnten maximal 50 Punkte erreicht werden. Wir präsentieren hier die Ergebnisse der 153 Jugendlichen auf fünf verschiedene Arten: In Tabelle 2.14 als Urliste der „Rohwerte", in Tabelle 2.15 verdichtet als absolute Häufigkeiten in tabellarischer Form, in Abb. 2.21 als Säulendiagramm für die relativen Häufigkeiten, in Abb. 2.22 als Histogramm mit 12 Klassen für die Merkmalsausprägungen 3 bis 50 und den gleichen Breiten $48 : 12 = 4$, und in Abb. 2.23 als Stängel-Blatt-Diagramm. Entscheiden Sie selber, welche Darstellung Ihnen am meisten sagt!

[17] Eine weiteres Buch, das zu diesem Thema sehr schönes Material für den Unterricht bereithält ist „Die etwas andere Aufgabe – aus der Zeitung" von *Wilfried Herget* und *Dietmar Scholz* (1998).

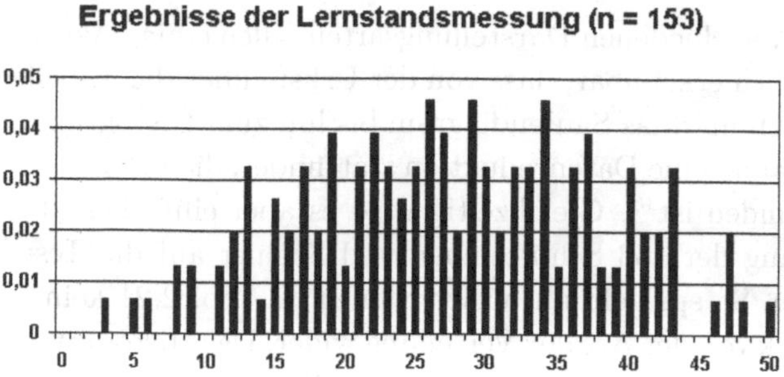

Abb. 2.21. Säulen-diagramm für die relativen Häufigkeiten der Testwerte

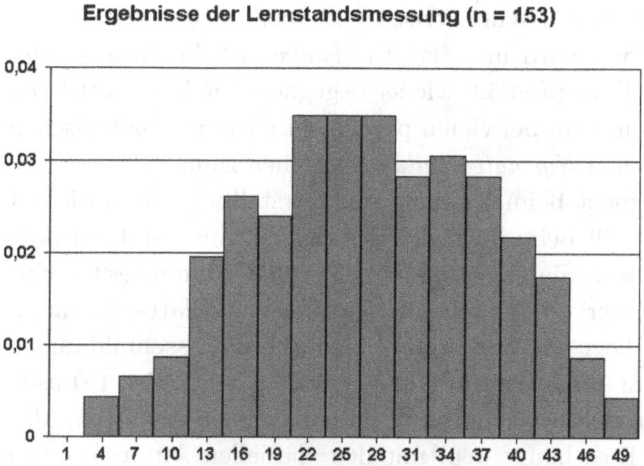

Abb. 2.22. Histogramm

0	3
0	8 8 5 9 9 6
1	2 1 2 4 2 1 3 3 3 3 3
1	8 9 7 6 5 7 5 5 6 8 9 8 9 7 7 7 9 6 9 9 5
2	2 2 1 1 3 2 2 1 4 3 2 3 3 2 4 4 4 0 1 0 3 1
2	7 9 8 5 9 6 7 9 7 9 6 5 6 6 6 7 8 5 5 7 9 6 6 7 8 5 9 9
3	1 2 4 4 1 3 2 0 0 0 3 2 4 1 4 4 2 3 4 2 4 3 0 3 0
3	7 5 9 6 6 5 9 7 7 7 8 6 7 7 8 6 6
4	3 0 3 2 0 0 0 1 0 3 2 1 1 3 2 3
4	8 7 7 7 6
5	0

Abb. 2.23. Stängel-Blatt-Diagramm für die erzielten Testwerte

Bei der Betrachtung der verschiedenen Darstellungsarten fallen einige Aspekte auf. Zunächst ist deutlich erkennbar, dass von der Urliste über die Tabelle der absoluten Häufigkeiten und das Säulendiagram bis hin zum Histogramm und Stängel-Blatt-Diagramm eine Datenreduktion stattfindet, die mit zunehmendem Aufwand verbunden ist[18]. Gleichzeitig wird es aber einfacher, das Wesentliche der Verteilung der 153 Schülerinnen und Schüler auf die Testwerte optisch zu erfassen. So spiegeln die vielen Säulen in Abb. 2.21 keinen besonders klaren Eindruck von der Art der Verteilung wider. Das Histogramm (Abb. 2.22) und das Stängel-Blatt-Diagramm (Abb. 2.23) sind *diesbezüglich* informativer. Bei den beiden letztgenannten Darstellungen kann man eine Verteilungsart erkennen, die typisch für Merkmale wie „Mathematikleistung" ist. Die Verteilung ist annähernd symmetrisch mit einem ausgeprägten Gipfel in der Mitte. Diese Form wird uns als *„Glockenkurve"*, Funktionsgraph der *Normalverteilung*, in Teilkapitel 3.9 wieder begegnen. Im Abschnitt 3.9.4 wird auch erläutert, warum man bei vielen psychologischen und biologischen Merkmalen von einer solchen *Normalverteilung* ausgehen kann.

Ein weiterer wichtiger Aspekt beim Umgang mit Darstellungsarten, die auf Klassenbildung basieren, fällt beim Vergleich des Histogramms und mit dem Stängel-Blatt-Diagramm auf. Sie zeigen zwar beide eine symmetrische, eingipflige Verteilung, aber der Gipfel scheint beim Stängel-Blatt-Diagramm schmaler zu sein. Dies liegt an den unterschiedlichen Klassenbildungen. Während das Histogramm auf den zwölf Klassen [3; 7), [7; 11), [11; 15) usw. basiert, liegen dem Stängel-Blatt-Diagramm die elf Klassen [0; 5), [5; 10), [10; 15) usw. zugrunde. Dies hängt u. a. mit den speziellen Anforderungen des Stängel-Blatt-Diagramms zusammen. Generell gilt für Histogramme und verwandte Darstellungen, dass der optische Eindruck sich im Allgemeinen verändert, wenn eine andere Klasseneinteilung gewählt wird.

Nach der Wahl der Darstellungsart sollte bei graphischen Darstellungen das Hauptaugenmerk auf der Einteilung der Achsen, deren Beschriftung und auf den verwendeten Symbolen liegen. Einige Beispiele sollen dies verdeutlichen. In den Abb. 2.24 und Abb. 2.25 werden die Zahlen der im letzten Jahr im Johannes-Krankenhaus lebend geborenen Mädchen und Jungen miteinander verglichen.

Während in Abb. 2.24 gut zu erkennen ist, dass im letzten Jahr fast gleich viele Mädchen und Jungen geboren wurden, sieht es in Abb. 2.25 zunächst so aus, als seien viel mehr Jungen als Mädchen geboren worden. Dort vermittelt erst ein Blick auf die Zahlen, dass das Verhältnis von Mädchen und Jungen in diesem Krankenhaus fast genauso ist, wie weltweit (ca. 51% Jungen und

[18]Aus der Erfahrung der eigenhändigen Anfertigung des Stängel-Blatt-Diagramms für 153 Merkmalsträger möchten wir noch mal auf die Grenzen dieser Darstellungsart für große Stichproben hinweisen!

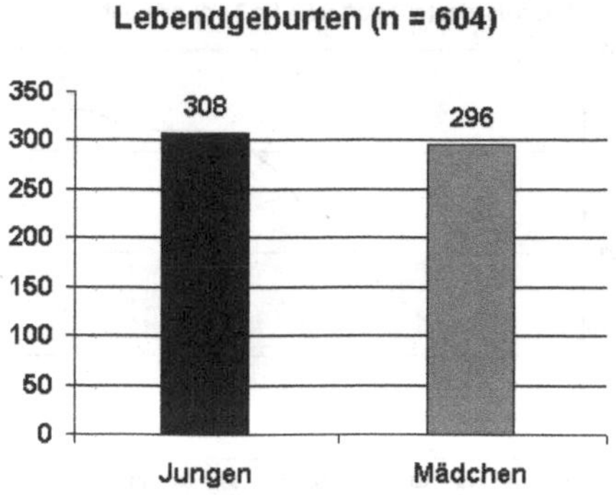

Abb. 2.24. Lebendgeburten I

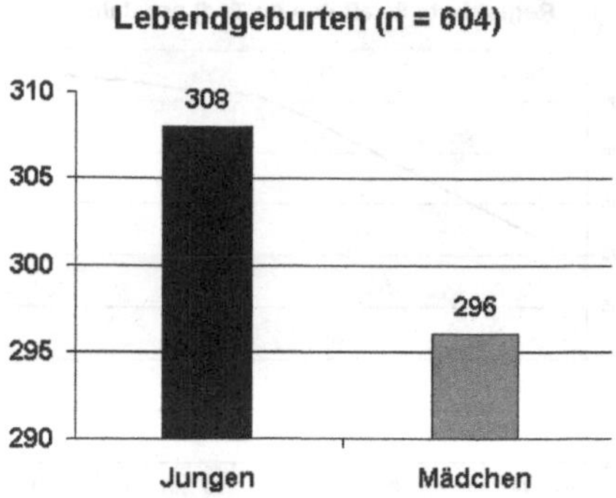

Abb. 2.25. Lebendgeburten II

49% Mädchen). Bei Abb. 2.24 sind die Zahlen und der optische Eindruck zusammen stimmig, während es bei Abb. 2.25 einer detaillierten Auseinandersetzung mit der Graphik bedarf, um einen passenden Eindruck zu erhalten. Graphiken sollen einen Sachverhalt aber direkt optisch zugänglich machen. Warum täuscht die Graphik in Abb. 2.25? Unser Auge ist darauf geschult, geometrische Maße zu erfassen und zu vergleichen, ohne dass dies ein *bewusster* Prozess ist. Dabei werden gleiche Längen oder Abstände zunächst als inhaltlich mit gleicher Bedeutung versehen interpretiert. Das Gleiche gilt für das Verhältnis von solchen Längen und Abständen sowie für die Vergleiche von Flächeninhalten und Volumina. In Abb. 2.25 erscheint die Differenz der Geburtenzahlen (12) deutlich größer als die Anzahl der geborenen Mädchen. Dies ist irreführend!

Volumina können uns in solchen Graphiken nur als zweidimensionale Projektionen dreidimensionaler Objekte begegnen. Aber auch hier vergleicht die auf perspektivische Darstellungen geschulte Wahrnehmung dann den Rauminhalt der Figuren, nicht deren Flächeninhalt oder Höhe. Da es bei den Säulendiagrammen um die Differenz von geborenen Mädchen und Jungen im Verhältnis zur Gesamtzahl geht, müssen die Säulen und damit die y-Achse bei einer „guten Darstellung“ bei Null beginnen.

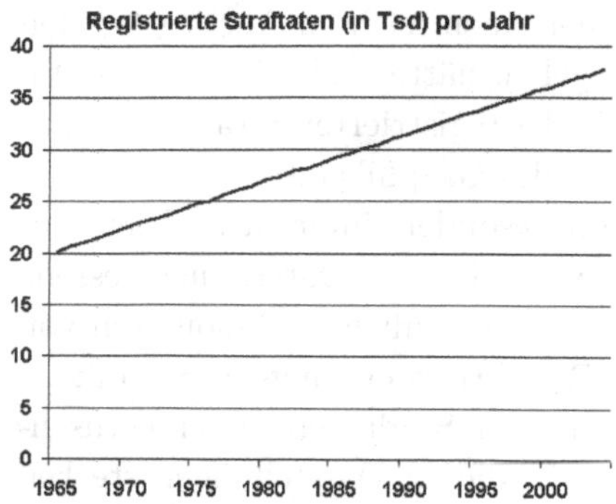

Abb. 2.26. Registrierte Straftaten I

Aber auch an der x-Achse kann manipuliert werden. Ein Bürgermeister kommt kurz vor der anstehenden Kommunalwahl auf die Idee, mit dem Thema „Innere Sicherheit“ zu werben. Zwar ist die Zahl der in seiner Stadt gemeldeten Straftaten in den letzten 40 Jahren kontinuierlich leicht ange-

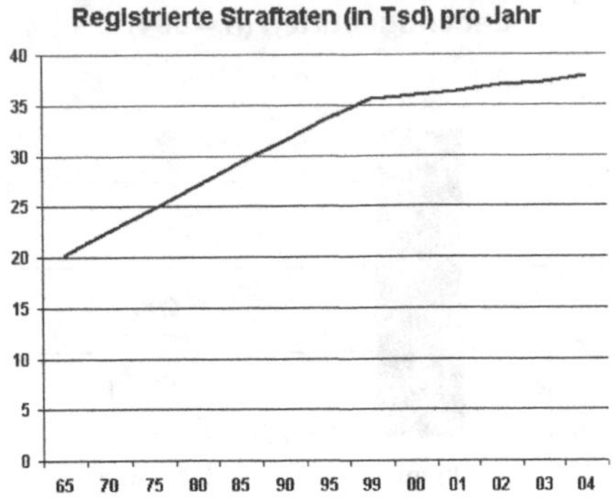

Abb. 2.27. Registrierte Straftaten II

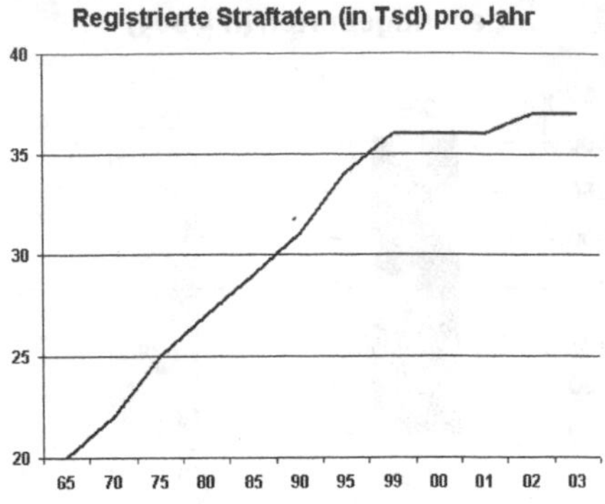

Abb. 2.28. Registrierte Straftaten III

stiegen, wie die Abb. 2.26 verdeutlicht. Der Graphiker des Bürgermeisters macht daraus aber für die Amtszeit seines Dienstherren (1999–2004) eine Erfolgsstory. Für eine Vorlage an den Stadtrat erstellt er die in Abb. 2.27 dargestellte Graphik. Die Bürgerinnen und Bürger bekommen im Wahlkampf die in Abb. 2.28 dargestellte Graphik präsentiert. Alle drei Graphiken basieren auf den gleichen Zahlen!

Der Erfolg des Oberbürgermeisters ist deutlich erkennbar, der Anstieg der registrierten Straftaten hat sich erheblich verlangsamt, oder? Der optische Schwindel ist zunächst in der x-Achse verborgen. Hier stehen gleiche horizontale Abstände nicht für gleiche Zeiträume, unser Auge (bzw. was unser Gehirn aus den Reizen macht) möchte dies aber so wahrnehmen. In Abb. 2.27 und Abb. 2.28 wurden als erste Datenpunkte immer nur die Jahreszahlen mit einer „0“ oder einer „5“ am Ende ausgewählt, also Fünfjahresintervalle, seit Beginn der Amtszeit des Oberbürgermeisters aber jedes einzelne Jahr. Darauf beruht der scheinbar verlangsamte Anstieg der Zahlen. In Abb. 2.28 ist die Manipulation dann am größten. Hier wird auch noch an der „y-Achse“ manipuliert. Sie beginnt erst bei 20 000, so dass die Unterschiede zwischen den Jahren und der gebremste Anstieg eindrucksvoller wirken. Außerdem wurde das Jahr 2004 außen vor gelassen, da es hier einen leichten Anstieg bei den auf volle Tausender gerundeten Zahlen gegeben hätte (von 37 T auf 38 T). So aber hat der Oberbürgermeister die Zahl der registrierten Straftaten sogar zur Stagnation gebracht. Ein toller Erfolg – des Graphikers!

Graphische Darstellungen sind häufig dann besonders informativ, leicht zugänglich und manchmal auch ästhetisch, wenn für die Daten angemessene Symbole zur Repräsentation gewählt werden. So wählt man Silhouetten von Autos, wenn es um die Absatzzahlen von PKW-Herstellern geht, Schaukeln, wenn es um die Anzahl an Spielplätzen in einer Stadt geht, oder Fernsehgeräte, wenn es um Einschaltquoten geht. In diesen Darstellungen stecken aber einige Tücken. Bei Auto-Silhouetten wird deren Flächeninhalt als Re-

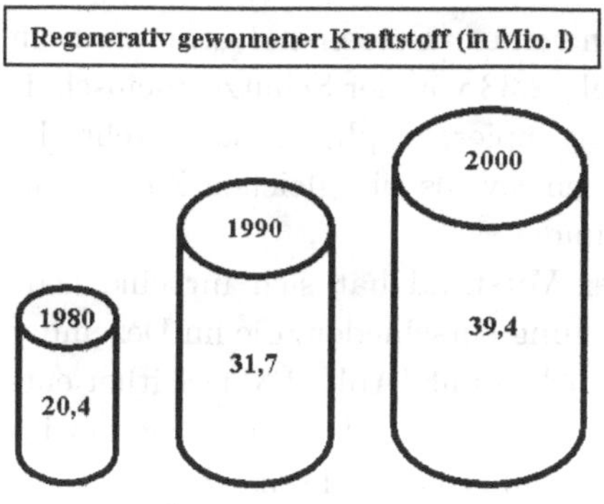

Abb. 2.29. Ölfässer I

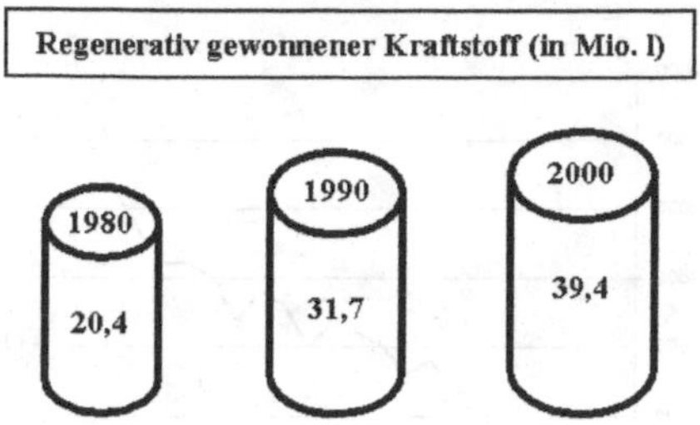

Abb. 2.30. Ölfässer II

präsentant für die Absatzzahlen aufgefasst und sollte daher proportional zu diesen sein. Werden Fernsehgeräte perspektivisch dargestellt, so wird deren Volumen als Repräsentant für die Anzahl der Zuschauer aufgefasst und sollte daher proportional zu diesen sein. An dem folgenden Beispiel verdeutlichen wir dies.

Die (zu Zylindern vereinfachten) Ölfässer stehen als Repräsentanten für die in Millionen Litern gemessene Menge regenerativ gewonnener Kraftstoffe in den angegebenen Jahren. Durch die perspektivische Darstellung identifiziert die geschulte Wahrnehmung den Fassinhalt, also das Volumen mit der darzustellenden Zahl. In Abb. 2.29 wurde das Fass für das Jahr 2000 annähernd doppelt so hoch, doppelt so breit und doppelt so tief dargestellt wie das Fass für das Jahr 1980, weil fast doppelt so viel Kraftstoff regenerativ gewonnen wurde (als Faktor berechnet man $39{,}4 : 20{,}4 = 1{,}93\ldots$). Dadurch hat das Fass für das Jahr 2000 aber fast das achtfache Volumen. Der Größenvergleich der beiden entsprechenden Fässer, liefert, ohne die Zahlen hinzuzuziehen, einen entsprechenden Eindruck. Der Inhalt des kleinen Fasses kann mehrmals in das große Fass gefüllt werden, ohne dass dies überläuft. In Abb. 2.30 ist dieses Missverhältnis korrigiert worden. Aus dem Wachstumsfaktor für die Jahre 1980 und 2000 (1,93...) wurde die dritte Wurzel gezogen. Das Ergebnis (1,24...) wurde als Streckungsfaktor für Höhe, Breite und Tiefe genommen. Dadurch entspricht das Verhältnis der Volumina der dargestellten Fässer dem Verhältnis der entsprechenden Fördermengen (für 1990 wurde jeweils analog verfahren). Solche Effekte treten natürlich genauso auf, wenn Flächeninhalte Daten repräsentieren sollen.

Ein weiteres Beispiel weist auf die Abhängigkeit der Qualität einer Darstellung von ihrem Zweck hin und unterstreicht die Notwendigkeit des Hinterfragens von Darstellungen. Hier wird die Gewinnentwicklung einer Aktiengesellschaft in Abb. 2.31 vom Vorstand des Unternehmens, in Abb. 2.32

Abb. 2.31. Gewinnentwicklung I

von einer Börsenanalystin und in Abb. 2.33 von der Schutzgemeinschaft Wertpapier graphisch dargestellt. Es liegen jeweils die gleichen Zahlen zugrunde!

Der Vorstand hat sich für eine Darstellung entschieden, die im Dezember 2001 beginnt (Abb. 2.31). Seither entwickeln sich die Unternehmensgewinne offenbar bei leichten Schwankungen positiv. Der steile Trend nach oben sollte allen Beteiligten Mut machen. Die Gewinnentwicklung wurde im Vergleich zum Gewinn von Dezember 2001 betrachtet. Diese Basislinie fiel damals mit −1,4 Mio. € sehr unbefriedigend aus. In der tatsächlichen Gewinnzone befindet sich die Aktiengesellschaft nämlich erst wieder seit Mai 2003.

Dies zeigt die Darstellung der Börsenanalystin (Abb. 2.32). Ihre Darstellung beginnt auch schon ein Jahr eher, schließt also noch einen längeren Negativtrend ein. Auch die Wahl der Einheiten ist nicht gleich. Der Vorstand gibt die Zahlen in Tausend Euro an, die Analystin in Millionen Euro. Die Zahlen an der y-Achse wirken dadurch mal mehr, mal weniger beeindruckend. Die Schutzgemeinschaft Wertpapier betrachtet die Entwicklung der letzten 30 Jahre und dokumentiert den ihrer Ansicht nach schlechten Zustand des Unternehmens (Abb. 2.33).

Alle drei Graphiken sind in ihrer Darstellungsart vom mathematischen Standpunkt aus durchaus legitim und sagen doch ganz Unterschiedliches aus. Daher sollten Sie sich beim Lesen von Darstellungen immer die Frage stellen, warum eine Graphik so gestaltet wurde und welche Alternativen es wohl gegeben hätte.

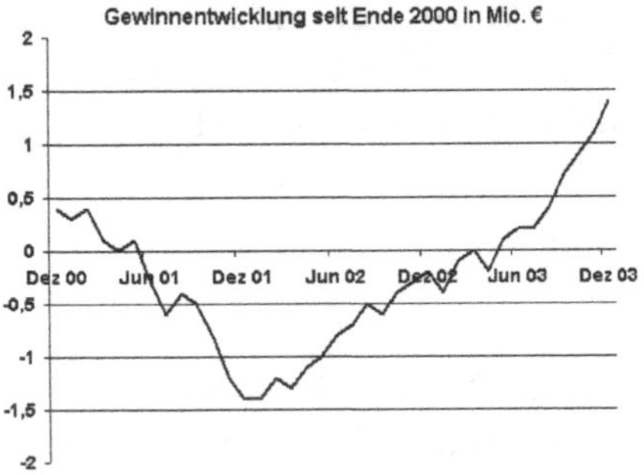

Abb. 2.32. Gewinnentwicklung II

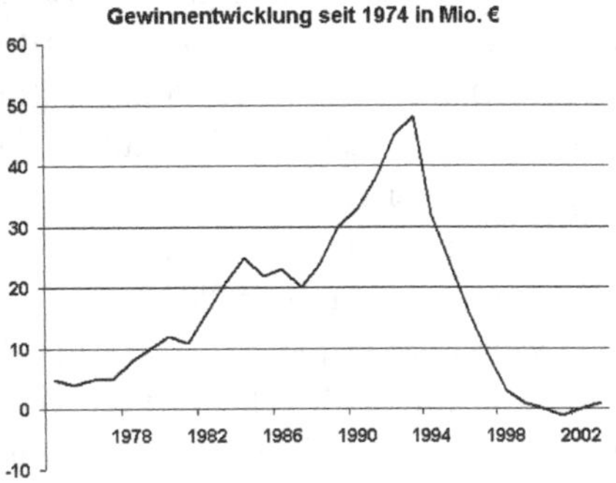

Abb. 2.33. Gewinnentwicklung III

Diese Beispiele und Überlegungen fassen wir in einer kurzen allgemeinen Kriterienliste für gute Darstellungen zusammen. Diese ist, wie wir betont haben, nur eine allgemeine Liste und für den Spezialfall noch nicht hinreichend. Diese Kriterien sollten aber bei Darstellungen von Datenreihen (für ein Merkmal) berücksichtigt werden:

- Die y-Achse beginnt bei Null und ist gleichmäßig eingeteilt.
- Die x-Achse ist gleichmäßig eingeteilt. Der in dem Bildausschnitt dargestellte Bereich der x-Werte ist möglichst sachangemessen gewählt.
- Die durch die verwendeten Symbole dargestellten Maße sind proportional zu den Zahlen, die sie darstellen sollen.
- Alle Festlegungen von Achsenausschnitten, Einheiten usw. sind möglichst wenig willkürlich, sondern liegen durch die Fragestellung inhaltlich nahe.

Diese Liste mag aufgrund ihrer Allgemeinheit zunächst nicht besonders hilfreich erscheinen, zumal auch diese Kriterien nicht absolut gültig sind. So kann es aus guten Gründen Abweichungen von dem zuerst genannten Kriterium geben. Wenn Sie eine Punktwolke für zwei Merkmale anfertigen möchten und sich für den Zusammenhang zwischen diesen Merkmalen interessieren, so kann der Bildausschnitt so gewählt werden, dass gerade alle Punkte zu sehen sind (vgl. Abb. 2.19 auf S. 47). Ebenso kann eine andere Basismarke als Null für die y-Achse gewählt werden. Bei Indexzahlen wie Preisindizes, die wir in Teilkapitel 2.5 darstellen, ist es manchmal üblich, den Wert für ein Bezugsjahr gleich Hundert zu setzen und die Entwicklung des Index daran zu orientieren (vgl. Abb. 2.60 auf S. 115). Dann ist Hundert der Basiswert für die y-Achse, also der Wert, an dem die x-Achse schneidet. Trotzdem hilft die obige Liste als erster Ansatz zum kritischen Hinterfragen von Darstellungen. Denn es gibt Darstellungen, die schon gegen diese allgemeinen Kriterien verstoßen – und das vermutlich nicht unabsichtlich ...
Im Folgenden haben wir einige graphische Darstellungen abgebildet, die den zuvor angesprochenen Qualitätsmaßstäben nicht genügen. Bei einigen wird dabei so grob gegen diese Konventionen verstoßen, dass manipulative Absicht unterstellt werden kann. Weitere schöne und zugleich warnende Beispiele findet man in den Büchern, die eingangs dieses Abschnitts empfohlen wurden.

Aufgabe 7 („Faule" Graphiken) Analysieren Sie die Abb. 2.34 bis Abb. 2.37. Welche „Verstöße" gegen Kriterien für „gute Darstellungen" können Sie entdecken? Fertigen Sie selber angemessene Darstellungen an und vergleichen Sie diese mit den Originalen. Welche Unterschiede stellen Sie fest?

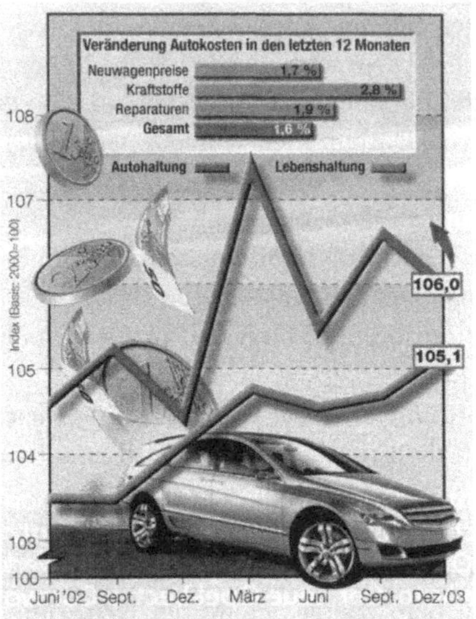

Abb. 2.34. ADAC motorwelt 2/2004

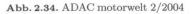

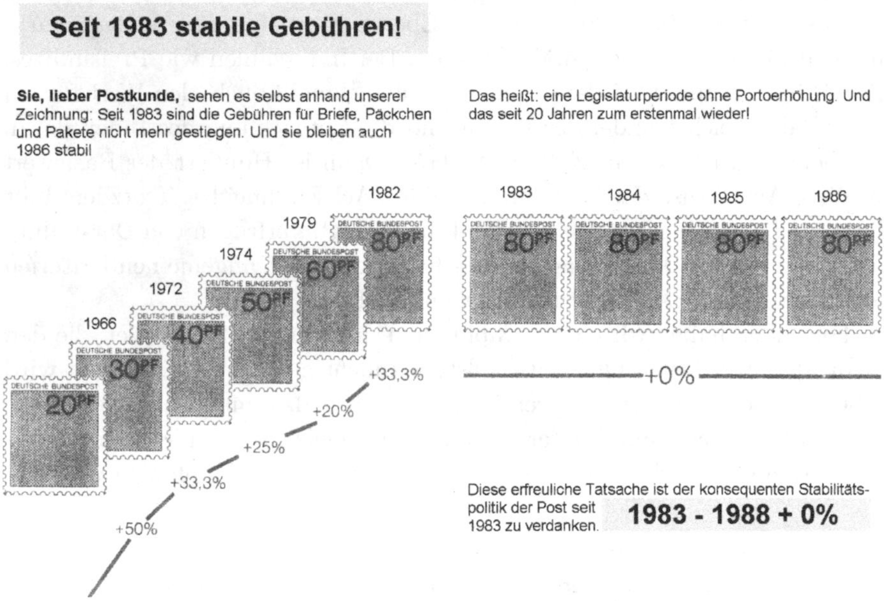

Abb. 2.35. „Informationen" einer ehemaligen Bundesregierung

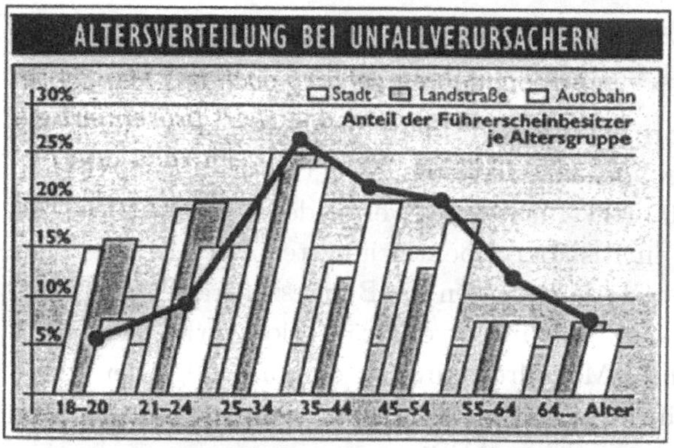

Abb. 2.36. auto, motor und sport 25/1994, S. 184 f

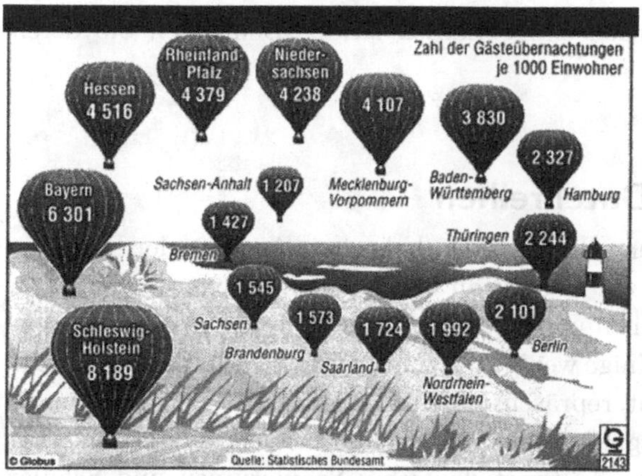

Abb. 2.37. Offenburger Tageblatt vom 08.07.1995

Wir sind in diesem Abschnitt davon ausgegangen, dass die zugrunde liegenden Zahlen „stimmen". Diese Annahme ist in der Praxis leider nicht immer zutreffend. Da wir bei der Datengewinnung in der Regel nicht dabei sein können, müssen wir uns eigentlich auf seriös gewonnene Daten verlassen. Manche Daten geben aber direkt Anlass zur Skepsis. Manchmal sind Zahlen zu „glatt", andere sind zu „exakt". Da Exaktheit mit dem Hauch der Wissenschaftlichkeit verbunden wird, ist das Vorgaukeln von Genauigkeit eine besonders beliebte Sportart. Beispielsweise gibt die Central Intelligence Agency (CIA) in „THE WORLD FACTBOOK"[19] die Einwohnerzahl Chinas für den Juli 2003 mit 1 286 975 468 an. Eine solche Genauigkeit ist bloßer Unsinn, da nicht alle Menschen registriert sind und da täglich viele Menschen sterben und andere geboren werden. Selbst wenn die allmächtige CIA die letzten sechs Ziffern weglassen würde und ihre Angaben in Millionen Menschen machen würde, wäre dies eine praktisch unerreichbare Genauigkeit.

[19] http://www.cia.gov/cia/publications/factbook/

Aufgabe 8 (Zahlen in einer Zeitungsmeldung) In den Ruhr-Nachrichten vom Freitag, dem 6. August 2004, konnte man die folgende Meldung lesen:

Aids-Prävention: 25 000 Infektionen vermieden

Köln ■ Durch die nationale Vorbeugungskampagne „Gib Aids keine Chance“ sind seit 1987 rund 25 000 HIV-Infektionen vermieden worden; allerdings nimmt das Schutzverhalten in Risikogruppen in jüngster Zeit ab. Dies geht aus dem neuen Dreijahresbericht hervor, den die Bundeszentrale für gesundheitliche Aufklärung (BZgA) unter dem Motto „Prävention wirkt“ gestern in Köln vorlegte. Demnach zeigen Modellrechnungen, dass als Folge der Angebote zur Aids-Prävention jährlich rund 450 Millionen Euro für das deutsche Gesundheitswesen eingespart werden. ■ AFP

In dem Zeitungsartikel werden einige Zahlen zitiert. Beurteilen Sie deren Verlässlichkeit!

2.3

2.3 Kennwerte von Datenreihen

In den beiden vorangegangenen Teilkapiteln haben wir Aspekte der Datengewinnung und erste Schritte zur Reduktion und Darstellung von Datenreihen beschrieben. Für den einfachen und übersichtlichen Umgang mit großen Datenmengen ist es hilfreich, einige wenige prägnante Werte zu haben, die solche Datenmengen möglichst gut repräsentieren. So interessiert den Kleidungshersteller die Durchschnittsgröße von Männern und Frauen, die Bildungsforscherin der durchschnittliche Testwert deutscher Schülerinnen und Schüler beim PISA-Mathematiktest, die Krankenkasse (und auch den Bundesfinanzminister) die Anzahl der pro Kopf in einem Jahr konsumierten Zigaretten. Aber auch die Streuung der Leistungen im genannten Mathematiktest oder die üblicherweise anzutreffenden größten und kleinsten Menschen sind dabei durchaus von Interesse.

In diesem Teilkapitel werden wir entsprechende Kennwerte für Datenreihen entwickeln und ihre Anwendung thematisieren. Dabei gibt es zwei große Klassen von Kennwerten, die Mittelwerte und die Streuungsmaße. Die Mittelwerte sind besonders typische Werte einer Verteilung. Sie kennzeichnen so etwas wie den Durchschnitt, die Mitte oder den Schwerpunkt einer Verteilung; sie sind ein zentraler Wert. Die Streuungsmaße geben an, wie breit ein Merkmal gestreut ist. Allein aus der Tatsache, dass Männer im Durchschnitt 177,1 cm groß sind, weiß man noch nicht, ob es einen relevanten Anteil von 2-Meter-Männern darunter gibt. Mit den Mittelwerten und Streuungsmaßen lassen sich dann weitere sehr informative graphische Darstellungen anfertigen, die im letzten Abschnitt dieses Teilkapitels präsentiert werden.

2.3.1 „Wo ist die Mitte der Welt?": Mittelwerte

Mittelwerte sollen den Bereich für „durchschnittliche" Werte einer Datenreihe charakterisieren. Dies kann der „Schwerpunkt" der Datenreihe sein, die Ausprägung, die am häufigsten auftritt, oder der mittlere Wert, der angenommen wird. Welcher Mittelwert im konkreten Fall anzuwenden ist, hängt vom Skalenniveau ab, mit dem gemessen wurde, aber auch vom konkreten Erkenntnisinteresse bei der Datenauswertung. Längst nicht alles, was rein rechnerisch möglich ist, macht für ein konkretes Erkenntnisinteresse Sinn. Darauf wird im Abschnitt 2.3.4 eingegangen. Wir werden insgesamt fünf Mittelwerte entwickeln und am Ende drei Mittelwerte, die eine besondere Eigenschaft erfüllen und daher auch Lagemaße heißen, von anderen Mittelwerten abgrenzen.

Wenn eine Abstimmung nach dem einfachen Mehrheitswahlrecht stattfindet, dann interessiert üblicherweise, welche Kandidatin bzw. welcher Kandidat die meisten Stimmen auf sich vereinen konnte (vgl. Klassensprecherwahl auf S. 28). Bei psychologischen Untersuchungen interessiert man sich z. B. dafür, ob sich „gute" Schülerinnen und Schüler von „schlechten" in bestimmten anderen Merkmalen unterscheiden. Dann trennt man anhand des „mittleren" auftretenden Leistungswertes die „bessere" Hälfte von der „schlechteren" und untersucht, wie beide Gruppen sich bezüglich anderer Merkmale verhalten (dieses Verfahren nennen wir „Split-Half"). Um angeben zu können, wie viele Menschen in einem Aufzug höchstens fahren sollten, orientiert man sich üblicherweise am „mittleren" Gewicht von Erwachsenen und geht davon aus, dass 12 Erwachsene etwa 900 kg wiegen. Aus dem wirtschaftswissenschaftlichen Bereich untersuchen wir schließlich Fragen nach der „durchschnittlichen" Rendite bei Aktienkursen und Fonds.

Zunächst orientieren wir uns am möglichen Skalenniveau von Daten. Wenn man sich für ein nominal skaliertes Merkmal interessiert, wie die Kandidaten bei einer Wahl oder die Farbe von neu zugelassenen Autos, so lässt sich lediglich auszählen, welche Merkmalsausprägungen wie häufig auftreten. Der Kandidat bzw. die Kandidatin mit den meisten Stimmen ist gewählt, und die Farbe, die am häufigsten im letzten Jahr bestellt wurde, ist derzeit die beliebteste. Als typischen Wert einer solchen Datenreihe nutzt man in der Regel eine Merkmalsausprägung mit der höchsten *absoluten* und damit auch der höchsten *relativen Häufigkeit*. Dieser Wert heißt ***Modalwert***. Er ist nicht in jedem Fall eindeutig festgelegt. Wenn bei einer einfachen Mehrheitswahl zwei oder mehr Kandidatinnen gleich viele Stimmen haben und niemand mehr Stimmen, so spricht man von einem Patt. Jede dieser Kandidatinnen wäre dann ein Modalwert der Datenreihe „abgegebene Stimmen".

4 **Definition 4 (Modalwert)** Gegeben sei eine Datenreihe $x_1, \ldots, x_n$. Ein x_i heißt ***Modalwert*** (oder ***Modus***) der Datenreihe, wenn gilt: $H_n(x_i) \geq H_n(x_j)$ für alle $1 \leq j \leq n$.

Da alle Skalenniveaus insbesondere auch die Anforderungen einer Nominalskala erfüllen, lässt sich der Modalwert stets als sinnvoller Wert bestimmen. Wenn es sich bei vorliegenden Daten um Ausprägungen eines ordinal skalierten Merkmals handelt, so lassen sich diese ordnen, und es kann ein mittlerer Wert identifiziert werden. Bei dem eingangs skizzierten Split-Half-Verfahren würde man z. B. mit einem Schulleistungstest einen Testwert für alle Schülerinnen und Schüler finden. Diese Testwerte werden der Größe nach geordnet, dann lassen sich die 50% „guten“ Schülerinnen und Schüler von den 50% „schlechten“ trennen. Dabei kann es natürlich sein, dass genau in der Mitte ein Testwert sehr oft vorkommt. Dann würden die entsprechenden Schülerinnen und Schüler per Zufall so auf die beiden Gruppen aufgeteilt, dass die Anzahlen gleichgroß sind oder sich höchstens um Eins unterscheiden. Ein Wert, der in der Mitte liegt heißt ***Median***. Aber gibt es immer genau „die Mitte“?
Betrachten wir drei Beispiele für fiktive Datenreihen mit Testwerten, die bereits der Größe nach sortiert sind:
a. 12, 15, 16, 18, 20, 21, 21, ***23***, 24, 25, 25, 26, 29, 32, 35
b. 12, 15, 18, 18, 19, 23, ***23***, 23, 23, 25, 28, 28, 33
c. 11, 14, 17, 19, 22, 23, ***24***, ***25***, 25, 28, 29, 31, 32, 35

Als mittlerer Wert kommt in der Datenreihe a. nur die 23 infrage, sie tritt genau einmal auf. In Datenreihe b. liegt wiederum die 23 genau in der Mitte, diesmal tritt sie sogar noch drei weitere Male auf. Im Gegensatz zu den ersten beiden Datenreihen hat die Datenreihe c. eine gerade Anzahl von Werten, die Stichprobe bestand also aus einer geraden Anzahl an Merkmalsträgern. Hier kommen offenbar sowohl die 24 als auch die 25 infrage. Für beide Zahlen gilt, dass mindestens die Hälfte der Daten größer oder gleich diesem Wert ist und gleichzeitig mindestens die Hälfte der Daten kleiner oder gleich diesem Wert ist (der Wert selber ist durch das „gleich“ eingeschlossen). Hier kann man beide Zahlen als „Mitte“ wählen.

5 **Definition 5 (Median)** Für ein ordinal skaliertes Merkmal sei die geordnete Datenreihe $x_1, \ldots, x_n$ gegeben. Dann heißt
- $x_{\frac{n+1}{2}}$, wenn n ungerade ist, bzw.
- $x_{\frac{n}{2}}$ oder $x_{\frac{n}{2}+1}$, wenn n gerade ist,

ein ***Median*** (oder ***Zentralwert***) der Datenreihe.

Da die Daten geordnet vorliegen müssen, kann ein Median nur für mindestens ordinal skalierte Merkmale bestimmt werden. Wenn der mittlere Wert für ein quantitatives Merkmal bestimmt wird, so sehen manche Definitionen auch vor, dass im Fall „n gerade" der Median durch $\frac{x_{\frac{n}{2}}+x_{\frac{n}{2}+1}}{2}$ definiert wird. Dadurch kann der Median seine Ausgangsmenge verlassen, das heißt er nimmt möglicherweise einen Wert an, der gar nicht als Merkmalsausprägung gemessen wurde[20]. Bei der obigen Definition kann dies nicht passieren. Allerdings ist ein Median in der obigen Definition für den Fall „n gerade" nicht eindeutig definiert. Bei der alternativen Definition wäre dies der Fall.
Eine zur obigen Definition äquivalente Charakterisierung des Median wurde bereits beschrieben. Es gilt der folgende Satz:

Satz 1 (Charakterisierung des Median) Für ein ordinal skaliertes Merkmal sei die Datenreihe $x_1, \ldots, x_n$ gegeben. Ein Wert x_k der Datenreihe ist genau dann ein Median der Datenreihe, wenn gilt 1

$$\sum_{x \geq x_k} h_n(x) \geq 0{,}5 \quad \text{und} \quad \sum_{x \leq x_k} h_n(x) \geq 0{,}5\,.$$

Auftrag

Verdeutlichen Sie sich die Aussage von **Satz 1** und einen zugehörigen Beweis an einem geeigneten Beispiel.

Da ein Median in der Mitte der Datenreihe liegt, hat er die schöne Eigenschaft, dass die Summe der Abstände zu den anderen Daten auf der reellen Zahlengeraden minimal ist. Dies ist so zu verstehen, dass nur Mediane bzw. die zwischen zwei Medianen liegenden Punkte auf der reellen Zahlengeraden eine minimale Summe der Abstände zu den anderen Daten aufweisen können. Dieser Sachverhalt lässt sich gut an der Visualisierung in der folgenden Abb. 2.38 darstellen, die zu einem präformalen[21] Beweis Anlass gibt.
Gegeben sei eine Datenreihe mit den Daten A bis H, dargestellt auf der reellen Zahlengeraden. Gesucht wird ein Punkt mit der Eigenschaft, dass die

---

[20]Dies kann bei ordinal skalierten Merkmalen, wie z. B. dem Schulabschluss der Eltern („0" = kein Schulabschluss, „1" = Hauptschulabschluss, „2" = Fachoberschulreife, „3" = Abitur) zu unangemessenen Werten führen. Hier hat z. B. $\frac{1+2}{2}$ keinen inhaltlichen Sinn.

[21]Der Begriff „präformaler Beweis" wurde durch *Werner Blum* und *Arnold Kirsch* geprägt (*Blum&Kirsch* 1991).

Ein Plädoyer für „präformale Darstellungen" und „inhaltlich-anschauliche Beweise" von *Erich Ch. Wittmann* und *Gerhard N. Müller* finden Sie unter http://www.didmath.ewf.uni-erlangen.de/Verschie/Wittmann1/beweis.htm

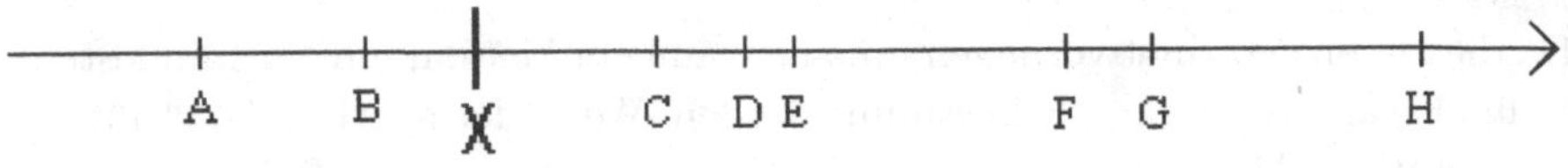

Abb. 2.38. Minimumeigenschaft des Median

Summe der Abstände zu den Punkten A bis H minimal ist. X sei ein beliebiger Punkt. In der Abb. 2.38 liegt X zwischen B und C. Um zu sehen, ob X schon diese Minimumeigenschaft hat, kann der Punkt in Gedanken verschoben werden. Schiebt man ihn ein Stückchen nach links, so werden sechs Abstände (zu den Punkten C bis H) um eben dieses Stückchen größer, und nur zwei Abstände (zu den Punkten A und B) werden entsprechend kleiner. Insgesamt wächst die Summe der Abstände also (und zwar genau um vier „Stückchen"). Schiebt man den Punkt nach rechts, so verkleinern sich sechs Abstände jeweils um den gleichen Betrag, wie sich zwei vergrößern. Also wird man sich auf der Suche nach einem Punkt mit der Minimumeigenschaft nach rechts bewegen und landet schließlich bei Punkt D (einem der beiden Mediane der Datenreihe!). Wenn X sich zwischen D und E (jeweils einschließlich) bewegt, dann bleibt die Abstandssumme konstant. Gerät man in den Bereich $(-\infty, D)$ oder (E, ∞), so wird sie sofort größer. Daher muss ein Punkt mit der Minimumeigenschaft zwischen den möglichen Medianen liegen bzw. identisch mit einem Median sein. Die hier betrachtete Summe der Abstände von einem Punkt, insbesondere vom Median, wird in Abschnitt 2.3.6 als Streuungsmaß mit dem Namen „mittlere absolute Abweichung" wieder auftauchen.
Nachdem wir für nominal und ordinal skalierte Merkmale Mittelwerte angegeben haben, betrachten wir nun quantitative Merkmale. Die Durchschnittsgröße und das Durchschnittsgewicht sind klassische Beispiele für die Gewinnung des ***arithmetischen Mittels***. Der Algorithmus zur Bestimmung der Durchschnittsgröße oder des Durchschnittsgewichts ist so allgegenwärtig und uns so geläufig, dass dieses Konzept umgangssprachlich oft synonym für „Mittelwert" steht. Dabei wird die Summe aller Daten durch ihre Anzahl geteilt.

6 **Definition 6 (Arithmetisches Mittel)** Für ein quantitatives Merkmal sei die Datenreihe $x_1, \ldots, x_n$ gegeben. Dann heißt $\bar{x} := \frac{1}{n} \cdot \sum_{i=1}^{n} x_i$ ***arithmetisches Mittel***[22].

[22]Wenn die Abhängigkeit des arithmetischen Mittels von der Datenreihe hervorgehoben werden soll, kann es explizit als reellwertige Funktion von n reellwertigen Argumenten $f\colon \mathbb{R}^n \to \mathbb{R}$ mit $(x_1, \ldots, x_n) \mapsto f(x_1, \ldots, x_n) := \bar{x}$ geschrieben werden. Diese Darstellungsweise lässt sich anlog auf die noch folgenden Mittelwerte und die in Abschnitt 2.3.6 folgenden Streuungsmaße für Datenreihe übertragen.

Das arithmetische Mittel kann einen Wert annehmen, der nicht unter den Daten anzutreffen ist, sondern zwischen zwei Daten liegt. Die einfache Gleichungsumformung $\sum_{i=1}^{n} x_i = n \cdot \bar{x}$ deutet auf eine interessante Eigenschaft des arithmetischen Mittels hin. Mit dem arithmetischen Mittel und der Anzahl der Daten, also der Stichprobengröße, kennt man auch die Summe der Daten. Umgekehrt reicht die Summe der Daten aus, um das arithmetische Mittel zu bestimmen, die einzelnen Merkmalsausprägungen müssen gar nicht bekannt sein. So kommt eine Aussage wie „die Deutschen essen jedes Jahr im Schnitt 312,7 Eier“ zustande. Wenn man bei einer gegebenen Datenreihe genau einen Wert verändert, so verändert sich automatisch auch das arithmetische Mittel.

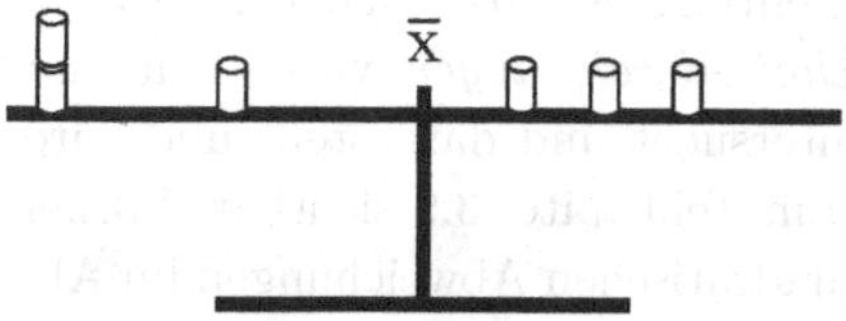

Abb. 2.39. „Balkenwaage“: Das arithmetische Mittel als Schwerpunkt

Das arithmetische Mittel enthält also viel mehr Information als nur die über einen „Schwerpunkt“ der Datenreihe. Wenn man den für eine Datenreihe relevanten Ausschnitt der reellen Zahlengeraden am arithmetischen Mittel wie bei einer Balkenwaage fixiert und an den Stellen, an denen die Daten auftreten, für jedes einzelne Datum ein jeweils gleich schweres Gewicht auflegt, so ist der „Balken“ genau in der Waage (siehe Abb. 2.39).

Die Vorstellung der Balkenwaage und des arithmetischen Mittels als Schwerpunkt bedeutet, dass die Summe der Abstände des arithmetischen Mittels zu den links von ihm gelegenen Daten („Gewichten“) genauso groß ist wie die Summe der Abstände zu den rechts von ihm gelegenen Daten. Etwas formaler wird diese Aussage im folgenden Satz formuliert.

Satz 2 (Schwerpunkteigenschaft des arithmetischen Mittels) Für ein quantitatives Merkmal sei die Datenreihe $x_1, \ldots, x_n$ mit arithmetischem Mittel $\bar{x}$ gegeben. Dann gilt $\sum_{i=1}^{n} (x_i - \bar{x}) = 0$. 2

Aufgabe 9 (Nachweis der Schwerpunkteigenschaft) Beweisen Sie Satz 2!

Hier wird auch deutlich, warum ein quantitatives Merkmal eine sinnvolle Voraussetzung für die Anwendung des arithmetischen Mittels ist. Auftretende gleiche Abstände müssen gleiche Bedeutung, also gleiches Gewicht, haben. Das arithmetische Mittel hat wie der Median eine besondere Minimumeigenschaft, die das arithmetische Mittel für die Stochastik besonders wichtig macht. Es minimiert nämlich die Summe der Abstandsquadrate. Dies ist die Aussage des folgenden Satzes:

3 **Satz 3 (Minimumeigenschaft des arithmetischen Mittels)** Für ein quantitatives Merkmal sei die Datenreihe $x_1, \ldots, x_n$ mit arithmetischem Mittel $\bar{x}$ gegeben. Die Summe $\sum_{i=1}^{n} (x_i - c)^2$ der quadratischen Abweichungen der x_i von einem gegebenen Wert $c \in \mathbb{R}$ wird genau dann minimal, wenn $c = \bar{x}$ ist.

Die *Summe der quadratischen Abweichungen* wird in Abschnitt 2.3.6 die Grundlage für ein Streuungsmaß mit dem Namen *Standardabweichung* bilden. Die weit reichende stochastische Bedeutung des *arithmetischen Mittels* zusammen mit der *Summe der quadratischen Abweichungen* wurde von *Carl Friedrich Gauß* intensiv mathematisch untersucht und dargestellt und wird bei der Darstellung der *Normalverteilung* in Teilkapitel 3.9 sichtbar. Vorher wird die Methode der Minimierung von quadratischen Abweichungen im Abschnitt 2.6.3 zu einer eindeutig definierten Regressionsgeraden führen.

Beweis 1 (Beweis von Satz 3) Für den Beweis der Minimumeigenschaft des arithmetischen Mittels betrachten wir die Summe der quadratischen Abweichungen als Term $f(c) := \sum_{i=1}^{n} (x_i - c)^2$ einer nach oben geöffneten Parabel und zeigen mit *quadratischer Ergänzung*, dass ihr Scheitelpunkt genau bei $\bar{x}$ liegt:

$$\begin{aligned} 0 \leq f(c) &= \sum_{i=1}^{n}(x_i - c)^2 = \sum_{i=1}^{n}(c^2 - 2 \cdot x_i \cdot c + x_i^2) \\ &= n \cdot c^2 - 2 \cdot n \cdot \bar{x} \cdot c + \sum_{i=1}^{n} x_i^2 = n \cdot (c - \bar{x})^2 - n \cdot \bar{x}^2 + \sum_{i=1}^{n} x_i^2 \,. \end{aligned}$$

Dabei wird $(c - \bar{x})^2$ und damit der gesamte Funktionswert minimal für $c = \bar{x}$.

Wir haben bisher drei wichtige Mittelwerte für qualitative, ordinal skalierte bzw. quantitative Merkmale entwickelt. Für quantitative Merkmale gibt es allerdings noch weitere Mittelwerte, die u. a. für wirtschaftswissenschaftliche Fragestellungen von Bedeutung sind. Dazu betrachten wir zwei Situationen. In einem ersten Beispiel stellt sich bei einem Bonussparen mit jährlich steigenden Zinsen die Frage nach dem „durchschnittlichen" Zinssatz. Unter „durchschnittlichem" Zinssatz wird dabei ein fester Zinssatz betrachtet, der bei der gleichen Laufzeit zum gleichen Endkapital führt. In einem zweiten Beispiel kauft jemand monatlich für einen festen Geldbetrag Anteile an einem

Aktienfonds. Da ein Fondsanteil je nach Aktienkursen von Monat zu Monat unterschiedlich viel kostet, stellt sich die Frage, wie sich der „mittlere“ Preis eines Fondsanteils bestimmten lässt.
Eine Bank lockt mit einem Festgeldkonto über 5 Jahre. Dabei erhält der Kunde für eine einmalige Einlage von mindestens 10 000 €, die er zu Beginn tätigt, im ersten Jahr 2% Zinsen, im zweiten Jahr 4%, bis er schließlich im fünften Jahr 10% Zinsen bekommt (also jährlich 2 Prozentpunkte mehr). Eine andere Bank bietet ein entsprechendes Festgeldkonto an, bei dem für die Dauer von fünf Jahren konstant 6% Zinsen gezahlt werden. Was lohnt sich mehr? Wie hoch ist der durchschnittliche Zinssatz bei der ersten Bank?
Die Frage, welche Anlageform lohnenswerter ist, lässt sich durch einfache Zinseszinsrechnung klären. Dazu wird der Faktor bestimmt, um den die ursprüngliche Einlage nach fünf Jahren gewachsen ist.

- Bank 1: $1{,}02 \cdot 1{,}04 \cdot 1{,}06 \cdot 1{,}08 \cdot 1{,}10 \approx 1{,}3358$
- Bank 2: $1{,}06^5 \approx 1{,}3382$

Bei Bank 1 erhält man am Ende der Laufzeit seine Einlage plus 33,58% Zinsen, während man bei Bank 2 am Ende 33,82% Zinsen zusätzlich zur ursprünglichen Einlage erhält. Bei der zweiten Bank erhält man einen konstanten Zinssatz, aber wie hoch ist der „durchschnittliche“ Zinssatz bei Bank 1. Wenn man das arithmetische Mittel der fünf jährlichen Zinssätze ansetzt, erhält man $\frac{2\%+4\%+6\%+8\%+10\%}{5} = 6\% = 0{,}06$. Dieses Ergebnis kann nicht der durchschnittliche Zinssatz im obigen Sinn sein. Denn der Zinssatz der zweiten Bank ist konstant 6%, und am Ende erhält man mehr Kapital. Gesucht ist hier also ein „durchschnittlicher“ Zinssatz x, der nach fünf Jahren denselben Wachstumsfaktor von 1,3358 ergibt. Aus dieser Überlegung ergibt sich die Rechnung $x = \sqrt[5]{1{,}02 \cdot 1{,}04 \cdot 1{,}06 \cdot 1{,}08 \cdot 1{,}10} \approx \sqrt{1{,}3358} \approx 1{,}0596$. Offenbar ist bei Daten, die multiplikativ verknüpft werden, diese Form der Mittelwertbildung angemessen. Dabei tauchen in diesem speziellen Kontext ***Wachstumsfaktoren*** und ***Wachstumsraten*** auf. Eine Wachstumsrate von $p = 6\%$ ergibt einen Wachstumsfaktor von $f = 1+p = 1{,}06$. Der hier für die Daten 1,02; 1,04; 1,06; 1,08 und 1,10 entwickelte Mittelwert heißt ***geometrisches Mittel*** und ist allgemein wie folgt definiert.

Definition 7 (Geometrisches Mittel) Für ein quantitatives Merkmal, das auf 7
einer Verhältnisskala gemessen wurde, sei die Datenreihe $x_1, \ldots, x_n$ mit $x_i \geq 0$ für $i = 1, \ldots, n$ gegeben. Dann heißt $\sqrt[n]{\prod_{i=1}^{n} x_i}$ das ***geometrische Mittel*** der Datenreihe.

Die Voraussetzung des Verhältnisskalenniveaus ist wichtig, weil es sich hier um multiplikative Verknüpfungen handelt, und gleiche Verhältnisse von Daten daher gleiche inhaltliche Bedeutung haben müssen. Beim arithmetischen Mittel und der additiven Verknüpfung reichte ein Intervallskalenniveau aus. Wie das arithmetische Mittel verändert sich auch das geometrische Mittel zwangsläufig, wenn man genau einen Wert in der Datenreihe verändert. Die notwendige Forderung nichtnegativer Daten ist keine wesentliche inhaltliche Einschränkung, da das geometrische Mittel bei Wachstumsfaktoren oder anderen nichtnegative Größen angewendet wird.

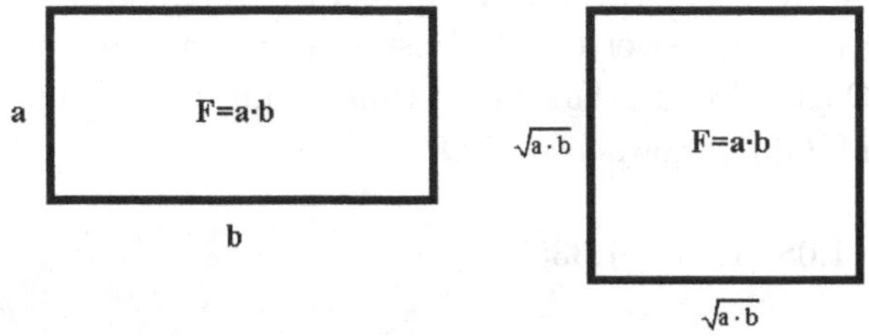

Abb. 2.40. Geometrisches Mittel

Warum heißt das geometrische Mittel „*geometrisch*"? In Abb. 2.40 werden die Seitenlängen des linken Rechtecks a und b so gemittelt, dass man ein Quadrat mit dem gleichem Flächeninhalt $F = a \cdot b$ erhält. Aufgrund dieses Flächeninhalts kommt nur $\sqrt{a \cdot b}$ als „geometrisches Mittel" der Daten a und b infrage. Dieses Konzept lässt sich auf n Daten verallgemeinern. Drei Daten a, b und c fasst man als Kantenlängen eines Quaders auf und sucht einen Würfel mit gleichem Rauminhalt. n Daten $x_1, \ldots, x_n$ lassen sich allgemein als Kantenlängen eines n-dimensionalen Quaders interpretieren, die unter Beibehaltung seines n-dimensionalen Rauminhalts zu einem n-dimensionalen Würfel gemittelt werden sollen.
Wie sieht es in dem zweiten Beispiel mit den Fondsanteilen aus? Anlageberater empfehlen, monatlich für einen festen Betrag Fondsanteile zu erwerben, dadurch werde der Ertrag optimiert. Armin und Beate verfolgen unterschiedliche Strategien. Armin vertraut dem Anlageberater nicht und erwirbt jeden Monat genau einen Anteil eines Fonds. Beate kauft jeden Monat für genau 100 € Anteile dieses Fonds[23]. Betrachten wir vier Monate, in denen ein Fondsanteil 80 €, 110 €, 120 € und 80 € kosten möge. Armin kauft jeweils einen Anteil und zahlt insgesamt für die vier von ihm erworbenen Anteile 80 € + 110 € + 120 € + 80 € = 390 €. Beate kauft jeden Monat für 100 €

[23]Es können auch Bruchteile von Anteilen gekauft werden, für 100 € kann sie z. B. 1,25 Anteile zu je 80 € erwerben.

Anteile. Wie viele Anteile bekommt sie dafür?

$$\frac{100\,€}{80\,\frac{€}{\text{Stck}}} + \frac{100\,€}{110\,\frac{€}{\text{Stck}}} + \frac{100\,€}{120\,\frac{€}{\text{Stck}}} + \frac{100\,€}{80\,\frac{€}{\text{Stck}}} \approx (1{,}25 + 0{,}91 + 0{,}83 + 1{,}25)\,\text{Stck}$$
$$= 4{,}24\,\text{Stck}\,.$$

Pro 100 € erwirbt Beate 1,06 Anteile. Armin erwirbt pro 100 € nur ca. 1,03 Anteile. Anscheinend ist die Anlageform „konstanter monatlicher Betrag" erfolgreicher. Inhaltlich kann man sich dies dadurch erklären, dass bei hohen Kursen weniger und bei niedrigen Kursen mehr Fondsanteile erworben werden, während Armin immer gleich viele Anteile kauft (vgl. hierzu *Schreiber* 2003). Armins durchschnittlicher Stückpreis ergibt sich durch das arithmetische Mittel der monatlichen Kurse:

$$\frac{80\,€ + 110\,€ + 120\,€ + 80\,€}{4\,\text{Stck}} = \frac{390\,€}{4\,\text{Stck}} = 97{,}50\,\frac{€}{\text{Stck}}\,.$$

Wie lässt sich Beates günstigerer durchschnittlicher Stückpreis für Fondsanteile von $\frac{400\,€}{4{,}24\,\text{Stck}} \approx 94{,}34\,\frac{€}{\text{Stck}}$ aus den monatlichen Kursen berechnen? Dazu werden die beiden „Teilberechnungen" mit den Ergebnissen 4,24 Stck und 94,34 € pro Stck verknüpft (wir vernachlässigen hierbei die Einheiten):

$$\frac{4 \cdot 100}{\frac{100}{80} + \frac{100}{110} + \frac{100}{120} + \frac{100}{80}} = \frac{4}{\frac{1}{80} + \frac{1}{110} + \frac{1}{120} + \frac{1}{80}} \approx 94{,}34\,.$$

Die hier verwendete Mittelwertbildung lässt sich verallgemeinern.

Definition 8 (Harmonisches Mittel) Für ein quantitatives Merkmal, das auf einer Verhältnisskala gemessen wurde, sei die Datenreihe $x_1, \ldots, x_n$ mit $x_i > 0$ für $1 \leq i \leq n$ gegeben. 8

Dann heißt $\frac{n}{\sum\limits_{i=1}^{n} \frac{1}{x_i}}$ das ***harmonische Mittel*** der Datenreihe.

Wie beim geometrischen Mittel ist die Voraussetzung des Verhältnisskalenniveaus aufgrund der Berechnung des harmonischen Mittels wesentlich. Wie das arithmetische und das geometrische Mittel verändert sich auch das harmonische Mittel zwangsläufig, wenn man genau einen Wert in der Datenreihe verändert. Die Voraussetzung „$x_i > 0$ für $1 \leq i \leq n$" ist keine wesentliche Einschränkung, da in Fällen, wo das harmonische Mittel geeignet ist, diese Bedingung erfüllt ist. Das harmonische Mittel ist der „Kehrwert des arithmetischen Mittels der Kehrwerte". Eine weitere typische Anwendung des harmonischen Mittels ist die Berechnung von Durchschnittsgeschwindigkeiten.

Aufgabe 10 (Durchschnittgeschwindigkeiten) Stellen Sie sich vor, Sie fahren mit dem Auto in den Urlaub.

a. Auf dem Hinweg fahren Sie in der ersten Stunde mit einer Durchschnittsgeschwindigkeit von 95 km/h, in der zweiten Stunde von 110 km/h und in der dritten Stunde von 85 km/h. Wie hoch ist Ihre Durchschnittsgeschwindigkeit in den ersten drei Stunden?
b. Auf dem Rückweg fahren Sie auf den ersten 100 km eine Durchschnittsgeschwindigkeit von 95 km/h, auf den zweiten 100 km von 110 km/h und auf den dritten 100 km von 85 km/h. Wie hoch ist Ihre Durchschnittsgeschwindigkeit auf den ersten 300 km?

Noch einmal zurück zu Armins und Beates Fondsanteilen. Hatte Beate einfach Glück mit den konkreten Kursen oder ist ihre Anlagestrategie immer besser? Tatsächlich fährt Armin mit seiner Strategie nur dann genauso gut wie Beate, wenn die Kurse sich nie verändern, ansonsten ist Beate im Vorteil. Warum dies so ist, wird im folgenden Abschnitt 2.3.2 allgemein geklärt.
Die Frage, warum das harmonische Mittel „harmonisch" heißt[24] und weitere interessante Fragen rund um Mittelwerte hat *Heinrich Winter* 1985 in „mathematik lehren" beantwortet (*Winter* 1985a–d).[25]

Aufgabe 11 (Veränderte Daten, konstante Mittelwerte) Gegeben sei die Datenreihe 2, 7, 1, 9, 2, 4, 4, 5, 2.

a. Bestimmen Sie einen Modalwert und einen Median sowie das arithmetische, das geometrische und das harmonische Mittel für diese Datenreihe!

Wie muss sich der letzte Wert in der Datenreihe ändern, wenn der erste Wert von zwei auf drei erhöht wird und gleichzeitig

b. der bestimmte Modalwert,
c. der bestimmte Median,
d. das arithmetische Mittel,
e. das geometrische Mittel,
f. das harmonische Mittel

der Datenreihe seinen Wert nicht verändern soll?

Bisher wurde der Begriff „Mittelwerte" als Sammelbezeichnung für die fünf entwickelten Kennwerte *Modalwert*, *Median*, *arithmetisches*, *geometrisches* und *harmonisches Mittel* verwendet. Wenn ein „Mittelwert" vor allem die

[24] Hier sei nur kurz darauf verwiesen, dass es in der Musik eine besondere Bedeutung für „harmonische" Klänge hat.

[25] Außerdem findet man in *Der Mathematikunterricht* einen Themenschwerpunkt „Mittelwerte und weitere Mitten" (Heft 5, 2004).

Lage der Daten auf der reellen Zahlengeraden charakterisieren soll, dann sollte er eine naheliegende Voraussetzung erfüllen: Werden alle Daten um eine festen Wert a auf der reellen Zahlengeraden verschoben, so sollte sich ein Lagemaß genauso verhalten (vgl. *Henze* 2000, 31 f.). Dies wird in der folgenden Definition präzisiert.

Definition 9 (Lagemaß) Ein Lagemaß ist eine Abbildung $L{:}\mathbb{R}^n \to \mathbb{R}$ mit der 9
Eigenschaft, dass für alle $a \in \mathbb{R}$ und alle $(x_1, \ldots, x_n) \in \mathbb{R}^n$ gilt:

$$L(x_1 + a, \ldots, x_n + a) = L(x_1, \ldots, x_n) + a.$$

Mit dieser Definition lassen sich die Lagemaße unter den Mittelwerten von den anderen Mittelwerten abgrenzen.

Satz 4 (Lagemaße und Mittelwerte) Der Modalwert, der Median und das arith- 4
metische Mittel sind Lagemaße. Das geometrische und das harmonische Mittel sind keine Lagemaße.

Wie wir anhand der Geldanlagebeispiele gesehen haben, sind das geometrische und das harmonische Mittel aber geeignete Konzepte, um Daten in bestimmten Situationen zu mitteln, ihren Durchschnitt zu bestimmen. Das arithmetische Mittel ist in diesem Sinn sowohl ein Lagemaß als auch ein Wert, der Daten „rechnerisch mittelt“. Es ist ohnehin der „prominenteste“ Vertreter der Lagemaße bzw. Mittelwerte.

Aufgabe 12 (Untersuchung auf Lagemaßeigenschaft) Veranschaulichen Sie alle Teilaussagen von **Satz 4** an geeigneten Beispielen und beweisen Sie anschließend diese Aussagen!

2.3.2 Vergleich der Mittelwerte

Wie verhalten sich die gerade entwickelten fünf Konzepte der Lagemaß- und Mittelwertbildung zueinander? An den Geldanlagebeispielen kann man sehen, dass das arithmetische Mittel für eine gegebene Datenreihe andere Werte annehmen kann als das geometrische Mittel oder das harmonische Mittel. Der Modalwert und der Median wiederum sind gegenüber Veränderungen einzelner Daten „robuster“ als die anderen Mittelwerte, bei denen sich die Veränderungen eines einzelnen Datums sofort auf den Wert dieser Mittelwerte auswirkt. Diese letzte Betrachtung wird zunächst an einem Beispiel ausgeführt, bevor wir thematisieren, wie sich bestimmte Verteilungen mit Hilfe von Modalwert, Median und arithmetischem Mittel charakterisieren

lassen und wie sich das arithmetische, das geometrische und das harmonische Mittel allgemein zueinander verhalten.
Wir betrachten in einem fiktiven Beispiel die Anzahl der Kinder von zehn in einer Fußgängerzone angesprochenen erwachsenen Passantinnen. Das Ergebnis dieser Befragung ist die folgende (geordnete) Liste der Daten: 0,0,0,0,1,1, 2,2,3,6. Je nach Fragestellung kommen als sinnvolle Mittelwerte hier der Modalwert $x_{\mathrm{MOD}} = 0$, der Median $\tilde{x} = 1$ oder das arithmetische Mittel $\bar{x} = 1{,}5$ infrage. Sie unterscheiden sich paarweise voneinander. Was passiert, wenn die Frau mit der höchsten angegebenen Kinderzahl nicht „6“, sondern „9“ angegebenen hätte? $x_{\mathrm{MOD}} = 0$ und $\tilde{x} = 1$ würden unverändert bleiben, während dann $\bar{x} = 1{,}8$ wäre. Man sagt aufgrund dieser Eigenschaft auch, das arithmetische Mittel „sei anfällig gegen Ausreißer“.

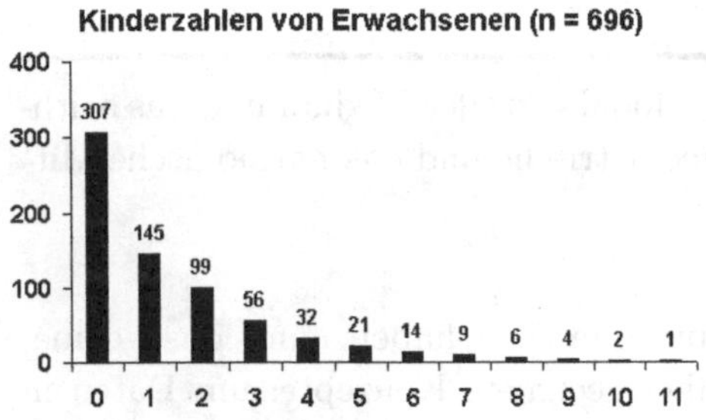

Abb. 2.41. Rechtsschiefe Verteilung

Diese Eigenschaft können wir nutzen, um Verteilungsformen mit Hilfe der Lagemaße zu charakterisieren. Betrachten wir dazu das Säulendiagramm in Abb. 2.41. In einer Stichprobe von 696 Erwachsenen wurde nach der Kinderzahl gefragt. An den Säulen stehen die jeweiligen absoluten Häufigkeiten. Der Modalwert $x_{\mathrm{MOD}} = 0$ lässt sich direkt ablesen, ebenso findet man den Median $\tilde{x} = 1$. Die Berechnung des arithmetischen Mittels ist aufwändiger, man erhält $\bar{x} \approx 1{,}45$. Die Relation $x_{\mathrm{MOD}} < \tilde{x} < \bar{x}$ der drei Werte zueinander ist typisch für eine so genannte ***rechtsschiefe Verteilung***. Die Verteilung heißt *rechtsschief*, weil ihr deutlicher Schwerpunkt links liegt und sie nach rechts langsam „ausläuft“.[26]

Ebenso lässt sich eine ***linksschiefe Verteilung*** durch $x_{\mathrm{MOD}} > \tilde{x} > \bar{x}$ charakterisieren. Bei einer ungefähr symmetrischen Verteilung gilt $x_{\mathrm{MOD}} \approx \tilde{x} \approx \bar{x}$.

[26] In der ersten Auflage dieses Buchs haben wir eine solche Verteilung, basierend auf unserem intuitiven Verständnis, noch „linksschief“ genannt – und damit ungewollt ein Beispiel dafür geliefert, dass manche Bezeichnungen in der Mathematik zwar per Konvention festgelegt sind, sich aber nicht zwangsläufig aus dem Sachzusammenhang ergeben. Man sollte daher in jedem Fall prüfen, was die Autoren unter einer Bezeichnung verstehen. Noch wichtiger ist es, diesen Aspekt der per Konvention festgelegten Bezeichnungen in der Schule zu berücksichtigen. Für die Schülerinnen und Schüler sind Bezeichnungen, die die Lehrperson aufgrund ihrer jahrelangen Erfahrung ganz selbstverständlich verwendet, häufig gar nicht so selbstverständlich.

Diese Betrachtungen lassen sich auch für Wahrscheinlichkeitsverteilungen, wie sie in Teilkapitel 3.6 vorgestellt werden, anstellen. Dort ist der Erwartungswert das Analogon zum arithmetischen Mittel. Der Median und der Modalwert lassen sich ebenfalls analog für Wahrscheinlichkeitsverteilungen definieren (vgl. Abschnitt 3.5.2).
Wie verhalten sich arithmetisches, geometrisches und harmonisches Mittel zueinander? In den beiden konkreten Beispielen zu Geldanlagen war das geometrische bzw. das harmonische Mittel kleiner als das arithmetische Mittel. Allerdings war das arithmetische Mittel in beiden Situationen nicht gut geeignet zur Mittelwertbildung. Unabhängig von der Frage, welches dieser drei Konzepte der Mittelwertbildung im Anwendungsfall geeignet ist, lässt sich die Beziehung zwischen den dreien allgemein untersuchen. Für die folgenden Betrachtungen bezeichnen wir das geometrische Mittel mit x_{GEO} und das harmonische Mittel mit x_{HAR}. Wir betrachten zunächst den einfachsten Fall der Mittelwertbildung, nämlich eine Datenreihe, die aus lediglich zwei Daten besteht[27]. Dabei sind zwei Fälle möglich:

a. Beide Daten sind gleich, die Datenreihe besteht also aus x_1 und x_2 mit $x_1 = x_2 =: x$. Dann gilt: $\bar{x} = x_{\text{GEO}} = x_{\text{HAR}} = x$. Dies folgt direkt durch Einsetzen von x in die Definition der Mittelwerte.
b. Die Daten sind verschieden, die Datenreihe besteht also aus x_1 und x_2 mit $x_1 \neq x_2$. Seien zum Beispiel $x_1 = 3$ und $x_2 = 8$. Dann gilt: $\bar{x} = 5{,}5$, $x_{\text{GEO}} \approx 4{,}9$ und $x_{\text{HAR}} \approx 4{,}4$. Hier gilt also $x_{\text{HAR}} < x_{\text{GEO}} < \bar{x}$.

Dieser Sachverhalt lässt sich verallgemeinern. Wir machen dies zunächst für die allgemeine Situation mit zwei positiven Daten und dann für mehr als zwei positive Daten.

Aufgabe 13 (Vergleich der drei Mittelwerte im Fall $n = 2$) Zeigen Sie, dass die folgende Aussage gilt: Für ein auf einer Verhältnisskala gemessenes Merkmal seien die beiden Daten x_1 und x_2 mit $x_1, x_2 > 0$ gegeben. Dann gilt $x_{\text{HAR}} \leq x_{\text{GEO}} \leq \bar{x}$. Dabei gilt „=“ jeweils genau dann, wenn $x_1 = x_2$ gilt.

Einen schönen elementargeometrischen Beweis dafür findet man in *Winter* 1985b. Das Verhältnis zwischen geometrischem und arithmetischem Mittel für $n = 2$ kann man sich anhand des *isoperimetrischen Problems*[28] erklären. Das

---

[27]Um alle drei Mittelwerte sinnvoll berechnen zu können, muss vorausgesetzt werden, dass diese Daten auf einer Verhältnisskala gemessen wurden und alle größer Null sind.

[28]Das isoperimetrische Problem für Vierecke lautet: Unter allen Vierecken festen Umfangs ist das mit maximalem Flächeninhalt zu finden.

Quadrat ist das Rechteck, das bei vorgegebenem Flächeninhalt minimalen Umfang hat.

Auftrag Überlegen Sie sich, wie das isoperimetrische Problem und das Verhältnis zwischen geometrischem und arithmetischem Mittel zusammenhängen.

Die in **Aufgabe 13** formulierte Aussage gilt auch für $n > 2$:

5 **Satz 5 (Arithmetisches, geometrisches und harmonisches Mittel)** Für ein auf einer Verhältnisskala gemessenes Merkmal sei die Datenreihe $x_1, \ldots, x_n$ mit $x_i > 0$ für $1 \leq i \leq n$ gegeben. Dann gilt $x_{\text{HAR}} \leq x_{\text{GEO}} \leq \bar{x}$. Dabei gilt „=“ jeweils genau dann, wenn $x_1 = x_2 = \ldots = x_n$ gilt.

Beweis 2 (Beweis von Satz 5) Im Folgenden werden die Teilaussagen des Satzes bewiesen, die sich auf den Vergleich von geometrischem und arithmetischem Mittel beziehen. Der Beweis der Teilaussagen, die sich auf den Vergleich zwischen harmonischem und geometrischem Mittel beziehen, verbleibt dann als **Aufgabe 14**. Die hier ausgeführte Beweisidee stammt von unserem Wiener Kollegen *Hans Humenberger*.
Die Teilaussagen des Satzes, die sich auf den Vergleich von geometrischem und arithmetischem Mittel beziehen, lassen sich mit $x_1 \cdot \ldots \cdot x_n \leq \bar{x}^n$ äquivalent darstellen[29].
Wir nehmen an, dass die Daten $x_1, \ldots, x_n$ der Größe nach geordnet vorliegen[30] und führen in zwei Schritten eine Veränderung der Datenreihe durch, die ihre Summe und damit das arithmetische Mittel konstant lässt und ihr Produkt und damit das geometrische Mittel allenfalls vergrößert:

a. Ersetze die kleinste Zahl der Datenreihe x_1 durch $\bar{x}$.
b. Ersetze zum Ausgleich für Schritt a. die größte Zahl x_n durch $(x_1 + x_n - \bar{x})$.

Der Schritt b. ist erforderlich, damit die Summe der Datenreihe konstant bleibt. Das Produkt wird allenfalls größer, denn der Rest des Produkts bleibt

[29] Die Aussage lässt sich auch wie folgt darstellen: „Ein Produkt $x_1 \cdot \ldots \cdot x_n$ von n Faktoren mit konstanter Summe $n \cdot \bar{x} = x_1 + \ldots + x_n$ ist genau dann maximal, wenn alle Faktoren gleich sind, nämlich $x_i = \bar{x}$ für $1 \leq i \leq n$.“

[30] Überlegen Sie sich selbst, warum dies keine Einschränkung der allgemeinen Situation darstellt.

unverändert und es gilt:

$$\begin{aligned}\bar{x}\cdot(x_1+x_n-\bar{x})\geq x_1\cdot x_n &\Leftrightarrow \bar{x}\cdot x_1+\bar{x}\cdot x_n-\bar{x}^2-x_1\cdot x_n\geq 0\\ &\Leftrightarrow \underbrace{(\bar{x}-x_1)}_{\geq 0}\cdot\underbrace{(x_n-\bar{x})}_{\geq 0}\geq 0\end{aligned}$$

Wenn nicht alle Zahlen gleich sind, gilt $x_1 < \bar{x} < x_n$, und schon beim ersten Schritt gilt das „>“-Zeichen, denn beide Faktoren des Produkts $(\bar{x}-x_1)\cdot(x_n-\bar{x})$ sind größer als Null. In jedem Fall enthält die veränderte Datenreihe nun mindestens eine Zahl, die gleich dem arithmetischen Mittel der Datenreihe ist, und das Produkt hat sich allenfalls vergrößert. Für diese neue Datenreihe lassen sich die Schritte a. und b. erneut durchführen. Dieses Verfahren erhöht sukzessive von Schritt zu Schritt die Anzahl der Daten, die gleich dem arithmetischen Mittel sind. Das Produkt kann dabei nicht kleiner werden. Nach spätestens n Wiederholungen der beiden Schritte a. und b. besteht die veränderte Datenreihe nur noch aus Zahlen, die gleich dem arithmetischen Mittel sind. Dabei hat sich sukzessive die folgende Ungleichungskette ergeben

$$x_1\cdot x_2\cdot\ldots\cdot x_{n-1}\cdot x_n\leq\bar{x}\cdot x_2\cdot\ldots\cdot x_{n-1}\cdot(x_1+x_n-\bar{x})\leq\cdots\leq\underbrace{\bar{x}\cdot\ldots\cdot\bar{x}}_{n\text{-mal}}$$

Wenn nicht alle x_i gleich sind, gilt statt des ersten „≤“-Zeichen ein „<“-Zeichen und die Aussage ist bewiesen.

Aufgabe 14 (Vergleich von harmonischem und geometrischem Mittel) Beweisen Sie die verbliebenen Teilaussagen von **Satz 5**, also die Aussagen für das harmonische und das geometrische Mittel.

Mit dem Beweis der allgemeinen Ungleichung für die drei Mittelwerte ist übrigens auch bewiesen, dass Beates Anlagestrategie für den Aktienfonds (siehe S. 68) immer mindestens genauso gut ist wie Armins. In der Regel ist ihre Strategie jedoch besser, nämlich sobald die Kurse schwanken, was praktisch immer der Fall ist.

2.3.3 Mittelwerte für klassierte Daten und gewichtete Mittelwerte

Im Abschnitt 2.3.1 haben wir Konzepte für fünf Mittelwerte eingeführt, in die alle in einer Stichprobe für ein Merkmal erhobenen Daten gleichartig eingehen. In der Anwendungspraxis kommt es vor, dass für die auftretenden Merkmalsausprägungen bereits absolute oder relative Häufigkeiten ermittelt wurden. Dies kann man bei der Berechnung von Mittelwerten effizient nutzen. In anderen Situationen kommt es vor, dass nicht alle Daten mit gleichem „Gewicht“ in die Berechnung des Mittelwertes eingehen. Beispiele hierfür

sind die Notenermittlung im Abitur oder Staatsexamen. Über diese Fälle hinaus kann es auch vorkommen, dass Daten nur klassiert vorliegen, sei es, weil sie klassiert erhoben wurden oder weil sie nur in einer aufbereiteten Form vorliegen. Auch hier lassen sich sinnvoll Mittelwerte bilden.
Nehmen wir also zunächst an, es liegen Daten vor, für die die absoluten und relativen Häufigkeiten bestimmt worden sind. Z. B. hat eine Fußballmannschaft in einer Saison mit 34 Spieltagen achtmal kein Tor erzielt, 13-mal genau ein Tor, achtmal genau zwei Tore, dreimal drei Tore und zweimal fünf Tore. Dann lässt sich das arithmetische Mittel direkt bestimmen durch

$$\bar{x} = \frac{8 \cdot 0 + 13 \cdot 1 + 8 \cdot 2 + 3 \cdot 3 + 2 \cdot 5}{34} = \frac{48}{34} \approx 1{,}4\,.$$

Eine Umformung dieser Formel bringt die relativen Häufigkeiten ins Spiel:

$$\bar{x} = \frac{8}{34} \cdot 0 + \frac{13}{34} \cdot 1 + \frac{8}{34} \cdot 2 + \frac{3}{34} \cdot 3 + \frac{2}{34} \cdot 5 \approx 1{,}4\,.$$

Dieser Ansatz wird in der Wahrscheinlichkeitsrechnung analog bei der Erwartungswertbildung in Kapitel 3.5.2 auftreten. In der folgenden Aufgabe wird dieser Ansatz verallgemeinert.

Aufgabe 15 (Mittelwerte für bereits „ausgezählte" Daten) Beweisen Sie die folgenden Aussagen und finden Sie sinnvolle Anwendungsbeispiele für diese Formeln für die Mittelwerte:
In einer Stichprobe vom Umfang n wird ein quantitatives Merkmal mit den Ausprägungen $x_1, \ldots, x_k$ gemessen. Dann gilt mit der absoluten Häufigkeit $H_n(x_i)$ und der relativen Häufigkeit $h_n(x_i)$:

a. $\bar{x} = \frac{1}{n} \cdot \sum\limits_{i=1}^{k} H_n(x_i) \cdot x_i = \sum\limits_{i=1}^{k} h_n(x_i) \cdot x_i\,.$

Wenn das Merkmal auf einer Verhältnisskala gemessen wurde und die Datenreihe ausschließlich aus nichtnegativen bzw. positiven reellen Zahlen besteht, gilt darüber hinaus:

b. $x_{\mathrm{GEO}} = \left(\prod\limits_{i=1}^{k} x_i^{H_n(x_i)}\right)^{\frac{1}{n}} = \prod\limits_{i=1}^{k} x_i^{h_n(x_i)}$ und

c. $x_{\mathrm{HAR}} = \dfrac{n}{\sum\limits_{i=1}^{k} \frac{H_n(x_i)}{x_i}} = \dfrac{1}{\sum\limits_{i=1}^{k} \frac{h_n(x_i)}{x_i}}\,.$

Analoge „Formeln" für den Modalwert und den Median gibt es nicht. Im Rahmen der Definitionen dieser beide Lagemaße wurde aber jeweils eine Charakterisierungsmöglichkeit mit absoluten bzw. relativen Häufigkeiten angegeben.

Aus der Berechnung der Abitur- oder Staatsexamensnote dürften Sie Mittelwertbildungen kennen, bei denen einzelne Daten stärker berücksichtigt werden als andere. Betrachten wir das einfache Bespiel eines Studienabschlusses, bei dem zwei Klausuren geschrieben werden, eine „große“ mündliche Prüfung abgelegt wird und eine schriftliche Hausarbeit angefertigt werden muss. In der Prüfungsordnung ist festgelegt, dass die Teilnoten der Klausuren einfach, die der mündlichen Prüfung doppelt und die der schriftlichen Hausarbeit vierfach gewertet werden soll. Beate hat eine Klausur mit 1,3 bestanden, die andere mit 2,0, die mündliche Prüfung mit 2,0 und die schriftliche Hausarbeit mit 1,0. Wie lautet ihre Abschlussnote? Als *„gewichtetes Mittel“* ergibt sich:

$$\text{Durchschnittsnote} = \frac{1 \cdot 1{,}3 + 1 \cdot 2{,}0 + 2 \cdot 2{,}0 + 4 \cdot 1{,}0}{8} = 1{,}4125\,.$$

Aufgrund dieses Durchschnittswertes[31] erhält sie ein „sehr gut“. Dieses Verfahren lässt sich wiederum verallgemeinern.

Definition 10 (Gewichtetes arithmetisches Mittel) Für ein quantitatives Merkmal seien die Datenreihe $x_1, \ldots, x_n$ und die positiven ***Gewichte*** $g_1, \ldots, g_n$ gegeben. Dann heißt $\frac{\sum\limits_{i=1}^{n} g_i \cdot x_i}{\sum\limits_{i=1}^{n} g_i}$ das ***gewichtete arithmetische Mittel*** der Datenreihe mit den Gewichten g_i. 10

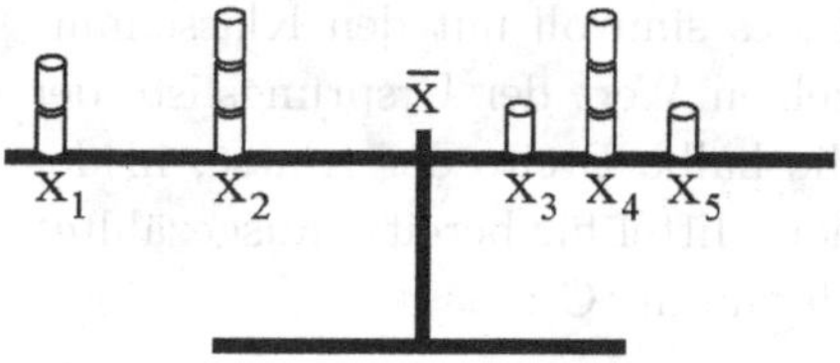

Abb. 2.42. Gewichtetes arithmetisches Mittel

Das gewichtete arithmetische Mittel lässt sich wie schon das „einfache“ arithmetische Mittel sehr gut mithilfe der Balkenwaage veranschaulichen und verstehen. In Abb. 2.42 werden die Daten x_2 und x_4 mit dem Faktor 3 gewichtet, x_1 mit dem Faktor 2. Dies bedeutet nichts anderes, als dass an der entsprechenden Stelle 3 bzw. 2 Gewichte auf die Balkenwaage gelegt werden. Damit erklärt sich auch direkt der Nenner in der Definition des gewichteten arithmetischen Mittels: Es muss durch die Anzahl der aufgelegten Gewichte dividiert werden.

[31] In den Lösungshinweisen zu **Aufgabe 3** haben wir darauf hingewiesen, dass Noten kein quantitatives Merkmal, sondern nur ordinal skaliert sind. Also dürfte eigentlich überhaupt kein arithmetisches Mittel berechnet werden. In der Praxis wird dies trotzdem so durchgeführt.

Für das geometrische und das harmonische Mittel lässt sich in analoger Weise eine Gewichtung der Daten erreichen.

Aufgabe 16 (Gewichtetes geometrisches und harmonisches Mittel) Definieren Sie analog zum gewichteten arithmetischen Mittel ein gewichtetes geometrisches und ein gewichtetes harmonisches Mittel!

Weitere Beispiele für gewichtete arithmetische Mittel sind Indexzahlen, die wir in Teilkapitel 2.5 einführen. Dort tauchen der Index der Lebenshaltungskosten („Inflationsrate") und der Deutsche Aktienindex (DAX) als gewichtete arithmetische Mittel auf.

Tabelle 2.16. Klassierte Temperaturen

i	K_i	$H_{31}(K_i)$
1	[15; 20)	1
2	[20; 25)	5
3	[25; 30)	12
4	[30; 35)	10
5	[35; 40)	3

In Abschnitt 2.2.3 haben wir die Klassierung von Daten vorgestellt. Nehmen wir an, konkrete Daten liegen nur in klassierter Form vor: Z. B. die im Stängel-Blatt-Diagramm in Abb. 2.17 auf S. 43 dargestellten Tageshöchsttemperaturen könnten in klassierter Form wie in Tabelle 2.16 vorliegen (in °C). Wie hoch war die Tageshöchsttemperatur in diesem Monat wohl im (arithmetischen) Mittel?

Wenn keine genaueren Informationen vorliegen, ist es sinnvoll mit den Klassenmitten zu rechnen. Damit ist für jeden einzelnen Wert der Ursprungsliste der mögliche Fehler höchstens so groß wie die halbe Breite der Klasse, in der er liegt. Dann wird mit dem arithmetischen Mittel für bereits „ausgezählte" Daten gearbeitet. Damit ergibt sich (wiederum in °C):

$$\bar{x} = \frac{1 \cdot 17{,}5 + 5 \cdot 22{,}5 + 12 \cdot 27{,}5 + 10 \cdot 32{,}5 + 3 \cdot 37{,}5}{31} \approx 29{,}0\,.$$

Dieser Wert ist trotz der vorangegangenen Klassierung nicht zu weit weg vom arithmetischen Mittel für die Urwerte, die z. B. aus Abb. 2.17 abgelesen werden können. Diese beträgt 28,7 °C. Auch dieses Verfahren lässt sich verallgemeinern. Angenommen, für eine Stichprobe vom Umfang n werde ein quantitatives Merkmal gemessen und die Daten liegen in klassierter Form in j Klassen K_i mit Klassenmitten m_i vor. Dann lässt sich das ***arithmetische Mittel für klassierte Daten*** mit Hilfe der relativen bzw. absoluten Häufigkeiten der Klassen wie folgt festlegen:

$$\frac{1}{n} \cdot \sum_{i=1}^{j} H_n(K_i) \cdot m_i = \sum_{i=1}^{j} h_n(K_i) \cdot m_i\,.$$

2.3.4 Mittelwerte anwenden

Nachdem wir nun allerlei Handwerkszeug für Mittelwerte bereitgestellt und Mittelwerte miteinander verglichen haben, ist es uns wichtig, auf die kritische Anwendung hinzuweisen und vorzubereiten. Nicht immer erlauben erhobene Daten die Berechnung aller Mittelwerte, und nicht alles, was erlaubt ist, ergibt inhaltlich Sinn. Spätestens bei der Frage nach dem inhaltlichen Sinn bei der Anwendung eines Mittelwerts geraten wir in die Situation, sagen zu müssen: „Das hängt davon ab ...!“. In Tabelle 2.17 fassen wir zusammen, welcher Mittelwert bei welchem Skalenniveau sinnvoll berechnet werden kann.

Tabelle 2.17. Mittelwerte und Skalenniveaus

			Metrisch	
	Nominal	Ordinal	Intervall	Verhältnis
Modalwert	×	×	×	×
Median		×	×	×
Arithm. M.			×	×
Geom. M.				×
Harm. M.				×

Dann ist ja alles klar? Denkste! So werden z. B. Abiturnoten, die bekanntlich in Numerus-Clausus-Fächern zum Studienzugang berechtigen können, nach wie vor mit dem arithmetischen Mittel berechnet, obwohl Noten nur auf einer Ordinalskala gemessen werden.

Aber selbst, wenn man das arithmetische Mittel verwenden darf, kann es sinnvoller sein, den Median zu verwenden, wie das folgende Beispiel zeigt. In einer kleinen Vertiefungsveranstaltung im Hauptstudium befinden sich neun Studierende und ein Professor in einem Seminarraum. Die Jahreseinkommen dieser zehn intensiv lernenden und lehrenden Personen betragen ungefähr 3 500, 3 800, 5 400, 6 800, 7 000, 7 200, 7 200, 9 100, 9 900 und 68 000 Euro. An welcher Stelle steht wohl das Einkommen des Professors? Das arithmetische Mittel dieser Datenreihe beträgt 12 790 Euro. Aber ist das wirklich ein *typischer* Wert für diese zehn Personen? Es ist ein Mittelwert, den nur ein Einziger übertrifft und unter dem neun andere liegen. Im vorliegenden Fall wäre wohl der Median das geeignetere Lagemaß. Dieser ergibt sich zu 7 000 oder 7 200 Euro und liegt damit wohl eher in der Mitte dieser Verteilung. Dabei war die Voraussetzung an das Skalenniveau für die Anwendung des arithmetischen Mittels erfüllt!

Ein solches Phänomen kann vor allem dann auftreten, wenn ein gemessenes Merkmal nur in eine Richtung sehr extreme Werte annehmen kann. Dies trifft zum Beispiel auf „durchschnittliche“ Studienzeiten zu. Bei einem Studium mit neun Semestern Regelstudienzeit gibt es vielleicht einige wenige sehr Schnelle, die nach sieben oder acht Semestern fertig werden. Schneller geht es dann aber auch nicht. Andererseits sind aus unterschiedlichen Gründen sehr lange Studiendauern von zum Beispiel 30 Semestern oder mehr möglich und treten auch auf. Dies führt dazu, dass die „durchschnittliche" Studiendauer im Sinne des arithmetischen Mittels höher ist als die „mittlere" Studiendauer im Sinne des Median.

Manchmal bleibt es auch offen, welches Lagemaß das geeignetere ist. Denken Sie an das Durchschnittsalter von Fußballmannschaften, das in Zeiten von großen Fußballturnieren immer wieder ein Thema ist. Die Philosophie der heimlichen und unheimlichen Bundestrainer ist dabei eine ausgewogene Altersstruktur der Mannschaft. Die Mischung aus angenommenem jugendlichen Elan und reifer Erfahrung wird gesucht. Soll das Durchschnittsalter mit dem Median oder dem arithmetischen Mittel bestimmt werden? Ist für diesen Sachverhalt das Alter des „mittleren" Spielers interessant? Oder wiegt bei einem Durchschnittsalter von 27 Jahren ein 19-Jähriger einen 35-Jährigen auf? Zum Leidwesen aller Fachleute muss diese Frage hier wohl offen bleiben – aber sie ist ja auch nicht so wichtig ...

2.3.5 Nicht nur die Mitte ist interessant: Weitere Lagemaße

In den ersten vier Abschnitten haben wir Lagemaße und Mittelwerte thematisiert, die sich alle in irgendeiner Form auf die „Mitte" oder das „Ausmitteln" beziehen. Das ist nicht ungewöhnlich, prägen doch Durchschnittsnormen unseren Alltag. Das Durchschnittsgewicht von Erwachsenen ist ca. 75 kg, also steht auf Aufzugschildern „12 Personen oder 900 kg". Aber manchmal ist eben nicht nur die Mitte interessant. Dazu werden zwei Beispiele aus der Schulleistungsmessung vorgestellt.

Wenn man einen landesweit einheitlichen Mathematiktest in allen neunten Klassen schreibt, um zu erheben, was die Schülerinnen und Schüler bisher gelernt haben bzw. was sie davon im Test zeigen können, dann muss die zur Verfügung gestellte Zeit genau geplant werden. Mit dem arithmetischen Mittel der Bearbeitungszeiten in einem Probedurchgang würde zu vielen Jugendlichen die Gelegenheit verwehrt bleiben, ihr Können auch zu zeigen. Denn bei unterstellter symmetrischer Verteilung der Bearbeitungszeit liegt ungefähr die Hälfte der Jugendlichen über dieser Zeit. Es kann aber aufgrund äußerer Rahmenbedingungen auch nicht auf jeden gewartet werden. Ein Kompromiss könnte sein, dass man ungefähr 95 Prozent der Schülerinnen und Schüler ausreichend Zeit gibt. Dann müsste man in Voruntersuchungen die Bearbeitungszeit finden, die die langsamsten fünf Prozent von den schnellsten 95 Prozent trennt.

Dieses Beispiel ist ähnlich wie das Split-Half-Verfahren, das auf S. 62 bei der Entwicklung des Median vorgestellt wurde. Dort hatte man sich für die Hälfte der „besseren" und die der „schlechteren" Schülerinnen und Schüler interessiert, um zu schauen, ob sich diese beide Gruppen auch bezüglich anderer Merkmale unterscheiden. Wenn man so Zusammenhänge zwischen Merkmalen findet, kann man diese möglicherweise für gezielte Fördermaßnahmen oder einfach für die Erklärung von Unterschieden nutzen. Statt nur zwei gleich große, nach Leistung zusammengefasste Gruppen zu betrachten, könnte man sich auch für drei, vier oder mehr gleich große entsprechende gruppierte Zusammenstellungen interessieren. Dann müsste man nicht einen Median kennen, sondern bei fünf Gruppen zum Beispiel die Werte, die die jeweiligen Fünftel voneinander trennen. So wie ein Median eine Aufteilung in zwei gleichgroße Gruppen (50%, 50%) liefert, ist also ein Maß gesucht, das in zwei Gruppen $(p, 1-p)$ aufteilt. Dies geschieht durch die so genannten *Perzentile* oder *p-Quantile*, die in Abschnitt 2.3.8 auch für sehr informative graphische Darstellungen genutzt werden.

Definition 11 (p-Quantile) Für ein ordinal skaliertes Merkmal sei die geordnete Datenreihe $x_1, \ldots, x_n$ gegeben. Dann heißt für $p \in [0; 1]$ ein Wert x_i, für den $\sum\limits_{x \geq x_i} h_n(x) \geq 1 - p$ und $\sum\limits_{x \leq x_i} h_n(x) \geq p$ gilt, ein ***p-Quantil*** der Datenreihe. 11

Ähnlich wie beim Median kann es höchstens zwei p-Quantile geben. Die Definition bedeutet, dass die relative Häufigkeit der Daten, die höchstens so groß sind wie x_i, zusammen mindestens p sein muss, und gleichzeitig die relative Häufigkeit der Daten, die mindestens so groß sind wie x_i, zusammen mindestens $1 - p$ sein muss. Daraus ergibt sich direkt der folgende Satz.

Satz 6 (Rechnerische Ermittlung des p-Quantils) Für ein ordinal skaliertes Merkmal sei die geordnete Datenreihe $x_1, \ldots, x_n$ gegeben. Dann ist für $p \in [0; 1]$ ein p-Quantil x_i bestimmt durch 6

$$i := p \cdot n \quad \text{oder} \quad i := p \cdot n + 1\,, \quad \text{falls} \quad p \cdot n \in \mathbb{N} \quad \text{bzw.}$$
$$i := [p \cdot n] + 1\,, \quad \text{falls} \quad p \cdot n \notin \mathbb{N}\,.$$[32]

Beim Median wurde eine zu **Satz 6** analoge Aussage zur Definition verwendet und eine zu Definition 11 analoge Aussage daraus als Satz abgeleitet. Dieses Vorgehen haben wir gewählt, weil uns beim Median die eine Version und bei

[32] Dabei ist $[p \cdot n]$ die so genannte *Gauß-Klammer-* oder auch *Ganzzahl-* oder *Abrundungsfunktion*, die $p \cdot n$ die größte ganze Zahl, die kleiner oder gleich $p \cdot n$ ist, zuordnet.

den p-Quantilen die andere Version der Definition jeweils besser vorstellbar erscheint und aus den vorangegangenen Kontexten entwickelt wurde.

Aufgabe 17 (Rechnerische Ermittlung des p-Quantils)
a. Gegeben seien die Datenreihe $0, 1, \ldots, 99, 100$ ($n = 101$) bzw. $1, 2, \ldots, 99, 100$ ($n = 100$). Bestimmen Sie jeweils das 0,25-Quantil und das 0,92-Quantil.
b. Veranschaulichen Sie die Aussage von Satz 6 an einem weiteren geeigneten Beispiel und beweisen Sie die Aussage allgemein.

Eine zweite übliche Bezeichnung für p-Quantile ist ***Perzentile***. Das 78. Perzentil ist gleichbedeutend mit dem 0,78-Quantil. Neben der Halbierung einer Datenreihe durch einen Median ist auch die Viertelung einer Datenreihe von besonderer Bedeutung, zum Beispiel für graphische Darstellungen in Abschnitt 2.3.8. Diese Viertelung hat eigene Bezeichnungen. So heißt das 0,75-Quantil auch 3. ***Quartil*** und das 0,25-Quantil auch 1. Quartil. Den Median findet man hier als 0,5-Quantil oder 2. Quartil wieder. Das 0. Quartil ist das Minimum der Datenreihe, das 4. Quartil das Maximum.

Aufgabe 18 (Lagemaßeigenschaft von p-Quantilen) Zeigen Sie, dass es sich bei den p-Quantilen um Lagemaße handelt!

In einigen Tabellenkalkulationsprogrammen findet man bereits programmierte Funktionen mit Namen *Quantil* o. ä. Diese benötigen einen Parameter, nämlich das p des p-Quantils, und eine Liste von Daten, für die das p-Quantil bestimmt werden soll.
Zum p-Quantil gibt es auch die umgekehrte Betrachtungsweise. Man geht von einem bestimmten Wert y aus und fragt sich für welche p-Quantile er in einer Datenreihe $x_1, \ldots, x_n$ infrage kommt. So könnte es sein, dass dieses y bei einer konkreten Datenreihe für p-Quantile für $0{,}78 \leq p \leq 0{,}80$ infrage kommt. Dann sagt man, der Wert y hat den 78. bis 80. ***Prozentrang***.

Aufgabe 19 (Ermittlung des Prozentrangs) Gegeben sei die Datenreihe 1, 1, 3, 6, 6, 7, 10, 11, 17, 22, 25, 25, 29. Bestimmen Sie den Prozentrang von 25!

2.3.6 Verteilung von Daten um die Mitte: Streuungsmaße

In der Anwendungspraxis spielen Mittelwerte häufig eine dominierende Rolle bei der Verarbeitung, Reduktion und Analyse der erhobenen Daten. Dabei sollte man berücksichtigen, dass man mit diesen Kennwerten nur *einen*

Aspekt der Datenreihen darstellt, nämlich so etwas wie die „Lage“ oder „Mitte“. An zwei nicht zu ernst zu nehmenden Beispielen soll das Problem hierbei verdeutlicht werden. Ein statistisch versierter Jäger mit etwas unruhiger Hand zielt auf einen Hasen. Doch der Hase hat Glück, zunächst schießt der Jäger einen halben Meter links an ihm vorbei, dann einen halben Meter rechts. Dennoch erklärt der Jäger den erstaunten Mitjagenden, „der Hase ist nun im Mittel tot“. Das andere Beispiel betrifft einen 1,70 m großen Mann, der einen Fluss durchwaten möchte und nicht schwimmen kann. Er bekommt die Auskunft, dass der Fluss auf 15 m Breite an zehn Stellen vermessen worden ist und durchschnittlich 1,40 m tief sei. Ist das nun ein Grund zur Sorge oder beruhigend?

An diesen beiden Kurzsatiren wird deutlich, dass bei der Auswertung von Daten eine Fokussierung auf Mittelwerte häufig wesentliche Aspekte der Situationen vernachlässigt. Wenn im Rahmen einer Schulleistungsuntersuchung die Schülerinnen und Schüler in zwei Ländern im Durchschnitt jeweils den gleichen Testwert erzielen, sind dann beide Länder diesbezüglich gleich gut? Was ist, wenn in dem einen Land fast alle Schülerinnen und Schüler mit ihren Werten ganz nah an diesem Durchschnitt liegen, es in dem anderen Land aber sehr viele sehr gute und damit aber auch sehr viele sehr schlechte Ergebnisse gibt? Die beiden Schulsysteme arbeiten offenbar unterschiedlich oder mit unterschiedlichen Voraussetzungen. Jedenfalls ist es pädagogisch hoch bedeutsam, auch diese Streuung zu erfassen und gegebenenfalls mit Maßnahmen der Schulentwicklung die Streuung möglicherweise zu verringern. Für eine entsprechende Bestandsaufnahme bedarf es statistischer Kennwerte, die die Streuung einer Datenreihe erfassen, es sind die so genannten Streuungsmaße. Am Ende des Abschnitts 2.3.1 wurde eine allgemeine Definition dafür gegeben, was ein Lagemaß ist. Dabei wurde durch das „Lagemaßaxiom“ lediglich gefordert, dass ein Lagemaß eine simultane Verschiebung von Daten mitmacht. Was soll bei einer solchen Verschiebung aller Daten auf der reellen Zahlengerade um einen festen Wert a mit einem Streuungsmaß passieren? Die Daten liegen nun einfach an einer anderen Stelle auf der Zahlengerade, aber immer noch genauso weit auseinander wie vorher. Ein Streuungsmaß sollte also unverändert bleiben. Diese Anforderung wird als „Streuungsmaßaxiom“ formuliert.

Definition 12 (Streuungsmaß) Ein Streuungsmaß ist eine Abbildung $s\colon \mathbb{R}^n \to \mathbb{R}$ mit der Eigenschaft, dass für alle $a \in \mathbb{R}$ und alle $(x_1, \ldots, x_n) \in \mathbb{R}^n$ gilt $s(x_1 + a, \ldots, x_n + a) = s(x_1, \ldots, x_n)$. 12

Mit dieser Definition können die nun folgenden Konzepte zur Quantifizierung der Streuung einer Datenreihe daraufhin überprüft werden, ob sie Streuungs-

maße in diesem Sinne sind. Sie sollten daher bei jedem der nun präsentierten Konzepte das „Streuungsmaßaxiom“ im Hinterkopf haben. Alle folgenden Betrachtungen setzen ein Intervallskalenniveau voraus. Dies ist inhaltlich klar, denn wenn die Streuung der Daten auf der reellen Zahlengeraden untersucht wird, dann rücken die Abstände, also Differenzen von Daten, ins Blickfeld. Wie bei den Lagemaßen hängen auch die Streuungsmaße von der konkreten Datenreihe ab, sind also reellwertige Funktionen mit n reellen Argumenten. Dies wird in der obigen Definition deutlich sichtbar. Im Folgenden verzichten wir, wie dies in der Literatur überwiegend üblich ist, auf diese Schreibweise.
Ein erster, sehr einfacher und durchaus naheliegender Ansatz zur Definition eines Streuungsmaßes ist die *Spannweite.* Dabei betrachtet man nur den größten und den kleinsten Wert der Datenreihe. Wenn Sie einen Volkslauf über 10 km planen und dafür eine Hauptstraße sperren, so ist für alle Beteiligten wichtig, dass Sie dies nicht zu früh und nicht zu spät tun. Gleiches gilt für die Aufhebung der Sperrung. Dafür muss man sich an Läufern orientieren, die bis zu dieser Stelle am schnellsten bzw. langsamsten sind. Die Zeit dazwischen ist gerade die *Spannweite* der entsprechenden Laufzeiten.

13 **Definition 13 (Spannweite)** Für ein quantitatives Merkmal sei die Datenreihe $x_1, \ldots, x_n$ gegeben. Dann heißt $\max\limits_{1 \le i \le n} \{x_i\} - \min\limits_{1 \le i \le n} \{x_i\}$ die ***Spannweite*** der Datenreihe.

Wenn die Datenreihe $x_1, \ldots, x_n$ direkt der Größe nach geordnet vorliegt, so erhält man die Spannweite einfach als Differenz $x_n - x_1$. Schon an dieser Berechnungsvorschrift lässt sich erkennen, dass die Spannweite sehr wenig Informationen über die vorliegende Datenreihe ausschöpft. Sie ist durch die beiden extremen Werte festgelegt und nur von diesen abhängig.
Wenn man mehr Information über die vorliegende Datenreihe berücksichtigen möchte, sollte nach Möglichkeit jeder Wert in die Ermittlung des Streuungsmaßes eingehen. Die Idee, einfach alle Abstände zu einem gegebenen Punkt, zum Beispiel in der „Mitte“, zu addieren, ist durchaus naheliegend. Allerdings würde bei der einfachen Addition dieser Abstände die Stichprobengröße ein sehr große Rolle spielen. Mehr Werte ergeben automatisch mehr Abstände. Wenn man zwei Datenreihen unterschiedlicher Länge hinsichtlich ihrer Abstände zur „Mitte“ vergleichen möchte, ist es also sinnvoll, durch den jeweiligen Stichprobenumfang zu teilen und so eine Vergleichbarkeit herzustellen. So erhält man die mittleren Abstände oder *mittleren absoluten Abweichungen.* Bei der Diskussion von Eigenschaften des Median als „mittlerem Wert“ wurde anhand der Abb. 2.38 auf S. 64 gezeigt, dass ein Median die Summe der Abstände von einem Punkt minimiert. Wenn er die Summe mi-

nimiert, dann minimiert er auch die durch den Stichprobenumfang geteilte Summe. Ein Median minimiert also die mittlere absolute Abweichung von einem Wert. Da diese beiden Konzepte hervorragend zueinander passen, definieren wir dieses Streuungsmaß mit dem Median.[33]

Definition 14 (Mittlere absolute Abweichung vom Median) Für ein quantitatives Merkmal sei die Datenreihe $x_1, \ldots, x_n$ mit Median $\tilde{x}$ gegeben. Dann heißt $\frac{1}{n} \cdot \sum\limits_{i=1}^{n} |x_i - \tilde{x}|$ die ***mittlere absolute Abweichung*** *vom Median.* 14

Ausgehend von dem perfekten Zusammenspiel des Median und der mittleren absoluten Abweichung erinnern wir an ein anderes Paar aus Abschnitt 2.3.1, nämlich das arithmetische Mittel und die Summe der quadratischen Abweichungen von einem Wert. In Satz 3 haben wir gezeigt, dass das arithmetische Mittel diese Summe minimiert. Um den Vergleich von zwei Datenreihen zu ermöglichen, betrachten wir auch hier wieder die *mittlere quadratische Abweichung.* Dieses Konzept für ein Streuungsmaß wird in diesem Buch noch öfter benutzt werden. Aufgrund seiner weiter reichenden Bedeutung bekommt es einen eigenen Namen.

Definition 15 (Varianz und Standardabweichung) Für ein quantitatives Merkmal sei die Datenreihe $x_1, \ldots, x_n$ mit arithmetischem Mittel $\bar{x}$ gegeben. 15

a. Dann heißt $s^2 := \frac{1}{n} \cdot \sum\limits_{i=1}^{n} (x_i - \bar{x})^2$ die ***Varianz*** und
b. $s := \sqrt{s^2}$ die ***Standardabweichung*** der Datenreihe.

Die Varianz ist nichts anderes als „das arithmetische Mittel der quadratischen Abweichungen vom arithmetischen Mittel". Wenn die Ausgangsdatenreihe zum Beispiel die Körpergröße von Kindern gemessen in Zentimetern war, dann misst die Varianz die Abweichung in Quadratzentimetern. Die Standardabweichung misst hingegen wieder in der ursprünglichen Maßeinheit. Dies ist aber nicht der einzige oder wichtigste Grund, warum sie einen eigenen Namen bekommt. Dies liegt vielmehr in ihrer weitreichenden Bedeutung, die unter anderem im Rahmen der Korrelations- und Regressionsrechnung in Teilkapitel 2.6 und bei der Normalverteilung in Teilkapitel 3.9 sichtbar wird.

In der konkreten Berechnung ist die Varianz zunächst etwas unhandlich. Zuerst muss die ganze Datenreihe durchlaufen werden, um das arithmetische

---

[33] Es lässt sich natürlich auch die mittlere absolute Abweichung von jedem anderen Wert betrachten. In der Literatur ist auch die Definition als mittlere absolute Abweichung vom arithmetischen Mittel üblich (vgl. *Bortz* 1999, S. 41 f.).

Mittel zu berechnen, dann muss sie noch einmal vollständig durchlaufen werden, um die Abweichung von arithmetischen Mittel zu berechnen. Auch wenn heute der Computer fast alle Rechnungen für uns erledigt, so ist man doch an effizienten Algorithmen interessiert. Daher ist die folgende vereinfachte Berechnung der Varianz von praktischer Bedeutung:

$$\begin{aligned} s^2 &= \frac{1}{n} \cdot \sum_{i=1}^{n} (x_i - \bar{x})^2 = \frac{1}{n} \cdot \sum_{i=1}^{n} (x_i^2 - 2 \cdot x_i \cdot \bar{x} + \bar{x}^2) \\ &= \frac{1}{n} \cdot \left(\sum_{i=1}^{n} x_i^2 - 2 \cdot \bar{x} \cdot \sum_{i=1}^{n} x_i + \sum_{i=1}^{n} \bar{x}^2 \right) \\ &= \frac{1}{n} \cdot \left(\sum_{i=1}^{n} x_i^2 - 2 \cdot \bar{x} \cdot n \cdot \bar{x} + n \cdot \bar{x}^2 \right) = \frac{1}{n} \cdot \left(\sum_{i=1}^{n} x_i^2 - 2 \cdot n \cdot \bar{x}^2 + n \cdot \bar{x}^2 \right) \\ &= \frac{1}{n} \cdot \sum_{i=1}^{n} x_i^2 - \bar{x}^2 \,. \end{aligned}$$

Diese vereinfachte Berechnung kann gelesen werden als „arithmetisches Mittel der quadrierten Daten minus Quadrat des arithmetischen Mittels der Daten“. Bei einer Implementation dieser vereinfachten Berechnung auf einem Computer, muss jeder Wert der Datenreihe nur einmal eingelesen werden, kann dann für den zweiten Teil der Formel bei der Berechnung des arithmetischen Mittels und gleichzeitig quadriert im ersten Teil der Formel verwendet werden.

Obwohl die Standardabweichung in der ursprünglichen Einheit misst, lässt sich ihr Wert kaum mit inhaltlichem Bezug auf die konkreten Daten interpretieren. Sie eignet sich aber in jedem Fall, wenn zwei Datenreihen hinsichtlich ihrer Streuung miteinander verglichen werden sollen. Dann kann man Aussagen wie „Die eine Datenreihe streut stärker als die andere“ treffen[34]. Mit einer Deutung der Standardabweichung setzen wir uns im nächsten Abschnitt mit Hilfe der *Tschebyscheff'schen Ungleichung* auseinander. Da bei der Bildung der Varianz und der Standardabweichung die einzelnen Abweichungen zunächst quadriert werden, bekommen Ausreißer ein besonders starkes Gewicht. So geht ein einziger Wert, der um zehn Einheiten vom arithmetischen Mittel abweicht, genauso stark in die Varianz und damit in die

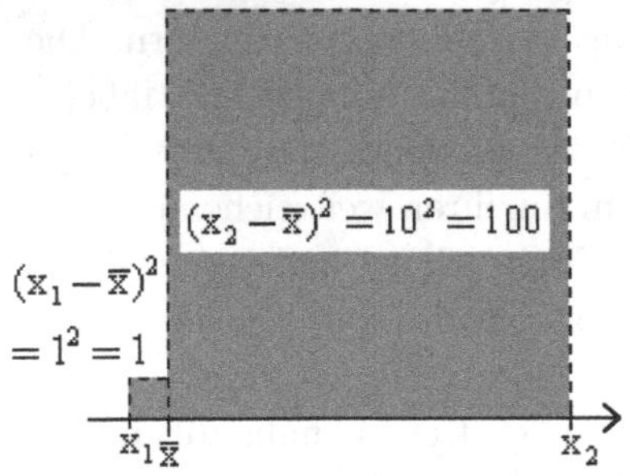

Abb. 2.43. Abweichungsquadrate

[34] Im Jäger-Beispiel wird ein Hase zweimal getroffen, während der andere unversehrt davon hoppelt.

Standardabweichung ein wie 100 Werte, die nur um eine Einheit abweichen (vgl. Abb. 2.43).

Wenn mehrere Datenreihen gleichzeitig betrachtet werden, dann beugt man Verwechslungen vor, indem man das Merkmal als Index mitschreibt, also zum Beispiel s_x^2. Diese Kennzeichnung durch das betrachtete Merkmal X als Index ist auch bei den anderen Streuungsmaßen üblich.

Manchmal wird die Verwendung der Standardabweichung mit der Gewichtung der Ausreißer begründet. Dieses Argument reicht jedoch nicht aus. Denn dann könnte man bei einem Maß für die Abweichung auch mit 4 potenzieren und hinterher die vierte Wurzel daraus ziehen. Dann würden die Ausreißer noch stärker gewichtet. Tatsächlich findet ein solches Maß durchaus in Spezialfällen Anwendung. Die Begründung für die Standardabweichung ist aber ihre optimale Passung zum arithmetischen Mittel und zur Normalverteilung sowie die Kraft der Methode der *„kleinsten Abweichungsquadrate"*, die bei der Regressionsrechnung in Abschnitt 2.6.3 eine besondere Rolle spielt.

Auf zwei weitere Ansätze zur quantitativen Erfassung der Streuung einer Datenreihe gehen wir hier nur noch kurz ein, nämliche auf den *Quartilsabstand* und allgemeiner auf *Quantilsabstände*. Diese haben insbesondere für sehr informative graphische Darstellungen von Datenreihen, wie wir sie im Abschnitt 2.3.8 präsentieren, große Bedeutung. Die Idee des *Quartilsabstands* lässt sich so veranschaulichen, dass man sich für die Spannweite der mittleren 50% der Stichprobe interessiert. Was passiert also, wenn man das „schlechteste" und das „beste" Viertel außen vor lässt? Innerhalb welcher Werte bewegt sich der Rest, wie groß ist der Abstand dieser Werte? Als Lagemaße stehen uns das erste und das dritte Quartil schon zur Verfügung. Diese werden in der folgenden Definition verwendet.

Definition 16 (Quartilsabstand und Quantilsabstände) Für ein quantitatives Merkmal sei die Datenreihe $x_1, \ldots, x_n$ gegeben. **16**

a. Dann heißt die Differenz $Q_{0,75} - Q_{0,25}$ von drittem und erstem Quartil der ***Quartilsabstand*** der Datenreihe.
b. Allgemein heißt für einen Wert $p \in [0; 0{,}5]$ die Differenz $Q_{1-p} - Q_p$ von $(1-p)$-Quantil und p-Quantil der ***p-Quantilsabstand*** der Datenreihe.

Statt Quantilsabstand findet man auch den Begriff ***Perzentilabstand***. So heißt der 0,3-Quantilabstand auch 30. Perzentilabstand. Für $p = 0$ erhält man die Spannweite, für $p = 0{,}5$ ist der p-Quantilsabstand stets Null.

Auftrag Finden Sie für alle bisher dargestellten Konzepte der Quantifizierung von Streuung Beispiele, bei denen das jeweilige Konzept sinnvoll erscheint!

Aufgabe 20 (Untersuchung auf Streuungsmaßeigenschaft) Zeigen Sie: Alle in diesem Abschnitt konkret definierten Maße, also die *Spannweite*, die *mittlere absolute Abweichung* vom Median, die *Varianz* und die *Standardabweichung*, der *Quartilsabstand* sowie die *Perzentilabstände* sind Streuungsmaße im Sinne des „Streuungsmaßaxioms" in Definition 12.

Die Frage, welches Streuungsmaß wann Einsatz finden sollte, hängt sehr stark von der weiteren Verarbeitung der Daten ab. Eindeutig dominierend sind in der Praxis das arithmetische Mittel und die Standardabweichung, wenn es um Lage und Streuung geht. Dies hängt unter anderem mit ihren schönen und weiterreichenden mathematischen Eigenschaften zusammen. Je nach Fragestellung oder pragmatischer Auswertung kann aber im konkreten Anwendungsfall auch die Spannweite oder ein anderes „einfacheres" Maß sinnvoll sein.
Die Streuungsmaße lassen sich wiederum für „ausgezählte" oder „klassierte" Daten bestimmen. Die Herleitung dieser Formeln läuft ähnlich ab, wie die Herleitung der analogen Formeln für die Lagemaße.

Aufgabe 21 (Varianz und Standardabweichung für „ausgezählte" Daten) Beweisen Sie die folgenden Aussagen und (er-)finden Sie sinnvolle Anwendungsbeispiele für diese Formeln:
In einer Stichprobe der Größe n werde ein quantitatives Merkmal mit den Ausprägungen $x_1, \ldots, x_k$ gemessen. Dann gelten:

a $s^2 = \frac{1}{n} \cdot \sum_{i=1}^{k} H_n(X_i) \cdot (x_i - \bar{x})^2 = \sum_{i=1}^{k} h_n(X_i) \cdot (x_i - \bar{x})^2$ und

b. $s = \sqrt{\frac{1}{n} \cdot \sum_{i=1}^{k} H_n(X_i) \cdot (x_i - \bar{x})^2} = \sqrt{\sum_{i=1}^{k} h_n(X_i) \cdot (x_i - \bar{x})^2}\,.$

Die Formeln mit den relativen Häufigkeiten werden in Abschnitt 3.5.2 analog auf die Varianz und Standardabweichung von Zufallsgrößen übertragen.
Die in diesem Abschnitt entwickelten Konzepte für Streuungsmaße sind auf Datenreihen anwendbar, die aus reellen Zahlen bestehen und sich somit auf der reellen Zahlengeraden veranschaulichen lassen. Neben diesen eindimensionalen Konzepten von Streuung werden aber auch mehrdimensionale Konzepte

von Streuung benötigt. Bei der Bearbeitung der folgenden Aufgabe sollen Sie selbst solche Konzepte entwickeln.

Aufgabe 22 (Das Murmelproblem) Armin, Beate und Claudia werfen jeweils 5 Murmeln. Ihre Würfe sind in Abb. 2.44 dargestellt. Gewinnen soll, wer die kleinste Streuung hat. Wie könnte man die Streuung messen? Bestimmen Sie hierfür möglichst viele Möglichkeiten (*Becker&Shimada* 1997, S. 25).

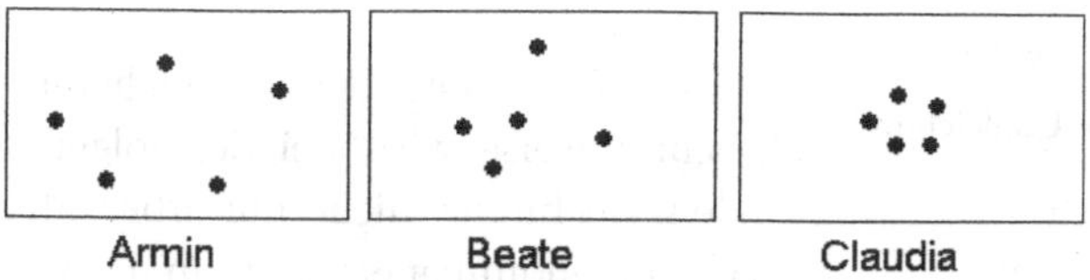

Abb. 2.44. Das Murmelproblem

2.3.7 Die Tschebyscheff'sche Ungleichung für Datenreihen

Im vorangehenden Abschnitt haben wir bemerkt, dass es schwierig ist, die Standardabweichung inhaltlich zu interpretieren. Dort wurde lediglich auf den Vergleich der Streuung zwischen Datenreihen eingegangen. Hat eine Datenreihe eine größere Standardabweichung als eine andere, so streuen die Daten in ihr breiter um das arithmetische Mittel. Mit der *Tschebyscheff'schen Ungleichung*, die in diesem Abschnitt entwickelt wird, kann die Standardabweichung herangezogen werden, um zu sagen, wie viele Daten einer Datenreihe sich in einem symmetrischen Intervall um das arithmetische Mittel herum befinden – und dies unabhängig von der konkreten Verteilung der Daten: Die Tschebyscheff'sche Ungleichung ist für *alle* Datenreihen gültig. Da es sich bei dieser Ungleichung um eine sehr grobe Abschätzung handelt, ist die Aussage im Allgemeinen nicht besonders präzise.

Um die Abschätzung herleiten zu können, benötigt man eine Verallgemeinerung von relativen Häufigkeiten auf Teilmengen der reellen Zahlen bzw. Intervalle. Dabei ist die relative Häufigkeit einer Teilmenge einfach die Summe der relativen Häufigkeiten, der in dieser Teilmenge liegenden Merkmalsausprägungen.

Definition 17 (Relative Häufigkeiten für Teilmengen von $\mathbb{R}$) Für ein quantitatives Merkmal sei die Datenreihe $x_1, \ldots, x_n$ gegeben, und $A \subseteq \mathbb{R}$ sei eine Teilmenge von $\mathbb{R}$. Dann heißt $h_n(A) := \sum\limits_{x \in A} h_n(x)$ die ***relative Häufigkeit***. 17

Die Tschebyscheff'sche Ungleichung beruht, wie oben angedeutet, auf zwei groben Abschätzungen. Dabei wird von der Varianz einer Datenreihe ausgegangen und zunächst ein Anteil der Varianz weggelassen, der Rest dann mit Hilfe einer Konstanten abgeschätzt. Das Ziel dieser Abschätzungen ist es, eine Aussage darüber zu gewinnen, wie viele Daten in einem symmetrischen Bereich um das arithmetische Mittel liegen. Dies wird in Abb. 2.45 mithilfe der ε-Umgebung $A := [\bar{x}-\varepsilon;\ \bar{x}+\varepsilon]$ visualisiert. Die entsprechende Frage lautet: „Wie viele Daten liegen innerhalb der ε-Umgebung A von $\bar{x}$?"

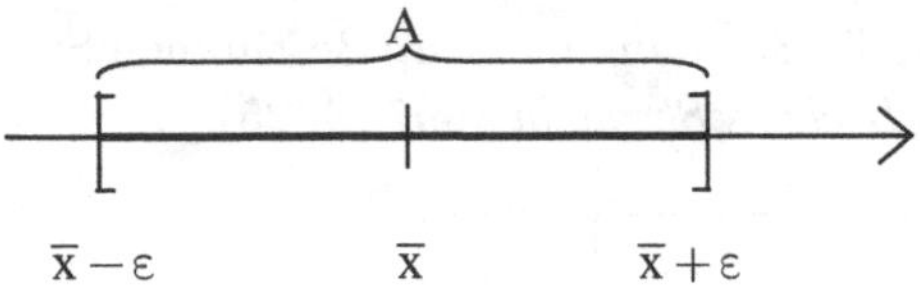

Abb. 2.45. Tschebyscheff'sche Ungleichung

Aus Gründen der einfacheren Schreibweise wird bei der folgenden Rechnung nicht nur über alle angenommenen Merkmalsausprägungen summiert, sondern über alle reellen Zahlen. Dies ist in diesem Zusammenhang unproblematisch, da alle Zahlen, die nicht als Merkmalsausprägung auftreten, die relative Häufigkeit Null haben und die Summe somit in jedem Fall definiert ist.

$$\begin{aligned} s^2 &= \sum_{x\in\mathbb{R}} h_n(x)\cdot(x-\bar{x})^2 = \sum_{x\in A} h_n(x)\cdot(x-\bar{x})^2 + \sum_{x\in\mathbb{R}\setminus A} h_n(x)\cdot(x-\bar{x})^2 \\ &\geq \sum_{x\in\mathbb{R}\setminus A} h_n(x)\cdot(x-\bar{x})^2 > \sum_{x\in\mathbb{R}\setminus A} h_n(x)\cdot\varepsilon^2 = h_n(\mathbb{R}\setminus A)\cdot\varepsilon^2 . \end{aligned}$$

Bei dieser Abschätzung wurde verwendet, dass $|x-\bar{x}| > \varepsilon$ für alle $x \in \mathbb{R}\setminus A$ gilt. Daraus erhält man $h_n(\mathbb{R}\setminus A) < \frac{s^2}{\varepsilon^2}$ und schließlich $h_n(A) > 1 - \frac{s^2}{\varepsilon^2}$, da die relativen Häufigkeiten einer Menge und ihres Komplements zusammen 1 ergeben müssen. Damit ist die *Tschebyscheff'sche Ungleichung* bewiesen.

7 **Satz 7 (Tschebyscheff'sche Ungleichung)** Für ein quantitatives Merkmal sei die Datenreihe $x_1,\ldots,x_n$ mit arithmetischem Mittel $\bar{x}$ gegeben. Dann gilt für alle $\varepsilon \in \mathbb{R}^+$ die ***Tschebyscheff'sche Ungleichung***

$$h_n\left([\bar{x}-\varepsilon;\ \bar{x}+\varepsilon]\right) > 1 - \frac{s^2}{\varepsilon^2} .$$

Tabelle 2.18. $k\cdot s$-Umgebungen

k	$h_n(A_k)$
1	> 0
2	$> 0{,}75$
3	$> 0{,}\overline{8}$
4	$> 0{,}9375$

Was bedeutet dies für unterschiedliche ε-Werte? Für $\varepsilon = k\cdot s$ mit $k \in \mathbb{N}$, also $A_k = [\bar{x}-k\cdot s; \bar{x}+k\cdot s]$ erhält man die in Tabelle 2.18 dargestellten Abschätzungen. Diese sind noch sehr „unscharf": Wie in der Herleitung gut sichtbar wird, ist die Tschebyscheff'sche Ungleichung durch grobe

Abschätzungen zustande gekommen. Sie gilt jedoch für jede beliebige Datenreihe, unabhängig davon, wie die Daten konkret verteilt sind! Wir verdeutlichen das Zustandekommen der Tabelle für den Fall $k = 2$:

$$h_n([\bar{x} - 2 \cdot s,\ \bar{x} + 2 \cdot s]) > 1 - \frac{s^2}{(2 \cdot s)^2} = 1 - \frac{1}{4} = \frac{3}{4}$$

Wenn die Verteilungsform bekannt ist, kommt man zu deutlich genaueren Abschätzungen. Sind die Daten annähernd normalverteilt, also unter anderem symmetrisch mit nur einem Modalwert, dann erhält man die Aussage, dass in der $1 \cdot s$-Umgebung bereits ca. $\frac{2}{3}$ der Daten liegen und in der $2 \cdot s$-Umgebung mehr als 95% (vgl. Abschnitt 3.9.5).

Auftrag

Konstruieren Sie verschiedene Datenreihen und vergleichen Sie die Abschätzungen mit Hilfe der Tschebyscheff'schen Ungleichung mit den konkreten relativen Häufigkeiten für verschiedene ε-Umgebungen $A = [\bar{x} - \varepsilon; \varepsilon + \bar{x}]$. Versuchen Sie insbesondere solche Datenreihen zu konstruieren, für die dieser Unterschied zur Abschätzung mit Hilfe der Tschebyscheff'schen Ungleichung besonders groß bzw. besonders klein ist.

Abb. 2.46. Tschebyscheff

Die wesentliche Bedeutung der Tschebyscheff'schen Ungleichung ist innermathematischer Natur. Mit ihr kann ein bedeutender Satz der Wahrscheinlichkeitsrechnung bewiesen werden, nämlich das Bernoulli'sche Gesetz der großen Zahlen. Dieses entwickeln wir in Abschnitt 3.8.2.

Die Tschebyscheff'sche Ungleichung trägt den Namen des russischen Mathematikers *Pafnuty L. Tschebyscheff* [35] (1821–1894), der diese Ungleichung im Jahr 1867 bewiesen hat. Die Verdienste *Tschebyscheffs* liegen vor allem im Bereich der Stochastik aber auch in der Weiterentwicklung anderer mathematischer Teilgebiete. Er war einer der ersten von zahlreichen russischen Mathematikern, die sich besonders um die Wahrscheinlichkeitsrechnung verdient gemacht haben.

---

[35] Wie bei vielen Russen findet man bei Tschebyscheff verschiedene Schreibweisen des Nachnamens, so z. B. *Tschebyschov* oder *Chebyshev* und viele weitere. Dies hängt mit der Übersetzungsproblematik bei unterschiedlichen Zeichensystemen zusammen.

2.3.8 Darstellung von Datenreihen mit Kennwerten

Mit Hilfe der vorgestellten Lage- und Streuungsmaße lassen sich sehr informative graphische Darstellungen von Datenreihen erstellen, die insbesondere zum Vergleich von Datenreihen gut geeignet sind. Solche Vergleiche liegen dann besonders nahe, wenn ein Merkmal in verschiedenen Gruppen gemessen wurde, zum Beispiel die Mathematikleistung von zufällig ausgewählten Schülerinnen und Schülern in verschiedenen Klassen, Schulen, Schulformen, Bundesländern oder Nationen. Wir werden zwei entsprechende Darstellungsarten vorstellen, nämlich *Boxplots* und *Perzentilbänder*. Beide nutzen vor allem p-Quantile bzw. Perzentile als Grundlage für die Erstellung der Graphik. Sowohl bei Boxplots als auch bei Perzentilbändern handelt es sich dabei nicht um einheitlich definierte Darstellungsarten. Es kann vorkommen, dass in verschiedenen Büchern, die sich mit beschreibender Statistik beschäftigen, im Detail leicht unterschiedliche Darstellungen stehen. Die Grundidee ist aber immer die gleiche.

Für die Entwicklung der beiden Darstellungsarten greifen wir auf eine Datenreihe zurück, die wir in Abschnitt 2.2.5 bereits in Tabelle 2.14 als Urliste, in Tabelle 2.15 als Liste der absoluten Häufigkeiten, in Abb. 2.21 als Säulendiagramm, in Abb. 2.22 als Histogramm und in Abb. 2.23 als Stängel-Blatt-Diagramm gesehen haben. Es handelt sich dabei um die Mathematiktestwerte von 153 Schülerinnen und Schülern der Blaise-Pacal-Gesamtschule in einer landesweiten Lernstandsmessung. Die Hauptidee von *Boxplots* und *Perzentilbändern* ist es, durch die graphische Darstellung von einigen Lagemaßen die Verteilung der Daten möglichst gut zu visualisieren. Da die p-Quantile bzw. Perzentile als Grundlage genommen werden, ist zunächst die geordnete Liste der Testwerte die Grundlage. Diese haben wir in der folgenden Tabelle 2.19 dargestellt.

Tabelle 2.19. Sortierte Liste der Testwerte der 153 Schülerinnen und Schüler

3	5	6	8	8	9	9	11	11	12	12	12	13	13	13	13	13	14	15	15	15	15
16	16	16	17	17	17	17	17	18	18	18	19	19	19	19	19	***19***	20	20	21	21	21
21	21	22	22	22	22	22	22	23	23	23	23	23	24	24	24	24	25	25	25	25	25
26	26	26	26	26	26	26	27	27	27	***27***	27	27	28	28	28	29	29	29	29	29	29
29	30	30	30	30	30	31	31	31	32	32	32	32	32	33	33	33	33	33	34	34	34
34	34	34	34	***35***	35	36	36	36	36	36	37	37	37	37	37	37	38	38	39	39	40
40	40	40	40	41	41	41	42	42	42	43	43	43	43	43	46	47	47	47	48	***50***	

Boxplots basieren auf den fünf Quartilen. Das 0. Quartil entspricht, wie in Abschnitt 2.3.5 dargestellt, dem kleinsten Wert. Das 1. Quartil entspricht dem 0,25-Quantil bzw. 25. Perzentil usw. Diese fünf Werte (3, 19, 27, 35, 50) sind in der Tabelle fett und kursiv gedruckt.

Verifizieren Sie, dass wir die richtigen Werte fettgedruckt haben! Was fällt Ihnen bei der Lage der Werte in der Tabelle auf? **Auftrag**

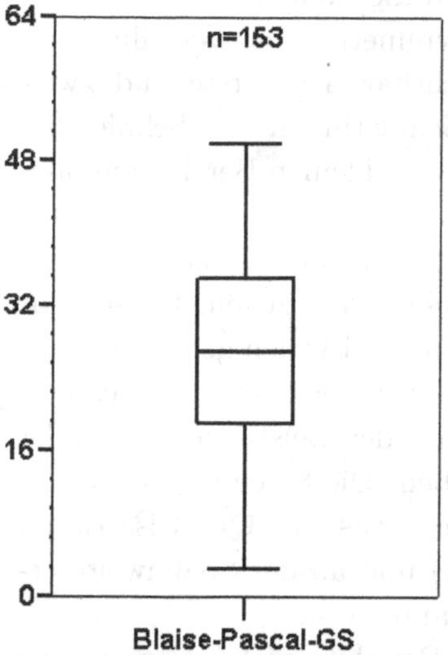

Abb. 2.47. Boxplot für die 153 Schülerinnen und Schüler

Ein Boxplot entsteht aus den fünf betrachteten Werten, indem eine Box gezeichnet wird, die sich vom 1. bis zum 3. Quartil erstreckt und in die der Median, also das 2. Quartil, eingezeichnet wird. Damit visualisiert die Länge dieser Box den Quartilsabstand der Datenreihe. An die Box kommen so genannte „***Antennen***", die auch „***Fühler***" oder „***Whiskers***" genannt werden. Sie erstrecken sich vom Ende der Box bis zum 0. bzw. 4. Quartil, also zum kleinsten bzw. größten Wert. Damit visualisiert die Gesamtlänge des Boxplots die Spannweite der Datenreihe. Für die Testwerte der 153 Schülerinnen und Schüler ergibt sich der Boxplot in Abb. 2.47. Die nahezu symmetrische Form des Boxplots lässt sich auch an den fettgedruckten Werten der Tabelle erkennen und passt zur fast symmetrischen Gestalt des Histogramms in Abb. 2.22 auf S. 51. Vergleichen Sie das Boxplot mit den Darstellungen in Abb. 2.21 bis Abb. 2.23 auf S. 51.

Da die Erstellung eines Boxplots für eine Datenreihe mit der Anordnung der Werte, der Ermittlung der Quartile und der Anfertigung der Graphik verbunden ist, ist der Einsatz von Computern zur Erstellung solcher Boxplots empfehlenswert. Dies gilt insbesondere bei großen Stichproben. Leider verfügen Tabellenkalkulationsprogramme in der Regel noch nicht über eine entsprechende Funktion. Speziellere Statistikprogramme verfügen über solche Funktionen, gehören aber nicht mehr zu den üblichen Officeprogrammen. Für die Anwendung von beschreibender Statistik, zum Beispiel in der empirischen Sozialforschung, gehören Boxplots zunehmend zu den wichtigsten Darstellungsarten. Dies liegt an ihrem hohen Informationsgehalt und an den einfachen optischen Gruppenvergleichen.

Um dies zu veranschaulichen, betrachten wir die Ergebnisse einer weiteren Schule bei der landesweiten Lernstandsmessung. Es handelt sich um 148 Schülerinnen und Schüler des Carl-Friederich-Gauß-Gymnasiums, einer Schule, die sich besonders im Bereich der Mathematik profiliert. In Abb. 2.48 sind die Boxplots beider Schulen nebeneinander dargestellt. Es ist deutlich sichtbar, dass die Leistungen im Gymnasium insgesamt deutlich höher liegen.

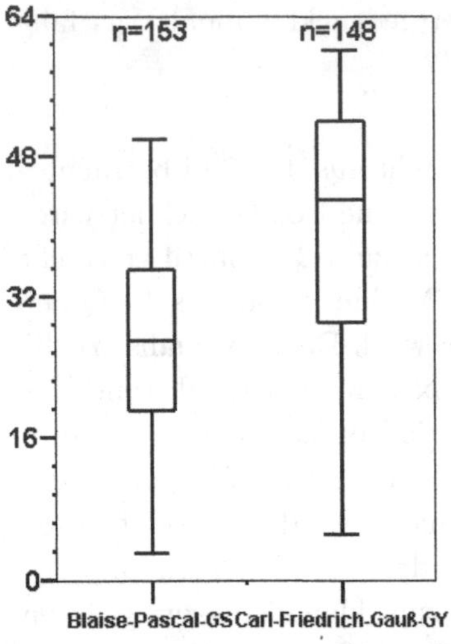

Abb. 2.48. Boxplots für die beiden Schulen

Wenn man insbesondere die Box anschaut, also die mittleren 50% der jeweiligen Schülerinnen und Schüler, sowie die Lage des Median, wird dies klar. Außerdem ist eine deutlich Asymmetrie der Verteilung im Gymnasium sichtbar. Das erste und zweite Viertel der Schülerinnen und Schüler liegen in einem relativ kleinen Bereich am oberen Ende der Verteilung. Schon das dritte Viertel erstreckt sich länger, und das untere Viertel ist sehr langgezogen. Es gibt also an dieser Schule bei vielen guten Leistungen auch einige Schülerinnen und Schüler, die deutlich hinter den Leistungen der anderen zurück bleiben. Die Streuung ist augenscheinlich größer, was am Quartilsabstand (Länge der Box) und an der Spannweite erkannt werden kann.

An diesen Betrachtungen wird sichtbar, dass Boxplots viel Informationen enthalten und sich für eine erste Analyse der Daten gut eignen. Die unterschiedlichen Gruppengrößen an beiden Schulen spielt beim Vergleich keine Rolle, da die Lagemaße „relative Maße" sind. Das heißt, dass sie nicht direkt auf eine Veränderung der Gruppengröße reagieren, sondern nur auf die Veränderung der Lage. Bei unterschiedlichen Gruppengrößen sollten diese auf jeden Fall in der Graphik enthalten sein. Wenn die betrachteten Gruppen zu klein werden, sind Boxplots keine sinnvolle Darstellungsart mehr. Wenn zum Beispiel 13 Schülerinnen und Schüler betrachtet würden, wären der 1., 4., 7., 10. und 13. Wert der geordneten Datenliste die Grundlage für die Erstellung des Boxplots. Schon die Veränderung eines einzigen Wertes der Liste kann dann wesentlichen Einfluss auf die Gestalt und damit die optische Wirkung des Boxplots haben. Dies ist bei über 100 Schülerinnen und Schülern kaum möglich.

Wir haben bereits eingangs darauf hingewiesen, dass es alternative Vorschriften für die Erstellung von Boxplots gibt. Dies betrifft im Wesentlichen den Umgang mit besonders kleinen und besonders großen Werten. Wir haben die Whiskers der Boxplots jeweils vom 1. Quartil zum kleinsten Wert und vom 3. Quartil zum größten Wert laufen lassen. Dadurch kann ein einziger extremer Wert Einfluss auf die Gestalt des Boxplots nehmen. In Abb. 2.48 könnte es bei dem Gymnasium zum Beispiel so sein, dass ein Schüler, der am Testtag einen „Blackout" hatte, nur fünf Punkte erhalten hat, der nächstbeste aber schon 13 Punkte. Ein extremer Ausreißer nach unten beeinflusst also die Länge des unteren Whiskers massiv. Andererseits kann es sein, dass man ihn bewusst mit in der Darstellung lassen möchte, da auch dieses Ergebnis zum Test gehört.

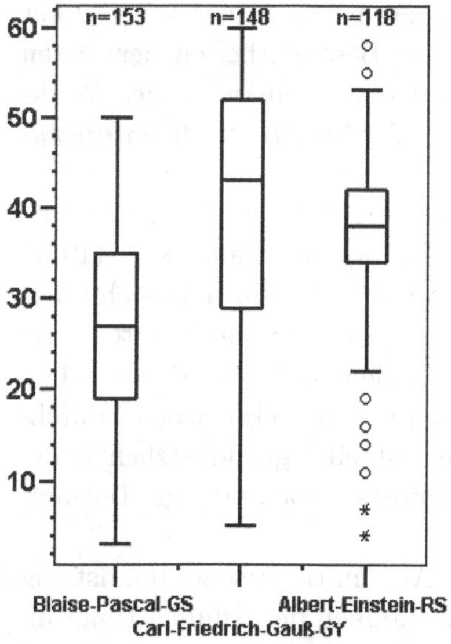

Abb. 2.49. Boxplots für drei Schulen mit Ausreißern und Extremwerten

Wie gehen die alternativen Konzepte mit solchen extremen Werten um? Im Softwarepaket *SPSS*[36], einem viel verwendeten Programm in der empirischen Sozialforschung, mit dem auch wir die Boxplots erstellt haben, werden extreme Werte nach einer rechnerischen Regel in *Ausreißer* und *Extremwerte* unterschieden. ***Ausreißer*** im Sinne des Programms sind Werte, die um mehr als das 1,5-fache des Quartilsabstands von den Enden der Box entfernt sind. Als ***Extremwerte*** werden solche Werte betrachtet, die um mehr als das 3-fache des Quartilsabstands von der Box entfernt liegen. Sie bekommen jeweils eigene Symbole und werden einzeln dargestellt. Dadurch ist die Länge der Whiskers auf das 1,5-fache der Box, also des Quartilsabstands, begrenzt.[37] Der Umgang mit solchen extremen Werten wird von *SPSS* flexibel gestaltet. Es lassen sich mehrere Optionen zur Darstellungsart dieser Werte aktivieren oder deaktivieren. In Abb. 2.49 sehen Sie die zusätzliche Darstellung der Testwerte einer weiteren Schule, der Albert-Einstein-Realschule. An dieser Schule gibt es sehr viele Schülerinnen und Schüler im mittleren Leistungsbereich, aber auch einige Ausnahmen in beiden Richtungen. Die Ausreißer sind als Kreise gekennzeichnet worden, die Extremwerte durch Sternchen. Die Spannweite ist zwar nicht größer als die des Gymnasiums, aufgrund der relativen Homogenität der Leistungen fallen besonders hohe und niedrige Testwerte hier aber auf.

Bei Boxplots kommen ausschließlich Lagemaße zur Anwendung, die für ordinal skalierte Merkmale anwendbar sind. Trotzdem sind Boxplots nur für quantitative Merkmale eine adäquate Darstellungsart, da sie die Verteilung

[36] SPSS steht für „**S**tatistical **P**roduct and **S**ervice **S**olutions" (früher: „**S**tatistical **P**ackage for the **S**ocial **S**ciences")

[37] Bei der Berechnung des 1. und 3. Quartils werden die Ausreißer und Extremwerte noch berücksichtigt (sie stellen sich auch erst hinterher als solche heraus). Sie werden also nur in der Darstellung besonders gekennzeichnet.

Abb. 2.50. Tukey

der Daten einer Reihe durch vertikale Abstände visualisieren. Daher müssen gleiche Abstände die gleiche inhaltliche Bedeutung haben.
Boxplots sind eine Möglichkeit sich mit erhobenen Daten vertraut zu machen und etwas über die Verteilung und die Besonderheiten der Daten zu erfahren. Sie sind damit ein wichtiges Werkzeug im Rahmen der ***Explorativen Datenanalyse (EDA)***. Dieses Konzept und auch die Boxplots gehen zurück auf *John W. Tukey* (1915–2000). Mit seinem Buch „Exploratory data analysis" (1977) legte er ein Konzept vor, mit dem man sich erhobenen Daten nicht nur mit standardisierten Verfahren und über Kennwerte nähert, sondern indem man die Daten selbst untersucht. Dafür hat sich die schöne Metapher der „Detektivarbeit" durchgesetzt. Das explorative Arbeiten mit Daten ist eine grundsätzlich andere Forschungsstrategie als ein hypothesengeleitetes Arbeiten (vgl. Teilkapitel 5.2).
Die zweite Darstellungsart, die wir in diesem Abschnitt präsentieren, ist eng verwandt mit den Boxplots und vor allem im Rahmen der Schulleistungsuntersuchungen TIMSS und PISA populär geworden. Es handelt sich hierbei um die so genannten ***Perzentilbänder***. Der Name deutet an, dass hier die Perzentile (oder p-Quantile) die Grundlage für die Erstellung der Visualisierung der Datenreihen sind. Es werden allerdings mehr als fünf Perzentile genutzt und bei quantitativen Merkmalen das arithmetische Mittel statt des Median angegeben. Für ein Beispiel greifen wir auf die Ergebnisdarstellung von PISA 2000 zurück.
In Abb. 2.51 sind die Ergebnisse der Teilnehmerstaaten im PISA 2000 Mathematiktest dargestellt. Unter der Ergebnisdarstellung steht eine Legende, die die Perzentilbänder erklärt. Wir werden hier nur auf die Aspekte der Darstellung eingehen, die mit den bisher entwickelten Konzepten erklärbar sind. Wie man der Legende entnehmen kann, werden sechs verschiedene Perzentile und ein Mittelwert in den Perzentilbändern dargestellt. Die Perzentilbänder beginnen beim 5. Perzentil und enden beim 95. Perzentil. Es werden also jeweils die fünf Prozent besten und schlechtesten Ergebnisse bei der Visualisierung außen vor gelassen. Da es sich um eine sehr große Untersuchung handelt, in den Teilnehmerstaaten wurden jeweils zwischen 4 500 und 10 000 Schülerinnen und Schüler untersucht, können dies die bis zu 500 besten und schlechtesten Ergebnisse sein. Zwischen dem 5. und 95. Perzentil werden noch das 10., 25., 75. und 90. Perzentil dargestellt. Somit wird der 5., der 10. und

Mathematikleistungen im internationalen Vergleich

Testleistungen der Schülerinnen und Schüler in den Teilnehmerstaaten: Mathematik

Land	M	(SE)	SD
Japan	557	(5,5)	87
Korea	547	(2,8)	84
Neuseeland	537	(3,1)	99
Finnland	536	(2,2)	80
Australien	533	(3,5)	90
Kanada	533	(1,4)	85
Schweiz	529	(4,4)	100
Vereinigtes Königreich	529	(2,5)	92
Belgien	520	(3,9)	106
Frankreich	517	(2,7)	89
Österreich	515	(2,5)	92
Dänemark	514	(2,4)	87
Island	514	(2,3)	85
Liechtenstein	514	(7,0)	96
Schweden	510	(2,5)	93
Irland	503	(2,7)	84
OECD-Durchschnitt	500	(0,7)	100
Norwegen	499	(2,8)	92
Tschechische Republik	498	(2,8)	96
Vereinigte Staaten	493	(7,6)	98
Deutschland	490	(2,5)	103
Ungarn	488	(4,0)	98
Russische Föderation	478	(5,5)	104
Spanien	476	(3,1)	91
Polen	470	(5,5)	103
Lettland	463	(4,5)	103
Italien	457	(2,9)	90
Portugal	454	(4,1)	91
Griechenland	447	(5,6)	108
Luxemburg	446	(2,0)	93
Mexiko	387	(3,4)	83
Brasilien	334	(3,7)	97

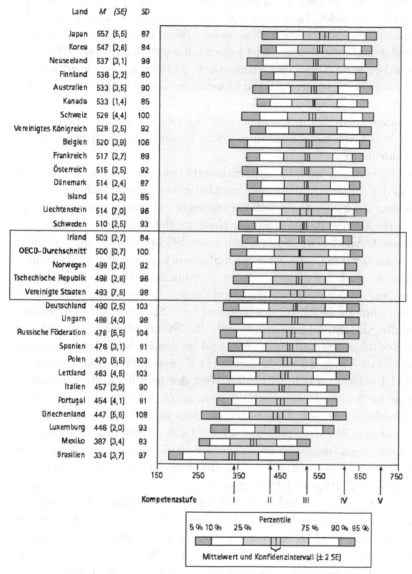

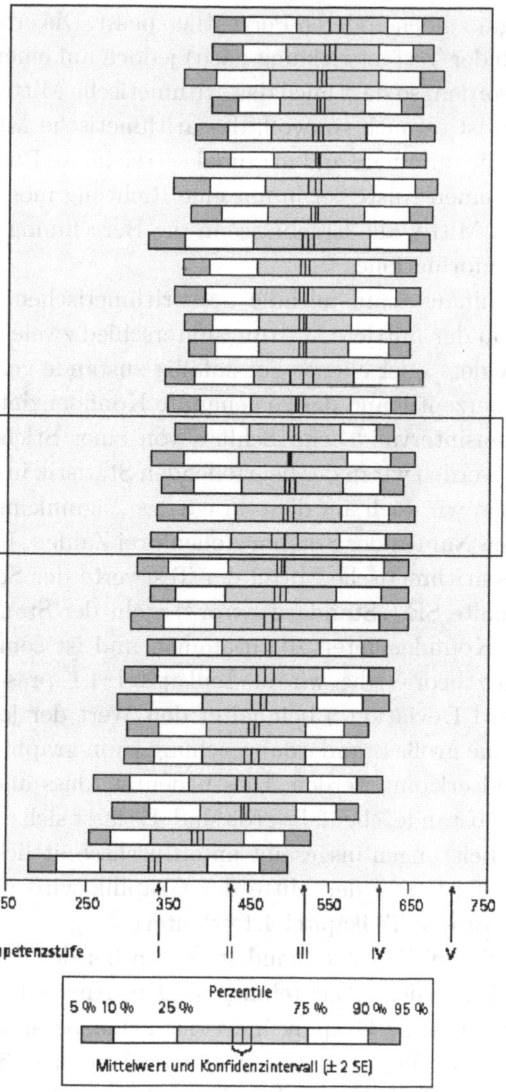

Abb. 2.51. Ergebnisdarstellung mit Perzentilbändern bei PISA 2000 (Deutsches PISA-Konsortium 2001b, S. 21)

der 25. Perzentilabstand graphisch sichtbar. Der letztere ist ja gerade der Quartilsabstand, der die Box beim Boxplot bildet.
Für die Mitte wird nicht wie beim Boxplot der Median, sondern das arithmetische Mittel verwendet. Dies kann zunächst verwundern, da eigentlich der Median gut zu den anderen Perzentilen passt. Die erhobenen Daten sind (dem Anspruch der Testentwicklung nach) jedoch auf einer quantitativen Skala gemessen worden, so dass auch das arithmetische Mittel gemessen werden kann. Inhaltlich ist es auch sinnvoll, das arithmetische Mittel zu bilden, da durch den Test die minimale und maximale erreichbare Punktzahl festgelegt ist und keine extremen Ausreißer in nur eine Richtung möglich sind. Da beim arithmetischen Mittel alle Ergebnisse in die Berechnung eingehen, berücksichtigt es mehr Informationen[38].
Darüber hinaus kann mithilfe des arithmetischen Mittels gut abgeschätzt werden, ob der mittlere Leistungsunterschied zweier Länder sich „signifikant unterscheidet" oder ebenso gut zufällig zustande gekommen sein kann. Dazu wird im Perzentilband das so genannte Konfidenzintervall angegeben. Dieses „Vertrauensintervall" beim Schluss von einer Stichprobe auf die Grundgesamtheit werden wir in der beurteilenden Statistik in Abschnitt 4.1.4 einführen. Dort gehen wir auch auf diese Frage des „signifikanten Unterschieds" ein.
Neben den Namen der Staaten stehen drei Zahlen. In der Spalte M („Mean") steht das arithmetische Mittel der Testwerte der Schülerinnen und Schüler. In der Spalte SE („Standard Error") steht der Standardfehler. Dieser hängt mit dem Konfidenzintervall zusammen und ist somit ebenfalls ein Konzept der Schätztheorie, die wir in Teilkapitel 4.1 präsentieren. Die Spalte SD („Standard Deviation") beinhaltet den Wert der jeweiligen Standardabweichung. Eine große Standardabweichung kann graphisch an einem langen Perzentilband erkannt werden. Dies bedeutet, dass andere Streuungsmaße, die Perzentilabstände, ebenfalls groß sind. Es lässt sich erkennen, dass in Deutschland die Leistungen insgesamt unterdurchschnittlich waren und stark streuten. Der Kasten in der Mitte der Graphik wird ebenfalls im Rahmen der Schätztheorie in Teilkapitel 4.1 erläutert.
Ebenso wie bei Boxplots handelt es sich bei den Perzentilbändern nicht um einheitlich definierte Darstellungen. Dem Anwender sind hier einige Freiheiten gegeben, seine Graphik individuell und passgenau zur Fragestellung zu gestalten. Für Perzentilbänder gibt es in den Officeprogrammen ebenfalls keine Funktion. Sie lassen sich aber mit etwas Mühe aus gestapelten Balkendiagrammen erzeugen. Dies ist in Abb. 2.52 für die drei Schulen aus Abb. 2.49 durchgeführt worden.

---

[38] Da das arithmetische Mittel dadurch aber auch anfällig für Ausreißer wird, muss man im Einzelfall sorgfältig prüfen, ob es das geeignete Lagemaß ist.

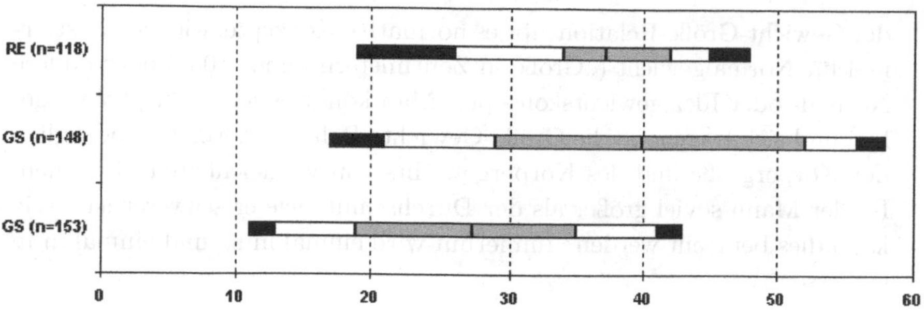

Abb. 2.52. Perzentilbänder für die drei Schulen, erstellt in einer Tabellenkalkulation

Wie bei der Ergebnisdarstellung im Rahmen von PISA 2000 beginnen die Perzentilbänder beim 5. Perzentil und gehen bis zum 95. Perzentil. Dazwischen sind das 10. Perzentil, das 25. Perzentil, das arithmetische Mittel, das 75. Perzentil und das 90. Perzentil eingezeichnet. Vergleichen Sie diese Darstellung mit Abb. 2.49 auf S. 95. Welche gefällt Ihnen besser und warum?

2.4 Datenreihen vergleichen: Standardisierung

2.4

Beim Umgang mit Daten in empirischen Untersuchungen kommt es häufiger dazu, dass man zwei Datenreihen miteinander vergleichen oder eine Datenreihe „darstellungsfreundlicher" gestalten möchte. „Darstellungsfreundlicher" heißt dabei, dass bestimmte Größenordnungen von Zahlen aus dem Alltag geläufiger sind als andere. So sind zwar $5{,}32 \cdot 10^{-4}$ t und 0,532 kg das Gleiche, aber die zweite Darstellungsart können wir direkt mit entsprechenden Massen in Verbindung bringen. Bei der ersten Darstellung müssen wir doch eine Zeit lang nachdenken, manchen wird sie auch gar nichts sagen. Neben diesem Aspekt, der mit der Wahl der Maßeinheit und der verwendeten Maßzahl zusammenhängt, spielt auch noch die Frage nach „geraden" und „krummen" Werten eine Rolle. Bei der Frage des Vergleichs zweier Datenreihen oder zweier Werte aus verschiedene Datenreihen sind Fragen wie die beiden folgenden typisch.

- Wenn man einen ausgewachsenen Nordeuropäer mit einer Körpergröße von 1,94 m und einen ausgewachsenen Südeuropäer mit einer Körpergröße von 1,86 m bezüglich ihrer Körpergröße miteinander vergleicht, so ist zunächst einmal der Nordeuropäer eindeutig größer, nämlich um 8 cm. Aber wer ist in Relation zu seiner Herkunft, also zu anderen Nord- bzw. Südeuropäern, größer?
- Bei einem ausgewachsenen Mann werden bei einer Untersuchung 1,98 m Körpergröße und 102 kg Körpergewicht gemessen. Für die Einschätzung

der Gewicht-Größe-Relation gibt es normative Konzepte, wie die Faustformel für Normalgewicht („Größe in Zentimetern minus 100“) oder andere Normal- oder Idealgewichtskonzepte. Man könnte auch deskriptiv vorgehen und sich fragen, ob die Größe-Gewichts-Relation normal ist bezüglich der Körpergröße und des Körpergewichts von vergleichbaren Menschen. Ist der Mann soviel größer als der Durchschnitt wie er schwerer ist? Wie kann dies beurteilt werden? Immerhin wird einmal in kg und einmal in m gemessen ...

Auf diese Fragen werden wir in den nächsten drei Abschnitten Antworten geben. Ausgangspunkt ist die Untersuchung, wie sich die Kennwerte von Datenreihen verändern, wenn man die Datenreihen transformiert. Denn offensichtlich führen alle oben gestellten Fragen auf Umrechnungen von Daten. Anschließend gehen wir auf den Vergleich von zwei Datenreihen ein, der auf die Standardisierung von Datenreihen führt. Und schließlich geht es um die „darstellungsfreundliche“ Aufbereitung einer Datenreihe, also um eine Normierung oder Reskalierung.

2.4.1 Wie verhalten sich Kennwerte bei Transformationen?

Da die in der Einleitung dieses Teilkapitels aufgeworfenen Fragen auf die Transformation von Datenreihen führen, liegt die Frage nahe, was dann mit den Lage- und Streuungsmaßen dieser Datenreihen passiert. Aufgrund des Lagemaßaxioms in Definition 9 ist per definitionem klar, dass alle Lagemaße die Verschiebung aller Daten um eine additive Konstante mitmachen. Genauso folgt aus dem Streuungsmaßaxiom in Definition 12, dass alle Streuungsmaße davon unberührt bleiben. In Abb. 2.53 wird dies für die Datenreihe x_1, x_2, x_3 veranschaulicht.

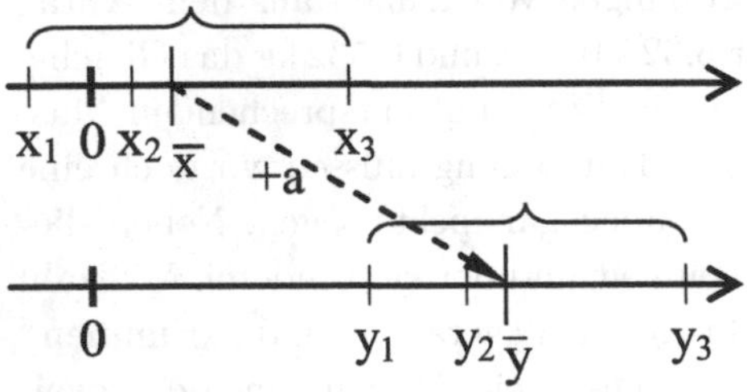

Abb. 2.53. Verschiebung einer Datenreihe

Was passiert, wenn alle Daten einer Datenreihe mit einer Konstanten multipliziert werden? Es handelt sich dabei offenbar um eine Stauchung oder Streckung der Datenreihe, je nach der Größe der Konstanten. Je nach Vorzeichen wird die Reihenfolge der Daten

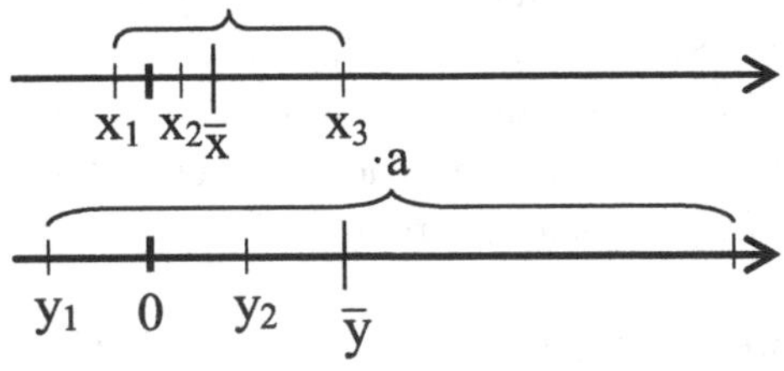

Abb. 2.54. Streckung einer Datenreihe

umgedreht oder nicht. Eine Streckung der Datenreihe um den Faktor $a = 3$ wird in Abb. 2.54 visualisiert.
Offenbar verdreifachen sich Spannweite und arithmetisches Mittel. Generell könnte man erwarten, dass Lagemaße die Streckung nachvollziehen und Streuungsmaße auch von der Streckung beeinflusst werden. Spannweite, Quartilsabstand und Standardabweichung sollten die Streckung dem Betrag des Streckungsfaktors entsprechend mitmachen, da sie in der ursprünglichen Maßeinheit gemessen werden. Wie sieht es bei der Varianz aus, die ja in der quadrierten ursprünglichen Maßeinheit gemessen wird. Hier sollte dann auch ein quadratischer Einfluss der Streckung vermutet werden. Bei Stauchungen sollte sich alles analog verhalten. Im folgenden **Satz 8** werden die zuvor betrachteten Sachverhalte für das arithmetische Mittel, die Varianz und die Standardabweichung formuliert.

Satz 8 (Transformation von Datenreihen und Kennwerten) Für ein quantitatives Merkmal sei die Datenreihe $x_1, \ldots, x_n$ gegeben. Durch die affin-lineare Abbildung $f\colon \mathbb{R} \to \mathbb{R}$, $x \mapsto f(x) := a \cdot x + b$ mit $a, b \in \mathbb{R}$ wird eine transformierte Datenreihe $y_1, \ldots, y_n$ mit $y_i := f(x_i)$ definiert. Dann gelten für die arithmetischen Mittel $\bar{x}$ und $\bar{y}$, die Varianzen s_x^2 und s_y^2 sowie die Standardabweichungen s_x und s_y der beiden Datenreihen die folgenden Beziehungen: 8
a. $\bar{y} = a \cdot \bar{x} + b$,
b. $s_y^2 = a^2 \cdot s_x^2$ und
c. $s_y = |a| \cdot s_x$.

Der Beweis von **Satz 8** erfolgt durch direktes Einsetzen in die Definition und Nachrechnen. Inhaltlich sind die Aussagen aufgrund der zuvor angestellten Betrachtungen ohnehin klar.

Beweis 3 (Beweis von Satz 8)

a. $$\bar{y} = \frac{1}{n} \cdot \sum_{i=1}^{n} y_i = \frac{1}{n} \cdot \sum_{i=1}^{n} (a \cdot x_i + b) = a \cdot \left(\frac{1}{n} \cdot \sum_{i=1}^{n} x_i \right) + b = a \cdot \bar{x} + b\,.$$

b. $$s_y^2 = \frac{1}{n} \cdot \sum_{i=1}^{n} (y_i - \bar{y})^2 = \frac{1}{n} \cdot \sum_{i=1}^{n} (a \cdot x_i + b - (a \cdot \bar{x} + b))^2$$
$$= a^2 \cdot \frac{1}{n} \cdot \sum_{i=1}^{n} (x_i - \bar{x})^2 = a^2 \cdot s_x^2$$

c. $$s_y = \sqrt{s_y^2} = \sqrt{a^2 \cdot s_x^2} = |a| \cdot s_x\,.$$

Die affin-linearen Abbildungen sind, wie in Abschnitt 2.1.3 dargestellt wurde, gerade die niveauerhaltenden Transformationen für Intervallskalen. Mit **Satz 8** wissen wir nun auch, wie sich die Kennwerte bei solchen niveauerhaltenden Transformationen verändern. Damit haben wir das notwendige Handwerkszeug für die Standardisierungen und Normierungen von Intervallskalen in den nächsten Abschnitten. In Abschnitt 3.5.5 werden wir zeigen, dass diese Transformationen analog für den Erwartungswert, die Varianz und die Standardabweichung von Zufallsgrößen gelten.

Aufgabe 23 (Transformationen von Datenreihen und Kennwerten) Untersuchen Sie, wie sich die in Satz 8 nicht berücksichtigten Lagemaße, Mittelwerte und Streuungsmaße bei Transformationen durch affin-lineare Abbildungen verhalten. Stellen Sie dazu anhand von Beispielen Vermutungen auf und versuchen Sie diese zu beweisen.

Aufgabe 24 (Transformation von konkreten Datenreihen)

a. Im Rahmen des Sachunterrichts haben Schülerinnen und Schüler der vierten Klasse an zehn aufeinander folgenden Tagen die Mittagstemperatur gemessen. Sie haben die folgenden Liste erhalten: 17 °C, 20 °C, 16 °C, 15 °C, 18 °C, 19 °C, 18 °C, 22 °C, 20 °C, 24 °C. Berechnen Sie das arithmetische Mittel und die Standardabweichung dieser Temperaturen. Bestimmen Sie die beiden Kennwerte für die Datenreihe, die entstanden wäre, wenn die Kinder auf der Fahrenheit-Skala gemessen hätte.
b. Eine Schulklasse errechnet, dass das arithmetische Mittel des monatlichen Taschengelds innerhalb der Klasse bei 32,76 € liegt und die Standardabweichung dabei 10,37 € beträgt. Wie groß sind die beiden Kennwerte, wenn die Schülerinnen und Schüler ihr Taschengeld in US-Dollar umgerechnet hätten?

2.4.2 Standardisierung von Datenreihen

Wir greifen die beiden Fragestellungen aus der Einleitung zu diesem Abschnitt wieder auf. Zum einen ging es darum, dass ein Merkmal, nämlich die Körpergröße, in zwei Stichproben, eine bestehend aus Nordeuropäern, die andere aus Südeuropäern, unterschiedlich verteilt ist. Wie lassen sich hier Größen relativ zur Bezugsgruppe vergleichen? Zum anderen wurden in einer Stichprobe zwei Merkmale, nämlich Körpergröße und Körpergewicht, gemessen. Wie kann man einschätzen, ob man ebenso soviel schwerer ist als der Durchschnitt, wie man größer ist als der Durchschnitt?

Untersuchen wir zunächst die erste Frage genauer. Der Nordeuropäer ist 1,94 m groß, der Südeuropäer 1,86 m. Dennoch kann der Südeuropäer stärker aus seiner Bezugsgruppe herausragen als der Nordeuropäer aus seiner. Ein erster einfacher Zugang zu dieser Frage wäre die Lokalisierung der beiden in ihrer jeweiligen Bezugsgruppe. Welchen Platz nehmen die beiden in der Größenrangliste ihrer Bezugsgruppe ein? Da die Bezugsgruppen unterschiedlich groß sein können, ist allerdings weniger der absolute, als vielmehr der relative Platz wesentlich, also die Platzzahl dividiert durch die Größe der Gruppe. Damit erhält man eben den Prozentrang, den wir in Abschnitt 2.3.5 als Umkehrkonzept zum p-Quantil vorgestellt haben. Dieses Konzept könnte man als ***Prozentrangvergleich*** verstehen.

Aus vorliegenden Datenreihen zur Körpergröße von Nord- und Südeuropäern ermittelt man z. B. den 96. Prozentrang für den Nordeuropäer und den 97. Prozentrang für den Südeuropäer. Also liegt der Südeuropäer, obwohl er 8 cm kleiner ist als der Nordeuropäer, in seiner Bezugsgruppe weiter vorne. Ist damit die vorliegende Frage zufriedenstellend gelöst?

Man könnte sich durchaus mit diesem Resultat begnügen, könnte sich aber auch fragen, ob man nicht Informationen verschenkt hat. Die Ermittlung des Prozentrangs ist schon bei ordinal skalierten Merkmalen möglich. Die Körpergröße ist ein quantitatives Merkmal, und in die Kennwerte arithmetisches Mittel und Standardabweichung gehen rechnerisch alle Daten, also alle Informationen ein[39]. Alleine die Information, dass jemand den 97. Prozentrang in seiner Bezugsgruppe einnimmt, sagt ja noch nichts darüber aus, wie weit er gegenüber „der großen Masse" herausragt. Zumindest theoretisch ist es denkbar, dass der Südeuropäer zwar mit 1,86 m den 97. Prozentrang inne hat, es aber 2% Südeuropäer gibt, die größer als 2 m sind. Dann würde er nicht zwingend zu den (bezüglich der Körpergröße) besonders herausragenden Personen gehören. Genau diese 2% „Riesen" würden aber die Standardabweichung der Datenreihe massiv beeinflussen.

Wie lassen sich möglichst viele statistische Informationen in den Vergleich einbeziehen? Angenommen, bei den Nordeuropäern seien das arithmetische Mittel der Körpergröße 181,8 cm und die Standardabweichung 6,8 cm, und bei den Südeuropäern seien das arithmetische Mittel 174,6 cm und die Standardabweichung 5,9 cm. Mit diesen Daten kann man sich zunächst fragen, wie viel die beiden über dem Durchschnitt ihrer Bezugsgruppen, verstanden als arithmetisches Mittel, liegen. Der Nordeuropäer ist 12,2 cm größer als der Durchschnittsnordeuropäer, der Südeuropäer ist 11,4 cm größer als der Durchschnittssüdeuropäer. Also ist der Nordeuropäer doch auch relativ gesehen größer als der Südeuropäer?

---

[39]Was in diesem Fall wünschenswert ist. Damit reagieren aber beide Maße auch auf mögliche Ausreißer. Wo dies vermieden werden soll, muss man sich „robusterer" Maße bedienen.

Um diese Frage nicht vorschnell zu beantworten, sollte berücksichtigt werden, dass die Standardabweichung bei Nordeuropäern größer ist als bei Südeuropäern. Eine größere Abweichung ist also durchaus zu erwarten. Wie groß ist die jeweilige Abweichung im Verhältnis zur entsprechenden Standardabweichung? Beim Nordeuropäer ergibt sich 12,2 cm : 6,8 cm $\approx$ 1,79, beim Südeuropäer 11,4 cm : 5,9 cm $\approx$ 1,93. Der Südeuropäer ist also 1,93 Standardabweichungen größer als der Durchschnittssüdeuropäer und der Nordeuropäer ist 1,79 Standardabweichungen größer als der Durchschnittsnordeuropäer. Also ist der Südeuropäer auch bezüglich dieses Vergleichs, der das Skalenniveau und möglichst viele Informationen aus den Daten berücksichtigt, relativ zu seiner Bezugsgruppe größer als der Nordeuropäer zu seiner.
Das hier entwickelte Verfahren eignet sich generell für den Vergleich von einem Merkmal in jeweils zwei Stichproben oder auch, wie wir unten zeigen werden, für den Vergleich von jeweils zwei Merkmalen in einer Stichprobe. Man misst bei dieser *Standardisierung* die Abweichung vom arithmetischen Mittel in der Einheit „Standardabweichung", drückt sie also als Vielfache derselben aus.

---

18 **Definition 18 (Standardisierung von Datenreihen)** Für ein quantitatives Merkmal sei die Datenreihe $x_1, \ldots, x_n$ mit arithmetischem Mittel $\bar{x}$ und Standardabweichung s_x gegeben. Durch die affin-lineare Abbildung $f\colon \mathbb{R} \to \mathbb{R}$, $x \mapsto f(x) := \frac{x-\bar{x}}{s_x}$ wird eine Transformation der Datenreihe definiert, die ***Standardisierung*** heißt. Die transformierte Datenreihe $z_1, \ldots, z_n$ mit $z_i := f(x_i)$ heißt dann ***standardisierte Datenreihe***.

Die Werte der standardisierten Datenreihe werden in der Literatur auch ***z-Werte*** genannt. Inhaltlich ist klar, dass durch die Standardisierung der Datenreihe das arithmetische Mittel auf den Nullpunkt rutscht und die Standardabweichung auf Eins gestreckt oder gestaucht wird. Dies wird in der Visualisierung in Abb. 2.55 deutlich.
Es wird eine Datenreihe der Länge $n = 3$ standardisiert. Die Daten sind der Übersichtlichkeit halber nur durch gestrichelte Linien gekennzeichnet und nicht weiter bezeichnet. Die geschweifte Klammer symbolisiert die Standardabweichung und nicht wie in Abb. 2.53 und Abb. 2.54 die Spannweite. Man kann gut erkennen, dass die Standardabweichung keinen direkten optischen Bezug zur Verteilung der Daten hat. In einem ersten Schritt $x_i \mapsto y_i := x_i - \bar{x}$ wird die Differenz der einzelnen Daten mit dem arithmetischen Mittel ermittelt. Durch diese Transformation landet das arithmetische Mittel selber bei Null.

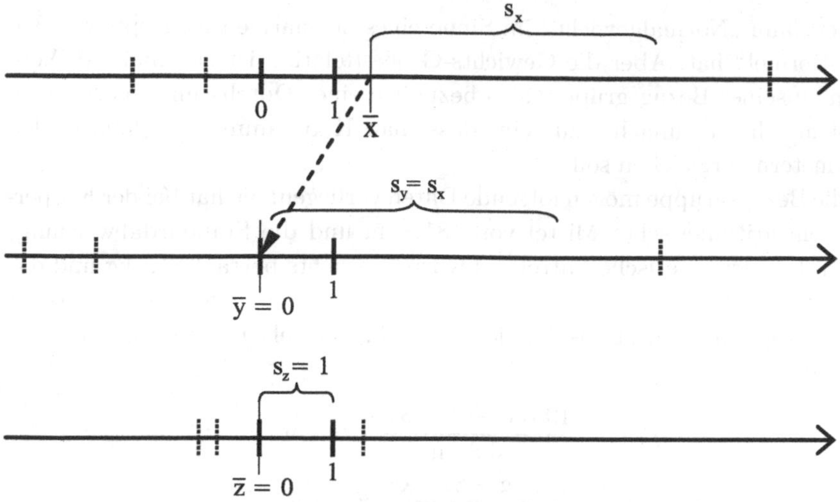

Abb. 2.55. Standardisierung einer Datenreihe

Im zweiten Schritt $y_i \mapsto z_i := \frac{y_i}{s_y}$ wird der Abstand der Daten vom arithmetischen Mittel in Vielfachen der Standardabweichung ausgedrückt. Dadurch wird die Standardabweichung der so transformierten Datenreihe 1.

Satz 9 (Kennwerte einer standardisierten Datenreihe) Für ein quantitatives Merkmal sei die Datenreihe $x_1, \ldots, x_n$ mit arithmetischem Mittel $\bar{x}$ und Standardabweichung s_x gegeben. Dann hat die standardisierte Datenreihe $z_1, \ldots, z_n$ mit $z_i := \frac{x_i - \bar{x}}{s_x}$ das arithmetische Mittel $\bar{z} = 0$, die Varianz $s_z^2 = 1$ und die Standardabweichung $s_z = 1$. 9

Aufgabe 25 (Kennwerte einer standardisierten Datenreihe) Führen Sie den Beweis von **Satz 9** im Einzelnen durch!

Mit der dargestellten Standardisierung lässt sich auch die zweite Fragestellung bearbeiten. Der 1,98 m große Mann mit 102 kg Körpergewicht ist nach dem in der Einleitung genannten normativen Konzept „Faustformel" („Größe in Zentimetern minus 100") zu schwer. Wie sieht es aber im Vergleich zu einer geeigneten Bezugsgruppe aus? Nehmen wir die ungefähr gleichaltrigen Männer als Bezugsgruppe, da sich normalerweise das Größe-Gewichts-Verhältnis über die Lebensspanne zu Ungunsten der Größe verändert. Gemäß dem Spruch „Ich bin nicht zu schwer, sondern nur zu klein für mein Gewicht" untersuchen wir, ob der Mann sich bezüglich seiner Größe genauso in die Vergleichsgruppe einordnet wie bezüglich seines Gewichts. Das heißt nicht, dass er dann „Normalgewicht“ im Sinne eines normativen Konzepts wie der „Faustformel“ hat. Aber die Gewichts-Größe-Relation ist „normal“ im Vergleich zu seiner Bezugsgruppe, also bezüglich einer Durchschnittsnorm. Das Problem scheint zunächst zu sein, dass man Kilogramm mit Metern oder Zentimetern vergleichen soll.

Für die Bezugsgruppe mögen folgende Daten vorliegen: Sie hat bei der Körpergröße ein arithmetisches Mittel von 181,8 cm und die Standardabweichung 6,8 cm. Das arithmetische Mittel des Körpergewichts beträgt 81,4 kg und die Standardabweichung 8,7 kg. Damit ergeben sich die beiden folgenden z-Werte für die Köpergröße und das Gewicht des Mannes relativ zu seiner Bezugsgruppe[40]:

$$z_{\text{Größe}} = \frac{198\,\text{cm} - 181{,}8\,\text{cm}}{6{,}8\,\text{cm}} \approx 2{,}46 \quad \text{und}$$
$$z_{\text{Gewicht}} = \frac{102\,\text{kg} - 81{,}4\,\text{kg}}{8{,}7\,\text{kg}} \approx 2{,}37\,.$$

Der Mann ist also im Vergleich zu seiner Bezugsgruppe nicht zu schwer, sondern eher etwas leichter, als von einem 1,98 m großen Durchschnittsmann zu erwarten war. Trotzdem kann es sein, dass er vom medizinischen Standpunkt aus fünf Kilogramm abnehmen sollte. Der Vergleich zweier unterschiedlicher Größen wie Gewichte und Längen gelingt hier also durch Standardisierung. Dies hängt unter anderem damit zusammen, dass z-Werte einheitenfrei sind. Sie geben an, um wie viele Standardabweichungen der zugehörige Ursprungswert vom arithmetischen Mittel nach oben oder nach unten abweicht.

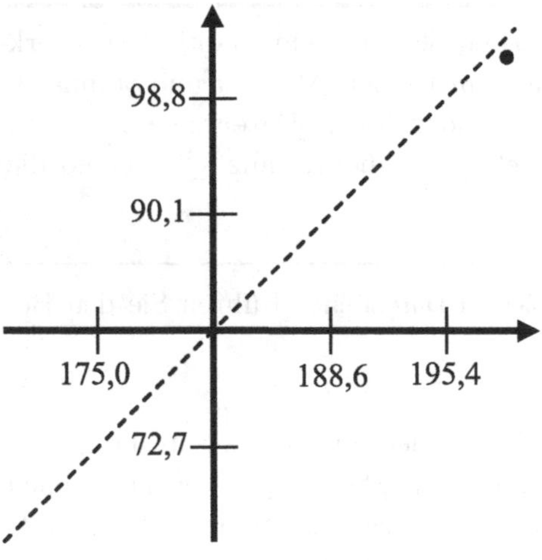

Abb. 2.56. Vergleich von Größe und Gewicht durch Standardisierung

Das Resultat der Standardisierung kann man sich gut im Koordinatensystem veranschaulichen. In Abb. 2.56 wird die Körpergröße an der x-Achse abgetragen, das Gewicht an der y-Achse. Dabei sind an den Achsen anstelle der stan-

[40] Hier wurden die 1,98 m in 198 cm umgewandelt, damit die Rechnung stimmig durchgeführt werden kann. Dieser Hinweis mag sehr banal erscheinen, jedoch liegt hier erfahrungsgemäß eine Fehlerquelle bei konkret durchzuführenden Berechnungen.

dardisierten Werte die zugehörigen ursprünglichen Werte abgetragen. Als Ursprung wurde also gerade das Paar der Mittelwerte (181,8|81,4) gewählt. So kann direkt gesehen werden, ob jemand größer oder kleiner bzw. schwerer oder leichter ist als der Durchschnitt seiner Bezugsgruppe. Als „Einheiten" werden in diesem Koordinatensystem die jeweiligen Standardabweichungen genommen. Die gestrichelt gezeichnete Gerade besteht aus allen Punkten $(\bar{x} + a \cdot s_x | \bar{y} + a \cdot s_y)$ mit $a \in \mathbb{R}$. Wer über dieser Linie liegt, ist also im Vergleich zu seiner Bezugsgruppe schwerer als erwartet, wer darunter liegt ist leichter als erwartet. Der betrachtete Mann wird durch den Punkt etwas unterhalb der Geraden repräsentiert. Dieses Konzept des Koordinatensystems mit Ursprung im Mittelwertpaar und mit den Standardabweichung als Einheiten wird einen zentralen Zugang zur Korrelationsrechnung in Abschnitt 2.6.1 darstellen.

Man hätte auch das erste oben betrachtete Konzept der Einordnung in die Bezugsgruppe verfolgen können, nämlich den Vergleich des Prozentrangs des Mannes in der Gewichtsdatenreihe seiner Bezugsgruppe mit dem Prozentrang in der Größendatenreihe. Dabei hätte man allerdings wiederum weniger Informationen genutzt, als zur Verfügung standen. Dennoch ist der Prozentrangvergleich ein einfaches und häufig auch angemessenes Mittel. Wenn man weiß, wie ein Merkmal verteilt ist, also welche Verteilung die zugehörige Datenreihe hat, dann entspricht ein Prozentrang ungefähr einem bestimmen z-Wert. Besonders wichtig ist die Normalverteilung, die wir in Teilkapitel 3.9 vorstellen, da sie auf sehr viele Merkmale beim Menschen zutrifft. Hier ist es zum Beispiel so, dass der 95. Prozentrang einem z-Wert von ungefähr 1,64 entspricht.

Aufgabe 26 (Notenvergleiche) Notenvergleiche sind immer eine heikle Angelegenheit. So sagt man, dass in Geistes- und Gesellschaftswissenschaften eher das obere Notenspektrum ausgeschöpft wird, während zum Beispiel in Jura eher das mittlere bis untere Notenspektrum genutzt wird. Armin hat für seine Diplomarbeit in Erziehungswissenschaften eine 1,7 erhalten, Beate für ihre Staatsexamensarbeit in Jura eine 3,3.

In Armins Jahrgang gab es außerdem noch 17 Diplomarbeiten, die wie folgt bewertet wurden:

1,7, 2,0, 1,0, 1,0, 1,3, 1,0, 3,7, 1,7, 1,3, 1,0, 1,0, 2,0, 1,3, 1,3 1,7, 2,7, 2,0.

In Beates Jahrgang wurden noch 14 weitere Staatsexamensarbeiten geschrieben, die so bewertet wurden:

5,0, 4,0, 4,0, 2,7, 3,7, 3,0, 3,3, 3,3, 3,7, 5,0, 4,0, 3,0, 3,3, 3,7.

Hatte nun Armin oder Beate die „bessere" Note?

2.4.3 Normierung von Datenreihen

Bei der Standardisierung werden unterschiedliche Datenreihen vergleichbar gemacht. Es kann aber auch sein, dass man lediglich eine Datenreihe hat und diese, zum Beispiel zum Zwecke der Darstellung, transformieren möchte. Wenn man die Ergebnisdarstellung zu PISA 2000 in Abb. 2.51 auf S. 97 betrachtet, so fällt auf, dass das arithmetische Mittel für alle teilnehmenden OECD-Staaten zusammen genau bei 500 und die Standardabweichung genau bei 100 liegt (Zeile „OECD-Durchschnitt"). Haben die Testkonstrukteure tatsächlich so gut gearbeitet und die Ergebnisse antizipiert, so dass sie bei der Skalierung von vorneherein auf 500 und 100 als Kennwerte gesetzt haben? So ist es natürlich nicht!

Richtig ist vielmehr, dass man davon ausgeht, dass Zahlen in diesen Größenordnung für den Menschen interpretationsfreundlicher sind als in anderen Größenordnungen. Aus solchen eher kognitionspsychologischen Gründen wurde der Test nach dem Vorliegen der Ergebnisse ***reskaliert***, das heißt, die Datenreihen wurden so transformiert, dass das arithmetische Mittel für die OECD-Staaten genau bei 500 und die Standardabweichung bei 100 liegt. Anhand der Kennwerte für die OECD-Staaten wurde die Skala also bei 500 bzw. 100 verankert. In der Tat wirkt der Unterschied zwischen zum Beispiel 501 und 538 auf die meisten Menschen größer als der von 2,004 und 2,152, welches die entsprechenden Werte bei einer Transformation auf den Mittelwert 2 und die Standardabweichung 0,4 wären. Darüber hinaus muss bei solchen Transformationen immer berücksichtigt werden, dass der Unterschied von 501 und 538 bei einer Standardabweichung von 60 erheblich bedeutender ist als bei einer Standardabweichung von 100 (vgl. *Bonsen* u. a. 2004). Wie gelingt eine solche Transformation?

Wir zeigen hierfür im Folgenden drei Wege, die zur gewünschten Darstellung führen. Entscheiden Sie selbst, welcher Ihnen am besten gefällt, welchen Sie am einfachsten nachvollziehen können:

Für ein quantitatives Merkmal seien die Datenreihe $x_1, \ldots, x_n$ gemessen und das arithmetische Mittel $\bar{x}$ sowie die Standardabweichung s_x berechnet worden. Dann könnte man die Datenreihe standardisieren und erhält $z_1, \ldots, z_n$ mit $\bar{z} = 0$ und $s_z = 1$. Durch eine weitere Transformation lässt sich die Datenreihe nun beim arithmetischen Mittel 500 und der Standardabweichung 100 verankern. Die Standardabweichung muss durch Multiplikation aller z-Werte mit 100 normiert werden, und dann alle entstandenen Daten um 500 verschoben werden, damit auch das arithmetische Mittel normiert ist.[41] Die Transformation

$$t(z_i) := 100 \cdot z_i + 500 = 100 \cdot \frac{x_i - \bar{x}}{s_x} + 500$$

stellt also eine „PISA-Darstellung“ der Datenreihe her.
Ein alternativer Weg führt nicht über die standardisierten Werte, sondern direkt zur gewünschten Darstellung: Zunächst normiert man die Standardabweichung s_x durch Multiplikation der Datenreihe mit $\frac{100}{s_x}$ auf 100. Anschließend verschiebt man alle Werte um $500 - \frac{100}{s_x} \cdot \bar{x}$. Damit ist das arithmetische Mittel wieder auf 500 normiert. Diese direkte ***Normierung*** der Datenreihe auf die gewünschten Kennwerte führt wiederum auf die Transformation

$$n_{500,100}(x_i) := \frac{100}{s_x} \cdot x_i + 500 - \frac{100}{s_x} \cdot \bar{x} = 100 \cdot \frac{x_i - \bar{x}}{s_x} + 500\,.$$

Ein anderer, eleganter Weg, die gewünschte Transformation zu finden, geht von der Idee aus, dass als niveauerhaltende Transformationen einer Intervallskala genau die affin-linearen Abbildung $t\colon \mathbb{R} \to \mathbb{R}$, $x \mapsto t(x) := a \cdot x + b$ infrage kommen (vgl. Abschnitt 2.1.3). Diese sind durch ihre beiden Parameter a und b eindeutig festgelegt. Im vorliegenden Normierungsproblem nutzt man dann die „Zielvorgaben“ für das arithmetische Mittel und die Standardabweichung sowie die Ergebnisse **Satz 8**. Es ergibt sich ein lineares Gleichungssystem mit zwei Unbekannten:

$$a \cdot \bar{x} + b = 500 \quad \text{und} \quad a \cdot s_x = 100\,.$$

Dabei müssen bei a keine Betragsstriche berücksichtigt werden, da a nicht negativ sein kein. Aus diesem Gleichungssystem erhält man:

$$a = \frac{100}{s_x} \quad \text{und} \quad b = 500 - \frac{100}{s_x}\,.$$

Aufgabe 27 (Normierung einer Datenreihe) Zeigen Sie, dass eine für ein quantitatives Merkmal gegebene Datenreihe $x_1, \ldots, x_n$ mit arithmetischem Mittel $\bar{x}$ und Standardabweichung s_x durch die Transformation $n_{a,b} : \mathbb{R} \to \mathbb{R}$, $x_i \mapsto n_{a,b}(x_i) := b \cdot \frac{x_i - \bar{x}}{s_x} + a$ so normiert wird, dass die transformierte Datenreihe das arithmetische Mittel a und die Standardabweichung b haben.

---

[41]Da eine Multiplikation der Datenreihe mit einer Konstanten Einfluss auf das arithmetische Mittel und die Standardabweichung hat, eine Addition einer Konstanten aber nur Einfluss auf das arithmetische Mittel, passt man zunächst die Standardabweichung durch entsprechenden Multiplikation und dann das arithmetische Mittel durch entsprechenden Addition an.

Aufgabe 28 (Ergebnisdarstellung Lernstandsmessung) Im Rahmen einer Lernstandsmessung erzielten die jeweils 40 teilnehmenden Schüler der Schulen A und B die dargestellten Testergebnisse. Erstellen Sie aus den angegebenen Testwerten eine Ergebnisdarstellung mit Perzentilbändern. Dabei sollte der gemeinsame, d. h. über alle 80 Werte berechnete, Mittelwert 100 und die gemeinsame Standardabweichung 50 betragen. Für jede Schule sollen dann der Mittelwert und die Standardabweichung der Schule berechnet sowie der Ergebnisbalken mit Perzentilen und Mittelwert wie in der „PISA-Darstellung" visualisiert werden.

Schule A					Schule B				
58	69	21	75	63	26	17	44	27	28
53	29	54	34	52	54	31	30	20	26
41	46	46	47	54	41	37	52	37	33
68	33	32	59	48	42	40	19	32	54
48	22	47	33	60	39	16	38	45	48
49	51	36	65	61	22	50	54	20	28
25	29	55	41	39	45	23	37	23	24
56	26	38	50	72	28	49	37	52	39

2.5

2.5 Spezielle Kennwerte: Indexzahlen

Indexzahlen sind in unserem Alltag allgegenwärtig. Typische Beispiele aus der Wirtschaft sind der Index für die Lebenshaltungskosten, der Aktienindex DAX und der Geschäftsklimaindex. Indexzahlen sollen quantifizierte Informationen über einen Sachverhalt geben. Indizes lassen sich in der Regel als gewichtete Mittelwerte verstehen. Die Anzahl der in Deutschland erfassten Indizes ist kaum überschaubar. Der Sinn der Kennwerte der Preisstatistik wird vom *Statistischen Bundesamt Deutschland* wie folgt beschrieben:

> „Zentrale Aufgabe der Preisstatistik ist es, für die wichtigsten Gütermärkte der deutschen Volkswirtschaft die *Preisentwicklung im Zeitablauf* zu messen. Der *räumliche Preisvergleich* beschränkt sich auf die Berechnung der Kaufkraft des Euros im Ausland sowie die Berechnung von Teuerungsziffern für den Kaufkraftausgleich der Auslandsbesoldung.
>
> *Preisindizes* gehören zu den wichtigsten Konjunkturindikatoren. Sie bilden die Grundlage für viele wirtschafts- und geldpolitische Entscheidungen, dienen darüber hinaus aber auch der Information der Öffentlichkeit über die Geldentwertung. Für viele Marktteilnehmer spielen sie eine wichtige Rolle bei der Gestaltung und Kontrolle gewerblicher und pri-

vater Verträge, z. B. bei der Indexierung von vereinbarten Zahlungen (Wertsicherungsklauseln).

Um die Preisentwicklung auf den verschiedenen Märkten statistisch beobachten und darstellen zu können, gibt es in Deutschland ein nahezu lückenloses System von Preisindizes.“[42]

Wie werden solche Indizes berechnet? Wir werden für die drei genannten Indexzahlen die Berechnung erläutern. Dabei wird deutlich sichtbar, dass es sich jeweils um eine Modellbildung mit stark normativem Charakter handelt. Es muss festgelegt werden, was wie stark in die Berechnung eines Index einfließt. Einer der bekanntesten Indizes ist der ***Verbraucherpreisindex für die Lebenshaltungskosten***. Seine Veränderung wird auch als ***Inflationsrate*** bezeichnet. Wie kommt die Aussage „In den letzten zwölf Monaten hat sich die Lebenshaltung in Deutschland um 1,7% verteuert!“ zustande?

Abb. 2.57. Laspeyres

Die Idee eines *Verbraucherpreisindex* lässt sich inhaltlich so beschreiben: Zu einem ersten Zeitpunkt wird der Gesamtpreis für eine jeweils festgelegte Menge an unterschiedlichen Waren und Dienstleistungen ermittelt. Diese Auswahl des so genannten „Warenkorbs“ sollte für möglichst viele Menschen typisch sein. Dann wird zu einem zweiten Zeitpunkt der dann aktuelle Gesamtpreis derselben Mengen von jeweils den gleichen Waren und Dienstleistungen bestimmt. Das Verhältnis des Gesamtpreises zum zweiten Zeitpunkt im Vergleich zum Gesamtpreis zum ersten Zeitpunkt ergibt dann einen Index für die Preissteigerung. Dies ist knapp und inhaltlich die Idee des ***Verbraucherpreisindex*** nach Laspeyres, der in Deutschland vom Statistischen Bundesamt aktuell verwendet wird. *Ernst Louis Etienne Laspeyres* (1834–1913) lehrte Volkswirtschaftslehre unter anderem als Professor in Karlsruhe und in Gießen. 1864 veröffentlichte er seinen Ansatz zur Indexberechnung.

Definition 19 (Preisindex nach Laspeyres) Zu einem ***Basiszeitpunkt*** t_0 werden für n Waren oder Dienstleistungen die Preise $p_i(t_0)$ pro Einheit der jeweiligen Ware oder Dienstleistung, $1 \leq i \leq n$, ermittelt. Darüber hinaus wird für jede dieser i Waren oder Dienstleistungen zum Basiszeitpunkt eine geeignete Menge $q_i(t_0)$, gemessen in Vielfachen der jeweiligen Einheit, $1 \leq i \leq n$, 19

[42] http://www.destatis.de/basis/d/preis/preistxt.php

festgelegt. Dann wird zu einem ***Berichtszeitpunkt*** t_1 der dann gültige Preis $p_i(t_1)$, $1 \leq i \leq n$, der n Waren oder Dienstleistungen ermittelt. Der Quotient

$$PL(t_0, t_1) := \frac{\sum_{i=1}^{n} q_i(t_0) \cdot p_i(t_1)}{\sum_{i=1}^{n} q_i(t_0) \cdot p_i(t_0)}$$

heißt ***Preisindex nach Laspeyres***.

Im Zähler des Preisindex stehen die Gesamtausgaben für die ausgewählten Mengen der Waren bzw. Dienstleistungen zum Berichtszeitpunkt, im Nenner die Gesamtausgaben zum Basiszeitpunkt. Dabei wird jeweils der „Warenkorb" des Basiszeitpunkts verwendet. In der Einleitung dieses Teilkapitels haben wir geschrieben, dass Indizes sich als gewichtete oder ungewichtete Mittelwerte verstehen lassen. Dies geht aus der Definition nicht direkt hervor. Es scheint klar zu sein, dass die Mengen $q_i(t_0)$ eine Gewichtsfunktion haben. Aber was wird hier gemittelt?
Gemittelt werden die Preissteigerungen der einzelnen Waren oder Dienstleistungen $\frac{p_i(t_1)}{p_i(t_0)}$. Die Definition des gewichteten arithmetischen Mittels lautet $\frac{\sum_{i=1}^{n} g_i \cdot x_i}{\sum_{i=1}^{n} g_i}$. Die Gewichte g_i sind beim *Preisindex nach Laspeyres* die Ausgaben $q_i(t_0) \cdot p_i(t_0)$ für die i-te Ware oder Dienstleistung zum Basiszeitpunkt, das gewichte Mittel ist der *Preisindex nach Laspeyres* und die Daten x_i sind die Preissteigerungen. Damit ergibt sich

$$\frac{\sum_{i=1}^{n} g_i \cdot x_i}{\sum_{i=1}^{n} g_i} = \frac{\sum_{i=1}^{n} \overbrace{q_i(t_0) \cdot p_i(t_0)}^{=g_i} \cdot \overbrace{\frac{p_i(t_1)}{p_i(t_0)}}^{=x_i}}{\sum_{i=1}^{n} \underbrace{q_i(t_0) \cdot p_i(t_0)}_{=g_i}} = \frac{\sum_{i=1}^{n} q_i(t_0) \cdot p_i(t_1)}{\sum_{i=1}^{n} q_i(t_0) \cdot p_i(t_0)} = PL(t_0, t_1),$$

was die Behauptung beweist.
In der Definition 19 wird der Mengenfaktor $q_i(t_0)$ nicht nur mit der Ware oder Dienstleistung i indiziert, deren Menge er angibt, sondern auch in Abhängigkeit vom Basiszeitpunkt t_0 dargestellt. Dies wäre eigentlich nicht notwendig, da beim Preisindex nach Laspeyres nur dieser Zeitpunkt für die Mengenbestimmung genutzt wird. Er verdeutlicht aber diese Modellannahme und grenzt diesen Preisindex von anderen ab. Auf das alternative Modell von *Paasche* werden wir weiter unten eingehen.
Zuvor gehen wir aber auf einige Modellannahmen ein. Es gibt mehrere Setzungen in der Berechnung des Preisindex nach Laspeyres. So werden n Waren

oder Dienstleistungen ausgewählt. Dieser Warenkorb soll für möglichst viele Menschen relevant sein und wird genau in dieser Form vermutlich von niemandem gekauft werden. Mit der Auswahl der Waren bzw. Dienstleistungen ist die Auswahl der Mengen verbunden, mit denen sie in den Warenkorb eingehen. Schließlich findet dies alles zum Basiszeitpunkt statt. Veränderungen in den Mengen der üblicherweise gekauften Waren oder Dienstleistungen sind dann nicht mehr möglich. Genauso wenig können neue aktuelle Verbrauchsgüter in den Warenkorb aufgenommen werden.
Wie geht das *Statistische Bundesamt* damit um? Auf seinen Internetseiten[43] wird dargestellt, dass es seit dem aktuellen Basisjahr 2000 einen Index für alle Verbraucher in Deutschland gibt. Vorher gab es einen Index für Ostdeutschland und einen für Westdeutschland, und diese sind noch nach Art der Lebensgewohnheiten von Bevölkerungsgruppen unterschieden worden. So gab es einen Ost- und einen Westindex für Rentner, für Singlehaushalte, für Familien mit zwei Kindern, für Familien mit vier Kindern usw. Da jedoch aus der Sozialforschung bekannt ist, dass auch diese Gruppen in ihren Gewohnheiten wiederum sehr heterogen sind und die Heterogenität bei der Lebensführung insgesamt zunimmt, hat man den Versuch, dies über differenzierte Indizes einzufangen, aufgegeben. Da zudem die Verbraucherpreise in Ost- und Westdeutschland mittlerweile auf gleichem Niveau liegen, wird nur noch ein Index bestimmt. Die Auswahl der Waren oder Dienstleistungen und Festlegung der Menge wird durch eine detaillierte Personenbefragung zum jeweiligen Basiszeitpunkt getroffen. Kaufgewohnheiten, Ausgaben und Ähnliches werden erfragt und diese Daten werden hinterher mit statistischen Methoden so ausgewertet, dass daraus ein „Warenkorb" entsteht. Die Zusammensetzung für das Jahr 2000 zeigt Abb. 2.58. Statistische Methoden kommen darüber hinaus zum Einsatz, wenn zum jeweiligen Berichtszeitpunkt die Preise der ausgewählten Waren oder Dienstleistungen bestimmt werden. Dann schwärmen viele „Preisermittler" aus und notieren bei den Anbietern die aktuellen Preise.
Die Validität des Preisindex ist also offensichtlich fraglich. Das heißt, es ist unklar, für wen er eigentlich gültig ist. Die Rentnerin, die kaum neue Kleidung und nur wenig Lebensmittel, dafür aber teueres Katzenfutter kauft, ist ebenso betroffen wie die junge Wirtschaftsberaterin, die ein vollständig anderes Leben, ohne Katze, dafür aber mit vielen anderen Ausgaben, führt. Die Preisentwicklung in bestimmten Waren- und Dienstleistungskategorien ist dabei rückläufig, in anderen steigend. Dazu kommt das Problem des Basiszeitpunktes. Das *Statistische Bundesamt* legt alle fünf Jahre ein neues Basisjahr fest, ermittelt also alle fünf Jahre einen neuen Warenkorb. Die Kaufgewohnheiten verändern sich in einigen Bereichen aber viel schneller. So gibt

[43]http://www.destatis.de/basis/d/preis/vpinfo4.php

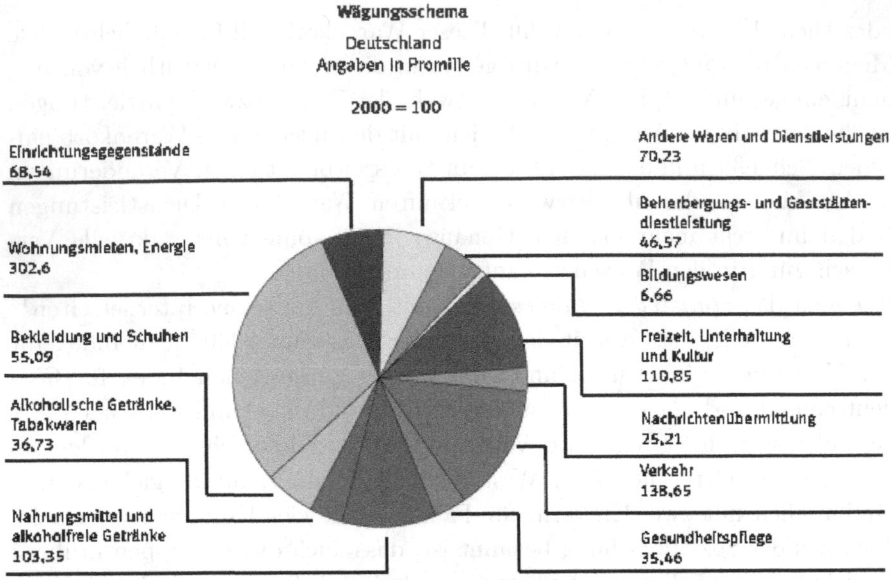

Abb. 2.58. Der Warenkorb für den Verbraucherpreisindex[44]

es heute Massengüter, die vor fünf Jahren noch nicht auf dem Markt oder unbezahlbar waren. Denken Sie etwa an die rasante Entwicklung im Bereich der Computer oder der Handys. Dort gibt es jedes Jahr neue, schnellere, leistungsfähigere oder kleinere Geräte, die zudem noch alle möglichen – und früher für unmöglich gehaltenen – Anwendungsmöglichkeiten bieten. Allein das Wissen um diese Validitätsprobleme zeigt noch nicht ihre Lösung auf. So ist der Preisindex nach Laspeyres ein *Modell*, das unter einer pragmatischen Sicht durchaus brauchbare Informationen liefert. Man sollte nur ebenfalls seine Grenzen berücksichtigen – so wie bei jedem anderen Modell auch.

Abb. 2.59. Paasche

Da die Problematik des Basiszeitpunkts schon früh diskutiert wurde, hat man nach brauchbaren Alternativen gesucht. Ein Alternativmodell, das allerdings nicht weniger willkürlich ist, stammt von *Hermann Paasche* (1851–1925). Er war unter anderem Professor in Berlin und Reichstagsvizepräsident. Zehn Jahre nach *Laspeyres* veröffentlichte er 1874 sein Modell. Der Unterschied liegt im Wesentlichen darin, dass als Gewichte für die einzelnen Preisstei-

[44] vgl. http://www.destatis.de/themen/d/thm_preise.php
→ Graphik zum „Wägungsschema“

gerungen bei der Mittelwertbildung nicht die Mengen und damit die Ausgaben zum *Basiszeitpunkt*, sondern die Mengen und damit die Ausgaben zum *Berichtszeitpunkt* genommen werden. Damit soll der Index eine größere Aktualität und in diesem Punkt höhere Validität haben. Die Definition des Preisindex nach Paasche verwendet statt $q_i(t_0)$ also $q_i(t_1)$. Ansonsten bleiben die Formel und ihre Probleme unverändert.
Auch der Paasche-Vorschlag ist nicht ohne Probleme. Zur Verdeutlichung stelle man sich eine Ware vor, die zum Basiszeitpunkt neu auf dem Markt aber noch nicht besonders etabliert war. Wenn sie zum Berichtszeitpunkt voll im Trend des Kaufverhaltens liegt, geht sie in die Berechnung des Preisindex entsprechend stark ein, obwohl zum Basiszeitpunkt die Ausgaben ganz anders strukturiert waren. Eine bezüglich des Gewichtungszeitpunktes valide Berechung der „Teuerungsrate" ist also auch so nicht möglich. Da die Zeitpunktproblematik bekannt ist, wird alle fünf Jahre der Warenkorb neu normiert. Man könnte auch auf die Idee kommen, alle sechs Monate neu zu normieren. Das wäre aber mit einem erheblichen Mehraufwand verbunden und beseitigt die anderen Probleme auch nicht. Zur Ehrenrettung der beiden großen Männer der Indexberechnung sollte noch erwähnt werden, dass das Problem der kurzfristigen Änderung von Lebens- und Kaufgewohnheiten ein Problem der Postmoderne, nicht aber des 19. Jahrhunderts ist.
Eine andere Problematik ist die der Betrachtung langfristiger Entwicklung des Verbraucherpreisindex. Entsprechende Betrachtungen lassen sich immer wieder finden, zum Beispiel die Entwicklung der Inflationsrate von 1925 bis 1995 in Abb. 2.60 (vgl. *Henn* 1996). Wir haben berichtet, dass alle fünf Jahre in einem neuen Basisjahr der Warenkorb normiert wird. Wie lassen sich dann längerfristige Aussagen gewinnen?

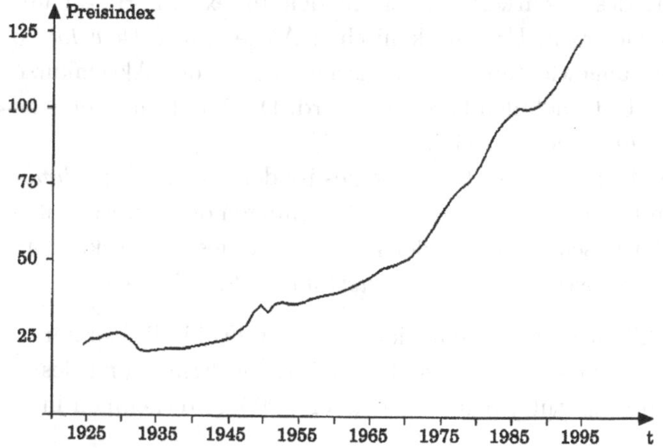

Abb. 2.60. Preissteigerungsrate

Da mit den vorgestellten Preisindizes Wachstumsraten der Ausgaben für den Warenkorb gewonnen werden, ist dies rechnerisch einfach möglich. Da für je zwei aufeinander folgende Zeitpunkte die Wachstumsrate bekannt ist, kann man einfach für beliebig viele aufeinander folgenden Zeitpunkte den Preisindex als Produkt dieser Raten errechnen. In Abb. 2.60 ist der Index für das Jahr 1985 auf 100 normiert worden. Von dort aus kann man mit Hilfe der Wachstumsraten vorwärts und rückwärts rechnen. Rechnerisch ist dies eindeutig, die Validitätsprobleme steigen bei langfristigen Aussagen aber unermesslich. Das Kaufverhalten von heute ist mit dem von 1980 einfach nicht vergleichbar. Oder kaufen Sie heute noch Schallplatten? Und wer wusste 1980, was ein MP3-Player ist?
Zum Abschluss der Betrachtung von Indexzahlen gehen wir noch kurz auf zwei weitere aus den Nachrichten bekannte Werte ein, den *Deutschen Aktienindex DAX* und den *ifo Geschäftsklima-Index*. Auf den Internetseiten der Deutschen Börse findet man zum DAX die folgende Erläuterung:

> „Der deutsche Leitindex misst die Performance der 30 hinsichtlich Orderbuchumsatz und Marktkapitalisierung größten deutschen Unternehmen, die im Prime Standard-Segment notiert sind.“[45]

Der *DAX* ist ein Preisindex nach der Berechnungsmethode von *Laspeyres*. Die Festlegung des „Warenkorbs“ zu einem Basiszeitpunkt findet üblicherweise jedes Jahr im September statt, bei außergewöhnlichen Entwicklungen, die im Börsengeschäft durchaus gewöhnlich sind, auch zu Sonderzeitpunkten dazwischen. Als Preisindex nach *Laspeyres* ist der *DAX* mit allen Eigenschaften, Vor- und Nachteilen, die wir oben diskutiert haben, versehen. Die Gewichte für die Ermittlung des *DAX* werden aus den Unternehmensgrößen gewonnen. Die Preise sind die jeweiligen Aktienkurse. Je höher der Marktwert einer Aktiengesellschaft ist, desto stärker geht sie in den Index ein. Hierin unterscheidet der DAX sich vom US-amerkanischen Aktienindex *Dow Jones*, der einfach durch das ungewichtete arithmetisches Mittel der Aktienkurse der dort ausgewählten Unternehmen berechnet wird. Die Validitätsprobleme sind damit beim *Dow Jones* noch größer.
In Abgrenzung zu den bisher betrachteten Indizes ist der *ifo Geschäftsklima-Index* eine Zahl, die auf Selbstauskünften und Stimmungen der Unternehmen beruht und nicht auf Preisen, Kursen oder ähnlich manifesten Merkmalen. Das *ifo* beschreibt das Konstrukt des *Geschäftsklima-Index* wie folgt:

> „Der ifo Geschäftsklima-Index ist ein vielbeachteter Frühindikator für die konjunkturelle Entwicklung Deutschlands. Für die Ermittlung des Index befragt das ifo Institut jeden Monat über 7 000 Unternehmen in

[45] http://www.deutsche-boerse.com/

> West- und Ostdeutschland nach ihrer Einschätzung der Geschäftslage (Antwortmöglichkeiten: gut/ befriedigend/ schlecht) sowie nach ihren Erwartungen für die nächsten sechs Monate (Antwortmöglichkeiten: besser/ gleich/ schlechter). Die Antworten werden nach der Bedeutung der Branchen gewichtet und aggregiert. Die Prozentanteile der positiven und negativen Meldungen zu den beiden Fragen werden saldiert, aus den Salden werden, getrennt nach West und Ost, geometrische Mittel gebildet. Die so gewonnenen Saldenreihen werden auf ein Basisjahr (derzeit 1991) bezogen und saisonbereinigt.“[46]

Dieser Index wird also aus einer Befragung von relevanten Personen gewonnen. Ein solches Konzept ist in der empirischen Sozialforschung üblich. Dort wird mit Befragungsmethoden versucht, das Schulklima, die Zukunftsangst von Jugendlichen oder die Erfolgsaussichten der deutschen Mannschaft bei der Fußball-Weltmeisterschaft zu ermitteln. Auf eine Vielzahl von Fragen zum Thema kann in der Regel mit mehrstufigen Möglichkeiten geantwortet werden, zum Beispiel von 1 = „stimme überhaupt nicht zu“ bis 5 = „stimme voll zu“. Am Ende wird aus zusammengehörigen Fragen, einer so genannten Skala, ein Wert gebildet. Dies ist meistens ein Mittelwert und kann als Index für das infrage stehende Konstrukt, zum Beispiel Schulklima, betrachtet werden.
Weitere Konzepte von Indexzahlen und Beispiele für Indexrechnung findet man in vielen Büchern zur beschreibenden Statistik, vor allem in wirtschaftswissenschaftlich orientierten Anwendungsgebieten. *Manfred Tiede* geht in seinem Buch „*Beschreiben mit Statistik – Verstehen*“ (2001) ausführlich auf Indexrechnungen ein.

2.6 Zusammenhänge zweier Merkmale: Korrelation und Regression

2.6

Bei empirischen Untersuchungen werden von den Merkmalsträgern häufig viele verschiedene Merkmale als Daten erhoben. So interessieren sich die Forscher bei Schulleistungsstudien zum Beispiel für die Leistungen in verschiedenen Bereichen, für die allgemeinen kognitiven Fähigkeiten („Intelligenz“) oder für den sozialen Hintergrund der Schülerinnen und Schüler. Bei einer Untersuchung zur Gesundheit von Erwachsenen werden Merkmale wie Alter, Körpergröße und -gewicht, Lungenvolumen, Pulsfrequenz oder Blutzuckerspiegel aufgenommen. Solche Merkmale werden nicht nur jeweils einzeln ausgewertet, sondern häufig ist der Zusammenhang zwischen Merkmalen inter-

[46] http://www.ifo.de/link/erlaeut_gk.htm

essant. Damit werden Fragestellungen wie „Gehen gute Leistungen in Mathematik mit guten Leistungen in Naturwissenschaften einher?“ oder „Steigt der Blutdruck mit höherem Alter?“ untersucht.
In diesem Kapitel sind auch schon mehrfach zwei Merkmale gemeinsam betrachtet worden. So wurden in Abschnitt 2.4.2 die Körpergröße und das Körpergewicht eines Mannes unter Bezugnahme auf gleichaltrige Männer miteinander verglichen. In Abschnitt 2.2.4 wurden die Mathematik- und Naturwissenschaftsleistungen von Schülerinnen und Schülern in einer Punktwolke graphisch dargestellt. Dabei konnte rein qualitativ ein Trend „höhere Mathematikleistung geht mit höherer Naturwissenschaftsleistung einher“ beobachtet werden. In diesem Teilkapitel stellen wir Konzepte dar, um solche qualitativen Trends zu quantifizieren. Am Beispiel der Schulleistungen in den beiden genannten Lernbereichen entwickeln wir einen *Korrelationskoeffizienten* als Maß für den linearen Gleichklang zweier Merkmale. Ein solcher quantifizierter Zusammenhang bedeutet dabei nicht, dass das eine Merkmal ursächlich auf das andere Einfluss nimmt. Es wird lediglich ein Gleichklang festgestellt. Kann man aufgrund theoretischer Annahmen von einer Ursache-Wirkungs-Beziehung ausgehen, so lässt sich dies mittels der *linearen Regression* quantifizieren. Diese beiden Konzepte berücksichtigen lediglich lineare Zusammenhänge. Nichtlineare Zusammenhänge sind im Allgemeinen schwerer zu erfassen. Darauf werden wir nur kurz eingehen.

2.6.1 Linearer Gleichklang zweier Merkmale: Korrelationsrechnung

Im Rahmen einer Schulleistungsstudie wurden für die 63 Schülerinnen und Schüler der Carl-Friedrich-Gauß-Realschule die in Tabelle 2.20 dargestellten Testwerte in Mathematik und in Naturwissenschaften gemessen. In der ersten Zeile steht die laufende Nummer des Schülers bzw. der Schülerin, in der zweiten der Testwert für Mathematik und in der dritten der Testwert für Naturwissenschaften.

Tabelle 2.20. Mathematik- und Naturwissenschaftsleistungen

1	**2**	**3**	**4**	**5**	**6**	**7**	**8**	**9**	**10**	**11**	**12**	**13**	**14**	**15**	**16**	**17**	**18**	**19**	**20**	**21**
42	42	57	36	47	53	59	58	41	48	51	53	41	55	52	67	51	47	57	52	54
35	39	54	26	38	46	61	54	47	45	42	53	32	62	43	74	42	44	67	48	52
22	**23**	**24**	**25**	**26**	**27**	**28**	**29**	**30**	**31**	**32**	**33**	**34**	**35**	**36**	**37**	**38**	**39**	**40**	**41**	**42**
47	51	45	59	45	49	68	21	60	38	49	55	42	60	65	52	59	42	45	49	40
39	47	36	60	42	57	60	17	50	31	47	50	34	55	60	55	64	39	50	49	48
43	**44**	**45**	**46**	**47**	**48**	**49**	**50**	**51**	**52**	**53**	**54**	**55**	**56**	**57**	**58**	**59**	**60**	**61**	**62**	**63**
51	51	45	45	51	64	69	49	49	49	58	51	70	59	52	73	46	40	48	47	40
51	46	51	36	53	55	74	58	41	56	48	50	76	54	44	76	53	46	48	44	44

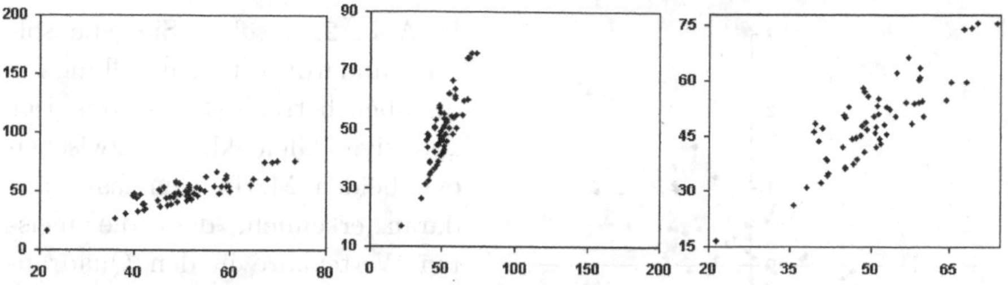

Abb. 2.61. Drei Darstellungen der gleichen Wertepaare

In Abschnitt 2.2.4 wurde auf S. 47 die Punktwolke als Darstellungsart eingeführt, mit der man sich einen ersten qualitativen Überblick über einen mögliche Zusammenhang zwischen den beiden Merkmalen verschaffen kann (vgl. Abb. 2.19). Allerdings hängt der optische Eindruck dieses Zusammenhangs stark von der gewählten Skalierung der Achsen ab. In der Abb. 2.61 werden jeweils die 63 Wertepaare aus der obigen Tabelle dargestellt. Die drei Graphiken enthalten auf den ersten Blick unterschiedliche Botschaften. Allen gemeinsam ist aber der optische Eindruck des Trends „höhere Mathematikleistung geht mit höherer Naturwissenschaftsleistung einher".

Um sich von der Willkür der Skalierung zu lösen ist eine standardisierte Darstellung der Werte als Punktwolke wünschenswert. Damit löst man für den Vergleich der Mathematik- und der Naturwissenschaftsleistung noch ein weiteres Problem. Bei den beiden Testwerten für jeden Schüler bzw. jede Schülerin handelt es sich um Merkmale, die auf unterschiedlichen Skalen gemessen wurden. Dies wird unter anderem daran deutlich, dass das arithmetische Mittel der Mathematikleistungen 51,0 beträgt und das der Naturwissenschaftsleistungen 49,2. Daraus kann man nicht schließen, dass die Klasse in Mathematik besser ist als in Naturwissenschaften, denn es handelt sich ja um zwei getrennte Tests mit jeweils eigenem Anspruchsniveau. Auch die Standardabweichungen der Testleistungen unterscheiden sich mit 9,1 für Mathematik und 11,3 für Naturwissenschaften.

In Abschnitt 2.4.2 wurde als Ausweg aus einer solchen Vergleichsproblematik die Standardisierung der Datenreihen entwickelt. Diese Standardisierung ist auch geeignet, um die Willkür der Skalierung bei der graphischen Darstellung der Wertepaare in einer Punktwolke zu beseitigen. Nach der Standardisierung der beiden Datenreihen werden die Wertepaare in einem Koordinatensystem mit den beiden arithmetischen Mitteln der standardisierten Datenreihen als Ursprung (0|0) und den zugehörigen Standardabweichungen, also jeweils Eins, als Einheit dargestellt. Wenn die Einheiten auf jeder Achse gleichlang sind, dann erhält man eine standardisierte Darstellung und somit einen standardisierten Eindruck vom Zusammenhang der beiden Merkmale.

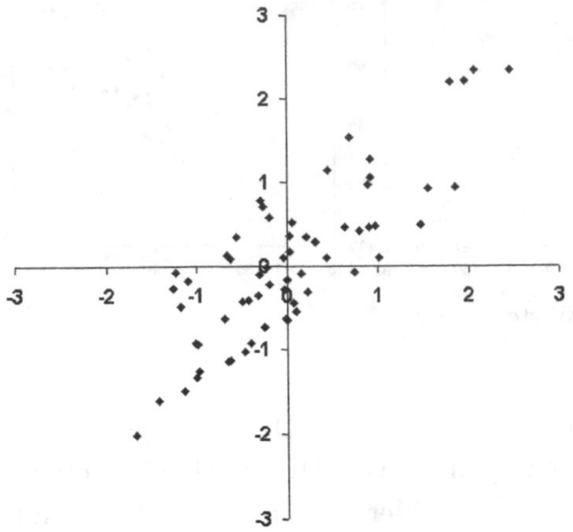

Abb. 2.62. Standardisierte Punktwolke

In Abb. 2.62 sehen Sie eine solche standardisierte Darstellung für die oben betrachteten Daten. Der „positive Gleichklang“ zwischen den beiden Merkmalen lässt sich daran erkennen, dass die meisten Wertepaare in den Quadranten I und III liegen. Im Quadrant I liegen die Wertepaare, die für über- durchschnittliche Leistungen in beiden Fächern stehen, im Quadrant III diejenigen, die für unterdurchschnittliche Leistungen in beiden Fächern stehen.

Wie lässt sich dieser Zusammenhang quantifizieren? Dafür nutzen wir eine geometrisch-anschauliche Idee, die Sie z. B. auch in den Büchern von *Walter Krämer* (2002) oder *Manfred Tiede* (2001) finden. Wenn bei einem Wertepaar für eine Schülerin oder einen Schüler der „positive Gleichklang“ optimal ausgeprägt ist, so bedeutet dies, dass die Testwerte in Mathematik und Naturwissenschaften jeweils gleich weit über dem jeweiligen arithmetischen Mittel liegen (gemessen in Standardabweichungen). Dies bedeutet, dass die beiden zugehörigen standardisierten Testwerte gleich sind. Das standardisierte Wertepaar liegt also auf der ersten Winkelhalbierenden. Die Lage auf der ersten Winkelhalbierenden als optimaler Gleichklang ist uns bereits in Abb. 2.56 für das Körpergewicht und die Körpergröße von Männern begegnet.

In Abb. 2.63 wird links veranschaulicht, dass ein Wertepaar bei einem „optimalen linearen Gleichklang“ ein Quadrat erzeugt. Wenn der lineare Gleichklang nicht optimal ist, dann liegt entweder der x-Wert weiter über dem zugehörigen arithmetischen Mittel als der y-Wert (mittlere Graphik) oder umgekehrt der y-Wert weiter über dem zugehörigen arithmetischen Mittel als der x-Wert (rechte Graphik). In den beiden letztgenannten Fällen entstehen Rechtecke, die einen kleineren Flächeninhalt haben als das Quadrat bei „optimalem linearen Gleichklang“. Zwar kann man bei dem Quadrat auf die Idee kommen, dass sein Flächeninhalt vergrößert werden könnte, indem man den Punkt nach rechts oder nach oben zieht. Dann würden sich aber die Flächeninhalte der Rechtecke zu alle anderen Wertepaare auch verändern, nämlich in der Summe verkleinern.

Die Inhalte dieser Rechteckflächen werden zur Quantifizierung des Zusammenhangs der beiden Merkmale genutzt. Ausgehend von Wertepaaren $(x_i|y_i)$

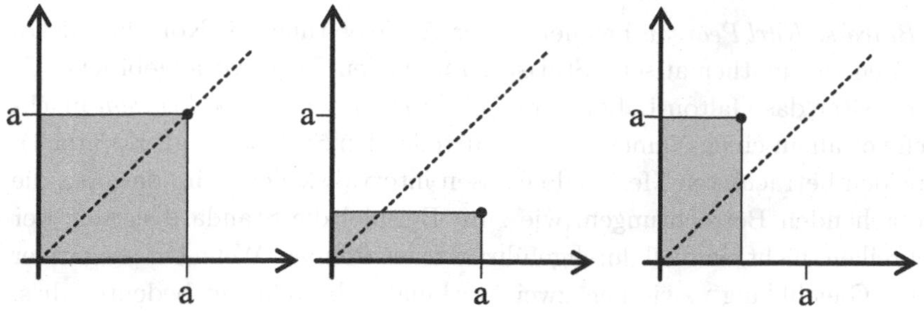

Abb. 2.63. Rechteckflächen als Maß für den linearen Gleichklang

der n Merkmalsträger wurden zunächst die beiden Datenreihen $x_1, \ldots, x_n$ und $y_1, \ldots, y_n$ durch

$$\tilde{x}_i := \frac{x_i - \bar{x}}{s_x} \quad \text{und} \quad \tilde{y}_i := \frac{y_i - \bar{y}}{s_y}$$

standardisiert. Jedes standardisierte Wertepaar $(\tilde{x}_i|\tilde{y}_i)$ erzeugt ein Rechteck mit dem Flächeninhalt $\tilde{x}_i \cdot \tilde{y}_i$. Dieser Flächeninhalt ist orientiert. Wenn das Wertepaar in Quadrant II oder IV liegt, dann ergibt sich ein negatives Maß für den Flächeninhalt, da genau einer der beiden Werte negativ ist. Als Maß für den linearen Zusammenhang der beiden Merkmale wird nun der mittlere orientierte Flächeninhalt aller Wertepaare genommen. Dieses Maß ist zunächst für die beiden standardisierten Datenreihen definiert, wird aber auch den ursprünglichen Datenreihen zugewiesen.

Definition 20 (Korrelationskoeffizient (nach Bravais und Pearson)) Gegeben seien für zwei intervallskalierte Merkmale die beiden Datenreihen $x_1, \ldots, x_n$ und $y_1, \ldots, y_n$ sowie ihre standardisierten Datenreihen $\tilde{x}_1, \ldots, \tilde{x}_n$ und $\tilde{y}_1, \ldots, \tilde{y}_n$. Dann heißt $r_{xy} := \frac{1}{n} \cdot \sum_{i=1}^{n} \tilde{x}_i \cdot \tilde{y}_i$ der ***Korrelationskoeffizient (nach Bravais und Pearson)*** der beiden Datenreihen. 20

Abb. 2.64. Karl Pearson

Die Idee dieses Korrelationskoeffizienten geht eigentlich auf *Francis Galton* zurück, der in unserem Buch unter anderem im Zusammenhang mit der Binomialverteilung im Abschnitt 3.6.1 wieder auftauchen wird. *Galton* verwendete zwar die Idee bereits 1888, arbeitete das Konzept aber nicht weiter aus. Sein Schüler *Karl Pearson* (1857–1936) holte dies 1897 nach. Da auch *Auguste Bravais* (1811–1863) mit dem Korrelationskoeffizienten in Verbindung gebracht wird, trägt dieser die Namen von *Pearson* und *Bravais*. *Karl Pearson* hat neben der Ausarbeitung des Korrelationskoeffizienten die mathematische Statistik mit vielen Ideen vorangebracht. Er leitete später das Galton-Laboratory. Sein Sohn *Egon Sharpe Pearson* machte sich vor allem einen Namen in der beurteilenden Statistik (vgl. Kapitel 4).

Die beiden betrachteten Merkmale müssen intervallskaliert sein, da sonst die oben stehenden Betrachtungen, wie zum Beispiel die Standardisierung der Datenreihen, nicht sinnvoll durchgeführt werden können. Wenn ein „negativer linearer Gleichklang" zwischen zwei Merkmalen besteht, so bedeutet dies, dass die Werte des einen Merkmals tendenziell kleiner werden, wenn die des anderen Merkmals größer werden[47]. Dann befinden sich die Wertepaare überwiegend in den Quadranten II und IV. Da der Flächeninhalt in diesen Quadranten negativ gerechnet wird, ergibt sich ein negativer Korrelationskoeffizient für die beiden Merkmale in der beobachteten Stichprobe.

Da orientierte Flächeninhalte betrachtet werden, kann es sein, dass sich Flächeninhalte „gegenseitig aufheben". Wenn dies sehr häufig auftritt, liegen die Wertepaare gleichmäßig verteilt in den Quadranten I und III auf der einen Seite und II und IV auf der anderen Seite. Dann ist optisch (fast) kein linearer Zusammenhang zwischen den beiden Merkmalen identifizierbar, der Korrelationskoeffizient liegt nahe Null.

Um einen Korrelationskoeffizienten zu bestimmen, benötigt man nicht unbedingt vorher die standardisierten Datenreihen für die beiden Merkmale. Wenn man in der definierenden Formel in Definition 20 die Werte der standardisierten Datenreihe durch die Terme der Standardisierung ersetzt erhält man

$$r_{xy} = \frac{1}{n} \cdot \sum_{i=1}^{n} \tilde{x}_i \cdot \tilde{y}_i = \frac{1}{n} \sum_{i=1}^{n} \frac{x_i - \bar{x}}{s_x} \cdot \frac{y_i - \bar{y}}{s_y} = \frac{\frac{1}{n} \cdot \sum\limits_{i=1}^{n} (x_i - \bar{x}) \cdot (y_i - \bar{y})}{s_x \cdot s_y} .$$

Der dabei auftretende Term im Zähler des letzten Bruchs, die so genannte ***Kovarianz***, misst den nichtstandardisierten linearen Gleichklang der beiden betrachteten Merkmale. Dividiert man die Kovarianz durch die beiden zugehörigen Standardabweichungen, so erhält man hieraus den Korrelationskoeffizienten.

[47] Ein Beispiel für einen solchen Zusammenhang stellen die Merkmale „Arbeitszufriedenheit" und „Fehlzeiten der Belegschaft" gemessen über mehrere Unternehmen dar. Je höher die Arbeitszufriedenheit ist, desto niedriger sind in der Regel die Fehlzeiten.

Definition 21 (Kovarianz von Datenreihen) Für zwei intervallskalierte Merkmale seinen die beiden Datenreihen $x_1, \ldots, x_n$ und $y_1, \ldots, y_n$ mit arithmetischen Mitteln $\bar{x}$ und $\bar{y}$ gegeben. Dann heißt $s_{xy} := \frac{1}{n} \cdot \sum_{i=1}^{n} (x_i - \bar{x}) \cdot (y_i - \bar{y})$ die ***Kovarianz*** der beiden Datenreihen. 21

Aufgabe 29 (Berechnung der Kovarianz) Zeigen Sie: $s_{xy} = \frac{1}{n} \cdot \sum_{i=1}^{n} y_i \cdot x_i - \bar{y} \cdot \bar{x}$.
Ähnlich wie bei der vereinfachten Berechnungen der Varianz kann man diese Formel für die Kovarianz lesen als „arithmetisches Mittel der Produkte der Datenpaare minus Produkt der arithmetischen Mittel".

Welche Werte kann der Korrelationskoeffizient annehmen? Wir betrachten zunächst die Fälle des „optimalen linearen Gleichklangs", also einen perfekten positiven bzw. negativen Zusammenhang. Ein perfekter positiver Zusammenhang besteht genau dann, wenn die standardisierten Wertepaare $(\tilde{x}_i|\tilde{y}_i)$ auf der ersten Winkelhalbierenden liegt, also $\tilde{x}_i = \tilde{y}_i$ gilt. Dann folgt für den Korrelationskoeffizienten

$$r_{xy} = \frac{1}{n} \cdot \sum_{i=1}^{n} \tilde{x}_i \cdot \tilde{y}_i = \frac{1}{n} \cdot \sum_{i=1}^{n} \tilde{x}_i \cdot \tilde{x}_i = \frac{1}{n} \cdot \sum_{i=1}^{n} (\tilde{x}_i - 0)^2 = s_{\tilde{x}}^2 = 1\,.$$

Dabei ist $s_{\tilde{x}}^2$ die Varianz der standardisierten Datenreihe. (Da die Standardabweichung dieser Datenreihe Eins ist, gilt dies auch für die Varianz.) Mit einer entsprechenden Überlegung erhält man für den perfekten negativen Zusammenhang $r_{xy} = -1$. Anschaulich scheint klar zu sein, dass der Korrelationskoeffizient zwischen -1 und 1 liegt, da dies die extremen Werte für perfekte Zusammenhänge sind. Auch sollte anschaulich aus $|r_{xy}| = 1$ folgen, dass in dieser Situation ein optimaler linearer Gleichklang vorliegt. Diese Eigenschaften werden in den ersten Teilaussagen des folgenden Satzes formuliert und anschließend bewiesen.

Satz 10 (Eigenschaften des Korrelationskoeffizienten) Gegeben seien die beiden Datenreihen $x_1, \ldots, x_n$ und $y_1, \ldots, y_n$. Dann gilt 10

a. $-1 \leq r_{xy} \leq 1$.
b. $r_{xy} = 1 \Leftrightarrow y_i = a \cdot x_i + b$, mit $a, b \in \mathbb{R}$ und $a > 0$ für $1 \leq i \leq n$,
   $r_{xy} = -1 \Leftrightarrow y_i = a \cdot x_i + b$ mit $a, b \in \mathbb{R}$ und $a < 0$ für $1 \leq i \leq n$.

c. Es seien $u_i := a \cdot x_i + b$ und $v_i := c \cdot y_i + d$ mit $a, b, c, d \in \mathbb{R}$ und $a, c \neq 0$ für $1 \leq i \leq n$. Dann gilt $r_{uv} = \operatorname{sgn}(a \cdot c) \cdot r_{xy}$, wobei $\operatorname{sgn}(a \cdot c)$ das Vorzeichen von $a \cdot c$ ist.[48]

Die Aussage c. besagt, dass der Betrag des Korrelationskoeffizienten invariant gegenüber affin-linearen Transformationen ist. Dies ist eine wichtige Eigenschaft, da affin-lineare Transformation nach Abschnitt 2.1.3 gerade die erlaubten Transformationen von Intervallskalen sind. Am Beispiel der Celsius-Fahrenheit-Transformation wird damit klar, dass der Korrelationskoeffizient unabhängig von der verwendeten Maßeinheit ist. Dies kann man sich auch anhand der Herleitung des Korrelationskoeffizienten verdeutlichen: Er wird über die standardisierten Datenreihen definiert, und bei der Standardisierung fällt die Maßeinheit durch Division weg.

Beweis 4 (Beweis von Satz 10)

a. Da die standardisierten Größen die Standardabweichung 1 haben, gilt

$$\sum_{i=1}^{n} \tilde{x}_i^2 = \sum_{i=1}^{n} \tilde{y}_i^2 = n.$$

Für die Quadratsumme der Differenzen bzw. Summen der einzelnen Wertepaare lässt sich mithilfe der binomischen Formeln zeigen, dass gilt:

$$\begin{aligned} 0 \leq \sum_{i=1}^{n} (\tilde{x}_i - \tilde{y}_i)^2 &= \sum_{i=1}^{n} \left(\tilde{x}_i^2 - 2 \cdot \tilde{x}_i \cdot \tilde{y}_i + \tilde{y}_i^2\right) \\ &= \sum_{i=1}^{n} \tilde{x}_i^2 - 2 \cdot \sum_{i=1}^{n} \tilde{x}_i \cdot \tilde{y}_i + \sum_{i=1}^{n} \tilde{y}_i^2 = 2 \cdot n - 2 \cdot \sum_{i=1}^{n} \tilde{x}_i \cdot \tilde{y}_i \,, \\ 0 \leq \sum_{i=1}^{n} (\tilde{x}_i + \tilde{y}_i)^2 &= \sum_{i=1}^{n} \left(\tilde{x}_i^2 + 2 \cdot \tilde{x}_i \cdot \tilde{y}_i + \tilde{y}_i^2\right) \\ &= \sum_{i=1}^{n} \tilde{x}_i^2 + 2 \cdot \sum_{i=1}^{n} \tilde{x}_i \cdot \tilde{y}_i + \sum_{i=1}^{n} \tilde{y}_i^2 = 2 \cdot n + 2 \cdot \sum_{i=1}^{n} \tilde{x}_i \cdot \tilde{y}_i \,. \end{aligned}$$

[48] Die Signum-Funktion ist definiert durch

$$\operatorname{sgn}: \mathbb{R} \to \mathbb{R}, \quad x \mapsto \operatorname{sgn}(x) := \begin{cases} 1 & \text{für } x > 0 \\ 0 & \text{für } x = 0 \\ -1 & \text{für } x < 0 \end{cases}.$$

Zusammen folgt hieraus

$$-n \le \sum_{i=1}^{n} \tilde{x}_i \cdot \tilde{y}_i \le n\,, \quad \text{also } -1 \le r_{xy} \le 1.$$

b. Aus dem Beweis von a. folgt genauer

$$r_{xy} = 1 \;\Leftrightarrow\; \tilde{x}_i = \tilde{y}_i \text{ für } i = 1\,,\ldots,n,$$
$$r_{xy} = -1 \;\Leftrightarrow\; \tilde{x}_i = -\tilde{y}_i \text{ für } i = 1,\ldots,n\,.$$

Zusammen mit der Definition der Standardisierung folgt die Behauptung, was wir für den ersten Fall nachrechnen:
Aus $\tilde{x}_i = \frac{x_i - \bar{x}}{s_x} = \tilde{y}_i = \frac{y_i - \bar{y}}{s_y}$ folgt $y_i = \frac{s_y}{s_x} \cdot (x_i - \bar{x}) + \bar{y}$, also hängt die Datenreihe der $y_i$affin-linear von der Datenreihe der x_i mit positivem $a = \frac{s_y}{s_x}$ ab. Besteht umgekehrt ein solcher Zusammenhang $y_i = a \cdot x_i + b$ mit $a > 0$, so gilt

$$\tilde{y}_i = \frac{y_i - \bar{y}}{s_y} = \frac{a \cdot x_i + b - a \cdot \bar{x} - b}{a \cdot s_x} = \tilde{x}_i\,.$$

c. Es gilt $s_u = |a| \cdot s_x$ und $\bar{u} = a \cdot \bar{x} + b$, so dass für die standardisierten Werte gilt

$$\tilde{u}_i = \frac{u_i - \bar{u}}{s_u} = \frac{a \cdot x_i + b - a \cdot \bar{x} - b}{|a| \cdot s_x} = \frac{a}{|a|} \cdot \frac{x_i - \bar{x}}{s_x}$$
$$= \operatorname{sgn}(a) \cdot \tilde{x}_i \quad \text{für} \quad i = 1,\ldots,n$$

und analog $\tilde{v}_i = \operatorname{sgn}(c) \cdot \tilde{y}_i$ für $i = 1,\ldots,n$. Hieraus folgt für die Korrelationskoeffizienten die Aussage $r_{uv} = \operatorname{sgn}(a \cdot c) \cdot r_{xy}$.

Neben diesen Eigenschaften des hier betrachteten Korrelationskoeffizienten lassen sich mit Hilfe der geometrisch-anschaulichen Herleitung weitere Eigenschaften ableiten. So ist für den Betrag des Korrelationskoeffizienten besonders wichtig, wie sich die standardisierten Wertepaare in großer Entfernung vom Ursprung verhalten. Da die jeweiligen Rechteckflächen zur Quantifizierung des Zusammenhangs genutzt wurden, können Wertepaare in größerer Entfernung vom Ursprung mehr zum Betrag des Korrelationskoeffizienten beitragen, als Wertepaare in der Nähe des Ursprungs. Die Rechteckfläche des Paares (1|2) ist hundertmal so groß wie die des Paares (0,1|0,2).
Wie lassen sich die Werte des Korrelationskoeffizienten interpretieren? Was bedeutet $r_{xy} = 0{,}85$? Zunächst kann man sagen, dass das Vorzeichen die Richtung des Zusammenhangs angibt. Ein positiver Korrelationskoeffizient steht für einen „je größer, desto größer“ Zusammenhang, ein negativer für „je größer, desto kleiner“. Ist der Korrelationskoeffizient 0, so besteht kein

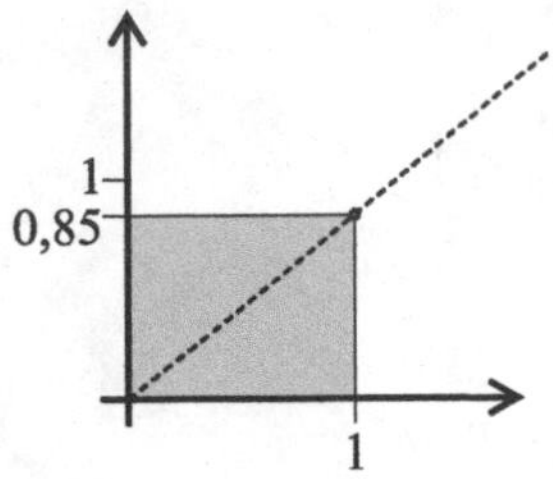

Abb. 2.65. Deutung von r_{xy}

linearer Zusammenhang zwischen den betrachteten Merkmalen. Alle Inhalte der Rechteckflächen heben sich in der Summe auf, die Quadranten sind (ungefähr) gleichmäßig besetzt. Eine Deutung des Betrags des Korrelationskoeffizienten wird in Abb. 2.65 visualisiert. Der Korrelationskoeffizient steht für den mittleren Flächeninhalt der zu den standardisierten Wertepaaren gehörigen Rechtecke. Wir betrachten das standardisierte Rechteck mit der Grundseite der Länge 1. Um den Flächeninhalt r_{xy} zu haben, muss der zugehörige y-Wert gerade gleich r_{xy} sein. Das Wertepaar $(1|r_{xy})$ ist also ein besonders typisches für den Zusammenhang der beiden Merkmale. Dies lässt sich so interpretieren: Wenn der standardisierte x-Wert um Eins größer wird, dann wird der standardisierte y-Wert durchschnittlich um r_{xy} größer bzw. kleiner.
Der Korrelationskoeffizient für die Mathematik- und Naturwissenschaftsleistungen der 63 Schülerinnen und Schüler der Carl-Friedrich-Gauß-Realschule beträgt übrigens 0,85. Wenn ein Schüler eine um eine Standardabweichung (9,1 Punkte) höhere Mathematikleistung als ein Mitschüler aufweist, dann erwartet man, dass er in Naturwissenschaften eine um 0,85 Standardabweichungen ($0{,}85 \cdot 11{,}3 \approx 9{,}6$) höhere Leistung aufweist. Umgekehrt erwartet man bei einer um 11,3 Punkte besseren Leistung in Naturwissenschaften durchschnittlich eine um $0{,}85 \cdot 9{,}1 \approx 7{,}7$ Punkte bessere Mathematikleistung. Diese Aussagen gelten nur für den Trend der Datenreihe. Bei einzelnen Wertepaaren sind Abweichungen hiervon möglich. Je näher der Korrelationskoeffizient bei Null liegt, desto mehr Abweichungen gibt es. Diese Deutung des Korrelationskoeffizienten wird bei der linearen Regression in Abschnitt 2.6.3 wieder auftauchen.

Aufgabe 30 (Korrelationskoeffizient für $n = 2$) Für zwei Merkmalsträger werden zwei intervallskalierte Merkmale erhoben. Welche Korrelationskoeffizienten können auftreten?

Um ein Gefühl für die Größe von Korrelationskoeffizienten zu ermöglichen, haben wir in Abb. 2.66 für ausgewählte Werte von r_{xy} zugehörige Punktwolken dargestellt. Dabei fällt auf, dass selbst bei einem fast perfekten negativen linearen Zusammenhang von $r_{xy} = -0{,}99$ Abweichungen von der entsprechenden Winkelhalbierenden klar erkennbar sind. Für $r_{xy} = -0{,}3$ bedarf es schon eines etwas geübten Auges, um den Trend richtig zu erfassen. Zwei unkorrelierte Merkmale, d. h. $r_{xy} = 0$, streuen „zufällig“.

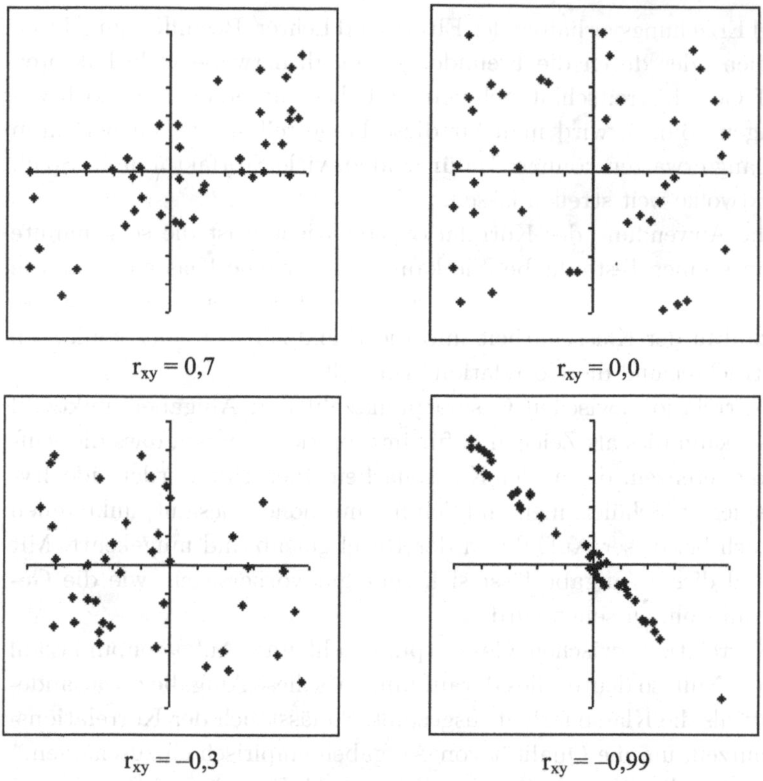

Abb. 2.66. r_{xy} und Punktwolken

In Forschungsberichten und Methodenbüchern liest man häufig Unterscheidungen in schwache, mittlere und starke Korrelationen. Dabei werden willkürliche Grenzen für diese Unterscheidung festgelegt. Wann eine Korrelation in einem Sachzusammenhang stark ist, hängt auch von diesem Sachzusammenhang ab. In den Naturwissenschaften hat man in der Regel gut beschreibbare und reproduzierbare experimentelle Rahmenbedingungen, unter denen man einen möglichen Zusammenhang zweier Merkmale untersucht. Bei vermuteten linearen Zusammenhängen sollte der Betrag des entsprechenden Korrelationskoeffizienten nahe Eins liegen. In der empirischen Sozialforschung werden hingegen schon Korrelationskoeffizienten, die sich nur wenig von Null unterscheiden, als Indiz für einen Zusammenhang genommen, den man näher untersuchen kann. Der Grund für die kleinen Korrelationskoeffizienten ist die komplexe soziale Wirklichkeit.

Wenn Sie beispielsweise den Zusammenhang von Fernsehkonsum und Gewaltbereitschaft bei Jugendlichen untersuchen wollen, so gibt es viele Rahmenbedingungen, die Sie nicht experimentell kontrollieren können. Dies sind

zum Beispiel Erziehungsverhalten der Eltern und Lehrer, Beeinflussung durch andere Medien oder durch die Freunde. Da möglicherweise viele Faktoren Einfluss auf Gewaltbereitschaft nehmen und diese untereinander noch zusammenhängen können, wird man für diese Fragestellung keinen perfekten Zusammenhang erwarten können. Dafür sind zu viele Störfaktoren im Spiel, die die Punktwolke weit streuen lassen.
Eine typische Anwendung des Korrelationskoeffizienten ist die so genannte ***Trennschärfe*** einer Testaufgabe. Sie kann z. B. für eine Klassenarbeit wie folgt berechnet werden: Für alle Schülerinnen und Schüler werden die Gesamtpunktzahl in der Klassenarbeit und die Punktzahl bei einer konkreten Aufgabe betrachtet und die Korrelation ermittelt.
Wenn die Korrelation zwischen Gesamtpunktzahl und Aufgabenpunktzahl sehr hoch ist, kann dies als Zeichen dafür interpretiert werden, dass die Aufgabe die Kompetenzen, die in der Klassenarbeit überprüft werden, idealtypisch widerspiegelt. Schülerinnen und Schüler mit hohen Gesamtpunktzahlen schneiden auch bei dieser Aufgabe in der Regel gut ab und umgekehrt. Mit der Punktzahl dieser Aufgabe lässt sich sehr gut vorhersagen, wie die Gesamtpunktzahl wohl aussehen wird.
Liegt die Korrelation zwischen Gesamtpunktzahl und Aufgabenpunktzahl hingegen nahe Null, so deutet dies darauf hin, dass diese Aufgabe etwas anderes überprüft als die Klassenarbeit insgesamt. So lässt sich der Korrelationskoeffizient nutzen, um die Qualität von Aufgaben empirisch einzuschätzen.
Der hier vorgestellte *Korrelationskoeffizient nach Bravais und Pearson* ist nicht der einzige Korrelationskoeffizient. Für intervallskalierte Daten wird er aber fast ausschließlich verwendet und ist schon fast zum Synonym für Korrelationskoeffizienten generell geworden. Es gibt aber auch Konzepte, um zum Beispiel den Zusammenhang zwischen ordinal oder zwischen nominal skalierten Merkmalen zu quantifizieren. Die Darstellung dieser Konzepte finden Sie vor allem in Methodenbüchern für die Anwendungswissenschaften, so zum Beispiel in den Büchern von *Bortz* (1999) oder von *Bosch* (1996). Dort finden Sie auch Konzepte, um den Zusammenhang zwischen mehr als zwei Merkmalen gleichzeitig zu bestimmen.

2.6.2 Grenzen der Korrelationsrechnung

Stellen Sie sich vor, Sie haben Daten erhoben und finden zwischen zwei Merkmalen einen linearen Zusammenhang, der durch einen Korrelationskoeffizienten von 0,5 ausgedrückt wird. Was sagt dies über die wechselseitigen Wirkungen zwischen den beiden Merkmalen aus? Oder Sie vermuten zwischen zwei Merkmalen aus gutem Grund einen Zusammenhang, finden aber einen Korrelationskoeffizienten nahe Null. Wie lässt sich das interpretieren?

Betrachten wir für die erste Fragestellung das Beispiel einer Datenerhebung in einer neunten Klasse (vgl. *Büchter & Leuders* 2004). Die Jugendlichen finden zwischen der durchschnittlichen Zeugnisnote und dem monatlichen Taschengeld von Schülerinnen und Schülern in ihrer Stichprobe einen Korrelationskoeffizienten von −0,55. Das heißt, wer mehr Taschengeld erhält, bekommt im Durchschnitt auch kleinere, also bessere Noten. Führt mehr Taschengeld zu besseren Noten? Oder führen bessere Noten zu mehr Taschengeld? Muss man seinem Kind mehr Taschengeld geben, damit die Noten besser werden? Diese Vermutungen sind offensichtlich nicht besonders tragfähig. Aber wie kommt dann der Zusammenhang zustande? Im konkreten Fall klingt es plausibel, dass Elternhäuser, die in der Lage sind, mehr Taschengeld zu zahlen, auch ansonsten ein höheres Unterstützungspotenzial haben. Es scheint also ein Merkmal zu geben, das sowohl auf das Taschengeld wirkt als auch auf die Noten. Dies ist der so genannte „sozioökonomische Status", der sich zusammensetzt aus Bildungsabschluss der Eltern, Einkommen usw. Im Rahmen von Schulleistungsstudien ist sein Einfluss auf Fachleistung intensiv untersucht worden (vgl. Deutsches PISA-Konsortium 2001a).

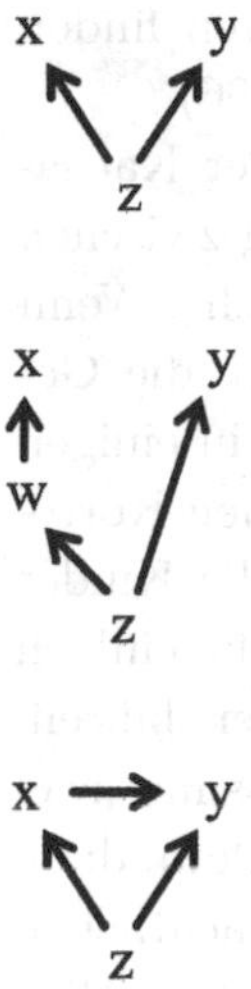

Abb. 2.67. Wirkungskonstellationen

In Abb. 2.67 sind verschiedene Modelle der Wirkungskonstellationen von mehr als zwei Merkmalen dargestellt, die jeweils zu einem linearen Zusammenhang zwischen x und y führen. Dabei werden Wirkungen und deren Richtung durch Pfeile symbolisiert. In allen drei Fällen kann der Korrelationskoeffizient den gleichen Wert, sagen wir $r_{xy} = -0{,}55$, annehmen.

Oben ist die bereits genannte Konstellation visualisiert. Ein Merkmal wirkt simultan auf zwei andere Merkmale, im Beispiel der sozioökonomische Status des Elternhauses auf Leistung und Taschengeld der Schülerinnen und Schüler.

In der mittleren Visualisierung wirkt das Merkmal z direkt auf y und indirekt, über w vermittelt, auf x. Wieder resultiert ein daraus ein Zusammenhang zwischen x und y, dem keine direkte Wirkungsbeziehung zwischen x und y zugrunde liegt. Dies könnte z. B. ein verfeinertes Modell zum Zusammenhang von Leistung und Taschengeld sein. Es wird angenommen, dass der sozioökonomische Status des Elternhauses (relativ) direkt die Höhe des Taschengeldes beeinflusst, aber nur indirekt über eine „lernförderliche Umgebung" die Leistung.

Schließlich wirkt in der unteren Abbildung nicht nur z auf x und y, sondern auch noch x auf y. Der resultierende lineare Zusammenhang zwischen x und y

geht also nicht ausschließlich auf die Wirkung von x auf y zurück, sondern wird durch z mitbeeinflusst. Je nach Wirkungsrichtung und -stärke von z kann der tatsächliche lineare Einfluss von x auf y also bedeutend größer oder kleiner als $-0{,}55$ sein. Ein solches Modell lässt sich z. B. für das Zusammenspiel von „kognitiven Fähigkeiten“ (weniger präzise: „Intelligenz“), Lesekompetenz und Mathematikleistung aufstellen. Die „kognitiven Fähigkeiten“ beeinflussen die Mathematikleistung zum einen direkt und wirken zum anderen indirekt über die Lesekompetenz auf sie ein.
Diese Diagramme lassen sich natürlich beliebig auf deutlich mehr Merkmale mit sehr komplexen Beziehungen erweitern. In der empirischen Sozialforschung handelt es sich, wie dargestellt, um solche komplexeren Gefüge, die untersucht werden. Daher kann es sein, dass die Betrachtung von nur zwei Merkmalen, hier x und y, zu völlig falschen Schlüssen verleitet. Also sollte man sich bei der Berechnung von Korrelationskoeffizienten immer fragen, ob es unberücksichtigte Merkmale gibt, die auf die beiden untersuchten Einfluss nehmen. Dann kommt man mit statistischen Konzepten, die nur zwei Merkmale berücksichtigen, also Verfahren der so genannten bivariaten Statistik, nicht weiter. Viel mehr müssen Verfahren der multivariaten Statistik angewendet werden. Eine ausführliche Darstellung dieser Verfahren finden Sie z. B. in den Statistik-Büchern von *Bortz* (1999) und *Bosch* (1996).
Das Vorliegen eines linearen Zusammenhangs sagt also nichts über Kausalitäten aus. Ein besonders schönes Beispiel ist der Zusammenhang zwischen der Anzahl der Kindergeburten und der Anzahl der nistenden Störche. Wenn man in den Jahren nach dem Pillenknick Ende der 1960er Jahre die Geburtenrate und die beobachteten Anzahlen der nistenden Störche in einigen Regionen Deutschlands miteinander korrelierte, so erhielt man einen Korrelationskoeffizienten nahe Eins. Ist das ein Beweis, dass Störche die Kinder bringen? Natürlich ist dies nicht der Fall, sondern dahinter steckt einfach der gesellschaftliche und industrielle Wandel in den 60er und 70er Jahren. Dies lässt sich für viel Merkmalspaare ähnlich feststellen. Man muss nur zwei Merkmale nehmen, die sich im Laufe der Jahre systematisch verändern, diese entsprechend über die Jahre korrelieren, und man erhält einen beachtlichen Korrelationskoeffizienten. Hier ist ganz offensichtlich jeweils die Zeit als Hintergrundmerkmal wirksam.
Mit Korrelationsrechnung lässt sich zwar keine Kausalität beweisen. Umgekehrt kann man aber eine vermutete lineare kausale Wirkung mit Korrelationsrechnung widerlegen. Wer zwischen zwei Merkmalen x und y einen kausalen, linearen Zusammenhang vermutet, der sollte in einer empirischen Untersuchung für die beiden Merkmale einen Korrelationskoeffizienten erhalten, der sich deutlich von Null unterscheidet. Liegt der Koeffizient bei Null, so ist die unterstellte Wirkung vermutlich nicht vorhanden. Dieses indirekte

Schließen und Arbeiten ist typisch für die empirischen Wissenschaften. In Teilkapitel 4.2 werden wir diese indirekte Schlussweise bei den Hypothesentests wieder antreffen.

In der zweiten oben geschilderten Situation geht es darum, dass man aufgrund theoretischer Überlegungen einen Zusammenhang vermutet, der Korrelationskoeffizient aber nahe Null liegt. Wie kann so etwas passieren? Wenn wir unsauberes Arbeiten und Messfehler ausschließen, können wir zum Beispiel in Betracht ziehen, dass es sich zwar um eine eindeutige Wirkung, aber nicht um eine *lineare* Wirkung handelt. Der Korrelationskoeffizient ist nur geeignet, lineare Zusammenhänge zu entdecken. Zum Beispiel ist der Zusammenhang zwischen dem Abwurfwinkel und der Wurfweite beim Ballwurf nahezu perfekt – aber perfekt *quadratisch.*

In Abb. 2.68 wird eine entsprechende Punktwolke dargestellt. Als Korrelationskoeffizient berechnet man $r_{xy} = 0{,}01$. Es ist praktisch kein linearer Zusammenhang vorhanden. An den standardisierten Wertepaaren würde dies sofort klar werden. Die Punktwolke ist symmetrisch, also ist die y-Achse die Symmetrieachse der standardisierten Punktwolke. Damit hat jedes Wertepaar aus dem I. bzw. III. Quadranten ein entsprechendes Wertepaar im II. bzw. IV. Quadranten. Die zugehörigen orientierten Flächeninhalte ergeben zusammen ungefähr Null. Ein Korrelationskoeffizient nahe Null sagt also nur aus, dass vermutlich kein substanzieller linearer Zusammenhang besteht!

Schließlich möchten wir auf noch einen bedenkenswerten Punkt bei der Korrelationsrechnung hinweisen, nämlich die Frage der Stichprobengröße. Dieses Problem trifft generell auf alle Parameter zu, die in der beschreibenden Statistik berechnet werden. Selbst wenn man rein zufällig 100 Schülerinnen und Schüler aus einer Stadt ausgewählt hat, so hat man doch keine Sicherheit, dass es sich hierbei nicht um die 100 besten oder schlechtesten Schülerinnen und Schüler in Mathematik handelt. Die Fragestellung, wie man hiermit um-

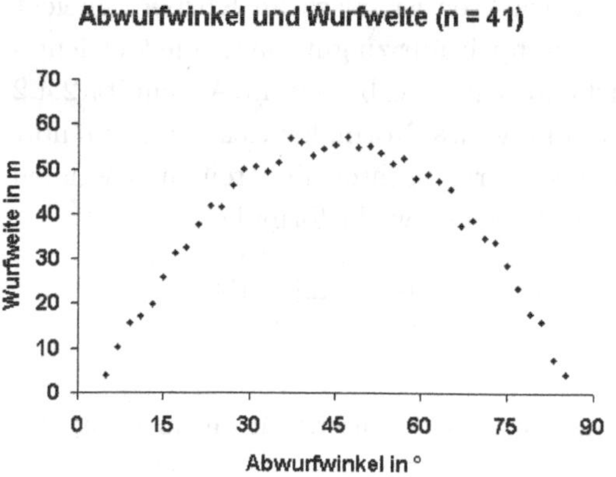

Abb. 2.68. Nichtlinearer Zusammenhang

geht, wird in der beurteilenden Statistik in Kapitel 4 untersucht. Intuitiv ist klar, dass man mit immer größerem Stichprobenumfang solche zufälligen Effekte vermeiden kann. Wie wirkt sich ein kleine Stichprobenzahl auf den Korrelationskoeffizienten aus?
In einer Computersimulation zu dieser Frage mit einem Tabellenkalkulationsprogramm haben wir eine Stichprobe mit 20 Merkmalsträgern simuliert. Den zwanzig fiktiven Merkmalsträgern haben wir „zufällig“[49] jeweils zwei Werte zwischen Null und Eins zugewiesen. Dies haben wir zehnmal hintereinander durchgeführt und jeweils den Korrelationskoeffizienten für diese 20 Wertepaare berechnet. Dabei haben wir nacheinander die folgenden zehn Werte erhalten: 0,38, –0,01, 0,02, –0,11, 0,08, 0,38, 0,04, 0,02, 0,62, –0,04 (vgl. *Büchter* & *Leuders* 2004). Ganz offensichtlich muss die Stichprobe größer sein, um „stabilere“ Werte zu erhalten. Bei zehn Simulationen mit jeweils 100 Wertepaaren ergaben sich die Korrelationskoeffizienten 0,02; –0,01; 0,02; 0,04; –0,03; –0,10, –0,05; 0,11; –0,08; –0,04.

2.6.3 Ursache-Wirkungs-Vermutungen: Regressionsrechnung

Mit der Korrelationsrechnung haben wir in den beiden vorangegangenen Abschnitten Möglichkeiten und Grenzen eines Konzepts zur Quantifizierung von linearen Zusammenhängen dargestellt. Insbesondere haben wir gezeigt, dass das Bestehen eines linearen Zusammenhangs nichts über mögliche Ursache-Wirkungs-Beziehungen aussagt. Es ist in der Regel eine theoretische und keine empirische Frage, solche Kausalitäten zu klären. Wenn man aber aus theoretischen Überlegungen heraus ein verursachendes und ein hiervon abhängiges Merkmal identifizieren kann, so macht es Sinn, diesen Zusammenhang nicht nur über die Korrelationsrechnung zu quantifizieren, sondern auch die Abhängigkeit des einen Merkmals vom anderen funktional zu beschreiben.
Einen solchen funktionalen Zusammenhang kann man z. B. bei der Körpergröße und dem Körpergewicht unterstellen. Wer größer ist, wird in der Regel auch schwerer sein, da er mehr gewachsen ist, also „an Körper zugelegt hat“, als ein Kleinerer. Umgekehrt wissen wir nur zu gut, dass eine Gewichtszunahme das Größenwachstum nicht anregt. Die bereits in Abschnitt 2.4.2 erwähnte „Faustformel“ zur Bestimmung des Normalgewichts ist ein normatives Konzept, das einen medizinisch erwünschten linearen funktionalen Zusammenhang von Körpergröße und Körpergewicht formuliert:

$$\text{Normalgewicht [in kg]} = \text{Körpergröße [in cm]} - 100\,.$$

[49] In Abschnitt 3.10.2 stellen wir dar, was es bedeutet, mit einem Computer „zufällig“ Zahlen zu erzeugen.

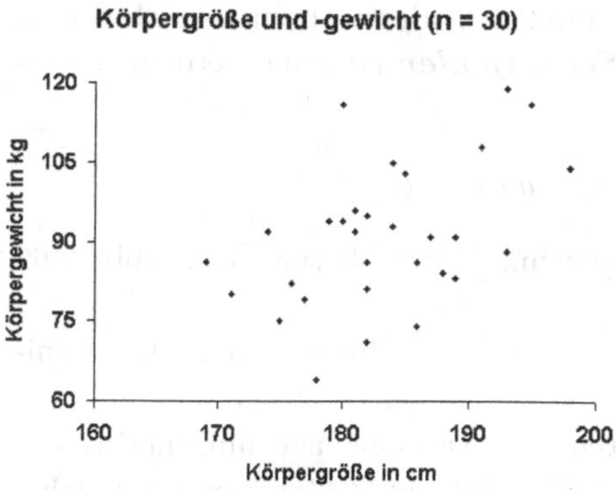

Abb. 2.69. Körpergröße und -gewicht

Zur deskriptiven, also beschreibenden Darstellung des Zusammenhangs benötigt man entsprechende Daten als Grundlage. In Abb. 2.69 wird für 30 Männer (19–25 Jahre) die Punktwolke von Körpergröße und -gewicht dargestellt. Es lässt sich ein linearer Zusammenhang identifizieren, auch wenn es einige Abweichungen von einem perfekten Zusammenhang gibt. Wie lässt sich mit den vorliegenden Daten eine lineare Funktion als „*Trendgerade*" aufstellen, die den Zusammenhang möglichst gut wiedergibt?

Zunächst kann man qualitativ versuchen, mit einem Lineal eine Gerade durch die Punktwolke zu legen, die den Trend möglichst gut erfasst. Bei diesem *explorativen* Vorgehen können Sie das Lineal hin- und herschieben, die Steigung der Geraden und ihre Lage verändern. Dies machen Sie solange, bis Sie zufrieden sind. So etwas ist natürlich subjektiv. Eine andere Person wird vermutlich eine leicht abweichende Gerade für optimal halten. Wie lassen sich die Parameter der gesuchten linearen Funktion, die den Trend möglichst gut annähert, bestimmen?

Um diese Frage zu beantworten, muss zunächst geklärt werden, was „möglichst gut annähern" bedeutet. Eine lineare Funktion hat die Gestalt $y = a \cdot x + b$ mit der unabhängigen Variablen x, im Beispiel das Körpergewicht, und reellen Zahlen a und b. Wir gehen von den beiden Datenreihen $x_1, \ldots, x_{30}$ für die Körpergröße (gemessen in cm) und $y_1, \ldots, y_{30}$ für das Körpergewicht (gemessen in kg) der 30 Männer aus. Durch den Ansatz einer Trendgeraden $y = a \cdot x + b$ erhalten wir für jeden Mann durch Einsetzen von x_i in die Geradengleichung ein „Trendgewicht" $\hat{y}_i$, also:

$$\hat{y}_i := a \cdot x_i + b\,.$$

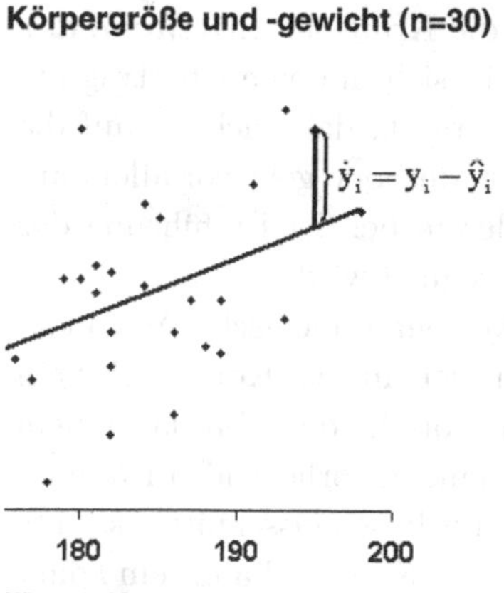

Abb. 2.70. Schätzfehler

Das Trendgewicht $\hat{y}_i$ eines Mannes in der Stichprobe wird im Einzelfall mehr oder weniger von seinem wahren Gewicht y_i abweichen. Man denke etwa an kleine dicke oder große schlaksige Männer. Die Abweichungen $\dot{y}_i$ des wahren Gewichts vom geschätzten werden ***Residuen*** oder ***Schätzfehler*** genannt werden. Sie ergeben sich zu

$$\dot{y}_i = y_i - \hat{y}_i = y_i - a \cdot x_i - b$$

und werden in Abb. 2.70 in einer Ausschnittsvergrößerung von Abb. 2.69 visualisiert.

Eine gute Schätzung wird die Residuen in gewisser Hinsicht insgesamt minimieren. Große Residuen stehen für große Fehler bei der Schätzung des realen Körpergewichts eines Mannes durch sein Trendgewicht aufgrund seiner Körpergröße. Was heißt hierbei „in gewisser Hinsicht"? Man könnte zunächst auf die Idee kommen, einfach die Summe der 30 Residuen zu ermitteln und diese durch Wahl der Geradenparameter a und b zu minimieren. Das Problem hierbei ist, dass die realen Wertepaare für Körpergröße und -gewicht sowohl oberhalb als auch unterhalb der Trendgeraden liegen können, es also negative und positive Residuen gibt, die sich dann gegenseitig ausgleichen würden. Daraus könnten Trendgeraden entstehen, die völlig unbrauchbar für die Ermittlung von Schätzwerten sind.

Eine etwas andere Sicht auf die Problematik der Residuen hilft hier weiter. Die realen Wertepaare streuen um die Trendgerade, die Residuen streuen also um das optimale Residuum Null. Aus Abschnitt 2.3.6 kennen wir als Streuungsmaße unter anderem die mittlere absoluten Abweichung und die Varianz bzw. Standardabweichung. Beide kommen hier infrage und lösen das obige Problem der Minimierung der Residuen, da keine negativen Werte auftreten können. Es ist zunächst willkürlich, welche Methode man zur Anpassung der Trendgerade nimmt, die Anpassung der Summe der absoluten Abweichung oder die Anpassung der Summe der quadratischen Abweichungen. In den folgenden Betrachtungen wird sich jedoch die Kraft der „***Methode der kleinsten Quadrate***" zeigen. Hierbei handelt es sich um eine Übertragung des Konzeptes von arithmetischem Mittel und Standardabweichung auf die vorliegende Situation ist. Die Anwendung dieser Methode geht vor allem auf *Carl Friedrich Gauß* zurück, der uns unter anderem bei der Einführung der Normalverteilung im Abschnitt 3.9.1 wieder begegnen wird:

In der Neujahrsnacht des Jahres 1801 entdeckte der italienische Astronom *Guiseppe Piazzi* (1746–1826) einen neuen Stern, der nur ein Komet oder ein Planet sein konnte. *Piazzi* konnte diesen Stern bis in den Februar hinein verfolgen, verlor ihn aber dann. Aufgrund der wenigen vorliegenden Bahndaten – sie stammten aus einem nur 9 Grad großen Ellipsenausschnitt – konnte man zwar entscheiden, dass es keine parabelförmige Kometenbahn sein konnte, aber den in der Zwischenzeit *Ceres* getauften Planeten konnte man nicht mehr am Himmel finden. Dass dies dennoch wieder gelang, ist dem damals 24

Jahre alten *Gauß* zu verdanken. Er musste eine Ellipse bestimmen, die sich den Bahndaten von *Piazzi* einpassten. Für die war eine Gleichung 8-ten Grades zu lösen. Für diese Aufgabe entwickelte *Gauß* die Methode der kleinsten Quadrate. Genau ein Jahr nach der Entdeckung der *Ceres* konnte der Astronom *Heinrich Wilhelm Olbers* (1758–1840) sie aufgrund der Berechnungen von *Gauß* in der Neujahrsnacht 1802 wieder am nächtlichen Himmel auffinden. Veröffentlicht hat *Gauß* seine noch weiter ausgebaute Methode erst in seinem zweiten, 1809 erschienenen Meisterwerk „Theoria motus corporum“. Heute bezeichnet man die *Ceres* als einen Planetoiden, der seine Bahn zwischen *Mars* und *Jupiter* hat.
Mit der Methode der kleinsten Quadrate kann man nun die Parameter a und b der Trendgeraden eindeutig bestimmen. Die Datenreihen $x_1, \ldots, x_n$ und $y_1, \ldots, y_n$ liegen vor, die Parameter a und b müssen nun geeignet gewählt werden. Die Summe der Residuenquadrate ist eine Funktion von zwei Veränderlichen, die minimiert werden soll:

$$q(a,b) := \sum_{i=1}^{n} \dot{y}_i^2 = \sum_{i=1}^{n} (y_i - \hat{y}_i)^2 = \sum_{i=1}^{n} (y_i - a \cdot x_i - b)^2 .$$

Die Problemstellung der Minimierung dieser Quadratsumme sowie einen explorativen Ansatz zum Aufspüren der nach dieser Methode optimalen Trendgeraden veranschaulicht die mit der dynamischen Geometrie-Software DYNAGEO erstellte Abb. 2.71:

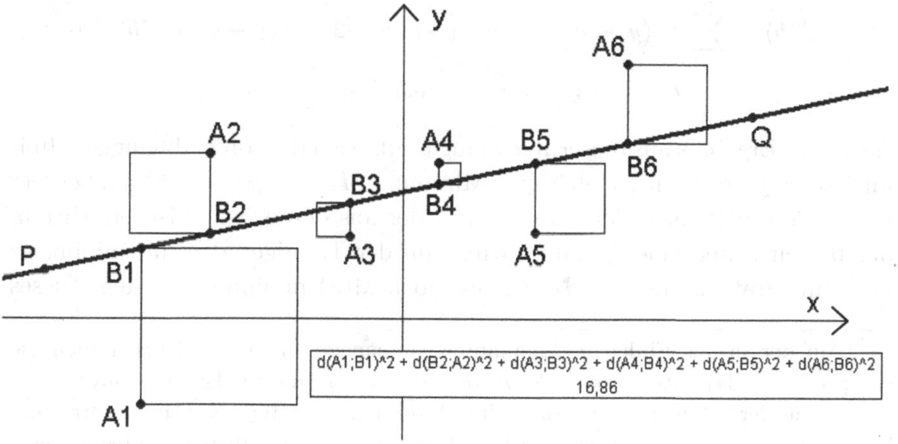

Abb. 2.71. Trendgerade und Methode der kleinsten Quadrate

Die Punkte A_1 bis A_6 repräsentieren sechs gegebene Wertepaare. Durch die Punkte P und Q wird eine Gerade festgelegt, zu der die vertikalen Abstände der Punkte A_1 bis A_6 und deren Quadrate eingezeichnet sind. Im Kasten unten rechts wird die Summe der Flächeninhalte der Abstandsquadrate berechnet. Da es sich bei DYNAGEO um eine *dynamische* Geometrie-Software handelt, lässt sich die Lage der Geraden durch Ziehen an den Punkten P und Q verändern. Dabei kann die numerische Auswirkung auf die Summe der Flächeninhalte der Abstandsquadrate direkt im rechteckigen Kasten beobachtet werden.[50] Auf diesem Weg lässt sich eine Trendgerade nach der Methode der kleinste Quadrate explorativ gewinnen, wobei unklar bleibt, ob so eine optimale Trendgerade gefunden wird bzw. wie groß die Abweichung einer solchen ist.

Die exakte Bestimmung der Parameter der optimalen Trendgeraden nach der Methode der kleinsten Quadrate gelingt z. B. mit Methoden der mehrdimensionalen Analysis, hier der Differentialrechnung für Funktionen von zwei Veränderlichen. Hat man diese Methoden zur Verfügung, dann lässt sich dieses Minimierungsproblem mit Hilfe der partiellen Ableitungen lösen. Wer mit den Methoden der mehrdimensionalen Analysis nicht vertraut ist, kann auch wie folgt vorgehen:

Zunächst betrachtet man die Funktionsschar $q_a(b) := q(a,b)$ mit festem Parameter a.[51] Für diese Schar von Parabeln sucht man mögliche Minimumstellen b. Alle Parabeln sind nach oben geöffnet, haben also ein eindeutiges Minimum. Mit Hilfe der ersten Ableitung von q_a erhält man unter Verwendung der Kettenregel dieses Minimum $M(a)$, das noch von a abhängt.[52] Dann bestimmt man dasjenige a, für das M(a) minimal wird, und hat damit das Minimum von $q(a,b)$ gefunden:

$$q'_a(b) = \sum_{i=1}^{n} 2 \cdot (y_i - a \cdot x_i - b) \cdot (-1) = -2 \cdot n \cdot (\bar{y} - a \cdot \bar{x} - b) = 0$$
$$\Leftrightarrow \quad b = \bar{y} - a \cdot \bar{x} \quad \Leftrightarrow \quad \bar{y} = a \cdot \bar{x} + b\,.$$

Als erstes Ergebnis aus dieser Rechnung ergibt sich die von a abhängige Minimumstelle $\bar{y} - a \cdot \bar{x}$ mit zugehörigem Minimum $M(a) = q_a(\bar{y} - a \cdot \bar{x})$. Außerdem weiß man damit, dass der Punkt $(\bar{x}|\bar{y})$, der aus den arithmetischen Mitteln der beiden Datenreihen gebildet wird, auf der Trendgeraden mit minimaler Fehlerquadratsumme liegt. Nun muss noch M(a) minimiert werden. Dieses

[50] Auf der in der Einleitung genannten Homepage zu diesem Buch finden die entsprechende DYNAGEO-Datei *Kleinste Quadrate* für eigene „Experimente".

[51] Die in der Schule häufig behandelten Funktionenscharen mit Parametern kann man meistens als Funktion mehrer Variablen auffassen, bei denen alle bis auf eine Variable durch feste Zahlen ersetzt werden.

[52] Man könnte hier – und nachfolgend bei der Minimierung von $M(a)$ – genauso gut ohne Differentialrechnung auskommen. Es handelt sich bei den Funktionen jeweils um nach oben geöffnete Parabeln, deren Minimumstellen sich statt über die erste Ableitung auch direkt als Scheitelpunkte durch *quadratische Ergänzung* finden lassen. Dann wird der Schreibaufwand jedoch etwas größer.

Minimum wird wieder mit Hilfe der ersten Ableitung ermittelt. Für $M(a)$ ergibt sich:

$$\begin{aligned} M(a) &= q_a(\bar{y} - a \cdot \bar{x}) = q(a, \bar{y} - a \cdot \bar{x}) = \sum_{i=1}^{n} (y_i - a \cdot x_i - \bar{y} + a \cdot \bar{x})^2 \\ &= \sum_{i=1}^{n} (y_i - \bar{y} - (x_i - \bar{x}) \cdot a)^2 . \end{aligned}$$

Daraus erhalten wir durch Ableiten und Nullsetzen der ersten Ableitung:

$$\begin{aligned} M'(a) &= \sum_{i=1}^{n} 2 \cdot (y_i - \bar{y} - (x_i - \bar{x}) \cdot a) \cdot (-(x_i - \bar{x})) \\ &= -2 \cdot \sum_{i=1}^{n} \left(y_i \cdot x_i - y_i \cdot \bar{x} - \bar{y} \cdot x_i + \bar{y} \cdot \bar{x} - (x_i - \bar{x})^2 \cdot a \right) = 0 \\ \Leftrightarrow \quad & \sum_{i=1}^{n} (y_i \cdot x_i) - \bar{x} \cdot \sum_{i=1}^{n} y_i - \bar{y} \cdot \sum_{i=1}^{n} x_i + n \cdot \bar{y} \cdot \bar{x} - a \cdot \sum_{i=1}^{n} (x_i - \bar{x})^2 = 0 \\ \Leftrightarrow \quad & \sum_{i=1}^{n} (y_i \cdot x_i) - \bar{x} \cdot n \cdot \bar{y} - \bar{y} \cdot n \cdot \bar{x} + n \cdot \bar{y} \cdot \bar{x} - a \cdot n \cdot s_x^2 = 0 \\ \Leftrightarrow \quad & a \cdot n \cdot s_x^2 = \sum_{i=1}^{n} (y_i \cdot x_i) - n \cdot \bar{y} \cdot \bar{x} = n \cdot s_{xy} \\ \Leftrightarrow \quad & a = \frac{s_{xy}}{s_x^2}. \end{aligned}$$

Dabei ist s_{xy} die Kovarianz der beiden Datenreihen $x_1, \ldots, x_n$ und $y_1, \ldots, y_n$ und s_x^2 die Varianz der Datenreihe $x_1, \ldots, x_n$. Inhaltlich bedeutet dieser Befund, dass die Steigung der optimalen Trendgerade nach der Methode der kleinsten Quadrate der Quotient aus der Kovarianz der beiden Datenreihen und der Varianz der Datenreihe des unabhängigen Merkmals ist. Durch Einsetzen in die Minimumstelle von q_a erhalten wir:

$$b = \bar{y} - a \cdot \bar{x} = \bar{y} - \frac{s_{xy}}{s_x^2} \bar{x}$$

Damit haben wir nach der Methode der kleinsten Quadrate die eindeutig bestimmte Trendgerade gefunden und den folgenden Satz 11 bewiesen.

Satz 11 (Regressionsgerade) Gegeben seien die beiden Datenreihen $x_1, \ldots, x_n$ und $y_1, \ldots, y_n$ mit arithmetischen Mitteln $\bar{x}$ und $\bar{y}$, Kovarianz s_{xy} und Varianz s_x^2. Dann ist nach der Methode der kleinste Quadrate die optimale Trendgerade $y = a \cdot x + b$ eindeutig bestimmt mit $a = \frac{s_{xy}}{s_x^2}$ und $b = \bar{y} - \frac{s_{xy}}{s_x^2} \cdot \bar{x}$. Diese Trendgerade heißt ***Gerade der linearen Regression von y auf x*** oder kurz ***Regressionsgerade***. 11

Die Steigung a dieser optimalen Trendgeraden heißt ***Regressionsgewicht*** oder auch ***Regressionskoeffizient***. Diese Steigung gibt gerade an, wie stark Veränderungen in der „unabhängigen Datenreihe" Veränderungen in der „abhängigen Datenreihe" verursachen. Die unabhängige Variable der Regression wird auch ***Prädiktor*** genannt, da ihre Ausprägung die Ausprägung der abhängigen Variablen vorbestimmt.

Für die Punktwolke in Abb. 2.69 auf S. 133 erhält man die Regressionsgerade $y = 0{,}94 \cdot x - 81{,}9$. Im Durchschnitt werden die Männer also 0,94 kg schwerer, wenn sie 1 cm größer werden. Die Bedeutung des Achsenabschnitts $-81{,}9$ wird schnell klar, wenn man die normative „Faustformel" betrachtet $y = x - 100$. Die untersuchte Stichprobe ist im Durchschnitt zu schwer (bezüglich des normativen Konzepts vom „Normalgewicht")!

Wir haben betont, dass sich die Regressionsrechnung von der Korrelationsrechnung insofern unterscheidet, als die Bestimmung einer Regressionsgeraden als funktionaler Zusammenhang zwischen zwei Datenreihen inhaltlich nur Sinn macht, wenn man begründet davon ausgehen kann, dass ein Merkmal auf das andere wirkt. Rechnerisch ist die Bestimmung der optimalen Trendgeraden nach der Methode der kleinsten Quadrate für zwei Datenreihen stets möglich. Wenn man anstelle der linearen Regression von y auf x die lineare Regression von x auf y berechnet, dann ergeben sich für die Regressionsgerade andere Parameter. In unserem Beispiel würden dann nicht mehr die Abstände von „Trendgewicht" und „Realgewicht" als Ausgangsdaten zur Optimierung der Geraden genommen, sondern die Abstände von „Trendgröße" und „Realgröße".

Die Korrelationsrechnung ist symmetrisch angelegt. Dort geht es um den linearen Zusammenhang zweier Merkmale in einer Stichprobe, wobei beide Merkmale gleichberechtigt sind. Die Interpretation des Korrelationskoeffizienten auf S. 126 und die Interpretation des Regressionsgewichts legen nahe, dass beide Parameter im Prinzip gleich sind, nur in unterschiedlichen Einheiten gemessen. Während der Korrelationskoeffizient in Abschnitt 2.6.1 über die standardisierten Datenreihen entwickelt worden ist, haben wir die Parameter der optimalen Trendgeraden nach der Methode der kleinsten Quadrate für die nichtstandardisierten Datenreihe gewonnen. Tatsächlich ist der Korrelationskoeffizient nichts anderes als das „standardisierte" Regressionsgewicht:

$$r_{xy} = \frac{s_{xy}}{s_x \cdot s_y} = \frac{s_x}{s_y} \cdot \frac{s_{xy}}{s_x^2} = \frac{s_x}{s_y} \cdot a\,,$$

wobei a das Gewicht der linearen Regression von y auf x ist.

Wie sieht die optimale Trendgerade für zwei standardisierte Datenreihen aus? Dann gilt $s_x = 1$ und $s_y = 1$. Damit erhält man aus der obigen Aussage direkt $a = r_{xy}$. Für den Achsenabschnitt der Regressionsgerade gilt dann

nach **Satz 11** $b = 0$, da die Mittelwerte beider standardisierter Datenreihen Null sind.
Wir haben in diesem Abschnitt nur lineare funktionale Zusammenhänge mit einer unabhängigen Variablen, also einem Prädiktor, untersucht. Wenn man komplexe Zusammenhänge wie die Entwicklung von Schulleistungen untersucht, dann spielen häufig mehrere Prädiktoren eine wesentliche Rolle. So wird Schulleistung unter anderem von der kognitiven Leistungsfähigkeit („Intelligenz"), der sozialen Herkunft und der investierten Lernzeit vorbestimmt. Diese Abhängigkeit der Schulleistung von mehreren Prädiktoren kann mit Hilfe der *multiplen linearen Regression* oder mit *linearen Strukturgleichungsmodellen* untersucht werden (vgl. Deutsches PISA-Konsortium 2001a).

2.6.4 Nichtlineare Regression

Bisher haben wir in diesem Teilkapitel lineare Zusammenhänge zweier Merkmale untersucht und die Möglichkeiten und Grenzen hierbei aufgezeigt. In Human- und Sozialwissenschaften kommt man tatsächlich überwiegend mit dem Ansatz linearer Zusammenhänger bei der Modellbildung aus. Wenn z. B. ein Hintergrundmodell für das Zustandekommen von Schulleistung mit möglichen Einflussfaktoren aufgestellt wird (vgl. Deutsches PISA-Konsortium 2001a, S. 33), so unterstellt man lineare Einflüsse. Die genaue Art der Beeinflussung ist empirisch auch kaum zu klären. Dies hängt vor allem mit den vielen Störfaktoren zusammen, die einem aufgrund der komplexen sozialen Wirklichkeit (fast) immer in der empirischen Sozialforschung zu schaffen machen (vgl. auch Abschnitt 2.6.1 und Teilkapitel 5.1).
In den Naturwissenschaften kann man hingegen in der Regel nicht nur Wirkungsrichtungen bei Zusammenhängen und damit ein abhängiges und ein unabhängiges Merkmal eines funktionalen Zusammenhangs identifizieren, sondern häufig auch noch die Art des Zusammenhangs, z. B. exponentiell, quadratisch, logarithmisch usw. Die Konkretisierung der Art des funktionalen Zusammenhangs ist dabei eine *theoretische* und *keine empirische* Arbeit. Wie bei dem Rutherford-Geiger-Experiment in Abschnitt 3.6.5 liefert die theoretische Einsicht in den Zusammenhang eine Vermutung über die Art des Zusammenhangs, die dann experimentell überprüft wird. Vielfach liegt die Art des Zusammenhangs bei unserem *heutigen* Kenntnisstand in den Naturwissenschaften auf der Hand: Bakterienkulturen wachsen unter bestimmten Rahmenbedingungen zu Beginn exponentiell, Seerosen zunächst auch, atomare Zerfallsprozesse können negativ exponentiell beschrieben werden und Weg-Zeit-Zusammenhänge bei konstanter Beschleunigung quadratisch. Wie geht man vor, wenn man die (nichtlineare) Art eines Zusammenhangs bei einer Messreihe theoretisch abgeleitet hat, und sie nun mit den konkreten Daten „abgleichen" möchte?

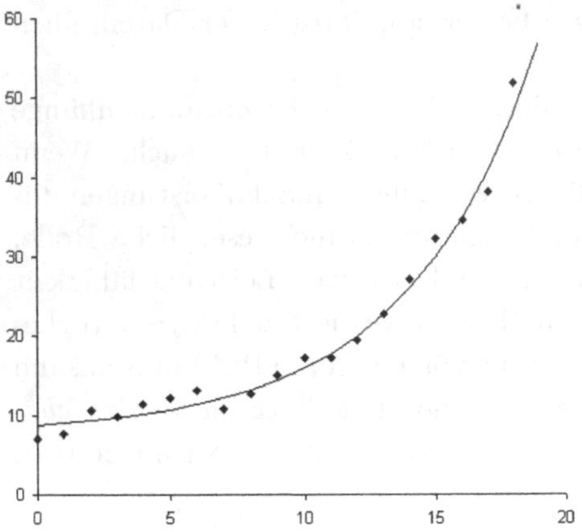

Abb. 2.72. Exponentieller Zusammenhang

Wenn eine konkrete Messreihe vorliegt, ist es zunächst nahe liegend, sich einen ersten optischen Eindruck vom Zusammenhang der beiden Merkmale zu verschaffen, indem man sich eine zugehörige Punktwolke anschaut. Bei naturwissenschaftlichen Versuchen mit experimentellen Rahmenbedingungen, bei denen man einzelne Faktoren konstant halten und andere gezielt variieren kann, zeichnet sich dabei häufig ein erster Eindruck von der Art des Zusammenhangs ab. In Abb. 2.72 ist eine Messreihe zum Wachstum einer Bakterienkultur als Punktwolke dargestellt und auch schon der Graph eines möglichen funktionalen Zusammenhangs eingezeichnet worden. Da Bakterien sich durch Zellteilung vermehren, ist ein exponentielles Wachstum die theoretisch erklärbare Art des funktionalen Zusammenhangs. Per Augenmaß wurde der Graph einer angepassten Exponentialfunktion durch die Punktwolke gelegt. Die Anpassung der Exponentialfunktion kann dabei durch die Wahl der Basis, aber auch durch Streckung oder Stauchung stattfinden. Insgesamt wurden die beiden Parameter a und b der Funktion angepasst:

$$y = a \cdot b^x \, .$$

Da für beide Parameter zunächst überabzählbar viele Werte zur Verfügung stehen, stellt sich wie bei der linearen Regression die Frage, wie man die optimale Trendfunktion dieser Art finden kann. Dazu liegt es wiederum nahe, von den Schätzfehlern auszugehen und diese zu minimieren. Dabei könnte man wiederum z. B. die Summe der Abweichungsquadrate ansetzen und versuchen, sie zu minimieren, oder die absoluten Abweichungen nehmen:

$$q(a,b) := \sum_{i=1}^{n} (y_i - a \cdot b^{x_i})^2 \quad \text{bzw.} \quad u(a,b) := \sum_{i=1}^{n} |y_i - a \cdot b^{x_i}| \, .$$

Im vorliegenden Fall führt aber weder der eine noch der andere Weg zu einer geschlossenen Lösungsformel für die beiden Parameter, die vergleichbar zum Fall der linearen Regression wäre.[53] Trotzdem kann man den eingeschlagenen Weg weiterverfolgen. So kann man numerisch versuchen, die beiden Parameter so zu wählen, dass die jeweilige Summe möglichst klein ist und diese Arbeit z. B. von einem Computer-Algebra-System erledigen lassen. Es ist aber auch möglich, den Funktionsgraph durch systematisches, sukzessives Verändern per Augenmaß der Punktwolke gut anzupassen und jeweils die Werte für $q(a, b)$ bzw. $u(a, b)$ auszurechnen, um diese Werte als Maß der Güte der Anpassung zu betrachten: Eine bessere Anpassung zeichnet sich durch eine geringere Summe der Abweichungsquadrate bzw. eine geringere Summe der absoluten Abweichungen aus. Beim Berechnen der Werte für $q(a, b)$ bzw. $u(a, b)$ kann wieder ein Computer-Algebra-System, aber auch eine Tabellenkalkulation nützliche Dienste leisten.

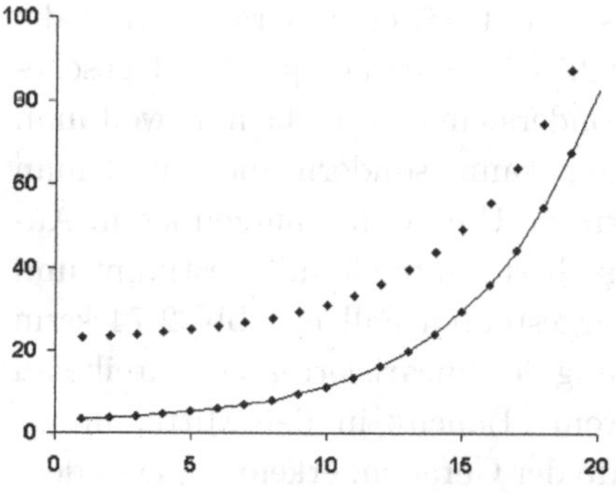

Abb. 2.73. Vertikale Abstände

Eine besondere Problematik beim optischen Anpassen eines Funktionsgraphen, besonders bei exponentiellen Zusammenhängen, an eine Punktwolke zeigt Abb. 2.73: Das Auge interpretiert Abstände nicht vorrangig als vertikale Abstände, sondern als geringste Entfernung der Punkte zur Kurve. In Abb. 2.73 ist der Funktionsgraph einer Exponentialfunktion mit den zu den x-Werten $1, 2, \ldots, 19$ gehörenden Punkten dargestellt. Zusätzlich wurden jeweils die Punkte eingezeichnet, die einen vertikalen Abstand von genau 10 haben. In dem Bereich, in dem die Steigung zunimmt, wirken die Abstände geringer – die nichtvertikalen Abstände, also kürzesten Entfernungen der Punkte zur Kurve sind es tatsächlich auch.

Das Problem des optischen Einschätzens von vertikalen Abständen existiert bei der linearen Regression nicht, da eine Gerade überall die gleiche Steigung hat. Dies kann man nutzen, indem man die Anpassung einer Funktion von der theoretisch abgeleiteten Art über eine ***Linearisierung*** erreicht. Die Anwendung des Logarithmus auf die Gleichung der vermuteten Trendfunktion $y = a \cdot b^x$ liefert $\lg y = \lg a + x \cdot \lg b$. Mit $Y = \lg y$, $A = \lg a$ und $B = \lg b$

[53]Wenn man Polynome als Trendfunktionen annimmt, so führt die Methode der kleinsten Quadrate und die Parameter für Parameter durchgeführte Minimierung der Quadratsumme – wie bei der linearen Regression im vorangehenden Abschnitt – auf ein lineares Gleichungssystem, das mit entsprechenden Verfahren der linearen Algebra gelöst werden kann. Dann erhält man wiederum geschlossene Lösungsformeln für die gesuchten Parameter.

erhält man hieraus einen linearen Zusammenhang: $Y = A + B \cdot x$. Hierfür können A und B als Regressionskoeffizienten nach dem Verfahren aus dem vorangehenden Abschnitt bestimmt werden. Wenn diese Werte entsprechend *rücktransformiert* werden, erhält man eine gute Anpassung der Exponentialfunktion an die Punktwolke, allerdings ist dies im Allgemeinen nicht die beste nach der Methode der kleinsten Quadrate. Denn diese Methode wurde für die linearisierte Form durchgeführt, dabei werden die Abstände ebenfalls linearisiert. Eine Minimierung der Summe der Abweichungsquadrate der Linearisierung ist aber nicht zwingend gleichbedeutend mit der minimierten Summe der Abweichungsquadrate bezüglich der Ausgangsfunktion.
Aber der Ausgangspunkt der Überlegungen zur Linearisierung war ja eigentlich ohnehin die optische Anpassung der Trendfunktion an die Punktwolke. Wenn man also – wie oben beschrieben – die Datenreihe linearisiert, indem man alle y_i logarithmiert[54], dann lässt sich optisch eine Gerade durch die entstandene Punktwolke legen. In Abb. 2.74 ist dies entsprechend geschehen. Die optische Anpassung ist hier besonders einfach, nicht nur, weil man die vertikalen Abstände besser einschätzen kann, sondern auch, weil man z. B. ein Lineal oder Geodreieck zur konkreten Umsetzung nutzen kann. Anschließend können die Parameter für die so bestimmte Gerade bestimmt und rücktransformiert werden. Im konkret dargestellten Fall in Abb. 2.74 kann man übrigens eine systematische Verzerrung der linearisierten Datenreihe an ihrem „Bauch“ in der Mitte, unterhalb der Geraden, erkennen. Dies deutet darauf hin, dass möglicherweise ein anderer Zusammenhang als der vermutete, z. B. ein quadratischer, besteht. Also geben die konkreten Daten und der Versuch, eine optimale Trendfunktion zu bestimmen Anlass, das zunächst angenommene theoretische Modell des Zusammenhangs, dass zur Annahme des expontiellen Typs der Trendfunktion führte, noch einmal zu überdenken.

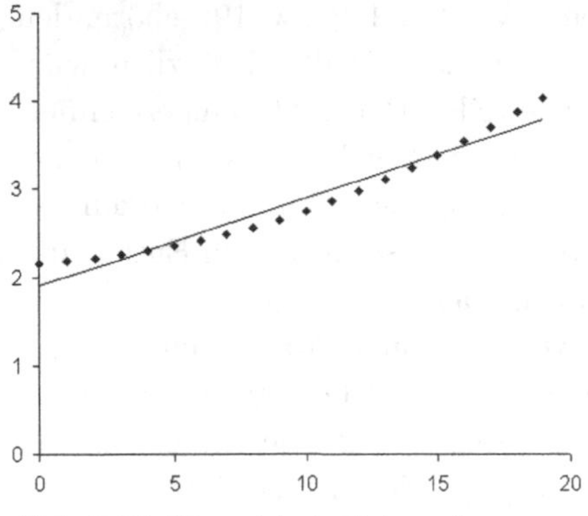

Abb. 2.74. Linearisierte Datenreihe

[54] Einen gleich aussehenden Funktionsgraphen bekommt man, wenn man die y-Werte unverändert lässt und eine logarithmische Einteilung der y-Achse wählt. Diese bedeutet z. B., dass sich bei gleichem Abstand auf der y-Achse der zugehörige y-Wert verzehnfacht. Die Skalierung der Achse beginnt dann bei 1 und hat nach oben in gleichen Abständen als nächste die Werte 10, 100, 1 000 usw. Viele Tabellenkalkulations- und Statistik-Programme bieten dies Möglichkeit der Darstellung.

2.7 Das kann doch nicht wahr sein! Paradoxes

Wenn man Statistik anwendet, steckt der Teufel oft im Detail. Manchmal suggerieren Zahlen ohne böse Absicht der Beteiligten das Gegenteil des eigentlichen Sachverhalts. Solche Paradoxa sind nicht selten und verblüffen umso mehr, als das arithmetisch-algebraische Handwerkszeug der beschreibenden Statistik eher überschaubar ist. Die Anwendung statistischer Methoden ist aber längst nicht mehr so überschaubar. Wir werden hier zwei Sachverhalte vorstellen, die beide mit dem Begriff *Simpson-Paradoxon* beschrieben werden. Auf diese Bezeichnung und den Umgang mit solchen Paradoxa gehen wir im Anschluss an diese Beispiele ein.

Der erste paradox erscheinende Sachverhalt stammt aus der Ergebnisdarstellung zu TIMSS II (vgl. *Büchter* 2004). Die Abkürzung steht für „Third International Mathematics and Science Study". Im Rahmen von TIMSS II wurden in Deutschland Mitte der 1990er Jahre Siebt- und Achtklässler unter anderem bezüglich ihrer Mathematikleistungen untersucht. Zwei Teilresultate der Studie werden im Ergebnisbericht zu TIMSS II (*Baumert* & *Lehmann*u. a. 1997, S.26) wie folgt dargestellt:

- „Mädchen erreichen in Mathematik ... in allen Schulformen schwächere Leistungen als Jungen."
- „Bei Betrachtung der Leistungsbilanz von Jungen und Mädchen auf der Ebene des gesamten Altersjahrgangs treten im Fach Mathematik keine ... Leistungsunterschiede zwischen den Geschlechtern auf."

Dieses Ergebnis scheint zunächst paradox zu sein. Jungen sind in jeder Schulform besser als Mädchen, und wenn man alle Jungen und alle Mädchen jeweils zusammen betrachtet, verschwinden die Unterschiede. Dass so etwas möglich ist, widerspricht der Intuition. Stellen Sie sich vor, dass Sie die Preise in zwei Textilgeschäften vergleichen. Sie möchten ein Handtuch, ein T-Shirt und eine Hose kaufen. In Geschäft A ist jedes Produkt günstiger als in Geschäft B und in der Summe soll der Gesamtpreis plötzlich in Geschäft B niedriger sein, ohne dass besondere Rabatte gewährt werden. Da würden Sie sich vermutlich beschweren – und das zu Recht.

Die Auflösung der scheinbar paradoxen Situation bei TIMSS II liefert der Ergebnisbericht gleich mit: „Dies ist ausschließlich eine Folge der höheren gymnasialen Bildungsbeteiligung von Mädchen ... " (ebd.). Ein größerer Anteil von Mädchen besucht also die Schulform, in der die besten Ergebnisse erzielt werden. Umgekehrt besucht ein größerer Anteil von Jungen die Hauptschule, in der die schlechtesten Ergebnisse erzielt werden. Für das fiktive Beispiel mit den beiden Textilgeschäften könnte dies heißen, dass Sie insgesamt fünf Teile von den drei genannten Produkten kaufen möchten. Wenn Sie im günstigeren Geschäft A ein Handtuch, ein T-Shirt und drei Hosen kaufen, müssen sie ver-

Tabelle 2.21. Ergebnis eines Schulleistungstests

		HS	GS	RS	GY	Gesamt
Jungen	mittlere Punktezahl	44	52	65	76	58,9
	Anteil	0,33	0,15	0,27	0,25	
Mädchen	mittlere Punktezahl	38	47	60	71	58,9
	Anteil	0,18	0,10	0,34	0,38	

mutlich mehr bezahlen als für zwei Handtücher, zwei T-Shirts und eine Hose im teureren Geschäft B. Hosen sind in der Regel eben die teuersten Produkte und gehen hier in unterschiedlichen Anzahlen in den Gesamtpreis ein.
Es handelt sich bei diesem Beispiel aus TIMSS II offensichtlich wieder um ein Problem der Gewichtung. Bei den Mädchen nimmt der gymnasiale Anteil und damit das gymnasiale Ergebnis größeres Gewicht ein. Das Gesamtergebnis für Mädchen des betrachteten Altersjahrgangs muss ebenso wie das der Jungen als gewichtetes Mittel bestimmt werden. Vergleichen Sie dazu das Zahlenbeispiel in Tabelle 2.21.
Hier ist ein fiktives Ergebnis dargestellt, das analog zu dem TIMSS II-Ergebnis ist. Die Gesamtwerte für beide Geschlechter lassen sich als gewichtetes arithmetisches Mittel berechnen, bei dem die Testwerte für Jungen und Mädchen in den einzelnen Schulformen mit den Anteilen gewichtet werden (vgl. Definition 10). Alternativ kann man auch die Form des arithmetischen Mittels aus Satz 7 für bereits ausgezählte Daten nutzen.

$$\text{Jungen}_{\text{Gesamt}} = \frac{0{,}33 \cdot 44 + 0{,}15 \cdot 52 + 0{,}27 \cdot 65 + 0{,}25 \cdot 76}{0{,}33 + 0{,}15 + 0{,}27 + 0{,}25} = 58{,}9$$

$$\text{Mädchen}_{\text{Gesamt}} = \frac{0{,}18 \cdot 38 + 0{,}10 \cdot 47 + 0{,}34 \cdot 60 + 0{,}38 \cdot 71}{0{,}18 + 0{,}10 + 0{,}34 + 0{,}38} = 58{,}9$$

Obwohl also die Jungen in jeder der vier Schulformen fünf bis sechs Testpunkte besser abschneiden, ist das Gesamtergebnis für Jungen und Mädchen gleich. Solche scheinbar paradoxen Konstellationen treten besonders dann auf, wenn es sich um Stichproben handelt, die in Gruppen organisiert sind. Hier sind die Jungen und Mädchen aufgeteilt auf vier Schulformen. In Beispielen aus der Schulforschung steckt häufig dieser Effekt, da die Schülerinnen und Schüler zunächst schon in Klassen zusammengefasst werden. Diese Klassen sind wiederum in Schulen zusammengefasst, die ihrerseits eine Schulform bilden. Schließlich lassen sich noch die Schulen einer Schulform nach Bundesländern organisieren und so weiter.
Eine Konstellation, bei der das Gesamtergebnis anders als das Gruppe für Gruppe betrachtete Ergebnis ist, wird ***Simpson-Paradoxon*** genannt. Die

Bezeichnung ehrt somit den amerikanischen Statistiker *Edward Hugh Simpson*, der dieses Phänomen 1951 ausführlich in seinem Artikel „The Interpretation of Interaction in Contingency Tables" beschrieben hat.
Hätte man das TIMSS II-Ergebnis nur auf Ebene des gesamten Altersjahrgangs betrachtet, dann wäre der Eindruck entstanden, fachspezifische Geschlechterunterschiede in der Leistung seien verschwunden. Die Ergebnisse in den einzelnen Schulformen sprechen eine andere Sprache. Wie kann man vermeiden, eine Fehldeutung aufgrund eines Simpson-Paradoxons zu machen? Ein Simpson-Paradoxon der dargestellten Art kann immer dann auftreten, wenn man zwei Merkmale und deren Zusammenhang in verschiedenen Gruppen betrachtet. Im obigen Beispiel sind die Merkmale „Geschlecht" und „Leistung", die Gruppen sind die Schulformen. Wenn man bei einer Untersuchung zwei Merkmale betrachtet und die Stichprobe in Gruppen organisiert ist, sollte man stets die Ergebnisse Gruppe für Gruppe betrachten. Wenn sich gruppenweise andere Ergebnisse zeigen als in der Gesamtstichprobe, dann sollte man diese Ergebnisse dementsprechend differenziert darstellen. Wenn wie in dem obigen Beispiel Mittelwerte betrachtet werden, dann kann die Aufteilung auf die Gruppen eine zentrale Rolle spielen.
Ein ähnliches, ebenfalls reales Beispiel referieren *Hans-Peter Beck-Bornholdt* und *Hans-Hermann Dubben* in ihrem sehr empfehlenswerten Buch „Der Hund der Eier legt. Erkennen von Fehlinformationen durch Querdenken" (1997, S. 184):

> „Ein reales Beispiel stammt von der University of California in Berkeley (...). Dort hatten sich 1973 zum Wintersemester 8442 Männer und 4321 Frauen um einen Studienplatz beworben. Von den Männern erhielten 44 Prozent, von den Frauen 35 Prozent eine Zulassung, woraufhin die Universität der Frauendiskriminierung bezichtigt wurde, was wiederum durch eine sorgfältige Datenanalyse entkräftet werden konnte. Tatsächlich verhielt es sich so, dass Frauen ihre Bewerbungen vorzugsweise für die Fächer mit ohnehin geringer Zulassungsquote (auch für Männer) eingereicht hatten. Nach den einzelnen Fächern aufgeschlüsselt, ergab sich sogar eine Bevorzugung der Studentinnen, was die Universität in Berkeley damals auch zu ihrem Ziel erklärt hatte."

Kann ein Simpson-Paradoxon nur bei Mittelwerten und Quoten auftreten oder gibt es noch andere Anwendungsfälle? Tatsächlich taucht das Problem immer wieder auf, wenn zwei Merkmale und verschiedenen Gruppen betrachtet werden. Bei einem Beispiel, bei dem die Korrelationsrechnung angewendet wird, tritt ebenfalls ein zunächst paradox erscheinendes Phänomen zu Tage (vgl. *Büchter&Leuders* 2004):

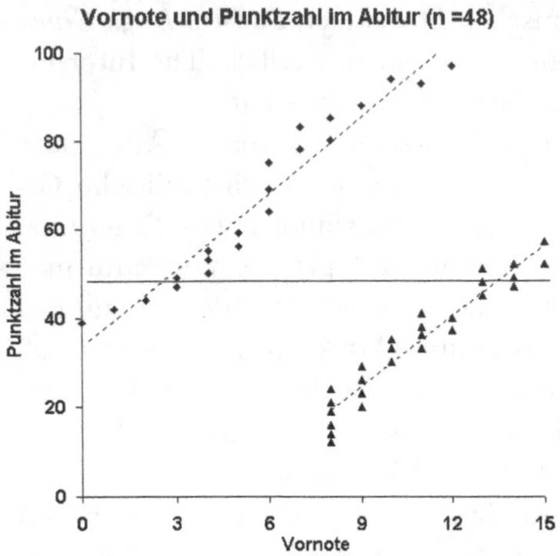

Abb. 2.75. Vornoten und Punktzahl im Abitur

In einem Abiturjahrgang an der Thomas-Bayes-Gesamtschule gibt es zwei Leistungskurse Geschichte mit sehr unterschiedlichen Leistungen und unterschiedlichen Bewertungspraktiken der Lehrpersonen. Im eigentlich schwächeren Kurs werden bessere Noten vergeben als in dem stärkeren Kurs. Doch im Abitur erwartet alle eine zentral gestellte Prüfung mit zentralem Bewertungsschema. Die Abb. 2.75 visualisiert den Zusammenhang zwischen Vornoten[55] (0 bis 15 Punkte) und den in der Abiturprüfung erzielten Bewertungspunkten.

Innerhalb jedes Kurses scheint die Bewertungspraxis gerecht zu sein. Die gestrichelt eingezeichneten Linien stellen die Regressionsgeraden dar, mit denen die Abiturpunkte durch die Vornoten erklärt werden sollen. Als standardisierte Regressionskoeffizienten, also Korrelationskoeffizienten, ergeben sich in den Kursen 0,97 bzw. 0,96. Innerhalb eines Kurses gehen also bessere Vornoten fast perfekt mit besseren Abiturklausuren einher. Ungerecht erscheint aber, dass in dem „schwächeren" Kurs für „schlechtere" Leistungen bessere Noten vergeben werden. So entsteht auf Ebene des Gesamtjahrgangs eine waagerechte, in Abb. 2.75 dicker gezeichnete Regressionsgerade. Dies bedeutet inhaltlich, dass die Vornote auf der Ebene des Gesamtjahrgangs keinerlei Aussagekraft für die Leistung im Abitur hat. Der Korrelationskoeffizient liegt auf der Jahrgangsebene dementsprechend bei 0,00.
Auch hier ist die Anordnung in Gruppen, also in Kursen innerhalb der Jahrgangsstufe, erklärend für die paradoxe Konstellation. Wiederum ist der Zusammenhang in den beiden Gruppen anders als für die Gesamtgruppe. Auch hier handelt es sich also um ein Simpson-Paradoxon. Und auch hier werden wieder zwei Merkmale, nämlich „Vornote" und „Abiturleistung", in einer in Gruppen organisierten Stichprobe betrachtet. Die Lösung liegt wiederum nahe, wenn man einmal für das Problem sensibilisiert ist. Erstens sollte man sich

[55] An dieser Stelle wird mit den Vornoten so umgegangen, als handele es sich um ein intervallskaliertes Merkmal. Dies ist, wie wir betont haben, eigentlich nicht angemessen. Derartige Noten sind in der Regel nur ordinal skaliert. Trotzdem wird in der Praxis häufig mit ihnen gerechnet, als seien sie intervallskaliert. Bei einem 16-stufigen Merkmal „Vornote" führt dies praktisch zu unerheblichen Unterschieden.

bei jeder Korrelation die Punktwolke anschauen, um merkwürdige Strukturen wie in Abb. 2.75 zu entdecken. Zweitens sollte man immer gruppenbezogene Betrachtungen machen.
Weitere stochastische Paradoxa hat *Heinrich Winter* in seinem Beitrag „Zur intuitiven Aufklärung probabilistischer Paradoxien" (1992) zusammengetragen und analysiert. Dabei ist er insbesondere auf Möglichkeiten eingegangen, wie die stochastische Intuition verbessert und unterstützt werden kann. Er zeigt, wie man Paradoxa didaktisch konstruktiv in Lehr-Lernprozesse wenden kann. Ein ganzes Buch, das sich ausschließlich mit Paradoxa beschäftigt, hat *Gabor J. Szekely* (1986) verfasst. Im Rahmen der Wahrscheinlichkeitsrechnung werden wir im Abschnitt 3.4.2 auf weitere stochastische Paradoxa ausführlich eingehen.

2.8 Grenzen der beschreibenden Statistik

2.8

Wir haben in diesem Kapitel einige Konzepte der beschreibenden Statistik vorgestellt, mit denen in empirischen Untersuchungen bereits interessante Ergebnisse erzielt werden können. Wichtig ist dabei in jedem Fall der kritisch kompetente Umgang mit den statistischen Verfahren und die Kenntnis ihrer Grenzen. In Abschnitt 2.6.2 wurde gezeigt, wie Korrelationskoeffizienten, die sich deutlich von Null unterscheiden, rein zufällig zustande kommen können, wenn die Gruppengröße 20 beträgt. Um solche Zufallseffekte einschätzen zu können und beurteilen zu können, wann zufallsbedingte Effekte sehr unwahrscheinlich sind, benötigt man Methoden der Wahrscheinlichkeitsrechnung. Dies trifft nicht nur auf die Korrelationsrechnung zu, sondern auf alle Kennwerte, die in der beschreibenden Statistik für Stichproben gewonnen wurden. Bei der Erhebung und Auswertung von Daten möchte man letztlich fast immer eine Aussage über eine Grundgesamtheit treffen.
Wenn aber aus 260 000 nordrhein-westfälischen Schülerinnen und Schülern des neunten Jahrgangs per Zufall 1 120 für eine empirische Untersuchung der Mathematikleistung ausgewählt werden, wer garantiert dann, dass dies nicht gerade die 1 120 in Mathematik besten oder schlechtesten sind? Auch hier werden Methoden der Wahrscheinlichkeitsrechnung benötigt, um Zufallseffekte einschätzen zu können. Wenn die 1 120 Schülerinnen und Schüler in einem Mathematiktest ein arithmetisches Mittel von 79 Punkten erzielen, wie wahrscheinlich ist dann ein arithmetisches Mittel zwischen 76 und 82 Punkten in der Grundgesamtheit?
Ein Elektrogroßhändler erhält von seinem Lieferanten die vertragliche Zusicherung, dass höchstens ein Prozent der gelieferten Glühbirnen defekt sind. Eine Lieferung Glühbirnen umfasst jeweils 15 000 Stück. Bei einer Stichprobenuntersuchung von 100 dieser Glühbirnen werden drei defekte Glühbirnen

entdeckt. Wie wahrscheinlich ist ein solches Stichprobenergebnis, wenn der Lieferant Recht hat? Wie soll der Großhändler mit der Lieferung umgehen? Auch hier werden offensichtlich Methoden benötigt, um Zufallseffekte einschätzen zu können.
Im nächsten Kapitel werden wir Methoden der Wahrscheinlichkeitsrechnung entwickeln. Einige Resultate der Wahrscheinlichkeitsrechnung werden wir dann in Kapitel 4 nutzen, um Ergebnisse für Stichproben zufallskritisch einzuschätzen. Dabei handelt es sich dann um die beurteilende Statistik, die Konzepte der beschreibenden Statistik mit Ergebnissen der Wahrscheinlichkeitsrechnung so verbindet, dass Zufallseffekte zwar nicht ausgeschlossen, aber kalkuliert werden können.

2.9

2.9 Weitere Übungen zu Kapitel 2

1. An einer Universität treten in zwei Fächern die in der Tabelle angegebenen Zahlen an Bewerbungen und Zulassungen auf. Was halten Sie von der Aussage „Diese Universität ist männerfeindlich, da nur 42% der Bewerber, aber 74% der Bewerberinnen aufgenommen wurden!“? Was lässt sich daraus für eine „Arithmetik der Zulassungsquote“ folgern? (vgl. *Henze* 2000, S. 112 f.)

	Frauen		Männer	
	Bewerberinnen	zugelassen	Bewerber	zugelassen
Fach 1	900	720	200	180
Fach 2	100	20	800	240
	1000	740	1000	420

2. In der folgenden Tabelle finden Sie für 17 Studierende des Wintersemesters 2002/03 die Punktzahl in der Klausur zur Stochastik-Vorlesung (erste Zeile) und die erzielte Punktzahl in den schriftlichen Übungen (zweite Zeile). Bestimmen Sie den Korrelationskoeffizienten nach Bravais-Pearson. Führen Sie auch eine sinnvolle Regressionsrechnung durch. Reflektieren Sie anschließend kritisch den Einsatz dieser Verfahren und die erzielten Ergebnisse.

15	14	12,5	12	12	12	9,5	8,5	8,5	8	7	6,5	6	6	6	5	1,5
77	32	96	77	93	78	36	80	21	0	48	28	82	24	60	19	23

3. Ein Jahr später haben 24 Studierende an der Stochastik-Klausur teilgenommen. In der folgenden Tabelle sind die Ergebnisse für alle 24 Studierenden Aufgabe für Aufgabe dargestellt. Neben den einzelnen Ergebnissen für die 9 Aufgaben ist in der rechten Spalte noch das Gesamtergebnis zur Klausur angegeben. Stellen Sie die Ergebnisse in geeigneter Form graphisch dar und untersuchen Sie die Qualität der einzelnen Aufgaben im Hinblick auf ihre Vorhersagekraft für das Gesamtergebnis in der Klausur. Bestimmen Sie auch die Korrelationen zwischen den einzelnen Teilaufgaben. Wie lassen sich die Ergebnisse interpretieren?

1	**2**	**3**	**4**	**5**	**6**	**7**	**8**	**9**	**Summe**
3	3	2	3	2	2	3	2	1,5	21,5
3	3	3	2	0	3	3	3	0	20
3	3	1,5	0	0	3	0	3	2,5	16
3	1,5	2	1	0	3	3	1,5	0	15
3	2	0,5	1	1,5	3	0	2	0	13
3	2	0	0,5	1	3	3	0,5	0	13
1,5	2,5	2	1	0	3	1	1,5	0	12,5
3	1,5	0,5	1,5	0	3	0,5	0,5	0	10,5
3	0,5	0,5	0	0	2,5	3	0,5	0	10
3	3	0,5	1,5	0	1	0,5	0,5	0	10
1,5	2,5	2	0	1	0	0	3	0	10
1,5	0	1,5	0	0	1	3	1,5	0	8,5
1,5	3	0,5	1	0	1	0,5	0,5	0	8
1,5	3	0,5	0	0	3	0		0	8
1,5	0	1	0,5	1	3	1	0	0	8
1,5	0	1,5	0	1	0,5	3	0,5	0	8
3	3	0,5	0,5	0	0,5	0	0,5	0	8
1,5	1	1,5	0	0	0,5	3	0	0	7,5
3	1	1	0	0,5	0	1	0,5	0,5	7,5
2	1	0,5	0	0,5	3	0	0	0	7
0,5	1,5	1	0	0	2,5	0,5	0,5	0	6,5
0	0,5	0,5	0,5	0	3	0	1,5	0	6
1,5	0	0,5	1	0	2,5	0	0,5	0	6
1,5	1,5	0,5	0	1	0,5	0	0,5	0	5,5

4. Gegeben sei eine Datenreihe $x_1, \ldots, x_n$, für die das arithmetische Mittel $\bar{x}$ bereits bestimmt wurde. Dieser Datenreihe wird nun ein weiterer Wert x_{n+1} hinzugefügt. Wie lässt sich das arithmetische Mittel der $n+1$ Daten möglichst einfach bestimmen?

5. Bestimmen Sie in Abb. 2.60 auf S. 115 die „durchschnittliche“ Preissteigerungsrate auf mindestens zwei unterschiedlichen Wegen. Welcher Mittelwert ist hier angemessen?

6. Auf einem Jahrmarkt findet ein beliebtes Schätzspiel statt: Für 1,50 € Einsatz darf geschätzt werden, wie schwer ein ausgestelltes Schwein ist. Die ersten 40 Teilnehmer des Spiels schätzen die in der Tabelle angegebenen Gewichte in kg. Bestimmen Sie das arithmetische Mittel und die Standardabweichung sowie einen Median und die mittlere absolute Abweichung von diesem. Vergleichen Sie die Werte. Stellen Sie die Werte auch in einer geeigneten Form graphisch dar!

82,2	69,2	93,7	57,0	95,8	65,4	63,1	90,0
85,0	97,1	82,2	85,3	84,4	67,0	68,1	85,0
77,1	79,0	68,2	91,1	84,2	81,1	88,9	71,6
83,7	90,3	88,2	72,6	68,4	69,8	74,8	72,5
78,0	76,4	78,6	69,9	77,5	88,2	74,9	92,1

7. Auf einem Sportfest soll für drei Schulklassen die kollektive Ausdauerleistung miteinander verglichen werden. In der 9c sind 33 Schülerinnen und Schüler, in der 9b sind 27 und in der 9a sind 26. Konzipieren Sie unterschiedliche Wettkämpfe (einschließlich der Leistungsfeststellung), bei denen faire Vergleiche möglich sind.

8. Konstruieren Sie eine Datenreihe mit arithmetischem Mittel 20, Median 10 und Standardabweichung 5. Wie gehen Sie dabei vor? Hätten Sie auch anders vorgehen können?

9. Den folgenden Text konnte man am 16.11.04 auf den Internetseiten der Postbank finden[56]. Analysieren Sie den Umgang mit Daten in diesem Text. Was halten Sie für besonders gelungen, was überhaupt nicht? Welche Konzepte der beschreibenden Statistik können Sie entdecken?

> „Den Titel des sparsamsten Deutschen haben in diesem Jahr die Schwaben wieder ins Ländle geholt. Sie gewannen in einem Kopf-an-Kopf-Rennen das Duell mit den Bayern um den Titel der sparsamsten Deutschen. Mit 8.152 Euro durchschnittlich verfügen die Baden-Württemberger von allen Deutschen über das höchste Guthaben auf dem Sparbuch (Stand März 2002). Auf Platz zwei folgen die Bayern mit einem durchschnittlichen Sparguthaben von 8.142

[56] Der Text steht im Pressearchiv auf http://www.postbank.de/ unter dem Datum 25.10.2002.

Euro, zehn Euro weniger als die Schwaben. Im vergangenen Jahr hatten die Bayern das Spar-Duell mit einem Vorsprung von 68 Euro noch für sich entscheiden können. Auf den Sparbüchern der Schleswig-Holsteiner lagen im März 2002 durchschnittlich nur 5.182 Euro. Damit haben die Nordlichter zwar 79 Euro mehr gespart als noch im Vorjahr. Trotzdem sind sie das westdeutsche Bundesland mit dem geringsten durchschnittlichen Sparguthaben.

Die letzten Plätze der Sparer-Hitliste belegen auch 2002 wieder die ostdeutschen Bundesländer. Schlusslicht ist Mecklenburg-Vorpommern. Im Gegensatz zu vielen anderen Bundesländern sank hier das durchschnittliche Guthaben der Sparer sogar um sieben Euro auf durchschnittlich 3.737 Euro im Vergleich zum Jahr 2001. Dass die Sparstrümpfe im Osten Deutschlands nicht so prall gefüllt sind wie im Westen, ist kein Zufall. Durchschnittlich niedrigere Einkommen und die anhaltend hohe Arbeitslosigkeit machen es den Menschen im Osten schwerer, Geld zur Seite zu legen.

Verdiente ein Angestellter im produzierenden Gewerbe im Westen Deutschlands im Jahr 2001 monatlich 3 600 Euro, erhielt sein Kollege in den neuen Bundesländern nur 2 633 Euro, also fast 1 000 Euro weniger (Quelle: Statistisches Bundesamt). Im Handel, bei Versicherungen und im Kreditgewerbe verdiente ein Angestellter in den alten Bundesländern im vergangenen Jahr durchschnittlich 2 742 Euro.

Auch ein Vergleich der Arbeitslosenquote zwischen Ost- und Westdeutschland zeigt mehr als zehn Jahre nach der Wiedervereinigung gewaltige Unterschiede. Im September 2002 waren in den alten Bundesländern 7,7 Prozent aller zivilen Erwerbspersonen arbeitslos. Im Osten lag die Quote dagegen bei traurigen 17,2 Prozent."

10. Eine Kälteperiode vor Weihnachten lässt viele Menschen von „weißen Weihnachten" träumen. In der folgenden Tabelle finden Sie die Tageshöchsttemperaturen, die in einer westfälischen Kleinstadt in den letzten neun Tagen vor Heiligabend gemessen wurden. Stellen Sie den Temperaturverlauf der Vorweihnachtszeit angemessen grafisch dar und geben Sie das arithmetische Mittel und die Standardabweichung in °C an! Wie lautet das arithmetische Mittel und die Standardabweichung in Grad Fahrenheit?

Datum	15.12.	16.12.	17.12.	18.12.	19.12.	20.12.	21.12.	22.12.	23.12.
°C	6	3	5	2	0	–3	–1	–2	2

11. Untersuchen Sie den folgenden Vorschlag „zur Erhöhung von Skalenniveaus“: Wenn man für ein intervallskaliertes Merkmal Differenzen der Merkmalsausprägungen betrachtet, so sind diese proportinal skaliert. Wenn man für ein proportional skaliertes Merkmal Quotienten betrachtet, so sind diese absolut skaliert. Also kann man aus einer Intervallskala immer eine Absolutskala gewinnen.
Veranschaulichen Sie sich das vorgeschlagenen „Verfahren“ an konkreten Beispielen. Finden Sie Beispiele oder Gegenbeispiele, um den Sinngehalt des Vorschlags auszuloten.

12. Außer den von uns betrachteten fünf Skalenniveaus kann man weitere betrachten, die allerdings seltener auftreten. Möglicherweise haben Sie aber schon einmal etwas von einer „logarithmischen Skala“ gehört. Finden Sie Beispiele für logarithmische Skalen und untersuchen Sie diese auf erlaubte Transformationen. Mit welcher der uns betrachteten fünf Skalen ist die logarithmische Skala am ehesten verwandt?

13. Die folgende Härteskala (vor allem für Steine/Mineralien) geht auf den deutschen Mineralogen *Friedrich Mohs* (1773–1839) zurück. Um welches Skalenniveau handelt es sich?
In der rechten Spalte ist zusätzlich die „absolute Härte“ angegeben. Was vermuten Sie, welches Skalenniveau diese hat? Wie wird diese wohl festgelegt sein?

Härte	**Prüfmöglichkeit**	**Steine**	
1	Mit Fingernagel einzuritzen.	Gips, Talk	0,03
2	Noch mit Fingernagel zu ritzen.	Gips, Steinsalz	1,25
3	Mit Messer oder Münze zu ritzen.	Calcit	4,50
4	Mit Messer oder Glas einzuritzen.	Fluorit (Flussspat)	5,00
5	Mit Messer einzuritzen.	Apatit	6,50
6	Mit Glas oder Stahlstift einzuritzen.	Orthoklas (Felsspat)	37,00
7	Ritzt selbst Glas.	Quarz	125,00
8	Ritzt selbst Quarz oder Glas.	Topas	175,00
9	Ritzt selbst Topas und Glas, wird vom Diamanten geritzt.	Korund	1 000,00
10	Nicht ritzbar, ritzt alle Edelsteine.	Diamant	140 000,00

14. Konstruieren Sie eine konkrete Datenreihe $x_1, \ldots, x_{20}$ mit arithmetischem Mittel 20,5. Wie gehen Sie dabei vor?

15. Konstruieren Sie nun eine konkrete Datenreihe $x_1, \ldots, x_{20}$ mit arithmetischem Mittel 20,5 und Standardabweichung 12,2. Wie gehen Sie nun vor? Was verändert sich im Vergleich zu Aufgabe 14?

16. Denken Sie sich eine Datenreihe aus, die aus vier Werten besteht, die nicht alle gleich sind. Standardisieren Sie diese Datenreihe und verändern Sie nach der Standardisierung einen Wert. Kann die Datenreihe nun noch standardisiert sein? Wie müssen sich die anderen drei Werte verändern, damit die Datenreihe wieder standardisiert ist?

3

Kapitel 3
Wahrscheinlichkeitsrechnung

3

3

3 Wahrscheinlichkeitsrechnung

Wahrscheinlichkeit hat immer etwas mit Ungewissheit zu tun. Ein typisches Beispiel ist die Beurteilung, wie das Bundesligaspiel zwischen Schalke 04 und Bayern München am nächsten Samstag ausgeht. Wie wahrscheinlich ist es, dass die Bayern gewinnen? Welche Wettquote sollte ein Wettbüro ansetzen? Ein Bayern-Fan würde das anders beurteilen als ein Schalke-Fan! Dieses Beispiel werden wir ebenso wie das folgende immer wieder im Text aufgreifen: Eine natürliche Zahl zwischen 1 und 6 soll zufällig bestimmt werden. Hierzu werden in Abb. 3.1 die folgenden drei Möglichkeiten dargestellt: Links ist ein normaler Spielwürfel. Anstelle eines Spielwürfels wird rechts ein quaderförmiger „Würfel“ verwendet. Man kann aber auch fünf Münzen verwenden, was in der Mitte dargestellt ist. Die Münzen werden geworfen, und die Anzahl der Münzen, bei denen „Zahl“ oben liegt, wird bestimmt. Dann wird Eins dazu gezählt, und wieder hat man eine Zahl zwischen 1 und 6 „erwürfelt“. Vor dem Wurf ist in jedem Fall ungewiss, welche Zahl gewürfelt werden wird.

Abb. 3.1. „Würfeln“ einer natürlichen Zahl zwischen 1 und 6

Wie wahrscheinlich ist es, jeweils eine Sechs zu würfeln? Was soll das Wort „wahrscheinlich“ bedeuten? Armin hat sich eine der drei Möglichkeiten zum Würfeln gewählt und erzählt Beate, ohne seine Wahl zu verraten, dass er zuerst eine Drei, dann eine Zwei und schließlich wieder eine Drei gewürfelt hat. Kann Beate nun einigermaßen sicher sagen, mit welchem „Würfel“ er gewürfelt hat? Am Ende dieses Kapitels können diese und andere Fragen beantwortet werden.

Die Wahrscheinlichkeitsrechnung soll vorhandene Unsicherheit kalkulierbar machen. Es sollen einerseits Prognosen über den Ausgang zukünftiger Ereignisse gemacht werden, und andererseits soll bei eingetretenen Ereignissen beurteilt werden, wie gewöhnlich oder wie ungewöhnlich ihr Eintreten ist. Der Begriff „Wahrscheinlichkeit“, wie er im täglichen Leben und in wissenschaftlichen Arbeiten gebraucht wird, ist an sehr unterschiedliche Vorstellungen und Deutungen gebunden. Ausgehend von solchen Alltagsvorstellungen sollen ein tragfähiger Wahrscheinlichkeits-Begriff sowie Regeln und Hilfsmittel zum Rechnen mit Wahrscheinlichkeiten erarbeitet werden. Dabei werden wir auf die Grenzen unseres Vorgehens und auf spezifische Tücken stochastischer Modellbildung eingehen.

3.1

3.1 Entwicklung des Wahrscheinlichkeitsbegriffs

Wir gehen von der anschaulichen Vorstellung aus, dass ein Ereignis wie der Wurf einer 6 beim Würfeln eine bestimmte Wahrscheinlichkeit des Eintretens hat. Durch verschiedene Ansätze wird versucht, diese Wahrscheinlichkeit wenigstens näherungsweise zu bestimmen. Im Folgenden werden wir in verschiedenen Konstellationen Wahrscheinlichkeiten berechnen, ohne zunächst zu einer mathematisch exakten Definition des Begriffs „Wahrscheinlichkeit" zu kommen. Durch einen Vergleich der verschiedenen Ansätze und die Aufgabe der Bindung des Begriffs Wahrscheinlichkeit an konkrete Situationen wird ein mathematisches Modell der Wahrscheinlichkeit aufgestellt.

3.1.1 Zufallsexperimente

Die Situationen, über deren Ausgang Aussagen gemacht werden sollen, müssen zunächst genau beschrieben werden. Wir fassen solche Situationen als ***Zufallsexperimente*** auf. Der Ausgang des Zufallsexperiments ist eindeutig eines von gewissen, vorher festgelegten ***Ergebnissen***. Ein Zufallsexperiment kann einmalig und unwiederholbar sein. Betrachten wir das eingangs erwähnte Fußballspiel am bevorstehenden Wochenende. Die Ergebnisse sind z. B. „Bayern gewinnt", „Unentschieden" und „Bayern verliert". Ein Zufallsexperiment kann aber auch ein Vorgang sein, der sich unter im Wesentlichen unveränderten Bedingungen – wenigstens im Prinzip – beliebig oft wiederholen lässt. Die drei Würfelmöglichkeiten von Abb. 3.1 sind typische Beispiele hierfür. Die Ergebnisse sind jeweils die Zahlen $1, 2, \ldots, 6$. Welches Ergebnis eintritt, ist nicht vorhersehbar. Die Frage ist, wie wahrscheinlich das Auftreten der möglichen Ergebnisse ist. Bisher werden die Wörter „wahrscheinlich" und „zufällig" naiv und undefiniert verwendet. In den folgenden Abschnitten wird dies präzisiert.

Worin unterscheiden sich Zufallsexperimente von anderen Experimenten? Wichtige andere Experimente, die keine Zufallsexperimente sind, sind die Experimente der klassischen Physik. Seit *Galilei* werden in der Physik Experimente durchgeführt. Die zugrunde liegende Philosophie ist das starke Kausalprinzip „*ähnliche* Ursachen haben *ähnliche* Wirkungen". Wenn Sie zum Beispiel einen Ball immer wieder aus ungefähr der gleichen Höhe fallen lassen, so schlägt er jedes Mal nach ungefähr der gleichen Zeit auf dem Boden auf. Diese Experimente sind im Prinzip beliebig oft wiederholbar, liefern aber im Gegensatz zu Zufallsexperimenten unter gleichen Bedingungen *deterministisch* jedes Mal das gleiche oder zumindest aufgrund von Messfehlern ein ähnliches Ergebnis. Diese Auffassung der klassischen Physik zur Beschreibung unserer Welt hat sich als sehr erfolgreich erwiesen; die deterministische Newton'sche Physik hat die Menschheit bis zum Mond gebracht. Deterministische Modelle waren aber weniger erfolgreich bei der Beschreibung des Verhaltens von Gasen. Dieses kann theoretisch deterministisch durch die Betrachtung der einzelnen Teilchen des Gases beschrieben werden, was wegen der großen Anzahl der Teilchen praktisch unmöglich ist. In der kinetischen Gastheorie wird mit statistischen Verfahren das mittlere Verhalten der Teilchen betrachtet. An prinzipielle Grenzen stießen die deterministischen Modelle bei der Erforschung atomarer Erscheinungen, die um die Wende vom 19. zum 20. Jahrhundert entdeckt wurden. Atomare Erscheinungen werden seit *Heisenberg* mit wahrscheinlichkeitstheoretischen Modellen beschrieben. Ebenfalls deterministisch, aber nur dem schwachen Kausalgesetz folgend, sind aktuelle Modelle, die unter dem Stichwort „Chaostheorie" bekannt geworden sind. Es handelt sich um „dynamische Systeme", die zwar auch deterministisch beschrieben werden, die aber von sehr vielen und untereinander stark vernetzten Variablen abhängen. Als einfaches Beispiel können Sie sich ein Blatt vorstellen, das Sie immer wieder aus ungefähr der gleichen Höhe fallen lassen. Es wird jedes Mal eine völlig andere Flugbahn nehmen. Jetzt kann nur noch gesagt werden, dass im Sinne des Determinismus *gleiche* Ursachen *gleiche* Wirkungen haben, dass aber schon die kleinste Änderung der Ursachen unvorhersagbare Wirkungen nach sich ziehen. Eines der ersten untersuchten Beispiele ist die Wettervorhersage. Für das den Wetterverlauf beschreibende System von Differentialgleichungen, die Lorenz-Gleichungen, gibt es keine Lösungsformel; das System kann nur numerisch gelöst werden. Numerische Lösungen für „chaotische Systeme" bedeuten jedoch Rundungsfehler und damit das unter dem Schlagwort „Schmetterlingseffekt"[1] bekannt gewordene unkalkulierbare Abweichen der Näherungslösungen von der exakten Lösung. Die Beschreibung eines konkret ausgeführten Vorgangs als Zufallsexperiment ist eine subjektive Festlegung, also ein Modell. Ein Physiker des 18. Jahrhunderts hätte vielleicht das Werfen eines konkreten Würfels als deterministisches Experiment beschrieben, bei dem man bei genauer Kenntnis aller Daten wie Abwurfgeschwindigkeit, Masse des Würfels, Luftreibungskräfte usw. genau die Endlage des Würfels berechnen kann.

[1] Bildlich gesprochen kann der Flügelschlag eines Schmetterlings in Brasilien einen Taifun in Hongkong auslösen (vgl. *Peitgen* u. a. 1994).

Die möglichen Ergebnisse eines Zufallsexperiments werden üblicherweise mit dem kleinen griechischen Buchstaben ω abgekürzt und zu einer Menge, der

$$\textbf{\textit{Ergebnismenge}}\ \Omega = \{\omega | \omega \text{ ist Ergebnis des Zufallsexperiments}\}$$

zusammengefasst. Ist Ω endlich, so vereinfacht sich dies zu

$$\Omega = \{\omega_1, \omega_2, \dots, \omega_n\}\,.$$

Der Ansatz einer Ergebnismenge ist nur sinnvoll, wenn alle Ergebnisse, die auftreten können, auch berücksichtigt werden. Es ist willkürlich und vom Interesse des „Experimentators" abhängig, was als Ergebnis definiert wird. Die in der Ergebnismenge aufgeschriebenen Ergebnisse müssen nicht notwendig auch auftreten können. Betrachten wir folgende Situation: Im Rahmen eines Zufallsexperiments wird die Anzahl lebendig geborener Kinder für eine zufällig herausgegriffene Frau notiert. Klar ist nur, dass man mit einer endlichen Ergebnismenge auskommt, aber wie soll man sie aufschreiben? Eine Möglichkeit ist

$$\Omega = \{0, 1, 2, 3, \dots, 200\}\,,$$

wobei unklar ist, welche Ergebnisse überhaupt eintreten können, und sicher ist, dass das Ergebnis 200 nie eintreten wird. Aber wo kann die Ergebnismenge aufhören?

Betrachten wir wieder das anfangs erwähnte Fußballbeispiel, so ist

$$\Omega = \{\text{Bayern gewinnt, Unentschieden, Bayern verliert}\}\,,$$

eine mögliche Ergebnismenge.

Ein spezieller Vorgang kann auf verschiedene Arten als Zufallsexperiment mit jeweils verschiedener Ergebnismenge beschrieben werden. Um dies zu erläutern, betrachten wir wieder einen normaler Spielwürfel. Eine mögliche Festlegung ist, dass auf die nach dem Wurf oben liegende Fläche geachtet wird, es könnte aber auch die unten liegende Fläche sein. Als Ergebnisse können die Zahlen auf dieser Fläche dienen. Es kann aber auch nur die Frage Quadratzahl oder keine Quadratzahl sein, oder es wird die beim Mensch-ärgere-Dich-nicht wichtige Frage „die 6 fällt" oder „keine 6 fällt" betrachtet. Dies führt beim selben physikalischen Vorgang, dem Werfen eines Würfels, zu drei verschiedenen Zufallsexperimenten mit den Ergebnismengen:

$$\begin{aligned}
\Omega_1 &= \{1, 2, \dots, 6\},\\
\Omega_2 &= \{\text{Quadratzahl, keine Quadratzahl}\},\\
\Omega_3 &= \{6,\ \text{keine } 6\}\,.
\end{aligned}$$

Abb. 3.2. Würfelkante

Wenn man den Würfel auf einen Tisch wirft und nach dem Wurf wie in Abb. 3.2 als Ergebnis notiert, welchen unorientierten Winkel zwischen 0° und 45° (so wird das Ergebnis eindeutig) die vordere Würfelkante mit der Tischkante bildet, so bekommt man sogar eine überabzählbare, kontinuierliche Ergebnismenge[2]

$$\Omega_4 = [0°, 45°] .$$

Mit einem Würfel kann man auch auf anderen Wegen Zufallsexperimente beschreiben, die *keine* endliche Ergebnismenge haben: Wenn man mit einem Würfel solange würfelt, bis zum ersten Mal eine 6 erscheint(„Warten auf die erste Sechs"), und als Ergebnis dann die nötige Anzahl von Würfen notiert, so hat man die abzählbar unendliche Ergebnismenge

$$\Omega_5 = \{1, 2, 3, 4, \ldots\} = \mathbb{N} .$$

Solche Ergebnismengen, die endlich oder abzählbar unendlich sind, heißen auch *diskrete* Ergebnismengen.
Mit der Festlegung der Ergebnismenge ist das Erkenntnisinteresse des Experimentators nicht zwangsläufig vollständig festgelegt. Auch wenn man beim Werfen eines Würfels die erste Ergebnismenge Ω_1 zur Beschreibung des Zufallsexperiments gewählt hat, kann man anschließend die Frage stellen, ob eine Quadratzahl gefallen ist. Hierfür muss die 1 oder die 4 gefallen sein. Die Mengenschreibweise für die Ergebnismenge erlaubt es, das „Ereignis" Quadratzahl als Teilmenge $E_1 = \{1, 4\}$ zu schreiben. Das Ereignis, es ist die 6 gefallen, wird dann als „Elementarereignis" durch die einelementige Menge $E_2 = \{6\}$ beschrieben. In diesem Sinne sind ***Ereignisse*** als Teilmengen der Ergebnismenge definiert. Alle möglichen Ereignisse werden zur ***Ereignismenge*** zusammengefasst, die im diskreten Fall die Potenzmenge $\mathcal{P}(\Omega)$ von Ω ist.
Diese formale Beschreibung mit Mengen erweist sich als sehr elegant und leistungsfähig. Bei konkreten Beispielen ist es oft hilfreich, zuerst sorgfältig die Ergebnismenge zu bestimmen und ein umgangssprachlich beschriebenes Ereignis als Teilmenge der Ergebnismenge darzustellen. Da in dieser Auffas-

[2] In der Physik wird in einigen Modellen angenommen, dass das Universum nur aus endlich vielen Teilchen besteht. Man würde dann bei Ω_4 mit endlich vielen Ergebnissen auskommen. Jedoch verwendet die Physik an anderen Stellen erfolgreich die reellen Zahlen zur Modellierung und kann so die Kraft der Analysis und anderer mathematischer Methoden einsetzen.

sung jede Teilmenge der Ergebnismenge ein Ereignis ist, haben Ereignisse allerdings nicht per se einen inhaltlichen Sinn.
Wenn man sich für ein Ereignis $E \subseteq \Omega$ interessiert, so sagt man, E sei eingetreten, wenn ein $\omega \in$ E als Ergebnis des Zufallsexperiments eingetreten ist.
Die folgende Tabelle fasst die eingeführten Begriffe und einige weitere intuitiv verständliche Begriffe für ***diskrete Zufallsexperimente*** zusammen.

Tabelle 3.1. Grundbegriffe für diskrete Zufallsexperimente

Begriff	**Definition**
Ergebnismenge eines diskreten Zufallsexperiments	Menge Ω aller Ergebnisse eines Zufallsexperiments
Ereignis	Teilmenge $E \subseteq \Omega$
Ereignismenge	Potenzmenge $\mathcal{P}(\Omega)$
Elementarereignis	Einelementige Teilmenge $\{\omega\} \subseteq \Omega$
Sicheres Ereignis	$E = \Omega$
Unmögliches Ereignis	$E = \emptyset$
Unvereinbare Ereignisse	$E_1, E_2 \subseteq \Omega$ mit $E_1 \cap E_2 = \emptyset$
Gegenereignis des Ereignisses E	$\bar{E} := \Omega \setminus E$, das Komplement von E
Und-Ereignis zweier Ereignisse E_1 und E_2	Durchschnitt $E_1 \cap E_2$
Oder-Ereignis zweier Ereignisse E_1 und E_2	Vereinigung $E_1 \cup E_2$

1 **Beispiel 1 (Würfeln mit einem normalen Würfel)** Es sei $\Omega = \{1, 2, \ldots, 6\}$, also $\mathcal{P}(\Omega) = \{\emptyset, \{1\}, \{2\}, \{3\}, \ldots, \{1,2\}, \ldots, \{1,2,\ldots,6\}\}$.

- E_1: „Die Zahl ist durch 3 teilbar.“, $E_1 = \{3, 6\}$.
- E_2: „Die Zahl ist eine Quadratzahl.“, $E_2 = \{1, 4\}$.
- E_3: „Die Zahl ist eine Primzahl.“, $E_3 = \{2, 3, 5\}$.
- E_4: „Die 6 wird gewürfelt.“, $E_4 = \{6\}$.
- *Sicheres Ereignis*, z. B. beschrieben durch E_5: „Es fällt eine Zahl zwischen Eins und Sechs.“, also $E_5 = \Omega$.
- $E_1 \cap E_2 = \emptyset$, also sind E_1 und E_2 *unvereinbar.*
- *Gegenereignis* von E_1 ist „Die Zahl ist nicht durch 3 teilbar.“, also gilt

$$\bar{E}_1 = \Omega \setminus E_1 = \{1, 2, 4, 5\}\,.$$

- *Und-Ereignis* von E_1 und E_3 ist „Die Zahl ist durch 3 teilbar und eine Primzahl.“, also gilt $E_1 \cap E_3 = \{3\}$.
- *Oder-Ereignis* von E_1 und E_3 ist „Die Zahl ist durch 3 teilbar oder eine Primzahl.“, also gilt $E_1 \cup E_3 = \{2, 3, 5, 6\}$.

Die Definition von $\emptyset$ als unmögliches Ereignis ist eine mathematische Setzung als Mengenkomplement von Ω und sollte nicht mit dem inhaltlichen Verständnis „ein Ereignis kann unmöglich eintreten“ verwechselt werden. Beim Beispiel „Kinderzahl einer zufällig gewählten Frau“ ist die Teilmenge $\{200\}$ ungleich der leeren Menge, kann aber sicherlich nicht eintreten. Die Ergebnismenge $\Omega = \{1, 2, \ldots, 6, 7\}$ führt beim Würfelspiel zu keinen mathematischen Widersprüchen, jedoch ist das Ereignis $\{7\}$, das unmöglich eintreten kann, nicht das unmögliche Ereignis im Sinne der mathematischen Definition.

Beispiel 2 (Würfeln mit zwei normalen Würfeln) Das Zufallsexperiment besteht 2
aus dem Werfen zweier normaler Spielwürfel. Im Folgenden sind drei verschiedene Möglichkeiten beschrieben, eine Ergebnismenge Ω zu definieren:

a. Für zwei optisch für uns nicht unterscheidbare Würfel wird die Ergebnismenge definiert durch „Schaue auf die möglichen Zahlenpaare der oben liegenden Flächen.“ (Abb. 3.3, links):[3]

$$\Omega_1 = \{(1,1), (1,2), \ldots, (1,6), (2,2), (2,3), \ldots, (4,6), (5,5), (5,6), (6,6)\},$$
$$|\Omega_1| = 21 .$$

b. Für einen roten und einen blauen Würfel definieren wir ebenfalls die Ergebnismenge durch „Schaue auf die möglichen Zahlenpaare der oben liegenden Flächen.“ Jetzt steht in der ersten Komponente die Zahl des roten Würfels, in der zweiten die Zahl des blauen Würfels (Abb. 3.3, rechts):

$$\Omega_2 = \{(1|1), (1|2), \ldots, (1|6), (2|1), (2|2), \ldots, (5|5), (5|6), (6|1), \ldots (6|6)\},$$
$$|\Omega_2| = 36 .$$

1,1					
1,2	2,2				
1,3	2,3	3,3			
1,4	2,4	3,4	4,4		
1,5	2,5	3,5	4,5	5,5	
1,6	2,6	3,6	4,6	5,6	6,6

Ω_1

1|1	2|1	3|1	4|1	5|1	6|1
1|2	2|2	3|2	4|2	5|2	6|2
1|3	2|3	3|3	4|3	5|3	6|3
1|4	2|4	3|4	4|4	5|4	6|4
1|5	2|5	3|5	4|5	5|5	6|5
1|6	2|6	3|6	4|6	5|6	6|6

Ω_2

Abb. 3.3. Würfel-Paare

Im Gegensatz zu den Elementen von Ω_1 sind die Elemente von Ω_2 ***2-Tupel***, bei denen es auf die Reihenfolge ankommt. Bei der Ergebnismenge Ω_2 gilt

---

[3]Wir bezeichnen dabei mit (1,3) das ungeordnete Paar, also $(1,3) = (3,1)$, und in b. mit (1|3) das geordnete Paar, also $(1|3) \neq (3|1)$. Die Mengenschreibweise $\{1,3\}$ verbietet sich im ersten Fall, da sonst $\{3,3\} = \{3\}$ wäre.

$(3|4) \neq (4|3)$. Bei Ω_1 werden beide Fälle durch $(3, 4)$ dargestellt, die Reihenfolge der beiden Zahlen ist irrelevant.

c. Für zwei beliebige Würfel wird die Ergebnismenge durch „Schaue auf die Summe der Zahlen auf den oben liegenden Flächen." festgelegt:

$$\Omega_3 = \{2, 3, \ldots, 11, 12\}, \quad |\Omega_3| = 11 .$$

Nun soll das Ereignis E „die Summe der beiden oben liegenden Zahlen ist 10" betrachtet werden. Bei den drei Ergebnismengen ergibt sich

$$E_1 = \{(4,6), (5,5)\}, \quad E_2 = \{(4|6), (5|5), (6|4)\}, \quad E_3 = \{10\} .$$

Auftrag Geben Sie eigene Beispiele für die in Tabelle 3.1 festgelegten Begriffe an.

Sehr viele Beispiele im täglichen Leben, bei denen von „Wahrscheinlichkeit" gesprochen wird, sind keine *wiederholbaren* Zufallsexperimente:

- Ein Fußballfan urteilt, dass Schalke 04 am nächsten Wochenende zu 90% gegen Bayern München gewinnen wird. Vor dem Spiel ist der Ausgang ungewiss und wird von einem Bayern-Fan vermutlich anders beurteilt. Nach dem Spiel ist das Ergebnis bekannt. Der Vorgang des Spiels am nächsten Wochenende ist einmalig und unwiederholbar.
- In einem Zeitungsartikel vom September 2002 wird über die Bosporus-Metropole Istanbul berichtet, dass die Wahrscheinlichkeit für ein starkes Erdbeben innerhalb der nächsten sieben Jahre bei 32% liegt. Was bedeutet das, und wie entsteht eine solche Aussage?
- Im Februar 2004 konnte man lesen, dass amerikanische Wissenschaftler eine Formel entwickelt haben, die bei Liebespaaren die Wahrscheinlichkeit einer baldigen Trennung berechnen könne. Was soll man davon halten?
- Täglich erfährt man im Wetterbericht die Wahrscheinlichkeit für Niederschlag am nächsten Tag. Qualitativ kann man sich vorstellen, dass aufgrund von Erfahrungen aus vielen Jahren der Wetterbeobachtung und aus vorhandenen meteorologischen Daten Aussagen über die Zukunft gemacht werden können. Trotzdem bleibt zunächst unklar, was genau die Aussage „Die Regenwahrscheinlichkeit beträgt morgen 30%" bedeuten soll. Regnet es während 30% des Tages? Regnet es in 30% des Vorhersagegebiets? Hat es bisher an 30% der Tage mit ähnlichen Wetterdaten geregnet? Man kann dies zwar als Zufallsexperiment auffassen, aber keinesfalls als *wiederholbares* Zufallsexperiment.
- Noch unklarer sind oft die Erfolgschancen, die bei schwierigen medizinischen Eingriffen genannt werden. So nannte 1967 der Herzchirurg Christiaan Barnard der Frau seines ersten Herztransplantationspatienten Louis

Washkansky vor dem Eingriff eine Erfolgschance von 80%. Der Patient starb 18 Tage nach dem Eingriff. Worauf bezogen sich die 80%? Im Gegensatz zur Wettervorhersage fehlten vergleichbare Fälle!

Im Alltagsgebrauch sagt man „ich bin hundertprozentig sicher“, wenn man keine Zweifel hat. Ist man sich dagegen sicher, dass etwas *nicht* eintritt, dann beziffert man die zugehörige Chance mit Null Prozent. Sprechweisen wie „ich bin tausendprozentig sicher“ sind als rhetorische Übertreibung zu verstehen. Im Folgenden wird die Frage untersucht, wie sich in verschiedenen Situationen Wahrscheinlichkeiten für Ereignisse gewinnen lassen und was Wahrscheinlichkeiten überhaupt sind.

3.1.2 Laplace-Wahrscheinlichkeiten

Abb. 3.4. Laplace

Beim Würfeln mit einem normalen Spielwürfel wird man jeder Zahl die gleichen Chancen einräumen. Genauso wird man beim Werfen einer normalen Münze dem Auftreten von Kopf und von Zahl gleiche Chancen einräumen. Beim Lotto am Samstag Abend hat jede der 49 Kugeln die gleiche Chance, gezogen zu werden (auch wenn manche Leute ganz andere Erwartungen haben!). Bei diesen Beispielen werden die möglichen Ergebnisse aus Symmetriegründen als gleichberechtigt angesehen. Der französische Mathematiker und Physiker *Pierre Simon Laplace* (1749–1827) nutze diese Idee, um Regeln für das Gewinnen von Wahrscheinlichkeiten für bestimmte Zufallsexperimente aufzustellen. *Laplace* war Professor für Mathematik an der École Polytechnique in Paris und gleichzeitig Vorsitzender der Kommission für Maße und Gewichte. Er war auch kurze Zeit Innenminister unter *Napoleon.* Die Hauptleistungen von *Laplace* lagen auf dem Gebiet der mathematischen Physik und Himmelsmechanik. Seine 1812 veröffentlichte *Théorie Analytique des Probabilités* fasste das stochastische Wissen seiner Zeit zusammen und baute die Wahrscheinlichkeitstheorie maßgeblich aus. Dieses Werk enthält auch seinen Wahrscheinlichkeitsansatz:
Wenn bei einem Zufallsexperiment mit endlicher Ergebnismenge alle möglichen Ergebnisse gleichberechtigt[4] sind, dann wird die Wahrscheinlichkeit

[4]Manchmal wird auch von „gleichwahrscheinlichen Ergebnissen“ ausgegangen. Dies hat jedoch etwas Zirkelhaftes: Um den Begriff „Wahrscheinlichkeit“ zu definieren, wird der Begriff eigentlich schon verwendet.

$P(E)$ für das Ereignis E definiert durch

$$P(E) := \frac{|E|}{|\Omega|} = \frac{\text{Anzahl der Elemente von } E}{\text{Anzahl der Elemente von } \Omega} = \frac{\text{„günstige“}}{\text{„mögliche“}}\,.$$

Der Buchstabe P für Wahrscheinlichkeit kommt von dessen lateinischer Übersetzung *probabilitas*; im Englischen wurde dies zu *probability*.
Ein ***Laplace-Experiment*** ist dann ein solches, bei dem diese ***Laplace-Annahme*** der Gleichwahrscheinlichkeit aufgrund theoretischer Überlegungen (z. B. Symmetrieargumente) oder aufgrund völliger Ungewißheit sinnvoll ist. Obwohl dieser Modell-Ansatz, Wahrscheinlichkeiten zu berechnen, für viele Anwendungen sehr nützlich ist, stellt er doch aus mathematischer Sicht keine *Definition* des Begriffs Wahrscheinlichkeit dar. Es ist unklar, wie man in Situationen vorzugehen hat, bei denen *nicht* alle Ergebnisse gleichwahrscheinlich sind. Dieses ***Laplace-Modell*** ist nur für ganz spezielle Experimente tauglich, schon beim Quader in Abb. 3.1 versagt das Modell.
Nach Definition der Laplace-Wahrscheinlichkeiten ergeben sich die folgenden Eigenschaften, die einfach zu begründen sind und die für die Entwicklung des Wahrscheinlichkeitsbegriffs extrem wichtig sind!

12 **Satz 12 (Eigenschaften der Laplace-Wahrscheinlichkeiten)** Es liege ein Laplace-Experiment mit endlicher Ergebnismenge $\Omega = \{\omega_1, \omega_2, \ldots, \omega_n\}$ vor. Dann gilt für die Laplace-Wahrscheinlichkeiten der Ereignisse:

a. $0 \le P(E) \le 1$ für alle $E \subseteq \Omega$.
b. $P(\Omega) = 1$; $P(\emptyset) = 0$.
c. $P(\bar{E}) = 1 - P(E)$ für alle $E \subseteq \Omega$.
d. $P(E_1 \cup E_2) = P(E_1) + P(E_2)$ für alle $E_1, E_2 \subseteq \Omega$ mit $E_1 \cap E_2 = \emptyset$.
e. $P(E_1 \cup E_2) = P(E_1) + P(E_2) - P(E_1 \cap E_2)$ für alle $E_1, E_2 \subseteq \Omega$.
f. Speziell gilt
$$P(E) = \sum_{\omega \in E} P(\{\omega\}) \text{ und } P(\Omega) = \sum_{\omega \in \Omega} P(\{\omega\}) = \sum_{i=1}^{n} P(\{\omega_i\}) = 1\,.$$

Die Aussage $0 \le P(E)$ ist die ***Nichtnegativität***, die Aussage $P(\Omega) = 1$ die ***Normiertheit*** und die Aussage d. die ***Additivität*** der Laplace-Wahrscheinlichkeiten.

Aufgabe 31 (Eigenschaften der Laplace-Wahrscheinlichkeiten) Beweisen Sie Satz 12 im Einzelnen.

Die Grenzen des Laplace-Ansatzes werden schon beim Werfen von 2 Spielwürfeln sichtbar. Im Beispiel „Würfeln mit zwei normalen Würfeln“ auf S. 165

wurden die drei Ergebnismengen

$$\Omega_1 = \{(1,1),(1,2),\ldots,(1,6),(2,2),(2,3),\ldots,(4,6),(5,5),(5,6),(6,6)\}\,,$$
$$|\Omega_1| = 21\,,$$
$$\Omega_2 = \{(1|1),(1|2),\ldots,(1|6),(2|1),(2|2),\ldots,(5|5),(5|6),(6|1),\ldots(6|6)\}\,,$$
$$|\Omega_2| = 36\,,$$
$$\Omega_3 = \{2,3,\ldots,11,12\}, \quad |\Omega_3| = 11$$

betrachtet. Wer nur *eine* dieser Möglichkeiten als Ergebnismenge angesetzt hat, ist schnell versucht, ohne weitere Überlegungen alle Ergebnisse als gleichwahrscheinlich anzusehen. Die Elementarereignisse hätten dann alle die Wahrscheinlichkeit $\frac{1}{21}$ bei Ω_1, $\frac{1}{36}$ bei Ω_2 und $\frac{1}{11}$ bei Ω_3. Für das Ereignis E: „Die Summe der beiden Würfelzahlen ist 10." ergäben sich damit die drei verschiedenen Laplace-Wahrscheinlichkeiten

$$P(E_1) = P(\{(4,6),(5,5)\}) = \frac{2}{21}\,,$$
$$P(E_2) = P(\{(4|6),(5|5),(6|4)\}) = \frac{3}{36} \quad \text{und}$$
$$P(E_3) = P(\{10\}) = \frac{1}{11}\,,$$

was sicher nicht gleichzeitig gelten kann. Ist die Laplace-Annahme überhaupt in einem der drei Fälle sinnvoll? Wenn ja, bei welchem? Analysieren wir die drei Ergebnismengen!

Zuerst wird z. B. der eine Würfel geworfen, wofür es 6 gleichberechtigte Ergebnisse gibt. Bei jedem Ergebnis dieses Würfels gibt es dann im zweiten Wurf 6 gleichberechtigte Ergebnisse des anderen Würfels, so dass wir insgesamt von 36 verschiedenen gleichberechtigten Möglichkeiten beim Wurf des Würfel-Paars ausgehen können. Dagegen müssen bei der ersten Ergebnismenge, bei der wir von zwei optisch nicht unterscheidbaren Würfeln ausgegangen sind, für das Ergebnis $(5,5)$ beide Würfel die 5 oben zeigen, wogegen für das Ergebnis $(4,6)$ der erste 4 und der zweite 6 oder umgekehrt zeigen können, die Chance für dieses Ergebnis ist also größer. Schließlich ist bei der dritten Ergebnismenge das Ergebnis 12 nur mit einer einzigen Wurfkombination zu erreichen, während zu dem Ergebnis 10 drei verschiedene Wurfkombinationen, nämlich $(4|6)$, $(5|5)$ und $(6|4)$, führen. Nur bei der zweiten Ergebnismenge ist also die Laplace-Annahme sinnvoll!

Man kann nie „beweisen", dass für ein Zufallsexperiment die Laplace-Annahme zutrifft. Diese Annahme wird vom Experimentator aus guten Gründen zur Beschreibung des Experiments angesetzt. Man kann diese Annahme aber beispielsweise empirisch durch eine Versuchsreihe prüfen. Bei einem exakt bearbeiteten Würfel ist die Laplace-Annahme der einzig sinnvolle Ansatz. Einen

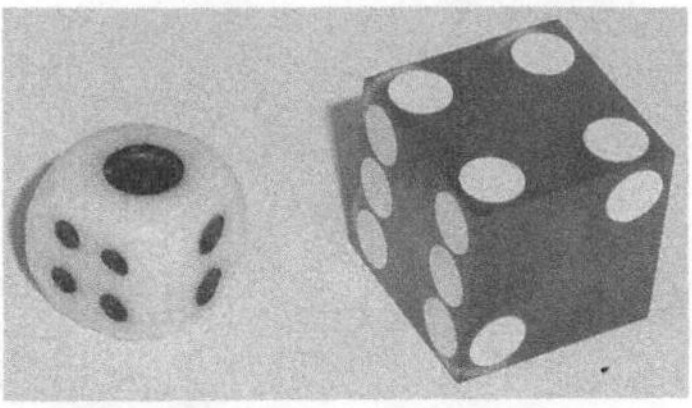

Abb. 3.5. „Gute“ Würfel

realen Würfel, der so gut gearbeitet ist, dass die Laplace-Annahme vernünftig ist, nennen wir in diesem Sinn ***Laplace-Würfel***. Natürlich kann kein realer Würfel ein mathematischer Würfel sein. Ein mathematischer Würfel ist ein Konstrukt unseres Geistes und existiert nur im Reich der Mathematik. Schon das Ausbohren der Würfelmulden auf den sechs Seiten schafft kleine Asymmetrien. Abb. 3.5 zeigt zwei besonders exakt gearbeitete Würfel. Im linken Würfel sind die Mulden für die Zahlsymbole unterschiedlich groß, so dass auf jeder Seite gleich viel Material beim Ausbohren der Mulden weggenommen wurde. Der rechte Würfel stammt aus einem Spielcasino von Las Vegas. Die dort verwendeten Würfel haben zur Bezeichnung der Würfelzahlen keine Mulden sondern sehr dünne Farbmarkierungen. Im Gegensatz zu den üblicherweise an den Kanten abgerundeten Spielwürfeln sind sie wirklich möglichst genau würfelförmig geschnitten, die Abweichung der Seitenflächen von der Quadratform ist im Bereich von 0,005 mm je ca. 19 mm langer Seite. Die Laplace-Annahme ist also „sehr“ gerechtfertigt. Aber auch für diese Würfel ist die Laplace-Annahme nur ein mathematisches Modell!

Als Ausgangsproblem (Abb. 3.1) wurden zu Beginn dieses Kapitels drei Möglichkeiten betrachtet, zufällig eine Zahl zwischen 1 und 6 zu würfeln. Für den Laplace-Würfel werden Laplace-Wahrscheinlichkeiten angesetzt. Eine komplexere Anwendung des Laplace-Modells ist die Bestimmung der Wahrscheinlichkeiten beim Wurf von fünf Münzen. Zur besseren Strukturierung verwenden wir nicht fünf optisch schlecht voneinander unterscheidbare 1 €-Münzen, sondern jeweils eine 1 Ct-, 2 Ct-, 5 Ct-, 10 Ct- und 20 Ct-Münze. Jede Münze hat zwei Ergebnisse Kopf K und Zahl Z, für die der Laplace-Ansatz angemessen ist. Nach dem Wurf der fünf Münzen wird als Ergebnis das 5-Tupel „Ergebnis der 1 Ct-Münze, Ergebnis der 2 Ct-Münze, …, Ergebnis der 20 Ct-Münze“ notiert. Es gibt $2^5 = 32$ verschiedene, gleichberechtigte 5-Tupel, die Ergebnismenge ist also eine Menge von 32 solcher 5-Tupel

$$\Omega = \{KKKKK, ZKKKK, KZKKK, \ldots, ZZKKK, \ldots, ZZZZZ\},$$

für die sich der Laplace-Ansatz rechtfertigen lässt. Man kann in diesem übersichtlichen Fall die Ergebnisse leicht den Ereignissen „Würfelzahl 1“, „Würfelzahl 2“, …, „Würfelzahl 6“ zuordnen:

„Würfelzahl 1“: $E_1 = \{KKKKK\}$, $P(E_1) = \frac{1}{32}$,
„Würfelzahl 2“: $E_2 = \{ZKKKK, KZKKK, KKZKK, KKKZK, KKKKZ\}$, $P(E_2) = \frac{5}{32}$,

„Würfelzahl 3": $E_3 = \{ZZKKK, ZKZKK, KZZKK, \ldots, KKKZZ\}$,
$P(E_3) = \frac{10}{32}$,
„Würfelzahl 4": $E_4 = \{ZZZKK, ZZKZK, ZKZZK, \ldots, KKZZZ\}$,
$P(E_4) = \frac{10}{32}$,
„Würfelzahl 5": $E_5 = \{ZZZZK, ZZZKZ, ZZKZZ, ZKZZZ, KZZZZ\}$,
$P(E_5) = \frac{5}{32}$,
„Würfelzahl 6": $E_6 = \{ZZZZZ\}, P(E_6) = \frac{1}{32}$.

In Abschnitt 3.6.1 werden solche Experimente einfacher mit Hilfe der Binomialverteilung beschrieben. Dabei wird die Strukturgleichheit[5] der Experimente „Werfen von fünf Münzen" und „fünfmaliges Werfen von einer Münze" verwendet.

Alle bisher mit dem Laplace-Modell beschriebenen Beispiele hatten eine endliche Ergebnismenge. Dies ist kein Zufall sondern notwendige Voraussetzung für einen Laplace-Ansatz. Ein Laplace-Ansatz würde im Falle einer unendlichen Ergebnismenge sofort zu einem Widerspruch führen: Bei unendlicher Ergebnismenge mögen alle Elementarereignisse die gleiche Wahrscheinlichkeit $p > 0$ haben. Dann hätte aber jedes aus $n > \frac{1}{p}$ Ergebnissen bestehende Ereignis eine Wahrscheinlichkeit > 1, was unsinnig ist. Es bleibt bei unendlichem Ω als einzige Möglichkeit, dass alle Elementarereignisse die Wahrscheinlichkeit Null haben müssten. Zu diesem Ergebnis führt auch die in der Analysis entwickelte intuitive Vorstellung von „$\frac{1}{\infty} = 0$". Der Ansatz $P(\{\omega\}) = 0$ für alle Elementarereignisse führt jedoch im abzählbar unendlichen Fall zum Widerspruch $\mathrm{P}(\Omega) = 0$.

Für zwei der drei Möglichkeiten in Abb. 3.1 haben wir also mit Hilfe von Laplace-Ansätzen Wahrscheinlichkeiten berechnen können. Für den Quader ist dies augenscheinlich auf diesem Weg *nicht* sinnvoll möglich.

3.1.3 Frequentistische Wahrscheinlichkeiten

Wir würfeln mit einem kleinen Holzquader (Abb. 3.6). Wie können wir für unsere Ereignisse zu Wahrscheinlichkeitsansätzen kommen? Man nennt solche Quader auch ***Riemer-Quader*** nach *Wolfgang Riemer*, der Zufallsexperimente mit solchen Quadern in seinen Büchern (*Riemer* 1985; 1991) diskutiert hat. Im Gegensatz zum normalen Spielwürfel, bei dem nur ein Laplace-Ansatz sinnvoll ist, erlaubt ein Riemer-Quader zunächst mehrere sinnvolle

[5] Diese Strukturgleichheit ist zwar leicht einzusehen, aber man sollte ein wenig darüber nachdenken. In der Geschichte der Stochastik wurde die Strukturgleichheit durchaus bezweifelt, etwa von dem berühmten französischen Mathematiker *Jean Le Rond d'Alembert* (1717–1783). Er glaubte sogar, wie es noch heute viele Spieler tun, dass eine Münze, die längere Zeit auf Kopf gefallen ist, mit einer größeren Chance auf Zahl fällt.

Abb. 3.6. Riemer-Quader

Hypothesen und macht so das Subjektive und Normative bei der Festlegung der Wahrscheinlichkeiten sichtbar.

Wie bei normalen Würfeln tragen zwei gegenüber liegende Seiten die Zahlensumme 7. Wird ein solcher Riemer-Quader einmal geworfen, so ist jede Zahl zwischen 1 und 6 möglich, wenngleich man eine 3 eher als eine 5 erwarten wird.

Die Wahrscheinlichkeiten sollen aufgrund vieler Quaderwürfe angenähert werden. Diese Idee für einen Wahrscheinlichkeitsansatz beruht also auf der prinzipiellen Wiederholbarkeit des Zufallsexperiments „Werfen eines Riemer-Quaders“. Ein solcher Riemer-Quader wurde 1000mal geworfen und jeweils die oben liegende Zahl notiert. Aus den absoluten Häufigkeiten der Ergebnisse 1, 2, ..., 6 kann man sofort die relativen Häufigkeiten berechnen; die Ergebnisse stehen in der folgenden Tabelle:

Tabelle 3.2. Riemer-Quader

Obenstehende Zahl	1	2	3	4	5	6
Absolute Häufigkeit	172	83	245	269	74	157
Relative Häufigkeit	17,2%	8,3%	24,5%	26,9%	7,4%	15,7%

Wir haben hierbei das Werfen eines Riemer-Quaders als Zufallsexperiment mit der Ergebnismenge $\Omega = \{1, 2, \ldots, 6\}$ beschrieben. Die Ergebnisse liefern die absoluten Häufigkeiten, also die Anzahlen, mit denen die Ergebnisse gefallen sind. Dies sind auch die absoluten Häufigkeiten der Elementarereignisse bei 1 000 Versuchen, z. B. $H_{1000}(\{2\}) = 83$, und deren entsprechende relativen Häufigkeiten (vgl. auch Abschnitt 2.2.1, S. 28), z. B.

$$h_{1000}(\{2\}) = \frac{83}{1000} = 0{,}083 = 8{,}3\,\% .$$

Für das Ereignis E, dass eine Primzahl geworfen wurde, also $E = \{2, 3, 5\}$, gilt analog

$$H_{1000}(E) = H_{1000}(\{2\}) + H_{1000}(\{3\}) + H_{1000}(\{5\}) = 402$$

und

$$h_{1000}(E) = h_{1000}(\{2\}) + h_{1000}(\{3\}) + h_{1000}(\{5\}) = \frac{402}{1000} = 0{,}402 = 40{,}2\,\% ,$$

absolute und relative Häufigkeiten sind also additiv.

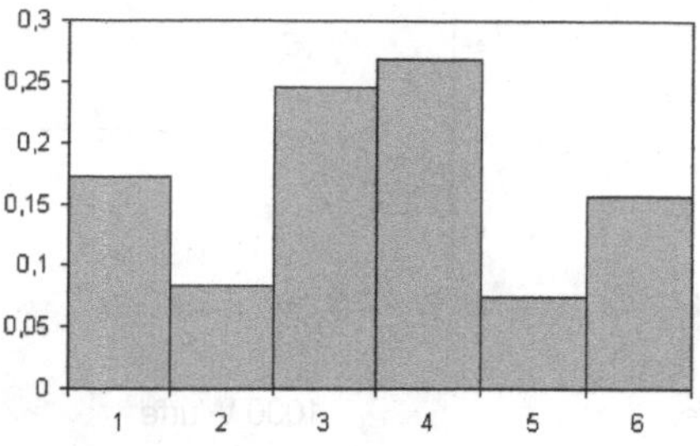

Abb. 3.7. Säulendiagramm

Diese Daten lassen sich übersichtlich durch Säulen-, Kreis- oder andere Diagrammarten darstellen (vgl. Abschnitt 2.2.1). In Abb. 3.7 sind die relativen Häufigkeiten als Säulendiagramm mit aneinander liegenden Säulen gezeichnet. Die Ordinaten sind die jeweiligen relativen Häufigkeiten. Da die einzelnen Balken die Breite 1 haben, können auch die Inhalte der zu den Häufigkeiten gehörenden Rechtecke als Maß für die relativen Häufigkeiten angesehen werden, das Diagramm ist also sogar ein Histogramm.
Die Begriffe sind auf jedes Zufallsexperiment übertragbar: Ist E ein Ereignis bei einem Zufallsexperiment und ist E bei m Versuchen k-mal eingetreten, so sind

$$H_m(E) = k \quad \text{die } \textit{absolute Häufigkeit} \text{ von } E \text{ bei } m \text{ Versuchen},$$

$$h_m(E) = \frac{k}{m} \quad \text{die } \textit{relative Häufigkeit} \text{ von } E \text{ bei } m \text{ Versuchen}.$$

Die relativen Häufigkeiten haben analoge Eigenschaften wie die Laplace-Wahrscheinlichkeiten (vgl. Satz 12), die leicht zu beweisen sind:

Satz 13 (Eigenschaften relativer Häufigkeiten) Es liege ein Zufallsexperiment mit Ergebnismenge Ω vor. Dann gilt für die relativen Häufigkeiten bei m-maliger Durchführung des Experiments: 13

a. $0 \le h_m(E) \le 1$ für alle $E \subseteq \Omega$.
b. $h_m(\Omega) = 1$; $h_m(\emptyset) = 0$.
c. $h_m(\bar{E}) = 1 - h_m(E)$ für alle $E \subseteq \Omega$.
d. $h_m(E_1 \cup E_2) = h_m(E_1) + h_m(E_2)$ für alle $E_1, E_2 \subseteq \Omega$ mit $E_1 \cap E_2 = \emptyset$.
e. $h_m(E_1 \cup E_2) = h_m(E_1) + h_m(E_2) - h_m(E_1 \cap E_2)$ für alle $E_1, E_2 \subseteq \Omega$.
f. Speziell gilt $h_m(E) = \sum_{\omega \in E} h_m(\{\omega\})$ und $h_m(\Omega) = \sum_{\omega \in \Omega} h_m(\{\omega\}) = 1$.

Auch hier finden wir wieder die drei Eigenschaften Nichtnegativität, Normiertheit und Additivität!

Aufgabe 32 (Eigenschaften relativer Häufigkeiten) Führen Sie den Beweis zu Satz 13 im Einzelnen durch.

Wenn man die relativen Häufigkeiten $h_m(E)$ für eine Versuchsreihe in einem Koordinatensystem als Punkte $(m \mid h_m(E))$ graphisch darstellt, so scheint

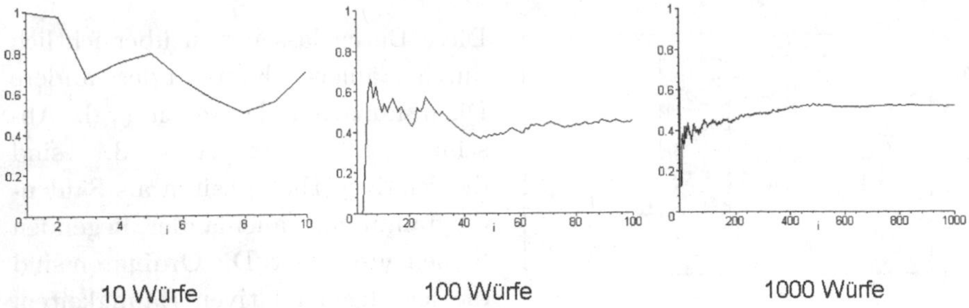

Abb. 3.8. Relative Häufigkeit von „Kopf" bei Münzwürfen

sich stets mit wachsender Versuchszahl m die relative Häufigkeit $h_m(E)$ zu stabilisieren. Für die Abb. 3.8 wurde eine Münze in drei Versuchsserien 10-mal, 100-mal und 1 000-mal geworfen, wobei auf die oben liegende Seite geachtet wurde. Die Ergebnismenge ist also $\Omega = \{\text{Kopf}, \text{Zahl}\}$. Betrachtet wurde das Ereignis $E = \{\text{Kopf}\}$. In der Abbildung wurden die Punkte durch einen Polygonzug verbunden. Die Stabilisierung der relativen Häufigkeiten bei einer langen Versuchsreihe wird deutlich.

Für kleine Versuchsanzahlen sollte man dieses Experiment mit einer realen Münze durchführen, für große Versuchszahlen ist eine Computersimulation vorzuziehen (z. B. das Java-Applet „Empirisches Gesetz der großen Zahlen" auf der in der Einleitung angegebenen Homepage zu diesem Buch. Zur Simulation von Zufallsexperimenten mit dem Computer vergleiche man Abschnitt 3.10.3).

Zwar kann man bei *jedem* wiederholbaren Zufallsexperiment diese Stabilisierung beobachten, jedoch lässt sich dies nicht im mathematischen Sinne beweisen. Diese Beobachtung ist eine Erfahrungstatsache und hat den Rang eines Naturgesetzes im Sinne einer Modellannahme zur Beschreibung der Natur, die sich bis heute hervorragend bewährt hat, aber nicht beweisbar ist. Man spricht deshalb von einem *empirischen* Gesetz:

Empirisches Gesetz der großen Zahlen
Mit wachsender Versuchszahl stabilisiert sich die relative Häufigkeit eines beobachteten Ereignisses.

Zur mathematischen Definition des Begriffs „Wahrscheinlichkeit" könnte man auf die Idee kommen, ein Zufallsexperiment in Gedanken unendlich oft zu wiederholen und dann den Limes der relativen Häufigkeit für die Definition der Wahrscheinlichkeit des betrachteten Ereignisses zu verwenden. Dies ist im Prinzip die Idee, die *Richard Edler von Mises* (1883–1953) im Jahre 1919 verfolgte. Er wollte den Begriff „Wahrscheinlichkeit" in Anlehnung an die analytische Definition des Grenzwerts definieren. Dies führte jedoch nicht

Abb. 3.9. von Mises

zum Erfolg. Wenn für ein Ereignis E eine reelle Zahl $P(E)$ existiert, für die

$$P(E) = \lim_{m\to\infty} h_m(E)$$

gilt, dann müsste gelten, dass für jede positive Zahl ε eine natürliche Zahl m_ε existiert, so dass

$$|P(E) - h_m(E)| < \varepsilon \quad \text{für alle } m \geq m_\varepsilon$$

gilt. Aber gerade das kann man nicht garantieren. Nach Wahl eines $\varepsilon > 0$ wird die relative Häufigkeit ziemlich sicher nach einiger Zeit in den „ε-Schlauch" $P(E) \pm \varepsilon$ hineinlaufen, kann den Schlauch aber genauso gut wieder verlassen (vgl. Abb. 3.10). Einen Grenzwert im analytischen Sinn garantiert das empirische Gesetz der großen Zahlen keinesfalls! *Von Mises*' deterministischer Versuch „ab dann bleibt die relative Häufigkeit im ε-Schlauch" musste versagen: Ein erforderliches m_ε konnte nicht gefunden werden. Das empirische Gesetz der großen Zahlen ist also nicht zur Definition der Wahrscheinlichkeit geeignet. Erst das Bernoulli'sche Gesetz der großen Zahlen (vgl. Abschnitt 3.8.2) ist eine mathematische Aussage darüber, wie wahrscheinlich das Verbleiben der relativen Häufigkeit in einem vorgegebenen ε-Schlauch ist. Jedoch kann auch dieses Gesetz nicht garantieren, dass der Graph im ε-Schlauch bleibt. Es gilt nur, dass Abweichungen um mehr als ε mit wachsender Versuchsanzahl m immer unwahrscheinlicher werden.

Abb. 3.10 zeigt eine Serie von 1 000 Münzwürfen; im Schaubild ist ein grauer ε-Schlauch um den vermuteten Grenzwert $P(\text{Kopf}) = 0{,}5$ eingetragen. In der Abbildung ist die y-Achse unvollständig, damit der relevante Bereich

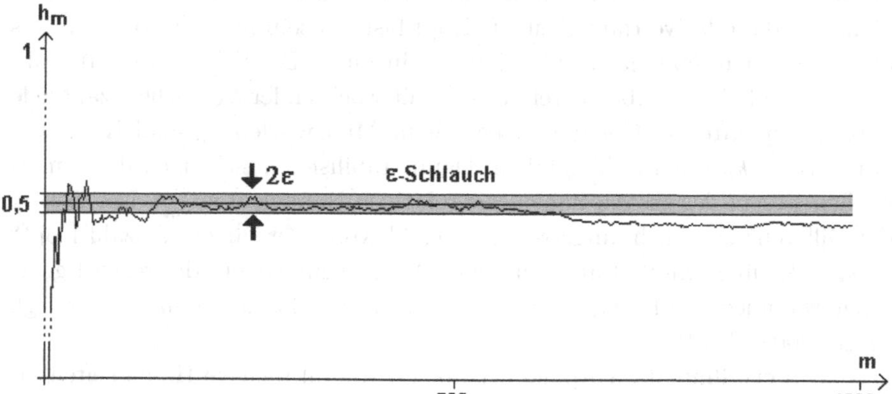

Abb. 3.10. Relative Häufigkeit und ε-Schlauch

„herangezoomt“ wird. Zuerst wandert das Schaubild von h_m erwartungsgemäß in den Schlauch, um ihn aber dann wieder zu verlassen.
Dass viele Lernende die Aussage des empirischen Gesetzes zwar aufsagen können, aber nicht unbedingt inhaltlich verstanden haben, zeigt die folgende Untersuchung. Einer großen Anzahl von Lernenden aus Schulen *und* Hochschulen wurde die Frage gestellt:
Was halten Sie für wahrscheinlicher?
(1) *Mindestens 7 von 10 Neugeborenen in einem Krankenhaus sind Mädchen.*
(2) *Mindestens 70 von 100 Neugeborenen in einem Krankenhaus sind Mädchen.*

Es gab drei Antwortmöglichkeiten:
A. (1) ist wahrscheinlicher,
B. (2) ist wahrscheinlicher,
C. (1) und (2) sind gleichwahrscheinlich.

Da die etwa 50%-ige Wahrscheinlichkeit für Mädchengeburten bekannt ist und da nach dem Gesetz der großen Zahlen ein so starkes Abweichen der relativen Häufigkeit von der Wahrscheinlichkeit eigentlich nur bei kleinen Fallzahlen vorkommen kann, ist eindeutig A. die einzig sinnvolle Antwort. Trotzdem haben viele Untersuchungen in Deutschland, in den USA und in England typische Ergebnisse wie das folgende aus der Befragung von 153 Mathematikstudierenden aller Semester ergeben:

$$14\% \text{ für A}, \quad 16\% \text{ für B}, \quad 70\% \text{ für C}.$$

Ein weiteres Missverständnis ist der Schluss, dass nicht nur die Schwankung der relativen Häufigkeiten gegen Null geht, sondern auch die Schwankung der absoluten Häufigkeiten. Dies ist die Vorstellung, dass nach 1 000 Münzwürfen nicht nur die relative Häufigkeit für Kopf fast 0,5 sein müsste, sondern dass auch fast genau 500-mal Kopf gefallen sein muss. Die Schwankung der absoluten Häufigkeiten überschreitet aber mit wachsender Versuchsanzahl jede vorgegebene Grenze. Genauer seien bei m Münzwürfen k_m-mal Kopf und damit $(m - k_m)$-mal Zahl gefallen. Dann stabilisieren sich nach dem empirischen Gesetz der großen Zahlen die relativen Häufigkeiten $\frac{k_m}{m}$. Der Betrag der Differenz „wirklich aufgetretene Anzahl Kopf – erwartete Anzahl Kopf“ $= |k_m - \frac{m}{2}|$ überschreitet aber mit einer Wahrscheinlichkeit, die gegen 1 geht, irgendwann jede noch so große vorgegebene natürliche Zahl (zum Beweis vgl. *Meyer* 2004, S. 13).
Das oben erwähnte Java-Applet erlaubt es, sowohl relative Häufigkeiten als auch die Differenz der absoluten Häufigkeit von der naiv erwarteten halben Wurfzahl graphisch darzustellen. In Abb. 3.11 werden für eine Wurfserie von

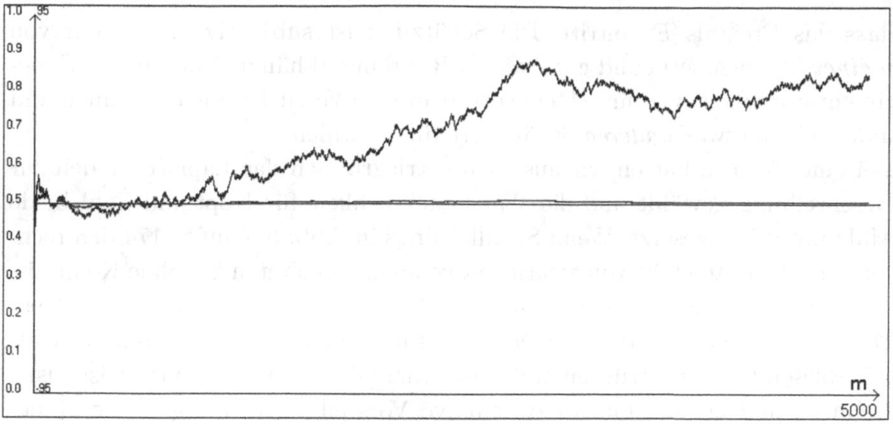

Abb. 3.11. Relative Häufigkeit und absolute Abweichung

$m = 5\,000$ Würfen die relative Häufigkeit und die Abweichung der absoluten Häufigkeit von der naiv erwarteten halben Wurfzahl dargestellt. Der untere Graph ist die relative Häufigkeit mit den y-Achseneinheiten von 0 bis 1, der obere Graph ist die absolute Abweichung mit den y-Achseneinheiten von -95 bis 95. Der Graph der relativen Häufigkeit stabilisiert sich bei der Geraden $y = 0{,}5$, während die absolute Abweichung große Werte annimmt.
Die Aussage des empirischen Gesetzes der großen Zahlen wird nun verwendet, um den Ereignissen eines wiederholbaren Zufallsexperiments Wahrscheinlichkeiten zuzuschreiben (nicht aber diese Wahrscheinlichkeit zu *definieren*!). Man geht von der anschaulichen Vorstellung aus, dass jedes Ereignis eine dem Zufallsexperiment innewohnende Wahrscheinlichkeit des Auftretens hat. Man spricht auch von der ***objektiven Wahrscheinlichkeit***[6] des Ereignisses. Diese innewohnende Wahrscheinlichkeit wird wohl *niemals* wirklich bekannt sein. Führt man jedoch ein Experiment genügend oft durch, so stabilisiert sich die relative Häufigkeit bei einer unbekannten Zahl p, die als diese unbekannte Wahrscheinlichkeit gedeutet werden kann. Dabei bleibt offen, was „genügend" sein mag. Nach dieser Idee wird die Wahrscheinlichkeit durch eine reelle Zahl zwischen 0 und 1 beschrieben. Die entsprechende relative Häufigkeit liefert also eine *subjektive* Schätzung für die Wahrscheinlichkeit,

[6]Genauer ist hiermit die Wahrscheinlichkeit gemeint, gegen die im Sinne des frequententistischen Wahrscheinlichkeitsansatzes die relativen Häufigkeiten „stochastisch" konvergieren. Da, wie wir gesehen haben, diese Konvergenz nicht dem analytischen Konvergenzbegriff entspricht, bleibt diese Idee vage und ist eher eine Glaubenssache. Dies verdeutlicht idealtypisch, dass die Stochastik zwar lehrt, wie man mit Wahrscheinlichkeiten rechnet, aber nicht, was Wahrscheinlichkeiten sind.

dass das Ereignis E eintritt. Die Schätzung ist subjektiv, da sie nur von *meiner* Versuchsserie und ggf. *meiner* Rundung abhängt. Ein *anderer* Experimentator würde vermutlich eine etwas *andere* Versuchsserie bekommen und damit einen etwas *anderen* Schätzwert für p wählen.
Bei einer Münze hatten wir aus Symmetriegründen das Laplace-Modell zur Beschreibung gewählt und die Wahrscheinlichkeit für Kopf und Zahl beide Male mit 0,5 angesetzt. Wenn Sie allerdings in Abb. 3.8 auf S. 174 den rechten Graphen für 1 000 Münzwürfe verwenden, so könnten Sie ohne Kenntnis, dass Sie ein Häufigkeitsdiagramm einer Münze haben, zur Schätzung ein Geo-Dreieck verwenden und an der y-Achse für p einen etwas größeren Wert als 0,5 ablesen (oder Sie würden annehmen, dass die Münze unsymmetrisch ist).
Beim Riemer-Quader gibt es zwar naive Vorstellungen, wie groß die objektiven, dem konkreten Quader innewohnenden Wahrscheinlichkeiten für die 6 möglichen Elementarereignisse sein könnten, aber in der Regel erweist sich keine als sinnvoll. Allenfalls ist anzunehmen, dass aus Symmetriegründen die Gegenseiten eine gleiche objektive Wahrscheinlichkeit besitzen. Die Daten der relativen Häufigkeiten für 1 000 Würfe mit einem Riemer-Quader in Tabelle 3.2 können gemäß empirischem Gesetz der großen Zahlen zusammen mit dem Symmetrieargument als Schätzer für die Wahrscheinlichkeiten verwendet werden. *Eine* Möglichkeit ist der folgende Ansatz:

Tabelle 3.3. Riemer-Quader

Obenstehende Zahl	1	2	3	4	5	6
Relative Häufigkeit	17,2%	8,3%	24,5%	26,9%	7,4%	15,7%
Wahrscheinlichkeit	0,16	0,08	0,26	0,26	0,08	0,16

Selbstverständlich sind diese *subjektiven* Wahrscheinlichkeiten (bei deren Ansatz die relativen Häufigkeiten, die Teilsymmetrie und die Tatsache, dass die Zeilensumme 1 ergeben muss, verwendet wurden) keinesfalls die *objektiven* Wahrscheinlichkeiten des Quaders, sondern stellen nur mehr oder weniger gute Schätzungen dar. Ein anderer Experimentator könnte die Daten anders bewerten; auch wir selbst würden unseren Ansatz vielleicht revidieren, wenn uns noch weitere 1 000 oder 1 Million Wurfergebnisse vorliegen würden.
Das Gesetz der großen Zahlen hat zu Schätzungen der Wahrscheinlichkeiten für die Elementarereignisse geführt; als Schätzung für die Wahrscheinlichkeit eines beliebigen Ereignisses E könnte man unter Verwendung der bei relativen Häufigkeiten geltenden Additivität die Summe der Wahrscheinlichkeiten der zu E gehörigen Elementarereignisse nehmen.

Auftrag

Versteht man Wahrscheinlichkeit als ein mit einer Zahl zwischen 0 und 1 angegebenes Maß der Überzeugung, so könnte man beim Riemer-Quader auf die Idee kommen, sein Wahrscheinlichkeits-Maß mit einem anderen Maß des Quaders, etwa den Flächeninhalten seiner Seiten in Beziehung zu setzen. Führen Sie diese Idee mit einem konkreten Holzquader zum Gewinnen von Wahrscheinlichkeiten durch! Im Gegensatz zu den zuvor gewonnenen Wahrscheinlichkeiten werden sich aber die geometrisch erhaltenen Wahrscheinlichkeiten in der Spielpraxis nicht bewähren. Elementargeometrische Überlegungen helfen hier nicht weiter.

Bei der Gewinnung von Wahrscheinlichkeitswerten aufgrund einer vorliegenden Versuchsserie und unter Verwendung des empirischen Gesetzes der großen Zahlen spricht man von ***frequentistischen Wahrscheinlichkeiten***[7]. Eigentlich will man die innewohnenden, objektiven Wahrscheinlichkeiten bestimmen, muss sich aber mangels anderer Möglichkeiten mit diesen Schätzwerten begnügen. Dieser Ansatz liefert sinnvolle, aber eventuell einer späteren Revision unterworfene Wahrscheinlichkeiten.
In Abschnitt 3.1.2 wurden für den Wurf von zwei Spiel-Würfeln drei verschiedene Ergebnismengen betrachtet und jeweils das Laplace-Modell angesetzt. Nur in einem Fall, für Ω_2, konnte dort der Laplace-Ansatz begründet werden. Eine überzeugende Bestätigung hierfür ist es, wenn man viele Versuche macht und die relativen Häufigkeiten bestimmt. Die Versuchsserie wird vermutlich zeigen, dass nur für Ω_2 der Laplace-Ansatz mit dem empirischen Gesetz der großen Zahlen verträglich ist.
Auf S. 162 hatten wir das Zufallsexperiment „Kinderanzahl einer zufällig ausgewählten Frau" mit der Ergebnismenge $\Omega = \{0, 1, 2, 3, \ldots, 200\}$ erwähnt. Versuchen wir, den frequentistischen Ansatz auf dieses Beispiel anzuwenden: Das *Guinness Book of Records* von 2001 nennt 69 Kinder als größte amtlich verbürgte Anzahl. Also könnte man $P(70) = P(71) = \ldots = P(200) = 0$ setzen und den anderen Elementarereignissen nach einer vorliegenden Kinderanzahl-Statistik geeignete Zahlwerte unter Beachtung der Gesamtsumme 1 zuordnen. Dass aber die Anzahl 70 in der Realität nicht auftreten kann, ist damit nicht gesagt ...!

3.1.4 Subjektive Wahrscheinlichkeiten

Die bisherigen Überlegungen erlauben es, Wahrscheinlichkeiten für Zufallsexperimente anzusetzen, für die der Laplace-Ansatz oder der frequentistische Ansatz sinnvoll sind. Dabei war es stets das Ziel, die „innewohnenden",

[7] Genauso nahe liegend und auch üblich ist die Bezeichnung ***statistische Wahrscheinlichkeiten*** (vgl. *Büchter* 2006, S. 11).

aber unbekannten objektiven Wahrscheinlichkeiten angemessen zu schätzen. Diese Ansätze sind jedoch nicht immer möglich. Ereignisse, die unwiederholbar oder nicht oft genug wiederholbar sind, entziehen sich prinzipiell dem frequentistischen Ansatz. Laplace-Ansätze werden in der Regel bei wiederholbaren Zufallsexperimenten gemacht, sind jedoch nicht unbedingt hierauf beschränkt. Es gibt aber viele einmalige Situationen, in denen die Annahme der Gleichwahrscheinlichkeit nicht sinnvoll erscheint.

Betrachten wir als typisches Beispiel den schon erwähnten Ausgang des nächsten Bundesligaspiels zwischen Schalke 04 und Bayern München. Der Schalke-Fan, der mit 90% auf den Sieg von Schalke setzt, bringt damit seine mehr oder weniger intuitive, subjektive Sicht zum Ausdruck, bei deren Zustandekommen neben Informationen über die Spielstärke der beiden Mannschaften auch der affektiven Disposition „Schalke-Fan“ eine entscheidende Rolle zukommt. Seine Überzeugung kann dahingehend interpretiert werden, dass er ein anderes Ergebnis für unwahrscheinlich hält. Diese Einschätzung kann durch ein wie auch immer geartetes Spielergebnis am nächsten Samstag weder bestätigt noch widerlegt werden. Die Aussage des Schalke-Fans kann also weder als „richtig“ noch als „falsch“ klassifiziert werden. Möglicherweise würde er nach fünf nacheinander folgenden Niederlagen seines Teams das nächste Spiel anders beurteilen, er würde also aus Erfahrung lernen. Dies ist ähnlich, wie man auch beim Schätzen der Wahrscheinlichkeiten eines Riemer-Quaders durch wiederholtes Werfen „lernen“ kann.

Beim Würfel-Beispiel zu Abb. 3.1 auf S. 159 hat Armin dreimal mit einer der drei Möglichkeiten gewürfelt und Beate berichtet, dass er zuerst eine Drei, dann eine Zwei und schließlich wieder eine Drei gewürfelt hat. Er hat ihr aber nicht verraten, welche Möglichkeit er gewählt hatte. Ganz ohne Information wird Beate möglicherweise zunächst jeder Wahl die Wahrscheinlichkeit $\frac{1}{3}$ zubilligen. Wenn sie aber die Information über die drei Würfe hat, wird sie ihre subjektive Einschätzung revidieren: Eine gewürfelte Drei spricht nach den bisherigen Betrachtungen am ehesten für das Würfeln mit den fünf Münzen oder mit dem Riemer-Quader. Die Zwei spricht am ehesten für das Würfeln mit dem Laplace-Würfel oder mit den fünf Münzen. Beate revidiert also aufgrund der drei Wurfergebnisse Drei, Zwei und Drei ihre Einschätzung vielleicht auf 60% für die Wahl der fünf Münzen und je 20% für die Wahl der beiden anderen Würfel. Der Satz von Bayes in Abschnitt 3.2.4 wird die Revision dieser subjektiven Einschätzungen rechnerisch nachvollziehen.

Typisch für diese Wahrscheinlichkeitseinschätzungen ist es, dass Bewertungen mit „mehr“ oder „weniger wahrscheinlich“ allenfalls qualitativ und stets subjektiv sind. Die Wahrscheinlichkeitsaussagen stellen Vermutungen dar. Vermutungen, die sich nicht bewährt haben, werden in der Regel verworfen, revidiert oder durch bessere ersetzt. Insbesondere kann es für dasselbe Ereig-

nis verschiedene, manchmal gleich glaubwürdige, manchmal unterschiedlich glaubwürdige Hypothesen geben.
Dieser Ansatz ***subjektiver Wahrscheinlichkeiten*** ist ein subjektives Maß für den persönlichen Grad der Überzeugung. Die folgenden Beispiele für einfache Ereignisse wurden von Schülerinnen und Schülern der Sekundarstufe I selbst formuliert:

- Mit 20 bist Du größer als 1,70 m.
- Beim Würfeln fällt eine 6.
- Du bekommst noch Geschwister.
- Morgen scheint die Sonne.
- Im nächsten Sommer machst Du eine Urlaubsreise ins Ausland.
- Beim Hochsprung schaffst Du im ersten Versuch einen Meter.
- Du schaffst das Abitur.

Für die Zuordnung von Schätzwerten, d. h. subjektiven Wahrscheinlichkeiten, zu solchen Ereignissen kann man eine „subjektive Wahrscheinlichkeitsskala" erstellen. Dies ist eine Strecke, auf der Ereignisse entsprechend ihrer Wahrscheinlichkeit angeordnet werden. Der linke Streckenendpunkt symbolisiert das unmögliche Ereignis, der rechte Streckenendpunkt das sichere Ereignis. Man kann dann jedem Ereignis intuitiv einen Punkt auf der Skala zuordnen, und zwar entsprechend des subjektiven Zutrauens in sein Eintreffen. Von links nach rechts steigt die Wahrscheinlichkeit an. Die Skala wird anschließend normiert, das heißt, der linke Streckenendpunkt erhält die Wertzuweisung 0, der rechte Endpunkt die Wertzuweisung 1. Durch einen Messprozess kann dann jedem eingetragenen Ereignis eine Zahl zwischen 0 und 1, seine Wahrscheinlichkeit, zugeordnet werden.

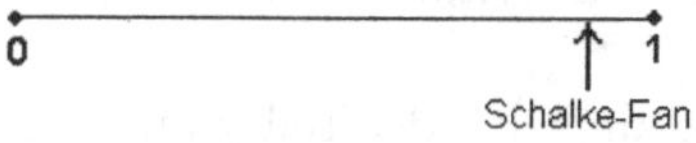

Abb. 3.12. Der Schalke-Fan

Der Schalke-Fan im Fußball-Beispiel würde seine persönliche Überzeugung für einen Sieg von Schalke auf einer subjektiven Wahrscheinlichkeitsskala wie in Abb. 3.12 ausdrücken. Durch Messen an der Skala erhält er seine subjektive Wahrscheinlichkeit 90%. Man kann dies auch über Chancenverhältnisse quantifizieren. Sehr geläufig sind Sprechweisen wie „fifty-fifty" oder „70 zu 30". Intuitiv ist auch klar, was mit Sprechweisen wie „ich wette 1000 zu 1, dass ... " gemeint ist. Intuitiv ist ebenfalls klar, dass jemand, der 1000 zu 1 wettet einen höheren subjektiven Überzeugungsgrad hat als jemand, der „nur" 100 zu 1 wettet.

3.1.5 Vergleich der Ansätze

Bisher sind wir bei jedem Zufallsexperiment von der Existenz einer „innewohnenden" objektiven Wahrscheinlichkeit ausgegangen, die wir durch verschiedene Ansätze wenigstens näherungsweise zu bestimmen versuchten.

- Der Laplace-Wahrscheinlichkeitsansatz ist ein theoretischer Ansatz a priori, d. h. vor Durchführung des fraglichen Zufallsexperiments, rein aus der Vernunft gewonnen.
- Der frequentistische Wahrscheinlichkeitsansatz ist ein empirischer Ansatz a posteriori, d. h. nach Durchführung des fraglichen Zufallsexperiments gewonnen.
- Der subjektive Wahrscheinlichkeitsansatz ist ein theoretischer Ansatz, in dem häufig eigene Erfahrungen verankert sind und in den eigene Wünsche eingehen können.

Für den rechnerischen Umgang mit den Wahrscheinlichkeiten gelten nach Satz 12 und Satz 13 die gleichen Eigenschaften für Laplace-Wahrscheinlichkeiten und relative Häufigkeiten.

Der frequentistische Ansatz impliziert, dass sich bei m Durchführungen des betrachteten Zufallsexperiments m nicht notwendigerweise verschiedene Ergebnisse ergeben. Die aus dem frequentistischen Ansatz gewonnenen Wahrscheinlichkeiten für die Elementarereignisse sind notwendig ≥ 0 und ergeben zusammen 1. Die Wahrscheinlichkeit für ein Ereignis wird durch Klassenbildung als Summe der Wahrscheinlichkeiten der zugehörigen Elementarereignisse gewonnen. Innerhalb des frequentistischen Ansatzes gelten also automatisch die in Satz 13 beschriebenen Eigenschaften der relativen Häufigkeiten.

Aus dem Laplace-Ansatz $P(E) = \frac{\text{„günstige"}}{\text{„mögliche"}}$ folgen zwangsläufig die Eigenschaften der Nichtnegativität, Normiertheit und Additivität der Wahrscheinlichkeiten.

Bei der Beschreibung des Riemer-Quaders wurde aufgrund der Teilsymmetrie eine Mischform aus frequentistischem Ansatz und Laplace-Ansatz gewählt. Zur Festlegung der Elementarereignisse wurden für die kongruenten Flächen dieselben Zahlwerte gewählt, deren Größe von den relativen Häufigkeiten motiviert war und so gewählt war, dass die Gesamtsumme 1 ergab. Auch für diese Wahrscheinlichkeiten gelten alle Eigenschaften der relativen Häufigkeiten.

Der subjektive Ansatz wurde durch eine Wahrscheinlichkeitsskala veranschaulicht. Hier liegen die Wahrscheinlichkeiten ebenfalls zwischen 0 und 1 = 100%. Die Chancen für alle möglichen Elementarereignisse zusammen ergeben 100%. Die Wahrscheinlichkeit für ein Ereignis ergibt sich in natürlicher Weise als Summe der Wahrscheinlichkeiten der zugehörigen Elementarereignisse, so dass auch die subjektiven Wahrscheinlichkeiten die Eigenschaften der relativen Häufigkeiten besitzen.

Wir haben Wege gefunden, Wahrscheinlichkeiten zu gewinnen und mit ihnen zu rechnen, haben aber immer noch keine Klärung, was „Wahrscheinlichkeit" im mathematischen Sinn eigentlich ist. Ein gemeinsames Merkmal der inhaltlich gefundenen Wahrscheinlichkeiten ist die Nichtnegativität der Wahrscheinlichkeiten, ihre Normiertheit (die Wahrscheinlichkeiten für Elementarereignisse ergeben zusammen 1) und ihre Additivität (die Wahrscheinlichkeit für zwei disjunkte Ereignisse ist die Summe der Wahrscheinlichkeiten der beiden Ereignisse).
Die bisherigen Betrachtungen wurden anhand der konkreten Beispiele durchgeführt. Für die mathematische Begriffsbildung müssen allgemein gültige Festlegungen (Axiome und Definitionen) getroffen werden. Diese dürfen nicht mit irgendwelchen konkreten Situationen verknüpft sein. Diese Begriffsbildung wird in den nächsten drei Abschnitten für endliche, abzählbar unendliche und überabzählbare Ergebnismengen durchgeführt.

3.1.6 Axiomatisierung für endliche Ergebnismengen

Abb. 3.13. Kolmogorov

In seinem berühmten Vortrag beim Second International Congress of Mathematicians im Jahr 1900 in Paris hat *David Hilbert* (1862–1943) 23 Probleme genannt, deren Lösung seiner Meinung nach die wichtigste Aufgabe der Mathematik des 20. Jahrhunderts sein würde. Das sechste Problem war die mathematische Behandlung der Axiome der Physik, worunter er auch die Axiomatisierung der Wahrscheinlichkeitstheorie verstand. Für eine den heutigen mathematischen Ansprüchen genügende Beschreibung von Wahrscheinlichkeiten musste die Bindung des Wahrscheinlichkeitsbegriffs an konkrete Situationen aufgegeben werden, obwohl die Wahrscheinlichkeitstheorie zur Beschreibung der Realität verwendet werden soll. Es war *Andrej Nikolajewitsch Kolmogorov* (1903–1987), der in seinem Werk „Grundbegriffe der Wahrscheinlichkeitsrechnung" (*Kolmogorov* 1933) diesen Schritt vollzogen hat.
Im Ansatz *Kolmogorovs* wird nicht mehr an die Anschauung appelliert und von einer objektiven Wahrscheinlichkeit eines Ereignisses ausgegangen, sondern *Kolmogorov* geht von einer (endlichen oder unendlichen) Menge Ω und einer Teilmenge $\mathcal{F}$ der Potenzmenge $\mathcal{P}(\Omega)$ aus, deren Elemente „zufällige Ereignisse" heißen. *Kolmogorov* verlangt nun die folgenden Axiome: $\mathcal{F}$ muss ein „Wahrscheinlichkeitsfeld" sein, d. h. zu zwei Elementen von $\mathcal{F}$ sind auch deren Vereinigung und deren Durchschnitt in $\mathcal{F}$ enthalten, und Ω und $\emptyset$ müssen

Elemente von $\mathcal{F}$ sein[8]. Jeder Menge E aus $\mathcal{F}$ wird eine nicht negative reelle Zahl P(E) zugeordnet, die „Wahrscheinlichkeit des Ereignisses E“ heißt. Es gelten $\mathcal{P}(\Omega) = 1$ und für disjunkte Mengen A, B aus $\mathcal{F}$ die Additivität $P(A \cup B) = P(A) + P(B)$.

Mit Sätzen der Art „Das Ereignis E hat die Wahrscheinlichkeit p“ oder „Die Ereignisse E_1 und E_2 sind unvereinbar“ werden nicht die bisherigen, anschaulichen Bedeutungen verbunden, sondern sie bezeichnen gewisse, zunächst unbestimmte Beziehungen, die erst durch die Axiome implizit festgelegt werden. Die Axiome entsprechen den Spielregeln beim Schachspiel, die festlegen, wie man ziehen darf. So legt die Turm-Spielregel fest, was man mit einem Turm *machen* darf, aber nicht, was ein Turm *ist*, wie er aussieht usw. Das Axiomensystem selbst bringt also nicht eine Tatsache zum Ausdruck, sondern stellt nur eine mögliche Form eines Systems von Verknüpfungen dar. Erst hinterher wird die axiomatische Theorie zu konkreten Interpretationen angewendet. Im Falle, dass Ω endlich ist, schlägt Kolmogorov die Potenzmenge als geeigneten Wahrscheinlichkeitsfeld vor. Im Falle, dass Ω unendlich ist, führt *Kolmogorov* noch ein weiteres Axiom ein, das er „Stetigkeitsaxiom“ nennt (und das im Falle, dass Ω endlich ist, automatisch gilt).

Die Axiome für die Wahrscheinlichkeitsverteilung sind natürlich nicht beliebig, sondern genau den wesentlichen gemeinsamen Eigenschaften der bisher untersuchten Ansätze nachempfunden. Im endlichen Fall mit der Potenzmenge als Wahrscheinlichkeitsfeld kommt *Kolmogorov* mit drei Axiomen für die Wahrscheinlichkeitsverteilung P aus, gefordert werden nur die Eigenschaften *Nichtnegativität*, *Normiertheit* und *Additivität*. Andere von den bisherigen Wahrscheinlichkeitsansätzen bekannte Eigenschaften lassen sich hieraus deduzieren. Diese Definition ist *effizient*, d. h. sie enthält so wenig Axiome wie möglich, und diese sind *widerspruchsfrei*. Das so entstandene Axiomensystem ist *valide*, d. h. es beschreibt mathematisch präzise die zur Diskussion stehenden Situationen, Objekte und Prozesse.

---

22 **Definition 22 (Axiomensystem von Kolmogorov im endlichen Fall)** Ein ***Wahrscheinlichkeitsraum*** (Ω, P) ist ein Paar bestehend aus einer nichtleeren endlichen Menge

$$\Omega = \{\omega_1, \ldots, \omega_n\}$$

und einer Funktion

$$P \colon \mathcal{P}(\Omega) \to \mathbb{R}$$

---

[8]In dem für uns wichtigsten Fall, dass Ω endlich ist, verwenden wir die Potenzmenge $\mathcal{P}(\Omega)$ und haben diese Axiome automatisch erfüllt.

mit den Eigenschaften

(I) $P(E) \geq 0$ für alle Teilmengen E von Ω (Nichtnegativität),

(II) $P(\Omega) = 1$ (Normiertheit),

(III) $P(E_1 \cup E_2) = P(E_1) + P(E_2)$ für alle Teilmengen E_1, E_2 mit $E_1 \cap E_2 = \emptyset$ (Additivität).

Ω heißt ***Ergebnismenge***, $\mathcal{P}(\Omega)$ ***Ereignismenge***, P ***Wahrscheinlichkeitsverteilung*** (oder ***Wahrscheinlichkeitsfunktion***) und $P(E)$ ***Wahrscheinlichkeit*** des Ereignisses E.

Durch dieses Axiomensystem wird die Wahrscheinlichkeit als normiertes ***Maß*** definiert, d. h. jedem der zur Diskussion stehenden Objekte, hier den Ereignissen, wird eine reelle Zahl zugeordnet mit den Eigenschaften Nichtnegativität, Normiertheit und Additivität.

Auftrag

Vergleichen Sie dies mit anderen Maßen wie Länge, Flächeninhalt, Volumen, Geldwerten und Gewicht[9]. Diese sind allerdings nicht normiert.

Aus den drei Axiomen von Kolmogorov lassen sich weitere bekannte Eigenschaften der bisherigen Wahrscheinlichkeitsansätze herleiten:

Satz 14 (Eigenschaften einer Wahrscheinlichkeitsverteilung) (Ω, P) sei ein endlicher Wahrscheinlichkeitsraum. Dann gilt: 14

a. $P(\emptyset) = 0$,

b. $P(E) \leq 1$ für jede Teilmenge E.

c. $P(\bar{E}) = 1 - P(E)$ für jede Teilmenge E,

d. $P(E_1 \cup E_2) = P(E_1) + P(E_2) - P(E_1 \cap E_2)$ für alle Teilmengen E_1, E_2.

e. Speziell gilt $P(E) = \sum\limits_{\omega \in E} P(\{\omega\})$ und $P(\Omega) = \sum\limits_{\omega \in \Omega} P(\{\omega\}) = \sum\limits_{i=1}^{n} P(\{\omega_i\}) = 1$.

Beweis 5 (Beweis von Satz 14) Die Beweise für (a), (b) und (c) folgen aus ähnlichen Argumenten:[10]

$1 \underset{(II)}{=} P(\Omega) = P(\Omega \cup \emptyset) \underset{(III)}{=} P(\Omega) + P(\emptyset) = 1 + P(\emptyset)$, woraus $P(\emptyset) = 0$ folgt.

$1 \underset{(II)}{=} P(\Omega) = P(E \cup \bar{E}) \underset{(III)}{=} P(E) + P(\bar{E}) \geq P(E)$, woraus $P(E) \leq 1$ und $P(\bar{E}) = 1 - P(E)$ folgen.

[9]Hier ist der umgangssprachliche Gebrauch des Worts „Gewicht" gemeint, der eigentlich die Masse meint.

[10]Bei Umformungen, bei denen eines der drei Axiome angewendet wurde, haben wir dies unter dem Gleichheitszeichen vermerkt.

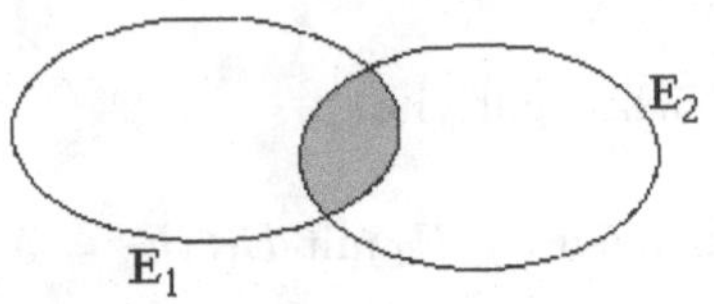

Abb. 3.14. Venn-Diagramm

Den Beweis von (d) verdeutlicht das Mengendiagramm in Abb. 3.14. Solche Diagramme heißen nach dem englischen Geistlichen und Logiker *John Venn* (1834–1923) auch ***Venn-Diagramme***.[11] Sie sind ein wichtiger Schritt für die Beweisfindung. Bei der Verwendung muss man beachten, dass die Skizze im engeren Sinn nur eine spezielle Visualisierung der betrachteten Situation ist. Die beiden Mengen könnten auch disjunkt sein oder die eine in der anderen liegen. Der Beweis umfasst jedoch alle möglichen Fälle:

$$\begin{aligned} P(E_1 \cup E_2) &= P(E_1 \setminus E_2 \cup (E_1 \cap E_2) \cup E_2 \setminus E_1) = \\ &\underset{(III)}{=} P(E_1 \setminus E_2) + P(E_1 \cap E_2) + P(E_2 \setminus E_1) = \\ &= P(E_1 \setminus E_2) + P(E_1 \cap E_2) + P(E_2 \setminus E_1) + P(E_1 \cap E_2) \\ &\quad -P(E_1 \cap E_2) = \\ &\underset{(III)}{=} P(E_1) + P(E_2) - P(E_1 \cap E_2) . \end{aligned}$$

Die Aussage (e) folgt durch mehrfaches Anwenden des Axioms (III).

Die in Axiom (III) verlangte Eigenschaft wird in manchen Büchern auch „spezieller Additionssatz“ genannt, die Eigenschaft (d) heißt dann entsprechend „allgemeiner Additionssatz“.

Aufgabe 33 (Vereinigung mehrerer Ereignisse) Entwickeln und beweisen Sie eine Verallgemeinerung von Satz 14d für die Wahrscheinlichkeiten $P(E_1 \cup E_2 \cup E_3)$ und $P(E_1 \cup E_2 \cup E_3 \cup E_4)$ der Vereinigung von 3 bzw. 4 Ereignissen. Versuchen Sie, dies weiter auf die Vereinigung von n Ereignissen zu verallgemeinern.

Für die Festlegung von Wahrscheinlichkeitsverteilungen ist der folgende Satz sehr praktisch:

15 **Satz 15 (Festlegung von Wahrscheinlichkeitsverteilungen)** Ist $\Omega = \{\omega_1, \omega_2, \ldots, \omega_n\}$ eine endliche Ergebnismenge, so ist eine Wahrscheinlichkeitsverteilung P durch ihre Werte für die Elementarereignisse eindeutig festgelegt. Wird hierfür jedem $\omega_i \in \Omega$ eine Zahl $P(\{\omega_i\}) \in [0; 1]$ zugeordnet, wobei

[11] Eigentlich sollten diese Mengendiagramme ***Euler-Diagramme*** heißen, da sie schon von *Leonhard Euler* (1707–1783) eingeführt worden sind.

$\sum_{i=1}^{n} P(\{\omega_i\}) = 1$ gilt, und wird festgesetzt

$$P(E) := \sum_{\omega \in E} P(\{\omega\}),$$

so ist P ein Wahrscheinlichkeitsverteilung auf $\mathcal{P}(\Omega)$. Die Umkehrung gilt ebenfalls.

Aufgabe 34 (Festlegung von Wahrscheinlichkeitsverteilungen)
Beweisen Sie Satz 15.

3.1.7 Erweiterung auf abzählbar unendliche Ergebnismengen

Der Fall, in dem die Ergebnismenge Ω unendlich ist, zerfällt in den einfacher zu behandelnden Fall, dass Ω abzählbar unendlich ist und den komplexeren, in Abschnitt 3.1.8 dargestellten Fall, dass Ω überabzählbar ist. Im endlichen und im abzählbar unendlichen Fall spricht man auch von ***diskreten*** Wahrscheinlichkeitsräumen.

Der Einfachheit halber schreiben wir für die Wahrscheinlichkeit von Elementarereignissen ab jetzt $P(\omega)$ anstelle von $P(\{\omega\})$, was eine übliche, den Schreibaufwand verringernde Konvention ist.

Im abzählbaren Fall $\Omega = \{\omega_1, \omega_2, \omega_3, \ldots\}$ lassen sich analog zu Satz 15 Wahrscheinlichkeitsverteilungen P auf $\mathcal{P}(\Omega)$ konstruieren. Man ordnet hierzu jedem Elementarereignis $\{\omega_i\}$ eine nichtnegative Zahl $P(\omega_i)$ derart zu, dass $\sum_{i=1}^{\infty} P(\omega_i) = 1$ gilt. Dann wird die Wahrscheinlichkeitsverteilung P durch $P(E) = \sum_{\omega_i \in E} P(\omega_i)$ für alle Teilmengen E von Ω definiert. Jede dieser endlichen oder unendlichen Summen für $P(E)$ ist wohldefiniert, da die Gesamtsumme $\sum_{i=1}^{\infty} P(\omega_i)$ *absolut konvergent* ist (d. h. jede Umordnung konvergiert mit dem gleichen Reihenwert; vgl. *Heuser* 1990, S. 192).

Betrachten wir hierzu das in Abschnitt 3.1.1 auf S. 163 erwähnte Zufallsexperiment „Warten auf die erste Sechs", bei dem mit einem Laplace-Würfel solange gewürfelt wird, bis die erste Sechs erscheint. Die Ergebnisse sind die für den Erfolg, also für das erste Auftreten einer Sechs, benötigten Würfelanzahlen. Es ergibt sich folglich die abzählbar unendliche Ergebnismenge $\Omega_5 = \{1, 2, 3, \ldots\}$. Wenn man beim vierten Mal die erste Sechs geworfen hat, so hat man dreimal keine Sechs geworfen, was jeweils die Laplace-Wahrscheinlichkeit $\frac{5}{6}$ aufweist, und beim vierten Mal eine Sechs erzielt, was die Laplace-Wahrscheinlichkeit $\frac{1}{6}$ hat. Man könnte versuchen, diesem Elementarereignis $\{\omega_4\}$ mit $\omega_4 = 4$ die Wahrscheinlichkeit

$$P(\omega_4) := \left(\frac{5}{6}\right)^{4-1} \cdot \frac{1}{6}$$

zuzuschreiben. Analoge Wahrscheinlichkeiten $P(\omega_i)$ werden den anderen Elementarereignissen $\{\omega_i\}$ zugeordnet. Wegen der geometrischen Summenformel[12]

$$1 + q + q^2 + \ldots + q^n = \frac{1 - q^{n+1}}{1 - q}$$

hat die Reihe

$$\sum_{i=1}^{\infty} \left(\frac{5}{6}\right)^{i-1} \cdot \frac{1}{6} = \frac{1}{6} \cdot \sum_{i=0}^{\infty} \left(\frac{5}{6}\right)^{i} = \frac{1}{6} \cdot \frac{1}{1 - \frac{5}{6}} = 1$$

den Wert 1, so dass in der Tat durch unsere Festlegung der $P(\omega_i)$ eine Wahrscheinlichkeitsverteilung P definiert wird. Unser „Wahrscheinlichkeitsansatz" mit den Zahlen $P(\omega_i)$ für die Elementarereignisse $\{\omega_i\}$ ist bisher nur intuitiv geschehen. Eine Begründung erfolgt in 3.2.3 durch die Pfadregeln.
Bei endlicher Ergebnismenge ist nach Satz 15 die Festlegung einer Wahrscheinlichkeitsverteilung durch die Kolmogorov-Axiome und durch die Festsetzung auf den Elementarereignissen gleichwertig. Bei abzählbar unendlicher Ergebnismenge gilt jedoch nur die eine Richtung. Zwar folgen die Kolmogorov-Axiome in der Formulierung von Definition 22 aus der Festlegung auf den Elementarereignissen, aber nicht umgekehrt! Der tiefere Grund ist, dass Axiom (III) nur die Additivität von P für zwei disjunkte Ereignisse fordert. Aus diesem Axiom kann zwar (etwa durch vollständige Induktion) gefolgert werden, dass $P\left(\bigcup_{i=1}^{m} E_i\right) = \sum_{i=1}^{m} P(E_i)$ für jede Vereinigung endlich vieler, paarweise disjunkter Ereignisse E_i gilt, aber eben nur endlich vieler[13]. Bei der Definition von P durch Festlegung auf den Elementarereignissen gilt diese Additivität sogar für Summen abzählbar unendlich vieler, paarweise disjunkter Ereignisse, also gilt

$$P\left(\bigcup_{i=1}^{\infty} E_i\right) = \sum_{i=1}^{\infty} P(E_i), \text{ falls } E_i \cap E_j = \emptyset \text{ für alle } i \neq j\,.$$

Man nennt diese stärkere Eigenschaft ***σ-Additivität*** der Wahrscheinlichkeitsverteilung. Diese Eigenschaft gilt aus folgendem Grund: Wegen $\sum_{i=1}^{\infty} P(\omega_i) = 1$, wobei alle Summanden positiv sind, ist die Reihe absolut kon-

[12]Die Formel folgt z. B. durch Ausmultiplizieren von $(1+q+q^2+\ldots+q^n)\cdot(1-q)$.

[13]Wir verwenden hier die abkürzende Schreibweise $\bigcup_{i=1}^{m} E_i = E_1 \cup E_2 \cup \ldots \cup E_m$.

vergent. Also konvergiert *jede beliebige* Teilfolge, und *jede beliebige* Umordnung der Teilfolge hat dabei denselben Reihenwert (vgl. *Heuser* 1990, S. 197). Aus dem Kolmogorov-Axiom (III) lässt sich diese σ-Additivität *nicht* folgern. Beispiele hierfür sind allerdings nicht einfach zu finden, das folgende wird von *Norbert Henze* (2000, S. 187) zitiert: Es gibt eine Funktion P, die auf allen Teilmengen von $\mathbb{N}$ definiert ist, welche nur die Werte 0 und 1 annimmt und nur endlich-additiv ist. Diese mit Hilfe des Auswahlaxioms[14] definierte Funktion hat die Eigenschaft, auf allen endlichen Teilmengen von $\mathbb{N}$ den Wert 0 und auf allen unendlichen Teilmengen von $\mathbb{N}$ mit endlichem Komplement den Wert 1 zu haben. Wäre diese Funktion sogar σ-additiv, so würde man sofort den Widerspruch

$$1 = P(\Omega) = P\left(\bigcup_{i=1}^{\infty}\{\omega_i\}\right) = \sum_{i=1}^{\infty} P(\omega_i) = \sum_{i=1}^{\infty} 0 = 0$$

erhalten. Sie kann folglich nicht σ-additiv sein, erfüllt aber alle Axiome der Definition 22. Um wieder die Äquivalenz von Kolmogorov-Axiomen und Festsetzung der Wahrscheinlichkeitsverteilung auf den Elementarereignissen wie in Satz 15 für den endlichen Fall zu haben, wird das Additivitäts-Axiom (III) durch das σ-Additivitäts-Axiom (III') ersetzt.

Definition 23 (Kolmogorov-Axiome im abzählbar unendlichen Fall) Ein ***Wahrscheinlichkeitsraum*** (Ω, P) ist ein Paar bestehend aus einer nichtleeren abzählbaren Menge Ω und einer Funktion 23

$$P\colon \mathcal{P}(\Omega) \to \mathbb{R}$$

mit den Eigenschaften

(I) $P(E) \geq 0$ für alle Teilmengen E von $\mathcal{P}(\Omega)$ (Nichtnegativität),

(II) $P(\Omega) = 1$ (Normiertheit),

(III') Für abzählbar viele, paarweise disjunkte Teilmengen E_i aus $\mathcal{P}(\Omega)$ gilt

$$P\left(\bigcup_{i=1}^{\infty} E_i\right) = \sum_{i=1}^{\infty} P(E_i) \quad (\sigma\text{-Additivität}).$$

3.1.8 Ausblick auf überabzählbare Ergebnismengen

Überabzählbare Ergebnismengen erweisen sich schon bei einfachen Beispielen als mögliche Modellansätze. Ein Beispiel ist ein Glücksrad wie in Abb. 3.15. Das Rad wird angestoßen und bleibt dann nach einigen Drehungen stehen.

---

[14] Gegeben sei eine Menge M von nichtleeren Mengen. Das erstmals von *Emil Zermelo* (1871–1953) formulierte Auswahlaxiom besagt, dass man gleichzeitig aus jeder Menge von M genau ein Element auswählen kann (vgl. *Dudley* 1989, S. 70).

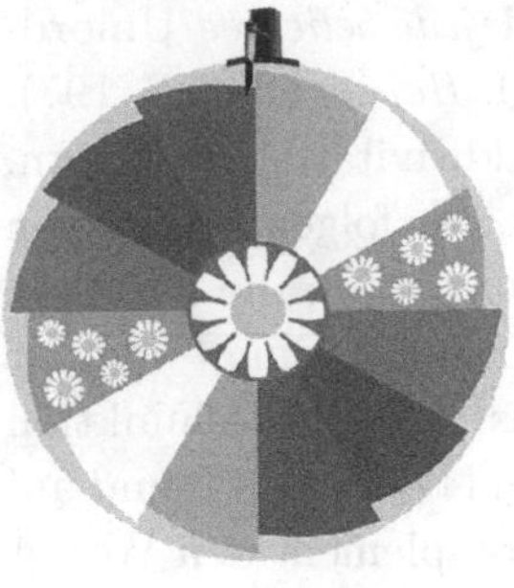

Abb. 3.15. Glücksrad

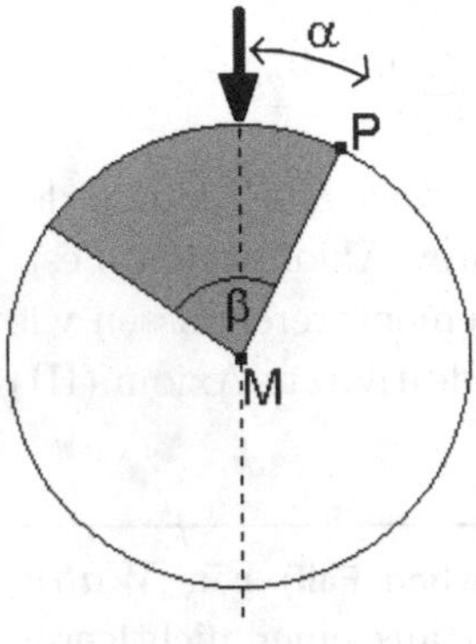

Abb. 3.16. Sektor

Gewonnen hat der Sektor, der unter dem Zeiger steht. Wie wahrscheinlich ist dies für einen Sektor? In Abb. 3.16 ist ein vereinfachtes Glücksrad mit nur zwei Sektoren. Hierfür kann man folgenden Ansatz machen: Auf dem Rand wird ein Punkt P ausgezeichnet. Die Endlage des Rads wird dann eindeutig durch den von der Vertikalen im Uhrzeigersinn gemessenen Winkel α gemessen. Die Ergebnismenge ist also die überabzählbare Menge $\Omega = [0, 2\pi)$. Um in jedem Fall Eindeutigkeit zu haben, verwenden wir links geschlossene, rechts offene Intervalle. Der graue Sektor gewinnt genau dann, wenn $\alpha < \beta$ ist, das entsprechende Ereignis ist also $E = [0, \beta)$. Zwar sind bei einem idealen Glücksrad alle möglichen Winkel α gleichberechtigt[15], aber ein Laplace-Ansatz ist bei einer unendlichen Menge prinzipiell unmöglich, wie am Ende von Abschnitt 3.1.2 begründet wurde. Man kann aber die Werte des Maßes Wahrscheinlichkeit durch geometrische Maße in der Figur ausdrücken. Hier liegen die Maße Winkelgröße, Flächeninhalt und Bogenlänge nahe, was zum Ansatz

$$P(E) = \frac{\beta}{2\pi} = \frac{\text{Flächeninhalt des grauen Sektors}}{\text{Inhalt des Kreises}} = \frac{\text{Bogenlänge des grauen Sektors}}{\text{Umfang des Kreises}}$$

führt. Dieser Ansatz bewährt sich auch nach einer Versuchsserie gemäß dem empirischen Gesetz der großen Zahlen (vgl. S. 174). Man spricht bei diesem und ähnlichen Ansätzen vom *geometrischen Wahrscheinlichkeitsansatz*, weil die Wahrscheinlichkeiten von geometrischen Maßen abgeleitet worden sind. Auf diese Weise können im Wesentlichen nur für Ereignisse, die Intervalle von Ω sind, Wahrscheinlichkeiten angegeben werden.

In Abb. 3.2 auf S. 163 wurde als Ergebnis der Winkel gewählt, den ein geworfener Würfel zur Tischkante bildet. Die Ergebnismenge war $\Omega = [0°; 45°]$. Wartet man auf einen Telefonanruf, der irgendwann zwischen 17 und 18 Uhr erfolgen soll, so kann man die Wartezeit in Minuten als Ergebnis wählen und bekommt die Ergebnismenge $\Omega = [0; 60]$. Misst man die Länge eines Nagels,

---

[15] Schülerinnen und Schüler sehen das oft anders: Sie argumentieren z. B. mit einem sehr großen und schweren Glücksrad auf der Kirmes, das sie gar nicht ein ganzes Mal drehen können.

der aus einer Gesamtheit produzierter Nägel zufällig gewählt wurde, so kann man als Ergebnis die in mm gemessene Länge wählen und etwa als Ergebnismenge $\Omega = [0; \infty)$ ansetzen. Bei allen Beispielen wird der Modellcharakter des Ansatzes deutlich: Ein physikalisches Maß, hier Winkelgröße, Zeit oder Länge, wird als stetige Größe aufgefasst.

Diese Beschreibung der Natur mit stetigen Größen hat sich seit vielen hundert Jahren bewährt, obwohl nicht erst seit der Entwicklung von Atom- und Quantenphysik davon ausgegangen wird, dass die Natur oft „eher körnig ist"; genauer müsste man sagen, dass sie besser durch ein diskretes Modell zu beschreiben ist. Es ist sicherlich unsinnig, von beliebig kleinen Winkelmaßen oder Längen zu sprechen, spätestens in atomaren Bereichen versagt der stetige Ansatz. Sogar die Zeit, die uns am ehesten als stetig vorkommt, wird in neueren physikalischen Theorien als körnig angesetzt; man geht von der Existenz einer kleinsten Zeiteinheit aus. Trotzdem haben sich stetige Modelle in der Physik ebenso wie in der Wahrscheinlichkeitsrechnung als sehr erfolgreich erwiesen. Dies liegt insbesondere daran, dass die mathematische Beschreibung mit stetigen und differenzierbaren Funktionen schon im 18. und 19. Jahrhundert weit entwickelt war. Wir werden diesem Phänomen an einer ganz anderen Stelle wieder begegnen: Es ist die Approximation der im Kern durch einen endlichen Laplace-Ansatz beschriebenen Binomialverteilung (vgl. Abschnitt 3.6.1) durch eine differenzierbare Funktion, der Gauß'schen φ-Funktion. Heute, wo leistungsfähige Computer zur Verfügung stehen, ist man nicht mehr auf stetige Ansätze beschränkt, verwendet sie jedoch aus theoretischen und aus praktischen Gründen immer noch in vielen Situationen. Die Wahl eines stetigen oder diskreten Modells ist also durchaus willkürlich und von subjektiven, normativen Gesichtspunkten abhängig.

Betrachten wir das Beispiel des Telefonanrufs genauer. Armin verspricht, Beate zwischen 17 und 18 Uhr anzurufen. Der Anruf erfolgt also zum Zeitpunkt 17:00 + t, wobei t in Minuten gemessen wird. Als Zufallsexperiment betrachtet, wird diese in Minuten gemessene Zeit t als Ergebnis und damit die Ergebnismenge $\Omega = [0; 60]$ gewählt. Jeden Zeitpunkt zwischen 17 und 18 Uhr betrachten wir als gleichwahrscheinlich. Ein Laplace-Ansatz ist wegen der unendlichen Ergebnismenge nicht möglich. Jedoch ist es sinnvoll, die Wahrscheinlichkeit für einen Anruf zwischen 17:00 und 17:10 als $\frac{10}{60}$ anzusetzen. Wie beim Glücksrad hat man damit wieder ein physikalisches Maß, hier die Zeit, zum Wahrscheinlichkeitsansatz verwendet. Allgemein ist die Wahrscheinlichkeit für einen Anruf zwischen zwei aufeinander folgenden Zeitpunkten t_1 und t_2 mit $\frac{t_2 - t_1}{60}$ anzugeben. Insbesondere ist die Wahrscheinlichkeit für einen isolierten Zeitpunkt $t_1 = t_2$ gleich Null. Trotzdem ist dieses Ereignis nicht unmöglich! Somit sind zumindest Wahrscheinlichkeiten für alle Teilmengen von Ω definiert, die Intervalle sind. Die Frage, ob diese Intervalle abgeschlossen, offen oder halboffen sind, ist hier unerheblich, da feste Zeitpunkte die Wahrscheinlichkeit Null haben. Dieser Ansatz lässt sich übertragen auf Teilmengen E von Ω, die aus der Vereinigung höchstens abzählbar vieler Intervalle I_i bestehen. Genauer verlangen wir in Anlehnung an die Additivität der Wahrscheinlichkeitsverteilung bei endlichem Ω bzw. die σ-Additivität bei abzählbar unendlichem Ω, dass E Vereinigung höchstens abzählbar unendlich vieler, paarweise disjunkter Intervalle I_i ist, und setzen

$$P(E) := \sum_{i=1}^{\infty} P(I_i) \quad \text{für } E = \bigcup_{i=1}^{\infty} I_i \,.$$

Die Summe konvergiert, da alle Summanden positiv sind und jede endliche Teilsumme durch 1 beschränkt ist. Hier wird die Bedeutung der Darstellung von E durch *höchstens abzählbar viele* Teilmengen deutlich. Eine Darstellung als Vereinigung beliebig vieler Teilmengen ist zur Definition unbrauchbar, da eine Summierung nur über eine endliche oder abzählbar unendliche Indexmenge möglich ist. Für alle für das Telefon-Problem sinnvollen Teilmengen ist damit der Wahrscheinlichkeitsansatz gelungen.
Der Wahrscheinlichkeitsansatz für die Wartezeit beim Telefonieren lässt sich auch durch eine stetige Funktion darstellen. Diese Funktion soll ausdrücken, dass die Wahrscheinlichkeit für einen Anruf innerhalb des reellen Intervalls $\Omega = [0; 60]$ überall gleich ist, für ganz Ω gleich 1 und außerhalb von Ω gleich Null ist. Mit der durch

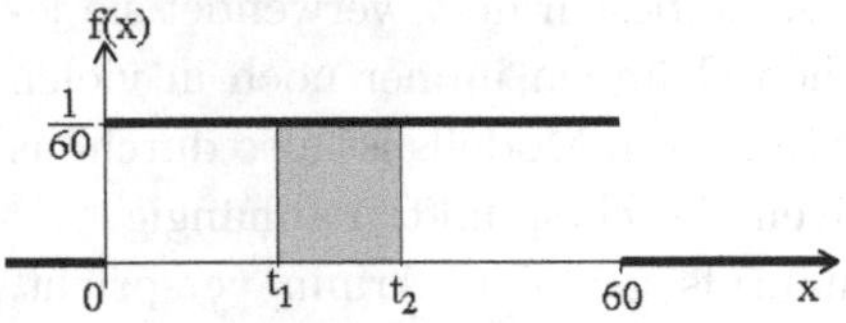

Abb. 3.17. Die Telefonfunktion

$$f\colon \mathbb{R} \to \mathbb{R},\ x \mapsto \begin{cases} 0 & \text{für } x < 0 \\ \frac{1}{60} & \text{für } 0 \le x \le 60 \\ 0 & \text{für } x > 60 \end{cases}$$

definierten reellen Funktion f lässt sich die Wahrscheinlichkeit für das Intervall $E = [t_1; t_2]$ als

$$P(E) = \int_{t_1}^{t_2} f(x)\,\mathrm{d}x$$

beschreiben (vgl. Abb. 3.17). Hier werden Wahrscheinlichkeiten durch das Maß „Flächeninhalt“ gewonnen. Die Funktion f heißt ganz anschaulich ***Dichtefunktion*** der Wahrscheinlichkeit. Diese Beschreibung für das Telefonproblem mag etwas übertrieben erscheinen, sie zeigt aber den Weg zu Verallgemeinerung. Von den drei charakterisierenden Eigenschaften einer Wahrscheinlichkeitsverteilung, der Nichtnegativität, Normiertheit und Additivität, ist die dritte durch den Integralansatz stets gewährleistet. Die beiden anderen Eigenschaften sind beim vorliegenden Beispiel durch die Definition der

Funktionsvorschrift auch erfüllt und müssen sonst axiomatisch verlangt werden.

Ein solcher Integral-Ansatz kann in vielen Anwendungen, die zu einer überabzählbaren Ergebnismenge führen, gemacht werden. Es sind die ***stetigen Wahrscheinlichkeitsräume***. Man setzt dabei voraus, dass Ω die Menge der reellen Zahlen oder ein endliches oder unendliches Intervall von $\mathbb{R}$ ist. Man kann jetzt mit Hilfe so genannter ***Dichtefunktionen*** eine Wahrscheinlichkeitsverteilung definieren für Teilmengen, die Intervalle von Ω sind.

Eine Dichtefunktion ist eine auf $\mathbb{R}$ nichtnegative, integrierbare Funktion f mit dem Integralwert $\int\limits_{-\infty}^{\infty} f(x)\,\mathrm{d}x = 1$. Sie sehen, dass jetzt die drei Eigenschaften Nichtnegativität, Normiertheit und Additivität Eigenschaften des Integrals sind bzw. in der Definition stecken. Für das „Intervall-Ereignis" $E = [a, b] \subseteq \Omega$ wird dann $P(E) := \int\limits_a^b f(x)\,\mathrm{d}x$ festgesetzt. Wie im Telefonbeispiel ist es unerheblich, ob abgeschlossene, offene oder halboffene Intervalle gewählt werden, und lässt sich diese Definition auf Teilmengen von Ω, die Vereinigung höchstens abzählbar vieler, paarweise disjunkter Intervalle sind, übertragen. Hier gilt sogar die σ-Additivität. Für Teilmengen von Ω wie der überabzählbaren Menge

$$E = \{x \in \Omega | \text{die Dezimalentwicklung von } x \text{ enthält nur die Ziffern } 0,\ 1,\ 2\}$$

liefert der Integral-Ansatz keine Wahrscheinlichkeit: Weder ist E ein Intervall, noch lässt sich E als endliche oder abzählbar unendliche Vereinigung von Intervallen darstellen. Welche Wahrscheinlichkeit kann E zugeschrieben werden? Teilmengen wie E sind bei der Frage des Telefonanrufs unbedeutend, für eine mathematisch exakte Definition der Wahrscheinlichkeit im überabzählbaren Fall muss dies jedoch geklärt sein. Der tiefere Grund für diese Probleme liegt darin, dass wir beim Integral-Ansatz das Maß „Riemann-Integral" zur Definition verwenden. Riemann-messbar sind jedoch zwar Intervalle, aber nicht Teilmengen wie E. In der Analysis verallgemeinert man deshalb den Integralbegriff durch das Lebesque-Integral (vgl. *Heuser* 2002, S. 84 f.). Mit Dichtefunktionen werden wir uns wieder in Abschnitt 3.8.3 beschäftigen.

Wie wir gesehen haben, gelingt bei stetigen Wahrscheinlichkeitsräumen für gewisse Teilmengen von Ω mit Hilfe von Dichtefunktionen die Definition von Wahrscheinlichkeiten, für viele andere Teilmengen von Ω bleiben Fragezeichen. Dies ist ein prinzipielles Problem bei überabzählbaren Ergebnismengen: Bei ihrer Axiomatisierung muss die Idee der Potenzmenge als Ereignismenge aufgegeben werden, und es müssen geeignete kleinere Systeme $\mathcal{F}$ von Teilmengen der Ergebnismenge als Ereignismenge gewählt werden. Was heißt geeignet? Das Ziel ist es, Zufallsexperimente zu beschreiben. Es muss sichere und unmögliche Ereignisse geben, also müssen Ω und $\emptyset$ in $\mathcal{F}$ enthalten sein. Zu einem Ereignis muss es auch sein Gegenereignis, zu zwei Ereignissen muss es das Und- und das Oder-Ereignis geben. Das bedeutet, dass mit E, E_1 und E_2 auch $\bar{E}$, $E_1 \cap E_2$ und $E_1 \cup E_2$ in $\mathcal{F}$ enthalten sein müssen. Damit sind auch Schnitte und Vereinigungen von jeweils endlich vielen Teilmengen wieder in $\mathcal{F}$ enthalten. Das reicht jedoch nicht aus. Schon bei abzählbar unendlichen Ergebnismengen sind wir auf das Problem der σ-Additivität gestoßen. Diese war notwendig, um die Wahrscheinlichkeitsverteilung auf $\mathcal{P}(\Omega)$ durch die Festlegung der Wahrscheinlichkeit auf den Elementarereignissen zu gewinnen. Um σ-Additivität zu gewährleisten, müssen Schnitte und Vereinigungen von jeweils abzählbar unendlich vielen Teilmengen wieder in $\mathcal{F}$ enthalten sein. *Kolmogorov* hat solche Mengensysteme anschaulich „Wahrscheinlichkeitsfeld" genannt, heute spricht man von σ-Algebren:

---

24 **Definition 24 (σ-Algebra)** Eine Familie $\mathcal{F}$ von Teilmengen einer nichtleeren Menge Ω heißt ***σ-Algebra***, wenn gilt:

(I) $\Omega \in \mathcal{F}$,

(II) aus $E \in \mathcal{F}$ folgt $\bar{E} \in \mathcal{F}$,

(III) enthält $\mathcal{F}$ die höchstens abzählbar vielen Teilmengen $E_1, E_2, E_3, \ldots$, dann gilt auch $\bigcup_{i=1}^{\infty} E_i \in \mathcal{F}$.

Aufgabe 35 (Eigenschaften einer σ-Algebra) Beweisen Sie, dass bei einer σ-Algebra $\mathcal{F}$ auch die leere Menge und abzählbar viele Durchschnitte von Mengen aus $\mathcal{F}$ wieder in $\mathcal{F}$ liegen.

Ersetzt man bei den Kolmogorov-Axiomen in Definition 22 für den endlichen Fall die Potenzmenge durch eine σ-Algebra und das Axiom (III) der Additivität wieder durch das Axiom (III') der σ-Additivität, so bekommt man die allgemeine Definition eines Wahrscheinlichkeitsraums:

---

25 **Definition 25 (Axiomensystem von Kolmogorov im allgemeinen Fall)** Ein Wahrscheinlichkeitsraum $(\Omega, \mathcal{F}, P)$ ist ein Tripel bestehend aus einer nichtleeren Menge Ω, einer σ-Algebra $\mathcal{F}$ von Teilmengen von Ω und einer Funktion

$$P\colon \mathcal{F} \to [0;1]\,,$$

genannt Wahrscheinlichkeitsverteilung, mit den Eigenschaften

(I) $P(E) \geq 0$ für alle Teilmengen E aus $\mathcal{F}$ (Nichtnegativität),
(II) $P(\Omega) = 1$ (Normiertheit),
(III') für abzählbar viele, paarweise disjunkte Teilmengen E_i aus $\mathcal{F}$ gilt

$$P\left(\bigcup_{i=1}^{\infty} E_i\right) = \sum_{i=1}^{\infty} P(E_i) \text{ } (\sigma\text{-Additiviät}).$$

Auch im überabzählbaren Fall ist die Potenzmenge von Ω eine σ-Algebra. Der Ansatz von $\mathcal{F} = P(\Omega)$ ist aber nicht möglich: Wie wir oben gesehen hatten, müssten die Elementarereignisse alle die Wahrscheinlichkeit 0 haben. Es ist ein tiefer Satz der Maßtheorie, dass es keine Funktion P gibt, die im überabzählbaren Fall auf der Potenzmenge definiert ist, auf den einelementigen Teilmengen den Wert 0 hat und die Axiome einer Wahrscheinlichkeitsverteilung erfüllt (vgl. *Plachky* 1981, S. 7). Am Beispiel des Glücksrads aus Abb. 3.16 auf S. 190 werden wir im Folgenden sogar eine Teilmenge der dortigen Ergebnismenge $\Omega = [0, 2\pi)$ konstruieren, von der wir sicher sein können, dass sie nicht in der Ereignismenge liegen kann (nach *Reichel* u. a. 1992, S. 125 f.). Die Potenzmenge kann also nicht verwendet werden. Dies macht die Schwierigkeiten aus!
Kehren wir zum Glücksrad zurück! Zu zwei Winkeln $\alpha, \varphi \in \Omega$ und einer ganzen Zahl $n \in \mathbb{Z}$ sei $\alpha^{(n)} \in \Omega$ der Winkel, der entsteht, wenn man das Glücksrad von α aus n-mal jeweils um φ weiterdreht und zwar mit der Uhr für $n > 0$, gegen die Uhr für $n < 0$, gar nicht für $n = 0$. Weiter sei

$$A_\alpha := \{\ldots, \alpha^{(-2)}, \alpha^{(-1)}, \alpha^{(0)} = \alpha, \alpha^{(1)}, \alpha^{(2)}, \alpha^{(3)}, \ldots\}$$

die Menge aller solcher Winkel. Ist $\varphi = \frac{p}{q} \cdot \pi$ ein rationaler Bruchteil von π, so ist spätestens nach $2q$ Drehungen in die eine oder die andere Richtung wieder der Winkel α erreicht, und A_α ist eine endliche Menge. Wenn jedoch φ ein irrationaler Bruchteil von π ist, so entstehen lauter verschiedene Winkel, und A_α ist eine abzählbar unendliche Menge.
Wir wählen einen Winkel $\varphi \in \Omega$, der ein irrationaler Bruchteil ist, und einen beliebigen Winkel $\alpha \in \Omega$. Da Ω überabzählbar ist, können wir einen zweiten Winkel $\beta \in \Omega$ wählen, der nicht in A_α enthalten ist. Mit β konstruieren die entsprechende Menge A_β. Natürlich sind A_α und A_β disjunkt. Jetzt wählen wir einen Winkel $\gamma \in \Omega$, der nicht in $A_\alpha \cup A_\beta$ enthalten ist. In Gedanken können wir dieses Verfahren so lange fortsetzen, bis alle Winkel aus Ω in der folgenden Matrix enthalten sind:

$$
\begin{array}{lllllllll}
A_\alpha = \{\ldots, & \alpha^{(-2)}, & \alpha^{(-1)}, & \alpha^{(0)}, & \alpha^{(1)}, & \alpha^{(2)}, & \alpha^{(3)}, & \ldots\} \\
A_\beta = \{\ldots, & \beta^{(-2)}, & \beta^{(-1)}, & \beta^{(0)}, & \beta^{(1)}, & \beta^{(2)}, & \beta^{(3)}, & \ldots\} \\
A_\gamma = \{\ldots, & \gamma^{(-2)}, & \gamma^{(-1)}, & \gamma^{(0)}, & \gamma^{(1)}, & \gamma^{(2)}, & \gamma^{(3)}, & \ldots\} \\
\vdots & \underbrace{\vdots}_{B_{-2}} & \underbrace{\vdots}_{B_{-1}} & \underbrace{\vdots}_{B_0} & \underbrace{\vdots}_{B_1} & \underbrace{\vdots}_{B_2} & \underbrace{\vdots}_{B_3} & \vdots
\end{array}
$$

Diese Matrix hat abzählbar unendlich viele Spalten und überabzählbar unendlich viele Zeilen (und ist natürlich nur ein gedankliches Konstrukt)! Die Elemente in den Spalten werden zu den abzählbar unendlich vielen, aber selbst überabzählbaren Mengen

$$B_i := \{\alpha^{(i)}, \beta^{(i)}, \gamma^{(i)}, \ldots\},\ i \in \mathbb{Z},$$

zusammengefasst. Die Menge B_i entsteht aus B_0 durch Drehen um $i \cdot \varphi$. Wir nehmen als Zusatzannahme[16] an, dass alle Winkelbereiche B_i gleichwahrscheinlich sind. Wenn diesen Mengen ein Wahrscheinlichkeitsmaß zugeordnet werden kann, so muss gelten $P(B_i) = p$ für alle $i \in \mathbb{Z}$. Alle Mengen B_i zusammen ergeben gerade ganz Ω. Aus der σ-Additivität folgt also

$$\sum_{i=-\infty}^{\infty} p = \sum_{i=-\infty}^{\infty} P(B_i) = P\left(\bigcup_{i=-\infty}^{\infty} B_i\right) = P(\Omega) = 1\,.$$

Ob aber nun $p = 0$ oder $p > 0$ ist, in beiden Fällen liefert die obige Gleichung einen Widerspruch. Den Mengen B_i kann also kein Wahrscheinlichkeitsmaß zugeordnet werden.

Im Falle stetiger Wahrscheinlichkeitsräume mit der Verwendung von Dichtefunktionen ist die zugrundeliegende σ-Algebra eine sogenannte ***Borel'sche σ-Algebra*** (nach dem französischen Mathematiker *Emile Borel* (1871–1956)), die von den Intervallen erzeugt wird. Eine Borel'sche σ-Algebra enthält also diese Intervalle und alle weiteren Teilmengen, die nach den Axiomen einer σ-Algebra dazugehören müssen. Die Werte der Wahrscheinlichkeitsverteilung P sind eindeutig durch die Werte von P auf diesen Intervallen festgelegt. Diese sind über die Dichtefunktion definiert.

Aufgabe 36 (Intervalle und σ-Algebren) Zeigen Sie, dass eine σ-Algebra, die alle offenen (oder alle rechts halboffenen oder alle links halboffenen oder alle abgeschlossenen) reellen Intervalle enthält, auch alle anderen Intervallarten enthält. Insbesondere gehören alle einelementigen Teilmengen zur σ-Algebra.

[16] Diese Annahme ist nicht mathematisch herleitbar, sondern eine notwendige normative Setzung, zu der es inhaltlich keine sinnvolle Alternative gibt.

Man kommt also bei der Definition einer Borel'schen σ-Algebra mit einer kleineren Intervallmenge aus. Üblicherweise verwendet man die links halboffenen (oder die rechts halboffenen) Intervalle. Dadurch ist für alle reellen Zahlen a, b, c mit $a < b < c$ die disjunkte Zerlegung $[a, c) = [a, b) \cup [b, c)$ sehr einfach möglich.

Wie so oft bei überabzählbaren Mengen werden auch hier die intuitiven Vorstellungen verletzt. Beispielsweise kann ein Ereignis E, das die Wahrscheinlichkeit $P(E) = 0$ hat, durchaus auftreten. Das Eintreten von E ist nur extrem unwahrscheinlich. Betrachten wir hierzu nochmals das Telefon-Beispiel. Die zugehörige Borel'sche σ-Algebra $\mathcal{F}$ wird von den links halboffenen Intervallen erzeugt. Nach Aufgabe 36 gehört das Elementarereignis $\{t\} = [t, t]$ für alle $t \in [0, 60]$ zur σ-Algebra und hat die Wahrscheinlichkeit $P(t) = \int\limits_t^t f(x)\,dx = 0$. Dieses Elementarereignis kann aber eintreten. Auf der anderen Seite kann man aus $P(E) = 1$ ebenso wenig $E = \Omega$ schließen. Beispielsweise sind die unendlich vielen rationalen Zahlen r_i in $\Omega = [0; 60]$ abzählbar. Wegen

$$E = \{x \in \Omega | x \text{ irrational}\} = \Omega \setminus \bigcup_{i=1}^{\infty} \{r_i\}$$

gehört das Ereignis E zur σ-Algebra. Für seine Wahrscheinlichkeit folgt

$$1 = P(\Omega) = P\left(E \cup \bigcup_{i=1}^{\infty} \{r_i\}\right) = P(E) + \sum_{i=1}^{\infty} P(r_i) = P(E) + \sum_{i=1}^{\infty} 0 = P(E)\,.$$

Obwohl also E „unendlich viel weniger Elemente" als Ω hat, ist seine Wahrscheinlichkeit 1! Allerdings ist E kein inhaltlich sinnvolles Ereignis.

Im Folgenden werden wir es im Wesentlichen mit endlichen, allenfalls abzählbar unendlichen Ergebnismengen zu tun haben. Überabzählbare Ergebnismengen werden nur im Zusammenhang mit Dichtefunktionen vorkommen, so dass der Begriff der σ-Algebra nicht mehr benötigt wird. Für die Vertiefung der Wahrscheinlichkeitsrechnung sind sie allerdings wesentlich (vgl. *Krickeberg* & *Ziezold* 1995).

Die in 3.1.6–3.1.8 genauer betrachtete Theorie von *Kolmogorov* ist sehr anschaulich und direkt den Eigenschaften der relativen Häufigkeiten nachgebildet. Durch seine Axiome ist der Wahrscheinlichkeitsbegriff mathematisch präzise festgelegt. Diese Axiome sind Eigenschaften, die unsere zu Beginn betrachteten Wahrscheinlichkeiten ohnedies haben. Der wesentliche Punkt ist die Abkehr von der Bindung des Wahrscheinlichkeitsbegriffs an konkrete Situationen. Wenn man ein Zufallsexperiment näher betrachtet, so kann man aus verschiedenen Perspektiven unterschiedliche Unterscheidungen für einen Wahrscheinlichkeitsansatz gemäß der Kolmogorov'schen Axiome machen, z. B.:

- Ist das Experiment wiederholbar oder nicht wiederholbar?
- Ist die Ergebnismenge endlich, abzählbar unendlich oder überabzählbar?
- Wie werden Wahrscheinlichkeits-Ansätze konkret gewonnen, etwa durch einen Laplace-, frequentistischen, subjektiven oder geometrischen Ansatz?

Wer sich schon ausführlicher mit Geometrie beschäftigt hat, wird bei der Axiomatisierung der Wahrscheinlichkeiten durch *Kolmogorov* an die Analogie zur Axiomatisierung der Geometrie in dem 1899 erschienenen Werk *Grundlagen der Geometrie* von *David Hilbert* (1862–1943) denken (vgl. *Henn* 2003). Seit *Euklid* wurden 2000 Jahre lang die geometrischen Grundbegriffe aus der Anschauung heraus begründet, z. B. „definiert" *Euklid* „Ein Punkt ist, was keine Teile hat." Dies entspricht den „objektiven Wahrscheinlichkeiten". *Hilbert* vollzog die Trennung des Mathematisch-Logischen vom Sinnlich-Anschaulichen. Wie bei den Axiomen *Kolmogorovs* ist es für *Hilberts* axiomatisch aufgebaute Theorie zunächst gleichgültig, ob die Axiome irgendeinem Erfahrungsbereich entspringen oder mit einem Erfahrungsbereich verträglich sind. Da aber Wahrscheinlichkeitslehre und Geometrie letztendlich zur Beschreibung der objektiven Realität geeignet sein sollen, wurde in beiden Fällen die Theorie durch Auswahl geeigneter Axiome an die Erfahrung der Realität angepasst.

3.1.9 Stochastische Modellbildung

Wie schon in der Einleitung dargestellt, ist nach *Freudenthal* Stochastik ein *Musterbeispiel angewandter Mathematik*. Genauer wird die Mathematik dazu angewandt, Probleme aus der Realität mit Hilfe stochastischer Methoden zu lösen. Ein Modell für die Anwendung der Mathematik zur Lösung realer Probleme stellt der Modellbildungskreislauf in Abb. 3.18 dar.

Ausgehend von einem real betrachteten Zufallsexperiment, der *realen Situation* im Schaubild des Modellbildungskreislaufs, werden die Ergebnisse festgelegt und somit das *Realmodell* erstellt. Durch Mathematisieren werden diese durch eine Menge Ω, die Ergebnismenge, und eine dazugehörige Ereignismenge $\mathcal{F}$ beschrieben. Unter Beachtung des betrachteten Zufallsexperiments und der hierfür gemachten Entscheidungen wird eine geeignete Funktion P: $\mathcal{F} \to \mathbb{R}$ definiert, die *Wahrscheinlichkeitsverteilung*, welche die Kolmogorov-Axiome erfüllen muss. Jetzt ist das *mathematische Modell* konstruiert. Diese Festlegung der Wahrscheinlichkeitsverteilung ist kein Problem der mathematischen Wahrscheinlichkeitstheorie, sondern das (oft kompliziertere) Problem, wie man die Realität in einem mathematischen Modell beschreiben kann. Die Wahrscheinlichkeitstheorie lehrt dann, aus den vorhan-

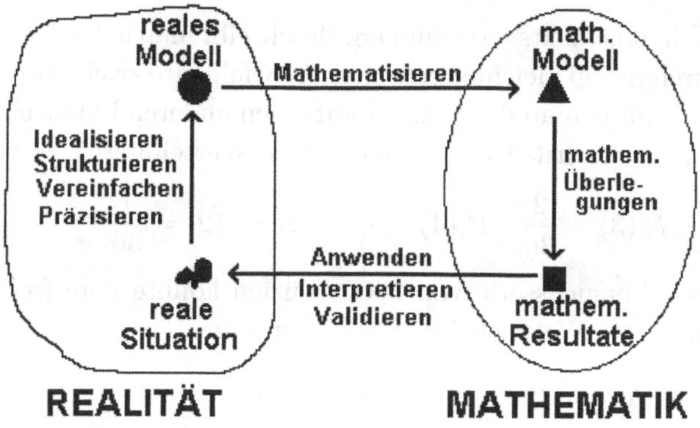

Abb. 3.18. Modellbildungskreislauf

denen Wahrscheinlichkeiten neue zu berechnen. Mit Hilfe der Mathematik erhält man also *mathematische Resultate*, die ihrerseits wieder in der Realität gedeutet werden müssen und dort Aussagen darstellen, die sich als sinnvoll oder als nicht sinnvoll erweisen. Hat man die Funktionswerte von P so gewählt, dass alle Elementarereignisse denselben Wert bekommen, so hat man ein ***Laplace-Modell*** angesetzt. Wurden für die Werte von P auf den Elementarereignissen bekannte relative Häufigkeiten verwendet, so hat man ein ***frequentistisches Modell*** angesetzt. Wurden die Funktionswerte aufgrund von subjektiven Einschätzungen festgesetzt, so hat man ein ***subjektives Wahrscheinlichkeitsmodell*** verwendet. Ein angesetztes Modell kann mathematisch weder richtig noch falsch sein; ausgehend vom mathematischen Modell erfolgen mathematisch korrekte Folgerungen. Das Modell kann nur mehr oder weniger tauglich sein, das heißt die Folgerungen, die sich durch die Deutung in der Realität ergeben, können mehr oder weniger sinnvoll sein. Das Modell muss also validiert werden. Sind die Folgerungen nicht sinnvoll, so muss das Modell revidiert werden.

Betrachten wir nochmals als Beispiel den Wurf zweier Laplace-Würfel, wobei die Ergebnisse die Summe der beiden oben liegenden Zahlen sind. Auf Seiten der Mathematik wird also die Ergebnismenge $\Omega = \{2, 3, 4, \ldots, 12\}$ betrachtet. Es reicht, die Wahrscheinlichkeitsverteilung P auf den Elementarereignissen unter Berücksichtigung der Normiertheit zu definieren. Der Ansatz

$$P_1 \quad \text{mit } P_1(2) = P_1(3) = \ldots = P_1(11) = 0, \; P_1(12) = 1$$

führt ebenso wie der Laplace-Ansatz

$$P_2 \quad \text{mit } P_2(2) = P_2(3) = \ldots = P_2(12) = \frac{1}{11}$$

zu wohldefinierten Wahrscheinlichkeitsverteilungen. Beschreibt man in Gedanken die Würfelsumme durch die 36 gleichberechtigten Würfelpaare zweier unterscheidbarer Würfel, d. h. führt man den Ansatz auf einen anderen Laplace-Ansatz zurück, so erhält man die dritte Wahrscheinlichkeitsverteilung

$$P_3 \quad \text{mit } P_3(2) = \frac{1}{36}, P_3(3) = \frac{2}{36}, \quad P_3(4) = \frac{3}{36}, \ldots, P_3(12) = \frac{1}{36}\,.$$

Unter Zugrundelegen einer Versuchsserie von 1000 Würfen könnte man frequentistisch motiviert die vierte Wahrscheinlichkeitsverteilung

$$P_4 \quad \text{mit } P_4(2) = 0{,}02, P_4(3) = 0{,}06, P_4(4) = 0{,}08, P_4(5) = 0{,}10, \ldots,$$
$$P_4(12) = 0{,}03$$

festlegen. Alle vier Ansätze sind mathematisch gleichwertig und stellen vier verschiedene mathematische Modelle der realen Situation „Werfen mit zwei Würfeln" dar. Wenn man aber jetzt jeweils mathematische Resultate ableitet und diese wieder in der Realität deutet, so wird man nur mit dem dritten Modell oder mit dem vierten Modell brauchbare Ergebnisse bekommen.

3.2

3.2 Rechnen mit Wahrscheinlichkeiten

Eine wichtige Aufgabe der Wahrscheinlichkeitslehre ist die Bestimmung neuer Wahrscheinlichkeiten aus bekannten. Im ersten Abschnitt dieses Teilkapitels wird die Frage untersucht, wie das Eintreten eines Ereignisses, etwa der Tatsache, dass man eine Grippeschutzimpfung erhalten hat, die Wahrscheinlichkeit eines anderen Ereignisses, hier eine Grippeerkrankung, bedingt, und wie man dies quantitativ ausdrücken kann. Viele komplexere Zufallsexperimente lassen sich durch die Hintereinanderausführung einfacherer Zufallsexperimente beschreiben. Diese mehrstufigen Zufallsexperimente werden im zweiten Abschnitt behandelt. So kann das gleichzeitige Werfen von 5 Münzen auch durch das 5-fache Werfen von je einer Münze modelliert werden. Beate kann aus den bekannten Wahrscheinlichkeiten für die drei Würfel-Möglichkeiten in Abb. 3.1 auf S. 159 konkret die Wahrscheinlichkeit berechnen, welchen „Würfel"-Typ Armin für seine drei Würfe mit den Ergebnissen Drei, Zwei und wieder Drei verwendet hat. Im dritten Abschnitt geht es um diesen Zusammenhang bedingter Wahrscheinlichkeiten.

3.2.1 Bedingte Wahrscheinlichkeiten

Ein Beispiel soll die Problemstellung beleuchten: Armin hat fast in jedem Winter eine Grippe. Nun erhält Armin zum ersten Mal eine Grippeschutzimpfung. Er erwartet, dass sein Risiko, an Grippe zu erkranken, geringer geworden ist. Stochastisch gesprochen erwartet er, dass das Eintreten des Ereignisses „Teilnahme an einer Grippeschutzimpfung" das zweite Ereignis „Erkranken an Grippe" beeinflusst hat, dass also die beiden Ereignisse voneinander abhängig sind.

Man spricht umgangssprachlich öfter davon, dass ein Ereignis ein anderes bedingt oder beeinflusst bzw. dass das eine von dem anderen abhängig oder unabhängig ist. Die Frage, ob sich zwei Ereignisse beeinflussen, kann präzisiert werden zu der Frage, wie sich die Wahrscheinlichkeit des Eintretens eines Ereignisses ändert, wenn man schon weiß, dass ein anderes Ereignis eingetreten ist. Es geht also um die Frage, wie man Informationen (z. B. Armin wurde geimpft) quantitativ verarbeiten kann.

Im obigen Beispiel möge das Ereignis A: „Grippeschutzimpfung" und das Ereignis B: „Grippeerkrankung" bedeuten. B möge die Wahrscheinlichkeit $P(B)$ haben. Wenn man nun weiß, dass das Ereignis A: „Grippeschutzimpfung" eingetreten ist, so sollte sich die Wahrscheinlichkeit $P(B)$ verringern. Man spricht von der ***bedingten Wahrscheinlichkeit***, welche die Wahrscheinlichkeit des Eintretens von B beschreibt, wenn A schon eingetreten ist. Man verwendet für diese bedingte Wahrscheinlichkeit die Schreibweisen $P(B|A)$ oder $P_A(B)$; in diesem Buch werden wir überwiegend die erste Schreibweise verwenden. Die inhaltliche Beschreibung der bedingten Wahrscheinlichkeit scheint eindeutig zu sein. Es ist aber unklar, wie dieser qualitative Zusammenhang quantifiziert werden kann, d. h. wie die bekannten Wahrscheinlichkeiten $P(A)$ und $P(B)$ mit der neuen, bedingten Wahrscheinlichkeit $P(B|A)$ zusammenhängen.

Im Falle, dass wir für das betrachtete Zufallsexperiment mit den beiden fraglichen Ereignissen A und B das Laplace-Modell zugrunde legen, lassen sich Aussagen über bedingte Wahrscheinlichkeiten mathematisch *herleiten*:

Für eine Studie über die Wirksamkeit von Grippeschutzimpfungen wurden 960 Personen danach befragt, ob sie vor dem letzten Winter gegen Grippe geimpft waren und ob sie an Grippe erkrankt waren oder nicht. Die Daten wurden nach geimpft/nicht geimpft und erkrankt/nicht erkrankt ausgezählt, so dass sich die nebenstehende Tabelle 3.4, anschaulich ***Vierfeldertafel*** genannt, ergab.

Tabelle 3.4. Vierfeldertafel

	erkrankt	**nicht erkrankt**	
geimpft	117	389	506
nicht geimpft	289	165	454
	406	554	960

Aus diesem Bestand wird zufällig eine Datenkarte gezogen. Für die beiden Ereignisse
A: „war geimpft“ und
B: „hatte Grippe“
kann man aus der Tabelle die günstigen und die möglichen Fälle ablesen und Laplace-Wahrscheinlichkeiten angeben:

$$P(A) = \frac{506}{960} \approx 53\%\,, \quad P(B) = \frac{406}{960} \approx 43\%\,.$$

Dabei besteht die Ergebnismenge Ω aus den 960 Datenkarten, das Ereignis A aus den 506 Karten der Geimpften und analog das Ereignis B aus den 406 Karten der Erkrankten. Entsprechend ergeben sich Laplace-Wahrscheinlichkeiten für andere Ereignisse, z. B.
$\bar{A}$: „war nicht geimpft“ mit $P(\bar{A}) = \frac{454}{960} \approx 47\%$,
$A \cap B$: „war geimpft und hatte Grippe“ mit $P(A \cap B) = \frac{117}{960} \approx 12\%$.
Die Frage „Ich ziehe aus den in Ω zusammengefassten Datenkarten eine geimpfte Person. Wie wahrscheinlich ist es, dass diese Person an Grippe erkrankt ist?“ ist die Frage nach einer bedingten Wahrscheinlichkeit und lässt sich einfach durch die entsprechende Laplace-Wahrscheinlichkeit $P(B|A)$ modellieren. Die *möglichen* Fälle sind jetzt nur noch die 506 geimpften Personen, die *günstigen* Fälle sind die 117 geimpften Personen, die an Grippe erkrankt sind, es gilt also

$$P(B|A) = \frac{117}{506} \approx 23\%\,.$$

Die Impfung scheint also wirksam zu sein.
Diesen Laplace-Ansatz kann man sich in dem Venn-Diagramm von Abb. 3.19 veranschaulichen: Das Ω symbolisierende Rechteck enthält 960 nicht dargestellte Punkte für die 960 Elemente von Ω. Die A und B symbolisierenden Ellipsen enthalten 506 bzw. 406 dieser Punkte, genau 117 Punkte liegen im Durchschnitt $A \cap B$.

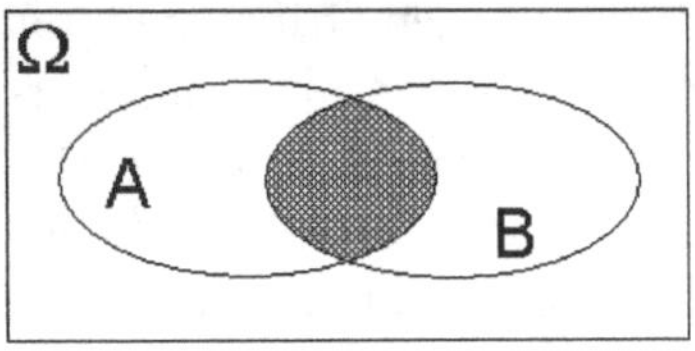

Abb. 3.19. Bedingte Laplace-Wahrscheinlichkeiten

Aus dem Laplace-Ansatz folgt

$$P(B|A) = \frac{|A \cap B|}{|A|} = \frac{\frac{|A \cap B|}{|\Omega|}}{\frac{|A|}{|\Omega|}} = \frac{P(A \cap B)}{P(A)}\,,$$

also wurde die neue Wahrscheinlichkeit $P(B|A)$ durch Werte der alten Wahrscheinlichkeitsverteilung P ausgedrückt.
Diese im Laplace-Modell *deduzierte* Darstellung der bedingten Wahrscheinlichkeiten wird im allgemeinen Fall zur *Definition* ver-

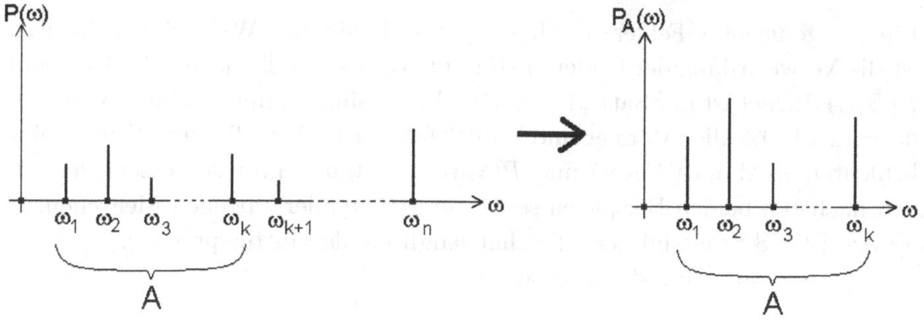

Abb. 3.20. Bedingte Wahrscheinlichkeiten

wendet. Dies ist für endliche Ergebnismengen überzeugend zu motivieren: Es seien $\Omega = \{\omega_1, \ldots, \omega_n\}$ und $A = \{\omega_1, \ldots, \omega_k\}$.
In Abb. 3.20 sind links die Wahrscheinlichkeiten der Elementarereignisse als Stabdiagramm dargestellt. Die Summe aller Stablängen ergibt 1, die Summe der zu A gehörigen Stablängen ergibt $P(A)$. Wenn nun A eingetreten ist, kann ein Elementarereignis außerhalb von A nicht mehr eintreten, d. h. für diese Wahrscheinlichkeiten gilt $P(\omega_i|A) = 0$ für $i = k+1, \ldots, n$. Daher müssen die restlichen Wahrscheinlichkeiten $P(\omega_j|A)$ für $j = 1, \ldots, k$ zusammen 1 ergeben. Das Plausibelste ist es, die alten Wahrscheinlichkeiten mit dem gleichen Faktor r zu gewichten, also $P(\omega_j|A) = r \cdot P(\omega_j)$ zu setzen (Abb. 3.20 rechts). Dieser Faktor ergibt sich dann wegen $1 = r \cdot P(\omega_1) + \ldots + r \cdot P(\omega_k) = r \cdot P(A)$ zu $r = \frac{1}{P(A)}$. Insgesamt ist damit die folgende allgemeine Definition motiviert:

Definition 26 (Bedingte Wahrscheinlichkeit) (Ω, P) sei ein diskreter Wahrscheinlichkeitsraum, $A \subseteq \Omega$ mit $P(A) > 0$. Dann heißt 26

$$P(B|A) := \frac{P(A \cap B)}{P(A)} \quad \text{für } B \subseteq \Omega$$

die ***bedingte Wahrscheinlichkeit*** für das Eintreten von B unter der Bedingung A.

Diese Definition der bedingten Wahrscheinlichkeit ist eine normative Setzung für einen Begriff, von dem man eine anschaulich-inhaltliche Vorstellung hat.

Aufgabe 37 (Die Wahrscheinlichkeitsverteilung P_A) Beweisen Sie, dass durch

$$P_A \colon \mathcal{P}(\Omega) \to \mathbb{R}, \; B \mapsto P_A(B) := P(B|A)$$

eine neue Wahrscheinlichkeitsverteilung auf $\mathcal{P}(\Omega)$ definiert wird.

Ein oft gemachter Fehler im Umgang mit bedingten Wahrscheinlichkeiten ist die Verwechslung der beiden bedingten Wahrscheinlichkeiten $P(A|B)$ und $P(B|A)$. Sicher ist der Satz „100% aller Väter sind Männer" richtig, wogegen der Satz „100% aller Männer sind Väter" falsch ist; die bedingten Wahrscheinlichkeiten $P(\text{Mann} \mid \text{Vater})$ und $P(\text{Vater} \mid \text{Mann})$ sind also verschieden. In den nächsten beiden Beispielen sei Ω die Menge aller lebenden Menschen:

- A: „ist US-Staatsbürger", B: „hat Englisch als Muttersprache".
- A: „ist Frau", B: „ist verheiratet".

Auftrag Bestimmen Sie jeweils Schätzwerte für $P(A|B)$ und $P(B|A)$!

Schon solche einfachen Beispiele machen klar, dass die beiden Zahlwerte in der Regel verschieden sein werden. In 3.2.4 wird die Bayes'sche Regel zeigen, wie die beiden Wahrscheinlichkeiten miteinander zusammenhängen.

Aufgabe 38 (Merkmale der deutschen Gesellschaft) In dem Schulbuch für die 10. Klasse *Gemeinschaftskunde 10 Baden-Württemberg Gymnasium* (Schroedel-Verlag 1985, S. 31) findet man unter dem Abschnitt „Merkmale der deutschen Gesellschaft" die in Abb. 3.21 gezeigte Graphik:

Das Elternhaus entscheidet noch immer über die Schulbildung

Allgemeine Schulbildung in Prozent

Beruflicher Status des Vaters	Volks-/Hauptschule	Mittlere Reife	Abitur
Beamter im höheren Dienst	13	23	66
Beamter im gehobenen Dienst	36	33	31
Fabrikant	38	35	27
Angestellter in leitender Stellung	43	32	25
Freiberuflich Tätiger	50	22	28
Selbständiger Kaufmann	57	28	15
Angestellter in mittlerer/einfacher Stellung	72	21	7
Beamter in mittlerer/einfacher Stellung	74	19	7
Meister im Angestelltenverhältnis	78	17	5
Selbständige in übrigen Berufen	79	15	6
Selbständiger Handwerker	84	12	4
Facharbeiter, Vorarbeiter	93	6	1
Selbständiger Landwirt	93	5	2
Hilfsarbeiter, angelernter Arbeiter	96	3	1

Abb. 3.21. Merkmale der deutschen Gesellschaft

Danach werden die zwei Aufgaben gestellt, die anhand der Tabelle beantwortet werden sollen:

1. Welche Berufsgruppen sind an weiterführenden Schulen überrepräsentiert, welche sind unterrepräsentiert?
2. Gibt es Gründe dafür, dass das Elternhaus über die Schulbildung der Kinder entscheidet?

Welche bedingten Wahrscheinlichkeiten spielen bei dieser Aufgabe eine Rolle?

3.2.2 Stochastische Unabhängigkeit

Beim Ausgangsbeispiel im vorangehenden Abschnitt, der Grippeschutzimpfung, geht man natürlich davon aus, dass die Wahrscheinlichkeit einer Grippeerkrankung nach der Schutzimpfung sinkt, die Grippeempfindlichkeit hängt also von der Schutzimpfung ab. Beim Roulette ist die Wahrscheinlichkeit für *Rouge* sicher unabhängig davon, ob *Noir* oder *Zero* beim letzten Wurf gefallen ist. Inhaltlich gesprochen bedeutet das, dass die Wahrscheinlichkeit für das Eintreten von B vom Eintreten von A mit $P(A) \neq 0$ nicht beeinflusst wird, also

$$P(B) = P(B|A)$$

gilt. Die Forderung $P(A) \neq 0$ ist inhaltlich keine Einschränkung. Bei einer endlichen Ergebnismenge bedeutet $P(A) = 0$, dass A nicht eintreten kann. Dann ist die Frage nach der Wahrscheinlichkeit von B beim Eintreten von A nicht sinnvoll. Zusammen mit der Definition der bedingten Wahrscheinlichkeit folgt aus $P(B) = P(B|A)$ die Formel

$$P(B) = \frac{P(A \cap B)}{P(A)} .$$

Das Umformen dieser Gleichung führt zur üblichen Definition der stochastischen Unabhängigkeit:

Definition 27 (Stochastische Unabhängigkeit von zwei Ereignissen) (P, Ω) sei ein Wahrscheinlichkeitsraum. Zwei Ereignisse A und B heißen ***stochastisch unabhängig***, wenn gilt 27

$$P(A) \cdot P(B) = P(A \cap B) .$$

Sonst heißen A und B ***stochastisch abhängig***.

Die mit inhaltlicher Bedeutung verbundene Definition „$P(B) = P(B|A)$“ wird also ersetzt durch die rechnerisch einfacher handhabbare Definition „$P(A) \cdot P(B) = P(A \cap B)$“. Sie ist für viele Anwendungen geeignet, zeigt zudem die Symmetrie und ist auch für $P(A) = 0$ oder $P(B) = 0$ gültig.

Aufgabe 39 (Eigenschaften der stochastischen Unabhängigkeit) Beweisen Sie:
a. Aus der Unabhängigkeit von A und B folgt die Unabhängigkeit von $\bar{A}$ und B, A und $\bar{B}$ und von $\bar{A}$ und $\bar{B}$.
b. Untersuchen Sie den Zusammenhang zwischen Unabhängigkeit und Unvereinbarkeit von zwei Ereignissen A und B.
c. Das Eintreten von B möge notwendig für das Eintreten von A sein („B zieht A nach sich"). Was lässt sich über die Unabhängigkeit von A und B sagen?

Die stochastische Unabhängigkeit von zwei Ereignissen A und B lässt sich einfach mit Hilfe einer ***Vierfeldertafel*** nachprüfen. In diese Tafel werden die folgenden Wahrscheinlichkeiten eingetragen:

Tabelle 3.5. Vierfeldertafel

	$P(B)$	$P(\bar{B})$
$P(A)$	$P(A \cap B)$	$P(A \cap \bar{B})$
$P(\bar{A})$	$P(\bar{A} \cap B)$	$P(\bar{A} \cap \bar{B})$

Sind die beiden Ereignisse stochastisch unabhängig, so muss diese Vierfeldertafel nach Definition der Unabhängigkeit mit der folgenden Multiplikationstafel übereinstimmen.

Tabelle 3.6. Unabhängigkeit

	$P(B)$	$P(\bar{B})$
$P(A)$	$P(A) \cdot P(B)$	$P(A) \cdot P(\bar{B})$
$P(\bar{A})$	$P(\bar{A}) \cdot P(B)$	$P(\bar{A}) \cdot P(\bar{B})$

Je stärker die Zahlenwerte der beiden Tabellen differieren, desto eher kann auf eine *inhaltliche* Abhängigkeit der beiden Ereignisse geschlossen werden. Dies ist natürlich nur eine qualitative Aussage. Die folgenden beiden Tabellen zeigen dies am Beispiel der Grippeschutzimpfung aus Abschnitt 3.2.1. Die linke Tabelle enthält die mit Hilfe von Tabelle 3.4 berechneten, auf 2 Nachkom-

Tabelle 3.7. Grippeschutzimpfung

	0,42	0,58
0,53	0,12	0,41
0,47	0,30	0,17

	0,42	0,58
0,53	0,22	0,31
0,47	0,20	0,27

mastellen gerundeten Wahrscheinlichkeiten, die rechte Tabelle ist die ebenso gerundete Multiplikationstafel.

Die beiden Tabellen unterscheiden sich so stark, dass von einer *inhaltlichen* Abhängigkeit der beiden Ereignisse ausgegangen werden muss. Damit können Aussagen wie „Eine Grippeschutzimpfung beugt wirksam gegen Grippe vor" begründet werden.

Man ist versucht, die Definition für Unabhängigkeit auch auf die Unabhängigkeit von mehr als zwei Ereignissen zu übertragen, also

$$P(E_1 \cap E_2 \cap \ldots \cap E_m) = P(E_1) \cdot P(E_2) \cdot \ldots \cdot P(E_m)$$

für die Unabhängigkeit von $E_1, E_2, \ldots, E_m$ zu verlangen. Das folgende Beispiel (nach *Kütting* 1999, S. 105) zeigt, dass diese Bedingung schon für drei Ereignisse E_1, E_2 und E_3 zu schwach ist. Es wird mit zwei unterscheidbaren Laplace-Würfeln, zuerst mit einem schwarzen, dann mit einem weißen, gewürfelt. Dies wird als Laplace-Experiment mit

$$\Omega = \{(1|1), (1|2), \ldots, (6|6)\} \text{ mit } |\Omega| = 36$$

modelliert. Betrachtet werden die Ereignisse
E_1: „Der schwarze Würfel zeigt eine Augenzahl größer als 4",
E_2: „Die Augensumme ist durch 3 teilbar",
E_3: „Die Augensumme ist durch 4 teilbar".

Auftrag

Bestimmen Sie mit dem Laplace-Ansatz die Wahrscheinlichkeiten $P(E_1)$, $P(E_2), P(E_3), P(E_1 \cap E_2)$ und $P(E_1 \cap E_2 \cap E_3)$!

Zwar gilt $P(E_1) \cdot P(E_2) \cdot P(E_3) = P(E_1 \cap E_2 \cap E_3)$, jedoch ist $P(E_1) \cdot P(E_2) \neq P(E_1 \cap E_2)$. Würde man die Definition beibehalten, so hätte man das merkwürdige Ergebnis, dass E_1, E_2 und E_3 unabhängig sind, E_1 und E_2 jedoch abhängig. Für eine stimmige Definition der Abhängigkeit von n Ereignissen muss man verlangen, dass für alle möglichen Schnittkombinationen der Ereignisse die Multiplikationsformel gilt. Genauer heißen m Ereignisse $E_1, E_2, \ldots, E_m$ unabhängig, wenn für alle k mit $1 \leq k \leq m$ und alle $i_1, \ldots, i_k \in \{1, \ldots, m\}$ gilt

$$P(E_{i_1} \cap \ldots \cap E_{i_k}) = P(E_{i_1}) \cdot \ldots \cdot P(E_{i_k}).$$

Dass die durch Definition 27 festgelegte Abhängigkeit oder Unabhängigkeit von zwei Ereignissen nicht notwendig anschaulich ist, zeigt die folgende Aufgabe:

Aufgabe 40 (Werfen einer Münze) Nach Wahl einer Wurfzahl n wird n-mal eine Münze geworfen; dann werden die beiden folgenden Ereignisse betrachtet:
A: Es fällt höchstens einmal Zahl,
B: Jede Seite der Münze kommt mindestens einmal vor.
Sind A und B Ihrer naiven Erwartung nach abhängig oder unabhängig? Stimmt das mit dem überein, was aus der Definition der Abhängigkeit folgt?

Die Frage, ob Ereignisse stochastisch unabhängig sind, kann von hoher praktischer Relevanz sein. Zwei Beispiele:
Erfahrungsgemäß öffnen sich Fallschirme in 999 von 1 000 Fällen. Durch Verwendung eines Reservefallschirms wird also das Risiko auf

$$\frac{1}{1\,000} \cdot \frac{1}{1\,000} = \frac{1}{1\,000\,000}$$

verringert. Wenn jedoch das Versagen des Fallschirms durch brüchige Nähte verursacht wird und Haupt- und Reservefallschirm aus derselben Tuchherstellung stammen, zieht das Argument der Unabhängigkeit nicht mehr.
Analog verweist die Luftfahrtindustrie unter Berufung auf die Multiplikationsregel auf ihren hohen Sicherheitsstandard durch den Einbau mehrfach ausgelegter Systeme. Jedoch können parallel geschaltete Sensoren und Aktoren von derselben Fehlerquelle zum selben Zeitpunkt gestört werden. Selbst wenn die Steuerungsprogramme mit verschiedenen Programmiersprachen unabhängig voneinander geschrieben wurden, kann bei allen derselbe Programmierfehler vorliegen.
Noch ein Beispiel, das zum Schmunzeln anregt: Ein Flugreisender, der Angst vor Attentaten hat, sollte stets eine Bombe mit sich führen. Die Wahrscheinlichkeit, dass gleichzeitig zwei Bomben an Bord sind, ist fast Null!
Bei den bisherigen Beispielen wird mit einer nicht zwangsläufig vorhandenen Unabhängigkeit argumentiert. Bei dem nächsten Beispiel wird umgekehrt fälschlicherweise von einer nicht vorhandenen Abhängigkeit ausgegangen:
Der Arzt eröffnet dem Patienten nach der Untersuchung: „Also, die Lage ist ernst. Sie sind sehr krank; statistisch gesehen überleben 9 von 10 Menschen diese Krankheit nicht.“ Der Patient erbleicht. „Sie haben aber Glück“, beruhigt der Arzt. „Ich hatte schon neun Patienten mit den gleichen Symptomen, und die sind alle tot.“ In diesem Beispiel, das auf *Georg Pólya* (1887–1985) zurückgeht, wird vorgegaukelt, die Ereignisse seien voneinander abhängig, nach neun Todesfällen müsse bei einer 10%-igen Überlebenschance notwendig der eine Überlebende kommen.

3.2.3 Baumdiagramme und Pfadregeln

In Abb. 3.1 auf S. 159 wurden fünf Münzen als eine Möglichkeit genommen, zufällig eine Zahl zwischen Eins und Sechs zu erhalten. Statt dessen kann man auch eine Münze fünfmal werfen. So etwas nennt man ***mehrstufiges Zufallsexperiment*** (hier 5-stufig). Genauer besteht ein mehrstufiges Zufallsexperiment aus der Hintereinanderausführung von endlich vielen Zufallsexperimenten mit Ergebnismengen $\Omega_1, \Omega_2, \ldots, \Omega_n$, man spricht dann auch von einem *n-stufigen Zufallsexperiment.* Im Beispiel sind dies die fünf Experimente „Werfen einer Münze" mit $\Omega_i = \{Kopf, Zahl\}, i = 1, \ldots, 5$. Ein Ergebnis eines n-stufigen Zufallsexperiments ist ein n-Tupel $(\omega_1|\omega_2|\ldots|\omega_n)$, mit $\omega_i \in \Omega_i$. Die kanonische Ergebnismenge für ein n-stufigen Zufallsexperiment ist also die Produktmenge

$$\Omega = \Omega_1 \times \Omega_2 \times \ldots \times \Omega_n \text{ mit } |\Omega| = |\Omega_1| \cdot |\Omega_2| \cdot \ldots \cdot |\Omega_n| .$$

Die letzte Formel, die eine mengentheoretische Formel für die Elementanzahl der Produktmenge $A \times B$ der endlichen Mengen A und B ist, heißt auch ***Produktregel der Kombinatorik*** und wurde schon mehrfach intuitiv verwendet. Die Wahrscheinlichkeitsverteilungen der Ω_i induzieren eine Wahrscheinlichkeitsverteilung auf Ω, die jedoch nicht so einfach zu berechnen ist – zumindest nicht, wenn die einzelnen Zufallsexperimente voneinander abhängig sind. Um dies genauer analysieren zu können, stellen wir n-stufige Zufallsexperimente übersichtlich durch ***Baumdiagramme*** dar. Diese Darstellungsart geht auf *Christiaan Huygens* (1629–1695) zurück. In Abb. 3.22 ist ein Baumdiagramm für den 5-fachen Münzwurf dargestellt. Beim ersten Wurf gibt es zwei Möglichkeiten, Kopf K oder Zahl Z, beim zweiten Wurf gibt es wieder je zwei Möglichkeiten usw. Insgesamt ergeben sich $2^5 = 32$ Möglichkeiten, die im Baumdiagramm intuitiv verständlich dargestellt werden:

In diesem Buch sind Baumdiagramme von links nach rechts, wie in Abb. 3.22, oder von oben nach unten zu lesen. Der Baum besteht aus ***Knoten*** und ***Ästen***, die je zwei Knoten verbinden. Jeder Baum beginnt mit dem *Anfangsknoten*, der ***Wurzel***, und endet mit den *Endknoten*, auch ***Blätter*** genannt. Von der Wurzel ausgehende Äste gehen zu Knoten, die disjunkten Ereignissen auf der ersten Stufe entsprechen, von diesen Knoten gehen jeweils Äste zu Knoten, die disjunkten Ereignissen auf der zweiten Stufe entsprechen usw. Beim 5-fachen Münzwurf sind diese disjunkten Ereignisse auf einer Stufe jedes Mal die beiden Elementarereignisse $\{K\}$ und $\{Z\}$. Unser Münzwurf-Baum ist ein ***vollständiger Baum***, da an jedem Knoten alle Möglichkeiten, zur nächsten Stufe zu gelangen, dargestellt sind. Die Wege von der Wurzel des Baums zu einem Blatt stellen Ergebnisse (und damit auch Elementarereignisse) des mehrstufigen Zufallsexperiments dar – im vorliegenden Fall entsprechen sie den Elementarereignissen beim 5-fachen Münzwurf. Solche Wege im Baum werden auch ***Pfad*** genannt.[17] Ein Ereignis eines n-stufigen Zufallsexperiments wird durch alle zugehörigen Blätter bzw. Pfade repräsentiert. In der Sprechweise der Graphentheorie handelt es sich um einen ***gerichteten Graphen***.

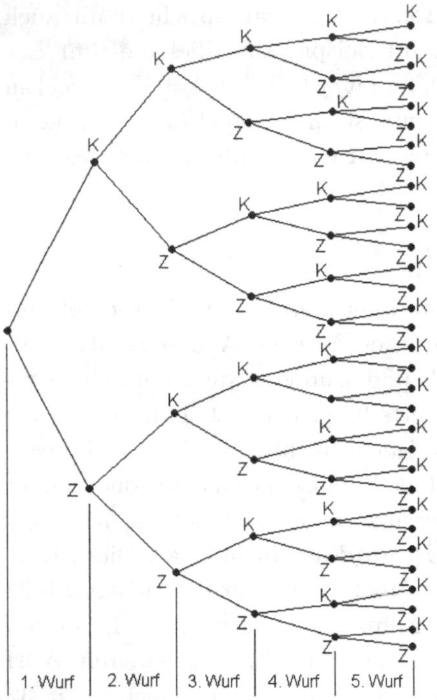

Abb. 3.22. Werfen von 5 Münzen

Das Baumdiagramm kann man eher *dynamisch* oder eher *statisch* sehen. Bei einer dynamischen Sicht betrachtet man das Zufallsexperiment „5-faches Werfen einer Münze" und geht dabei prozesshaft von einem Knoten der einen Stufe zu Knoten der nächsten Stufe. Man sieht also, wie sich das mehrstufige Zufallsexperiment dynamisch entwickelt. Die Ergebnismenge Ω kann man als $\Omega = \{K; Z\}^5$ beschreiben. Diese Sicht entspricht dem Ziehen mit Zurücklegen (vgl. Abschnitt 3.3.5) und wird uns wieder bei der Binomialverteilung (Abschnitt 3.6.1) begegnen Die statische Sicht betrachtet das Zufallsexperiment „Werfen von 5 Münzen". Dabei sieht man den Baum als Strukturdiagramm und hat die gesamte Ergebnismenge im Blick. Bei dieser Sicht ist die Schreibweise $\Omega = \{(a_1|a_2|\ldots|a_5) \text{ mit } a_i \in \{K; Z\}\}$ eine adäquate Darstellung für die Ergebnismenge. Aus mathematischer Sicht sind beide Betrachtungsweisen äquivalent.

An die Äste schreibt man oft die Wahrscheinlichkeit, mit der man von einem Knoten zu einem Knoten der nächsten Stufe kommt. In Abb. 3.22 tragen alle Äste die Wahrscheinlichkeit $\frac{1}{2}$. Auf jeder Stufe wird Ω in disjunkte Teilmengen zerlegt. In der Abb. 3.22 steht zum Beispiel nach dem ersten Wurf der untere Knoten für die Teilmenge $E_1 = \{(Z|a_2|a_3|a_4|a_5)|a_i \in \{K; Z\}\}$, der untere Knoten der zweiten Stufe steht für die Teilmenge $E_2 = \{(Z|Z|a_3|a_4|a_5)|a_i \in \{K; Z\}\}$.

[17] „Dass ein Baum Pfade hat, die zu einem Blatt führen, ist ein sonderbarer Metaphernmischmasch, der aber wohl nicht mehr zu ändern ist." (*Schupp* 2005, Fußnote 2)

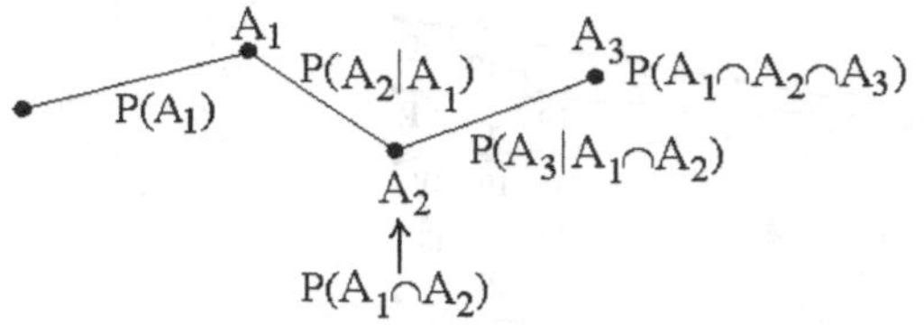

Abb. 3.23. Und-Ereignis $A_1 \cap A_2 \cap A_3$

Baumdiagramme sind ein universelles Visualisierungsmittel. Insbesondere bei endlichen, aber auch bei diskreten Ereignismengen sind sie oft *das* heuristische Mittel, um Probleme stochastisch zu lösen.
Die Anwendbarkeit von Baumdiagrammen ist keineswegs auf mehrstufige Zufallsexperimente beschränkt: Ist (Ω, P) ein Wahrscheinlichkeitsraum mit Ereignissen A_1, A_2, A_3, so kann die Frage nach dem Und-Ereignis $A_1 \cap A_2 \cap A_3$ mit Hilfe eines Baums untersucht werden.
In Abb. 3.23 ist in einem Teilbaum der wesentliche Ast dargestellt. In der ersten Stufe stehen die beiden Ereignisse A_1 und (nicht dargestellt) $\bar{A}_1$. In der zweiten Stufe ist nur der Ast von A_1 nach A_2 dargestellt und in der dritten Stufe der Ast von A_2 nach A_3. Das Blatt entspricht dem fraglichen Ereignis $A_1 \cap A_2 \cap A_3$, die Zweigwahrscheinlichkeiten sind bedingte Wahrscheinlichkeiten. Die ***Pfadregeln*** (Satz 16) werden zeigen, dass diese Wahrscheinlichkeiten multiplikativ zusammenhängen.
Falls man auf jeder Stufe des Baumdiagramms alle Möglichkeiten – also einen vollständigen Baum – aufzeichnet, so entsprechen die Blätter bzw. Pfade gerade den Elementarereignissen. Gibt es auf der i-ten Stufe jeweils r_i Pfade, die von jedem Knoten der Stufe ausgehen, so ergibt sich $|\Omega| = r_1 \cdot r_2 \cdot \ldots \cdot r_n$ aus der Produktregel der Kombinatorik.
Bei den folgenden Beispielen erweisen sich Baumdiagramme als sehr hilfreich:

Beispiel 3 (Urne) In einer Urne liegen 20 Kugeln: 4 blaue, 3 rote, 7 weiße und 6 grüne. Armin zieht nacheinander zwei Kugeln ohne Zurücklegen. Wie groß sind die Wahrscheinlichkeiten folgender Ereignisse? 3

a. Die erste Kugel ist blau, die zweite rot.
b. Beide Kugeln sind gleichfarbig.
c. Die zweite Kugel ist blau oder rot.
d. Die erste Kugel ist nicht weiß, und die zweite Kugel ist grün.
e. Die zweite Kugel ist grün, wobei man bereits weiß, dass die erste Kugel nicht weiß ist.

Das Experiment wird als zweistufiges Zufallsexperiment betrachtet, wobei auf jeder Stufe eine Kugel gezogen wird. Dabei ist das 2. Experiment vom Aus-

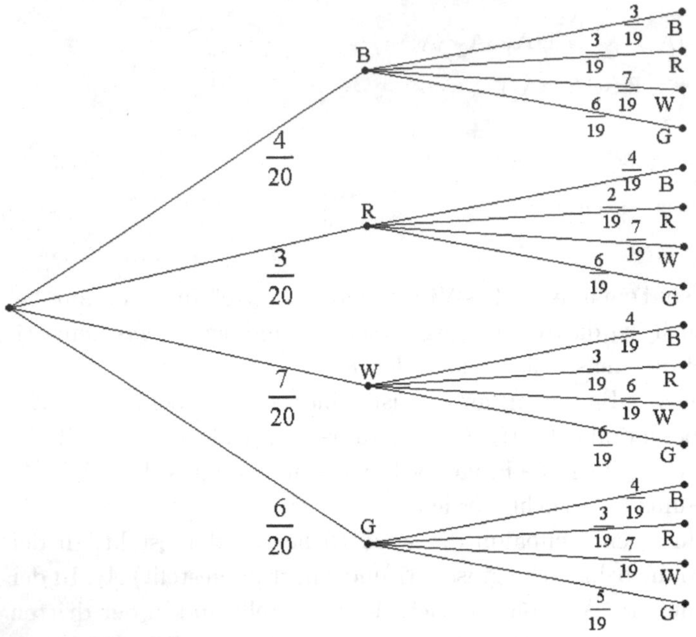

Abb. 3.24. Baumdiagramm für das Ziehen aus einer Urne

gang des ersten abhängig. In Abb. 3.24 ist ein zugehöriges Baumdiagramm dargestellt, und an seine Äste sind die als Laplace-Wahrscheinlichkeiten modellierten Zweigwahrscheinlichkeiten der Einzel-Experimente geschrieben. Die Kugelfarbe wird durch ihren Anfangsbuchstaben codiert, damit erhält man als Ergebnismenge

$$\Omega = \{(a|b)|a, b \in \{B, R, W, G\}\}\,.$$

Jedes der $4 \cdot 4 = 16$ Elementarereignisse wird durch einen Pfad im Diagramm beschrieben. Für die Ergebnismenge Ω ist die Laplace-Annahme nicht sinnvoll. Beispielsweise ist es aufgrund der Anzahlen weißer und roter Kugeln deutlich wahrscheinlicher, $(W|W)$ als $(R|R)$ als Ergebnis zu erhalten. Eine vernünftige Wahrscheinlichkeitsverteilung für die Ereignismenge lässt sich aber aus einem modifizierten Laplace-Ansatz gewinnen: Hierfür werden die 20 Kugeln durch Nummerierung unterscheidbar gemacht, z. B. in der Form $B1, B2, B3, B4, R1, \ldots, G6$. Damit erhält man eine neue Ergebnismenge $\tilde{\Omega}$ mit $20 \cdot 19 = 380$ gleichwahrscheinlichen Ergebnissen.
Unter Verwendung des geeigneten Laplace-Raums $\tilde{\Omega}$ können Wahrscheinlichkeiten für den Nicht-Laplace-Raum Ω berechnet werden:

a. Das erste Ereignis E_a: „Erste Kugel blau, zweite Kugel rot“ wird bei Ansatz von $\tilde{\Omega}$ durch $\tilde{E}_a = \{(B1|R1), (B1|R2), \ldots, (B4|R3)\}$ beschrieben. Es gilt also $P(\tilde{E_a}) = \frac{12}{380}$. Beim Ansatz von Ω ist $E_a = \{(B|R)\}$. In 4 von 20 Fällen zieht man als erste Kugel eine blaue, dann in 3 von noch 19 Fällen eine rote Kugel. Intuitiv ergibt sich hieraus die Wahrscheinlichkeit $P(E_a) = \frac{4}{20} \cdot \frac{3}{19}$, was zum selben Ergebnis führt. Diese Produktformel heißt die ***Pfadmultiplikationsregel*** und wird später für beliebige Zufallsexperimente begründet.

Ein Ereignis E möge sich aus verschiedenen Blättern bzw. Pfaden zusammensetzen. Da die Pfade disjunkte Ereignisse repräsentieren, ist die Wahrscheinlichkeit von E nach den Kolmogorov-Axiomen gleich der Summe der Wahrscheinlichkeiten für die zugehörigen Blätter bzw. Pfade, eine Folgerung, die auch ***Pfadadditionsregel*** heißt. Damit lässt sich die Frage b. unter Verwendung der Pfadmultiplikationsregel beantworten:

b. Das Ereignis E_b: „beide Kugeln gleichfarbig", also $E_b = \{(B|B), (R|R), (W|W), (G|G)\}$ hat die Wahrscheinlichkeit

$$P(E_b) = \frac{4}{20} \cdot \frac{3}{19} + \frac{3}{20} \cdot \frac{2}{19} + \frac{7}{20} \cdot \frac{6}{19} + \frac{6}{20} \cdot \frac{5}{19} = \frac{12 + 6 + 42 + 30}{380} = \frac{90}{380} = \frac{9}{38}.$$

Entsprechend lassen sich die anderen Fragen beantworten:

c. Bei $E_c =$ „zweite Kugel blau oder rot" kann man alle zugehörigen Pfade berücksichtigen, also

$$P(E_c) = \frac{4}{20}\left(\frac{3}{19} + \frac{3}{19}\right) + \frac{3}{20} \cdot \left(\frac{4}{19} + \frac{2}{19}\right) + \frac{7}{20} \cdot \left(\frac{4}{19} + \frac{3}{19}\right) + \frac{6}{20} \cdot \left(\frac{4}{19} + \frac{3}{19}\right) = \frac{133}{380} = \frac{7}{20}.$$

d. Mit den Ereignissen A: „1. Kugel nicht weiß" und B: „2. Kugel grün" gilt $E_d = A \cap B$. Die zugehörigen Pfade ergeben

$$P(E_d) = \frac{4}{20} \cdot \frac{6}{19} + \frac{3}{20} \cdot \frac{6}{19} + \frac{6}{20} \cdot \frac{5}{19} = \frac{72}{380} = \frac{18}{95}.$$

e. Die Wahrscheinlichkeit von Ereignis E_e ist die bedingte Wahrscheinlichkeit

$$P(E_e) = P(B|A) = \frac{P(A \cap B)}{P(A)} = \frac{P(E_d)}{P(A)} = \frac{\frac{18}{95}}{\frac{13}{20}} = \frac{72}{247}.$$

Beispiel 4 (Schulleistungsuntersuchung) Im Rahmen einer internationalen Schulleistungsuntersuchung hat man für die Testaufgabe „Eieruhr" berechnet, dass 4 die relativen Lösungshäufigkeiten in den unterschiedlichen Schulformen wie folgt aussahen:

Hauptschule	Gesamtschule	Realschule	Gymnasium
0,36	0,42	0,49	0,67

Die untersuchten Schülerinnen und Schüler verteilen sich wie folgt auf diese vier Schulformen:

Hauptschule	Gesamtschule	Realschule	Gymnasium
0,15	0,20	0,30	0,35

Wenn man aus allen richtigen Bearbeitungen der Testaufgabe „Eieruhr" eine zufällig auswählt, wie wahrscheinlich ist es dann, dass diese Bearbeitung von einem Hauptschüler oder einer Hauptschülerin stammt?
Zur Beantwortung der Frage zeichnen wir in Abb. 3.25 zwei Baumdiagramme, in denen die relevanten Ereignisse $H = \{\text{Person besucht die Hauptschule}\}$ und analog Ge, R, Gy für die anderen Schulformen, $A = \{\text{Person hat die Aufgabe richtig beantwortet}\}$ und $\bar{A}$ dargestellt sind.
Im linken Baum wird zuerst die Schulform, dann das von der Schulform abhängige Lösungsverhalten dargestellt. An den Zweigen der ersten Stufe stehen die Wahrscheinlichkeiten, dass die zufällig gewählte Person zu der jeweiligen Schulform gehört, an den Zweigen der zweiten Stufe stehen die von der Schulform abhängigen Lösungshäufigkeiten. Beide Wahrscheinlichkeiten stehen in den beiden gegebenen Tabellen. Im rechten Baum wird zuerst das Lösungsverhalten, dann die davon abhängige Schulform dargestellt. Diese Zweigwahrscheinlichkeiten sind nicht gegeben. Dick gezeichnet ist der jeweils interessierende Pfad, an dessen Ende in beiden Fällen dasselbe Ereignis $H \cap A = A \cap H$ steht.

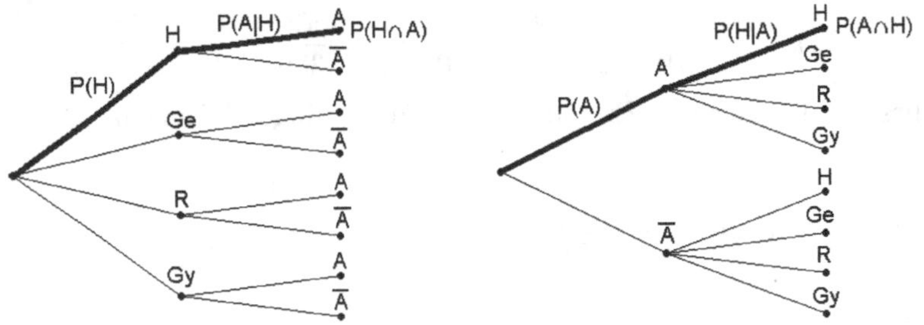

Abb. 3.25. „Eieruhr-Aufgabe"

Aus der Definition der bedingten Wahrscheinlichkeit $P(A|H) = \frac{P(A\cap H)}{P(H)}$ folgt die Pfadmultiplikationsregel $P(A \cap H) = P(H) \cdot P(A|H)$. Diese Regel liefert im rechten Baum analog $P(H \cap A) = P(A) \cdot P(H|A)$. Wegen der Kommutativität des Durchschnitts folgt für die gesuchte Wahrscheinlichkeit

$$P(H|A) = \frac{P(H) \cdot P(A|H)}{P(A)} = \frac{0{,}15 \cdot 0{,}36}{P(A)}.$$

$P(A)$ ergibt sich nach der Pfadadditionsregel aus dem linken Baum:

$$\begin{aligned} P(A) &= P(H) \cdot P(A|H) + P(Ge) \cdot P(A|Ge) + P(R) \cdot P(A|R) + P(Gy) \\ &\quad \cdot P(A|Gy) \\ &= 0{,}15 \cdot 0{,}36 + 0{,}20 \cdot 0{,}42 + 0{,}30 \cdot 0{,}49 + 0{,}35 \cdot 0{,}67 = 0{,}5195\,. \end{aligned}$$

Mit den in den Tabellen gegebenen Zahlen ergibt sich $P(H|A) \approx 0{,}10$. Der hier intuitiv entwickelte Zusammenhang wird durch die dritte Pfadregel in Satz 16 beschrieben und ist im Wesentlichen der im nächsten Abschnitt behandelte Satz von Bayes.

Beispiel 5 (Warten auf die erste Sechs) 5

Bei vielen Problemen muss man nicht einen vollständigen Baum zeichnen, sondern kommt mit einem übersichtlich komprimierten, differenziert auf das Problem zugeschnittenen Teilbaum aus. In Abb. 3.26 ist der relevante Teilbaum für die Frage gezeichnet, wie groß die Wahrscheinlichkeit ist, beim Würfeln mit einem Laplace-Würfel beim n-ten Wurf erstmals eine 6 zu erhalten?

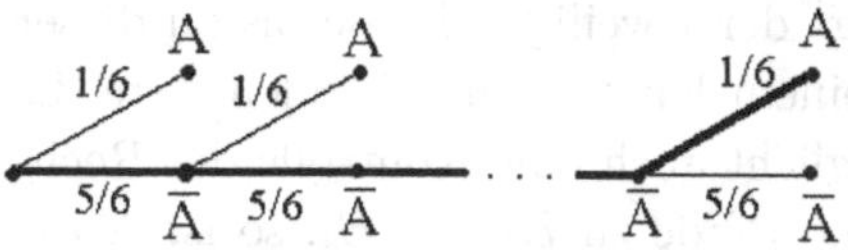

Abb. 3.26. Warten auf die erste Sechs

Wichtig sind in jeder Stufe die beiden Ereignisse A: „Es fällt eine 6" und $\bar{A}$: „Es fällt keine 6". Zweige, die von zu A gehörigen Knoten ausgehen, sind nicht gezeichnet. Der relevante Pfad ist dick gezeichnet. Die gesuchte Wahrscheinlichkeit ist

$$P(\text{„erste 6 beim } n\text{-ten Wurf"}) = \left(\frac{5}{6}\right)^{n-1} \cdot \frac{1}{6}\,.$$

Damit ist auch die intuitive Sicht von S. 187 begründet. Die Sichtweise $\frac{5}{6}$ von $\frac{5}{6}$ von $\frac{5}{6}$ usw. lässt sich mit der Metapher „Zerfall von Chancen" beschreiben. Darüber hinaus legt die „Anteil-von"-Vorstellung diese Multiplikation von Brüchen nahe.

Bei allen bisherigen Beispielen wurden für die Berechnung von Wahrscheinlichkeiten die so genannten „Pfadregeln" benutzt, die an sich nichts anderes als eine Anwendung des 3. Axioms von Kolmogorov und der Definition der bedingten Wahrscheinlichkeit sind:

16 **Satz 16 (Pfadregeln)** Für ein durch ein Baumdiagramm beschriebenes Zufallsexperiment – veranschaulicht durch einen Baum – gilt:

(1) ***Pfadmultiplikationsregel***: Die Wahrscheinlichkeit für einen Pfad ist gleich dem Produkt der Wahrscheinlichkeit entlang dieses Pfads.

(2) ***Pfadadditionsregel***: Die Wahrscheinlichkeit für ein Ereignis ist gleich der Summe der Wahrscheinlichkeiten aller Pfade, die zu diesem Ereignis gehören.

(3) Die Wahrscheinlichkeit, dass ein Ereignis über einen bestimmten Pfad eintritt, ist gleich dem Quotienten aus der Wahrscheinlichkeit dieses Pfades und der Summe der Wahrscheinlichkeiten aller Pfade, die zu dem Ereignis gehören.

Diese Regeln ermöglichen im konkreten Fall oft eine rasche und einfache Berechnung von Wahrscheinlichkeiten, *ohne* eine Ergebnismenge und entsprechende Ereignisse explizit als Mengen darstellen und ohne kombinatorische Berechnungen anstellen zu müssen.

Beweis 6 (Beweis von Satz 16) Auf jeder Stufe wird Ω zerlegt in disjunkte Teilmengen. Aufgrund der Additivität und der Normiertheit der Wahrscheinlichkeitsverteilung ist die Summe aller Wahrscheinlichkeiten der Knoten einer Stufe, erhalten durch Multiplizieren längs der jeweiligen Pfade bis zu dieser Stufe, gleich 1. Ebenso tragen die von einem Knoten ausgehenden Äste die Wahrscheinlichkeitssumme 1. Dies ermöglicht auch eine Kontrolle der Rechnungen. Gehören zu einem Ereignis E die Pfade zu $E_1, \ldots, E_s$, so ist E die disjunkte Vereinigung der E_i. Nach dem dritten Axiom von Kolmogorov ist die Wahrscheinlichkeit von E die Summe der Wahrscheinlichkeiten der E_i. Dies ist gerade die Pfadadditionsregel. Die Pfadmultiplikationsregel folgt direkt aus der Definition der bedingten Wahrscheinlichkeit (Definition 26 auf S. 203), genauer folgt im 2-stufigen Fall (vgl. Abb. 3.27) durch die Umformung der Definitionsformel der be-

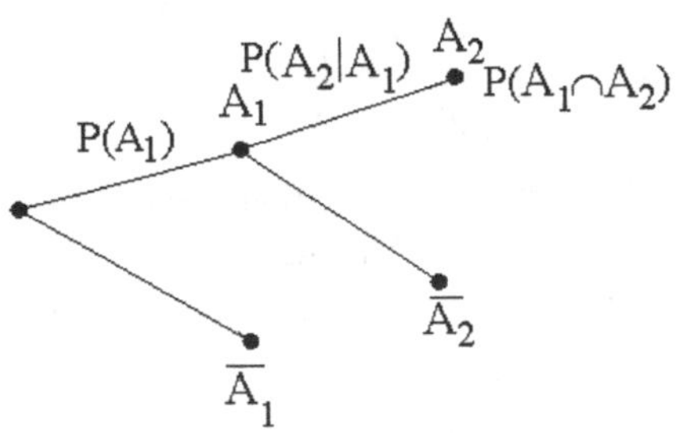

Abb. 3.27. Pfadmultiplikationsregel

dingten Wahrscheinlichkeit

$$P(A_1 \cap A_2) = P(A_1) \cdot P(A_2|A_1).$$

Ganz analog geschieht die Verallgemeinerung auf n-stufige Zufallsexperimente. Der Fall $n = 3$ ist in Abb. 3.23 auf S. 211 dargestellt. Wieder folgt die Pfadregel aus der Definition der bedingten Wahrscheinlichkeit:

$$\begin{aligned} P(A_1 \cap A_2 \cap A_3) &= P((A_1 \cap A_2) \cap A_3) = P(A_1 \cap A_2) \cdot P(A_3|A_1 \cap A_2) \\ &= (P(A_1) \cdot P(A_2|A_1)) \cdot P(A_3|A_1 \cap A_2) \\ &= P(A_1) \cdot P(A_2|A_1) \cdot P(A_3|A_1 \cap A_2). \end{aligned}$$

Die Definition der bedingten Wahrscheinlichkeit ist eine normative Setzung, ein Modell, von dem man hofft, dass es modelliert, was man „gefühlsmäßig" als bedingte Wahrscheinlichkeit empfindet. Insofern ist natürlich auch diese Pfadregel, die letztendlich nichts anderes als die Definition der bedingten Wahrscheinlichkeit beinhaltet, ein mathematisches Modell.

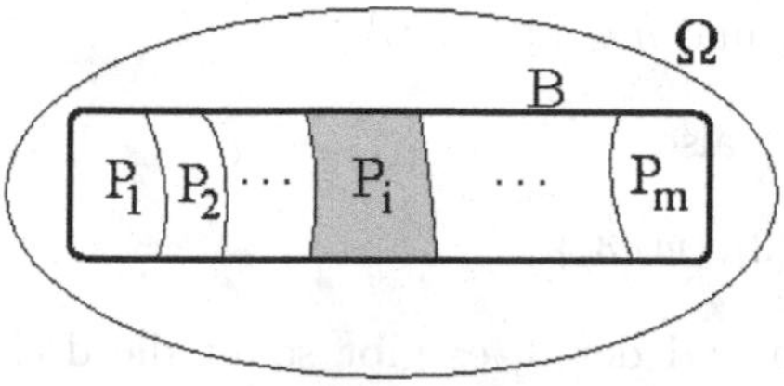

Abb. 3.28. Dritte Pfadregel

Die dritte Pfadregel beschreibt eine bedingte Wahrscheinlichkeit[18], die allgemein als ***Satz von Bayes*** bekannt ist (vgl. S. 222). Die Regel ergibt sich aus der folgenden Abbildung, in der B das fragliche Ereignis und $P_1, P_2, \ldots, P_m$ die zu B gehörigen Pfade bezeichnen.

Aufgabe 41 (Ein Glücksspiel mit einer Münze) Armin und Beate haben eine Münze mit den möglichen Ergebnissen K und Z. Jeder wählt sich jeweils eine der Kombinationen KK, KZ, ZK, ZZ. Dann wird die Münze nacheinander geworfen; die Folge der Ergebnisse wird notiert. Gewonnen hat derjenige, dessen Kombination zuerst in der Folge auftaucht. Haben Armin und Beate bei jeder Wahl die gleiche Chance?

[18] Dies ist die Wahrscheinlichkeit dafür, dass ein bestimmter Pfad „beschritten" wurde, wenn vorausgesetzt wird, dass ein bestimmtes Ereignis – die „Bedingung" – eingetreten ist.

Aufgabe 42 (Ziehen aus einer Urne) In einer Urne sind r rote und s schwarze Kugeln. Armin zieht zweimal ohne Zurücklegen. Wie kann Beate die Wahrscheinlichkeit des Ergebnisses „die zweite Kugel ist rot" berechnen, wenn
a. Armin die erste Kugel zieht und Beate zeigt, dass sie rot ist,
b. Armin das Ergebnis des ersten Zugs nicht zeigt?

3.2.4 Satz von Bayes

Im einführenden Beispiel zu Abb. 3.1 auf S. 159 hat Armin eine der drei Möglichkeiten zum Würfeln gewählt und Beate, ohne seine Wahl zu verraten, erzählt, dass er eine Drei gewürfelt hat. Auf Nachfrage von Beate würfelt er noch zweimal und nennt ihr die Ergebnisse Zwei und Drei. Wie kann Beate jetzt einigermaßen sicher sagen, mit welchem „Würfel" er gewürfelt hat?
Analysieren wir die Frage genauer: Es geht um das zweistufige Zufallsexperiment „wähle zuerst einen der drei ‚Würfel' (w_1 für den Laplace-Würfel, w_2 für die Münzen, w_3 für den Riemer-Quader) und ‚werfe ihn dann' mit der Ergebnismenge"[19]

$$\Omega = \{(w_i|n) \text{ mit } i \in \{1,2,3\} \text{ und } n \in \{1,\ldots,6\}\}.$$

Das Ereigniss E_3: „Es ist eine 3 gefallen", also

$$E_3 = \{(w_1|3),(w_2|3),(w_3|3)\},$$

besteht aus den drei Wahlmöglichkeiten und der 3, es gibt somit die drei „Würfel-Ereignisse" W_1, W_2 und W_3 als Hypothesen. Dabei ist z. B.

$$W_1 = \{(w_1|1),(w_1|2),\ldots,(w_1|6)\}.$$

Ohne weitere Information wird Beate vermutlich das Laplace-Modell verwenden und jeder Ursache zunächst die gleiche a-priori-Wahrscheinlichkeit $P(W_i) = \frac{1}{3}$ zuweisen. Die bedingten Wahrscheinlichkeiten $P(E_i|W_j)$, d. h. die Wahrscheinlichkeiten für die sechs möglichen Würfelzahlen bei bekanntem Würfeltyp, haben wir schon bestimmt und zwar für W_1 durch den Laplace-Ansatz, für W_2 aus einem Laplace-Ansatz abgeleitet und für W_3 aus einem frequentistischen Ansatz (siehe Tabelle 3.8).
Die Definitionsformel der bedingten Wahrscheinlichkeit erlaubt es nun, aus der bekannten bedingten Wahrscheinlichkeit $P(E_3|W_1)$ auf die unbekannte bedingte Wahrscheinlichkeit $P(W_1|E_3)$, die a-posteriori-Wahrscheinlichkeit

[19] Beachten Sie, dass im Folgenden der senkrechte Strich sowohl bei Tupeln wie $(w_1|3)$ als auch bei bedingten Wahrscheinlichkeiten wie $P(E_3|W_1)$ vorkommt.

Tabelle 3.8. Würfel-Wahrscheinlichkeiten

	$\mathbf{E}_1$	$\mathbf{E}_2$	$\mathbf{E}_3$	$\mathbf{E}_4$	$\mathbf{E}_5$	$\mathbf{E}_6$
$\mathbf{W}_1$	$\frac{1}{6}$	$\frac{1}{6}$	$\frac{1}{6}$	$\frac{1}{6}$	$\frac{1}{6}$	$\frac{1}{6}$
$\mathbf{W}_2$	$\frac{1}{32}$	$\frac{5}{32}$	$\frac{10}{32}$	$\frac{10}{32}$	$\frac{5}{32}$	$\frac{1}{32}$
$\mathbf{W}_3$	0,16	0,08	0,26	0,26	0,08	0,16

für die Wahl des Würfeltyps, zu schließen: Aus den beiden Formeln

$$P(E_3|W_1) = \frac{P(W_1 \cap E_3)}{P(W_1)} \quad \text{und} \quad P(W_1|E_3) = \frac{P(E_3 \cap W_1)}{P(E_3)}$$

erhält man wegen $W_1 \cap E_3 = E_3 \cap W_1$ die gewünschte Formel

$$P(W_1|E_3) = \frac{P(W_1) \cdot P(E_3|W_1)}{P(E_3)}\,.$$

Dieser Zusammenhang zwischen bedingten Wahrscheinlichkeiten heißt ***Satz von Bayes***. Allerdings kennen wir die Wahrscheinlichkeit $P(E_3)$ noch nicht. Wir können sie jedoch sofort berechnen, da die drei Ereignisse W_1, W_2, W_3 disjunkt sind; der folgende Zusammenhang heißt auch ***Satz von der totalen Wahrscheinlichkeit***:

$$\begin{aligned} P(E_3) &= P((E_3 \cap W_1) \cup (E_3 \cap W_2) \cup (E_3 \cap W_3)) = \\ &= P(E_3 \cap W_1) + P(E_3 \cap W_2) + P(E_3 \cap W_3) = \\ &= P(W_1) \cdot P(E_3|W_1) + P(W_2) \cdot P(E_3|W_2) + P(W_3) \cdot P(E_3|W_3)\,, \end{aligned}$$

wobei die Umformungen aus den Kolmogorov-Axiomen und aus der Definition der bedingten Wahrscheinlichkeit folgen. Jetzt kann die fragliche a-posteriori-Wahrscheinlichkeit berechnet werden:

$$P(W_1|E_3) = \frac{P(W_1) \cdot P(E_3|W_1)}{\sum\limits_{i=1}^{3} P(W_i) \cdot P(E_3|W_i)} = \frac{\frac{1}{3} \cdot \frac{1}{6}}{\frac{1}{3} \cdot \frac{1}{6} + \frac{1}{3} \cdot \frac{10}{32} + \frac{1}{3} \cdot 0{,}26} \approx 0{,}23\,.$$

Entsprechend folgen die anderen a-posteriori-Wahrscheinlichkeiten:

$$P(W_2|E_3) \approx 0{,}42\,, \qquad P(W_3|E_3) \approx 0{,}35\,.$$

Durch die erste Information „Armin hat eine 3 geworfen“ hat Beate also ihre a-priori-Einschätzungen von je $\frac{1}{3}$ über die Wahl des Würfels deutlich revidiert zu den a-posteriori-Wahrscheinlichkeiten 0,23, 0,42 und 0,35. Diese Wahrscheinlichkeiten werden nun die neuen a-priori-Wahrscheinlichkeiten, um die nächste Information „Armin hat als zweiten Wurf eine 2 erhalten“ zu verarbeiten. Dieselbe Überlegung führt zunächst zu

$$P(W_1|E_2) = \frac{P(W_1)\cdot P(E_2|W_1)}{\sum_{i=1}^{3} P(W_i)\cdot P(E_2|W_i)} = \frac{0{,}23\cdot\frac{1}{6}}{0{,}23\cdot\frac{1}{6}+0{,}42\cdot\frac{5}{32}+0{,}35\cdot 0{,}08}$$
$$\approx 0{,}38\,.$$

und analog $P(W_2|E_2) \approx 0{,}50$, $P(W_3|E_2) \approx 0{,}21$. Wird jetzt noch die Information „als dritte Zahl würfelt Armin wieder eine 3" verarbeitet, so ergeben sich die a-posteriori-Wahrscheinlichkeiten

$$P(W_1|E_3) \approx 0{,}23\,, \quad P(W_2|E_3) \approx 0{,}57 \quad \text{und} \quad P(W_3|E_3) \approx 0{,}20\,.$$

Mit dieser Berechnung wurden aus Beates a-priori-Einschätzungen von $\frac{1}{3}$ für jeden Würfeltyp aufgrund des mitgeteilten Würfelergebnisses neue a-posteriori-Wahrscheinlichkeiten berechnet, was zu einer deutlichen Revision der ersten Einschätzung führte. Vergleichen Sie mit der qualitativen Einschätzung auf S. 180!

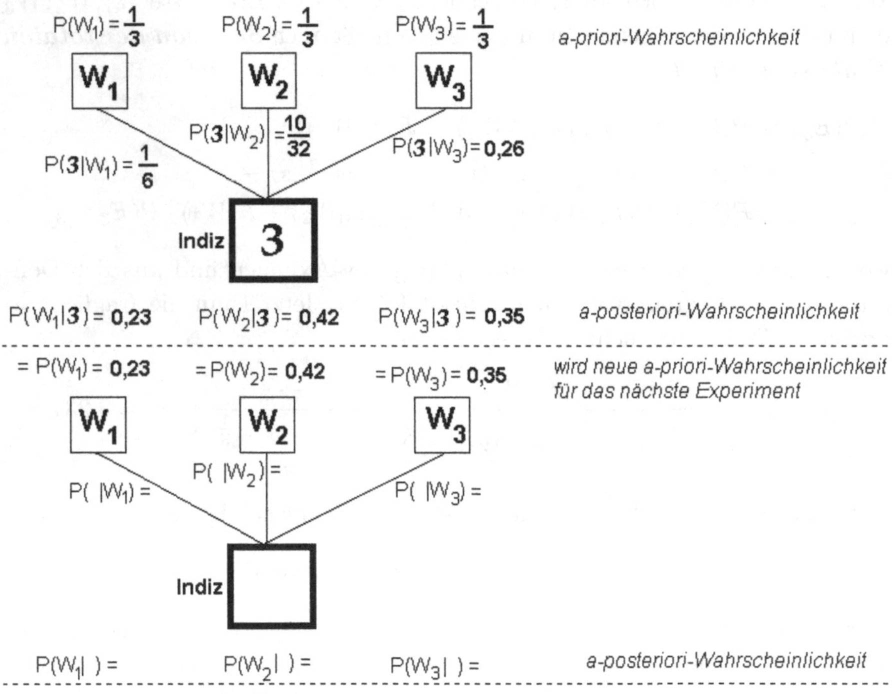

Abb. 3.29. Umgekehrtes Baumdiagramm

Der Übergang von der a-priori- zur a-posteriori-Wahrscheinlichkeit kann besonders übersichtlich in einem „umgekehrten Baumdiagramm" (Abb. 3.29) dargestellt werden (vgl. *Riemer* 1985, S. 29 f.).
Das gewürfelte „Indiz", hier im ersten Schritt das Indiz 3, führt von den a-priori-Wahrscheinlichkeiten von jeweils $\frac{1}{3}$ zu den a-posteriori-Wahrscheinlichkeiten 0,23, 0,42 und 0,35. Die drei Zweige, die zum Indiz 3 führen, tragen

$$\frac{1}{3} \cdot \frac{1}{6} + \frac{1}{3} \cdot \frac{10}{32} + \frac{1}{3} \cdot 0{,}26$$

zum Indiz 3 bei. Davon entfällt z. B. auf W_1 der Anteil $\frac{1}{3} \cdot \frac{1}{6}$, woraus der relative Anteil $P(W_1|3) = 0{,}23$ folgt. Die a-posteriori-Wahrscheinlichkeiten des ersten Schritts werden die neuen a-priori-Wahrscheinlichkeiten im zweiten Schritt, in dem ein neues Indiz erwürfelt wird usw.

Abb. 3.30. Bayes

Thomas Bayes (1702–1761), nach dem der im obigen Beispiel entwickelte Satz benannt ist, war presbyterianischer Geistlicher und führte eine Pfarrei in der Nähe von London. Er beschäftigte sich auch ausführlich mit mathematischen Fragen. Am bekanntesten sind seine Arbeiten zur Wahrscheinlichkeitstheorie, die in seinem 1763 posthum von seinem Freund *Richard Price* herausgegebenen Werk „Essay towards solving a problem in the doctrine of chances" veröffentlicht sind. Der Satz von Bayes, der hier entwickelt wurde, geht in dieser Form nicht auf *Bayes* zurück. Allerdings kann man sie aus den in seinem Werk veröffentlichten Überlegungen gewinnen (zum Vorgehen von *Bayes* vgl. *Freudenthal & Steiner* 1966, S. 182).

Die wesentliche Idee ist die folgende: Für das Eintreten des Ereignisses B bei einem Zufallsexperiment gibt es gewisse Ursachen $A_1, A_2, \ldots, A_m$, die auch *Hypothesen* genannt werden. Im Beispiel war B das Eintreten einer Würfelzahl, für das die Wahl W_1, W_2 oder W_3 eines der Würfel die Ursache war. Man kann den Hypothesen A_i vor Ausführung des Zufallsexperiments gewisse Wahrscheinlichkeiten $P(A_i)$ zuordnen, woher auch immer diese Informationen stammen mögen. Im Beispiel hat Beate hierfür zunächst den Laplace-Ansatz $P(W_i) = \frac{1}{3}$ gemacht. *Bayes* nennt sie die ***a-priori-Wahrscheinlichkeiten***. Des Weiteren seien die bedingten Wahrscheinlichkeiten $P(B|A_i)$ bekannt, also die Wahrscheinlichkeit für das Eintreten von B, wenn schon klar ist, dass die Ursache A_i eingetreten ist. Nun wird das Zufallsexperiment ausgeführt, und es tritt B ein. Die ***a-posteriori-Wahrscheinlichkeiten*** $P(A_i|B)$, wie *Bayes* sie nennt, geben jetzt die Wahr-

scheinlichkeit dafür an, dass A_i ursächlich für das Eintreten von B war. Der Satz von Bayes, der direkt aus der Formel für die bedingte Wahrscheinlichkeit folgt, lehrt, wie sich diese a-posteriori-Wahrscheinlichkeiten bestimmen lassen. Diese neue Information wird jetzt zu einer Neubewertung der a-priori-Wahrscheinlichkeiten führen.
Das eingangs behandelte Beispiel ist paradigmatisch, der allgemeine Satz von Bayes ergibt sich genauso. Sie sollten dies ausführlich nachvollziehen!

17

Satz 17 (Satz von Bayes)

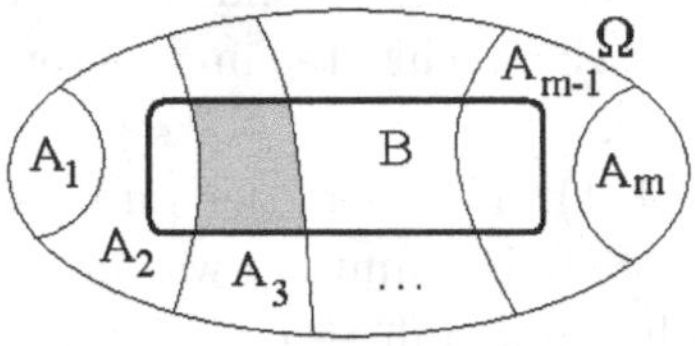

Abb. 3.31. Zerlegung von Ω

(Ω, P) sei ein diskreter Wahrscheinlichkeitsraum. Ω sei in m disjunkte Teilmengen zerlegt, also

$$\Omega = \bigcup_{i=1}^{m} A_i \quad \text{mit } A_i \cap A_j = \emptyset \text{ für } i \neq j\,.$$

Dann gilt für jede Zahl j und jedes Ereignis B mit $P(B) \neq 0$

$$P(A_j|B) = \frac{P(A_j) \cdot P(B|A_j)}{\sum\limits_{i=1}^{m} P(A_i) \cdot P(B|A_i)}\,.$$

Eine Visualisierung dieser Bayes'schen Regel[20] zeigt Abb. 3.31, die darstellt, wie B aufgrund der verschiedenen Ursachen A_i eintreten kann. Die grau schraffierte Fläche entspricht dem Bereich von B, der durch die Ursache A_3 bewirkt wird. Eine andere Visualisierung der Bayes'schen Regel findet man im Beispiel „Schulleistungsstudie“. Die Formel beschreibt in Abb. 3.25 auf S. 214 das Verhältnis der dick gezeichneten Wahrscheinlichkeiten im linken Baum zu allen Pfaden, die dort zu A führen.
Die Bayes'sche Regel ist das mathematische Analogon des Zusammenhangs zwischen der Wahrscheinlichkeit, die ich einem Ereignis subjektiv zubillige, und dem Lernen aus Erfahrung. Dieses „Überprüfen von Hypothesen anhand neuer Indizien“, wobei die Bayes'sche Regel helfen kann, nennen die Juristen „Beweiswürdigung“: Es ist der Rückschluss von der Wirkung auf die Ursache. Der durch die Bayes'sche Regel präzisierte Zusammenhang zwischen zwei bedingten Wahrscheinlichkeiten ist zwar mathematisch gesehen nicht besonders anspruchsvoll, jedoch haben die meisten Menschen im Anwendungsfall Schwierigkeiten, mit diesen Wahrscheinlichkeiten bzw. den dahinter stecken-

---

[20] Der Satz von Bayes wird auch als Bayes'sche Regel, Formel von Bayes u. ä. bezeichnet.

den relativen Häufigkeiten angemessen umzugehen. Viele Untersuchungen zeigen, dass es einfacher ist, in absoluten anstatt in relativen Anteilen zu denken (*Gigerenzer* 1999). Ein Beispiel soll dies belegen.
Laut einem Polizeibericht haben 60% aller Heroinabhängigen Haschisch geraucht, bevor sie heroinsüchtig wurden. Ein deutscher Innenminister nahm dies als Indiz dafür, dass Haschisch eine „Einstiegsdroge" sei. Wenn jemand Haschisch raucht, so argumentierte er, so wird er später zu 60% als Heroinabhängiger enden. Hier werden klarerweise die beiden bedingten Wahrscheinlichkeiten

$$p_1 = P(\text{„heroinsüchtig"} \mid \text{„Haschischraucher"}) \quad \text{und}$$
$$p_2 = P(\text{„Haschischraucher"} \mid \text{„heroinsüchtig"})$$

verwechselt. Der Polizeibericht könnte sich auf eine Stichprobe von 300 Personen gestützt haben, die heroinsüchtig oder Haschischraucher waren (möglicherweise beides) und die etwa folgende Zahlen ergab: Von den 300 Personen haben 96 Personen Haschisch geraucht, und 10 waren heroinsüchtig. Bei 6 Personen traf beides zu. Die für die Frage „Einstiegsdroge" fragliche bedingte Wahrscheinlichkeit ist aber noch unbekannt. Die Darstellung der Daten in Abb. 3.32 als absolute Häufigkeiten klärt die Situation. Jedes Quadrat stellt eine Person der Stichprobe dar. Schwarze Punkte markieren die Heroinsüchtigen, die Haschischraucher sind grau unterlegt. In der Tat haben 6 von 10 Heroinsüchtigen vorher Haschisch geraucht, also kann $p_2 = 60\%$ vermutet werden. Jedoch nur 6 von 96 Haschischrauchern sind heroinsüchtig geworden, was zu $p_1 = 6{,}5\%$ führt. Aus diesen Daten kann man die Behauptung, Haschisch sei eine Einstiegsdroge, sicherlich nicht stützen!
Diagramme wie in Abb. 3.32 sind für größere Zahlen mühsam. Jedoch lassen sich absolute Zahlen auch sehr übersichtlich mit Hilfe von Baumdiagrammen darstellen, wie die Abb. 3.33 für dasselbe Beispiel zeigt. An dem Diagramm kann wieder die Bayes'sche Regel abgelesen werden.

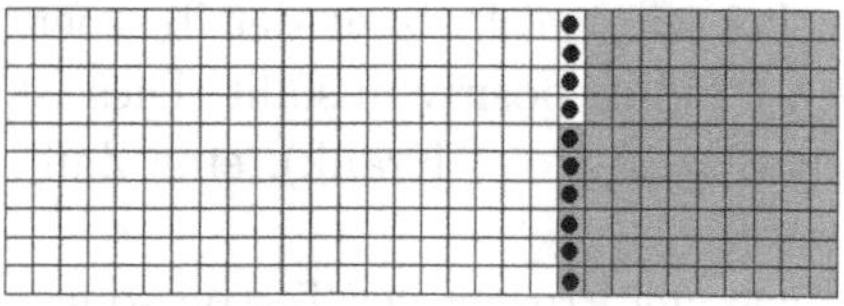

Abb. 3.32. Haschisch und Heroin I

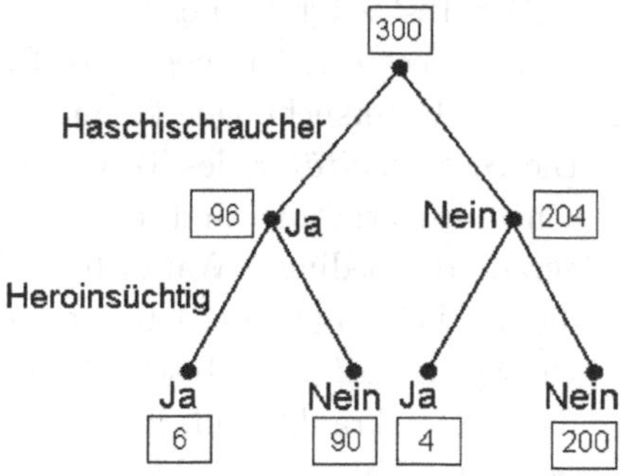

Abb. 3.33. Haschisch und Heroin II

Aufgabe 43 (Rauchen und Lungenkrebs) Aufgrund einer Untersuchung von 1000 Personen wurde die Wahrscheinlichkeit, an Lungenkrebs zu erkranken, mit 4,6% angesetzt, was für einen Raucher ein kalkulierbares Risiko sein mag. Jedoch sind von den 400 Rauchern der Untersuchung 40 an Lungenkrebs erkrankt, von den 600 Nichtrauchern dagegen nur 6. Bestimmen Sie die Wahrscheinlichkeit, dass ein an Lungenkrebs Erkrankter ein Raucher ist, und andere in diesem Zusammenhang interessierende bedingte Wahrscheinlichkeiten.

Besonders problematisch ist die Verwechslung bedingter Wahrscheinlichkeiten bei medizinischen Tests. Als typisches Beispiel soll der ***HIV-Test***, oft fälschlicherweise „AIDS-Test" genannt, diskutiert werden. Analoge Überlegungen gelten auch für Röntgenreihenuntersuchungen, Tests auf Hepatitis, Mammographien (zu letzterem vgl. *Zseby* 1994) und für viele andere Krankheiten.
Stellen Sie sich vor, Sie lassen einen solchen Test machen und erfahren vom Arzt, der Test sei positiv ausgefallen. Ist das ein Grund, sich vor den nächsten Zug zu werfen? Das AIDS-Virus HIV (Human Immunodeficiency Virus) ist in westlichen Gesellschaften kaum verbreitet. Die Infektion mit diesem Virus hat jedoch schwerwiegende Folgen. Der übliche HIV-Test ist der Elisa-Test, der Antikörper gegen das HIV-Virus nachweist. Solche Tests sind fast 100% sicher, aber eben nur *fast*! Es kann also vorkommen, dass der Test auf das Vorliegen der Krankheit hinweist, obwohl man gesund ist, oder auch, dass der Test kein Ergebnis bringt, obwohl man krank ist. Die Mediziner nennen den schlimmen Fall, dass ein Test auf das wirklich negative Ereignis hinweist, dass man krank ist, ein ***positives Testergebnis***, den erfreulich positiven anderen Fall ein ***negatives Testergebnis***. In diesem Sinne seien die folgenden Ereignisse definiert. Ω ist die Menge der zu untersuchenden Personen. Wesentlich sind die Ereignisse
Krank: „Die Person ist mit dem HIV-Virus infiziert."
Ges: „Die Person ist nicht infiziert."
Pos: „Der Test zeigt ein positives Ergebnis."
Neg: „Der Test zeigt ein negatives Ergebnis."
Aus vielen Untersuchungen kennt man die drei wesentlichen Eckdaten:

- Die ***Sensitivität*** r des Tests gibt an, bei wie viel Prozent der Testpersonen, die erkrankt sind, der Test auch wirklich positiv ausfällt. Dies ist gerade die bedingte Wahrscheinlichkeit $r := P(\text{Pos} \mid \text{Krank})$, eine Zahl, die möglichst nahe bei 1 liegen sollte.
- Die ***Spezifität*** s des Tests gibt an, bei wie viel Prozent der Testpersonen, die nicht erkrankt sind, der Test dann auch negativ ausfällt. Dies ist die bedingte Wahrscheinlichkeit $s := P(\text{Neg} \mid \text{Ges})$. Auch diese Zahl sollte möglichst nahe bei 1 liegen.

- Die ***Prävalenz*** $p := P(\text{Krank})$ ist die Wahrscheinlichkeit, mit der die Krankheit in der durch Ω repräsentieren Personengruppe vorhanden ist.

Beim HIV-Test lassen sich vier bedingte Wahrscheinlichkeiten betrachten. Es sind zunächst die beiden Wahrscheinlichkeiten

$$r = P(\text{Pos} \mid \text{Krank}) \text{ und } s = P(\text{Neg} \mid \text{Ges}).$$

Ob man infiziert ist oder nicht, liegt vor der Untersuchung und ist die Ursache für das Resultat der Untersuchung. Diese bedingte Wahrscheinlichkeiten werden jedoch häufig – selbst von Ärzten – mit den anderen bedingten Wahrscheinlichkeiten

$$P(\text{Krank} \mid \text{Pos}) \text{ und } P(\text{Ges} \mid \text{Neg})$$

verwechselt. Diese können mit Hilfe der Bayes'schen Regel bestimmt werden: Nach einer Pressemitteilung des *Robert-Koch-Instituts* in Berlin lebten im Jahr 2003 etwa 40 000–45 000 HIV-Infizierte in Deutschland. Bei einer Bevölkerungszahl von etwa 80 Millionen bedeutet das eine HIV-Prävalenz von $p =$ 0,05%.

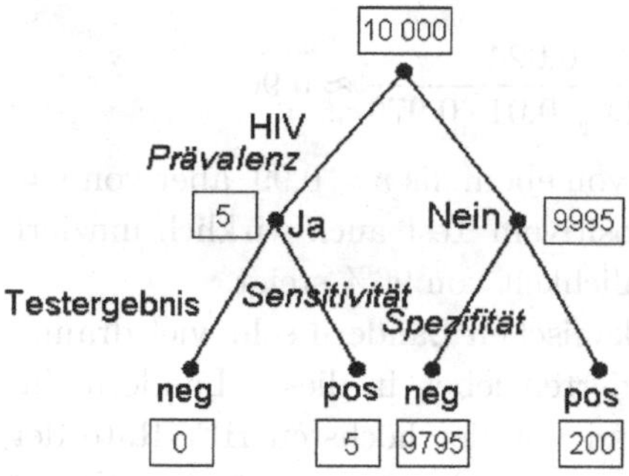

Abb. 3.34. HIV-Test

Die Zahl $p = 0{,}05\%$ kann man wie folgt deuten: Testet man eine Bezugsgruppe von 10 000 Personen aus der durchschnittlichen deutschen Bevölkerung, so wird man im Mittel 5 HIV-Infizierte finden. Der HIV-Test ist sehr empfindlich, von 100 HIV-Infizierten werden 99 gefunden, d. h. die Sensibilität des Tests ist

$$r = 0{,}99\,.$$

Insbesondere kann man davon ausgehen, dass alle 5 HIV-Infizierten einen positiven Test haben werden. Der Test schlägt aber auch bei 100 Gesunden zweimal fälschlicherweise positiv an, die Spezifität des Tests ist also

$$s = 0{,}98\,.$$

Das bedeutet aber, dass von den 9 995 nicht Erkrankten der Testgruppe etwa 200-mal falscher Alarm gegeben wird. Analog zu Abb. 3.33 auf S. 223 sind diese Daten in Abb. 3.34 als Baumdiagramm dargestellt. Der Test hat also 205-mal ein positives Ergebnis gebracht, das Risiko, wirklich das HIV-Virus zu tragen, beträgt jedoch nur

$$P(\text{Krank} \mid \text{Pos}) = \frac{5}{205} \approx 2{,}4\%\,.$$

Durch formales Ansetzen

$$\begin{aligned} P(\text{Krank} \mid \text{Pos}) &= \frac{P(\text{Pos} \mid \text{Krank}) \cdot P(\text{Krank})}{P(\text{Pos} \mid \text{Krank}) \cdot P(\text{Krank}) + P(\text{Pos} \mid \text{Ges}) \cdot P(\text{Ges})} \\ &= \frac{0{,}99 \cdot 0{,}0005}{0{,}99 \cdot 0{,}0005 + 0{,}02 \cdot 0{,}9995} \approx 0{,}024 \end{aligned}$$

der Bayes'schen Regel erhält man natürlich dasselbe Ergebnis. Die a-priori-Wahrscheinlichkeit von $p = 0{,}05\%$ für eine Erkrankung steigt also nach dem Test auf die a-posteriori-Wahrscheinlichkeit von 2,4%.

Der Elisa-Test wird als Massentest verwendet, weil er billig und schnell ist. Bei positivem Elisa-Test wird seit langem mit dem teureren, aber empfindlicheren Western-Blood-Test, der sehr spezifisch ist, nachgetestet (*Henn* & *Jock* 2000). Man geht davon aus, dass die Fehleranfälligkeit der beiden Tests unabhängig voneinander ist[21]. Im Beispiel werden jetzt also 205 Personen nachgetestet, von denen 5 HIV-positiv sind. Die Prävalenz ist jetzt 2,4%. Die analoge Rechnung

$$P(\text{Krank} \mid \text{Pos}) = \frac{0{,}99 \cdot 0{,}024}{0{,}99 \cdot 0{,}024 + 0{,}01 \cdot 0{,}976} \approx 0{,}96$$

zeigt, dass beim Nachtest, der die Daten von ebenfalls $r = 0{,}99$, aber von $s = 0{,}999$ hat, die Wahrscheinlichkeit, bei positivem Test auch wirklich infiziert zu sein, auf eine a-posteriori-Wahrscheinlichkeit von 96% steigt.

Die Infektionsraten sind in schwarz-afrikanischen Ländern sehr viel dramatischer. Mehr als 90% der weltweit Infizierten leben in diesen Ländern. Im Jahr 2002 waren in Botswana, dem Land mit der höchsten HIV-Rate der Welt, bereits fast 40% der Bevölkerung infiziert. Macht man mit den Werten des Elisa-Tests für Sensibilität und Spezifität, aber einer Prävalenz von 40% die analoge Rechnung wie für Deutschland, so steigt schon nach einem ersten positiven Test die Wahrscheinlichkeit für eine Infektion stark an: Jetzt gilt $P(\text{Krank} \mid \text{Pos}) \approx 97\%$.

Die errechnete Wahrscheinlichkeit, dass man bei positivem Test wirklich erkrankt ist, hängt also sehr von der Prävalenz der Krankheit ab. In der obigen Rechnung wurde von der Prävalenz bei der Durchschnittsbevölkerung ausgegangen, also z. B. von dem Labor einer Blutbank, in dem alle eingehenden Blutspenden getestet werden. Anders sähe es aus, wenn man z. B. in eine

[21] Das ist natürlich eine starke Annahme, da die gleichen Begleitumstände zum Versagen beider Tests führen können!

Spezialklinik für Suchtkranke geht, wo von einer sehr viel höheren Prävalenz auszugehen ist.

Der Zugang über absolute Häufigkeiten hilft zu einem inhaltlichen Verständnis der Bayes'schen Formel. Die anschließende *formale* Analyse bringt weitere *inhaltliche* Einsichten in die Testproblematik. Nach der Bayes'schen Formel gilt

$$P(\text{Krank} \mid \text{Pos}) = \frac{P(\text{Pos} \mid \text{Krank}) \cdot P(\text{Krank})}{P(\text{Pos} \mid \text{Krank}) \cdot P(\text{Krank}) + P(\text{Pos} \mid \text{Ges}) \cdot P(\text{Ges})}$$

Unter Verwendung der eingeführten Abkürzungen p für die Prävalenz, r für die Sensitivität und s für die Spezifität lässt sich die fragliche bedingte Wahrscheinlichkeit

$$w(p,r,s) := P(\text{Krank} \mid \text{Pos}) = \frac{r \cdot p}{r \cdot p + (1-s) \cdot (1-p)}$$

als Funktion w dreier Variablen p, r und s mit jeweiligem Definitionsbereich $[0;1]$ darstellen. Hält man jetzt zwei der Variablen fest, so kann die Abhängigkeit der interessierenden Größe $w(p,r,s)$ von der dritten Variablen studiert werden. Damit kann man den Einfluss dieser Größe auf das Testergebnis untersuchen. Das Festhalten von $n-1$ Variablen und die Untersuchung der Abhängigkeit von der n-ten Variablen ist eine seit *Galilei* in der Physik erfolgreiche Heuristik, die nicht ohne Probleme ist. Bei stark vernetzten Problemen wie Luftverschmutzung wird diese Betrachtungsweise der Situation nicht gerecht, weil sich die verschiedenen Einflussfaktoren wechselseitig beeinflussen.

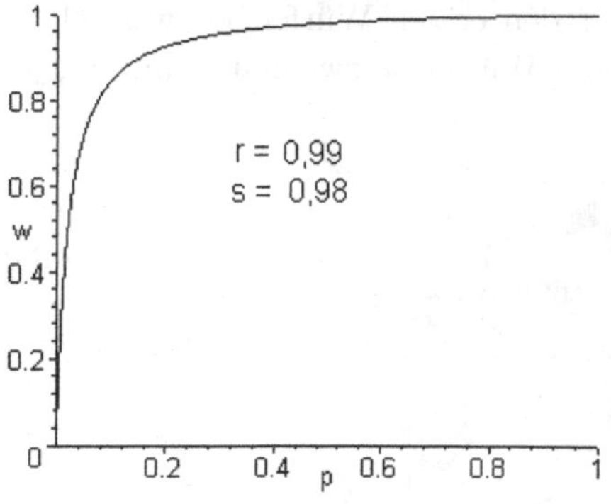

Abb. 3.35. Abhängigkeit von p

In Abb. 3.35 wird für die oben verwendeten Daten des Elisa-Tests der Einfluss der Prävalenz p dargestellt. Schon bei einer Prävalenz von 10% liefert der Test ein ziemlich sicheres Ergebnis! Man kann auch die Frage stellen, ob bei einer Weiter- oder Neuentwicklung eines Tests eher die Sensitivität oder eher die Spezifität verbessert werden sollte. In Abb. 3.36 wird dies für die Sensitivität untersucht. Da es um Verbesserung geht, beginnt die r-Achse erst bei 0,99. Die Graphik zeigt, dass eine Verbesserung von s nichts bringt. Das gleiche Ergebnis erhält man auch für andere Prävalenzen. Der schon erreichte Wert von $r = 99\%$ braucht also nicht verbessert zu werden.

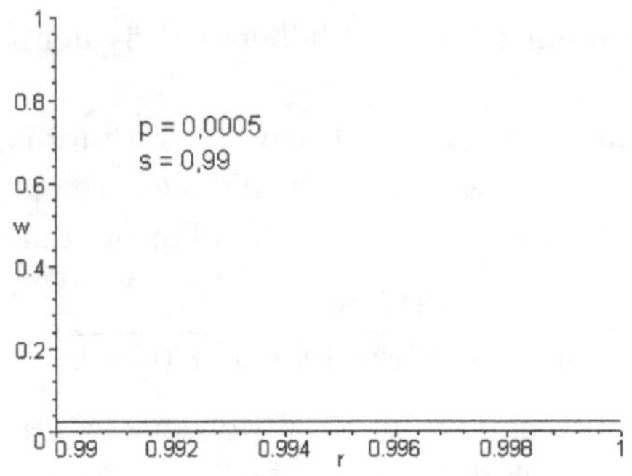

Abb. 3.36. Abhängigkeit von r

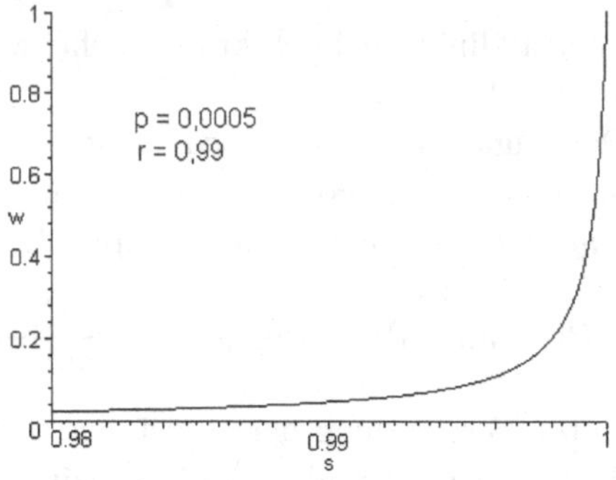

Abb. 3.37. Abhängigkeit von s

Anders sieht es bei der Spezifität in Abb. 3.37 aus. Bei Werten über 0,998 steigt die Trefferrate erheblich an. Beim Western-Blood-Test ist dies erreicht worden. Definiert man die Funktion w mit Hilfe eines Computer-Algebra-Systems, so können leicht die Parameter geändert und der Einfluss auf die gesuchte a-posteriori-Wahrscheinlichkeit $w(p, r, s)$ studiert werden. Man kann auch Funktionen zweier Variablen als Flächen graphisch darstellen.

Aufgabe 44 (Geduldsspiel) Abb. 3.38 zeigt ein Geduldsspiel. Die Seiten der vier Würfel tragen in unterschiedlicher Anzahl orange, rote, grüne und blaue Markierungen. Sie müssen so in die Holzschale eingelegt werden, dass alle Öffnungen der drei Seiten jeweils dieselbe Farbe zeigen. Genauer gilt für die Farbverteilung (die Farben sind dabei durch ihren Anfangsbuchstaben codiert): Dreimal O, je einmal R, G, B für den ersten Würfel, je zweimal O und R, je einmal G und B für den zweiten Würfel, je zweimal R und G, je

Abb. 3.38. Welcher Würfel war es?

einmal O und B für den dritten Würfel und je einmal O und R, je zweimal G und B für den vierten Würfel. Wir verwenden das Spiel anders: Armin hat einen der vier Würfel ausgewählt und würfelt nun mit ihm. Er sagt Beate, dass beim ersten Wurf die obere Fläche orange ist. Kann jetzt Beate mit einiger Gewissheit sagen, welchen der vier Würfel Armin gewählt hatte? Wenn sie sich noch nicht sicher ist, kann sie ja Armin bitten, noch ein- oder zweimal mit demselben Würfel zu würfeln. Analysieren Sie dieses stochastische Experiment!

Viele E-Mail-Nutzer werden durch Spam-Mails belästigt. Deshalb installiert man sogenannte *Spam-Filter*, die von vorne herein solche Mails aussondern sollen. Interessanterweise arbeiten manche Spam-Filter mit Hilfe des Satzes von Bayes (vgl. *Linke* 2003). Diese Filter bestimmen für eine Nachricht, die n Wörter $w_1, w_2, \ldots, w_n$ enthält, die bedingte Wahrscheinlichkeit $P(\text{Spam} \mid \{w_1, w_2, \ldots, w_n\})$ dafür, dass es sich um eine Spam-Mail handelt. Die nach der Bayes'schen Formel hierzu nötige Kenntnis von $P(\{w_1, w_2, \ldots, w_n\} \mid \text{Spam})$ und $P(\text{Spam})$ wird aus der Analyse über die alten Mails gewonnen. Gute Bayes-Filter haben eine sehr hohe Trefferquote für „Spam“ bzw. „Nicht-Spam“.

Aufgabe 45 (Spam-Filter) Ein Freemail-Anbieter möchte zum Schutz seiner Kunden einen Spam-Filter anbieten, der unerwünschte Massen-Mails abfängt. Dazu wird vorher eine Untersuchung durchgeführt, die Aussagen über typische Eigenschaften von Spam-Mails liefern soll: Es wurde festgestellt, dass Mails, in deren Betreffzeile „xxx“ an irgendeiner Stelle auftaucht, zu 95% Spam-Mails sind. Mails bei denen „xxx“ nicht in der Betreffzeile auftaucht, bei denen aber das Wort „Sex“ im Mailtext steht, sind zu 68% Spam-Mails. Unter den Mails, bei denen weder „xxx“ in der Betreffzeile auftaucht, noch „Sex“ im Mailtext steht, sind noch 18% Spam-Mails. Insgesamt enthalten 82% der Mails weder „xxx“ in der Betreffzeile noch „Sex“ im Text, bei 13% steht zwar „Sex“ im Text, aber nicht „xxx“ in der Betreffzeile und bei den übrigen 5% steht „xxx“ in der Betreffzeile. Wie groß ist die Wahrscheinlichkeit, dass eine Spam-Mail weder „xxx“ in der Betreffzeile noch „Sex“ im Text stehen hat?

Wie schon kurz angedeutet ist die Beweiswürdigung durch einen Richter eine sehr lebensrelevante Anwendung der Bayes'schen Regel. Nicht immer ist jedoch den Beteiligten der Unterschied zwischen $P(A|B)$ und $P(B|A)$ klar. Ein bemerkenswertes Beispiel ist *das Alibi des Schornsteinfegers*, das *Georg Schrage* (1980) beschreibt. In einem Mordprozess errechneten zwei

Gutachter aus Blutspuren und Textilfaserbefunden verschiedene Wahrscheinlichkeiten bis zu 99,94% für die Täterschaft des Angeklagten. Einer dieser Schlüsse war wie folgt: K bezeichne die Hypothese, dass der Beklagte Kontakt mit der Toten hatte, also der Mörder war. B ist das Ereignis, dass die Blutspuren an der Kleidung des Angeklagten die Blutgruppe des Opfers hatten. C ist das Ereignis, dass am Opfer gefundene Blutspuren die Blutgruppe des Beklagten hatten. Aufgrund der bekannten Blutgruppenverteilung in der Bevölkerung ergaben sich die bedingten Wahrscheinlichkeiten $P(B|\bar{K}) = 0{,}1569$ und $P(C|\bar{K}) = 0{,}1727$. Die Ereignisse B und C wurden als unabhängig angesehen, so dass sich

$$P(B \cap C|\bar{K}) = P(B|\bar{K}) \cdot P(C|\bar{K}) = 0{,}027$$

ergab. Die Wahrscheinlichkeit für den Untersuchungsbefund unter der Hypothese, dass der Angeklagte nicht der Täter war, ergab sich zu 2,7%. Also schlossen die Gutachter, dass der Angeklagte zu 97,3% der Täter war! Die Gutachter hatten also den unsinnigen und falschen Ansatz $P(K|B \cap C) = 1 - P(B \cap C|\bar{K})$ gemacht. Später stellte sich übrigens heraus, dass der Angeklagte zum Tatzeitpunkt 100 km vom Tatort entfernt war.

3.3

3.3 Hilfsmittel aus der Kombinatorik

Für viele interessante und naheliegende Anwendungen der Stochastik kann das Laplace-Modell sinnvoll angesetzt werden. Insbesondere bei großen Ergebnismengen ist es jedoch oft gar nicht einfach, diese Mengen abzuzählen. Ein typisches Beispiel ist die Berechnung der Wahrscheinlichkeit für einen Sechser im Lotto. In den Abschnitten 3.3.1–3.3.4 werden für vier konkrete Situationen kombinatorische Formeln entwickelt, die in Abschnitt 3.3.5 verallgemeinert werden.

3.3.1 Toto 11er-Wette

Das Fußball-Toto kam ab 1921 in England auf. Das Wort „Toto“ leitet sich ab vom Totalisator, einer Einrichtung zum Wetten in allen Wettarten auf der Pferderennbahn. In Deutschland wird seit 1948 die 11er Wette des Fußball-Totos gespielt[22]. Bei dieser Wette müssen die Spielausgänge von 11 Spielpaarungen, die den Toto-Spielern vorher bekannt sind, vorhergesagt werden (Abb. 3.39). Je nach Vorhersage (Sieg der Heimmannschaft, Unentschieden oder Sieg der Gastmannschaft) kreuzt man 1, 0 oder 2 an. Auf dem abgebildeten Ausschnitt des Spielscheins sind fünf Spalten für fünf solcher 11er-Wetten

[22] Heute gibt es noch weitere Fußball-Wetten wie die Toto-Auswahlwette oder die verschiedenen ODDSET-Sportwetten.

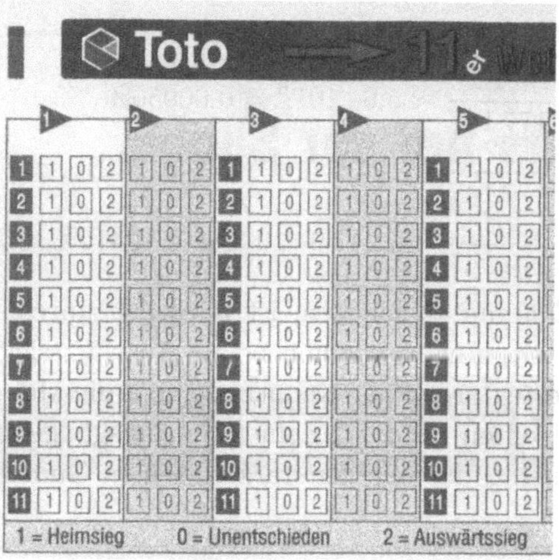

Abb. 3.39. Toto-Schein

vorgesehen. Es gibt drei Gewinnklassen, die Klasse I mit 11, die Klasse II mit 10 und die Klasse III mit 9 richtigen Vorhersagen. 50% der eingehenden Zahlungen werden gleichmäßig auf die drei Klassen verteilt und als Gewinne ausbezahlt. Diese Beträge werden gleichmäßig an alle Gewinner der entsprechenden Klasse verteilt.
Ein Tipp besteht aus einem 11-Tupel $(a_1|a_2|\ldots|a_{11})$ mit $a_i \in \{0,1,2\}$. Die Ergebnismenge Ω besteht aus allen möglichen 11-Tupeln. An jeder Stelle eines Tupels kann man beliebig eine von drei Zahlen schreiben, so dass es nach der Produktregel der Kombinatorik $|\Omega| = 3^{11} = 177\,147$ Tipp-Möglichkeiten gibt. Genau ein Tupel gehört zur Gewinnklasse I. Für die Gewinnklasse II hat man genau zehn richtige, also eine falsche Vorhersage gemacht. Die eine falsche Vorhersage wurde in einem von 11 Spielen gemacht, und das Kreuz kann an zwei verschiedenen Stellen stehen, d. h. wenn das Spiel unentschieden ausgegangen ist, kann das Kreuz fälschlicherweise bei 1 oder bei 2 stehen. Damit sind $11 \cdot 2 = 22$ Tupel günstig für diese Gewinnklasse. Bei Gewinnklasse III hat man genau neun richtige, also zwei falsche Vorhersagen gemacht. Für das erste falsche Spiel gibt es 11 Möglichkeiten, für das zweite dann noch 10. Da bei dieser Abzählung Spiel A | Spiel B und Spiel B | Spiel A vorkommen, gibt es insgesamt $11 \cdot 10 : 2 = 55$ falsche Spielpaare. Bei jedem falschen Paar kann man auf $2 \cdot 2 = 4$ Arten falsche Kreuze machen. Insgesamt sind also 220 Tupel für die Gewinnklasse III günstig.
Wenn man Toto als Zufallsexperiment betrachtet und die Gewinnwahrscheinlichkeiten berechnen will, könnte man z. B. den Laplace-Ansatz machen und alle Ankreuzmöglichkeiten als gleichwahrscheinlich ansetzen. Mit den berechneten Anzahlen der möglichen und der günstigen Fälle folgt für die Gewinn-

chancen in den 3 Gewinnklassen

$$P(\text{„Gewinn in Klasse I“}) = \frac{1}{177\,147} \approx 5{,}6 \cdot 10^{-6} = 0{,}00056\%\,,$$
$$P(\text{„Gewinn in Klasse II“}) = \frac{22}{177\,147} \approx 124{,}2 \cdot 10^{-6} = 0{,}01242\%\,,$$
$$P(\text{„Gewinn in Klasse III“}) = \frac{220}{177\,147} \approx 1\,241{,}9 \cdot 10^{-6} = 0{,}12419\%\,.$$

Für Fußball-Toto die Laplace-Annahme zu machen, ist natürlich unrealistisch. Erfahrungsgemäß sind Heimsiege wahrscheinlicher als Auswärtssiege. Außerdem wird jeder Fußball-Experte durch seine Kenntnisse über die Mannschaften subjektive Wahrscheinlichkeiten für die einzelnen Spielausgänge ansetzen und damit das Wettglück mehr oder weniger stark zu seinen Gunsten beeinflussen.

3.3.2 Rennquintett

Bis vor Einführung der neuen Keno-Lotterie (vgl. Abschnitt 3.4.6) im Jahr 2004 gab es in Deutschland das Pferde-Rennquintett. Bei einer Wette mussten für ein Pferderennen, dessen 15 Teilnehmer den Spielern vorher bekannt waren, die drei besten Pferde vorhergesagt werden (Abb. 3.40, Teil 1A). Es waren also drei Kreuze zu machen, wobei Ankreuzen in der oberen Reihe den 1. Platz vorhersagte, in der 2. bzw. 3. Reihe dementsprechend den 2. bzw. 3. Platz. Es gab zwei Gewinnklassen. In der ersten Klasse mussten die drei Gewinn-Pferde in der richtigen Reihenfolge angekreuzt worden sein, in der zweiten Klasse mussten nur die 3 richtigen Pferde angekreuzt worden sein, die Reihenfolge spielte keine Rolle. In diese Klasse fallen also „die richtigen Pferde in der falschen Reihenfolge“.

Ein Tipp ist ein 3-Tupel $(a_1|a_2|a_3)$ mit drei verschiedenen Zahlen $a_i \in \{1, 2, \ldots, 15\}$. Ω besteht aus den möglichen 3-Tupeln. Für die erste Stelle des Tupels hat man 15 Möglichkeiten, für die zweite noch 14 und für die dritte

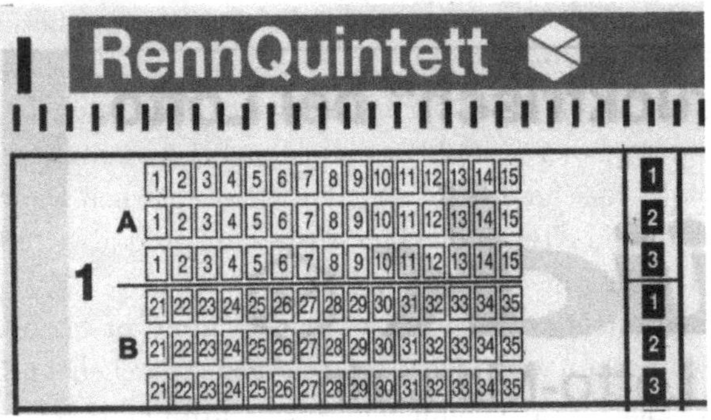

Abb. 3.40. RennQuintett-Schein

noch 13. Es gibt also $|\Omega| = 15 \cdot 14 \cdot 13 = 2\,730$ Möglichkeiten. Bei der Gewinnklasse I kommt es auf die Reihenfolge an, es ist also genau ein Tupel günstig. Für Gewinnklasse II kommt es nicht auf die Reihenfolge an. Wenn z. B. das Tupel $(1|2|3)$ das Gewinntupel ist, so enthalten die fünf Tupel $(1|3|2)$, $(2|1|3)$, $(2|3|1)$, $(3|1|2)$ und $(3|2|1)$ ebenfalls die richtigen Pferde. Eines der sechs Tupel gehört zur Gewinnklasse I, die restlichen $6 - 1 = 5$ Tupel sind günstig für die Gewinnklasse II.

Um die Gewinnwahrscheinlichkeiten zu bestimmen, machen wir wieder einen Laplace-Ansatz (wobei dies ähnlich unrealistisch wie beim Toto ist). Mit den berechneten Anzahlen ergeben sich folgende Gewinnchancen:

$$P(\text{„Klasse I“}) = \frac{1}{15 \cdot 14 \cdot 13} = \frac{1}{2\,730} \approx 0{,}37 \cdot 10^{-3} = 0{,}037\%\,,$$
$$P(\text{„Klasse II“}) = \frac{5}{2\,730} \approx 1{,}83 \cdot 10^{-3} = 0{,}183\%\,.$$

3.3.3 Lotto

Das Lotto kam im 16. Jahrhundert auf. Das Wort stammt vom niederländischen *lot* (Los). Jahrhundertelang wurde und wird zum Teil noch heute in vielen Ländern Europas ein Zahlenlotto „5 aus 90“ gespielt (vgl. Abschnitt 3.4.6). Das deutsche Zahlenlotto „6 aus 49“ wurde 1952 in Berlin genehmigt und ab 1955 in der BRD eingeführt. Bei diesem Lotto müssen auf einem Wettschein sechs der Zahlen $1, 2, \ldots, 49$ angekreuzt werden. In Abb. 3.41 ist der linke obere Teil eines System-Wettscheins abgebildet, auf dem insgesamt bis zu viermal Zahlen angekreuzt werden können. Zunächst wird nur ein normales Spiel mit der 7×7-Zahlenmatrix betrachtet.

Am Mittwoch bzw. am Samstag werden zufällig zuerst sechs Gewinnzahlen, dann als siebte Zahl die Zusatzzahl, gezogen. Zusätzlich wird eine einziffrige Zahl, die Superzahl, gezogen, die aber nur in der Gewinnklasse I

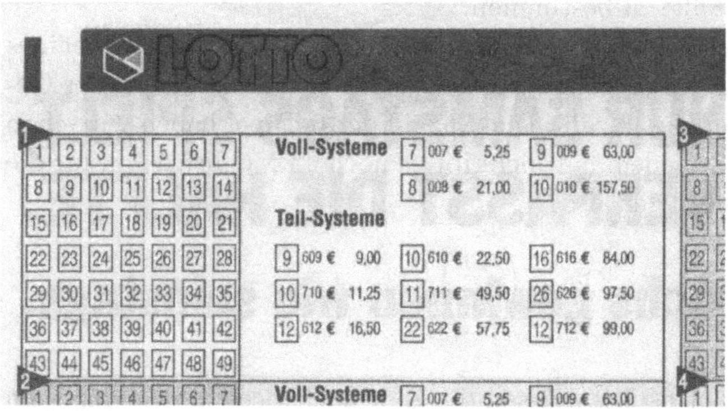

Abb. 3.41. Lotto-Schein

berücksichtigt werden muss. Je nachdem, wie viele der gezogenen Zahlen mit den getippten übereinstimmen, gewinnt man oder auch nicht.
Das Lotto kann aus zwei unterschiedlichen Perspektiven betrachtet werden, was zu zwei unterschiedlichen Ergebnismengen führt:

a. Im ersten Fall betrachten wir die *getippten Zahlen* als Ergebnisse eines Zufallsexperiments. Da es nicht auf die Reihenfolge der getippten Zahlen ankommt, besteht die Ergebnismenge Ω_1 aus den 6-elementigen Teilmengen der Menge $\{1, 2, \ldots, 49\}$. Um Ω_1 abzuzählen, werden zunächst die möglichen 6-Tupel in der Reihenfolge des Tippens betrachtet. Es gibt 49 Möglichkeiten für die erste getippte Kugel, 48 für die zweite usw., zusammen also $49 \cdot 48 \cdot 47 \cdot 46 \cdot 45 \cdot 44$ Möglichkeiten. Die Reihenfolge, in der man sechs Zahlen getippt hat, ist egal. Ob man etwa der Reihe nach die Zahlen 35, 21, 3, 7, 23, 13 oder 13, 3, 7, 21, 35, 23 angekreuzt hat, spielt keine Rolle. Mit folgender Überlegung zählen wir die 6-Tupel ab, die zum selben Lotto-Tipp führen: Es gibt sechs Plätze, auf denen 35 stehen kann, dann noch fünf Plätze, auf denen 21 stehen kann, vier Plätze für 3, drei für 7, zwei für 23 und dann noch einer für 13. Zusammen führen also $6 \cdot 5 \cdot 4 \cdot 3 \cdot 2 \cdot 1 = 6! = 120$ Tupel zum selben Lotto-Tipp $\{3, 7, 13, 21, 23, 35\}$. Damit gilt
$$|\Omega_1| = \frac{49 \cdot 48 \cdot 47 \cdot 46 \cdot 45 \cdot 44}{6!} = \frac{49!}{(49-6)! \cdot 6!} = \binom{49}{6} = \binom{49}{43}$$
$$= 13\,983\,816\,,$$
wobei sich der Bruch als Binomialkoeffizient herausstellt. Diese Überlegung für 6-elementige Teilmengen aus einer 49-elementigen Menge gilt natürlich allgemein: Für natürliche Zahlen k, n mit $0 \leq k \leq n$ gibt es genau $\binom{n}{k}$ Möglichkeiten, k Elemente aus einer Menge von n Elementen auszuwählen. Dies benötigen wir später, um die für die einzelnen Gewinnklassen *günstigen* Fälle zu bestimmen.

b. Im zweiten Fall betrachten wir die *gezogenen Zahlen* als Ergebnisse eines Zufallsexperiments. Ein Ergebnis besteht jetzt aus einem 6-Tupel der Gewinnzahlen und der Zusatzzahl. Die Anzahl der 6-Tupel haben wir schon für Ω_1 abgezählt. Zu jedem 6-Tupel gibt es noch 43 Möglichkeiten für die Zusatzzahl. Insgesamt gilt also
$$|\Omega_2| = \binom{49}{6} \cdot 43\,.$$

Zur Beurteilung des Lottospiels müssen die Gewinnchancen in den einzelnen Gewinnklassen bestimmt werden. Hierzu wird das Lottospiel als Laplace-

Experiment modelliert, was im Gegensatz zu den bisher betrachteten Glücksspielen in jedem Fall sinnvoll ist. Die Gewinnpläne für die Samstag- und die Mittwochziehungen unterscheiden sich ein wenig, die folgende Analyse wird für die Ziehung am Samstag begonnen.
Die 49 Zahlen teilen sich bei der nächsten Ziehung auf in die 6 Gewinnzahlen g_i, dann die Zusatzzahl z und anschließend die restlichen, nicht gezogenen 42 Zahlen a_j, also

$$g_1, g_2, g_3, g_4, g_5, g_6, z, a_1, a_2, \ldots, a_{42}\,.$$

Aus der Perspektive der *getippten Zahlen* stellen wir uns vor, die Gewinnzahlen und die Zusatzzahl der nächsten Ziehung seien schon bekannt, wir modellieren also mit einem Gedankenexperiment. Wir führen die Analyse für zwei Gewinnklassen genauer aus:
Gewinnklasse II: Sechs Gewinnzahlen. Es müssen die sechs Gewinnzahlen angekreuzt werden. Dafür gibt es genau einen günstigen Fall. Damit ist die Gewinnwahrscheinlichkeit

$$P(\text{Gewinnklasse II}) = \frac{1}{|\Omega_1|} = \frac{1}{\binom{49}{6}} \approx 0{,}0715 \cdot 10^{-6}\,.$$

Gewinnklasse V: Vier Gewinnzahlen mit Zusatzzahl. Da jetzt die Zusatzzahl berücksichtigt werden muss, also die Anzahl der getippten und der gezogenen Gewinnzahlen verschieden sind, ist die Wahl der Perspektive relevant. Aus der Perspektive der *getippten Zahlen* müssen 4 der 6 Gewinnzahlen angekreuzt werden, wofür es $\binom{6}{4} = 15$ Möglichkeiten gibt. Weiter muss die Zusatzzahl angekreuzt sein, wofür es $\binom{1}{1} = 1$ Möglichkeit gibt. Als letzte Zahl muss eine der 42 anderen Zahlen angekreuzt werden, wofür es genau $\binom{42}{1} = 42$ Möglichkeiten gibt. Damit folgt

$$P(\text{Gewinnklasse V}) = \frac{\binom{6}{4}\cdot\binom{1}{1}\cdot\binom{42}{1}}{|\Omega_1|} = \frac{\binom{6}{4}\cdot\binom{1}{1}\cdot\binom{42}{1}}{\binom{49}{6}}$$
$$\approx 45{,}0521 \cdot 10^{-6}\,.$$

Aus der Perspektive der *gezogenen Zahlen* müssen 4 der 6 angekreuzten Zahlen als Gewinnzahlen gezogen werden, die anderen beiden gezogenen Zahlen müssen unter den 43 nicht angekreuzten Zahlen sein. Schließlich muss als Zusatzzahl eine der beiden anderen angekreuzten Zahlen gezogen werden. Dies führt analog zur Formel

$$P(\text{Gewinnklasse V}) = \frac{\binom{6}{4}\cdot\binom{43}{2}\cdot\binom{2}{1}}{|\Omega_2|} = \frac{\binom{6}{4}\cdot\binom{43}{2}\cdot\binom{2}{1}}{\binom{49}{6}\cdot 43}$$
$$\approx 45{,}0521 \cdot 10^{-6}\,.$$

Bei Lotterien wie Keno (vgl. Abschnitt 3.4.6) mit unterschiedlichen Anzahlen von getippten und gezogenen Zahlen treten diese Unterschiede bei der Modellierung generell auf.

Auftrag Führen Sie diese Überlegungen für die weiteren Gewinnklassen (Gkl) durch und bestätigen Sie die angegebenen Gewinnwahrscheinlichkeiten:
Gkl I: 6 Gewinnzahlen und Superzahl. Es gilt $P(\text{Gkl I}) \approx 0{,}0072 \cdot 10^{-6}$.
Gkl III: 5 Gewinnzahlen und Zusatzzahl. Es gilt $P(\text{Gkl III}) \approx 0{,}4290 \cdot 10^{-6}$.
Gkl IV: 5 Gewinnzahlen. Es gilt $P(\text{Gkl IV}) \approx 18{,}0208 \cdot 10^{-6}$.
Gkl VI: 4 Gewinnzahlen. Es gilt $P(\text{Gkl VI}) \approx 923{,}5676 \cdot 10^{-6}$.
Gkl VII: 3 Gewinnzahlen und Zusatzzahl.
Es gilt $P(\text{Gkl VII}) \approx 1\,231{,}4235 \cdot 10^{-6}$.
Gkl VIII: 3 Gewinnzahlen. Es gilt $P(\text{Gkl VIII}) \approx 0{,}01642$.

Auftrag Viele Leute freuen sich, wenn sie wenigstens eine oder zwei richtige Zahlen angekreuzt haben. Berechnen Sie die Wahrscheinlichkeit, überhaupt keine richtige Zahl angekreuzt zu haben!

Aufgabe 46 (Verteilung der Lotto-Gewinne auf die Klassen) 50% der beim Lotto eingenommen Einsätze werden nach Prozentquoten auf die einzelnen Gewinnklassen verteilt. Der so auf eine Klasse entfallende Betrag wird gleichmäßig auf alle Gewinner dieser Klasse verteilt. Beim Samstags-Lotto sind diese Prozentsätze für die Gewinnklassen I–VIII 10%, 8%, 5%, 13%, 2%, 10%, 8% und 44%. Die Jackpot-Regelung bedeutet, dass der Betrag einer Gewinnklasse, in die kein Gewinn gefallen ist, bei der nächsten Ziehung derselben Gewinnklasse zugeschlagen wird. Analysieren Sie diese Regelungen!

Die Höhe der Gewinne ist nicht vorhersagbar, sondern hängt von der Anzahl der Mitgewinner in der jeweiligen Klasse ab. Dies führt immer wieder zu bemerkenswerten Zeitungsüberschriften. Obwohl alle Gewinnzahlen gleichwahrscheinlich sind, nannte die *Bildzeitung* vom 7.2.2002 unter der Überschrift „Gaga-Lottozahlen“ die Gewinnzahlen 30, 31, 32, 33, 37, 43 „die verrückten

Lottozahlen vom Mittwoch". Diese Zahlen wurden von sieben Spielern getippt. Die Gewinnzahlen 4, 6, 12, 18, 24, 30 mit Zusatzzahl 36 brachten „Pech im Lottoglück", wie die *Rheinpfalz* am 18.2.2003 titelte. Es gab 11 Gewinner in der Gewinnklasse I und 69 Gewinner in der Gewinnklasse II, trotz sechs richtiger Zahlen bekamen die „armen Gewinner" nur 44 840 € ausbezahlt! Wenn Sie diese Zahlen in Abb. 3.41 eintragen, werden Sie ein bemerkenswertes Muster feststellen.

In vielen Untersuchungen wurde nachgewiesen, dass sehr häufig Muster oder arithmetische Progressionen angekreuzt werden, auch der Tipp 1, 2, 3, 4, 5, 6 kommt häufig vor. Ebenfalls häufig sind Zahlen bis 31, die Geburtstage sein können. „Lotto-Tipp: Anders spielen als andere", wie eine andere Schlagzeile lautete, ist der einzige sinnvolle Tipp. In der *Welt am Sonntag* vom 29.6.2003 wird ebenfalls in dem Artikel „Mehr Erfolg mit seltenen Zahlen" der Tipp gegeben, solche Zahlen anzukreuzen, die sonst keiner ankreuzt. Im Gewinnfall sei man dann der Einzige in der Gewinnklasse I oder II und erhalte den ganzen Gewinn. Solche sonst möglichst nicht getippten Zahlen zu finden, ist allerdings nicht ganz einfach. Die Firma *Faber* behauptet, hierfür Methoden entwickelt zu haben.

Viele Lotto-Spieler glauben nicht, dass alle Kugeln dieselbe Chance haben, gezogen zu werden. In den Lotto-Broschüren stehen Statistiken über die schon jemals gezogenen Lotto-Zahlen. Unter Bezug auf diese Statistiken werden von manchen Leuten Zahlen bevorzugt, die eine geringe Häufigkeit haben, da sie jetzt endlich an der Reihe seien. Andere bevorzugen Zahlen mit hohen Häufigkeiten, da sie „typische Gewinnzahlen" seien.

Aufgabe 47 (Voll- und Teil-Systeme beim Lotto) Ein einzelner Lotto-Tipp kostet 0,75 € (plus einer Gebühr[23] von 0,25 €). In Abb. 3.41 auf S. 233 ist auch die Möglichkeit angeboten, sogenannte Voll-Systeme oder VEW-Systeme[24] zu spielen. Dabei bedeutet „Voll-System 7", dass man 7 Zahlen ankreuzen kann und dafür 5,25 € Einsatz (plus 0,50 € Gebühr) zu zahlen hat. Solche Voll-Systeme gibt es bis „Voll-System 15" für 3753,75 € Einsatz. Mit einem Voll-System hat man gleichzeitig alle 6-er Tipps abgegeben, die sich aus den angekreuzten Zahlen ergeben, kann also mit einem Tipp gleich in mehreren Gewinn-Klassen gewinnen. Analysieren Sie diese Spielvariante! (Bei den VEW-Systemen gelten nicht alle möglichen 6-er Tipps als gesetzt; Genaueres regelt die bei den Lotto-Annahmestellen erhältliche Systemspiel-Broschüre.)

[23] Die Gebühren beziehen sich auf „Lotto Baden-Württemberg" (Stand September 2004) bei Abgabe eines Scheins für eine Ausspielung an einer Lotto-Annahmestelle. Die Gebühren sind abhängig vom Bundesland und, ob man im Internet spielt oder seinen Schein an einer Lotto-Annahmestelle abgibt.

[24] VEW bedeutet „verkürzte engere Wahl".

Weitere interessante Lotto-Geschichten findet man z. B. bei *Bosch* (2004) und *Henze & Riedwyl* (1998).

3.3.4 Das Gummibärchen-Orakel

Abb. 3.42. Gummibärchen-Orakel

In seinem 1998 beim Goldmann-Verlag in München erschienenen Buch „Das Gummibärchen-Orakel“ (Abb. 3.42) empfiehlt der Autor *Dietmar Bittrich*, aus einer Tüte Gummibärchen 5 Stück zu ziehen und der Farbe nach zu ordnen: Von links nach rechts liegen die Bärchen der Farben Rot, Gelb, Weiß, Grün und Orange. Andere Farben kommen laut Autor nicht vor. Für alle vorkommenden 126 Möglichkeiten wird dann auf ein bis zwei Seiten die individuelle Zukunft beschrieben.

Hier soll es nicht um Sinn oder Unsinn eines solchen Buchs gehen. Geklärt werden soll die Frage, wieso es genau 126 Möglichkeiten sind! Man kann mit Gummibärchen verschiedene Möglichkeiten probieren, es wird aber schwer fallen, zu begründen, dass man alle gefunden hat.

Eine sehr übersichtliche Darstellung der Situation erhält man, wenn man ein Gitter zeichnet und Wege in diesem Gitternetz betrachtet. In Abb. 3.43 kann man einen Gitterweg von der linken unteren zur rechten oberen Ecke als eine mögliche Wahl der Gummibärchen deuten. Der dick eingezeichnete Weg bedeutet die Wahl Rot, Weiß, Weiß, Grün, Orange. Die verschiedenen Möglichkeiten, die 5 Gummibärchen zu ziehen, entsprechen genau den verschiedenen Wegen im Gitternetz von links unten nach rechts oben! Jeder Weg besteht aus genau 9 Kanten. Wenn man also auf den 9 Kanten-Plätzen 5 beliebige Plätze für die 5 horizontalen „Farb-Kanten“ wählt, so bleiben gerade die Plätze für die 4 ver-

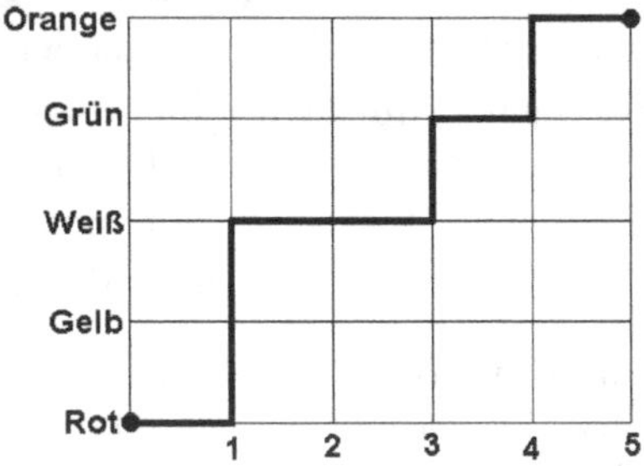

Abb. 3.43. Wege im Gitternetz I

tikalen „Farbwechsel-Kanten“ übrig. Für die 5 horizontalen Kanten gibt es aber genau $\binom{9}{5} = 126$ Möglichkeiten!

Man kann die Situation auch etwas formaler einer mathematischen Analyse zugänglich machen. Hierzu codieren wir die Farben mit Zahlen und legen anstelle der Gummibärchen fünf Zahlen a_1, a_2, a_3, a_4 und a_5 mit $a_i \in \{1, 2, 3, 4, 5\}$. Wie bei den Lotto-Tipps kommt es nur darauf an, welche 5 Zahlen gezogen werden, nicht auf ihre Reihenfolge. Im Gegensatz zu den Lotto-Tipps dürfen sich jetzt die Zahlen wiederholen, so dass wir die beim Lotto hilfreichen Binomialkoeffizienten nicht direkt anwenden können. Dies gelingt erst, wenn wir die 5-Tupel $a_1a_2a_3a_4a_5$, bei denen Wiederholungen erlaubt sind, auf Tupel $b_1b_2b_3b_4b_5$, bei denen Wiederholungen ausgeschlossen sind, abbilden: Sei hierzu $a_1a_2a_3a_4a_5$ mit $1 \leq a_1 \leq a_2 \leq a_3 \leq a_4 \leq a_5 \leq 5$ ein „Gummibärchen-Tipp“. Durch die Transformation

$$\begin{aligned} &1 \leq a_1 \leq a_2 \leq a_3 \leq a_4 \leq a_5 \leq 5 \\ \longrightarrow\ &1 \leq a_1 < a_2 + 1 < a_3 + 2 < a_4 + 3 < a_5 + 4 \leq 5 + 4 = 9 \end{aligned}$$

wird jedes 5-Tupel $a_1a_2a_3a_4a_5$ mit Wiederholung aus den Zahlen $1, \ldots, 5$ eindeutig auf ein 5-Tupel $\mathrm{b_1b_2b_3b_4b_5}{:=}a_1(a_2{+}1)(a_3{+}2)(a_4{+}3)(a_5{+}4)$ ohne Wiederholung abgebildet. Da die Umkehrung

$$\begin{aligned} &1 \leq b_1 \leq b_2 - 1 \leq b_3 - 2 \leq b_4 - 3 \leq b_5 - 4 \leq 5 \\ \longleftarrow\ &1 \leq b_1 < b_2 < b_3 < b_4 < b_5 \leq 9 \end{aligned}$$

auch eindeutig ist, ist die Abbildung bijektiv, und beide Mengen haben gleich viele Elemente, und zwar $\binom{9}{5} = 126$, was die Behauptung des Buchs wiederum beweist.

3.3.5 Kombinatorische Formeln

Sehr viele Situationen lassen sich durch ein Urnenmodell simulieren: In einer Urne liegt eine Anzahl *nummerierter* Kugeln. Aus der Urne werden jetzt nacheinander zufällig Kugeln gezogen. Um diese Situation durch eine Ergebnismenge Ω modellieren zu können, muss der Ziehvorgang zunächst durch folgende Festlegungen genau beschrieben werden:

Es sei n die Anzahl der von 1 bis n nummerierten Kugeln in der Urne. k ist die Anzahl der Kugeln, die gezogen werden (die Stichprobengröße). Nun muss festgelegt werden, ob die gezogene Kugel jeweils wieder in die Urne gelegt wird oder nicht (***Ziehen mit Zurücklegen***, d. h. Wiederholungen sind möglich, oder ***Ziehen ohne Zurücklegen***, d. h. keine Wiederholungen). Dann muss noch festgelegt werden, ob es auf die Reihenfolge der gezogenen Kugeln ankommt oder nicht: Dies führt zu ***Permutationen***, die geordnete k-Tupel sind, oder zu ***Kombinationen***, die k-elementige Mengen sind. Damit erhalten wir folgende Ergebnismengen:

a. $\Omega = \{k\text{-Permutationen mit Wiederholung der Menge } M = \{1, 2, \ldots, n\}\}$,
b. $\Omega = \{k\text{-Permutationen ohne Wiederholung der Menge } M = \{1, 2, \ldots, n\}\}$,
c. $\Omega = \{k\text{-Kombinationen ohne Wiederholung der Menge } M = \{1, 2, \ldots, n\}\}$,
d. $\Omega = \{k\text{-Kombinationen mit Wiederholung der Menge } M = \{1, 2, \ldots, n\}\}$.

Die Unterschiede verdeutlicht das einfache Beispiel mit $n = 3$ und $k = 2$:

1. Ω = {❶ ❶, ❶ ❷, ❶ ❸, ❷ ❶, ❷ ❷, ❷ ❸, ❸ ❶, ❸ ❷, ❸ ❸},
2. Ω = {❶ ❷, ❶ ❸, ❷ ❶, ❷ ❸, ❸ ❶, ❸ ❷},
3. Ω = {❶ ❷, ❶ ❸, ❷ ❸},
4. Ω = {❶ ❶, ❶ ❷, ❶ ❸, ❷ ❷, ❷ ❸, ❸ ❸}.

Mit dem Java-Applet „Urne" auf der in der Einleitung genannten Homepage zu diesem Buch können Sie solche Zieh-Vorgänge simulieren.
Diese vier Modelle sind uns bei den bisher behandelten Beispielen schon begegnet. Die möglichen Tipps beim Toto sind 11-Permutationen mit Wiederholung der Menge $M = \{1, 2, 3\}$. Beim Rennquintett besteht Ω aus den 3-Permutationen ohne Wiederholung der Menge $M = \{1, 2, \ldots, 15\}$. Lotto-Tipps sind 6-Kombinationen ohne Wiederholung der Menge $M = \{1, 2, \ldots, 49\}$. Schließlich geht es beim Gummibärchen-Orakel um 5-Kombinationen mit Wiederholung der Menge $M = \{1, 2, 3, 4, 5\}$. Die an den konkreten Beispielen erarbeiteten Formeln für die Anzahlen der möglichen Ergebnisse lassen sich leicht auf den allgemeinen Fall übertragen:

---

18 **Satz 18 (Kombinatorische Formeln)** Für die Menge $M = \{1, 2, \ldots, n\}$ gibt es

a. n^k k-Permutationen mit Wiederholung,
b. $n \cdot (n-1) \cdot (n-2) \cdot \ldots \cdot (n-k+1)$ k-Permutationen ohne Wiederholung für $k \leq n$,
c. $\binom{n}{k}$ k-Kombinationen ohne Wiederholung für $k \leq n$,
d. $\binom{n+k-1}{k}$ k-Kombinationen mit Wiederholung.

Beweis 7 (Beweis zu Satz 18)

a. Man denke sich k Plätze für die gezogenen Kugeln. Auf jeden Platz kann man genau n verschiedene Kugeln legen, was zur behaupteten Anzahl n^k führt.

b. Man denke sich $k(\leq n)$ Plätze für die gezogenen Kugeln. Auf den ersten Platz kann man n verschiedene Kugeln legen, auf den 2. Platz alle bis auf die schon auf Platz 1 gelegte, also $n-1$ verschiedene, usw., woraus sich die behauptete Anzahl

$$n \cdot (n-1) \cdot (n-2) \cdot \ldots \cdot (n-k+1)$$

ergibt. Diese Zahl lässt sich auch als $\frac{n!}{(n-k)!}$ schreiben, was für manche Überlegungen hilfreich ist.

c. Alle Permutationen ohne Wiederholung aus den k Kugeln $a_1, \ldots, a_k$ werden zu einer Kombination $\{a_1, a_2, \ldots, a_k\}$ zusammengefasst, wobei man sich die a_i o. B. d. A. als geordnet vorstellen kann. Es gibt nach *b.* genau $k!$ Möglichkeiten, rückwärts aus dieser k-elementigen Menge wieder k-Permutationen ohne Wiederholung herzustellen. Daraus folgt für die gesuchte Anzahl der k-Kombinationen wie behauptet

$$\frac{n \cdot (n-1) \cdot \ldots \cdot (n-k+1)}{k!} = \binom{n}{k}.$$

d. Das Vorgehen beim Gummibärchen-Orakel lässt sich fast wortwörtlich übertragen (vgl. Abb. 3.44): Im präformalen Beweis, bei dem wir mit Wegen im Gitternetz argumentieren, stehen jetzt vertikal die n möglichen Zahlen $1, 2, \ldots, n$ und horizontal die k zu ziehenden Zahlen $1, 2, \ldots, k$. Der dick eingezeichnete Weg entspricht der k-Kombination $1, 3, 3, \ldots, n-2, n$. In der selben Codierung wie beim Gummibärchen-Orakel entspricht jeder Weg umkehrbar eindeutig einer k-Kombination mit Zurücklegen. Jeder Weg besteht aus genau $n+k-1$ Kanten.
Nach Wahl der k horizontalen Kanten liegen die restlichen vertikalen Kanten und damit der Weg fest. Also gibt es genau $\binom{n+k-1}{k}$ Pfade und damit k-Kombinationen mit Zurücklegen.
Für den entsprechenden formaleren Beweis sei $a_1 a_2 \ldots a_k$ mit $1 \leq a_1 \leq a_2 \leq \ldots \leq a_k \leq n$ eine k-Kombination mit Zurücklegen. Durch

$$1 \leq a_1 \leq a_2 \leq \ldots \leq a_k \leq n \longrightarrow 1 \leq a_1 < a_2 + 1 < a_3 + 2 < \ldots < a_k + k - 1 \leq n + k - 1$$

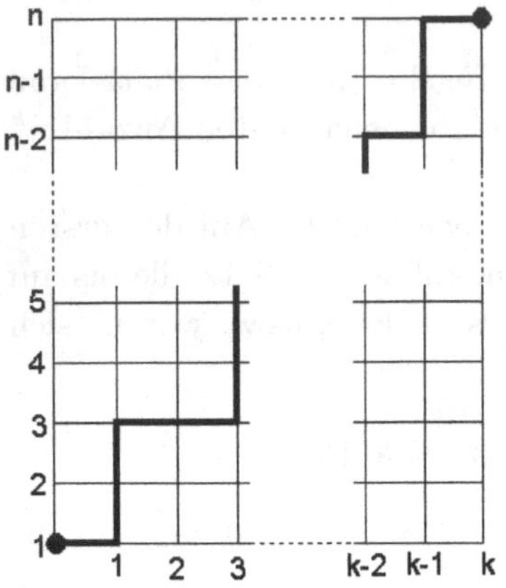

Abb. 3.44. Wege im Gitternetz II

wird jede k-Kombination $a_1a_2\ldots a_k$ mit Zurücklegen einer n-elementigen Menge eindeutig auf eine k-Kombination $a_1(a_2{+}1)(a_3{+}2)\ldots(a_k{+}k{-}1)$ einer $(n{+}k{-}1)$-elementigen Menge ohne Zurücklegen abgebildet. Da die Umkehrung

$$1 \le b_1 \le b_2 - 1 \le b_3 - 2 \le \ldots \le b_k - k + 1 \le n$$
$$\longleftarrow 1 \le b_1 < b_2 < b_3 < \ldots \quad < b_k \le n + k - 1$$

auch eindeutig ist, haben beide Kombinationenmengen gleich viele Elemente, was zu der behaupteten Formel führt.

Abschließend diskutieren wir das ***Geburtstagsproblem***, bei dem eine große Menge strukturiert werden muss. Dieses Problem wurde 1939 von *Richard von Mises* gestellt. In heutiger Sprechweise lautet es: Bei einer Talkshow mit etwa 80 Teilnehmern behauptet der befragte Gast, es seien sicher zwei Personen mit gleichem Geburtstag anwesend. Der Showmaster glaubt das nicht und fragt spontan: „Ich habe am 26. Oktober Geburtstag, wer noch?" Keiner meldet sich, und der Showmaster wendet sich triumphierend seinem Gast zu (nach *Paulos* 1990, S. 80). Der Showmaster hat nicht bemerkt, dass er an ein fundamental anderes Ereignis als der Gast gedacht hat. Das Geburtstagsproblem ist die Frage nach Wahrscheinlichkeit, dass zwei von n zufällig gewählten Personen am selben Tag Geburtstag haben; bei der Talkshow ist $n = 80$. In unseren Übungen haben Studierende, die das Geburtstagsproblem nicht kannten und nur auf ihr naives Gefühl vertrauten, meistens eine Graphik wie in Abb. 3.45 gezeichnet.

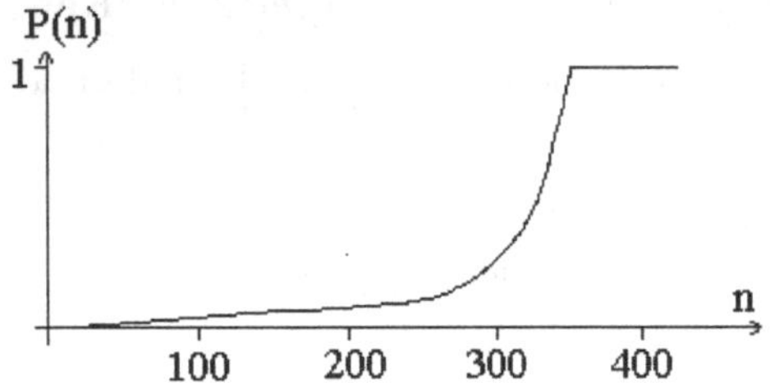

Abb. 3.45. „Gefühl" beim Geburtstagsproblem

„Bei 35 Personen und 365 verschiedenen Daten kommen auf jede Person mehr als 10 freie Plätze, so dass sie sich wohl kaum ins Gehege kommen können", ist eine typische Begründung. „Und gerade weil die Verteilung zufällig ist und jeder Tag wie jeder andere betroffen sein kann, so erscheint es ‚natürlich', ‚normal', ‚plausibel', ja ‚gerecht', dass möglichst jeder Tag einmal dran kommt" (*Winter* 1992,

S. 35). Es handelt sich um die Begriffsvermengung von „zufällig“ und von „gleichmäßiger Verteilung“.

Auftrag

Überlegen Sie die folgende Variante: Sie würfeln mit n Würfeln und betrachten das dem Geburtstagsproblem entsprechende Ereignis E, dass mindestens zwei Würfel die gleiche Augenzahl zeigen. Wie groß ist die Wahrscheinlichkeit von E für $n = 2, 3, \ldots$?

Auf der in Kapitel 1 angegebenen Homepage zu diesem Buch finden Sie eine Java-Simulation zum Geburtstagsproblem. Um das Geburtstagsproblem zu mathematisieren, wird ausgehend von n Personen als Ergebnismenge die Menge Ω aller n-Tupel aus den Zahlen $1, 2, \ldots, 365$ betrachtet; Schaltjahre werden nicht berücksichtigt. Es gilt also $|\Omega| = 365^n$. Das klassische Geburtstagsproblem wird durch das Ereignis

E_1: „(Mindestens) zwei der n Personen haben am gleichen Tag Geburtstag“

beschrieben. Davon zu unterscheiden ist das Ereignis

E_2: „(Mindestens) zwei der n Personen haben am 26. Oktober Geburtstag“.

Der Quizmaster brachte ein weiteres Ereignis ins Spiel, nämlich

E_3: „Ich habe am 26. Oktober Geburtstag. Auch noch (mindestens) eine weitere der anderen Personen hat wie ich am 26.10. Geburtstag.“

E_1 besteht aus denjenigen n-Tupeln, bei denen mindestens zwei gleiche Zahlen vorkommen. Dies ist schwierig abzuzählen. Man muss die Fälle „2, 3, 4, ... Personen haben am gleichen Tag Geburtstag“ behandeln. Viel leichter ist das Abzählen des Gegenereignisses

$\bar{E}_1$: „Alle n Personen haben an verschiedenen Tagen Geburtstag“.

In $\bar{E}_1$ sind genau die Permutationen ohne Zurücklegen enthalten, für deren Anzahl wir die zugehörigen kombinatorischen Formeln anwenden können. Statistiken zeigen, dass die Geburtstage innerhalb eines Kalenderjahrs nicht gleichmäßig über die möglichen Tage verteilt sind, z. B. werden am Wochenende etwas weniger Kinder als unter der Woche geboren. Eine genauere Untersuchung hierzu hat *Berresford* (1980) gemacht.[25] Da dieses „Wochenendproblem“ sich über die Jahre herausmittelt, ist es sinnvoll, für ein möglichst

[25] In der *Change Database* der University of Dartmouth, USA, findet man unter http://www.dartmouth.edu/~chance/teaching_aids/data/birthday.txt die Geburtszahlen der USA der 365 Tage des Jahres 1978. Am wenigsten Geburten gab es mit 7135 am 30.4.1978, am meisten mit 10711 am 19.9.1978.

einfaches Modell die Laplace-Annahme zu machen. Damit folgt für die Wahrscheinlichkeit

$$P(E_1) = 1 - P(\bar{E}_1) = 1 - \frac{365 \cdot 364 \cdot \ldots \cdot (365 - n + 1)}{365^n}.$$

Für 35 Personen ergibt sich der erstaunliche Wert $P_{35}(E_1) \approx 81\%$, für die 80 Personen der Talkshow ergibt sich $P_{80}(E_1) \approx 100\%$! Auch für E_2 ist es günstiger, das Gegenereignis $\bar{E}_2$ zu betrachten. Dieses Ereignis wird als Oder-Ereignis beschrieben:

> $\bar{E}_2$: „Alle n Personen haben *nicht* am 26. Oktober Geburtstag" oder „*genau eine* der n Personen, die 1. oder 2. oder ... die n-te, hat am 26. Oktober Geburtstag".

Das erste Teilereignis enthält alle Permutationen mit Zurücklegen aus 364 Zahlen, das zweite Teilereignis enthält alle Tupel, die an genau einer Stelle die zum 26. Oktober gehörige Zahl steht, an allen anderen Stellen eine beliebige der anderen 364 Zahlen. Damit folgt

$$P(E_2) = 1 - P(\bar{E}_2) = 1 - \left(\frac{364^n}{365^n} + \frac{n \cdot 364^{n-1}}{365^n} \right).$$

Für die beiden Beispielzahlen ergeben sich jetzt deutlich kleinere Wahrscheinlichkeiten; jetzt sind $P_{35}(E_2) \approx 0{,}4\%$ und $P_{80}(E_2) \approx 2{,}1\%$. Für E_3 ist eine bedingte Wahrscheinlichkeit zu betrachten. Das Gegenereignis ist

> $\bar{E}_3$: „Ich habe am 26. Oktober Geburtstag. Die übrigen $n-1$ Personen haben alle *nicht* am 26. Oktober Geburtstag".

Damit berechnet sich die Wahrscheinlichkeit von E_3 zu

$$P(E_3) = 1 - P(\bar{E}_3) = 1 - \frac{364^{n-1}}{365^{n-1}}.$$

Die Wahrscheinlichkeiten für unsere Beispielzahlen sind jetzt $P_{35}(E_3) \approx 9{,}2\%$ und $P_{80}(E_3) \approx 19{,}7\%$.
Die verschiedenen Varianten des Geburtstagsproblems können auch mit Hilfe der Pfadregeln analysiert werden. In Abb. 3.46 sind die mit MAPLE gezeichneten Graphen für die drei Wahrscheinlichkeiten in Abhängigkeit von n dargestellt. Interessante Verallgemeinerungen des Geburtstagsproblems beschreibt und analysiert *Polley* (2005).

Aufgabe 48 (Elementanzahl von $P(\Omega)$) Wie viele Elemente hat die Ereignismenge $P(\Omega)$ einer endlichen Ergebnismenge Ω mit $|\Omega| = n$? Untersuchen Sie zuerst $n = 1, 2, \ldots$ Versuchen Sie, verschiedene Beweisvarianten zu finden!

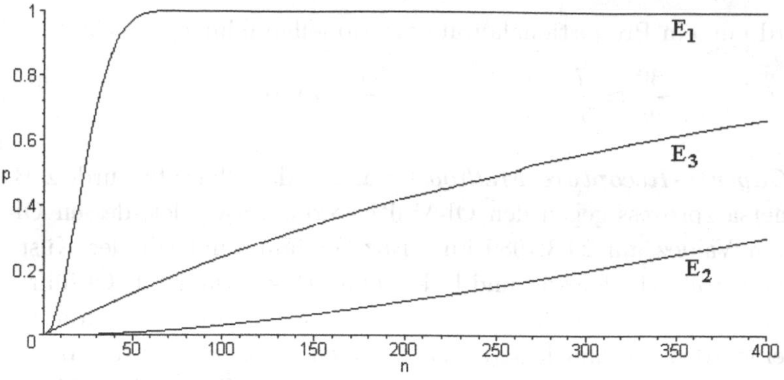

Abb. 3.46. Geburtstagsproblem

3.4 Tücken der stochastischen Modellbildung

3.4

In Abschnitt 3.1.9 wurde der Modellbildungskreislauf betrachtet. Die Beschreibung einer realen Situation durch ein mathematisches Modell ist ein wichtiger, oft komplexer Teil dieses Kreislaufs. Wir haben bisher viele stochastische Methoden entwickelt, die man anwenden und mit denen man die nötigen Berechnungen ausführen kann. Jedoch muss man häufig vorsichtiger sein als in anderen Gebieten der Mathematik. Es ist zu überlegen, was das jeweilige Zufallsexperiment ist und was dabei das Zufällige ist. In Anwendungssituationen ist es häufig insbesondere schwer zu beurteilen, ob stochastische Unabhängigkeit vorliegt oder nicht.

3.4.1 Stochastische Modellbildung

Als Beispiel werden drei Situationen diskutiert, denen man nicht von vorne herein ansieht, dass stochastische Methoden angewandt werden können. Der unbefangene Problemlöser würde vielleicht viele andere Methoden finden. Die hier verwendeten stochastischen Methoden haben ein viel breiteres Anwendungsfeld als die drei betrachteten Beispiele.

Beispiel 6 (Wie viele Karpfen sind im See?) Um die Anzahl der in einem See lebenden Karpfen abzuschätzen, werden 30 Karpfen gefangen, mit einer Farbmarkierung versehen und wieder ausgesetzt. Am nächsten Tag werden noch einmal 30 Karpfen gefangen, unter denen sich 7 mit einer Farbmarkierung befinden. Um einen Schätzwert für die unbekannte Karpfenanzahl n zu ge- 6 winnen, wird nun ein Proportionalansatz als Modellannahme gemacht:

$$\frac{30}{n} \approx \frac{7}{30}, \quad \text{also} \quad n \approx \frac{900}{7} \approx 130\,.$$

Dieser als ***Capture-Recapture-Method*** bekannte Modellansatz wurde z. B. im Schadenersatzprozess gegen den Öl-Multi Exxon verwendet, dessen Öltanker Exxon Valdez am 24.3.1989 im Prinz-William-Sund vor der Küste Alaskas auf ein Riff gelaufen war und leck schlug. Das auslaufende Öl führte zu einer verheerenden Umweltkatastrophe. Die an den Strand gespülten toten Seevögel wurden gesammelt und gezählt. Nach einem Bericht des *Mannheimer Morgen* vom 22.10.1990 wurden zusätzlich 200 Seevögel in Alaska getötet, teilweise in Öl getaucht, mit kleinen Sendern versehen und ins Meer geworfen. Aufgrund der Ergebnisse, wie viele dieser Vögel im Wasser versanken und wie viele an den Strand gespült wurden, sollte abgeschätzt werden, wie viele Vögel insgesamt bei dem Schiffsunglück zu Tode gekommen waren. Ein neueres Beispiel für die Verwendung der *Capture-Recapture-Method* in sehr bedeutsamen Kontexten ist eine Modellrechnung für das *International Criminal Tribunal for the Former Yugoslavia* zur Frage, wie viele Menschen im Kosovo zwischen März und Juni 1999 getötet worden sind (vgl. *Engel* 2004).

Aufgabe 49 (Wie viele Bohnen sind im Glas?) Untersuchen Sie die *Capture-Recupture-Method* mit dem folgenden Experiment: Füllen Sie ein großes Glas mit vielen weißen und deutlich weniger brauen Bohnen, schütteln das Ganze gut und ziehen dann eine Stichprobe. Wie gut schätzt die *Capture-Recupture-Method* die wirkliche Anzahl der Bohnen im Glas ab?

---

7 **Beispiel 7 (Haben Sie schon einmal Rauschgift genommen?)** Während des Vietnamkriegs wurde behauptet, dass der Rauschgiftkonsum bei den amerikanischen Soldaten sehr hoch sei. An den wirklichen Zahlen waren die Verantwortlichen sehr interessiert. Solche heiklen Fragen werden aber auch bei anonymen Befragungen nicht unbefangen beantwortet. Daher wurde im Prinzip das folgende Verfahren mit den drei Karten in Abb. 3.47 verwendet. Jeder Soldat zog zufällig eine Karte und sollte dann wahrheitsgemäß die Frage seiner Karte beantworten, ohne dass der Interviewer diese Karte sehen konnte (vgl. *Eastaway* & *Wyndham* 1998, S. 25). Nun wurde folgender

Abb. 3.47. Randomized Response Method

Modellansatz gemacht: Von beispielsweise 900 befragten Soldaten möge 420mal mit Ja geantwortet sein. Für das Ziehen der Karten wurde der Laplace-Ansatz gemacht, d. h. etwa 300 Soldaten zogen die zweite Karte und antworteten mit Ja, etwa 300 zogen die dritte Karte und antworteten Nein. Also stammten 120 der 420 Ja-Antworten von den 300 Soldaten, die die erste Karte gezogen hatten, was zu der Schätzung führte, dass 40% der Soldaten Rauschgift genommen hatten. Diese Modellierung ist unter dem Namen *Randomized Response Method* bekannt (vgl. *Krüger* 2003).

Aufgabe 50 (Umfrage mit der Randomized Response Method) Für die Umfrage „*Haben Sie schon einmal einen Ladendiebstahl begangen*" wurde wie folgt vorgegangen: Jeder Befragte würfelte. Bei dem Würfelergebnis 1, 2 oder 3 antwortete er wahrheitsgemäß mit Ja oder Nein. Beim Würfelergebnis 4 und 5 antwortete er stets mit Ja, bei 6 stets mit Nein. 384 der 1033 Befragten antworteten mit Ja. Schätzen Sie den prozentualen Anteil der „Sünder" ab!

Beispiel 8 (Wie viele Taxis gibt es in Dortmund?) Armin holt seine Freundin Beate am Dortmunder Hauptbahnhof ab. Vor dem Bahnhof staunt Beate über die vielen Taxis, die dort auf Fahrgäste warten. Daraufhin erklärt ihr Armin etwas großspurig: „In unserer Stadt gibt es mindestens eintausend Taxis". Beate hält das für eine Übertreibung, aber sie sagt zunächst nichts dazu. Als sie jedoch bemerkt, dass alle Taxis auf einem Schild im Rückfenster eine Konzessionsnummer tragen, notiert sie die Nummern von zehn vorbeifahrenden Taxis: 8

273 518 90 678 312 464 129 726 387 592

Wie könnte Beate aufgrund dieser Daten Armins Behauptung nachprüfen? Verschiedene Modellierungen bieten sich an. Um überhaupt modellieren zu können, wird angenommen, dass es n von 1 bis n nummerierte Taxis gibt.
Mittelwertmethode: Man könnte das arithmetische Mittel $\tilde{x}$ der notierten Taxinummern gleich setzen mit dem arithmetischen Mittel $\bar{x}$ aller Taxinummern[26]. Es gilt

$$\tilde{x} = \frac{273 + 518 + \ldots + 592}{10} = 416{,}9 \quad \text{und} \quad \bar{x} = \frac{1 + 2 + \ldots + n}{n} = \frac{n+1}{2}$$

Der Ansatz $\tilde{x} \approx \bar{x}$ ergibt die Schätzung

$$n = 2\bar{x} - 1 \approx 2\tilde{x} - 1 \approx 833\,.$$

[26] Weitere ähnliche Modellierungen sind in der Java-Visualisierung *Taxi-Problem* auf der in der Einleitung genannten Homepage zu diesem Buch zu finden.

Armins Behauptung lässt sich also nicht halten. Diese Methode lässt sich auch theoretisch begründen (vgl. Beispiel „Taxi-Problem II“ auf S. 299).
Entscheidungsregel: Wir entwickeln eine Entscheidungsregel, die aufgrund der größten Nummer m der 10 beobachteten Taxis eine begründete Entscheidung dafür liefert, dass wir Armins Behauptung, es gebe $n \geq 1000$ Taxis, glauben oder ablehnen (vgl. *Mehlhase* 1993). Bei den 10 Taxis des obigen Beispiels war $m = 726$. Falls in einer beobachteten Stichprobe $m \geq 1000$ gilt, so ist der Fall klar! Wenn $m = 987$ ist, werden wir Armin auch noch glauben (obwohl eventuell gerade $n = 987$ ist), nicht aber, wenn $m = 168$ ist. Wir müssen also normativ einen kritischen Wert k zwischen 1 und 1000 bestimmen, so dass wir für $m \leq k$ Armins Aussage nicht glauben, für $m > k$ ihm jedoch Vertrauen schenken. Diese Situation ist in Abb. 3.48 dargestellt.

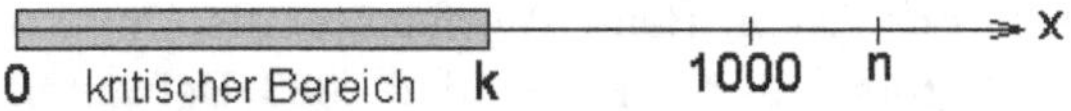

Abb. 3.48. Taxi-Problem

Natürlich können wir nie so ganz sicher sein. Wie wir auch k wählen, es kann sein, dass zwar $n > 1000$ ist, jedoch dummerweise die 10 beobachteten Taxis alle Nummern $< k$ haben. Es kann genauso gut sein, dass $n < 1000$ ist und trotzdem eines der Taxis eine Nummer $> k$ hat. In beiden Fällen machen wir einen Fehler. Wir wollen vermeiden, Armin das Misstrauen auszusprechen, wenn er recht hat, und es wirklich mindestens 1000 Taxis gibt. Wir konzentrieren uns also auf eine der beiden Fehlermöglichkeiten und wollen k so wählen, dass wir Armin, wenn er Recht hat, in mindestens 95% aller Fälle Glauben schenken. Die Konzentration auf diesen ersten Fehler und die Festsetzung von 5% sind normative Festsetzungen, die nicht von der stochastischen Problemstellung her erzwungen sind!
Es möge also $n \geq 1000$ sein. Die Wahrscheinlichkeit dafür, dass die Konzessionsnummer eines zufällig vorbeifahrenden Taxis kleiner oder gleich k ist, beträgt $\frac{k}{n} \leq \frac{k}{1000}$. Die Wahrscheinlichkeit, dass zehn zufällig notierte Konzessionsnummern alle kleiner oder gleich k sind, ist bei vorausgesetzter Unabhängigkeit $p = \left(\frac{k}{n}\right)^{10} \leq \left(\frac{k}{1000}\right)^{10}$. Wenn dies eintritt, glauben wir Armin fälschlicherweise nicht, diese Wahrscheinlichkeit p sollte deshalb höchsten 5% betragen. Auf der sicheren Seite sind wir, wenn wir k so bestimmen, dass $\left(\frac{k}{1000}\right)^{10} \leq 0{,}05$ ist, was äquivalent zu $\mathrm{k} \leq 1000 \cdot \sqrt[10]{0{,}05} \approx 741{,}13$. Damit haben wir unsere Entscheidungsregel gefunden: Glaube an Armins Aussage genau dann, wenn es in der Stichprobe von 10 Taxis mindestens eines mit einer Konzessionsnummer größer als 741 gibt. Im Beispiel „Taxi-Problem III“ auf S. 384 werden wir eine Methode kennen lernen, die kritische Zahl k mit Hilfe von Zufallszahlen zu bestimmen.

Unsere Taxi-Modellierung wurde auch in der (unerfreulichen) Kriegs-Praxis verwendet: Im zweiten Weltkrieg schätzten britische und amerikanische Statistiker mit Hilfe der Herstellungsnummern des den alliierten Streitkräften in die Hände gefallenen deutschen Kriegsmaterials (z. B. Panzer, V2-Waffen) das Produktionsvolumen der deutschen Kriegsindustrie recht genau (*Wallis & Roberts* 1975).

3.4.2 Stochastische Paradoxa

Stochastische Paradoxa sind besondere stochastische Situationen, bei denen man mit dem „gesunden Menschenverstand", also unserer Intuition, oft zu falschen Einschätzungen kommt; es sind Probleme, deren problemadäquate Lösung gängigen, aber falschen Vorstellungen entgegenläuft (*Winter* 1992). Man kann Paradoxa nutzen, die Intuition zu verbessern und das „stochastische Denken" gegen Fehlschlüsse zu sichern (vgl. „optische Täuschungen" in der Geometrie). Im Folgenden werden drei typische Beispiele behandelt. Das Drei-Türen-Problem geriet Anfang der 1990er Jahre in den Blickpunkt der Öffentlichkeit, während die anderen Paradoxa schon im 19. Jahrhundert diskutiert worden sind.

Beispiel 9 (Das Drei-Türen-Problem) Dieses Problem geht auf die amerikanische Fernsehshow *Let's make a deal* zurück und wurde um 1990 bekannt (wenngleich der stochastische Kern des Problems schon länger diskutiert wird): Bei der Show erreicht ein einziger Kandidat als Sieger die Endrunde. Nun beginnt das Ritual, das ihm die Chance eröffnet, ein Auto zu gewinnen. Der Kandidat steht vor drei Türen, hinter einer steht das Auto, hinter den beiden anderen eine Ziege. Der Kandidat wählt eine Tür. Daraufhin öffnet *Monty Hall*, der Moderator der Show, eine andere Tür, hinter der eine Ziege steht, und fragt den Kandidaten, ob er bei seiner Tür-Wahl bleiben will oder ob er umwählen will. Das Problem ist unter den Namen Drei-Türen-Problem, Ziegen-Problem und vor allem im englischsprachigen Raum als Monty-Hall-Problem populär geworden. *Marilyn vos Savant*, angeblich die Frau mit dem höchsten IQ in den Vereinigten Staaten, gab 1991 in ihrer Kolumne *Ask Marylin* in der amerikanischen Zeitschrift *Parade* den Rat, man solle stets wechseln. Dieser Rat rief einen Sturm der Entrüstung, auch von vielen Fachleuten, quer durch die USA hervor (*von Randow* 1993, *Jahnke* 1997). Wie würden Sie urteilen, ist Umwählen oder nicht Umwählen die bessere Strategie? Der „gesunde Menschenverstand" verleitet viele zu der Einschätzung, dass beides gleichgut sind, da ja nach dem Öffnen der einen Tür noch zwischen zwei gleichberechtigten Türen zu wählen ist, in jedem Fall also die Gewinnchance $p = 1/2$ ist. 9

Nr.	Spielleiter setzt Auto	Kandidat wählt Tür	Strategie Umwählen	Strategie nicht Umwählen
1	[X] [ ] [ ]	[ ] [X] [ ]	1	0
2	[ ] [X] [ ]	[ ] [X] [ ]	0	1
⋮				

Abb. 3.49. Simulation des Ziegenproblems

Dass der gesunde Menschenverstand hier kein guter Ratgeber ist, testet man am besten mit einer einfachen Simulation (*Wollring* 1992). Man würfelt mit einem roten Würfel für den Quizmaster und einem grünen Würfel für den Kandidaten. Die Ergebnisse 1 und 2 bedeuten die Tür 1, die Ergebnisse 3 und 4 die Tür 2 und schließlich 5 und 6 die Tür 3. Gleichzeitiges Werfen der beiden Würfel bedeutet Wahl der Tür mit dem Auto und Wahl der Tür des Kandidaten. Damit steht fest, ob der Kandidat bei den beiden möglichen Strategien „Umwählen der Tür“ und „nicht Umwählen“ gewinnt oder verliert. Die Simulation lässt sich mit Hilfe eines vorbereiteten Ergebnisblatts (vgl. Abb. 3.49) schnell und in großer Anzahl durchführen. In den Strategie-Spalten bedeutet „1“ Kandidat gewinnt Auto, „0“ Kandidat verliert. Durch solche Simulationen erweist sich die Umwähl-Strategie in der Regel als erfolgreicher. Die relative Häufigkeit des Gewinnens bei der Strategie „nicht Umwählen“ nähert sich dann der Zahl $\frac{1}{3}$, während sie sich bei der Umwähl-Strategie der Zahl $\frac{2}{3}$ nähert. Man könnte auch als dritte Strategie eine Münze werfen, um sich jedes Mal neu für Strategie 1 oder 2 zu entscheiden. Im Internet findet man mit Hilfe einer Suchmaschine viele Webseiten mit Simulationsprogrammen zu diesem Problem.

Dass das Umwählen in jedem Fall die eigenen Chancen erhöht, macht auch folgende Überlegung klar: Angenommen, es gibt ein Auto und 99 Ziegen, und man hat eine von 100 Türen zu wählen. Dann öffnet der Quizmaster 98 der Türen mit einer Ziege dahinter. Nach dem Argument des gesunden Menschenverstandes bleiben jetzt wieder zwei gleichberechtigte Türen übrig, was mit oder ohne Umwählen einer Chance von $p = \frac{1}{2}$ entspricht. Jetzt sieht man aber einfacher ein, dass man nur dann verliert, wenn man die Auto-Tür gewählt hatte und dann umwählt. Bei allen anderen 99 Wahlmöglichkeiten gewinnt man nach dem Umwählen.

Das Ziegenproblem lässt sich auf verschiedene Weisen begründen und einsichtig machen.

1. Als heuristisches Argument überlegt man sich, dass die Strategie „Umwählen“ stochastisch gleichwertig ist mit der Strategie „wähle zu Beginn zwei Türen und nenne dem Quizmaster die dritte Tür“. Dann muss der

Quizmaster eine der beiden gewählten Türen öffnen, und man entscheidet sich für die andere gewählte Tür, wechselt also von der dem Quizmaster genannten Tür zu dieser. Damit hat man eine Chance von $\frac{2}{3}$, zu gewinnen.

2. Eher formal ist die folgende Argumentation: Zu Beginn wählt man eine von drei gleichberechtigten Türen, die Erfolgschancen ohne Umwählen sind also $p = \frac{1}{3}$. Beim Umwählen verliert man nur, wenn man zu Beginn die richtige Tür gewählt hat, also in einem von drei Fällen. Die Wahrscheinlichkeit für Gewinn ist folglich also $p = 1 - \frac{1}{3} = \frac{2}{3}$.

Auftrag

Betrachten Sie das folgende Experiment: Armin zieht aus einer Urne, die zwei schwarze und eine rote Kugel enthält, eine Kugel, ohne auf ihre Farbe zu schauen. Beate nimmt nun eine schwarze Kugel aus der Urne. Soll Armin jetzt seine Kugel mit der sich noch in der Urne befindlichen tauschen, wenn er möglichst eine rote Kugel haben will, oder eher nicht? Wie ist es, wenn in der Urne zunächst 100 schwarze und eine rote Kugel sind, Armin seine Kugel zieht, und danach Beate 99 schwarze Kugeln aus der Urne nimmt?

Eine empirische Untersuchung im Rahmen einer Staatsarbeit[27] zeigte, dass ein formales Argument allerdings nicht unbedingt geeignet ist, die eigene Überzeugung zu revidieren. Gefühlsmäßige, subjektive Wertungen können bei der Einmaligkeit der Situation relevanter sein. Dies ist nicht nur bei Schülerinnen und Schülern so, sondern auch der berühmte Mathematiker *Paul Erdös* (1913–1996) blieb bei seiner Meinung, es sei egal ob man umwählt oder nicht (*Schechter* 1999, S. 136 f.)

Beispiel 10 (Das Sehnen-Paradoxon von Bertrand) 10

Abb. 3.50. Bertrand

Bei dieser berühmten Aufgabe soll in einen Kreis zufällig eine Sehne gezeichnet werden, und es wird nach der Wahrscheinlichkeit gefragt, dass diese Sehne kürzer ist als eine Seite eines dem Kreis einbeschriebenen gleichseitigen Dreiecks. Der französische Mathematiker *Joseph Bertrand* (1822–1900) hat diese Aufgabe in seinem 1888 erschienenen Werk *Calcul des probabilités* gestellt. *Bertrands* Arbeitsgebiete waren neben Stochastik insbesondere Zahlentheorie und Differentialgeometrie. Das Bertrand'sche Problem scheint klar formuliert zu

[27] Stefan Brach: *Grundvorstellungen zum Ziegenproblem.* (Schriftliche Hausarbeit für die erste Staatsprüfung, Universität Dortmund 2003)

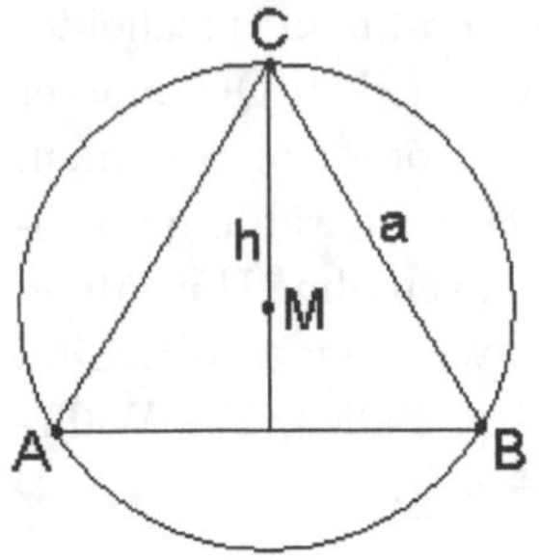

Abb. 3.51. Der Kreis

sein. Aufgrund der Ähnlichkeitsinvarianz[28] des Problems können wir $r = 1$ für den Radius des Kreises setzen. Damit hat das einbeschriebene gleichseitige Dreieck die Seitenlänge $a = \sqrt{3}$, die Höhe $h = 1{,}5$ und den Flächeninhalt $A_\Delta = \frac{3}{4} \cdot \sqrt{3}$ (Abb. 3.51).

Auftrag Führen Sie diese und die weiteren elementargeometrischen Berechnungen im Detail durch!

Um das Problem mathematisch zu behandeln, muss geklärt werden, was es heißt, zufällig eine Sehne zu zeichnen. Die zunächst scheinbar so eindeutig gestellte Aufgabe erweist sich dabei als durchaus mehrdeutig. Die Beschreibung durch eine mathematische Operation ist im Modellbildungsprozess auf vielerlei Weisen möglich. Eine Sehne ist durch zwei Punkte im oder auf dem Kreis oder durch andere geometrische Vorschriften festgelegt. Je nach Modellansatz werden verschiedene Situationen beschrieben, man kann keineswegs sagen, der eine Ansatz sei besser als der andere. Jeder Ansatz wird zu anderen Ergebnissen führen. Einige mögliche Ansätze werden im Folgenden untersucht.

In dem Java-Applet „Bertrand-Problem", das auf der in der Einleitung genannten Homepage zu diesem Buch zu finden ist, kann man zwischen verschiedenen Modellierungen dieses Problems wählen. Man kann jeweils beliebig viele Sehnen zeichnen lassen, die kürzeren werden blau, die längeren schwarz dargestellt, sie werden gezählt, und es wird die relative Häufigkeit „Anzahl der kürzeren Sehnen /Anzahl aller Sehnen" berechnet. Diese wird im Sinne eines frequentistischen Wahrscheinlichkeitsansatzes als Schätzwert für die Wahrscheinlichkeit genommen. Einige der dort programmierten Modellierungen werden im Folgenden untersucht, und es wird jeweils eine „theoretische" Wahrscheinlichkeit abgeleitet und mit der durch Simulation aus dem empirischen Gesetz der großen Zahlen gewonnenen verglichen. Es sind natürlich noch weitere Modellierungen möglich!

Um die Sehnen für die verschiedenen Modellierungen jeweils zeichnen zu können, werden mit Hilfe eines Zufallsgenerators zufällig Punkte auf dem

[28] Das heißt, dass bei der Vergrößerung oder Verkleinerung der Figur in Abb. 3.51 die Verhältnisse der fraglichen Größen gleich bleiben.

Rand des Einheitskreises oder auf gewissen Strecken und im Innern des Einheitskreises erzeugt. Der verwendete Zufallsgenerator gewährleistet eine gleichmäßige Verteilung der erzeugten Punkte auf Linien bzw. Strecken. Genauer bedeutet das, dass die Punktverteilung eine konstante Dichte hat: Die Größe „Punktanzahl pro Längeneinheit“ ist (fast) eine Konstante. Die Erzeugung von Punkten, die zufällig im Inneren des Kreises gleichmäßig verteilt sein sollen, ist komplizierter (vgl. Modellierung IV).

Modellierung I:

Ein Punkt fest auf dem Kreis, ein zweiter Punkt zufällig auf dem Kreis.

Der Kreis in Abb. 3.52 hat den Radius 1, W ist ein fester Kreispunkt. Nun wird zufällig eine Zahl α aus dem Intervall $[0; 2\pi)$ gewählt[29] und von W aus gegen die Uhr ein Bogen der Länge α abgetragen. Dadurch entsteht ein Zufallspunkt P auf dem Kreis, was zur Sehne WP führt.

In Abb. 3.53 sind $n = 37$ Sehnen gezeichnet, davon sind 26 kürzer als die Dreiecksseite, die relative Häufigkeit beträgt etwa 0,70. Bei wiederholten Simulationen mit größerer Versuchszahl hat sich die relative Häufigkeit stets bei 0,67 stabilisiert. Um die Wahrscheinlichkeit für eine kürzere Sehne zu berechnen, kann man versuchen, geometrische Maße der Figur zu verwenden (Abb. 3.52): Die Konkretisierung für die zufällige Wahl der Sehne basiert auf dem Maß Länge, denn der zweite Punkt wurde mit Hilfe der Zahl $\alpha \in [0; 2\pi)$ auf dem Kreis gewählt. Das dem Kreis einbeschriebene gleichseitige Dreieck wurde so gedreht, dass es als einen Eckpunkt den Punkt W hat. Die Sehne WP ist genau dann kürzer als die Dreiecksseite, wenn P auf dem Kreisbogen $\widehat{WA}$ oder $\widehat{BW}$ liegt.

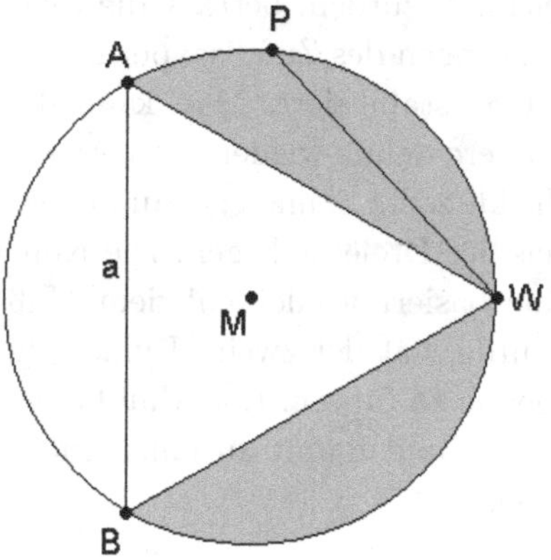

Abb. 3.52. Sehnen-Paradoxon I a

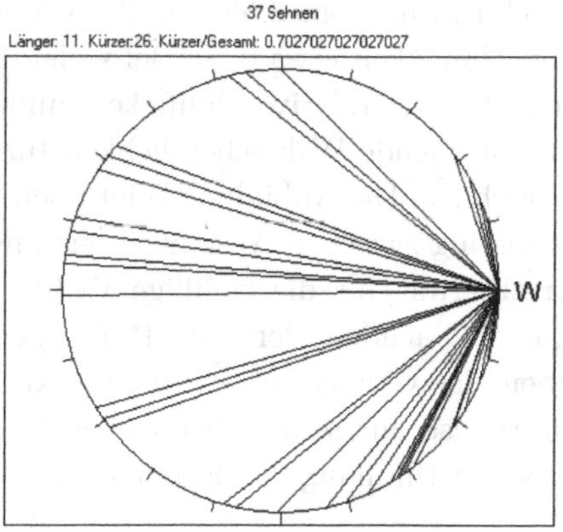

Abb. 3.53. Sehnen-Paradoxon I b

[29] α ist also eine stetige Zufallsvariable im Sinne von Abschnitt 3.9.3. Das Erzeugen „zufälliger Zahlen“ wird in Teilkapitel 3.10 thematisiert

Diese Überlegung führt unter Verwendung des Maßes Länge zum Ansatz[30]

$$p = \frac{\text{Länge der beiden Kreisbögen}}{\text{Umfang des Kreises}} = \frac{2}{3},$$

was mit dem durch Simulation gewonnen Wert gut übereinstimmt.

Modellierung II:

Beide Punkte zufällig auf dem Kreis.

In Abb. 3.54 geht man von einem festen Punkt auf dem Kreis aus, wählt dann zwei Punkte nach der eben besprochenen Methode zufällig auf dem Kreis und zeichnet die Sehne, die diese beiden Punkte verbindet.

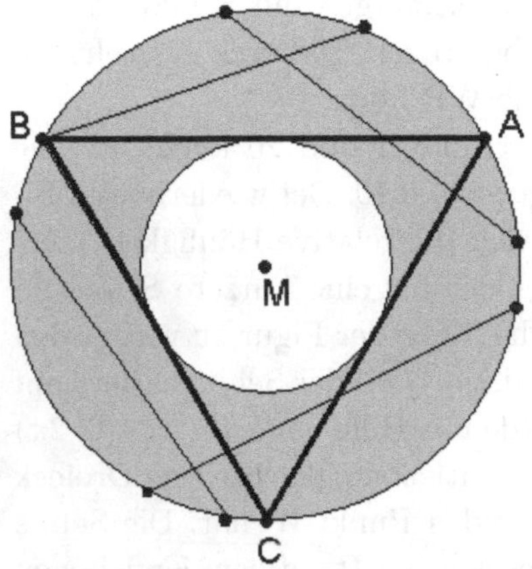

Abb. 3.54. Sehnen-Paradoxon II a

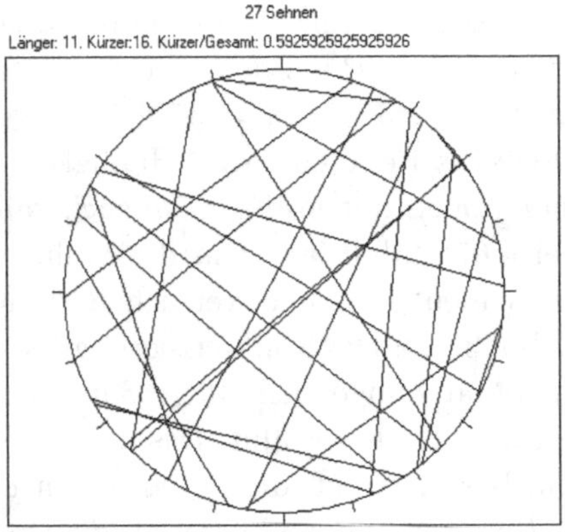

Abb. 3.55. Sehnen-Paradoxon II b

Nachdem in Abb. 3.55 $n = 27$ Sehnen gezeichnet wurden, beträgt die relative Häufigkeit etwa 0,59. Bei vielen Durchführungen des Zufallsexperiments hat sich die relative Häufigkeit immer bei 0,67 stabilisiert. Man kann die entsprechende Wahrscheinlichkeit für eine kürzere Sehne wieder geometrisch berechnen. Die Abbildung zeigt auch, dass die kürzeren Sehnen genau in dem Kreisring zwischen Ausgangskreis und Inkreis des Dreiecks liegen. Die Konkretisierung für die zufällige Wahl der Sehne basiert wieder auf dem Maß Länge. Nachdem der erste Punkt gewählt wurde, hat der zweite Punkt wie eben eine Chance von $\frac{2}{3}$, zu einer kürzeren Sehne zu führen. Das Maß Länge führt also zur selben Wahrscheinlichkeit $p = \frac{2}{3}$ und damit zu einer guten Übereinstimmung von Simulation und Theorie.

[30] Da es nur auf die Länge ankommt, spielt es keine Rolle, ob man die Eckpunkte beim Kreisbogen dazu nimmt oder nicht.

Modellierung III:

Ein Punkt zufällig auf einem festen Durchmesser des Kreises.

Als dritte Variante wird in Abb. 3.56 auf dem Durchmesser AB zufällig ein Punkt gewählt und durch ihn senkrecht zu AB eine Sehne gezeichnet.

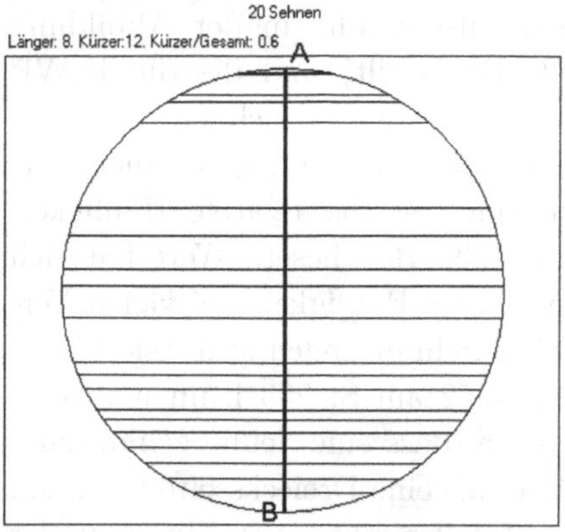

Abb. 3.56. Sehnen-Paradoxon III a

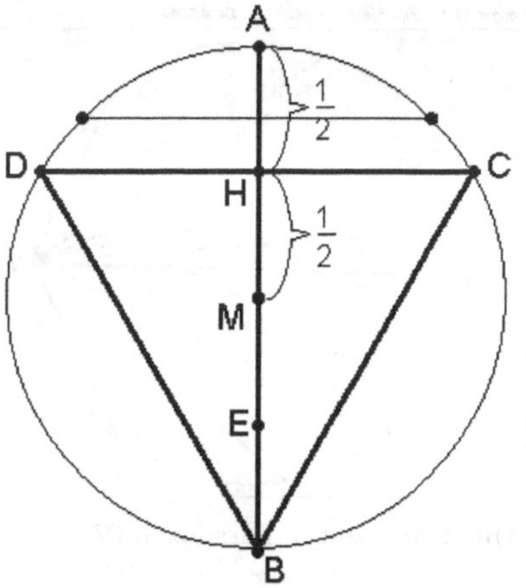

Abb. 3.57. Sehnen-Paradoxon III b

Nach $n = 20$ gezeichneten Sehnen beträgt die relative Häufigkeit 0,6. Für großes n stabilisiert sie sich in der Regel bei 0,50. Für die geometrische Überlegung (Abb. 3.57) denkt man sich das gleichseitige Dreieck BCD eingezeichnet, dessen Höhenfußpunkt H die Strecke MA halbiert. Alle Sehnen, die kürzer sind als die Dreiecksseite, stammen folglich von Punkten auf dem oberen und dem unteren Viertel des Durchmessers, der „Längen-Ansatz" liefert also den nach dem empirischen Ergebnis erwarteten Wert von $p = \frac{1}{2}$.

Modellierung IV:

Ein Punkt fest auf dem Kreis, ein zweiter Punkt zufällig im Innern des Kreises.

Um einen Punkt P zufällig im Inneren des Kreises zu erzeugen, verwenden wir die folgende Simulation[31]: Bezüglich eines kartesischen Koordinatensystems möge der Kreis den Mittelpunkt $M(0|0)$ und den Radius 1 haben. Wir erzeugen zwei Zufallszahlen $x, y \in [-1; 1]$. Dann sind die Punkte $P(x|y)$ in

[31] Man könnte den zufälligen Kreispunkte P auch mit der „Polarkoordinaten-Methode" bestimmen: Man wählt zufällig eine Zahl $r \in [0; 1]$ und eine Zahl $\varphi \in [0; 2 \cdot \pi)$ und zeichnet dann den Punkt $P(r \cdot \cos\varphi | r \cdot \sin\varphi)$. Diese Methode liefert jedoch keine auf dem Kreis konstante Dichte: Mit Wahrscheinlichkeit $\frac{1}{2}$ wird ein Punkt P mit $r < \frac{1}{2}$ erzeugt, d. h. P liegt im Inkreis. Der Flächeninhalt des Inkreises beträgt jedoch $\frac{1}{4}$ des Flächeninhalts des Kreises, so dass diese Wahrscheinlichkeit bei konstanter Dichte auch $\frac{1}{4}$ betragen müsste. Diese Punktverteilung mit Hilfe von Polarkoordinaten hat also eine zum Kreisrand hin abnehmende Dichte.

dem dem Kreis umbeschriebenen Quadrat gleichverteilt. Als Zufallspunkte für unsere Bertrand-Simulationen verwenden wir nur diejenigen Punkte P, für die zusätzlich $x^2 + y^2 \leq 1$ gilt. Diese Punkte haben im Kreis eine konstante Dichte. In Abb. 3.58 ist W wieder ein fester Punkt auf dem Kreis. Dann wird zufällig ein Punkt P im Kreis ausgewählt (in der Abbildung dick dargestellt) und die durch WP definierte Sehne gezeichnet.

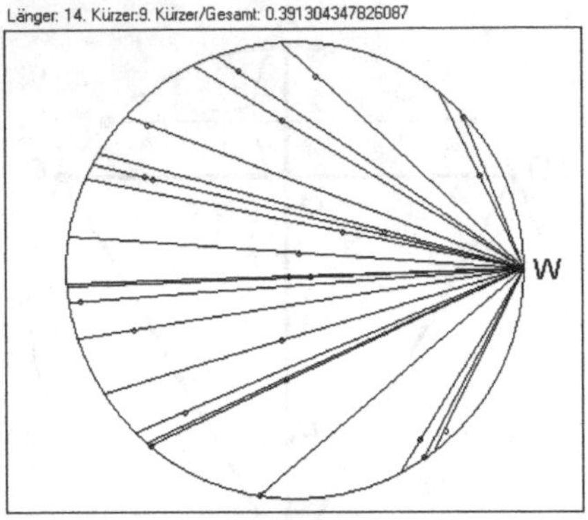

Abb. 3.58. Sehnen-Paradoxon IV

Nachdem 23 Sehnen gezeichnet worden sind, ist die relative Häufigkeit etwa 0,39. Bei diesem Wert hat sich die relative Häufigkeit bei vielen Versuchsdurchführungen stabilisiert. Der Abb. 3.52 auf S. 253 kann man entnehmen, dass eine Sehne genau dann kürzer als eine Dreiecksseite ist, wenn der Zufallspunkt P im Inneren der grauen Fläche liegt.

Jetzt basiert die zufällige Wahl des die Sehne definierenden Punktes auf dem Maß Flächeninhalt, so dass das Flächenverhältnis

$$p = \frac{\text{Inhalt der beiden Kreisabschnitte}}{\text{Inhalt des Kreises}} = \frac{\frac{2}{3}(\pi - A_\Delta)}{\pi} = \frac{2}{3} - \frac{\sqrt{2}}{2\pi} \approx 0{,}391$$

als Wahrscheinlichkeit anzusetzen ist. Wieder passen Simulation und Theorie bestens zusammen.

Modellierung V:

Beide Punkte zufällig im Innern des Kreises.

Zwei verschiedene Punkte P und Q werden nach der bei Modellierung IV beschriebenen Methode zufällig im Innern des Kreises gewählt. Dann wird die durch sie definierte Sehne gezeichnet. In Abb. 3.59 sind 25 Sehnen gezeichnet, von denen 7 kürzer als die Dreiecksseite sind. Die relative Häufigkeit ist 0,28. Bei unseren Versuchen hat sich die relative Häufigkeit bei 0,25 stabilisiert.

Die theoretische Analyse ist jetzt deutlich komplizierter: Nachdem der erste Punkt P zufällig gewählt ist, denken wir uns den Kreis geeignet gedreht, so dass eine Lage wie in Abb. 3.60 erreicht ist. Der zweite Zufallspunkt Q führt nun genau dann zu einer Sehne, die kürzer als die Dreiecksseite ist, wenn Q in der grauen Fläche liegt. Die Wahrscheinlichkeit dafür, dass Q zu einer kürzeren Sehne führt, hängt also von der Lage von P, genauer vom Abstand $\rho = \overline{PM}$ ab. Notwendig ist, dass $0{,}5 \leq \rho \leq 1$ gilt, jedoch ist die

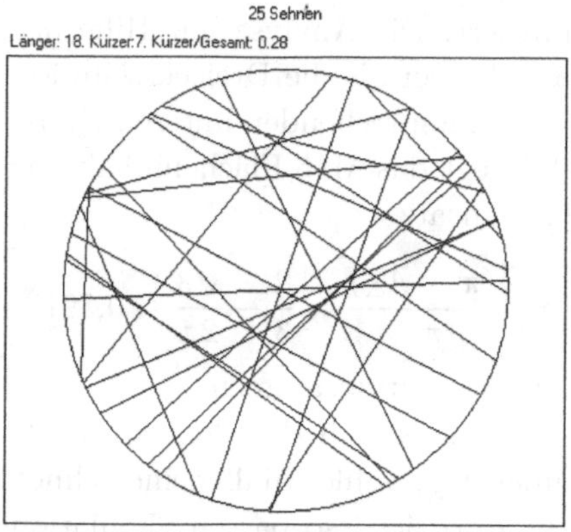

Abb. 3.59. Sehnen-Paradoxon Va

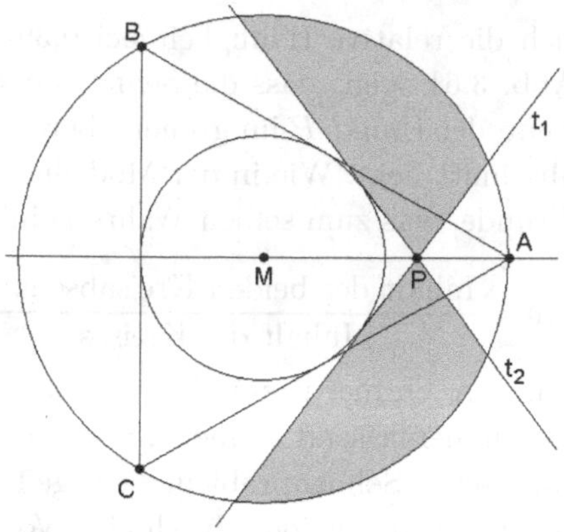

Abb. 3.60. Sehnen-Paradoxon Vb

Wahrscheinlichkeit dafür, dass die zufällige Wahl von P zum Abstand ρ führt, nicht konstant.
Die konkrete Rechnung führt zu einer theoretischen Wahrscheinlichkeit, die wieder gut mit der empirischen Wahrscheinlichkeit $p = 0{,}25$ übereinstimmt (vgl. die in der Einleitung genannte Homepage zu diesem Buch).

Modellierung VI:

Fester Kreisdurchmesser und ein Punkt zufällig im Kreis.

Als sechste Variante wird im Kreis zufällig ein Punkt P gewählt und dann senkrecht zu einem festen Durchmesser AB eine Sehne gezeichnet.
In Abb. 3.61 sind 20 Sehnen gezeichnet, von denen 6 kürzer als die Dreiecksseite sind. Die relative Häufigkeit ist 0,3. Bei unseren Simulationen hat

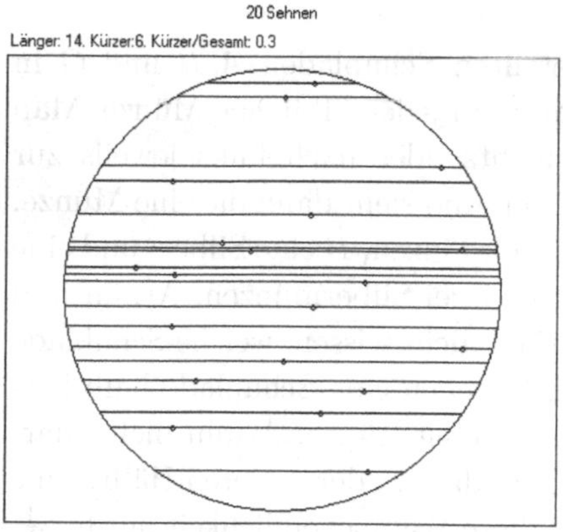

Abb. 3.61. Sehnen-Paradoxon VIa

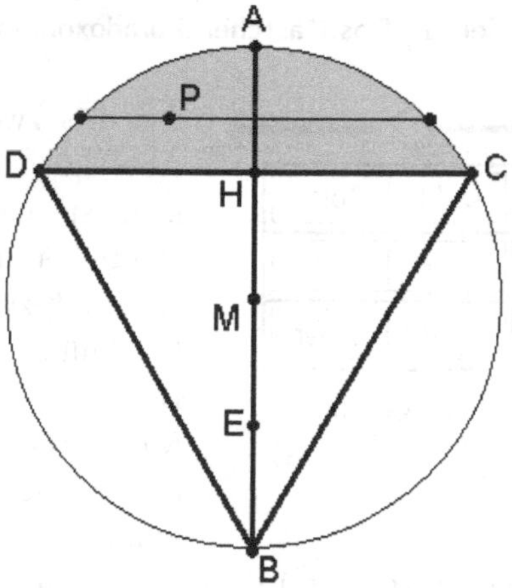

Abb. 3.62. Sehnen-Paradoxon VIb

sich die relative Häufigkeit bei 0,39 stabilisiert. Die Analyse mit Hilfe der Abb. 3.61 zeigt, dass die Sehne genau dann kürzer als die Dreiecksseite ist, wenn der Punkt P im grauen oberen oder im entsprechenden unteren Kreisabschnitt liegt. Wie in der Modellierung IV liegt das Maß Flächeninhalt zur Grunde, was zum selben Wahrscheinlichkeitsansatz

$$p = \frac{\text{Inhalt der beiden Kreisabschnitte}}{\text{Inhalt des Kreises}} = \frac{\frac{2}{3}(\pi - A_{\Delta})}{\pi} = \frac{2}{3} - \frac{\sqrt{3}}{2\pi} \approx 0{,}391$$

führt. Auch hier passen Simulation und Theorie gut zusammen.

Zusammenfassend können wir sagen, dass das eigentlich Paradoxe am Bertrand'schen Sehnenproblem die vage Formulierung „wähle zufällig eine Sehne" ist. Wird dies jedoch durch eine Vorschrift präzisiert, so passen Simulation und Theorie stets gut zusammen.

Aufgabe 51 (Das Buffon'sche-Nadelproblem) Der französische Naturwissenschaftler *Georges Compte de Buffon* (1707–1788), der unter anderem für den königlichen Botanischen Garten verantwortlich war, ist in der Stochastik durch sein Nadel-Experiment unsterblich geworden. Er warf Stäbchen über seine Schulter auf einen mit quadratischen Fliesen bedeckten Boden und bestimmte den Anteil der Stäbchen, die eine der Fugen zwischen den Fliesen kreuzten. Er stellte zu seiner Verwunderung einen Zusammenhang mit der Zahl π fest. Analysieren Sie folgende Vereinfachung des Buffon'schen Nadelproblems: Sie werfen Nadeln auf den Boden, auf dem parallele Linien gezogen sind. Wie groß ist die Wahrscheinlichkeit, dass eine Nadel eine Linie kreuzt? Eine Java-Visualierung zum Experimentieren finden Sie auf der in der Einleitung genannten Homepage zu diesem Buch.

11 **Beispiel 11 (Das Kästchen-Paradoxon von Bertrand)**

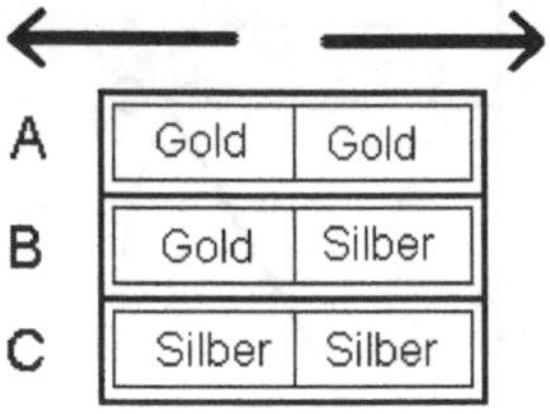

Abb. 3.63. Kästchen

Die drei zweigeteilten Schubladen A, B und C in Abb. 3.63 enthalten in jedem Teil eine Münze. Man kann sie nach rechts oder nach links jeweils zur Hälfte herausziehen und sieht dann die eine Münze. A enthält zwei Goldmünzen, B eine Silber- und eine Goldmünze und C zwei Silbermünzen. Armin und Beate, die natürlich nicht wissen, welche Schublade wie bestückt sind, ziehen eine Schublade halb heraus und sehen eine Goldmünze. Armin meint daraufhin, die Chance, dass in der anderen Hälfte eine Silbermünze ist, sei $\frac{1}{2}$. Beate dagegen hält diese Wahrscheinlichkeit nur für $\frac{1}{3}$. Sie begründen ihre Ansicht wie folgt: Armin argumentiert, dass zunächst je-

de Schublade gleichberechtigt ist. Nachdem aber ein Goldstück bekannt ist, kann nur noch einer der beiden gleichberechtigten Fälle A oder B vorliegen, woraus er $p = \frac{1}{2}$ berechnet. Beate geht dagegen von sechs gleichberechtigten Möglichkeiten aus, nämlich je nachdem welche Schublade in welche Richtung gezogen wird. Ein Goldstück wurde gesehen, es kann in jeder der beiden Schubladenteile von A oder in einem Teil von B liegen. Nur in einem dieser gleichberechtigten Möglichkeiten liegt im zweiten Schubladenteil eine silberne Münze, woraus sie auf $\frac{1}{3}$ schließt. Wer hat recht? Da man in Schublade A zwei Möglichkeiten hat, Goldmünzen zu ziehen, erkennt man, dass nur bei Beates Argumentation der Laplace-Ansatz berechtigt ist.
Man kann das Problem, das auch auf *Bertrand* zurückgeht, sehr gut mit 3 Spielkarten simulieren, von denen eine beidseitig weiß, die zweite beidseitig schwarz und die dritte je eine schwarze und weiße Seite hat. Man zieht blind eine Karte, legt sie auf den Tisch und prüft dann, ob die andere Seite dieselbe Farbe hat. Die relativen Häufigkeiten einer längeren Versuchsserie werden eindeutig für Beates Ansatz sprechen. Noch schneller kann man mit einem Würfel experimentieren, bei dem drei Seiten goldfarbig und drei silberfarbig sind und bei dem zwei Gegenseitenpaare gleichfarbig sind.

Aufgabe 52 (Die vier Farbwürfel) Beschriften Sie vier verschiedenfarbige Würfel mit Zahlen, wie es in den Würfelnetzen von Abb. 3.64 dargestellt ist. Armin wählt sich einen Würfel, dann wählt Beate einen. Jeder wirft elfmal mit seinem Würfel; bei jedem Einzelspiel gewinnt die höhere Würfelzahl, insgesamt gewinnt derjenige, der die meisten Einzelspiele gewonnen hat. Es ist Beate! Für die zweite Runde wählt Armin den Würfel Beates, Beate wählt einen anderen – und gewinnt wieder! Das Spiel wird fortgesetzt ...
Analysieren Sie die Situation! (Greifen Sie die Aufgabe später nochmals auf, wenn Ihnen die Binomialverteilung in Abschnitt 3.6.1 als quantitatives Analysewerkzeug zur Verfügung steht.)

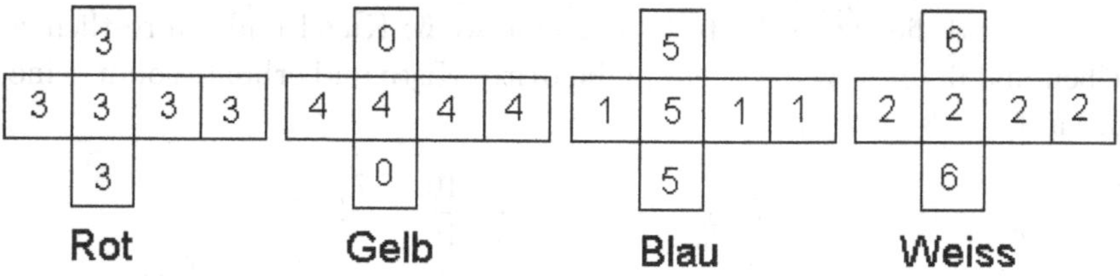

Abb. 3.64. Farbwürfel

3.4.3 Schau genau hin: Interpretation von Fragestellungen

Wie wir schon beim Bertrand'schen Sehnenparadoxon gesehen haben, muss man für die stochastische Beschreibung gewisser Situationen oft sehr genau hinschauen. Stochastische Fragestellungen müssen vor der Beschreibung durch ein mathematisches Modell zunächst interpretiert werden. Dabei sind manchmal verschiedene Interpretationen möglich. Einige Beispiele sollen dies demonstrieren:

12 **Beispiel 12 (Der Dieb von Bagdad)**

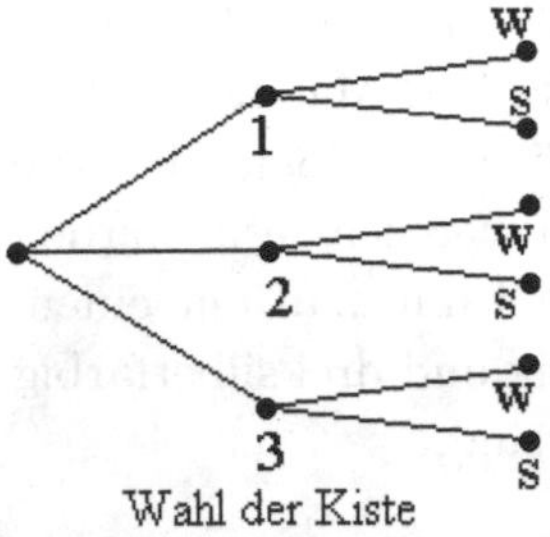

Abb. 3.65. Dieb von Bagdad

Bevor der berühmte Dieb einen Kopf kürzer gemacht wird, bekommt er eine letzte Chance: Er darf blind in eine von drei Kisten greifen, ohne dass er weiß, in welche er greift. Eine Kiste enthält 4 weiße und 2 schwarze Kugeln, eine je 3 weiße und schwarze und die dritte schließlich 5 weiße und eine schwarze Kugel. Der Dieb wird laufen gelassen, wenn er eine weiße Kugel zieht. Der Dieb überschlägt schnell seine Chance (wie groß ist sie?) und fragt dann, ob er vor dem Ziehen die Kugeln umordnen darf. Erhöht das seine Chancen?

Das Problem wird als 2-stufiges Zufallsexperiment beschrieben (vgl. Abb. 3.65). Die Wahl der Kiste und das Ziehen einer Kugel aus der gewählten Kiste werden als Laplace-Experimente modelliert. Nach den Pfadregeln folgt

$$P(\text{„weiß“}) = \frac{1}{3} \cdot \frac{4}{6} + \frac{1}{3} \cdot \frac{3}{6} + \frac{1}{3} \cdot \frac{5}{6} = \frac{2}{3}\,.$$

Die meisten Leute, die jetzt versuchen, durch Umordnen der Kugeln eine höhere Wahrscheinlichkeit zu erzielen, befolgen implizit der Regel „jede Kiste enthält 6 Kugeln“, obwohl dies nirgends verlangt wurde. Der schlaue Dieb legt in die erste und die zweite Kiste jeweils eine weiße Kugel und die restlichen 10 weißen und 6 schwarzen Kugeln in die dritte Kiste und erhöhte somit seine Chance auf

$$P(\text{„weiß“}) = \frac{1}{3} + \frac{1}{3} + \frac{1}{3} \cdot \frac{10}{16} = \frac{7}{8}!$$

Beispiel 13 (Rubbellose) 13

Abb. 3.66. Rubbellos

Die bis Mai 1986 gültigen Teilnahmebedingungen der seit dem 19.02.86 laufenden staatlichen Losbrieflotterie „Rubbellose“ in Baden-Württemberg besagten, dass die Lotterie in Serien von jeweils 2 Millionen Losen zu je 1 DM aufgelegt wurde mit dem Gewinnplan in Tabelle 3.9 für die Ausschüttung; bei den Freilosen durfte man gleich nochmals ein Los ohne Bezahlung ziehen. Das einschlägige Gesetz verlangte eine Auszahlquote von 40%.

Das Finanzministerium interpretierte den Auszahlungsplan geeignet und berechnete eine Einnahme von 2 000 000 DM und eine Gewinnsumme von 800 000 DM als Summe der rechten Spalte, also die damals vom Gesetz geforderten 40% der Einnahme von 2 000 000 DM.

Tabelle 3.9. Rubbellose

Anzahl der Gewinne	Einzelgewinn	Gewinnsumme insgesamt
2	25 000 DM	50 000 DM
2	10 000 DM	20 000 DM
10	1 000 DM	10 000 DM
400	100 DM	40 000 DM
8000	10 DM	80 000 DM
40000	5 DM	200 000 DM
80 000	2 DM	160 000 DM
240 000	Freilos	240 000 DM

Da in Wirklichkeit die Freilose nicht bezahlt, sondern sofort gegen ein anderes Los getauscht werden, sind die Einnahmen 1 760 000 DM, die Auszahlungen nur 560 000 DM. Die Gewinnquote war also gesetzeswidrig nur 31,82%. Diesen Regelverstoß versuchte ein Mathematikleistungskurs eines Heidelberger Gymnasiums dem Finanzministerium Baden-Württemberg klar zu machen. Erst nachdem sich der Lehrer des Kurses, Prof. *Günter Fillbrunn*, eingeschaltet hatte, wurden die Briefe der Gymnasiasten überhaupt ernst genommen, und nach einigem Hin und Her verstanden die Juristen des Ministeriums ihre falsche Rechnung und änderten den Gewinnplan ab. Nach dem neuen Gewinnplan war der Gewinner eines Freiloses nicht mehr gezwungen, dieses gegen ein Freilos einzutauschen. Statt dessen konnte sich der Spieler auch 1 DM auszahlen lassen. Der wohl weitaus größte Teil der Spieler hat wohl jedoch weiterhin einen Freilosgewinn gegen ein neues Los eingetauscht, also auf die Auszahlung von 1 DM verzichtet. Für solche Spieler bliebt letztlich alles beim Alten, nach wie vor hatten sie eine Auszahlungserwartung von nur 31,82% des eingesetzten Betrages.

14 **Beispiel 14 (Die drei Sofas)**

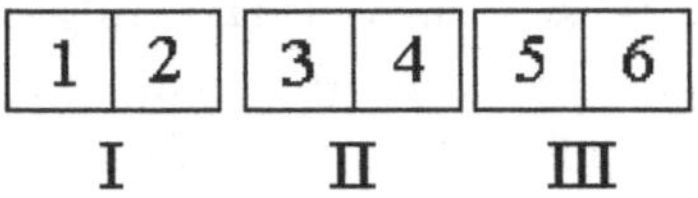

Abb. 3.67. Die Sofas

Im Wohnzimmer stehen, wie in Abb. 3.67 angedeutet, drei zweisitzige Sofas. Armin und Beate kommen hintereinander in den Raum und setzen sich auf einen freien Platz. Wie groß ist die Wahrscheinlichkeit p, dass sie sich auf das gleiche Sofa setzen?

Diese, zugegeben etwas akademische Aufgabe erlaubt verschiedene Interpretationen, um zu einem mathematischen Modell zu kommen. Man kann nicht sagen, ob eine der Interpretationen „richtig" oder „falsch" ist. Erst durch Zusatzinformation gibt es eine sinnvolle Entscheidung für eines der Modelle:

Modell 1: Die beiden kennen sich gut oder sind kontaktfreudig, sie setzen sich folglich auf dasselbe Sofa, es gilt also $p = 1$.

Modell 2: Die beiden können sich nicht leiden oder sind eher zurückhaltend, d. h. dass sie sich auf verschiedene Sofas setzen, also gilt $p = 0$.

Modell 3: Die beiden erwürfeln sich jeweils eine der gleichwahrscheinlichen Zahlen 1, 2 oder 3 und setzten sich dann auf das Sofa ihrer Nummer. Die Ergebnismenge besteht jetzt aus den $3^2 = 9$ 2-Kombinationen einer dreielementigen Menge mit Wiederholung, günstig sind die drei Ergebnisse mit jeweils gleicher Banknummer, es gilt also $p = \frac{3}{9} = \frac{1}{3}$.

Modell 4: Die beiden ziehen nacheinander eine Platznummer von 1 bis 6, die Ergebnismenge ist also die Menge der $6 \cdot 5 = 30$ 2-Permutationen ohne Wiederholung einer sechselementigen Menge. Günstig sind die 6 Paare $(1|2), (2|1), (3|4), (4|3), (5|6), (6|5)$, und wir haben $p = \frac{6}{30} = \frac{1}{5}$.

Modell 5: Jeder denkt sich zufällig eine Platznummer zwischen 1 und 6. Bei Platzgleichheit „rutschen" sie ein wenig auf dem zum Platz gehörigen Sofa. Jetzt ist die Ergebnismenge die Menge der $6^2 = 36$ 2-Permutationen mit Wiederholung. Günstig sind die 12 Ergebnisse $(1|1), (2|2), (1|2), (2|1), (3|3), (4|4), (3|4), (4|3), (5|5), (6|6), (5|6), (6|5)$, was wieder zu $p = \frac{12}{36} = \frac{1}{3}$ führt.

Beispiel 15 (Ein Urnenproblem) Es gibt zwei Urnen. In Urne I liegen 4 weiße und 2 schwarze Kugeln, in Urne II liegen 1 weiße und 5 schwarze Kugeln. Zuerst wird zufällig eine Urne gewählt, dann eine Kugel gezogen. Wie hoch ist die Wahrscheinlichkeit, dass eine weiße Kugel aus Urne I stammt? 15

Die sprachliche Deutung des Fragesatzes führt zu einem mathematischen Ansatz. Diese Deutung ist jedoch hier nicht notwendig eindeutig. Denken Sie an das bekannte Beispiel „Der brave Mann denkt an sich, *selbst* zuletzt!“ versus „Der brave Mann denkt an sich selbst *zuletzt.*“

Analog dazu kann man den Fragesatz in der Aufgabe lesen als „..., dass eine weiße Kugel aus *Urne I* stammt“ (d. h. „weiß“ ist schon bekannt). In dieser Deutung lässt sich die gesuchte Wahrscheinlichkeit mit den Ereignissen E_1: „Urne I wurde gewählt“ und E_2: „die Kugel ist weiß“ als bedingte Wahrscheinlichkeit $P(E_1|E_2)$ beschreiben. Die Pfadregeln ergeben:

$$P(E_1|E_2) = \frac{P(E_1 \cap E_2)}{P(E_2)} = \frac{\frac{1}{2}\cdot\frac{4}{6}}{\frac{1}{2}\cdot\frac{4}{6}+\frac{1}{2}\cdot\frac{1}{6}} = \frac{4}{5}\,.$$

Man kann den Fragesatz aber auch lesen als „..., dass eine *weiße* Kugel aus Urne I stammt“ (d. h. „Urne I“ ist schon bekannt). Dann wäre das Ergebnis

$$P(E_2|E_1) = \frac{\text{Anzahl der weißen Kugeln in Urne I}}{\text{Anzahl aller Kugeln in Urne I}} = \frac{4}{6} = \frac{2}{3}\,.$$

Wohl kaum denkbar ist die Deutung „weiß *und* Urne I“ mit der Wahrscheinlichkeit

$$P(E_1 \cap E_2) = \frac{1}{2}\cdot\frac{4}{6} = \frac{4}{12} = \frac{1}{3}\,.$$

Beispiel 16 (Das Teilungsproblem) Das Teilungsproblem oder Problem der abgebrochenen Partie ist uralt, die verschiedenen Lösungsvorschläge sind für die Entwicklung der Wahrscheinlichkeitstheorie wichtig (vgl. *Borovcnik* 1986; *Wirths* 1999; *Rasfeld* 2004). In heutiger Formulierung lautet das Problem wie folgt: 16

Zu Beginn eines Glücksspiels, das aus mehreren Einzelspielen besteht, hinterlegen die Spieler Armin und Beate einen Einsatz in gleicher Höhe. Bei jedem Einzelspiel haben sie die gleiche Chance, zu gewinnen; „unentschieden“ ist nicht möglich. Den gesamten Einsatz bekommt derjenige Spieler, der als erster 5 Einzelspiele gewonnen hat. Vor Erreichen des Spielziels muss das Spiel beim Spielstand 4 : 3 abgebrochen werden. Wie soll mit dem Einsatz verfahren werden?

Das Problem, eine „gerechte“ Aufteilung des Gewinns anzugeben, erfordert also zunächst ein normatives Modell, was in der vorliegenden stochastischen Situation gerecht sein könnte. Drei bekannte klassische Modelle stammen aus dem 14. und 15. Jahrhundert. Es werden jeweils wie eben als Beispiel die Zahlen 5, 4 und 3 verwendet.

- *Luca Pacioli* (1445–1517) schlug 1494 vor, im Verhältnis der schon gewonnenen Spiele, hier also 4 : 3, zu teilen (*Schneider* 1988, S. 11 f.), d. h. Armin bekommt $\frac{4}{7}$ und Beate bekommt $\frac{3}{7}$ des Einsatzes.
- *Girolamo Cardano* (1501–1576) betrachtet 1539 zunächst die noch zum Gewinn fehlenden Spiele, hier also 1 und 2 (*Schneider* 1988, S. 15 f.). Demjenigen, dem mehr Spiele fehlen, weist *Cardano* eine deutlich schlechtere Chance zu, was er durch das Verhältnis der beiden *Progressionen* ausdrückt. Dabei ist nach *Cardano* die Progression von n die Summe der Zahlen von 1 bis n, in unserem Beispiel also $1 = 1$ und $3 = 1 + 2$. Es ist also im Verhältnis 3 : 1 aufzuteilen, und Armin erhält $\frac{3}{4}$, Beate $\frac{1}{4}$.
- *Niccolo Tartaglia* (1499–1557) machte 1556 den folgenden Vorschlag (*Schneider* 1988, S. 18 f.): Zuerst wird der Unterschied des Spielstands bestimmt, in unserem Beispiel $1 = 4–3$ zu Gunsten von Armin. Dann bekommt Armin seinen Einsatz und $\frac{1}{5}$ des Anteils von Beate als seinen Anteil am Gesamtspiel, Beate erhält den Rest. Es ist also im Verhältnis 6:4 zu teilen, und Armin erhält $\frac{3}{5}$, Beate $\frac{2}{5}$.

Schülerinnen und Schüler schlagen in der Regel einfachere Modelle vor, beispielsweise:

- Jeder bekommt die Hälfte des Einsatzes aufgrund des unbekannten Spielausgangs.
- Wer schon mehr Spiele gewonnen hat, bekommt alles; sonst jeder die Hälfte.
- Aufteilung im Verhältnis der dem Gegner noch zum Gewinn fehlenden Spiele, hier also 2 : 1.

Auftrag Formulieren Sie diese Vorschläge allgemein, d. h. für Gewinn bei s Einzelspielen und Abbruch beim Spielstand $a : b$. Diskutieren Sie auch für die Randfälle wie $a > 0$ und $b = 0$, ob die jeweilige Teilungsregel „gerecht“ erscheint.

Alle bisherigen Vorschläge sind in sich stimmig, setzen aber unterschiedliche Normen für eine „gerechte“ Aufteilung. Wieder ist kein Vorschlag „richtig“ oder „falsch“.

Wesentlich für das Teilungsproblem und für die Entwicklung der Wahrscheinlichkeitstheorie wurde das Jahr 1654. In diesem Jahr gab es einen ausführlichen Briefwechsel zwischen *Pierre de Fermat* (1601–1665; Abb. 3.68) und *Blaise Pascal* (1623–1662; Abb. 3.69) über verschiedene wahrscheinlichkeitstheoretische Fragen, darunter das Teilungsproblem (vgl. *Schneider* 1988, S. 26 f.).

Abb. 3.68. Fermat

Dieses Jahr gilt seither als die Geburtsstunde der Wahrscheinlichkeitstheorie als mathematische Teildisziplin. *Fermat* war Jurist und Parlamentsrat in Toulouse, nach heutigen Maßstäben eine ziemlich hohe politische Stellung. Mathematik konnte er nur in seinen Mußestunden treiben, was er jedoch so erfolgreich tat, dass sein Name in vielen Zusammenhängen innerhalb der Mathematik unsterblich geworden ist. Am bekanntesten ist wohl die Fermat'sche Vermutung, die erst 1994 endgültig von *Andrew Wiles* bewiesen werden konnte[32].

Abb. 3.69. Pascal

Pascal arbeite als Mathematiker, Physiker und Religionsphilosoph. Er begann 1656 die *Pensées*, sein philosophisches Hauptwerk. Veröffentlicht wurde das Werk erst nach seinem Tod. Berühmt wurde sein Argument für den Glauben an Gott: „Wenn Gott nicht existiert, so verliert man durch den Glauben nichts; wenn Gott aber existiert, so verliert man durch Unglauben alles." Als sein Vater Steuerinspektor wurde, entwickelte er die erste Rechenmaschine, um ihm bei den umfangreichen Rechnungen zu helfen. Bei seinen Arbeiten zur Wahrscheinlichkeitstheorie entwickelte er das heute als Pascal'sches Dreieck bekannte Zahlenmuster. Dabei hob er das Verfahren der vollständigen Induktion als Beweismittel hervor.

In dem Briefwechsel über das Teilungsproblem kamen beide zum selben Modellansatz, wenn auch mit unterschiedlichen Methoden. Die Übereinstimmung ihrer Lösungsvorschläge wurde von *Pascal* mit den berühmt gewordenen Worten konstatiert „Ich sehe mit Genugtuung, das die Wahrheit in Toulouse und in Paris die gleiche ist". Diese Städte waren die Wohnorte der beiden Mathematiker. Obwohl die heute üblichen Fachbegriffe bei *Fermat* und *Pascal* noch

[32]Es geht um die Frage, ob die Gleichung $x^n + y^n = z^n$ mit $n \in \mathbb{N}$ ganzzahlige Lösungen x, y und z hat. Für $n = 2$ sind dies gerade die sogenannten „Pythagoräischen Tripel", z. B. 3, 4 und 5 (denken Sie an den Satz des Pythagoras!). Für $n > 3$ gibt es keine Lösungen. *Fermat* behauptete, hierfür einen Beweis zu besitzen. Ein solcher ist jedoch nie gefunden wurde. Jahrhunderte lang bissen sich Profi- und Amateur-Mathematiker an diesem Problem fest. Die Beschäftigung mit der Fermat'schen Vermutung war ein wertvoller Katalysator insbesondere zur Entwicklung der Algebraischen Zahlentheorie. Man fand schon früher Teilresultate, aber den endgültigen Abschluss des Beweises gab erst die Arbeit von *Wiles* (vgl. *Singh* 1997).

nicht auftreten, kann man ihren Ansatz mit diesen Begriffen rekonstruieren. Nach *Fermat* ist das Problem wie folgt zu lösen:
Ist der Spielstand $a : b$, so ist nach spätestens $n = (s-a)+(s-b)-1$ weiteren Spielen entschieden, welcher der beiden Spieler gewonnen hat; denn dann muss einer der beiden s Spiele für sich entschieden haben. Man betrachte nun alle möglichen Restspielverläufe von n Spielen (auch wenn diese im konkreten Fall gar nicht alle gespielt werden müssten). Ist Armin bei n_A dieser Spielverläufe der Gewinner und Beate bei n_B, a so teile man den Einsatz im Verhältnis $n_A : n_B$. In unserem Beispiel ist $s = 5$, und werden die Partien bei einem Stand von 4 : 3 für Armin abgebrochen. Es ist nach spätestens zwei weiteren Spielen entschieden, welcher Spieler Gewinner ist. Für diese beiden Spiele gibt es vier verschiedene Möglichkeiten des Gewinnens, nämlich $(A|A), (A|B), (B|A)$ und $(B|B)$. In den ersten drei Fällen hat Armin gewonnen, im letzten Fall Beate. Also ist der Einsatz im Verhältnis 3:1 zu teilen, Armin erhält $\frac{3}{4}$ des Einsatzes, Beate nur $\frac{1}{4}$.

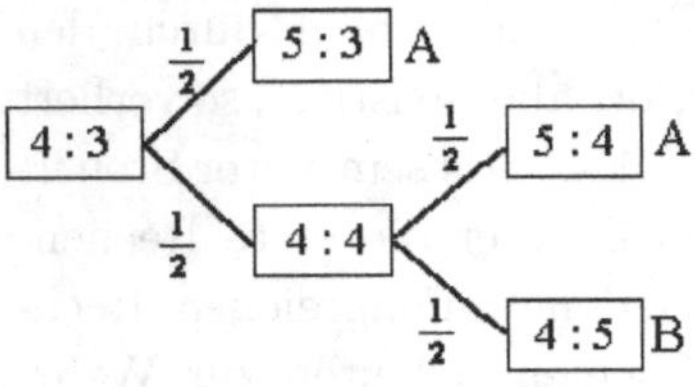

Abb. 3.70. Teilungsproblem

In heutiger Sprechweise formuliert man die Fermat-Pascal'sche Lösung wie folgt: Man simuliert den weiteren möglichen Verlauf des Spiels durch ein Glücksspielmodell (vgl. das Baumdiagramm in Abb. 3.70) und teilt den Einsatz im Verhältnis der Gewinnwahrscheinlichkeiten. Die Zweigwahrscheinlichkeiten sind alle $\frac{1}{2}$, d. h. als weitere Modellannahme wurde gleiche Spielstärke angenommen. Die Pfadregeln ergeben damit

$$P(\text{Armin gewinnt}) = \frac{1}{2} + \frac{1}{4} = \frac{3}{4}, \quad P(\text{Beate gewinnt}) = \frac{1}{4}.$$

Gerechte Aufteilung ist eine normative Fragestellung, die Lösungsvorschläge können im Hinblick darauf diskutiert werden, ob sie mehr oder weniger angemessen und akzeptabel sind, aber keinesfalls, ob sie richtig oder falsch sind. Die Angemessenheit normativer Vorschläge beurteilt man, indem man ihre Rechtfertigungen analysiert. In dieser Hinsicht sind aber *alle* Vorschläge gleich schlecht, da auch *Fermat* und *Pascal* ihren Lösungsvorschlag nicht begründet haben. Allerdings zeigte sich im Laufe des 18. Jahrhunderts, dass ihr Ansatz auf eine Vielzahl von Fragestellungen aus dem Bereich der Glücksspiele übertragbar war und damit Anlass gegeben hat zu einer Theorie, eben der Wahrscheinlichkeitstheorie. Die Bedeutung des „Fermat-Pascal-Modells“ lag also nicht in ihrer inhaltlichen Aussage für das Teilungsproblem, sondern in der Übertragbarkeit ihres methodischen Vorgehens.

Aufgabe 53 (Ein Tennis-Match) Armin und Beate spielen ein Tennis-Match gegeneinander. Dabei beträgt die Wahrscheinlichkeit dafür, dass Beate einen Satz gegen Armin gewinnt $p = 0{,}6$. Jeder setzt 100 € ein, der Gewinner erhält die 200 €. Das Match gewinnt, wer zuerst drei von maximal fünf Sätzen gewonnen hat.
Das Match muss beim Stand von 2 : 1 für Armin wegen Regens abgebrochen werden. Da unklar ist, wann das Match fortgesetzt werden kann, einigen sich beide darauf, den Einsatz gerecht aufzuteilen.
Wie könnte eine gerechte Aufteilung aussehen, bei der die Gewinnwahrscheinlichkeit für einen Satz berücksichtigt wird?

3.4.4 Naheliegende, aber untaugliche Modellbildungen

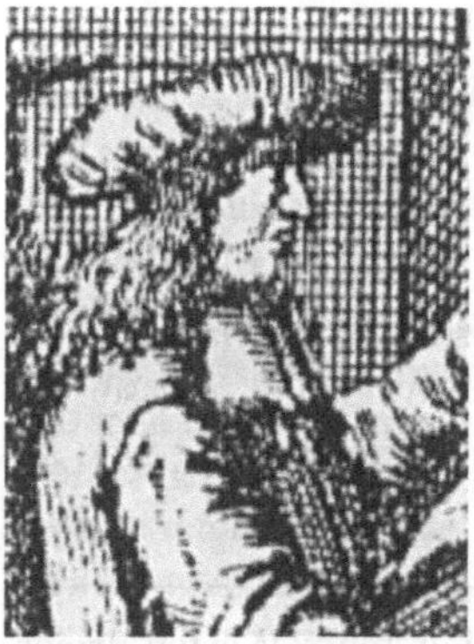
Abb. 3.71. de Méré

Bei der stochastischen Modellierung von realen Situationen besteht stets die Gefahr, naheliegende und plausible, aber falsche Modellannahmen zu machen. Klassisch geworden sind zwei untaugliche Modelle des französischen Adligen *Antoine Gombault Chevalier de Méré* (1607–1684). Wie die meisten Adligen seiner Zeit war er ein begeisterter Glücksspieler. Insbesondere Würfelspiele waren damals sehr populär. Für die Abschätzung der Spielchancen stand „nur" der gesunde Menschenverstand zur Verfügung. *De Méré* diskutierte seine Aufgaben in einem ausführlichen Briefwechsel mit *Fermat* und *Pascal* (vgl. *Schneider* 1988, S. 38), die in dem berühmten Jahr 1654 die Probleme seiner Modelle aufklärten und ein der heutigen Denkweise entsprechendes und die Spielpraxis besser beschreibendes Modell erarbeiteten. Das erste Problem von *de Méré* wird anschließend diskutiert, das zweite sollen Sie in Aufgabe 54 bearbeiten.
Nach *de Mérés* Erfahrung konnte man erfolgreich darauf wetten, dass beim mehrmaligen Werfen eines Würfels spätestens bis zum vierten Wurf die Sechs fällt. Nun argumentierte er, dass eine Doppel-Sechs beim Werfen zweier Würfel sechsmal seltener als eine Sechs bei einem Würfel sei und dass folglich beim mehrmaligen Werfen zweier Würfel spätestens bis zum vierundzwanzigsten Wurf, denn $6 \cdot 4 = 24$, eine Doppel-Sechs fallen müsste. Diese „Theorie" bewährte sich aber nicht in der Spielpraxis.
Wir betrachten das viermalige Werfen mit einem Würfel und das 24malige Werfen mit einem Doppelwürfel als mehrstufige Experimente und beschreiben diese durch die Baumdiagramme in Abb. 3.72. Bei den einzelnen Stufen

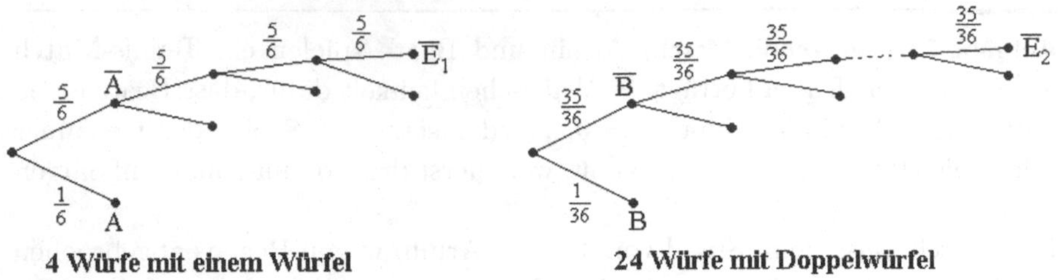

Abb. 3.72. 1. Problem von de Méré

sind nur die Ereignisse A: „es fällt die Sechs“, B: „es fällt die Doppelsechs“ und ihre Gegenereignisse $\bar{A}$ und $\bar{B}$ relevant. Statt der interessierenden Ereignisse E_1: „bis zum 4. Wurf mindestens eine Sechs“ und E_2: „bis zum 24. Wurf mindestens eine Doppelsechs“ werden im Baum die leichter abzählbaren Gegenereignisse $\bar{E}_1$ und $\bar{E}_2$ betrachtet.
Aus den Pfadregeln folgen die gesuchten Wahrscheinlichkeiten:

$$P(E_1) = 1 - \left(\frac{5}{6}\right)^4 \approx 0{,}518 \quad \text{und} \quad P(E_2) = 1 - \left(\frac{35}{36}\right)^{24} \approx 0{,}491 .$$

Der einfache Proportionalschluss von *de Méré* ist also falsch! Da die beiden Wahrscheinlichkeiten nicht allzu sehr voneinander abweichen, müssen *de Méré* und seine Freunde oft gewürfelt haben, um dies empirisch feststellen zu können!

Aufgabe 54 (Ein Würfelproblem von de Méré) *De Méré* hielt beim Werfen dreier Würfel aus theoretischen Gründen die Augensummen 11 und 12 für gleich wahrscheinlich. Welche Überlegungen hat er wohl hierfür gemacht? Halten Sie diese für korrekt?

Die nächsten beiden Aufgaben beschreiben Situationen aus Fernseh-Lotterien, in denen sehr plausible, aber trotzdem untaugliche Annahmen gemacht wurden.

Aufgabe 55 (Der große Preis) Anfang des Jahres 1982 konnte man die folgende dpa-Meldung in der Zeitung lesen.

Unwahrscheinlich

Glücksgöttin „Fortuna“ hat bei der ZDF-Lotterie „Der Große Preis“ die mathematischen Wahrscheinlichkeitsregeln über den Haufen geworfen: Zum zweiten Mal innerhalb von sechs Monaten blieb das Glücksrad der Aktion Sorgenkind bei der Zahl 2075 stehen. Zuletzt war genau die selbe Zahl im November 1981 gezogen worden, berichtete die Aktion am Freitag. Nach den Gesetzen der mathematischen Wahrscheinlichkeit hätte 2075 erst in 833 Jahren wieder als Gewinnzahl auftauchen dürfen.

Bei dieser Lotterie wurde mit Hilfe eines Glücksrads eine vierstellige Zahl als Gewinnzahl ausgelost. Was halten Sie von dieser Zeitungsmeldung?

Aufgabe 56 (Die Glücksspirale) Bei der ZDF-Show Glücksspirale wurde u. a. eine siebenstellige Gewinnzahl gezogen. Es gibt 10^7 mögliche Zahlen, also sollte die Chance für eine bestimmte Zahl 10^{-7} sein. Bei den ersten Ausspielungen hatte man in eine einzige Lostrommel 70 Kugeln gelegt, je sieben mit den Ziffern $0, 1, \ldots, 9$. Hieraus wurden wie beim Lotto sieben Kugeln durch Ziehen ohne Zurücklegen, aber mit Berücksichtigung der Reihenfolge, also als Permutation gezogen. Analysieren Sie diesen Ziehvorgang!

3.4.5 Lösungsansätze bei Urnen-Aufgaben

Gerade bei Urnen-Aufgaben gibt es oft unterschiedliche Lösungsansätze, die auch mehr oder weniger mathematisch elegant sind. Im Beispiel „Urne“ auf S. 211 wurde aus einer Urne mit 4 blauen, 3 roten, 7 weißen und 6 grünen Kugeln ohne Zurücklegen zweimal gezogen. In c. wurde nach der Wahrscheinlichkeit gefragt, dass die zweite Kugel blau oder rot ist. Die Lösung wurde mit den Pfadregeln geführt. Bei dieser Aufgabe könnte man einfacher und eleganter wie folgt argumentieren: Der 1. Zug ist irrelevant. Es sind also 7 günstige von 20 möglichen Kugeln zu berücksichtigen, was ohne Rechnung zur $p = \frac{7}{20}$ führt. Jedoch sind elegante Schlüsse oft komplexer und für Anfänger weniger zugänglich. Es ist immer *der* Weg der Beste, den man *selbst* gefunden hat. Aus didaktischer Sicht wäre es verhängnisvoll, einen besonders eleganten Weg nur vorzuführen, ohne dass die Lernenden selbst einen solchen Weg finden können. Es ist dagegen sehr sinnvoll, Lernenden die Gelegenheit zu geben, eigene Lösungswege zu finden und dann unterschiedliche Wege zu diskutieren und zu reflektieren. Das folgende Beispiel zeigt das didaktische Potential geeigneter Aufgaben:

Beispiel 17 (Ziehen aus einer Urne) 17

In einer Urne liegen 4 rote, 9 weiße, 2 blaue und 5 grüne Kugeln. Es soll ohne Zurücklegen gezogen werden. Wie groß ist die Wahrscheinlichkeit für das Ereignis E: „Im elften Zug wird eine rote Kugel gezogen“?

Zur Lösung sind sehr viele unterschiedliche Strategien denkbar, einige davon werden im Folgenden diskutiert:

a. Natürlich kann ein Baumdiagramm zur Visualisierung genutzt werden. Wenn man aber beim ersten Zug ansetzt und sich bis zum elften Zug durchkämpft, braucht man selbst bei Betrachtung einer komprimierten Baumstruktur ein großes Blatt oder eine große Tafel.

b. Der zweite Lösungsvorschlag ist auch relativ kompliziert und arbeitet mit einem reduzierten Baum (Abb. 3.73). In der ersten Stufe werden 10 Kugeln gezogen, wobei 0, 1, 2, 3 oder 4 rote Kugeln dabei ist, was zu den Ereignissen 0R bis 4R führt. Im zweiten Schritt wird die 11. Kugel gezogen, die rot oder nicht rot ist. Die zweiten Zweigwahrscheinlichkeiten sind klar, die ersten Zweigwahrscheinlichkeiten p_0 bis p_4 werden durch folgende Überlegung bestimmt:

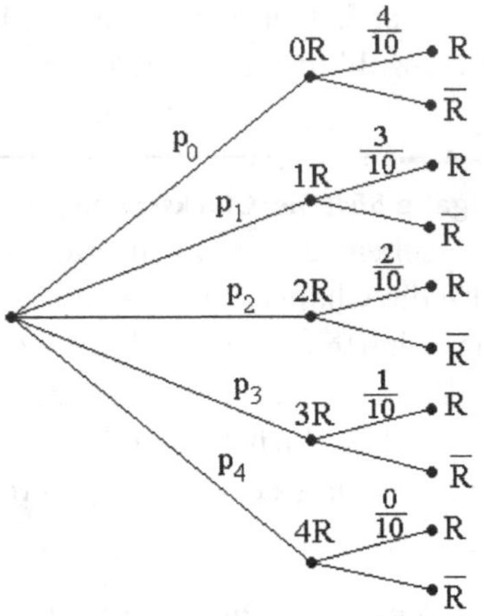

Abb. 3.73. Reduzierter Baum

Insgesamt gibt es $N := \binom{20}{10}$ Möglichkeiten, 10 von 20 Kugeln auf die 10 ersten Plätze zu legen. Um i rote Kugeln dabei zu haben, gibt es $Z_i := \binom{4}{i} \cdot \binom{16}{10-i}, i = 0, \ldots, 4$, Möglichkeiten. Damit gilt $p_i = \frac{Z_i}{N}$, und die gesuchte Wahrscheinlichkeit ergibt sich nach den Pfadregeln zu

$$P(E) = p_0 \cdot \frac{4}{10} + p_1 \cdot \frac{3}{10} + p_2 \cdot \frac{2}{10} + p_3 \cdot \frac{1}{10} = 0{,}2\,,$$

wobei der Weg zum numerischen Ergebnis rechenaufwändig ist.

c. Nach 20maligem Ziehen sind alle Kugeln gezogen und liegen in einer Reihe auf den Plätzen 1 bis 20 (Abb. 3.74). Um abzuzählen, wie viele verschiedene Reihungen es gibt, denkt man sich zuerst die roten, dann die weißen, blauen und schließlich die grünen Kugeln verteilt. Zusammen sind dies $\binom{20}{4} \cdot \binom{16}{9} \cdot \binom{7}{2} \cdot \binom{5}{5}$ Möglichkeiten. Um die Ergebnisse zu zählen, die zu E gehören, legt man zuerst eine rote Kugel auf den Platz 11 und verteilt dann die restlichen Kugeln wie eben auf den noch leeren 19 Plätzen. Dies geht auf $\binom{19}{3} \cdot \binom{16}{9} \cdot \binom{7}{2} \cdot \binom{5}{5}$ verschiedene

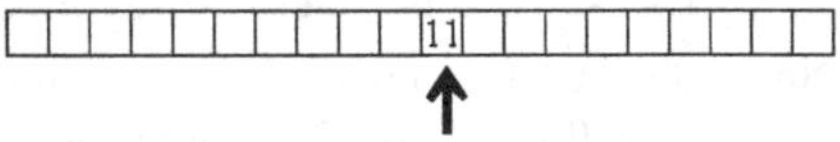

Abb. 3.74. Die Kugeln sind gezogen

Möglichkeiten. Nach dem Laplace-Ansatz gilt also

$$P(E) = \frac{\binom{19}{3} \cdot \binom{16}{9} \cdot \binom{7}{2} \cdot \binom{5}{5}}{\binom{20}{4} \cdot \binom{16}{9} \cdot \binom{7}{2} \cdot \binom{5}{5}} = \frac{4}{20} = 0{,}2\,.$$

Die Rechnung zeigt deutlich, dass es unsinnig gewesen wäre, die Anzahlen der „Günstigen" und „Möglichen" „auszurechnen". Ein analoger Ansatz kann auch mit der in Abschnitt 3.6.2 behandelten Multinomialverteilung gemacht werden.

d. Das eleganteste Argument, das für Lernende häufig „verblüffend einfach" ist, bemerkt, dass es in Abb. 3.74 irrelevant ist, welche Kugeln auf den Plätzen 1–10 und 12–20 liegen. Es muss nur auf Platz 11 eine rote Kugel gelegt werden. Da alle 20 Kugeln gleichberechtigt sind und es 4 rote Kugeln gibt, gilt $P(E) = \frac{4}{20} = 0{,}2$.

e. Wem d. zu einfach erscheint, der kann durch die folgende Überlegung möglicherweise überzeugt werden: Wenn die Urne leergezogen wird, ergeben sich bei 20 Kugeln 20! Möglichkeiten, dies zu tun. Auf dem elften Platz liegt eine von vier roten Kugeln, die anderen 19 Kugeln liegen in einer beliebigen Permutation auf den anderen 19 Plätzen. Es ergibt sich also

$$P(E) = \frac{4 \cdot 19!}{20!} = \frac{4}{20} = 0{,}2\,.$$

f. Der letzte vorgestellte Ansatz hält gewissermaßen die vier roten Kugeln fest und ordnet ihnen die Plätze zu. Eine Kugel muss auf Platz elf liegen, die anderen drei auf drei der übrigen 19 Plätze. Dies ist eine Modifikation der Multinomialverteilung in c., bei der nur Rot und nicht Rot unterschieden wird. Diese Überlegung führt zu

$$P(E) = \frac{\binom{1}{1} \cdot \binom{19}{3}}{\binom{20}{4}} = \frac{4}{20} = 0{,}2\,.$$

Aufgabe 57 (Ziehen aus einer Urne) In einer Urne liegen 4 rote, 9 weiße, 2 blaue und 5 grüne Kugeln. Es soll ohne Zurücklegen gezogen werden. Wie groß ist die Wahrscheinlichkeit der folgenden Ereignisse?

E_1: „Im zweiten Zug wird keine blaue Kugel gezogen, wenn im ersten Zug keine rote gezogen wurde."

E_2: „Wie wahrscheinlich ist es, dass im 16 Zug eine rote Kugel gezogen wird, wenn im 13. Zug eine blaue Kugel gezogen wurde.“
Versuchen Sie, jeweils möglichst viele verschiedene Lösungsvarianten zu finden!

3.4.6 Die Genueser Lotterie und die Keno-Lotterie

Die ***Genueser Lotterie*** hat ihren Ursprung in der genuesischen Senatorenwahl, die 1575 nach einem Staatsstreich eingeführt wurde (vgl. *Krätz & Merlin* 1995, S. 65). Aus einer Liste von 90 Bürgern wurden fünf zur Ergänzung des Großen Rates der Stadt in den Senatorenstand erhoben. Aus unterschiedlichen Wetten darauf, welche Bürger in den Senatorenstand erhoben werden würden, hat sich in Italien bis zum Jahre 1643 eine Lotterie entwickelt. Diese *Genueser Lotterie* war auch Vorbild für eine Lotterie, die der venezianische Abenteurer *Giacomo Casanova* 1758 in Frankreich einführte (vgl. *Childs* 1977, S. 92 f.).

> „Bei dieser Lotterie wurden aus neunzig Losnummern fünf Gewinnzahlen gezogen. Die Teilnehmer konnten eine Zahl, zwei Zahlen (Ambe) oder drei Zahlen (Terne) tippen. Eine gezogene Einzelnummer brachte das Fünfzehnfache des Einsatzes, zwei Zahlen das Zweihundertsiebzigfache und bei drei Richtigen bekam man das 5 200fache des eingezahlten Betrages.“ (*Childs* 1977, S. 94).

Friedrich der Große (1712–1786) führte die Genueser Lotterie in Preußen ein (vgl. *Paul* 1978, S. 9 f.), um seine durch den siebenjährigen Krieg geleerte Kasse zu füllen, und ließ sich dabei von *Casanova*, aber auch von dem berühmten Mathematiker *Leonard Euler* (1707–1783) beraten. Bis zu Beginn der 50er Jahre des letzten Jahrhunderts gab es in Deutschland ein Zahlenlotto *5 aus 90*, bei dem allerdings ebenfalls 5 Zahlen zu tippen waren.
Die Modellierung der Genueser Lotterie erweist sich für Lernende, die noch über wenig Erfahrung in der Anwendung stochastischer Methoden verfügen, als tückisch (vgl. *Büchter & Henn* 2004). Dies liegt vor allem daran, dass die Anzahl der getippten und der gezogenen Zahlen verschieden ist (vgl. auch Abschnitt 3.3.3).
Die folgenden drei Lösungsansätze wurden von Lehramtsstudierenden erarbeitet. Betrachtet wird die Spielvariante „*Terne*“.

a. Zur Berechnung der Gewinnwahrscheinlichkeit wird *situationsnah* die Ziehung der Zahlen als Zufallsexperiment im Laplace-Ansatz modelliert. Es werden fünf aus 90 Zahlen gezogen, so dass sich der Nenner als Anzahl möglicher Ergebnisse ergibt. Den Zähler erhält man, wenn man berücksichtigt, dass drei der gezogenen Zahlen eben den drei getippten Zahlen entsprechen und die anderen beiden gezogenen Zahlen unter den 87 nicht getippten Zahlen sein müssen. Eine andere Deutung lautet: Das Tippen *färbt* drei Kugeln aus einer Urne mit 90 Kugeln als persönliche Gewinnkugeln. Wie wahrscheinlich ist es nun, mit fünf Zügen ohne Zurücklegen diese drei Kugeln zu erwischen? Dies ergibt die Wahrscheinlichkeit

$$P(\text{Terne}) = \frac{\binom{3}{3} \cdot \binom{87}{2}}{\binom{90}{5}} = \frac{1}{11\,748} \approx 0{,}00851\ \%\,.$$

b. Der zweite Laplace-Ansatz zur Modellierung der *Genueser Lotterie* betrachtet die möglichen und günstigen *getippten Zahlen.* Es wird also *entgegen der Chronologie* der Lotterie angenommen, die gezogenen Zahlen stünden fest und das Tippen sei das Zufallsexperiment. Es werden drei aus 90 Zahlen getippt, so dass sich der Nenner als Anzahl möglicher Tipps ergibt. Im Zähler wird nun berücksichtigt, dass die drei getippten Zahlen unter den fünf gezogenen Zahlen sein müssen. In der alternativen Deutungsweise würde dies heißen: Das spätere Ziehen *färbt* fünf Kugeln aus einer Urne mit 90 Kugeln als Gewinnkugeln. Wie wahrscheinlich ist es nun, mit dem Tippen von drei unterschiedlichen Zahlen (also Ziehen ohne Zurücklegen) drei dieser fünf Kugeln zu erwischen?

$$P(\text{Terne}) = \frac{\binom{5}{3}}{\binom{90}{3}} = \frac{1}{11\,748} \approx 0{,}00851\ \%\,.$$

c. Ein dritter, ebenfalls auftretender Ansatz zur Modellierung arbeitet direkt mit der alternativen Deutungsweise. Es wird – wiederum *entgegen der Chronologie* der Lotterie – von einer Urne ausgegangen, in der 90 Kugeln liegen, von denen fünf Kugeln „Gewinnkugeln" sind. Der Prozess des *Tippens*, hier also des Ziehens von drei Kugeln ohne Zurücklegen, wird rechnerisch nachgebildet: Für den ersten Tipp bzw. Zug aus der Urne ergibt sich die Chance, eine Gewinnkugel zu erwischen, aus dem Verhältnis von fünf Gewinnkugeln zu 90 Kugeln insgesamt. Analog erhält man die Chancen für den zweiten und dritten Zug, die entsprechend der Pfadmultiplikationsregel zur Gewinnwahrscheinlichkeit multipliziert werden. Die Wahrscheinlichkeit ist also

$$P(\text{Terne}) = \frac{5}{90} \cdot \frac{4}{89} \cdot \frac{3}{88} = \frac{1}{11\,748} \approx 0{,}00851\ \%\,.$$

Die Angabe der drei gekürzten Brüche und der Prozentwerte der Gewinnwahrscheinlichkeiten zeigt, dass die numerische Überprüfung der Ansätze zu gleichen Chancen führt. Diese Übereinstimmung der Lösungen kann also als gegenseitige *numerische Validierung* der Lösungsansätze gesehen werden. So lassen sich Studierende, die einen Ansatz bevorzugen und zunächst keine Einsicht für einen anderen Ansatz gewinnen, auch von der Tauglichkeit der anderen Ansätze überzeugen. Die Übereinstimmung der Gewinnwahrscheinlichkeiten lässt sich auch ohne Prozentwert direkt durch eine Rechnung mit den Binomialkoeffizienten zeigen.

Auftrag Führen Sie mit den drei Modellansätzen die analogen Rechnungen für die beiden anderen Tipp-Möglichkeiten durch und bestätigen Sie damit die Wahrscheinlichkeiten

$$P(\text{Einzelzahl}) = \frac{1}{18} \approx 5{,}56\% \quad \text{und} \quad P(\text{Ambe}) = \frac{2}{801} \approx 0{,}25\,\%.$$

Für den Veranstalter der Lotterie ist die Frage „Wie groß ist der für den Staat zu erwartende Gewinn?“ interessant. Für eine intuitiv naheliegende Idee, die später in Abschnitt 3.5.2 zum *Erwartungswert* präzisiert werden wird, möge der Einsatz je Spiel 1 € betragen. Die Gewinnwahrscheinlichkeit bei der Einzelzahl-Wette beträgt $\frac{1}{18}$. Bei einem „normalen“ Verlauf fällt auf lange Sicht genau ein Gewinn in Höhe von 15 € je 18 Spielern an. 18-mal nimmt der Staat einen € ein, einmal muss er 15 € auszahlen. Wenn also 18 Spieler die Einzelzahl-Wette gemacht haben, ist

$$G(\text{Einzelzahl}) = 18 \cdot 1\,€ - 1 \cdot 15\,€ = 3\,€$$

der für den Staat zu erwartende Reingewinn. Die analoge Überlegung für die beiden anderen Wetten ergibt die Reingewinn-Erwartungen

$$G(\text{Ambe}) = 801 \cdot 1\,€ - 2 \cdot 270\,€ = 261\,€,$$
$$G(\text{Terne}) = 11\,748 \cdot 1\,€ - 1 \cdot 5200\,€ = 6548\,€.$$

Es wäre natürlich falsch, nur aufgrund dieser Zahlen zu behaupten, die Wettmöglichkeit „Terne“ sei für den Staat am vorteilhaftesten, schließlich wird ja bei der Analyse von drei verschiedenen Spielerzahlen ausgegangen. Die notwendige Abhilfe ist offensichtlich: Zum Vergleich eignet sich der relative

Gewinn pro Spieler, also

$$g(\text{Einzelzahl}) = \frac{G(\text{Einzelzahl})}{18} \approx 0{,}17\,€\,,$$
$$g(\text{Ambe}) = \frac{G(\text{Ambe})}{801} \approx 0{,}36\,€\,,$$
$$g(\text{Terne}) = \frac{G(\text{Terne})}{11\,748} \approx 0{,}56\,€\,.$$

Aus Sicht des Staats ist also in der Tat die Spielvariante „Terne“ die lohnendste, wenn alles normal läuft. Dies ist zugleich die Spielvariante, die aufgrund der möglichen hohen Auszahlung Spieler anlocken kann. Es könnte jedoch auch „nicht normal“ laufen und etwa ein Zehntel aller Mitspieler die Gewinnzahlen getippt haben. Da die Gewinnquote im Falle des Erfolgs eine feste Zahl, bei „Terne“ das 5 200-fache des Einsatzes ist, könnte „die Bank gesprengt“ werden. Um die Analysefrage „Wie groß ist der für den Staat zu erwartende Gewinn?“ sinnvoller zu bearbeiten, reichen also die bisherigen Überlegungen nicht aus. Wenn man sich für den zu erwartenden absoluten Gewinn, den der Staat als zusätzliche Einnahme für seinen Haushalt verbuchen kann, interessiert, müssen Zusatzinformationen vorliegen oder es müssen Zusatzannahmen getroffen werden. Diese normativen Akte bestehen in der Festlegung, wie viele Spieler sich mit welchen Einsätzen an der Lotterie beteiligen, welche Anteile von ihnen sich für welche Variante entscheiden und mit welcher Streuung der Anzahl von Gewinnern bei den drei verschiedenen Tipp-Möglichkeiten zu rechnen ist. Methoden hierzu werden u. a. in den Abschnitten 3.5.2, S. 283, und 3.9.1, S. 357 entwickelt.
Einen für den Mathematikunterricht sehr gut geeigneten Realitätsbezug stellt die Anfang 2004 in einige Bundesländern eingeführte ***Keno-Lotterie*** dar[33]. Sie weist mehrere für den Unterricht interessante Aspekte auf. Zunächst ist sie die erste Lotterie, die in Deutschland virtuell durchgeführt wird. Die Ziehung der Zahlen erfolgt mit einem Computer, der eigens zu diesem Zweck vom *Fraunhofer Institut für Rechnerarchitektur und Softwaretechnik* konzipiert wurde (vgl. Abschnitt 3.10.2 zum Erzeugen von „zufälligen“ Zahlen mit Hilfe eines Computers). Die Lotterie wird vor allem über das Internet gespielt und richtet sich an Jugendliche bzw. junge Erwachsene. Keno ist vermutlich die älteste Lotterie der Welt. Es wurde bereits vor über 2000 Jahren als *weißes Taubenspiel* in China gespielt. Seit langem ist Keno (oft unter dem Namen *Bingo*) in angelsächsischen Ländern beliebt.
Stochastisch gesehen ist Keno strukturähnlich zur Genueser Lotterie. Es werden aus 70 Zahlen 20 gezogen. Die Spieler müssen sich für eine der Spielvarianten Kenotyp 2 bis Kenotyp 10 entscheiden und dabei zwei bis zehn Zahlen

[33] https://www.lotto-hessen.de/c/kenolegalterms?legaltermmode=keno

tippen. Die Anzahl getippter und die Anzahl gezogener Zahlen unterscheiden sich also in jedem Fall. Als Einsatz können die Spieler 1 €, 2 €, 5 € oder 10 € auswählen. Anders als bei der Genueser Lotterie gewinnt man nicht nur dann, wenn alle getippten Zahlen gezogen wurden, sondern auch, wenn nicht alle der getippten Zahlen unter den gezogenen sind. In den Spielvarianten mit acht, neun oder zehn getippten Zahlen gewinnt man zusätzlich, wenn keine Zahl richtig getippt wurde. Daher ist Keno die erste Lotterie, die „Pechvögel" belohnt. Insgesamt ergeben sich 36 Gewinnklassen und somit jede Menge Berechnungen. Auf der Rückseite des Keno-Tippscheins sind alle Gewinnklassen beschrieben. Wie bei der Genueser Lotterie gibt es feste Gewinnsätze, die vom einfachen bis zum 100 000fachen des Einsatzes gehen. Theoretisch könnte also die Lotterie zu einem Verlustgeschäft für den Anbieter werden. Um dem entgegen zu wirken, sind die beiden höchsten Gewinnklassen „gedeckelt". Das bedeutet, dass beim Kenotyp 10 bei 10 Richtigen der 100 000fache Einsatz höchstens an fünf Gewinner gezahlt wird. Fallen mehr Spieler in diese Gewinnklasse, so wird die Maximalsumme unter ihnen aufgeteilt. Eine ähnliche Regelung gilt beim Kenotyp 9 und bei 9 Richtigen, hier ist die Deckelung bei zehn Gewinnern.

Durch die Aktualität dieser Lotterie (sie hat das in Abschnitt 3.3.2 betrachtete Rennquintett ersetzt) dürfte es eine erhebliche Motivation unter Lernenden geben, sich detailliert mit ihr auseinander zu setzen.

Aufgabe 58 (Gewinne beim Keno) Besorgen Sie sich einen Keno-Tippschein. Auf seiner Rückseite ist der Keno-Gewinnplan abgedruckt. Analysieren Sie einige Spielmöglichkeiten analog zur Genueser Lotterie.

3.5

3.5 Zufallsvariable

Zufallsvariable haben nicht direkt etwas mit Zufall zu tun, sondern sie sind Funktionen, die jedem Element einer Ergebnismenge eine reelle Zahl zuordnen. Sie codieren also die Ergebnisse eines Zufallsexperiments durch reelle Zahlen und erlauben damit ihre rechnerische Verarbeitung. Dies ist vergleichbar mit der Zuordnung eines Testwerts zu einem Schüler durch einen Mathematiktest in Kapitel 2. Als reellwertige Funktionen kann man Zufallsvariable, wie aus Algebra, Geometrie und Analysis bekannt, verknüpfen. Mit der Begriffsbildung der Zufallsvariablen lassen sich viele der für Datenreihen entwickelte Begriffe aus Kapitel 2 auf Zufallsexperimente übertragen. Die folgenden Ausführungen sind zunächst inhaltlich wenig gefüllte mathematische Begriffsbildungen. Ihr Nutzen zeigt sich in den folgenden Teilkapiteln.

3.5.1 Einführung von Zufallsvariablen

Zählt man die Autoinsassen der Autos, die morgens an einer Zählstelle vorbeikommen, so kann man für die aufgenommene Datenreihe Mittelwerte und Streuungsmaße ausrechnen (vgl. Kapitel 2) und z. B. zurückblickend sagen, im arithmetischen Mittel saßen 1,4 Personen in jedem Auto mit einer Standardabweichung der Datenreihe von 0,4. Bei einem Laplace-Würfel kann man aufgrund von theoretischen Betrachtungen Wahrscheinlichkeiten ansetzen und dann vorausschauend die Frage stellen, welche Augenzahl im Mittel fallen wird und welche Streuung dabei zu erwarten ist.

Im Beispiel „Würfeln mit zwei normalen Würfeln“ auf S. 165 haben wir in b. als eine mögliche Ergebnismenge die Menge $\Omega_2 = \{(a|b)|a, b \in \{1, 2, \ldots, 6\}\}$ der 36 geordneten Würfeltupel gewählt. Man könnte die Paare von 1 bis 36 durchnummerieren, was eine eineindeutige Zuordnung wäre. Man könnte auch wie in c. jedem Tupel die Summe $a + b$ zuordnen, was einer Klassierung entspräche. Diese Zuordnung von einem Tupel zu einer Zahl ist nichts anderes als eine Funktion, die jedem Element der Ergebnismenge eine reelle Zahl zuordnet. Solche Funktionen heißen in der Stochastik ***Zufallsvariable*** (oder ***Zufallsgröße***) und werden oft mit den Großbuchstaben X, Y, Z bezeichnet[34]. Wir werden sehen, dass sich dabei auch die Wahrscheinlichkeiten „vererben“.

Die Zuordnung beim Doppelwürfelwurf von den Tupeln auf die Summe der Würfelzahlen wird also formal durch die Zufallsvariable Z mit

$$Z\colon \Omega_2 \to \mathbb{R}\,, \quad (a|b) \mapsto a + b$$

beschrieben. Die Wertemenge $Z(\Omega_2) = \{2, 3, 4, \ldots, 12\}$ von Z entspricht der Ergebnismenge Ω_3 in Teil c. des Beispiels „Würfeln mit zwei normalen Würfeln“ auf S. 165. Dort hatten wir diese Menge direkt als Ergebnismenge angesetzt. Auf Ω_2 konnten wir die Laplace-Annahme machen und so eine Wahrscheinlichkeitsverteilung P erhalten. Diese induziert in natürlicher Weise eine Wahrscheinlichkeitsverteilung P_Z auf $Z(\Omega_2)$: Um beispielsweise die Wahrscheinlichkeit $P_Z(4)$ für das Elementarereignis $\{4\}$ zu erhalten, suchen wir alle Urbilder, die durch Z auf 4 abgebildet werden, also $(1|3), (2|2)$ und $(3|1)$, und addieren deren Wahrscheinlichkeiten:

$$P_Z(4) = P((1|3)) + P((2|2)) + P((3|1)) = \frac{1}{36} + \frac{1}{36} + \frac{1}{36} = \frac{3}{36} = \frac{1}{12}\,.$$

Es gilt also $P_Z(4) = P(E)$ mit dem Ereignis

$$E = \{(1|3), (2|2), (3|1)\} = \{(a|b) \in \Omega_2 | Z((a|b)) = 4\}\,.$$

[34] Um Verwechslungen zu vermeiden, verwenden wir für reelle Variable bevorzugt den kleinen Buchstaben x, für Zufallsvariable den großen Buchstaben Z.

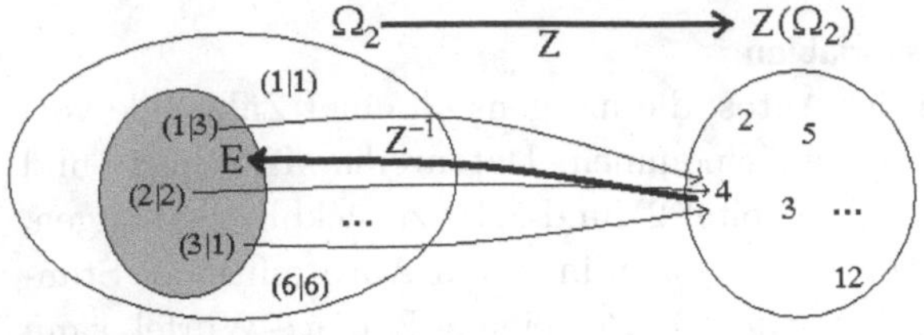

Abb. 3.75. Zufallsvariable

Abb. 3.75 zeigt die Situation. Da Z nicht eineindeutig ist, kann es zu einem Wert n, den Z annimmt, mehrere Urbilder geben. Diese Urbildmenge ist definiert durch

$$Z^{-1}(n) := \{\omega \in \Omega_2 | Z(\omega) = n\} .$$

Jetzt kann die Urbildmenge E der Menge $\{4\}$ als $E = Z^{-1}(\{4\})$ geschrieben werden. Mit dieser Schreibweise lässt sich die induzierte Wahrscheinlichkeit des Elementarereignisses $\{4\}$ auch in formaler Schreibweise ausdrücken als

$$P_Z(4) = P(Z^{-1}(\{4\}) = \sum_{\substack{(a|b)\in\Omega_2 \\ Z((a|b))=4}} P((a|b)) ,$$

Entsprechend hat jede Teilmenge $A \subseteq Z(\Omega_2)$ die Wahrscheinlichkeit

$$P_Z(A) = P(Z^{-1}(A)) = \sum_{\substack{(a|b)\in\Omega_2 \\ Z((a|b))\in A}} P((a|b)) ,$$

Diese Begriffsbildung lässt sich leicht auf beliebige diskrete Wahrscheinlichkeitsräume verallgemeinern:

28 **Definition 28 (Zufallsvariable)** Ω sei eine diskrete Ergebnismenge. Dann ist eine ***Zufallsvariable*** Z eine reellwertige Funktion auf Ω, d. h.

$$Z\colon \Omega \to \mathbb{R} , \quad \omega \mapsto Z(\omega) .$$

Die vorgegebene Wahrscheinlichkeitsverteilung P wird jetzt auf die Zufallsvariable übertragen.

Satz 19 (Induzierte Wahrscheinlichkeitsverteilung) 19

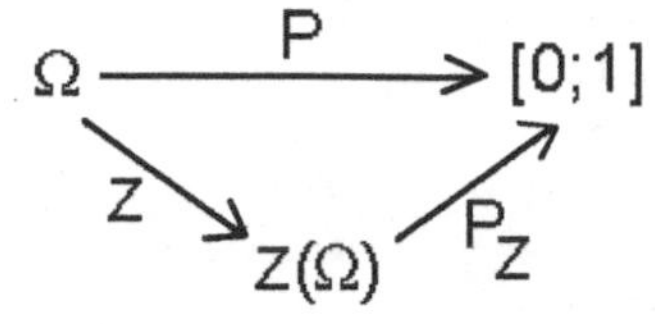

Abb. 3.76. Induzierte Wahrscheinlichkeit[36]

Es sei (Ω, P) ein diskreter Wahrscheinlichkeitsraum und Z eine Zufallsvariable auf Ω. Dann wird durch

$$P_Z\colon \mathcal{P}(Z(\Omega)) \to \mathbb{R}\,, \quad A \mapsto P_Z(A) = P(Z^{-1}(A))$$

eine Wahrscheinlichkeitsverteilung auf der Ereignismenge $\mathcal{P}(Z(\Omega))$ definiert, und $(Z(\Omega), P_Z)$ ist ein Wahrscheinlichkeitsraum.

Aufgabe 59 (Induzierte Wahrscheinlichkeitsverteilung) Mit Ω ist auch $Z(\Omega)$ diskret. Es reicht also, die Wahrscheinlichkeitsverteilung P_Z auf den Elementarereignissen $\{x\} \in P(Z(\Omega))$ zu definieren. Die Kolmogorov-Axiome für P_Z folgen aus der Gültigkeit dieser Axiome für P. Führen Sie die einzelnen Schritte des Beweises von Satz 19 als Übung durch.

Wenn Ω schon eine Teilmenge der reellen Zahlen ist, so ist die identische Abbildung eine eineindeutige Zufallsvariable Z auf Ω mit $Z(\omega) = \omega$ für alle $\omega \in \Omega$.
Eine Zufallsvariable ist zunächst eine abstrakte Funktion und ordnet sich damit dem Funktionsbegriff, der auch in Algebra, Geometrie und Analysis besonders wichtig ist, unter. Für eine konkrete Situation wird man zur Definition von Z zunächst in Ω gewisse der bisherigen Ergebnisse so zusammenfassen, wie es für die jeweilige Problemstellung zweckmäßig erscheint. Ist das Ergebnis $\omega \in \Omega$ eingetreten und gilt $Z(\omega) = a$, so sagt man auch „die Zufallsvariable Z hat den Wert a angenommen“. Mit einer Zufallsvariablen lassen sich Ereignisse in Ω definieren. So bedeutet die Schreibweise $Z = a$ keine Gleichung, sondern das wohldefinierte Ereignis $E = \{\omega \in \Omega | Z(\omega) = a\}$. Man sagt entsprechend auch: „Das Ereignis $Z = a$ ist eingetreten.“ Die zugehörige Wahrscheinlichkeit $P_Z(a)$ wird meistens als $P(Z = a)$ bezeichnet.

[36]Wegen einer übersichtlichen Darstellung stehen Ω und $Z(\Omega)$ anstelle der als Urbildmengen von P und P_Z definierten Potenzmengen.

Diese Schreibweise erweist sich als praktisch für viele Ereignisse, beispielsweise

$$P(Z < a) = \sum_{\substack{c \in Z(\Omega) \\ c < a}} P(Z = c)\,,$$

$$P(Z \geq a) = \sum_{\substack{c \in Z(\Omega) \\ c \geq a}} P(Z = c)\,,$$

$$P(a < Z \leq b) = \sum_{\substack{c \in Z(\Omega) \\ a < c \leq b}} P(Z = c)\,.$$

Diese Schreibweise bleibt auch für a oder $b \notin Z(\Omega)$ sinnvoll. Allerdings sind die bei Zufallsvariablen üblichen Bezeichnungen gewöhnungsbedürftig und weichen von den üblichen Funktionsschreibweisen ab.
Insbesondere ist zur Bestimmung der induzierten Wahrscheinlichkeitsverteilung die Aufgabe „gegeben a, gesucht $Z^{-1}(a)$" wichtig, es geht also um die „waagrechten Schnitte". In der Analysis lautet die Aufgabenstellung meistens „gegeben ω, gesucht $Z(\omega)$", es sind also die „senkrechten Schnitte" gefragt; in Abb. 3.77 gilt $Z^{-1}(a) = \{\omega_1, \omega_2, \omega_3, \omega_4, \omega_5, \omega_6\}$.

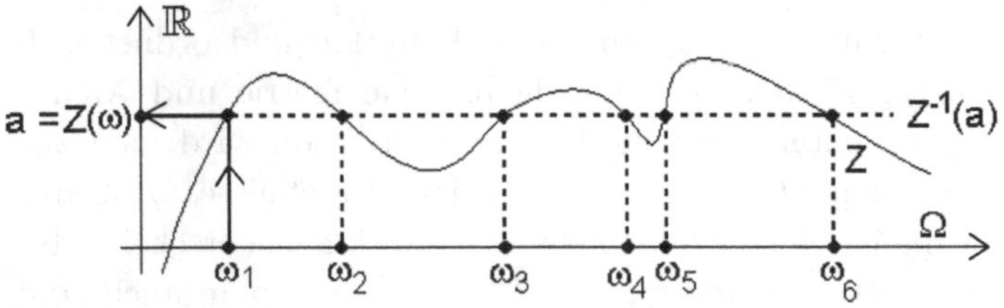

Abb. 3.77. Schreibweisen bei Zufallsvariablen

In Definition 3 wurde die Verteilungsfunktion für Datenreihen definiert. Diese Begriffsbildung lässt sich auf die zu einer Zufallsvariablen Z gehörige ***Verteilungsfunktion*** F übertragen.

29 **Definition 29 (Verteilungsfunktion)** Es sei (Ω, P) ein diskreter Wahrscheinlichkeitsraum und Z eine Zufallsvariable auf Ω. Dann heißt die durch

$$F\colon \mathbb{R} \to \mathbb{R}\,, \quad x \mapsto F(x) := P(Z \leq x) = \sum_{\substack{a \in Z(\Omega) \\ a \leq x}} P(Z = a)$$

definierte Funktion F die ***Verteilungsfunktion von*** Z.

Als Beispiel greifen wir nochmals den Doppelwürfel-Wurf mit

$$\Omega = \{(a|b)|a, b \in \{1,2,3,4,5,6\}\},$$

der Zufallsvariablen

$$Z\colon \Omega \to \mathbb{R}, \quad (a|b) \mapsto a+b$$

und der durch die Tabelle 3.10 definierten induzierten Wahrscheinlichkeitsverteilung P_Z auf (vgl. Stabdiagramm der Verteilung in Abb. 3.78 links):

Tabelle 3.10. Doppelwürfel

a	2	3	4	5	6	7	8	9	10	11	12
$P(Z=a)$	$\frac{1}{36}$	$\frac{2}{36}$	$\frac{3}{36}$	$\frac{4}{36}$	$\frac{5}{36}$	$\frac{6}{36}$	$\frac{5}{36}$	$\frac{4}{36}$	$\frac{3}{36}$	$\frac{2}{36}$	$\frac{1}{36}$

Im Beispiel des Doppelwürfel-Wurfs ist $F(x) = 0$ für $x < 2, F(x) = \frac{13}{6}$ für $2 \leq x < 3, F(x) = \frac{13}{6} + \frac{23}{6} = \frac{33}{6}$ für $3 \leq x < 4, \ldots$ und schließlich $F(x) = 1$ für $x \geq 12$. Der Graph der Verteilungsfunktion ist also eine von 0 bis 1 monoton wachsende Treppenkurve (vgl. Abb. 3.78 rechts).

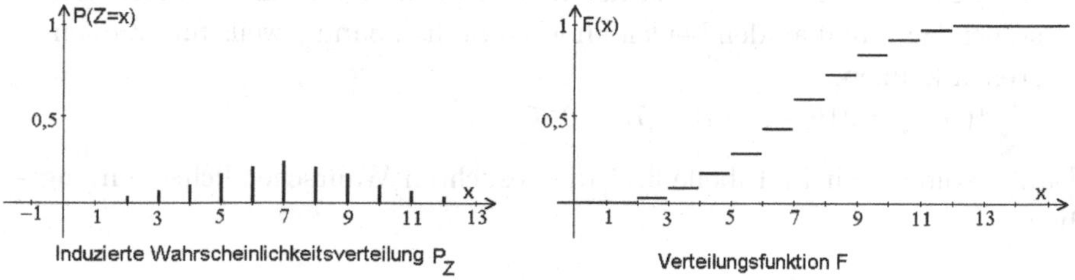

Abb. 3.78. Doppelwürfel-Wurf

Aufgabe 60 (Eigenschaften der Verteilungsfunktion) Begründen Sie im Einzelnen die folgenden Eigenschaften einer Verteilungsfunktion:

- F ist monoton steigend in $\mathbb{R}$,
- $F(b) - F(a) = P(a < Z \leq b)$ für alle $a, b \in \mathbb{R}$ mit $a \leq b$,
- $P(Z > a) = 1 - F(a)$ für alle $a \in \mathbb{R}$,
- $P(Z = x_i) = F(x_i) - F(x_{i-1})$, falls $Z(\Omega) = \{x_1, x_2, \ldots, x_n\}$ und $x_1 < x_2 < \ldots < x_n$.

Beispiel 18 (Chuck-a-luck I) In den Vereinigten Staaten ist das Glücksspiel 18
Chuck-a-luck populär. Es wird mit drei Würfeln gespielt. Armin setzt einen Einsatz von 1 € und wählt eine Augenzahl, z. B. die 2. Dann wirft er die drei Würfel. Liegt keine 2 oben, so ist der Einsatz verloren. Liegt eine 2

oben, muss Beate ihm seinen Einsatz und einen weiteren € auszahlen, liegt zweimal eine 2 oben, so erhält Armin 3 € zurück und schließlich bei drei Zweiern 4 €. Das Werfen von drei Würfeln kann man im Laplace-Ansatz mit $\Omega = \{1, 2, \ldots, 6\}^3$, $|\Omega| = 6^3 = 216$ beschreiben. Eine geeignete Zufallsvariable zur Beschreibung des Spiels ist der Reingewinn von Armin. Dieser beträgt, gemessen in €, -1 im Falle des Verlusts und 1, 2 oder 3 bei entsprechender Anzahl oben liegender Zweier. Damit ist die Funktion

$$Z\colon \Omega \to \mathbb{R}\,, \quad (a|b|c) \mapsto \begin{cases} 3 & \text{falls } a = b = c = 2 \\ 2 & \text{falls zwei 2er dabei sind} \\ 1 & \text{falls ein 2er dabei ist} \\ -1 & \text{sonst} \end{cases}$$

eindeutig festgelegt. Um die Werte der auf $Z(\Omega) = \{-1, 1, 2, 3\}$ induzierten Wahrscheinlichkeitsverteilung P_Z mit einem Laplace-Ansatz zu erhalten, muss die Anzahl der Tupel in jeder Urbildmenge bestimmt werden:

$|Z^{-1}(3)| = 1$,
$|Z^{-1}(2)| = 3 \cdot 5 = 15$, da der Nicht-Zweier an drei verschiedenen Stellen stehen und fünf verschiedene Werte annehmen kann,
$|Z^{-1}(1)| = 3 \cdot 5 \cdot 5 = 75$, da der Zweier an drei verschiedenen Stellen stehen kann und an den beiden anderen Stellen dann jeweils fünf Zahlen stehen können,
$|Z^{-1}(-1)| = 216 - 1 - 15 - 75 = 125$.

Damit können wir in Tabelle 3.11 die gesuchten Wahrscheinlichkeiten angeben:

Tabelle 3.11. Chuck-a-luck

a	-1	1	2	3
$P(Z = a)$	$\frac{125}{216} \approx 0{,}579$	$\frac{75}{216} \approx 0{,}347$	$\frac{15}{216} \approx 0{,}069$	$\frac{1}{216} \approx 0{,}005$

Auf dieses Spiel werden wir in Abschnitt 3.5.2 zurückkommen, um die Frage zu klären, ob es eher für Armin oder eher für Beate vorteilhaft ist.

Die Einführung von Zufallsvariablen erlaubt es, viele der in Kapitel 2 eingeführten Begriffsbildungen der beschreibenden Statistik in analoger Weise für die Wahrscheinlichkeitsrechnung zu entwickeln. Dort wurden Datenreihen aus verschiedenen Perspektiven betrachtet. Man kann solche Datenreihen als empirische Realisierungen von Zufallsvariablen betrachten. In natürlicher Weise ergeben sich die Entsprechungen bei den beiden Sichtweisen:

- Merkmal – Zufallsvariable Z
- Merkmalsausprägungen – Werte der Zufallsvariablen Z,
- empirische Verteilungsfunktion – Verteilungsfunktion von Z usw.

Weitere Analogien werden wir in den nächsten Abschnitten besprechen.

Machen Sie sich diese Entsprechung an konkreten Beispielen klar. **Auftrag**

3.5.2 Erwartungswert und Varianz von Zufallsvariablen

Diese Analogie zwischen den Sichtweisen „Merkmal“ und „Zufallsvariable“ lässt sich auch auf die Lage- und Streumaße übertragen. Beim Laplace-Würfel können folgende Fragen gestellt werden:

Beschreibende Statistik	**Wahrscheinlichkeitstheorie**
Ich würfele n mal mit einem Laplace-Würfel und berechne für meine Datenreihe	Ich sage für einen Laplace-Würfel voraus:
– die relative Häufigkeit h_6 für 6,	– Mit welcher Wahrscheinlichkeit p_6 werde ich eine 6 werfen?
– das arithmetische Mittel $\bar{x}$,	– Welche Zahl $\mu = E(Z)$ werde ich im Mittel werfen?
– die Standardabweichung s als Streumaß der Datenreihe.	– Mit welcher Standardabweichung σ werden die gewürfelten Zahlen streuen?

Der Frage, „was ist zu erwarten“, sind wir schon in Abschnitt 3.4.6 bei der Genueser Lotterie nachgegangen. Dort konnten die Spieler eine, zwei (Ambe) oder drei (Terne) Zahlen zwischen 1 und 90 tippen. Wenn ihre Zahl bei den 5 gezogenen Zahlen war, gewannen sie das 15-, 270- bzw. 5 200-fache ihres Einsatzes. Die Gewinnwahrscheinlichkeit war

$$P(\text{Einzelzahl}) = \frac{1}{18}, \quad P(\text{Ambe}) = \frac{2}{801} \quad \text{und} \quad P(\text{Terne}) = \frac{1}{11748}.$$

Wenn alles ausgeglichen läuft, so hatten wir argumentiert, fällt auf lange Sicht bei einer Einzelzahl-Wette auf je 18 Spieler genau ein Gewinn. Der Staat nimmt also je 18 Spieler 18mal 1 € ein und muss einmal 15 € auszahlen. An 17 Spielern verdient er also je 1 €, an einen zahlt er im Saldo 14 €. Der vom Staat je 18 Spieler erwartete Gewinn ist also $G(\text{Einzelzahl}) = 17 \cdot 1\,€ - 1 \cdot 14\,€ = 3\,€$. Um dies mit den Gewinnerwartungen bei den anderen Wettmöglichkeiten vergleichen zu können, mussten wir den pro Spieler zu erwartende Gewinn, also

$$g(\text{Einzelzahl}) = \frac{G(\text{Einzelzahl})}{18} = \frac{1}{6}\,€ \approx 0{,}17\,€$$

berechnen. Analysieren wir diese Zahl aus Sicht der Gewinn- und Verlustwahrscheinlichkeit des Staates: Wenn der Staat eine Einzelzahlwette annimmt, dann muss er 14 € mit der Wahrscheinlichkeit $\frac{1}{18}$ bezahlen und mit der Wahrscheinlichkeit $\frac{17}{18}$ gewinnt er 1 €. Die Einzelzahlwette kann aus Sicht des Staates mit einer Zufallsvariablen Z beschrieben werden, die, gemessen in €, die beiden Werte -14 mit Wahrscheinlichkeit $P(-14) = \frac{1}{18}$ und $P(1) = \frac{17}{18}$ annimmt. Die oben berechnete Gewinnerwartung des Staates pro Spieler lässt sich, gemessen in €, damit auch schreiben als

$$\begin{aligned}E(Z) := g(\text{Einzelzahl}) &= \frac{G(\text{Einzelzahl})}{18} = \frac{17 \cdot 1 - 1 \cdot 14}{18} \\ &= \frac{17}{18} \cdot 1 + \frac{1}{18} \cdot (-14) = P(Z = 1) \cdot 1 + P(Z = -14) \cdot (-14) = \frac{1}{6}\,.\end{aligned}$$

Damit haben wir die Begriffsbildung des ***Erwartungswerts*** $E(Z)$ einer Zufallsvariablen Z gewonnen. Vergleichen wir diesen Ansatz mit der Berechnung des arithmetischen Mittels einer Datenreihe mit Hilfe von relativen Häufigkeiten: Wenn 1000 Wettende auf eine Einzelzahl gewettet haben und 50 davon gewonnen haben, so ist die Bilanz des Staates, wieder in € gemessen,

$$\begin{aligned}\text{mittlerer Gewinn pro Spieler} &= \frac{950 \cdot 1 - 50 \cdot 14}{1000} = \frac{950}{1000} \cdot 1 + \frac{50}{1000} \cdot (-14) \\ &= 0{,}25\,.\end{aligned}$$

Wenn man also in der Formel für das arithmetische Mittel einer Datenreihe die relativen Häufigkeiten durch die Wahrscheinlichkeiten einer Zufallsvariablen ersetzt, so erhält man den Erwartungswert der Zufallsvariablen.
Der bei der Genueser Lotterie positive Erwartungswert garantiert natürlich nicht, dass der Staat auch wirklich einen Gewinn macht. Wenn bei 18 Spielern zufälligerweise 2 Gewinner dabei sind, so macht er sogar einen Verlust von $16 \cdot 1€ - 2 \cdot 14€ = -12€$. Für eine vernünftige Beurteilung sind also Aussagen über die zu erwartende Streuung notwendig. Unser naiver Erwartungswertansatz hat zu einer dem arithmetischen Mittel analogen Formel geführt. Entsprechend definiert man die ***Varianz*** $V(Z)$ und ***Standardabweichung*** σ_Z. Diese Definition entspricht den Definitionen für die Varianz und Standardabweichung von Datenreihen. Wieder treten anstelle der relativen Häufigkeiten die Wahrscheinlicheiten.

$$\begin{aligned}&V(Z) := (1 - \mu_Z)^2 \cdot P(Z = 1) + (-14 - \mu_Z)^2 \cdot P(Z = -14) \approx 11{,}81 \quad \text{und} \\ &\sigma_Z := \sqrt{V(Z)} \approx 3{,}44\,.\end{aligned}$$

Dieser im Vergleich zum Erwartungswert große Wert von σ_Z zeigt das Risiko des Staates. Bessere Ergebnisse zur Aussagekraft der Zahl σ_Z werden wie in Abschnitt 2.3.7 die Tschybyscheff'sche Ungleichung in Abschnitt 3.8.1 und die σ-Regeln in Abschnitt 3.9.5 geben.

Die am Beispiel der Genueser Lotterie entwickelten Begriffe werden nun allgemein definiert:

Definition 30 (Erwartungswert, Varianz und Standardabweichung) Es sei (Ω, P) ein diskreter Wahrscheinlichkeitsraum und Z eine Zufallsvariable auf Ω. Dann heißt die Zahl 30

$$E(Z) := \sum_{x \in Z(\Omega)} P(Z = x) \cdot x$$

(sofern sie existiert) der ***Erwartungswert*** von Z. Die Zahlen

$$V(Z) := \sum_{x \in Z(\Omega)} P(Z = x) \cdot (x - E(Z))^2 \quad \text{und} \quad \sigma_Z := \sqrt{V(Z)}$$

heißen (sofern sie existieren) ***Varianz*** und ***Standardabweichung*** von Z. Statt $E(Z)$ schreibt man auch μ_Z.

Die Bezeichnungen $E(Z)$ und μ_Z werden synonym verwendet; wenn die Zufallsvariable klar ist, wird oft auch nur μ geschrieben. Im abzählbar unendlichen Fall muss die $E(Z)$ bzw. $V(Z)$ definierende unendliche Reihe nicht konvergieren. Ein Beispiel ist das St. Petersburger Paradoxon (vgl. S. 288). Dort ist der Erwartungswert nicht definiert.

Beispiel 19 (Chuck-a-luck II) Wir greifen nochmals das in Abschnitt 3.5.1, S. 281, besprochene Beispiel „Chuck-a-luck I" auf. Die betrachtete Zufallsvariable Z hat die Höhe des Gewinns in € beschrieben. Erwartungswert, Varianz und Standardabweichung ergeben sich zu 19

$$\begin{aligned}
\mu = E(Z) &= \frac{125}{216} \cdot (-1) + \frac{75}{216} \cdot 1 + \frac{15}{216} \cdot 2 + \frac{1}{216} \cdot 3 = -\frac{17}{216} \approx -0{,}07\,, \\
V(Z) &= \frac{125}{216} \cdot (-1 - \mu)^2 + \frac{75}{216} \cdot (1 - \mu)^2 + \frac{15}{216} \cdot (2 - \mu)^2 + \frac{1}{216} \cdot (3 - \mu)^2 \\
&= \frac{57815}{46656} \approx 1{,}24\,, \\
\sigma(Z) &= \sqrt{V(Z)} \approx 1{,}11\,.
\end{aligned}$$

Wenn also Armin das Spiel lange spielt, so wird er wahrscheinlich im Mittel pro Spiel 7 Cent verlieren. Das Spiel ist also für ihn unfair. Allerdings ist die Standardabweichung sehr viel größer als der Erwartungswert, so dass der Veranstalter des Spiels nur bei sehr vielen Spielern mit dem mittleren Gewinn von 7 Cent rechnen kann.
Für ein faires Spiel könnte man den Erwartungswert 0 verlangen. Diese Setzung ist normativ, je nach Spielsituation könnte auch ein positiver Erwar-

tungswert für einen der beiden Spieler gerecht erscheinen. Ein Beispiel ist die Genueser Lotterie, wo der eine Spieler bei jedem Spiel ein gleichbleibend kleines Verlustrisiko von 1 € hat. Der andere Spieler, hier der Staat, trägt aber im Verlustfall bei der Variante Terne ein hohes Risiko von 5200 €. Dieses Problem tritt auf, da das Spiel nur begrenzt oft durchgeführt wird, wogegen der Erwartungswert eine Art „Grenzerwartung" darstellt.

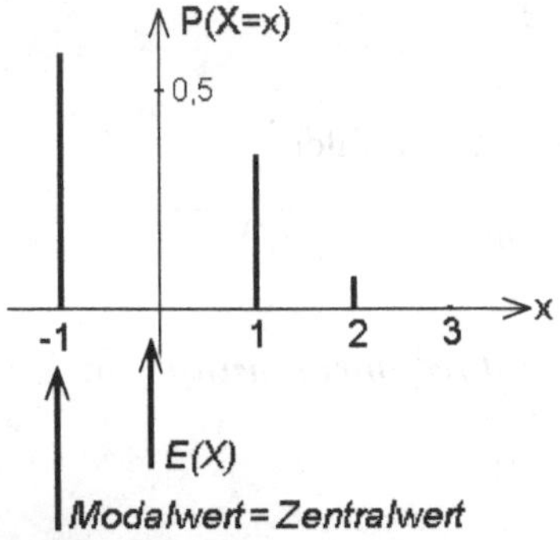

Abb. 3.79. Lagemaße

Das Lagemaß *Erwartungswert* war die wahrscheinlichkeitstheoretische Übertragung des *arithmetischen Mittels.* Auch die anderen in Abschnitt 2.3.1 besprochenen Lagemaße haben Analoga: Beim ***Zentralwert*** oder ***Median*** ist wie bei der beschreibenden Statistik der Grundgedanke, dass die Verteilung durch ihn halbiert wird: Er ist diejenige Zahl m (oder diejenigen beiden Zahlen) aus $Z(\Omega)$, für die $P(Z \geq m) \geq \frac{1}{2}$ und $P(Z \leq m) \geq \frac{1}{2}$ gilt. ***Modalwert*** oder ***Modus*** ist der Wert (oder die Werte) mit der größten Wahrscheinlichkeit. In Abb. 3.79 sind diese Lagemaße für das Chuck-a-luck-Beispiel eingezeichnet, Modalwert und Median sind beide -1. Beim Doppelwürfel-Wurf mit Z = Augensumme fallen alle drei Lagemaße Erwartungswert, Modalwert und Median zusammen auf die Zahl 7. Dies ist kennzeichnend für symmetrische Verteilungen (vgl. Abschnitt 2.3.2). Wir werden im Folgenden nur das Lagemaß Erwartungswert benötigen.

---

20 **Beispiel 20 (Roulette)** Armin und Beate spielen Roulette. Der Croupier wirft eine Kugel in den Roulette-Kessel. Nach einigen Umläufen fällt die Kugel schließlich in eines von 37 Fächern, die die Zahlen 0 bis 36 tragen. 18 der Zahlen sind rot, 18 sind schwarz, die Null ist grün. Zur Berechnung der Gewinnchancen ist der Laplace-Ansatz sinnvoll[37]. Armin setzt nun 10 € auf die 13. Da es 37 Zahlen gibt, ist seine Gewinnchance $\frac{1}{37}$, im Gewinnfall bekommt er das 36fache seines Einsatzes zurück. Beate setzt 10 € auf *Rouge*. Da 18 der 37 Roulette-Felder rot sind, ist ihre Gewinnchance $\frac{18}{37}$, im Gewinnfall bekommt sie das Doppelte ihres Einsatzes zurück. Die Zufallsvariablen X

[37] *Thomas A. Bass* berichtet in seinem Buch *Der Las Vegas Coup* (1991), wie er und seine Freunde kleinste Unregelmäßigkeiten an Roulette-Kesseln aufgespürt und zur Erhöhung ihrer Spielchancen verwendet hatten. Die Erhöhung der Chancen ist möglich, da die im Laplace-Modell berechneten Chancen einen idealen Roulette-Kessel voraussetzen, während ein reales Spiel mit einem realen Kessel stattfindet. Genauer beschreibt *Pierre Basieux* (2001) solche Methoden.

und Y mögen den Reingewinn von Armin und Beate in € beschreiben. Für X und Y berechnet man:

$$P(X=-10)=\frac{36}{37},\quad P(X=350)=\frac{1}{37}.$$

$$E(X)=-10\cdot\frac{36}{37}+350\cdot\frac{1}{37}=-\frac{10}{37}$$

$$\sigma(X)=\sqrt{\left(-10+\frac{10}{37}\right)^2\cdot\frac{36}{37}+\left(350+\frac{10}{37}\right)^2\cdot\frac{1}{37}}$$

$$=\sqrt{\frac{4665600}{1369}}=\frac{2160}{37}\approx 58{,}4$$

$$P(Y=-10)=\frac{19}{37},\quad P(Y=10)=\frac{18}{37}.$$

$$E(Y)=-10\cdot\frac{19}{37}+10\cdot\frac{18}{37}=-\frac{10}{37}$$

$$\sigma(Y)=\sqrt{\left(-10+\frac{10}{37}\right)^2\cdot\frac{19}{37}+\left(10+\frac{10}{37}\right)^2\cdot\frac{18}{37}}$$

$$=\sqrt{\frac{136800}{1369}}\approx 10{,}0$$

Der Erwartungswert ist also für beide gleich, auf lange Sicht würde jeder $\frac{1}{37}$ seines Einsatzes verlieren. Jedoch ist die Standardabweichung für Arnim wesentlich höher, was man dahingehend deuten kann, dass sein Verlustrisiko, aber auch sein potentieller Gewinn deutlich höher ist.

Aufgabe 61 (Die Martingale-Strategie) Diese Strategie ist bei vielen Roulette-Spielern beliebt: Man setzt z. B. 10 € auf Rot. Wenn man verliert, setzt man 20 €. Verliert man wieder, verdoppelt man nochmals den Einsatz usw., bis man endlich gewinnt. Analysieren Sie den Erwartungswert dieser Spielstrategie

a. ohne Beachtung eines Tischlimits (maximaler Spieleinsatz),
b. mit Beachtung eines Tischlimits von 2000 € für einfache Chancen wie Rot.

Beispiel 21 (σ-Umgebungen) 21

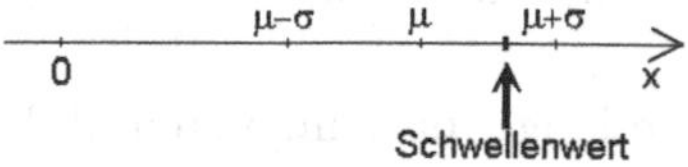

Abb. 3.80. Schwellenwert

Die Firma Schmutzfink leitet jeden Tag eine mehr oder weniger große Menge Chemierückstände in den Rhein ein. Gefährlich für Fische ist erst eine Einleitung oberhalb eines gewissen Schwellenwertes. Angegeben wird von der Firma der Erwartungswert μ

der Schadstoffeinleitung, der weit unterhalb des Schwellenwertes liegt. Damit bleibt zunächst unberücksichtigt, wie groß die Streuung der Schadstoffeinleitung ist. Schon $\mu + \sigma$ kann größer als der Schwellenwert sein, und damit wird an vielen Tagen der Schwellenwert übertroffen werden. Eine genauere Analyse von σ-Umgebungen wird analog zu Abschnitt 2.3.7 in Abschnitt 3.9.5 erfolgen.

---

22 **Beispiel 22 (Warten auf die erste Sechs)** Man würfelt so lange mit einem Laplace-Würfel, bis die erste 6 erscheint. Mit Hilfe der Abb. 3.26 hatten wir die Wahrscheinlichkeit $P(\text{„erste 6 beim } n\text{-ten Wurf“}) = \left(\frac{5}{6}\right)^{n-1} \cdot \frac{1}{6}$ berechnet. Dieser Zufallsversuch wird durch die Zufallsvariable Z: „Anzahl der Würfe bis zur ersten 6“ beschrieben; die Wahrscheinlichkeiten $P(Z = n)$ sind für alle $n \in \mathbb{N}$ bekannt. Führt man diesen Versuch, etwa in einer Schulklasse, oft durch, dann ergibt sich in der Regel ein arithmetisches Mittel der benötigten Wurfzahlen von $\bar{x} \approx 6$. Dies deutet auf den Erwartungswert $E(Z) = 6$ hin, was sich durch eine Plausibilitätsbetrachtung stützen lässt: Bei n Würfen erwartet man $\frac{n}{6}$-mal die 6. Damit wird man für die Abstände der Sechsen im Mittel ungefähr 6 erwarten. Die formale Rechnung mit der Definition des Erwartungswerts ergibt

$$E(Z) = \sum_{n=1}^{\infty} P(Z = n) \cdot n = \sum_{n=1}^{\infty} \left(\frac{5}{6}\right)^{n-1} \cdot \frac{1}{6} \cdot n = \frac{1}{6} \cdot \frac{6}{5} \cdot \sum_{n=1}^{\infty} n \cdot \left(\frac{5}{6}\right)^{n} .$$

Die auftretende Potenzreihe vom Typ $\sum\limits_{n=1}^{\infty} n \cdot a^n$ konvergiert[38] für $|a| < 1$ mit dem Wert $\frac{a}{(1-a)^2}$. Damit folgt, wie erwartet,

$$E(Z) = \frac{1}{5} \cdot \frac{\frac{5}{6}}{\left(1 - \frac{5}{6}\right)^2} = 6 .$$

---

23 **Beispiel 23 (St. Petersburger Paradoxon)** Dieses Problem hat die Entwicklung der Wahrscheinlichkeitstheorie stark beeinflusst. Es geht auf *Cardano* zurück und wurde insbesondere von Mitgliedern der berühmten *Bernoulli*-Familie diskutiert. *Daniel Bernoulli*, Neffe von *Jakob Bernoulli*, hat 1738 in der Zeitschrift der St. Petersburger Akademie einen Ansatz zur Lösung publiziert, der auch für heutige volkswirtschaftliche Werttheorien bedeutend ist (vgl. *Schneider* 1982, S. 438 f.; *Gigerenzer* 1999, S. 34 f.). In heutiger Formulierung lautet das Problem wie folgt:
Armin und Beate werfen eine Münze, und zwar so lange, bis zum ersten Mal oben *Kopf* erscheint. Geschieht dies beim ersten Mal, so erhält Beate von

---

[38] Einen Beweis finden Sie auf der in der Einleitung angegebenen Homepage zu diesem Buch.

Armin 2 €. Kommt *Kopf* erst beim 2. Mal, erhält Beate 4 €, beim 3. Mal 8 € usw. Kommt *Kopf* also erst beim n-ten Wurf, so erhält Beate 2^n €. Was soll Beate einsetzen, damit dieses Spiel fair ist? Eine naheliegende Antwort lautet, dass sie den Erwartungswert setzen muss.
Eine adäquate Ergebnismenge ist die Anzahl der nötigen Würfe, also wird Ω als Menge der natürlichen Zahlen gewählt. Der Gewinn von Beate wird dann durch die Zufallsvariable Z mit $Z(n) = 2^n$ und mit $Z(\Omega) = \{2, 2^2, 2^3, \ldots\}$ beschrieben. Tritt $Z = 2^n$ ein, so ist $n-1$ Mal Zahl gefallen und beim n-ten Mal Kopf. Also gilt nach den Pfadregeln $P(Z = 2^n) = \left(\frac{1}{2}\right)^{n-1} \cdot \frac{1}{2} = \frac{1}{2}^n$. Damit folgt

$$E(Z) = \frac{1}{2} \cdot 2 + \frac{1}{4} \cdot 4 + \ldots + \frac{1}{2^n} \cdot 2^n + \ldots = 1 + 1 + 1 + \ldots = \sum_{i=1}^{\infty} 1 = \infty .$$

Mit anderen Worten, was immer Beate als Einsatz anbietet, es ist stets zu wenig! Wären Sie aber bereit, das Spiel auch nur bei einem Einsatz von 200 € zu spielen? Sie würden nur gewinnen, wenn mindestens 7-mal hintereinander Zahl fällt. Dieses Risiko würden Sie vermutlich nicht eingehen.
Diese scheinbaren Inkonsistenzen lösen sich auf, wenn man an die Definition des Erwartungswertes denkt. Die den Erwartungswert definierende Reihe muss konvergieren, was hier gar nicht der Fall ist. Die Zufallsvariable Z, der Gewinn von Beate, hat beim Petersburger Spiel keinen Erwartungswert.
Daniel Bernoulli argumentiert bei seinem Lösungsvorschlag im Prinzip wie folgt: Ob jemand 2^{50} € ($> 10^{15}$ €) gewinnt oder eine noch größere Summe, ist in der Realität völlig egal. Daher werden alle höheren Summanden der unendlichen Reihe durch 2^{50} ersetzt, und ab dem 50. Münzwurf bekommt Beate „nur noch" 2^{50} € ausbezahlt. Die Grenze bei 2^{50} zu setzten, ist natürlich eine normative Setzung aufgrund moralischer Überlegungen, die auch anders hätten ausfallen können. Die Zufallsvariable Z ist jetzt definiert durch $Z(n) = \begin{cases} 2^n & \text{für } 1 \le n \le 49 \\ 2^{50} & \text{für } n \ge 50 \end{cases}$, und es gilt

$$P(Z = 2^{50}) = P(Z^{-1}(2^{50})) = \sum_{n=50}^{\infty} \frac{1}{2^n} = \frac{1}{2^{50}} \cdot \sum_{i=0}^{\infty} \left(\frac{1}{2}\right)^i = \frac{1}{2^{50}} \cdot \frac{1}{1-\frac{1}{2}}$$
$$= \frac{1}{2^{49}} .$$

Damit hat das Spiel den „moralischen", wie es *Bernoulli* nennt, Erwartungswert

$$E(Z) = \sum_{n=1}^{49} \frac{1}{2^n} \cdot 2^n + \frac{1}{2^{49}} \cdot 2^{50} = 49 + 2 = 51 .$$

Also sind bei Akzeptanz der normativen Voraussetzungen 51 € ein gerechtfertigter Einsatz!

---

24 **Beispiel 24 (Briefumschlag-Paradoxon)** Ich lege in 2 Briefumschläge zwei Schecks, wobei der eine Betrag doppelt so groß wie der andere ist. Armin und Beate bekommen je einen Umschlag. Bevor sie hineinschauen, frage ich, ob sie den Umschlag wechseln wollen. Armin überlegt:

> „Auf meinem Scheck steht x €, auf dem von Beate also $\frac{x}{2}$ € oder $2 \cdot x$ €, beides ist gleich wahrscheinlich. Was habe ich zu erwarten, wenn ich tausche? Das ist der Erwartungswert
>
> $$E(Z) = \frac{x}{2} \cdot \frac{1}{2} + 2x \cdot \frac{1}{2} = \frac{5}{4}x\,.$$
>
> Wenn ich also tausche, bekomme ich im Mittel deutlich mehr, als ich habe."

Aber Beate denkt ganz genauso! Also werden *beide* bei dem Tausch reicher, obwohl von außen kein Geld zufließt? Was wäre, wenn die beiden vor der Tauschentscheidung in ihren (natürlich nur in ihren) Umschlag schauen dürfen? Dies würde nichts ändern! Wo liegt also der Hund begraben?
Der „Knackpunkt" ist, davon auszugehen, dass der kleinere und der größere Betrag gleichwahrscheinlich sind. Praktisch gesehen: Wenn auf Armins Scheck 20 € steht, kann es gut sein, dass auf Beates Scheck 40 € steht. Steht aber auf Armins Scheck 1000000 €, so sollte er tunlich nicht tauschen. Die obige Überlegung geht mathematisch gesehen von einer Gleichverteilung der Wahrscheinlichkeiten aller möglichen Geldbeträge aus. Möglich sind, in Euro gemessen, alle natürlichen Zahlen. Auf den natürlichen Zahlen gibt es aber keine Gleichverteilung, wie wir in Abschnitt 3.1.2 begründet hatten. Für eine weitergehende Analyse des Briefumschlag-Paradoxons vgl. *Riehl* 2004.

Aufgabe 62 (Lage- und Streumaße) Bestimmen Sie Erwartungswert, Varianz und Standardabweichung für die drei Zufallsvariablen der in Abb. 3.1 auf S. 159 beschriebenen Würfel-Möglichkeiten. Wie kann man die Ergebnisse deuten?

3.5.3 Verknüpfungen von Zufallsvariablen

Für viele Anwendungen wird es sich später als vereinfachend erweisen, komplexere Zufallsvariable als Verknüpfungen von einfacheren Zufallsvariablen zu betrachten. Als Funktionen lassen sich Zufallsvariable X und Y auf demselben Wahrscheinlichkeitsraum (Ω, P) verknüpfen, es gilt

$$X+Y:\Omega \to \mathbb{R}\,, \quad \omega \mapsto (X+Y)(\omega) := X(\omega)+Y(\omega)\,.$$

In der Formel für die Zufallsvariable $Z := X+Y$ kommt das Plus-Zeichen in zwei verschiedenen Bedeutungen vor, einmal als bekannte Verknüpfung in $\mathbb{R}$, einmal als die neu definierte Verknüpfung zwischen den Zufallsvariablen. Analog sind die Verknüpfungen $X-Y, X\cdot Y, k\cdot X$ und $X+k$ mit $k \in \mathbb{R}$ definiert[39].

Bei gegebenen Zufallsvariablen X und Y ist die Berechnung der Funktionswerte von $Z = X+Y$ einfach. Die Berechnung der induzierten Wahrscheinlichkeit P_Z ist ebenfalls wohldefiniert durch

$$P(Z=z) = P(Z^{-1}(z)) = \sum_{\substack{\omega\in\Omega\\ Z(\omega)=z}} P(\omega) = \sum_{\substack{\omega\in\Omega\\ X(\omega)+Y(\omega)=z}} P(\omega)\,,$$

kann aber im konkreten Fall recht kompliziert sein. Kann die explizite Kenntnis der induzierten Wahrscheinlichkeitsverteilungen P_X und P_Y die konkrete Berechnung der Verteilung von P_Z erleichtern?

Betrachten wir zuerst das bekannte Beispiel des Doppelwürfel-Wurfs mit

$$\Omega = \{(a|b)|a,b\in\{1,2,\ldots,6\}\} \quad \text{und} \quad |\Omega| = 36\,.$$

Als Zufallsvariable betrachten wir $X =$ „Summe der Würfelzahlen“ und $Y =$ „Maximum der beiden Würfelzahlen“. Damit gilt für $Z := X+Y$

$$Z((a|b)) = a+b+\max(a,b)\,.$$

Klar ist $Z((3|2)) = 3+2+3 = 8$, aber was ist $P(Z=8)$? Hierzu müssen alle Tupel $(a|b)$ gefunden werden, für die $Z((a|b)) = 8$ gilt. Es ist also die Gleichung

$$a+b+\max(a,b) = 8 \quad \text{für} \quad 1\le a,b\le 6$$

zu lösen. Als heuristische Strategie probieren wir die Zahlen $m=1$ bis 6 als mögliches Maximum. $m=1$ und 2 sind zu klein, $m=4,5$ und 6 zu groß. Für $m=3$ ergeben sich die beiden Lösungen $(3|2)$ und $(2|3)$, und es folgt

$$P(Z=8) = P(Z^{-1}(8)) = P(\{(3|2),(2|3)\}) = \frac{2}{36}\,.$$

---

[39] Mit der konstanten Zufallsvariablen $Y \equiv k$ müssen $k\cdot X$ und $X+k$ nicht besonders definiert werden.

Die Berechnung „nach der Definition“ kann also umständlich sein. Die Verteilungen von X und Y sind im ersten Fall bekannt, im zweiten leicht zu bestimmen:

Tabelle 3.12. Zwei Zufallsvariable

a	2	3	4	5	6	7	8	9	10	11	12
$P(X = a)$	$\frac{1}{36}$	$\frac{2}{36}$	$\frac{3}{36}$	$\frac{4}{36}$	$\frac{5}{36}$	$\frac{6}{36}$	$\frac{5}{36}$	$\frac{4}{36}$	$\frac{3}{36}$	$\frac{2}{36}$	$\frac{1}{36}$

b	1	2	3	4	5	6
$P(Y = b)$	$\frac{1}{36}$	$\frac{3}{36}$	$\frac{5}{36}$	$\frac{7}{36}$	$\frac{9}{36}$	$\frac{11}{36}$

Um die Wahrscheinlichkeitswerte der sogenannten ***gemeinsamen Verteilung von X und Y*** zu bestimmen, betrachten wir die Und-Ereignisse „$X = a$ und $Y = b$“. Diese sind gerade die Ereignisse $X^{-1}(a) \cap Y^{-1}(b)$ und werden mit $X = a \wedge Y = b$ bezeichnet. Die gemeinsame Verteilung fasst die $11 \cdot 6 = 66$ Und-Ereignisse $X = a \wedge Y = b$ zusammen. In der folgenden Abb. 3.81 sind die entsprechenden Wahrscheinlichkeiten $P(X = a \wedge Y = b)$ aufgelistet:

b \ a	2	3	4	5	6	7	8	9	10	11	12	P(Y=b)
1	1/36	0	0	0	0	0	0	0	0	0	0	1/36
2	0	2/36	1/36	0	0	0	0	0	0	0	0	3/36
3	0	0	2/36	2/36	1/36	0	0	0	0	0	0	5/36
4	0	0	0	2/36	2/36	2/36	1/36	0	0	0	0	7/36
5	0	0	0	0	2/36	2/36	2/36	2/36	1/36	0	0	9/36
6	0	0	0	0	0	2/36	2/36	2/36	2/36	2/36	1/36	11/36
P(X=a)	1/36	2/36	3/36	4/36	5/36	6/36	5/36	4/36	3/36	2/36	1/36	

Abb. 3.81. Gemeinsame Verteilung von X und Y

Um die Tabelle zu erstellen, geht man z. B. von dem a-Wert 5 aus, findet seine Urbilder $(1|4), (2|3), (3|2)$ und $(4|1)$ und ordnet diese wieder den je zweimal auftretenden b-Werten 3 und 4 zu. Die Zeilensumme muss für b den Wert $P(Y = b)$ ergeben, entsprechende die Spaltensumme für a den Wert $P(X = a)$. Jetzt lassen sich die eigentlich gesuchten Wahrscheinlichkeitswerte von P_Z einfacher bestimmen. Beispielsweise muss zur Bestimmung von $P(Z = 11)$ für alle a, b mit $a + b = 11$ die Werte $P(X = y \wedge Y = b)$ addieren, in Abb. 3.81 sind dies die grau unterlegten Felder. Etwas formaler gilt also

$$\begin{aligned} P(Z=11) = \sum_{a+b=11} P(X=a \wedge Y=b) &= P(X=5 \wedge Y=6) \\ &+ P(X=6 \wedge Y=5) + P(X=7 \wedge Y=4) \\ &+ P(X=8 \wedge Y=3) + P(X=9 \wedge Y=2) \\ &+ P(X=10 \wedge Y=1) = \frac{4}{36}\,. \end{aligned}$$

Die Tabelle der gemeinsamen Verteilung erlaubt es, auch die Wahrscheinlichkeitswerte für andere Verknüpfungen von X und Y schnell zu bestimmen. X und Y seien multiplikativ verknüpft zu $U := X \cdot Y$. Man liest wieder leicht ab

$$\begin{aligned} P(U=12) &= \sum_{a \cdot b=12} P(X=a \wedge Y=b) \\ &= P(X=2 \wedge Y=6) + P(X=4 \wedge Y=3) \\ &\quad + P(X=6 \wedge Y=2) + P(X=12 \wedge Y=1) = \frac{2}{36}\,. \end{aligned}$$

Dieser Ansatz, der analog zur Darstellung zweier Merkmale in Abschnitt 2.2.4 ist, lässt sich verallgemeinern.

Definition 31 (Gemeinsame Verteilung) X und Y seien Zufallsvariable zum selben diskreten Wahrscheinlichkeitsraum (Ω, P). Mit $X = a \wedge Y = b := X^{-1}(a) \cap Y^{-1}(b)$ heißt 31

$$P_{X,Y} \colon X(\Omega) \times Y(\Omega)\,, \quad (a,b) \mapsto P_{X,Y}((a,b)) := P(X=a \wedge Y=b)$$

die ***gemeinsame Verteilung*** von X und Y.

Damit lässt sich die Verteilung von Z aus der gemeinsamen Verteilung von X und Y bestimmen. Ist Ω endlich, so wird die gemeinsame Verteilung wie im obigen Beispiel des Doppelwürfel-Wurfs durch eine $m \times n$-Matrix bestimmt mit $m = |X(\Omega)|, n = |Y(\Omega)|$.

Aufgabe 63 (Gemeinsame Verteilung) Wir würfeln mit einem roten und zwei weißen Würfeln. Wir betrachten die Zufallsvariablen X : „Gewinn bei Chuck-a-luck“ (vgl. S. 281), Y : „Augenzahl des roten Würfels“. Bestimmen Sie die gemeinsame Verteilung von X und Y und die Wahrscheinlichkeitsverteilungen von $X - Y$ und $\frac{1}{2} \cdot X \cdot Y$.

3.5.4 Stochastische Unabhängigkeit von Zufallsvariablen

Das Konzept der stochastischen Unabhängigkeit von zwei Ereignissen eines Zufallsexperiments haben wir in Abschnitt 3.2.2 eingeführt. Die beiden Ereignisse können auch die durch zwei Zufallsvariable definierten Ereignisse $X = a$ und $Y = b$ sein. Wenn *alle* solche Ereignisse unabhängig voneinander sind, dann nennt man die beiden Zufallsvariablen unabhängig. Betrachten wir hierzu folgendes einfaches (und künstliches) Beispiel:

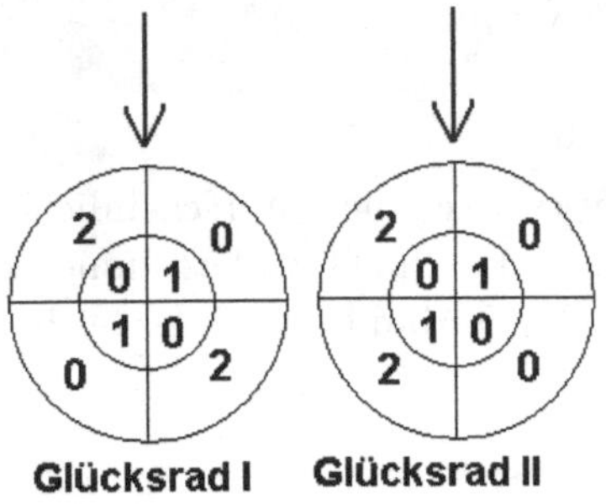

Abb. 3.82. Zwei Glücksräder

Die beiden Glücksräder in Abb. 3.82 tragen außen und innen Zahlen. Als Zufallsexperiment wird das jeweilige Rad angestoßen, das Ergebnis ist der Kreisausschnitt, der unter dem Pfeil steht. Wir betrachten die beiden Zufallsvariablen X : „Äußere Zahl" und Y : „Innere Zahl". Aus dem Laplace-Ansatz für die Ergebnisse ergeben sich sofort die gemeinsamen Verteilungen von X und Y:

Tabelle 3.13. Gemeinsame Verteilung

$P(X=a \wedge Y=b)$ für Glücksrad I

Y \ X	0	2
0	0	½
1	½	0

$P(X=a \wedge Y=b)$ für Glücksrad II

Y \ X	0	2
0	¼	¼
1	¼	¼

Die Spaltensummen in der Tabelle 3.13 sind die Wahrscheinlichkeiten $P(X = 0)$ und $P(X = 2)$, die Reihensummen analog $P(Y = 0)$ und $P(Y = 1)$. Hiermit kann man u. a. die Abhängigkeit von Ereignissen untersuchen. Es gilt z. B.

Glücksrad I:
$P(X = 0|Y = 1) = 1$ und $P(X = 0) = \frac{1}{2}$. Die Ereignisse $X = 0$ und $Y = 1$ sind also abhängig.

Glücksrad II:
$P(X = 0|Y = 1) = \frac{1}{2}$ und $P(X = 0) = \frac{1}{2}$. Die Ereignisse $X = 0$ und $Y = 1$ sind jetzt unabhängig.

Prüft man bei Glücksrad II die anderen Möglichkeiten nach, so gilt jedes Mal

$$P(X = a|Y = b) = P(X = a) \quad \text{für alle} \quad a \in \{0; 2\}, b \in \{0; 1\}\,.$$

In diesem Fall spricht man von ***Unabhängigkeit*** der beiden Zufallsvariablen. In jedem anderen Fall heißen die Zufallsvariablen abhängig. Dann gibt es zwei Werte c und d mit $P(X = c|Y = d) \neq P(X = c)$. Das heißt, dass das

Eintreten von d die Wahrscheinlichkeitsverteilung P_X verändert. Es ist also sinnvoll, X und Y abhängig zu nennen. Während sich die Unabhängigkeit von Ereignissen auf zwei Ereignisse A und B bezieht, muss für die Unabhängigkeit von Zufallsvariablen dies *für alle* zu den Zufallsvariablen gehörenden Ereignispaare $X^{-1}(a)$ und $Y^{-1}(b)$ gelten.

Definition 32 (Unabhängigkeit von Zufallsvariablen) X und Y seien zwei Zufallsvariable über demselben diskreten Wahrscheinlichkeitsraum (Ω, P). Dann heißen X und Y ***unabhängig***, wenn für alle $a \in X(\Omega)$ und $b \in Y(\Omega)$ gilt 32

$$P(X = a|Y = b) = P(X = a).$$

Die Formel $P(A|B) = P(A)$ ist gleichwertig zur Formel $P(A \cap B) = P(A) \cdot P(B)$ (vgl. Abschnitt 3.2.2). Übertragen auf die Schreibweise der Zufallsvariablen muss für Unabhängigkeit der Zufallsvariablen

$$P(X = a \wedge Y = b) = P(X = a) \cdot P(Y = b) \quad \text{für alle} \quad a \in X(\Omega)$$
$$\text{und} \quad b \in Y(\Omega)$$

gelten. Bei endlicher Ergebnismenge Ω sind auch die fraglichen beiden Wertemengen $X(\Omega) = \{a_1, a_2, \ldots, a_m\}$ und $Y(\Omega) = \{b_1, b_2, \ldots, b_n\}$ endlich. Ergänzen wir die Matrix der gemeinsamen Verteilung unten durch eine Zeile mit den Werten $P(X = a_i)$ und rechts durch eine Spalte mit den Werten $P(Y = b_j)$, dann ist Unabhängigkeit von X und Y äquivalent dazu, dass der innere Teil dieser Kreuztabelle eine Muliplikationstafel ist.

Tabelle 3.14. Stochastisch unabhängige Zufallsvariable X und Y

X / Y	a_1	…	a_i	…	a_m	
b_1	$P(X=a_1 \wedge Y=b_1)$	…	$P(X=a_i \wedge Y=b_1)$	…	$P(X=a_m \wedge Y=b_1)$	$P(Y=b_1)$
⋮	⋮		⋮			
b_j	$P(X=a_1 \wedge Y=b_j)$	…	$P(X=a_i \wedge Y=b_j)$	…	$P(X=a_m \wedge Y=b_j)$	$P(Y=b_j)$
⋮	⋮		⋮		⋮	⋮
b_n	$P(X=a_1 \wedge Y=b_n)$	…	$P(X=a_i \wedge Y=b_n)$	…	$P(X=a_m \wedge Y=b_n)$	$P(Y=b_n)$
	$P(X=a_1)$	…	$P(X=a_i)$	…	$P(X=a_m)$	1

Im Falle der stochastischen Abhängigkeit von zwei Zufallsvariablen werden wir in Abschnitt 3.5.7 mit dem Korrelationskoeffizienten ein Maß für ihre lineare Abhängigkeit einführen.

3.5.5 Erwartungswert und Varianz von verknüpften Zufallsvariablen

Wichtige Kenngrößen von Zufallsvariablen sind der Erwartungswert und die Varianz, die beide in Abschnitt 3.5.2 eingeführt worden sind. Bei der konkreten Berechnung „per Hand" ist die Formel für die Varianz die kompliziertere. Das Konzept der Verknüpfung von Zufallsvariablen führt zu einem Satz, der die Berechnung der Varianz oft einfacher macht und der auch theoretisch von Bedeutung ist:

20 **Satz 20 (Zusammenhang zwischen Erwartungswert und Varianz)** Z sei eine Zufallsvariable eines diskreten Wahrscheinlichkeitsraums (Ω, P), für die der Erwartungswert $E(Z)$ und die Varianz $V(Z)$ existieren. Dann gilt:

a. $V(Z) = E(Z^2) - E(Z)^2$.

b. $V(Z) = E\left((Z - E(Z))^2\right)$.

Wegen der eingehenden Zufallsvariablen $Z^2 = Z \cdot Z$ und $Z + E(Z)$ benötigt man zur Formulierung des Satzes das Konzept der Verknüpfung von Zufallsvariablen. Meistens ist die Berechnung der Varianz am einfachsten mit Hilfe von Teil a. Dieser Teil heißt auch ***Verschiebungssatz***. Analoge Formeln gelten auch für Datenreihen (vgl. Abschnitt 2.3.6).

Beweis 8 (Beweis von Satz 20) Der Beweis geschieht durch Analyse und Umformung der definierenden Formeln. Zur Abkürzung wird $E(X) = \mu$ synonym verwendet; die Summen haben alle den Laufparameter „$x \in X(\Omega)$":

a.
$$\begin{aligned} V(Z) &= \sum P(Z = x) \cdot (x - \mu)^2 = \sum P(Z = x) \cdot \left(x^2 - 2 \cdot x \cdot \mu + \mu^2\right) \\ &= \sum P(Z = x) \cdot x^2 - 2\mu \cdot \underbrace{\sum P(Z = x) \cdot x}_{=\mu} + \mu^2 \cdot \underbrace{\sum P(Z = x)}_{=1} \\ &= E(Z^2) - 2\mu^2 + \mu^2 = E(Z^2) - E(Z)^2 . \end{aligned}$$

b. Wegen $V(Z) = \sum P(Z = x) \cdot (x - \mu)^2$ gilt $V(Z) = E(Y)$ für $Y = (Z - \mu)^2$. Teil b. entspricht also der Definition der Varianz.

Wenn man für zwei Zufallsvariable X und Y deren Erwartungswerte und Varianzen kennt, kann man den Erwartungswert und die Varianz von Verknüpfungen *manchmal* sehr einfach bestimmen. Der folgende Satz fasst analog zu Satz 20 (a) und (b) die wichtigsten Resultate zusammen.

21 **Satz 21 (Erwartungswert)** X und Y seien Zufallsvariable eines diskreten Wahrscheinlichkeitsraums (Ω, P) mit Erwartungswerten $E(X), E(Y)$ und Varianzen $V(X), V(Y)$. Dann gilt für alle $a, b \in \mathbb{R}$:

a. $E(a \cdot X + b) = a \cdot E(X) + b$.
b. $E(X + Y) = E(X) + E(Y)$.
c. $V(a \cdot X + b) = a^2 \cdot V(X)$.
d. $V(X + Y) = V(X) + V(Y) + 2 \cdot (E(X \cdot Y) - E(X) \cdot E(Y))$.

Sind die beiden Zufallsvariablen überdies unabhängig, so gilt weiter:
e. $E(X \cdot Y) = E(X) \cdot E(Y)$.
f. $V(X + Y) = V(X) + V(Y)$.

Der Erwartungswert einer Summe von Zufallsvariablen ist also stets die Summe der Erwartungswerte der beiden Summanden. Für die Varianz einer Summe gilt dies nur bei Unabhängigkeit, im allgemeinen Fall kommt ein „Störterm" hinzu, der uns im nächsten Abschnitt wieder begegnen wird. Der Erwartungswert eines Produkts von Zufallsvariablen ist nur bei unabhängigen Zufallsvariablen das Produkt der Erwartungswerte der Faktoren, in jedem anderen Fall und für die Varianz gibt es keine so einfachen Zusammenhänge. Wegen der Linearität des Erwartungswerts kann der „Störterm" $E(X \cdot Y) - E(X) \cdot E(Y)$ in Teil d. umgeformt werden zu

$$\begin{aligned} E(X \cdot Y) - E(X) \cdot E(Y) &= E(X \cdot Y) - E(X) \cdot E(Y) - E(Y) \cdot E(X) \\ &\quad + E(X) \cdot E(Y) \\ &= E\left(X \cdot Y - E(X) \cdot Y - E(Y) \cdot X + E(X) \cdot E(Y)\right) \\ &= E\left((X - E(X)) \cdot (Y - E(Y))\right) \end{aligned}$$

Die letzte Darstellung wird als ***Kovarianz*** $C(X, Y)$ der beiden Zufallsvariablen X und Y bezeichnet. Diese Begriffsbildung ist analog zu der Kovarianz für Datenreihen in Abschnitt 2.6.1, Definition 21.

Aufgabe 64 (Erwartungswert und Varianz bei den Glücksrädern) Bestimmen Sie für die beiden Glücksräder in Abb. 3.82 auf S. 294 Erwartungswert, Varianz und Standardabweichung der Zufallsvariablen $X + Y$ und $X \cdot Y$.

Die Formeln a. und c. im obigen Satz sind für das arithmetische Mittel und die Standardabweichung für Datenreihen aus der beschreibenden Statistik bekannt und anschaulich klar: Wenn man in a. jeden Wert, den die Zufallsvariable annimmt, mit a multipliziert und dann b addiert, dann wird man im Mittel einen ebenso transformierten Wert zu erwarten haben. Das gleiche Argument gilt für die Summe der Erwartungswerte in b. Die Varianz in c. misst das „quadratische Schwanken um den Erwartungswert". Die Einzelwerte werden mit a multipliziert, die Quadrate der Abweichungen erhalten den Faktor a^2, der sich dann auch auf die Varianz „vererbt“. Der addierte Term b spielt keine Rolle für die Varianz, denn er bedeutet nur eine Verschiebung aller Werte. Dass in d. die Varianz einer Summe i. A. *nicht* linear ist, ist auch anschaulich klar: Die beiden Größen X und Y können „im Gleichklang laufen“, die linearen Schwankungen addieren sich, und die Varianz der Summe muss größer als die Summe der Varianzen sein. Sie könnten auch „gegenläufig sein“, und die Abweichungen würden sich gegenseitig zum Teil aufheben. Eine Quantifizierung dieser Idee ist dann die Formel d.

Beweis 9 (Beweis von Satz 21) Auch hier geschieht der Beweis durch Umformung der definierenden Formeln und durch Verwendung der schon bewiesenen Formeln. Wegen

$$P(Z=x) = P_Z(x) = \sum_{\substack{\omega\in\Omega \\ Z(\omega)=x}} P(\omega)$$

können wir den Erwartungswert (und analog die Varianz) auch wie folgt schreiben:

$$E(Z) = \sum_{x\in Z(\Omega)} P(Z=x)\cdot x = \sum_{\omega\in\Omega} P(\omega)\cdot Z(\omega)\,.$$

a.
$$\begin{aligned} E(aX+b) &= \sum_{\omega\in\Omega} P(\omega)\cdot(a\cdot X(\omega)+b) \\ &= a\cdot \underbrace{\sum_{\omega\in\Omega} P(\omega)\cdot X(\omega)}_{E(X)} + b\cdot \underbrace{\sum_{\omega\in\Omega} P(\omega)}_{1} \\ &= a\cdot E(X)+b\,. \end{aligned}$$

b.
$$\begin{aligned} E(X+Y) &= \sum_{\omega\in\Omega} P(\omega)\cdot(X(\omega)+Y(\omega)) \\ &= \sum_{\omega\in\Omega} P(\omega)\cdot X(\omega) + \sum_{\omega\in\Omega} P(\omega)\cdot Y(\omega) \\ &= E(X)+E(Y). \end{aligned}$$

c.
$$\begin{aligned} V(aX+b) &\underset{\text{Satz 20b}}{=} E\left((aX+b-E(aX+b))^2\right) \\ &\underset{(a)}{=} E\left((aX+b-aE(X)-b)^2\right) \\ &= E\left(a^2\,(X-E(X))^2\right) \underset{(a)}{=} a^2\cdot E\left((X-E(X))^2\right) \\ &\underset{\text{Satz 20b}}{=} a^2\cdot V(X)\,. \end{aligned}$$

d. $$V(X+Y) \underset{\text{Satz 20a}}{=} E\left((X+Y)^2\right) - (E(X+Y))^2$$
$$\underset{(b)}{=} E\left(X^2+2XY+Y^2\right) - (E(X)+E(Y))^2$$
$$\underset{(b)}{=} E(X^2) - E(X)^2 + E(Y^2) - E(Y)^2 + 2E(X\cdot Y) - 2E(X)\cdot E(Y)$$
$$\underset{\mathit{Satz\ 20.a}}{=} V(X)+V(Y)+2(E(X\cdot Y)-E(X)\cdot E(Y)).$$

e. $$E(X\cdot Y) = \sum_{z\in XY(\Omega)} P(XY=z)\cdot z$$
$$= \sum_{z\in XY(\Omega)} \left(\sum_{\substack{x\in X(\Omega)\,,\, y\in Y(\Omega)\\ x\cdot y = z}} P(X=x\wedge Y=y) \right)\cdot z$$
$$= \sum_{\substack{x\in X(\Omega)\\ y\in Y(\Omega)}} x\cdot y\cdot P(X=x\wedge Y=y)$$
$$\underset{\substack{\text{da } X,Y\\ \text{unabhängig}}}{=} \sum_{\substack{x\in X(\Omega)\\ y\in Y(\Omega)}} x\cdot y\cdot P(X=x)\cdot P(Y=y)$$
$$\underset{\text{Umordnen}}{=} \sum_{x\in X(\Omega)} x\cdot P(X=x)\cdot \sum_{y\in Y(\Omega)} y\cdot P(Y=y)$$
$$= E(X)\cdot E(Y)$$

f. Die Aussage folgt direkt aus d. und e., da wegen der Unabhängigkeit der „Störterm" verschwindet.

Beispiel 25 (Taxi-Problem II) Im Beispiel „Wie viele Taxis gibt es in Dortmund?" auf S. 247 hatten wir zur Schätzung der Gesamtzahl n der von 1 bis n nummerierten Taxis das arithmetische Mittel einer Stichprobe von 10 Taxis mit dem arithmetischen Mittel der Nummern aller Taxis gleichgesetzt. Dieser Ansatz lässt sich begründen: Wir simulieren die Taxis durch eine Urne mit n von 1 bis n nummerierten Kugeln, aus der mit Zurücklegen 10 Kugeln (die beobachteten Taxis) gezogen werden. Das Ziehen wird durch 10 unabhängige Zufallsvariable $T_1,\ldots,T_{10}$ mit Werten aus der Menge $\{1,\ldots,n\}$ beschrieben. T_i hat die Wahrscheinlichkeitsverteilung $P(T_i=j)=\frac{1}{n}, j=1,\ldots,n$. Damit 25 gilt für den Erwartungswert von T_i

$$E(T_i) = \sum_{j=1}^{n} j \cdot P(T_i = j) = \sum_{j=1}^{n} j \cdot \frac{1}{n} = \frac{1}{n} \sum_{j=1}^{n} j = \frac{1}{n} \cdot \frac{n(n+1)}{2} = \frac{n+1}{2}.$$

Der Schätzwert für n wird mit Hilfe des arithmetischen Mittels der Nummern der Stichprobe bestimmt. Dieses Mittel wird durch die Zufallsvariable $\widetilde{T} = \frac{1}{10}(T_1 + T_2 + \ldots + T_{10})$ beschrieben, der hiermit berechnete Schätzwert durch die Zufallsvariable $2\widetilde{T} - 1$. Damit gilt wegen der Linearität des Erwartungswertes

$$E(2\widetilde{T} - 1) = 2E(\widetilde{T}) - 1 = \frac{2}{10} \sum_{i=1}^{10} E(T_i) - 1 = \frac{2}{10} \cdot 10 \cdot \frac{n+1}{2} - 1 = n\,,$$

was unsere Methode rechtfertigt[40].

3.5.6 Standardisierte Zufallsvariable

In Teilkapitel 2.4 wurden Datenreihen zum besseren Vergleich standardisiert. Auch diese Begriffsbildung lässt sich auf Zufallsvariablen übertragen:

---

33 **Definition 33 (Standardisierte Zufallsvariable)** Z sei eine Zufallsvariable mit Erwartungswert $E(Z)$ und Standardabweichung σ_Z. Dann heißt $T := \frac{Z - E(Z)}{\sigma_Z}$ die zu Z gehörige ***standardisierte Zufallsvariable***.

Als Verknüpfung vom Typ $a \cdot Z + b$ mit $a = \frac{1}{\sigma_Z}$ und $b = -\frac{E(Z)}{\sigma_Z}$ hat T nach Satz 21a. und c. den Erwartungswert $E(T) = 0$ und die Standardabweichung $\sigma_T = 1$.

Ein insbesondere für die Grenzwertsätze in Teilkapitel 3.9 wichtiger Punkt ist bei standardisierten Zufallsvariablen zu beachten. Hierzu seien die Werte von Z natürliche Zahlen. Setzt man für ein Säulendiagramm der Wahrscheinlichkeiten Säulen der Breite 1 aneinander, so ist dieses Säulendiagramm sogar ein Histogramm. In diesem Histogramm sind die zu $Z = k$ gehörigen Säulenhöhen und die Säulenflächeninhalte gleich der Wahrscheinlichkeit $P(Z = k)$. Das linke Histogramm von Abb. 3.83 zeigt dies für den zweifachen Wurf einer Münze, wobei die Zufallsvariable Z die Zahl der obenliegenden Wappen beschreibt. Z nimmt die Werte 0, 1 und 2 mit $P(Z = 0) = P(Z = 2) = \frac{1}{4}$ und $P(Z = 1) = \frac{1}{2}$ an. Z hat damit den Erwartungswert $\mu = 1$, die Varianz $\sigma^2 = 0{,}5$ und die Standardabweichung $\sigma = \sqrt{0{,}5} \approx 0{,}71$.

---

[40] Hierbei handelt es sich also um eine erwartungstreue Schätzung im Sinne von 4.1.3.

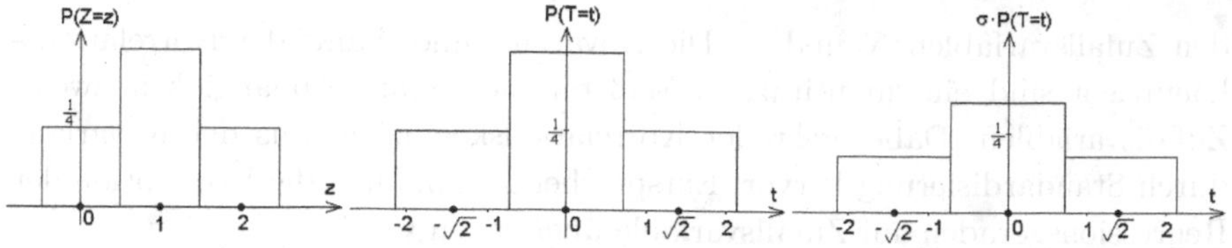

Abb. 3.83. Standardisierung

Die standardisierte Zufallsvariable $T = \sqrt{2} \cdot (Z - 1)$ nimmt die Werte $-\sqrt{2}$, 0 und $\sqrt{2}$ mit denselben Wahrscheinlichkeiten an (Abb. 3.83 Mitte). Jetzt entspricht aber nur noch die Rechteckhöhe der Wahrscheinlichkeit. Für den Flächeninhalt gilt dies nicht mehr, da die Breite der Rechtecke durch σ geteilt wurde. Es liegt also kein Histogramm mehr vor. Damit wieder der Flächeninhalt der Wahrscheinlichkeit entspricht, müssen die Wahrscheinlichkeiten mit σ multipliziert werden, was in Abb. 3.83 rechts dargestellt ist. Jetzt haben wir wieder ein Histogramm, allerdings entsprechen die Säulenhöhen nicht mehr den Wahrscheinlichkeiten.

3.5.7 Korrelationsrechnung für Zufallsvariable

In Teilkapitel 2.6 haben wir zur Messung des linearen Zusammenhangs zweier Merkmale den Korrelationskoeffizienten und die Regressionsrechnung eingeführt. Für zwei Datenreihen $x_1, x_2, \ldots, x_n$ und $y_1, y_2, \ldots, y_n$ wurden der Korrelationskoeffizient r_{xy} und die Regressionsgerade g_{xy} definiert durch

$$r_{xy} = \frac{s_{xy}}{s_x \cdot s_y} \quad \text{mit} \quad s_{xy} = \frac{1}{n} \sum_{i=1}^{n} (x_i - \bar{x}) \cdot (y_i - \bar{y}) \quad \text{und}$$

$$g_{xy}\colon y = \frac{s_{xy}}{s_{x^2}} \cdot x + \bar{y} - \frac{s_{xy}}{s_{x^2}} \cdot \bar{x}\,.$$

Dieses für Datenreihen entwickelte Konzept des Korrelationskoeffizienten (als Frage der beschreibenden Statistik) lässt sich „wörtlich" auf den Zusammenhang zweier Zufallsvariablen X und Y als Frage der Wahrscheinlichkeitsrechnung übertragen. X möge die Werte $x_1, \ldots, x_n$ und Y möge die Werte $y_1, \ldots, y_n$ annehmen. An Stelle des Mittelwerts treten die Erwartungswerte $E(X)$ und $E(Y)$. Dann heißt

$$r_{XY} = \frac{\sum\limits_{i=1}^{n} (x_i - E(X)) \cdot (y_i - E(Y))}{n \cdot \sigma_X \cdot \sigma_Y} = \frac{E\left((X - E(X)) \cdot (Y - E(Y))\right)}{\sigma_X \cdot \sigma_Y}$$
$$= \frac{\mathrm{C(X,Y)}}{\sigma_X \cdot \sigma_Y}$$

Korrelationskoeffizient der Zufallsvariablen X und Y. Der Term im Zähler ist die in Abschnitt 3.5.5 auf S. 297 eingeführte Kovarianz $C(X, Y)$ der bei-

den Zufallsvariablen X und Y. Die Kovarianz und damit der Korrelationskoeffizient sind ein quantitatives Maß für die lineare Abhängigkeit zweier Zufallsvariablen. Dabei geht der Korrelationskoeffizient aus der Kovarianz durch Standardisierung hervor. Entsprechend kann auch die Konzeption der Regressionsgeraden auf Zufallsvariable übertragen werden.
Ein Beispiel ist die Untersuchung des Selbstwertgefühls von Jugendlichen. Die Zufallsvariable S beschreibt das Selbstwertgefühl, die Zufallsvariable F den Fehler der Erhebung. Die gemessene Größe ist also $S + F$. Wenn nur unsystematische Fehler vorliegen, sind S und F unkorreliert.
Die Kovarianz war im Wesentlichen der „Störterm" in Satz 21d auf S. 297, es gilt nämlich auch $C(X,Y) = E(X \cdot Y) - E(X) \cdot E(Y)$. Wenn die beiden Zufallsvariablen unabhängig sind, so folgt somit $C(X,Y) = 0$, und die beiden Zufallsvariablen sind auch unkorreliert. Die Umkehrung gilt allerdings nicht, wie das folgende Beispiel zeigt: Wir werfen unabhängig voneinander einen roten und einen weißen Laplace-Würfel, die durch die beiden unabhängigen Zufallsvariablen W_1 und W_2 beschrieben werden mögen. Es seien $X = W_1 + W_2$ die Zufallsvariable, die die Summe, und $Y = W_1 - W_2$ die Zufallsvariable, die die Differenz der Würfelzahlen beschreibt. W_1 und W_2 haben den gleichen Erwartungswert und die gleiche Varianz. Wegen der Unabhängigkeit von W_1 und W_2 gilt nach Satz 21e $E(W_1 \cdot W_2) = E(W_1) \cdot E(W_2)$, also

$$\begin{aligned}
C(X,Y) = E(X \cdot Y) - E(X) \cdot E(Y) &= E((W_1 + W_2) \cdot (W_1 - W_2)) \\
&\quad - E(W_1 + W_2) \cdot E(W_1 - W_2) \\
&= E(W_1 \cdot W_1 - W_1 \cdot W_2 + W_2 \cdot W_1 - W_2 \cdot W_2) \\
&\quad - (E(W_1) + E(W_2)) \cdot (E(W_1) - E(W_2)) \\
&= E(W_1 \cdot W_1) - E(W_1) \cdot E(W_1) - E(W_2 \cdot W_2) + E(W_2) \cdot E(W_2) \\
&= V(W_1) - V(W_2) = 0\,.
\end{aligned}$$

Bei der letzten Umformung wurde noch Satz 20b auf S. 296 verwendet. Allerdings sind X und Y abhängige Zufallsvariable. Beispielsweise gehören zu den Ereignissen $X = 12 \wedge Y = 0$ und $X = 12$ jeweils genau das Tupel $(6|6)$, zum Ereignis $Y = 0$ gehören jedoch die sechs Tupel $(1|1), \ldots, (6|6)$. Also gilt

$$\frac{1}{36} = P(X = 12 \wedge Y = 0) \neq P(X = 12) \cdot P(Y = 0) = \frac{1}{36} \cdot \frac{6}{36}\,.$$

Der Korrelationskoeffizient misst nur den linearen Zusammenhang von X und Y; ein solcher ist nicht vorhanden. Er gibt aber keine Auskunft über andere Abhängigkeiten, die eventuell vorhanden sind.

3.6 Verteilungen von Zufallsvariablen

Zufallsvariable, die Zufallsexperimente mit diskreter Ergebnismenge beschreiben, können die unterschiedlichsten Strukturen haben. In der Entwicklung der Wahrscheinlichkeitstheorie seit dem frühen 18. Jahrhundert hat es sich jedoch gezeigt, dass sehr viele stochastische Situationen durch einige wenige, mathematisch gut beherrschbare Typen von Zufallsvariablen beschrieben werden können. Hierfür werden wir die Ergebnisse aus Teilkapitel 3.5 verwenden! Standardbeispiele sind das Ziehen mit und ohne Zurücklegen aus einer Urne, was zu *Binomialverteilung*, *Multinomialverteilung* und *hypergeometrischer Verteilung* führt. Zufällige Ereignisse, die sehr selten auftreten, können rechnerisch besonders einfach mit der *Poisson-Verteilung* beschrieben werden.

3.6.1 Binomialverteilung

In Abb. 3.1 auf S. 159 wurden fünf Münzen als eine Möglichkeit genommen, zufällig eine Zahl zwischen Eins und Sechs zu „würfeln“. Äquivalent dazu das fünfmalige Werfen einer Münze, was im Baumdiagramm in Abb. 3.22 auf S. 210 dargestellt ist. Dieses Beispiel ist typisch für Binomialverteilungen: Ein Zufallsexperiment, hier der Münzwurf, wird unter denselben Bedingungen n-mal wiederholt. Man beachtet jeweils, ob ein bestimmtes Ereignis A, beim Münzenbeispiel A : „Zahl oben“, eingetreten ist oder nicht. Dabei gilt $P(A) = p$ und $P(\bar{A}) = 1 - p$. Gezählt wird, wie oft bei den n Durchführungen des Experiments A eingetreten ist. Genauer betrachten wir also beim Münzwurf die Ergebnismenge $\Omega = \{(a_1|\dots|a_5)|a_i \in \{\text{Kopf}, \text{Zahl}\}\}$ und die Zufallsvariable X : „Anzahl Zahl“. X nimmt die Werte von 0 bis 5 an, die Zufallsvariable $Y = X + 1$ dann die gewünschten Werte 1 bis 6. In Verallgemeinerung können wir die Münze n-mal werfen und die entsprechende Ergebnismenge $\Omega = \{(a_1|\dots|a_n)|a_i \in \{\text{Kopf}, \text{Zahl}\}\}$ mit der analogen Zufallsvariable X : „Anzahl Zahl“ betrachten. X nimmt die Werte von 0 bis n an. Die Wahrscheinlichkeit $P(X = k)$ bestimmen wir mit den Pfadregeln. Jeder einzelne Münzwurf beim n-maligen Werfen der Münze ist unabhängig von den vorhergehenden Würfen und führt mit Wahrscheinlichkeit $p = \frac{1}{2}$ zum Ergebnis Zahl. Das Gegenereignis Kopf hat dieselbe Wahrscheinlichkeit. Ein Pfad, der zum Ereignis „k-mal Zahl“ führt, hat die Wahrscheinlichkeit

$$\left(\frac{1}{2}\right)^k \cdot \left(\frac{1}{2}\right)^{n-k} = \left(\frac{1}{2}\right)^n .$$

Wie viele Pfade gibt es, die zu k-mal Zahl führen? Die k Ergebnisse, die Zahl zeigen, können an n Stellen stehen. Jeder Pfad entspricht einer k-Kombination ohne Wiederholung, es gibt also $\binom{n}{k}$ solcher Pfade. Die Pfadadditionsregel liefert damit die gesuchte Wahrscheinlichkeit

$$P(X = k) = \binom{n}{k} \cdot \left(\frac{1}{2}\right)^n .$$

Ein Zufallsexperiment mit einer ähnlichen Struktur ist das n-malige Werfen eines Laplace-Würfels, wobei wir jedes Mal nur auf die beiden Ergebnisse „6" oder „nicht 6" achten und die Zufallsvariable X : „Anzahl der geworfenen Sechser" betrachten. Wie eben wird ein Zufallsexperiment mit genau zwei Ergebnissen n-mal hintereinander ausgeführt, und diese n Einzelexperimente sind unabhängig voneinander. Der wesentliche Unterschied besteht bei den beiden Zweigwahrscheinlichkeiten $P(6) = \frac{1}{6}$ und $P(\text{nicht } 6) = \frac{5}{6}$, was zu einer Änderung der Pfadwahrscheinlichkeiten und damit zu

$$P(X = k) = \binom{n}{k} \cdot \left(\frac{1}{6}\right)^k \cdot \left(\frac{5}{6}\right)^{n-k}$$

führt.

Abb. 3.84. Galton

Ein weiteres strukturgleiches Zufallsexperiment geht auf den englischen Naturforscher *Francis Galton* (1822–1911) zurück. Angeregt durch das Werk seines Vetters *Charles Darwin* (1809–1882) ging *Galton* der Frage nach, wie sich körperliche und geistige Eigenschaften und Fähigkeiten vererben. Unter anderem untersuchte *Galton*, ob sich die Fingerabdrücke eines Menschen im Laufe seines Lebens verändern, und wurde durch sein Buch *Fingerprints* einer der Väter der Daktyloskopie, der Kunde von den Fingerabdrücken.

Um statistische Fragen bei der Vererbung zu untersuchen, entwickelte *Galton* das nach ihm benannte Brett. Abbildung 3.85 zeigt eine schulübliche Ausführung, das Galtonbrett in Abb. 3.86 ist ein sehr großes Galtonbrett aus dem Science-Museum in Seattle.

Von oben fallen Kugeln in das Galtonbrett. Bei jedem Plättchen bzw. bei jedem Stift weichen sie zufällig nach rechts oder nach links aus. Lässt man viele Kugeln in das Galtonbrett fallen, so entsteht in den Auffangkästen eine mehr oder weniger symmetrische Verteilung, die bei sehr vielen Kugeln und bei vielen Fächern in der Regel wie in Abb. 3.86 glockenförmig wird.

Auch dieses Beispiel lässt sich als mehrstufiges Zufallsexperiment beschreiben. Das zugrunde liegende Experiment ist das Fallen einer Kugel auf die Scheibe bzw. auf den Stift mit den beiden Ergebnissen „Kugel fällt nach rechts" und „Kugel fällt nach links". Beide Möglichkeiten kann man bei

Abb. 3.85. Galtonbrett I

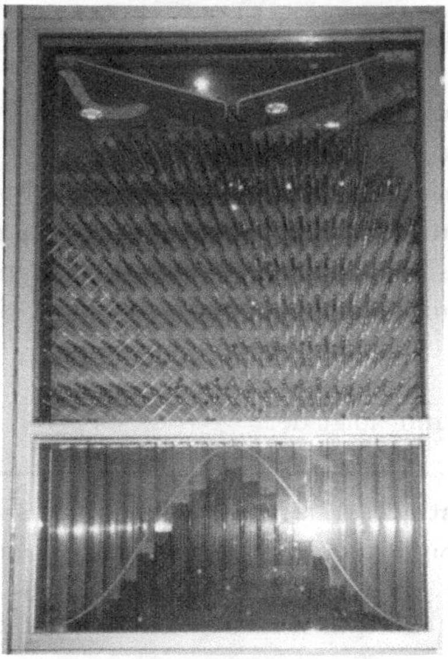

Abb. 3.86. Galtonbrett II

einem symmetrisch gearbeiteten und korrekt aufgestellten Galtonbrett als gleichwahrscheinlich ansetzen. Durch Schrägstellen des Bretts lässt sich eine Bevorzugung von rechts oder von links erzwingen. Jede Kugel muss im Laufe ihres Weges die Entscheidung rechts oder links n-mal treffen, wobei im Bespiel von Abb. 3.85 $n = 8$ ist. Die Zufallsvariable X : „Kugel ist k-mal nach rechts gefallen" nimmt folglich die Werte $0, 1, \ldots, 8$ an und hat die Wahrscheinlichkeitsverteilung

$$P(X = k) = \binom{8}{k} \cdot \left(\frac{1}{2}\right)^8 .$$

In allen drei Beispielen hat das Zufallsexperiment die folgende Struktur: Ausgangspunkt ist ein Zufallsexperiment mit genau zwei Ergebnissen, und dieses Experiment wird n-mal unabhängig voneinander unter denselben Bedingungen durchgeführt. Solche Experimente nennt man ***Bernoulli-Experimente***. Die Ergebnismenge eines Bernoulli-Experiments kann man anschaulich als $\Omega = \{\text{Niete, Treffer}\}$ mit der Wahrscheinlichkeitsverteilung $P(\text{Treffer}) = p$, $P(\text{Niete}) = q = 1 - p$ schreiben. Der Parameter p beschreibt also die Wahrscheinlichkeitsverteilung eindeutig. Welchen Ausgang man als den Treffer ansieht, ist vom Interesse des Beobachters abhängig. Die zugehörige Zufallsvariable X nimmt dann, dazu passend, die Werte $X(\text{Niete}) = 0$ und $X(\text{Treffer}) = 1$ mit $P(X = 1) = p, P(X = 0) = 1 - p$ an. Wird ein Bernoulli-Experiment n-mal ausgeführt, wobei die Teilexperimente unabhängig voneinander sind, so nennt man dies eine ***Bernoulli-Kette*** der Länge n mit der Ergebnismenge $\Omega_n = \{\text{Treffer, Niete}\}^n$. Analog zu den obigen Beispielen betrachten wir die Zufallsvariable Z : „Anzahl der auftretenden Treffer“. Die Werte der induzierten Wahrscheinlichkeitsverteilung ergeben sich wie bei den Beispielen aus den Pfadregeln: *Ein* Pfad mit genau k Treffern hat nach der Pfadmultiplikationsregel die Wahrscheinlichkeit $p^k \cdot (1-p)^{n-k}$. Zum gewünschten Ergebnis „genau k mal Treffer“ führen alle Pfade mit genau k mal Treffer und $(n-k)$ mal Niete; dies entspricht der kombinatorischen Grundaufgabe, k Kugeln auf n Plätze zu legen, was genau $\binom{n}{k}$ mal geht. Damit folgt der

22 **Satz 22 (Wahrscheinlichkeiten bei Bernoulli-Ketten der Länge n)** Bei einer Bernoulli-Kette der Länge n mit Parameter p ist die Wahrscheinlichkeit für das Ereignis „genau k mal Treffer“ die Zahl

$$B_{n,p}(k) := B(n,p,k) := \binom{n}{k} \cdot p^k \cdot (1-p)^{n-k}.$$

Die Wahrscheinlichkeitsverteilung einer Bernoulli-Kette der Länge n heißt ***Binomialverteilung***. Das spätlateinische Wort *binomius* heißt zweinamig, es bezieht sich auf die zwei möglichen Ergebnisse. Die bei dieser Verteilung auftretenden Koeffizienten heißen demgemäß Binomial-Koeffizienten. Die Formel wurde erstmals von *Jacob Bernoulli* (1654–1705) in seinem 1713 posthum veröffentlichten Werk „Ars Conjectandi“ („Kunst des Vermutens“) hergeleitet. Durch dieses Werk wurde er zum Begründer der modernen Stochastik. Die entsprechenden Binomialverteilungen beim Galtonbrett mit 8 Stiftreihen (Abb. 3.85) bzw. 20 Stiftreihen (Abb. 3.86) und beim „6-er-Würfeln“ mit 30 Einzelwürfen zeigt die folgende Abb. 3.87. Beim „6-er Würfeln“ sind die Wahrscheinlichkeiten für $k > 12$ so klein, dass sie in der Abbildung gar nicht mehr dargestellt werden.

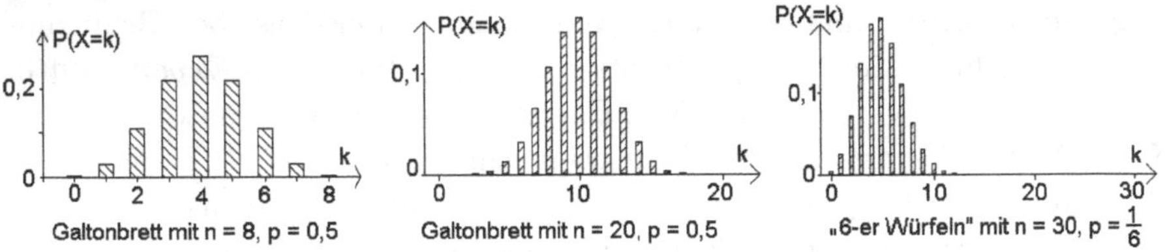

Abb. 3.87. Binomialverteilung

Unabhängig von der Herkunft nennt man eine Zufallsvariable binomialverteilt, wenn sie die entsprechende Wahrscheinlichkeitsverteilung hat:

Definition 34 (Binomialverteilung) (Ω, P) sei ein Wahrscheinlichkeitsraum und Z eine Zufallsvariable auf Ω, die die Werte $0, 1, \ldots, n$ annimmt. Z heißt ***binomialverteilt mit den Parametern*** n ***und*** p (kurz $B(n,p)$-verteilt), wenn es ein $p \in [0; 1]$ gibt mit 34

$$P_Z(k) = P(Z = k) = \binom{n}{k} \cdot p^k \cdot (1-p)^{n-k} \quad \text{für} \quad k = 0, 1, \ldots, n.$$

Die Verteilung P_Z heißt eine ***Binomialverteilung***.

Diese Wahrscheinlichkeiten werden meistens mit $B(n,p,k)$ oder $B_{n,p}(k)$ bezeichnet. Es kommt nur noch auf die Wertemenge $\{0, 1, \ldots, n\}$ der Zufallsvariablen an, der zugrunde liegende Wahrscheinlichkeitsraum ist hier nicht relevant. Die Bedeutung der Binomialverteilung liegt darin, dass sich viele Zufallsexperimente mit endlicher Ergebnismenge gut als Bernoulli-Ketten modellieren lassen. Ein Standardbeispiel ist das n-malige Ziehen mit Zurücklegen aus einer Urne mit s schwarzen und w weißen Kugeln, wobei die Zufallsvariable die Anzahl der gezogenen weißen Kugeln ist. Die Berechnung der Koeffizienten der Binomialverteilung ist „per Hand" allerdings schon bei kleinem n mühevoll. Mit den heute zur Verfügung stehenden Computern kann man die $B(n,p,k)$-Werte z. B. mit Hilfe der Formel

$$B(n,p,k+1) = \frac{n-k}{k+1} \cdot \frac{p}{1-p} \cdot B(n,p,k) \quad \text{für} \quad k = 0, 1, \ldots, n-1$$

rekursiv berechnen. Allerdings hat auch die Computer-Berechnung numerische Grenzen (vgl. das Beispiel 32 auf S. 357).

Auftrag

Verifizieren Sie diese Rekursionsformel!

Wie in Abb. 3.87 ersichtlich ist, steigen die Werte von $B(n,p,k)$ von $k = 0$ ausgehend monoton, bis sie ein Maximum bei $k \approx n \cdot p$ erreichen. Dann fallen sie monoton bis $k = n$. Deshalb haben die Diagramme aller Binomialverteilungen einen charakteristischen, für größere Werte von n „glockenförmigen" Verlauf. Dies kann man relativ einfach mit Hilfe der obigen Rekursionsformel verifizieren. Wir schreiben die Formel als

$$B(n,p,k+1) = \frac{a_k}{b_k} \cdot B(n,p,k)$$

Es gilt

$$\frac{a_k}{b_k} > 1 \Leftrightarrow n \cdot p - k \cdot p > k + 1 - p \cdot k - p \Leftrightarrow k < n \cdot p - (1-p)$$

Dies ist für $k \leq [n \cdot p]$ erfüllt, also wachsen die Binomialkoeffizienten streng monoton von $k = 0$ bis $k = [n \cdot p]$. Analog gilt

$$\frac{a_k}{b_k} < 1 \Leftrightarrow k > n \cdot p - (1 - p),$$

und dies ist erfüllt für $k \geq [n \cdot p] + 1$. Also fallen die Koeffizienten monoton von $k = [n \cdot p] + 1$ bis $k = n$.

Früher (und auch heute noch meistens in der Schule) wurden Tabellen mit tabellierten Werten von Binomialverteilungen und ihren Verteilungsfunktionen verwendet. Diese haben den Nachteil, dass nur ganz bestimmte n- und p-Werte vorhanden sind, reale Probleme also oft kaum adäquat behandelbar sind. Deshalb wurde schon im 17. Jahrhundert nach stetigen Funktionen gesucht, mit deren Funktionswerten die fraglichen Wahrscheinlichkeiten approximiert werden konnten (vgl. die Poisson-Verteilung in Abschnitt 3.6.5 und die Normalverteilung in Teilkapitel 3.9).

Wichtige Kenngrößen einer Zufallsvariablen sind Erwartungswert und Standardabweichung. Beim oben betrachteten Experiment „6er Würfeln" erwartet man nach dem empirischen Gesetz der großen Zahlen bei n Würfen etwa $\frac{n}{6}$ mal die Sechs, der Erwartungswert sollte also $n \cdot p$ sein. Dieses Ergebnis erhält man auch im konkreten Fall bei Aufgabe 62 auf S. 290. Dies mit der Definition von $E(Z)$ zu beweisen, ist kompliziert. Man müsste den Term

$$E(Z) = \sum_{k=0}^{n} \binom{n}{k} \cdot p^k \cdot (1 - p)^{n-k} \cdot k$$

vereinfachen. Einfacher ist es, wenn man beachtet, dass eine Bernoulli-Kette aus sehr einfachen Bernoulli-Experimenten zusammengesetzt ist, und die Ergebnisse über Verknüpfungen von Zufallsvariablen verwendet. Wir zerlegen $Z = \sum\limits_{i=1}^{n} Z_i$, wobei die Zufallsvariable Z_i das Ergebnis beim i-ten Teilexperiment beschreibt. Mit $Z_i(\text{Treffer}) = 1$ und $Z_i(\text{Niete}) = 0$ gilt also $P(Z_i = 1) = p$ und $P(Z_i = 0) = 1 - p$. Wegen $E(Z_i) = 0 \cdot (1 - p) + 1 \cdot p = p$ folgt aus Satz 21b sofort

$$E(Z) = \sum_{i=1}^{n} E(Z_i) = n \cdot p\,.$$

Die Varianz der Z_i bestimmt sich zu $V(Z_i) = (0 - p)^2 \cdot (1 - p) + (1 - p)^2 \cdot p = p \cdot (1 - p)$. Da die Zufallsvariablen Z_i unabhängig voneinander sind, folgt aus Satz 21f schließlich

$$V(Z) = \sum_{i=1}^{n} V(Z_i) = n \cdot p \cdot (1 - p)\,.$$

Zusammen ergibt sich der

Satz 23 (Erwartungswert und Varianz der Binomialverteilung) Für eine $B(n,p)$-verteilte Zufallsvariable Z gilt $E(Z) = n \cdot p$ und $V(Z) = n \cdot p \cdot (1-p)$. **23**

Auftrag Untersuchen Sie, welche der bisher behandelten Zufallsexperimente sich mit der Binomialverteilung beschreiben lassen.

In Abschnitt 3.5.6 haben wir die Standardisierung von Zufallsvariablen eingeführt. Dies soll hier für die $B(10; 0{,}5)$-verteilte Zufallsvariable Z_1 und die $B(100; 0{,}7)$-verteilte Zufallsvariable Z_2 durchgeführt werden. Abb. 3.88 zeigt die beiden Säulendiagramme, die hier sogar Histogramme sind.
Erwartungswert und Standardabweichung der beiden Zufallsvariablen ergeben sich zu $E(Z_1) = 5, \sigma_{Z_1} \approx 1{,}58, E(Z_2) = 70$ und $\sigma_{Z_2} \approx 4{,}58$. Abb. 3.89 zeigt die Standardisierung der beiden Zufallsvariablen. Links stehen jeweils die Säulendiagramme der standardisierten Zufallsvariablen T_1 und T_2 mit den Säulenbreiten $\frac{1}{\sigma}$ und den gleichen Höhen, die jetzt also keine Histogramme mehr sind. Rechts sind die Säulenhöhen mit σ multipliziert, so dass wir jetzt wieder Histogramme haben, bei denen die Flächeninhalte der Rechtecke die Wahrscheinlichkeit angeben. Man kann sich diesen Vorgang vorstellen als die Verkettung von affinen Transformationen auf das ursprüngliche Säulendiagramm der Zufallsvariable Z : Zuerst wird das Säulendiagramm um μ nach links verschoben, dann längs der x-Achse gestaucht und dann schließlich längs der y-Achse gestreckt.
Es fällt auf, dass die beiden rechts stehenden Histogramme ähnlich aussehen, obwohl die ursprünglichen Zufallsvariablen Z_1 und Z_2 sehr verschieden sind. Dies werden wir in Abschnitt 3.9.1 für die Approximation der Biniomialverteilung durch die Gauß'sche Glockenkurve ausnutzen.

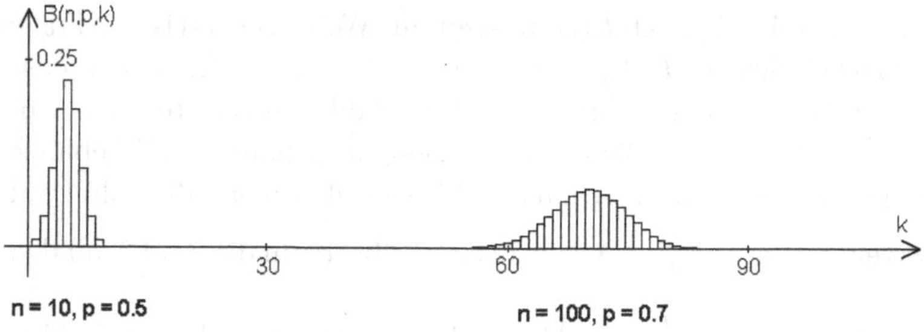

Abb. 3.88. Zwei binomialverteilte Zufallsvariable

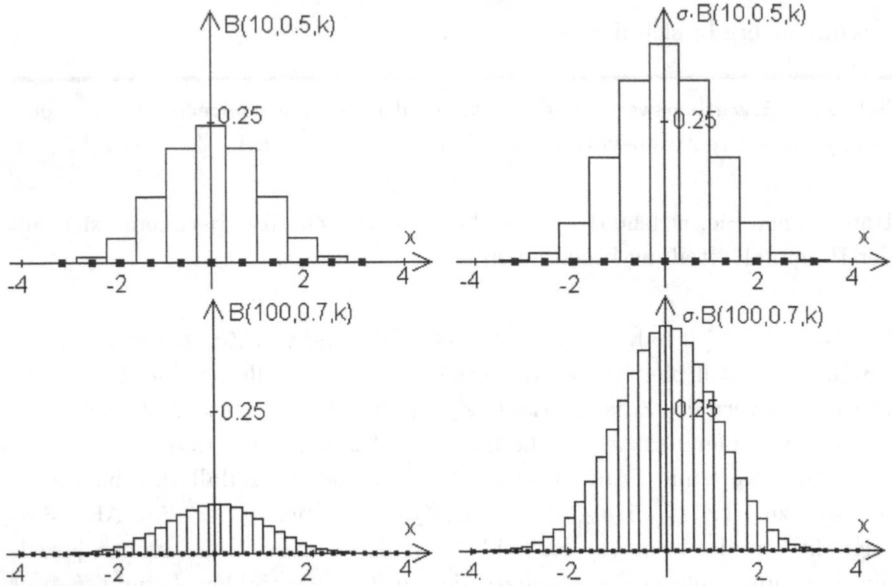

Abb. 3.89. Standardisierung

3.6.2 Multinomialverteilung

Das Konzept der Binomialverteilung lässt sich auf Zufallsexperimente mit mehr als zwei Ergebnissen verallgemeinern: Das Ausgangexperiment möge die Ergebnismenge $\Omega = \{1, 2, \ldots, s\}$ mit den Wahrscheinlichkeiten $P_0(i) = p_i$ für $i = 1, \ldots, s$ haben. Dieses Experiment werde n-mal hintereinander und unabhängig voneinander durchgeführt, was zur Ergebnismenge $\Omega_n = \{1, 2, \ldots, s\}^n$ führt. Ein Elementarereignis $(a_1|a_2|\ldots|a_n)$ hat nach den Pfadregeln die Wahrscheinlichkeit $P((a_1|a_2|\ldots|a_n)) = P_0(a_1) \cdot P_0(a_2) \cdot \ldots \cdot P_0(a_n)$ mit $a_i \in \{1, 2, \ldots, s\}$. Die Zufallsvariable $X_k, k = 1, 2, \ldots, s$, beschreibt, wie oft bei dem mehrfachen Zufallsexperiment das Ergebnis k aufgetreten ist. X_k kann die Werte von 0 bis n annehmen. Da es für X_k nur auf die beiden Ausprägungen „k" und „nicht k" ankommt, ist X_k offensichtlich $B(n, p_k)$-verteilt. Weitergehend ist die Frage nach der Wahrscheinlichkeit $P(X_1 = k_1 \wedge X_2 = k_2 \wedge \ldots \wedge X_s = k_s)$, dass also k_1-mal die 1, k_2-mal die 2, ... und k_s-mal die Zahl s eingetreten sind, wobei $k_1 + k_2 + \ldots + k_s = n$ gilt. Die zu diesem Ereignis gehörenden Ergebnisse $(a_1|a_2|\ldots|a_n)$ lassen sich einfach abzählen: Wir verteilen zuerst die Zahl 1 auf k_1 von n Plätzen, wofür es $\binom{n}{k_1}$ Möglichkeiten gibt, dann die Zahl 2 auf den restlichen $n - k_1$, wofür es $\binom{n-k_1}{k_2}$ Möglichkeiten gibt usw. bis zur Zahl s, für die es dann noch $\binom{n-k_1-k_2-\ldots-k_{s-1}}{k_s} = 1$ Möglichkeiten gibt. Zusammen sind es also

$$\binom{n}{k_1,\ldots,k_s} := \binom{n}{k_1}\cdot\binom{n-k_1}{k_2}\cdot\ldots\cdot\binom{n-k_1-k_2-\ldots-k_{s-1}}{k_s}$$
$$= \frac{n!}{k_1!\cdot k_2!\cdot\ldots\cdot k_s!}$$

Möglichkeiten. Der letzte Bruch, der auch *Multinomialkoeffizient* heißt, ergibt sich durch Kürzen der die in der Mitte stehenden Binomialkoeffizienten definierenden Fakultäten. Nach der Pfadmultiplikationsregel hat der Pfad $(a_1|a_2|\ldots|a_n)$ die Wahrscheinlichkeit $p_1^{k_1}\cdot p_2^{k_2}\cdot\ldots\cdot p_s^{k_s}$. Zusammen ergibt sich

$$P(X_1 = k_1 \wedge X_2 = k_2 \wedge \ldots \wedge X_s = k_s) = \frac{n!}{k_1!\cdot k_2!\cdot\ldots\cdot k_s!}\cdot p_1^{k_1}\cdot p_2^{k_2}\cdot\ldots\cdot p_s^{k_s}.$$

Ähnlich wie bei der Binomialverteilung kommt es auf die Genese als mehrstufiges Zufallsexperiment nicht an. Es mögen also allgemein s Zufallsvariable X_i auf einem Wahrscheinlichkeitsraum (Ω, P) mit gleicher Wertemenge $\{1, 2, \ldots, n\}$ vorliegen. Der Vektor $(X_1, X_2, \ldots, X_s)$ von Zufallsvariablen heißt ***multinomialverteilt*** mit den Parametern $n \in \mathbb{N}, p_1, p_2, \ldots, p_s \in [0; 1]$ und $p_1 + p_2 + \ldots + p_s = 1$, wenn für alle s nichtnegativen ganzen Zahlen $k_i, i = 1, 2, \ldots, s$, mit $k_1 + k_2 + \ldots + k_s = n$ gilt

$$P(X_1 = k_1 \wedge X_2 = k_2 \wedge \ldots \wedge X_s = k_s) = \frac{n!}{k_1!\cdot k_2!\cdot\ldots\cdot k_s!}\cdot p_1^{k_1}\cdot p_2^{k_2}\cdot\ldots\cdot p_s^{k_s}.$$

Ein Standardbeispiel für eine ***Multinomialverteilung*** ist das n-fache Ziehen mit Zurücklegen aus einer Urne mit r roten, g gelben, w weißen und b blauen Kugeln. Die Parameter dieser Verteilung sind mit $m = r + g + w + b$ die Zahlen $s = 4, p_1 = \frac{r}{m}, p_2 = \frac{g}{m}, p_3 = \frac{w}{m}$ und $p_4 = \frac{b}{m}$.

Wie die Binomialverteilung ist die Multinomialverteilung relevant bei Untersuchungen für das Verständnis der Vererbung genetischer Merkmale (*Henze* 2000, S. 153 f.). Wir werden sie wieder bei der Behandlung des Chi-Quadrat-Tests in Abschnitt 4.2.4 benötigen.

3.6.3 Hypergeometrische Verteilung

Ein Standardbeispiel für die Binomialverteilung ist eine Urne mit w weißen und s schwarzen Kugeln, aus der *mit* Zurücklegen gezogen wird. Die Wahrscheinlichkeit, eine weiße Kugel zu ziehen, ist jeweils $p = \frac{w}{w+s}$. Jede Versuchswiederholung ist unabhängig von dem vorherigen Versuch. Bei vielen Anwendungen ist jedoch das Modell des Ziehens ohne Zurücklegen das angemessene.

So wird bei der Qualitätssicherung aus einer Gesamtheit von intakten und fehlerhaften Bauteilen eine Stichprobe gezogen, ein Bauteil wird dabei aus naheliegenden Gründen nur einmal gezogen. Bei Umfragen vor Wahlen werden die befragten Personen nicht ein zweites Mal befragt. Beim Keno werden 5 aus 90 Zahlen gezogen. Bei allen drei Beispielen ist das Urnenmodell mit Ziehen *ohne* Zurücklegen eher angemessen. Wir haben also im Modell wieder w weiße und s schwarze Kugeln. Es wird eine Stichprobe von $n(\leq w+s)$ Kugeln entnommen. Die Zufallsvariable Z beschreibt die Anzahl k der gezogenen weißen Kugeln, wobei $k \leq n$ und $k \leq w$ gelten muss. Die möglichen Züge sind die $\binom{w+s}{k}$ verschiedenen k-Kombinationen ohne Wiederholung. Für einen günstigen Zug muss man k Kugeln aus den w weißen und $n-k$ aus den s schwarzen Kugeln gezogen haben. Durch den Ansatz des Laplace-Modells folgt damit die hypergeometrisch genannte[41] Wahrscheinlichkeit

$$P(Z=k)=\frac{\binom{w}{k}\cdot\binom{s}{n-k}}{\binom{w+s}{n}}.$$

Wie bei der Binomialverteilung nennt man eine Zufallsvariable hypergeometrisch verteilt, wenn sie die entsprechende Wahrscheinlichkeitsverteilung hat:

---

35 **Definition 35 (Hypergeometrische Verteilung)** Eine Zufallsvariable Z auf einem Wahrscheinlichkeitsraum (Ω, P) heißt ***hypergeometrisch verteilt*** mit den Parametern n, w und s $(n, w, s \in \mathbb{N})$, wenn die Zufallsvariable Z nur Werte in $\{0, 1, \ldots, n\}$ annimmt und für $k \in \{0, 1, \ldots, n\}$ gilt

$$P(Z=k)=H(n,w,s;k)=\frac{\binom{w}{k}\cdot\binom{s}{n-k}}{\binom{w+s}{n}}.$$

Man sagt dann auch, Z sei $H(n, w, s)$-verteilt. Die wichtigsten Kenngrößen einer hypergeometrisch verteilten Zufallsvariablen beschreibt der folgende Satz:

---

[41] Der Name „hypergeometrisch“ kommt von der hypergeometrischen Differentialgleichung, deren Lösungsfunktion eine Reihenentwicklung hat, bei der diese Wahrscheinlichkeiten als Koeffizienten auftreten. Wenn man in diesen Reihen alle Koeffizienten zu 1 setzt, so entstehen geometrische Reihen. Daher hat *Gauß* wohl den Namen „hypergeometrisch“ eingeführt.

Satz 24 (Erwartungswert und Varianz hypergeometrisch verteilter Zufallsvariablen) 24

Für eine $H(n, w, s)$-verteilte Zufallsvariable Z gilt mit $p = \frac{w}{w+s}$

$$E(Z) = n \cdot p, V(Z) = n \cdot p \cdot (1-p) \cdot \frac{w+s-n}{w+s-1}.$$

Beweis 10 Für den Beweis verwenden wir ein Urnenmodell mit weißen Kugeln, die von 1 bis w nummeriert sind, und s schwarzen Kugeln. Für $i = 1, 2, \ldots, n$ habe die Zufallsvariable Z_i den Wert 1, wenn die i-te gezogene Kugel eine weiße ist, sonst den Wert 0. Es gilt $P(Z_i = 1) = \frac{w}{w+s}$, da jede der $w+s$ Kugeln die gleiche Chance hat, als i-te gezogen werden. Wegen $Z = Z_1 + Z_2 + \ldots + Z_n$ und $E(Z_i) = 1 \cdot \frac{w}{w+s} + 0 \cdot (1 - \frac{w}{w+s}) = p$ folgt aus Satz 21b. auf S. 297, dass $E(Z) = n \cdot p$ gilt.
Die Berechnung der Varianz ist relativ kompliziert, da die Z_i nicht unabhängig sind. Einen Beweis, der den Verschiebungssatz (Satz 20a. auf S. 296) verwendet, finden Sie auf der in der Einleitung angegebenen Homepage zu diesem Buch.

Binomialverteilung und hypergeometrische Verteilung haben den gleichen Erwartungswert. Ist bei der hypergeometrischen Verteilung die Grundgesamtheit $N := w + s \gg n$, so sind auch die Varianzen ungefähr gleich. Denkt man im Urnenmodell Ziehen mit bzw. ohne Zurücklegen, so ist klar, dass sich beide Verteilungen für kleine Kugelzahlen deutlich unterscheiden. Bei umfangreicher Grundgesamtheit N und kleiner Stichprobe n, also $n \ll N$, sind auch die Wahrscheinlichkeiten ungefähr gleich, und man kann die hypergeometrische Verteilung durch die Binomialverteilung approximieren (Abb. 3.90).
Zur Berechnung der Wahrscheinlichkeiten beim Keno (Abschnitt 3.4.6) benötigt man auch die hypergeometrische Verteilung: Beim Keno-Typ n, $n = 1, 2, \ldots, 10$, darf man n Zahlen ankreuzen. Dann werden 20 aus 70 Zah-

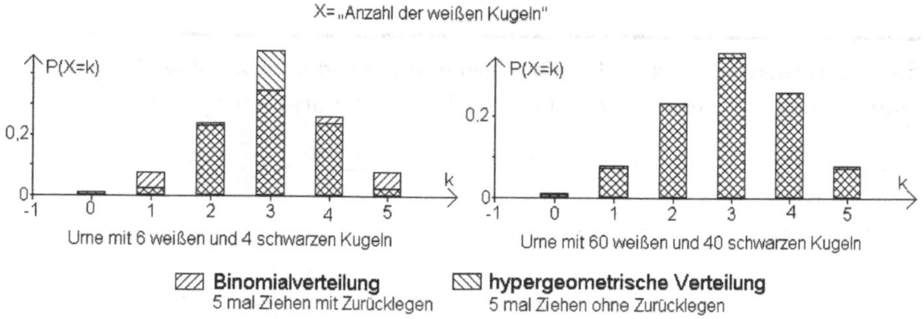

Abb. 3.90. Vergleich Binomialverteilung – hypergeometrische Verteilung

len gezogen. Die Wahrscheinlichkeit, dass man k richtige Zahlen angekreuzt hat, beträgt

$$\frac{\binom{20}{k}\binom{70-20}{n-k}}{\binom{70}{n}}.$$

3.6.4 Geometrische Verteilung

Wartezeitprobleme sind typische Spielsituationen: Warten auf die erste 6 beim Mensch-ärgere-Dich-nicht, auf den ersten Pasch beim Monopoly ... Das Würfeln bis zur ersten 6 haben wir schon einige Male in jeweils vertiefter Sicht behandelt. Beschreibt die Zufallsvariable X die Anzahl der nötigen Würfe bis zur ersten 6, so gilt nach Abschnitt 3.5.2

$$P(X = n) = \left(\frac{5}{6}\right)^{n-1} \cdot \frac{1}{6} \quad \text{für} \quad n = 1, 2, \ldots$$

Im Schnitt wird man alle 6 Würfe eine 6 erwarten, was einen plausiblen Ansatz für den Erwartungswert darstellt.

---

36 **Definition 36 (Geometrische Verteilung)** Eine diskrete Zufallsvariable X auf einem Wahrscheinlichkeitsraum (Ω, P) mit $X(\Omega) = \mathbb{N}$ heißt ***geometrisch verteilt***[42] mit Parameter $p \in (0; 1)$, wenn für ihre Wahrscheinlichkeitsverteilung gilt

$$P(X = k) = (1-p)^{k-1} \cdot p.$$

Die wesentlichen Größen dieser Verteilung beschreibt der folgende Satz.

---

25 **Satz 25 (Erwartungswert und Varianz geometrisch verteilter Zufallsvariablen)** Für eine geometrisch verteilte Zufallsvariable X mit Parameter p gilt

$$E(X) = \frac{1}{p}, \quad V(X) = \frac{1-p}{p^2}.$$

[42] Der Term der Verteilungsfunktion lässt sich als geometrische Reihe darstellen.

Beweis 11 Für den Beweis benötigen wir die auf S. 288 erwähnte Formel $\sum_{k=1}^{\infty} k \cdot a^n = \frac{a}{(1-a)^2}$, die für $|a| < 1$ gültig ist. Damit folgt für den Erwartungswert

$$
\begin{aligned}
E(X) &= \sum_{k=1}^{\infty} k \cdot (1-p)^{k-1} \cdot p = \frac{p}{(1-p)} \cdot \sum_{k=1}^{\infty} k \cdot (1-p)^k \\
&= \frac{p}{1-p} \cdot \frac{1-p}{p^2} = \frac{1}{p}.
\end{aligned}
$$

Die Berechnung der Varianz $V(X)$ ist wieder technisch komplizierter. Man kann auch hier den Verschiebungssatz verwenden. Bei Interesse ist der Beweis auf der in der Einleitung genannten Homepage zu diesem Buch nachlesbar.

Beispiel 26 (Vollständige Serie beim Würfel) Wie oft muss man im Schnitt mit einem Laplace-Würfel würfeln, bis man alle sechs möglichen Würfelzahlen erhalten hat? 26

Wir gehen der Reihe nach vor: Die Zufallsvariable X_1 beschreibt die Anzahl der Würfe, bis die erste Zahl z_1 des Würfels erscheint. Offensichtlich nimmt X_1 nur den Wert 1 an und hat den Erwartungswert $E(X_1) = 1$ und die Varianz $V(X_1) = 0$. Die Zufallsvariable X_2 beschreibt die Anzahl der weiteren Würfe, bis eine Zahl z_2 ungleich z_1 erscheint. X_2 ist geometrisch verteilt mit $p_2 = \frac{5}{6}$ und hat damit den Erwartungswert $E(X_2) = \frac{5}{6}$ und die Varianz $V_2 = \frac{6\cdot(6-5)}{5^2}$ Die Zufallsvariable X_3 beschreibt die Anzahl der weiteren Würfe, bis eine Zahl z_3 ungleich z_1 und z_2 erscheint. X_3 wiederum ist geometrisch verteilt mit $p_3 = \frac{4}{6}$ und mit $E(X_2) = \frac{6}{4}$ und $V_3 = \frac{6\cdot(6-4)}{4^2}$. So geht das weiter mit X_4, X_5 und X_6. Da die X_i unabhängig sind, ist auch die Varianz additiv, und der Erwartungswert $E(X)$, die Varianz $V(X)$ und die Standardabweichung σ_X bis eine vollständige Würfelserie gewürfelt ist, betragen also

$$
\begin{aligned}
E(X) &= E(X_1) + E(X_2) + \ldots + E(X_6) = 1 + \frac{6}{5} + \ldots + \frac{6}{1} = 14{,}7 \\
V(X) &= V(X_1) + V(X_2) + \ldots + V(X_6) = 0 + \frac{6\cdot(6-1)}{1^2} + \ldots + \frac{6\cdot(6-5)}{5^2} \\
&= 38{,}99 \\
\sigma_X &= \sqrt{V(X)} = \sqrt{38{,}99} \approx 6{,}2
\end{aligned}
$$

Das Beispiel ist ein Spezialfall der als Problem *der vollständigen Serie* oder als *Sammlerproblem* bekannten Frage (vgl. *Henze* 2000, S. 193 f.).

Auftrag Begründen Sie, wieso die Zufallsvariablen $X_1, \ldots, X_6$ unabhängig voneinander sind und berechnen Sie Varianz und Standardabweichung von X. Führen Sie diesen Zufallsversuch aus und vergleichen Sie die von Ihnen benötigte Zahl mit den errechneten Kenngrößen von X!

3.6.5 Poisson-Verteilung

Auf S. 308 wurde die Poisson-Verteilung zur Approximation der Binomialverteilung erwähnt. Als Ausgangspunkt zur Entwicklung der Poisson-Verteilung untersuchen wir Binomialverteilungen, die den gleichen Erwartungswert haben, d. h. wir betrachten eine Serie von Zufallsvariablen Z_n, die $B(n,p)$-verteilt sind und deren Erwartungswert $E(Z_n) = n \cdot p = \mu$ mit einer festen reellen Zahl μ ist. In Abb. 3.91 sind vier solche Verteilungen mit $\mu = 2$ dargestellt.

Die Verteilungen nehmen Werte von 0 bis n an, jedoch sind die Wahrscheinlichkeiten für $k > 8$ fast Null. Es fällt auf, dass sich die Verteilungen nur wenig unterscheiden, für $n = 50$ und $n = 100$ sind bei der gewählten Abbildungsgröße gleich. Dies kann man auch numerisch bestätigen, beispielsweise gilt

$$\begin{aligned} B(100; 0{,}02; 2) &= 0{,}2734139\ldots \\ B(1000; 0{,}002; 2) &= 0{,}2709415\ldots \\ B(1000000; 0{,}000002; 2) &= 0{,}2706708\ldots \\ B(100000000; 0{,}00000002; 2) &= 0{,}2706705\ldots \end{aligned}$$

Diese Übereinstimmung gilt nicht nur für $Z_n = 2$, sondern auch für die anderen Werte, welche die Z_n annehmen können. Das legt die Vermutung nahe, dass die Serie von Zufallsvariablen mit festem μ gegen eine Grenzverteilung

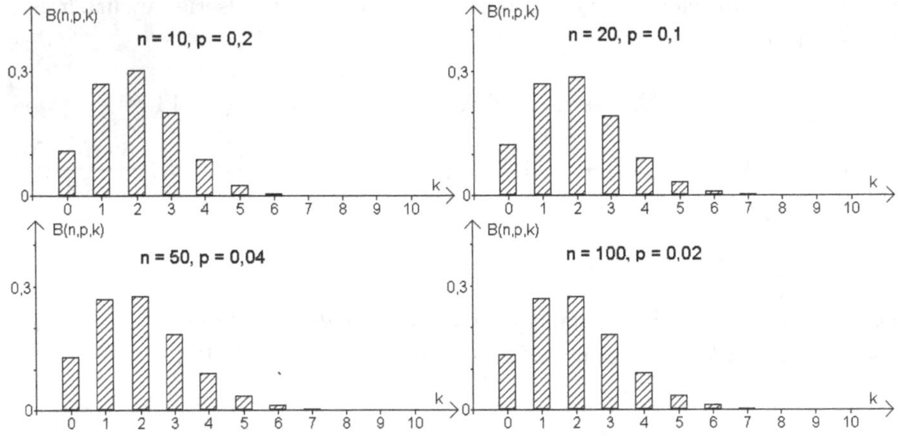

Abb. 3.91. Binomialverteilte Zufallsvariable mit Erwartungswert 2

konvergiert. Wenn diese Grenzverteilung eine einfachere mathematische Form hat, so wäre sie aus Sicht der Vorcomputerzeit zur Approximation geeignet (Versuchen Sie, die obigen Werte per Hand zu berechnen!). Diese Approximation wäre gut für binomialverteilte Zufallsvariable mit kleinem p und großem n, also für seltene Ereignisse, deren zugrundeliegendes Zufallsexperiment aber sehr oft ausgeführt wird. Ein Beispiel, das wir später untersuchen werden, ist der natürliche radioaktive Zerfall, bei dem von einer riesigen Anzahl Atome nur (relativ) wenige zerfallen.

Auftrag

Ein typisches Anwendungsgebiet der Poisson-Verteilung ist die Kalkulation von Versicherungsprämien. Es handelt sich in der Regel um eine große Anzahl von Versicherungsverträgen und eine geringen Anzahl von Schadensfällen. Denken Sie genauer über dieses Beispiel nach! Suchen Sie nach weiteren konkreten Situationen, die sich mit der Poisson-Verteilung modellieren lassen.

In der Tat lässt sich die Existenz einer Grenzverteilung beweisen:

Satz 26 (Poisson-Näherung) Gegeben sei eine Konstante $\mu \in \mathbb{R}^+$. Für $n \in \mathbb{N}$ und $p = \frac{\mu}{n}$ gilt $\lim\limits_{n\to\infty} B(n,p,k) = \frac{\mu^k}{k!}\mathrm{e}^{-\mu}$. 26

Beweis 12 (Beweis von Satz 26) Unter Verwendung von $E(X) = \mu = n \cdot p$, also $p = \frac{\mu}{n}$ bei der Binomialverteilung gilt

$$\begin{aligned}
B(n,p,k) &= \binom{n}{k} \cdot p^k \cdot (1-p)^{n-k} \\
&= \frac{n(n-1)\cdot\ldots\cdot(n-k+1)}{k!} \cdot \frac{\mu^k}{n^k} \cdot \frac{\left(1-\frac{\mu}{n}\right)^n}{\left(1-\frac{\mu}{n}\right)^k} \\
&= \frac{\frac{n}{n}\cdot\frac{n-1}{n}\cdot\frac{n-2}{n}\cdot\ldots\cdot\frac{n-k+1}{n}}{\left(1-\frac{\mu}{n}\right)^k} \cdot \frac{\mu^k}{k!} \cdot \left(1-\frac{\mu}{n}\right)^n \\
&= \frac{1\cdot\left(1-\frac{1}{n}\right)\cdot\left(1-\frac{2}{n}\right)\cdot\ldots\cdot\left(1-\frac{k-1}{n}\right)}{\left(1-\frac{\mu}{n}\right)^k} \cdot \frac{\mu^k}{k!} \cdot \left(1-\frac{\mu}{n}\right)^n \\
&= \underbrace{\frac{1}{1-\frac{\mu}{n}} \cdot \frac{1-\frac{1}{n}}{1-\frac{\mu}{n}} \cdot \ldots \cdot \frac{1-\frac{k-1}{n}}{1-\frac{\mu}{n}}}_{\substack{\to 1\cdot 1\cdot\ldots\cdot 1 \\ n\to\infty}} \cdot \frac{\mu^k}{k!} \cdot \underbrace{\left(1-\frac{\mu}{n}\right)^n}_{\substack{\to \mathrm{e}^{-\mu} \\ n\to\infty}} \xrightarrow[n\to\infty]{} \frac{\mu^k}{k!}\cdot\mathrm{e}^{-\mu}
\end{aligned}$$

(für die letzte Konvergenzaussage gegen die e-Funktion vgl. *Heuser* 1990, S. 170).

Damit kann für große n und kleine p die Binomialverteilung durch den Exponentialterm der Poisson-Näherung ersetzt werden, also

$$B(n, p, k) \approx \frac{\mu^k}{k!} \cdot e^{-n \cdot p}.$$

Als Faustregel betrachtet man diese Näherung als hinreichend gut, wenn gilt $p \leq 0{,}1$ und $n \geq 100$. Die Abb. 3.92 zeigt, dass die Poisson-Näherung für größere p schlecht ist. Die Punkte gehören zur jeweiligen Binomialverteilung, die durchgezogene Linie ist der Graph der Poisson-Näherung.

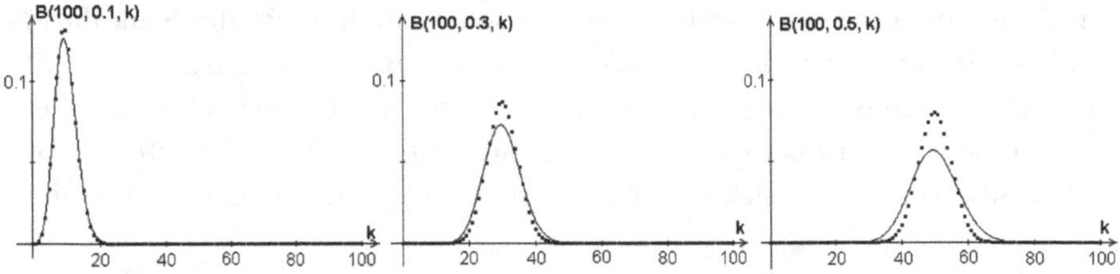

Abb. 3.92. Poisson-Näherung für $n = 100$ mit $p = 0{,}1, p = 0{,}3$ und $p = 0{,}5$

Schon im 17. Jahrhundert waren die Funktionswerte von Exponential- und Potenzfunktionen gut tabelliert. Interessant sind nur kleine k, so dass die Berechnung von $k!$ kein Problem darstellt. Dagegen ist die Berechnung der Binomial-Wahrscheinlichkeiten $B(n, p, k)$ ohne Computer kaum möglich.

Abb. 3.93. Poisson

Diese Näherung wurde 1837 von *Siméon Denis Poisson* (1781–1840) in seinem Werk „Recherches sur la probabilité des jugementes en matière criminelle et in matière civile“ hergeleitet. Er hatte bemerkt, dass die Konvergenz der Binomialverteilung gegen die Normalverteilung (vgl. Abschnitt 3.9.1 auf S. 350) schlecht ist, wenn p und $1 - p$ sehr unterschiedlich sind. Der Titel des Buchs erinnert daran, dass *Poisson* u. a. mit mathematischen Methoden Justizirrtümer möglichst vermeiden wollte. Das Hauptwerk von *Poisson* gehört zur theoretischen Mechanik, zur Wahrscheinlichkeitstheorie ist er relativ spät gekommen. Er war übrigens auch für die Kontrolle des französischen Erziehungssystems verantwortlich. Was wir heute Poisson-Verteilung nennen, war im Prinzip schon *Abraham de Moivre* zu Beginn des 18. Jahrhunderts bekannt.

Wie bei den anderen Verteilungen werden Poisson-verteilte Zufallsvariable definiert. Dass man so tatsächlich eine Wahrscheinlichkeitsverteilung erhält, folgt u. a. daraus, dass die Summe aller Poisson-Terme $\frac{\mu^k}{k!} \cdot e^{-\mu}$ Eins ergibt (vgl. *Heuser* 1990, S. 358):

$$\sum_{k=0}^{\infty} \frac{\mu^k}{k!} \cdot \mathrm{e}^{-\mu} = \mathrm{e}^{-\mu} \cdot \sum_{k=0}^{\infty} \frac{\mu^k}{k!} = \mathrm{e}^{-\mu} \cdot \mathrm{e}^{\mu} = 1$$

Definition 37 (Poisson-Verteilung) Eine Zufallsvariable X mit Werten auf $\mathbb{N}_0$ heißt ***Poisson-verteilt*** mit Parameter $\mu > 0$, wenn gilt $P(X = k) = \frac{\mu^k}{k!} \cdot \mathrm{e}^{-\mu}$. 37

Der Buchstabe μ deutet auf den Erwartungswerte hin. In der Tat ist μ der Erwartungswert der Poisson-Verteilung:

Satz 27 (Erwartungswert und Varianz der Poisson-Verteilung) Die Zufallsvariable 27
X sei Poisson-verteilt mit Parameter μ. Dann gilt:

$$E(X) = \mu \quad \text{und} \quad V(X) = \mu\,.$$

Beweis 13 (Beweis von Satz 27) Nach Definition des Erwartungswertes gilt:

$$\begin{aligned} E(X) &= \sum_{k=0}^{\infty} k \cdot \frac{\mu^k}{k!} \cdot \mathrm{e}^{-\mu} = \mathrm{e}^{-\mu} \cdot \sum_{k=0}^{\infty} k \cdot \frac{\mu^k}{k!} \\ &= \mathrm{e}^{-\mu} \cdot \mu \cdot \sum_{k=1}^{\infty} \frac{\mu^{k-1}}{(k-1)!} = \mathrm{e}^{-\mu} \cdot \mu \cdot \sum_{k=0}^{\infty} \frac{\mu^k}{k!} = \mathrm{e}^{-\mu} \cdot \mu \cdot \mathrm{e}^{\mu} = \mu\,. \end{aligned}$$

Für die Berechnung der Varianz benutzen wir den Verschiebungssatz (Satz 20a auf S. 296):

$$\begin{aligned} V(X) &= E(X^2) - E(X)^2 \\ E(X^2) &= \sum_{k=0}^{\infty} k^2 \cdot \frac{\mu^k}{k!} \cdot \mathrm{e}^{\mu} = \sum_{k=1}^{\infty} k \cdot \frac{\mu^k}{(k-1)!} \cdot \mathrm{e}^{-\mu} \\ &= \mu \cdot \left[\underbrace{\sum_{k=1}^{\infty} (k-1) \cdot \frac{\mu^{k-1}}{(k-1)!} \cdot \mathrm{e}^{-\mu}}_{E(X)=\mu} + \underbrace{\sum_{k=1}^{\infty} \frac{\mu^{k-1}}{(k-1)!}}_{\mathrm{e}^{\mu}} \cdot \mathrm{e}^{-\mu} \right] \\ &= \mu \left[\mu + \mathrm{e}^{-\mu} \cdot \mathrm{e}^{\mu} \right] = \mu^2 + \mu \end{aligned}$$

Zusammen folgt also $V(X) = \mu^2 + \mu - \mu^2 = \mu$, was zu beweisen war.

27 **Beispiel 27 (Rutherford-Geiger-Experiment)** Ein klassisches Beispiel für die Anwendung der Poisson-Verteilung ist das berühmte Experiment, das *Ernest Rutherford* (1871–1937) und *Hans Geiger* (1882–1945) im Jahr 1910 durchgeführt hatten. Sie untersuchten die radioaktive Strahlung von Polonium. Die Radioaktivität hatte *Antoine Henri Becquerel* (1852–1928) im Jahr 1896 entdeckt. *Rutherford* konnte zwei verschiedene Komponenten, die er α- und β-Strahlen nannte, unterscheiden. Polonium ist ein α-Strahler, die Strahlen wurden damals durch Lichtblitze auf einem Zinksulfitschirm beobachtet (das noch heute verwendete Geiger-Müller-Zählrohr wurde erst 1928 eingeführt). In ihrer 1910 erschienenen Arbeit „The Probability Variations in the Distribution of α Particles“ beschreiben *Rutherford* und *Geiger* ihr Versuchsarrangement und geben ihre Messergebnisse an: In 2608 Zeitintervallen von je 7,5 Sekunden Länge beobachteten sie genau 10097 Zerfälle und erhielten die folgende Tabelle (*Rutherford* & *Geiger* 1910; *Topsøe* 1990, S. 36). In der ersten Zeile steht die Anzahl k der Lichtblitze pro Zeitintervall, in der zweiten Zeile die Anzahl a_k der Intervalle mit genau k Lichtblitzen.

Tabelle 3.15. Daten des Rutherford-Geiger-Experiments

k	0	1	2	3	4	5	6	7	8	9	10	11	12	13	14	≥ 15
a_k	57	203	383	525	532	408	273	139	45	27	10	4	0	1	1	0

Wie sollten die Ergebnisse gedeutet werden? Man bedenke, dass damals die Herkunft und Ursache der α-Strahlen noch unbekannt war. *Eine* Theorie, die *Rutherford* und *Geiger* diskutierten, war die folgende: Die α-Strahlen werden spontan von Atomen emittiert. Man schreibt für das einfachste Modell jedem Atom eine Wahrscheinlichkeit p zu, in einem Zeitintervall von 7,5 Sekunden zu zerfallen. Der Zerfall des einen Atoms ist unabhängig vom Zerfall oder Nichtzerfall aller anderen Atome. Daher kann das Modell der hypergeometrischen Verteilung angewandt werden. Da die Anzahl der Atome riesig und die Anzahl der Zerfälle klein ist, kann das Binomialmodell angesetzt werden und dieses wieder sehr gut durch die Poisson-Verteilung angenähert werden. Wenn also die Modellvorstellung des unabhängigen Zerfalls der Atome vernünftig ist, müssten die Zahlen a_k mit den Werten einer geeigneten Poisson-Verteilung übereinstimmen. Als Parameter μ der Poissonverteilung, der ja den Erwartungswert der Poisson-Verteilung darstellt, kommt bei der großen Anzahl der Daten in Übereinstimmung mit dem empirischen Gesetz der großen Zahlen nur das arithmetische Mittel der Messwerte a_k in Frage. Dieser Mittelwert ist 3,87. In der dritten Zeile der folgenden Tabelle 3.16 stehen gerade die für eine Poisson-Verteilung mit Parameter $\mu = 3{,}87$ zu erwartenden Anzahlen $b_k = P(X = k) \cdot 2608$ von Intervallen mit k Lichtblitzen bei insgesamt $n = 2608$ Intervallen. Die Übereinstimmung zwischen gemessenen und aufgrund des Modells zu erwartenden Zahlen war ein überzeugendes Argument für die Güte des theoretisch entwickelten Modells!

Tabelle 3.16. Poisson-Verteilung für das Rutherford-Geiger-Experiment

k	0	1	2	3	4	5	6	7	8	9	10	11	12	13	14	≥ 15
a_k	57	203	383	525	532	408	273	139	45	27	10	4	0	1	1	0
b_k	54	210	407	525	508	394	254	141	68	29	11	4	1	0	0	0

Aufgabe 65 (Gewinnchancen für einen „Lotto-Sechser") Pro Woche werden etwa 120 Millionen Lotto-Tipps abgegeben. Wie groß ist die Chance, dass sich höchstens 3 Glückliche die Gewinnsumme für einen „Sechser" teilen müssen?

Aufgabe 66 (Bomben auf London) Gegen Ende des zweiten Weltkriegs haben die Deutschen V2-Raketen auf London geschossen. Für die britische Heeresleitung war es sehr wichtig, zu wissen, ob die V2-Raketen eine hohe Treffergenauigkeit hatten oder ob sie eher zufällig irgendwo in London einschlugen. Hierfür wurde über die Karte von London ein Netz von 576 Quadraten von je 25 ha Größe gelegt und für die 535 registrierten Treffer die folgende Häufigkeitsverteilung festgestellt (nach *Reichel* u. a. 1992, S. 190). In der Tabelle bedeuten k die Anzahl der Treffer pro Quadrat und n_k die Anzahl der Quadrate mit a registrierten Treffern.

k	0	1	2	3	4	5	≥ 5
n_k	229	211	93	35	7	1	0

Welche Schlüsse kann man hieraus ziehen?

3.7 Markov-Ketten

3.7

Viele stochastische Phänomene können als mehrstufiges Zufallsexperiment (vgl. Abschnitt 3.2.3) und damit als Folge von Zufallsexperimenten beschrieben werden. Die einzelnen Zufallsexperimente lassen sich dann als Folge $Z_0, Z_1, Z_2, \ldots$ von Zufallsvariablen erfassen. Es ist eine besonders anschauliche Auffassung, die Zählvariable als Zeit t und die Werte, die die Zufallsvariablen annehmen können, als ***Zustände*** zu betrachten. Die Zufallsvariable Z_n

beschreibt das Eintreten eines Ergebnisses zum Zeitpunkt $t = n$, z. B. den Zustand $Z_n = i$. Man spricht hierbei auch von ***stochastischen Prozessen***. Als einführendes Beispiel untersuchen wir in Abschnitt 3.7.1 ein reales Problem, den *Palio von Siena* (vgl. *Humenberger* 2002), was zu den Markov-Ketten mit einer Grenzverteilung führen wird. Diese werden dann in Abschnitt 3.7.2 genauer betrachtet. Anhand des schon auf S. 215 behandelten Beispiels 5 „Warten auf die erste Sechs“, jetzt als Markov-Kette betrachtet, entwickeln wir in Abschnitt 3.7.3 Markov-Ketten mit absorbierenden Zuständen.
Zur Beschreibung der Markov-Ketten werden Ideen der Stochastik, der Linearen Algebra (Beschreibung durch Matrizen) und der Analysis (Grenzwert-Betrachtungen) zusammengeführt. Daher eignen sie sich aus didaktischer Sicht besonders gut, um die Vernetztheit von Mathematik in der Sekundarstufe II erfahrbar zu machen. Sehr viele Beispiele zu Markov-Ketten und weitere Eigenschaften, beschrieben auf Schulniveau, findet man in Band 2 der *Wahrscheinlichkeitsrechnung und Statistik* von *Arthur Engel* (1978). Für ein weitergehendes Studium von Markov-Ketten ist der Überblicksartikel von *Klaus Janssen* u. a. (2004) ein guter Ausgangspunkt.

3.7.1 Der Palio von Siena

Die etwa 54000 Einwohner große toskanische Stadt Siena ist bekannt durch den Palio, ein traditionelles Rennen, das auf der Piazza del Campo (Abb. 3.94), dem zentralen Platz, zweimal pro Jahr, am 2. Juli und 16. August, ausgetragen wird. Dieses Pferderennen hat den Status eines großen Volksfestes und wird von tagelangen Zeremonien begleitet. Der Name Palio leitet sich vom lateinischen Wort „pallium“ ab, was Tuch oder Umhang bedeutet. Der ersehnte Preis für den Sieger ist nämlich eine Standarte, deren Tuch die Madonna sowie

Abb. 3.94. Piazza del Campo

die Symbole der Stadtteile Sienas zeigt. Diese Stadtteile werden „Contraden“ genannt und schicken jeweils einen Reiter ins Rennen. Der Rennkurs ist nur 300 m lang und wird dreimal ungesattelt durchritten, wobei alle Mittel der gegenseitigen Behinderung erlaubt sind. Gewonnen hat die Contrade, deren Pferd als erstes die Ziellinie erreicht – der Reiter kann also theoretisch auf der Strecke bleiben. Aufgrund der Enge und Härte des Rennens dürfen immer nur zehn Reiterpaare starten. Es gibt in Siena jedoch 17 Contraden, die alle auf eine erfolgreiche Teilnahme brennen.
Wie ist es gerecht zu bewerkstelligen, 10 der 17 Contraden an einem Rennen teilnehmen zu lassen? In Siena werden die beiden Rennen eines Jahres getrennt betrachtet, sie gelten als zwei verschiedene Stränge bzw. als zwei verschiedene Veranstaltungen (so wie bei uns das Mittwochs- und das Samstags-Lotto). Im Folgenden reicht es also aus, sich auf einen dieser Stränge (z. B. den 2. Juli jedes Jahres) zu konzentrieren.
Es gibt natürlich viele Möglichkeiten für ein „gerechtes“ Verfahren. Man könnte für jede Veranstaltung jeweils 10 Teilnehmer aus den 17 Contraden auslosen.

Auftrag

Welchen Nachteil hätte dieses Verfahren? Entwickeln Sie eigene Vorschläge für „gerechte Verfahren“ und analysieren Sie diese.

Tatsächlich wurde für den Palio folgendes Verfahren gewählt: Die sieben Nichtteilnehmer eines Rennens sind für das folgende Jahr gesetzt, die restlichen drei Startplätze werden unter den verbleibenden zehn Contraden verlost. Ist dieses Verfahren „gerecht“? Bei diesem Verfahren kann es jedenfalls nicht vorkommen, dass eine Contrade zweimal hintereinander nicht teilnehmen darf. Von einem gerechten Verfahren wird man außerdem erwarten, dass sich auf lange Sicht für jeden Stadtteil die gleiche Teilnahmewahrscheinlichkeit $\frac{10}{17}$ ergibt.
Möchte man das praktizierte Auswahlverfahren modellieren, so kann man sich auf eine feste Contrade C und für C auf die beiden Ergebnisse „nimmt teil“ und „nimmt nicht teil“ konzentrieren, also als Ergebnismenge $\Omega = \{T, \neg T\}$ setzen. Wir beschreiben die zeitliche Abfolge durch die Zufallsgrößen

$$Z_n = \begin{cases} 1, \text{ falls C am Rennen } n \text{ teilnimmt} \\ 2, \text{ falls C am Rennen } n \text{ nicht teilnimmt} \end{cases}$$

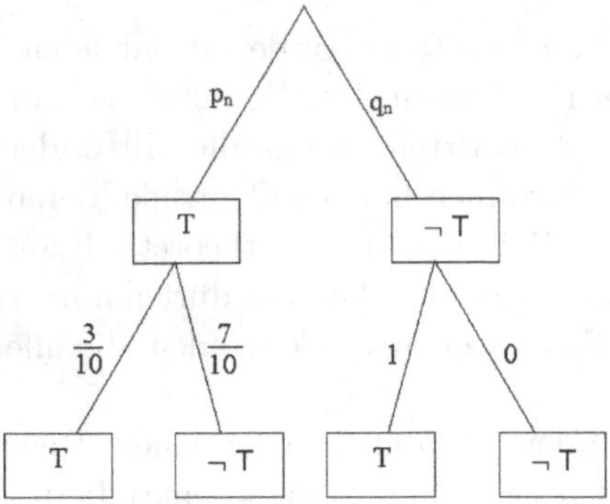

Abb. 3.95. Teil-Baumdiagramm

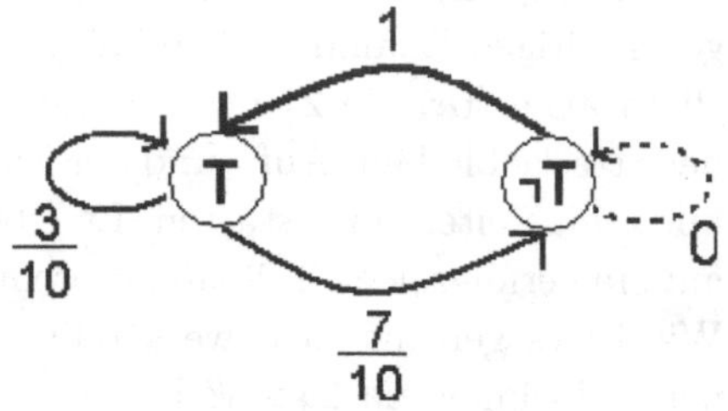

Abb. 3.96. Gerichteter Graph

und interessieren uns für die Wahrscheinlichkeitsverteilungen der Z_n.[43] Die Zählvariable n misst beim Palio die Zeit in Jahren, wobei zum Zeitpunkt $t = 0$ das erste Rennen stattgefunden haben möge. Mit der Abkürzung

$$p_n := P(Z_n = 1) \text{ und } q_n := P(Z_n = 2)$$

interessiert uns die Folge $(p_n)_{n\in\mathbb{N}}$. Wegen $p_n + q_n = 1$ ist die Folge $(q_n)_{n\in\mathbb{N}}$ durch die p_n ebenfalls eindeutig festgelegt. Nach den „Spielregeln" hängen die Werte p_{n+1} und q_{n+1} nur davon ab, ob C am Rennen im Jahr n teilgenommen hat oder nicht.

Tabelle 3.17.
Übergangstabelle

↙	T	$\neg T$
T	0,3	1
$\neg T$	0,7	0

Möchte man den Palio-Prozess mit einem Baumdiagramm beschreiben, so muss man sich auf einen kleinen Ausschnitt beschränken (z. B. wie in Abb. 3.95). Den gesamten Prozesse kann man jedoch in ähnlicher Weise auch vollständig darstellen, nämlich mit einem gerichteten Graphen (Abb. 3.96). Die zwei möglichen Zustände T und $\neg T$ sind durch die beiden Kreise dargestellt. Die Pfeile stehen für die vier denkbaren Übergänge, die Zahlen für die jeweiligen Übergangswahrscheinlichkeiten, z. B. $\frac{7}{10}$ für den Übergang von Teilnahme nach Nichtteilnahme. Diesen gerichteten Graphen kann man auch als Tabelle schreiben (Tabelle 3.17).

Anhand des Baumdiagramms lässt sich erkennen, wie die Werte p_{n+1} und q_{n+1} von p_n und q_n abhängen. Die Pfadregeln ergeben die folgenden Rekursionsformeln:

[43] Die Codierung von Teilnahme T durch $Z_n = 1$ und Nichtteilnahme T durch $Z_n = 2$ ist natürlich willkürlich. Jedoch wird sich später bei der Einführung von Matrizen zeigen, dass dies vorteilhaft ist.

$$p_{n+1} = \frac{3}{10} \cdot p_n + 1 \cdot q_n \tag{1}$$

$$q_{n+1} = \frac{7}{10} \cdot p_n + 0 \cdot q_n \tag{2}$$

Die Koeffizienten sind die bedingten Wahrscheinlichkeiten $P(Z_{n+1} = i | Z_n = j)$ des Übergangs vom Zustand j im Jahr n zum Zustand i im Jahr $n+1$. Wie man an den Rekursionsformeln sieht, hängt die Wahrscheinlichkeitsverteilung zum Zeitpunkt $t = n + 1$ nur von der Wahrscheinlichkeitsverteilung zum Zeitpunkt $t = n$ ab. Diese Besonderheit des stochastischen Prozesses, der durch die Palio-Zufallsgrößen $Z_0, Z_1, \ldots$ beschrieben wird, heißt auch ***Markov-Eigenschaft***, der zugehörige stochastische Prozess *Markov-Kette.* Zu Beginn des nächsten Abschnitts werden wir hierauf genauer eingehen.

Ausgehend vom Startjahr $t = 0$, in dem C am Rennen teilgenommen hat ($p_1 = 1$) oder nicht ($p_1 = 0$), lassen sich nun die Teilnahmewahrscheinlichkeiten für die folgenden Jahre $t = 1, 2, 3, \ldots$ rekursiv berechnen. Einige Werte stehen in der folgenden Tabelle.

Tabelle 3.18. Teilnahmewahrscheinlichkeiten

	$n = 1$	$n = 2$	$n = 3$	$n = 4$
$p_0 = 1$	$p_1 = 0{,}3$	$p_2 = 0{,}79$	$p_3 = 0{,}447$	$p_4 = 0{,}6871$
$p_0 = 0$	$p_1 = 1$	$p_2 = 0{,}3$	$p_3 = 0{,}79$	$p_4 = 0{,}447$

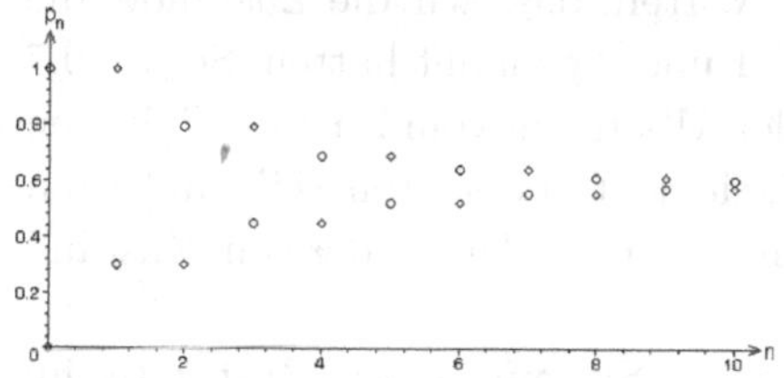

Abb. 3.97. Wahrscheinlichkeiten beim Palio

Die Wahrscheinlichkeit für eine Teilnahme am Palio hängt also in den ersten Jahren stark davon ab, ob man im Startjahr teilgenommen hat oder nicht: Für das dritte Jahr nach dem Startjahr gilt z. B. $P(Z_3 = 1 | Z_0 = 1) = 0{,}447$, dagegen ist $P(Z_3 = 1 | Z_0 = 0) = 0{,}79$. Für das Schaubild in Abb. 3.97 wurden noch einige weitere Folgenglieder berechnet und graphisch dargestellt: Die Punkte $(n|p_n)$ wurden für $p_0 = 1$ durch einen Kreis dargestellt, für $p_0 = 0$ durch eine Raute. Die wesentliche Botschaft, die das Bild vermittelt, ist die Stabilisierung der Werte bei derselben Wahrscheinlichkeit (etwa $p = 0{,}6$), und zwar unabhängig vom Startwert p_0. Die Tatsache, dass beide Folgen um 1 versetzt gleiche Werte haben, ist in der speziellen Rekursionformel und den speziellen Anfangswerten begründet.

Aufgabe 67 (Explizite Formeln im Fall von zwei Zuständen) In diesem speziellen Fall mit nur zwei Zuständen T und $\neg T$ kann man aus der rekursiven Darstellung eine explizite Formel für p_n (und natürlich auch q_n) herleiten, mit der sich z. B. p_{n+1} aus p_0 berechnen lässt, ohne dass zuvor p_n berechnet werden muss. Das gelingt auch noch, wenn die Rekursionsformeln die allgemeine Gestalt

$$p_{n+1} = \alpha \cdot p_n + \beta \cdot q_n \quad (1)$$

$$q_{n+1} = (1-\alpha) \cdot p_n + (1-\beta) \cdot q_n \quad (2)$$

mit $0 \leq \alpha, \beta \leq 1$ haben. Leiten Sie die explizite Formel $p_n = f(p_0)$ her!

Da die explizite Darstellung nur beim Spezialfall mit nur zwei möglichen Zuständen gelingt, verfolgen wir statt dessen eine verallgemeinerbare Beschreibung des Palio-Prozesses durch Matrizen. Wir wollen der vermuteten Stabilisierung der p_n-Werte nachgehen. Die rekursive Berechnung mithilfe der Formeln (1) und (2) kann durch die Einführung der Matrizenschreibweise wie folgt geschrieben werden:

$$\begin{pmatrix} 0{,}3 & 1 \\ 0{,}7 & 0 \end{pmatrix} \cdot \begin{pmatrix} p_n \\ q_n \end{pmatrix} = \begin{pmatrix} p_{n+1} \\ q_{n+1} \end{pmatrix}.$$

Die Elemente der Matrix, die genau der Tabellenschreibweise des Übergangsgraphen entspricht, sind gerade die Übergangswahrscheinlichkeiten $p_{i,j} = P(Z_{n+1} = i | Z_n = j)$. Hier zeigt sich der Vorteil, dass wir die Zustände, die die Zufallsvariable Z_n annehmen können, 1 und 2 genannt hatten. So wie 0,7 in Abb. 3.96 die Wahrscheinlichkeit für den Übergang vom Zustand T in den Zustand $\neg T$ beschreibt, ist $p_{i,j}$ das Matrixelement in der i-ten Zeile und j-ten Spalte und beschreibt die Wahrscheinlichkeit für den Übergang vom Zustand j in den Zustand i.

Die Spaltensummen sind jeweils Eins, da das System ja vom Zustand j im Zeitpunkt n zu irgendeinem der möglichen Zustände im Zeitpunkt $n+1$ übergeht. Die Matrix ist also eine so genannte ***stochastische Matrix***, das ist eine Matrix, deren Spaltenvektoren aus nichtnegativen Zahlen mit Summe 1 bestehen. Man nennt solche Vektoren ***stochastische Vektoren***, sie sind als Wahrscheinlichkeitsverteilungen auf Ω deutbar. Mit den Abkürzungen

$$A := \begin{pmatrix} 0{,}3 & 1 \\ 0{,}7 & 0 \end{pmatrix} \text{ und } \vec{\pi}_n := \begin{pmatrix} p_n \\ q_n \end{pmatrix}$$

gilt $A \cdot \vec{\pi}_n = \vec{\pi}_{n+1}$. Die Vektoren $\vec{\pi}_n$ sind ebenfalls stochastische Vektoren (warum?). Die Matrixschreibweise erlaubt eine einfache Beschreibung der zeitlichen Entwicklung:

$$\begin{aligned} \vec{\pi}_1 &= A \cdot \vec{\pi}_0 \\ \vec{\pi}_2 &= A \cdot \vec{\pi}_1 = A \cdot (A \cdot \vec{\pi}_0) = A^2 \cdot \vec{\pi}_0 \\ &\vdots \\ \vec{\pi}_n &= A \cdot \vec{\pi}_{n-1} = \ldots = A^n \cdot \vec{\pi}_0 \end{aligned}$$

Wir betrachten nun also die Wahrscheinlichkeitsverteilung für die Teilnahme zum Zeitpunkt $t = n$. Um $\vec{\pi}_n$ berechnen zu können, benötigen wir die Startverteilung und die Matrixpotenz A^n. Solche Potenzen kann man für kleine n per Hand, für größere n sinnvoller Weise mit einem CAS bestimmen. Beispielsweise berechnet MAPLE auf vier Nachkommastellen genau

$$A^{10} \approx \begin{pmatrix} 0{,}5999 & 0{,}5716 \\ 0{,}4001 & 0{,}4284 \end{pmatrix}, A^{50} \approx \begin{pmatrix} 0{,}5882 & 0{,}5882 \\ 0{,}4118 & 0{,}4118 \end{pmatrix}, A^{100} \approx \begin{pmatrix} 0{,}5882 & 0{,}5882 \\ 0{,}4118 & 0{,}4118 \end{pmatrix}.$$

Die zugehörigen Wahrscheinlichkeitsverteilungen der Zufallsvariablen Z_{10}, Z_{50} und Z_{100} sind (in Abhängigkeit, ob C zu Beginn teilgenommen hat, also $p_0 = 1$, oder nicht, also $p_0 = 0$):

$$\begin{aligned} p_0 = 1 \quad & \vec{\pi}_{10} := \begin{pmatrix} 0{,}5999 \\ 0{,}4001 \end{pmatrix} \quad \vec{\pi}_{50} := \begin{pmatrix} 0{,}5882 \\ 0{,}4118 \end{pmatrix} \quad \vec{\pi}_{100} := \begin{pmatrix} 0{,}5882 \\ 0{,}4118 \end{pmatrix} \\ p_0 = 0 \quad & \vec{\pi}_{10} := \begin{pmatrix} 0{,}5716 \\ 0{,}4284 \end{pmatrix} \quad \vec{\pi}_{50} := \begin{pmatrix} 0{,}5882 \\ 0{,}4118 \end{pmatrix} \quad \vec{\pi}_{100} := \begin{pmatrix} 0{,}5882 \\ 0{,}4118 \end{pmatrix} \end{aligned}$$

Für $n = 3$ hingen die Wahrscheinlichkeiten noch deutlich davon ab, ob man beim ersten Mal teilgenommen hat oder nicht. Die graphische Stabilisierung von Abb. 3.97 bestätigt sich bei der numerischen Berechnung:

$$\vec{\pi}_n \text{ scheint gegen } \begin{pmatrix} a \\ b \end{pmatrix} \text{ mit } a = \frac{10}{17} \text{ und } b = \frac{7}{17} \text{ zu konvergieren.}$$

Entsprechend führt die Berechnung der Matrixpotenzen zur Vermutung, dass die Matrix-Potenzen gegen eine ***Grenzmatrix***[44]

$$A_\infty := \lim_{n \to \infty} A^n = \begin{pmatrix} a & a \\ b & b \end{pmatrix}$$

[44] Die Existenz des Limes einer Matrix bedeutet, dass der Limes der einzelnen Komponenten der Matrix existiert. Diese Grenzwerte bilden dann die Grenzmatrix.

konvergiert, die bei uns sogar gleiche Spalten hat. Wenn eine Grenzmatrix A existiert, so existiert auch die ***Grenzverteilung***

$$\vec{\pi}_\infty := A_\infty \cdot \vec{\pi}_0,$$

die im Allgemeinen von der Startverteilung $\vec{\pi}_0$ abhängt (vgl. das Beispiel „Kühnes Spiel“ in Abschnitt 3.7.3). Im Falle des Palio vermuten wir jedoch, dass die Grenzmatrix aus gleichen Spalten besteht. Wegen

$$\begin{pmatrix} a & a \\ b & b \end{pmatrix} \cdot \begin{pmatrix} p_0 \\ p_1 \end{pmatrix} = \begin{pmatrix} a \cdot (p_0 + p_1) \\ b \cdot (p_0 + p_1) \end{pmatrix} = \begin{pmatrix} a \\ b \end{pmatrix}$$

ist dann die Grenzverteilung

$$\vec{\pi}_\infty = \begin{pmatrix} a \\ b \end{pmatrix}$$

eindeutig und unabhängig von der Startverteilung. Beim Palio-Verfahren ist folglich für große n die Teilnahmewahrscheinlichkeit der gerade betrachteten Contrade C unabhängig davon, ob C am Startrennen teilgenommen hat oder nicht.

Mathematisch gesehen ist unser Ergebnis natürlich nur eine Aussage über das Verhalten des Palio-Prozesses auf lange Sicht. Unsere MAPLE-Experimente haben jedoch schon für $n = 50$ eine Stabilisierung sehr nahe beim Grenzwert gezeigt. Da der Palio seit dem 17. Jahrhundert mit im Prinzip gleichen Regeln ausgetragen wird, kann man davon ausgehen, dass das Palio-Verfahren in unserem Sinne mittlerweile gerecht ist!

Wenn eine Grenzmatrix A_∞ existiert (und zwar mit oder ohne gleiche Spalten), so gilt für jede Grenzverteilung

$$\begin{aligned} A \cdot \vec{\pi}_\infty &= A \cdot (A_\infty \cdot \vec{\pi}_0) = A \cdot (\lim_{n \to \infty} A^n \cdot \vec{\pi}_0) = (A \cdot \lim_{n \to \infty} A^n \cdot \vec{\pi}_0) \\ &= \lim_{n \to \infty} A^{n+1} \cdot \vec{\pi}_0 = A_\infty \cdot \vec{\pi}_0 = \vec{\pi}_\infty \end{aligned}$$

Wenn das System seinen Grenzzustand erreicht hat, so bleibt es auch fürderhin in derselben Verteilung! In der Sprache der Linearen Algebra hat die Matrix A den Eigenwert 1, und die Grenzverteilung ist ein zugehöriger Eigenvektor.[45] Ein solcher Eigenvektor zum Eigenwert 1, als Zustandsverteilung einer Markov-Kette verstanden, heißt auch ***stationäre Verteilung***. Wie wir eben gezeigt haben, ist eine Grenzverteilung auch stationär. Wenn die Grenzmatrix existiert und aus gleichen Spalten besteht, dann ist die Grenzverteilung eindeutig und unabhängig von der Startverteilung. Also hat dann die Matrix A

[45] Ein Vektor $\vec{v} \neq \vec{0}$ heißt Eigenvektor der Matrix A zum Eigenwert λ, wenn $A \cdot \vec{v} = \lambda \cdot \vec{v}$ gilt.

den Eigenwert 1 mit eindimensionalen Eigenraum, und die Grenzverteilung ist der durch die Eigenschaft „stochastischer Vektor“ eindeutig bestimmte Vektor zum Eigenwert 1 (die Begriffe und Resultate der Linearen Algebra können z. B. bei *Henze* & *Last* (2003, 2004) nachgeschlagen werden).
Die Existenz der Grenzmatrix mit gleichen Spalten folgt in unserem Spezialfall mit nur zwei möglichen Zuständen T und $\neg T$ schon aus der in der obigen Aufgabe 67 gewonnen expliziten Darstellung. Im allgemeinen Fall mit m möglichen Zuständen werden wir im nächsten Abschnitt eine notwendige Bedingung angeben.

3.7.2 Markov-Ketten mit Grenzverteilung

In Abschnitt 3.2.3 haben wir mehrstufige Zufallsexperimente mithilfe von Baumdiagrammen und Pfadregeln beschrieben. Allerdings ist dies nur für einfache Situationen eine praktikable Methode. In einigen speziellen Fällen konnten wir genauere Zusammenhänge herleiten: Wenn alle Zufallsgrößen identisch und voneinander unabhängig sind, kamen wir zur Binomialverteilung (Abschnitt 3.6.1) und zur Multinomialverteilung (Abschnitt 3.6.2). Eine andere einfache Situation, beschrieben durch das Modell „Ziehen ohne Zurücklegen aus einer Urne“ – die Zufallsvariablen sind jetzt zwar voreinander abhängig, aber auf eine leicht zu beschreibende Weise –, führte zur hypergeometrischen Verteilung (Abschnitt 3.6.4). Im Allgemeinen wird die Wahrscheinlichkeit für das Eintreten eines Zustands $Z_{n+1} = i_{n+1}$ davon abhängen, welche Zustände $Z_n = i_n, Z_{n-1} = i_{n-1}, \ldots, Z_0 = i_0$ vorher eingetreten sind, also von der gesamten Vorgeschichte. Die zugehörigen bedingten Wahrscheinlichkeiten lassen sich mithilfe der Pfad-Multiplikationsregel berechnen.
Der russische Mathematiker *Andrei Andreyevich Markov* (1856–1922), ein Schüler von *Tschebyscheff*, versuchte, die Voraussetzungen für den zentralen Grenzwertsatz (vgl. Abschnitt 3.9.4) auch auf gewisse Folgen von voneinander abhängigen Zufallsvariablen auszudehnen und betrachtete hierfür spezielle Folgen von Zufallsgrößen – eben jene, die wir heute *Markov-Ketten* nennen. Bei diesen hängen die Übergangswahrscheinlichkeiten vom Zustand $Z_n = j$ in den Zustand $Z_{n+1} = i$ nur vom aktuellen Zustand $Z_n = j$ ab. Der in Abschnitt 3.7.1 behandelte Palio-Prozess ist eine solche Markov-Kette. *Markov* betrachtete als einziges konkretes (und nicht besonders überzeugendes) Beispiel die Folge von Konsonanten und Vokalen in *Puschkins* Roman „Eugen Onegin“, d. h. die Zufallsvariable Z_n beschreibt den

Abb. 3.98. Markov

n-ten Buchstaben des betrachteten Texts und kann die Zustände „Konsonant“ oder „Vokal“ annehmen.
Als ***Markov-Kette*** bezeichnet man eine Folge von Zufallsversuchen mit gleicher endlicher Ergebnismenge, dem ***Zustandsraum*** $\Omega = \{\omega_1, \omega_2, \ldots, \omega_m\}$. Die einzelnen Zufallsversuche werden durch Zufallsvariablen $Z_0, Z_1, Z_2, \ldots$ mit

$$Z_i : \Omega \to \{1, 2, \ldots, m\}, \omega_i \mapsto i$$

beschrieben. Dieser Ansatz von $Z_i(\Omega)$ wie beim Palio wird sich als vorteilhaft erweisen, weil man so die Matrixelemente in der üblichen Weise bezeichnen kann. In diskreten Zeitschritten, die durch die Zählvariable gemessen werden, geht das System von einem Zustand $\omega_j \in \Omega$ zum Zeitpunkt $t = n$, d. h. $Z_n = j$, in den nächsten Zustand $\omega_i \in \Omega$ zum Zeitpunkt $t = n + 1$, d. h. $Z_{n+1} = i$, über. Da wir höchstens abzählbar unendlich viele Zufallsvariablen Z_n betrachten, spricht man genauer von ***diskreten Markov-Ketten***.
Die Wahrscheinlichkeiten

$$P(Z_{n+1} = i_{n+1} | Z_n = i_n, Z_{n-1} = i_{n-1}, \ldots, Z_0 = i_0)$$

für die Zustände des Systems im Zeitpunkt $t = n + 1$ sind bedingte Wahrscheinlichkeiten. Diese komplizierte allgemeine Situation wird bei Markov-Ketten spezialisiert: Die wesentliche zusätzliche und die Situation stark vereinfachende ***Markov-Annahme***[46] ist, dass die zeitliche Entwicklung des Systems nur vom jeweils aktuellen Zustand abhängt. Für die Übergangswahrscheinlichkeit vom Zustand j zum Zeitpunkt $t = n$ in den Zustand i zum Zeitpunkt $t = n + 1$ gilt also

$$P(Z_{n+1} = i | Z_n = j) = (Z_{n+1} = i | Z_n = j, Z_{n-1} = i_{n-1}, \ldots, Z_0 = i_0)$$

Beim Palio hängen die obigen Übergangswahrscheinlichkeiten vom Zustand j in den Zustand i nicht vom Zeitpunkt n ab, sondern sind sogar konstant:

$$p_{i,j} = P(Z_{n+1} = i | Z_n = j).$$

Diese Eigenschaft einer Markov-Kette heisst *homogen*. Diskrete, ***homogene Markov-Ketten*** sind einerseits relativ einfach mathematisch zu beschreiben und erlauben es andererseits, reale Situationen modellieren. Wir betrachten im Folgenden nur solche Markov-Ketten.

---

[46]Diese Markov-Annahme ist die wesentliche Eigenschaft einer Markov-Kette – und nicht etwa die Tatsache, dass sich ein stochastischer Prozess durch eine Übergangsmatrix beschreiben läßt. *Wolf-Rüdiger Heilmann* (1980) gibt ein einfaches Gegenbeispiel eines durch eine Übergangsmatrix beschriebenen stochastischen Prozesses an, der keine Markov-Kette ist.

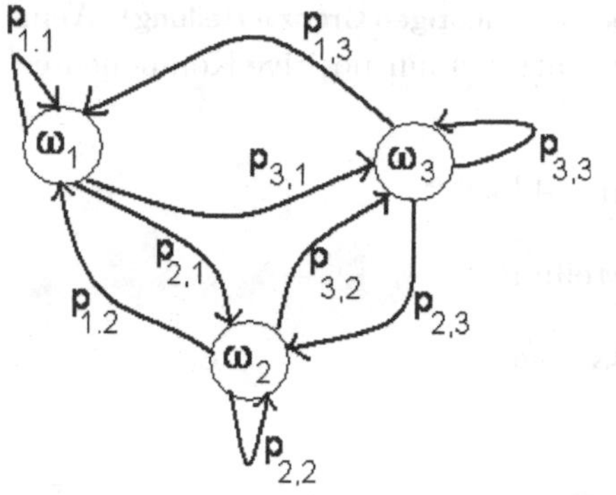

Abb. 3.99. Übergangsgraph für $m = 3$

Wie beim Palio können wir die Markov-Kette durch einen gerichteten Graphen mit m (z. B. als kleine Kreise markierten) Zuständen $\omega_1, \omega_2, \ldots, \omega_m$ beschreiben (Abb. 3.99). Von den Zuständen gehen jeweils m Pfeile zu allen Zuständen, an welche die Übergangswahrscheinlichkeiten geschrieben werden. Pfeile mit Wahrscheinlichkeit Null können natürlich weg gelassen werden. Wir fassen die Übergangswahrscheinlichkeiten $p_{i,j}$ der Markov-Kette zur Übergangsmatrix $A = (p_{i,j})$ zusammen, die jetzt eine stochastische $m \times m$-Matrix ist. Hierbei zahlt sich wieder die Wahl von $Z_i(\Omega) = \{1, 2, \ldots, m\}$ aus: $p_{i,j}$ ist die bedingte Wahrscheinlichkeit, in einem Zeitschritt vom Zustand j in den Zustand i überzugehen und gleichzeitig das Element in der i-ten Zeile und j-ten Spalte der Übergangsmatrix A.

Ausgehend von einer durch einen stochastischen Vektor gegebenen Startverteilung

$$\vec{\pi}_0 := \begin{pmatrix} p_1^0 \\ p_2^0 \\ \vdots \\ p_m^0 \end{pmatrix}$$

zum Zeitpunkt $t = 0$ lässt sich die ebenfalls durch einen stochastischen Vektor beschriebene Wahrscheinlichkeitsverteilung $\vec{\pi}_n$ der Zufallsvariablen Z_n zum Zeitpunkt $t = n$ berechnen durch

$$\vec{\pi}_n = A \cdot \vec{\pi}_0 \,.$$

Die Komponenten $p_{i,j}(n)$ der Matrix A^n sind die Wahrscheinlichkeiten, dass das System in n Zeitschritten vom Zustand ω_j zur Startzeit $t = 0$ in den Zustand ω_i zum Zeitpunkt $t = n$ übergeht.

Beim Palio hatten wir aufgrund der Beispielrechnungen vermutet, dass eine Grenzmatrix mit gleichen Spaltenvektoren existiert. Dann existiert auch eine eindeutige Grenzverteilung, und ihre Bestimmung reduziert sich auf die relativ einfache Berechnung der Eigenvektoren von A zum Eigenwert 1! Wir benötigen also ein Kriterium für die Existenz einer Grenzmatrix mit gleichen Spaltenvektoren:

28 **Satz 28 (Satz von Markov für die Existenz einer eindeutigen Grenzverteilung)** Wenn irgendeine Potenz A^r der stochastischen Matrix A nur positive Komponenten hat, dann existiert die Grenzmatrix

$$A_\infty = \lim_{n\to\infty} A^n$$

mit der eindeutig bestimmten Grenzverteilung

$$\vec{\pi}_\infty := A_\infty \cdot \vec{\pi}_0$$

und es gilt

$$A_\infty = \begin{pmatrix} p_1 & p_1 & \cdots & p_1 \\ p_2 & p_2 & \cdots & p_2 \\ \vdots & \vdots & & \vdots \\ p_m & p_m & \cdots & p_m \end{pmatrix} \text{ und } \vec{\pi}_\infty = \begin{pmatrix} p_1 \\ p_2 \\ \vdots \\ p_m \end{pmatrix}.$$

Unabhängig von der Startverteilung entwickelt sich das System asymptotisch zur Grenzverteilung hin. Die Grenzverteilung ist die eindeutig bestimmte stationäre Verteilung zum Eigenwert 1 von A.

Der Satz von Markov besagt, dass es für die Existenz einer Grenzverteilung hinreichend ist, wenn die stochastische Matrix A oder eine ihrer Potenzen A^n nur positive Komponenten hat.[47] In einem solchen Fall kann man von jedem Zustand zum Zeitpunkt $t = n$ jeden Zustand zum Zeitpunkt $t = n + 1$ erreichen. Diese Bedingung ist aber z. B. für die Matrix A des Palio nicht erfüllt: Da man nach einer Nichtteilnahme nicht noch ein zweites Mal mit Nichtteilnahme „bestraft“ wird, ist die Übergangswahrscheinlichkeit $p_{2,2} = 0$. Trotzdem existiert eine Grenzverteilung: Schon A^2 eine Matrix mit nur positiven Komponenten.

Beweis 14 (Beweis von Satz 28)
Wir werden den Beweis führen, indem wir wir zeigen, dass es positive Zahlen $p_1, \ldots, p_m$ derart gibt, dass gilt

$$\lim_{n\to\infty} p_{i,j}(n) = p_i \text{ für } i, j = 1, \ldots, m\,.$$

Damit hat man konstante Zeilen und damit gleiche Spalten. Der aus diesen Zahlen gebildete Vektor ist dann die Grenzverteilung. Die Grenzwertaussage

[47] Man kann sogar folgendes zeigen: Für die Existenz der Grenzmatrix ist es hinreichend, dass in einer Potenz von A in einer einzigen Zeile nur positiven Komponenten stehen.

werden wir erhalten, indem wir eine geeignete Intervallschachtelung konstruieren. Hierfür wählen wir eine feste Zeilennummer i. Für jedes $n \in \mathbb{N}$ sei M_n die größte Zahl und m_n die kleinste Zahl in der i-ten Zeile von A^n. Dann ist $([m_n, M_n])_{n\in\mathbb{N}}$ eine Intervallschachtelung, d. h. es gilt

$$M_{n+1} \leq M_n \text{ und } m_{n+1} \geq m_n \text{ für alle } n \in \mathbb{N} \text{ und } (M_n - m_n) \overset{n\to\infty}{\longrightarrow} 0\,,$$

und unser Beweis ist fertig. Wir gehen in drei Schritten vor:

1. Schritt:

Wegen $A_{n+1} = A_n \cdot A$ stehen in der i-ten Zeile von A_{n+1} die Zahlen

$$p_{i,j}(n+1) = \sum_{k=1}^{m} p_{i,k}(n) \cdot p_{k,j}\,.$$

Da $m_n \leq p_{i,k}(n) \leq M_n$ für $k = 1, \ldots, m$ gilt, folgt weiter

$$m_n = \sum_{k=1}^{m} m_n \cdot p_{k,j} \leq \sum_{k=1}^{m} M_n \cdot p_{k,j} = M_n\,.$$

Also gilt für Minimum und Maximum in der i-ten Zeile von A_{n+1} die Abschätzung

$$m_n \leq m_{n+1} \leq p_{i,k}(n) \leq M_{n+1} \leq M_n\,,$$

und in jedem Fall ist die Folge (m_n) monoton wachsend, die Folge (M_n) monoton fallend und die Folge $(M_n - m_n)$ ebenfalls monoton fallend mit nichtnegativen Gliedern.

2. Schritt:

Um zu zeigen, dass die Differenzfolge $(M_n - m_n)$ eine Nullfolge ist, müssen wir das Wachsen von (m_n) und das Fallen von (M_n) genauer analysieren. Es sei hierzu zunächst vorausgesetzt, dass alle Elemente $p_{i,j}$ von A positiv sind. Das damit positive Minimum dieser Zahlen $p_{i,j}$ nennen wir d. Wir betrachten den Schritt von A_n zu A_{n+1} genauer:

$$M_{n+1} \leq \max_j \left\{ \sum_{k=1}^{m} p_{i,k}(n) \cdot p_{k,j} \right\} = \max_j \left\{ \sum_{k\neq a} p_{i,k}(n) \cdot p_{k,j} + m_n \cdot p_{a,j} \right\}.$$

Dabei ist in der rechten Darstellung a so gewählt, dass $p_{a,j}(n) = m_n$ gilt. Damit schätzen wir weiter ab:

$$\begin{aligned} M_{n+1} &\le \max_j \left\{ \sum_{k \neq a} M_n \cdot p_{k,j} + m_n \cdot p_{a,j} \right\} = \max_j \{M_n - M_n \cdot p_{a,j} + m_n \cdot p_{a,j}\} \\ &= M_n + \max_j \{(m_n - M_n) \cdot p_{a,j}\} = M_n - (M_n - m_n) \cdot \min_j \{p_{a,j}\} \\ &= M_n - (M_n - m_n) \cdot d\,. \end{aligned}$$

Genauso erhalten wir

$$m_{n+1} \ge m_n + (M_n - m_n) \cdot d\,.$$

Die Subtraktion der beiden Ungleichungen ergibt

$$M_{n+1} - m_{n+1} \le (1 - 2 \cdot d) \cdot (M_n - m_n)\,,$$

was die gewünschte schärfere Abschätzung ist. Durch vollständige Induktion erhalten wir schließlich

$$M_{n+1} - m_{n+1} \le (1 - 2 \cdot d)^{n-1}\,.$$

Die Zahl $d > 0$ war das kleinste Element der Matrix A. Da die Spaltensumme 1 ergibt, gilt für Situationen mit mindestens drei Zuständen $0 < d < \frac{1}{2}$, und die Folge $(M_n - m_n)$ erweist sich, wie behauptet, als Nullfolge. Im Falle von zwei Zuständen folgt aus $d = \frac{1}{2}$

$$A = \begin{pmatrix} d & d \\ d & d \end{pmatrix} \text{ mit } d = \frac{1}{2}\,.$$

Jetzt gilt aber schon $A^2 = A$, und wir sind auch hier fertig.

3. Schritt:
Es sei erstmalig A^r eine Matrix mit lauter positiven Elementen. Nach dem ersten Schritt ist in jedem Fall $(M_n - m_n)$ eine monoton fallende Folge mit nicht negativen Gliedern. Nach dem zweiten Schritt, angewandt auf A^r, ist $(M_{n \cdot r} - m_{n \cdot r})$ eine Nullfolge. Also muss $(M_n - m_n)$ ebenfalls eine Nullfolge sein, und unser Satz ist hergeleitet.
Die Aussage über die Eindeutigkeit der Grenzverteilung als stochastischer Eigenvektor zum Eigenwert 1 von A haben wir schon am Ende von Abschnitt 3.7.1 bewiesen.

Beispiel 28 (Langfristige Vorhersagen) Im praktischen Leben ist man oft an längerfristigen Vorhersagen interessiert. Unter sehr vereinfachenden Modellannahmen kann man hierzu Markov-Ketten verwenden. Die folgenden Szenarien werden Sie in vielen Schulbüchern finden, die jeweilige Übersetzung von der Realität in die Mathematik (vgl. Abb. 3.18) führt jedes Mal auf dasselbe mathematische Modell. Bei jedem Szenario gehen wir bei diesem Beispiel der Einfachheit halber von jeweils drei möglichen Zuständen aus. Die für das erste Beispiel gewählten konkreten Zahlen werden wir bei den anderen Beispielen auch verwenden. 28

1. Szenario: Bevölkerungsbewegung

Um Grundlagen für längerfristige Raumplanungen zu haben, wurde in *Magrebinien*[48] die Bevölkerung in $A =$ „Großstädter", $B =$ „Kleinstädter" und $C =$ „Landbevölkerung" aufgeteilt. Bei der Befragung einer repräsentativen Stichprobe gaben 80% der Großstädter an, in der Großstadt wohnen zu bleiben, je 10% wollten im Laufe des nächsten Jahres in eine Kleinstadt bzw. auf Land ziehen. 60% der Kleinstädter wollten dort bleiben, je 20% wollten in eine Großstadt bzw. aufs Land ziehen. Von der Landbevölkerung wollten nur 50% dort wohnen bleiben, je 25% wollten in eine Groß- bzw. Kleinstadt wechseln. Zum Zeitpunkt der Befragung wohnten 30% der Bevölkerung in Großstädten, 20% in Kleinstädten und 50% auf dem Land. Kann man Aussagen machen, wie sich die Bevölkerungsverteilung auf Groß-, Kleinstädte und das Land entwickeln wird?

Um diese Frage mit Hilfe von Markov-Ketten beantworten zu können, nehmen wir an, dass jedes Jahr die Bevölkerung mit denselben Prozentsätzen am Ort bleibt bzw. umzieht. Dies ist sicherlich keine allzu realistische Modellannahme. Wenn wir sie trotzdem machen – und in Soziologie und Volkswirtschaft werden oft stark vereinfachende Annahmen gemacht, um überhaupt zu Modellen zu kommen, die zu konkreten Ergebnissen führen –, so kommen wir zur folgenden Analyse: Wir beschreiben die Bevölkerungsverteilung durch den Zustandsraum $\Omega = \{A, B, C\}$. Die Übergangswahrscheinlichkeiten sind in der Aufgabe gegeben, wir können also für diese Markov-Kette einen gerichteten Graph (Abb. 3.100) zeichnen und die Übergangsmatrix A und eine Startverteilung $\vec{\pi}_0$ angeben:

[48] Dieses Land haben wir in Band 10 des mathematischen Unterrichtswerks PLUS (Schöningh-Verlag, Paderborn, 1980) kennen gelernt. Dieses vorbildliche Unterrichtswerk, das seiner Zeit weit voraus war, wurde maßgeblich von *Hans Schupp* beeinflusst. Es ist das erste uns bekannte Schulbuch, das schon für Klasse 10 ein Kapitel über Markov-Ketten enthält.

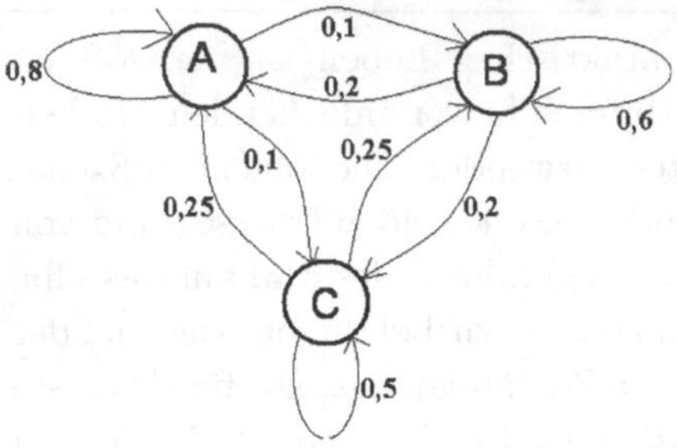

Abb. 3.100. Bevölkerungsbewegung als Graph

$$A := \begin{pmatrix} 0{,}8 & 0{,}2 & 0{,}25 \\ 0{,}1 & 0{,}6 & 0{,}25 \\ 0{,}1 & 0{,}2 & 0{,}5 \end{pmatrix}, \vec{\pi}_0 := \begin{pmatrix} 0{,}3 \\ 0{,}2 \\ 0{,}5 \end{pmatrix}.$$

Da A nur positive Elemente hat, gibt es eine Grenzverteilung (machen Sie hierzu auch eine CAS-Analyse der Matrixpotenzen!). Diese finden wir, indem wir zunächst den Eigenraum von A zum Eigenwert 1 bestimmen: Die zugehörige Eigenwertgleichung $\vec{x} = A \cdot \vec{x}$ führt zu dem homogenen linearen Gleichungssystem mit Matrix

$$A = \begin{pmatrix} -0{,}2 & 0{,}2 & 0{,}25 \\ 0{,}1 & -0{,}4 & 0{,}25 \\ 0{,}1 & 0{,}2 & -0{,}5 \end{pmatrix},$$

das die Lösungen $\vec{x} = \begin{pmatrix} 2{,}5 \cdot a \\ 1{,}25 \cdot a \\ a \end{pmatrix}, a \in \mathbb{R}$ hat. Da die Grenzverteilung $\vec{\pi}_\infty$ ein stochastischer Vektor ist, gilt $2{,}5 \cdot a + 1{,}25 \cdot a + a = 1$, also $a = \frac{1}{4{,}75}$ und damit $\vec{\pi}_\infty \approx \begin{pmatrix} 0{,}53 \\ 0{,}26 \\ 0{,}21 \end{pmatrix}$. Langfristig würden nach unserem Modell also 53% der Bewohner in Großstädten, 26% in Kleinstädten und nur 21% auf dem Lande wohnen.

2. Szenario: Sozialstruktur der Bevölkerung

Erfahrungsgemäß hängt die Berufswahl der Söhne vom Beruf des Vaters ab. Für eine Analyse der Sozialstruktur in *Magrebinien* wurden die Berufe in A = „Beamte“, B = „Selbständige“ und C = „Angestellte“ aufgeteilt. Bei der Befragung einer repräsentativen Stichprobe gaben 80% der Söhne von Beamten an, ebenfalls Beamte werde zu wollen, je 10% wollten als Selbständiger arbeiten bzw. Angestellter werden. 60% der Söhne von Selbständigen wollten ebenfalls selbständig werden, je 20% wollten Beamte bzw. Angestellter werden. Von den Söhnen von Angestellten wollten nur 50% einen gleichen Beruf ergreifen, je 25% wollten sich selbständig machen bzw. Beamte werden. Zum Zeitpunkt der Befragung waren 30% der Väter Beamte, 20% waren selbständig und 50% waren Angestellte. Kann man Aussagen machen, wie sich die Sozialstruktur der Bevölkerung entwickeln wird?

Mit einer ähnlich stark vereinfachenden Modellannahme wie im 1. Szenario kommt man auch bei diesem Szenario zum selben mathematischen Modell mit dem Ergebnis, dass langfristig 53% der männlichen Erwachsenen als Beamte, 26% als Selbständige und nur 21% als Angestellte arbeiten werden.

3. Szenario: Wettervorhersage

In *Magrebinien* unterscheidet man für eine qualitative Wetterbeschreibung A = „heiße Tage", B = „milde Tage" und C = „kalte Tage". Aufgrund langfristiger Wetterbeobachtung weiß man, dass nach einem heißen Tag zu 80% wieder ein heißer Tag folgt, zu je 10% folgt ein milder Tag bzw. kommt ein Wettersturz zu einem kalten Tag. Nach einem milden Tag kommt in 60% der Fälle wieder ein milder Tag, zu je 20% wechselt das Wetter zu einem heißen bzw. einem kalten Tag. Nach einem kalten Tag folgt erfreulicherweise nur zu 50% wieder ein kalter Tag, zu je 25% folgt ein milder Tag bzw. sogar gleich ein heißer Tag. Heute ist es heiß. Wie wird das Wetter morgen sein? Wie wird es sich langfristig entwickeln?

Bei diesem Szenario mögen unsere Zahlwerte nicht besonders realistisch erscheinen, ansonsten ist eine Modellierung als Markov-Kette vermutlich sinnvoller als bei den beiden ersten Szenarien. Dasselbe mathematische Modell wie dort führt zur Aussage, dass in *Magrebinien* langfristig mit 53% heißen, 26% milden und nur mit 21% kalten Tagen zu rechnen ist.

4. Szenario: Marktanteile

Eine wichtige betriebswirtschaftliche Frage ist die Entwicklung von Marktanteilen. In einer magrebinischen Kleinstadt gibt es drei Supermärkte A, B und C. Bei einer Kundenbefragung gaben 80% der Kunden von A an, auch beim nächsten Einkauf nach A zu gehen, je 10% gaben an, beim nächsten Mal in B bzw. C einzukaufen. Entsprechend waren 60% der B-Käufer treue Kunden, je 20% wollten beim nächsten Mal nach A bzw. C gehen. Die Kunden von C waren nur zu 50% treu und wollten zu je 25% beim nächsten Mal nach A bzw. B gehen. Von den Befragten gaben 30% an, Kunden von A zu sein, 20% waren Kunden von B und 50% waren Kunden von C.

Ein solches Problem als Markov-Kette zu modellieren, bedeutet wiederum, dass künftig die Übergangswahrscheinlichkeiten konstant die Werte der Befragung bleiben – unabhängig von Werbe- oder Service-Offensiven einzelner Supermärkte. Wenn wir diese stark vereinfachende Modellannahme machen, erhalten wir wieder dasselbe mathematische Modell mit dem Ergebnis, dass langfristig 53% der Kunden im Supermarkt A einkaufen werden, in B nur 26% und in C die restlichen 21%.

Auftrag Diskutieren Sie Sinn und Unsinn der Modellierung der vier Szenarien. Versuchen Sie, durch realistischere Zahlenwerte oder durch andere mögliche Zustände die Modellierungen zu verbessern.

Aufgabe 68 (Wanderung der Euro-Münzen) Seit dem 1. Januar 2002 haben 12 EU-Länder den Euro als gemeinsame Währung eingeführt. Zu Beginn wurden die Anteile der Münzen festgelegt, die von den einzelnen Ländern geprägt wurden; jedes Land gestaltet eine Seite der Münzen in eigener Regie. Auf Deutschland entfallen 32,9% der Münzen. Zu Beginn waren 100% der deutschen Münzen in Deutschland, 0% im Euro-Ausland. Die Gleichverteilungshypothese besagt, dass nach einiger Zeit der prozentuale Anteil deutscher Euro-Münzen in allen Ländern 32,9% beträgt (und entsprechend für die Münzen der anderen Euro-Länder). Im Laufe der Zeit wandern deutsche Münzen ins Euro-Ausland, natürlich wandern auch deutsche Münzen zurück nach Deutschland. Modellieren Sie diese „Wanderung der deutschen Euro-Münzen“ als Markov-Kette mit Grenzverteilung. Weitere Daten finden Sie im Internet, z. B. auf den Internetseiten des *Landrat-Lucas-Gymnasiums Leverkusen*[49].

3.7.3 Absorbierende Markov-Ketten

Im Beispiel „Warten auf die erste Sechs“ (S. 215) wurde so lange mit einem Laplace-Würfel gewürfelt, bis die erste Sechs erschienen ist. Dieses Experiment können wir auch als stochastischen Prozess betrachten und durch eine Markov-Kette beschreiben. Die Zufallsvariablen Z_n gehören zum n-ten Wurf, die bei jedem Wurf möglichen Zustände sind 6 oder ¬6. Wenn wir einen gerichteten Graphen zeichnen (Abb. 3.101) und die Übergangsmatrix aufstellen, erkennen wir, dass jetzt ein neues Phänomen auftritt: Wenn man eine 6 gewürfelt hat, ist das Spiel beendet. In der Sprache der Markov-Ketten bedeutet das, dass 6 ein *absorbierender Zustand* ist, zu dem nur der Pfeil zu sich zurück mit der Wahrscheinlichkeit 1 gehört.

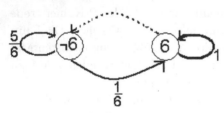

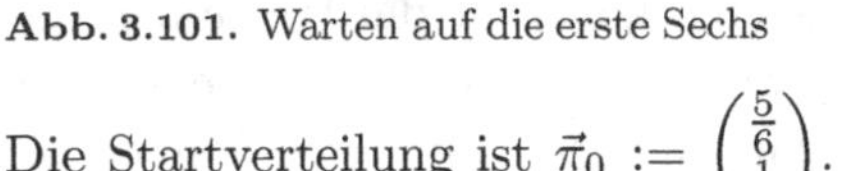

Abb. 3.101. Warten auf die erste Sechs

Die Startverteilung ist $\vec{\pi}_0 := \begin{pmatrix} \frac{5}{6} \\ \frac{1}{6} \end{pmatrix}$. Aus der Übergangsmatrix $A := \begin{pmatrix} \frac{5}{6} & 0 \\ \frac{1}{6} & 0 \end{pmatrix}$ lassen sich leicht die Potenzen $A^n = \begin{pmatrix} p^n & 0 \\ 1 - p^n & 0 \end{pmatrix}$ berechnen, wobei $p = \frac{5}{6}$ ist. Die Voraussetzung für den Satz 28 sind also nicht gegeben. Trotzdem ist die

[49]http:www.landrat-lucas.de/mint/euro/euro.html

Existenz der Grenzmatrix $A_\infty = \begin{pmatrix} 0 & 0 \\ 1 & 0 \end{pmatrix}$ und der eindeutigen Grenzverteilung $\vec{\pi}_\infty = \begin{pmatrix} 0 \\ 1 \end{pmatrix}$ offensichtlich.

Der Zustand 6 ist ein sogenannter ***absorbierender Zustand***, ein Zustand, der nicht mehr verlassen werden kann. Er ist also durch $p_{i,i} = 1$ definiert. Eine Markov-Kette, bei der man von jedem Zustand aus einen absorbierenden Zustand erreichen kann, heißt ***absorbierende Markov-Kette***. Bei solchen Markov-Ketten zerfallen die Zustände in die Menge R der absorbierenden Zustände, in der Literatur oft auch ***Randzustände*** genannt, und die Menge $I := \Omega \setminus R$ der nicht absorbierenden Zustände, von denen man also weiterkommen kann. Diese werden oft ***innere Zustände*** genannt. Im Beispiel des Wartens auf die erste Sechs sind $R = \{6\}$ und $I = \{\neg 6\}$.

Besonders interessante Fragen bei absorbierenden Markov-Ketten sind:

- Wie wahrscheinlich ist es, von einem inneren Zustand aus einen bestimmten Randzustand zu erreichen?
- Wie lange dauert es im Mittel, um von einem inneren Zustand aus irgend einen Randzustand zu erreichen?

Beim Beispiel „Warten auf die erste Sechs“ konnten wir mit den bisherigen Methoden die erste Frage mittels des Baums von Abb. 3.26 auf S. 215 durch die geometrische Reihe

$$\sum_{n=1}^{\infty} \left(\frac{5}{6}\right)^{n-1} \cdot \frac{1}{6} = 1$$

beantworten. Die zweite Frage wurde auf S. 288 mit einer noch komplizierteren Reihe beantwortet, der Erwartungswert war 6. Mit der Modellierung durch Markov-Ketten lässt sich das Beispiel einfacher analysieren:

- p sei die Wahrscheinlichkeit, vom Zustand $\neg 6$ aus irgendwann den Zustand 6 zu erreichen. Vom Zustand $\neg 6$ aus können wir in einem Schritt den Zustand $\neg 6$ mit der Wahrscheinlichkeit $\frac{5}{6}$ (und von dort aus den Zustand 6 wieder mit der Wahrscheinlichkeit p) oder den Zustand 6 mit der Wahrscheinlichkeit $\frac{1}{6}$ erreichen. Die Pfadmultiplikationsregel, angewandt auf unsere Markov-Kette, ergibt also
$$p = \frac{5}{6} \cdot p + \frac{1}{6} \cdot 1, \text{ also } p = 1\,.$$
- μ sei die mittlere Schrittzahl, um vom Zustand $\neg 6$ den Zustand 6 zu erreichen. Mit einem Schritt kommt man zum Zustand $\neg 6$ (mit Wahrscheinlichkeit $\frac{5}{6}$), braucht also im Mittel $(1 + \mu)$ Schritte, oder zum Zustand 6 (mit Wahrscheinlichkeit $\frac{1}{6}$), braucht also $(1 + 0)$ Schritte (und ist dann

am Ziel). Der Erwartungswert μ läßt sich folglich als gewichtetes Mittel schreiben:

$$\mu = \frac{5}{6} \cdot (1 + \mu) + \frac{1}{6} \cdot (1 + 0) = 1 + \frac{5}{6} \cdot \mu + \frac{1}{6} \cdot 0, \text{ also } \mu = 6 .$$

Die Bestimmung der fraglichen Größen führt auf einfache lineare Gleichungssysteme! Beide Ideen lassen sich zu den ***Mittelwertregeln*** verallgemeinern (vgl. *Engel* 1976, S. 22 f.):

1. Mittelwertregel für die Länge des Weges zum Rand

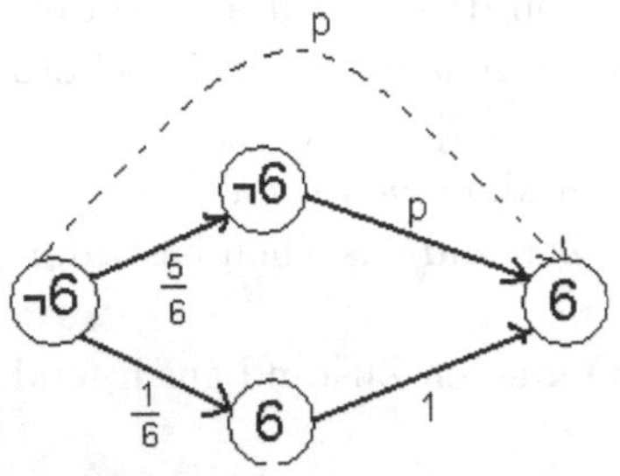

Abb. 3.102. 1. Mittelwertregel

Gegeben seien ein innerer Zustand z und ein Randzustand r. Von z aus seien in einem Schritt die Zustände $\omega_1, \omega_2, \ldots, \omega_s$ mit den Wahrscheinlichkeiten p_i erreichbar. Dann ist die Wahrscheinlichkeit p, von z aus irgendwann den Randzustand r zu erreichen, gleich der Summe der mit den p_i gewichteten Wahrscheinlichkeiten $p(\omega_i)$, von ω_i aus den Randzustand r zu erreichen:

$$p = \sum_{i=1}^{s} p_i \cdot p(\omega_i) .$$

2. Mittelwertregel für die Länge des Weges zum Rand

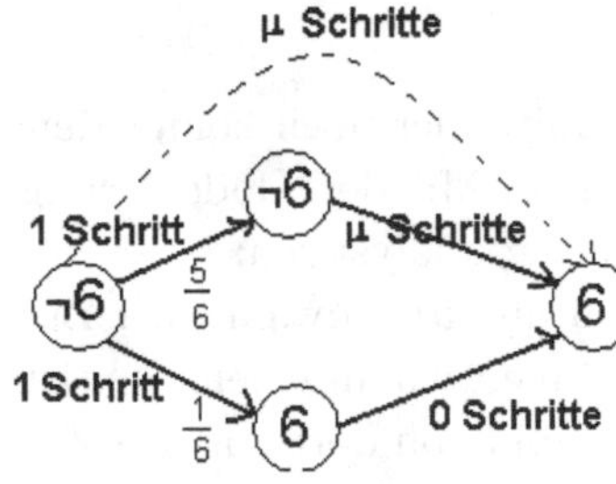

Abb. 3.103. 2. Mittelwertregel

Gegeben sei ein innerer Zustand z. Von z aus seien in einem Schritt die Zustände $\omega_1, \omega_2, \ldots, \omega_s$ mit den Wahrscheinlichkeiten p_i erreichbar. Dann ist die mittlere Schrittzahl m, von z aus den Rand R zu erreichen, um 1 größer als die Summe der mit den p_i gewichteten mittleren Schrittzahlen $m(\omega_i)$, von ω_i aus den Rand R zu erreichen:

$$m = \sum_{i=1}^{s} p_i \cdot (1 + m(\omega_i)) = 1 + \sum_{i=1}^{s} p_i \cdot m(\omega_i)$$

---

29 **Beispiel 29 (Kühnes Spiel)** Dieses von *Arthur Engel* vorgeschlagene Glücksspiel (vgl. *Engel* 1976, S. 20) kann auf verschiedene Arten betrachtet werden. Insbesondere können verschiedene Aspekte von Markov-Ketten beleuchtet werden. Das Szenario wird wie folgt gesetzt:

Armin hat nur 1 €, benötigt aber dringend 5 €. Beate schlägt ihm das folgende Glückspiel vor: Armin legt einen Einsatz fest und wirft eine Münze. Wenn Kopf kommt, bekommt er seinen Einsatz und von Beate denselben Betrag dazu. Wenn Zahl kommt, bekommt Beate seinen Einsatz. Armin willigt ein und spielt das Glücksspiel in der „kühnen Strategie", d. h. er setzt immer einen möglichst hohen Betrag, um sein Ziel, den Besitz von genau 5 €, zu erreichen.

Gemäß Aufgabenstellung startet Armin mit 1 € und kann dann sein „Vermögen" verlieren oder 2 € besitzen. Im Gewinnfall setzt er 2 € und besitzt danach 0 € oder 4 €. Im erneuten Gewinnfall setzt er dann 1 € und besitzt danach 3 € oder 5 € usw. Also ist $\Omega = \{0 €, 1 €, 2 €, 3 €, 4 €, 5 €\}$ ein adäquater Ergebnisraum. Das Spiel ist beendet, wenn Armin alles verloren hat (also 0 € besitzt), oder wenn Armin die gewünschten 5 € erreicht hat. Beim fortgesetzten Werfen der Münze hängt der Besitzstand nach dem $(n+1)$-ten Wurf nur vom Besitzstand nach dem n-ten Wurf ab. Wir können also das Spiel als Markov-Kette modellieren. Der gerichtete Graph in Abb. 3.104 beschreibt Armins Strategie. Offensichtlich gibt es zwei absorbierende Zustände: 0 € und 5 €. Die Übergangswahrscheinlichkeiten an jedem Pfeil sind jeweils $\frac{1}{2}$.

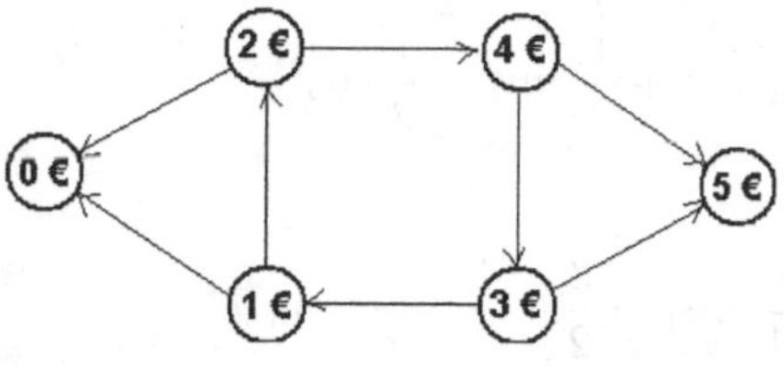

Abb. 3.104. Graph des „Kühnen Spiels"

Wir hätten auch versuchen können, das Spiel wie in Abb. 3.105 durch einen Baum zu beschreiben. Rechts unten wiederholt sich die Baumstruktur – und zwar unendlich oft. Man kann bei diesem Szenario mit etwas Mühe und mithilfe geometrischer Reihen die Wahrscheinlichkeiten für die Ereignisse 0 € und 5 € und den Erwartungswert der Länge des Spiels berechnen. Viel einfacher kann man die gewünschten Größen jedoch mithilfe der Mittelwertregeln aus dem Graph in Abb. 3.104 bestimmen: Um die 1. Mittelwertregel anzuwenden, sei p_i die Wahrscheinlichkeit, vom Zustand i € aus den Zustand 5 € zu erreichen. Die Gewinnchance von Armin ist also p_1. Es gilt

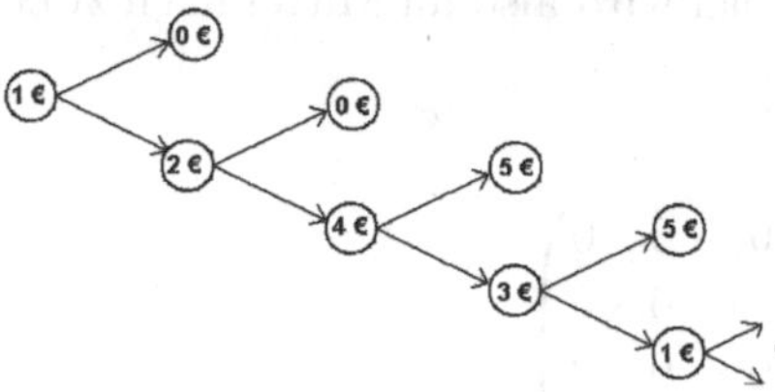

Abb. 3.105. Baum des „Kühnen Spiels"

$p_0 = 0$ und $p_5 = 1$. Die 1. Mittelwertregel liefert das lineare Gleichungssystem

$$p_1 = \frac{1}{2} \cdot 0 + \frac{1}{2} \cdot p_2, \; p_2 = \frac{1}{2} \cdot 0 + \frac{1}{2} \cdot p_4,$$
$$p_4 = \frac{1}{2} \cdot p_3 + \frac{1}{2} \cdot 1, \; p_3 = \frac{1}{2} \cdot p_1 + \frac{1}{2} \cdot 1 .$$

Hieraus erhalten wir

$$p_1 = \frac{1}{2} \cdot p_2 = \frac{1}{4} \cdot p_4 = \frac{1}{8} \cdot p_3 + \frac{1}{8} = \frac{1}{16} \cdot p_1 + \frac{3}{16}$$

und schließlich $\frac{15}{16} \cdot p_1 = \frac{3}{16}$, also $p_1 = \frac{1}{5}$. Armins Verlustrisiko beträgt folglich $\frac{4}{5}$.

Zur Anwendung der 2. Mittelwertregel sei m_i die mittlere Schrittzahl, um vom Zustand i € aus einen der Randzustände 0 € oder 5 € zu erreichen. Jetzt ist $m_0 = m_5 = 0$. Die Mittelwertregel ergibt das LGS

$$m_1 = 1 + \frac{1}{2} \cdot 0 + \frac{1}{2} \cdot m_2, \; m_2 = 1 + \frac{1}{2} \cdot 0 + \frac{1}{2} \cdot m_4,$$
$$m_4 = 1 + \frac{1}{2} \cdot m_3 + \frac{1}{2} \cdot 0, \; m_3 = 1 + \frac{1}{2} \cdot m_1 + \frac{1}{2} \cdot 0 .$$

Es folgt

$$\begin{aligned} m_1 &= 1 + \frac{1}{2} \cdot m_2 = 1 + \frac{1}{2} + \frac{1}{4} \cdot m_4 = \frac{3}{2} + \frac{1}{4} + \frac{1}{8} \cdot m_3 \\ &= \frac{7}{4} + \frac{1}{8} + \frac{1}{16} \cdot m_1 = \frac{15}{8} + \frac{1}{16} \cdot m_1 , \end{aligned}$$

also $\frac{15}{16} \cdot m_1 = \frac{15}{8}$ und damit $m_1 = 2$. Das Spiel wird also im Mittel nach zwei Zügen beendet sein.

Wir können auch die Übergangsmatrix

$$A := \begin{pmatrix} 1 & 0{,}5 & 0{,}5 & 0 & 0 & 0 \\ 0 & 0 & 0 & 0{,}5 & 0 & 0 \\ 0 & 0{,}5 & 0 & 0 & 0 & 0 \\ 0 & 0 & 0 & 0 & 0{,}5 & 0 \\ 0 & 0 & 0{,}5 & 0 & 0 & 0 \\ 0 & 0 & 0 & 0{,}5 & 0{,}5 & 1 \end{pmatrix}$$

unserer Markov-Kette aufstellen. Um Potenzen von A zu berechnen, ist ein CAS sehr hilfreich (an tristen Novemberabenden können Sie sich natürlich auch per Hand daran versuchen ...)! Man erkennt, dass es auch bei dieser

Markov-Kette eine Grenzmatrix gibt, nämlich

$$A_\infty = \begin{pmatrix} 1 & 0{,}8 & 0{,}6 & 0{,}4 & 0{,}2 & 0 \\ 0 & 0 & 0 & 0 & 0 & 0 \\ 0 & 0 & 0 & 0 & 0 & 0 \\ 0 & 0 & 0 & 0 & 0 & 0 \\ 0 & 0 & 0 & 0 & 0 & 0 \\ 0 & 0{,}2 & 0{,}4 & 0{,}6 & 0{,}8 & 1 \end{pmatrix}$$

Allerdings hat A_∞ verschiedene Spalten. Je nach Startvektor ergibt sich eine andere Grenzverteilung, die jedoch stets ein Eigenvektor

$$\vec{\pi}_\infty(\alpha) = \begin{pmatrix} \alpha \\ 0 \\ 0 \\ 0 \\ 0 \\ 1-\alpha \end{pmatrix}$$

zum Eigenwert 1 von A ist. Der Eigenraum zum Eigenwert 1 hat die Dimension 2.

Arthur Engel (1975, 1976, 2006) hat einen von ihm ***Wahrscheinlichkeitsabakus*** genannten, elementaren Algorithmus angegeben, mit dem schon Schülerinnen und Schüler der Sekundarstufe I fast kalkül- und begriffsfrei Markov-Ketten untersuchen können. Mit diesem Algorithmus werden die Mittelwert-

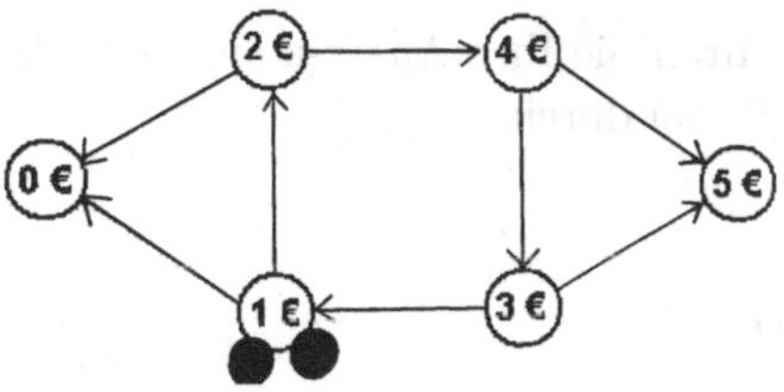

Abb. 3.106. Spielbeginn

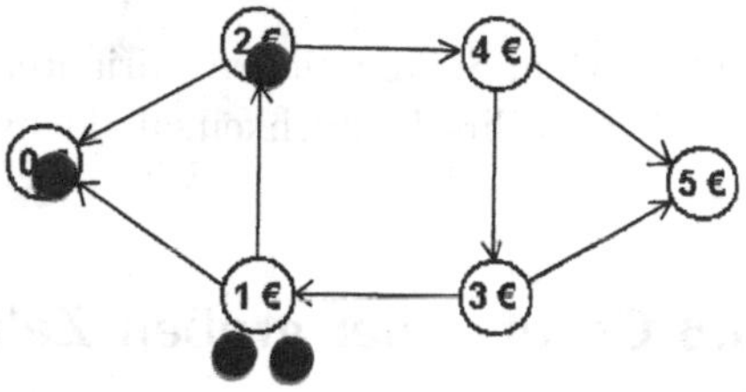

Abb. 3.107. „Nachladen des Startplatzes“

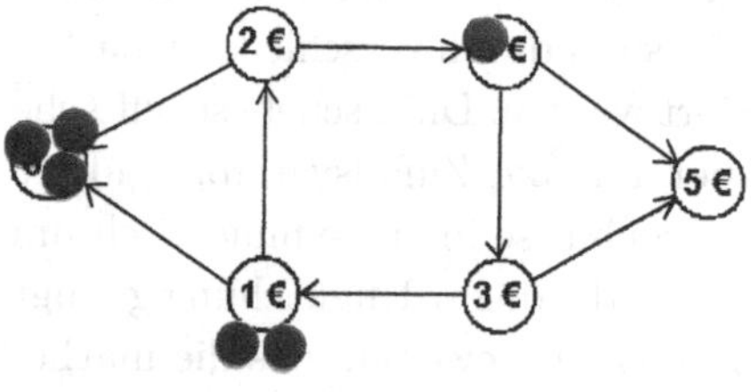

Abb. 3.108. Sechs „Steine“ im Spiel

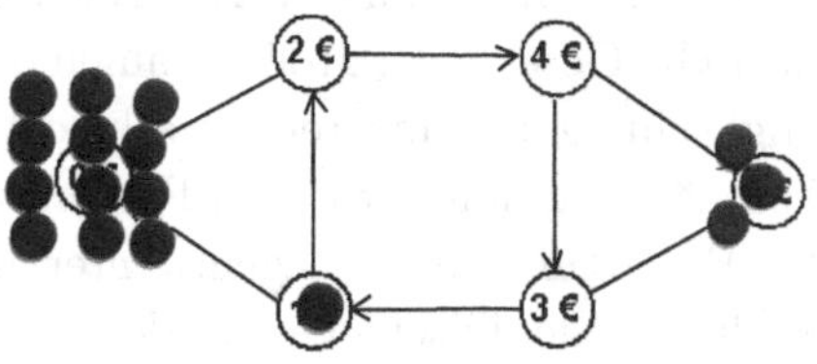

Abb. 3.109. Spielende

regeln spielerisch angewandt. Wir wollen dies abschließend am Beispiel des kühnen Spiels darstellen. Abb. 3.106 bis 3.109 zeigen vier Szenen des Spiels: Man benötigt ein Spielfeld mit dem Übergangsgraphen und kleine Spielmarken – hier „Steine" genannt. Die möglichen Zustände werden unterschieden in den Start-Zustand, hier 1 €, die End-Zustände, hier 0 € und 5 €, und die restlichen inneren Zustände (hier 2 €, 3 € und 4 €). Man legt nun auf den Startplatz so viele Steine, bis man Ziehen kann. Da die Wahrscheinlichkeiten überall $\frac{1}{2}$ sind, braucht man 2 Steine, dann kann man jeweils einen auf 0 €, einen auf 2 € ziehen (Abb. 3.106 und 3.107).
Jetzt wird der Startplatz mit zwei weiteren Steinen „geladen" und gezogen, worauf auf 2 € zwei Steine liegen, so dass hier weiter gezogen werden kann (Abb. 3.108). Dies wird solange gemacht, bis die drei inneren Zustände 2 €, 3 € und 4 € wieder leer sind (Abb. 3.109). Ab jetzt wiederholt sich die Zugfolge. Wir können also in Abb. 3.109 alles ablesen: Die Wahrscheinlichkeiten, in 0 € bzw. in 5 € zu landen, verhalten sich wie die Anzahlen der dort befindlichen Steine, also wie „12 : 3". Damit beträgt die Gewinnchance $p_1 = \frac{3}{15} = \frac{1}{5}$. Man hätte auch vor Beginn des Spiels die inneren Plätze 2 €, 3 € und 4 € mit höchstens einem Stein – sonst könnte man ja ziehen – aufladen können. Dann ist das Spiel beendet, wenn sich diese Vorladung wiederholt.

Aufgabe 69 (Varianten des kühnen Spiels)

a. Auch Andreas spielt das kühne Spiel. Er nimmt aber keine Münze, sondern einen Würfel. Er gewinnt dabei, wenn 1, 2, 3 oder 4 fällt, sonst verliert er.
b. Beate spielt ebenfalls. Zwar nimmt sie wie Armin die Münze, setzt aber im Unterschied zu ihm jeweils nur einen Euro.

Untersuchen Sie die beiden Varianten. Führen Sie Ihre Analyse auch jeweils mit dem Wahrscheinlichkeitsabakus von Engel durch.

3.8

3.8 Gesetze der großen Zahlen

Auf S. 174 haben wir das empirische Gesetz der großen Zahlen besprochen, das aussagt, dass sich die relative Häufigkeit mit wachsender Versuchszahl stabilisiert. Dieses qualitative „Naturgesetz" kann durch verschiedene mathematische Gesetze der großen Zahlen präzisiert werden. Die Tschebyscheff'sche Ungleichung ist eine relativ schlechte, aber für alle Zufallsvariable gültige Abschätzung dafür, wie viel Prozent aller Ergebnisse in ein symmetrisch um den Erwartungswert gelegenes Intervall fallen. Mit dieser Ungleichung gelingt es, das Bernoulli'sche Gesetz der großen Zahlen zu beweisen, das die mathematische Präzisierung des empirischen Gesetzes der großen Zahlen ist. Es gibt in Abhängigkeit von der Versuchszahl n die Wahrscheinlichkeit an, mit der die relative Häufigkeit in einem vorgegebenen ε-Schlauch um die unbekannte Wahrscheinlichkeit verbleibt. Mit zunehmender Versuchszahl konvergiert diese Wahrscheinlichkeit gegen Eins.

3.8.1 Die Tschebyscheff'sche Ungleichung für Zufallsvariable

In Abschnitt 2.3.7 haben wir die Tschebyscheff'sche Ungleichung für Datenreihen behandelt. Sie ist eine relativ grobe, aber allgemeingültige Abschätzung für die relative Häufigkeit der Werte, die in ein vorgegebenes Intervall um das arithmetische Mittel der Datenreihe fallen. Die Entsprechungen bei den Sichtweisen „Merkmal" und „Zufallsvariable" ergeben in natürlicher Weise die Tschebyscheff'sche Ungleichung für Zufallsvariable:

Satz 29 (Tschebyscheff'sche Ungleichung für Zufallsvariable) (Ω, P) sei ein diskreter Wahrscheinlichkeitsraum und Z eine Zufallsvariable auf Ω mit dem Erwartungswert μ und der Standardabweichung σ. Dann gilt 29
a. $P(|Z - \mu| \leq \varepsilon) > 1 - \frac{\sigma^2}{\varepsilon^2}$ für alle $\varepsilon \in \mathbb{R}^+$,
b. $P(|Z - \mu| \leq k \cdot \sigma) > 1 - \frac{1}{k^2}$ für alle $k \in \mathbb{N}$.

Aufgabe 70 (Tschebyscheff'sche Ungleichung für Zufallsvariable) Der Beweis von Satz 29 verläuft mit Hilfe von Abb. 2.45 analog zum Beweis von Satz 7, indem das arithmetische Mittel durch den Erwartungswert, die Standardabweichung für Datenreihen durch die Standardabweichung der Zufallsvariablen und die relativen Häufigkeiten durch die Wahrscheinlichkeiten ersetzt werden. Führen Sie den Beweis im Einzelnen durch.

Die Tschebyscheff'sche Ungleichung gibt an, mit welcher Wahrscheinlichkeit die Werte einer Zufallsvariablen in ein vorgegebenes Intervall um den Erwartungswert fallen. Umgebungen wie im Teil (b) des Satzes nennt man ganz anschaulich σ-Umgebungen. Setzt man allerdings z. B. $k = 1$ ein, so erkennt man, dass diese Ungleichung nur sehr grob ist. Um die Güte der Tschebyscheff'schen Ungleichung zu untersuchen, betrachten wir eine $B(100; 0{,}5)$-verteilte Zufallsvariable Z mit $\mu = 50$ und $\sigma = 5$, für die wir die entsprechenden Wahrscheinlichkeiten auch direkt berechnen können. In Tabelle 3.19 sind der auf 4 Nachkommestellen angegebene genaue Wert der Wahrscheinlichkeit und die Abschätzung nach der Tschebyscheff'schen Ungleichung angegeben. Für Verteilungen, die eine gewisse Symmetrie wie die Binomialverteilung haben, genauer für normalverteilte Zufallsvariable, werden wir in Abschnitt 3.9.5 eine bessere Abschätzung als mit der Tschebyscheff'schen Ungleichung bekom-

Tabelle 3.19. Tschebyscheff'sche Ungleichung

k	$P(50 - k \cdot 5 \leq Z \leq 50 + k \cdot 5)$	Abschätzung
1	$P(45 \leq Z \leq 55) = 0{,}6803$	$P(45 \leq Z \leq 55) > 0$
2	$P(40 \leq Z \leq 60) = 0{,}9432$	$P(40 \leq Z \leq 60) > 3/4 = 0{,}75$
3	$P(35 \leq Z \leq 65) = 0{,}9964$	$P(35 \leq Z \leq 65) > 8/9 \approx 0{,}8888$
4	$P(30 \leq Z \leq 70) = 1{,}0000$	$P(30 \leq Z \leq 70) > 15/16 \approx 0{,}9375$

men. Wir werden die Tschebyscheff'sche Ungleichung im nächsten Abschnitt anwenden.

3.8.2 Das Bernoulli'sche Gesetz der großen Zahlen

Abb. 3.110. Jacob Bernoulli

Nach dem in Abschnitt 3.1.3 besprochenen empirischen Gesetz der großen Zahlen stabilisiert sich die relative Häufigkeit h_n des Eintretens eines Ereignisses E mit wachsender Versuchszahl n. Dieses „Naturgesetz" ist die Grundlage des frequentistischen Wahrscheinlichkeitsansatzes. Die mathematische Präzisierung des Gesetzes ist die Aussage des Hauptsatzes von *Jakob Bernoulli* in seinem Werk „Ars Conjectandi". *Bernoulli* hat sein Gesetz wohl um 1685 gefunden. Abb. 3.110 zeigt die Schweizer Briefmarke, die zum Anlass des Internationalen Mathematikerkongresses in Zürich im Jahr 1994 erschienen ist. Sie zeigt *Bernoulli* mit einer Graphik zum empirischen Gesetz der großen Zahlen und einer etwas allgemeineren Formulierung des Bernoulli'schen Gesetzes der großen Zahlen. Das Gesetz präzisiert die anschauliche Beziehung $h_n \approx P(E)$. Die Bezeichnung „Gesetz der großen Zahlen" geht auf *Poisson* zurück.

Die interessierende Frage bei diesem Gesetz der großen Zahlen ist die Annäherung der relativen Häufigkeiten an die unbekannte Wahrscheinlichkeit. Zur Herleitung betrachten wir ein Ereignis E eines Zufallsversuchs. Bei der Durchführung des Zufallsversuchs tritt das Ergebnis E mit der Wahrscheinlichkeit $P(E)$ ein oder mit der Wahrscheinlichkeit $1-P(E)$ nicht. Dies können wir als Bernoulli-Experiment mit den beiden Ergebnissen 1: „E ist eingetreten" mit $P(E) = p$ und 0: „E ist nicht eingetreten" mit $P(\bar{E}) = 1-p$ betrachten. Beim n-maligen Durchführen des Zufallsexperiments zählt die Zufallsvariable Z die „Treffer", d. h. das Eintreten von E. Diese Zufallsvariable Z ist $B(n,p)$-verteilt, hat die Wertmenge $\{0, 1, 2, \ldots, n\}$, den Erwartungswert $E(Z) = n \cdot p$ und die Varianz $V(Z) = n \cdot p \cdot (1-p)$. Die Zufallsvariable

$\bar{Z} := \frac{1}{n} \cdot Z$ beschreibt die relative Häufigkeit des Eintretens von E bei n Versuchen mit der Wertmenge $\{0, \frac{1}{n}, \frac{2}{n}, \ldots, \frac{n}{n}\}$ und hat nach Satz 21a. und+c. auf S. 297 die Kenndaten

$$E\left(\bar{Z}\right) = \frac{1}{n} \cdot E\left(Z\right) = p \quad \text{und} \quad \sigma^2 = V\left(\bar{Z}\right) = \frac{1}{n^2} \cdot V\left(Z\right) = \frac{p \cdot (1-p)}{n}.$$

Unabhängig von der Versuchszahl n ist der Erwartungswert der relativen Häufigkeit also p. Die durch die Varianz gemessene Abweichung von p hängt von n ab und ist umso geringer, je größer n ist. Setzen wir diese Ergebnisse in die Tschebyscheff'sche Ungleichung von Satz 29 auf S. 345 ein, so folgt

$$P\left(|\bar{Z} - p| \leq \varepsilon\right) > 1 - \frac{p \cdot (1-p)}{n \cdot \varepsilon^2} \quad \text{bzw} \quad P\left(|\bar{Z} - p| > \varepsilon\right) \leq \frac{p \cdot (1-p)}{n \cdot \varepsilon^2}.$$

Der größte Wert, den der Zähler des rechts stehenden Bruchs annehmen kann, ist $\frac{1}{4}$. Dies gilt, weil der Hochpunkt der Parabel mit der Gleichung $y = x \cdot (1-x)$ ihr Scheitel $(\frac{1}{2}|\frac{1}{4})$ ist[50]. Damit folgt schließlich

$$P(|\bar{Z} - p| \leq \varepsilon) > 1 - \frac{p \cdot (1-p)}{n \cdot \varepsilon^2} \geq 1 - \frac{1}{4 \cdot n \cdot \varepsilon^2}.$$

Damit haben wir für die relative Häufigkeit $\bar{Z}$ des Eintretens von E und die unbekannte Wahrscheinlichkeit $P(E)$ den folgenden Satz bewiesen:

Satz 30 (Bernoulli'sches Gesetz der großen Zahlen) (Ω, P) sei ein endlicher Wahrscheinlichkeitsraum und $E \subseteq \Omega$ ein Ereignis mit der Wahrscheinlichkeit $P(E) = p$. Die Zufallsvariable $\bar{Z}$ beschreibe die relative Häufigkeit des Eintretens von E bei n unabhängigen Versuchen. Dann gilt 30

$$P(|\bar{Z} - p| \leq \varepsilon) > 1 - \frac{1}{4 \cdot n \cdot \varepsilon^2}$$

und

$$\lim_{n \to \infty} P(|\bar{Z} - p| \leq \varepsilon) = 1.$$

Dieses Gesetz stellt offenbar das Modell-Analogon zum empirischen Gesetz der großen Zahlen auf S. 174 dar. Um die relative Häufigkeit des Eintretens eines in Frage stehenden Ereignisses E zu betrachten, konstruieren wir wie oben eine $B(n, p)$-verteilte Zufallsvariable Z. Das Bernoulli'sche Gesetz ist nun aber tatsächlich eine Grenzwertaussage im Sinne der Analysis. Welche positive Schranke ε man auch vorgibt, stets kommen die Wahrschein-

[50] Ein anderes, vom isoperimetrischen Problem stammendes Argument lautet, dass ein Produkt, dessen beide Faktoren eine konstante Summe haben, maximal wird, wenn die Faktoren gleich groß sind, hier also jeweils $\frac{1}{2}$.

lichkeiten, dass die relativen Häufigkeiten von der Wahrscheinlichkeit p um höchstens ε abweichen, für genügend große n beliebig dicht an 1 heran.

3.8.3 Empirisches und Bernoulli'sches Gesetz der großen Zahlen

Das empirische Gesetz der großen Zahlen sagt eine Stabilisierung der relativen Häufigkeiten für große Versuchszahlen voraus. Dieses Gesetz konnte ohne den Begriff der Wahrscheinlichkeit formuliert werden. Bei der Einführung von Wahrscheinlichkeiten im frequentistischen Wahrscheinlichkeitsansatz dienten die relativen Häufigkeiten unter Berufung auf das empirische Gesetz zur Festlegung einer Wahrscheinlichkeitsverteilung. Für $n \to \infty$ gehen dann anschaulich die relativen Häufigkeiten in die Wahrscheinlichkeit über. Es bleibt aber unklar, was „Stabilisierung" bedeutet und wann eine Versuchszahl n „groß genug" ist.

Das Bernoulli'sche Gesetz der großen Zahlen ist eine mathematische Aussage im Rahmen der Theorie eines Wahrscheinlichkeitsraums im Sinne von *Kolmogorov*. Es ist eine Grenzwertaussage im Sinne der Analysis über die Wahrscheinlichkeit, dass die relative Häufigkeit eines Ereignisses in einer vorgegebenen ε-Umgebung um die unbekannte Wahrscheinlichkeit $P(E)$ verbleibt. Der Ansatz von *Richard von Mises* (vgl. Abschnitt 3.1.3 auf S. 171) bedeutet, dass man ein n angeben können müsste, ab dem die relative Häufigkeit in einer vorgegebenen ε-Umgebung verbleibt. Das Bernoulli'sche Gesetz gibt ein n an, so dass die relative Häufigkeit ab diesem n z. B. mindestens mit 95%-iger Wahrscheinlichkeit in der ε-Umgebung verbleibt. Einige Beispiele sollen dies erläutern.

---

30 **Beispiel 30 (Ist die Münze echt?)** Sie bekommen für ein Glücksspiel eine Münze vorgelegt, die angeblich mit gleicher Wahrscheinlichkeit Kopf oder Zahl zeigt. Um dies zu prüfen, wird ein ausführlicher Test gemacht. Dabei zeigt die Münze bei 1000-maligem Werfen 608 mal Kopf. Sollten Sie die Münze als Laplace-Münze akzeptieren?

Nach dem Bernoulli'schen Gesetz ist die Wahrscheinlichkeit, dass die relative Häufigkeit h bei 1000 Würfen höchstens 0,1 von der Wahrscheinlichkeit p abweicht,

$$P(|h-p| \le 0{,}1) > 1 - \frac{1}{4 \cdot 1000 \cdot 0{,}01} = 97{,}5\%\,.$$

Da das Experiment eine relative Häufigkeit von 0,608 ergeben hat, ist die Wahrscheinlichkeit vermutlich größer als 0,5. Sie sollten die Münze also eher nicht akzeptieren.

Diese Frage hätten Sie auch anders angehen können. Bei einer Laplace-Münze ist die Wahrscheinlichkeit, dass bei 1000 Würfen weniger als 608 mal Kopf fällt, direkt berechenbar:

$$P(Z < 608) = \sum_{k=0}^{607} \binom{1000}{k} \frac{1}{2}^{k} \cdot \frac{1}{2}^{1000-k} \approx 1{,}0000\,.$$

Da jedoch 608 mal Kopf aufgetreten ist, liegt mit sehr großer Sicherheit keine Laplace-Münze vor. Eine solche Auswertung ist allerdings ohne Computer kaum möglich.

Beispiel 31 (Wahlprognose) Vor jeder Wahl werden von verschiedenen Meinungsforschungsinstituten Umfragen gemacht, um den Wahlausgang vorherzusagen. In einer solchen Umfrage geben 5,5% der Befragten an, die FDP wählen zu wollen. Wie viele Personen müssten befragt worden sein, damit die Parteiführung aufgrund dieser Umfrage einigermaßen sicher sein kann, nicht an der 5%-Hürde zu scheitern? 31

Zunächst müssen wir „einigermaßen sicher“ präzisieren; als normative Festlegung verlangen wir hier eine 95%-ige Sicherheit. Die Anzahl n der Befragten muss also so groß sein, dass mit 95%-iger Sicherheit der wahre Anteil p der FDP-Wähler von den ermittelten 5,5% höchstens 0,5% abweicht. Dies ist äquivalent zu

$$P(|0{,}055 - p| \leq 0{,}005) \geq 0{,}95\,.$$

Unter Verwendung des Bernoulli'schen Gesetzes der großen Zahlen können wir die notwendige Zahl n ermitteln durch

$$1 - \frac{1}{4 \cdot n \cdot 0{,}005^2} \geq 0{,}95 \quad \text{oder äquivalent} \quad 4 \cdot n \cdot 0{,}005^2 \geq \frac{1}{0{,}05}\,.$$

Dies führt zu $n = 200\,000$, einer Zahl, die sicherlich weit über den finanziellen Möglichkeiten jeder Umfrage liegt.

Betrachtungen wie bei den letzten beiden Beispielen werden in Abschnitt 4.1.4 im Zusammenhang mit Konfidenzintervallen wieder aufgegriffen. Mit den dort entwickelten Zusammenhängen und Verfahren kann man – bei gleicher Sicherheit – die Genauigkeit der Schätzungen vergrößern.

Aufgabe 71 (Wahrscheinlichkeiten beim Riemer-Quader) Auf S. 178 haben wir in Tabelle 3.3 aufgrund einer Serie von 1000 Würfen Wahrscheinlichkeiten für die sechs möglichen Ergebnisse eines Riemer-Quaders festgelegt. Die Wurfzahl ist nicht gerade klein. Wie sicher können wir sein, dass unser Ansatz vernünftig ist? Wie oft müssen wir den Riemer-Quader mindestens werfen, um die „innewohnenden“ Wahrscheinlichkeiten mit einer Sicherheit von 99% auf 1% genau ansetzen können? Schätzen Sie zuerst die Antworten der Fragen!

3.9

3.9 Normalverteilung und Grenzwertsätze

Die Normalverteilung, auch bekannt als Gauß'sche Glockenkurve, hat ähnlich wie die Poisson-Näherung ihren Ursprung bei der durch den Grenzwertsatz von de Moivre und Laplace beschriebenen Approximation der Binomialverteilung. Außerdem wird durch die Gauß'sche Glockenkurve eine stetige Zufallsvariable bestimmt. Solche Zufallsvariable sind uns bei der Verallgemeinerung des Wahrscheinlichkeitsbegriffs auf überabzählbare Ergebnismengen in Abschnitt 3.1.8 bereits begegnet (auch wenn wir dort das Wort „Zufallsvariable" noch nicht verwendet haben). Die Ergebnismenge ist im einfachsten Fall ganz $\mathbb{R}$ oder ein reelles Intervall. Die besondere Bedeutung der Gauß'schen Glockenkurve liegt darin, dass sich *jede* Summe von genügend vielen unabhängigen Zufallsvariablen durch sie approximieren lässt. Dies ist die Aussage des zentralen Grenzwertsatzes.

3.9.1 Grenzwertsatz von de Moivre und Laplace

Abb. 3.111. de Moivre

Die Poisson-Näherung liefert eine einfache und einfach zu beweisende Formel zur Approximation der Binomialverteilung für kleines p und großes n. Eine andere, aus später zu besprechenden Gründen viel wichtigere Näherungsformel für die Binomialverteilung wurde für $p = \frac{1}{2}$ im Jahr 1733 von *Abraham de Moivre* (1667–1754) bewiesen und von *Laplace* 1812 auf beliebiges $p \in [0; 1]$ erweitert. *De Moivre* war als französischer Hugenotte nach England geflüchtet und wurde dort zum bedeutendsten Vertreter der Wahrscheinlichkeitstheorie in der Zeit nach *Jacob Bernoulli* und vor *Laplace*. Durch Betrachtung von Binomialverteilungen für wachsendes n hatte schon *Jacob Bernoulli* die Idee einer glockenförmigen Grenzfunktion. In Abb. 3.112 ist dies für $p = 0{,}6$ und $n = 5, 20$ und 80 dargestellt.

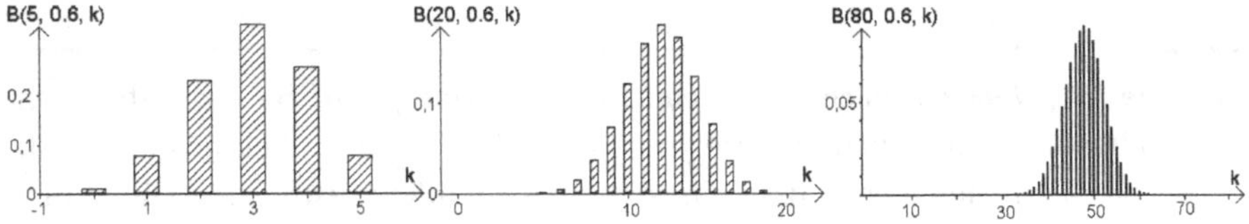

Abb. 3.112. Konvergenz gegen eine Grenzverteilung

Die Säulen der $B(n,p)$-Verteilung nähern sich mit großem n einer glockenförmigen Kurve an. Diese soll durch einen Funktionsgraphen mit handhabbarem Term angenähert werden. *Eine* mögliche glockenförmige Kurve ist die ***Gauß'sche Glockenkurve*** als Graph der ***Gauß'schen φ-Funktion*** mit

$$\varphi\colon \mathbb{R} \to \mathbb{R}\,, \quad x \mapsto \varphi(x) = \frac{1}{\sqrt{2\pi}} \mathrm{e}^{-\frac{1}{2}x^2}\,.$$

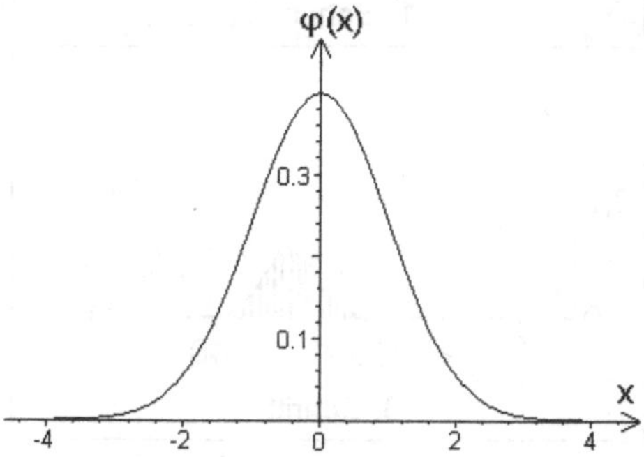

Abb. 3.113. φ-Funktion

Die Funktion trägt den Namen von *Carl Friedrich Gauß* (1777–1855), einem der größten Mathematiker aller Zeiten. *De Moivre* hatte die Funktion entwickelt, auch von *Laplace* wurde sie auf statistische Probleme angewandt. Bekannt wurde sie inbesondere durch *Gauß*, der 1798 entdeckt hatte, dass die zufälligen Fehler bei astronomischen und geodätischen Beobachtungen und bei vielen anderen Größen der Natur eine durch diese Kurve beschriebene Verteilung haben. *Gauß* und seine Funktion sind auf der letzten 10-DM-Note abgebildet.

Abb. 3.114. Gauß und die Normalverteilung

Wie kann eine Binomialverteilung durch eine Gauß-Funktion approximiert werden? Der folgende anschauliche Zugang wurde mit Hilfe des Programms STOCHASTIK[51] gemacht. Wir erinnern uns an das Beispiel der Standardisierung zweier binomialverteilter Zufallsvariablen am Ende von Abschnitt 3.6.1 auf S. 309. Den Übergang vom Histogramm einer binomialverteilten Zufalls-

[51] Erhältlich unter http://www.mintext.de/

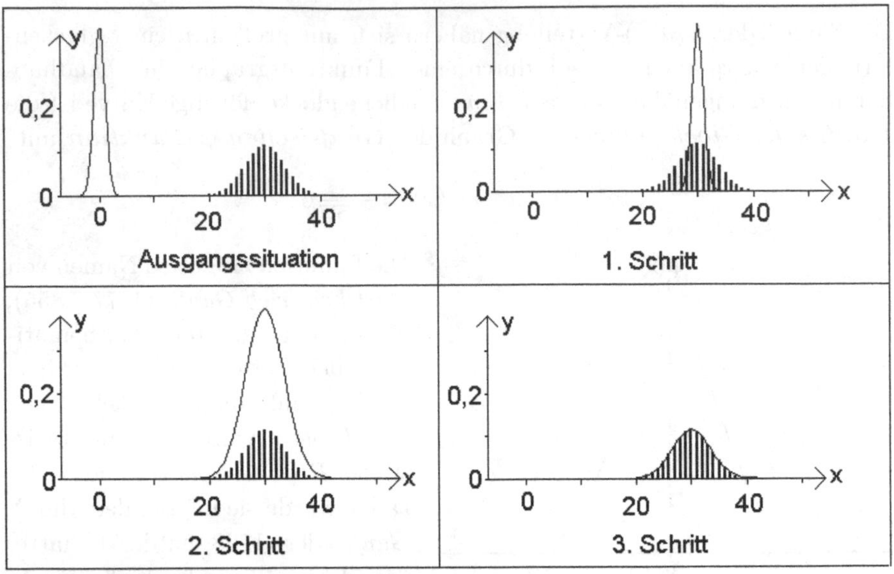

Abb. 3.115. Approximation durch die Gauß'sche φ-Funktion

variablen zum Histogramm der standardisierten Zufallsvariablen in Abb. 3.88 und Abb. 3.89 hatten wir durch die Verkettung gewisser affiner Transformationen gedeutet. Die jeweiligen Umkehrtransformationen wenden wir jetzt auf die Gauß'sche Glockenkurve an und nähern damit eine gegebene $B(n,p)$-verteilte Zufallsvariable Z in drei Schritten durch den Graphen einer Gauß-Funktion an. In Abb. 3.115 ist $n = 50$ und $p = 0{,}6$. Damit ergeben sich $\mu = 30, \sigma^2 = 12$ und $\sigma \approx 3{,}46$.

Das erste Bild zeigt die **Ausgangssituation** mit dem Graphen von φ und der fraglichen $B(50; 0{,}6)$-Verteilung. Nun wird der φ-Graph durch affine Transformationen dem Säulendiagramm der Binomialverteilung angepasst:

1. Schritt:
Verschiebung längs der x-Achse zum „Zentrieren" durch

$$\varphi(x) \to \varphi(x - A) \quad \text{mit} \quad A \in \mathbb{R}\,, \quad \text{optimal für} \quad A = \mu\,.$$

2. Schritt:
„Stauchen längs der y-Achse" durch

$$\varphi(x - A) \to B \cdot \varphi(x - A) \quad \text{mit} \quad B \in \mathbb{R}\,,$$

3. Schritt:
„Strecken längs der x-Achse“ durch

$$B \cdot \varphi(x - A) \to B \cdot \varphi(C \cdot (x - A)) \quad \text{mit} \quad C \in \mathbb{R}\,.$$

Der 2. und der 3. Schritt müssen ggf. wiederholt werden, die „nach optischem Eindruck“ am besten angepasste Kurve erhält man für $B = \frac{1}{\sigma}$ und $C = \frac{1}{\sigma}$. Weitere **Experimente** mit anderen Binomialverteilungen führen zu dem empirischen Ergebnis, dass durch die Gleichung $f(x) = \frac{1}{\sigma} \cdot \varphi\left(\frac{x-\mu}{\sigma}\right)$ die optimale Anpassungskurve für eine $B(n,p)$-verteilte Zufallsvariable Z geliefert wird. Damit gilt für hinreichend große n

$$P(Z = k) = B(n,p,k) \approx \frac{1}{\sigma} \cdot \varphi(\frac{k-\mu}{\sigma}) = \frac{1}{\sqrt{2\pi} \cdot \sigma} \cdot \mathrm{e}^{-\frac{1}{2}\cdot(\frac{k-\mu}{\sigma})^2}\,.$$

Verwendet man wie in Abb. 3.88 auf S. 309 für die Binomialverteilung ein Säulendiagramm mit aneinanderstoßenden Säulen, so ist die Säulenbreite gleich 1. Es liegt dann sogar ein Histogramm vor, so dass sowohl Säulenhöhe als auch Säulenflächeninhalt gleich der Wahrscheinlichkeit $B(n,p,k)$ sind. Die φ-Funktion approximiert die Binomialwahrscheinlichkeiten, damit approximiert das Integral über die entsprechende φ-Funktion die Werte der Verteilungsfunktion F, also

$$F(x) = P(Z \leq x) \approx \int_{-\infty}^{x} \frac{1}{\sigma} \cdot \varphi\left(\frac{t-\mu}{\sigma}\right) \mathrm{d}t = \Phi\left(\frac{x-\mu}{\sigma}\right), \qquad (*)$$

wobei die Integralfunktion

$$\Phi\colon \mathbb{R} \to \mathbb{R}\,, \;\; x \mapsto \Phi(x) := \int_{-\infty}^{x} \varphi(t)\,\mathrm{d}t$$

Gauß'sche Integralfunktion heißt. Sie ist nicht durch elementare Funktionen darstellbar! Es gibt jedoch gute und schnelle Algorithmen zur beliebig genauen Berechnung. Damit haben wir die inhaltliche Aussage des Grenzwertsatzes von *de Moivre* und *Laplace* zur Approximation der Binomialverteilung erhalten. Als Faustregel für die sinnvolle Anwendung dieser Näherung gilt die Forderung $\sigma^2 = n \cdot p \cdot (1-p) > 9$ (vgl. *Eichelsbacher* 2001). Für die praktische Anwendung ist diese Näherung meistens geeignet. Für sehr kleine p kann jedoch die Poisson-Näherung (vgl. Abschnitt 3.6.5 auf S. 316) besser sein: Für $p = 10^{-4}$ sollte für die Gauß-Näherung n in der Größenordnung von 10^5 sein, während die Poisson-Näherung schon für $n \geq 100$ gute Näherungswerte liefert.

Um die Abhängigkeit von n zu betonen, schreiben wir im Folgenden genauer Z_n statt Z. Man ist bei den obigen „ungefähr-Beziehungen" versucht, durch einen Grenzübergang $n \to \infty$ zu einer Gleichheitsaussage für den Limes von $P(Z_n \leq x)$ zu kommen. Dies ist jedoch nicht sinnvoll, da $\lim\limits_{n\to\infty} P(Z_n \leq x) = 0$ für *jede* feste Zahl $x \in \mathbb{R}$ gilt. Überlegen Sie dazu ganz anschaulich, dass mit wachsendem n die Glockenkurve immer mehr nach rechts wandert, also die Säulen links von x immer schneller gegen Null gehen.

Zur mathematischen Analyse unserer anschaulich gewonnenen Vermutung über die Approximation der Binomialverteilung muss man zu standardisierten Zufallsvariablen (vgl. Abschnitt 3.5.6 auf S. 300) übergehen. $T_n = \frac{Z_n - \mu_n}{\sigma_n}$ sei die Standardisierung der $B(n, p)$-verteilten Zufallsvariablen Z_n. Dabei nimmt Z_n die Werte k und T_n die Werte $\frac{k-\mu_n}{\sigma_n}$ für $k = 0, 1, \ldots, n$ an, und es gilt $P(Z_n = k) = P(T_n = \frac{k-\mu_n}{\sigma_n}) = B(n, p, k)$. Zugehörige Säulendiagramme der Wahrscheinlichkeitsverteilungen seien im Folgenden stets mit aneinanderstoßenden Säulen gezeichnet Die Säule für $Z_n = k$ sei dabei symmetrisch um k, also mit der waagrechten Seite von $k - 0{,}5$ bis $k + 0{,}5$ gezeichnet. Ein solches Säulendiagramm für die Verteilung von Z_n mit der Säulenbreite 1 ist ein Histogramm, so dass die Wahrscheinlichkeit $B(n, p, k)$ gleich der Höhe und gleich dem Flächeninhalt der entsprechenden Säule ist. Die Säulenbreite des T_n-Diagramms ist jedoch $\frac{1}{\sigma_n}$, so dass nur die Säulenhöhe die Wahrscheinlichkeit codiert. Die Säulenhöhen sind also zuerst mit σ_n zu multiplizieren, um ein Histogramm zu erhalten, dessen Säulenflächeninhalte wieder die Wahrscheinlichkeiten codieren. Die folgende Treppenfunktion φ_n modelliert die „obere Kante" dieses neuen Histogramms:

$$\varphi_n \colon \mathbb{R} \to [0; 1]; x \mapsto \begin{cases} \sigma_n \cdot B(n, p, k) \quad \text{für} \quad x \in \left(\frac{k-\mu_n-0{,}5}{\sigma_n}; \ \frac{k-\mu_n+0{,}5}{\sigma_n} \right] \\ \text{und für} \quad k \in \{0, 1, \ldots, n\} \\ 0 \quad \text{sonst} \end{cases}.$$

Abbildung 3.116 zeigt ein Beispiel: Ausgehend von der $B(10; 0{,}6)$-verteilten Zufallsvariablen Z_{10} sind das Histogramm der standardisierten Zufallsvariablen T_{10} und dick gezeichnet der Graph der Treppenfunktion φ_{10} dargestellt. Die zum Wert $k = 7$ gehörigen Intervallgrenzen a und b sind explizit angegeben. Der dicke Punkt an den rechten Intervallgrenzen symbolisiert, dass dieser Punkt zum Graphen gehört.

Mit dieser Begriffsbildung gelten die folgenden Beziehungen (vgl. auch Abb. 3.116):

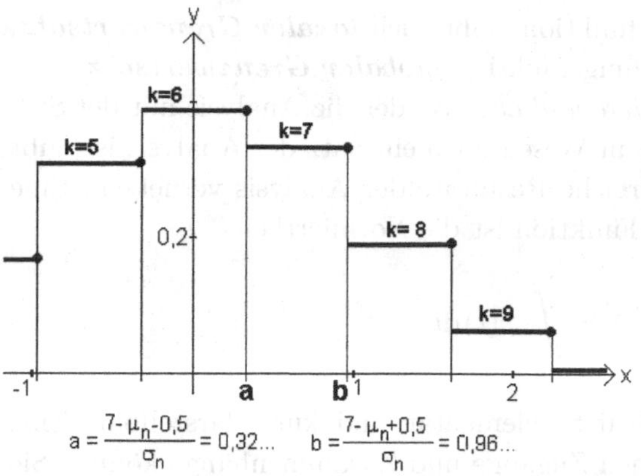

Abb. 3.116. φn für $n = 10$ und $p = 0,6$

$$P(Z_n = k) = P(T_n = \frac{k-\mu_n}{\sigma_n}) = \int\limits_{\frac{k-\mu_n-0,5}{\sigma_n}}^{\frac{k-\mu_n+0,5}{\sigma_n}} \varphi_n(t)\,\mathrm{dt}\,,$$

$$P(Z_n \le k) = P(T_n \le \frac{k-\mu_n}{\sigma_n}) = \int\limits_{-\infty}^{\frac{k-\mu_n+0,5}{\sigma_n}} \varphi_n(t)\,\mathrm{dt}\,.$$

Der begriffliche Aufwand hat sich gelohnt, denn jetzt können wir den angestrebten Satz mathematisch korrekt als Aussage über die Standardisierungen formulieren:

Satz 31 (Grenzwertsatz von de Moivre und Laplace) 31

a. $\lim\limits_{n\to\infty} \varphi_n(x) = \varphi(x)$,

b. $\lim\limits_{n\to\infty} P(T_n \le x) = \lim\limits_{n\to\infty} P\left(\frac{Z_n-\mu_n}{\sigma_n} \le x\right) = \int\limits_{-\infty}^{x} \varphi(t)\,\mathrm{dt} = \Phi(x)$.

Unsere oben anschaulich gewonnenen „ungefähr-Beziehungen“ folgen jetzt direkt:

$$\begin{aligned} P(Z_n = k) &= B(n,p,k) = \frac{1}{\sigma_n} \cdot \sigma_n \cdot B(n,p,k) = \frac{1}{\sigma_n} \cdot \varphi_n\left(\frac{k-\mu_n}{\sigma_n}\right) \\ &\approx \frac{1}{\sigma_n} \cdot \varphi\left(\frac{k-\mu_n}{\sigma_n}\right), \\ F(x) = P(Z_n \le x) &= P\left(T_n \le \frac{x-\mu_n}{\sigma_n}\right) \approx \Phi\left(\frac{x-\mu_n}{\sigma_n}\right) \\ &= \frac{1}{\sigma_n} \cdot \int\limits_{-\infty}^{x} \varphi\left(\frac{t-\mu_n}{\sigma_n}\right) \mathrm{dt}\,. \end{aligned}$$

Die Aussage a. über die Dichtefunktion heißt auch ***lokaler Grenzwertsatz***, die Aussage b. über die Verteilungsfunktion ***globaler Grenzwertsatz***.
Zum *Grenzwertsatz von de Moivre und Laplace*, der die Analysis mit der Stochastik verbindet und der seinem Wesen nach ein Satz der Analysis ist, gibt es sehr viele Beweise, die zahlreiche Resultate der Analysis vernetzen. Eine wesentliche Eigenschaft der φ-Funktion ist die Normiertheit

$$\Phi(\infty) = \int_{-\infty}^{\infty} \varphi(t)\,\mathrm{d}t = 1$$

Alle Beweise des Satzes sind nicht elementar und kurz darstellbar. Eine Übersicht über die verschiedenen Zugänge und Zusammenhänge können Sie in der Dissertation von *Jörg Meyer* (2004) finden. Wir werden im folgenden Abschnitt die Beweisidee erläutern.
Der Vorteil der Approximation durch den Grenzwertsatz von de Moivre und Laplace ist wieder, dass anstelle schwierig zu berechnender Binomialkoeffizienten die schon im 18. Jahrhundert gut tabellierten Werte der φ- und Φ-Funktion verwendet werden können. Da φ symmetrisch zur y-Achse ist, lassen sich leicht alle interessierenden φ- und Φ-Werte auf Werte für $x > 0$ zurückführen. Dies erleichtert die Tabellierung. Beispielsweise wird das Testen von Hypothesen bei binomialverteilten Zufallsvariablen (vgl. Teilkapitel 4.2) damit rechnerisch wesentlich einfacher.
Für die praktische Anwendung liefert die unten stehende ***integrale Näherungsformel*** von de Moivre und Laplace (∗∗) etwas bessere Werte als die „ungefähr"-Näherung (∗) auf S. 353: Ist X eine $B(n,p)$-verteilte Zufallsvariable mit $E(X) = \mu$ und $V(X) = \sigma$, so gilt für $a, b \in \{0, 1, \ldots, n\}$

$$P(X \le a) \approx \Phi(\frac{a + 0{,}5 - \mu}{\sigma}) \qquad (**)$$

$$P(a \le X \le b) \approx \Phi(\frac{b + 0{,}5 - \mu}{\sigma}) - \Phi(\frac{a - 0{,}5 - \mu}{\sigma})$$

Der Term $\pm 0{,}5$ war uns schon oben bei der Definition von φ_n begegnet. Im Histogramm von Abb. 3.117 ist die Wahrscheinlichkeit $B(n,p,k)$ gerade der Flächeninhalt des Balkens zwischen $k - 0{,}5$ bis $k + 0{,}5$. Die durch die Funktion φ^* mit $\varphi^*(x) = \frac{1}{\sigma} \cdot \varphi(\frac{x-\mu}{\sigma})$ zu approximierende Wahrscheinlichkeit ist der

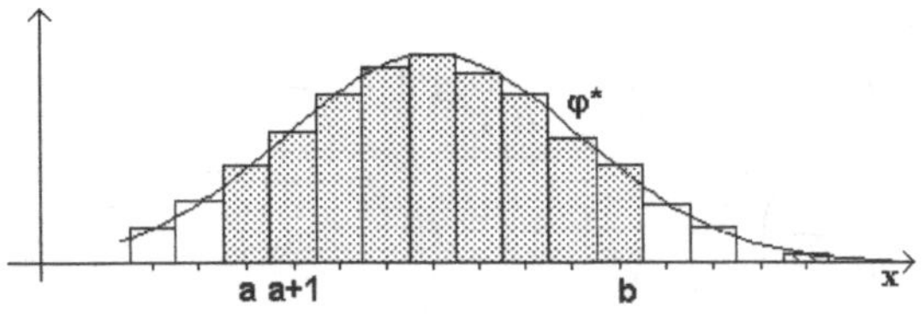

Abb. 3.117. Integrale Näherungsformel

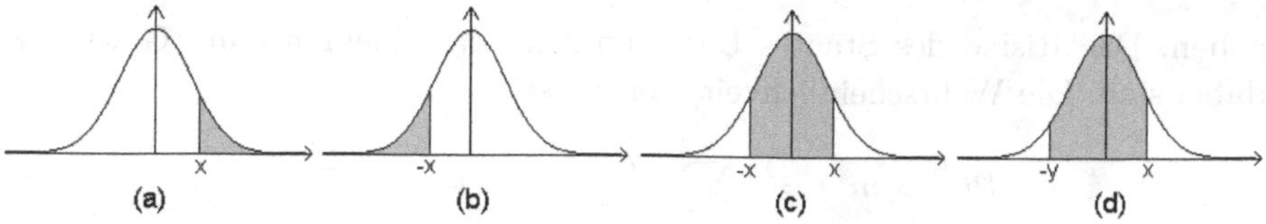

Abb. 3.118. Umgang mit der Φ-Funktion

Flächeninhalt der gepunkteten Balken. Also muss für eine möglichst gute Approximation von $a-0{,}5$ bis $b+0{,}5$ integriert werden. Die zugrunde liegende Idee ist analog zu der des Riemann'schen Integrals, wo man Flächeninhalte unter Kurven durch Rechtecksinhalte annähert. Der Korrekturterm $\pm 0{,}5$ ist bei größeren Zahlen überflüssig.
Alle interessierenden Wahrscheinlichkeiten lassen sich durch positive Werte der Φ-Funktion ausdrücken, was die Abb. 3.118 zeigt. Es seien x und y positive reelle Zahlen und Z eine Zufallsvariable, deren Verteilungsfunktion Φ ist. Dann gilt

(a) $P(Z \geq x) = 1 - \Phi(x)$;
(b) $P(Z \leq -x) = \Phi(-x) = 1 - \Phi(x)$;
(c) $P(-x \leq Z \leq x) = \Phi(x) - \Phi(-x) = 2 \cdot \Phi(x) - 1$;
(d) $P(-y \leq Z \leq x) = \Phi(x) - \Phi(-y) = \Phi(x) + \Phi(y) - 1$.

Beispiel 32 (Die Genueser Lotterie) In Abschnitt 3.4.6 haben wir die Genueser Lotterie analysiert. In Abschnitt 3.5.2 wurde der Erwartungswert für die verschiedenen Spielvarianten ermittelt. Eine Frage ist bisher aber erst unbefriedigend beantwortet worden: Wie kann man das Risiko des Staates als Veranstalter der Lotterie abschätzen? 32
Wir betrachten hierzu wieder das Beispiel der Terne: Eine Wette wird als Bernoulli-Experiment mit den Ausgängen „der Staat gewinnt“ (=: 0) und „der Spieler gewinnt“ (=: 1) betrachtet. Für die zugehörige Zufallsvariable gilt also $P(X = 0) = \frac{11747}{11748}$ und $P(X = 1) = \frac{1}{11748} =: p$. Wir betrachten eine Lotterie, bei der n Spieler auf Terne wetten mögen. Man kann die sinnvolle Modellannahme machen, dass die einzelnen Spieler unabhängig voneinander wetten. Damit kann diese Situation als binomialverteilte Zufallsvariable Z mit den Parametern n und p beschrieben werden. Der Staat erhält von jedem Spieler 1 € und muss jedem Gewinner 5200 € auszahlen. Ist m die Anzahl der Gewinner, so muss $n - 5200 \cdot m \geq 0$ gelten, damit der Staat keinen Verlust macht. Für ein vorgegebenes n darf es also höchstens $m^* := \left[\frac{n}{5200}\right]$ Gewinner

geben. Das Risiko des Staates besteht darin, dass mehr als m^* Gewinner dabei sind. Die Wahrscheinlichkeit hierfür ist

$$P(Z > m^*) = \sum_{i=m^*+1}^{n} \binom{n}{i} \cdot p^i \cdot (1-p)^{n-i} .$$

Versucht man diese Formel für konkrete Werte von n von MAPLE oder einem anderen CAS auswerten zu lassen, so stößt man sehr schnell auf die Grenzen der Rechenleistung des Computers (auch wenn man nur die Summe von 0 bis m^* berechnen lässt!). Man muss also die Normalverteilung als Näherung der Binomialverteilung verwenden. Mit dem Erwartungswert $\mu = n \cdot p$ und der Standardabweichung $\sigma = \sqrt{n \cdot p \cdot (1-p)}$ der Binomialverteilung muss die Formel

$$P(Z > m^*) \approx \int_{m^*}^{\infty} \frac{1}{\sqrt{2 \cdot \pi} \cdot \sigma} \cdot e^{\frac{1}{2} \cdot \left(\frac{x-\mu}{\sigma}\right)^2} dx$$

ausgewertet werden. Dies ist für MAPLE eine viel leichtere Aufgabe. Beispielsweise beträgt für $n = 100000$ die Risikowahrscheinlichkeit ungefähr 0,00041. Für $n = 1000000$ ist diese Wahrscheinlichkeit praktisch 0 (mit einer Genauigkeit von 20 Stellen gerechnet).

3.9.2 Beweisidee des lokalen Grenzwertsatzes

Obwohl wir den Beweis nur für den Spezialfall $p = \frac{1}{2}$ führen werden, ist er relativ komplex und erfordert tiefere Methoden. Wir werden in den folgenden Abschnitten nur die Resultate des Grenzwertsatzes von de Moivre und Laplace anwenden, nicht aber seinen Beweis benötigen. In zwei Beweisschritten werden wir zuerst die Normiertheit der Gauß-Funktion und dann die Konvergenz der Binomialverteilung für $p = \frac{1}{2}$ gegen diese Kurve beweisen.

Beweisschritt 1:
Die Gauß-Funktion ist normiert:

$$\int_{-\infty}^{\infty} \varphi(t)\,\mathrm{d}t = \frac{1}{\sqrt{2\pi}} \cdot \int_{-\infty}^{\infty} \mathrm{e}^{-\frac{1}{2}t^2}\,\mathrm{d}t = 1 \qquad (3)$$

Zum Beweis dieser Gleichung ist zu zeigen, dass $\int_{-\infty}^{\infty} \mathrm{e}^{-\frac{1}{2}t^2}\,\mathrm{d}t = \sqrt{2\pi}$ gilt.

Beweisschritt 2:
Die Zufallsvariablen Z_n seien $B(n, \frac{1}{2})$-verteilt mit dem Erwartungswert $\mu_n = \frac{n}{2}$, der Standardabweichung $\sigma_n = \frac{\sqrt{n}}{2}$ und mit der zugehörigen standar-

disierten Zufallsvariablen T_n. Dann gilt für die auf S. 354 definierte Funktion φ_n

$$\varphi_n(x) \underset{n\to\infty}{\to} \frac{1}{\sqrt{2\pi}} \cdot \mathrm{e}^{-\frac{1}{2}\cdot x^2}.$$

Zum Beweis dieses Spezialfalls des lokalen Grenzwertsatzes werden wir zeigen, dass es eine positive reelle Zahl a gibt, so dass zunächst gilt

$$\varphi_n(x) \underset{n\to\infty}{\to} a \cdot \mathrm{e}^{-\frac{1}{2}\cdot x^2}.$$

Zusammen mit dem Resultat von Beweisschritt 1 folgt dann

$$1 = \int_{-\infty}^{\infty} \varphi_n(t)\,\mathrm{d}t \underset{n\to\infty}{\to} \int_{-\infty}^{\infty} a \cdot \mathrm{e}^{-\frac{1}{2}t^2}\,\mathrm{d}t = a \cdot \sqrt{2\pi},$$

also $a = \frac{1}{\sqrt{2\pi}}$, und der lokale Grenzwertsatz für den Spezialfall $p = \frac{1}{2}$ ist bewiesen.

Wir sind dann auf dem Beweisstand von *de Moivre* in seinem Werk *The doctrine of changes.*

Beweis von Beweisschritt 1

(in Anlehnung an *Kroll & Vaupel* 1986, S. 103):

Es ist für $r(x) = \mathrm{e}^{-\frac{1}{2}x^2}$ der Integralwert $\int_{-\infty}^{\infty} r(t)\,dt$ zu bestimmen (Abb. 3.119 links). Hierzu lassen wir den Graphen von r um die y-Achse rotieren (Abb. 3.119 rechts) und bestimmen das Volumen V des so entstehenden Drehkörpers auf zwei Arten:

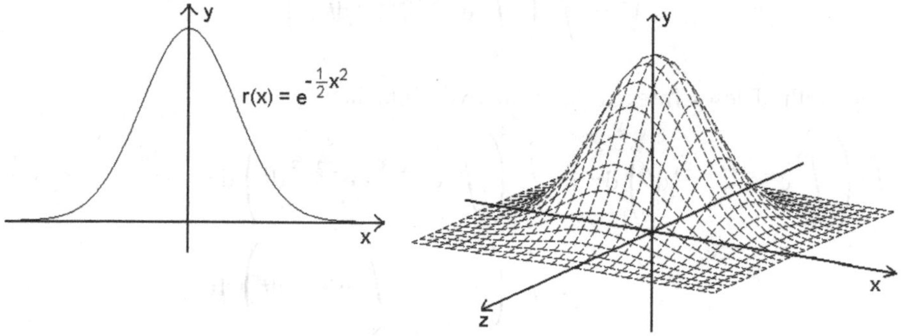

Abb. 3.119. Beweis der Normierung

1. Berechnung:
Wir lassen den Graphen der Umkehrfunktion von r für $x \geq 0$ um die x-Achse rotieren: Für die Umkehrfunktion gilt

$$r^{-1}\colon (0;1] \to \mathbb{R}, x \mapsto \sqrt{-2 \cdot \ln(x)}\,.$$

Damit folgt

$$\begin{aligned} V &= \lim_{a\to 0+} \pi \cdot \int_a^1 \left(r^{-1}(t)\right)^2 \mathrm{d}t = \lim_{a\to 0+} \pi \cdot \int_a^1 (-2 \cdot \ln t)\,\mathrm{d}t \\ &= \lim_{a\to 0+} \left(-2\pi \left[x \cdot \ln x - x\right]_a^1\right) = 2\pi\,. \end{aligned}$$

2. Berechnung:
Der fragliche Drehkörper mit Volumen V wird eingeschlossen durch die x-z-Ebene und die Fläche mit der Gleichung

$$R(x,z) = \mathrm{e}^{-\frac{1}{2}(x^2+z^2)}\,.$$

Der Schnitt dieser Fläche mit der Ebene $z = z_1$ ist eine ebene Kurve mit der Gleichung $x \mapsto \mathrm{e}^{-\frac{1}{2}(x^2+z_1^2)}$; der Schnitt des Rotationskörpers mit der Ebene $z = z_1$ ist folglich eine Fläche mit dem Inhalt $A_1 = \int\limits_{-\infty}^{\infty} \mathrm{e}^{-\frac{1}{2}(t^2+z_1^2)}\,\mathrm{d}t$. Nun denken wir uns den Drehkörper durch äquidistante Schnittebenen $z = z_i$ parallel zur x-y-Ebene im Abstand $\mathrm{d}z$ zerschnitten in flache „Scheiben" von jeweils dem Volumen $A_i \cdot \mathrm{d}z$. Die Summe aller Scheibeninhalte ergibt für $\mathrm{d}z \to 0$ das Volumen V des Drehkörpers und wird durch das Integral

$$V = \int_{-\infty}^{\infty} \left(\int_{-\infty}^{\infty} \mathrm{e}^{-\frac{1}{2}(t^2+z^2)}\,\mathrm{d}t \right) \mathrm{d}z$$

dargestellt. Dieses Integral lässt sich vereinfachen:

$$\begin{aligned} \int_{-\infty}^{\infty} \left(\int_{-\infty}^{\infty} \mathrm{e}^{-\frac{1}{2}(t^2+z^2)}\,\mathrm{d}t \right) \mathrm{d}z &= \int_{-\infty}^{\infty} \left(\int_{-\infty}^{\infty} \mathrm{e}^{-\frac{1}{2}t^2} \cdot \mathrm{e}^{-\frac{1}{2}z^2}\,\mathrm{d}t \right) \mathrm{d}z \\ &= \int_{-\infty}^{\infty} \left(\mathrm{e}^{-\frac{1}{2}z^2} \cdot \int_{-\infty}^{\infty} \mathrm{e}^{-\frac{1}{2}t^2}\,\mathrm{d}t \right) \mathrm{d}z \\ &= \int_{-\infty}^{\infty} \mathrm{e}^{-\frac{1}{2}t^2}\,\mathrm{d}t \cdot \int_{-\infty}^{\infty} \mathrm{e}^{-\frac{1}{2}z^2}\,\mathrm{d}z = \left(\int_{-\infty}^{\infty} \mathrm{e}^{-\frac{1}{2}t^2}\,\mathrm{d}t \right)^2. \end{aligned}$$

Zusammen ergibt sich, wie behauptet,

$$V = 2\pi = \left(\int_{-\infty}^{\infty} \mathrm{e}^{-\frac{1}{2}t^2}\,\mathrm{d}t \right)^2, \quad \text{also} \quad \int_{-\infty}^{\infty} \mathrm{e}^{-\frac{1}{2}t^2}\,\mathrm{d}t = \sqrt{2\pi}\,.$$

Beweis von Beweisschritt 2

(in Anlehnung an *Hogben* 1953, S. 699):
Um einen weiteren Index zu vermeiden, sei Z eine der Zufallsvariablen Z_n. Z nimmt die Werte $0, 1, 2, \ldots, n$ mit den Wahrscheinlichkeiten

$$p_k := P(Z = k) = B(n, \frac{1}{2}, k) = \binom{n}{k} \cdot \left(\frac{1}{2}\right)^n$$

an. Die Zufallsvariable Z hat den Erwartungswert $\mu = \frac{n}{2}$ und die Standardabweichung $\sigma = \frac{\sqrt{n}}{2}$. Die zu Z gehörige standardisierte Zufallsvariable $T = \frac{Z-\mu}{\sigma} = \frac{2Z}{\sqrt{n}} - \sqrt{n}$ nimmt die Werte $f_k := \frac{2 \cdot k}{\sqrt{n}} - \sqrt{n}$, $k = 0, 1, \ldots, n$, an und hat ebenfalls die Wahrscheinlichkeiten $P(T = f_k) = p_k$. Für die folgende Überlegung vergleiche man Abb. 3.88, Abb. 3.89 und Abb. 3.116: Das Säulendiagramm mit aneinanderstoßenden Säulen für die Wahrscheinlichkeitsverteilung von Z ist ein Histogramm, da die Breite der Rechtecke jeweils 1 ist. Also sind sowohl die Höhe als auch der Flächeninhalt der Rechtecke gleich der Wahrscheinlichkeit p_k. Im Säulendiagramm der standardisierten Zufallsvariablen T sind nur die Höhen der Rechtecke gleich den Wahrscheinlichkeiten. Die Breite der Rechtecke ist jeweils $\frac{1}{\sigma} = \frac{2}{\sqrt{n}} (< 1$ für $n > 4)$. Damit der Flächeninhalt wieder gleich der Wahrscheinlichkeit ist, müssen alle Rechteckhöhen mit dem Faktor $\sigma = \frac{\sqrt{n}}{2}$ multipliziert werden. Dann erhalten wir wieder ein Histogramm, dessen obere Kanten durch die Treppenfunktion φ_n der mit σ multiplizierten Wahrscheinlichkeiten beschrieben werden. In Abb. 3.120 sind für drei verschiedene Werte von n die Punkte $Q(k) := (f_k | \varphi_n(f_k))$ mit $\varphi_n(f_k) = \sigma \cdot p_k$ dargestellt und durch einen Polygonzug verbunden, der Graph einer Funktion g_n sein möge. Im Gegensatz

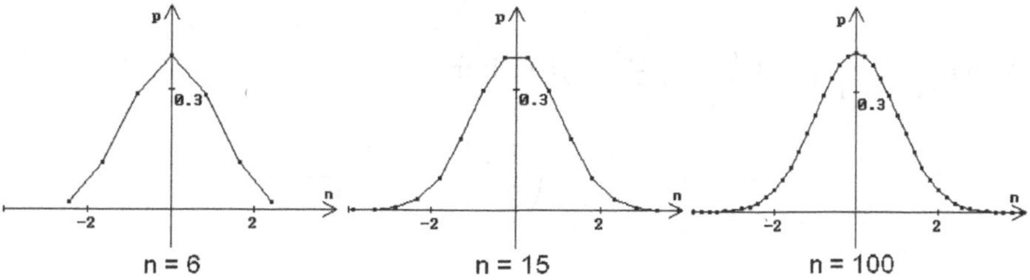

Abb. 3.120. Die Funktionen g_n

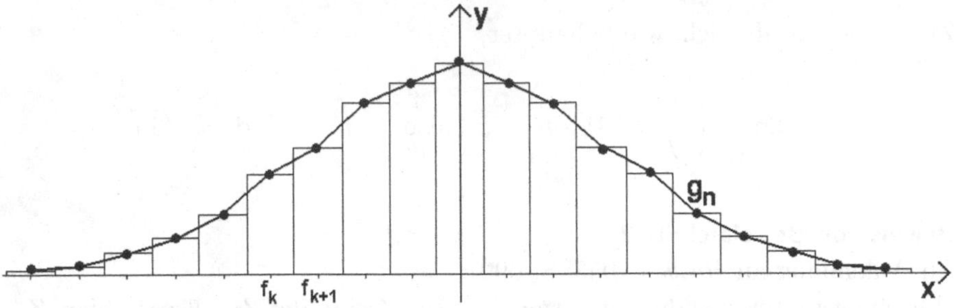

Abb. 3.121. Histogramm von T, Graphen von φ_n und g_n

zu φ_n ist g_n eine stetige Funktion. In Abb. 3.121 sind beide Funktionen φ_n und g_n dargestellt, es gilt $\varphi_n(f_k) = g_n(f_k) = \sigma \cdot p_k$ für $k = 0, 1, \ldots, n$.
Der Anschauung entnehmen wir, dass die Funktionen g_n für $n \to \infty$ gegen eine Grenzfunktion h konvergieren. Wir begründen nun, dass h eine Exponentialfunktion der im Beweisschritt 2 behaupteten Art sein muss. Hierzu ist in Abb. 3.121 ein Histogramm von T dargestellt, in dem die Rechteckflächeninhalte gerade die Wahrscheinlichkeiten sind, so dass die Summe aller Rechtecksinhalte wieder 1 ergibt. Die oberen Kanten des Histogramms bilden den Graphen von φ_n.
Die dick gezeichneten Punkte $Q(k)$ sind durch den Polygonzug der Funktion g_n verbunden. Nun berechnen wir den Anstieg s_k der Sekanten durch $Q(k)$ und $Q(k+1)$. Für großes n ist dieser Sekantenanstieg ungefähr gleich dem Tangentenanstieg $h'(x_0)$ der Tangenten an h im Punkt $R(x_0|g(x_0))$ mit $x_0 = \frac{1}{2} \cdot (f_k + f_{k+1})$. Schließlich werden wir noch die Näherung $h(x_0) \approx g_n(x_0)$ verwenden, was dann auf eine einfache Differentialgleichung für h führen wird. Es gilt

$$s_k = \frac{g_n(f_{k+1}) - g_n(f_k)}{f_{k+1} - f_k} = \frac{\frac{\sqrt{n}}{2} \cdot p_{k+1} - \frac{\sqrt{n}}{2} \cdot p_k}{\frac{2}{\sqrt{n}}}$$

$$= \frac{n}{4} \cdot \left(\binom{n}{k+1} - \binom{n}{k} \right) \cdot \left(\frac{1}{2} \right)^n .$$

Wegen $\binom{n}{k+1} = \binom{n}{k} \cdot \frac{n-k}{k+1}$ folgt weiter

$$s_k = \frac{n}{4} \cdot \binom{n}{k} \cdot \left(\frac{1}{2} \right)^n \cdot \frac{n - 2k - 1}{k + 1} .$$

Nun werden x_0 und $g_n(x_0)$ berechnet: Wegen $f_k = \frac{2k}{\sqrt{n}} - \sqrt{n}$ gilt

$$x_0 = \frac{1}{2} \cdot (f_k + f_{k+1}) = -\frac{n-2k-1}{\sqrt{n}}.$$

Wegen $g_n(f_k) = \sigma \cdot p_k = \frac{\sqrt{n}}{2} \cdot \binom{n}{k} \cdot \left(\frac{1}{2}\right)^n$ und der obigen Formel für $\binom{n}{k+1}$ gilt

$$g_n(x_0) = \frac{1}{2} \cdot (g_n(f_k) + g_n(f_{k+1})) = \frac{\sqrt{n}}{4} \cdot \binom{n}{k} \cdot \left(\frac{1}{2}\right)^n \cdot \frac{n+1}{k+1}.$$

Der Vergleich mit der Formel für s_k liefert

$$s_k = -\frac{n}{n+1} \cdot g_n(x_0) \cdot x_0\,.$$

Für große n ist der erste Bruch fast gleich 1, der Sekantenanstieg s_k von g_n wird durch den Tangentenanstieg von h an der Stelle x_0 und der Funktionswert von g_n an der Stelle x_0 durch den von h ersetzt. Dies führt zu der Differentialgleichung

$$h'(x_0) = -h(x_0) \cdot x_0\,.$$

Diese Differentialgleichung hat wie behauptet die Lösung $h(x) = a \cdot \mathrm{e}^{-\frac{1}{2} \cdot x^2}$ mit einer Konstanten $a \in \mathbb{R}$. Da φ_n und g_n an den $n+1$ Punkten $Q(k)$ übereinstimmen und g_n gegen h konvergiert (was wir aus der Anschauung gefolgert hatten), folgt die Behauptung des Beweisschritts 2.

3.9.3 Stetige Zufallsvariable

Bisher hatten wir fast ausschließlich diskrete Ergebnismengen betrachtet, meistens sogar endliche. Es ist jedoch augenscheinlich, dass bei vielen Zufallsexperimenten aus den verschiedensten Wissenschaften der Ansatz einer Zufallsvariablen Z mit Wertemenge $\mathbb{R}$ oder einer Teilmenge von $\mathbb{R}$ zur mathematischen Analyse der zu beschreibenden Situation praktikabler wäre. Naheliegende Beispiele sind Ergebnisse, die Messungen in irgendwelchen Einheiten sind, etwa die Körpergröße der 20–30jährigen Frauen, die Länge einer Präzisionswalze, das Milchvolumen in einem gerade abgefüllten Milchkarton, die Wartezeit auf einen Bus oder auf den nächsten radioaktiven Zerfall von Polonium, die Lebenszeit von Flugzeugmotoren oder anderen technischen Bauteilen usw.

Bei der Entwicklung des Wahrscheinlichkeitsbegriffs in Teilkapitel 3.1 haben wir uns in Abschnitt 3.1.9 mit überabzählbaren Ergebnismengen beschäftigt. Für alle hier aufgezählten Beispiele ist der dort besprochene Ansatz eines stetigen Wahrscheinlichkeitsraums mit Hilfe einer ***Dichtefunktion*** das Mittel der Wahl. Eine Dichtefunktion f ist eine reelle, nicht negative und integrierbare Funktion mit der Normierung

$$\int_{-\infty}^{\infty} f(x)\,\mathrm{d}x = 1\,.$$

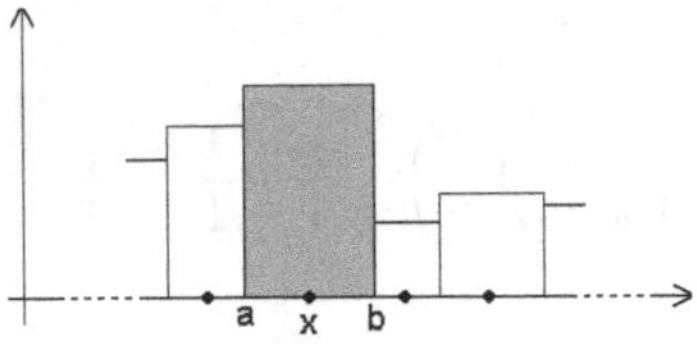

Abb. 3.122. Histogramm als Dichtefunktion

Im diskreten Fall kann man Histogramme als stückweise konstante Dichtefunktionen auffassen. Wir hatten Histogramme bei der Standardisierung von Zufallsvariablen in Abschnitt 3.5.6 und am Ende von Abschnitt 3.6.1 betrachtet. Ein Histogramm, das die Wahrscheinlichkeitsverteilung einer Zufallsvariablen Z darstellt, ist ein Säulendiagramm mit aneinanderstoßenden Säulen, bei dem die Höhe der zu $Z = x$ gehörigen Säule so bestimmt ist, dass der Flächeninhalt der Säule genau die Wahrscheinlichkeit $P(Z = x)$ ist (vgl. Abb. 3.122). Betrachtet man die oberen Ränder des Histogramms als Graphen einer Treppenfunktion f, so kann man dies auch ausdrücken durch

$$P(Z = x) = \int_a^b f(t)\,\mathrm{d}t\,.$$

Andere Ereignisse werden mit Hilfe der zu Z gehörigen Verteilungsfunktion F beschrieben, z. B. $P(u \le Z \le o) = F(o) - F(u)$, was wieder dem Flächeninhalt unter dem Graphen von f von u bis o entspricht. F ist also Integralfunktion zu f. Da die Summe aller Wahrscheinlichkeiten Eins ergibt, hat f die definierenden Eigenschaften einer Dichtefunktion. Diese Betrachtung ist analog zum Zusammenhang zwischen Histogrammen und empirischen Verteilungsfunktionen in Abschnitt 2.3 auf S. 60.
Diese für diskrete Ergebnismengen *abgeleiteten* Resultate werden für stetige Zufallsvariable zur *Definition* der Wahrscheinlichkeitsverteilung P verwendet (vgl. Abschnitt 3.1.8 auf S. 189). Als Wertemenge einer stetigen Zufallsvariablen Z benötigen wir nur $\mathbb{R}$ oder ein reelles Intervall. Obwohl das Ereignis $Z = a$ eintreten kann, kann man diesem Ereignis keine positive Wahrscheinlichkeit zuschreiben. Insbesondere sind die Ordinaten $f(a)$ Dichten, aber nicht die Wahrscheinlichkeiten $Z = a$. Jedoch wird für „Intervallereignisse“ $[a; b]$ die Wahrscheinlichkeit

$$P(a \le Z \le b) := \int_a^b f(x)\,\mathrm{d}x$$

gesetzt. Die Verteilungsfunktion F einer stetigen Zufallsvariablen Z ist in Verallgemeinerung des diskreten Falls definiert als

$$F\colon \mathbb{R} \to [0;1]\,, \quad x \mapsto F(x) = P(Z \leq x) = \int\limits_{-\infty}^{x} f(t)\,\mathrm{d}t\,.$$

Die wichtigen Begriffe Erwartungswert, Varianz und Standardabweichung können auf stetige Zufallsvariable verallgemeinert werden, indem die Summen im diskreten Fall durch das Integral ersetzt werden (vergleichen Sie die definierenden Formeln für den diskreten Fall in Definition 30 auf S. 285): Z sei eine stetige Zufallsvariable mit der Dichtefunktion f. Dann heißen die Zahlen (falls sie existieren)

$$E(Z) := \int\limits_{-\infty}^{\infty} x \cdot f(x)\,\mathrm{d}x \quad \text{der \textbf{\textit{Erwartungswert}} von } Z.$$

$$V(Z) := \int\limits_{-\infty}^{\infty} (x - E(Z))^2 \cdot f(x)\,\mathrm{d}x \quad \text{die \textbf{\textit{Varianz}} von } Z \text{ und}$$

$$\sigma(Z) := \sqrt{V(Z)} \quad \text{die \textbf{\textit{Standardabweichung}} von } Z\,.$$

Im Folgenden werden einige wichtige Beispiele stetiger Zufallsvariablen diskutiert.

Beispiel 33 (Gleichverteilung) In Abschnitt 3.1.9 hatten wir als Beispiel die Wartezeit beim Telefonieren betrachtet: Armin hatte versprochen, Beate zwischen 18 und 19 Uhr anzurufen. Für Beate ist jeder Zeitpunkt t zwischen 18 und 19 Uhr gleichwahrscheinlich. Ein anderes Beispiel ist die Wartezeit auf eine U-Bahn, die regelmäßig alle 10 Minuten fährt. Schließlich wird ein Zufallsgenerator, der zufällig eine reelle Zahl zwischen a und b erzeugt, durch einen Gleichverteilungsansatz beschrieben: Jedes gleichlange Intervall aus dem interessierenden Bereich enthält die Zahl mit der gleichen Wahrscheinlichkeit (oder sollte sie wenigstens enthalten). Diese Situationen sind sinnvolle Verallgemeinerungen von Laplace-Experimenten auf überabzählbare Ergebnismengen und werden durch eine Zufallsvariable Z mit der Dichte- 33

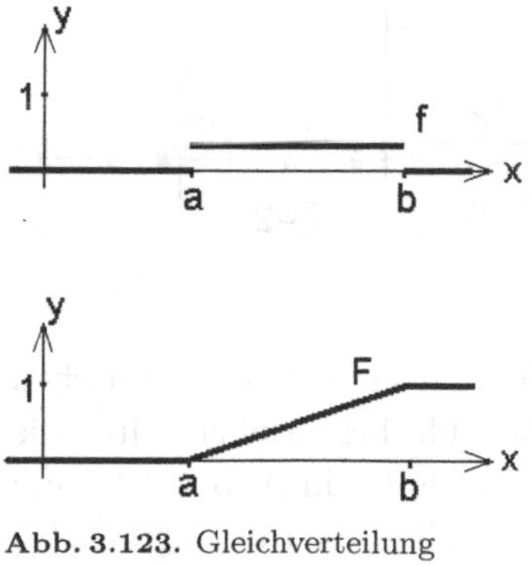

Abb. 3.123. Gleichverteilung

funktion

$$f\colon \mathbb{R} \to \mathbb{R}\,, \quad x \mapsto f(x) = \begin{cases} \frac{1}{b-a} & \text{für} \quad a \leq x \leq b \\ 0 & sonst \end{cases}$$

und der Verteilungsfunktion F

$$F\colon \mathbb{R} \to [0;1]\,, \quad x \mapsto F(x) = \begin{cases} 0 & \text{für} \quad x < a \\ \frac{x-a}{b-a} & \text{für} \quad a \leq x \leq b \\ 1 & \text{für} \quad x > a \end{cases}$$

beschrieben (vgl. Abb. 3.123). Die Daten der Verteilung sind

$$E(Z) = \frac{a+b}{2} \quad \text{und} \quad V(z) = \frac{(a-b)^2}{12}\,.$$

Diese Integrale kann man noch „per Hand“ behandeln; für die Berechnung komplizierterer Integrale ist ein Computeralgebrasystem hilfreich.

---

34 **Beispiel 34 (Exponentialverteilung)** Für das Beispiel „Warten auf die erste Sechs“ (vgl. Abschnitt 3.6.4) hatten wir als zugehörige Wahrscheinlichkeitsverteilung die diskrete geometrische Verteilung behandelt. Die Zufallsvariable Z hatte die Anzahl der Würfelwürfe bis zur ersten Sechs beschrieben. Die Verallgemeinerung auf stetige Zufallsvariable liegt nahe. Wir greifen nochmals das Rutherford-Geiger-Experiment von S. 320 auf. Die zugehörige diskrete, Poisson-verteilte Zufallsvariable Z mit Parameter $\mu_0 \approx 3{,}87$ hatte die Anzahl der radioaktiven Zerfälle in einem Messintervall von 7,5 Sekunden beschrieben. Der zeitliche Verlauf ist in Abb. 3.124 angedeutet, die dicken Punkte bedeuten einen radioaktiven Zerfall. Für fünf Messintervalle ist der jeweilige Wert von Z angegeben.

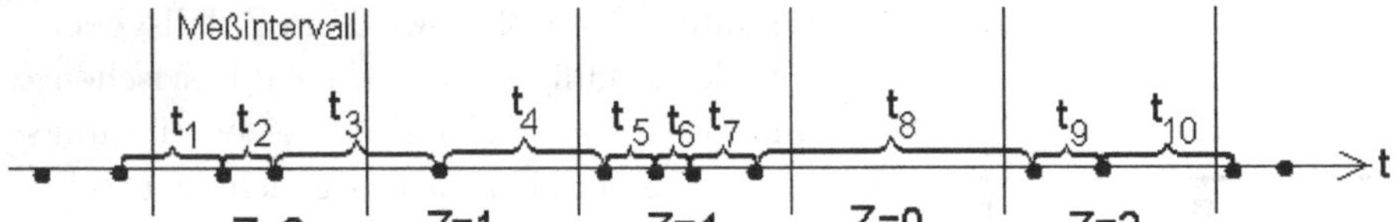

Abb. 3.124. Rutherford-Geiger-Experiment

Eine andere Betrachtung derselben Situation fragt nach der Zeit t zwischen zwei Zerfällen, die durch eine stetige Zufallsvariable beschrieben wird, die positive Zahlen als Werte annimmt. Die Zeiten t_1 bis t_{10} in Abb. 3.124 sind Realisierungen dieser Zufallsvariablen. Die analytische Beschreibung der Zufallsvariablen erhalten wir durch folgende Überlegung: Die Zufallsvariable T beschreibe die Zeit vom Beginn der Beobachtung bis zum ersten Zerfall. Anstelle eines Messintervalls von 7,5 Sekunden könnte auch jedes andere Messintervall t gewählt werden. Die zugehörige Zufallsvariable Z_1 für $t = 1$ ist dann Poisson-verteilt mit Parameter $\mu = \frac{\mu_0}{7{,}5} \approx 0{,}52$. Analog ist für beliebiges t die Poisson-verteilte Zufallsvariable Z_t mit Parameter $\mu \cdot t$ zu verwenden. t_0 sei die Zeit bis zum ersten Zerfall. Wenn $t_0 > t$ ist, so findet im Intervall $[0; t]$ der Länge t kein Zerfall statt, das ist gleichbedeutend mit $Z_t = 0$. Die beiden Ereignisse $T > t$ und $Z_t = 0$ entsprechen sich also. Somit gilt

$$P(T > t) = P(Z_t = 0) = \frac{(\mu \cdot t)^0}{0!} \cdot \mathrm{e}^{-\mu \cdot t} = \mathrm{e}^{-\mu \cdot t}.$$

Damit kennen wir die Verteilungsfunktion F von T:

$$F(t) = P(T \leq t) = 1 - P(T > t) = 1 - \mathrm{e}^{-\mu \cdot t}.$$

Die Dichtefunktion f ergibt sich durch Ableiten:

$$f(t) = F'(t) = \mu \cdot \mathrm{e}^{-\mu \cdot t} \quad \text{für} \quad t \geq 0 \quad \text{und} \quad f(t) = 0 \quad \text{für} \quad t < 0.$$

Auftrag

Rechnen Sie die Normierungsbedingung $\int_{-\infty}^{\infty} f(t)\,\mathrm{d}t = 1$ nach!

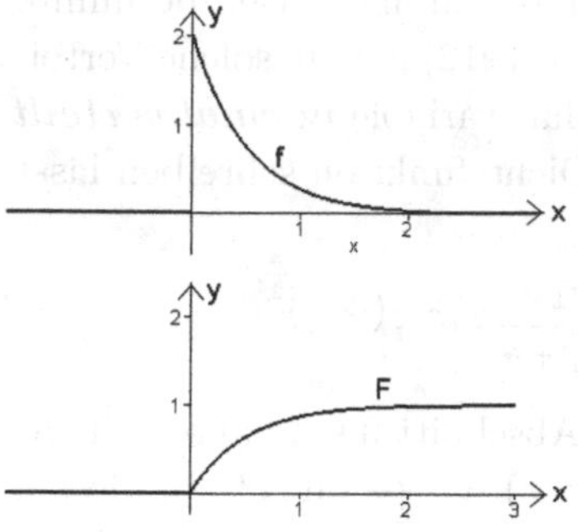

Abb. 3.125.
Exponentialverteilung mit $\mu = 2$

Allgemein heißt eine stetige Zufallsvariable T ***exponential verteilt*** mit dem Parameter $\mu > 0$, wenn sich ihre Dichtefunktion schreiben lässt als

$$f \colon \mathbb{R} \to \mathbb{R},$$

$$t \mapsto f(t) = \begin{cases} \mu \cdot \mathrm{e}^{-\mu \cdot t} & \text{für} \quad t \geq 0 \\ 0 & \text{für} \quad t < 0 \end{cases}.$$

Für ihre Verteilungsfunktion gilt

$$F \colon \mathbb{R} \to [0; 1],$$

$$t \mapsto F(t) = \begin{cases} 1 - \mu \cdot \mathrm{e}^{-\mu \cdot t} & \text{für} \quad t \geq 0 \\ 0 & \text{für} \quad t < 0 \end{cases}$$

(vgl. Abb. 3.125).

Um die Kenngrößen $E(T)$ und $V(T)$ der Exponentialverteilung bestimmen zu können, benötigt man die Stammfunktionen

$$\frac{1 - (\mu \cdot x + 1) \cdot \mathrm{e}^{-\mu \cdot x}}{\mu} \quad \text{von} \quad x \cdot \mu \cdot \mathrm{e}^{-\mu \cdot x} \quad \text{und}$$

$$\frac{1 - (\mu^2 \cdot x^2 + 1) \cdot \mathrm{e}^{-\mu \cdot x}}{\mu^2} \quad \text{von} \quad \left(x - \frac{1}{\mu}\right)^2 \cdot \mu \cdot \mathrm{e}^{-\mu \cdot x}.$$

Auftrag Führen Sie diese Berechnungen, am besten mit Hilfe eines Computer-Algebra-Systems, im Einzelnen durch und bestätigen Sie das folgende Ergebnis für die Exponentialverteilung :

$$E(T) = \frac{1}{\mu} \quad \text{und} \quad V(T) = \frac{1}{\mu^2}\,.$$

Beim Rutherford-Geiger-Experiment war $\mu \approx 0{,}52$ pro sec die mittlere Zahl von Zerfällen im Messintervall, das für unsere Betrachtung auf 1 sec normiert wurde. Damit ist ganz anschaulich $E(T) = 1/\mu \approx 1{,}92$ sec die mittlere Zeit zwischen zwei Zerfällen.
Viele Wartezeitprobleme lassen sich mit Exponentialverteilungen modellieren, auch die Lebensdauer von Verschleißteilen oder die Schadensgröße bei Versicherungen kann recht gut damit behandelt werden.

---

35 **Beispiel 35 (Normalverteilung)** In Abschnitt 3.9.1 hatten wir die Gauß'sche φ-Funktion mit dem lokalen Grenzwertsatz zur Approximation der Binomialverteilung eingeführt. Die Bedeutung dieser Funktion geht jedoch weit über diese Anwendung hinaus. Viele stetige Verteilungen, die in der Natur und den Anwendungswissenschaften vorkommen, haben eine glockenförmige Gestalt und lassen sich durch die φ-Funktion beschreiben. Der berühmte französische Mathematiker *Henri Poincaré* (1854–1912) nannte solche Verteilungen „normal“. Genauer heißt eine stetige Zufallsvariable ***normal verteilt*** mit den Parametern μ und σ, wenn sich ihre Dichtefunktion schreiben lässt als

$$\varphi_{\mu,\sigma}\colon \mathbb{R} \to \mathbb{R}\,, \quad x \mapsto \varphi_{\mu,\sigma}(x) = \frac{1}{\sqrt{2\pi}\,\sigma} \cdot \mathrm{e}^{-\frac{1}{2}\left(\frac{x-\mu}{\sigma}\right)^2}.$$

$\varphi_{\mu,\sigma}$ ist eine nichtnegative reelle Funktion. In Abschnitt 3.9.3 haben wir für die Standard-Normalverteilung $\varphi = \varphi_{0,1}$ mit $\varphi(x) = \frac{1}{\sqrt{2\pi}} \cdot \mathrm{e}^{-\frac{1}{2}x^2}$ bewiesen, dass die Verteilungsfunktion

$$\Phi\colon \mathbb{R} \to [0;1]\,, \quad x \mapsto \Phi(x) = \int\limits_{-\infty}^{x} \varphi(t)\,\mathrm{d}t$$

die Normierungsbedingung $\Phi(\infty) = 1$ erfüllt. Da $\Phi\left(\frac{x-\mu}{\sigma}\right)$eine Stammfunktion von $\varphi_{\mu,\sigma}$ ist, gilt diese Normierungsbedingung auch für $\varphi_{\mu,\sigma}$, diese Funktion ist also eine Dichtefunktion.

Bei den bisher behandelten stetigen Verteilungen konnten relativ einfach Stammfunktionen bestimmt und damit Erwartungswert und Varianz berechnet werden. Die Gauß'sche φ-Funktion ist jedoch nicht elementar integrierbar,

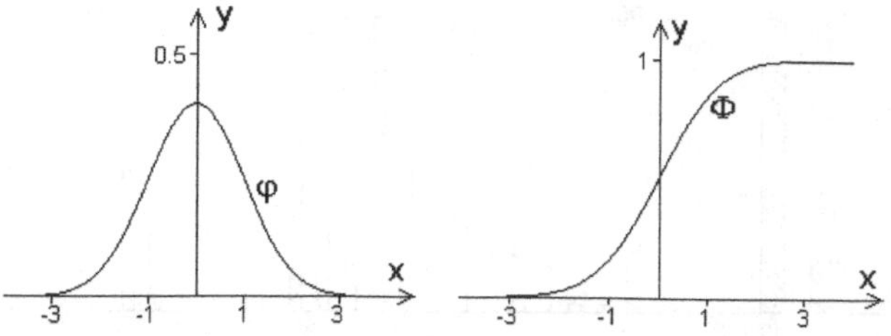

Abb. 3.126. Standard-Normalverteilung

die folgende Aussage erfordert daher einen hier nicht geführten, komplexeren Beweis: Für eine normal verteilte Zufallsvariable Z mit den Parametern μ und σ gilt

$$E(Z) = \mu \quad \text{und} \quad V(Z) = \sigma^2 .$$

Die Standard-Normalverteilung mit $\mu = 0$ und $\sigma = 1$ ist in Abb. 3.126 dargestellt.

Die Normalverteilung nimmt eine Sonderstellung in der Wahrscheinlichkeitsrechnung ein. Sie ist ein hervorragendes Hilfsmittel zur numerischen Behandlung der Binomialverteilung im „Vor-Computerzeitalter“. Viel wichtiger ist jedoch die Rolle, die sie im zentralen Grenzwertsatz spielt, der im nächsten Abschnitt behandelt wird.

3.9.4 Zentraler Grenzwertsatz

Im Grenzwertsatz von de Moivre und Laplace werden die Gauß'schen φ- und Φ-Funktionen als analytisches Hilfsmittel zur Approximation der rechnerisch komplizierten Binomialverteilung verwendet. Die Bedeutung dieser Funktionen geht jedoch weit darüber hinaus. Am wichtigsten ist der zentrale Grenzwertsatz, dessen Beweis unsere Möglichkeiten übersteigt. Er besagt, dass die durch φ bzw. Φ ausgedrückte Näherungsformel praktisch für alle Verteilungen gilt, die als Summe von hinreichend vielen unabhängigen, aber sonst fast beliebigen Zufallsvariablen aufgefasst werden können. Wie schnell diese Konvergenz ist, zeigt Abb. 3.127.

Das Diagramm links oben in Abb. 3.127 zeigt die Verteilung einer Zufallsvariablen Z_1, die genau die Werte $1, 2, \ldots, 10$ annimmt. Die drei anderen Bilder zeigen für $n = 2, 5$ und 10 die Verteilung von $Z = Z_1 + Z_2 + \ldots + Z_n$, der Summe von n unabhängigen Zufallsvariablen, wobei alle Z_i die gleichen Werte wie Z_1 annehmen und die gleiche Wahrscheinlichkeitsverteilung haben.

Die folgende Formulierung ist diejenige Version des zentralen Grenzwertsatzes, die von *Jarl Waldemar Lindeberg* (1876–1932) und *Pierre Lévy* (1886–1971) im Jahr 1922 bewiesen wurde.

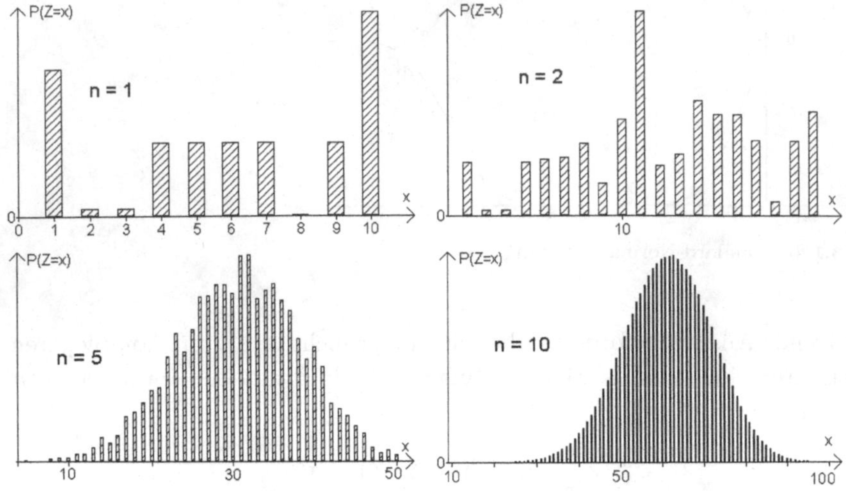

Abb. 3.127. Zufallsvariable $Z = Z_1 + Z_2 + \ldots + Z_n$

32 **Satz 32 (Zentraler Grenzwertsatz)** Die Zufallsvariable $Z = Z_1 + \ldots + Z_n$ sei die Summe von n unabhängigen und identisch verteilten Zufallsvariablen Z_i mit positiver Varianz. Weiter sei $T = \frac{Z-\mu_Z}{\sigma_Z}$ die standardisierte Zufallsvariable zu Z mit $\mu_T = 0, \sigma_T = 1$. Dann gilt $\lim\limits_{n\to\infty} P(T \leq x) = \Phi(x)$.

μ_1 und σ_1 seien der Erwartungswert und die Standardabweichung von Z_1. Wegen der Unabhängigkeit der Z_i gilt $\mu_Z = E(Z_1 + \ldots + Z_n) = E(Z_1) + E(Z_2) + \ldots + E(Z_n) = n \cdot \mu_1$ und analog $\sigma_Z = \sqrt{n} \cdot \sigma_1$. Das Verhalten der Summe hängt also asymptotisch nur vom Erwartungswert und der Varianz der Z_i, nicht aber von der speziellen Form ihrer Verteilung ab. Der Grenzwertsatz von de Moivre und Laplace ist ein Spezialfall des zentralen Grenzwertsatzes. Bei ihm wird eine $B(n,p)$-verteilte Zufallsvariable $Z = Z_1 + \ldots + Z_n$ betrachtet, wobei die Z_i unabhängige Zufallsvariable sind, die alle dasselbe Bernoulli-Experiment mit Parameter p beschreiben.
Für genügend großes n lassen sich die Werte von T und Z abschätzen durch

$$P(T \leq k) \approx \Phi(k) \quad \text{bzw.} \quad P(Z \leq a) \approx \Phi\left(\frac{a - \mu_Z}{\sigma_Z}\right).$$

Es bleibt zunächst vage, was ein genügend großes n ist, so dass die Summe von n unabhängigen Zufallsvariablen als normalverteilt betrachtet werden kann. In den Anwendungswissenschaften geht man davon aus, dass für $n \geq 30$ auch für beliebig verteilte Zufallsvariable Z_i die Summe $Z = Z_1 + \ldots + Z_n$ näherungsweise normalverteilt ist (vgl. *Tiede & Voss* 1999, S. 99).

Schon früh wurde vermutet, dass ein zentraler Grenzwertsatz gilt, auch *Laplace* hat sich damit beschäftigt. 1887 stellte *Tschebyscheff* einen allgemeinen zentralen Grenzwertsatz auf, dessen Beweis noch lückenhaft war. Strenge Beweise unter schwächeren Voraussetzungen konnten seine Schüler *Andrei Markov* (1856–1922) und *Aleksander Ljapunov* (1857–1918) um die Wende vom 19. ins 20. Jahrhundert führen. Wir haben in Satz 32 den zentralen Grenzwertsatz für gleich verteilte Zufallsvariable formuliert. Der zentrale Grenzwertsatz gilt auch für nicht gleich verteilte Zufallsvariable Z_i, wenn gewisse schwache, praktisch immer erfüllte Zusatzbedingungen gelten. Eine solche für die Gültigkeit des zentralen Grenzwertsatzes hinreichende (aber nicht notwendige) Bedingung für die Zufallsvariablen Z_i ist die *Ljapunov-Bedingung* aus dem Jahr 1901. Diese Bedingung und auch die folgende Bedingung von *Lindeberg* sind Bedingungen über das asymptotische Verhalten von Summen gewisser Erwartungswertpotenzen, denen die fraglichen Zufallsvariablen $Z_1, \ldots, Z_n$ genügen müssen. Die genaue Formulierung dieser Bedingungen würde den Rahmen dieses Buches sprengen. Die von *Lindeberg* 1922 formierte *Lindeberg-Bedingung* erwies sich im Wesentlichen als notwendig und hinreichend für die Gültigkeit des zentralen Grenzwertsatzes. Dies ist die Aussage des von *William Feller* (1906–1970) im Jahr 1935 bewiesenen *Satzes von Lindeberg-Feller*, der diese Theorie zu einem gewissen Abschluss gebracht hat. Der zentrale Grenzwertsatz liefert die Begründung für die Beobachtung, dass sich die additive Überlagerung vieler kleiner Zufallsphänomene zu einem Gesamteffekt addiert, der näherungsweise normalverteilt ist. Eine solche Situation liegt in Naturwissenschaften, Technik und Humanwissenschaften häufig vor. Normalverteilt sind sehr viele Merkmale, zu deren Zustandekommen eine große Zahl unterschiedlicher und unabhängig voneinander wirkender Ursachen verantwortlich sind. Typische Beispiele sind die weiter unten noch ausführlicher behandelten Messfehler, die Verteilung der Körpergröße bei Personen eines Geschlechts und einer Altersgruppe in Deutschland, psychometrische Merkmale wie Intelligenz oder Mathematikleistung, die Lebensdauer technischer Produkte und die Treffgenauigkeit bei Schießwettbewerben. Abb. 3.128 zeigt als Beispiel aus der deutschen Ergänzung zum PISA-Test die Verteilung der mathematischen Kompetenz für zwei Bundesländer (vgl. Deutsches PISA-Konsortium 2002, S. 227).
Nicht normalverteilt sind dagegen die Häufigkeitsverteilung der Dauer des Schulbesuchs, die Anzahl der Kinder bei deutschen Familien, die Abweichungen vom Fahrplan und die Alterspyramide der deutschen Bevölkerung.

Auftrag

Versuchen Sie, möglichst viele verschiedene Ursachen für diese normalverteilten bzw. nicht normalverteilten Merkmale zu finden.

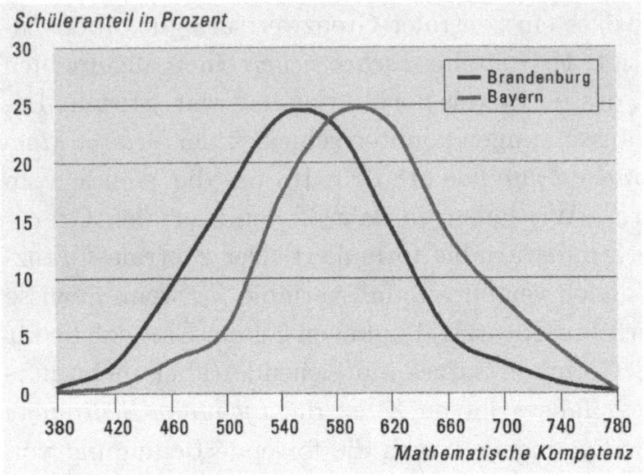

Abb. 3.128. Verteilung der mathematischen Kompetenz bei PISA-E

Ein Beispiel, bei dem der Ansatz einer Normalverteilung wegen der kleinen Zahlen nicht sinnvoll ist, sind die Noten einer Schulklasse oder eines Studierendenkurses. Trotzdem schreibt das europäische ECTS-Notensystem für die in Zukunft verbindlichen BA/MA-Studiengänge im Prinzip für die einzelnen Kurse eine Normalverteilung vor: Für die fünf ECTS-Noten A–E wird ein Prozentsatz von 10% bei A und E, 25% bei B und D und 30% bei C der Bestandenen vorgeschrieben. Eine solche Verteilung kann nur bei einer sehr großen Zahl von Absolventen erwartet werden.
Zwei weitere Beispiele sollen den zentralen Grenzwertsatz illustrieren:

---

36 **Beispiel 36 (Messfehler)** Ein klassisches Beispiel für die Anwendung des zentralen Grenzwertsatzes sind Messungen. Jede Messung ist mit Messfehlern behaftet. Messfehler, etwa bei einer Längenmessung, setzen sich aus einer Vielzahl von einzelnen Bestandteilen zusammen: Das Maßband ist nicht ganz genau, der Experimentator legt ungenau an und liest ungenau ab, der zu messende Gegenstand und das Maßband unterliegen der Wärmeausdehnung usw. Alle Fehler treten zufällig und unabhängig voneinander auf. Systematische Fehler wie ein falsch skaliertes Maßband sind natürlich eine andere, hier nicht diskutierte Klasse von Fehlern.
Die Zufallsvariable M, deren Realisierungen gewisse Messungen sind, kann man sich also zusammengesetzt denken aus dem wahren Wert W der gemessenen Größe und einem Fehler F, also $M = W + F$. Die Zufallsvariable F ist die Summe von sehr vielen, voneinander unabhängigen Fehlerquellen F_i, also $F = F_1 + F_2 + \ldots$. Anschaulich gesehen heben sich diese Fehler im Mittel gegenseitig auf, sonst würde ein systematischer Messfehler vorliegen. Als Aussage des zentralen Grenzwertsatzes ist F normalverteilt mit dem Erwar-

tungswert $E(F) = 0$. Daher ist der Erwartungswert

$$E(M) = E(W) + E(F) = W .$$

Bei einer konkret aufgenommenen Datenreihe $m_1, m_2, \ldots, m_s$ der fraglichen Größe ist also das arithmetische Mittel $\bar{x}$ der Datenreihe der beste Schätzer für den wahren Wert der Größe; hierauf werden wir noch einmal in Teilkapitel 4.1 eingehen.

Die Modellierung der Messfehler und anderer physikalischer Größen mit dem zentralen Grenzwertsatz hat sich hervorragend in den Naturwissenschaften bewährt. Wie gut die Konvergenz gegen die Normalverteilung ist, zeigt ein sehr simplifizierendes Messbeispiel für die Länge eines Stabs. Wir gehen von vier voneinander unabhängigen Fehlerquellen aus:

- Veränderung des Stabes Z_1,
- Veränderung des Maßstabes Z_2,
- ungenaue Beobachtung Z_3,
- sonstige Einflüsse Z_4.

Für diese Fehlerquellen, die sinnvoller Weise als stetig verteilt anzunehmen wären, sei der Einfachheit halber angenommen, dass sie genau mit den beiden möglichen Ergebnissen $\pm 0{,}5$ mit jeweils der diskreten Wahrscheinlichkeit $p = \frac{1}{2}$ auftreten. Der Gesamtfehler f kann dann als Wert der Zufallsvariablen $F = Z_1 + Z_2 + Z_3 + Z_4$ angenommen werden. In Tabelle 3.20 sind die Ergebnisse aufgelistet.

Tabelle 3.20. Messfehler

f	-2	-1	0	1	2
$P(F = f)$	1/16	4/16	6/16	4/16	1/16

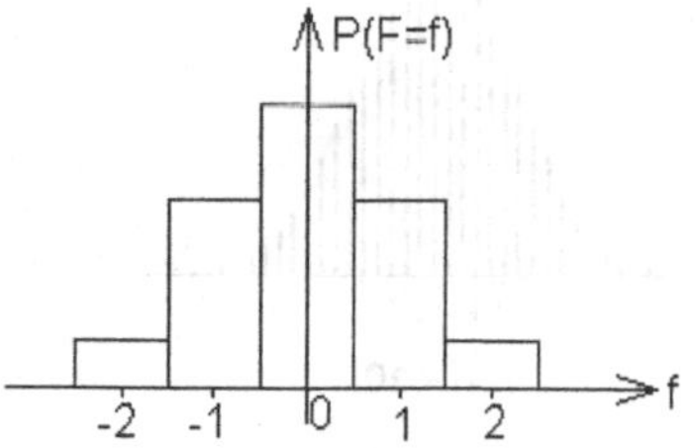

Abb. 3.129. Messfehler

Das zu diesem einfachen Mess-Modell gehörige Histogramm in Abb. 3.129 deutet schon die Glockenform der Normalverteilung an.

Die bisherige Betrachtung ist ein idealer Fall, da im realen Fall stets mit systematischen Fehlern zu rechnen ist. Bei physikalischen Messungen kann man sich das erwähnte falsch skalierte Maßband oder eine Uhr vorstellen, die etwas zu langsam geht, was man mangels einer Vergleichsuhr nicht feststellen kann. Bei Messungen im sozialwissenschaftlichen Bereich durch einen Fragebogen könnte es sein, dass gewisse Fraugen tendenziell falsch beantwortet werden oder dass aus irgendwelchen Gründen keine typische Stichprobe befragt wurde, ohne dass das dem Forscher bewusst ist. Bei konkreten Messungen, sei es bei naturwissenschaftlichen, sei es bei sozialwissenschaftlichen Fragen, können Größen auftreten, die keiner direkten Messung zugänglich sind. Die bei der indirekten Messung auftretenden Fehler sind oft nicht kontrollierbar und möglicherweise systematisch verzerrt. Der realistischere Ansatz ist dann

$$M = W + S + F$$

mit der Zufallsvariablen S, dem systematischen Fehler. Der Erwartungswert dieser Zufallsvariablen ist in der Regel unbekannt, so dass man nicht mehr so einfach vom Erwartungswert der Messwerte auf den wahren Wert schließen kann.

---

37 **Beispiel 37 (Würfeln mit n Laplace-Würfeln)** Die Zufallsvariable Z beschreibe die Augenzahl beim Würfeln mit einem Laplace-Würfel. Dann wird die Augensumme beim Würfeln mit n Laplace-Würfeln durch die Zufallsvariable $Y = Z_1 + Z_2 + \ldots + Z_n$ beschrieben. Die Verteilung von Y ist für $n = 1$ die Gleichverteilung, für $n = 2$ eine Dreiecksverteilung. Ab $n = 4$ wird aber dann in Abb. 3.130 die Glockenform der Normalverteilung deutlich.

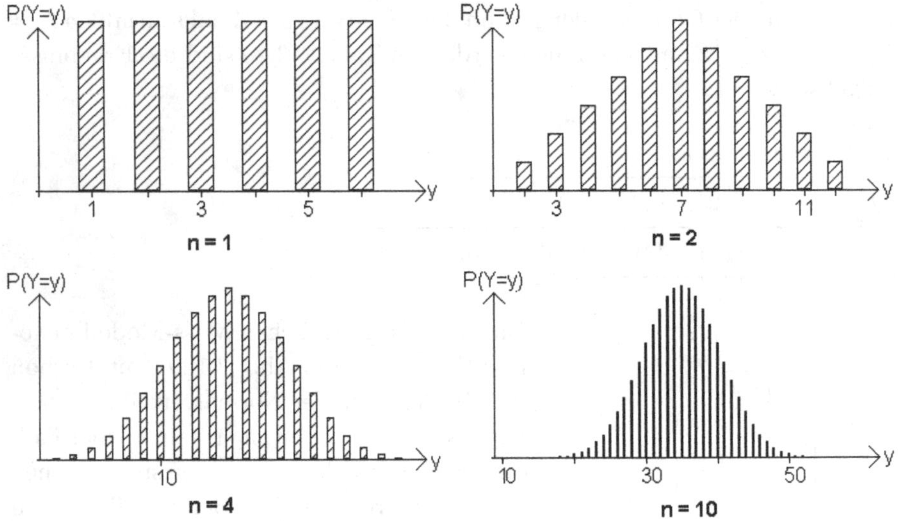

Abb. 3.130. Würfeln mit n Laplace-Würfeln

3.9.5 σ-Regeln für die Normalverteilung

Mit Hilfe der Gauß-Funktion können wir die Tschebyscheff'sche Ungleichung wesentlich verschärfen, falls eine Zufallsvariable Z normalverteilt ist oder sich wenigstens durch eine Gauß-Funktion approximieren lässt. Dies gilt nach dem Grenzwertsatz von de Moivre und Laplace für viele binomialverteilte Zufallsvariable, nach dem zentralen Grenzwertsatz für sehr viele andere Zufallsvariable. Dann lässt sich die Wahrscheinlichkeit des Abweichens von Z vom Erwartungswert $\mu = E(Z)$ um höchstens den Wert $c \in \mathbb{R}^+$ leicht ausdrücken. Unter Verwendung der Symmetrieeigenschaften der φ-Funktion (Abb. 3.131) können wir schreiben:

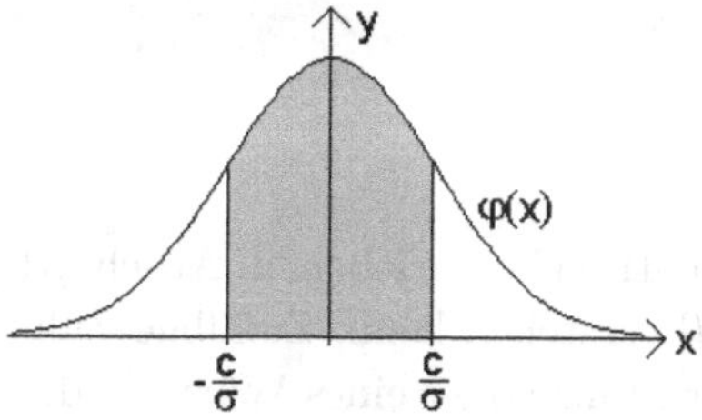

Abb. 3.131. φ-Funktion

$$
\begin{aligned}
P(|Z-\mu| \leq c) &= P(\mu - c \leq Z \leq \mu + c) \\
&= P(Z \leq \mu + c) - P(Z < \mu - c) \\
&= \Phi\left(\frac{\mu + c - \mu}{\sigma}\right) - \Phi\left(\frac{\mu - c - \mu}{\sigma}\right) \\
&= \Phi\left(\frac{c}{\sigma}\right) - \Phi\left(\frac{-c}{\sigma}\right) = 2\Phi\left(\frac{c}{\sigma}\right) - 1\,.
\end{aligned}
$$

Verwendet man die Standardabweichung σ als Einheit, um die Abweichung vom Erwartungswert μ zu messen, so kommt man zu den σ-Umgebungen. Man setzt hierfür $c = r \cdot \sigma$ mit $r \in \mathbb{R}^+$ (vgl. Abb. 3.132). Für Zufallsvariable Z, die den Voraussetzungen des zentralen Grenzwertsatzes genügen, haben wir damit

$$P(|Z - \mu| \leq r \cdot \sigma) = 2 \cdot \Phi(r) - 1\,.$$

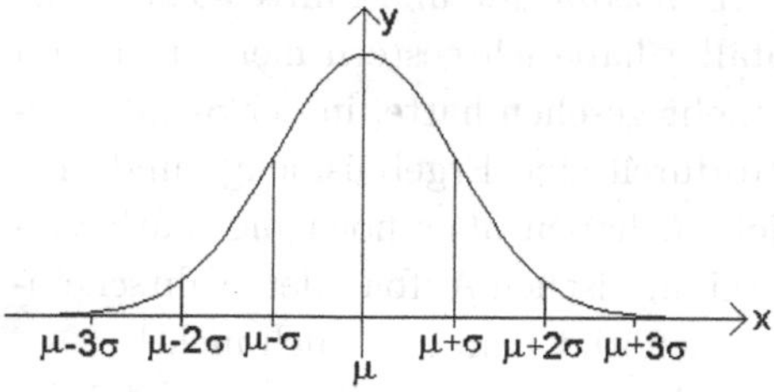

Abb. 3.132. σ-Regeln

Da die Werte der Φ-Funktionen einfach numerisch berechnet werden können (Tabelle oder CAS), erhält man für die am häufigsten benötigten Werte die oft benutzen σ-Regeln für (annähernd) normalverteilte Zufallsvariable Z:

$$
\begin{aligned}
P(|Z-\mu| \leq \sigma) &\approx 0{,}6827\ , \\
P(|Z-\mu| \leq 2\sigma) &\approx 0{,}9545\ , \\
P(|Z-\mu| \leq 3\sigma) &\approx 0{,}9973\ .
\end{aligned}
$$

Diese Abschätzungen sind wesentlicher schärfer als die durch die Tschebyscheff'sche Ungleichung in Abschnitt 3.6.1, gelten allerdings nicht mehr für beliebige Verteilungen.

Die Standardabweichung hat eine besondere Bedeutung für die Gauß-Funktion. Abb. 3.131 zeigt, dass sie zwei symmetrisch gelegene Wendepunkte haben muss, an denen sie ihr Krümmungsverhalten ändert. Um diese zu bestimmen, betrachten wir die zweite Ableitung von $\varphi(x) = \frac{1}{\sqrt{2\pi}} \mathrm{e}^{-\frac{1}{2}x^2}$. Aus einer kurzen Rechnung folgt

$$\varphi''(x) = (-1 + x^2) \cdot \varphi(x) .$$

φ'' hat also für $x = -\sigma = -1$ und $x = \sigma = 1$ Nullstellen mit Vorzeichenwechsel, d. h. die Wendestellen von φ sind ± 1. Analog hat die allgemeine Funktion $\varphi_{\mu,\sigma}$ ihre Wendestellen bei $\mu \pm \sigma$.

3.10

3.10 Zufall und Pseudozufall

Wir haben bisher Zufallsexperimente mathematisch beschrieben, in Abschnitt 3.10.1 wird präzisiert, was man unter *Zufall* verstehen kann. Zufällige Zahlensequenzen können wir durch Werfen einer Münze oder eines Würfels oder mit Hilfe eines Roulette-Kessels herstellen. Benötigt man jedoch für eine Simulation sehr viele Zufallszahlen, so muss der Computer helfen, was Thema von Abschnitt 3.10.2 ist. Da Computer prinzipiell deterministisch arbeiten, können dies keine „richtigen", sondern nur sogenannte „Pseudozufallszahlen" sein. Wie man mit solchen Zahlen stochastische Prozesse simulieren kann, wird in Abschnitt 3.10.3 besprochen.

3.10.1 Was ist „Zufall"?

Wir haben alle naive Vorstellungen davon, was aus Zufall geschieht: Zufällig fiel ein Apfel von dem Baum, unter dem *Newton* saß, und führte so zur Entdeckung des Gravitationsgesetzes. Zufällig habe ich gestern meinen Freund Andreas, den ich schon 5 Jahre nicht mehr gesehen hatte, in der S-Bahn getroffen. Wir haben Zufallsexperimente durch eine Ergebnismenge und eine Wahrscheinlichkeitsverteilung beschrieben, haben aber noch nie mathematisch definiert, was Zufall ist. Für den axiomatischen Aufbau der Wahrscheinlichkeitslehre im Sinne von *Kolmogorov* benötigt man dies auch nicht!

Jede mit einer Laplace-Münze erzeugte Folge aus den Ziffern 0 und 1 ist zufällig. Wenn wir jedoch die Folge 00000 und die Folge 001011 vergleichen, so erscheint die zweite viel „zufälliger" zu sein als die erste. Dasselbe Gefühl lässt das Lotto-Ergebnis 1, 2, 3, 4, 5, 6 viel weniger zufällig als das Ergebnis 3, 14, 17, 23, 38, 45 erscheinen.

Es ist gar nicht einfach, zu definieren, wann eine Folge von Zahlen „zufällig" ist. *Richard Edler von Mises* hat versucht, die Zufälligkeit einer Folge mit „fehlender Vorhersagbarkeit" zu definieren: Eine 0-1-Sequenz heiße zufällig, wenn es keine Regel gibt, die an irgendeiner Stelle das nächste Glied aus den vorhergehenden mit einer Wahrscheinlichkeit von mehr als 50% prognostiziert. Leider war dieser Ansatz nicht erfolgreich, da *von Mises* nicht mathema-

tisch präzisieren konnte, was unter einer Regel zu verstehen ist[52]. *Kolmogorov* und der Amerikaner *Gregory Chaitin* definierten unabhängig voneinander in den 60er Jahren des letzten Jahrhunderts eine Zahlenfolge als zufällig, wenn sie sich nicht durch eine kürzere Zeichenfrequenz beschreiben lässt. Die Folge 11111... kann man kürzer mit dem (für den Computer mit Nullen und Einsen geschriebenen) Befehl „schreibe lauter Einsen" schreiben, die Folge 01010101... mit dem kürzeren Befehl „Wiederhole 01". Bei echten Zufallsfolgen gibt es keine solche Umschreibung mit kürzerer Länge. Allerdings bleibt unklar, wie man zeigen soll, dass es im konkreten Fall keine kürzere Beschreibung geben kann. Es gibt viele weitere Ansätze, die mit Methoden der Komplexitätstheorie und Informationstheorie arbeiten.
Wie schlecht unser Gefühl für Zufälligkeit ist, zeigt ein Experiment für eine Schulklasse, das *Peter Eichelsbacher* (2002) vorgeschlagen hat: Eine Hälfte der Klasse erzeugt zufällig durch Werfen einer Münze eine 0-1-Folge, die andere Hälfte versucht, sich eine zufällige 0-1-Folge auszudenken, und schreibt diese Folge auf. Die Lehrerin weiß nicht, zu welcher Gruppe die einzelnen Schülerinnen und Schüler gehören, kann dies aber nach einem kurzen Blick auf die vorgelegte Folge sehr sicher entscheiden: Die scheinbar zufälligen, selbst ausgedachten Folgen zeichnen sich in der Regel durch das Fehlen längerer Blöcke der 0 oder der 1 aus. Dies widerspricht keineswegs der Tatsache, dass *jede* vorgelegte 0-1-Folge als Ergebnis eines Zufallsexperiments gleichwahrscheinlich ist. Eine *konkrete* Folge mit einem 7er Block ist genauso wahrscheinlich wie die Folge 010101.... Jedoch gibt es kombinatorisch sehr viel mehr Möglichkeiten, Folgen mit mindestens einem 7er Block zu erzeugen als Folgen, die höchstens einen 2er Block enthalten.

3.10.2 Computererzeugte Pseudozufallszahlen

Theoretisch könnte man z. B. durch unentwegtes Werfen einer Laplace-Münze (die es allerdings in der Realität gar nicht gibt) beliebig viele echte Zufallszahlen erzeugen. Je nach Bedarf kann man dann aus einer 0-1-Folge etwa durch Blockbildung und im Zweiersystem gelesen beliebige Zufallszahlen erzeugen. Man könnte auch einen Roulette-Kessel oder eine Lottozahlen-Maschine verwenden. Praktisch sind diese Methoden jedoch viel zu umständlich. Im Jahr 1955 erschien für industrielle und wissenschaftliche Anwendungen das Buch „A Million Digits with 100 000 Normale Deviates", herausgegeben von *The Rand Corporation*. Man hatte mit Hilfe eines elektronischen Roulettes die Ziffern 0 bis 9 erzeugt und in 5er Blöcken angeordnet abgedruckt. Mit dem

[52] *Richard Edler von Mises* taucht an zwei Stellen des Buchs mit Ansätzen auf, bei denen er nicht sehr erfolgreich war. Um ein falsches Bild zu vermeiden, sei erwähnt, dass er ein bedeutender Mathematiker war, der wichtige Beiträge in allen Gebieten der angewandten Mathematik, der Geometrie und der Stochastik geleistet hat.

Aufkommen von Computern wurden sofort Versuche gemacht, Zufallszahlen zu erzeugen. Der älteste Zufallsgenerator ist der von *John von Neumann* (1903–1957), einem der bedeutendsten Mathematiker des 20. Jahrhunderts, um 1946 vorgeschlagene ***Mittenquadrat-Generator***. Diese Arbeiten entstanden im Umkreis der Entwicklung der Wasserstoffbombe und waren streng geheim. Es ging um Berechnungen und Simulationen mit Hilfe stochastischer Modelle bei Phänomenen der Kernphysik. Die Idee des Generators war die folgende: Man startet mit einer vierstelligen natürlichen Zahl, quadriert sie und nimmt als nächste Zufallszahl die mittleren vier Ziffern des Quadrats der Zahl. Beispielsweise sei die Startzahl 1234. Dann ergibt sich die Folge

$$x_0 = 1234 \qquad x_0^2 = 01522756$$
$$x_1 = 5227 \qquad x_1^2 = 27321529$$
$$x_2 = 3215 \qquad x_3^2 = 10336525\ldots$$

Dieser Algorithmus lässt sich einfach programmieren und führte mit der damaligen Computertechnologie schnell zu Ergebnissen. Natürlich werden keine wirkliche Zufallszahlen erzeugt. Jedes Computerprogramm arbeitet streng deterministisch und erzeugt damit eine Zahlenfolge, die alles andere als zufällig ist. Bei einem Mittenquadrat-Generator, der mit vierstelligen Zahlen arbeitet, können höchstens 10 000 verschiedene Zahlen erzeugt werden, spätestens dann wiederholt sich die Folge der Zahlen ganz oder teilweise oder bleibt konstant. Man macht sich das am einfachsten mit einem Mittenquadratgenerator klar, der mit zweistelligen Zahlen arbeitet. Zwei Beispiele sollen dies zeigen:

- $x_1 = 50 \to 50^2 = 2500$, also $x_2 = x_1 = 50$, und wir haben eine konstante Folge erhalten.
- $x_1 = 52 \to 52^2 = 2704, x_2 = 70 \to 70^2 = 4900, x_3 = 90 \to 90^2 = 8100$, $x_4 = 10 \to 10^2 = 0100$, also $x_5 = x_4 = 10$, und die Folge bleibt ab jetzt konstant.

Auftrag Machen Sie weitere Experimente mit Taschenrechner oder Computer und untersuchen Sie, was alles passieren kann.

Man spricht bei computererzeugten „Zufallszahlen" zutreffender von ***Pseudozufallszahlen***. Wenn sich diese Zahlen jedoch erst nach einer sehr großen Periode wiederholen und wenn sie „zufällig genug" verteilt sind, so sind sie für praktische Probleme als Zufallszahlen einsetzbar.

Heute verwendet man in der Regel zur Erzeugung von Zufallszahlen die sogenannten ***linearen Kongruenzgeneratoren***. Alle Computersprachen kennen einen Random-Befehl, der mit Hilfe eines solchen, im Hintergrund laufenden Generators Zufallszahlen erzeugt. Zum Beispiel erzeugt bei dem Computer-

Algebra-System DERIVE der Befehl RANDOM(n) für $1 < n \in \mathbb{N}$ eine Zufallszahl aus der Menge $\{0, 1, \ldots, n-1\}$, RANDOM(1) erzeugt eine reelle Zahl aus dem Intervall $[0; 1)$. Genauer startet das Programm mit einer mit Hilfe der Computer-Uhr erzeugten Zahl z_0 und erzeugt aus ihr durch den Algorithmus

$$z_1 \equiv 2654435721 \cdot z_0 + 1 \mod 2^{32}$$

die nächste Zufallszahl $z_1 \in \{0, 1, \ldots, 2^{32}-1\}$, das heißt z_1 ist der Rest, der entsteht, wenn $2654435721 \cdot z_0 + 1$ durch 2^{32} geteilt wird. Wie DERIVE daraus dann die natürliche Zahl aus $\{0, 1, \ldots, n-1\}$ bzw. die reelle Zahl aus $[0; 1)$ erzeugt, ist für den Anwender nicht ersichtlich. Naheliegend wäre die Festlegung $z \to z' = z \mod n$ im ersten Fall und $z \to z' = \frac{z}{2^{32}}$ im zweiten Fall. Dies ist aber nicht dokumentiert.
Lineare Kongruenzgeneratoren wurden 1949 von *Derrick Henry Lehmer* (1905–1991) vorgeschlagen. Allgemein hat ein solcher Generator drei Parameter $a, b, m \in \mathbb{N}$. Nach Wahl einer Startzahl $z_0 \in \{0, 1, \ldots, m-1\}$ wird eine Folge $z_0, z_1, \ldots$ nach der Formel

$$z_{i+1} \equiv a \cdot z_i + b \mod m$$

erzeugt. Solche Zufallsgeneratoren lassen sich einfach und effizient programmieren. Gerne wählt man $m = 2^{32}$, da so der 32-Bit-Bereich ausgeschöpft wird. Klar ist, dass die Zahlenfolge nach höchstens m verschiedenen Zahlen periodisch wird. Um diese Maximalperiode zu erhalten, müssen a, b und m geeignet gewählt werden.

Machen Sie hierzu einige Experimente! **Auftrag**

Satz 33 (Lineare Kongruenzgeneratoren) Ein linearer Kongruenzgenerator erzeugt genau dann eine Zahlenfolge der maximalen Periode m, wenn folgende Bedingungen gelten: Jeder Primteiler p von m teilt $a-1$. Falls 4 ein Teiler von m ist, so auch von $a-1$. Die Zahlen b und m sind teilerfremd. **33**

Der Beweis ist nicht besonders schwierig, erfordert aber einige Kenntnisse aus der Elementaren Zahlentheorie, daher verweisen wir auf das auch sonst lesenswerte Werk „The Art of Computer Programming" von Donald E. Knuth (1981, Vol. 2, S. 16).
Der DERIVE-Zufallsgenerator erfüllt die Bedingungen von Satz 33, erzeugt also etwa 4,3 Milliarden verschiedene „Zufallszahlen". Eine große Periodenlänge garantiert jedoch nicht, dass die erzeugten Pseudozufallszahlen „zufällig" er-

scheinen. Beispielswiese liefert $a = 1$ (mit den anderen Bedingungen) eine Folge maximaler Periodenlänge, die aber sicher unbrauchbar ist.

Auftrag Überlegen Sie, weshalb $a = 1$ unbrauchbar ist.

Es ist ein schwieriges Problem, die „Zufälligkeit" der durch irgendein Verfahren erzeugten Folge von Zahlen zu testen. Es gibt hierzu verschiedene Testmethoden, die prüfen sollen, dass die erzeugten Zahlen auch wirklich möglichst gleichverteilt, unabhängig und ohne jede Ordnung sind. Das Prinzip einiger Methoden wollen wir hier vorstellen:
Der ***Run-Test*** schließt an das in Abschnitt 3.10.1 vorgestellte Experiment von *Peter Eichelsbacher* an: Der Einfachheit halber sei eine n-gliedrige Folge von 0 und 1 zu prüfen. Man bestimmt die Anzahl der Runs, dieser Folge, d. h. der Anzahl der in der Folge vorkommenden Blöcke von Nullen und Einsen, z. B. hat die Folge

$$011011100101110001$$

genau 10 Runs. Maximal kann eine n-gliedrige Folge n Runs haben. Wenn man voraussetzt, dass die Glieder der Folge nacheinander mit jeweils der Wahrscheinlichkeit 0,5 für 0 und für 1 erzeugt worden ist, kann man mit Hilfe der Binomialverteilung den Erwartungswert und die Standardabweichung für die Anzahl der Runs bestimmen. Das Ergebnis, das hier nur angegeben wird, ist

$$E(\text{Runs}) = \frac{n+1}{2} \quad \text{und} \quad \sigma(\text{Runs}) = \sqrt{\frac{n-1}{4}}\,.$$

Weicht die Anzahl der Runs der zu untersuchenden Folge zu stark von diesem Erwartungswert ab, so handelt es sich wohl um eine schlechte Zufallsfolge.
Eine n-gliedrige Folge von Ziffern $0, 1, \ldots, 9$ kann man wie folgt testen: Die Ziffer i möge a_i-mal in der Folge vertreten sein. Bei einer wirklich zufällig erzeugten Folge ist der Erwartungswert für a_i gleich $n/10$. Ein zu starkes Abweichen der konkreten Zahlen $a_i, i = 0, \ldots, 9$, von den erwarteten weist wieder auf schlechte Zufallszahlen hin. Dieser Test ist nicht besonders gut: Ist $n = 1000$ und besteht die Folge zuerst aus 100 Nullen, dann 100 Einsen usw., so wird sie den Test bestehen, obwohl die Folge sicherlich untauglich ist.
Eine viel bessere Methode, die Ziffern-Folge zu testen, ist der ***Poker-Test***: Die Ziffern werden der Reihe nach in Blöcke von je 5 Ziffern zusammenfasst[53]. Wenn wir die Reihenfolge der Ziffern eines 5er-Blocks im Augenblick nicht

[53]Eventuell übrig bleibende Ziffern werden vernachlässigt.

berücksichtigen, so gibt es genau die folgenden sieben Typen. Dabei sind die Ziffern ihrer Häufigkeit nach angeordnet: $T_1 = abcde, T_2 = aabcd, T_3 = aabbc, T_4 = aaabc, T_5 = aaabb, T_6 = aaaab, T_7 = aaaaa$, wobei verschiedene Buchstaben verschiedene Ziffern bedeuten sollen. Der Name *Poker-Test* wird jetzt verständlich, da beim Pokerspiel analoge Kartenkombinationen relevant sind. Werden die Ziffern wirklich zufällig erzeugt, wobei jede Ziffer die gleiche Wahrscheinlichkeit 0,1 hat, so lässt sich die Wahrscheinlichkeit für jeden der sieben Blocktypen als Laplace-Wahrscheinlichkeit berechnen: Möglich für einen 5-er Block sind genau 10^5 Fälle. Wie viele günstige zu den einzelnen Typen gehören, lässt sich einfach abzählen, z. B. hat man beim Typ T_4 zunächst 10 Ziffern für a zur Verfügung, die drei a's können auf $\binom{5}{3}$ verschiedene Weisen gesetzt werden, für b bleiben dann noch 9 und für c noch 8 Ziffer-Möglichkeiten, so dass man insgesamt $\binom{5}{3} \cdot 10 \cdot 9 \cdot 8 = 7200$ günstige Fälle erhält. Es gilt also $P(T_4) = 0{,}0720$.

Auftrag

Rechnen Sie nach, dass für die anderen Wahrscheinlichkeiten gilt: $P(T_1) = 0{,}3024, P(T_2) = 0{,}5040, P(T_3) = 0{,}1080, P(T_5) = 0{,}0090, P(T_6) = 0{,}0045, P(T_7) = 0{,}0010$.

Weichen für die zu untersuchende Folge die relativen Häufigkeiten für das Auftreten der verschiedenen Typen stark von den erwarteten Anzahlen $P(T_i) \cdot n$ ab, so wird man die Ziffernfolge nicht für zufällig halten. Wann ein Abweichen stark ist, kann mit dem Chi-Quadrat-Test (vgl. Abschnitt 4.2.4 auf S. 457) quantifiziert werden. Der Pokertest vernachlässigt das gleichmäßige Auftreten der Ziffern. Eine Kombination der beiden zuletzt dargestellten Tests könnte sich als vorteilhaft erweisen.

Ein qualitatives, visuelles Verfahren zum Testen der Zufälligkeit einer Zahlenfolge besteht in einer 2- oder 3-dimensionalen Darstellung: Die Folge $z_1, z_2, z_3, \ldots$, deren Glieder $z_i \in \{0, 1, \ldots, m-1\}$ sind, soll auf Zufälligkeit getestet werden. Interpretiert man jetzt je 2 aufeinander folgende Zahlen als Koordinaten eines Punktes der Ebene, also $P_1 = (z_1|z_2), P_2 = (z_2|z_3), P_3 = (z_3|z_4), \ldots$, so lässt sich diese Punktfolge in einem Quadrat der Kantenlänge m darstellen. Interpretiert man analog drei aufeinander folgende Zahlen als Raumpunkt, so erhält man eine Punktwolke in einem Würfel[54]. Bei geringer Punktzahl

[54] Interessanterweise werden analoge Darstellungsmethoden u. a. in der kardiologischen Forschung verwendet. Die zeitlichen Abstände zweier Pulsspitzen aus einem Langzeit-EKG ergeben eine Folge $t_1, t_2, \ldots$. Jeweils drei aufeinanderfolgende Werte werden als Punkt $(t_i|t_{i+1}|t_{i+2})$ dargestellt. Aus der Gestalt der entstehenden Punktwolke werden Aussagen über die Funktionsfähigkeit des Herzens gewonnen.

wirken die Punktwolken noch zufällig, bei größerer Punktzahl zeigen sich bei schlechten Generatoren schnell Muster.
Die Abbildungen[55] zeigen Beispiele: Die 2-dimensionale Darstellung in Abb. 3.133 zeigt links nur 200 Punkte, das Punktmuster sieht zufällig aus. Rechts sind alle 1024 Punkte dargestellt, sie liegen wohlgeordnet auf Geraden. In der 3-dimensionalen Darstellung von Abb. 3.134 sind für zwei verschiedene Generatoren jeweils 200 Punkte dargestellt. Links tritt klar hervor, dass die Punkte auf parallelen Ebenen liegen. Die rechte Punktwolke sieht „zufällig" aus.

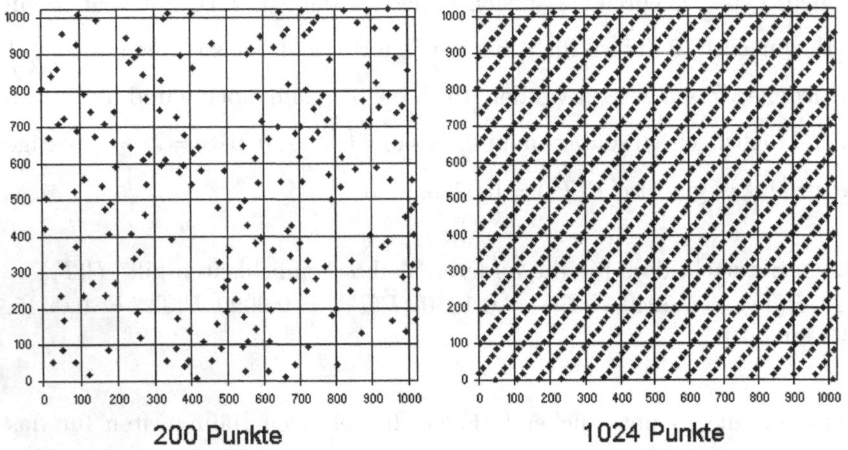

Abb. 3.133. Linearer Kongruenzgenerator mit $a = 789, b = 17$ und $m = 210$

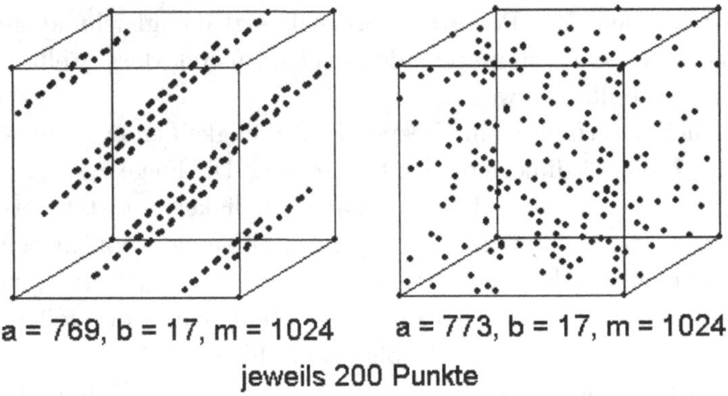

Abb. 3.134. Dreidimensionale Darstellung

[55]Erzeugt mit dem Excel-Arbeitsblatt „Erzeugung von Zufallszahlen mit Hilfe eines Linearen Kongruenzgenerators" von *Heinz Klaus Strick*, erhältlich unter http://www.landrat-lucas.de/ → MINT → Stochastik

Es gibt viele weitere mathematische Algorithmen, um „gute" Pseudozufallszahlen zu erzeugen. Speziell für die Ziehung der 20 Keno-Zahlen aus den Zahlen von 1 bis 90 (vgl. Abschnitt 3.4.6) wurde vom *Fraunhoferinstitut für Rechnerarchitektur und Softwaretechnik* ein eigener Computer entwickelt, der nach Aussagen der Entwickler sehr gute Pseudozufallszahlen erzeugt.

3.10.3 Zufallszahlen und Simulation

Reale Probleme sind oft so komplex, dass ihre rechnerische Behandlung nicht einmal numerisch möglich ist. Ein klassisches Beispiel ist Beschreibung der Neutronenstreuung, ein Problem, das beim amerikanischen Manhattan-Projekt zur Entwicklung der Atombombe wesentlich war[56]. Für dieses und weitere Probleme des Manhattan-Projekts haben *John von Neumann* und *Stanislaw Ulam* (1909–1984) um 1949 eine Methode entwickelt, die sie ***Monte-Carlo-Methode*** nannten. Der Name erinnert an Monte-Carlo und sein Spielcasino mit dem Zufallsgenerator Roulette-Kessel. Mit dieser Methode wird in der Regel mit Hilfe von Zufallszahlen der wirkliche Prozess simuliert, und aus den so gewonnenen stochastischen Daten werden die gewünschten Informationen abgeleitet. *Von Neumanns* Interesse von guten Zufallsgeneratoren erwuchs aus diesen Methoden. Ein besonders einfaches Beispiel ist die ***Simulation der Ziehung der Lottozahlen*** mit einer Liste von einstelligen Zufallszahlen aus der Menge $\{0, 1, \ldots, 9\}$. Man fasst jeweils zwei Ziffern zusammen, z. B. $74, 94, 53, 75, 42, 04, 80, 56, 48, 94, 74, 29, 62, 48, 05, 24, \ldots$. Streicht man die Ziffernpaare $00, 50, 51, 52, \ldots, 99$ sowie Wiederholungen, so ergeben sich die sechs Gewinnzahlen $42, 4, 48, 29, 5, 24$. Diese Monte-Carlo-Methode ist nicht besonders effektiv in der Ausnutzung der vorhandenen Zahlen und kann leicht verbessert werden. Man könnte etwa aus den Ziffernpaare 51 bis 99 durch Subtraktion von 50 die Lottozahlen 1 bis 49 gewinnen.

Ein nicht nur historisch interessantes Beispiel zu Simulation ist das Buffon'sche Nadelproblem in Aufgabe 51 auf S. 258. Einfacher ist das folgende Beispiel zur ***π-Bestimmung mit Monte-Carlo-Methoden***: Mit dem RANDOM-Befehl werden „Zufallszahlen" $x_1, y_1, x_2, y_2, \ldots$ mit $0 \le x_i, y_i < 1$ erzeugt. Die Paare $P_i = (x_i|y_i), i \ge 1$, werden als Punkte im Einheits-Quadrat betrachtet. Genau für $\overline{OP_i}^2 = x_i^2 + y_i^2 \le 1$ liegen die Punkte im Viertel-Einheitskreis (Abb. 3.135).

[56]Leider sind sehr oft militärische Probleme die Quelle wissenschaftlichen Fortschritts.

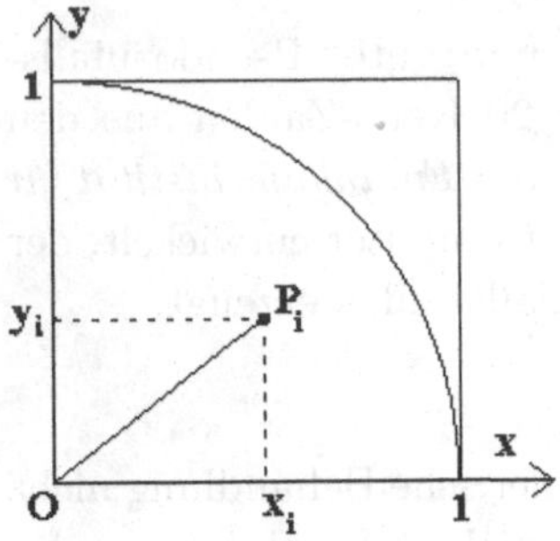

Abb. 3.135. π-Bestimmung

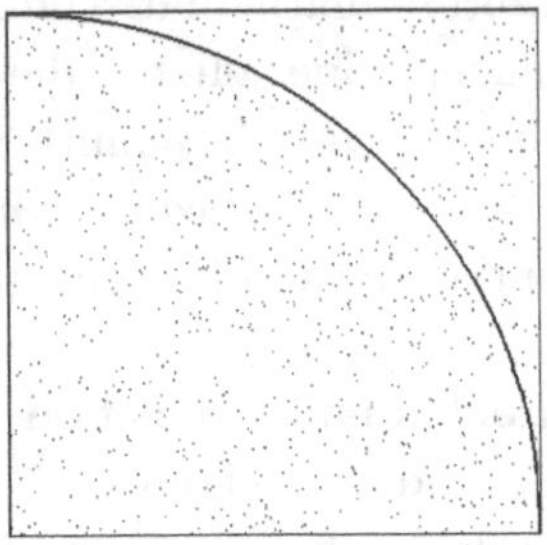

Abb. 3.136. $n = 1000, k = 787, \pi \approx 3{,}14$

Zählt man die Anzahl n der erzeugten „Zufallspunkte" und die Anzahl k der in den Viertelkreis gefallenen, dann ist wegen

$$\frac{A_{\text{Viertelkreis}}}{A_{\text{Quadrat}}} = \frac{\frac{1}{4}\pi}{1} = \frac{\pi}{4} \approx \frac{k}{n}$$

die Zahl $\frac{4k}{n}$ eine Näherung für π. Abb. 3.136 zeigt eine Simulation mit 1000 Punkten. Die Güte der Approximationen wird auch bei größerer Punktzahl nicht viel besser. Die Methode lässt sich auf 2-dimensionale Integrale übertragen. Es ist einfach, zu entscheiden, ob für den Punkt $(x|y)$ gilt $f(x) < y$ oder nicht. Für solche 2-dimensionale Integrale gibt es viel bessere numerische Integrationsmethoden. Diese Monte-Carlo-Methode ist aber auch bei mehrdimensionalen Integralen leicht anwendbar; dort gibt es in der Regel keine einfachen numerischen Methoden.

Monte-Carlo-Methoden werden für viele Probleme aus Naturwissenschaften, Technik und Wirtschaftswissenschaften eingesetzt. Mit Zufallszahlen lassen sich Gewinnstrategien bei Glücksspielen simulieren und die Staubildung auf Autobahnen durchspielen. Weitere Beispiele sind meteorologische Fragen der Wettervorhersage, die Beschreibung des Durchsickerns einer Flüssigkeit durch poröse Substanzen und die Vorhersage der Börsenkurse.

---

38 **Beispiel 38 (Taxi-Problem III)** In Dortmund gibt es n von 1 bis n nummerierte Taxis, Armin behauptet, es gäbe mindestens 1000 Taxis (vgl. Beispiel „Wie viele Taxis gibt es in Dortmund?" auf S. 247). Aufgrund einer Stichprobe von 10 Taxis will Beate entscheiden werden, ob sie Armin glauben soll. Die größte in der Stichprobe vorkommende Nummer sei m. Für eine Entscheidungsregel soll eine Zahl k so bestimmt werden, dass Beate genau für $m > k$ Armins Behauptung, es gäbe mindestens 1000 Taxis, Glauben schenkt. Dabei lässt Beate etwa 5% Fehlentscheidungen zu (vgl. Beispiel „Taxi-Problem II" auf S. 299). Zur Festsetzung von k kann man auch Zufallszahlen verwenden: Man erzeugt mit dem Computer 10 unabhängige Zufallszahlen aus dem Bereich

Tabelle 3.21. Simulation zum Taxi-Problem

945	960	989	869	***709***	912	971	***728***	976	849	981	894	***672***
936	970	998	904	946	957	988	995	993	990	972	927	897
946	999	982	743	814	952	946	967	996	989	824	963	789
989	928	876	949	824	760	991	989	945	937	838	992	968
742	789	876	857	915	999	901	971	985	969	753	992	947
795	947	872	972	969	924	991	989	917	902	953	829	981
994	911	942	894	977	914	803	928	927	977	938	***677***	997
974	917	841	994	939	849	976	931	991				

von 1 bis 1000 und notiert das Maximum m dieser Stichprobe. Dies wird 100mal durchgeführt, so dass man 100 Werte $m_1, \ldots, m_{100}$ vorliegen hat. Tabelle 3.21 zeigt ein solches Simulations-Beispiel mit 100 Zahlen, die mit Hilfe von DERIVE berechnet wurden.
Die fünf kleinsten Werte dieser Liste sind die dick und kursiv gesetzten Zahlen 672, 677, 709, 728 und 742. Das Ergebnis wird nun dahingehend gedeutet, dass bei $n = 1000$ die Wahrscheinlichkeit dafür, dass der maximale Wert einer Stichprobe vom Umfang 10 kleiner als 743 ist, nur etwa 5% beträgt. Man könnte also aufgrund dieser Simulation $k = 742$ setzen. Der so für k ermittelte Wert 742 ist natürlich nur eine Näherung für unserer Problemstellung. Für praktische Zwecke ist eine solche Näherung aber durchaus brauchbar.

Beispiel 39 („Zufallsfraktale") Der folgende Zufalls-Algorithmus erzeugt eine Zufallsfolge mit merkwürdigen Eigenschaften (Abb. 3.137): Sie starten mit einem gleichseitigen Dreieck A, B, C und einem beliebigen Punkt P_0. Dann würfeln Sie mit einem Laplace-Würfel: 1 oder 4 bedeutet Ecke A, und der nächste Punkt P_1 ist die Mitte von AP_0, bei Würfelzahl 2 oder 5 ist P_1 die Mitte von BP_0, sonst die Mitte von CP_0. Diesen Zufalls-Algorithmus setzen Sie fort! 39
Mit der Hand kann man den Algorithmus nicht sehr lange durchführen. Es ist aber einfach, dies mit einem kleinen Computerprogramm beliebig oft zu simulieren (z. B. mit dem Java-Applet „Sierpinski-n-Eck" auf der in der Einleitung genannten Homepage zu diesem Buch). Der Computer erzeugt hierbei Zufallszahlen aus der Menge $\{1, 2, 3\}$, um die nächste Ecke zu wählen. In Abb. 3.138 wurde dies etwa 60 000 mal durchgeführt. Hätten Sie ein solches Ergebnis erwartet? Die Genese der verblüffenden Punkt-Figur, die entsteht, hat gar nicht so viel mit Zufall zu tun! Eine ausführliche Erklärung dieser Figur, die unter dem Namen ***Sierpinski-Dreieck*** als spezielles Fraktal bekannt ist, können Sie bei *Henn* (2003, S. 200 f) finden.

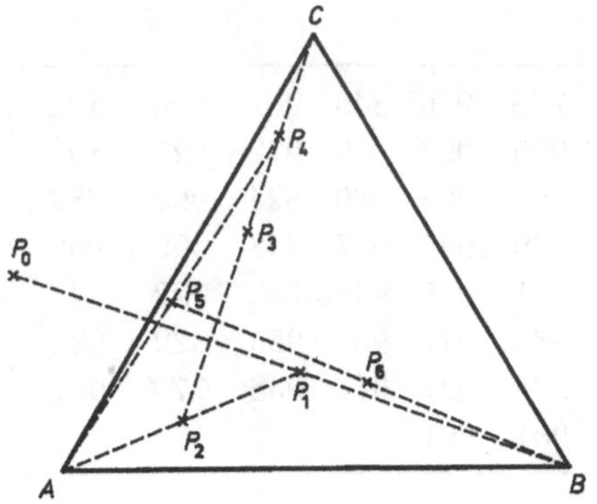

Abb. 3.137. Der Algorithmus

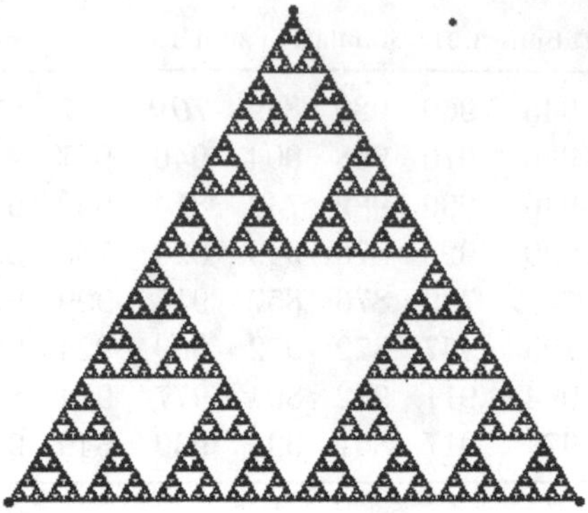

Abb. 3.138. „Zufalls-Fraktal"

3.11

3.11 Weitere Übungen zu Kapitel 3

1. In einem Sack ist eine einzige Kugel, die weiß oder schwarz ist. Nun wird eine zweite Kugel in den Sack gelegt, die schwarz ist. Der Sack wird gut geschüttelt, und Armin zieht zufällig eine Kugel. Diese ist schwarz. Wie wahrscheinlich ist es, dass die zweite Kugel auch schwarz ist?

2. Acht Türme sollen auf einem Schachbrett derart platziert werden, dass im nächsten Zug kein Turm einen anderen schlagen kann. Wie viele verschiedene Möglichkeiten gibt es hierfür? Wie viele Möglichkeiten gibt es hierfür, wenn kein Turm auf der weißen Diagonalen stehen darf?

3. In einer Urne liegen r rote und s schwarze Kugeln. Es werden zwei Kugeln ohne Zurücklegen gezogen. Für welche Werte von r und s ist die Wahrscheinlichkeit, zwei gleichfarbige Kugeln zu ziehen, genauso groß wie die Wahrscheinlichkeit, zwei verschiedenfarbige Kugeln zu ziehen?

4. In einem Gefäß liegen ein 1 Cent-, ein 2 Cent-, ein 5-Cent-, ein 10-Cent und ein 20-Cent-Stück. Geben Sie für die folgenden Zufallsexperimente zunächst jeweils geeignete Ergebnisräume an.
   (a) Man entnimmt nacheinander „zufällig" drei Geldstücke und legt sie auf den Tisch, ordnet sie der Größe nach und notiert das Ergebnis. Wie viele unterschiedliche Ergebnisse gibt es? Welche Geldbeträge können sich als Summe der drei Münzwerte ergeben, und welche Wahrscheinlichkeit hat dies jeweils?
   (b) Man entnimmt nacheinander dreimal zufällig ein Geldstück, notiert seinen Wert und legt es wieder in das Gefäß zurück. Wie wahrschein-

lich ist es, dass die Summe der drei notierten Geldstücke größer als 10 Cent (größer als 50 Cent) ist?

(c) Ersetzen Sie in den beiden obigen Zufallsexperimenten jeweils das 2-Cent-Stück durch ein weiteres 20-Cent-Stück und bearbeiten Sie die Aufgaben (a) und (b) erneut.

5. Armin hört, dass Beate zwei Kinder hat, kennt aber nicht deren Geschlecht. Durch Zufall erfährt er, dass eines der Kinder ein Mädchen ist. Wie groß ist die Chance, dass das zweite Kind auch ein Mädchen ist? Ist die Chance anders, wenn Armin sogar erfährt, dass das ältere Kind ein Mädchen ist?

6. Zuerst Armin und dann Beate ziehen abwechselnd blind eine Kugel ohne Zurücklegen aus einem Sack mit 50 Kugeln, von denen eine weiß und 49 schwarz sind. Wer zuerst die weiße Kugel zieht, hat gewonnen. Haben beide die selbe Chance? Diskutieren Sie auch Variationen des Spiels!

7. Ein Laplace-Würfel wird n-mal geworfen. Die Zufallsvariable Z_n gibt die höchste Augenzahl an, die bei einem der n Würfe oben lag. Bestimmen Sie für $Z_1, Z_2, Z_3, Z_4, \ldots$ die Wahrscheinlichkeitsverteilung, die Verteilungsfunktion, den Erwartungswert und die Standardabweichung.

8. Armin und Beate spielen eine Skat-Lotterie: Beate zieht aus einem von Armin gemischten Skatspiel eine Karte und bekommt von Armin den Kartenwert in Euro ausgezahlt. Dann beginnt das Spiel von vorne. Wie hoch muss Beates Einsatz sein, damit dieses Spiel ein faires Spiel ist?

9. „Was schief gehen kann, geht in der Regel auch schief“ behauptet Murphys Gesetz. Prüfen Sie das an folgender Frage nach: Von Ihren zehn Paar Socken verschwinden auf mysteriöse Weise sechs einzelne Socken. Welches der folgenden Resultate ist wahrscheinlicher?

   A: Sie haben Glück und haben noch sieben komplette Sockenpaare.
   B: Sie haben Pech, es bleiben nur vier komplette Sockenpaare übrig.

10. Aus einer Urne mit einer blauen, einer roten, einer grünen und einer weißen Kugel wird so lange jeweils eine Kugel gezogen und wieder zurück gelegt bis eine Farbe zum dritten Mal gezogen wird. Die Zufallsvariable Z soll die Anzahl der dafür nötigen Ziehungen messen.

    (a) Geben Sie die Wahrscheinlichkeitsverteilung für Z an, bestimmen und skizzieren Sie die Verteilungsfunktion von Z und berechnen Sie den Erwartungswert und die Standardabweichung von Z.

(b) Y sei eine Zufallsvariable, die bei dem obigen Zufallsexperiment angibt, wie oft die grüne Kugel gezogen wurde. Untersuchen Sie Z und Y auf stochastische Unabhängigkeit!

11. Auf S. 268 haben wir eines der Probleme von *de Méré* besprochen. Wir haben die Ereignisse E_1: „Beim Werfen eines Würfels erhält man bis zum 4. Wurf eine Sechs" und E_2: „Beim Werfen mit einem Doppelwürfel erhält man bis zum 24. Wurf eine Doppelsechs" betrachtet. Für die Wahrscheinlichkeit haben wir $P(E_1) \approx 0{,}518$ und $P(E_2) \approx 0{,}491$ berechnet. Wie oft hätte *de Méré* mindestens würfeln müssen, um zu 90% sicher sein zu können, dass die eine Wahrscheinlichkeit kleiner als die andere ist?

12. Armin und Beate spielen ein Tennismatch gegeneinander. Dabei beträgt die Wahrscheinlichkeit dafür, dass Beate einen Satz gegen Armin gewinnt $p = 0{,}6$.
    (a) Wie wahrscheinlich ist es, dass Beate das Match gewinnt, wenn über drei Gewinnsätze gespielt wird (d. h. der Spieler, der als erster insgesamt drei Sätze gewonnen hat, hat auch das Match gewonnen)?
    (b) Die Wahrscheinlichkeit, das Match über drei Gewinnsätze zu gewinnen, hängt offenbar von der Wahrscheinlichkeit, einen Satz zu gewinnen ab. Skizzieren Sie die Funktion $P_3\colon [0;1] \to [0;1], p \mapsto P(\text{Beate gewinnt})$ mit Hilfe von mindestens fünf ausgewählten Punkten, die auf dem Funktionsgraphen liegen!
    (c) Angenommen, das Match geht nicht über drei, sondern über 10 bzw. 100 Gewinnsätze. Beschreiben und skizzieren Sie qualitativ, wie die entsprechenden Funktionsgraphen von P_{10} und P_{100} verlaufen und begründen Sie diesen Verlauf!

13. Beate, Biologielehrerin in einer neunten Klasse, möchte das Grundwissen ihrer Schülerinnen und Schüler mit einem Multiple-Choice-Test überprüfen. Bei einem solchen Test werden im Anschluss an die Fragestellung mehrere Antwortmöglichkeiten aufgelistet, von denen eine oder mehrere richtig sind. Die Anforderung an die Schülerinnen und Schüler ist es, alle richtigen Antworten anzukreuzen. Dann gilt die Aufgabe als richtig gelöst.
    (a) Beate entscheidet sich für einen Test, in dem zu jeder Fragestellung sechs Antwortmöglichkeiten aufgelistet werden. Bei jeder Fragestellung wird die genaue Anzahl der richtigen Antworten angegeben. Als Ratewahrscheinlichkeit wird die Wahrscheinlichkeit bezeichnet, mit der eine Schülerin oder ein Schüler die Aufgabe nur durch Raten vollständig richtig löst, also genau alle richtigen Antworten an-

kreuzt. Wie hoch ist diese Ratewahrscheinlichkeit, wenn von sechs Antwortmöglichkeiten genau eine, genau zwei, genau drei, genau vier oder genau fünf richtig sind?

(b) Beate erstellt einen Test mit 50 Aufgaben, die jeweils eine Ratewahrscheinlichkeit von $\frac{1}{6}$ haben. Armin hat sich auf den Test nicht vorbereitet, und Biologie liegt ihm sowieso nicht. Er beschließt, einfach bei jeder Aufgabe zufällig die geforderte Anzahl an Antwortmöglichkeiten anzukreuzen. Begründen Sie, dass die Zufallsvariable „Anzahl der von Armin richtig geratenen Aufgaben" binomialverteilt ist! Erörtern Sie, ob die Annahme der Binomialverteilung generell für die Testbearbeitung durch die Schülerinnen und Schüler sinnvoll ist! Warum hat der Erwartungswert der „Rateverteilung von Armin" eine inhaltliche Bedeutung bei der Testauswertung?

(c) Wie viele Aufgaben wird Armin, der bei jeder Aufgabe des Tests aus (b) nur rät, voraussichtlich richtig beantworten? Der Test gilt als bestanden, wenn 40% der Aufgaben richtig beantwortet sind. Wie hoch ist die Wahrscheinlichkeit, dass Armin den Test besteht? Armins Freund Carl hat sich ein wenig auf den Test vorbereitet, so dass er die einzelnen Fragen mit 50% Wahrscheinlichkeit richtig beantwortet. Wie groß ist die Wahrscheinlichkeit, dass er trotzdem durchfällt?

14. Bei der Weihnachtslotterie des Kegelclubs *Alle Neune* mit 12 Mitgliedern liegen 12 Lose in einer Lostrommel. Fünf dieser Lose enthalten den Aufdruck „Gewinn", die übrigen sieben den Aufdruck „Niete".
(a) Kurz vor Beginn der Lotterie entbrennt ein Streit darüber, wer wann ziehen darf. Untersuchen Sie, ob die Wahrscheinlichkeit, einen Gewinn zu ziehen, vom Zeitpunkt des Ziehens abhängt.
(b) Wie könnte man diese Lotterie mit Hilfe von Zufallszahlen simulieren?

15. In einer Baumschule werden u. a. Nadelbäume herangezogen. Damit jeder Baum ausreichend Platz hat, stehen diese Bäume reihenweise versetzt zueinander (siehe Schema in Abb. 3.139a). Eine andere Baumschule, die ebenfalls Nadelbäume heranzieht, pflanzt diese in den Reihen immer auf gleicher Höhe an (siehe Schema in Abb. 3.139b).
Nadelbäume in Baumschulen sind besonders anfällig für Infektionskrankheiten. Werden solche einmal von Außen in die Baumschule hereingetragen, so breiten sie sich innerhalb der Baumschule epidemieartig aus. Untersucht werden soll eine Rindenkrankheit, die zum Absterben der Bäume führt und die sich nach folgendem Muster ausbreitet: Ein infi-

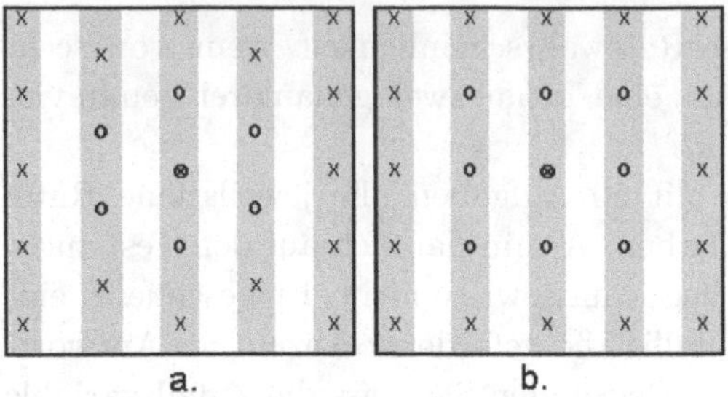

Abb. 3.139. Die beiden Baumschulen

zierter Baum (•) kann nur benachbarte Bäume (O) anstecken. Für jeden benachbarten Baum beträgt die Wahrscheinlichkeit für eine Ansteckung dabei 30%. Die Ansteckung erfolgt aufgrund der Inkubationszeit zeitlich getrennt in sogenannten „Wellen“. Gerade infizierte Bäume können erst in der nächsten Welle andere Bäume anstecken. Am Ende einer Welle sterben alle Bäume ab, die schon zu Beginn der Welle infiziert waren. Untersuchen Sie den Verlauf einer Epidemie in den beiden Baumschulen, bei der zunächst ein am Rande stehender Baum infiziert wurde.

16. Im „täglichen Leben“ kommen Warteschlangen-Probleme immer wieder vor. Modellieren Sie die folgende, sehr vereinfachte Situation (nach *Meyer* 1998, S. 663):

    Eine etwas veraltete Tankstelle im Wilden Westen hat genau eine Zapfsäule, die von einem Tankwart bedient wird. Etwa alle 15 Minuten kommt ein Kunde vorbei, der meistens innerhalb von 5 Minuten bedient werden kann. Manchmal, etwa in 40% aller Fälle, dauert es auch länger, z. B. wenn der Tankwart noch das Öl oder den Reifendruck kontrollieren muss. Kommen weitere Kunden, während der erste bedient wird, so müssen sie sich in eine Warteschlange einreihen. Allerdings stehen erfahrungsgemäß höchstens drei Autos in der Reihe, d. h. sind schon drei Fahrzeuge da, so fahren weitere potentielle Kunden einfach vorbei.

    Anleitung: Zur Modellierung der Situation als Markov-Kette ist es hilfreich, Zeitschritte von $t = 5$ Minuten anzunehmen und die Wahrscheinlichkeit, dass in einem Zeitintervall ein neues Auto kommt, statt mit $p = 0{,}25$ der Einfachheit halber mit $p = 0{,}3$ anzusetzen („Etwa alle 15 Minuten kommt ein Kunde ...“).

17. *Walter Krämer* (1999, S. 27) zitiert einen zur Zeit des Golfkriegs erschienenen Bericht aus der *Hannoverschen Allgemeinen Zeitung*:

„Abertausende amerikanischer Kinder schreiben in diesen Monaten unbekannterweise Briefe an die im Persischen Golf eingesetzten US-Soldaten, um ihnen zu zeigen, dass man sie zuhause nicht vergessen hat. Die Anschrift lautet üblicherweise: ‚An irgendeinen Soldaten'. Einen solchen Brief erhielt in Saudi-Arabien der 27-jährige Sergant Rory Lomas aus Savannah im Staat Georgia. Wie es der Zufall wollte: Der Brief an irgendeinen Soldaten stammte von Lomas' zehnjähriger Tochter Cetericka."

Ist es wirklich so unwahrscheinlich, dass ein Soldat einen Brief von seinem eigenen Kind erhält? Kern dieser in der Literatur *Rencontre-Problem* genannten Aufgabe ist die Frage, wie viele Permutationen $a_1, a_2, \ldots, a_n$ der Zahlen $1, 2, \ldots, n$ mindestens einen „Fixpunkt" haben, d. h. dass für mindestens ein i gilt $i = a_i$. Simulieren und analysieren Sie die Aufgabe zunächst mit Karten, auf denen Zahlen von 1 bis n stehen und n klein ist.

18. Im Jahr 1943 hat *Robert Dorfman* ein Verfahren vorgeschlagen, wie man die Zahl der nötigen Bluttests bei umfangreichen Reihenuntersuchungen reduzieren kann. Hierbei wird eine Blutprobe durch einen Test auf eine zwar selten auftretende, aber gefährliche Krankheit (z. B. Syphilis, HIV-Infektion) untersucht. Die Idee ist, anstatt jede Blutprobe einzeln zu untersuchen, das Blut von k Personen zu mischen und diese Probe zu untersuchen. Sind alle Personen gesund, so hat ein Test ausgereicht. Ist dagegen die Mischprobe positiv, so werden alle Einzelproben nochmals untersucht, und es sind insgesamt $k + 1$ Tests nötig. Diese Methode heißt im Englischen *group screening* oder *group test*, was zu ***Gruppen-Screening*** eingedeutscht wurde. Untersuchen Sie diese Methode. Hierzu sei p die Prävalenz für die fragliche Krankheit in der untersuchten Personengruppe. Wie groß ist die optimale Gruppengröße k zu wählen?

19. In den Spielcasinos von Las Vegas wird sehr gerne ***Crap*** gespielt. Dabei legt der Spieler einen Einsatz fest und wirft dann zwei Würfel. Aus den beiden Würfelzahlen wird die Augensumme s gebildet. Für $s = 7$ oder $s = 11$ erhält er seinen Einsatz zurück und zusätzlich die gleiche Summe als Gewinn. Für s = 2, 3 oder 12 verliert man seinen Einsatz. Bei jedem anderen Wert von s würfelt man weiter, bis entweder die Würfelsumme 7 kommt (dann hat man verloren) oder die ursprüngliche Augensumme s nochmals kommt (dann hat man ebenfalls gewonnen). Modellieren Sie das Crap-Spiel als Markov-Kette und analysieren Sie die Gewinnchance und die mittlere Spieldauer.

20. Dominant-rezessive Vererbung
Viele Merkmale von Lebewesen haben (in erster Näherung) zwei Ausprägungen, z. B. „groß – klein", „dunkle Augen – helle Augen" oder „rote Blüten – weiße Blüten".
Welche Ausprägung als Ergebnis eines Vererbungsprozesses auftritt, hängt von 2 Genen ab, die z. B. jeweils die Ausprägungen A und a haben. Damit gibt es drei so genannte Genotypen AA, Aa (= aA) und aa. Bei der dominant-rezessiven Vererbung setzt sich eine der beiden Ausprägungen durch – sie ist dominant. Sei z. B. A „groß", a „klein" und A dominant, dann ist ein Lebewesen mit AA groß, mit Aa auch eher groß und mit aa klein. Demgemäß heißt AA dominant, aa rezessiv und Aa hybrid.
Bei der Vererbung erhalten die Nachkommen von jedem Elternteil zufällig und mit gleicher Wahrscheinlichkeit eins der beiden Gene. Somit kann sich bei Hybriden (Aa), bei denen das dominante Gen (A) das Merkmal prägt, auch das rezessive Gen (a) weitervererben.
Bei einer speziellen Blume haben Pflanzen vom Genotyp AA (dominant) rote Blüten, Pflanzen vom Genotyp Aa (hybrid) rosa Blüten und Pflanzen vom Genotyp aa (rezessiv) weiße Blüten. Nun werden Pflanzen unterschiedlichen Genotyps (also AA, Aa oder aa) fortlaufend mit Pflanzen eines festen Genotyps gekreuzt. Z. B. wird werden Pflanzen des Genotyps aa fortlaufend mit Pflanzen vom Genotyp AA gekreuzt, d. h. die entstehenden Tochterpflanzen werden wieder mit einer vom Genotyp AA gekreuzt usw. Modellieren Sie die langfristige Verteilung der entstehenden Pflanzen auf die drei Genotypen.
Führen Sie diese Betrachtung auch für die fortlaufende Kreuzung mit dem Genotyp Aa und für die fortlaufende Kreuzung mit dem Genotyp aa durch.

Kapitel 4

Beurteilende Statistik

4

4

4 Beurteilende Statistik

Bei der Anwendung stochastischer Methoden in den empirischen Wissenschaften oder in der Praxis geht es meistens darum, aus einem Ergebnis für eine Stichprobe auf das Ergebnis für die zugrunde liegende Gesamtheit oder auf eine Aussage über diese Gesamtheit zu schließen. Wenn eine Psychologin die räumliche Vorstellungsfähigkeit von 426 Schülerinnen und Schüler im Alter von 15 Jahren untersucht, so ist sie in der Regel letztlich nicht nur an dem Ergebnis dieser 426 Jugendlichen interessiert, sondern an der Ausprägung des Merkmals „räumliche Vorstellungsfähigkeit" bei allen vergleichbaren 15-Jährigen. Dieses Beispiel enthält, wie auch die folgenden, typische Fragestellungen, an denen sich die Konzepte der beurteilenden Statistik entwickeln lassen.

- Im Rahmen einer Schulleistungsuntersuchung werden von den 260 000 nordrhein-westfälischen Schülerinnen und Schülern des neunten Jahrgangs per Zufall 1 120 für eine empirische Untersuchung der Mathematikleistung ausgewählt. Das arithmetische Mittel ihrer Punktzahlen im Mathematiktest beträgt 79 Punkte. Welches arithmetische Mittel kann man aufgrund dieses Stichprobenergebnisses für alle nordrhein-westfälischen Neuntklässler erwarten?
  Das arithmetische Mittel der Testwerte von Schülerinnen und Schülern aus Gymnasien beträgt 87 Punkte, das von Schülerinnen und Schülern aus Realschulen 78 Punkte. Lässt sich damit sagen, dass Gymnasiasten neun Punkte besser sind?
- Ein Elektrogroßhändler erhält von seinem Lieferanten die vertragliche Zusicherung, dass höchstens ein Prozent der gelieferten Glühbirnen defekt ist. Eine Lieferung Glühbirnen umfasst jeweils 15 000 Stück. Bei einer Stichprobenuntersuchung von 100 zufällig ausgewählten Glühbirnen einer solchen Lieferung werden drei defekte entdeckt. Wie viele Glühbirnen werden in der gesamten Lieferung defekt sein? Soll der Großhändler dem Lieferanten aufgrund dieses Stichprobenergebnisses die gesamte Lieferung zurückgeben und Ersatz fordern?
- Ein Pharmakonzern testet einen neuen Impfstoff gegen Mumps. Er möchte wissen, ob sich mit dem neuen Impfstoff tatsächlich das Risiko des Ausbruchs dieser Kinderkrankheit verringern lässt. Da der neue Impfstoff keine höheren Nebenwirkungen hat als der alte, soll er in einem ***Feldtest***[1]

[1] Der Begriff ***Feldtest*** stammt wie der Begriff *Feldforschung* aus der Agrarwissenschaft, die zur anfänglichen Entwicklung der mathematischen Statistik maßgeblich beigetragen hat. Wenn man zum Beispiel an Düngemittelversuche mit Getreide denkt, wird die Bedeutung der Begriffe klar. Heute werden diese Begriffe in den empirischen Wissenschaften gebraucht, wenn es sich um Untersuchungen unter

an Vorschulkindern erprobt werden. Wie soll die Untersuchung geplant werden? Wann kann man davon ausgehen, dass der neue Impfstoff besser ist als der alte?

In den genannten Situationen lassen sich zunächst die Stichprobenergebnisse mit den Konzepten der beschreibenden Statistik (vgl. Kapitel 2) auswerten und darstellen. Der interessierende Schluss auf die Grundgesamtheit ist dann aber jeweils mit einer Unsicherheit behaftet. Wer kann garantieren, dass die 1 120 untersuchten Schülerinnen und Schüler nicht gerade die besten oder die schlechtesten des Landes sind?
Genauso, wie es bei einer Münze möglich ist, dass 100-mal hintereinander „Kopf“ fällt, lässt sich eine ungünstige Stichprobenkonstellation nicht ausschließen. Sie ist nur sehr unwahrscheinlich. Die gleiche Problematik wie für die Neuntklässler gilt für die ausgewählten Glühbirnen, deren Funktionsfähigkeit getestet wird, oder für die Vorschulkinder, an denen der neue Impfstoff erprobt wird. Wenn eine Stichprobe per Zufall zusammengesetzt wird, dann muss man mit diesen Unwägbarkeiten leben, hat aber auch den Vorteil, dass diese Unwägbarkeiten kalkulierbar sind.
Eine (einfache) ***Zufallsstichprobe*** ist eine Stichprobe, bei der Merkmalsträger derart ausgewählt werden, dass alle *potenziellen* Merkmalsträger[2] die gleiche Chance haben, in die Stichprobe aufgenommen zu werden. Diese Forderung bedeutet für eine endliche Grundgesamtheit nichts anderes als den Laplace-Ansatz für diese Menge. Damit haben alle möglichen Stichproben gleichen Umfangs die gleiche Wahrscheinlichkeit, gezogen zu werden. Auf die praktischen Probleme dieses theoretischen Modells der Stichprobenziehung und auf effizientere Stichprobenmodelle gehen wir in Abschnitt 5.3.2 ein. Das einfache Laplace-Modell für die Stichprobenauswahl ermöglicht die Anwendung der Wahrscheinlichkeitsrechnung auf die Frage, wie sich ein Stichprobenergebnis, das zunächst mit Methoden der beschreibenden Statistik gewonnen wurde, verallgemeinern lässt. Diese Zusammenführung von Wahrscheinlichkeitsrechnung und beschreibender Statistik ist charakteristisch für die beurteilende Statistik[3].

Realbedingungen handelt, bei denen mögliche Einflussgrößen nicht experimentell kontrolliert werden (können).

[2]Die *potenziellen Merkmalsträger* sind dabei alle Elemente einer *realen* oder *fiktiven Grundgesamtheit.* Die 260 000 Schülerinnen und Schüler aus dem obigen Beispiel sind eine *reale Grundgesamtheit.* Bei einem Keimungsversuch mit Getreide geht man möglicherweise von der *fiktiven Grundgesamtheit* aller denkbaren vergleichbaren Getreidekörner aus und weiß nur, dass diese sehr groß ist.

[3]Statt „beurteilende Statistik“ sind auch die Bezeichnungen „schließende Statistik“, „Inferenzstatistik“ oder „induktive Statistik“ üblich. Der Sinn dieser Bezeichnungen dürfte bereits an den Eingangsbeispielen deutlich geworden sein.

Die Fragestellungen der beurteilenden Statistik sind in gewisser Hinsicht „invers“ zu denen der Wahrscheinlichkeitsrechnung, das heißt, ihr Erkenntnisinteresse hat eine andere Richtung. Ein typisches Vorgehen in der Wahrscheinlichkeitsrechnung ist es z. B., von einer bekannten Wahrscheinlichkeit dafür, dass eine Glühbirne defekt ist, auf die Wahrscheinlichkeit für das Ereignis „von 100 Glühbirnen sind drei defekt“ zu schließen. In der beurteilenden Statistik liegt hingegen ein (empirisches) Ergebnis vor, und es soll eine Aussage über die zugrunde liegende Wahrscheinlichkeit getroffen werden.

Wir werden in diesem Kapitel zwei Klassen von Konzepten entwickeln, die sich unter den Begriffen „Schätzen“ und „Testen“ zusammenfassen lassen. Bei den ***Schätzverfahren*** geht es darum, von den vorliegenden Daten einer Stichprobe möglichst genau und sicher auf den entsprechenden Parameter der Grundgesamtheit zu schließen. Dabei kann man häufig von Kennwerten der Stichprobe ausgehen, wie zum Beispiel dem Anteil defekter Glühbirnen oder dem arithmetischen Mittel der Mathematikleistung von Schülerinnen und Schülern sowie der zugehörigen Standardabweichung. Bei den ***Testverfahren*** geht es darum, aufgestellte Hypothesen anhand von empirisch gewonnenen Daten zu beurteilen. Solche Hypothesen können „höchstens ein Prozent der Glühbirnen sind defekt“ oder „der neue Impfstoff wirkt besser“ sein. Anhand eines Stichprobenergebnisses soll ein Urteil über diese Aussagen möglich werden.

Aufgrund des schlussfolgernden Arbeitens mit Zufallsstichproben gibt es bestimmte Gemeinsamkeiten von Schätz- und Testverfahren. So liegt es zum Beispiel inhaltlich nahe, dass die Sicherheit der Ergebnisse mit wachsendem Stichprobenumfang steigt.

Wir werden die Schätz- und Testverfahren zunächst im Sinne der klassischen, auf dem frequentistischen Zugang zur Wahrscheinlichkeitsrechnung basierenden, beurteilenden Statistik einführen und diskutieren. In dieser Sichtweise ist es sinnvoll bzw. nicht interpretierbar, einer Hypothese wie „Der Impfstoff verringert das Krankheitsrisiko“ eine Wahrscheinlichkeit zwischen Null und Eins zuzuordnen. Entweder verringert der Impfstoff das Krankheitsrisiko oder nicht. Die Hypothese kann also nur die Wahrscheinlichkeit Eins oder Null haben. Dies steht von vorneherein fest, nur können wir dies nicht sicher ermitteln, da hierzu eine Vollerhebung, also eine Untersuchung der prinzipiell denkbaren Grundgesamtheit notwendig wäre. Es lässt sich aber unter der Voraussetzung, dass die Hypothese zutrifft oder dass sie nicht zutrifft, berechnen, wie wahrscheinlich das Zustandekommen eines Stichprobenergebnisses ist. Diese bedingte Wahrscheinlichkeit kann dabei helfen, sich für oder gegen die Gültigkeit der Hypothese zu entscheiden. Diese Entscheidung geschieht dabei *stets* unter Unsicherheit.

Im letzten Teilkapitel stellen wir eine Alternative zu dieser *klassischen Sichtweise* dar, nämlich die *Bayes-Statistik.* Hier ist es nicht nur zulässig, sondern notwendig, einer Hypothese eine Wahrscheinlichkeit zwischen Null und Eins zuzuweisen. Diese Wahrscheinlichkeit ist dann der subjektive Grad an Überzeugung von der Gültigkeit der Hypothese. Anhand der gewonnenen Stichprobendaten wird man seine Einschätzung gegebenenfalls revidieren. Dies entspricht dem *Lernen aus Erfahrung* und wird rechnerisch wie in Abschnitt 3.2.4 über den *Satz von Bayes* realisiert. Am Ende des letzten Teilkapitels werden die *klassische* und diese *subjektivistische* Sichtweise miteinander verglichen.

4.1

4.1 Parameterschätzungen

In der Einleitung zu diesem Kapitel haben wir dargestellt, dass es bei einer ***Parameterschätzung*** das Ziel ist, die interessierenden Parameter der Grundgesamtheit aus den vorliegenden Daten einer Stichprobe möglichst genau zu schätzen. In den folgenden Abschnitten werden wir dies anhand des arithmetischen Mittels und der Standardabweichung der Testleistungen von Schülerinnen und Schülern sowie anhand des Anteils defekter Glühbirnen in einer Lieferung entwickeln. Bei einer Schätzung ist unter anderem zweierlei zu erwarten:

- Erstens ist die Schätzung mit einer gewissen Unsicherheit behaftet. So wird das arithmetische Mittel von verschiedenen Stichproben des gleichen Umfangs, die aus derselben Grundgesamtheit gezogen werden, vermutlich zufallsbedingt variieren.
- Zweitens wird diese Varianz, also die Streuung der arithmetischen Mittel verschiedener Stichproben um das arithmetische Mittel in der Grundgesamtheit, umso kleiner sein, je größer der jeweilige Stichprobenumfang ist. Mit anderen Worten: Je größer der Stichprobenumfang ist, desto größer ist die Wahrscheinlichkeit dafür, dass die arithmetischen Mittel verschiedener Stichproben nahe beieinander liegen.

Bei den Parameterschätzungen lassen sich unter anderem Punkt- und Intervallschätzungen unterscheiden. Für die *Punktschätzungen* werden wir mit der *Maximum-Likelihood-Methode* in Abschnitt 4.1.2 ein Konzept darstellen, das den „plausibelsten" Wert des zu schätzenden unbekannten Parameters ermittelt. Was dabei unter dem „plausibelsten" Wert verstanden wird, konkretisieren wir im Kontext der Methode. Bei den *Intervallschätzungen*, die wir in Abschnitt 4.1.4 entwickeln, wird berücksichtigt, dass eine Schätzung gewissen Unsicherheiten unterliegt. Deswegen wird nicht ein einziger Wert als Parameter geschätzt, sondern ein Intervall angegeben, das den Wert mit einer

vorher festgelegten Wahrscheinlichkeit enthalten soll. Dabei ist zu erwarten, dass eine Schätzung umso sicherer ist, je größer das Intervall gewählt wird. Die Sicherheit der Schätzung und die Genauigkeit der Schätzung sind also einander entgegengesetzte Ziele. Das kleinstmögliche Intervall ist jeweils ein Punkt, womit klar wird, dass die Punktschätzungen zwar einen eindeutigen Wert für den gesuchten Parameter liefern, dies aber auch in dieser Präzision mit großer Unsicherheit geschieht.
Von einer „guten" Punktschätzung wird man erwarten, dass sie den gesuchten Parameter möglichst genau trifft, dass sie mit wachsendem Stichprobenumfang immer genauer wird und dass sie effizienter schätzt als alternative Schätzungen. Solche Gütekriterien für Punktschätzungen fassen wir in Abschnitt 4.1.3 zusammen.

4.1.1 Stichprobenkennwerte als Zufallsvariablen

Für die Entwicklung eines Schätzkonzeptes gehen wir von dem Beispiel der 1 120 Schülerinnen und Schülern des neunten Jahrgangs aus, die per Zufall aus 260 000 nordrhein-westfälischen Neuntklässlern gezogen wurden. Das arithmetische Mittel der Punktzahlen im Mathematiktest beträgt für diese 1 120 Jugendlichen 79 Punkte, die Standardabweichung 22 Punkte. Was lässt sich über das arithmetische Mittel der Leistung aller 260 000 nordrhein-westfälischen Neuntklässler aussagen?
Zunächst kann man annehmen, dass 79 Punkte ein guter Wert für die Schätzung des arithmetischen Mittels der Leistung in der Grundgesamtheit ist. Um diese Schätzung genauer zu untersuchen, betrachten wir das arithmetische Mittel einer Stichprobe als Zufallsvariable. Da wir es im Folgenden immer wieder mit *Stichproben* und ihren *Kennwerten* sowie mit *Grundgesamtheiten* und den entsprechenden *Parametern* zu tun haben, treffen wir hier einige Festlegungen, die Verwechslungen vorbeugen sollen. Im Zentrum des Interesses steht immer ein *Merkmal* und *Kennwerte* bzw. *Parameter* für dieses Merkmal. Im obigen Beispiel ist dieses Merkmal die durch einen Test gemessene Mathematikleistung. Für die Kennwerte der Stichprobe, zum Beispiel arithmetisches Mittel, Standardabweichung oder Stichprobenumfang, werden wir, wie in der beschreibenden Statistik in Teilkapitel 2.3, kleine lateinische Buchstaben verwenden ($\bar{x}, s, n$). Für die entsprechenden Parameter in der Grundgesamtheit, verwenden wir kleine griechische Buchstaben (μ, σ). Den Umfang der Grundgesamtheit bezeichnen wir mit N. Wir versuchen im Folgenden, das arithmetische Mittel μ der Testergebnisse in der Grundgesamtheit durch das arithmetische Mittel $\bar{x}$ in der Stichprobe zu schätzen.
Dazu wird der folgende Zufallsversuch betrachtet: Ziehe aus allen 260 000 nordrhein-westfälischen Neuntklässlern zufällig einen, wobei alle die gleiche Wahrscheinlichkeit haben, gezogen zu werden. Dieser Zufallsversuch lässt sich

mit der Ergebnismenge $\Omega = \{\omega_1, \dots, \omega_{260\,000}\}$ beschreiben. Die Zufallsvariable $X : \Omega \to P$ weist dem gezogenen Neuntklässler seine Testleistung zu, modelliert für ihn die Durchführung des Tests. Da alle 260 000 Neuntklässler die gleiche Wahrscheinlichkeit haben, gezogen zu werden, entspricht die Verteilung von X der Verteilung der Testleistungen in dieser Grundgesamtheit. Diese Verteilung ist jedoch *nicht* bekannt. Wäre sie bekannt, so könnte man die gesuchten Parameter direkt berechnen und müsste nicht versuchen, diese über ein Stichprobenergebnis zu schätzen. Um nun zu einem Modell für die gesamte Stichprobe zu kommen, wird nicht einer, sondern werden 1 120 Neuntklässler gezogen. Die 1 120 Zufallsvariablen $X_1, \dots, X_{1\,120}$ weisen jeweils dem i-ten gezogenen Neuntklässler sein Testergebnis zu. Man kann das arithmetische Mittel einer Zufallsstichprobe vom Umfang n also als zusammengesetzte Zufallsvariable betrachten:

$$\bar{X} := \frac{1}{n} \cdot \sum_{i=1}^{n} X_i\,.$$

Dabei ist X_i die Zufallsvariable, die dem i-ten Merkmalsträger der Stichprobe seine Merkmalsausprägung zuweist. Wir gehen davon aus, dass alle X_i unabhängig voneinander sind und die gleiche Verteilung besitzen wie das Merkmal X in der Grundgesamtheit. Um diese Betrachtungen durchführen zu können, muss N erheblich größer sein als n. In dem Beispiel der Schulleistungsuntersuchung ist $N = 260\,000$ und $n = 1\,120$, also N ungefähr 232-mal so groß wie n. Warum ist dies wichtig?

Es handelt sich hier um die Frage, ob eine Stichprobe mit oder ohne Zurücklegen gezogen wird, also um eine analoge Frage, wie die der Approximation der *hypergeometrischen Verteilung* durch die *Binomialverteilung.* Da in den üblichen Untersuchungen jeder Merkmalsträger *höchstens einmal* in die Stichprobe kommt, also kein Schüler doppelt getestet wird, erscheint das Modell *ohne* Zurücklegen und damit die hypergeometrische Verteilung angemessen. In Abschnitt 3.6.3 haben wir angemerkt, dass die hypergeometrische Verteilung für $N \gg n$ durch die Binomialverteilung approximiert werden kann. Für $N \geq 100 \cdot n$ sieht man diese Voraussetzung in der Schätztheorie als erfüllt an (vgl. *Bortz* 1999, S. 92). Dann geht man davon aus, dass die Zufallsvariablen X_i unabhängig voneinander sind und die gleiche Wahrscheinlichkeitsverteilung besitzen. Falls N nicht so viel größer ist als n, wird eine *Endlichkeitskorrektur* notwendig. Auf diese gehen wir am Ende dieses Abschnitts ein.

Wenn eine konkrete Zufallsstichprobe gezogen wird, erhält man mit dem arithmetischen Mittel $\bar{x}$ eine konkrete Realisierung der Zufallsvariablen $\bar{X}$. Wie gut schätzt $\bar{x}$ den gesuchten Parameter μ_X, also das arithmetische Mittel in der Grundgesamtheit? Dies hängt entscheidend von der Streuung der arith-

metischen Mittel von wiederholt zufällig gezogenen Stichproben, also von der Standardabweichung $\sigma_{\bar{X}}$ ab. Aufgrund der Bedeutung für die Schätzproblematik heißt $\sigma_{\bar{X}}$ auch ***Standardfehler***. Die Größe des Standardfehlers wird von zwei Faktoren beeinflusst, nämlich von der Standardabweichung σ_X des infrage stehenden Merkmals X in der Grundgesamtheit und vom Stichprobenumfang n. Wir verdeutlichen dies mit qualitativen Betrachtungen am Beispiel der Mathematikleistungen der Neuntklässler.
Wenn die (theoretische[4]) Testleistung aller 260 000 Neuntklässler in Nordrhein-Westfalen nah bei 79 Punkten liegt, dann liegt auch das arithmetische Mittel der ausgewählten Zufallsstichprobe nah bei 79 Punkten. Wenn die (theoretische) Testleistung in der Grundgesamtheit hingegen sehr weit streut, also viele Schülerinnen und Schüler erheblich mehr oder erheblich weniger Punkte erzielen, dann ist es wahrscheinlich, dass das arithmetische Mittel der *ausgewählten* Jugendlichen stärker von 79 Punkten abweicht. Je größer die Standardabweichung σ_X des Merkmals in der Grundgesamtheit ist, desto größer ist also auch der Standardfehler $\sigma_{\bar{X}}$ für die Schätzung des Parameters μ_X. Damit sinkt die Wahrscheinlichkeit dafür, dass ein konkretes arithmetisches Mittel $\bar{x}$ einer Stichprobe nah am gesuchten Parameter μ_X liegt.
Ein ähnlich nahe liegender Zusammenhang ergibt sich für den Stichprobenumfang und den Standardfehler. Wenn die Stichprobe aus sehr wenigen Schülerinnen und Schülern besteht, dann ist es wahrscheinlich, dass das arithmetische Mittel $\bar{x}$ weit vom unbekannten Parameter μ_X entfernt liegt. In Abschnitt 2.3.1 haben wir gezeigt, dass das arithmetische Mittel alle Daten einer Datenreihe berücksichtigt und somit deutlich auf „Ausreißer" reagiert. Bei geringem Stichprobenumfang kann ein Ausreißer erhebliche Auswirkungen haben. Wenn umgekehrt sehr viele Neuntklässer untersucht werden, dann wird das arithmetische Mittel dieser Stichprobe wahrscheinlich nahe am gesuchten Parameter μ_X liegen. Mit wachsendem Stichprobenumfang n wird der Standardfehler $\sigma_{\bar{X}}$ also geringer, die Schätzung des Parameters μ_X somit zunehmend genauer. Wie sind die arithmetischen Mittel $\bar{X}$ von Zufallsstichproben verteilt?
Mit Hilfe des zentralen Grenzwertsatzes aus Abschnitt 3.9.4 lässt sich die Verteilungsart von $\bar{X} = \frac{1}{n} \cdot \sum_{i=1}^{n} X_i$ approximativ angeben. Er besagt, dass die Summe von n unabhängigen identisch verteilten Zufallsgrößen bei hinreichend großem n annähernd normalverteilt ist.

---

[4] „theoretisch" deshalb, weil nicht alle 260 000 Neuntklässler an dem Test teilnehmen. Hier wird also ein Aussage über die fiktive Situation gemacht, von allen 260 000 Neuntklässlern seien die Testleistungen bekannt.

In den Anwendungswissenschaften geht man davon aus, dass „hinreichend groß“ dabei $n \geq 30$ bedeutet (vgl. *Tiede & Voß* 2000, S. 93). Da es sich bei $\bar{X}$ um eine solche mit dem Faktor $\frac{1}{n}$ gestauchte Summe handelt, ist die Verteilung der arithmetischen Mittel annähernd normalverteilt, wenn der Stichprobenumfang groß genug ist. Wie lassen sich die Parameter $\mu_{\bar{X}}$ und $\sigma_{\bar{X}}$ dieser Normalverteilung schätzen?

Das arithmetische Mittel $\bar{x}$ einer Stichprobe soll genutzt werden um das arithmetische Mittel μ_X in der Grundgesamtheit zu schätzen. Es ist inhaltlich nahe liegend, dass der Erwartungswert $\mu_{\bar{X}}$ von $\bar{X}$ identisch ist mit dem arithmetischen Mittel μ_X in der Grundgesamtheit. Diese Vermutung lässt sich durch direkte Rechnung verifizieren:

$$\mu_{\bar{X}} = E\left(\bar{X}\right) = E\left(\frac{1}{n} \cdot \sum_{i=1}^{n} X_i\right) = \frac{1}{n} \cdot \sum_{i=1}^{n} E(X_i) = \frac{1}{n} \cdot \sum_{i=1}^{n} \mu_X = \mu_X .$$

Diese Rechnung bestätigt, das der Erwartungswert der arithmetischen Mittel der Stichproben vom Umfang n gleich dem arithmetischen Mittel in der Grundgesamtheit ist. Man sagt daher auch, dass das arithmetische Mittel $\bar{X}$ eine ***erwartungstreue*** Schätzung für den Parameter μ_X ist (vgl. Abschnitt 4.1.3). Eine Aussage über die Standardabweichung von $\bar{X}$, den Standardfehler dieser Schätzung, erhalten wir ebenfalls durch direkte Rechnung. Dabei gehen wir von der Varianz aus und wenden Satz 21 an. Da die X_i als stochastisch unabhängig voneinander angenommen wurden, gilt:

$$\begin{aligned}\sigma_{\bar{X}}^2 &= V(\bar{X}) = V\left(\frac{1}{n} \cdot \sum_{i=1}^{n} X_i\right) = \frac{1}{n^2} \cdot \sum_{i=1}^{n} V(X_i) \\ &= \frac{n \cdot \sigma_X^2}{n^2} = \frac{\sigma_X^2}{n}, \quad \text{also} \quad \sigma_{\bar{X}} = \frac{\sigma_X}{\sqrt{n}}\end{aligned}$$

Der folgende Satz 34 fasst die Aussagen über die Verteilung der arithmetischen Mittel von Stichproben zusammen.

34 **Satz 34 (Eigenschaften des arithmetischen Mittels von Stichproben)**

Sei $\bar{X} := \frac{1}{n} \cdot \sum_{i=1}^{n} X_i$ die Zufallsvariable „arithmetisches Mittel von Zufallsstichproben“ vom Umfang n aus einer Grundgesamtheit vom Umfang $N \ll n$, wobei X_i das Merkmal X für den i-ten Merkmalsträger der Stichprobe ist und n hinreichend groß ist. Dann ist $\bar{X}$ annähernd normalverteilt mit

$$\mu_{\bar{X}} = \mu_X \quad \text{und} \quad \sigma_{\bar{X}} = \frac{\sigma_X}{\sqrt{n}} .$$

Mit diesem Satz wissen wir zwar, dass sich ein arithmetisches Mittel einer Stichprobe gut für die Schätzung des arithmetischen Mittels in der Grundgesamtheit eignet, wir können aber noch nicht sagen, wie groß der Standardfehler bei dieser Abschätzung ist. Der Satz liefert uns lediglich einen proportionalen Zusammenhang zwischen dem Standardfehler $\sigma_{\bar{X}}$ des arithmetischen Mittels $\bar{X}$ der Stichprobe und der Standardabweichung σ_X des Merkmals X in der Grundgesamtheit, der vom Stichprobenumfang n abhängig ist.
Wenn man die σ-Regeln für die Normalverteilung aus Abschnitt 3.9.5 auf die Zufallsvariable „arithmetisches Mittel" anwendet, kann man mit Hilfe des obigen Satzes z. B. sagen, dass

- ca. 68,3% der arithmetischen Mittel im Intervall $\left[\mu_X - \frac{\sigma_X}{\sqrt{n}}\,;\quad \mu_X + \frac{\sigma_X}{\sqrt{n}}\right]$,
- ca. 95,5% im Intervall $\left[\mu_X - 2\cdot\frac{\sigma_X}{\sqrt{n}}\,;\quad \mu_X + 2\cdot\frac{\sigma_X}{\sqrt{n}}\right]$ und
- ca. 99,7% im Intervall $\left[\mu_X - 3\cdot\frac{\sigma_X}{\sqrt{n}}\,;\quad \mu_X + 3\cdot\frac{\sigma_X}{\sqrt{n}}\right]$ liegen.

Damit hätte man eine schöne Abschätzung für die Sicherheit der Schätzung des arithmetischen Mittels μ_X, wenn man die Standardabweichung σ_X des Merkmals in der Grundgesamtheit kennen würde. Wie lässt sich diese Standardabweichung aus den erhobenen Stichprobendaten schätzen? Da das arithmetische Mittel von Stichproben eine *erwartungstreue* Schätzung für das arithmetische Mittel in der Grundgesamtheit ist, liegt es nahe, die Standardabweichung von Stichproben als Schätzung für die Standardabweichung in der Grundgesamtheit zu nehmen. Analog zum arithmetischen Mittel lässt sich auch die Varianz der Stichprobe als Zufallsvariable S^2 betrachten[5]:

$$S^2 := \frac{1}{n}\cdot\sum_{i=1}^{n}(X_i - \bar{X})^2 = \frac{1}{n}\cdot\sum_{i=1}^{n}X_i^2 - \bar{X}^2,$$

wobei Satz 20 angewendet wurde. Die als *Verschiebungssatz* bezeichnete Teilaussage dieses Satzes liefert allgemein für das Quadrat einer Zufallsvariablen Z den Zusammenhang $E(Z^2) = V(Z) + E(Z)^2 = \sigma_Z^2 + \mu_Z^2$. Für den Erwartungswert der Varianz gilt damit unter Anwendung von Satz 34:

[5]Die folgenden Betrachtungen werden für die Varianz begonnen, da in den Ausdrücken keine Wurzelzeichen auftreten, wie dies bei der Standardabweichung der Fall wäre. Das macht die Rechnung einfacher (und stellt sich hinterher als erfolgreich heraus).

$$
\begin{aligned}
E(S^2) &= E\left(\frac{1}{n}\cdot\sum_{i=1}^{n}X_i^2 - \bar{X}^2\right) = \frac{1}{n}\cdot\sum_{i=1}^{n}E(X_i^2) - E(\bar{X}^2)\\
&= \frac{1}{n}\cdot\sum_{i=1}^{n}(\sigma_X^2+\mu_X^2) - (\sigma_{\bar{X}}^2+\mu_X^2) = \sigma_X^2 - \sigma_{\bar{X}}^2\\
&= \sigma_X^2 - \frac{\sigma_X^2}{n} = \frac{n-1}{n}\cdot\sigma_X^2\\
&\Leftrightarrow E\left(\frac{n}{n-1}\cdot S^2\right) = \sigma_X^2 .
\end{aligned}
$$

Die Varianz der Stichprobe ist also *keine erwartungstreue* Schätzung für die Varianz der Grundgesamtheit, sondern unterschätzt diese (systematisch) um die Varianz der Mittelwerte. Eine *erwartungstreue* Schätzung für die Varianz des Merkmals X in der Grundgesamtheit erhält man durch die Zufallsvariable

$$\hat{S}^2 := \frac{n}{n-1}\cdot S^2 = \frac{n}{n-1}\cdot\frac{1}{n}\cdot\sum_{i=1}^{n}(X_i-\bar{X})^2 = \frac{1}{n-1}\cdot\sum_{i=1}^{n}(X_i-\bar{X})^2 .$$

Aufgrund der schätztheoretisch wünschenswerten Eigenschaft der Erwartungstreue wird $\hat{S}^2$ häufig als Anlass für die Definitionen der ***empirischen Varianz*** und der ***empirischen Standardabweichung*** $\hat{S} := \sqrt{\hat{S}^2}$ genommen. Im Gegensatz zu unseren Definitionen in den Abschnitten 2.3.6 und 3.5.2 wird die Quadratsumme der Abweichungen vom Mittelwert bzw. Erwartungswert dann nicht „durch n", sondern nur „durch $n-1$" dividiert. Für die „mit n" definierten Größen werden dann die Bezeichnungen „***theoretische Varianz***" bzw. „***theoretische Standardabweichung*** " verwendet.[6] In einigen Lehrbüchern wird aufgrund dieser Erwartungstreue schon im Bereich der beschreibenden Statistik $s^2 := \frac{1}{n-1}\sum_{i=1}^{n}(x_i-\bar{x})^2$ als Varianz (und entsprechend die Standardabweichung) definiert.

Wir haben also eine *erwartungstreue* Schätzung für die Varianz des Merkmals X in der Grundgesamtheit gefunden. Damit können wir den Standardfehler, der uns beim Schätzen der arithmetischen Mittel für die Grundgesamtheit durch arithmetische Mittel von Stichproben unterläuft, erwartungstreu durch Stichprobenwerte schätzen. Der folgende Satz ist nach den voranstehenden Betrachtungen bereits bewiesen.

[6] Die Bezeichnungen „empirisch" bzw. „theoretisch" sind dadurch motiviert, dass die *empirische* Varianz der *empirischen* Daten ein erwartungstreuer Schätzer für die in der Grundgesamtheit vorhandene *theoretische* Varianz ist – diese ist nicht zuletzt deshalb „theoretisch", weil sie unbekannt ist (sonst müsste man sie nicht schätzen!)

Satz 35 (Schätzung der Varianz der arithmetischen Mittel) Sei $\bar{X} := \frac{1}{n} \cdot \sum_{i=1}^{n} X_i$ die Zufallsvariable „arithmetisches Mittel“, $S^2 := \frac{1}{n} \cdot \sum_{i=1}^{n} (X_i - \bar{X})^2$ die Zufallsvariable „theoretische Varianz“ und $\hat{S}^2 := \frac{n}{n-1} \cdot S^2$ die Zufallsvariable „empirische Varianz“ für Zufallsstichproben mit Umfang n aus einer Grundgesamtheit, wobei $N \gg n$ gilt. 35
Dann gilt $\sigma_{\bar{X}}^2 = \frac{\sigma_X^2}{n} = \frac{1}{n} \cdot E\left(\hat{S}^2\right) = \frac{1}{n-1} \cdot E(S^2)$.

Was bedeutet dies nun für unser Ausgangsproblem, die Schätzung des arithmetischen Mittels der Mathematikleistungen der nordrhein-westfälischen Neuntklässer? Für die Stichprobe von 1 120 Jugendlichen betrug das arithmetische Mittel $\bar{x} = 79$ Punkte, die Standardabweichung $s = 22$ Punkte. Wir wissen, dass die arithmetischen Mittel von Stichproben um das arithmetische Mittel μ_X in der Grundgesamtheit normalverteilt sind. Den Standardfehler können wir nach Satz 34 aus den gegebenen Daten wie folgt schätzen:

$$\sigma_{\bar{X}} = \sqrt{\sigma_{\bar{X}}^2} = \sqrt{\frac{1}{n-1} \cdot E(S^2)} \approx \sqrt{\frac{1}{n-1} \cdot s^2} = \sqrt{\frac{1}{1119}} \cdot 22 \approx 0{,}7\,.$$

Wenn wir von dieser Schätzung des Standardfehlers ausgehen[7], können wir sagen, dass für ca. 95,5% der arithmetischen Mittel $\bar{x}$ von solchen Zufallsstichproben gilt:

$$\mu_X - 2 \cdot 0{,}7 \leq \bar{x} \leq \mu_X + 2 \cdot 0{,}7\,, \quad \text{also} \quad \bar{x} - 2 \cdot 0{,}7 \leq \mu_X \leq \bar{x} + 2 \cdot 0{,}7\,.$$

Genauer werden wir auf solche *Intervallschätzungen* in Abschnitt 4.1.4 eingehen. An diesem konkreten Zahlenbeispiel lässt sich auch gut veranschaulichen, dass es für große Stichprobenumfänge praktisch unerheblich ist, ob der Standardfehler mit der *erwartungstreuen empirischen Standardabweichung* oder der *nicht erwartungstreuen theoretischen Standardabweichung* berechnet wird. Im erwartungstreuen Fall erhalten wir 0,6576... Punkte, im nicht erwartungstreuen Fall 0,6573... Punkte. Der Unterschied ist bei einem arithmetischen Mittel von 79 Punkten vernachlässigbar.
Zu Beginn der Überlegungen zur Schätzung des arithmetischen Mittels in der Grundgesamtheit durch das arithmetische Mittel einer Stichprobe haben wir das Problem der ***Endlichkeitskorrektur*** erwähnt, aber zunächst offen

[7]Bei der Schätzung der Standardabweichung σ_X der Verteilung in der Grundgesamtheit durch die empirische Standardabweichung kann wiederum ein Fehler auftreten, nämlich der *Standardfehler für die Standardabweichung.* Dieser beträgt $\frac{\sigma_X}{\sqrt{2 \cdot n}}$ (vgl. *Bortz* 1999, S. 92). Dieser mögliche Fehler geht noch einmal durch $\sqrt{n}$ dividiert in den Standardfehler (des Erwartungswertes) ein, ist also bei größeren Stichproben vernachlässigbar.

gelassen. Wir hatten darauf hingewiesen, dass wir für einen im Vergleich zum Stichprobenumfang n sehr großen Umfang der Grundgesamtheit N davon ausgehen, dass für jeden Merkmalsträger die gleiche Verteilung zugrunde liegt und diese voneinander unabhängig sind. Diese Annahme geschieht in Analogie zur Approximation der hypergeometrischen Verteilung durch die Binomialverteilung in Abschnitt 3.6.3.

Wenn n und N näher zusammenrücken, unterscheiden sich diese Verteilungen immer mehr voneinander. Die Erwartungswerte bleiben zwar gleich, aber die Varianzen unterscheiden sich um den Faktor $\frac{N-n}{N-1}$. Dies ist der sogenannte ***Endlichkeitskorrekturfaktor*** mit dem man aus der Varianz für die *Binomialverteilung* die Varianz der entsprechenden *hypergeometrischen Verteilung* berechnen kann. Analog zur dortigen Situation muss auch die Varianz der Grundgesamtheit und damit letztlich der Standardfehler mit dem Faktor $\frac{N-n}{N-1}$ korrigiert werden.

Wir haben oben darauf hingewiesen, dass man in den Anwendungswissenschaften für $N \geq 100 \cdot n$ auf diese Endlichkeitskorrektur verzichtet. Tatsächlich rechtfertigt der Korrekturfaktor dieses Vorgehen, da er nur geringfügig von Eins abweicht, wenn diese Bedingung erfüllt ist.

Aufgabe 72 (Berechnung des Korrekturfaktors) Berechnen Sie für verschiedene Konstellationen, in denen $N \geq 100 \cdot n$ gilt, den Faktor für die Endlichkeitskorrektur!

Wir haben uns bei der Entwicklung eines Schätzkonzeptes in diesem Abschnitt auf das arithmetische Mittel konzentriert und sind dabei auch auf die Schätzproblematik für die Standardabweichung gestoßen. An anderen Stellen dieses Buches haben wir uns bereits mit der Schätzung des Umfangs N der Grundgesamtheit beschäftigt. Das Taxiproblem, das wir in den Abschnitten 3.4.1, 3.5.5 und 3.10.3 bearbeitet haben, stellt einen solchen Kontext dar. Die in den jeweiligen Abschnitten dargestellten Methoden stellen andere Zugänge zur Schätzproblematik dar.

4.1.2 Punktschätzungen: Maximum-Likelihood-Methode

Wenn stochastische Methoden zum Erkenntnisgewinn in den empirischen Wissenschaften oder zur datenbasierten Prozesssteuerung in der Praxis eingesetzt werden, treten wiederkehrend typische Untersuchungsaufgaben auf. So ist häufig die Verteilungsart eines untersuchten Merkmals bekannt, aber die Parameter dieser Verteilung müssen für die interessierende Grundgesamtheit noch geschätzt werden. Dies verdeutlichen wir an den Beispielen der Mathe-

matikleistungen der nordrhein-westfälischen Schülerinnen und Schüler und der Stichprobenuntersuchung der Glühbirnenlieferung.
In der pädagogischen Psychologie geht man aufgrund theoretischer Überlegungen und langer Erfahrung mit empirischen Untersuchungen davon aus, dass Schulleistungen ähnlich wie allgemeine kognitive Fähigkeiten in einer Altersgruppe normalverteilt sind. Die mathematischen Hintergründe für diese Verteilungsart haben wir im Abschnitt 3.9.4 mit dem zentralen Grenzwertsatz diskutiert. Für jeden einzelnen Test ist aber zu untersuchen, mit welchem Erwartungswert und welcher Standardabweichung die Testleistung normalverteilt ist. Dabei liegen auch hier nur Stichprobendaten vor, und man ist an der Verteilung des Merkmals in der Grundgesamtheit interessiert.
Im Elektrogroßhandel werden von den gelieferten 15 000 Glühbirnen 100 zufällig ausgewählte auf ihre Funktionsfähigkeit untersucht um einzuschätzen, wie groß der Anteil defekter Glühbirnen in der gesamten Lieferung ist. Da 15 000 im Vergleich zu 100 sehr groß ist, kann man die eigentlich zugrunde liegende hypergeometrische Verteilung wie in Abschnitt 3.6.3 durch die Binomialverteilung annähern. Man geht dann davon aus, dass jede Glühbirne eine bestimmte Wahrscheinlichkeit hat, defekt zu sein. Diese Wahrscheinlichkeit entspricht der relativen Häufigkeit und damit dem Anteil defekter Glühbirnen in der Lieferung. Die Zufallsgröße „Anzahl der defekten Glühbirnen unter 100 ausgewählten“ ist dann binomialverteilt mit $n = 100$ und eben dieser zunächst unbekannten Wahrscheinlichkeit. Durch das Stichprobenergebnis soll diese Wahrscheinlichkeit und damit der Anteil der defekten Glühbirnen geschätzt werden.
In beiden Beispielen liegen dem Sachverhalt bekannte wahrscheinlichkeitstheoretische Modelle zugrunde, in diesem Fall die Verteilungsarten, deren unbekannte Parameter zu schätzen sind. Diese Parameter sollen durch einen konkreten Wert geschätzt werden, damit diese Verteilungen mit näherungsweise bekannten Parametern für die weitere Anwendung zur Verfügung stehen. Eine solche Schätzung eines unbekannten Parameters durch genau einen Wert heißt ***Punktschätzung***. Anhand der beiden Beispiele werden wir eine Methode der Punktschätzung entwickeln und veranschaulichen, die den nicht „verlustfrei“ übersetzbaren Namen ***Maximum-Likelihood-Methode*** trägt.
Betrachten wir also die 100 Glühbirnen, die zufällig aus einer Lieferung von 15 000 gezogen wurden und auf Funktionstüchtigkeit untersucht werden. Das zugrunde liegende wahrscheinlichkeitstheoretische Modell ist die Binomialverteilung mit dem Parameter $n = 100$ und dem noch unbekannten Parameter π, die Wahrscheinlichkeit dafür, dass eine Glühbirne defekt ist[8]. In der Einleitung zu diesem Kapitel haben wir erwähnt, dass unter den 100

[8]Wie im Abschnitt 4.1.1 werden wir auch weiterhin die zu schätzenden Parameter mit kleinen griechischen Buchstaben bezeichnen. In der Statistik verwendet man

ausgewählten Glühbirnen 3 defekt sind. Mit Hilfe der binomialverteilten Zufallsgröße Z: „Anzahl der defekten Glühbirnen in der Stichprobe" lässt sich die Wahrscheinlichkeit für dieses Ereignis mit dem unbekannten Parameter π ausdrücken:

$$P(Z=3) = \binom{100}{3} \cdot \pi^3 \cdot (1-\pi)^{100-3}\,.$$

Die Wahrscheinlichkeit ist offensichtlich abhängig von π. Logisch ausschließen lassen sich nur die Fälle $\pi = 0$ und $\pi = 1$, da dann keine bzw. alle Glühbirnen defekt wären[9]. Dagegen ist im Binomialmodell zunächst jeder Wert zwischen Null und Eins denkbar. Welchen Wert soll man als Schätzwert wählen?
Eine plausible Überlegung ist es, jenen Wert für π auszuwählen, für den das eingetretene Ereignis $Z = 3$ die größte Wahrscheinlichkeit besitzt. Aus dieser Überlegung resultiert also eine Extremwertaufgabe in Abhängigkeit vom Parameter π. Die Funktion, die maximiert werden soll, lässt sich wie folgt definieren:

$$L_3\colon (0;1) \to (0;1)\,, \quad \pi \mapsto L_3(\pi) := \binom{100}{3} \cdot \pi^3 \cdot (1-\pi)^{100-3}\,.$$

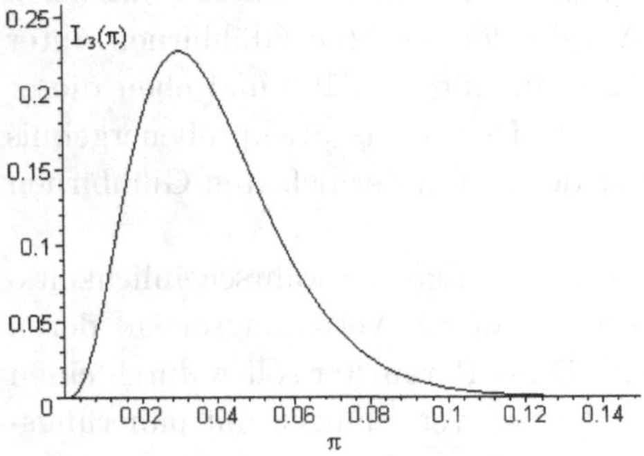

Abb. 4.1. Likelihood-Funktion L_3

Dabei steht der Buchstabe L für „Likelihood"[10]. Das vorliegende Ereignis $Z = 3$ wird durch den Index „3" berücksichtigt. Damit wird deutlich gemacht, dass für andere Ausprägungen von Z eine entsprechende Funktion betrachtet werden kann. Die Funktion L_3 wird ***Likelihood-Funktion*** zum Ereignis $Z = 3$ genannt. Ihr Verlauf ist in Abb. 4.1 dargestellt. Dort wird die Funktion nur für die π-Werte im Bereich [0; 0,15] dargestellt.

als Symbol für Anteile in einer Grundgesamtheit dabei π, obwohl dieses Symbol in der Mathematik überwiegend für die Kreiszahl „reserviert" ist.

[9] Genau genommen lässt sich sogar sagen, dass $\frac{3}{15\,000} \le \pi \le \frac{14\,903}{15\,000}$ gelten muss, da aufgrund des Stichprobenergebnisses bekannt ist, dass mindestens 3 der 15 000 Glühbirnen defekt und mindestens 97 funktionstüchtig sind.

[10] Der englische Begriff „Likelihood" wird häufig mit „Wahrscheinlichkeit" übersetzt, was nicht ganz zutreffend ist. „Wahrscheinlichkeit" in unserem Sinn heißt im Englisches „probability". Der eher ungewöhnliche Begriff „Mutmaßlichkeit" trifft die Bedeutung besser, letztlich gehört „Likelihood" wohl zu den Begriffen, die nicht verlustfrei übersetzt werden können.

Für größere Werte von π, ist die Wahrscheinlichkeit dafür, dass unter 100 Glühbirnen nur drei defekt sind, fast Null.
In Abb. 4.1 ist gut erkennbar, dass die Likelihood-Funktion ihr Maximum ungefähr bei $\pi = 0{,}03$ annimmt. Dies entspricht gerade dem Anteil von drei defekten Glühbirnen in der Stichprobe mit Umfang 100. Nach diesem Prinzip der Schätzung scheint der Stichprobenanteil von defekten Glühbirnen der beste Schätzer für den Anteil defekter Glühbirnen in der Grundgesamtheit der 15 000 gelieferten Glühbirnen zu sein. Da die Likelihood-Funktion L_3 ein überschaubares Polynom ist, lässt sich dieser graphische Befund rechnerisch einfach mit Hilfe der ersten Ableitung verifizieren. Beim Ableiten wird die Produktregel angewendet:

$$\begin{aligned} L_3'(\pi) &= \binom{100}{3} \cdot 3 \cdot \pi^2 \cdot (1-\pi)^{97} + \binom{100}{3} \cdot \pi^3 \cdot 97 \cdot (1-\pi)^{96} \cdot (-1) \\ &= \binom{100}{3} \cdot \pi^2 \cdot (1-\pi)^{96} \cdot (3 \cdot (1-\pi) - \pi \cdot 97) \\ &= \binom{100}{3} \quad \cdot \pi^2 \cdot (1-\pi)^{96} \cdot (3 - 100 \cdot \pi)\,. \end{aligned}$$

Aufgrund des Definitionsbereichs von π kann die erste Ableitung nur dann den Wert Null annehmen, wenn $\pi = \frac{3}{100}$ gilt, π also gleich dem gefunden Anteil in der Stichprobe ist. Bei dieser Nullstelle findet ein Vorzeichenwechsel von „plus“ nach „minus“ statt, also liegt eine Maximumstelle vor. Betrachtet man L_3 auf ganz $\mathbb{R}$, dann findet man für $\pi = 0$ und $\pi = 1$ noch zwei Sattelpunkte der Funktion. Diese Werte haben wir aber ohnehin schon vorab ausschließen können. Was bedeutet dieses Ergebnis?
Zunächst lässt sich sagen, dass ein gefundener Anteil in einer Stichprobe nach der angewendeten *Maximum-Likelihood-Methode* der beste Punktschätzer für den zugrunde liegenden Anteil in der Grundgesamtheit ist. Das bedeutet also, dass unter den konkurrierenden wahrscheinlichkeitstheoretischen Modellen, dies waren gerade die Binomialverteilungen mit den Parametern $n = 100$ und dem zunächst unbekannten π, das Modell mit $\pi = \frac{3}{100}$ nach dieser Methode das beste ist. Wir können aber anhand der angewendeten Methode keine Aussage darüber treffen, ob die Binomialverteilung als Modell generell vernünftig ist. Diesen Ansatz müssen andere Überlegungen rechtfertigen.
Das gefundene Ergebnis für die Schätzung des Anteilwertes defekter Glühbirnen passt übrigens hervorragend zu den Ergebnissen von Abschnitt 4.1.1. Dort wurde das arithmetische Mittel einer Stichprobe als *erwartungstreue* Schätzung für den entsprechenden Parameter in der Grundgesamtheit gefunden. Der Anteil defekter Glühbirnen lässt sich als arithmetisches Mittel der Merkmalsausprägungen „0“ für in Ordnung und „1“ für defekt betrachten.

Also passt die Anteilsschätzung nach der *Maximum-Likelihood-Methode* gut zu den bereits vorliegenden Ergebnissen.
Unser Vorgehen bei der Schätzung eines Anteils lässt sich verallgemeinern für die Schätzung anderer Parameter. Dabei können auch mehrere Parameter gleichzeitig geschätzt werden, falls dies erforderlich ist. *Norbert Henze* beschreibt das generelle Schätzprinzip der ***Maximum-Likelihood-Methode*** wie folgt:

> „Stehen in einer bestimmten Situation verschiedene wahrscheinlichkeitstheoretische Modelle zur Konkurrenz, so halte bei vorliegenden Daten dasjenige Modell für das ‚glaubwürdigste', unter welchem die beobachteten Daten die größte Wahrscheinlichkeit des Auftretens besitzen."
> (*Henze* 2000, S. 227)

Abb. 4.2. Fisher

Diese Schätzmethode wurde vor allem von *Sir Ronald Aylmer Fisher* (1890–1962) untersucht und als allgemeine Schätzmethode etabliert. *Fisher* hat mit anderen die Entwicklung der Statistik in der ersten Hälfte des 20. Jahrhunderts entscheidend vorangetrieben und sie zu einem Zweig der angewandten Mathematik gemacht. Vor dem Hintergrund der Fragen in der Agrarwissenschaft und der Eugenik, in denen seine wissenschaftliche Herkunft liegt, hat er viele statistische Verfahren entwickelt. Mit seinen Büchern „Statistical Methods for Research Workers" (1925) und „The Design of Experiments" (1935) hat er wesentlich zur Standardisierung und Verbreitung von statistischen Verfahren und zur theoretischen Grundlegung der Untersuchungsplanung beigetragen. Neben der Schätzproblematik hat er auch die verwandten Testprobleme bearbeitet (vgl. Abschnitt 4.2.3).
Das Schätzprinzip der *Maximum-Likelihood-Methode* war allerdings schon vielen Wissenschaftlern vor ihm geläufig, so z. B. *Carl Friedrich Gauß*, der nicht umsonst an vielen Stellen dieses Buches auftaucht. *Fisher* hat aber als erster diese Methode nicht nur angewendet, sondern auch als Methode untersucht.
Im Allgemeinen hängt eine Likelihood-Funktion von den zu schätzenden Parametern und den beobachteten, also bekannten Stichprobendaten ab. Am Beispiel der Mathematikleistung der nordrhein-westfälischen Schülerinnen und Schüler zeigen wir, wie die Maximum-Likelihood-Methode für mehr als einen Parameter angewendet werden kann. Für eine Untersuchung wurden 1 120 von 260 000 Schülerinnen und Schülern des neunten Jahrgangs ausgewählt. Das arithmetische Mittel ihrer Punktzahlen im Mathematiktest betrug 79 Punkte, die Standardabweichung 22 Punkte. In der pädagogischen

Psychologie geht man davon aus, dass die Schulleistung näherungsweise normalverteilt ist. Als konkurrierende Modelle kommen also Normalverteilungen mit unterschiedlichen Erwartungswerten μ und Standardabweichungen σ infrage. Was lässt sich aufgrund der vorliegenden Daten über diese beiden Parameter für die Verteilung der Mathematikleistung von allen 260 000 Jugendlichen sagen?
Nach der Maximum-Likelihood-Methode muss für die beobachteten Stichprobendaten $x = (x_1| \ldots |x_{1\,120})$ die folgende Likelihood-Funktion maximiert werden:

$$L_x(\mu, \sigma) := \prod_{i=1}^{1\,120} \varphi_{\mu,\sigma}(x_i) = \prod_{i=1}^{1\,120} \frac{1}{\sqrt{2\pi} \cdot \sigma} \cdot \mathrm{e}^{-\frac{1}{2} \cdot \left(\frac{x_i - \mu}{\sigma}\right)^2}$$

$$= \frac{1}{\sqrt{2\pi}^{1\,120} \cdot \sigma^{1\,120}} \cdot \mathrm{e}^{-\frac{1}{2 \cdot \sigma^2} \cdot \sum\limits_{i=1}^{1\,120} (x_i - \mu)^2} .$$

Da hier eine stetige Zufallsgröße betrachtet wird, treten an die Stelle der Wahrscheinlichkeiten die Werte der entsprechenden Dichtefunktion. Die Produktbildung bei der Likelihood-Funktion lässt sich analog zur Pfadmultiplikationsregel in Abschnitt 3.2.3 verstehen. Für das 1 120-Tupel der Testleistung haben wir in Abschnitt 4.1.1 begründet, dass die einzelnen Testwerte der 1 120 Schülerinnen und Schüler als unabhängig voneinander betrachtet werden können. Die Wahrscheinlichkeit des Auftretens dieses 1 120-Tupels kann entlang des konkreten Pfades durch das 1 120-fache Produkt der Wahrscheinlichkeiten des Auftretens des i-ten Werts für den i-ten Jugendlichen berechnet werden. Analog geht man bei stetigen Zufallsgrößen mit der Dichtefunktion vor. Als sinnvoller Definitionsbereich von L_x kommt für μ der Bereich zwischen der minimalen und der maximalen erreichbaren Testpunktzahl infrage und für σ die positiven reellen Zahlen[11]. Der Wertebereich von L_x sind die positiven reellen Zahlen.
Um L_x auf mögliche Maximumstellen zu untersuchen, müssen wir ähnlich wie in Abschnitt 2.6.3 die partiellen Ableitungen bilden. Zunächst leiten wir L_x nach μ ab, setzen diese Ableitung gleich Null und erhalten damit eine Maximum-Likelihood-Schätzung von μ:

[11] Man kann σ auch noch weiter eingrenzen. Die Standardabweichung kann höchstens so groß sein wie die Spannweite der Testpunktzahlen. Für die weiteren Betrachtungen ist dies aber nicht von Bedeutung.

$$\frac{\partial L_x(\mu,\sigma)}{\partial \mu} = L_x(\mu,\sigma)\cdot\frac{1}{\sigma^2}\cdot\sum_{i=1}^{1\,120}(x_i-\mu)=0$$

$$\Longleftrightarrow \quad \sum_{i=1}^{1\,120}(x_i-\mu)=0 \quad \Longleftrightarrow \quad \frac{1}{1\,120}\cdot\sum_{i=1}^{1\,120}x_i=\mu\,.$$

Für den Erwartungswert μ erhält man also das arithmetische Mittel der Stichprobendaten als Maximum-Likelihood-Schätzung[12]. Auch dieses Ergebnis passt wieder hervorragend zu den Ergebnissen von Abschnitt 4.1.1. Dort hatte sich das arithmetische Mittel von Stichprobendaten als erwartungstreue Schätzung erwiesen. Den Schätzwert für die Standardabweichung σ erhält man analog durch die partielle Ableitung nach σ:

$$\begin{aligned}\frac{\partial L_x(\mu,\sigma)}{\partial \sigma} &= \frac{-1\,120}{\sigma}\cdot L_x(\mu,\sigma)+L_x(\mu,\sigma)\cdot\frac{1}{\sigma^3}\cdot\sum_{i=1}^{1\,120}(x_i-\mu)^2\\ &= L_x(\mu,\sigma)\cdot\left(\frac{1}{\sigma^3}\cdot\sum_{i=1}^{1\,120}(x_i-\mu)^2-\frac{1\,120}{\sigma}\right)=0\\ &\Leftrightarrow \frac{1}{\sigma^3}\cdot\sum_{i=1}^{1\,120}(x_i-\mu)^2=\frac{1\,120}{\sigma}\Leftrightarrow\frac{1}{1\,120}\cdot\sum_{i=1}^{1\,120}(x_i-\mu)^2=\sigma^2\,.\end{aligned}$$

Die Maximum-Likelihood-Schätzung für die Standardabweichung σ ist also die (theoretische) Standardabweichung der Stichprobendaten[13]. Diese Schätzung passt also nicht ganz zu der Schätzung der Varianz in der Grundgesamtheit aus Stichprobendaten in Abschnitt 4.1.1. Dort haben wir die *empirische* Varianz als erwartungstreue Schätzung für die Varianz in der Grundgesamtheit gefunden. Diese beiden Schätzungen unterscheiden sich in unserem Beispiel um den Faktor $\sqrt{\frac{1\,119}{1\,120}}\approx 0{,}9996$, um den die Maximum-Likelihood-Schätzung der Standardabweichung kleiner ausfällt. Praktisch fällt dieser Unterschied nicht ins Gewicht.

Aufgabe 73 (Maximum-Likelihood-Schätzung für die Poisson-Verteilung) Führen Sie für den Rutherford-Geiger-Versuch in Abschnitt 3.6.5, auf 316 eine Parameterschätzung für die vermutete Poisson-Verteilung nach der Maximum-Likelihood-Methode durch.

---

[12] Da L_X als Funktion von μ für $\mu\to\pm\infty$ gegen Null geht, hat L_X mindestens ein Maximum. Da die erste Ableitung genau eine Nullstelle hat, hat die Funktion genau ein Maximum.

[13] Auch hier handelt es sich aus demselben Grund um eine Maximumstelle!

4.1.3 Gütekriterien für Punktschätzungen

In den voranstehenden Abschnitten haben wir Schätzungen von Parametern durchgeführt und mit der Maximum-Likelihood-Schätzung eine Schätzmethode entwickelt. Nun kann es sein, dass verschiedene Methoden der Schätzung eines Parameters zur Verfügung stehen, aus denen man auswählen kann und muss. So haben wir den Erwartungswert der Mathematikleistung in der Grundgesamtheit in Abschnitt 4.1.1 über die Verteilung der Zufallsvariablen $\bar{X}$ „arithmetisches Mittel von Stichproben“ geschätzt und in Abschnitt 4.1.2 mit einer Maximum-Likelihood-Schätzung. Den Anteil defekter Glühbirnen haben wir ebenfalls nach der Maximum-Likelihood-Methode geschätzt und dargestellt, dass es sich um einen Spezialfall der Erwartungswertschätzung handelt. Die Varianz bzw. Standardabweichung der Mathematikleistung in der Grundgesamtheit haben wir in Abschnitt 4.1.1 erwartungstreu über $\hat{S}^2$, die Zufallsvariable „theoretische Varianz von Stichproben“, geschätzt. Mit einer Maximum-Likelihood-Schätzung sind wir in Abschnitt 4.1.2 zu der *nicht* erwartungstreuen theoretischen Standardabweichung gekommen. Nach welchen Kriterien soll man eine Schätzung auswählen? *Sir Ronald Aylmer Fisher*, der uns bereits im vorangegangenen Abschnitt begegnet ist, hat nicht nur das dort vorgestellt Prinzip der Maximum-Likelihood-Schätzung untersucht, sondern umfassender eine Schätztheorie entwickelt. Dazu gehören auch drei inhaltlich gut nachvollziehbare Kriterien der Parameterschätzung, von denen wir das erste bereits in Abschnitt 4.1.1 kennen gelernt haben, nämlich die Erwartungstreue. Zunächst müssen wir aber klären, für welche Objekte solche Kriterien überhaupt gelten sollen. Unsere bisherigen Konzepte der Parameterschätzung lassen sich gut unter dem Begriff der ***Schätzfunktion*** zusammenfassen.

Wir sind zu Beginn unserer Überlegungen in Abschnitt 4.1.1 von der Stichprobenverteilung ausgegangen. Für eine Stichprobe mit Umfang n hat das interessierende Merkmal X für alle n Merkmalsträger unabhängig voneinander die gleiche Verteilung wie X in der Grundgesamtheit. Die Stichprobe lässt sich also als n-Tupel $(X_1|\ldots|X_n)$ darstellen. Eine ***Schätzfunktion*** T_n ist dann eine Funktion, die in Abhängigkeit von der Stichprobenverteilung ihre Werte annimmt. Ein Beispiel dafür ist $T_n := \bar{X} = \frac{1}{n} \cdot \sum\limits_{i=1}^{n} X_i$, das arithmetische Mittel von Stichproben. Analog lässt sich eine *Maximum-Likelihood-Schätzung* als Schätzfunktion darstellen. In Abhängigkeit der jeweiligen Realisierung einer Stichprobe, also der beobachteten Daten, erhält man einen Schätzwert für den gesuchten Parameter. Dieser ist der Funktionswert der Schätzfunktion.

In der Einleitung zu diesem Kapitel haben wir geschrieben, dass es drei inhaltlich nahe liegende Anforderungen an eine Parameterschätzung gibt. Demnach sollte eine „gute“ Schätzfunktion

- den gesuchten Parameter möglichst genau treffen (***Erwartungstreue***),
- mit wachsendem Stichprobenumfang immer genauer werden (***Konsistenz***),
- effizienter schätzen als alternative Schätzfunktionen (***Effizienz***).

Die Erwartungstreue und Konsistenz werden in der folgenden Definition festgelegt, in deren Anschluss wir unsere bisherigen Schätzungen an diesen Kriterien messen.

38 **Definition 38 (Erwartungstreue und Konsistenz einer Schätzfunktion)** T_n sei eine Schätzfunktion bei Stichprobenumfang n für den Parameter η.
T_n heißt ***erwartungstreu*** oder ***unverzerrt***, wenn $E(T_n) = \eta$ gilt.
T_n heißt ***konsistent***, wenn für jedes $\varepsilon > 0$ gilt $\lim\limits_{n\to\infty} P(|T_n - \eta| \leq \varepsilon) = 1$.

Das Kriterium der *Konsistenz* orientiert sich am Bernoulli'schen Gesetz der großen Zahlen (vgl. Abschnitt 3.8.2). Von den bisher betrachteten Schätzungen erfüllen alle das Kriterium der Konsistenz. In der Einleitung zu diesem Abschnitt haben wir bereits darauf hingewiesen, dass die Schätzfunktionen $\bar{X}$ und $\hat{S}^2$ erwartungstreu sind. Die durchgeführten Maximum-Likelihood-Schätzungen des Anteils und des Erwartungswertes waren ebenfalls erwartungstreu. Hingegen war die entsprechende Maximum-Likelihood-Schätzung der Varianz bzw. Standardabweichung nicht erwartungstreu.

Aufgabe 74 (Hinreichendes Kriterium für die Konsistenz) Beweisen Sie die folgende Aussage:

Wenn die Varianz einer erwartungstreuen Schätzfunktion mit immer größer werdendem n gegen Null geht, dann ist die Schätzfunktion konsistent!

Auf die *Effizienz* einer Schätzfunktion gehen wir nur kurz inhaltlich ein. Sie ist ein komparatives Kriterium, dass heißt, von je zwei Schätzfunktionen lässt sich einschätzen, welche effizienter ist. Dies geschieht über die Varianzen dieser Schätzfunktionen: Sind T_n und Y_n zwei Schätzfunktionen für denselben Parameter mit $V(T_n) \leq V(Y_n)$, dann heißt T_n ***effizienter*** als Y_n. Der Quotient $V(T_n)/V(Y_n)$ ist ein ***Maß der Effizienz***.

Aufgabe 75 (Maß der Effizienz) Wenn für zwei Schätzfunktionen $V(T_n)/V(Y_n) = 0{,}83$ gilt, dann bedeutet dies, dass T_n mit 83% des Stichprobenumfangs von Y_n die gleiche Wirkung, im Sinne der gleichen Genauigkeit der Schätzung, erzielt. Erläutern Sie diesen Befunden mithilfe der Aussage über den Standardfehler in Satz 34.

4.1.4 Intervallschätzungen: Konfidenzintervalle für Parameter

Die von einem Stichprobenergebnis ausgehende Punktschätzung eines Parameters in der Grundgesamtheit wird vermutlich selten oder nie den exakten Wert des Parameters treffen. Selbst wenn diese Punktschätzung allen im vorangehenden Abschnitt genannten Gütekriterien genügt, wird sie den wahren Wert des Parameters in der Regel nicht genau treffen, sondern ihn mehr oder weniger leicht verfehlen. Dieses prinzipielle Problem wird bei einer ***Intervallschätzung*** berücksichtigt, bei der statt eines einzelnen Wertes ein Intervall geschätzt wird, in dem der Parameter liegen soll. Bei einer solchen Intervallschätzung sind zwei Aspekte inhaltlich naheliegend:

- Erstens sollte das geschätzte Intervall den tatsächlichen Wert enthalten.
- Zweitens ist zu erwarten, dass eine Schätzung um so sicherer wird, je größer man das Intervall wählt.

Betrachten wir zur Verdeutlichung noch einmal das Beispiel des Elektrogroßhandels, das wir bereits in Abschnitt 4.1.2 mit einer *Punktschätzung* nach der *Maximum-Likelihood-Methode* untersucht haben. Von den 15 000 gelieferten Glühbirnen werden in einer Zufallsstichprobe 100 untersucht, von denen sich drei als defekt erweisen. Damit ergab sich $\pi = \frac{3}{100}$ als geschätzter Parameter. Rein logisch lässt sich aufgrund des Stichprobenergebnisses aber nur ausschließen, dass unter den 15 000 Glühbirnen weniger als 3 oder mehr als 14 903 defekt sind. Also gilt in jedem Fall die Intervallschätzung

$$I_u := \frac{3}{15\,000} \leq \pi \leq \frac{14\,903}{15\,000} =: I_o.$$

Als Wahrscheinlichkeit ausgedrückt könnte man schreiben $P(I_u \leq \pi \leq I_o) = 1$. Wird das Intervall für den Parameter π kleiner gewählt, dann besteht keine absolute Sicherheit darüber, dass π innerhalb dieses Intervalls liegt. Generell sinkt die Sicherheit der Intervallschätzung mit wachsender Genauigkeit. Allgemein lässt sich mit weiteren ineinander geschachtelten Intervallen, die eineindeutig durch ihre Unter- und Obergrenzen bestimmt sind, formulieren:

$$I'_u \leq I''_u \leq I''_o \leq I'_o \Rightarrow P(I''_u \leq \pi \leq I''_o) \leq P(I'_u \leq \pi \leq I'_o)\,.$$

Diese inhaltlich naheliegende Aussage wirft eine Frage auf: Ist es in dieser Situation eigentlich sinnvoll, eine Wahrscheinlichkeitsaussage zu treffen? Was ist hier das zugehörige Zufallsexperiment? Wenn einmal ein Intervall $I_u \leq \pi \leq I_o$ gewählt wurde, so liegt der Parameter π entweder innerhalb dieses Intervalls oder nicht. Der Parameter ist zwar unbekannt, aber nicht

„zufällig". Er steht von vorneherein fest. Im Sinne des klassischen frequentistischen Wahrscheinlichkeitsansatzes (vgl. Abschnitt 3.1.3) hat die Aussage „π liegt innerhalb dieses Intervalls" also die Wahrscheinlichkeit Null oder Eins, da sie entweder zutrifft oder eben nicht. Trotzdem kann die obige Ausdrucksweise mit den Wahrscheinlichkeiten sinnvoll interpretiert werden. Der Parameter π steht zwar von vorneherein fest, die Auswahl der Zufallsstichprobe und das zugehörige Stichprobenergebnis lassen sich aber sinnvoll als Zufallsexperiment beschreiben. In Abhängigkeit von dem Stichprobenergebnis werden die Bereichsgrenzen I_u und I_o festgelegt. Damit lässt sich die Wahrscheinlichkeit $P(I_u \leq \pi \leq I_o)$ deuten als „Wie wahrscheinlich ist es, dass ein zufällig realisiertes Stichprobenergebnis zu einer Intervallschätzung führt, die den Parameter π überdeckt?"
In der Ausdrucksweise des vorangehenden Abschnitts sind die obere und die untere Intervallgrenze nichts anderes als Schätzfunktionen, die in Abhängigkeit vom Stichprobenergebnis einen konkreten Wert annehmen. Wenn ein eindeutiges Verfahren festgelegt wird, nach dem diese Schätzfunktionen I_u und I_o ihre Werte annehmen, dann lassen sich ihre Wahrscheinlichkeitsverteilungen von der Stichprobenverteilung ableiten.
Wenn man allgemein einen unbekannten Parameter η schätzen möchte, so kann man in Abhängigkeit vom konkreten Problem von vorneherein zwei Fragen klären:

- Erstens kann der Bereich für die Schätzung wie im obigen Beispiel nach unten und nach oben begrenzt sein. Er kann aber auch nur nach oben oder nur nach unten begrenzt sein. Man spricht dann von einer ***zweiseitigen*** bzw. ***linksseitigen*** bzw. ***rechtsseitigen*** Intervallschätzung. Im Glühbirnenbeispiel passt zu einer linksseitigen Schätzung die Frage „Wie hoch ist der Anteil defekter Glühbirnen in der Grundgesamtheit höchstens?". Bei zweiseitigen Intervallschätzungen werden häufig symmetrische Intervalle um den Wert einer erwartungstreuen Punktschätzung geschätzt. Dies ist aber nicht zwangsläufig so.
- Zweitens ist die Frage nach der Sicherheit der Intervallschätzung relevant. Mit welcher Mindestwahrscheinlichkeit soll das geschätzte „Zufallsintervall" den gesuchten Parameter überdecken? Dazu wird eine Wahrscheinlichkeit δ festgelegt und $P(I_u \leq \eta \leq I_o) \geq \delta$ bzw. $P(-\infty < \eta \leq I_o) \geq \delta$ bzw. $P(I_u \leq \eta < \infty) \geq \delta$ gefordert. Diese Wahrscheinlichkeit δ wird auch ***Vertrauensniveau*** oder ***Konfidenzniveau***[14] genannt. Entsprechend heißt das Intervall der Schätzung ***Vertrauensintervall*** oder ***Konfidenzintervall***.

[14] „confidere" (lateinisch: vertrauen); „confidence" (englisch: Vertrauen). Der Begriff „Konfidenzintervall" wurde von *Jerzy Neyman* in einer Arbeit über die Schätzproblematik (*Neyman* 1937) geprägt.

In unserem Buch sind an zwei Stellen bereits Ansätze zu finden, die sich für eine Intervallschätzung eines Parameters zu einem vorgegebenen Konfidenzniveau eignen. In Abschnitt 3.8.3 wurden Anwendungen des Bernoulli'schen Gesetzes der großen Zahlen dargestellt. Im Beispiel „Ist die Münze echt?" wurde dabei ein Vertrauensintervall für die unbekannte Wahrscheinlichkeit, mit der eine Münze Kopf anzeigt, angegeben. In diesem Kapitel haben wir bei der Entwicklung der Schätzproblematik in Abschnitt 4.1.1 auf S. 399 ein Intervall angegeben, in das die Stichprobenmittelwerte der Mathematikleistungen von Schülerinnen und Schülern mit einer bestimmten Wahrscheinlichkeit fallen werden. Daraus lässt sich umgekehrt eine Intervallschätzung für den unbekannten Mittelwert in der Grundgesamtheit gewinnen. Diese beiden Ansätze werden wir im Folgenden anhand zweier Beispiele für Intervallschätzungen nutzen.

Intervallschätzung eines Erwartungswertes bei bekannter Varianz (bei Vorliegen einer Normalverteilung)

Zunächst greifen wir für die Intervallschätzung eines Mittelwertes auf Ergebnisse aus Abschnitt 4.1.1 zurück. Wir gehen wieder von der Untersuchung der Mathematikleistung in einer Stichprobe von 1 120 Jugendlichen aus. Das arithmetische Mittel der Testleistungen betrug 79 Punkte, die Standardabweichung $s = 22$ Punkte. In der Herleitung von Satz 34 haben wir gezeigt, dass die arithmetischen Mittel von Stichproben des gleichen Umfangs aus der gleichen Grundgesamtheit näherungsweise normalverteilt sind. Der Erwartungswert dieser arithmetischen Mittel $\mu_{\bar{X}}$ ist gleich dem arithmetischen Mittel μ_X der Testleistung in der Grundgesamtheit. Die Standardabweichung der arithmetischen Mittel der Stichproben wurde dort als *Standardfehler* $\sigma_{\bar{X}}$ bezeichnet und kann nach Satz 35 erwartungstreu geschätzt werden. Wenn wir davon ausgehen, dass die Schätzung für den Standardfehler gut ist, und diesen geschätzten Wert als wahren Wert annehmen[15], dann erhalten wir auf dem folgenden Weg direkt eine Intervallschätzung des arithmetischen Mittels in der Grundgesamtheit.

Da die arithmetischen Mittel der Stichproben normalverteilt sind mit dem arithmetischen Mittel der Grundgesamtheit als Erwartungswert und dem Standardfehler als Standardabweichung, schätzen wir den Wert für die Standardabweichung wie auf S. 405:

$$\sigma_{\bar{X}} = \sqrt{\sigma_{\bar{X}}^2} = \sqrt{\frac{1}{n-1} \cdot s^2} = \sqrt{\frac{1}{1\,119}} \cdot 22 \approx 0{,}7\,.$$

Die σ-Regeln in Abschnitt 3.9.5 besagen, dass das arithmetische Mittel einer konkret gezogenen Stichprobe mit einer Wahrscheinlichkeit von ungefähr

[15]Vgl. zu dieser Fragestellung Fußnote 7 auf S. 405

95,5% in die $2 \cdot \sigma_{\bar{X}}$-Umgebung um den zu schätzenden Erwartungswert fällt:

$$\mu_X - 2 \cdot 0{,}7 \leq \bar{x} \leq \mu_X + 2 \cdot 0{,}7\,.$$

Durch Umstellen der obigen Ungleichungskette erhalten wir eine Intervallschätzung für μ_X zu dem Konfidenzniveau 95,5%

$$79 - 2 \cdot 0{,}7 = 77{,}6 \leq \mu_X \leq 80{,}4 = 79 + 2 \cdot 0{,}7\,.$$

Da die arithmetischen Mittel der Stichproben mit einer Wahrscheinlichkeit von ca. 95,5% in die $2 \cdot \sigma_{\bar{X}}$-Umgebung um den gesuchten Wert fallen, ist die Wahrscheinlichkeit dafür, dass die als $2 \cdot \sigma_{\bar{X}}$-Umgebung um das arithmetische Mittel der Stichproben realisierten Unter- und Obergrenzen der Intervallschätzung den gesuchten Parameter „einfangen", ebenfalls ungefähr 95,5%. Genau dieser Perspektivenwechsel gegenüber der Wahrscheinlichkeitsrechnung ist charakteristisch für die *beurteilende* Statistik, auf S. 397 haben wir dies als „inverse Fragestellung" bezeichnet:

- Die *Wahrscheinlichkeitsrechnung* geht von der Verteilung der arithmetischen Mittel von Stichproben aus und liefert eine Aussage über die Wahrscheinlichkeit, mit der das arithmetische Mittel einer konkreten Stichprobe in eine $2 \cdot \sigma_{\bar{X}}$-Umgebung um das arithmetische Mittel in der Grundgesamtheit fällt.
- Die *beurteilende Statistik* geht von einem konkreten arithmetischen Mittel einer Stichprobe aus und nutzt das gerade genannte Ergebnis der *Wahrscheinlichkeitsrechnung*, um eine Aussage über die Wahrscheinlichkeit zu treffen, mit der eine $2 \cdot \sigma_{\bar{X}}$-Umgebung um das konkrete arithmetische Mittel der Stichprobe das gesuchte arithmetische Mittel in Grundgesamtheit überdeckt.

Die *Wahrscheinlichkeitsrechnung* schließt also von der Grundgesamtheit auf die Stichprobe, die *beurteilende Statistik* von der Stichprobe auf die Grundgesamtheit.

Zu einem vorgegebenen Konfidenzniveau δ findet man nach den obigen Betrachtungen das zugehörige symmetrische Konfidenzintervall um das realisierte arithmetische Mittel wie bei den σ-Regeln in Abschnitt 3.9.5 über die Standardnormalverteilung. Für ein festgelegtes $\delta \in [0;1]$ muss dann mit $k \geq 0$ gelten:

$$P(\bar{X} - k \cdot \sigma_{\bar{X}} \leq \mu_X \leq \bar{X} + k \cdot \sigma_{\bar{X}}) \geq \delta \Leftrightarrow P(\mu_X - k \cdot \sigma_{\bar{X}} \leq \bar{X} \leq \mu_X + k \cdot \sigma_{\bar{X}}) \geq \delta\,.$$

Für die zugehörige standardisierte Zufallsgröße bedeutet dies:

$$P\left(-k \leq \frac{\bar{X}-\mu_{\bar{X}}}{\sigma_{\bar{X}}} \leq k\right) \approx \int_{-k}^{k} \varphi(x)\,\mathrm{d}x = \int_{-k}^{k} \frac{1}{\sqrt{2\pi}} \mathrm{e}^{-\frac{1}{2}x^2}\,\mathrm{d}x \geq \delta\,.$$

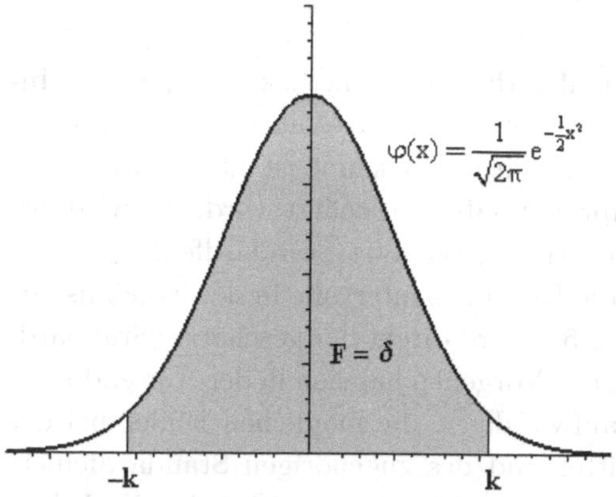

Abb. 4.3. Bestimmung des Konfidenzintervalls

Hieraus lässt sich der Wert k, der die Unter- und Obergrenze der Intervallschätzung festlegt, zum Beispiel mit einem Computer-Algebra-System berechnen oder mit Hilfe der tabellierten Werte für die Verteilungsfunktion der Standardnormalverteilung ermitteln. Für die Schulleistungsuntersuchung erhält man dementsprechend $[79-k\cdot 0{,}7; 79+k\cdot 0{,}7]$ als Intervallschätzung (der Länge $k\cdot 1{,}4$) zum Konfidenzniveau δ. Dieses Vorgehen wird in Abb. 4.3 visualisiert.

An dieser Abbildung kann man auch ein vereinfachtes Vorgehen für die Bestimmung von k erläutern. Da die Standardnormalverteilung achsensymmetrisch bzgl. der y-Achse ist, genügt es den Bereich $(-\infty; 0]$ zu betrachten. Die Bedingung für die Festlegung von k lautet dann entsprechend:

$$P\left(-k \leq \frac{\bar{X}-\mu_{\bar{X}}}{\sigma_{\bar{X}}} \leq 0\right) \approx \int_{-k}^{0} \varphi(x)\,\mathrm{d}x = \int_{-k}^{0} \frac{1}{\sqrt{2\pi}} e^{-\frac{1}{2}x^2}\,\mathrm{d}x \geq \frac{\delta}{2}.$$

Die Werte der Verteilungsfunktion der Standardnormalverteilung sind tabelliert. Das heißt für das Integral von φ sind die Werte über den Intervallen $(-\infty; x]$ tabelliert, so dass das sich Vorgehen weiter vereinfacht, wenn man die obige Bedingung mit $\alpha = 1-\delta$ wie folgt formuliert:

$$P\left(-\infty \leq \frac{\bar{X}-\mu_{\bar{X}}}{\sigma_{\bar{X}}} \leq -k\right) \approx \int_{-\infty}^{-k} \varphi(x)\,\mathrm{d}x = \int_{-\infty}^{-k} \frac{1}{\sqrt{2\pi}} e^{-\frac{1}{2}x^2}\,\mathrm{d}x \leq \frac{\alpha}{2}\,.$$

Nun lässt sich die entsprechende Stelle $-k$ direkt aus der Tabelle ablesen.

Aufgabe 76 (Nichtsymmetrische Konfidenzintervalle) (Er-)Finden Sie ein Beispiel, bei dem es sinnvoll ist, ein Konfidenzintervall nicht symmetrisch um den erwartungstreu geschätzten Parameter zu konstruieren, sondern bei dem das Intervall links dieses Parameters doppelt so lang sein soll wie rechts. Wie lässt sich für diese Situation das Konfidenzintervall zu einem vorgegebenen Konfidenzniveau mit Hilfe der Standardnormalverteilung bestimmen?

In der Anwendungspraxis wird häufig der oben entwickelte Weg der Intervallschätzung für arithmetische Mittel in Grundgesamtheiten auch dann gewählt, wenn der Standardfehler zunächst unbekannt ist und – wie hier – unter Unsicherheit aus den Stichprobendaten geschätzt wird. So wird bei *Bortz* (1999, S. 101) der erwartungstreu geschätzte Standardfehler wie ein wahrer Wert behandelt. Auch für die Konfidenzintervalle in der Ergebnisdarstellung von PISA 2000 (vgl. Abb. 2.51) wird direkt der geschätzte Standardfehler genommen. Dieses pragmatische Vorgehen hat sich in der Anwendungspraxis bewährt. Es ist erheblich aufwändiger, die möglichen Fehler bei der Schätzung des arithmetischen Mittel und des zugehörigen Standardfehlers aus Stichprobendaten simultan zu berücksichtigen. Außerdem ist der Fehler bei der Schätzung des Standardfehlers in der Regel relativ klein[16]. Das exakte Vorgehen bei der Schätzung des arithmetischen Mittels bei unbekanntem Standardfehler findet man bei *Bosch* (1996, S. 352).

Intervallschätzung einer Wahrscheinlichkeit mit dem Bernoulli'schen Gesetz der großen Zahlen

Der zweite Ansatz zu einer Intervallschätzung ist uns als Anwendung des Bernoulli'schen Gesetztes der großen Zahlen in Abschnitt 3.8.3 begegnet. Im Beispiel „Ist die Münze echt?" wurde aufgrund eines Stichprobenergebnisses ein Konfidenzintervall für die unbekannte Wahrscheinlichkeit, dass Kopf fällt, bestimmt. Wir werden das dortige Vorgehen hier am Beispiel der Schätzung der Wahrscheinlichkeitsverteilung für einen Riemer-Quader mit dem speziellen Fokus auf die Intervallschätzung durchführen.

Riemer-Quader sind uns zuerst zu Beginn des Kapitels 3 begegnet. Der Mathematiklehrer und -didaktiker *Wolfgang Riemer* hat diese Quader für den Stochastikunterricht eingeführt. Die Wahrscheinlichkeitsverteilung eines Riemer-Quaders lässt sich nicht wie bei typischen Spielwürfeln a priori mit theoretischen Überlegungen festlegen, sondern muss über die relativen Häufigkeiten einer Datenreihe geschätzt werden. In Abschnitt 3.1.3 (Abb. 3.6, S. 172) sehen Sie ein Foto eines solchen Riemer-Quaders. Abbildung 4.4 zeigt einen

[16]siehe Fußnote 7 auf 405.

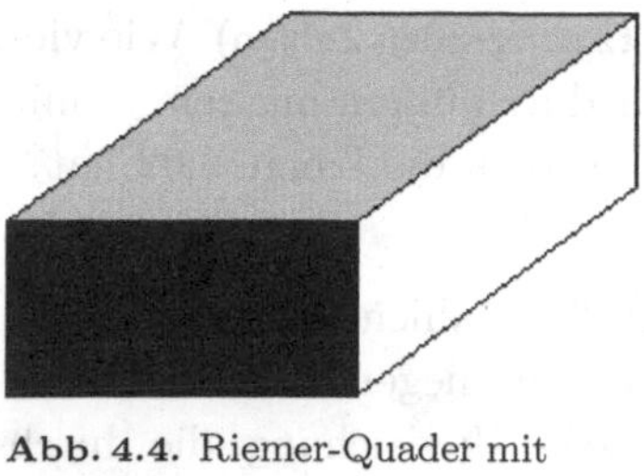

Abb. 4.4. Riemer-Quader mit Farben

Riemer-Quader, bei dem die gegenüber liegenden Flächen gleichfarbig sind. Wie wahrscheinlich ist es, mit diesem Quader „schwarz" zu werfen?

Um dies herauszufinden, werfen die Schülerinnen und Schüler eines Leistungskurses Mathematik zeitgleich zehn baugleiche Quader jeweils 50-mal. Das Ergebnis dieser insgesamt 500 Würfe trägt die Lehrerin an der Tafel zusammen: 287-mal „grau", 134-mal „weiß" und 79-mal „schwarz". Da zunächst nur nach der Wahrscheinlichkeit für „schwarz" gesucht wird, kann man das Ergebnis weiter zusammenfassen und mit relativen Häufigkeiten wie folgt darstellen: 0,158 „schwarz" und 0,842 „nicht schwarz". Mit dem Bernoulli'schen Gesetz der großen Zahlen lässt sich nun einschätzen, mit welcher Wahrscheinlichkeit diese relative Häufigkeit für „schwarz" von der zugrunde liegenden unbekannten Wahrscheinlichkeit für „schwarz" höchstens um einen bestimmten Wert abweicht. Da ein Fehler bei der Schätzung im vorliegenden Fall keine gravierenden Folgen hat, kann man als Konfidenzniveau zum Beispiel 0,9 wählen[17]. Durch Anwenden der aus der Tschebyscheff'schen Ungleichung gewonnenen Abschätzung in Satz 11 erhalten wir für das Konfidenzniveau 0,9 die folgende Abschätzung. Dabei ist die Zufallsvariable Z die relative Häufigkeit von „schwarz" in einer Zufallsstichprobe vom Umfang 500:

$$
\begin{aligned}
&P(|Z-p| \le \varepsilon) > 1 - \frac{1}{4 \cdot 500 \cdot \varepsilon^2} \ge 0{,}9 \\
&\Leftrightarrow 0{,}1 \cdot 4 \cdot 500 \cdot \varepsilon^2 \ge 1 \\
&\Leftrightarrow \varepsilon \ge \sqrt{\frac{1}{200}} \approx 0{,}071\,.
\end{aligned}
$$

Also enthält das „zufällige" Intervall $[Z - 0{,}071; Z + 0{,}071]$ die unbekannte Wahrscheinlichkeit für „schwarz" mit einer Wahrscheinlichkeit von 90%. Durch das konkrete Stichprobenergebnis 0,158 ergibt sich als Intervall der Parameterschätzung [0,081; 0,229]. Trotz eines nicht besonders hohen Konfidenzniveaus und eines Stichprobenumfangs von 500 Würfen ist das geschätzte Intervall mit einer Länge von $2 \cdot 0{,}071 = 0{,}142$ also noch relativ groß.

[17]Die Wahl des Konfidenzniveaus ist immer ein willkürlicher Akt. Das Konfidenzniveau lässt sich nicht mathematisch herleiten, sondern muss in einer konkreten Situation festgelegt werden. Dabei sollte natürlich berücksichtigt werden, wie schwerwiegend die Konsequenzen sind, wenn das geschätzte Intervall den wahren Wert nicht enthält.

Aufgabe 77 (Intervallschätzung mit Bernoullis Gesetz der großen Zahlen) Wie viele Versuche hätten die Schülerinnen und Schüler durchführen müssen, damit das geschätzte Intervall beim gleichen Konfidenzniveau die Länge 0,02 hat?

Dass wir mit dem Bernoulli'schen Gesetz der großen Zahlen keine besonders effiziente Schätzmethode[18] gefunden haben, ist nahe liegend. Bei der Herleitung dieses Satzes wurden die Tschebyscheff'sche Ungleichung, die durch zwei relativ grobe Abschätzungen entwickelt wurde (vgl. Abschnitt 2.3.7), und die ebenfalls die im Allgemeinen recht grobe Abschätzung $p \cdot (1-p) \leq 1/4$ für $p \in [0;1]$ verwendet. Nach den vorangegangenen Betrachtungen liegt es nahe, dass man effizientere Schätzungen erhalten kann, wenn man die Verteilungsart der Stichprobenergebnisse berücksichtigt. Die zentrale Zufallsgröße „relative Häufigkeit von ‚schwarz'" ist binomialverteilt, da der Riemer-Quader wiederholt geworfen wird und bei jedem Durchgang „schwarz" oder „nicht schwarz" mit jeweils konstanten Wahrscheinlichkeiten p und $1-p$ eintreten kann. Unter Berücksichtigung der Verteilungsart entwickeln wir im Folgenden eine Schätzmethode, die sich für die meisten Situationen, in denen ein Parameter durch ein Intervall geschätzt werden soll, verallgemeinern lässt.

Intervallschätzung einer Wahrscheinlichkeit nach Clopper-Pearson

Wir gehen wieder von den 500 Würfen des Quaders in Abb. 4.4 aus, bei denen „schwarz" die relative Häufigkeit 0,158 hatte. Wieder wollen wir ein Konfidenzintervall zum Konfidenzniveau 0,9 bestimmen. Die dem Quader „innewohnende Wahrscheinlichkeit" für „schwarz" kann theoretisch jeden Wert $p \in (0;1)$ annehmen. Null und Eins sind ausgeschlossen, da ansonsten nie bzw. nur „schwarz" auftreten würde. Wie oben betrachten wir die relative Häufigkeit von „schwarz" bei 500 Würfen als Zufallsgröße Z. Vor der Durchführung der 500 Würfe lässt sich nur sagen, dass Z alle Werte $k/500$, mit $0 \leq k \leq 500$, annehmen kann. Die Zufallsgröße der absoluten Häufigkeiten für „schwarz" $X := 500 \cdot Z$ ist $B_{500,p}$-verteilt. Bei der Schätzung des Mittelwerts der Mathematikleistung von Jugendlichen sind wir oben von einem Intervall und dem wahren Mittelwert ausgegangen, in das die Stichprobenmittelwerte mindestens mit einer bestimmten Wahrscheinlichkeit, nämlich dem Konfidenzniveau, fallen. Dieses Vorgehen lässt sich übertragen.

[18] Die Effizienz einer Intervallschätzung wird in Analogie zur Effizienz einer Punktschätzung so festgelegt, dass eine Schätzung effizienter ist als eine andere, wenn sie für eine bestimmte Genauigkeit der Schätzung mit einer kleineren Stichprobe auskommt.

Um auch hier zu einem festgelegten Verfahren zu gelangen, konstruieren wir die von p abhängigen Intervalle für Z wie folgt: Die Wahrscheinlichkeit dafür, dass Z außerhalb des Intervalls liegt, darf höchsten 0,1 betragen. Wir teilen die 0,1 gleichmäßig in 0,05 für den linken äußeren Bereich und 0,05 für den rechten äußeren Bereich auf. Wir lassen bei der Bildung des Intervalls dann sehr große und sehr kleine Realisierungen von Z, also sehr große bzw. kleine relative Häufigkeiten für „schwarz“ außer Acht[19]. In der Abb. 4.5 ist die Situation für $p = 0{,}2$ dargestellt.

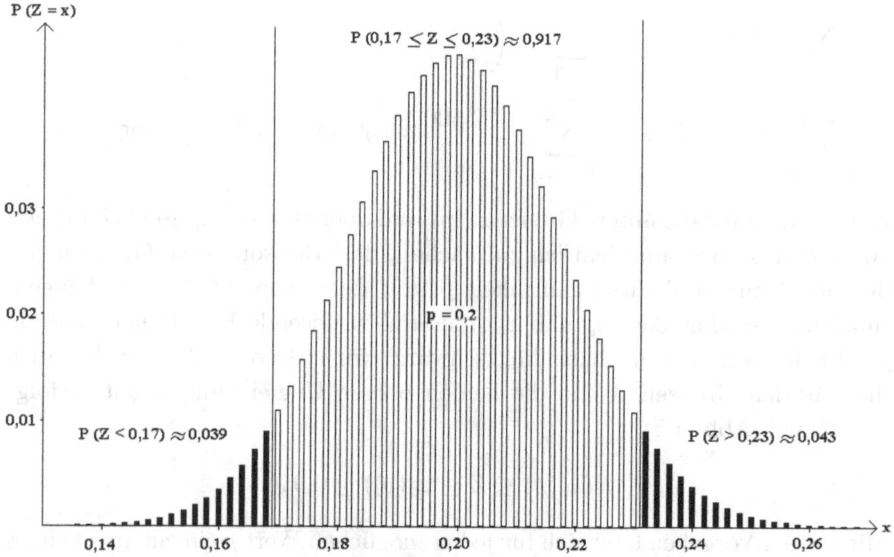

Abb. 4.5. Verteilung der relativen Häufigkeiten für $p = 0{,}2$

Da es sich bei Z um eine diskrete Zufallsgröße handelt, die 501 Werte annehmen kann, lässt sich kein Intervall angeben, in das Z mit einer Wahrscheinlichkeit von genau 0,9 fällt. Da das Konfidenzniveau immer als Mindestmaß an Sicherheit verstanden wird, nehmen wir statt dessen ein Intervall, das dieses Konfidenzniveau überschreitet und nicht weiter verkleinert werden kann. Im konkreten Beispiel mit $p = 0{,}2$ lässt sich so zum Beispiel $[0{,}17; 0{,}23]$ als Intervall finden, in das Z mit einer Wahrscheinlichkeit von ungefähr 0,917 fällt. Würde man das Intervall an beiden Seiten verkleinern, so würde das Konfidenzniveau von 0,9 nicht eingehalten. Wenn man vorher nicht das sym-

[19]Damit haben wir ein *zweiseitiges* Vorgehen gewählt. Statt der Aufteilung in 0,05 und 0,05 hätten wir auch zwei andere Wahrscheinlichkeiten α_1 und α_2 mit $\alpha_1 + \alpha_2 = 0{,}1$ wählen können. Ebenso hätten wir nur Werte auf einer Seite der Verteilung außen vor lassen, also ein *rechts-* oder *linksseitiges* Vorgehen wählen können. Diese Wahl hängt vom konkreten Problem ab.

metrische zweiseitige Vorgehen festlegt, gibt es mehrere mögliche Intervalle, in die Z mit einer Wahrscheinlichkeit von mindestens 0,9 fällt. So gilt diese Anforderung auch für die Intervalle $[0{,}178; \infty)$, $(-\infty; 0{,}224]$ oder $[0{,}176; 0{,}238]$. Entsprechend können wir bei symmetrischem Vorgehen für jeden möglichen Wert von p das Intervall, in das Z mit einer Wahrscheinlichkeit von mindestens 0,9 fallen wird, über die folgenden Bedingungen bestimmen: Wähle die untere Grenze $z_u(p)$ möglichst groß und die obere Grenze $z_o(p)$ möglichst klein, so dass

$$\sum_{x<z_u(p)} P(Z=x) = \sum_{i=0}^{500\cdot z_u(p)-1} \binom{500}{i} \cdot p^i \cdot (1-p)^{500-i} \leq 0{,}05 \quad \text{und}$$

$$\sum_{x>z_o(p)} P(Z=x) = \sum_{i=500\cdot z_o(p)+1}^{500} \binom{500}{i} \cdot p^i \cdot (1-p)^{500-i} \leq 0{,}05 \quad \text{gilt}.$$

Dabei haben wir die untere Grenze $z_u(p)$ und obere Grenze $z_o(p)$ als Funktion von p geschrieben, um deutlich zu machen, dass die konkreten Grenzen von der unbekannten Wahrscheinlichkeit p, mit der „schwarz" fällt, abhängen. Inhaltlich ist klar, dass z_u und z_o monoton wachsende Funktionen sind. Je größer die Wahrscheinlichkeit für „schwarz" wird, desto größer werden auch diese beiden Grenzen. Wenn die beiden obigen Ungleichungen gelten, folgt damit (vgl. Abb. 4.5):

$$P(z_u(p) \leq Z \leq z_o(p)) \geq 0{,}9\,.$$

Mit diesem Vorgehen lässt sich für jeden möglichen Wert p ein entsprechendes Intervall konstruieren. Wie oben bei der Mittelwertschätzung für die Mathematikleistung von Jugendlichen auf S. 417, erhalten wir durch die Umkehrung der Perspektive ein Konfidenzintervall für die unbekannte Wahrscheinlichkeit p, das von der konkreten Realisierung von Z, also den Stichprobendaten der 500 Würfe, abhängt.

Diese Umkehrung der Perspektive bedeutet wiederum, dass nicht mehr die für die Wahrscheinlichkeitsrechnung typische Schlussweise

- „Ich kenne p und bestimme ein Intervall $[I_u; I_o]$, in das ein Stichprobenergebnis mit einer Wahrscheinlichkeit von mindestens 0,9 fällt"

vollzogen wird, sondern die für die Schätzverfahren typische Schlussweise

- „Ich realisiere eine Intervallschätzung als Ergebnis eines Zufallsversuchs (Stichprobenziehung und -ergebnis) so, dass diese Schätzung $[I_u; I_o]$ den wahren Wert p mit einer Wahrscheinlichkeit von 0,9 überdecken wird".

Um diese Umkehrung der Perspektive umzusetzen, überlegen wir uns, für welche Werte von p die Realisierung 0,158 gerade noch in einem wie oben gebildeten Intervall um p zum Konfidenzniveau 0,9 liegt. Wir suchen also eine größtmögliche Wahrscheinlichkeit $p_u =: I_u$ und eine kleinstmögliche Wahrscheinlichkeit $p_o =: I_o$, so dass gilt:

$$0{,}158 \leq z_o(p_u) \quad \text{und} \quad z_u(p_o) \leq 0{,}158\,.$$

Diese Bedingung ist äquivalent zu (zur Erinnerung: „schwarz" ist 79-mal gefallen)

$$\sum_{x>0{,}158} P(Z=x) = \sum_{i=79+1}^{500} \binom{500}{i} \cdot p_u^i \cdot (1-p_u)^{500-i} \leq 0{,}05 \quad \text{und}$$

$$\sum_{x<0{,}158} P(Z=x) = \sum_{i=0}^{79-1} \binom{500}{i} \cdot p_o^i \cdot (1-p_o)^{500-i} \leq 0{,}05\,.$$

Hieraus lassen sich für die Stichprobendaten in unserem Beispiel die beiden Grenzen $I_u = p_u \approx 0{,}134$ und $I_o = p_o \approx 0{,}185$ bestimmen[20]. Damit ist also $[0{,}134; 0{,}185]$ eine Intervallschätzung der unbekannten Wahrscheinlichkeit p für „schwarz" zum Konfidenzniveau 0,9 und der realisierten relativen Häufigkeit 0,158. In Abb. 4.6 werden die beiden zu diesen p-Werten gehörigen Verteilungen der relativen Häufigkeiten für 500 Würfe im relevanten Bildausschnitt dargestellt.

Die Wahrscheinlichkeit für die in der Stichprobe realisierte relative Häufigkeit von 0,158 wird durch die graue Säule repräsentiert. Der weiß gefärbte Bereich rechts und der schwarz gefärbte Bereich links von dieser Säule stellen die Bereiche dar, in denen die relativen Häufigkeiten für $p_u = 0{,}134$ bzw. $p_o = 0{,}185$ nur eine Chance von $\leq 5\%$ haben, aufzutreten. Dies sind eben die Bereiche „extremer" Werte, die vom Erwartungswert der jeweiligen Verteilung aus betrachtet nach 0,158 beginnen.

Zwei Dinge fallen im Vergleich zu der zuvor betrachteten Intervallschätzung dieser unbekannten Wahrscheinlichkeit mit Hilfe des Bernoulli'schen Gesetzes der großen Zahlen auf:

- Erstens ist dieses zuletzt geschätzte Intervall erheblich kürzer, die Schätzung zum gleichen Konfidenzniveau nach diesem Verfahren also erheblich genauer. Oben betrug die Länge des Intervalls 0,142, hier lediglich 0,051,

---

[20]Dabei kann der rechnerische Aufwand sehr schnell sehr groß werden. Mit einem Computer-Algebra-System ist dies aber leistbar. Wir haben hier mit DERIVE gearbeitet und die Ungleichung für den Grenzfall „= 0,05" numerisch lösen lassen. Dabei sollte man Grenzen für den erwarteten Lösungswert angeben, zum Beispiel „0,15" und „0,3" für p_o. Ansonsten kann man hier aufgrund der Stichprobengröße und des Bereichs für p auch über die Approximation der Binomialverteilung durch die Standardnormalverteilung gehen (vgl. Abschnitt 3.9.1).

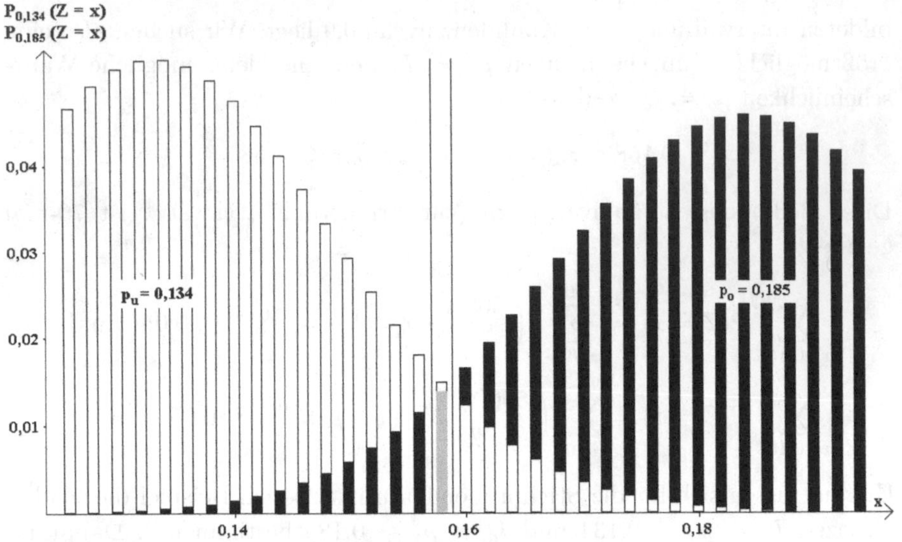

Abb. 4.6. Verteilung der relativen Häufigkeiten für $p_u = 0{,}134$ und $p_o = 0{,}185$

also nur etwa 36% der obigen Länge. Damit ist das zweite Verfahren, das die Verteilungsart ausnutzt, deutlich effizienter!

- Zweitens ist das geschätzte Intervall selber nicht mehr genau symmetrisch um die realisierte relative Häufigkeit, sondern nur noch annähernd. Dies scheint zunächst ein Widerspruch zum gewählten symmetrischen Vorgehen zu sein. Das symmetrische Vorgehen war aber nur symmetrisch in Bezug auf die Wahrscheinlichkeit für die Bereiche, die außen vor gelassen wurden. In Abb. 4.5 sind dies jeweils die Wahrscheinlichkeiten für die Bereiche links und rechts mit den schwarz eingefärbten Säulen. Die Binomialverteilung ist nur für $p = \frac{1}{2}$ exakt symmetrisch. Insbesondere für sehr große und sehr kleine Werte von p weicht sie stärker von der symmetrischen Form ab. Dies wirkt sich auf das Konfidenzintervall aus.

Das zuvor für den Riemer-Quader durchgeführte Verfahren zur Bestimmung eines Konfidenzintervalls lässt sich für andere zu schätzende Parameter η verallgemeinern. Dieses allgemeine Verfahren heißt ***Verfahren von Clopper-Pearson***, da *C. J. Clopper*[21] und *Egon Sharpe Pearson* es im Jahr 1934 (vgl. *Clopper* & *Pearson* 1934) vorgeschlagen haben. Es ist unter sehr allgemeinen Voraussetzungen anwendbar, da lediglich erforderlich ist, dass die Funktio-

[21] *C. J. Clopper* scheint ein unbedeutender Statistiker gewesen zu sein. Sein Name taucht nur im Zusammenhang mit diesem Verfahren auf. Daher konnten wir seine genauen Vornamen nicht mit vertretbarem Aufwand herausfinden und müssen hier ausnahmsweise auf deren Nennung verzichten.

nen der oberen und unteren Grenzen, oben waren dies z_u und z_o, monoton in η sind. Dies ist wie im untersuchten Beispiel in der Regel der Fall und direkt aus der Situation erkennbar. In unserem Beispiel handelte es sich bei der Zufallsgröße Z, der relativen Häufigkeit von „schwarz“ bei 500 Würfen, um eine diskrete Zufallsgröße. Wenn statt dessen eine stetige Zufallsgröße im Zentrum der Schätzung steht, tritt die entsprechende Dichtefunktion anstelle der Wahrscheinlichkeitsverteilung auf und dementsprechend Integrale anstelle der Summen. Dadurch verringert sich vielfach der rechnerische Aufwand zur Ermittlung der konkreten Grenzen eines Konfidenzintervalls bei Vorliegen eines empirischen Resultats. Außerdem lassen sich *extreme* Bereiche angeben, in die die Zufallsgröße mit einer Wahrscheinlichkeit von exakt α fällt.

Aufgabe 78 (Intervallschätzung für den Anteil defekter Glühbirnen) Führen Sie für das eingangs dieses Abschnitts dargestellte Beispiel des Elektrogroßhandels eine Intervallschätzung nach dem Verfahren von Clopper-Pearson zum Konfidenzniveau 95% durch!

Vom praktischen Nutzen: Konfidenzintervalle anwenden

Wie lassen sich Konfidenzintervalle nutzen? Zunächst ist es prinzipiell wie bei den obigen Beispielen relevant, einen unbekannten Parameter mit einer hinreichenden Sicherheit zu schätzen. Wenn vorher keine Informationen über einen Parameter vorliegen, kann er nach einem Stichprobenergebnis zu einem zuvor festgelegten Konfidenzniveau eingegrenzt werden, so dass man hinterher genauere Aussagen treffen kann. Zum anderen kann man den gleichen Parameter für verschiedene Stichproben betrachten und sich fragen, ob er sich diesbezüglich bedeutend unterscheidet.

In Abb. 2.51 haben wir eine Ergebnisgraphik zu PISA 2000 dargestellt. Dort werden *Perzentilbänder* zur informativen Darstellung der Ergebnisse der einzelnen Nationen genutzt. Ein Ausschnitt von Abb. 2.51 wird nochmals in Abb. 4.7 gezeigt. Neben den verwendeten Perzentilen enthält die Graphik Informationen über das arithmetische Mittel (in Abb. 4.7: M) der Leistungen, über die Standardabweichung (*SD*) und über den Standardfehler (*SE*). Außerdem sind in den Perzentilbändern Konfidenzintervalle eingezeichnet. Es handelt sich dabei jeweils um die Intervalle „arithmetisches Mittel $\pm$ zwei Standardfehler“. Sie geben also die Intervallschätzung des arithmetischen Mittels für die Grundgesamtheit der 15-jährigen der jeweiligen Nation zum Konfidenzniveau 95,5% an. Wenn sich die Konfidenzbereiche zweier Nationen *nicht* überschneiden, so sagt man, dass sich die arithmetischen Mittel dieser Nationen auf dem Niveau 95,5% *signifikant* voneinander unterscheiden. Man geht also davon aus, dass hier keine Zufallseffekte den Unterschied herbeigeführt haben. So erklärt sich auch der grau abgesetzte Kasten um

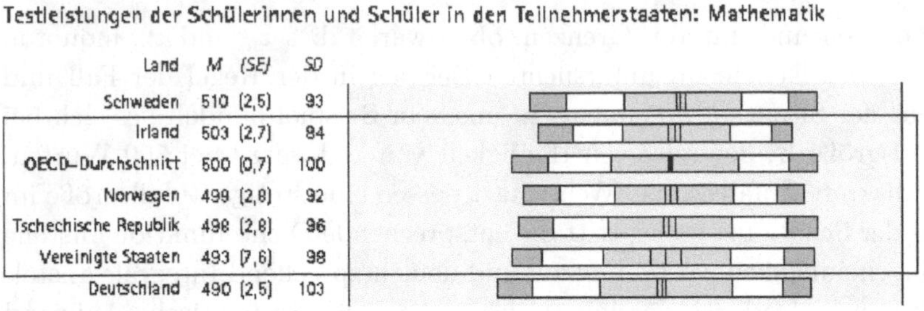

Abb. 4.7. „Signifikante Unterschiede des arithmetischen Mittels" (Deutsches PISA-Konsortium 2001b, S. 21)

den OECD-Durchschnitt herum. Innerhalb dieses Kastens liegen die Nationen, die sich *nicht* signifikant vom OECD-Durchschnitt unterscheiden. Damit wird sichtbar, dass das arithmetische Mittel für Deutschland in diesem Sinne signifikant unterhalb des OECD-Durchschnitts liegt.

Zu guter Letzt gehen wir noch kurz auf die Frage ein, wie man Stichprobenumfänge mit den Kenntnissen über Intervallschätzungen planen kann. Wie wir mehrfach betont haben, ist eine Schätzung umso sicherer, je größer die Stichprobe ist. Inhaltlich ist dies klar. Wie geht man aber vor, wenn man zu einem inhaltlich als erforderlich angesehenen Konfidenzniveau ein nicht zu großes Intervall schätzen möchte? Um den Zusammenhang zwischen Stichprobengröße, Intervalllänge und Konfidenzniveau zu verdeutlichen greifen wir noch mal auf das wenig effiziente Verfahren zurück, das auf dem Bernoulli'schen Gesetz der großen Zahlen beruht. Für die obige Schätzung beim Riemer-Quader ergab sich:

$$P(|Z - p| \leq \varepsilon) > 1 - \frac{1}{4 \cdot 500 \cdot \varepsilon^2} \geq 0{,}9\,.$$

Dabei ist ε gerade die halbe Intervalllänge, 0,9 das vorgegebene Konfidenzniveau und 500 der Stichprobenumfang. Wenn man zwei dieser drei Größen festlegt, lässt sich die dritte hieraus berechnen. Im vorliegenden Beispiel sind das Konfidenzniveau und der Stichprobenumfang vorgegeben, so dass die Länge des symmetrischen Intervalls berechnet werden kann. Wenn man beim gleichen Konfidenzniveau die Intervalllänge und damit ε halbieren möchte, dann muss offensichtlich der Stichprobenumfang vervierfacht werden, denn ε geht quadratisch in den Nenner des Bruchs ein, der Stichprobenumfang nur linear. Allgemein lässt sich also sagen, dass bei festem Konfidenzniveau gilt, dass ε umgekehrt proportional zu $\sqrt{n}$ ist. Diese Proportionalität der Intervalllänge zum Kehrwert der Wurzel des Stichprobenumfangs tritt entsprechend bei der Schätzung des arithmetischen Mittels bei festgelegtem Standardfehler auf. Beim Standardfehler taucht $\sqrt{n}$ direkt im Nenner auf. Möchte man eine Schätzung zum Beispiel um eine Dezimalstelle genauer gestalten, dann muss der Stichprobenumfang verhundertfacht werden.

4.2 Hypothesentests

Das Testen von Hypothesen spielt vor allem in den empirischen Wissenschaften eine wichtige Rolle. In den empirischen Wissenschaften geht es darum, theoretisch oder explorativ gewonnene Vermutungen über einen Gegenstandsbereich empirisch abzusichern. In anderen Anwendungen, wie zum Beispiel der industriellen Qualitätssicherung, muss man sich häufig aufgrund von Stichprobendaten für oder gegen eine bestimmte Einschätzung wie „die Maschine arbeitet einwandfrei" entscheiden. Dabei sind die Grundzüge von Hypothesentests inhaltlich nahe liegend: Wenn eine Hypothese anhand von Stichprobendaten getestet werden soll, dann wird man diese verwerfen, wenn das Stichprobenergebnis besonders unverträglich mit ihr erscheint. Passen die Stichprobendaten und die Hypothese hingegen gut zueinander, dann wird man sie nicht verwerfen. Da mit Stichproben gearbeitet wird, ist in beiden Fällen klar, dass man mit seiner Einschätzung falsch liegen kann. In manchen Situationen entscheidet man sich dabei nicht zwischen einer Hypothese und ihrem logischen Gegenteil („Die Fehlerrate beträgt höchstens 1%" vs. „Die Fehlerrate liegt über 1%"), sondern zwischen konkurrierenden Hypothesen („Die Fehlerrate beträgt 1%" vs. „Die Fehlerrate beträgt 5%").

Eine Aufgabe der beurteilenden Statistik ist es, solche Hypothesentests zu planen und die möglichen Fehler, die bei einer Entscheidung passieren können, zu kalkulieren. Aus der Vielzahl möglicher Hypothesentests und möglicher involvierter Parameter, haben wir zwei überschaubare Klassen für die ausführliche Darstellung ausgewählt, um die Grundideen des Testens von Hypothesen in den Vordergrund zu stellen. Wer diesen Grundideen zum ersten Mal begegnet, hat erfahrungsgemäß Schwierigkeiten, diese nachzuvollziehen und zu durchdringen. Daher verstecken wir sie nicht hinter einer Vielzahl konkreter Verfahren, sondern entwickeln sie inhaltlich. Dazu beschränken wir uns zunächst auf ***Binomialtests***, das sind Verfahren, bei denen Hypothesen über Anteile bzw. Wahrscheinlichkeiten mit Hilfe der Binomialverteilung getestet werden.

Wir werden die Testproblematik an einem nicht direkt praxisrelevanten, dafür aber überschaubaren Beispiel einführen: Eine gefundene alte Münze soll darauf getestet werden, ob „Kopf" und „Zahl" die gleiche Wahrscheinlichkeit beim Münzwurf besitzen. Von diesem Beispiel aus werden wir uns anwendungsnäheren Beispielen zuwenden und auf wichtige Größen eingehen, die beim Testen von Hypothesen eine zentrale Rolle spielen. Da Hypothesentests besonders wichtig für die Entwicklung der mathematischen Statistik waren und ein gutes Beispiel für Impulse aus den Anwendungswissenschaften sind, gehen wir anschließend auf historische und wissenschaftstheoretische Aspekte ein. Schließlich wird mit dem Chi-Quadrat-Test eine zweite wichtige Klasse von Hypothesentests dargestellt.

4.2.1 Klassische Hypothesentests

Stellen Sie sich vor, Sie finden eine Münze. Aus ihrem Lehrbuch „*Elementare Stochastik*“ kennen Sie lauter Beispiele, in denen Münzen auftauchen, bei denen „Kopf“ und „Zahl“ beim Werfen jeweils mit einer Wahrscheinlichkeit von 50% fallen. Solche Münzen haben wir Laplace-Münzen genannt. Sie können sich fragen, ob die gefundene Münze einer solchen *idealen* Münze entspricht oder nicht. Wie würden Sie vorgehen? Vermutlich würden Sie die Münze einige Male werfen und sich die Ausgänge der Würfe notieren. Treten dabei „Kopf“ und „Zahl“ annähernd gleich oft auf, spricht nichts dagegen, anzunehmen, dass die Münze ungefähr einer Laplace-Münze entspricht. Bei sehr großen Unterschieden von „Kopf“ und „Zahl“ würden Sie sich vermutlich gegen diese Annahme entscheiden – wohl wissend, dass selbst bei einer mathematisch idealen Münze 100-mal hintereinander „Kopf“ fallen kann. Dies ist nur sehr unwahrscheinlich.

Dieses durchaus nahe liegende Vorgehen[22] werden wir im Folgenden schrittweise untersuchen. Die Hypothese „Die alte Münze ist eine Laplace-Münze“ lässt sich durch die Wahrscheinlichkeit ausdrücken, mit der „Kopf“ fällt. In einer Kurzform würde dies heißen „$p := P(\text{Kopf}) = 0{,}5$“. Da sich die Anzahlen, bei denen „Kopf“ bzw. „Zahl“ oben liegt, zur Gesamtzahl der Münzwürfe addieren, reicht es aus, die Anzahl für „Kopf“ zu betrachten. Zunächst betrachten wir eine Serie von 100 Würfen mit dieser Münze[23]. Die Zufallsgröße Z wird dabei als Anzahl für „Kopf“ bei 100 Durchgängen festgelegt. Zwei Vorgehensweisen erscheinen zunächst plausibel:

- Wir können zuerst die 100 Würfe durchführen, uns das Ergebnis anschauen und dann die Hypothese „$p = 0{,}5$“ verwerfen oder nicht.
- Wir können aber auch zunächst eine eindeutige Entscheidungsregel formulieren, dann die 100 Würfe durchführen und das Ergebnis bestimmen lassen, ob wir an die Hypothese „$p = 0{,}5$“ glauben wollen oder nicht.

Das zweite Vorgehen scheint objektiver zu sein, da zunächst eine Entscheidungsregel formuliert und die Entscheidung der Empirie überlassen wird. Demgegenüber entscheiden wir beim ersten Vorgehen erst nach Vorliegen der Ergebnisse und möglicherweise unter dem Eindruck des Zustandekommens

[22] Das zuvor beschriebene Vorgehen mit den dort getroffenen Entscheidungen ist zumindest dann nahe liegend, wenn man „dichotom“ im Sinne der klassischen Statistik entscheiden möchte: Eine Annahme trifft in dieser Sichtweise – wie wir in der Einleitung zu diesem Kapitel dargelegt haben – entweder zu oder nicht.

[23] Inklusive dem Notieren der Ergebnisse reichen hierfür zwischen fünf und zehn Minuten aus. Probieren Sie es selbst!

dieser Ergebnisse[24]. Letztlich wird bei beiden Alternativen eine Entscheidung aufgrund des Stichprobenergebnisses getroffen. In den empirischen Wissenschaften wird heute in der Regel gefordert, vor der Durchführung des Tests eine Entscheidungsregel festzulegen. Dies ist aber nicht mehr als eine plausible Konvention (vgl. Abschnitt 4.2.3).
Diese Entscheidungsregel können wir z. B. aus dem Bauch heraus festlegen: Wenn weniger als 40-mal oder mehr als 60-mal „Kopf" fällt, glauben wir nicht daran, dass „$p = 0{,}5$" gilt. Unterstellt man, dass die Münze „fair" ist ($p = 0{,}5$), so lässt sich genau berechnen, wie groß die Wahrscheinlichkeit ist, ein solches extremes Ergebnis zu erhalten. Die Zufallsvariable Z „Anzahl Kopf" ist dann binomialverteilt mit den Parametern 100 und 0,5. Da die Rechnung unter der Voraussetzung „$p = 0{,}5$" durchgeführt wird, schreiben wir die Wahrscheinlichkeit explizit als bedingte Wahrscheinlichkeit:

$$\begin{aligned} &P(Z < 40 \text{ oder } Z > 60 \mid p = 0{,}5) \\ &= \sum_{i=0}^{39} \binom{100}{i} \cdot 0{,}5^i \cdot 0{,}5^{100-i} + \sum_{i=61}^{100} \binom{100}{i} \cdot 0{,}5^i \cdot 0{,}5^{100-i} \\ &= 1 - 0{,}5^{100} \cdot \sum_{i=40}^{60} \binom{100}{i} \approx 0{,}0352\,. \end{aligned}$$

Damit scheint das Risiko, der Münze die Eigenschaft „mathematisch ideal" abzusprechen, *obwohl* sie diese Eigenschaft besitzt, mit einer Wahrscheinlichkeit von ungefähr 0,0352 nicht besonders groß zu sein.
Alternativ zu diesem Vorgehen kann man sich zunächst die Wahrscheinlichkeitsverteilung der Zufallsgröße Z ansehen und dann die Entscheidungsregel formulieren. Für zu große oder zu kleine Werte von Z wird man die Hypothese „$p = 0{,}5$" wieder verwerfen. Was „zu groß" oder „zu klein" heißt, lässt sich nur normativ klären. Wir legen einen Bereich „zu großer" und einen Bereich „zu kleiner"' Werte fest, indem wir fordern, dass die Wahrscheinlichkeit dafür, dass Z bei Gültigkeit von „$p = 0{,}5$" Werte aus diesen Bereichen annimmt, insgesamt eine kritische Grenze α nicht überschreitet. Damit legen wir die (Irrtums-)Wahrscheinlichkeit, die wir beim ersten Vorgehen im Nachhinein berechnet haben, von vorneherein selber fest.
Je nachdem, wie schwerwiegend ein fälschliches Verwerfen der Ausgangshypothese ist, wird man α eher sehr klein oder auch etwas größer wählen. Da es in dem Beispiel der alten Münze keine fatalen Folgen hat, wenn man

[24]Das Zustandekommen eines Ergebnisses kann durchaus Einfluss auf die Einschätzung nehmen. Stellen Sie sich vor, bei 100 Würfen tritt zunächst 54-mal hintereinander „Zahl" und dann 46-mal hintereinander „Kopf" auf. Sie würden dieses Ergebnis sicher anders bewerten als wenn 54-mal „Zahl" und 46-mal „Kopf" in einer wechselhafteren Reihenfolge auftreten würden.

fälschlicherweise nicht an die Eigenschaft „mathematisch ideal" glaubt, kann zum Beispiel $\alpha := 0{,}09$ festlegt werden. Da man gleichermaßen „zu große" und „zu kleine" Werte im Auge hat, *kann* man diesen *willkürlich festgelegten* Wert 0,09 gleichmäßig auf beide Seiten der Verteilung aufteilen. Es werden also ein möglichst großer Wert k_1 und ein möglichst kleiner Wert k_2 gesucht, für die gilt:

$$\begin{aligned} P(Z \le k_1 \mid p = 0{,}5) &= \sum_{i=0}^{k_1} \binom{100}{i} \cdot 0{,}5^i \cdot 0{,}5^{100-i} \\ &= 0{,}5^{100} \cdot \sum_{i=0}^{k_1} \binom{100}{i} \le \frac{\alpha}{2} = 0{,}045 \quad \text{und} \\ P(Z \ge k_2 \mid p = 0{,}5) &= 0{,}5^{100} \cdot \sum_{i=k_2}^{100} \binom{100}{i} \le \frac{\alpha}{2} = 0{,}045\,. \end{aligned}$$

Aus diesen Bedingungen kann man mit Hilfe von tabellierten Werten der Binomialverteilung oder mit Hilfe eines Computer-Algebra-Systems $k_1 = 41$ und $k_2 = 59$ als entsprechende Werte ermitteln. Mit diesen beiden Werten werden wir den Test der Ausgangshypothese „$p = 0{,}5$" im Folgenden fortsetzen. In Abb. 4.8 wird das beschriebene Vorgehen mithilfe des Programms STOCHASTIK visualisiert.

Nachdem nun über die ***kritischen Werte*** 41 und 59 eine Entscheidungsregel für das Testen der Hypothese „$p = 0{,}5$" festgelegt ist, kann die alte Münze

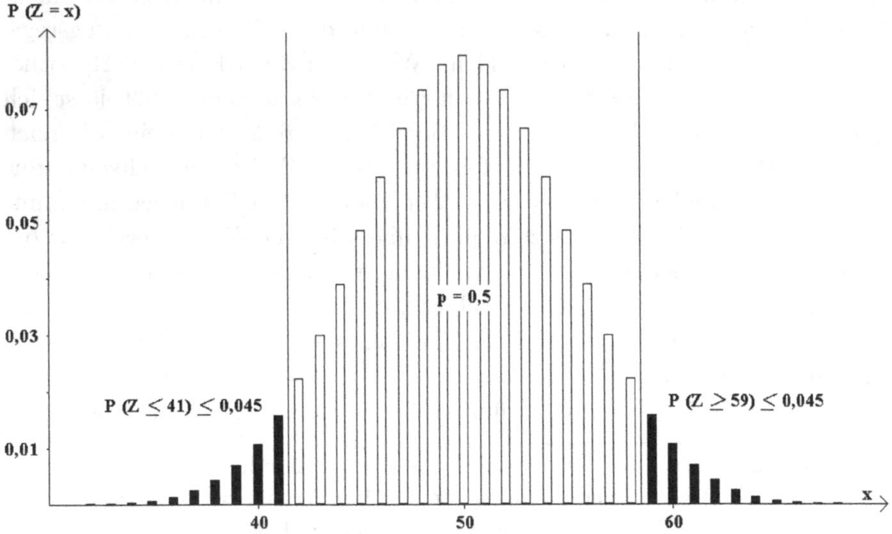

Abb. 4.8. Wahrscheinlichkeitsverteilung und kritische Werte für $p = 0{,}5$

100-mal geworfen werden. Wir müssen nur noch die Ausgänge der einzelnen Würfe zu einem Ergebnis zusammenfassen und sind dann durch die Entscheidungsregel eindeutig darauf festgelegt, ob wir die Hypothese verwerfen oder nicht. Doch in beiden Fällen kann man sich irren!

Zunächst ist klar, dass die Ausgangshypothese „$p = 0{,}5$" entweder gilt oder nicht gilt. Für die Wahrscheinlichkeit für „Kopf" kann nur entweder „$p = 0{,}5$" oder „$p \neq 0{,}5$" gelten. Es ist aber unbekannt, welche der beiden Alternativen die wahre ist[25]. Nach Vorliegen des Stichprobenergebnisses wird die Hypothese „$p = 0{,}5$" aufgrund der Entscheidungsregel entweder verworfen oder nicht verworfen. Somit sind genau die in Tabelle 4.1 dargestellten Entscheidungskonstellationen und Fehler möglich.

Tabelle 4.1. Entscheidungskonstellationen

„$p = 0{,}5$" wird	„$p = 0{,}5$"	„$p \neq 0{,}5$"
verworfen	Fehler!	×
nicht verworfen	×	Fehler!

- Angenommen, die Ausgangshypothese „$p = 0{,}5$" *gilt*: Wenn sie aufgrund eines Stichprobenergebnisses $41 < Z < 59$ *nicht verworfen* wird, ist die Entscheidung *richtig*. Wenn sie *jedoch* aufgrund eines Stichprobenergebnisses $Z \leq 41$ oder $Z \geq 59$ *verworfen* wird, führt die Entscheidungsregel zu einem *Fehler*.
- Angenommen, die Ausgangshypothese „$p = 0{,}5$" *gilt nicht*, sondern „$p \neq 0{,}5$" gilt: Wenn aufgrund eines Stichprobenergebnisses $Z \leq 41$ oder $Z \geq 59$ die Ausgangshypothese *verworfen* wird, ist die Entscheidung *richtig*. Die Entscheidungsregel führt zu einem *Fehler*, wenn die Ausgangshypothese aufgrund eines Stichprobenergebnisses $41 < Z < 59$ *nicht verworfen* wird.

Da *prinzipiell unbekannt* ist, ob die Ausgangshypothese gilt, ist auch *prinzipiell unbekannt*, ob ein Fehler aufgetreten ist. Es ist nur bekannt, ob die Ausgangshypothese aufgrund des Stichprobenergebnisses gemäß der Entscheidungsregel verworfen wurde oder nicht. Dies mag zunächst unbefriedigend erscheinen. Aufgrund des gewählten Vorgehens können aber die Wahrscheinlichkeiten für das mögliche Auftreten eines Fehlers unter den beiden obigen Annahmen „$p = 0{,}5$" bzw. „$p \neq 0{,}5$" berechnet werden. Wenn „$p = 0{,}5$" gilt, führt die obige Entscheidungsregel zu einem Fehler, wenn ein Stichprobenergebnis $Z \leq 41$ oder $Z \geq 59$ auftritt. Die Wahrscheinlichkeit hierfür haben wir bei der Festlegung der Entscheidungsregel durch die Wahl $\alpha = 0{,}09$ nach oben begrenzt. Die kritischen Werte 41 und 59 sind gerade so gefunden worden,

[25] Ansonsten wäre der ganze Hypothesentest überflüssig!

dass gilt:

$$P(Z \leq 41 \mid p = 0{,}5) \leq \frac{\alpha}{2} \quad \text{und} \quad P(Z \geq 59 \mid p = 0{,}5) \leq \frac{\alpha}{2}, \quad \text{also}$$

$$P(Z \leq 41 \quad \text{oder} \quad Z \geq 59 \mid p = 0{,}5) \leq \alpha\,.$$

Dabei sind 41 und 59 zwar als möglichst groß bzw. möglichst klein unter diesen Bedingung gefunden worden, aber da die Binomialverteilung eine diskrete Verteilung ist, trifft man damit im Allgemeinen nicht genau die Wahrscheinlichkeit $\alpha = 0{,}09$. Man kann sie nur möglichst weit annähern. In unserem Fall ergibt sich:

$$P(Z \leq 41 \text{ oder } Z \geq 59 \mid p = 0{,}5) \approx 0{,}0886\,.$$

Für die Interpretation der auftretenden Fehler ist es besonders wichtig, zu beachten, dass es sich hierbei um *bedingte Wahrscheinlichkeiten* handelt. Durch die Wahl von α begrenzen wir die Wahrscheinlichkeit dafür, dass wir im kritischen Außenbereich landen, wenn $p = 0{,}5$ gilt. Es handelt sich hierbei also um keine generelle Aussage über die Wahrscheinlichkeit des Auftretens dieses Fehlers, sondern nur um eine Aussage über die Wahrscheinlichkeit dieses Fehlers unter der Bedingung, dass die Ausgangshypothese gilt. Dies ist ein wichtiger Unterschied, der bei der Interpretation von Hypothesentests nicht immer berücksichtigt wird.

Sie können sich den Unterschied am folgenden Beispiel verdeutlichen: Armin sagt zu Beate: „Wenn ich heute Abend zu müde bin, gehe ich sehr wahrscheinlich nicht in die Spätvorstellung ins Kino!“ Was kann Beate mit dieser Aussage anfangen? Wenn sie nicht einschätzen kann, wie müde Achim heute Abend sein wird, kann sie keine Prognose darüber abgeben, ob er heute Abend fern bleiben wird. Wenn Armin im Kino auftauchen wird, kann Beate aber ziemlich sicher davon ausgehen, dass er nicht zu müde war.

„Wenn ich müde bin, dann ist Kino sehr unwahrscheinlich!“

⇓

Armin kommt ins Kino

⇓

„Dann war Armin wohl doch nicht müde gewesen!“

Abb. 4.9. Schließen aufgrund von Hypothesentests

Zurück zum Hypothesentest. Da die Gültigkeit der Ausgangshypothese prinzipiell unbekannt ist, kann keine generelle Wahrscheinlichkeit für das Auftreten eines Fehlers bestimmt werden. Oben wurde nur die Wahrscheinlichkeit für das Auftreten eines Fehlers unter der Voraussetzung der Gültigkeit der Ausgangshypothese bestimmt. Dies entspricht Armins Aussage. Wenn dieser

Fehler sehr klein gehalten wird und ein Ergebnis im kritischen Bereich auftritt, dann wird man analog zu Beates Schlussfolgerung davon ausgehen, dass die Ausgangshypothese *nicht* zutrifft. Daher ist die Kontrolle dieses Fehlers für das *Schließen* mit Hilfe eines Hypothesentests sehr wichtig.

Außer dem zuvor betrachteten Fehler, der unter der Voraussetzung der Gültigkeit der Ausgangshypothese auftreten und berechnet werden kann, gibt es noch den zweiten möglichen Fehler. Die Ausgangshypothese kann von vorneherein falsch sein, in unserem Beispiel würde dann $p \neq 0{,}5$ gelten. Trotzdem kann ein konkretes Stichprobenergebnis $41 < Z < 59$ dazu führen, dass die Ausgangshypothese „$p = 0{,}5$" nicht verworfen wird. Die Wahrscheinlichkeit hierfür würde analog zur oben durchgeführten Berechnung mit $P(41 < Z < 59|p \neq 0{,}5)$ ausgedrückt werden.

Da in unserem Beispiel „$p \neq 0{,}5$" als logisches Gegenteil von „$p = 0{,}5$" nicht weiter spezifiziert ist, lässt sich diese Wahrscheinlichkeit nicht allgemein bestimmen. Schließlich kommen außer 0,5 alle Werte aus dem Intervall $[0;1]$ als Wahrscheinlichkeit für „Kopf" infrage. Die Wahrscheinlichkeit für diesen zweiten Fehler, der unter der Voraussetzung „$p \neq 0{,}5$" auftreten kann, lässt sich nur für konkret angenommene Alternativwerte $\dot{p} \in [0;1]\backslash\{0{,}5\}$ mit Hilfe der Binomialverteilung bestimmen:

$$P(41 < Z < 59 \mid p = \dot{p}) = \sum_{i=42}^{58} \binom{100}{i} \cdot \dot{p}^i \cdot (1-\dot{p})^{100-i}\,.$$

Für konkret gewählte Werte von $\dot{p}$ lassen sich die entsprechenden *bedingten* Wahrscheinlichkeiten wieder mit geeigneten Hilfsmitteln, wie tabellierten Werten, Computer-Algebra-Systemen, Tabellenkalkulationsprogrammen oder der speziellen Software STOCHASTIK, finden. In Abb. 4.10 wird diese Situation für $p = 0{,}6$ visualisiert. Neben der Darstellung der Verteilung für $p = 0{,}6$ wird in Abb. 4.10 die Verteilung für die Ausgangshypothese „$p = 0{,}5$" dargestellt. Für diese Ausgangshypothese wurden die kritischen Werte 41 und 59 ermittelt. Die beiden senkrechten Linien trennen den Bereich „verwerfen" (außen liegend) vom Bereich „nicht verwerfen" (innen liegend) gemäß der oben aufgestellten Entscheidungsregel. Die Summe der Wahrscheinlichkeiten, die durch die schwarz eingefärbten Säulen repräsentiert werden, ist gleich der Wahrscheinlichkeit für „nicht verwerfen", wenn $p = 0{,}6$ gilt, also die Wahrscheinlichkeit für eine diesbezügliche Fehlentscheidung, wenn $p = 0{,}6$ gilt. Diese beträgt immerhin noch 37,74%.

Diese Irrtumswahrscheinlichkeit kann wie folgt *frequentistisch* gedeutet werden: Wenn die alte Münze tatsächlich mit einer Wahrscheinlichkeit von 0,6 „Kopf" zeigt und wir nach der oben beschriebenen Entscheidungsregel die Ausgangshypothese „$p = 0{,}5$" wiederholt testen, so werden wir auf lange

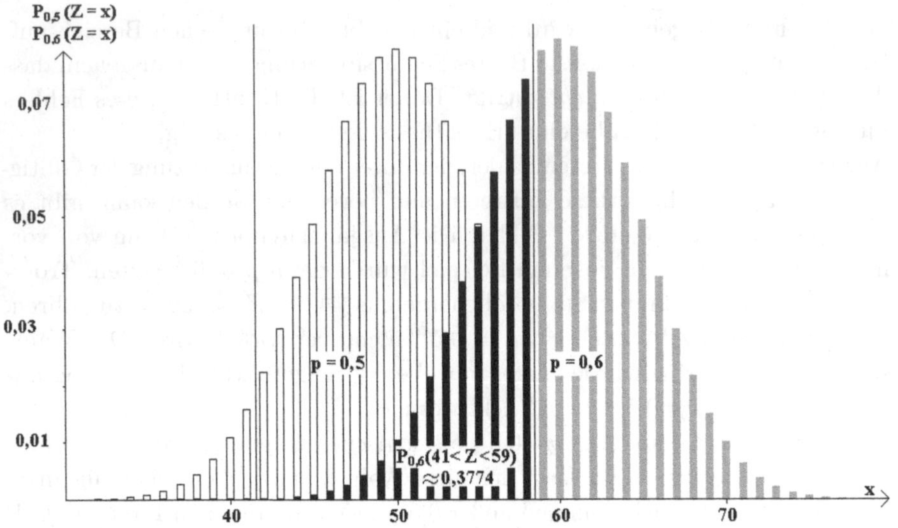

Abb. 4.10. Wahrscheinlichkeit des Fehlers „nicht verworfen" für $p = 0{,}6$

Sicht[26] in ungefähr 38 von 100 Tests die Ausgangshypothese nicht verwerfen, obwohl $p = 0{,}6$ gilt.

An der Abb. 4.10 lassen sich zwei Dinge gut erkennen:

- Erstens erkennt man, wie die beiden möglichen Fehler für „verwerfen" und „nicht verwerfen" zusammenhängen. Wenn man die bedingte Wahrscheinlichkeit für den zunächst betrachteten Fehler „verwerfen", die durch die Wahl $\alpha := 0{,}09$ nach oben beschränkt wurde, verkleinern möchte, dann muss der Bereich, in dem „$p = 0{,}5$" nicht verworfen wird, größer werden. Damit vergrößert sich aber auch der schwarz gefärbte Bereich in der Verteilung für $p = 0{,}6$, also die bedingte Wahrscheinlichkeit für den Fehler „nicht verwerfen". Umgekehrt wird diese Wahrscheinlichkeit kleiner, wenn man den Bereich, in dem „$p = 0{,}5$" nicht verworfen wird, verkleinert. Damit steigt aber die bedingte Wahrscheinlichkeit für den Fehler „verwerfen".
- Zweitens lässt sich erkennen, dass die bedingte Wahrscheinlichkeit für den Fehler „nicht verwerfen" für einen Wert $\dot{p}$ umso größer ist, je näher dieser an 0,5 liegt. Dann überschneiden sich die beiden Verteilungen sehr stark. Für weiter auseinander liegende Verteilungen wird diese Wahrscheinlichkeit kleiner. Sie wird repräsentiert durch den Anteil der Verteilung für $\dot{p}$, der in den Bereich „nicht verwerfen" fällt und schwarz eingefärbt wird.

[26]Die Redewendung „auf lange Sicht" deutet immer auf eine Bezugnahme auf die Gesetze der großen Zahlen (vgl. Abschnitt 3.8.3) hin.

Tabelle 4.2. Wahrscheinlichkeit des Fehlers „nicht verworfen“ für ausgewählte $\dot{p}$

$\dot{p}$	$P(41 < Z < 59 \mid p = \dot{p})$
0,4	$\approx 0{,}3774$
0,55	$\approx 0{,}7551$
0,6	$\approx 0{,}3774$
0,65	$\approx 0{,}0877$
0,7	$\approx 0{,}0072$
0,75	$\approx 0{,}0001$

Da der Gipfel der Binomialverteilungen beim Erwartungswert, also bei $100 \cdot \dot{p}$ (vgl. Abschnitt 3.6.1), liegt, kann man sich in Abb. 4.10 die Verteilung für ein beliebiges $\dot{p}$ vorstellen[27]. Für einige ausgewählte Werte $\dot{p}$ haben wir in der Tabelle 4.2 die bedingten Wahrscheinlichkeiten des Fehlers „nicht verwerfen“ aufgeführt.

Auftrag

In Tabelle 4.2 sind 0,4 und 0,6 die gleichen bedingten Wahrscheinlichkeiten zugeordnet. Vergewissern Sie sich, ob dies Zufall ist oder nicht!

Die Wahrscheinlichkeiten $P(41 < Z < 59 | p = \dot{p})$ für den Fehler „nicht verwerfen“ lassen sich nicht nur für die in der Tabelle aufgeführten Werte berechnen, sondern für alle $\dot{p} \in [0; 1]$. Dies gibt Anlass zur Definition und graphischen Darstellung einer Funktion, deren Definitions- und Wertebereich von vorneherein auf das Intervall $[0; 1]$ beschränkt werden kann, da es sich jeweils um Wahrscheinlichkeiten handelt:

$$f\colon [0;1] \to [0;1]\,,$$

$$\dot{p} \mapsto P(41 < Z < 59 \mid p = \dot{p}) = \sum_{i=42}^{58} \left(\binom{100}{i} \cdot \dot{p}^i \cdot (1-\dot{p})^{100-i} \right).$$

Mit Hilfe des Funktionsgraphen in Abb. 4.11 lässt sich zumindest näherungsweise für jeden Wert $\dot{p} \in [0; 1]$ die zugehörige bedingte Wahrscheinlichkeit des Fehlers „nicht verwerfen“ ermitteln. Dabei macht es nur Sinn, von diesem Fehler zu sprechen, wenn $\dot{p} \neq 0{,}5$ gilt. Bei 0,5 wird kein Fehler gemacht, wenn die Ausgangshypothese nicht verworfen wird, da sie genau dann gilt. Wir haben uns bei der graphischen Darstellung der Funktion auf den Bereich von 0,25 bis 0,75 beschränkt, da sie außerhalb dieses Bereichs fast Null ist. Der Tabelle 4.2 kann man entnehmen, dass bereits für 0,75 und damit auch für 0,25 der Funktionswert ungefähr 0,0001 und damit bei der gewählten Auflösung nicht mehr von Null unterscheidbar ist. Für $f(0{,}5)$ gilt eine interessante Beziehung. Zusammen mit dem möglichen Fehler „verwerfen“ addiert

[27] Für $p \in (0{,}1; 0{,}9)$ kann bei $n = 100$ nach der Faustregel $n \cdot p \cdot q > 9$ die Binomialverteilung ohne große Fehler durch die Normalverteilung annähern. Daher ist Gestalt dieser Verteilungen in jedem Fall glockenförmig.

sich $f(0{,}5)$ zu 1. Bei näherem Hinsehen wird dies klar:

$$f(0{,}5) = P(41 < Z < 59 \mid p = 0{,}5) = 1 - P(Z \leq 41 \text{ oder } Z \geq 59 \mid p = 0{,}5)$$

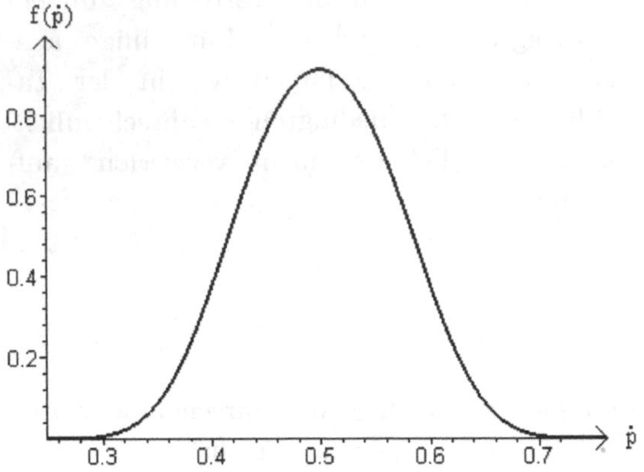

Abb. 4.11. Funktion des Fehlers „nicht verwerfen"

Aufgabe 79 (Stichprobenumfang und Fehler „nicht verwerfen") Führen Sie das oben dargestellte Verfahren mit dem Wert $\alpha = 0{,}09$ als Grundlage für die Entscheidungsregel für 200, 500, 1 000, ... Würfe durch! Bestimmen Sie analog zur Tabelle 4.2 einige Wahrscheinlichkeiten für den Fehler für „nicht verwerfen" und stellen Sie analog zu Abb. 4.11 die zugehörige Funktion dar. Was stellen Sie fest?

Damit haben wir das vollständige Konzept eines ***einfachen Hypothesentests*** anhand des Beispiels der alten Münze, die auf die Eigenschaft „mathematisch ideal" getestet werden soll, entwickelt. Im Folgenden führen wir die in diesem Kontext üblichen Begriffe ein. Auf besondere Aspekte der Anwendung von Hypothesentests und von dabei wichtigen Testgrößen gehen wir im nächsten Abschnitt ein.

Wir sind in dem obigen Beispiel von einer Hypothese, die getestet werden soll, ausgegangen. Diese wurde im voranstehenden Text auch als Ausgangshypothese bezeichnet. Die übliche Bezeichnung ist ***Nullhypothese*** H_0. Oben haben wir die Nullhypothese mit Hilfe der Wahrscheinlichkeit für „Kopf" definiert. In einer solchen Situation schreibt man H_0: „$p = 0{,}5$". Eine Nullhypothese kann dabei im Allgemeinen nicht nur über eine Wahrscheinlichkeit formuliert werden, sondern auch über andere Parameter wie den Korrelationskoeffizienten, das arithmetische Mittel oder die Varianz. Ein ***einfacher Hypothesentest*** ist wie im obigen Beispiel dadurch gekennzeichnet, dass als ***Alternativhypothese*** H_1 das logische Gegenteil von H_0 festgelegt wird. Dies ist nicht zwangsläufig so:

So hätten wir im obigen Beispiel auch zunächst einige Male die Münze werfen können und vielleicht beobachtet, dass „Kopf“ nicht ausschließlich, aber deutlich öfter als „Zahl“ fällt. Dann hätten wir eine relevante Abweichung von der Eigenschaft „mathematisch ideal“ zum Beispiel durch „$p = 0{,}7$“ konkretisieren und den Test durchgeführen können, um zu entscheiden, welche der beiden Alternativen uns plausibler erscheint. Auf dieses Konzept des ***Alternativtests*** gehen wir im nächsten Abschnitt ein.
Nachdem feststeht, welche Nullhypothese getestet werden soll, wird *vor* der Erhebung von Daten eine Entscheidungsregel festgelegt. Dies soll sicher stellen, dass aufgrund eines Stichprobenergebnisses eine eindeutige Entscheidung zugunsten oder zu ungunsten der Nullhypothese getroffen wird. Bei einer Entscheidung zu ungunsten der Nullhypothese spricht man von ***Verwerfen***. Bei der Festlegung der Entscheidungsregel kann man von einer maximalen Wahrscheinlichkeit für den Fehler „verwerfen“ ausgehen. Oben wurde als Obergrenze $\alpha = 0{,}09$ festgelegt. Eine solche Obergrenze heißt auch ***Signifikanzniveau***. Das Signifikanzniveau gibt also die maximale Wahrscheinlichkeit an, mit der eine Nullhypothese verworfen wird, obwohl sie gilt. In diesem Sinn kann das Signifikanzniveau *nicht* berechnet werden, sondern es wird mehr oder weniger willkürlich festgelegt.[28]
Die Stichprobenergebnisse, die zu einem Verwerfen der Nullhypothese führen, heißen ***Verwerfungsbereich*** V oder ***Ablehnungsbereich***. Im Beispiel der alten Münze galt $V := \{0; \ldots ; 41\} \cup \{59; \ldots ; 100\}$. Eine Zufallsgröße, über die eine Entscheidungsregel festgelegt wird, heißt ***Testgröße*** und wird auch mit T bezeichnet. Wenn der Verwerfungsbereich, wie im Münzbeispiel, auf beide Seiten der Verteilung der Testgröße aufgeteilt ist, also extrem große und extrem kleine Werte abdeckt, so spricht man von einem ***zweiseitigen Test***. Wir werden im nächsten Abschnitt einen Hypothesentest durchführen, bei dem nur zu große Werte zu einem Verwerfen der Nullhypothese führen. Dann spricht man von einem ***einseitigen Test*** und, weil der Verwerfungsbereich rechts in der Verteilung der Testgröße liegt, konkreter von einem ***rechtsseitigen Test***. Analog ist ein ***linksseitiger Test*** definiert[29].
Bei Entscheidungen aufgrund von Stichprobenergebnissen nach der festgelegten Regel können zwei Arten von Fehlern auftreten. Aufgrund ihrer Bedeutung stellen wir die Entscheidungskonstellation mit den üblichen Bezeich-

[28] Wenn man sich dafür entscheidet, den Verwerfungsbereich im ersten Schritt und ohne Blick auf die Wahrscheinlichkeiten festzulegen, dann lässt sich das Signifikanzniveau im nachhinein berechnen, indem wiederum die Wahrscheinlichkeit bestimmt wird, mit der man im Verwerfungsbereich landen kann, obwohl die Ausgangshypothese stimmt.

[29] Vergleichen Sie auch die begriffliche Analogie zu den Intervallschätzungen. Diese Analogie beschränkt sich nicht nur auf die Bezeichnungen!

Tabelle 4.3. Konstellationen beim Hypothesentest

H_0 wird ...	H_0 gilt	H_1 gilt
... verworfen $(T \in V)^{30}$	Fehler 1. Art $\alpha := P(T \in V \mid H_0)$	$1 - \beta$
... nicht verw. $(T \notin V)$	$1 - \alpha$	Fehler 2. Art $\beta := P(T \notin V \mid H_1)$

nung in Tabelle 4.3 dar. Wenn die Nullhypothese gilt, sie aber aufgrund eines Stichprobenergebnisses im Verwerfungsbereich verworfen wird, so begeht man einen ***Fehler 1. Art*** oder ***α-Fehler***. Die Wahrscheinlichkeit für diesen Fehler 1. Art ist also die bedingte Wahrscheinlichkeit $P(T \in V \mid H_0)$.
Bei einem Geltungsbereich von H_0, der mehr als einen p-Wert umfasst[31], ist dieser Fehler nur für konkret angenommene Werte für p berechenbar. Das festgelegte *Signifikanzniveau* des Tests ist aufgrund der Bestimmung des Verwerfungsbereichs eine Obergrenze für diese Wahrscheinlichkeiten. Die Sprechweise „der Test hat ein ***signifikantes Ergebnis*** geliefert“ ist dann so zu verstehen, dass die Nullhypothese bei dem vorher festgelegten Signifikanzniveau aufgrund eines Ergebnisses im Verwerfungsbereich verworfen wurde. Dieses Sprechweise macht für Außenstehende insbesondere nur dann Sinn, wenn klar ist, wie hoch das Signifikanzniveau des Tests ist. Eine ***frequentistische Deutung*** eines möglichen α-Fehlers lautet: Wenn ein Hypothesentest mit der zugrunde gelegten Entscheidungsregel wiederholt durchgeführt wird und die Nullhypothese gilt, so beträgt der Anteil der Durchführungen, in denen H_0 verworfen wird, auf lange Sicht $\alpha = P(T \in V \mid H_0)$. Die Wahrscheinlichkeit, dass man H_0 im Falle der Gültigkeit nicht verwirft, ergibt sich gerade als Gegenwahrscheinlichkeit zu $1 - \alpha$.
Der andere mögliche Fehler, der ***Fehler 2. Art*** oder ***β-Fehler*** genannt wird, tritt auf, wenn die Alternativhypothese H_1 gilt, man aber die Nullhypothese H_0 aufgrund der Entscheidungsregel nicht verwirft. Unter der Annahme der Gültigkeit von H_1 lässt sich die zugehörige Wahrscheinlichkeit als bedingte Wahrscheinlichkeit $P(T \notin V \mid H_1)$ bezeichnen. Falls der Geltungsbereich von H_1 mehr als einen p-Wert umfasst, was meistens der Fall ist, so kann auch diese Wahrscheinlichkeit nur für konkret angenommene p-Werte berechnet werden. Die Deutung dieser Wahrscheinlichkeit lautet analog und wurde auf S. 434 im Münzbeispiel ausgeführt. Die Wahrscheinlichkeit, dass man im Falle der Gültigkeit von H_1 die Nullhypothese verwirft und so ei-

[31] Man hätte bei der alten Münzen auch z. B. die Nullhypothese H_0: „$0{,}45 \leq p \leq 0{,}55$“ testen können, dann hätte der Geltungsbereich ein reelles Intervall und damit überabzählbar viele p-Werte umfasst.

ne Entscheidung zugunsten von H_1 trifft, beträgt entsprechend $1 - \beta$. Die Wahrscheinlichkeit wird auch ***Testpower*** genannt, da man in der empirischen Forschung die Alternativhypothese untermauern möchte, indem man die Nullhypothese verwirft. Dies gelingt im Falle der Gültigkeit von H_1 genau mit der Wahrscheinlichkeit $1 - \beta$. Auf solche Anwendungsaspekte gehen wir in Abschnitt 4.2.2 genauer ein.

Am Beispiel der Münze und Abb. 4.10 haben wir erläutert, dass ein geringeres Signifikanzniveau und damit eine kleinere obere Grenze für α-Fehler stets zu größeren β-Fehlern führt und umgekehrt. Kleinere α-Fehler sind gleichbedeutend mit einem kleineren Verwerfungsbereich und damit mit einem größeren Bereich, in dem die Nullhypothese nicht verworfen wird. Damit wächst aber der Bereich, der zu β-Fehlern führt und somit die β-Fehler selbst.

Die Funktion f aus dem Münzbeispiel, die wir dort im Rahmen der Untersuchung der β-Fehlers definiert haben und deren Graph in Abb. 4.11 dargestellt ist, lässt sich für alle Hypothesentests verallgemeinern. Diese ***Operationscharakteristik OC*** genannte Funktion wird definiert durch

$$OC(x) := P(T \notin V | p = x).$$

Falls x aus dem Bereich stammt, der durch H_1 definiert ist, gibt $OC(x)$ den zugehörigen β-Fehler an[32].

Eine ähnliche Funktion, die im Zusammenhang mit Hypothesentests betrachtet wird, ist die ***Gütefunktion g***. Sie ist definiert durch

$$g(x) := P(T \in V | p = x)$$

und damit das Komplement der Operationscharakteristik:

$$g(x) = P(T \in V \mid p = x) = 1 - P(T \notin V \mid p = x) = 1 - OC(x)\,.$$

Die Gütefunktion hat eine eigenständige inhaltliche Bedeutung. So wie die Operationscharakteristik im Bereich, der durch H_1 definiert ist, den zugehörigen β-Fehler angibt, gibt die Gütefunktion im Bereich, der durch H_0 definiert ist, den α-Fehler an[33]. Falls x aus dem Bereich stammt, der durch H_1 definiert ist, so gibt die Gütefunktion die Testpower an. Diese war durch $1 - \beta$ definiert, und in dem genannten Bereich entspricht dies gerade $g(x) = 1 - OC(x)$.

Aufgabe 80 (Inhaltliche Bedeutung des α-Fehlers) Sie führen für eine andere alte Münze einen Test der Hypothese „$p = 0{,}5$“ durch. Dieser Hypothesentest liefert auf dem Signifikanzniveau von 0,01 ein signifikantes Ergebnis. Was lässt sich nun aussagen?

---

[32] Im Münzbeispiel war dieser Bereich $[0; 1]\setminus\{0{,}5\}$.

[33] Im Münzbeispiel war dies nur der Wert 0,5.

1. Die Hypothese „$p = 0{,}5$“ ist falsch.
2. Die Wahrscheinlichkeit, dass die Hypothese „$p = 0{,}5$“ zutrifft, liegt unter 0,01.
3. Die Vermutung, wonach es sich bei der alten Münze um *keine* Laplace-Münze handelt ist richtig.
4. Man kann immerhin die Wahrscheinlichkeit für die Vermutung, es handele sich um *keine* Laplace-Münze, angeben.
5. Die Wahrscheinlichkeit, bei Verwerfen der Hypothese „$p = 0{,}5$“ einen Fehler zu begehen, ist kleiner als 0,01.
6. Wenn der Test seht oft wiederholt würde, käme in 99% der Fälle eine „signifikante Testgröße“ zustande.

4.2.2 Hypothesentests anwenden

Nachdem wir im voranstehenden Abschnitt die Grundzüge von klassischen Hypothesentests an einem Beispiel entwickelt und die zugehörigen Begriffe eingeführt haben, werden wir im Folgenden verschiedene Aspekte bei der konkreten Anwendung von Hypothesentests anhand einiger Beispielen beleuchten. Dabei steigen wir direkt mit einer zentralen Frage ein: Wie legt man eine Nullhypothese fest? Was muss man bei der Auswahl der Nullhypothese beachten?

Zwei Varianten eines einfachen Hypothesentests

Bei dem Beispiel des Elektrogroßhandels, der eine Lieferung von 15 000 Glühbirnen erhält, liegen *zwei* Nullhypothesen nahe: Der Lieferant sichert dem Großhändler vertraglich zu, dass höchstens ein Prozent der Glühbirnen, die er liefert, defekt ist. Also kann man von dieser Zusicherung als *Nullhypothese* „$p \leq 0{,}01$“ ausgehen. Bei einem einfachen Hypothesentest wäre dann „$p > 0{,}01$“ die *Alternativhypothese*. Es kann aber auch sein, dass der Großhändler zum Beispiel aufgrund eines Stichprobenergebnisses den Lieferanten beschuldigt, seine Zusicherung, höchstens ein Prozent der Glühbirnen seien defekt, nicht einzuhalten. Man kann also auch von „$p > 0{,}01$“ als *Nullhypothese* ausgehen und „$p \leq 0{,}01$“ als *Alternativhypothese* betrachten. Dies sind nicht die einzigen möglichen Konstellationen von Null- und Alternativhypothese in der dargestellten Situation, aber zwei nahe liegende. Da beide Konstellationen symmetrisch zueinander wirken, könnte man vermuten, dass es eigentlich egal ist, wie man vorgeht, welche Hypothese also als Nullhypothese gewählt wird. Um dies zu untersuchen führen wir einen einfachen Hypothesentest für beide Varianten durch.
Zunächst führen wir einen einfachen Test der Nullhypothese H_0: „$p \leq 0{,}01$“ durch. Bei diesem Test wird anhand eines Stichprobenergebnisses entschieden, ob die vertragliche Zusicherung des Lieferanten auf einem noch festzu-

legenden *Signifikanzniveau* verworfen wird. Da ein solcher Vertrag für den Fall, dass der Lieferant seine Zusicherung nicht einhalten kann, in der Regel eine Vertragsstrafe vorsieht, wird der Lieferant daran interessiert sein, dass das Signifikanzniveau sehr niedrig ist. Nur so ist die Wahrscheinlichkeit, dass die Nullhypothese verworfen wird, obwohl sie tatsächlich stimmt entsprechend gering. Möglicherweise sieht der Großhändler dies ein und beide einigen sich auf das Signifikanzniveau $\alpha := 0{,}04$. Wenn die Zusicherung stimmt, würde dann auf lange Sicht nur in jedem 25. Test die Nullhypothese fälschlicherweise verworfen.

Bei diesem Test handelt es sich um einen *rechtsseitigen* Test, denn die Nullhypothese „höchstens ein Prozent der Glühbirnen sind defekt" wird nur dann verworfen, wenn zu viele defekte Glühbirnen in der Stichprobe sind. Der *Verwerfungsbereich* hat bei der *Testgröße* T „Anzahl der defekten Glühbirnen" also die Gestalt $V := \{k; \ldots; n\}$ mit geeignetem $k \in N_0$. Die Testgröße T kann als binomialverteilt mit den Parametern n und p angenommen werden. Damit lässt sich nach Festlegung des Stichprobenumfangs ein konkreter Verwerfungsbereich angeben. Im genannten Beispiel einigen sich der Lieferant und der Großhändler darauf, 100 Glühbirnen zu untersuchen, da dies relativ zügig möglich ist[34]. Die Nullhypothese wird hier nicht durch einen einzelnen p-Wert festgelegt, sonder durch ein Intervall: H_0: „$p \leq 0{,}01$". Um konkret rechnen zu können, wählen die beiden den Grenzfall $p = 0{,}01$ aus. Dies ist sinnvoll, da die Nullhypothese verworfen wird, wenn zu viele Glühbirnen defekt sind, und der ungünstigste p-Wert im Bereich der Nullhypothese ist 0,01. Bei noch kleinerem p ist es noch unwahrscheinlicher, dass viele Glühbirnen defekt sind. Wenn H_0 mit $p = 0{,}01$ verworfen werden kann, so *erst recht* für alle kleineren p-Werte. Für die Bestimmung des Verwerfungsbereichs wird nun ein möglichst kleines $k \in N_0$ gesucht, für das gilt:

$$P(T \geq k \mid p = 0{,}01) = \sum_{i=k}^{100} \binom{100}{i} \cdot 0{,}01^i \cdot 0{,}99^{100-i} \leq 0{,}04\,.$$

Damit lässt sich der gesuchte Wert für k wieder mit Hilfe eines Tabellenwerks[35] oder mit entsprechenden Programmen finden. Es ergibt sich $k = 4$, da gilt:

$$P(T \geq 3 \mid p = 0{,}01) \approx 0{,}0794 \quad \text{und} \quad P(T \geq 4 \mid p = 0{,}01) \approx 0{,}0184\,.$$

[34]Neben der mathematischen Theorie und Analyse solcher Verfahren sollte man berücksichtigen, dass in der Anwendung häufig zusätzliche – meistens ökonomische – Rahmenbedingungen Einfluss auf die konkrete Realisierung eines Verfahrens nehmen.

[35]Da in Tabellenwerken die Verteilungsfunktion der Binomialverteilung aufgelistet ist, also konkret für $n = 100$ und $p = 0{,}01$ die Werte für $P(T \leq x)$, ist es günstig die folgende Umformung zu nutzen: $P(T \geq k) = 1 - P(T \leq k - 1)$.

Somit ist der Verwerfungsbereich $V := \{4; \ldots; 100\}$ festgelegt, und der Test kann durchgeführt werden. Wenn ein Stichprobenergebnis wie das eingangs dieses Kapitels genannte mit drei defekten unter 100 Glühbirnen zustande kommt, lässt sich die Zusicherung des Lieferanten nicht auf dem Signifikanzniveau von 0,04 verwerfen. Der Lieferant wird sich freuen, der Großhändler ärgern. Schließlich beträgt die Wahrscheinlichkeit für ein Ergebnis von drei oder mehr defekten Glühbirnen auch nur ca. 7,9%, wenn die Zusicherung des Lieferanten stimmt und mit $p = 0{,}01$ gerechnet wird.
Mit einer Punktschätzung nach der Maximum-Likelihood-Methode hätte sich für dieses Stichprobenergebnis $p = 0{,}03$ als geschätzte Wahrscheinlichkeit dafür, dass eine Glühbirne defekt ist, ergeben. Das ist für den Großhändler Grund genug, sich zu überlegen, wie wahrscheinlich es ist, dass die hier betrachtete Nullhypothese nach der vereinbarten Entscheidungsregel nicht verworfen wird, obwohl $p = 0{,}03$ gilt. In Abb. 4.12 wird diese Situation graphisch darstellt.
Die beiden Verteilungen für die Werte $p = 0{,}03$ und $p = 0{,}01$ überschneiden sich noch stark, und ein erheblicher Anteil der Verteilung für $p = 0{,}03$, nämlich der grau gefärbte, fällt in den Bereich $\{0; 1; 2; 3\}$, in dem die Nullhypothese nicht verworfen wird. Als zugehöriger β-Fehler ergibt sich:

$$P(T \leq 3 \mid p = 0{,}03) = \sum_{i=0}^{3} \binom{100}{i} \cdot 0{,}03^i \cdot 0{,}97^{100-i} \approx 0{,}6472\,.$$

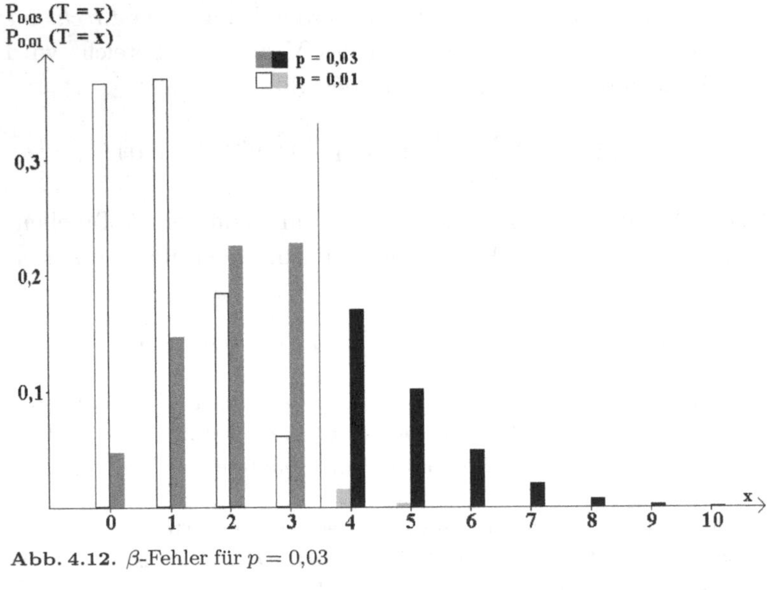

Abb. 4.12. β-Fehler für $p = 0{,}03$

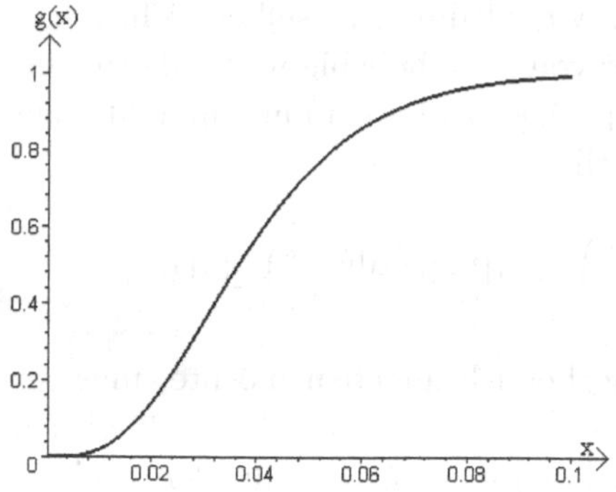

Abb. 4.13. Gütefunktion des Tests

Der Test hat für $p = 0{,}03$ eine *Testpower* von ungefähr $1 - 0{,}65 = 0{,}35$. Auf lange Sicht würde die Nullhypothese H_0: „$p \leq 0{,}01$" also nur in ungefähr 35% der durchgeführten Tests verworfen werden, wenn $p = 0{,}03$ gilt. Für die anderen möglichen p-Werte im Bereich der Alternativhypothese H_1: „$p > 0{,}01$" kann die Testpower als Funktionswert der *Gütefunktion* g über die Darstellung des Funktionsgraphen in Abb. 4.13 gefunden werden. Die Gütefunktion hat die Funktionsgleichung:

$$g(x) = \sum_{i=4}^{100} \binom{100}{i} \cdot x^i \cdot (1-x)^{100-i} .$$

Die Stelle 0,03, zu der wir oben ungefähr 0,35 als Testpower berechnet haben befindet sich in einem Bereich, in dem die Gütefunktion und damit die Testpower stark ansteigen. Für $p = 0{,}05$ beträgt die Testpower ungefähr 0,74 und für $p = 0{,}1$ bereits ca. 0,99. Dann befindet man sich aber deutlich jenseits des Bereichs, den der Lieferant einhalten muss. Er kann solch einem Test also sorgenfreier entgegenblicken als der Großhändler.

Also bleibt zu untersuchen, was passiert, wenn man von dem Vorwurf des Großhändlers ausgeht, der Lieferant halte seine Zusage nicht ein. Dann lautet die Nullhypothese H_0: „$p > 0{,}01$" und H_1: „$p \leq 0{,}01$" ist die Alternativhypothese. Der Großhändler schlägt aus Unzufriedenheit mit dem ersten Verfahren vor, erneut einen Hypothesentest durchzuführen. Diesmal soll aber von der Nullhypothese ausgegangen werden, die seinem Vorwurf entspricht. Beide einigen sich auch hier auf einen Stichprobenumfang von 100 Glühbirnen und ein Signifikanzniveau von wiederum 0,04, da der Großhändler seinen Vorwurf schließlich gut begründet hat. Wie im ersten Vorgehen wird also über die Festlegung einer relativ niedrigen Obergrenze für den α-Fehler, eine hohe Anforderung an das Verwerfen der Nullhypothese gestellt.

Mit welchem Wert soll nun der Verwerfungsbereich festgelegt werden? Wie oben wird die Nullhypothese nicht durch einen einzelnen p-Wert, sondern durch ein Intervall gekennzeichnet. Aufgrund der Aussage der Nullhypothese wird man diese nur dann verwerfen, wenn sehr wenige Glühbirnen defekt sind. Es handelt sich also um einen *linksseitigen* Test. Da wenige defekte Glühbirnen bei einem kleinen p-Wert am wahrscheinlichsten sind, wird auch hier mit dem im Sinne der Nullhypothese ungünstigsten Fall gerechnet. Dies ist bei „$p > 0{,}01$“ wiederum 0,01. Dieser Wert kann zwar selber nicht angenommen werden, man kann sich ihm aber von oben beliebig weit nähern. Um den Verwerfungsbereich für diese Nullhypothese zu finden muss man also ein möglichst großes $k \in N_0$ finden, für das gilt:

$$P(T \leq k \mid p = 0{,}01) = \sum_{i=0}^{k} \left(\binom{100}{i} \cdot 0{,}01^i \cdot 0{,}99^{100-i} \right) \leq 0{,}04\,.$$

Wenn man einen nichtleeren Verwerfungsbereich angeben möchte, muss er mindestens die Null enthalten, denn weniger als Null defekte Glühbirnen können nicht in der Stichprobe sein. Aber selbst für $k = 0$ gilt $P(T = 0|p = 0{,}01) \approx 0{,}366$. Da das geforderte Signifikanzniveau selbst für k = 0 nicht eingehalten werden kann, hätte man also einen leeren Verwerfungsbereich! Das bedeutet, der Glaube an die Hypothese kann durch kein empirisches Ergebnis erschüttert werden. Die Hypothese kann im Rahmen des gewählten Verfahrens also nie an der Empirie scheitern. Bei einer Wahrscheinlichkeit von 0,01 für eine defekte Glühbirne ist es bei nur 100 gezogenen Glühbirnen mit ungefähr 36,6% noch zu wahrscheinlich, dass gar keine defekte Glühbirne in der Stichprobe ist. Der Erwartungswert der zu diesen Parametern gehörigen Binomialverteilung liegt bei $100 \cdot 0{,}01 = 1$. Selbst wenn die beiden Kontrahenten von „$p > 0{,}03$“ als Nullhypothese ausgegangen wären, hätten sie diese bei einem Stichprobenumfang von 100 und einem Signifikanzniveau von 0,04 nie verwerfen können, da in diesem Fall gilt $P(T = 0|p = 0{,}03) \approx 0{,}0476$.
Wie können die Beiden vorgehen, wenn sie die im zweiten Verfahren zunächst ausgewählte Nullhypothese „$p > 0{,}01$“ weiterhin auf einem Signifikanzniveau von 0,04 testen wollen? Da es sich in jedem Fall um einen linksseitigen Test handelt, ist der kleinste denkbare Verwerfungsbereich $V = \{0\}$. Bei einem Stichprobenumfang von 100 kommt man aber mit $P(T = 0|p = 0{,}01)$ nicht unter das festgelegte Signifikanzniveau. Also muss der Stichprobenumfang so erhöht werden, dass mit diesem Verwerfungsbereich der Stichprobenumfang unterschritten werden kann[36]. Um den mindestens notwendigen Stichprobenumfang zu ermitteln, kann man den α-Fehler für $p = 0{,}01$ und den Verwerfungsbereich $V = \{0\}$ in Abhängigkeit vom Stichprobenumfang n betrachten. Dann muss man untersuchen, wann dieser α-Fehler 0,04 unterschreitet. Die Testgröße T wurde bisher für den Stichprobenumfang 100 betrachtet. Wenn n variabel ist, muss auch eine passende Testgröße T_n „Anzahl der defekten Glühbirnen in einer Stichprobe des Umfangs n“ betrachtet werden. Für den

[36]Bei einem erhöhten Stichprobenumfang entfernt sich zum einen der Erwartungswert weiter von Null, zum anderen kann man gemäß dem Bernoulli'schen Gesetz der großen Zahlen davon ausgehen, dass die Wahrscheinlichkeit dafür, dass die realisierte relative Häufigkeit um mehr als einen vorgegebenen (kleinen) Wert abweicht, immer geringer wird.

gesuchten Stichprobenumfang n erhalten wir die Bedingung:

$$P(T_n = 0 \mid p = 0{,}01) = 0{,}99^n \leq 0{,}04 \Leftrightarrow n \cdot \log(0{,}99) \leq \log(0{,}04)$$
$$\Leftrightarrow n \geq \frac{\log(0{,}04)}{\log(0{,}99)}\,.$$

Dabei konnte die erste Äquivalenzumformung so durchgeführt werden, weil der Logarithmus eine streng monoton wachsende Funktion ist, und die zweite, weil log(0,99) negativ ist. Der Wert $0{,}99^n$ für den α-Fehler kann eher „technisch" aus der Binomialverteilung gewonnen oder auch direkt „inhaltlich" aus der Situation entwickelt werden: Wenn keine Glühbirne defekt ist, sind alle funktionsfähig. Die Wahrscheinlichkeit für die Funktionsfähigkeit einer Glühbirne beträgt nach Voraussetzung 0,99 und die Funktionsfähigkeit aller Glühbirnen ist unabhängig voneinander[37]. Also ergibt sich für n funktionsfähige Glühbirnen der Wert $0{,}99^n$. Mit einem Taschenrechner oder dem Computer errechnet man $n \geq 321$ aus der letzten Ungleichung.
Erst bei mindestens 321 Glühbirnen in einer Stichprobe kann man ein signifikantes Testergebnis erzielen, also die Nullhypothese beim Signifikanzniveau von 0,04 verwerfen. Dies geht aber auch nur dann, wenn keine einzige unter den 321 Glühbirnen defekt ist. Da die Nullhypothese für alle anderen Stichprobenergebnisse nicht verworfen wird, stellt sich auch hier die Frage nach dem β-Fehler und der Testpower. Der Lieferant kann durchaus sehr gut produziert haben und zum Beispiel nur 0,5% defekte Glühbirnen in seiner Lieferung haben und trotzdem wird die Nullhypothese „$p > 0{,}01$" nicht verworfen. Wenn 321 Glühbirnen in der Stichprobe sind, dann ergibt sich als β-Fehler für $p = 0{,}005$: $P(T_{321} > 0 | p = 0{,}005) = 1 - 0{,}995^{321} \approx 0{,}7999$. Also beträgt die Testpower nur ca. 20%, und bei wiederholten Durchführungen des gleichen Tests würde auf lange Sicht nur jedes fünfte Mal die Nullhypothese verworfen werden, obwohl tatsächlich $p = 0{,}005$ gilt. Die β-Fehler für die anderen Werte $p \in [0; 0{,}01]$ können näherungsweise der graphischen Darstellung der zugehörigen Operationscharakteristik in Abb. 4.14 entnommen werden. Bei 0,01 erreicht die Operationscharakteristik den Wert 0,96. Dies muss so sein, da das Signifikanzniveau auf 0,04 festgelegt wurde!
Die Durchführung der einfachen Hypothesentests für beide nahe liegenden Varianten einer Nullhypothese offenbart in dem konkreten Beispiel das Signi-

---

[37] Die Unabhängigkeit ist immer eine sehr starke Annahme, die häufig – oberflächlich betrachtet – plausibel erscheint, inhaltlich aber nicht gerechtfertigt ist. Auch bei dem Glühbirnenbeispiel gehen wir durch den Ansatz der Binomialverteilung ständig von der Unabhängigkeit aus. Wenn aber die 15 000 Glühbirnen einer Lieferung hintereinander produziert wurden und im Produktionsprozess punktuell ein Fehler aufgetreten ist, so ist die Wahrscheinlichkeit für die in diesem Zeitraum hergestellten Glühbirnen, defekt zu sein, eigentlich nicht unabhängig voneinander.

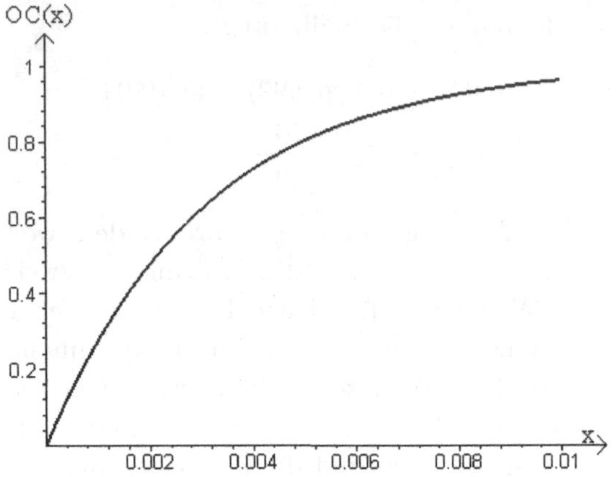

Abb. 4.14. Operationscharakteristik des Tests

fikanzniveau als wichtige Stellschraube beim Hypothesentest. Mit der Wahl des Signifikanzniveaus legt man die Wahrscheinlichkeit für den α-Fehler fest. Bei dem gewählten Vorgehen ergibt sich bei festgelegtem Stichprobenumfang alles weitere so gut wie von selbst. Der Verwerfungsbereich ergibt sich dann fast zwangsläufig[38]. Damit sind die möglichen β-Fehler, die Operationscharakteristik und die Gütefunktion festgelegt.

Man sollte sich also bei der Planung eines einfachen Hypothesentests vor der Durchführung überlegen, welche der beiden möglichen Fehlerarten die schlimmere ist. Dies sollte bei der Wahl der Nullhypothese berücksichtigt werden, da der α-Fehler durch die Festlegung des Signifikanzniveaus nach oben begrenzt werden kann. Wie hoch das Signifikanzniveau gewählt werden soll, hängt wiederum davon ab, wie schlimm dieser Fehler bzw. seine Konsequenzen wären. Was dabei „schlimm“ ist und „wie schlimm“ es ist, lässt sich nicht allgemein klären und ist höchst subjektiv. Der Lieferant und der Großhändler haben in obigen Beispiel bestimmt unterschiedliche Auffassungen! Für sie stellen sich bei den obigen Beispielen die Fragen

- „Wer ist in der Beweispflicht?“ und damit
- „Für wen gilt die Unschuldsvermutung?“

Bei der ersten Variante der beiden oben „durchgespielten“ einfachen Hypothesentests war der Großhändler in der Beweispflicht, er musste hinreichend

[38] Bis auf die Tatsache, dass bei einem zweiseitigen Test der Verwerfungsbereich nicht symmetrisch aufgeteilt werden muss, der mögliche α-Fehler also nicht zur Hälfte am linken Ende der Verteilung und zur anderen Hälfte am rechten Ende angesiedelt sein muss. Statt ihn zu halbieren, können auch andere Aufteilungen vorgenommen werden, wenn zum Beispiel der mögliche Fehler auf der einen Seite der Verteilung gravierendere Folgen hat als auf der anderen Seite.

viele defekte Glühbirnen finden. Bei der zweiten Variante war der Lieferant in der Beweispflicht, er musste nachweisen, dass hinreichend viele Glühbirnen funktionstüchtig, entsprechend wenige – im konkreten Fall sogar gar keine – defekt sind.

Aufgabe 81 (Intervallschätzung und Hypothesentest) Führen Sie für das im Beispiel „Glühbirnen" gefundene Stichprobenergebnis von drei defekten unter 100 Glühbirnen eine linksseitige Intervallschätzung zum Konfidenzniveau 0,96 durch. Vergleichen Sie dieses Ergebnis mit dem rechtsseitigen Test der Nullhypothese H_0: „$p \leq 0{,}01$" auf dem Signifikanzniveau von 0,04. Welche Gemeinsamkeiten und welche Unterschiede fallen Ihnen auf?

Die beiden oben durchgeführten Varianten eines einfachen Hypothesentests für das Beispiel „Glühbirnen" haben ein Problem aufgezeigt: Beim einfachen Hypothesentest wird die Entscheidungsregel üblicherweise über die Auswahl der Nullhypothese und des Signifikanzniveaus festgelegt. Dadurch ist der α-Fehler nach oben begrenzt und der β-Fehler kann bis zu $\beta = 1 - \alpha$ gehen. Dies resultiert daher, dass beim einfachen Hypothesentest in der Regel der Parameterbereich der Alternativhypothese sich als logisches Gegenteil des Parameterbereichs der Nullhypothese ergibt. Beide zusammen decken alle möglichen Ausprägungen des Parameters ab. Da ein Verwerfen der Nullhypothese, obwohl diese gilt, wie in den obigen Beispielen meistens eine möglichst geringe Wahrscheinlichkeit haben soll, kann β sehr groß und damit die Testpower sehr klein werden. Eine kleine Testpower wiederum besagt, dass die Alternativhypothese eine geringe Wahrscheinlichkeit hat, für richtig gehalten zu werden, obwohl sie gilt.

Hypothesentests als Alternativtests

Dieses Problem des einfachen Hypothesentests tritt nicht auf, wenn man mit der Null- und der Alternativhypothese nicht durch Komplementbildung alle möglichen Ausprägungen des Parameters betrachtet, sondern sich auf solche beschränkt, die für eine Entscheidung relevant sein können. Wenn im Beispiel der Glühbirnenlieferung in der Grundgesamtheit statt 1%, die „zulässig" sind, ca. 1,007% defekt sind, entsteht hieraus dem Großhändler kein relevanter Schaden. Sind jedoch 5% defekt, so sollte sich dies mit hoher Wahrscheinlichkeit herausstellen, da neben dem direkten wirtschaftlichen Schaden für ihn auch die Zufriedenheit seiner Kunden auf dem Spiel steht. In der Anwendung von Hypothesentests lässt sich häufig die Frage stellen, wann eine Abweichung relevant ist, welche Effekte durch einen Test aufgedeckt werden sollen. Dabei spielen pragmatische, häufig ökonomische Gesichtspunkte eine Rolle. Die Spezifizierung solcher Abweichungen oder Effekte führt dann zum Konzept des Alternativtests. Wir entwickeln dieses Konzept aus dem eingangs des Kapitels genannten Beispiel aus der medizinischen Forschung. Ein Pharmakonzern testet einen neuen Impfstoff gegen Mumps und möchte wissen, ob sich mit dem neuen Impfstoff tatsächlich das Risiko des Ausbruchs dieser Krankheit verringern lässt. Dabei geht man aufgrund der Entwicklungsarbeit davon aus, dass die Nebenwirkungen dieses Impfstoffs nicht höher sind als die der bisher üblichen Substanzen. Bei diesen marktüblichen Substanzen beträgt das Risiko eines Krankheitsausbruchs trotz Impfung ungefähr 15%. Dabei können Kinder trotz Impfung an Mumps erkranken, da immer nur gegen den Haupterreger geimpft werden kann. Einige Impfungen immunisieren nicht, und gegen andere Erreger hilft ein Impfstoff nicht, so dass eine solche Quote von 15% trotz Impfung möglich ist. Die Investitionen und Maßnahmen, die notwendig sind, um den neuen Impfstoff am Markt zu platzieren, erscheinen dem Pharmakonzern erst dann erfolgversprechend, also perspektivisch profitabel, wenn das oben genannte Risiko auf 10% gesenkt wird. Dann wird der neue Wirkstoff die alten vermutlich vom Markt verdrängen. Bei einer Senkung des Risikos auf ungefähr 14,5% wäre dies sicher nicht der Fall.

Damit lassen sich zwei Hypothesen formulieren, die sich gegenseitig ausschließen und zwischen denen eine Entscheidung getroffen werden soll. Die Vermutung, der neue Impfstoff sei nicht besser als der alte, lässt sich z. B. als Nullhypothese H_0: „$p \geq 0{,}15$" formulieren. Als Alternativhypothese kommt dann H_1: „$p \leq 0{,}1$" infrage. Bei der folgenden Konkretisierung dieses Alternativtests werden Sie sehen, dass die Auswahl der Nullhypothese hier nicht eine so entscheidende Rolle spielt wie beim einfachen Hypothesentest, bei dem letztlich die Frage der Verwerfung der Nullhypothese im Vordergrund steht. Beim Alternativtest soll man sich zwischen den beiden Hypothesen entscheiden, diese sind eher gleichberechtigt. Da nur eine Entscheidung zwischen diesen beiden Hypothesen infrage kommt, ist auch klar, dass man mit beiden Entscheidungen falsch liegen kann. Angenommen, es gilt $p = 0{,}12$. Dann sind beide Hypothesen falsch, aber aufgrund der noch festzulegenden Entscheidungsregel entscheidet man sich für eine der beiden. Im Gegensatz hierzu decken beim einfachen Hypothesentest Null- und Alternativhypothese zusammen den gesamten Bereich der möglichen Werte des Parameters ab. Dadurch konnte im Extremfall der β-Fehler bis zu $\beta = 1 - \alpha$ groß werden. Zu den Entscheidungskonstellationen in Tab. 4.3 kommen also zwei weitere hinzu, die wir in Tabelle 4.4 ergänzt haben.

Wenn weder H_0 noch H_1 gelten, wird automatisch ein Fehler gemacht. Da jedoch H_0 und H_1 im Blickpunkt stehen, interessiert man sich auch beim Alternativtest für die Wahrscheinlichkeit der Fehler, die auftreten, wenn eine der beiden Hypothesen verworfen wird, obwohl sie gilt. Da die Bereiche für

Tabelle 4.4. Entscheidungskonstellationen beim Alternativtest

H_0 wird ...	H_0 gilt	H_1 gilt	Weder H_0 noch H_1 gelten
... verworfen ($T \in V$)	Fehler 1. Art $\alpha := P(T \in V \mid H_0)$	$1-\beta$	Fehler!
... nicht verworfen ($T \notin V$)	$1-\alpha$	Fehler 2. Art $\beta := P(T \notin V \mid H_1)$	Fehler!

H_0 und H_1 im vorliegenden Fall nicht aneinander grenzen, lässt sich über den Stichprobenumfang einfach erreichen, dass sowohl der α-Fehler als auch der β-Fehler sehr klein gehalten werden können.
Der Pharmakonzern kann den neuen Impfstoff an 250 Kleinkindern in einer hierfür erforderlichen Langzeituntersuchung testen[39]. Die Verteilungen der Testgröße „T: Anzahl der trotz Impfung erkrankten Kinder“ lassen sich für die Grenzfälle 0,15 und 0,1 direkt angeben. Es handelt sich um Binomialverteilungen mit den Parametern 250 und 0,15 bzw. 0,1. In Abb. 4.15 werden die Verteilungen in einem Schaubild dargestellt.

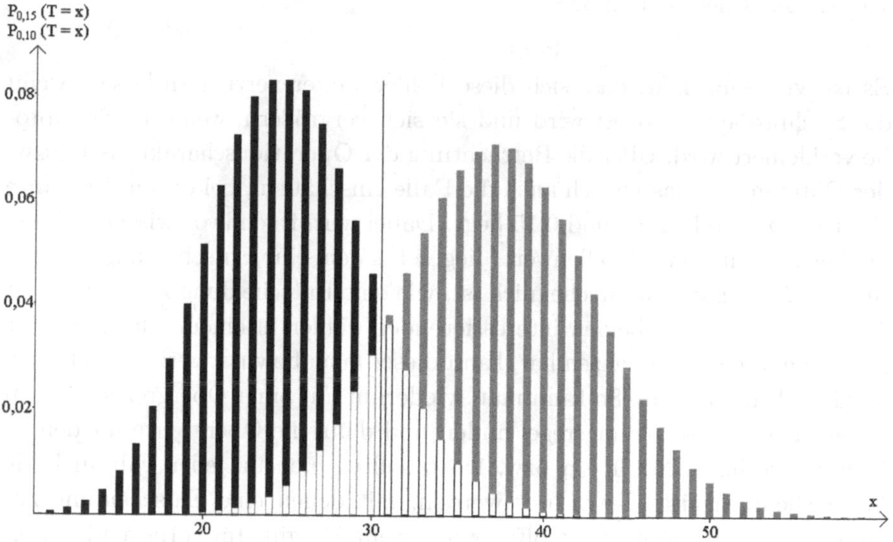

Abb. 4.15. Verteilungen für Null- und Alternativhypothese

[39]Da der Konzern hier auf das Einverständnis der Eltern angewiesen ist, handelt es sich hierbei sicher um *keine* Zufallsstichprobe. Wenn man aufgrund dieser „Verzerrung“ keinen systematischen Fehler in der Untersuchung befürchtet, behandelt man solche Stichproben trotzdem pragmatisch wie Zufallsstichproben.

Da die Verteilungen sich zwar überlappen, aber nicht sehr stark, lässt sich bei einer Entscheidung sowohl der α-Fehler als auch der β-Fehler relativ gering halten. Im vorliegenden Fall könnte man zum Beispiel fordern, dass der α-Fehler und β-Fehler beide die gleiche noch unbekannte Obergrenze haben, da für den Pharmakonzern beide Fehler ähnlich schwerwiegende Konsequenzen haben. Dann könnte man rein qualitativ eine Grenze für die Entscheidungsregel ungefähr in der Mitte des Überlappungsbereichs festlegen. Dies ist in Abb. 4.15 geschehen. Demnach ist der Entscheidungsbereich für $H_0\{31;\ldots;250\}$ und für $H_1\{0;\ldots;30\}$. Damit lassen sich die Obergrenzen für beiden interessierenden Fehler direkt berechnen:

$$\alpha \leq P(T \leq 30 \mid p = 0{,}15) = \sum_{i=0}^{30} \binom{250}{i} \cdot 0{,}15^i \cdot 0{,}85^{250-i} \approx 0{,}1051$$

$$\beta \leq P(T \geq 31 \mid p = 0{,}10) = \sum_{i=31}^{250} \binom{250}{i} \cdot 0{,}1^i \cdot 0{,}9^{250-i} \approx 0{,}1247\,.$$

Auftrag Untersuchen Sie, welche Werte sich ergeben, wenn man die Entscheidungsregel etwas modifiziert und die Grenze nicht zwischen 30 und 31 gezogen wird, sondern zwischen 31 und 32.

Es ist wiederum klar, dass sich diese Fehler weiter verringern lassen, wenn die Stichprobe vergrößert wird und sie sich vergrößern, wenn die Stichprobe verkleinert wird. Über die Betrachtung der Operationscharakteristik bzw. der Gütefunktion lassen sich auch die Fälle einschätzen, bei denen der wahre Wert für p zwischen 0,1 und 0,15 liegt. Dabei wird irgendwo zwischen diesen beiden Werten ein „Schwellenwert“ liegen bei dem eine Entscheidung zugunsten von H_0 genauso wahrscheinlich ist, wie eine Entscheidung zugunsten von H_1. Wenn einer der beiden interessierenden Fehler in einem Alternativtest gravierendere Konsequenzen hat, kann dieser auch bewusst geringer gehalten werden als der andere. So kann man wiederum mit einer Obergrenze für den α-Fehler die Entscheidungsregel finden und dann die Obergrenze für den β-Fehler berechnen. Mit $1-\alpha$ bzw. $1-\beta$ sollten hier auf jeden Fall auch die Wahrscheinlichkeiten betrachtet werden, mit denen eine Entscheidung zugunsten einer Hypothese getroffen wird, wenn sie gilt. Im vorliegenden Beispiel mit der qualitativ gefundenen Entscheidungsregel betragen diese Werte jeweils ca. 90%.

Anhand des obigen Beispiels kann man sich auch verdeutlichen, dass bei sehr großen Stichproben in einem Alternativtest relativ sicher Entscheidungen getroffen werden können, auch wenn die Unterschiede zwischen der Null- und der Alternativhypothese praktisch nicht bedeutsam sind. Neben einer geringen Wahrscheinlichkeit für die interessierenden Fehler sollte man in jedem Fall auch die Frage berücksichtigen, ob die betrachteten Unterschiede praktisch relevant sind. Die hierzu gehörigen pragmatischen Überlegungen, was „praktisch relevant“ ist, sind natürlich hochgradig vom jeweiligen Kontext abhängig.

4.2.3 Historische und wissenschaftstheoretische Bemerkungen

In den beiden vorangegangenen Abschnitten haben wir ein homogenes Konzept von klassischen Hypothesentests entwickelt und auf besondere Aspekte bei der Anwendung hingewiesen. In einer solchen homogenen Form werden einfache Hypothesentests und Alternativtests heute auch in Lehrbüchern für die Anwendungswissenschaften dargestellt. Dabei wird vielfach auch der Begriff ***Signifikanztest*** verwendet. Dieser resultiert aus der Anwendung der einfachen Hypothesentests, bei der die Nullhypothese auf dem vorgegebenen Signifikanzniveau verworfen werden soll, also ein ***signifikantes Ergebnis*** erzielt wird, um die Alternativhypothese durch den Test zu unterstützen. Signifikanztests sind heute als Verfahren des statistischen Schließens in einigen Disziplinen so dominant, dass andere Konzepte der beurteilenden Statistik, wie die Parameterschätzungen, selbst da, wo sie das Verfahren der Wahl liefern würden, nicht angewendet werden. Diese Dominanz der Signifikanztests geht vielfach einher mit einem unreflektierten, mechanischen Einsatz dieser Verfahren (vgl. *Gigerenzer* & *Krauss* 2001; *Gigerenzer* 1993).

Das homogene Bild von Signifikanztests steht im Gegensatz zu den heftigen Kontroversen, die es in den Anfängen der Anwendung und theoretischen Reflexion von Signifikanztests gab (vgl. *Gigerenzer* u. a. 1999, S. 93 ff.). Als erster hat *Ronald Aylmer Fisher*, auf dessen wissenschaftliche Arbeit in der beurteilenden Statistik wir in Abschnitt 4.1.2 bei der Maximum-Likelihood-Methode eingegangen sind, ein Konzept eines einfachen Hypothesentests entwickelt und eingesetzt. Dies entspricht im Wesentlichen dem einfachen Hypothesentest in der oben dargestellten Fassung. Eine Nullhypothese soll dabei auf einem zuvor festgelegten Signifikanzniveau verworfen werden. So gewinnt man empirische Unterstützung für das logische Gegenteil dieser Hypothese. In diesem Konzept tauchen aus heutiger Sicht relevante Größen wie der β-Fehler, die Testpower oder die Größe der auftretenden Effekte nicht auf. In seinen beiden Büchern „Statistical Methods for Research Workers“ (1925) und „The Design of Experiments“ (1935) hat *Fisher* seine Ideen für die Anwendung zusammengefasst. Gerade das zweite Buch, das sich umfassend mit Fragen der Untersuchungsplanung beschäftigt, ist in Anwendungswissenschaften wie der Psychologie zu einer Art Grundlage des empirischen Arbeitens geworden – und mit ihm die Signifikanztests als *das* Verfahren der beurteilenden Statistik.

Abb. 4.16. Neyman

Jerzy Neyman (1894–1981) und *Egon Sharpe Pearson* (1895–1980) setzten sich kritisch mit *Fishers* Ideen auseinander, was zu einer heftigen und sehr emotionalen Kontroverse mit ihm geführt hat. Diese Kontroverse war unter anderem durch wissenschaftliche Konflikte zwischen *Fisher* und *Karl Pearson*, dem Vater von *Egon Sharpe Pearson*, emotional aufgeladen. *Neyman* und *E. S. Pearson* lernten einander 1925 über die gemeinsame Arbeit am Galton Laboratorium in London, das zu der Zeit von *K. Pearson* geleitet wurde, kennen.

Zu ihren wichtigen Ideen und Weiterentwicklungen von *Fishers* Ideen gehörte die Betrachtung des β–Fehlers und der Testpower. In *Fishers* Konzept fehlte die Formalisierung der Alternativhypothese und die Frage nach der Konstellation, in der sie gilt, aber die Nullhypothese nicht verworfen wird. Im vorangehenden Abschnitt 4.2.2 haben wir auf die Bedeutung dieser Größen hingewiesen. Gerade die Testpower ist für die Untersuchungsplanung von großer Bedeutung, wenn man die Alternativhypothese empirisch unterstützen möchte.

Abb. 4.17. E. S. Pearson

Insgesamt schlugen *Neyman* und *E. S. Pearson* als Gegenentwurf zum einfachen Hypothesentest *Fishers* das Konzept der Alternativtests vor, bei denen aus einem ganzen Satz konkurrierender Hypothesen eine aufgrund eines Stichprobenergebnisses ausgewählt werden soll. Für die Entscheidung zugunsten dieser Hypothese und die Abwägung möglicher Fehler sollten pragmatische Kosten-Nutzen-Überlegungen dienen. Im einfachsten Fall gibt es zwei konkurrierende Hypothesen wie im Impfstoffbeispiel in Abschnitt 4.2.2.

Fisher selbst hat sich auf die Weiterentwicklungen und Kritik nicht eingelassen, sondern im Wesentlichen an seinem Konzept festgehalten. Allerdings hat er nach dem Erscheinen seiner grundlegenden Schriften seinen Umgang mit dem Signifikanzniveau bzw. α-Fehler leicht revidiert (vgl. *Gigerenzer & Krauss* 2001). Die revidierte Fassung sah vor, dass man nicht vor der Versuchsdurchführung ein Signifikanzniveau und einen Verwerfungsbereich festlegt, sondern nach der Durchführung berechnet, wie wahrscheinlich das aufgetretene Ergebnis oder ein noch extremeres Ergebnis ist, wenn die Nullhypothese gilt. Wenn man im Beispiel „Glühbirnen" in Abschnitt 4.2.2 von der

Nullhypothese H_0: „$p \leq 0{,}01$" ausgeht und unter 100 Glühbirnen drei defekte findet, so berechnet man dann $P(T \geq 3|p = 0{,}01)$. Aus diesem Ergebnis wird dann weiter geschlossen.
Aus der Sicht der Anwendung ist ein pragmatischer Umgang im Sinne eines homogenen Konzepts von Hypothesentests durchaus sinnvoll. Die Kontroverse zeigt jedoch, dass die Art der Hypothesentests, die Interpretation der möglichen Fehler und die Frage, wie wissenschaftlicher Erkenntnisgewinn stattfinden sollte, durchaus strittig sein können. Im Einzelfall sollte daher die Auswahl der Verfahren und die Planung der einzelnen Schritte inhaltlich verstanden und auf ihren Sinngehalt überprüft werden. Dies gilt umso mehr, als wir in Teilkapitel 4.3 mit der Bay*es-Statistik* Alternativen zu diesem klassischen Vorgehen kennen lernen, die statistisches Schließen mit einer Betonung des Subjektiven im Forschungs- oder Anwendungsprozess ermöglichen.
Die konkrete Anwendung der Hypothesentests in den Anwendungswissenschaften wirkt vielfach monoton und unreflektiert: Ausgehend von der eigentlichen Vermutung wird das logische Gegenteil als Nullhypothese formuliert, die auf einem Signifikanzniveau, das in der Regel auf 5% oder 1% festgelegt wird, verworfen werden soll. Damit sieht man die eigene Vermutung als empirisch untermauert an. Diese Monokultur hängt zum einen mit der prägenden Wirkung, die *Fishers* „The Design of Experiments" (1935) hatte, zusammen, aber auch mit der generellen Vorgehensweise in den empirischen Wissenschaften. Das mittlerweile überwiegend akzeptierte Prinzip der ***Falsifizierbarkeit*** fordert, dass in einer empirischen Wissenschaft jede Aussage einer Theorie prinzipiell empirisch scheitern kann. Das heißt, es muss operationalisierbar sein, wann eine Aussage nicht gilt, und dieser Fall muss prinzipiell eintreten können.

Abb. 4.18. Popper

Das Prinzip der Falsifizierbarkeit ist eine der Grundaussagen des ***kritischen Rationalismus***, den *Sir Karl Popper* (1902–1994) mit seinem Werk „Logik der Forschung" (1935) begründet hat. Darin begründet *Popper*, wie die Erfahrung im Sinne von Empirie zum wissenschaftlichen Erkenntnisgewinn beitragen kann. Demnach ist eine Theorie niemals empirisch beweisbar. Sie kann falsch sein, auch wenn es hinreichend viele Erfahrungen gibt, die im Einklang mit ihr stehen[40]. Eine Theorie kann aber

[40]Ein Paradebeispiel hierfür stellen die klassische Mechanik von *Newton* und die Relativitätstheorie von *Einstein* dar. Das Modell, also die Theorie der klassischen Mechanik hat sich in unzähligen Versuchen und Messungen bewährt, bevor seine Grenzen aufgezeigt worden sind. Im Grenzbereich, d. h. bei Geschwindigkeiten in der Größenordnung der Lichtgeschwindigkeit, versagt es und musste deshalb mo-

empirisch widerlegt werden, wenn es Beobachtungen gibt, die nicht im Einlang mit ihr stehen. In den empirischen Wissenschaften müssen dieser Position zufolge Bedingungen angegeben werden, unter denen eine Theorie nicht gilt, also an der Erfahrung scheitern kann.
Ausgehend von diesem Prinzip der Falsifizierbarkeit findet Erkenntnisgewinn über die Widerlegung von Aussagen statt. Daher wird eine neue Vermutung als Alternativhypothese gewählt, und es wird versucht, ihr Gegenteil zu widerlegen. Die neue Vermutung selber kann entsprechend Poppers Position nicht bewiesen werden, ihr Gegenteil aber widerlegt werden. Durch ein üblicherweise niedriges Signifikanzniveau wird damit eine hohe Hürde für das Verwerfen der Nullhypothese und damit das Untermauern der eigentlichen Vermutung aufgebaut. Dieses Vorgehen unterstreicht die Bedeutung der Testpower. Die Testpower gibt die Wahrscheinlichkeit an, mit der die Nullhypothese verworfen wird, wenn die eigentliche Vermutung gilt. Da dies das Ziel eines Hypothesentests ist, sollte die Testpower hinreichend groß sein, da er sonst nutzlos ist. Dies sollte im Rahmen der Untersuchungsplanung berücksichtigt werden. Im Rahmen dieser Betrachtungen zeigt sich auch, dass man aus einem nicht signifikanten Testergebnis nicht etwa auf die Gültigkeit der Nullhypothese schließen sollte. Sie konnte lediglich auf einen entsprechenden Signifikanzniveau nicht verworfen werden.
In der konkreten Situation bleibt die Testpower häufig unberücksichtigt, in wissenschaftlichen Beiträgen über empirische Untersuchungen wird sie häufig gar nicht diskutiert. Auch der Umgang mit nicht signifikanten Ergebnissen ist manchmal zweifelhaft, da sie häufig als Evidenz für die Nullhypothese betrachtet werden. Die Festlegung des Signifikanzniveaus ist und bleibt immer ein rein normativer Akt, allerdings haben sich in den Wissenschaften bestimmte Grenzen etabliert. So werden vor allem 5%, 1% und 0,1% betrachtet. Dies sind wiederum lediglich Konventionen. Das Gleiche gilt beim Vorgehen gemäß *Poppers* theoretischem Konzept, beim dem die eigentliche Vermutung als Alternativhypothese gewählt wird, das zwar erkenntnistheoretisch, nicht aber mathematisch begründbar ist.
Die üblichen Signifikanzniveaus führen in der Praxis dazu, dass häufig nach Durchführung eines Versuchs angegeben wird, ob und auf welchen der drei Niveaus die Nullhypothese verworfen werden kann. Bei Statistikprogrammen sind diese Niveaus häufig von vorneherein festgelegt, und dem Benutzer wird mitgeteilt, ob und auf welchem der drei Niveaus seine Daten ein Verwerfen der Nullhypothese zulassen. Unter dieser leicht monotonen Praxis leiden in-

---

difiziert werden. Wenn man von der Beweisbarkeit einer Theorie ausgehen würde, hätte man die klassische Mechanik als bewiesen angesehen. In *Poppers* Terminologie hat sich die klassische Mechanik zwar in vielen Versuchen bewährt, ist aber durch ein einziges Experiment falsifiziert worden.

haltliche Betrachtungen. Was macht man zum Beispiel mit einem Ergebnis, das auf dem Niveau 5,1% signifikant wäre, das aber auf dem konventionellen 5%-Niveau nicht signifikant ist? Wenn die Alternativhypothese aus theoretischen Gründen sehr plausibel ist, geht sie dann in gewisser Hinsicht doch gestärkt aus dem Test hervor. Dies hängt aber auch mit der Testpower zusammen, die von den Statistikprogrammen nicht routinemäßig ausgegeben wird. Bei der Testpower tritt ja auch die Frage auf, für welchen Effekt man sie bestimmt.

Im Beispiel Glühbirnen im vorangehenden Abschnitt haben wir auf S. 449 für die Nullhypothese H_0: „$p \leq 0{,}01$" bei einem Stichprobenumfang von 100 die Testpower für $p = 0{,}03$ mit 0,35 berechnet. Falls der ***Effekt***, also der Unterschied von 0,01 zu 0,03, in der Situation als erheblich angesehen wird, ist die Testpower viel zu niedrig. Schließlich führt der Test nur mit einer Wahrscheinlichkeit von 0,35 zum Verwerfen der Nullhypothese, wenn $p = 0{,}03$ gilt. Die eigentlich wahre Vermutung würde also deutlich seltener als in der Hälfte der Fälle entdeckt werden. Wenn man diesen Effekt für erheblich hält, muss also die Testpower für diesen Effekt gesteigert werden, indem die Stichprobe vergrößert wird. Diese Fragen nach der Testpower für bestimmte Effekte und welche Effekte in einem Kontext überhaupt relevant sind, gehen in der Anwendung häufig unter, obwohl sie inhaltlich sehr bedeutend sind.

4.2.4 Tests mit der Chi-Quadrat-Verteilung

In Abschnitt 4.2.1 haben wir als typisches Beispiel klassischen Testens einen Binomialtest für die Nullhypothese, dass eine vorgelegte Münze „gut" ist, besprochen. Genauer hatten wir ein Bernoulli-Experiment mit $\Omega = \{\text{Kopf, Zahl}\}$ betrachtet, für das wir $P(\text{Kopf}) = P(\text{Zahl}) = \frac{1}{2}$ vermutet haben. Hierzu wurde die Münze n-mal geworfen und getestet, ob die Ergebnisse mit der Hypothese einer entsprechenden binomialverteilten Zufallsgröße Z verträglich waren. In Verallgemeinerung betrachten wir in diesem Abschnitt ein Experiment mit s möglichen Ergebnissen, etwa $\Omega = \{1, 2, \ldots, s\}$, für das wir als Nullhypothese H_0 eine gewisse Wahrscheinlichkeitsverteilung P vermuten. Im einfachsten Fall könnte dies das Werfen eines Würfels mit $\Omega = \{1, 2, \ldots, 6\}$ sein, den wir für einen Laplace-Würfel mit $P(1) = P(2) = \ldots = P(6) = \frac{1}{6}$ halten. Wieder werden n Experimente durchgeführt, was zu einer Datenreihe $x_1, x_2, \ldots, x_n$ führt. Jetzt muss getestet werden, ob die Ergebnisse mit der Hypothese einer entsprechenden multinomialverteilten Zufallsgröße Z verträglich sind.

Der hierfür oft verwendete Test heißt χ^2-Test (gesprochen Chi-Quadrat-Test). Wie bei fast jedem Hypothesentest gibt es für eine Entscheidung zugunsten oder zuungunsten der Nullhypothese keine Sicherheit. Es handelt sich *immer* um eine Entscheidung unter Unsicherheit. Die Wahrscheinlichkeit dafür, dass die oben beschriebene Nullhypothese verworfen wird, obwohl sie gilt, lässt sich wiederum durch die Wahl eines Signifikanzniveaus α nach oben beschränken und sich damit ein Verwerfungsbereich bestimmen.

Der χ^2-Test, den wir hier in Anlehnung an *Henze* (2000) beschreiben, ist eine der ältesten Testmethoden und wird immer noch für viele statistische Anwendungen benutzt. Der Test beruht auf einer speziellen Verteilung, der sogenannten χ^2-Verteilung. Diese Verteilung und der darauf beruhende Test wurden von *Karl Pearson*, der uns schon einmal im Zusammenhang mit der Korrelationsrechnung in Abschnitt 2.6.1 begegnet ist, im Jahr 1900 entwickelt. *Pearson* hatte damit eine Verteilung wiederentdeckt, die der deutsche Mathematiker und Physiker *Robert Friedrich Helmert* (1843–1917) bereits im Jahre 1876 angewandt und publiziert hatte.

Betrachten wir als einführendes Beispiel den schon erwähnten Würfel. Das Werfen dieses Würfels ergibt, als Zufallsexperiment betrachtet, die Ergebnisse $1, 2, \ldots, 6$ mit den unbekannten Wahrscheinlichkeiten $p_1, p_2, \ldots, p_6$. Als Nullhypothese nehmen wir an, dass es sich um einen Laplace-Würfel handelt, d. h.

$$H_0\colon \text{„}p_i := P(Z = i) = \frac{1}{6} \quad \text{für } i = 1, 2, \ldots, 6\text{“}.$$

Nun würfeln wir $n = 600$ mal mit dem Würfel und erhalten die Ergebnisse

Tabelle 4.5. Würfelergebnisse

i	1	2	3	4	5	6
Anzahl n_i	121	92	76	109	95	107

Soll aufgrund dieser empirischen Daten die Nullhypothese verworfen werden oder nicht? Zunächst ist nur klar, dass beim n-maligem Würfeln für die absoluten Häufigkeiten $k_1, k_2, \ldots, k_6$ der Würfelzahlen *jedes* 6-Tupel $(k_1|k_2|\ldots|k_6)$, das den Bedingungen $k_i \geq 0$ und $k_1 + k_2 + \ldots + k_6 = n$ genügt, als Ergebnis vorkommen kann, dass allerdings nicht alle 6-Tupel gleich wahrscheinlich sind. So ist klar, dass das in Tabelle 4.5 dargestellte 6-Tupel $(121|92|76|109|95|107)$ bei einem Laplace-Würfel deutlich wahrscheinlicher ist als $(600|0|0|0|0|0)$. Beschreiben die Zufallsgrößen $X_i, i = 1, 2, \ldots, 6$, wie oft bei n Würfen das Ergebnis i auftritt, so sind diese Wahrscheinlichkeiten gerade die Multinomialwahrscheinlichkeiten $P(X_1 = k_1 \wedge X_2 = k_2 \wedge \ldots \wedge X_6 = k_6 | p_1 = p_2 = \ldots = p_6 = \frac{1}{6})$ (vgl. Abschnitt 3.8.2). Unter Voraussetzung der Gültigkeit der Nullhypothese gilt also

$$P\left(X_1 = k_1 \wedge X_2 = k_2 \wedge \ldots \wedge X_6 = k_6 \mid p_1 = p_2 = \ldots = p_6 = \frac{1}{6}\right)$$
$$= \binom{n}{k_1, k_2, \ldots, k_6} \cdot \left(\frac{1}{6}\right)^{k_1} \cdot \left(\frac{1}{6}\right)^{k_2} \cdot \ldots \cdot \left(\frac{1}{6}\right)^{k_6}$$
$$= \binom{n}{k_1, k_2, \ldots, k_6} \cdot \left(\frac{1}{6}\right)^{n} = \binom{600}{k_1, k_2, \ldots, k_6} \cdot \left(\frac{1}{6}\right)^{600}.$$

Eine Möglichkeit ist es, diese Wahrscheinlichkeiten der Größe nach zu ordnen und die Nullhypothese dann zu verwerfen, wenn das konkret auftretende Ergebnis $(n_1|n_2|\ldots|n_6)$ sehr unwahrscheinlich ist,

$$P\left(X_1 = n_1 \wedge X_2 = n_2 \wedge \ldots \wedge X_6 = n_6 | p_1 = p_2 = \ldots = p_6 = \frac{1}{6}\right)$$

also zu den kleinsten Wahrscheinlichkeiten gehört. Dies kann dahingehend präzisiert werden, dass man ein Signifikanzniveau α, z. B. $\alpha = 0{,}05$, festlegt, die kleinsten Wahrscheinlichkeiten der Multinomialverteilung der Reihe nach solange aufaddiert, bis die Summe gerade noch $\leq \alpha$ ist, und die Nullhypothese genau dann ablehnt, wenn das aufgetretene Ergebnis $(n_1|n_2|\ldots|n_6)$ zu den aufaddierten gehört.

So erhält man eine Entscheidungsregel, die auf jedes andere Zufallsexperiment mit den Ergebnissen $1, 2, \ldots, s$, den unbekannten Wahrscheinlichkeiten $p_1, p_2, \ldots, p_s$ und den in der Nullhypothese angenommenen Elementarwahrscheinlichkeiten $p_i = \pi_i$ verallgemeinert werden kann.[41] Besonders praktikabel ist diese Methode allerdings nicht! Beim obigen Würfel-Beispiel müsste man für alle verschiedenen 6-Tupel $(k_1|k_2|\ldots|k_6)$ mit $k_i \in N_0$ und $k_1 + k_2 + \ldots + k_6 = 600$ die Wahrscheinlichkeiten unter der Annahme, ein Laplace-Würfel liegt vor, bestimmen und diese der Größe nach anordnen, ein nahezu unmögliches Verlangen! Dies ist nur für sehr kleine Zahlen s und n praktisch möglich.

Statt dessen verwendet man eine Idee, die wir im Folgenden begründen werden. Die Ergebnisse $1, 2, \ldots, s$ treten mit den (unbekannten) Wahrscheinlichkeiten $p_1, p_2, \ldots, p_s$ auf. Eine Versuchsserie führt zu einer Datenreihe, bei der die Werte $i = 1, \ldots, s$, genau a_i-mal angenommen werden. Als Nullhypothese sei die Wahrscheinlichkeitsverteilung

$$H_0\colon \text{„}p_i = \pi_i \quad \text{für } i = 1, \ldots, s\text{“}$$

[41] Wie in Fußnote 8 bemerkt, ist es auch hier üblich, für die in der Nullhypothese vermuteten Wahrscheinlichkeiten den Buchstaben π zu verwenden.

angenommen. Im „Idealfall“ (im Sinne der Nullhypothese, also $p_i = \pi_i$) müsste der Wert i genau $n \cdot \pi_i$ mal angenommen worden sein. Tatsächlich wurde der Wert i aber a_i-mal angenommen, so dass z. B. die quadrierte Differenz $(a_i - n \cdot \pi_i)^2$ ein Maß für die Abweichung für den Wert i ist. Bei der Darstellung des empirischen Gesetzes der großen Zahlen haben wir in Abschnitt 3.1.3 bemerkt, dass die Abweichung der Anzahl a_i des Auftretens des Wertes i bei n Wiederholungen von der „idealen“ Anzahl $n \cdot \pi_i$, also die Differenz $a_i - n \cdot \pi_i$, auch dann mit wachsendem n immer größer wird, wenn die relative Häufigkeit $\frac{a_i}{n}$ sich bei π_i stabilisiert. Also wird die quadrierte Differenz $(a_i - n \cdot \pi_i)^2$ für größer werdende n auch immer größer. Daher ist es plausibel, als Maß für die Abweichung einen relativen Wert wie z. B. $\frac{(a_i - n \cdot \pi_i)^2}{n \cdot \pi_i}$ zu nehmen. Der Nenner ist insofern plausibel begründbar, als durch das Auftreten von π_i im Nenner die Abweichungen für kleine Wahrscheinlichkeiten π_i insgesamt stärker gewichtet werden. Tatsächlich wird bei kleinen Wahrscheinlichkeiten π_i, also bei kleinen erwarteten Anzahlen $n \cdot \pi_i$, schon eine geringere absolute Abweichung $a_i - n \cdot \pi_i$ ein relevanteres Abweichen von der Nullhypothese darstellen als bei großen Wahrscheinlichkeiten π_i.
Wenn man berücksichtigt, dass die Differenzen $a_i - n \cdot \pi_i$ mit wachsendem n größer werden, wird das n im Nenner plausibel. Im Zähler geht n aber quadratisch in den Term ein, im Nenner nur linear. Dies passt zur „Konvergenzordnung“ von relativen Häufigkeiten gegen die zugrunde liegenden Wahrscheinlichkeiten. Im Abschnitt 4.1.4 haben wir S. 415 dargestellt, dass mit wachsendem Stichprobenumfang n die Genauigkeit von Schätzungen mit der Größenordnung $\sqrt{n}$ wächst.
Um die Passung von empirischen Daten und der zugrunde gelegten Nullhypothese einschätzen zu können, muss das gesuchte Abweichungsmaß alle Werte $1, 2, \ldots, s$ berücksichtigen. Dies wird durch

$$\chi_n^2(a_1, \ldots, a_s) := \sum_{i=1}^{s} \frac{(a_i - n \cdot \pi_i)^2}{n \cdot \pi_i}$$

realisiert. Hierbei handelt es sich also um die „Summe der an der erwarteten Anzahl relativierten quadratischen Abweichung von dieser erwarteten Anzahl“. Wird dieser Wert zu groß, so wird man die Nullhypothese verwerfen. Beim Würfelbeispiel mit H_0: „$p_i = \frac{1}{6}$“ für $i = 1, 2, \ldots, 6$ und den Werten aus Tabelle 4.5 gilt $\chi^2 = 12{,}36$. Ist dies nun ein großer oder ein kleiner Wert? Eine genauere Begründung dafür, dass dieser Ansatz vernünftig ist, und eine Beantwortung der Frage, was „große“ bzw. „kleine“ Werte sind, ist nicht ganz einfach. Wie beim obigen Würfelbeispiel beschreiben die Zufallsgrößen X_i, $i = 1, \ldots, s$, wie oft bei n-maliger Durchführung des Experiments das Ergebnis i auftritt. Die $P(X_1 = k_1 \wedge X_2 = k_2 \wedge \ldots \wedge X_s = k_s)$ sind die Multinomialwahrscheinlichkeiten. Ein wesentlicher Punkt zur Entwicklung der „Testgröße

χ^2" ist die Tatsache, dass es ähnlich wie bei der Approximation der Binomialverteilung durch die Normalverteilung (vgl. Abschnitt 3.9.1) auch für die Multinomialverteilung mit den Parametern $n, \pi_1, \ldots, \pi_s$ eine Approximation durch einen Exponentialterm gibt. Für große n gilt

$$P(X_1 = k_1 \wedge X_2 = k_2 \wedge \ldots \wedge X_s = k_s)$$
$$\approx \left(\frac{1}{\sqrt{2\pi \cdot n}}\right)^{s-1} \cdot \frac{1}{\sqrt{\pi_1 \cdot \pi_2 \cdot \ldots \cdot \pi_s}} \cdot \mathrm{e}^{-\frac{1}{2}\sum\limits_{i=1}^{s} \frac{(k_i - n\cdot\pi_i)^2}{n\cdot\pi_i}}$$

(für Genaueres vergleiche man *Henze* 2000 S. 262 f., oder *Krengel* 2003, S. 182 f.). Als Entscheidungsregel wollten wir bei unserem ersten Ansatz die kleinsten Multinomialwahrscheinlichkeiten der Reihe nach bis zum Erreichen des gewählten α-Fehlers aufaddieren.
Für große n entsprechen nach der obigen Approximationsformel kleine Multinomialwahrscheinlichkeiten großen Zahlen

$$\sum_{i=1}^{s} \frac{(k_i - n \cdot \pi_i)^2}{n \cdot \pi_i}$$

im Exponenten der Exponentialfunktion. Die Übertragung der obigen Entscheidungsregel lautet dann:
„Wähle unter Berücksichtigung des gewählten α-Fehlers eine geeignete reelle Zahl c und lehne die Nullhypothese genau dann ab, wenn die Testgröße

$$\chi_n^2(a_1, \ldots, a_s) := \sum_{i=1}^{s} \frac{(a_i - n \cdot \pi_i)^2}{n \cdot \pi_i} \geq c$$

ist."
Jetzt haben wir zwar den Term der χ^2-Testgröße genauer begründet, sind aber noch keinen Schritt weiter bei der konkreten Bestimmung von c. Hierzu machen wir folgende Überlegung: Die Zahl

$$\sum_{i=1}^{s} \frac{(a_i - n \cdot \pi_i)^2}{n \cdot \pi_i}$$

ist eine Realisierung der Zufallsgröße

$$T_n := \sum_{i=1}^{s} \frac{(X_i - n \cdot \pi_i)^2}{n \cdot \pi_i}.$$

Die Zahl c in obiger Entscheidungsregel kann damit gefunden werden als kleinstmögliches $c \in P$, für das $P(T_n \geq c) \leq \alpha$ gilt.
Das sieht aber auch nicht einfacher aus! Da die einzelnen Zufallsgrößen X_i $B(n, \pi_i)$-verteilt sind (vgl. Abschnitt 3.6.2) gilt nach Satz 20 (S. 296) und Satz 23 (S. 309) für $Y_i := X_i - n \cdot \pi_i$ zunächst

$$E(Y_i^2) = V(Y_i) - E(Y_i)^2 = n \cdot \pi_i \cdot (1 - \pi_i) - (n \cdot \pi_i - n \cdot \pi_i)^2 = n \cdot \pi_i \cdot (1 - \pi_i).$$

Damit folgt weiter für den Erwartungswert von T_n

$$E(T_n) = \sum_{i=1}^{s} \frac{n \cdot \pi_i \cdot (1-\pi_i)}{n \cdot \pi_i} = \sum_{i=1}^{s}(1-\pi_i) = s - \sum_{i=1}^{s} = s - 1\,.$$

Das bedeutet, dass der Erwartungswert von T_n erstaunlicherweise nur abhängig von der Anzahl s der möglichen Ergebnisse ist, nicht aber von der Versuchsanzahl n und von der vermuteten Wahrscheinlichkeitsverteilung! Die Testgröße χ^2 ist also unabhängig von der zugrunde liegenden Verteilungsart. Solche Verfahren heißen ***verteilungsfrei***. Die natürliche Zahl $s-1$ heißt die ***Anzahl der Freiheitsgrade***, eine Bezeichnung, die man wie folgt begründen kann: Zur Festlegung der Wahrscheinlichkeitsverteilung einer Zufallsvariablen Z mit s Ausprägungen $1, 2, \ldots, s$ kann man $s-1$ Elementarwahrscheinlichkeiten $p_1, \ldots, p_{s-1}$ beliebig vorgeben, die Elementarwahrscheinlichkeit p_s ist dann durch die Forderung der Normiertheit festgelegt.
Die entscheidende Entdeckung von *Pearson*, die die praktische Anwendbarkeit des χ^2-Tests erst ermöglicht, ist die Tatsache, dass sich die Wahrscheinlichkeit $P(T_n \geq c)$ für große n durch einen einfachen Integralausdruck approximieren lässt (vgl. *Krengel* 2003, S. 184). Genauer gilt

$$\lim_{n\to\infty} P(T_n \geq c) = \int_c^{\infty} f_{s-1}(t)\,\mathrm{d}t \quad \text{mit} \quad f_{s-1}(t) := K \cdot \mathrm{e}^{-\frac{t}{2}} \cdot t^{\frac{s-3}{2}}$$

Die reelle Konstante K ist hierbei eindeutig durch die Forderungen

$$\int_0^{\infty} f_{s-1}(t)\,\mathrm{d}t = 1$$

der Normiertheit festgelegt. Die durch die Funktion f_{s-1} als Dichtefunktion festgelegte Wahrscheinlichkeitsverteilung heißt ***χ^2-Verteilung mit $s-1$ Freiheitsgraden***. Für konkrete Anwendungen muss n groß genug sein, um die fragliche Wahrscheinlichkeit $P(T_n \geq c)$ sinnvoll durch das Integral approximieren zu können. Hierfür wird üblicherweise die Abschätzung

$$n \cdot \min(\pi_1, \pi_2, \ldots, \pi_s) \geq 5 \tag{4}$$

verlangt (*Henze* 2000, S. 266). Der für die Testgröße χ^2 benötigte kritische Wert c ist dann durch die Gleichung

$$\int_c^{\infty} f_{s-1}(t)\,\mathrm{d}t = \alpha$$

für den gewählten α-Fehler eindeutig bestimmt. In der Sprechweise von Abschnitt 2.3.5 ist c gerade das $(1-\alpha)$-Quantil der χ^2-Verteilung mit $s-1$ Freiheitsgraden. Mit Hilfe eines Computer-Algebra-Systems kann c beliebig genau approximiert werden. In vielen Büchern sind auch Tabellen für den kritischen Wert c für verschiedene Freiheitsgrade und α-Fehler enthalten.
Wenden wir die entwickelte Methode auf das Eingangsbeispiel des Testens eines Würfels mit der Nullhypothese, es handle sich um einen Laplace-Würfel, an. Testgrundlage sind die Daten aus Tabelle 4.5, die χ^2-Testgröße war 12,36. Die Anzahl der Freiheitsgrade ist 5. Die Voraussetzung zur Anwendung der Integralnäherung ist wegen $n \cdot \min(\pi_1, \pi_2, \ldots, \pi_s) = 600 \cdot \frac{1}{6} = 100$ gegeben. Die fragliche Dichtefunktion ist

$$f_5(t) := K \cdot \mathrm{e}^{-\frac{t}{2}} \cdot t^{\frac{3}{2}}.$$

Mit Hilfe von MAPLE berechnen wir $K \approx 0{,}133$. Abbildung 4.19 zeigt den Graphen von f_5.

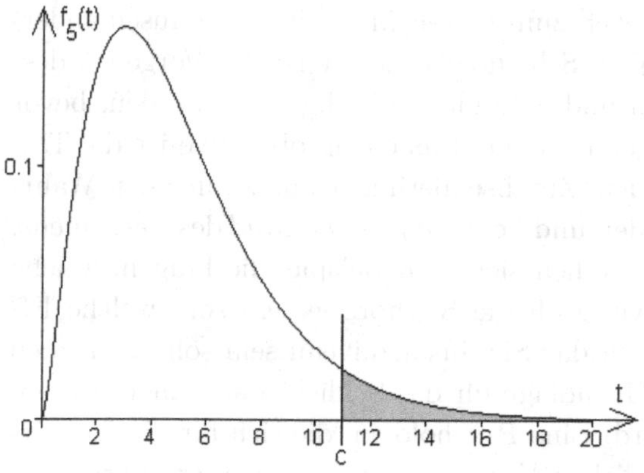

Abb. 4.19. χ^2-Verteilung mit 5 Freiheitsgraden

Der durch c bestimmte graue Bereich hat den Flächeninhalt $\alpha = 0{,}05$. MAPLE berechnet bei diesem Signifikanzniveau $c \approx 11{,}07$. Wegen $12{,}33 > 11{,}07$ kann damit die Nullhypothese, es handle sich um einen Laplace-Würfel, auf dem Signifikanz 0,05 verworfen werden.

Aufgabe 82 (Zufallszahlen und χ^2-Test) In Abschnitt 3.10.2 wurden zwei Methoden beschrieben, wie man eine Folge von Ziffern $0, 1, \ldots, 9$ auf Zufälligkeit prüfen kann. Bei der ersten Methode werden die Anzahlen a_i der Ziffer i bestimmt und mit der zu erwarteten Häufigkeit verglichen. Bei der zweiten Methode wird die Folge in 5er-Blöcke aufgeteilt, die in genau sieben Typen auftreten können. Wieder werden die jeweiligen Anzahlen der einzelnen Typen mit den zu erwarteten Anzahlen verglichen.

a. Präzisieren Sie die jeweilige Methode durch einen χ^2-Test. Zeichnen Sie die χ^2-Verteilungen mit den entsprechenden Freiheitsgraden.
b. Erzeugen Sie mit einem Computerprogramm Zufallsziffern und untersuchen Sie diese mit den beiden Methoden. Sie können auch die ersten n Nachkommastellen der Kreiszahl π oder der Eulerzahl e auf Zufälligkeit untersuchen.

Der χ^2-Test wird in vielen weiteren Variationen und Spezialisierungen in einem weiten Feld von Anwendungen eingesetzt. Beispiele hierfür finden Sie vor allem in Lehrbüchern für die Anwendungswissenschaften (z. B. *Bortz* 1999).

4.3

4.3 Bayes-Statistik

Die klassischen Konzepte der Parameterschätzung und Hypothesentests basieren auf einem scheinbar objektiven Vorgehen bei der Anwendung und sind gedanklich von jemandem, der sich zum ersten Mal mit ihnen auseinandersetzt, nur schwer zu durchdringen. Scheinbar objektiv ist das Vorgehen deshalb, weil viele Entscheidungen und Setzungen durchgeführt werden, bevor am Ende ein rechnerisches Ergebnis steht. Das einzig objektive ist die Tatsache, dass nur die *objektiven*, dem Zufallsexperiment innewohnenden Wahrscheinlichkeiten verwendet werden und kein *subjektiver Grad* des Vertrauens. Im Falle eines Hypothesentests stellen sich zum Beispiel die Fragen, welche Hypothese ausgewählt wird, wie groß die Stichprobe sein soll, welche Effekte relevant sind oder wie hoch das Signifikanzniveau sein soll, aber auch welche erkenntnistheoretische Grundlage für das Schließen aus einem Ergebnis gewählt bzw. akzeptiert wird. Eine Psychologin, die sich für die Auswirkungen des Trainings zur räumlichen Vorstellungsfähigkeit interessiert, wird einen Hypothesentest mit der Nullhypothese „das Training ist unwirksam" dann durchführen, wenn sie von einem hinreichend großen Effekt des Trainings überzeugt ist. Die Frage der Stichprobengröße etc. wird sie abhängig machen von dem erwarteten Effekt, aber auch von ökonomischen Rahmenbedingungen. Sie wird selber von der Alternativhypothese „das Training ist wirksam" weitestgehend überzeugt sein.
Dennoch wirkt die standardisierte Anwendung von Hypothesentests, vor allem wenn die Auswertung computergestützt durchgeführt wird, häufig objektiv. Dieser Eindruck wird verstärkt, wenn man sich bei der Festlegung von Signifikanzniveaus von den Konventionen der Wissenschaftlergemeinschaft und nicht von dem konkreten Kontext leiten lässt. Mit den Konzepten der ***Bayes-Statistik*** wird die Berücksichtigung der Subjektivität bei der Anwendung ermöglicht, sie ist geradezu unabdingbar, weil der persönliche Grad

der Überzeugung konkretisiert und begründet werden muss. Die Konzepte der Bayes-Statistik, die wir in den beiden folgenden Abschnitten für Parameterschätzungen und Hypothesentests darstellen, basieren rechnerisch auf dem *Satz von Bayes* (vgl. Abschnitt 3.2.4). Damit ist die mathematische Grundlage zwar relativ einfach, aber die konkrete rechnerische Durchführung kann schnell sehr aufwändig werden. Dies wird bei der Durchführung konkreter Tests bzw. Schätzungen deutlich. Inhaltlich handelt es sich hier wiederum um ein *Lernen aus Erfahrung*. Vor Durchführung der empirischen Untersuchung hat man einen subjektiven Grad der Überzeugung dafür, das eine Hypothese gilt oder ein Parameter in einem bestimmten Bereich liegt. Dieser Grad der Überzeugung ist eine a priori Wahrscheinlichkeit. Nach Vorliegen der Daten wird diese Einschätzung mit Hilfe des Satzes von Bayes revidiert. In Anbetracht der Daten werden aus den a-priori-Wahrscheinlichkeiten auf diesem Weg a-posteriori-Wahrscheinlichkeiten.

Durch das Zulassen des Subjektiven, des Grades der Überzeugung als a-priori-Wahrscheinlichkeit für eine Hypothese sind die Konzepte der Bayes-Statistik nahe am menschlichen Denken. Damit werden die Konzepte gut nachvollziehbar. Einige Verständnisschwierigkeiten, die bei den klassischen Konzepten auftreten, tauchen dadurch nicht mehr auf. Gerade die Interpretation der beiden möglichen Fehler beim Hypothesentest oder der Wahrscheinlichkeit bei einer Intervallschätzung bereiten üblicherweise viele Schwierigkeiten (vgl. Aufgabe 78). Die in der Bayes-Statistik auftretenden Wahrscheinlichkeiten sind inhaltlich verständlicher, da es sich gerade um den Grad der Überzeugung handelt.

4.3.1 Bayes'sche Hypothesentests

Ohne explizit darauf hinzuweisen haben wir in diesem Buch bereits einen Bayes'schen Hypothesentest durchgeführt. Dies war gerade im Abschnitt 3.2.4 bei der Entwicklung der Bayes'schen Regel. Dort gab es drei Möglichkeiten, eine Zahl zwischen Eins und Sechs zufällig zu werfen, einen Laplace-Würfel, fünf Münzen und einen Riemer-Quader. Im Beispiel dort hatte Armin eine der drei Möglichkeiten ausgewählt, ohne Beate zu verraten, welche, und ihr dann nacheinander drei Wurfergebnisse mitgeteilt. Für die Frage, welche Möglichkeit Armin gewählt hat, lassen sich drei Hypothesen aufstellen, nämlich gerade die drei verschiedenen Möglichkeiten. Im klassischen Sinn kann wieder genau eine dieser Hypothesen zu treffen und die anderen nicht. Beate kann den drei Möglichkeiten aber subjektiv eine davon abweichende Wahrscheinlichkeit zuordnen.

Da sie keine weiteren Information hat, ordnet sie im Beispiel den drei Hypothesen die gleiche Wahrscheinlichkeit von jeweils $\frac{1}{3}$ zu. Dieses Vorgehen bezeichnet man auch als ***Indifferenzprinzip***, bei dem aus Mangel an Informationen alle Möglichkeiten für gleichwahrscheinlich erachtet werden. Es gibt also die drei Hypothesen W_1: „Laplace-Würfel“[42], W_2: „Münzen“ und W_3: „Riemer-Quader“ mit den von Beate zugewiesenen *a-priori-Wahrscheinlichkeiten* $P(W_1) = P(W_2) = P(W_3) = \frac{1}{3}$. Armin hat als erstes Ergebnis eines Wurfes die Drei genannt. Für dieses Ereignis E_3: „Die 3 ist gefallen.“ ist die Wahrscheinlichkeit des Eintretens bei allen drei Wurfmöglichkeiten bekannt. In Abschnitt 3.2.4 sind die vollständigen Wahrscheinlichkeitsverteilungen für die drei Wurfmöglichkeiten aufgestellt worden. Für das hier interessierende Ereignis ergaben sich die jeweiligen bedingten Wahrscheinlichkeiten $P(E_3|W_1) = \frac{1}{6}, P(E_3|W_2) = \frac{10}{32}$, $P(E_3|W_3) = 0{,}26$. Mit Hilfe des *Satzes von Bayes* (Satz 17, S. 222) lassen sich die drei Hypothesen unter dem Eindruck der gefallenen Drei nun neu bewerten. Es gilt:

$$P(W_i \mid E_3) = \frac{P(W_i) \cdot P(E_3 \mid W_i)}{\sum\limits_{i=1}^{3} P(W_i) \cdot P(E_3 \mid W_i)}.$$

Damit erhält man drei revidierte Einschätzungen $P(W_i|E_3)$ der Wahrscheinlichkeiten für die drei Hypothesen, die sogenannten *a-posteriori-Wahrscheinlichkeiten*. Diese wurden mit dem Satz von Bayes aus den a-priori-Wahrscheinlichkeiten und den bedingten Wahrscheinlichkeiten $P(E_3|W_i)$ für das eingetretene Ereignis unter der Annahme der Geltung der jeweiligen Hypothese berechnet. Das so erhaltene rechnerische Ergebnis passt gut zu einer intuitiven Einschätzung aufgrund der gefallenen Drei. Es ist nahe liegend die Möglichkeit, bei der die Drei die höchste Wahrscheinlichkeit des Eintretens hat, zu bevorzugen, und die anderen entsprechend der jeweiligen Wahrscheinlichkeiten ebenfalls neu einzuschätzen. Rechnerisch ergibt sich im konkreten Beispiel: $P(W_1|E_3) \approx 0{,}23, P(W_2|E_3) \approx 0{,}42$ und $P(W_3|E_3) \approx 0{,}35$. Diese drei Wahrscheinlichkeiten müssen sich zu Eins addieren, weil sie gemeinsam eine Wahrscheinlichkeitsverteilung der möglichen Hypothesen ergeben.
Dieses Verfahren eines Bayes'schen Hypothesentests wurde in Abschnitt 3.2.4 noch für zwei weitere Wurfergebnisse durchgeführt, wodurch sich eine noch größere Sicherheit zugunsten von W_2 ergab. Das lässt sich auch auf die Beispiele des Teilkapitels 4.2 übertragen. Wir führen dies hier am Beispiel der alten Münze durch, an dem wir den einfachen Hypothesentest in Abschnitt 4.2.1 entwickelt haben. Welche konkurrierenden Hypothesen lassen sich hier aufstellen? Ohne die Münze genauer untersucht zu haben, kann die Wahrscheinlichkeit für „Kopf“ zunächst zwischen Null und Eins liegen (je-

[42]Wegen der einfacheren Vergleichbarkeit mit Abschnitt 3.2.4 verwenden wir W_i anstelle von H_i für die Bezeichnung der Hypothesen.

weils inklusive). Das heißt, es gibt unendlich viele, sogar überabzählbar viele mögliche Hypothesen, nämlich für jedes $p \in [0; 1]$ eine. Daher muss hier wie in den Abschnitten 3.1.8 und 3.9.3 mit einer stetigen Zufallsgröße und einer zugehörigen Dichtefunktion gearbeitet werden. Wie beim Beispiel „Zeitpunkt des Telefonanrufs" in Abschnitt 3.1.8, wo ein einzelner Zeitpunkt die Wahrscheinlichkeit Null hatte, hat jedes einzelne p die Wahrscheinlichkeit Null. Für Intervalle, aus denen p kommen kann, lassen sich jedoch Wahrscheinlichkeiten angeben und aufgrund von Stichprobenergebnissen revidieren.

Angenommen, die gefundene alte Münze lässt äußerlich keine Vorteile für „Kopf" oder „Zahl" erkennen. Sie ist nicht ganz rund, sogar leicht verbeult, aber nicht offensichtlich „ungerecht". Dann lässt sich zum Beispiel die in Abb. 4.20 graphisch dargestellte Dichtefunktion f_1 für die stetige Zufallsgröße „Wahrscheinlichkeit für Kopf" ansetzen. Diese Dichtefunktion ist im Intervall $[0; 1]$ definiert durch:

$$f_1(p) := 2 - |4 \cdot p - 2| .$$

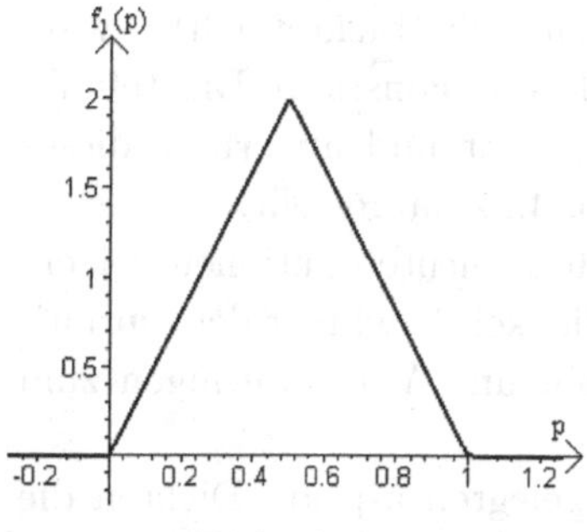

Abb. 4.20. Dichtefunktion 1

Außerhalb dieses Intervalls muss die Dichtefunktion den Wert 0 annehmen, da die Wahrscheinlichkeit für Kopf nur zwischen 0 und 1 liegen kann. Bei der (subjektiven) Festlegung dieser Dichtefunktion wurde berücksichtigt, dass Werte in der Nähe von 0,5 eher zu erwarten sind als Werte in der Nähe von 0 oder in der Nähe von 1. Es ist eine subjektive Festsetzung, dass diese Dichtefunktion von den Grenzen des maximalen infrage kommenden Intervalls $[0; 1]$ zur Mitte gleichmäßig ansteigt.

Man hätte auch einen eher glockenförmigen Verlauf ansetzen können, der an den Intervallgrenzen mit der Dichte 0 beginnt, dann zur Mitte zunächst langsam, dann immer schneller steigt und einen schmalen Gipfel um 0,5 hat. Eine solche Dichtefunktion ist zum Beispiel die Funktion f_2, die in Abb. 4.21 graphisch dargestellt ist. Sie ist im Intervall $[0; 1]$ definiert durch

$$f_2(p) := 140 \cdot (1 - p)^3 \cdot p^3 .$$

Diese Funktionsgleichung haben wir durch Lösen einer „Steckbriefaufgabe" gefunden, indem wir ein Polynom sechsten Grades angesetzt, sieben Bedin-

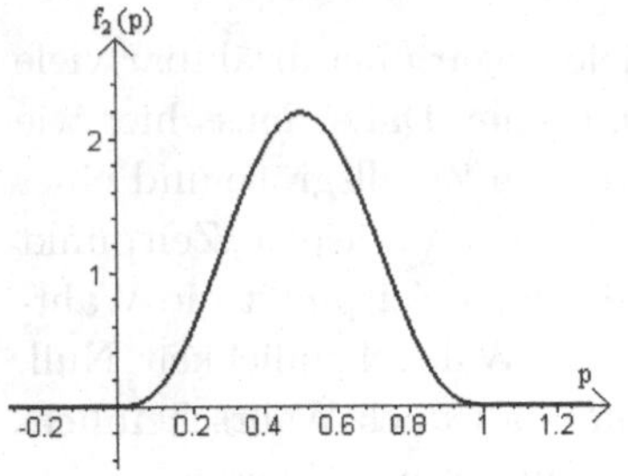

Abb. 4.21. Dichtefunktion 2

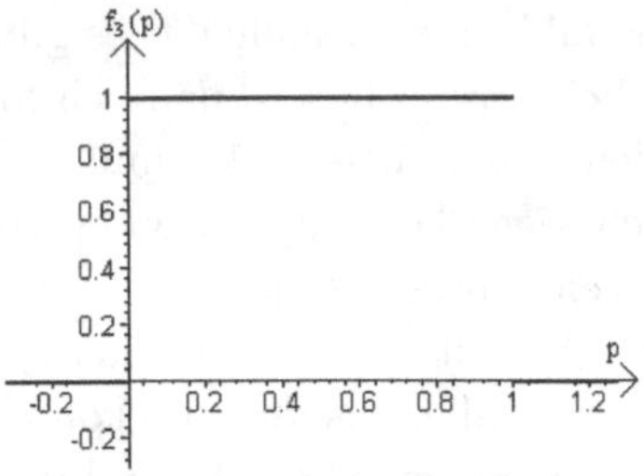

Abb. 4.22. Dichtefunktion 3

gungen formuliert und das entstehende lineare Gleichungssystem für die sieben Parameter gelöst haben[43].
Wenn man die Münze zunächst gar nicht genauer betrachtet hätte, wäre aufgrund des Indifferenzprinzips auch eine stückweise konstante Dichtefunktion f_3, die für alle $p \in [0; 1]$ den Wert 1 annimmt und außerhalb dieses Intervalls den Wert 0 denkbar. Diese ist in Abb. 4.22 dargestellt.
Die Begründungen und Darstellungen dieser drei Dichtefunktionen zeigen, dass bei der Festlegung der a-prori-Wahrscheinlichkeit bzw. hier der a-priori-Dichte der subjektive Aspekt mit Vorannahmen und Vorerfahrungen zum Tragen kommt.[44]
Wie erhält man nun aus diesen subjektiv festgelegten a-priori-Dichten die a-posteriori-Dichten, wenn ein Stichprobenergebnis vorliegt? Wie im obigen Fall der drei verschiedenen Möglichkeiten, Zahlen zwischen Eins und Sechs zu werfen, wird der Satz von Bayes verwendet. Da wir es mit überabzählbar vielen Hypothesen zu tun haben, tritt an die Stelle der a-priori- und a-posteriori-Wahrscheinlicheit die a-priori- und a-posteriori-Dichte. Anstelle der Sum-

[43]Dabei haben wir gefordert, dass die Dichtefunktion jeweils in 0 und in 1 eine Nullstelle, eine waagerechte Tangente und eine Wendestelle hat. Zu diesen sechs Bedingungen an die Dichtefunktion und ihre ersten beiden Ableitungen kommt als siebte Bedingung, dass das uneigentliche Integral von $-\infty$ bis ∞ den Wert 1 hat. Dies folgt aus der Normiertheit (vgl. 3.1.8). Da die Dichtefunktion außerhalb von $[0; 1]$ den Wert 0 hat, muss also das Integral von 0 bis 1 den Wert 1 annehmen.

[44]Außerdem lässt sich bereits hier erahnen, dass eine algebraische Definition von a-priori-Dichtefunktionen mit erheblichem Aufwand verbunden sein kann: Zu den qualitativen Überlegungen über wahrscheinlichere und weniger wahrscheinliche Bereiche muss ein passender Funktionsterm gefunden werden, der zudem noch die Normiertheit von Dichtefunktionen erfüllen muss (vgl. Abschnitt 3.9.3). *Dieter Wickmann* hat mit seinem Programm VISUALBAYES (*Wickmann* 2006) eine Möglichkeit geschaffen, den qualitativen Verlauf der a-priori-Dichte zeichnerisch am Computer festzulegen und anschließend hiermit rechnerisch weiterzuarbeiten.

me über alle möglichen Hypothesen im Nenner tritt das Integral über den möglichen Bereich der p-Werte der Hypothesen.
Angenommen die alte Münze wird 100-mal geworfen und es fällt 58-mal „Kopf“[45]. Dann berechnet sich die a-posteriori-Dichte $f_i(p|T = 58)$ für die drei verschiedenen a priori angesetzten Dichtefunktionen f_i aufgrund des Stichprobenergebnisses für alle Werte $p \in [0; 1]$ wie folgt:

$$f_i(p \mid T = 58) = \frac{f_i(p) \cdot P(T = 58 \mid p)}{\int\limits_0^1 f_i(x) \cdot P(T = 58 \mid x)\,\mathrm{d}x}\,.$$

Dabei steht im Zähler und Nenner mit $P(T = 58|p) = L_{58}(p)$ letztlich nichts anderes als die Likelihood-Funktion aus Abschnitt 4.1.2. Das Stichprobenergebnis fließt genau über diese Ausdrücke ein. Sie geben die Wahrscheinlichkeit für das Zustandekommen des Stichprobenergebnisses an, wenn der zugrunde liegende Parameter gleich p ist. Der Ausdruck, mit dem die a-posteriori-Dichte berechnet werden kann, sieht aufgrund des Integrals zunächst komplizierter aus als der analoge Ausdruck mit der Summe im endlichen Fall. Wir werden im Folgenden für die drei konkret angesetzten a-priori-Dichtefunktionen hiermit die a-posteriori-Dichtefunktionen bestimmen.
Zunächst lässt sich für das vorliegende Beispiel die Wahrscheinlichkeit für das Zustandekommen des Stichprobenergebnisses in Abhängigkeit vom Parameter p explizit angeben. Die Testgröße T ist binomialverteilt mit den Parametern 100 und p. Die Wahrscheinlichkeit für das konkret eingetretene Stichprobenergebnis betrug im vorhinein somit

$$P(T = 58 \mid p) = \binom{100}{58} \cdot p^{58} \cdot (1-p)^{42}\,.$$

Nun muss im Zähler und Nenner noch $f_i(p)$ durch den jeweiligen Funktionsterm ersetzt werden und die a-posteriori-Dichte lässt sich aus dem Ausdruck, der aus der Anwendung des Satzes von Bayes stammt, mindestens näherungsweise berechnen. Wenn dies nicht mit elementaren Methoden explizit möglich ist, hilft dabei ein Computer-Algebra-System, das im Prinzip beliebig genaue Näherungswerte zur Verfügung stellen kann.

---

[45] Beim klassischen Hypothesentest in Abschnitt 4.2.1 hätte man somit die Nullhypothese „die alte Münze ist mathematisch ideal“ nicht auf dem Signifikanzniveau von 0,09 verwerfen können.

Für die erste oben angesetzte Dichtefunktion ergibt sich als konkreter Ausdruck:

$$f_1(p \mid T = 58) = \frac{(2 - |4 \cdot p - 2|) \cdot \binom{100}{58} \cdot p^{58} \cdot (1-p)^{42}}{\int\limits_0^1 (2 - |4 \cdot x - 2|) \cdot \binom{100}{58} \cdot x^{58} \cdot (1-x)^{42}\, \mathrm{d}x}.$$

Da eine Betragsfunktion im Integranden steht, bietet es sich an, abschnittsweise zu integrieren. Der Term $2 - |4 \cdot x - 2|$ ist gleich $4 \cdot x$, wenn $x < 0{,}5$ ist, und Term $4 - 4 \cdot x$ sonst. Damit lässt sich das Integral im Nenner wie folgt berechnen:

$$\begin{aligned}
&\int\limits_0^1 (2 - |4 \cdot x - 2|) \cdot \binom{100}{58} \cdot x^{58} \cdot (1-x)^{42}\, \mathrm{d}x \\
&= \int\limits_0^{0,5} 4 \cdot x \cdot \binom{100}{58} \cdot x^{58} \cdot (1-x)^{42}\, \mathrm{d}x \\
&\quad + \int\limits_{0,5}^1 (4 - 4 \cdot x) \cdot \binom{100}{58} \cdot x^{58} \cdot (1-x)^{42}\, \mathrm{d}x \\
&= 4 \cdot \binom{100}{58} \cdot \int\limits_0^{0,5} x^{59} \cdot (1-x)^{42}\, \mathrm{d}x + 4 \cdot \binom{100}{58} \cdot \int\limits_{0,5}^1 x^{58} \cdot (1-x)^{43}\, \mathrm{d}x \\
&\approx 0{,}0166\,.
\end{aligned}$$

Wir haben die Berechnung zur Angabe des Näherungswertes von einem Computer-Algebra-System durchführen lassen. Da die beiden Integranden Polynome (vom Grad 101) sind, lässt sich eine Stammfunktion auch elementar finden. Dies würde aber eine enorme Fleißarbeit darstellen, da die Polynome immerhin aus 43 bzw. 44 Summanden bestehen. Mit der obigen Berechnung ergibt sich als Funktionsterm für die a-posteriori-Dichte näherungsweise:

$$f_1(p \mid T = 58) \approx \frac{(2 - |4 \cdot p - 2|) \cdot \binom{100}{58} \cdot p^{58} \cdot (1-p)^{42}}{0{,}0166}.$$

Damit erhält man den in Abb. 4.23 dargestellten Funktionsgraphen. Um zu zeigen, wie sich die Einschätzung der Dichtefunktion für die Hypothesen aufgrund des konkreten Stichprobenergebnisses verändert hat, haben wir die a-priori-Dichte mit eingezeichnet.

Der Verlauf entspricht nahe liegenden qualitativen Erwartungen: Werte für p in den Außenbereichen waren von vorneherein kaum erwartet worden. Aufgrund des Stichprobenergebnisses 58 ist die Dichte dort außen noch geringer

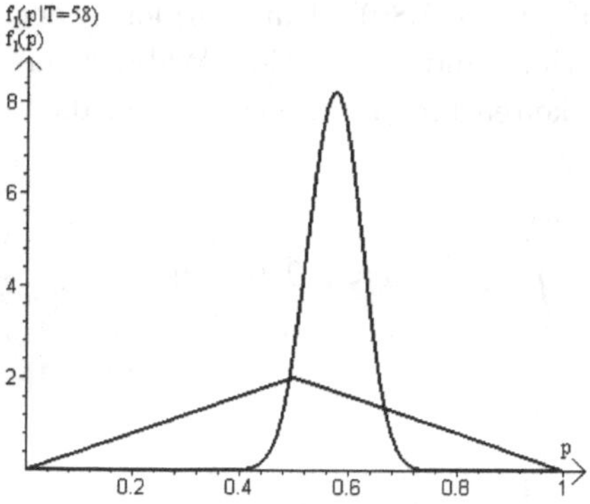

Abb. 4.23. a-posteriori-Dichte für f_1

geworden. In der Nähe von 0,58 ist die Dichte sehr hoch („Bereich größter Dichte“), die Dichtefunktion ist insgesamt schmalgipflig geworden. Werte, die weit von 0,58 entfernt liegen, sind nicht gut durch das Stichprobenergebnis zu erklären. Die Maximumstelle liegt etwas unterhalb von 0,58 bei ungefähr 0,5743 (mit einem Maximum von ungefähr 8,2151). Dies ist damit zu erklären, dass a-priori die höchste Dichte bei 0,5 lag. Diese ist nun deutlich in Richtung des Wertes 0,58, den man als Punktschätzung angeben würde, gewandert. Für einen Vergleich der a-priori- und der a-posteriori-Wahrscheinlichkeiten für das Intervall [0,52; 0,64] müssen die entsprechenden Integrale gebildet und berechnet werden:

$$\int_{0,52}^{0,64} f_1(p)\,\mathrm{d}p = 0{,}2016 \quad \text{und} \quad \int_{0,52}^{0,64} f_1(p \mid T = 58)\,\mathrm{d}p \approx 0{,}7828\,.$$

Die Zunahme der Wahrscheinlichkeit in dem betrachteten Bereich ist also erheblich!

Die a-posteriori-Dichten für die beiden anderen angesetzten Dichtefunktionen f_2 und f_3 sind einfacher zu berechnen, für f_2 ergibt sich:

$$\begin{aligned} f_2(p \mid T = 58) &= \frac{140 \cdot (1-p)^3 \cdot p^3 \cdot \binom{100}{58} \cdot p^{58} \cdot (1-p)^{42}}{\int_0^1 140 \cdot (1-x)^3 \cdot x^3 \cdot \binom{100}{58} \cdot x^{58} \cdot (1-x)^{42}\,\mathrm{d}x} \\ &= \frac{p^{61} \cdot (1-p)^{45}}{\int_0^1 x^{61} \cdot (1-x)^{45}\,\mathrm{d}x} \approx \frac{10^{33}}{4{,}95} \cdot p^{61} \cdot (1-p)^{45}\,. \end{aligned}$$

Bei dem auftretenden Integranden handelt es sich wieder um ein Polynom (vom Grad 106). Das Integral haben wir mit Hilfe eines Computer-Algebra-Systems näherungsweise bestimmt. Der Funktionsgraph dieser a-posteriori-Dichtefunktion ist in Abb. 4.24 gemeinsam mit der a-priori-Dichtefunktion dargestellt.

Der Verlauf der a-posteriori-Dichte für f_2 ist fast identisch mit der a-posteriori-Dichte für f_1. Wieder ist der „Bereich größter Dichte“ in die Nähe von 0,58 gewandert. Die Maximumstelle liegt bei ca. 0,5755 (mit einem Maximum

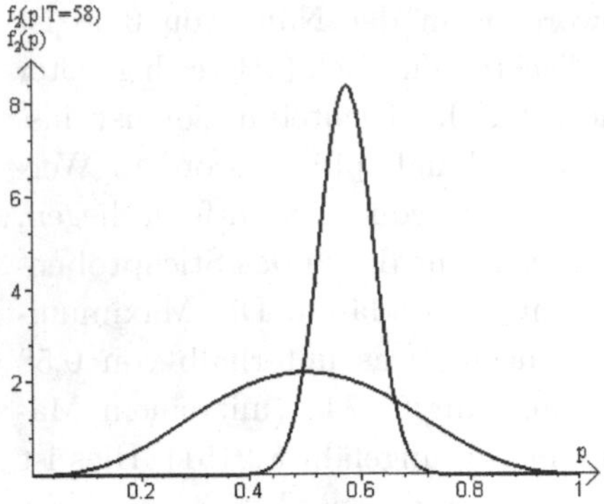

Abb. 4.24. a-posteriori-Dichte für f_2

von ca. 8,3680). Ein Vergleich der a-priori- und a-posteriori-Wahrscheinlichkeiten für das Intervall [0,52; 0,64] ergibt:

$$\int_{0,52}^{0,64} f_2(p)\,\mathrm{d}p \approx 0{,}2397 \quad \text{und}$$

$$\int_{0,52}^{0,64} f_2(p \mid T = 58)\,\mathrm{d}p \approx 0{,}7901\,.$$

Wie bei dem analogen Vergleich für f_1 ergibt sich also eine erhebliche Zunahme der Wahrscheinlichkeit für dieses Intervall. Die a-posteriori-Wahrscheinlichkeit für das Intervall [0,52; 0,64] ist dabei etwas größer als die entsprechende für f_1, was durchaus zu erwarten war, da das Maximum der a-posteriori-Dichte für f_2 ebenfalls geringfügig größer war.

Damit bleibt der rechnerisch einfachste Fall für die dritte a-priori-Dichtefunktion übrig. Diese nimmt im Intervall [0; 1] konstant den Wert 1 an. Damit erhält man

$$\begin{aligned} f_3(p \mid T = 58) &= \frac{\binom{100}{58} \cdot p^{58} \cdot (1-p)^{42}}{\int\limits_0^1 \binom{100}{58} \cdot x^{58} \cdot (1-x)^{42}\,\mathrm{d}x} \\ &= \frac{p^{58} \cdot (1-p)^{42}}{\int\limits_0^1 x^{58} \cdot (1-x)^{42}\,\mathrm{d}x} \approx \frac{10^{31}}{3{,}50} \cdot p^{58} \cdot (1-p)^{42}\,. \end{aligned}$$

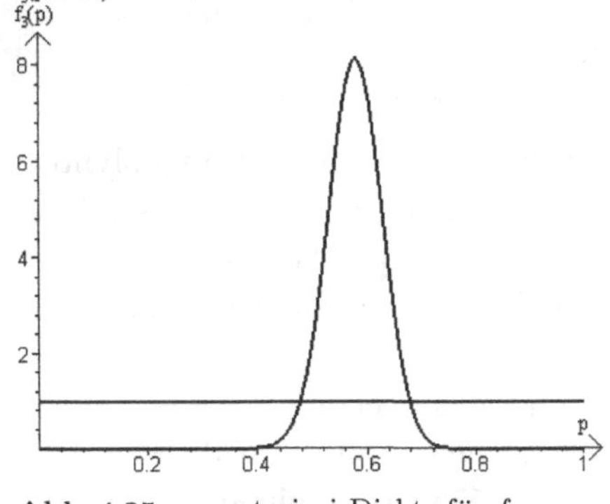

Abb. 4.25. a-posteriori-Dichte für f_3

In Abb. 4.25 ist der Funktionsgraph der a-posteriori-Dichte für f_3 dargestellt. Im Zähler des Funktionsterms steht gerade die Likelihood-Funktion. Das Integral nimmt im Nenner einen festen Wert an, so dass es sich bei der a-posteriori-Dichte für f_3 um eine *normierte* Likelihood-Funktion handelt. Da es sich um die Dichte einer stetigen Zufallsgröße handelt, ist sie so

normiert, dass der Flächeninhalt zwischen Kurve und x-Achse genau 1 beträgt.
Vergleicht man die a-priori-Dichte mit der a-posteriori-Dichte liefert für f_3, so ergibt sich erst bei der a-posteriori-Dichte ein ausgeprägter „Bereich größter Dichte“, nämlich genau um die Maximumstelle 0,58 (es handelt sich um die normierte Likelihood-Funktion!). Das zugehörige Maximum ist mit ungefähr 8,1427 etwas kleiner als die entsprechenden Maxima bei den a-posteriori-Dichten zu f_1 und f_2, was plausibel ist, da bei f_1 und f_2 von vorneherein der mittlere Bereich des Intervalls $[0;1]$ bevorzugt wurden. Ein Vergleich der a-priori- und a-posteriori-Wahrscheinlichkeiten für das Intervall $[0{,}52;0{,}64]$ ergibt für f_3:

$$\int_{0,52}^{0,64} f_3(p)\,\mathrm{d}p = 0{,}12 \quad \text{und} \quad \int_{0,52}^{0,64} f_3(p|T=58)\,\mathrm{d}p \approx 0{,}7809\,.$$

Ein Vergleich der a-posteriori-Wahrscheinlichkeiten im Intervall $[0{,}52;0{,}64]$ für f_1 bis f_3 zeigt, dass diese sehr nah beieinander liegen, und das *obwohl* die a-priori-Dichten sich doch deutlich unterschieden haben, was sich in deutlich unterschiedlichen a-priori-Wahrscheinlichkeiten für das Intervall $[0{,}52;0{,}64]$ ausdrückt. Die rechnerische Verarbeitung des Stichprobenergebnisses „58 von 100 Würfen ergeben ‚Kopf‘“ mithilfe des Satzes von Bayes führt also schon bei einer einzigen Durchführung dieses *Lernens aus Erfahrung* zu einer starken Angleichung der Wahrscheinlichkeiten für die (überabzählbar vielen) Hypothesen „$H_{\dot{p}}: p = \dot{p}$“. Wenn man nun die Münze erneut 100-mal werfen und das Ergebnis erneut rechnerisch verarbeiten würde (wobei die im ersten Durchgang erhaltenen a-posteriori-Dichten die neuen a-priori-Dichten für den zweiten Durchgang sind), ergäben sich neue Wahrscheinlichkeiten für das untersuchte Intervall, die sich praktisch nicht mehr unterscheiden würden.
Damit haben wir das Konzept des Bayes'schen Hypothesentests für die beiden Fälle endlich vieler und überabzählbar vieler konkurrierender Hypothesen an Beispielen entwickelt und durchgeführt. Inhaltlich wurde mit Hilfe des Satzes von Bayes jeweils aus einer a-priori-Einschätzung auf der Grundlage eines Stichprobenergebnisses eine a-posteriori-Einschätzung gewonnen. Dies entspricht wiederum dem *Lernen aus Erfahrung*, das in solchen Situationen mit dem Satz von Bayes mathematisch modelliert werden kann.
Eine Betrachtung von möglichen auftretenden Fehlern, die der Kern von klassischen Hypothesentests ist, entfällt hier. Die Hypothesen werden in der Bayes-Statistik nicht ausschließlich als entweder zutreffend oder nicht zutreffend zugelassen, sondern es ist möglich, ihnen subjektive Wahrscheinlichkeiten im Sinne eines Grades der Überzeugung zuzuordnen. Damit können keine Fehlerkonstellationen wie in Abschnitt 4.2.1 entstehen. In der klassi-

schen Sichtweise kann eine Hypothese verworfen werden, obwohl sie gilt. In der Bayes-Statistik wird der Grad der Überzeugung von einer Hypothese aufgrund einer Beobachtung modifiziert. Die konkurrierenden Hypothesen sind gleich berechtigt. Eine Asymmetrie zwischen der Nullhypothese und ihrem logischen Gegenteil, die bei klassischen Tests durch die *willkürliche* Festlegungen einer Hypothese als Nullhypothese auftritt (vgl. Beispiel „Großhändler und Lieferant" in Abschnitt 4.2.2), gibt es in der Bayes-Statistik nicht.

Aufgabe 83 (Bayes'scher Hypothesentest für das Beispiel „Glühbirnen") Führen Sie für das Beispiel „Glühbirnen" (Abschnitt 4.1.2) Hypothesentests im Rahmen der Bayes-Statistik durch. Gehen Sie dabei sowohl von der Sicht des Lieferanten als auch von der Sicht des Großhändlers aus!

4.3.2 Bayes'sche Parameterschätzungen

Bei den klassischen Intervallschätzungen in Abschnitt 4.1.4 wurde auf der Basis des gewählten Konfidenzniveaus mit Wahrscheinlichkeiten weitergearbeitet, deren Interpretation zunächst undurchsichtig erscheinen mag. Da in der klassischen frequentistischen Auffassung ein unbekannter Parameter entweder in einem Intervall liegt oder nicht, konnten dies nicht die Wahrscheinlichkeiten dafür sein, dass der Parameter in einem geschätzten Intervall liegt. Vielmehr ist man bei der Berechnung der entsprechenden Wahrscheinlichkeiten davon ausgegangen, dass die Intervallgrenzen Schätzfunktionen sind. Für sie lassen sich in Abhängigkeit vom unbekannten, gerade zu schätzenden Parameter Wahrscheinlichkeiten angeben, dass diese in einem bestimmten Bereich liegen.
In der Bayes'schen Sichtweise ist es wiederum nicht nur möglich, sondern erforderlich, zu formulieren, mit welcher Wahrscheinlichkeit man den unbekannten Parameter in einem bestimmten Intervall erwartet. Die a-posteriori-Wahrscheinlichkeiten sind also, wenn diese subjektive Sicht zugelassen wird, in ihrer Bedeutung einfacher verständlich. Den Ausgangspunkt für Punkt- und Intervallschätzungen in dieser Sichtweise bilden wieder die aufgrund von Erfahrungen und theoretischen Vorannahmen festgelegten a-priori-Wahrscheinlichkeiten bzw. a-priori-Dichten. Aufgrund eines Stichprobenergebnisses erhält man hieraus mit dem *Satz von Bayes* wie im vorangehenden Abschnitt die a-posteriori-Wahrscheinlichkeiten bzw. a-posteriori-Dichten. Mit diesen aus der Erfahrung der Stichprobe gewonnenen a-posteriori-Einschätzungen werden dann die Parameter geschätzt. Wir verdeutlichen dies an den beiden Beispielen, an denen wir auch den Bayes'schen Hypothesentest entwickelt haben.

Üblicherweise werden Parameter wie Wahrscheinlichkeiten bzw. Anteile, arithmetisches Mittel oder Korrelationskoeffizienten geschätzt, für die es in der Regel überabzählbar viele Realisierungsmöglichkeiten gibt. Aber auch für das erste Beispiel aus dem Abschnitt 4.3.1 lässt sich sinnvoll ein Parameter schätzen. Dort gab es drei verschiedene Möglichkeiten, zufällig eine Zahl zwischen Eins und Sechs zu werfen. Die drei Möglichkeiten wurden als Hypothesen formuliert und durchnummeriert. In dem Beispiel hat Beate aus ihren a-priori-Einschätzungen und dem ersten Wurfergebnis a-posteriori Wahrscheinlichkeiten mit Hilfe des Satzes von Bayes bestimmen können. Wenn sie sich aufgrund dieses Kenntnisstandes für eine der drei Hypothesen entscheiden sollte, dann würde sie vermutlich diejenige mit der höchsten a-posteriori-Wahrscheinlichkeit nehmen. Im Beispiel war dies W_2: „Münzen". Da sie a priori allen möglichen Hypothesen die gleiche Wahrscheinlichkeit zugebilligt hat, stimmt diese Überlegung mit einer Maximum-Likelihood-Schätzung überein.

Auftrag

Beschreiben Sie die Analogie von Beates Bayes'scher Punktschätzung und der Maximum-Likelihood-Methode in diesem Fall.

Damit beenden wir die Betrachtung des endlichen Falls und wenden uns dem zweiten Beispiel aus Abschnitt 4.3.1 zu. Hier geht es um die Wahrscheinlichkeit, mit der die gefundene alte Münze „Kopf" zeigt. In diesem typischeren Fall kann der unbekannte Parameter, hier die Wahrscheinlichkeit, also überabzählbar viele Werte annehmen, hier alle aus dem Intervall $[0;1]$. Bei einer Punktschätzung kann man in Analogie zur Maximum-Likelihood-Methode den Wert mit der höchsten a-posteriori-Dichte schätzen. Dies wäre also das globale Maximum der a-posteriori-Dichtefunktion. In Abb. 4.26 sind diese für die entsprechenden drei a priori angesetzten Dichten dargestellt.
Die maximale Dichte ist in den drei Fällen – wie wir bereits oben gesehen haben – ähnlich groß, die Maximumstelle ebenfalls ungefähr gleich. Sie lässt sich jeweils über die notwendige Bedingung $f_i'(p|T=58)=0$ aus den im vorangehenden Abschnitt bestimmten Funktionsgleichungen bestimmen.

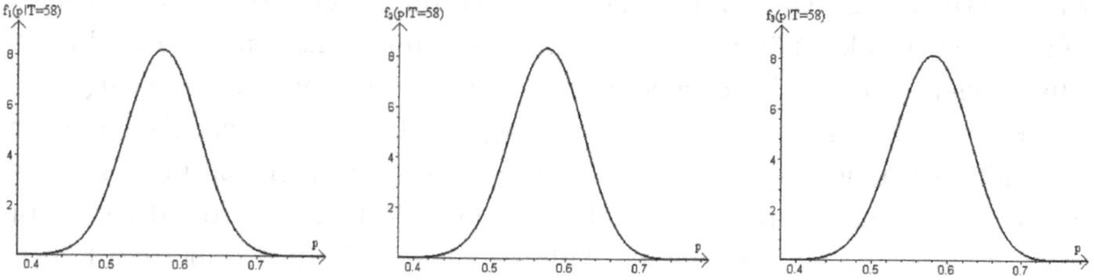

Abb. 4.26. a-posteriori-Dichtefunktionen für f_1, f_2 und f_3 (von links nach rechts)

Wir hatten im vorangehenden Abschnitt die Maximumstellen $m_1 \approx 0{,}5743$, $m_2 \approx 0{,}5755$ und $m_3 = 0{,}58$ berechnet.
Eine Alternative zu diesem Vorgehen, das wie die Maximum-Likelihood-Methode verfährt, ist die Bestimmung des Erwartungswertes für die a-posteriori-Dichtefunktion. Der ***Erwartungswert einer stetigen Zufallsgröße*** ist in Analogie zu dem einer Zufallsgröße im abzählbaren Fall definiert (vgl. 3.9.3), es gilt

$$E(f_i(p \mid T = 58)) = \int_0^1 p \cdot f_i(p \mid T = 58) \, \mathrm{d}p \, .$$

Mit dem Erwartungswert der a-posteriori-Dichtefunktionen wird man im Allgemeinen etwas andere Schätzungen für den infrage stehenden Parameter erhalten als mit der Maximumstelle dieser Funktionen. Für die drei a-posteriori-Dichtefunktionen aus dem gerade betrachteten Beispiel ergeben sich die Werte $e_1 \approx 0{,}5735, e_2 \approx 0{,}5741$ und $e_3 \approx 0{,}5784$. Die Abweichungen sind also minimal.
Für beide Wege der Punktschätzung, also die Maximumstelle der a-posteriori-Dichtefunktion und ihr Erwartungswert lassen sich wiederum Betrachtungen hinsichtlich ihrer Güte machen. Dabei lassen sich die klassischen Kriterien aus 4.1.3 analog entwickeln und anwenden. Da die Bayes-Statistik in der Anwendungspraxis bisher jedoch nur eine untergeordnete Rolle spielt, verzichten wir hier auf weitere Ausführungen.
Die Punktschätzungen eines Parameters sind natürlich auch in der Bayes-Statistik mit größter Unsicherheit behaftet. Bei einer stetigen Zufallsgröße hat ein einzelner Wert stets die Wahrscheinlichkeit 0. Aber für Intervalle lassen sich mit Hilfe der a-posteriori-Dichtefunktion Wahrscheinlichkeiten angeben. Im betrachteten Beispiel gilt:

$$P(p \in [a; b]) = \int_a^b f_i(x \mid T = 58) \, \mathrm{d}x \, .$$

Somit kann man zu einem gewählten Konfidenzniveau in der Bayes-Statistik ein Intervall angeben, in dem der gesuchte Parameter mit mindestens dieser Sicherheit liegt. Diese Intervalle sollten vernünftigerweise die Werte einer zugehörigen Punktschätzung nach obigem Muster enthalten. Da die Punktschätzungen Werte im Bereich der größten Dichte der a-posteriori-Dichtefunktion ergeben haben, ist dies auch naheliegend. Da man einerseits bei einer Intervallschätzung möglichst genau sein will, also ein nicht zu großes Intervall nehmen möchte, andererseits aber auch das festgelegte Konfidenzniveau beachten möchte, hat man bereits Anforderungen, die in den meisten Fällen zu einem eindeutig bestimmten Intervall („Bereich größter Dichte") führen.

Wenn man als Konfidenzniveau den Wert $\gamma \in [0;1]$ festlegt, so wird das kürzeste Intervall $[a;b]$ gesucht, für das gilt:

$$P_i(p \in [a;b]) = \int_a^b f_i(x \mid T = 58)\,\mathrm{d}x = \gamma\,.$$

Bei a-posteriori-Dichtefunktionen wie den drei oben betrachteten f_1, f_2 und f_3 ist dieses Intervall immer eindeutig bestimmt. Dies kann man sich anhand der Form der Funktionsgraphen klar machen. Diese steigen bis zum Maximum monoton an und fallen hinterher monoton.
Es liegt anschaulich nahe, dass $f_i(a|T = 58) = f_i(b|T = 58)$ gelten muss. Wäre die a-posteriori-Dichte an der Stelle b größer als an der Stelle a, so könnte man mit einer kleinen Umgebung um b mehr Wahrscheinlichkeit „sammeln" als in einer gleichgroßen Umgebung um a. Also gäbe es ein kleineres Intervall als $[a;b]$, über dem das Integral den Wert γ hat. In Abb. 4.27 wird dies im linken Bild für f_1 veranschaulicht.

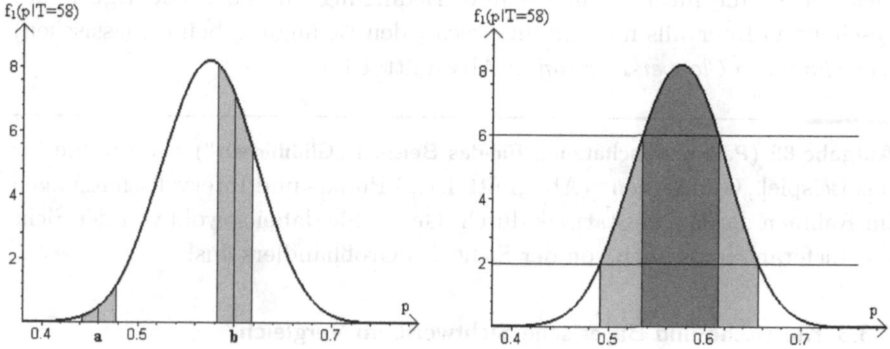

Abb. 4.27. Visualisierung der Bayes'schen Intervallschätzung

Im rechten Bild wird dargestellt, wie aus den formulierten Bedingungen ein Verfahren entwickelt werden kann: Vom Maximum der a-posteriori-Dichtefunktion geht man mit waagerechten Schnitten solange abwärts, bis man zwei Urwerte a' und b' findet, für die das zugehörige Integral über die a-posteriori-Dichtefunktion den geforderten Wert γ annimmt. So würde man für $\gamma = 0{,}92$ ausgehend von der a-priori-Dichte f_1 und dem Stichprobenergebnis $T = 58$ das Intervall $[0{,}4898; 0{,}6569]$ mithilfe der a-posteriori-Dichtefunktion zu f_1 schätzen.
Anstelle des so skizzierten Näherungsverfahrens kann man auch formaler vorgehen. Wir stellen ein solches exaktes Vorgehen für das obige Beispiel der zu schätzenden Wahrscheinlichkeit für „Kopf" dar. Dazu wird eine Funktion definiert, die jedem Wert $a \in [0;1]$ die eindeutige Länge x des Intervalls $[a; a+x]$

zuordnet, für das gilt

$$P(p \in [a; a + x]) = \int\limits_{a}^{a+x} f_i(t \mid T = 58)\,\mathrm{d}t = \gamma\,.$$

Falls a so groß ist, dass für keine Länge x das Integral den Wert γ erreicht, so wird 1 als Funktionswert gesetzt. Die Stelle a_0 eines absoluten Minimums der so definierten Funktion ist Untergrenze eines Konfidenzintervalls zum Konfidenzniveau γ. Die zugehörige Obergrenze ist dann eindeutig $a_0 + x$. Bei a-posteriori-Dichtefunktionen wie den drei aus dem obigen Beispiel ist die Minimumstelle dieser Funktion eindeutig. Generell haben praktisch alle auftretenden a-posteriori-Dichtefunktionen diese Eigenschaft. Eine hinreichende Bedingung für diese Eindeutigkeit ist, dass die a-posteriori-Dichtefunktion nur eine Maximumstelle hat.

Aufgabe 84 (Bedingungen für die Eindeutigkeit des geschätzten Intervalls) Vergleichen Sie die im Text angedeutete Bedingung für die Eindeutigkeit des geschätzten Intervalls mit der entsprechenden Bedingung beim (klassischen) *Verfahren von Clopper-Pearson* in Abschnitt 4.1.4

Aufgabe 85 (Parameterschätzung für das Beispiel „Glühbirnen") Führen Sie für das Beispiel „Glühbirnen" (Abschnitt 4.1.2) Punkt- und Intervallschätzungen im Rahmen der Bayes-Statistik durch. Gehen Sie dabei sowohl von der Sicht des Lieferanten als auch von der Sicht des Großhändlers aus!

4.3.3 Klassische und Bayes'sche Sichtweise im Vergleich

Wir haben in diesem Kapitel bewusst zunächst die klassischen Konzepte der beurteilenden Statistik entwickelt und dann die Bayes-Statistik vorgestellt, obwohl es durchaus gute Gründe für die Verwendung der Konzepte der Bayes-Statistik gibt. Dies hängt vor allem mit der Dominanz der klassischen Konzepte in der Anwendungspraxis zusammen. Vom mathematischen Standpunkt aus sind ohnehin alle vorgestellten Konzepte und Verfahren haltbar und vertretbar. Man kann sogar pragmatisch argumentieren, dass man sich bei einer geplanten oder durchgeführten Untersuchung dieses oder jenes Konzepts zum Testen vom Hypothesen bediene könne. Wichtig ist nur, dass man es versteht und die auftretenden Größen richtig interpretieren kann. Dennoch gibt es einen seit langem geführten, teilweise sehr emotionalen Streit zwischen Verfechtern der klassischen Statistik und Verfechtern der Bayes-Statistik. Wir versuchen, die Dominanz der klassischen Statistik und die Beweggründe für diesen Streit hier in der gebotenen Kürze nachvollziehbar zu machen. Dazu

gehen wir kurz auf die Begriffe „klassische Statistik" und „Bayes-Statistik" ein und nehmen im Fazit einen eigenen pragmatischen Standpunkt ein.
Die ***klassische Statistik*** ist durch ihre frequentistische Orientierung charakterisiert und wird heute so bezeichnet, da diese Sichtweise in den Anfängen der mathematischen Statistik absolut dominant war. Heute ist sie nicht nur deswegen *klassisch*, sondern auch, weil in den empirischen Wissenschaften und in der Anwendungspraxis fast ausschließlich die frequentistisch orientierten Verfahren verwendet werden. Der frequentistische Ansatz scheint besonders gut zu dem Wunsch nach *objektiven* Daten und Entscheidungsfindungen zu passen. So orientiert sich die frequentistische Aufstellung von Wahrscheinlichkeitsverteilungen an beobachtbaren Ausgängen von wiederholbaren Zufallsexperimenten und nutzt die auftretenden relativen Häufigkeiten. Im frequentistischen Sinn gilt eine Aussage (Hypothese) entweder oder sie gilt nicht. Sie kann damit nur die Wahrscheinlichkeit 0 oder 1 haben. Letztlich bleibt bei Stichprobenuntersuchungen stets unbekannt, was von beidem gilt.
Mit der ***Bayes-Statistik*** wird eine subjektive Sichtweise betont, und diese subjektive Sichtweise ist letztlich unabdingbar mit menschlichem Handeln verbunden. Wenn eine Forscherin am Erkenntnisgewinn orientiert empirisch forscht, so agiert sie als Subjekt aufgrund ihrer Vorbildung und Vorerfahrung. Sie entscheidet, welche Aussagen sie einem Test unterziehen möchte, und plant die konkrete Untersuchung. Wenn eine Qualitätsbeauftragte in einem Unternehmen anhand einer Stichprobe die Güte des Produktionsprozesses beurteilen soll, um möglicherweise Änderungen vorzunehmen, so agiert sie ebenfalls entsprechend subjektiv. Der persönliche Grad der Überzeugung von einer Aussage wird in der subjektiven Sichtweise als Wahrscheinlichkeitsaussage aufgefasst.
Die Bezeichnung *Bayes-Statistik* basiert auf der Anwendung des *Satzes von Bayes*. Er ist das Herzstück der Bayes-Statistik, weil mit ihm das *Lernen aus Erfahrung* rechnerisch vollzogen wird. Dieser Satz ermöglicht die Berechnung von a-posteriori-Wahrscheinlichkeiten bzw. Dichten aufgrund der subjektiven Einschätzung der a-priori-Wahrscheinlichkeiten bzw. Dichten und der Beobachtung, also des Stichprobenergebnisses.
Die bloße Anwendung des Satzes von Bayes muss aber unterschieden werden von der Bayes-Statistik. Der Satz ist eine gültige Aussage der Mathematik, basierend auf den Axiomen von *Kolmogorov* (vgl. Teilkapitel 3.1 und 3.2). Er kann vielfältig angewendet werden.[46] Die Bayes-Statistik ist gekennzeichnet durch die subjektive Sichtweise von Wahrscheinlichkeiten. Es wird bezweifelt, ob der Namensgeber *Thomas Bayes* selber in dieser Auffassung ein

[46] Eine Ausnahme bei der vielfältigen Anwendbarkeit stellt das klassische Testen von Hypothesen dar, weil in der klassischen Sichtweise die linke Seite der im Satz von Bayes auftretenden Gleichung, nämlich $P(H_0 \text{ gilt} \mid \text{Daten})$, keinen Sinn hat.

Bayesianer ist (vgl. *Wickmann* 2001a, S. 123). In Teilkapitel 3.1 haben wir dargestellt, dass sowohl die subjektive als auch die frequentistische Sichtweise verträglich sind mit der mathematischen Theorie der Wahrscheinlichkeit, die auf *Kolmogorovs* Axiomen basiert. Daher ist eine Auseinandersetzung über die „richtige Sichtweise“ im Einzelfall nicht mathematisch entscheidbar. Eine ausführlich Darstellung des Konzeptes der Bayes-Stastistik und eine Kritik an der unangemessenen Verwendung klassischer Methoden findet sich aktuell z. B. in den Veröffentlichungen von *Dieter Wickmann.* Er hat sich in mehreren Zeitschriften- und Buchbeiträgen (1998, 2001a/b) zu diesem Problem geäußert. Seine Habilitationsschrift entwirft ein umfassendes Konzept der Bayes-Statistik (1990).

Die Auseinandersetzung zwischen der klassischen und der bayesianischen Sichtweise wird besonders seit der Mitte des 20. Jahrhunderts sehr intensiv und bis heute von manchen Vertretern sehr emotional geführt. Wir haben im voranstehenden Absatz betont, dass beide Sichtweisen mit der mathematischen Theorie verträglich sind. Daher kann diese heftige Auseinandersetzung durchaus verwundern, zumal sie typische Merkmale eines Schulenstreits in der Wissenschaft trägt (vgl. *Kuhn* 1967). Die eine wie die andere Seite haftet an ihrer Sichtweise wie an einem Dogma. Eine konstruktive Diskussion ist kaum möglich, da der jeweils anderen Seite vorgeworfen wird, sie lasse sich nicht auf die eigene Sichtweise ein. Dieser Streit wurde in seinen Anfängen besonders durch *Sir Ronald Aylmer Fisher* als Vertreter der klassischen Schule und *Bruno de Finetti* (1906–1985) für die bayesianische Schule geführt. Dass zumindest die inhaltliche Auseinandersetzung bis heute andauert, wird anhand einschlägiger Publikationen sichtbar. So erörtert z. B. *Dieter Wickmann* die Thematik unter Titeln wie „Der Theorieeintopf ist zu beseitigen (...)“ (2001a) und „Inferenzstatistik ohne Signifikanztest. Vorschlag, den Signifikanztest im gymnasialen Unterricht nicht mehr zu verwenden“ (2001b), wobei seine Präferenz für die Bayes-Statistik jeweils sichtbar und nachvollziehbar wird.

Abb. 4.28. de Finetti

Die Hintergründe für diesen Streit sind, wie wir betont haben, nicht mathematischer Natur. Vielmehr geht es hier um Erkenntnistheorie bzw. Wissenschaftstheorie. Auf dieser Ebene kann diskutiert werden, welche Auffassung, welche Interpretation von Wahrscheinlichkeit die angemessene ist. Mathematisch ist der Wahrscheinlichkeitsbegriff heute durch die Axiome von *Kolmogorov* eindeutig definiert (vgl. 3.1.8). Neben die erkenntnis- und wissenschaftstheoretische Diskussion tritt auch noch eine psychologische. Wie repräsentiert

der Mensch den Begriff „Wahrscheinlichkeit“, wie operiert er mit ihm. In Aufgabe 77 wurden Interpretationsschwierigkeiten bei klassischen Konzepten sichtbar. Die dort angebrachten falschen Interpretationen des α-Fehlers entspringen dem offensichtlichen Bedürfnis der Anwender, Aussagen Wahrscheinlichkeiten zuzuschreiben: Man möchte von „Hypothesen“ (griechisch: „Unterstellungen“) einfach gerne wissen, mit welchem Grad an Sicherheit sie gelten. Hiervon betroffen sind sogar Hochschullehrende, die ihre Studierenden in Methodenlehre unterrichten (vgl. *Gigerenzer* & *Krauss* 2001)!
Wir haben in diesem Teilkapitel auf die Interpretationsschwierigkeiten für die auftretenden Wahrscheinlichkeiten bei klassischen Hypothesentests und vor allem bei klassischen Intervallschätzungen hingewiesen. In der Bayes-Statistik sind die auftretenden (subjektiven) Wahrscheinlichkeiten einfach interpretierbar. Allerdings hat sich die klassische Sichtweise mit ihrem Anschein der Objektivität und ihrer rechnerisch einfacheren Handhabung bis heute in der Anwendungspraxis durchgesetzt. In computerlosen Zeiten war im überabzählbaren Fall die Berechnung der a-posteriori-Dichtefunktionen mit den auftretenden Integralen fast nur für einfache a-priori-Dichtefunktionen möglich. Heute ist dies allerdings unter anderem durch die Möglichkeiten der Computer-Algebra-Systeme kein Problem mehr. In Büchern zur Wahrscheinlichkeitsrechnung, die vor der kontroversen Diskussion der beiden Sichtweisen verfasst wurden, werden frequentistische Aspekte und bayesianische Aspekte ganz selbstverständlich nebeneinander dargestellt. So wird der Satz von Bayes dort genutzt, um aus einem Satz von Hypothesen die wahrscheinlichste zu ermitteln. Dies entspricht dem in Abschnitt 4.3.1 entwickelten Konzept. Ein Beispiel für diese Darstellung sind die beiden Bände „Wahrscheinlichkeitsrechnung“ von *Emanuel Czuber* (1908/1910). Aus dem Band 1 stammt das folgende Beispiel:

> „In einer Urne wurden c Kugeln, weiße und schwarze, durch Auslosung mit einer Münze eingebracht: so oft Wappen fiel, wurde eine weiße, so oft Schrift fiel, eine schwarze Kugel eingelegt. Eine darauffolgende Ausführung von s Ziehungen, wobei die gezogenen Kugel zurückgelegt wurden, ergab m weiße und n schwarze Kugeln. Welches ist die wahrscheinlichste Hypothese über die Zusammensetzung der Urne?“ (*Czuber* 1908, S. 182).

Welche Schlussfolgerungen ziehen wir aus den voranstehenden Ausführungen? Sollte man angehenden Lehrenden die eine oder andere Sichtweise empfehlen? Der eher puristisch geführte Streit ist weder innermathematisch von großem Interesse, noch wird er von den Anwendungsdisziplinen besonders beachtet. Er betrifft vor allem die Schulen selbst. Deswegen kann in der Lehre und Anwendung eine pragmatische Position eingenommen werden. In der empirischen Forschung oder der sonstigen Anwendungspraxis kann man sowohl mit klassischen als auch mit Bayes-Verfahren sinnvolle Ergebnisse erhalten. Wichtig ist nur, dass der Anwender der Verfahren sie kritisch kompetent einsetzt[47]. Wer die bei den Verfahren auftretenden Größen und Wahrscheinlichkeiten sicher interpretieren kann und die Grenzen der Verfahren kennt, der wird mit *jedem* möglichen Verfahren nützliche Ergebnisse erzielen. Dafür ist es in der Lehre allerdings wichtig, dass die klassischen ebenso wie die Bayes-Konzepte differenziert dargestellt werden. Zu einer differenzierten Darstellung gehört sowohl die Kontroverse innerhalb der klassischen Statistik (vgl. Abschnitt 4.2.3) wie auch eine ausgewogene Würdigung der Argumente im Schulenstreit.

4.4

4.4 Weitere Übungen zu Kapitel 4

1. Untersuchen Sie die Aufgabe im voranstehenden Beispiel von *Czuber*. Wie lässt sich die wahrscheinlichste Hypothese finden, welches ist die wahrscheinlichste Hypothese?
   Analysieren Sie die Problemstellung auch mit Mitteln der klassischen Statistik. Welche Problemlösungen erhält man dort? Vergleichen Sie das klassische und bayesianische Vorgehen und die zugehörigen Ergebnisse.
2. Stellen Sie sich vor, *Rutherford* und *Geiger* hätten in ihrem Versuch zum atomaren Zerfall nicht die in Tabelle 3.15 auf S. 320 dargestellten Häufigkeiten gemessen, sondern die folgenden. Wären diese Daten auch noch gut durch eine Poisson-Verteilung erklärbar? Überprüfen Sie dies mithilfe eines χ^2-Tests! Wie könnte man noch überprüfen, ob diese Daten gut durch die Poisson-Verteilung erklärbar sind?

k	0	1	2	3	4	5	6	7	8	9	10	11	12	13	14	≥ 15
a_k	57	203	383	525	532	408	273	139	45	27	10	4	0	1	1	0

3. Sie möchten mithilfe eines Stichprobenergebnisses entscheiden, ob bei einem wiederholbaren Bernoulli-Experiment besser 0,4 oder besser 0,6 für die Trefferwahrscheinlichkeit angenommen werden kann. Wie groß muss die Stichprobe sein, wenn die Fehler 1. Art und 2. Art jeweils nicht größer als 0,08 sein sollen?

4. Ein Lebensmitteldiscounter verpflichtet seinen Zucker-Lieferanten vertraglich, dass höchstens 1% der Packungen mit Haushaltszucker weniger als

[47] Dies gilt im Übrigen für alle statistischen Verfahren und nicht nur an dieser Stelle.

die angegebenen 1000 g enthalten dürfen. Für die Qualitätskontrolle werden regelmäßig 80 Packungen einer Lieferung gewogen. Falls zwei dieser Packungen zu leicht sind, wird die ganze Lieferung zurückgegeben und eine vereinbarte Vertragsstrafe eingefordert. Betrachten Sie dieses Vorgehen als klassischen Hypothesentest, untersuchen Sie die Wahrscheinlichkeiten für die Fehler 1. und 2. Art und machen Sie gegebenenfalls einen Alternativvorschlag zu diesem Verfahren!

5. Armin und Beate spielen „Mensch-Ärger-Dich-Nicht“. Beide suchen sich vorher ihren Lieblingswürfel aus. Schon bald liegt Armin mit großen Abstand vorne. Er hat drei Spielfiguren im Ziel und eine in aussichtsreicher Position, während Beate noch keine im Ziel hat. Dabei hat Armin sehr viele Sechsen geworfen. Beate hegt einen Verdacht: „Das kann doch nicht nur Glück sein, der Würfel ist doch gezinkt!“
   Schlagen Sie Beate einen Hypothesentest vor, mit dem sie überprüfen kann, ob Armins Würfel „echt“ ist! Welche Hypothesen sind möglich? Wo kann man Wahrscheinlichkeitsaussagen treffen? Was bedeuten diese Wahrscheinlichkeitsaussagen? Planen Sie dann einen konkreten Hypothesentest aus dem Bereich der klassischen Statistik und einen aus dem Bereich der Bayes-Statistik!

6. Bei der Züchtung einer Blumensorte ergeben sich rote und weiße Exemplare. Nach den Vererbungsgesetzen muss dabei eine der beiden Farben als dominantes Merkmal mit der Wahrscheinlichkeit 0,75 auftreten. In einem Kreuzungsversuch entstehen 13 „Nachkommen“. Mit welcher Wahrscheinlichkeit irrt man sich, wenn man die dabei häufiger auftretende Farbe für dominant hält, bzw. wie wahrscheinlich ist es, dass die häufiger auftretende Farbe dominant ist?

7. Eine Schulklasse möchte überprüfen, ob das Geschlechterverhältnis in ihrer Stadt Männer : Frauen = 52 : 48 beträgt oder ob es davon deutlich abweicht. Da in der Stadt 590 000 Menschen leben, können sie keine Vollerhebung durchführen, sondern müssen mit einer Stichprobe arbeiten. Entwerfen Sie einen Testplan für einen klassischen Hypothesentest mit Nullhypothese, Stichprobengröße, Signifikanzniveau, Verwerfungsbereich und untersuchen Sie auch die Operationscharakteristik!

8. Eine andere Klasse hat 1 000 Menschen in ihrer Stadt befragt, davon waren 538 Männer. Führen Sie verschiedene Punkt- und Intervallschätzungen für den Frauenanteil in der Grundgesamtheit ($N \gg 1\,000$) durch!

9. Ein Psychologe trainiert die räumliche Vorstellungsfähigkeit von Jugendlichen. Er möchte die Wirksamkeit seines Trainings mit einem klassischen Hypothesentest überprüfen. Vor dem Training betrug die Wahrscheinlichkeit, dass ein Jugendlicher einen bestimmen Raumvorstellungstest erfolgreich bearbeitet, 40%. Der Psychologe möchte die Nullhypothese „das Training bewirkt nichts“ bei einer Irrtumswahrscheinlichkeit von höchstens 5% verwerfen. Dazu testet er 50 Jugendliche. Ist in der vorliegenden Situation ein linksseitiger, ein rechtsseitiger oder ein 2-seitiger Hypothesentest angemessen? Geben Sie den Verwerfungsbereich für den beschriebenen Hypothesentest an!

5

Kapitel 5
Statistik anwenden

5

5 Statistik anwenden

Wir haben bereits in der Einleitung dieses Buchs betont, dass die Stochastik eine sehr anwendungsnahe Teildisziplin der Mathematik ist, und versucht, dies beim inhaltlichen Aufbau erfahrbar zu machen. Die Anwendungen der Stochastik, vor allem der beschreibenden und beurteilenden Statistik, in den empirischen Wissenschaften haben die Entwicklung dieser mathematischen Teildisziplin maßgeblich vorangetrieben. Aber neben diesen problemorientierten Impulsen zur Entwicklung der Stochastik, hat umgekehrt auch die mathematische Statistik durch elaborierte Konzepte und Verfahren neue Möglichkeiten der empirischen Forschung in den Anwendungsdisziplinen eröffnet. Schließlich wird die Menge der empirisch bearbeitbaren Fragestellungen unter anderem durch die vorhandenen Konzepte und Verfahren der Datengewinnung und -auswertung begrenzt. In diesem Wechselspiel führen noch nicht bearbeitbare Fragestellungen zur Entwicklung neuer Verfahren und neue Verfahren zu mehr bearbeitbaren Fragestellungen. Dabei gibt es neben den aus der Stochastik stammenden quantitativen Forschungsmethoden, mit denen rechnerisch Verallgemeinerungen vorgenommen werden, auch qualitative Forschungsmethoden, die interpretativ von einzelnen oder wenigen Fällen ausgehend Erkenntnisse gewinnen.

Neben dem fruchtbaren Wechselspiel der Stochastik mit ihren Anwendungen gibt es bei der Anwendung statischer Verfahren aber auch einige, in der empirischen Forschung häufig zu wenig beachtete Probleme. Diese entstehen, wenn statistische Verfahren unreflektiert eingesetzt werden und Ergebnisse nicht hinreichend reflektiert – auch im Hinblick auf die Voraussetzungen und Grenzen der Verfahren – interpretiert werden. Ein scheinbar einfaches Beispiel hierfür ist die Korrelationsrechnung und ihre Grenzen (vgl. Abschnitt 2.6.2). Allzu oft werden Korrelation und Kausalität verwechselt und damit Trugschlüsse vermeintlich „empirisch abgesichert“.

Die mathematische Statistik hat Verfahren entwickelt, die von vielen Tabellenkalkulationsprogrammen und spezieller Statistik-Software immer wieder „auf Knopfdruck“ abgespult werden können. Dies kann dazu verleiten, dass bei einem einmal elektronisch erfassten Datensatz alle möglichen Verfahren gerechnet werden. Dabei wird nicht immer berücksichtigt, ob die Voraussetzungen für die Anwendung der Verfahren erfüllt sind, ob das Ergebnis zufällig zustande gekommen sein kann oder wie die Ergebnisse interpretiert werden können. Die per Mausklick verfügbare Anwendung vieler hundert standardisierter, teilweise hochkomplexer Verfahren fördert die bewusste Auswahl und den kritisch-kompetenten Einsatz kaum. Dies spricht natürlich nicht gegen die entsprechenden Programme, sondern für eine reflektierte Anwendung

von Verfahren und besonders bewusstes Handeln im Umgang mit diesen Programmen.
In diesem abschließenden Kapitel gehen wir auf den Aspekt des Anwendens mathematischer Statistik ein. Bei der Anwendung in den empirischen Wissenschaften gibt es typische Unterschiede, vor allem zwischen den Naturwissenschaften auf der einen und den Human- und Sozialwissenschaften auf der anderen Seite. Diese Unterschiede haben Einfluss auf die Untersuchungsplanung, die Auswahl der Verfahren und die Interpretation der Ergebnisse. Darüber hinaus gibt es zwei generelle Strategien der empirischen Forschung, nämlich das *explorative* und das *hypothesengeleitete* Vorgehen. Wie man vorgeht, hängt vor allem vom Vorwissen über den Untersuchungsgegenstand ab. Nach der Darstellung dieser Aspekte beenden wir das Kapitel mit einigen Bemerkungen zur Planung und Auswertung von empirischen Untersuchungen. Wer selber eine empirische Untersuchung durchführen möchte, sollte auf jeden Fall spezielle Methodenliteratur aus den Anwendungsdisziplinen zu Rate ziehen. Für den Bereich der Human- und Sozialwissenschaften möchte wir Ihnen besonders das Buch „Forschungsmethoden und Evaluation für Human- und Sozialwissenschaftler“ von *Jürgen Bortz* und *Nicola Döring* (2002) empfehlen. Darin wird ein umfassender Überblick über die Planung von Untersuchungen, die Auswahl der richtigen Verfahren, die Erläuterung dieser Verfahren sowie die Interpretation von Ergebnissen gegeben.

5.1

5.1 Unterschiede in den Anwendungsdisziplinen

Zwischen den empirischen Wissenschaften, in denen Statistik angewendet wird, gibt es erhebliche Unterschiede. So lassen sich viele (allerdings auch nicht alle) naturwissenschaftliche Experimente im Prinzip beliebig oft unter gleichen Bedingungen durchführen. Paradebeispiele hierfür stammen z. B. aus der klassischen Physik. Denken Sie etwa an die Versuche zum freien Fall von Gegenständen oder zur Ausdehnung einer Feder. Insbesondere können Sie denselben Stein – oder zumindest bezüglich Form, Größe und Gewicht vergleichbare Steine – immer wieder von einem Fernsehturm fallen lassen. Neben dieser ***Replizierbarkeit*** solcher Experimente lassen sich einzelne Einflussfaktoren konstant halten, andere kontrolliert verändern. Man spricht dann auch von ***experimentellen Rahmenbedingungen***. So können verschieden große Steine vom Fernsehturm fallen gelassen oder die Höhe zu Beginn des Fallversuchs verändert werden. Dabei lassen sich die Größe des Steins und die Anfangshöhe *unabhängig* voneinander variieren.
In den Human- und Sozialwissenschaften sind solche experimentellen Bedingungen, die wiederherstellbar sind und bei denen bestimmte Größen kontrolliert werden können, häufig nicht realisierbar oder nicht wünschenswert. Dies

hat verschiedene Ursachen. Wenn Sie z. B. mit einer Schülerin ein Training zur räumlichen Vorstellungsfähigkeit durchführen, so können Sie mit einem Test vorher (*Pretest*) und einem Test nachher (*Posttest*) die Ausprägung dieses Merkmals und den Trainingseffekt mit einem gewissen Messfehler behaftet messen. Wenn das Training erfolgreich war, können Sie dieselbe Schülerin aber nicht wenige Tage später mit der ursprünglichen Ausgangsfähigkeit testen. Sie hat dazugelernt, was das Training ja auch intendiert. Eine Replizierbarkeit, das heißt in diesem Fall vor allem gleiche Ausgangsbedingungen, lässt sich also *prinzipiell* nicht erreichen.

Eine Kontrolle von Rahmenbedingungen und möglichen Einflussfaktoren wird in richtigen *Feldsituationen* noch schwieriger bzw. unmöglich. Wenn man im Rahmen der Unterrichtsforschung eine Mathematikstunde an einer Realschule beobachtet, so muss man davon ausgehen, dass diese Stunde in dieser Form ein Unikat darstellt. Sie ist *genau so* nicht replizierbar, viele Einflussfaktoren auf den Unterrichtsprozess lassen sich nicht kontrollieren. Außerdem macht es überhaupt keinen Sinn, durch externe Einflussnahme zu versuchen, diese Einflussfaktoren zu standardisieren. Selbst wenn dadurch vergleichbare Rahmenbedingungen geschaffen werden könnten, so würde es sich gerade aufgrund der Einflussnahme doch nur um eine künstliche und nicht um eine authentische Situation handeln. Mögliche Ergebnisse wären also kaum valide, das heißt, sie wären nicht für andere Unterrichtsstunden verallgemeinerbar, da die Rahmenbedingungen der Ergebnisgewinnung in höchstem Ausmaß künstlich wären.

Aufgrund dieser Spezifika der Anwendungsdisziplinen unterscheiden sich die jeweilige Untersuchungsplanung, die häufig genutzten Verfahren sowie die feststellbaren Effekte und deren Interpretation teilweise erheblich voneinander. Bei der Korrelations- und Regressionsrechnung in Teilkapitel 2.6 haben wir erläutert, dass man in den Naturwissenschaften nur bei Korrelationskoeffizienten nahe 1 bzw. -1 einen linearen Zusammenhang annimmt, während man z. B. in der pädagogischen Psychologie häufig schon bei Korrelationskoeffizienten von 0,15 von „substanziellen Zusammenhängen" ausgeht. Aufgrund der vielen Störfaktoren bei einer Untersuchung, wie der auf einen möglichen Zusammenhang zwischen Fernsehkonsum und Gewaltbereitschaft (vgl. Abschnitt 2.6.1, S. 118), geht man in den Human- und Sozialwissenschaften häufig einfach von linearen Zusammenhängen aus. Fast alle Modelle über den Zusammenhang verschiedener Variablen in der pädagogischen Psychologie unterstellen lineare Wirkungen. Dies liegt unter anderem daran, dass aufgrund der vielen Störfaktoren ohnehin keine eindeutige Art eines funktionalen Zusammenhangs identifiziert werden kann.

In den Naturwissenschaften ist dies deutlich anders. Wenn ein funktionaler Zusammenhang zwischen zwei Variablen unterstellt wird und sich experimentelle Rahmenbedingungen herstellen lassen, so wird man nur dann zufrieden sein und eine Messreihe als empirische Erhärtung der Vermutung betrachten, wenn eine entsprechende Trendfunktion sich sehr gut der Messreihe anpasst. Wie diese „sehr gute Anpassung“ quantifiziert werden kann, haben wir in den Abschnitten 2.6.3 und 2.6.4 mit der Regressionsrechnung vorgestellt. Sind die Abweichungen trotz experimenteller Rahmenbedingungen erheblich, so ist möglicherweise der funktionale Zusammenhang von einer anderen Art (z. B. polynomial statt exponentiell), oder die Variablen lassen sich vielleicht nicht eindeutig in *abhängige* und *unabhängige* unterscheiden, sondern es gibt *Rückkopplungseffekte*. Solche Rückkopplungseffekte sind in den Naturwissenschaften durchaus anzutreffen und geradezu typisch für die Human- und Sozialwissenschaften. Denken Sie etwa an Erziehungshandeln, bei dem das Verhalten der Erziehenden und das der „Zöglinge“ permanent einander beeinflussen.

Unter anderem solche Unterschiede führen dazu, dass in den Human- und Sozialwissenschaften viel häufiger mit Hypothesentests gearbeitet wird als in den Naturwissenschaften. So ist man in der klassischen Physik z. B. oft an der Spezifikation eines funktionalen Zusammenhangs zwischen zwei Größen interessiert, wie dem zwischen vergangener Zeit und zurückgelegtem Weg bei einem Fallversuch. Hier würde man im Bereich der Regressionsrechnung, im Fall des Fallversuchs der nichtlineare Regression (vgl. Abschnitt 2.6.4), die geeigneten Verfahren suchen. In der Psychologie ist man hingegen häufig daran interessiert, ob sich zwei Gruppen bzgl. eines Merkmals, wie z. B. Jungen und Mädchen oder Gymnasiasten und Hauptschüler bzgl. der räumlichen Vorstellungsfähigkeit, „signifikant“ voneinander unterscheiden oder ob eine bestimmte „Intervention“, wie z. B. ein Training zur räumlichen Vorstellungsfähigkeit, den gewünschten Effekt hat. Daher sind entsprechende Formen von Hypothesentests – hier meistens die so genannten *t-Tests* (vgl. *Bortz & Döring* 2002, S. 497 ff.), die enge Verwandte der χ^2-Tests (vgl. Abschnitt 4.2.4) sind – die angemessenen Verfahren. Für die Naturwissenschaften und die Human- und Sozialwissenschaften gilt aber gleichermaßen, dass man sich bei der Untersuchungsplanung (vgl. Teilkapitel 5.3) genau überlegen muss, mit welchem Verfahren man seine *Fragestellung* beantworten kann. Der zentrale Ausgangspunkt für eine empirische Untersuchung ist genau dieses erkenntnis- und damit für das konkrete Vorgehen entscheidungsleitende Interesse.

5.2

5.2 Exploratives und hypothesengeleitetes Vorgehen

Neben den Unterschieden zwischen den verschiedenen Anwendungsdisziplinen gibt es aber natürlich auch eine Reihe von Gemeinsamkeiten beim empirischen Forschen und damit auch beim Anwenden von Statistik. Eine Frage, die für jede empirische Untersuchung beantwortet werden muss, ist die nach der Forschungsstrategie. Wenn man bereits viel Vorwissen über seinen Untersuchungsgegenstand hat, kann man konkrete Vermutungen aufstellen und mithilfe erhobener Daten überprüfen. Ein solches Vorgehen wird aus nahe liegenden Gründen ***hypothesengeleitet*** oder auch ***theoriegeleitet*** genannt. In den Anwendungswissenschaften bilden die jeweils bereichsspezifischen Theorien den Ausgangspunkt. Vor dem Hintergrund der konkreten Fragestellung und dieser Theorien werden Vermutungen aufgestellt, die durch empirische Daten widerlegt werden können. Auf die hiermit verbundene Forschungslogik („kritischer Rationalismus") sind wir in Abschnitt 4.2.3 kurz eingegangen.

Wenn hingegen wenig über den konkreten Untersuchungsgegenstand bekannt ist und somit noch keine konkreten Vermutungen zum Ausgangspunkt der empirischen Untersuchung gemacht werden können, dann müssen solche Vermutungen zunächst gewonnen werden. Bei einem solchen ***explorativen*** oder ***hypothesengenerierenden*** Vorgehen werden dann zunächst möglicherweise relevante Daten erhoben und anschließend auf vielfältige Weise *explorativ* untersucht. Dazu stehen z. B. jene Vorgehensweisen der beschreibenden Statistik zur Verfügung, auf die *John W. Tukey* seine „Exploratory data analysis" (1977) stützt (vgl. Abschnitt 2.3.8, S. 92). Welche Daten „möglicherweise relevant" sind, hängt wiederum von der konkreten Fragestellung ab.

Zwar unterscheiden sich die beiden Forschungsstrategien, die *hypothesengeleitete* und die *explorative*, prinzipiell voneinander, sie sind aber nicht als Gegensätze zu verstehen. Im Gegenteil: Sie ergänzen sich und werden in komplexeren Forschungsvorhaben häufig kombiniert eingesetzt. Der Ausgangspunkt für jede empirische Untersuchung ist die konkrete Fragestellung. Innerhalb dieser gibt es häufig Teilbereiche, in denen direkt hypothesengeleitet vorgegangen werden kann, und solche, die zunächst *exploriert* werden müssen. Allerdings sollte eine Untersuchung, die „Wissen schaffen" möchte nicht nach dem Explorieren stehen bleiben, vielmehr müssen die generierten Hypothesen anschließend in einer nächsten Untersuchungsphase überprüft werden. Dass dies nicht mit den gleichen Daten, die zur Generierung der Hypothese genutzt wurden, geschehen darf, ist klar: Angenommen, ein Zufallseffekt führte zur Aufstellung einer Hypothese, dann wird eine Erhebung neuer Daten dies in der Regel zeigen, während ein Nutzen der „alten" Daten zu einer Art *Zirkelschluss* führen würde.

Schließlich muss noch gesagt werden, dass auch ein exploratives Arbeiten *nie* theoriefrei stattfindet (bzw. stattfinden sollte). Diese Vermutung könnte entstehen, da das hypothesengeleitete Vorgehen auch „theoriegeleitet" genannt wird. Dort wird die Theorie zu einem Ausgangspunkt des Aufstellens von Hypothesen und leitet somit das weitere Vorgehen. Beim explorativen Vorgehen spielt die Theorie eine andere Rolle: Neben der Fragestellung dient das (nicht mehr ganz bereichsspezifische) theoretische Vorwissen den Forschenden zur Entdeckung von Zusammenhängen. *Barney G. Glaser* und *Anselm L. Strauss* nennen dies in ihrer „Grounded Theory" (1967/1998), einem qualitativen, dem Anspruch nach theorieerzeugenden Ansatz zur empirischen Sozialforschung, ***theoretische Sensibilität***. Dies ist die Fähigkeit der Forschenden, aufgrund ihres theoretischen Vorwissens über und ihrer Vorerfahrung mit dem Forschungsgegenstand wichtige von unwichtigen Daten unterscheiden zu können, zielführende Verfahren auszuwählen und die Daten angemessen zu interpretieren (*Glaser* & *Strauss* 1998, 54 ff.).

5.3

5.3 Untersuchungsplanung und -auswertung

Wer empirisch forschen möchte, sollte sich natürlich nicht Hals über Kopf ins Labor oder ins Forschungsfeld stürzen, sondern zunächst sein Vorgehen sorgfältig planen. Da jeder Versuchsaufbau und jede Messreihe im Labor ebenso aufwändig (bezüglich Zeit, Geld und häufig auch Nerven) ist wie die Entwicklung eines Messinstrumentes und die Datenerhebung im Forschungsfeld oder die Auswertung von erhobenen Daten, liegt es auf der Hand, dass die Investition von Zeit in die Untersuchungsplanung sich bei *jedem* Vorhaben in *jeder* Anwendungsdisziplin später im Forschungsprozess vielfach auszahlt. Ohne eine gut durchdachte Untersuchungsplanung stehen am Ende eines solchen Prozesses der betriebene Aufwand und das erhaltene Resultat in keinem wünschenswerten Verhältnis. Das Ergebnis sind dann oft „Datenfriedhöfe", also große Mengen planlos erhobener Daten, die keinen Beitrag zur Beantwortung einer Frage leisten.
Empirische Forschung ist niemals Selbstzweck! Der Ausgangspunkt für eine Untersuchung ist immer eine inhaltliche Fragestellung. Im Idealfall lassen sich mit dieser Fragestellung (fast) alle Entscheidungen im späteren Forschungsprozess treffen.[1] Dafür muss eine solche Fragestellung als *erkenntnisleitendes Interesse* hinreichend präzise, möglichst in einer einzigen kurzen Frage formulierbar sein. Die Frage

- „Wie hängt die Kooperation von Lehrern im Kollegium einer Schule mit ihrem persönlichen Belastungserleben zusammen?"

ist als Ausgangspunkt für eine empirische Untersuchung sicherlich besser geeignet als die zwar umfassendere, damit aber auch eben nicht mehr besonders *leitende* Frage

[1]Natürlich gibt es neben den rein inhaltlichen Entscheidungen immer auch ökonomische Gründe, die dafür sprechen, etwas zu tun oder zu lassen.

- „Wie können Schulen sich entwickeln, um dem Burnout-Syndrom bei Lehrern vorzubeugen?"

Wenn man eine konkrete Fragestellung, wie die erste der beiden exemplarisch genannten, als Ausgangspunkt hat, dann schließt sich die Frage der Umsetzbarkeit in einen Forschungsprozess, also der empirischen Beantwortbarkeit der Frage an. Es stellen sich Fragen wie „Welche Daten müssen hierfür erhoben werden?" oder „Mit welchen Verfahren kann ich die gewünschten Aussagen treffen?" Solche Fragen sollten sich vor dem Hintergrund des erkenntnisleitenden Interesses beantworten lassen. Insbesondere sollte die inhaltliche Frage die Verfahrensauswahl oder -entwicklung bestimmen. Leider ist dies in der Forschungspraxis häufig genug anders, nämlich dann, wenn mit Blick auf die zur Verfügung stehenden Verfahren überlegt wird, welche Fragestellung einem Vorhaben zugrunde gelegt werden kann.
In diesem Verständnis von empirischer Forschung erhält der Forschungsprozess immer den Charakter einer *Modellbildung*, die dem mathematischen Modellieren, das wir in Abschnitt 3.1.9 (mit dem Aspekt stochastischer Modellbildung) vorgestellt haben, ähnlich ist. Wenn die inhaltliche Frage nach dem möglichen Zusammenhang von „Lehrerkooperation" und „Belastungserleben" zugrunde liegt, so müssen diese beiden Begriffe für eine empirischen Untersuchung durch Konkretisierung zugänglich gemacht werden. In der pädagogischen Psychologie sagt man, die *Konstrukte* müssen *operationalisiert* werden. Bei der Auswahl der Aspekte, die zur Lehrerkooperation gehören, die prinzipiell empirisch erfassbar sind und die erfasst werden sollen, wird also das Modell (bzw. Konstrukt) „Lehrerkooperation" gebildet. Mit diesem Modell kann weiterearbeitet, Daten können erhoben und ausgewertet werden. Da die komplexe soziale Wirklichkeit hierbei reduziert werden muss, da immer nur ein Teil wie mit einem Raster erfasst werden kann, muss man sich bei diesem Vorgehen immer die Frage nach der Validität des Modells stellen: *Wird wirklich noch das erfasst, worum es inhaltlich gehen soll?* Spätestens wenn mit statistischen Verfahren Ergebnisse erzielt wurden und interpretiert werden sollen, ist die Frage nach der Validität besonders wichtig, da möglicherweise Konsequenzen aus den Ergebnissen abgeleitet werden.
Ausgehend von einer möglichst präzisen Fragestellung kann der Forschungsprozess wie geschildert strukturiert werden. Auf einige der nächsten Schritte gehen wir im Folgenden kurz ein, nämlich auf die Planung der Datenerhebung, auf die besondere Problematik der Stichprobenziehung, die Auswahl der Verfahren zur statistischen Auswertung der Daten und auf die Interpretation der Ergebnisse. Ausführlicher finden Sie diese Aspekte z. B. im genannten Buch von *Bortz* und *Döring* (2002).

5.3.1 Erhebungsdesign

Wenn man mithilfe der konkreten Fragestellung und des theoretischen Vorwissens jene Konstrukte operationalisiert hat, die untersucht werden sollen, stellt sich die Frage, *wie* diese Untersuchung konkret durchgeführt werden soll. Es gibt in der empirischen Sozialforschung eine Vielzahl mehr oder weniger standardisierter Erhebungsinstrumente und -methoden. So können zu der Frage nach der Kooperation in einem Lehrerkollegium die Lehrer in Interviews zu Wort kommen, wobei die Interviewleitfäden viele konkrete Einzelfragen enthalten können oder nur einen „Erzählimpuls“. Wenn man so vorgeht, wird man die Interviews (in der Regel) aufzeichnen und anschließend transkribieren, also verschriftlichen. Dann liegen sie in einer Form vor, in der sie systematisch analysiert werden können. Man könnte die Lehrer aber auch mit einem Fragebogen schriftlich befragen und dabei nur Fragen mit Ankreuzalternativen oder mit kurzen Texten beantworten lassen. Denkbar ist auch eine Beobachtung. Dabei könnte man mithilfe eines Beobachtungsleitfadens die Dinge des Lehreralltags notieren, die einem für die Fragestellung wichtig erscheinen. Neben diesen Möglichkeiten der Datenerhebung gibt es noch eine Vielzahl weiterer, die hier nicht alle dargestellt werden können.

Bei der Planung der Datenerhebung ist es wichtig, die Auswertung schon mitzuplanen und zu berücksichtigen. Je nach den Verfahren, die später zur Auswertung herangezogen werden sollen, müssen Daten mehr oder weniger detailliert erhoben werden. Dabei kann es z. B. wichtig sein, dass die Daten auf einem bestimmten Skalenniveau (vgl. Teilkapitel 2.1) gemessen werden, um bestimmte Verfahren anwenden zu können. Wenn man Kennwerte mit einer bestimmten Genauigkeit ermitteln möchte, muss dies bei der Planung des Stichprobenumfangs (vgl. Abschnitt 5.3.2) mitbedacht werden. Bei der Art der Daten ist wiederum nicht nur das Skalenniveau wichtig, sondern auch das Zustandekommen der Daten. So lässt sich zeigen, dass die Qualität von Unterricht (im Sinne eines bestimmten Konstrukts „Unterrichtsqualität“) von den unterrichtenden Lehrern, den unterrichteten Schülern und beobachtenden Forschern sehr unterschiedlich eingeschätzt werden (vgl. *Clausen* 2002). Für „bare Münze“ sollte man also keine dieser Informationsquellen nehmen, sondern immer eine „professionelle Verzerrung“ mitberücksichtigen. In den Naturwissenschaften stellen sich die Fragen anders, aber auch dort beeinflusst z. B. der Experimentator durchaus das Ergebnis seiner Erhebung (vgl. *Leuders* 2004).

Neben diesen Fragen des Erhebungsdesigns gibt es noch andere generelle Fragen bei der Planung der Datenerhebung. Besonders wichtig ist die Frage: „Wie viele Messzeitpunkte benötigt man?“ Wer nur punktuell eine Aussage über den Zusammenhang zwischen Lehrerkooperation und Belastungserleben treffen möchte, der kann ausschließlich zu einem Zeitpunkt Daten erheben. Dies ist dann eine so genannte ***Querschnittsuntersuchung***. Anschließend können z. B. mit Verfahren der Korrelations- oder Regressionsrechnung quantifizierte Zusammenhänge zwischen den beiden Merkmalen bestimmt werden. Wenn man Aussagen über Prozesse oder Veränderungen machen möchte, so reicht *ein* Messzeitpunkt natürlich nicht aus. Dann muss an mindestens zwei Zeitpunkten mit hinreichend großem Abstand eine so genannte ***Längsschnittuntersuchung*** durchgeführt werden. Eine Evaluation, die etwa die Qualität von Prozessen wie Unterricht bewerten soll, muss also immer derart angelegt sein.[2] Am Beispiel der Evaluation wird auch besonders sichtbar, dass normative Fragen bei einer Untersuchung und der Planung des Vorgehens eine Rolle spielen können, bei der Evaluation sogar müssen: Wenn die Qualität von Unterricht bewertet werden soll, benötigt man Kriterien, mit denen die Qualität eingeschätzt werden kann.

5.3.2 Grundgesamtheit und Stichprobe

Wenn man einmal den prinzipiellen Ablauf einer empirischen Untersuchung festgelegt hat, stellt sich die Frage, welche Stichprobe untersucht werden soll. Ausgehend von der (fast immer) bekannten Grundgesamtheit muss sorgfältig geplant werden, welche „Objekte" untersucht werden. Bei dem obigen Beispiel aus der Lehrerforschung besteht die Grundgesamtheit aus allen Lehrerinnen und Lehrern. Ein erstes Problem tritt nun auf, wenn man die Zugänglichkeit der „Objekte" betrachtet. Es kann sein, dass es Lehrer gibt, die nicht interviewt oder beobachtet werden wollen. Eine einfache Zufallsstichprobe lässt sich also kaum realisieren, da man immer damit rechnen muss, dass zufällig ausgewählte Lehrerinnen und Lehrer die Mitwirkung verweigern. Die Konzepte der beurteilenden Statistik (vgl. Kapitel 4) basieren aber gerade auf Zufallsstichproben. Wenn man eine Stichprobe hat, die nur aus Freiwilligen besteht, kann es sich hierbei um eine enorme Verzerrung der Stichprobe handeln. Möglicherweise wirken nur Lehrerinnen und Lehrer an der Untersuchung mit, die ihre Belastung besonders gering oder auch besonders hoch empfinden. Die Ergebnisse, die mit einer solchen Stichprobe zustande kämen, sind dann nur für genau diese untersuchte Gruppe gültig und lassen sich nicht mit den Mitteln der beurteilenden Statistik verallgemeinern.

---

[2] Unter anderen aus diesem Grund lassen sich aus Querschnittsuntersuchungen wie PISA keine Aussagen über die Qualität von Unterricht ableiten. Auch wenn bei PISA im Abstand von jeweils drei Jahren (2000, 2003, 2006 usw.) Daten erhoben werden, handelt es sich nicht um eine Längsschnittuntersuchung, die Rückschlüsse auf konkreten Unterricht zulässt, u. a. da zu den verschiedenen Messzeitpunkten verschiedene Schulen in den Stichproben sind. Eine Längsschnittuntersuchung untersucht aber *dieselben* Objekte zu unterschiedlichen Messzeitpunkten.

Ein Kompromiss zwischen Wünschenswertem und Realisierbarem könnte darin liegen, dass man zunächst eine Zufallsstichprobe zieht und die Bedingung der Zufälligkeit so lange für gegeben erachtet, wie nicht mehr als z. B. 15% der „Gezogenen“ die Mitwirkung verweigern. Hierbei handelt es sich natürlich um einen willkürlich festgelegten Wert. Wenn man berücksichtigt, dass bei vielen empirischen Untersuchungen, die auf eine freiwillige Mitwirkung setzen müssen, wie z. B. postalische Befragungen, die „Ausschöpfungsquote“ der geplanten Stichprobe unter 50% liegt, so müssen entsprechende Ergebnisse, die mit Mitteln der beurteilenden Statistik erzielt wurden, generell infrage gestellt werden. Der einzige Ausweg besteht hier – wenn es plausible Gründe dafür gibt – in einer inhaltlichen Argumentation, dass sich durch die geringe Ausschöpfung der Stichprobe keine systematische Verzerrung ergibt. Empirisch absicherbar ist eine solche Argumentation aber nicht.
Eine andere Frage der Stichprobenplanung und des Zusammenhangs mit der Grundgesamtheit ist die der strukturellen Zusammensetzung der Stichprobe. Bei einer einfachen Zufallsstichprobe wird die gewünschte Anzahl an „Objekten“ aus der Grundgesamtheit gezogen, wobei alle die gleiche Wahrscheinlichkeit haben, gezogen zu werden. Dieses Vorgehen scheint zunächst plausibel zu sein. Wenn man aber im Beispiel aus der Lehrerforschung das Belastungserleben verschiedener Schulformen miteinander vergleichen möchte, so benötigt man in jeder einzelnen untersuchten Schulform hinreichend viele Lehrerinnen und Lehrer. Soll hinterher das Belastungserleben für alle Lehrerinnen und Lehrer dieser Schulformen über einen Skalenmittelwert aus den Stichprobenwerten geschätzt werden, so gibt es Schulform für Schulform bestimmte Standardfehler bei dieser Schätzung.
Diese Standardfehler hängen, wie wir in Abschnitt 4.1.1 gezeigt haben, von der Größe der jeweiligen Teilstichprobe in der entsprechenden Schulform ab. Wenn aus diesem Grund z. B. 500 Lehrerinnen und Lehrer pro Schulform in die Stichprobe kommen sollen, kann man eine immer größer werdende Zufallsstichprobe aus allen Lehrerinnen und Lehrern ziehen, bis von jeder Schulform 500 darin enthalten sind. Wenn die Untersuchung in einem Bundesland durchgeführt wird, in dem an Gymnasien dreimal so viele Lehrerinnen und Lehrer arbeiten wie an Hauptschulen, kann dies dazu führen, dass schon 1 527 Gymnasiallehrerinnen und -lehrer in der Stichprobe sind, wenn endlich der oder die Fünfhundertste aus der Hauptschule gezogen wird. Dies ist natürlich nicht effizient. Die Lösung für dieses Problem liegt auf der Hand: Man zieht einfach Schulform für Schulform 500 „Objekte“ zufällig aus allen Lehrerinnen und Lehrern dieser Schulform. Dann kommt man bei fünf Schulformen (Gymnasium, Realschule, Hauptschule, Gesamtschule und Sonderschule) auf einen Stichprobenumfang von 2 500 anstelle von z. B. 5 149. Eine derart gezogenen Stichprobe wird auch ***geschichtete Stichprobe*** genannt. Wenn man

anschließend allerdings Aussagen z. B. über das arithmetische Mittel für ein Merkmal in der Grundgesamtheit ohne Schulformbezug machen möchte, dann müssen die Daten aus den einzelnen Schulformen mit den Anteilen, die Lehrerinnen und Lehrer aus dieser Schulform an allen haben, gewichtet werden (vgl. Abschnitt 2.3.3).
Es gibt viele weitere interessante Fragen zur Stichprobenplanung, viele wissenschaftliche Arbeiten und ganze Bücher darüber, da dieser Teil ein Herzstück jeder empirischen Untersuchung ist und besonders unter ökonomischen Fragen der Effizienz betrachtet wird. Wir belassen es hier bei diesen exemplarisch dargestellten Aspekten.

5.3.3 Auswahl der Auswertungsverfahren

Viele Auswertungsverfahren stellen besondere Ansprüche an die Qualität der Datenerhebung. Daher sollte die Auswahl dieser Verfahren von Anfang an in der Untersuchungsplanung berücksichtigt werden. Sind die Daten erst einmal erhoben, dann gilt vor allem: Es ist *nicht* entscheidend, welche Verfahren von einer speziellen Statistik-Software durchgeführt werden können, sondern was inhaltlich angemessen ist. Man sollte sich z. B. vergewissern, ob die für ein Verfahren notwendigen Anforderungen an das Skalenniveau erfüllt sind. Ebenso ist es für die Anwendung vieler Verfahren wichtig, dass bestimmte Mindestgrößen der Stichprobe eingehalten werden. Am Ende des Abschnitt 2.6.2 haben wir dies auf S. 132 für die Korrelationsrechnung gezeigt.
Eine andere Falle lauert manchmal in der besonderen Struktur der Daten. Mit den Simpson-Paradoxien in Teilkapitel 2.7 haben wir gezeigt, dass man manchmal mit standardisierten Verfahren Ergebnisse erzielt, die dem Sachverhalt nicht angemessen sind, obwohl eigentlich alle Voraussetzungen für die Anwendung der Verfahren erfüllt waren. Fehldeutungen lassen sich hier nur vermeiden, wenn man seine Daten aus möglichst vielen verschiedenen Perspektiven betrachtet und nach derartigen Quellen für verzerrende Effekte sucht. Wenn z. B. mit Verfahren der Korrelations- und Regressionsrechnung Ergebnisse erzielt werden sollen, ist es *immer* sinnvoll, sich die Punktwolke für die beiden infrage stehenden Merkmale anzusehen. Das Beispiel „Vornoten und Punktzahl im Abitur" (Teilkapitel 2.7, S. 143) macht dies deutlich. Generell lauert die Gefahr von Simpson-Paradoxien in allen Situationen, in denen geschichtete Stichprobe (s. o.) sinnvoll sind.

5.3.4 Darstellung und Interpretation der Ergebnisse

Ist eine Untersuchung erst einmal ausgehend von einer Fragestellung geplant und durchgeführt worden, sind die erhobenen Daten ausgewertet, so liegen hoffentlich Ergebnisse vor, die sich zur Beantwortung der Ausgangsfrage nutzen lassen. Die Darstellung und Interpretation solcher Ergebnisse sind ein letzter, heikler Akt im Forschungsprozess. In der beschreibenden Statistik in Kapitel 2 haben wir viele Möglichkeiten der Datenreduktion und -präsentation vorgestellt. Bei der Präsentation der Ergebnisse sollte man immer im Kopf haben, dass jeder Mensch nur eine begrenzte Anzahl von Informationen gleichzeitig aufnehmen kann und dass es Menschen gibt, die besser mit prosaischen Darstellungen zurecht kommen, und andere, die eher Graphiken bevorzugen. Grundsätzlich kann man mit einer guten Graphik mehr Informationen verständlich präsentieren als über numerische Daten in einem Text. Aber bei Graphiken muss man umso mehr beachten, dass die Daten nicht (unabsichtlich) verfälscht dargestellt werden. Für die Präsentation von Daten gilt eigentlich immer: So viele Daten wie notwendig präsentieren und keine mehr. Dabei sollte man sich ruhig eine gewisse Redundanz von Text und Graphiken gönnen.

Bei der Darstellung von Daten ist es in jedem Fall wichtig, dass die Informationen *vollständig* dargestellt werden. So sollte immer nachvollziehbar sein, wie groß eine Stichprobe ist ($n = \ldots$) und ob es Besonderheiten bei ihrer Zusammensetzung gibt. Wer überwiegend Mittelwerte von Datenreihen als Ergebnisse präsentiert, sollte sich immer auch Gedanken darüber machen, ob nicht auch die Streuung der Merkmale interessant ist. Fast immer ist sie es! Wenn man das Belastungserleben von Lehrerinnen und Lehrern in verschiedenen Schulformen untersucht und dies mit einer „Belastungsskala" quantifiziert, so ist neben der Frage, wie hoch das Belastungserleben im Mittel in den Schulformen ist, auch die Frage relevant, ob dies in den Schulformen unterschiedlich stark streut.[3] Wenn die Lehrerinnen und Lehrer diesbezüglich in einer Schulform sehr homogen, in einer anderen sehr heterogen sind, liegt es nahe, dieser Frage weiter nachzugehen. So führt ein Forschungsprozess auf den nächsten, und es entstehen immer feinere Erkenntnisse und dichtere Theorien über diesen Bereich.

Da wir auch in diesem Schlussabschnitt exemplarisch bleiben wollen, stellen wir die Problematik der Interpretation von Ergebnissen an zwei Konzepten aus diesem Buch vor. Bei der Korrelationsrechnung sind wir in Abschnitt 2.6.2 darauf eingegangen, dass keine noch so (vom Betrag her) große Korrelation irgend etwas über Kausalität, also Wirkungsrichtungen aussagt. Dies ge-

[3]Ein anderes Beispiel, an dem klar wird, dass neben Mittelwerten immer auch Streuungsmaße berichtet werden sollten, ist eine Schulleistungsuntersuchung. Wenn Schülerinnen und Schüler in zwei verschiedenen Realschulen das gleiche arithmetische Mittel der Mathematikleistung erzielen, die Standardabweichung in der einen Schule aber deutlich größer ist als in der anderen, so deutet dies auf ganz unterschiedliche Rahmenbedingungen des Lernens hin. Solche Befunde sind häufig höchst relevant, deswegen werden die Schulleistungen ja empirisch untersucht.

schieht dennoch immer wieder und ist nicht etwa ein Anfängerfehler, sondern durchzieht auch die wissenschaftliche Literatur – die Tagespresse sowieso. Genauso wenig wird bei der Anwendung der Regressionsrechnung in jedem Fall sorgfältig darauf geachtet, dass sich theoretisch haltbar ein abhängiges und ein unabhängiges Merkmal identifizieren lassen. Der Statistik-Software ist dies egal, sie rechnet alles, was wir von ihr diesbezüglich verlangen.
Ein anderes Konzept, bei dessen Anwendung immer wieder die gröbsten Fehler passieren, sind die klassischen Hypothesentests (vgl. Teilkapitel 4.2). Allzu oft wird hier aus nicht signifikanten Ergebnisse eines einfachen Hypothesentests vermeintliche Evidenz für die Nullhypothese gezogen – schauen Sie sich das Konzept in Abschnitt 4.2.1 noch einmal an! Ein nicht signifikantes Ergebnis heißt nur, dass die Nullhypothese nicht auf dem gewählten Signifikanzniveau (z. B. 0,05) verworfen werden kann. Möglicherweise wurde diese Hürde nur knapp verfehlt (z. B. mit 0,055). In einem Bayes'schen Hypothesentest würde einer konkretisierten Alternativhypothese vielleicht sogar nach der Untersuchungsdurchführung eine deutlich größere Wahrscheinlichkeit zugebilligt als vorher, der Nullhypothese eine deutlich kleinere. Häufig ist die Frage der auftretenden Effekte ohnehin viel wichtiger als die nach einem signifikanten Ergebnis (vgl. Abschnitt 4.2.2).
Schließlich sei noch auf einen besonders groben Unfug bei der Anwendung von Hypothesentests hingewiesen: Nehmen wir an, in einer Fragebogenuntersuchung werden Jugendlichen 120 Einzelfragen[4] gestellt, die durch Ankreuzen beantwortet werden können. Wenn man anschließend explorativ bezüglich aller 120 Fragen Geschlechterunterschiede sucht, so wird man bei einem Signifikanzniveau von 0,05 voraussichtlich (im Sinne eines Erwartungswertes) zu $0{,}05 \cdot 120 = 6$ Fragen signifikante Unterschiede feststellen, auch wenn gar keine vorliegen! Dies bringt das Konzept des klassischen Hypothesentests zwangsläufig mit sich. Ein solches Ergebnis ist schlechter als nutzlos: Hier werden Forschungsartefakte geschaffen, die in Publikationen häufig als handfeste, weil empirisch unterstützte Ergebnisse angepriesen werden. Handfest wären diese Ergebnisse aber nur, wenn man von vorneherein die Unterschiede zu den konkreten sechs Fragen vermutet hätte. Sind sie im nachhinein derart explorativ wie geschildert entstanden, so muss sich zunächst eine neue Untersuchung anschließen, um zu schauen, ob es sich um Zufallseffekte oder um systematische Unterschiede handelt. Erst wenn sich diese Unterschiede auch dann zeigen, kann man davon ausgehen, dass es sich hier um einen substanziellen Befund handelt.
Betrachten wir noch einmal das Beispiel „Lehrerkooperation und Belastungserleben“. Hier wird offensichtlich, dass wir mit empirischer Forschung nicht

[4]Diese Größenordnung ist keinesfalls selten, sondern wird häufig noch übertroffen!

einfach „die Dinge wie sie sind" beobachten und erfassen, sondern dass wir mit selbst geschaffenen Konstrukten versuchen, die uns umgebende soziale und natürlich Umwelt zu verstehen. „Lehrerkooperation" und „Belastungserleben" sind eben nicht in unserer sozialen Umwelt schon vorhanden und müssen nur entdeckt werden, sondern human- und sozialwissenschaftliche Konstrukte, die sich als tauglich für das Verstehen von sozialen Prozessen herausgestellt haben.

Zu guter Letzt möchten wir daher noch einen kleinen, aber wichtigen erkenntnistheoretischen Satz an den Mann und an die Frau bringen: Wann immer wir empirisch forschen, bilden wir nicht Realität in Modellen und Theorien ab, sondern wir sehen immer Strukturen und Theorien in die uns umgebende soziale und natürliche Umwelt hinein!

A

Anhang

Lösungen der Aufgaben

A

A Lösungen der Aufgaben

A.1 Aufgaben aus Kapitel 2

Aufgabe 1: Messung der Muttersprache der Eltern (S. 20)

a. Armin verwechselt die Merkmale „Muttersprache" und „Häufigkeit des Auftretens". In der Erhebung wird das Merkmal „Muttersprache" mit den verschiedenen Muttersprachen als Merkmalsausprägungen für Schülerinnen und Schüler als Merkmalsträger gemessen. Armins Vorschlag würde aber bedeuten, dass die Muttersprachen die Merkmalsträger und „Häufigkeit des Auftretens" das gemessene Merkmal wären.

b. Zwar kann Armin mit den so zugewiesenen Zahlen wie gewohnt rechnen, aber die Rechnung und ihr Ergebnis lassen sich nicht inhaltlich interpretieren. So würde die Addition $1 + 2 = 3$ für „Englisch" + „Russisch" = „Spanisch" stehen.

Aufgabe 2: Umrechnungsformeln für Temperaturen (S. 23)

a. Dem Text kann man entnehmen, dass 0 Kelvin und −273,15 Grad Celsius einander entsprechen. Da beide Skalen gleich unterteilt sind, gelten für die jeweiligen Maßzahlen die Umrechnungsformeln

$$T_{\text{Kelvin}} = T_{\text{Celsius}} + 273{,}15 \quad \text{und} \quad T_{\text{Celsius}} = T_{\text{Kelvin}} - 273{,}15\,.$$

Wendet man hierauf die Celsius-Fahrenheit-Umrechnung an, so erhält man

$$T_{\text{Kelvin}} = \frac{5}{9} \cdot (T_{\text{Fahrenheit}} - 32) + 273{,}15 = \frac{5}{9} \cdot (T_{\text{Fahrenheit}} + 459{,}67)$$

und

$$T_{\text{Fahrenheit}} = \frac{9}{5} \cdot T_{\text{Kelvin}} - 459{,}67\,.$$

b. Da sich „das Doppelte" nur bei Vorliegen einer Proportionalskala inhaltlich sinnvoll durch Multiplikation mit 2 berechnen lässt, kann man die in Grad Celsius gemessene Temperatur zunächst in Kelvin umrechnen, diese Wert dann verdoppeln und schließlich wieder in Grad Celsius umrechnen:

$$20\,°\text{C} = 293{,}15\,\text{K}\,; \quad 293{,}15\,\text{K} \cdot 2 = 586{,}30\,\text{K}\,; \quad 586{,}30\,\text{K} = 313{,}15\,°\text{C}\,.$$

Das Doppelte von 20 Grad Celsius ist also 313,15 Grad Celsius. Interessanter Weise gilt $20 + 293{,}15 = 313{,}15$. Ist dies Zufall oder warum gilt dies?

Aufgabe 3: Beispiele für Skalenniveaus (S. 24)

a. Natürlich gehen wir nicht davon aus, dass Sie für alle diese Merkmal die Festlegung der Ausprägungen kennen. Aber im Internet werden Sie mithilfe geeigneter Suchmaschinen (z. B. http://www.google.de/) oder Lexika (http://www.wikipedia.de/) schon fündig.

Schulnoten werden auf einer Ordinalskala gemessen, denn sie lassen sich eindeutig so anordnen, dass man für je zwei Schulnoten entscheiden kann, ob sie gleich sind oder welche die bessere ist. Schulnoten sind *nicht* intervallskaliert, sonst müsste der Abstand zwischen einer Zwei und einer Drei inhaltlich der gleiche sein wie der zwischen einer Vier und einer Fünf. Hiervon kann man aber in der Regel nicht ausgehen, selbst dann nicht, wenn in einer Klassenarbeit die Noten aufgrund der erzielten Punktwerte vergeben werden. Zwar können dann zwischen den Noten gleiche Abstände von Punktwerten hergestellt werden, aber die Punktwerte selbst sind wiederum nicht ordinal skaliert. Gleich große Punktedifferenzen gehen nicht automatisch einher mit gleichen Kompetenzunterschieden. Es ist auch unklar, wie Kompetenzunterschiede überhaupt passend quantifiziert werden können.

Die *Körpergröße* ist proportional skaliert, gleiche Abstände haben nämlich gleiche inhaltliche Bedeutung und auch „doppelt so groß macht" hier inhaltlich Sinn.

Die *Windstärke nach Beaufort* hatte zunächst die Merkmalsausprägungen 0 bis 12, später wurden die Ausprägungen 13 bis 17 hinzugenommen. In m/s gelten für die ersten 6 Windstärken nach Beaufort die folgenden Windgeschwindigkeiten:

Windstärke nach Beaufort	0	1	2	3	4	5
Windgeschwindigkeit in m/s	0 bis 0,2	0,3 bis 1,5	1,6 bis 3,3	3,4 bis 5,4	5,5 bis 7,9	8,0 bis 10,7

Die Windstärke nach Beaufort ist also nur ordinal skaliert. Im Internet lassen sich verschiedene Formeln für die näherungsweise Umrechnung zwischen der Windgeschwindigkeit v in m/s und Windstärke nach Beaufort B finden, z. B. $v = 0{,}836 \cdot B^{1{,}5}$ (http://de.wikipedia.org/) oder $v = B + \frac{1}{6} \cdot B^2$ (http://www.esys.org/). Überprüfen Sie die Güte der beiden Formeln für alle 18 Windstärken!

Die *Französischen Schuhgrößen* (Pariser Stich) sind proportional skaliert. Ein Stich (eine Größe) entspricht $\frac{2}{3}$ Zentimeter. Die französische Schuhgröße eines der beiden Autoren liegt zwischen 50 und 51, seine Füße sind also fast 34 cm lang.

Hingegen ist die *Amerikanische Schuhgröße* (für Erwachsene) nur intervallskaliert. Sie beginnt mit der französische Größe 15, also bei 10 cm, mit 0. Pro Schuhgröße kommt ungefähr ein Drittel Inch, genau 0,846 cm, hinzu. Im Gegensatz zur französischen Schuhgröße gibt es bei der amerikanischen auch halbe Größen (z. B. $10\frac{1}{2}$)

Bei der *Autofarbe* handelt es sich offensichtlich um ein nominal skaliertes Merkmal.

Die *Einwohnerzahl* ist absolut skaliert. Hier liegen Nullpunkt und die Einheiten fest.

Die *Polizeidienstgrade* sind ordinal skaliert. Sie ergeben eine eindeutige Hierarchie, die man dem folgenden Ausschnitt der Dienstgrad-Skala ansehen kann: ... Polizeimeister (PM), Polizeiobermeister (POM), Polizeihauptmeister (PHM)...

b. Da es hier eine Vielzahl möglicher Beispiele gibt, belassen wir es jeweils bei der Benennung von zwei Beispielen:
Nominalskalen: Familienstand; Hobby.
Ordinalskalen: Besoldungsgruppen für Beamte (A1, A2, A3, ...); Ankreuzmöglichkeiten bei Ratingskalen (z. B. „stimme völlig zu" bis „stimme überhaupt nicht zu").
Intervallskalen: Zeitpunktangaben „n. Chr."; Höhenangaben „über n. N.".
Proportionalskalen: Körpergewicht; Fahrtdauer.
Absolutskalen: alle Anzahlen (z. B. Kinder einer Klasse, Stochastikbücher im Regal).

Aufgabe 4: Währungsumrechnung (S. 25)

Für die bedeutenden internationalen Währungen gibt es laufend aktualisierte Wechselkurse. Möge ein Euro a US-Dollar und b Yen Wert sein, dann ergeben sich die Formeln

$$\text{Betrag}_{\text{Euro}} = a \cdot \text{Betrag}_{\text{US-Dollar}} \Leftrightarrow \text{Betrag}_{\text{US-Dollar}} = \frac{\text{Betrag}_{\text{Euro}}}{a},$$

$$\text{Betrag}_{\text{Euro}} = b \cdot \text{Betrag}_{\text{Yen}} \Leftrightarrow \text{Betrag}_{\text{Yen}} = \frac{\text{Betrag}_{\text{Euro}}}{b} \quad \text{und damit}$$

$$\text{Betrag}_{\text{Yen}} = \frac{a}{b} \cdot \text{Betrag}_{\text{US-Dollar}} \quad \text{und} \quad \text{Betrag}_{\text{US-Dollar}} = \frac{a}{b} \cdot \text{Betrag}_{\text{Yen}}\,.$$

Mitte November 2004 galten ungefähr die Wechselkurse $a = 1{,}30$ und $b = 135$. Wenn Ihr monatlichen Einkommen in einer der Währungen gemessen wird, dann handelt es sich hierbei um ein proportional skaliertes Einkommen.

Aufgabe 5: Niveauerhaltende Transformationen (S. 27)

a. Gegeben sei eine affin-lineare Funktion $f\colon R \to R, x \mapsto f(x) := s \cdot x + t$, mit Parametern $s, t \in \mathbb{R}(s \neq 0)$. Zu zeigen ist, dass für alle $a, b, c, d \in \mathbb{R}$ gilt:

$$\text{Aus} \quad a - b = c - d \quad \text{folgt} \quad f(a) - f(b) = f(c) - f(d)\,.$$

Dies lässt sich durch einige Äquivalenzumformungen nachrechnen:

$$\begin{aligned} a - b = c - d &\Leftrightarrow f(a-b) = f(c-d) \\ &\Leftrightarrow s \cdot (a-b) + t = s \cdot (c-d) + t \\ &\Leftrightarrow s \cdot a - s \cdot b + t = s \cdot c - s \cdot d + t \\ &\Leftrightarrow s \cdot a + t - s \cdot b - t = s \cdot c + t - s \cdot d - t \\ &\Leftrightarrow f(a) - f(b) = f(c) - f(d)\,. \end{aligned}$$

b. Wenn eine *Verhältnisskala* vorliegt, so lässt sich ein Quotient zweier Merkmalsausprägungen $\frac{a}{b}$ inhaltlich sinnvoll interpretieren. Wenn die Skala transformiert wird, sollte der Quotient sich also nicht verändern. Wenn jemand in Zentimetern gemessen doppelt so groß ist wie sein Kind, dann sollte dies auch gelten, wenn man in Metern misst. Ein Quotient verändert seinen Wert nicht, wenn gekürzt oder erweitert wird, also Zähler und Nenner mit der gleichen reellen Zahl $r \neq 0$ multipliziert werden. Also sind alle Funktionen $f\colon \mathbb{R} \to \mathbb{R}, x \mapsto f(x) := r \cdot x$ niveauerhaltend.
Bei einer *Absolutskala* sind der Nullpunkt und die Einheit, in der gemessen wird, festgelegt, also keinerlei Veränderungen möglich. Somit kommt nur die identische Abbildung $f\colon \mathbb{R} \to \mathbb{R},\ x \mapsto f(x) := x$ als Transformation infrage.

Aufgabe 6:
Eigenschaft der kumulierten relativen Häufigkeiten (S. 36)

Die relativen Häufigkeiten von Merkmalsausprägungen sind als Quotient der absoluten Häufigkeiten der jeweiligen Merkmalsausprägung $H_n(x_i)$ durch die Gesamtzahl der Merkmalsträger n definiert worden, $h_n(x_i) := \frac{H_n(x_i)}{n}$. Die absolute Häufigkeit jeder Merkmalsausprägung ist mindestens 0, also gilt $h_n(x_i) \geq 0$ für alle relativen Häufigkeiten und damit auch für alle kumulierten relativen Häufigkeiten als Summe von relativen Häufigkeiten.
Da $h_n(x_i) \geq 0$ für alle relativen Häufigkeiten gilt, wird die kumulierte relative Häufigkeit $\sum\limits_{x \leq x_i}^{h_n} (x)$ für die größte auftretende Merkmalsausprägung maximal, da dann über so viele Summanden wie möglich summiert wird. Dann handelt

es sich bei der kumulierten relativen Häufigkeit aber gerade um die Summe

$$\sum_{i=1}^{k} h_n(x_i) = \sum_{i=1}^{k} \frac{H_n(x_i)}{n} = \frac{1}{n} \cdot \sum_{i=1}^{k} H_n(x_i) = \frac{1}{n} \cdot n = 1\,,$$

da die Summe aller absoluten Häufigkeiten gleich der Anzahl der Merkmalsträger ist.

Aufgabe 7: „Faule" Graphiken (S. 57)

An Abb. 2.34 ist ein Verstoß gegen die allgemeinen Kriterien klar ersichtlich, ein weiterer kann vermutet werden. Zunächst beginnt die y-Achse bei 103. Die auftretenden Unterschiede zwischen den allgemeinen Lebenshaltungskosten und den Kosten für die Autohaltung sind eigentlich relativ gering, werden dadurch aber optisch vergrößert. Außerdem kann man sich fragen, ob für Dezember 2002 nicht ein Wert bei den allgemeinen Lebenshaltungskosten weggelassen und statt dessen der September 2002 direkt mit März 2003 verbunden wurde. Möglicherweise hätte für Dezember 2002 der untere Funktionsgraph sonst kurzzeitig oberhalb des anderen gelegen, was der angestrebten Aussage der Abbildung nicht entgegen gekommen wäre.

Die Politik ist neben den Lobby-Zeitschriften eine der „besten" Quellen für manipulative Darstellungen – man möchte ja schließlich wieder gewählt werden! In Abb. 2.35 wird auf das Übelste an der x-Achse gezerrt, bis endlich der gewünschte Eindruck entsteht. Bei den steigenden Portokosten wurden links über 20 Jahre auf einem genauso großen horizontalen Abschnitt untergebracht wie rechts vier Jahre. Wer sich die tatsächliche Entwicklung der Portokosten seit Gründung der BRD bis heute anschaut, stellt in dem dargestellten Zeitraum überhaupt keine Besonderheit dar. Zumal kurz nach Erscheinen dieser Eigenwerbung eine Erhöhung der Portokosten beschlossen wurde.

Die Abb. 2.36 vermittelt je nach Lesart unterschiedliche Aussagen, was mit den unterschiedlichen Breiten der gebildeten Klassen zusammenhängt. Diese wurde durch die Darstellung der Daten in einem Histogramm berücksichtigt, sondern es wurde für die ungleich großen Klassen ein Säulendiagramm dargestellt. Betrachtet man nur die Säulen, so scheinen die 18- bis 20-jährigen Fahranfänger eine sehr sichere Gruppe zu sein, während die 25- bis 34-jährigen schlimme Draufgänger sind. In der einen Gruppe wurden aber nur drei Jahrgänge zusammengefasst, in der anderen zehn. Wenn man dies berücksichtigt, ergeben sich pro Jahrgang bei den Fahranfängern deutlich höhere Unfallquoten als bei den etwas älteren Autofahrern, die sich anscheinend doch schon „die Hörner abgestoßen" haben. (Führen Sie die Umrechnung auf einzelne Jahrgänge für die einzelnen Klassen und die drei Unfallkategorien im Einzelnen durch!) Die Darstellung enthält aber auch so etwas wie eine Korrektur zu dem genannten Effekt: Sie zeigt in einer Vergleichslinie, wie hoch der Anteil der jeweiligen Altersgruppe an allen Führerscheinbesitzern

ist. Damit lässt sich feststellen, dass die Fahranfänger häufiger als aufgrund dieses Anteils zu erwarten wäre, Unfälle verursachen. Hier wäre eine eindeutigere Darstellung, die sich z. B. eines Histogramms bedient, wünschenswert. (Fertigen Sie eine entsprechende Darstellung an!)
In Abb. 2.37 wurde nicht berücksichtigt, dass man mit den Heißluftballons eigentlich Repräsentanten für Volumen hat. Unser Auge interpretiert vor allem jenes Volumen der heißen Luft, das von der Hülle umfasst wird, als Darstellung der Anzahlen der Gästeübernachtungen. Die Gästezahlen unterscheiden sich zwischen Sachsen-Anhalt und Schleswig-Holstein ungefähr um den Faktor 6,8. Die Höhe der gesamten Ballons jedoch ungefähr um den Faktor 2,6, das Volumen also ungefähr um den Faktor 17,6. Hier kann auch nicht damit argumentiert werden, dass die kleine Ballons weiter weg seien und somit aus perspektivischen Gründen so klein dargestellt werden müssen. Betrachten Sie die Abbildung diesbezüglich genau! Wie groß müssten die einzelnen Ballons in einer „guten" Graphik dargestellt werden?

Aufgabe 8: Zahlen in einer Zeitungsmeldung (S. 60)
Beim Durchlesen der Zeitungsmeldung fallen einige Zahlen auf. Der Inhalt der Meldung ist plausibel. Jedoch sind die 25 000 vermiedenen HIV-Infektionen und die damit zusammenhängenden *450 Millionen* Euro, die das deutsche Gesundheitswesen dadurch jährlich einspart, Anlass genug, sich über das Zustandekommen dieser Zahlen Gedanken zu machen. Wie kann man eigentlich feststellen wie häufig etwas passiert wäre, das gar nicht passiert ist. Zwar wird in der Zeitungsmeldung ehrlicherweise von einer Zahl von „rund 25 000" und von „Modellrechnungen" geschrieben. Dennoch sollte der stark hypothetische Charakter dieser Zahlen stärker betont werden. Niemand weiß, wie viele Personen *durch* diese nationale Vorbeugungskampagne „Gib Aids keine Chance" vor einer Infektion geschützt wurden. So lobenswert diese Kampagne ist, so unsicher ist doch die ihr zugeschriebene Wirkung. Vielleicht wurden auch mehr Infektionen vermieden, vielleicht sind es aber auch weniger, und vielleicht sind die vermiedenen Infektionen auch auf andere Faktoren als ausschließlich auf diese Kampagne zurückzuführen.

Aufgabe 9: Nachweis der Schwerpunkteigenschaft (S. 65)
Der Beweis kann durch eine Umformung der Summe in Satz 2 und Anwendung der Definition des arithmetischen Mittels geführt werden:

$$\sum_{i=1}^{n}(x_i - \bar{x}) = \sum_{i=1}^{n} x_i - \sum_{i=1}^{n} \bar{x} = n \cdot \underbrace{\frac{1}{n} \cdot \sum_{i=1}^{n} x_i}_{=\bar{x}} - n \cdot \bar{x} = 0\,.$$

Aufgabe 10: Durchschnittsgeschwindigkeiten (S. 70)

a. Auf dem Hinweg legen Sie in der ersten Stunde 95 km, in der zweiten 110 km und in der dritten Stunde 85 km zurück. Insgesamt fahren Sie also 290 km in drei Stunden, was einer Durchschnittsgeschwindigkeit von ca. 96,67 km/h entspricht. Dies ist gerade das arithmetische Mittel der drei Geschwindigkeiten:

$$\frac{95\,\text{km} + 110\,\text{km} + 85\,\text{km}}{3\,\text{h}} = \frac{95\,\text{km/h} + 110\,\text{km/h} + 85\,\text{km/h}}{3}$$
$$\approx 96{,}67\,\text{km/h}\,.$$

b. Auf dem Rückweg benötigen Sie $\frac{100\,\text{km}}{95\,\text{km/h}} = \frac{100}{95}\,\text{h} \approx 1{,}05\,\text{h}$ für die ersten 100 km und entsprechend $\frac{100}{110}\,\text{h} \approx 0{,}91\,h$ für die zweiten 100 km und $\frac{100}{85}\,h \approx 1{,}18\,\text{h}$ für die dritten 100 km. Insgesamt benötigen Sie also ca. 3,14 h für 300 km, was einer Durchschnittsgeschwindigkeit von ca. 95,54 km/h entspricht. Dies ist gerade das harmonische Mittel der drei Geschwindigkeiten (die kleinen Unterschiede in den Zahlwerten kommen vom Runden):

$$\frac{300\,\text{km}}{\frac{100\,\text{km}}{95\,\text{km/h}} + \frac{100\,\text{km}}{110\,\text{km/h}} + \frac{100\,\text{km}}{85\,\text{km/h}}} = \frac{3}{\frac{1}{95\,\text{km/h}} + \frac{1}{110\,\text{km/h}} + \frac{1}{85\,\text{km/h}}}$$
$$\approx 95{,}60\,\text{km/h}\,.$$

Überlegen Sie sich, warum einmal das arithmetische und einmal das harmonische Mittel zum Ziel führen! Finden Sie auch vergleichbare Kontexte!

Aufgabe 11: Veränderte Daten, konstante Mittelwerte (S. 70)

a. Da die 2 die einzige Zahl ist, die mindestens dreimal auftaucht, ist der *Modalwert* der Datenreihe 2.
Der Größe nach geordnet ergibt sich die folgende Datenreihe 1, 2, 2, 2, 4, 4, 5, 7, 9. Der (in diesem Fall eindeutig bestimmte) *Median* der Datenreihe ist also 4.
Als *arithmetisches Mittel* ergibt sich $\frac{1+2+2+2+4+4+5+7+9}{9} = \frac{36}{9} = 4$, als *geometrisches Mittel* $\sqrt[9]{1 \cdot 2 \cdot 2 \cdot 2 \cdot 4 \cdot 4 \cdot 5 \cdot 7 \cdot 9} = \sqrt[9]{40320} \approx 3{,}25$ und als *harmonisches Mittel* $\frac{9}{\frac{1}{1}+\frac{1}{2}+\frac{1}{2}+\frac{1}{2}+\frac{1}{4}+\frac{1}{4}+\frac{1}{5}+\frac{1}{7}+\frac{1}{9}} = \frac{9}{\frac{4212}{1260}} \approx 2{,}61$.
Wenn der erste Werte der ursprüngliche Datenreihe von 2 auf drei erhöht wird und man den letzten Wert anpassen darf, liegt also die Datenreihe 3, 7, 1, 9, 2, 4, 4, 5, x vor, wobei das x jeweils passend gewählt werden muss.

b. Wenn $x = 2$ gewählt wird, so kommen 2 und 4 als Modalwerte infrage, für $x \neq 2$ kommt die 2 nicht mehr infrage. Also muss $x = 2$ sein.

c. Der Median bleibt unverändert 4 egal, wie x gewählt wird. Für $x \geq 9$ ergibt sich als geordnete Datenreihe 1, 2, 3, 4, *4*, 5, 7, 9, x, für $x \leq 1$ ergibt sich entsprechend x, 1, 2, 3, *4*, 4, 5, 7, 9.
d. Das arithmetische Mittel verändert seinen Wert *nicht*, wenn die *Summe* der Daten konstant bleibt. Da der erste Wert um 1 vergrößert wurde, muss der letzte Wert entsprechend um 1 verkleinert, also $x = 1$ gewählt werden.
e. Das geometrische Mittel verändert seinen Wert nicht, wenn das *Produkt* der Daten konstant bleibt. Da die anderen Daten unverändert bleiben, reicht es aus, das Produkt des ersten und letzten Wertes zu betrachten. Ursprünglich betrug dies $2 \cdot 2 = 4$. Entsprechend muss $3 \cdot x = 4$, also $x = \frac{4}{3}$, gelten.
f. Das harmonische Mittel verändert seinen Wert *nicht*, wenn die *Summe der Kehrwerte* der Daten konstant bleibt. Wiederum reicht es aus, die Summe der Kehrwerte des ersten und letzten Wertes zu betrachten. Ursprünglich betrug diese $\frac{1}{2} + \frac{1}{2} = 1$. Entsprechend muss $\frac{1}{3} + \frac{1}{x} = 1$, also $x = \frac{3}{2}$, gelten.

Aufgabe 12: Untersuchung auf Lagemaßeigenschaften (S. 71)

Als abstraktes Zahlenbeispiel kann man auf die Datenreihe aus Aufgabe 11 zurückgreifen (veranschaulichen Sie sich zusätzlich die Aussagen von Satz 4 an konkreten Zahlenbeispielen in Kontexten, in denen die jeweiligen Mittelwerte sinnvoll anwendbar sind). Diese lautete 2, 7, 1, 9, 2, 4, 4, 5, 2. Wenn Sie alle Wert um 5 vergrößern erhalten Sie 7, 12, 6, 14, 7, 9, 9, 10, 7. Damit ergeben sich als Modalwert 7, als Median 9, als arithmetisches Mittel 9, als geometrisches Mittel $\sqrt[9]{280052640} \approx 8{,}68$ und als harmonisches Mittel $\frac{9}{\frac{1351}{1260}} \approx 8{,}39$.

Die Aussagen des Satzes und diese Beispielrechnung sind also stimmig. Insbesondere können das geometrische und das harmonische Mittel *kein* Lagemaß im Sinne des Lagemaßaxioms sein. Der Beweis dafür, dass die anderen drei Mittelwerte Lagemaße sind, lässt sich direkt führen.

Für den Modalwert ist die Aussage unmittelbar klar. Wenn in einer Datenreihe der Wert m am häufigsten auftritt und alle Daten um a vergrößert werden, so tritt anschließend $m + a$ am häufigsten auf. Für den Median gilt entsprechendes, da sich durch die Addition einer Konstanten die Reihenfolge nicht ändert. Lag vorher der Wert M in der Mitte, so liegt anschließend $M + a$ in der Mitte.

Für den Nachweis der Lagemaßeigenschaft des arithmetischen Mittels betrachten wir die Datenreihen $x_1, \ldots, x_n$ und $y_1, \ldots, y_n$ mit $y_i := x_i + a$. Für das arithmetische Mittel der y_i gilt

$$\bar{y} = \frac{1}{n} \cdot \sum_{i=1}^{n} y_i = \frac{1}{n} \cdot \sum_{i=1}^{n} (x_i + a) = \frac{1}{n} \cdot \sum_{i=1}^{n} x_i + \frac{1}{n} \cdot \sum_{i=1}^{n} a = \bar{x} + a\,,$$

womit die Behauptung bewiesen ist.

Aufgabe 13: Vergleich der drei Mittelwerte im Fall $n = 2$ (S. 73)
Gegeben sei die Datenreihe x_1, x_2. Wir beweisen zunächst die Ungleichung zwischen geometrischem und arithmetischem Mittel und dann die zwischen harmonischem und geometrischem Mittel.
Ausgehend von der Ungleichung zwischen geometrischem und arithmetischem Mittel erhält man durch Äquivalenzumformungen

$$\sqrt{x_1 \cdot x_2} \leq \frac{x_1 + x_2}{2} \Leftrightarrow x_1 \cdot x_2 \leq \frac{x_1^2 + 2 \cdot x_1 \cdot x_2 + x_2^2}{2} \Leftrightarrow 0 \leq (x_1 - x_2)^2\,,$$

wobei das Gleichheitszeichen genau dann gilt, wenn x_1 und x_2 gleich sind.
Für den Nachweis der Ungleichung zwischen harmonischem und geometrischem Mittel nutzen wir die Tatsache, dass das harmonische Mittel der „Kehrwert des arithmetischen Mittels der Kehrwerte" ist, und führen die infrage stehende Aussage auf die bereits bewiesene Ungleichung zwischen geometrischem und arithmetischem Mittel von zwei Daten zurück (wobei die beiden Daten in der letzten Ungleichung die Kehrwerte der Ausgangsdaten sind):

$$\frac{2}{\frac{1}{x_1} + \frac{1}{x_2}} \leq \sqrt{x_1 \cdot x_2} \Leftrightarrow \frac{2}{\sqrt{x_1 \cdot x_2}} \leq \frac{1}{x_1} + \frac{1}{x_2} \Leftrightarrow \sqrt{\frac{1}{x_1} \cdot \frac{1}{x_2}} \leq \frac{\frac{1}{x_1} + \frac{1}{x_2}}{2}\,.$$

Aufgabe 14:
Vergleich von harmonischem und geometrischem Mittel (S. 75)
Wie im Fall $n = 2$ führen wir die zu beweisende Teilaussage von Satz 5 auf die Ungleichung zwischen geometrischem und arithmetischem Mittel zurück. Dabei nutzen wir wiederum aus, dass das harmonische Mittel der „Kehrwert des arithmetischen Mittels der Kehrwerte" ist:

$$\frac{n}{\sum\limits_{i=1}^{n} \frac{1}{x_i}} \leq \sqrt[n]{\prod_{i=1}^{n} x_i} \Leftrightarrow \frac{n}{\sqrt[n]{\prod\limits_{i=1}^{n} x_i}} \leq \sum_{i=1}^{n} \frac{1}{x_i} \Leftrightarrow \sqrt[n]{\prod_{i=1}^{n} \frac{1}{x_i}} \leq \frac{1}{n} \cdot \sum_{i=1}^{n} \frac{1}{x_i}\,.$$

Auch hier gilt die rechte Ungleichung für die Kehrwerte der Ausgangsdaten und damit auch die linke Ungleichung. Insbesondere gilt das Gleichheitszeichen in der linken Ungleichung genau dann, wenn alle Daten gleich sind.

Aufgabe 15: Mittelwerte für „bereits ausgezählte" Daten (S. 76)

a. Die erste Aussage für das arithmetische Mittel gilt, weil in der Summe aller Daten jeweils gleiche Daten zusammengefasst wurden. Dadurch erhält man die „kürzere" Summe der auftretenden Merkmalsausprägungen, die jeweils mit der absoluten Häufigkeit des Auftretens multipliziert werden: $\bar{x} = \frac{1}{n} \cdot \sum_{i=1}^{k} H_n(x_i) \cdot x_i$. Die zweite Aussage folgt durch Umformen: $\frac{1}{n} \cdot \sum_{i=1}^{k} H_n(x_i) \cdot x_i = \sum_{i=1}^{k} \frac{1}{n} \cdot H_n(x_i) \cdot x_i = \sum_{i=1}^{k} h_n(x_i) \cdot x_i$.

b. Mit entsprechenden Überlegungen kann man die Aussagen für das geometrische Mittel beweisen. Dabei müssen die Regeln der Potenzrechnung und die Definition der relativen Häufigkeiten $h_n(x_i) := \frac{H_n(x_i)}{n}$ angewendet werden.

c. Analog zeigt man die Aussagen für das harmonische Mittel.

Sinnvolle Anwendungsbeispiele sind vor allem solche, in denen Merkmalsausprägungen sehr häufig auftreten. Ansonsten müssen die inhaltlichen Voraussetzungen für die Anwendung der Mittelwerte jeweils erfüllt sein. Das geometrische Mittel ist z. B. sinnvoll anwendbar bei der Verkettung von Indexzahlen (vgl. Abschnitt 2.6, vor allem Abb. 2.60). Das harmonische Mittel ist sinnvoll anwendbar, wenn die Einheiten bei einer Messung sich als Quotient aus zwei anderen Einheiten ergeben, wie z. B. Stückpreise, Geschwindigkeiten oder die Dichte von Substanzen. Das arithmetische Mittel ist so geläufig, dass hier auf weitere Beispiele verzichtet wird.

Aufgabe 16:
Gewichtetes geometrisches und harmonisches Mittel (S. 78)

Das gewichtete arithmetische Mittel läßt sich so interpretieren, dass jeder Wert seinem Gewicht entsprechend oft in die Mittelwertbildung eingeht. Daher wird dort dann auch durch die Summe der Gewichte geteilt. Mit analogen Überlegungen kann man für das geometrische und das harmonische Mittel definieren: $\sqrt[\sum_{i=1}^{n} g_i]{\prod_{i=1}^{n} x_i^{g_i}}$ und $\frac{\sum_{i=1}^{n} g_i}{\sum_{i=1}^{n} \frac{g_i}{x_i}}$.

Aufgabe 17: Rechnerische Ermittlung des p-Quantils (S. 82)

a. Für $0, 1, \ldots, 99, 100$ ($n = 101$) bzw. $1, 2, \ldots, 99, 100$ ($n = 100$) werden das 0,25- und das 0,92-Quantil gesucht. Bei diesen Ausgangsdaten ist es durchaus nahe liegend, mithilfe der Definition 2.3.8 zu untersuchen, ob 25 bzw. 92 oder ihre jeweiligen Nachbarwerte infrage kommen. In der ersten Datenreihe beträgt der Anteil der Daten, die kleiner oder gleich

25 sind $\frac{26}{101} \approx 0{,}2574 \geq 0{,}25$. Größer oder gleich 25 ist ein Anteil von $\frac{76}{101} \approx 0{,}7523 \geq 0{,}75$. Also ist 25 ein 0,25-Quantil. 26 kommt nicht infrage, da mit einem Anteil von $\frac{75}{101} \approx 0{,}7426 < 0{,}75$ zu wenig Daten größer oder gleich 26 sind; Ähnliches gilt für 24. Entsprechend ermittelt man 92 als einziges 0,92-Quantil der ersten Datenreihe.
Bei der zweiten Datenreihe gilt für die Anteile der Daten die größer oder gleich/kleiner oder gleich 25 sind $\frac{76}{100} = 0{,}76 \geq 0{,}75$ bzw. $\frac{25}{100} = 0{,}25 \geq 0{,}25$. Die definierenden Bedingungen für das 0,25-Quantil sind aber auch für 26 erfüllt. Hier sind die Anteile der Daten die größer oder gleich bzw. kleiner oder gleich 26 sind $\frac{75}{100} = 0{,}75 \geq 0{,}75$ bzw. $\frac{26}{100} = 0{,}26 \geq 0{,}25$. Entsprechend kommen sowohl 92 als auch 93 als 0,92-Quantil infrage. Führen Sie diese Berechnungen auch mithilfe von Satz 6!

b. Häufig sind Beispiele mit kleinen Zahlen (hier ist damit die Anzahl der Merkmalsträger gemeint) besonders gut geeignet, um sich einen Sachverhalt zu veranschaulichen. Da in Satz 2.3.6 eine wichtige Unterscheidung ist, ob $p \cdot n$ eine natürliche Zahl ist oder nicht, wählen wir eine Datenreihe mit $n = 4$ und bestimmen für $p_1 = 0{,}25$ und $p_2 = 0{,}3$ die jeweiligen Quantile. Die Datenreihe möge aus den Daten 2, 7, 10 und 12 bestehen. Es gilt $p_1 \cdot n = 1$, also kommen sowohl $x_1 = 2$ als auch $x_2 = 7$ als 0,25-Quantil infrage. Da $p_2 \cdot n = 1{,}2$ gilt, kommt wegen $[1{,}2] + 1 = 2$ nur $x_2 = 7$ als 0,3-Quantil infrage.
Für den Beweis von Satz 2.3.6 betrachten wir eine Reihe von Daten $x_1, \ldots, x_n$, die bereits der Größe nach geordnet vorliegen. Für $p \in [0;1]$ müssen wir für die Berechnung eines p-Quantils die beiden möglichen Fälle $p \cdot n \in \mathbb{N}$ und $p \cdot n \notin \mathbb{N}$ unterscheiden. Wenn $p \cdot n \in \mathbb{N}$ gilt, dann ist ein Anteil von $\frac{p \cdot n}{n} = p \geq p$ der Daten kleiner oder gleich $x_{p \cdot n}$ und ein Anteil von $\frac{(1-p) \cdot n + 1}{n} = 1 - p + \frac{1}{n} \geq 1 - p$ der Daten größer oder gleich $x_{p \cdot n}$. Also ist $x_{p \cdot n}$ *ein* p-Quantil. Außerdem ist aber auch $x_{p \cdot n+1}$ *ein* p-Quantil, da ein Anteil von $\frac{p \cdot n + 1}{n} = p + \frac{1}{n} \geq p$ der Daten kleiner oder gleich $x_{p \cdot n+1}$ und ein Anteil von $\frac{(1-p) \cdot n}{n} = 1 - p \geq 1 - p$ der Daten größer oder gleich $x_{p \cdot n+1}$ ist. Wenn $p \cdot n \notin \mathbb{N}$ gilt, dann ist $x_{[p \cdot n]+1}$ *das* einzige p-Quantil. Die beiden definierenden Eigenschaften $\frac{[p \cdot n]+1}{n} \geq p$ und $\frac{n - [p \cdot n]}{n} \geq 1 - p$ sind wegen $p \cdot n + 1 \geq [p \cdot n] \geq p \cdot n - 1$ erfüllt.

Aufgabe 18: Lagemaßeigenschaften von p-Quantilen (S. 82)
Für die p-Quantile gilt die gleich Betrachtung wie für den Median. Wenn für $p \in [0;1]$ der Wert q ein p-Quantil einer Datenreihe ist und eine neue Datenreihe entsteht, indem zu allen Daten eine Konstante a addiert wird, dann ist der Wert q + a ein p-Quantil der so entstandenen Datenreihe, da sich an der Reihenfolge der Daten nichts verändert hat.

Aufgabe 19: Ermittlung des Prozentrangs (S. 82)

Gegeben ist die Datenreihe 1, 1, 3, 6, 6, 7, 10, 11, 17, 22, 25, 25, 29, und gesucht der Prozentrang von 25. Da der Prozentrang die Umkehrung zum p-Quantil ist, suchen wir im Folgenden solche $p \in [0;1]$, für die 25 ein p-Quantil ist. Natürlich gibt es hierfür überabzählbar viele, so dass wir genau genommen ein Intervall suchen. Die Datenreihe enthält 13 Wert, die wobei der elfte und zwölfte Wert jeweils 25 ist (vom kleinsten zum größten Wert gezählt). Wegen $n = 13$ ist $p \cdot n$ nur für $p = 0$ und $p = 1$ eine natürliche Zahl. Für diese beiden Werte ist 25 aber kein p-Quantil. Also sind p-Werte gesucht für die $[p \cdot n] + 1$ den Wert 11 oder den Wert 12 annimmt. Dies ist für $10 \leq p \cdot n < 12$ der Fall, also muss $p \in [\frac{10}{13}; \frac{12}{13})$ sein. Wenn man den Prozentrang mit ganzen Zahlen ausdrücken möchte, hat 25 wegen $\frac{10}{13} \approx 0{,}7692$ und $\frac{12}{13} \approx 0{,}9231$ den 77. bis 92. Prozentrang.

Aufgabe 20: Untersuchung auf Streuungsmaßeigenschaft (S. 88)

Gegeben seien die Datenreihen $x_1, \ldots, x_n$ und $y_1, \ldots, y_n$ mit $y_i := x_i + a$. Zu zeigen ist, dass die Spannweiten, die mittleren absoluten Abweichungen vom Median, die Varianzen und die Perzentilabstände der beiden Datenreihen gleich sind. Mit den Varianzen stimmen auch die Standardabweichungen für die beiden Datenreihen überein und mit den Perzentilabständen auch die Quartilsabstände als Spezialfälle.

Seien x_j der kleinste und x_k der größte Wert der ersten Datenreihe $x_1, \ldots, x_n$, dann sind $y_j = x_j + \mathrm{a}$ und $y_k = x_k + \mathrm{a}$ der kleinste bzw. größte Wert der Datenreihe $y_1, \ldots, y_n$. Die beiden Spannweiten sind dann wegen $y_k - y_j = x_k + \mathrm{a} - (x_j + \mathrm{a}) = x_k - x_j$ gleich. Wenn $\tilde{x}$ ein Median der ersten Datenreihe ist, dann ist $\tilde{y} = \tilde{x} + \mathrm{a}$ ein Median der zweiten Datenreihe, da der Median ein Lagemaß ist. Für die mittleren absoluten Abweichungen vom Median gilt dann:

$$\frac{1}{n} \cdot \sum_{i=1}^{n} |y_i - \tilde{y}| = \frac{1}{n} \cdot \sum_{i=1}^{n} |x_i + \mathrm{a} - (\tilde{x} + \mathrm{a})| = \frac{1}{n} \cdot \sum_{i=1}^{n} |x_i - \tilde{x}| .$$

Da auch das arithmetische Mittel und die Perzentile Lagemaße sind, rechnet man analog für die Standardabweichungen und die Perzentilabstände nach, dass diese jeweils für beide Datenreihen übereinstimmen.

Aufgabe 21:
Varianz und Standardabweichung für „ausgezählte" Daten (S. 88)

Der Beweis der beiden Aussagen a. und b. lässt sich wie in Aufgabe 2.3.7 führen, in dem man die Definition der relativen Häufigkeiten $h_n(x_i) := \frac{H_n(x_i)}{n}$ anwendet und die Aussage damit direkt nachrechnet. Sinnvolle Beispiele sind alle, bei denen das relevante Merkmal intervallskaliert ist und bei denen viele Merkmalsausprägungen mehrfach auftreten.

Aufgabe 22: Das Murmelproblem (S. 89)

Offensichtlich geht es hier darum, Konzepte für die Quantifizierung zweidimensionaler Streuung zu entwickeln. Hierfür gibt es eine Vielzahl von Möglichkeiten, von denen zunächst keine per se besser oder schlechter ist. Wir nennen einige Beispiele, die immer wieder im Unterricht von Schülerinnen und Schülern oder in Übungen von Studierenden genannt werden:

- Finde einen Kreis mit möglichst kleinem Radius, der alle Kugeln umfasst. Sein Radius ist dann ein Maß für die Streuung.
- Bilde die konvexe Hülle der fünf Murmeln. Es entsteht ein Drei-, Vier- oder Fünfeck. Als Maß für die Streuung kann dann der Umfang oder der Flächeninhalt genommen werden. Dies sind zwei unterschiedliche Maße, die zu unterschiedlichen Ergebnissen führen können.
- Messe alles Strecken zwischen je zwei Murmeln. Die Summe der Streckenlängen ist dann das Maß für die Streuung.
- Messe wieder alle Strecken zwischen je zwei Murmeln und nimm die Länge der längsten Strecke als Maß für die Streuung.
- Wähle zunächst eine Kugel aus und messe die Längen aller Strecken zwischen ihr und den anderen Kugeln und addiere diese Längen. Führe dies anschließend für die anderen Kugeln als „Zentrum" durch und nimm die kleinste Summe der Streckenlängen als Maß für die Streuung.
- Finde den Mittelpunkt der Kugeln und messe die Längen aller Strecken zwischen den Murmeln und dem Mittelpunkt. Die Summe dieser Streckenlängen ist dann ein Maß für die Streuung.

Dies sind nicht alle Möglichkeiten, ein sinnvolles Maß für die Streuung der fünf Murmeln zu finden. Einige von ihnen werfen Folgefragen aus (z. B. „Ist der Kreis, der alle Kugeln umfasst, eindeutig bestimmt?" oder „Wie finde ich den Mittelpunkt aller Murmeln?"). In der konkreten Durchführung sind die Möglichkeiten unterschiedlich praktikabel (Probieren Sie einzelne aus!). Sie sollten die verschiedenen Möglichkeiten an Extremfällen (z. B. alle Murmeln auf einer Geraden oder alle Murmeln Ecken eines regelmäßiges Vielecks) ausprobieren. Für welche Möglichkeit würden Sie sich nun entscheiden?

Aufgabe 23: Transformationen von Datenreihen und Kennwerten (S. 102)

Nach den Aufgaben 12 und 20 und Satz 4 sind alle in diesem Buch dargestellten Konzepte zur Quantifizierung von Streuung Streuungsmaße und der

Modalwert, der Median und das arithmetische Mittel Lagemaße. Von diesen Kennwerten wissen wir also, wie sie sich verhalten, wenn man eine Datenreihe durch Addition einer Konstanten zu jedem Wert transformiert. Die Lagemaße machen diese Verschiebung mit, die Streuungsmaße bleiben unbeeinflusst. Dann bleibt also noch die Frage zu klären, wie diese Kennwerte sich verhalten, wenn man eine Datenreihe durch Multiplikation mit einer Konstanten transformiert. Denn jede affin-lineare Abbildung lässt sich aus einer solchen Addition und einer solchen Multiplikation zusammensetzen.
Vom geometrischen und harmonischen Mittel wissen wir aus Aufgabe 12, dass sie sich bei Addition einer Konstanten „nicht so schön" verhalten, d. h. wir können den entsprechenden Mittelwert der transformierten Datenreihe nicht einfach aus dem der ursprünglichen Datenreihe und der Konstanten berechnen.
Als Beispiel für die Frage, wie die anderen Kennwerte sich bei einer Transformation der Datenreihe durch einen affin-lineare Abbildung verhalten, betrachten wie die Datenreihe 0, 1, 3, 3, 4. Der einzige Modalwert ist 3, der einzige Median ist ebenfalls 3, das arithmetische Mittel beträgt $\frac{11}{5}$, die Spannweite 4, die mittlere absolute Abweichung vom Median $\frac{6}{5}$, die Varianz $\frac{54}{25}$ und der Quartilsabstand 2 (rechnen Sie diese Werte jeweils selbst nach!). Die Standardabweichung erhält man durch Wurzelziehen aus der Varianz, und der Quartilsabstand wird als ein Vertreter der Perzentilabstände betrachtet. Die Datenreihe wird mithilfe der affin-linearen Abbildung $f(x) := 2 \cdot x + 3$ transformiert, so dass sich eine neue Datenreihe 3, 5, 9, 9, 11 ergibt. Für diese neue Datenreihe bestimmt man als einzigen Modalwert 9, als einzigen Median ebenfalls 9, als arithmetisches Mittel $\frac{37}{5}$, als Spannweite 8, als mittlere absolute Abweichung vom Median $\frac{12}{5}$, als Varianz $\frac{216}{25}$ und den Quartilsabstand 4.
Daraus lässt sich die folgende Vermutung aufstellen: Wenn eine Datenreihe mithilfe der affin-linearen Abbildung $f(x) := \mathrm{a} \cdot x + b$ transformiert wird, dann verändern sich die betrachteten Lagemaße entsprechend, das heißt für ein Lagemaße L_x der ursprünglichen Datenreihe und das entsprechende Lagemaß L_y der transformierten Datenreihe gilt $L_y = \mathrm{a} \cdot L_x + b$. Für ein Streuungsmaß S_x und sein Analogon S_y gilt mit Ausnahme der Varianz $S_y = |\mathrm{a}| \cdot S_x$ (Warum muss hier der Betrag von a genommen werden?). Für die Varianz gilt $V_y = a^2 \cdot V_x$. Die Beweise für diese Vermutung rechnen wir nicht im Einzelnen vor. Diese Rechnung entsprechen denen in den Aufgaben 2.3.4 und 2.3.12 sehr stark (führen Sie diese selbst durch!)!

Aufgabe 24: Transformation von konkreten Datenreihen (S. 102)

a. Das arithmetische Mittel der zehn Temperaturen beträgt 18,9 °C und die Standardabweichung ca. 2,59 °C. Gemäß der Umrechnungsformel zwischen

Temperaturen in Celsius und Temperaturen in Fahrenheit $T_{\text{Fahrenheit}} = 32 + 1{,}8 \cdot T_{\text{Celsius}}$ erhält man hieraus mit den Ergebnissen von Aufgabe 2.4.1 direkt die entsprechenden Kennwerte für die Messreihe, die entstanden wäre, wenn die Kinder in Grad Fahrenheit gemessen hätten, nämlich ein arithmetisches Mittel von ungefähr 66,0°F und eine Standardabweichung von ca. 4,66°F.

b. Mitte November 2004 betrug der Wechselkurs zwischen Euro in US-Dollar 1,30, d. h. 10 Euro hatten den Gegenwert von 13 US-Dollar. Wenn die Schülerinnen und Schüler ihr Taschengeld mit diesem Wechselkurs zunächst in US-Dollar umgerechnet hätten, dann hätten sie, gemessen in US-Dollar, ein arithmetisches Mittel von $32{,}76 \cdot 1{,}3 \approx 44{,}59$ und eine Standardabweichung von $10{,}37 \cdot 1{,}3 \approx 13{,}48$ erhalten. Was denken Sie, ist die Standardabweichung eher groß oder eher klein? Finden Sie ein Zahlenbeispiel mit ähnlichen Kennwerten!

Aufgabe 25: Kennwerte einer standardisierten Datenreihe (S. 105)

Der Beweis der Aussagen von Satz 2.4.2 erfolgt durch direktes Berechnen der Kennwerte für die standardisierte Datenreihe:

$$\bar{z} = \frac{1}{n} \cdot \sum_{i=1}^{n} z_i = \frac{1}{n} \cdot \sum_{i=1}^{n} \frac{x_i - \bar{x}}{s_x} = \frac{1}{n \cdot s_x} \cdot \underbrace{\sum_{i=1}^{n} (x_i - \bar{x})}_{=0 \text{ (Aufg. 2.3.1)}} = 0\,,$$

$$\begin{aligned} s_z^2 &= \frac{1}{n} \cdot \sum_{i=1}^{n} (z_i - \bar{z})^2 = \frac{1}{n} \cdot \sum_{i=1}^{n} z_i^2 = \frac{1}{n} \sum_{i=1}^{n} \left(\frac{x_i - \bar{x}}{s_x} \right)^2 \\ &= \frac{1}{s_x^2} \cdot \underbrace{\frac{1}{n} \cdot \sum_{i=1}^{n} (x_i - \bar{x})^2}_{=s_x^2 \text{ (Def. 2.3.12)}} = 1\,, \\ s_z &= \sqrt{s_z^2} = \sqrt{1} = 1\,. \end{aligned}$$

Aufgabe 26: Notenvergleiche (S. 107)

Die gestellte Frage lässt sich nicht ganz eindeutig beantworten. Zunächst hat Armin – oberflächlich betrachtet – mit einer 1,7 eine bessere Note als Beate mit 3,3. Um die beiden Noten im Vergleich zu den jeweiligen Bezugsgruppen einzuschätzen bieten sich verschiedene Möglichkeiten an. Da Noten nur Rangmerkmale sind, bieten sich hier die Mediane, p-Quantile und Prozentränge als Mittel zur Einordnung in die Bezugsgruppe an. Das arithmetische Mittel und die Standardabweichung dürfen eigentlich nur für intervallskalierte Merkmale berechnet werden. In der Praxis geht man trotzdem häufig anders vor. Ganz pragmatisch betrachtet, wird dies häufig als tolerierbar erachtet,

da keine deutlich anderen Ergebnisse hierdurch hervorgebracht werden. Wir führen hier einen einfach Vergleich der Noten von Armin und Beate mit den Medianen der Bezugsgruppen durch.
Da Armins und Beates Note jeweils bei den Jahrgangsnoten mitbetrachtet werden sollten, hat die eine Datenreihe 18 Werte, die andere 15. In Armins Jahrgang kommen dann sowohl 1,3 als auch 1,7 als Median infrage. In Beate Jahrgang ist der einzig mögliche Median 3,7. Während Armin ist also bestenfalls so gut wie der Median seiner Gruppe, Beate in jedem Fall besser. So betrachtet hat also Beate die bessere Note. Führen Sie auch einen Prozentrangvergleich für die beiden durch!
Bei dieser Aufgabe sollte man allerdings auch berücksichtigen, dass solche Vergleiche aufgrund der kleine Gruppen natürlich „hinken" können. Vielleicht sehen die Noten ein Jahr eher oder später deutlich anders aus. Erst bei größeren Gruppen werden solche Vergleiche richtig aussagekräftig.

Aufgabe 27: Normierung einer Datenreihe (S. 109)
Durch Kombinieren der Ergebnisse aus den Aufgaben 23 und 25 lässt sich diese Aufgabe lösen. Die Transformation

$$n_{a;b} : \mathbb{R} \to \mathbb{R}, x_i \mapsto n_{a;b}(x_i) := b \cdot \frac{x_i - \bar{x}}{s_x} + a$$

lässt sich mithilfe der z-Werte $z_i = \frac{x_i - \bar{x}}{s_x}$ schreiben als $n_{a;b}(x_i) := b \cdot z_i + a$. Die transformierte Datenreihe entsteht also aus der standardisierten Datenreihe durch Multiplikation mit b und Addition von a. Da die standardisierte Datenreihe das arithmetische Mittel 0 und die Standardabweichung 1 hat, nehmen diese Kennwerte für die transformierte Datenreihe die Werte a und b an.

Aufgabe 28: Ergebnisdarstellung Lernstandsmessung (S. 110)
Zunächst müssen alle 80 Werte so transformiert werden, dass die entstehende Datenreihe das arithmetische Mittel 100 und die Standardabweichung 50 hat. Mit dem Ergebnis aus Aufgabe 2.4.5 ist dies direkt möglich, wenn man das arithmetische Mittel und die Standardabweichung für die 80 Ausgangswerte bestimmt hat. Man berechnet 41,15 als arithmetisches Mittel und ca. 14,07 als Standardabweichung. Bei dieser und den weiteren konkreten Berechnungen ist z. B. eine Tabellenkalkulation sehr hilfreich. Mit der Transformation $n_{100;50} : \mathbb{R} \to \mathbb{R}, x_i \mapsto n_{100;50}(x_i) := 50 \cdot \frac{x_i - 41{,}15}{14{,}07} + 100$ erhält man aus den Ausgangsdaten eine Datenreihe mit den gewünschten Eigenschaften.

Schule A					Schule B				
160	199	28	220	178	46	14	110	50	53
142	57	146	75	139	146	64	60	25	46
99	117	117	121	146	99	85	139	85	71
195	71	67	163	124	103	96	21	67	146
124	32	121	71	167	92	11	89	114	124
128	135	82	185	171	32	131	146	25	53
43	57	149	99	92	114	36	85	36	39
153	46	89	131	210	53	128	85	139	92

Damit ergeben sich für die transformierten Daten der Schulen A und B die in der Tabelle angegebenen Werte und die folgenden arithmetischen Mittel und Standardabweichungen:

$$\bar{x}_A \approx 121{,}23\,; \quad s_A \approx 49{,}87\,; \quad \bar{x}_B \approx 78{,}77\,; \quad s_B \approx 40{,}10\,.$$

Eine detaillierte Lösung dieser Aufgabe und die Visualisierung der Ergebnisse in einer „PISA-Darstellung" finden Sie auf der in der Einleitung genannten Homepage zu diesem Buch.

Aufgabe 29: Berechnung der Kovarianz (S. 123)
Die Gültigkeit der behaupteten Aussage lässt sich direkt durch eine Umformung der definierenden Formel der Kovarianz zeigen:

$$\begin{aligned}
s_{xy} &= \frac{1}{n} \cdot \sum_{i=1}^{n} (x_i - \bar{x}) \cdot (y_i - \bar{y}) \\
&= \frac{1}{n} \cdot \sum_{i=1}^{n} x_i \cdot y_i - \frac{1}{n} \cdot \sum_{i=1}^{n} x_i \cdot \bar{y} - \frac{1}{n} \cdot \sum_{i=1}^{n} \bar{x} \cdot y_i + \frac{1}{n} \cdot \sum_{i=1}^{n} \bar{x} \cdot \bar{y} \\
&= \frac{1}{n} \cdot \sum_{i=1}^{n} x_i \cdot y_i - \frac{1}{n} \cdot \bar{y} \cdot \sum_{i=1}^{n} x_i - \frac{1}{n} \cdot \bar{x} \cdot \sum_{i=1}^{n} y_i + \bar{x} \cdot \bar{y} \\
&= \frac{1}{n} \cdot \sum_{i=1}^{n} x_i \cdot y_i - \bar{y} \cdot \bar{x} - \bar{x} \cdot \bar{y} + \bar{x} \cdot \bar{y} \\
&= \frac{1}{n} \cdot \sum_{i=1}^{n} x_i \cdot y_i - \bar{x} \cdot \bar{y}\,.
\end{aligned}$$

Aufgabe 30: Korrelationskoeffizient für $n = 2$ (S. 126)
Gegeben sind zwei Datenreihen, x_1, x_2 und y_1, y_2, und gesucht sind die möglichen Korrelationskoeffizienten. Wir haben den Korrelationskoeffizienten über die standardisierten Wertepaare eingeführt. Wenn eine Datenreihe nur aus zwei Werten besteht, dann lässt sie sich entweder nicht standardisieren, weil

beide Werte gleich sind und damit die Standardabweichung 0 ist, oder der standardisierte Wert des kleineren Ausgangswertes ist -1 und der des größeren 1 (rechnen Sie dies selber für einige Zahlenbeispiele durch!). Damit ergeben sich als standardisierte Wertepaare entweder $(-1|-1)$ und $(1|1)$ oder $(-1|1)$ und $(1|-1)$. Als Korrelationskoeffizienten kommen somit nur $r_{xy} = 1$ oder $r_{xy} = -1$ infrage, wenn der Korrelationskoeffizient definiert ist.
Wenn die beiden Werte einer Ausgangsdatenreihe gleich sind, ist der Korrelationskoeffizient in unserer Formulierung nicht definiert, da die Standardabweichungen im Nenner eines Bruchs auftauchen und eine Standardabweichung 0 beträgt. Trotzdem könnte man in diesem Fall inhaltlich sinnvoll den Korrelationskoeffizienten als 0 definieren, wenn die andere Datenreihen aus zwei unterschiedlichen Werten besteht. Dann bleiben die Werte der einen Datenreihe nämlich konstant, während die der anderen variieren. Es besteht dann offensichtlich kein linearer Zusammenhang.
Insgesamt sieht man, dass das Konzept des Korrelationskoeffizienten für zwei Wertepaare kaum sinnvoll anwendbar ist. Erst bei größeren Datenmengen liefert es aussagekräftige Informationen.

A.2

A.2 Aufgaben aus Kapitel 3

Aufgabe 31:
Eigenschaften der Laplace-Wahrscheinlichkeiten (S. 168)

a./b. Gilt wegen $|\emptyset| = 0, 0 \leq |E| \leq |\Omega| = n$.
c. Gilt wegen $|\Omega| = |E| + |\bar{E}|$.
d. Da $E_1 \cap E_2 = \emptyset$ gilt, ist $|E_1 \cup E_2| = |E_1| + |E_2|$.
e. In der Summe $|E_1| + |E_2|$ sind die Elemente von $E_1 \cap E_2$ zweimal gezählt worden. Also gilt $|E_1 \cup E_2| = |E_1| + |E_2| - |E_1 \cap E_2|$, woraus die Formel folgt.
f. Dies ist klar, da bei einem Laplace-Experiment $P(\{\omega\}) = \frac{|\{\omega\}|}{|\Omega|} = \frac{1}{|\Omega|}$ gilt.

Aufgabe 32: Eigenschaften relativer Häufigkeiten (S. 173)

a./b. Gilt wegen $0 \leq H_m(E) \leq m, H_m(\emptyset) = 0, H_m(\Omega) = m$.
c. Gilt wegen $H_m(\Omega) = H_m(E) + H_m(\bar{E})$.
d. Da $E_1 \cap E_2 = \emptyset$ gilt, ist $H_m(E_1 \cup E_2) = H_m(E_1) + H_m(E_2)$.
e. In der Summe $H_m(E_1) + H_m(E_2)$ wird das Eintreten eines Ergebnisses aus $E_1 \cap E_2$ zweimal gezählt. Also gilt $H_m(E_1 \cup E_2) = H_m(E_1) + H_m(E_2) - H_m(E_1 \cap E_2)$, woraus die Formel folgt.
f. Dies ist klar, da $H_m(E) = \sum\limits_{\omega \in E} H_m(\{w\})$ gilt.

Aufgabe 33: Vereinigung mehrerer Ereignisse (S. 186)

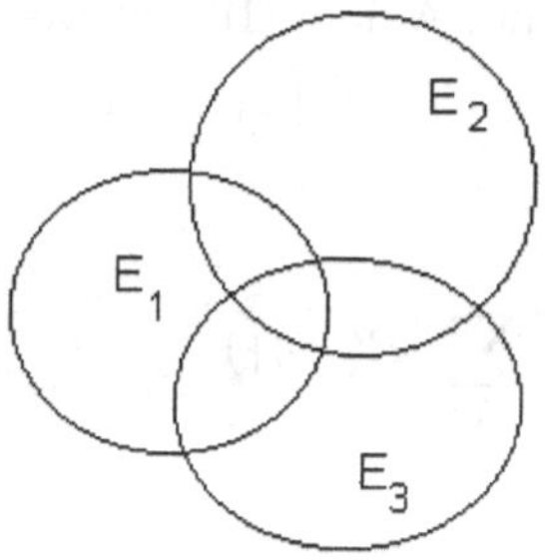

Abb. A.1.

Für $n = 3$ gilt die Formel

$$P(E_1 \cup E_2 \cup E_3) \\ = P(E_1) + P(E_2) + P(E_3) \\ - P(E_1 \cap E_2) - P(E_1 \cap E_3) \\ - P(E_2 \cap E_3) + P(E_1 \cap E_2 \cap E_3)\,.$$

Diese Formel ist anschaulich klar, wenn man das Venndiagramm in Abb. A.1 betrachtet. Zum rechnerischen Beweis benötigt man die Formel $(A \cap B) \cap C = (A \cup C) \cup (B \cap C)$:

$$P(E_1 \cup E_2 \cup E_3) \\ = P((E_1 \cup E_2) \cup E_3) = P(E_1 \cup E_2) + P(E_3) - P((E_1 \cup E_2) \cap E_3) \qquad (*)$$

$$P((E_1 \cup E_2) \cap E_3) = P((E_1 \cap E_3) \cup (E_2 \cap E_3)) \\ = P(E_1 \cap E_3) + P(E_2 \cap E_3) - P((E_1 \cap E_3) \cap (E_2 \cap E_3)) \\ = (E_1 \cap E_3) + P(E_2 \cap E_3) - P(E_1 \cap E_2 \cap E_3)$$

Einsetzen in (*) ergibt die gewünschte Formel.

$n = 4$: Es gilt

$$P(E_1 \cap E_2 \cap E_3 \cap E_4) \\ = P(E_1) + P(E_2) + P(E_3) + P(E_4) - P(E_1 \cap E_2) - P(E_1 \cap E_3) \\ - P(E_1 \cap E_4) - P(E_2 \cap E_3) - P(E_2 \cap E_4) - P(E_3 \cap E_4) \\ + P(E_1 \cap E_2 \cap E_3) + P(E_1 \cap E_2 \cap E_4) + P(E_1 \cap E_3 \cap E_4) \\ + P(E_2 \cap E_3 \cap E_4) - P(E_1 \cap E_2 \cap E_3 \cap E_4)\,.$$

Das rechnet man wie bei $n = 3$ bei Bedarf nach. Der Schnitt auf beliebiges n wird jetzt klar (was man mit vollständiger Induktion beweisen kann): ...

$$P(\bigcup_{i=1}^{n} E_i) = \sum_{i=1}^{n} P(E_i) - \sum_{1 \le i < j \le n} P(E_i \cap E_j) + \sum_{1 \le i < j < k \le n} P(E_i \cap E_j \cap E_k) \\ - \ldots + (-1)^n P(E_1 \cap E_2 \cap \ldots \cap E_n)$$

Diese „Formel des Ein- und Ausschließens“ wird beim Schachbrett-Problem und beim Recontre-Problem (Aufgaben 2 und 17 in Teilkapitel 3.11) benötigt.

Aufgabe 34: Festlegung von Wahrscheinlichkeitsverteilungen (S. 187)

Axiom (I) der Definition 22 gilt, da alle $P(\{\omega\}) \geq 0$ sind. Axiom (II) gilt wegen der Gleichung $P(\Omega) = \sum_{i=1}^{n} P(\{\omega\}) = 1$. Es seien nun $E_1 = \{\omega_1, \ldots, \omega_a\}$, $E_2 = \{\omega_{a+1}, \ldots, \omega_b\}$ mit $E_1 \cap E_2 = \emptyset$. Dann gilt

$$\begin{aligned} P(E_1 \cup E_2) &= \sum_{i=1}^{b} P(\{\omega_i\}) = \sum_{i=1}^{a} P(\{\omega_i\}) + \sum_{i=a+1}^{b} P(\{\omega_i\}) \\ &= P(E_1) + P(E_2), \end{aligned}$$

also gilt auch Axiom (III). Die Umkehrung folgt direkt aus der Definition 22.

Aufgabe 35: Eigenschaften einer σ-Algebra (S. 194)

Wegen $\emptyset = \bar{\Omega}$ folgt nach (I) und (II) auch $\emptyset \in \mathcal{F}$.

Es seien $A, B \in \mathcal{F}$. Nach den de Morganschen Regeln gilt $\overline{\bar{A} \cup \bar{B}} = \bar{\bar{A}} \cap \bar{\bar{B}} = A \cap B$. Nach (II) und (III) liegt also auch $A \cap B \in \mathcal{F}$. Allgemein gilt für $E_i \in \mathcal{F}$

$$\overline{\bigcup_{i=1}^{\infty} \bar{E}_i} = \bigcap_{i=1}^{\infty} \bar{\bar{E}}_1 = \bigcap_{i=1}^{\infty} E_1 \in \mathcal{F}.$$

Aufgabe 36: Intervalle und σ-Algebren (S. 196)

$\mathcal{F}$ möge alle offenen reellen Intervalle enthalten. Dann gilt für $b \in \mathbb{R}$

$$\{b\} = \bigcap_{n=1}^{\infty} (b - \frac{1}{n}, b + \frac{1}{n}) \in \mathcal{F}.$$

Also liegen auch $(a, b] = (a, b) \cup \{b\}$ und $[a, b] = (a, b) \cup \{a\} \cup \{b\}$ in $\mathcal{F}$. Ähnlich folgert man in den anderen Fällen.

Aufgabe 37: Die Wahrscheinlichkeitsverteilung P_A (S. 203)

Es ist zu zeigen, dass P_A die Kolmogorov-Axiome erfüllt.

(I) $P_A(B) = P(B|A) = \frac{P(A \cap B)}{P(A)} \geq 0$ für alle $E \in \mathcal{P}(\Omega)$, da $P(A \cap B) \geq 0$ und $P(A) > 0$.

(II) $P_A(\Omega) = P(\Omega|A) = \frac{P(A \cap \Omega)}{P(A)} = 1$,

(III) Es seien $B, C \in \mathcal{P}(\Omega)$ mit $B \cap C = \emptyset$. Dann gilt

$$\begin{aligned} P_A(B \cup C) &= P(B \cup C|A) = \frac{P(A \cap (B \cup C))}{P(A)} = \frac{P((A \cap B) \cup (A \cap C))}{P(A)} \\ &= \frac{P(A \cap B) + P(A \cap C)}{P(A)} = \frac{P(A \cap B)}{P(A)} + \frac{P(A \cap C)}{P(A)} \\ &= P_A(B) + P_A(C). \end{aligned}$$

Aufgabe 38: Merkmale der deutschen Gesellschaft (S. 204)
Gegeben sind die bedingten Wahrscheinlichkeiten P (Schulabschluss | Elternhaus). Die Frage nach der Repräsentation der Berufsgruppen an weiterführenden Schulen zielt auf die bedingten Wahrscheinlichkeiten P(Elternhaus| Schulabschluss). Diese lassen sich mit den Angaben im Schulbuch nicht konkret bestimmen. Es lassen sich höchstens Aussagen wie „Hilfsarbeiter nehmen einen größeren Anteil der Bevölkerung ein als Kinder von Hilfsarbeitern an allen Abiturienten“ machen, d. h.

$$P(\text{Hilfsarbeiter}|\text{Abitur}) < P(\text{Hilfsarbeiter})\,.$$

Aufgabe 39:
Eigenschaften der stochastischen Unabhängigkeit (S. 206)

a. A, B seien unabhängig, also $P(A) \cdot P(B) = P(A \cap B)$. Wegen der disjunkten Vereinigung $B = (\bar{A} \cap B) \cup (A \cap B)$ gilt

$$P(B) = P((\bar{A} \cap B) \cup (A \cap B)) = P(\bar{A} \cap B) + P(A \cap B)\,,$$

also weiter

$$P(\bar{A} \cap B) = P(B) - P(A \cap B)$$

und damit

$$\frac{P(\bar{A} \cap B)}{P(B)} = 1 - \frac{P(A \cap B)}{P(B)} = 1 - P(A) = P(\bar{A})\,,$$

woraus die Unhabhängigkeit von $\bar{A}$ und B folgt. Wegen der Symmetrie gilt dies auch für A und $\bar{B}$. Da A und $\bar{B}$ unabhängig sind, sind nach erster Formel auch $\bar{A}$ und $\bar{B}$ unabhängig.

b. Unabhängigkeit: $P(A) \cdot P(B) = P(A \cap B)$; Unvereinbarkeit: $A \cap B = \emptyset$. Ist $A = \emptyset$ oder $B = \emptyset$, so gilt beides, in jedem anderen (nichttrivialen) Fall folgt aus der Unvereinbarkeit die Abhängigkeit von A und B. Inhaltlich bedeutet das: Wenn B eingetreten ist, dann kann A nicht eintreten.

c. Jetzt gilt $B \subseteq A$, also muss für die Unabhängigkeit $P(A) \cdot P(B) = P(B)$ gelten. Ist also $A \neq \Omega, \emptyset$, d. h. im „nichttrivialen Fall“, so sind A und B abhängig.

Aufgabe 40: Werfen einer Münze (S. 208)
$\Omega = \{W, Z\}^n$, $|\Omega| = 2^n$, $P(E) = (\frac{1}{2})^n$ für jedes Elementarereignis E. Weiter gilt $A = \{WWW \ldots W, ZW \ldots W, WZW \ldots W, \ldots, W \ldots WZ\}$ mit $|A| = n+1$ und $P(A) = \frac{n+1}{2^n}$, $B = \Omega \backslash \{WW \ldots W, ZZ \ldots Z\}$ mit $|B| = 2^n - 2$ und $P(B) = \frac{2^n-2}{2^n}$.

Hieraus folgt $|A \cap B| = n$. Damit gilt

$$\begin{aligned} P(A \cap B) = P(A) \cdot P(B) &\Leftrightarrow \frac{n}{2^n} = \frac{n+1}{2^n} \cdot \frac{2^n - 2}{2^n} \\ &\Leftrightarrow n = (n+1) \cdot \left(1 - \frac{1}{2^{n-1}}\right) = n + 1 - \frac{n+1}{2^{n-1}} \\ &\Leftrightarrow 1 = \frac{n+1}{2^{n-1}} \Leftrightarrow 2^{n-1} = n + 1 \Leftrightarrow n = 3 \end{aligned}$$

Dies führt zu dem merkwürdigen Ergebnis, dass A und B für $n = 3$ unabhängig, sonst aber immer abhängig sind.

Aufgabe 41: Ein Glücksspiel mit einer Münze (S. 217)
Nein, das hängt von der Wahl ab. Armin möge KK und Beate möge ZK wählen. Abb. A.2 zeigt den Spielbaum für die beiden ersten Würfe.

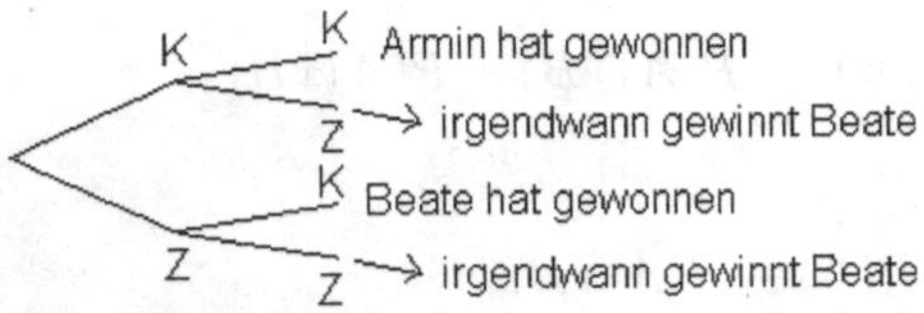

Abb. A.2. Spielbaum

Der Spielbaum ist zwar unendlich, aber es gilt $P(\text{,,}A \text{ gewinnt``}) = \frac{1}{4}$, $P(\text{,,}B \text{ gewinnt``}) = \frac{3}{4}$.
Bei einer anderen Wahl kann das Ergebnis anders aussehen, z. B. haben beide die gleiche Chance bei der Wahl KK und KZ.

Aufgabe 42: Ziehen aus einer Urne (S. 218)
Mit $n = r + s$ gilt:

a. $P(2.\text{ Kugel rot} \mid \text{erste Kugel rot}) = \frac{r-1}{n-1}$.
b. Jede der r roten Kugeln kann als zweite gezogen werden, also kann man direkt schließen, dass $P(2.\text{ Kugel rot}) = \frac{r}{n}$ gilt.

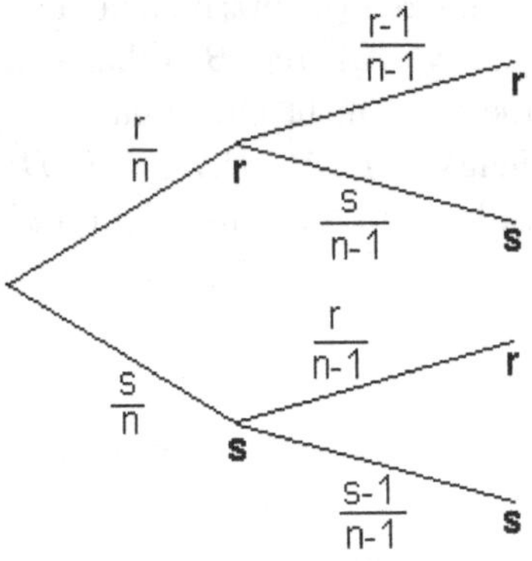

Abb. A.3. Baum zu b.

Dies kann man auch formal durch Analyse eines Baums nachrechnen (Abb. A.3): Günstig für das Ereignis „2. Kugel rot" sind die Pfade $(r|r)$ und $(s|r)$. Damit gilt

$$\begin{aligned} P(2.\text{ Kugel rot}) &= \frac{r}{n} \cdot \frac{r-1}{n-1} + \frac{s}{n} \cdot \frac{r}{n-1} \\ &= \frac{r \cdot (r - 1 + s)}{n \cdot (n-1)} \\ &= \frac{r \cdot (n-1)}{n \cdot (n-1)} = \frac{r}{n}. \end{aligned}$$

Aufgabe 43: Rauchen und Lungenkrebs (S. 224)

Mit den Bezeichnungen L : „Lungenkrebserkrankung", R : „Raucher" lassen sich aus Abb. A.4 die folgenden bedingten Wahrscheinlichkeiten ablesen:

$$P(L|R) = \frac{40}{400} = 10\% \quad P(R|L) = \frac{40}{46} \approx 87\%$$
$$P(L|\bar{R}) = \frac{6}{594} \approx 1\% \quad P(\bar{R}|L) = \frac{6}{46} \approx 13\%$$

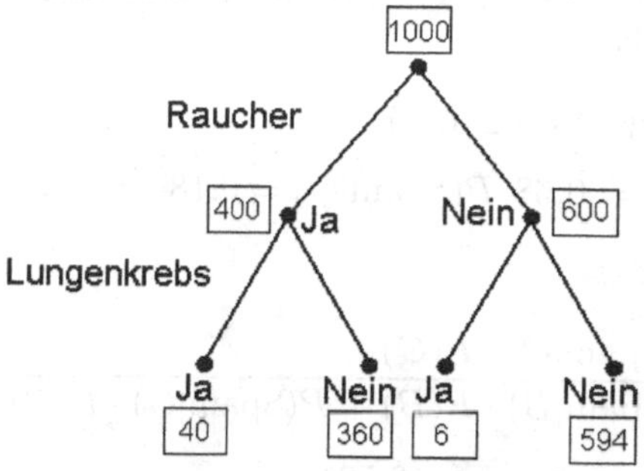

Abb. A.4. Raucher und Lungenkrebs

Aufgabe 44: Geduldsspiel (S. 228)

Analog zum einführenden Beispiel zum Abschnitt 3.2.4 wird das Zufallsexperiment beschrieben: Es gilt

$$\Omega = \{(\omega_i|f)\}|i \in \{1,2,3,4\}, f \in \{O,R,G,B\}.$$

Relevant sind die Würfelereignisse W_i und Farbereignisse E_f, z. B.

„der erste Würfel wurde gewählt" $W_1 = \{(\omega_1|O), (\omega_1|R), (\omega_1|G), (\omega_1|B)\}$,
„Rot liegt oben" $E_R = \{(\omega_1|R), (\omega_2|R), (\omega_3|R), (\omega_4|R)\}$.

Die Tabelle der bedingten Wahrscheinlichkeiten $P(E_f|W_i)$ ergibt sich aus der Aufgabenstellung:

	W_1	W_2	W_3	W_4
E_O	$\frac{3}{6}$	$\frac{2}{6}$	$\frac{1}{6}$	$\frac{1}{6}$
E_R	$\frac{1}{6}$	$\frac{2}{6}$	$\frac{2}{6}$	$\frac{1}{6}$
E_G	$\frac{1}{6}$	$\frac{1}{6}$	$\frac{2}{6}$	$\frac{2}{6}$
E_B	$\frac{1}{6}$	$\frac{1}{6}$	$\frac{1}{6}$	$\frac{2}{6}$

Als a-priori-Hypothese billigt Beate mangels besseren Wissens jedem Würfel die gleiche Wahrscheinlichkeit $P(W_i) = \frac{1}{4}$ zu. Nun ist Orange gefallen. Das führt zu neuen a-posteriori-Wahrscheinlichkeiten $P(W_i|E_O)$:

$$P(W_1|E_O) = \frac{P(E_O|W_1) \cdot P(W_1)}{\sum_{i=1}^{4} P(E_O|W_i) \cdot P(W_i)}$$
$$= \frac{\frac{3}{6} \cdot \frac{1}{4}}{\frac{3}{6} \cdot \frac{1}{4} + \frac{2}{6} \cdot \frac{1}{4} + \frac{1}{6} \cdot \frac{1}{4} + \frac{1}{6} \cdot \frac{1}{4}} = \frac{3}{7},$$

$$P(W_2|E_O) = \frac{2}{7}, P(W_3|E_O) = P(W_4|E_O) = \frac{1}{7}$$

Wenn Armin noch ein weiteres Mal würfelt und seine Farbe nennt, so verwendet Beate diese a-posteriori-Wahrscheinlichkeiten als neuen a-priori-Wahrscheinlichkeiten und führt dieselbe Überlegung mit den neuen Daten durch.

Aufgabe 45: Spam-Filter (S. 229)
A: „‚xxx' in Betreffzeile", B: „nur ‚Sex' in Mailtext", C: „Keines von beiden". Der Text liefert folgende Wahrscheinlichkeiten

$$P(A) = 0{,}05, P(B) = 0{,}13, P(C) = 0{,}82,$$
$$P(\text{Spam}|A) = 0{,}95, P(\text{Spam}|B) = 0{,}68, P(\text{Spam}|C) = 0{,}18$$

Nach der Bayes'schen Regel gilt

$$\begin{aligned} P(C|\text{Spam}) &= \frac{P(\text{Spam}|C) \cdot P(C)}{P(\text{Spam}|A) \cdot P(A) + P(\text{Spam}|B) \cdot P(B) + P(\text{Spam}|C) \cdot P(C)} \\ &= \frac{0{,}18 \cdot 0{,}82}{0{,}05 \cdot 0{,}95 + 0{,}13 \cdot 0{,}68 + 0{,}18 \cdot 0{,}82} \approx 0{,}521\,. \end{aligned}$$

Aufgabe 46: Verteilung der Lotto-Gewinne auf die Klassen (S. 236)
Zunächst ist eine Gesamt-Auszahlungsquote von 50% deutlich schlechter als beispielsweise bei Roulette. Die Anteile der verschiedenen Gewinnklassen am Gesamttopf erscheinen zunächst willkürlich. Für eine normative Festlegung sind folgende Ansätze möglich:
Der mögliche Gewinn in den beiden oberen Gewinnklassen soll sehr groß sein, groß genug, „ein neues Leben anzufangen". Das reizt potentielle Spieler. Ein Verlust zu 0.75 € pro Spiel scheint belanglos, die sehr kleine, aber immerhin vorhandene Chance für einen Hauptgewinn sehr verlockend. Andererseits sollten regelmäßige Lottospieler ab und zu zur „Stärkung der Spielmoral" einen kleinen Gewinn einstreichen. Die kleinste Gewinnklasse VIII hat eine Chance von etwa 1,6%, zusammen mit den anderen Gewinnmöglichkeiten ist also bei jedem 50.–60. Spiel ein Gewinn zu erwarten. Die Höhe der einzelnen Gewinne sollte von Gewinnklasse I mit einem großen Gewinn, bei Gewinnklasse VIII mit einem kleinen „Trostpreis" klar gestaffelt sein. Um zu testen, dass die vorgegebene Quotenaufteilung diese Forderungen erfüllt, kann man wie folgt vorgehen:
Man geht von $n = \binom{49}{6} \cdot 10$ Spielern aus und setzt die zu erwartenden Gewinnerzahlen Z_i in Gewinnklasse i als $n \cdot p_i$, wobei p_i die oben berechneten Wahrscheinlichkeiten für die Gewinnklasse i ist. Damit fallen z. B. genau ein Spieler in die Gewinnklasse I, genau 10 in die Gewinnklasse II. Insgesamt werden 50% der Einnahmen, also $E := \frac{n \cdot 0{,}75}{2}$ € ausbezahlt. In Gewinnklas-

se i fällt einsgesamt $E \cdot q_i$, wobei q_i der Prozentsatz der Klasse i ist. Damit hat jeder Spieler der Klasse den Gewinn

$$gi = \frac{E \cdot q_i}{n \cdot p_i} = \frac{q_i \cdot 0{,}75}{2 \cdot p_i}$$

Damit erhält man die folgende Tabelle:

		Gewinnklasse					
I	**II**	**III**	**IV**	**V**	**VI**	**VII**	**VIII**
5,24 Millionen	420 000	44 000	2 700	166	40	24	10

Aufgabe 47: Voll- und Teil-Systeme beim Lotto (S. 237)

Bei einem normalen Lottoschein können für bis zu 10 Spiele Kreuze gemacht werden. Auf einem System-Lottoschein von Lotto Baden-Württemberg (das variiert von Bundesland zu Bundesland ein wenig) sind vier Spielfelder für Systemspiele. Es kann u. a. das „Voll-System n" mit n von 7 bis 14 gespielt werden. Spielt man z. B. das Voll-System 7, so hat man 7 Zahlen angekreuzt und damit alle Lotto-Tipps abgegeben, die sich aus diesen 7 Zahlen bilden lassen. Das sind genau $\binom{7}{6} = 7$ Spiele. Der Spieleinsatz ist (ohne Gebühren) 5,25 €, das sind gerade $7 \cdot 0{,}75$ €. Entsprechend hat man beim Voll-System n genau n Zahlen angekreuzt und damit alle $\binom{n}{6}$ Lotto-Tipps abgegeben, die sich aus diesen n Zahlen bilden lassen. Der Spieleinsatz beträgt wieder jeweils $\binom{n}{6} \cdot 0{,}75$ €. Für den Spieleinsatz ist es also egal, ob man etwa alle sieben Spiele des Vollsystems 7 einzeln tippt oder durch einen Tipp mit dem Vollsystem 7. Ein Unterschied sind die Gebühren: Ein Spiel im Vollsystem 10 umfasst 210 Einzeltipps, für die man 21 Normal-Spielscheine bräuchte und statt 0,50 € beim System-Schein $21 \cdot 0{,}25$ € Gebühren zahlen müsste, von der Mühe des Ausfüllens ganz zu schweigen. Allerdings kann man beim Ausfüllen von 210 Einzelspielen beliebige Sechser-Tupel ankreuzen, während die 210 Spiele beim System durch die 10 angekreuzten Zahlen vorgegeben sind. Im Vergleich der beiden Möglichkeiten (ohne Berücksichtigung von Gebühren und Schreibaufwand) kann man sagen, dass die Chance auf einen Sechser beides Mal gleich ist. Mit einem Vollsystem wird man auf Dauer nicht so häufig gewinnen wie mit der gleichen Anzahl zufällig ausgewählter Tippreihen. Wenn man aber beim Systemspiel gewinnt, so gewinnt man gleichzeitig in mehreren Gewinnklassen, so dass ein höherer Gesamtgewinn zu erwarten ist.

Aufgabe 48: Elementanzahl von $\mathcal{P}(\Omega)$ (S. 244)
Es sei $|\Omega| = n$, dann gilt $|\mathcal{P}(\Omega)| = 2^n$.

1. Beweis

Es gibt $\binom{n}{i}$ Teilungen mit i Elementen, $i = 0, \ldots, n$. Also gilt

$$|\mathcal{P}(\Omega)| = \sum_{i=0}^{n} \binom{n}{i} = \sum_{i=0}^{n} \binom{n}{i} 1^i \cdot 1^{n-i} = (1+1)^n = 2^n .$$

2. Beweis

Vollständige Induktion:

- Es sei $|\Omega| = 1$, also $\Omega = \{a\}, \mathcal{P}(\Omega) = \{\emptyset, \{a\}\}$. Dann gilt $|\mathcal{P}(\Omega)| = 2 = 2^1$.
- Die Induktionsannahme sei richtig für eine Zahl n.
- Sei $|\Omega| = n + 1$, etwa $\Omega = \{a_1, \ldots, a_{n+1}\}$. Nach der Induktionsannahme hat $\{a_1, \ldots, a_n\}$ genau 2^n Teilmengen. Jede Teilmenge von Ω ist genau eine der folgenden:
  - Teilmengen M von $\{a_1, \ldots, a_n\}$,
  - $M \cup \{a_{n+1}\}$, wobei M eine Teilmenge von $\{a_1, \ldots, a_n\}$ ist.

Also gilt wieder $|\mathcal{P}(\Omega)| = 2^n + 2^n = 2^{n+1}$.

3. Beweis

Es sei $\Omega = \{a_1, \ldots, a_n\}$. Für eine Teilmenge M von Ω macht man die n Entscheidungen „a_i kommt in M" oder nicht. Diese Entscheidungsliste lässt sich als Pfad in einem n-stufigen Baum darstellen. Nach der Produktregeln der Kombinatorik gibt es 2^n Pfade, also auch ebenso viele Teilmengen.

Aufgabe 49: Wie viele Bohnen sind im Glas? (S. 246)
Um die Analogie zum Karpfen-Beispiel zu sehen, betrachten wir die braunen Bohnen als die zuerst entnommene Stichprobe von Karpfen, die markiert wurden. Nach Entnahme einer Bohnenprobe werden die weißen und braunen Bohnen gezählt und mit dem gleichen Ansatz wie beim Karpfen-Beispiel eine Schätzung der Gesamtzahl der Bohnen gemacht. Wir haben 2 Packungen weiße und eine Packung braune Bohnen besorgt und zunächst jeweils 500 Stück von beiden Sorten abgezählt (die braunen Bohnen waren etwas größer als die weißen). Diese haben wir gewogen, dann die Gesamtmenge der jeweiligen Farbe gewogen. Verwendet haben wir eine haushaltsübliche Waage, die auf etwa 1 g genau ist. So haben wir die Zahlen 3438 für weiße und 973 für braune Bohnen erhalten und verfügen somit über 4411 Bohnen. Diese Zahlen sind

Abb. A.5. Wie viele Bohnen sind im Glas?

natürlich nur „wiege-genau" – also selbst mit einem (geringen) Schätzfehler behaftet. Wir haben alle Bohnen in eine große Schüssel geschüttet, gut durchmischt und Proben mit einer Suppenkelle gezogen. Die ersten beiden Stichprobenergebnisse und die darauf basierenden Schätzungen lauten:

1. 1. Probe: 73 braune und 336 weiße Bohnen, zusammen also 409 Stück. Dies ergibt für die Gesamtzahl x der Bohnen die Schätzung
$$\frac{x}{973} = \frac{409}{73}\,, \text{ also } x = 5451\,.$$
2. 2. Probe: 96 braune und 294 weiße Bohnen, zusammen also 390 Stück. Dies ergibt für die Gesamtzahl x der Bohnen die Schätzung
$$\frac{x}{973} = \frac{391}{96}\,, \text{ also } x = 3963\,.$$

Die Methode scheint also durchaus sinnvolle Schätzwerte zu liefern!

Aufgabe 50: Umfrage mit der Randomized Response Method (S. 247)

Der unbekannte Anteil x der Rauschgiftsüchtigen wird dann nach dem Baumdiagramm in Abb. A.6 abgeschätzt. L bedeutet „Ladendiebstahl begangen".

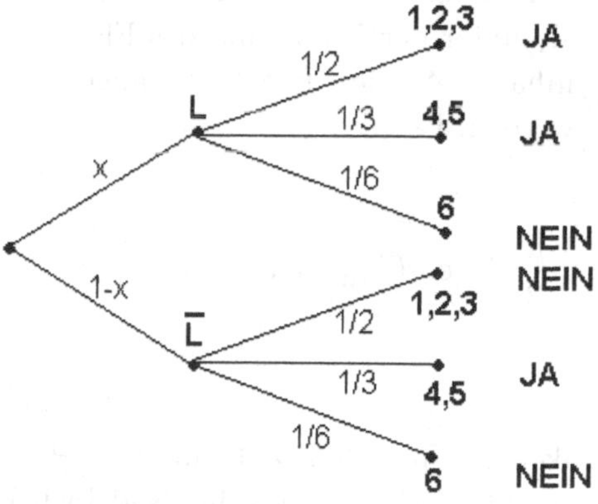

Abb. A.6. Ladendiebstahl

Damit folgt
$$P(\text{JA}) = \frac{1}{2}x + \frac{1}{3}x + (1-x)\cdot\frac{1}{3} = \frac{1}{2}x + \frac{1}{3}$$

Diese Wahrscheinlichkeit wird mit der von der befragten Gruppe abgegebenen relativen Häufigkeit $h(\text{JA})$ von „JA"-Antworten gleichgesetzt, woraus die unbekannte Wahrscheinlichkeit x folgt zu
$$x \approx 2\cdot h(\text{JA}) - \frac{2}{3} = 2\cdot\frac{384}{1033} \approx 7{,}7\%$$

Aufgabe 51: Das Buffon'sche Nadelproblem (S. 258)

Eine Nadel betrachten wir als Strecke der Länge d. Zur Vereinfachung sei der Abstand der Linien 1 und die Nadellänge $d < 1$. Daher schneidet eine Nadel höchstens eine Linie.

Wenn die Nadel gefallen ist, so liegt sie einer Linie „am nächsten". Dies wird dahin präzisiert, dass ihr Mittelpunkt M einen Abstand $x \leq 0{,}5$ von dieser Linie hat (im Falle $x = 0{,}5$ gibt es zwei gleichberechtigte „nächste Linien"). Die Lage der gefallenen Nadel (relativ zu ihrer nächsten Linie) ist eindeutig durch das Wertepaar $(x|\varphi)$ mit $0 \leq x \leq 0{,}5, 0 \leq \varphi \leq \pi$ bestimmt. Dabei ist φ der orientierte Winkel wie in Abb. A.7. Das zufällige Werfen einer Nadel kann durch das zufällige Wählen eines Zahlenpaars $(x|\varphi)$ aus dem „Phasenraum", dem Rechteck mit den Ecken $(0|0)$, $(\pi|0)$, $(\pi|0{,}5)$, $(0|0{,}5)$ (vgl. Abb. A.8) simuliert werden (o. B. d. A. liegt die Nadel immer „oberhalb" der Sehne), und jeder Punkt ist als Ergebnis gleich wahrscheinlich. Aus Abb. A.7 folgt, dass die Nadel genau dann die Linie schneidet, wenn nach Wahl von x und φ gilt $x \leq z := \frac{d}{2} \cdot \sin(\varphi)$.

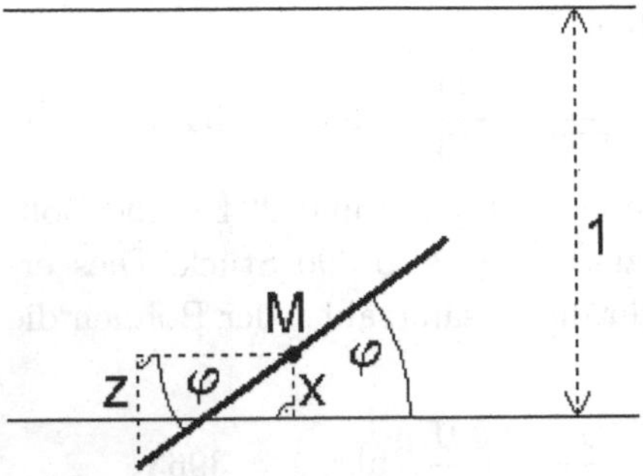

Abb. A.7. Gefallene Nadel

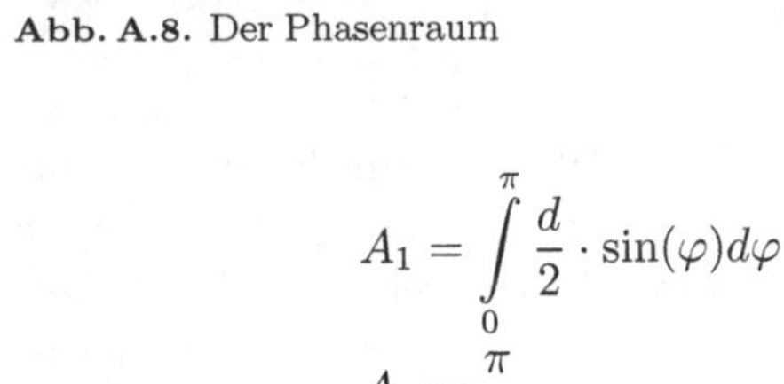

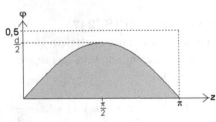

Abb. A.8. Der Phasenraum

In Abb. A.8 ist die entsprechende Sinuskurve eingezeichnet. Die Wahrscheinlichkeit, dass die Nadel eine Linie schneidet, kann damit als Verhältnis des grauen Flächeninhalts A_1 unter der Kurve und des Flächeninhalts A_2 des Rechtecks angesetzt werden. Es gilt:

$$A_1 = \int_0^\pi \frac{d}{2} \cdot \sin(\varphi) d\varphi = \frac{d}{2} \cdot [-\cos(\varphi)]_0^\pi = d\,,$$

$$A_2 = \frac{\pi}{2}\,.$$

Damit erhalten wir die Wahrscheinlichkeit $P(\text{Nadel fällt auf Linie}) = \frac{A_1}{A_2} = \frac{2 \cdot d}{\pi}$. Wenn man nun, wie es *Buffon* vorgeschlagen hat, n mal eine Nadel wirft und dabei z mal die Nadel eine Linie geschnitten hat, so kann man die relative

Häufigkeit als Schätzwert für die Wahrscheinlichkeit nehmen und damit die Näherungsformel $\pi \approx \frac{2 \cdot d \cdot n}{z}$ gewinnen. Führen Sie diesen Versuch explizit durch!

Aufgabe 52: Die vier Farbwürfel (S. 259)

Vergleichen Sie zur Analyse jeweils zwei Würfel miteinander. In der folgenden Tabelle wird der weiße Würfel gegen den blauen analysiert. In der ersten Spalte stehen die Ergebnisse des weißen Würfels, in der ersten Zeile die des blauen. B bzw. W bedeutet, dass in diesem Fall der blaue bzw. der weiße Würfel gewinnt. In 24 von 36 Fällen gewinnt also der weiße Würfel gegen den blauen. Dies bedeutet, dass P(Weiß gewinnt gegen Blau) $= \frac{2}{3}$ ist. Analysiert man weiter, so findet man zu jedem Würfel einen, der gegen den gewählten mit einer Wahrscheinlichkeit von $\frac{2}{3}$ gewinnt. Dies führt zu einer zyklischen Anordnung:

	1	**1**	**1**	**5**	**5**	**5**
2	W	W	W	B	B	B
2	W	W	W	B	B	B
2	W	W	W	B	B	B
2	W	W	W	B	B	B
6	W	W	W	W	W	W
6	W	W	W	W	W	W

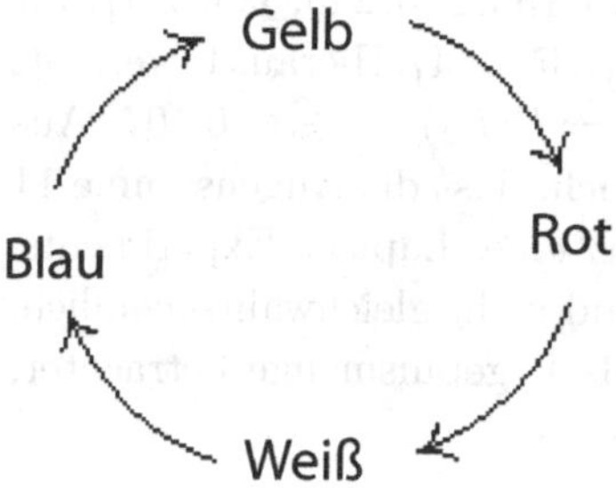

Abb. A.9. Farbwürfel

Dabei bedeutet der Pfeil „ist besser als" im Sinne eines $\frac{2}{3}$-Vorteils). Die gewohnte Transitivität „A ist besser als B, B besser als C, also auch A besser als C" ist bei diesen Würfeln verletzt.

Dieses Spiel eignet sich schon für die Klasse 5. Egal, welchen Würfel Armin wählt, Beate kann stets einen besseren wählen. Natürlich ist die $\frac{1}{3}$-Chance des schlechteren Würfels deutlich größer Null, so dass Beate auch Pech haben kann. So etwas steigert aber erfahrungsgemäß die Neugier der Klasse.

Um das „Verlustrisiko" von Beate bei einem Spiel aus 11 Einzelspielen abzuschätzen, betrachten wir dieses Spiel als Binomialkette mit $p = \frac{2}{3}$. Hierfür wird die Binomialverteilung aus Abschnitt 3.6.1 benötigt. Die Chance, dass Beate gewinnt, ist also

$$p = \sum_{k=6}^{11} B(11, \frac{2}{3}, k) \approx 0{,}88 \,.$$

Aufgabe 53: Ein Tennis-Match (S. 267)
Wie in Abb. 3.70 auf S. 266 kann man den weiteren Spielverlauf simulieren

$$P(\text{Armin gewinnt}) = 0{,}4 + 0{,}4 \cdot 0{,}6 = 0{,}64$$
$$P(\text{Beate gewinnt}) = 0{,}6^2 = 0{,}36$$

Nach diesem normativen Ansatz erhält Armin 128 € und Beate 68 €. Es sind natürlich auch andere Verteilungen möglich und sinnvoll.

Aufgabe 54: Ein Würfelproblem von de Méré (S. 268)
De Meré machte hierfür die folgende Rechnung: Seine Ereignismenge war

$$\Omega = \{abc|a, b, c \in \{1, 2, \ldots, 6\} \quad \text{und} \quad a \le b \le c\}\,.$$

Dann zählte *de Meré* Ω ab: Es gibt $\binom{6}{3} = 20$ Ergebnisse mit drei verschiedenen Ziffern, $2 \cdot \binom{6}{2} = 30$ Ergebnisse mit zwei verschiedenen Ziffern und 6 Ergebnisse mit drei gleichen Ziffern, also gilt $|\Omega| = 56$. Für das Ereignis „Augensumme 11" gilt $E_1 = \{146, 155, 236, 245, 335, 344\}$, für „Augensumme 12" gilt $E_2 = \{156, 246, 255, 336, 345, 444\}$. Hieraus folgerte *de Meré* die Laplace-Wahrscheinlichkeiten $P(E_1) = P(E_2) = \frac{6}{56} \approx 0{,}107$. Aus seine Erfahrung als Glücksspieler wusste er jedoch, dass die Augensumme 11 etwas häufiger auftritt. Sein Fehler lag im Ansatz eines Laplace-Experiments: Die verschiedenen Ergebnisse von E_1 und E_2 sind nicht gleichwahrscheinlich. Erst wenn man alle $6^3 = 216$ Würfel-Tripel als Ergebnismenge betrachtet, ist die Laplace-Annahme sinnvoll. Dann gilt

$$\text{Augensumme } 11\colon E_1' = \{146, 164, 461, 416, 614, 641, 155, \ldots\}\,,$$
$$\text{Augensumme } 12\colon E_2' = \{156, 165, 516, 561, 615, 651, \ldots.\}\,.$$

Wegen $|E_1'| = 27$ und $|E_2'| = 25$ folgt $P(E_1') = \frac{27}{216} \approx 0{,}125$, $P(E_2') = \frac{25}{216} \approx 0{,}116$.

Aufgabe 55: Der große Preis (S. 268)
Es ist eine sinnvolle Annahme, dass jede Zahl bei der Ziehung gleichwahrscheinlich ist und die einzelnen Ziehungen unabhängig voneinander sind. Gerechnet wurde aber, dass in jedem Monat eine zwar zunächst beliebige, aber andere als bisher gefallene Zahl zwischen 0 000 und 9 999 gezogen wird. Erst nach 10 000 Monaten, d. h. 10 000/12 ≈ 833 Jahren „darf" sich eine Zahl wiederholen.

Aufgabe 56: Die Glücksspirale (S. 269)

Als Gewinnzahl wird eine siebenstellige natürliche Zahl gezogen. Es gibt 10^7 Möglichkeiten, also sollte die Gewinnwahrscheinlichkeit $p = 10^{-7}$ sein. Bei der ursprünglichen Ziehmethode war aber keineswegs jede mögliche Zahl gleichwahrscheinlich. Hatte man schon 6 Sechser gezogen, so gab es für eine siebte Sechs nur noch eine Möglichkeit, für eine 1 aber noch 7 Möglichkeiten. Das bedeutet, dass das Glückslos mit der Nummer 6 666 661 eine siebenmal größere Gewinnchance hat als das Los mit der Nummer 6 666 666. Die Nummern kann man nicht selbst wählen, sondern bekommt sie per Lottoschein „zugeteilt". Hier waren die einzelnen Ziehungen keine unabhängige, sondern da man ohne Zurücklegen zog, abhängige Ereignisse. Die größte Chance von

$$p_1 = \frac{7 \cdot 7 \cdot \ldots \cdot 7}{70 \cdot 69 \cdot \ldots \cdot 64} \approx 1\,383 \cdot 10^{-10}$$

gezogen zu werden, hat eine Zahl mit lauter verschiedenen Ziffern, die kleinste Chance von

$$p_2 = \frac{7 \cdot 6 \cdot 5 \cdot \ldots \cdot 1}{70 \cdot 69 \cdot \ldots \cdot 64} \approx 8 \cdot 10^{-10}$$

hat eine Zahl mit lauter gleichen Ziffern, also Also gilt

$$\frac{p_1}{p_2} = \frac{7^7}{7!} \approx 163{,}4\,.$$

Heute verwendet man 7 Trommeln mit je 10 Kugeln.

Hätte sich etwas geändert, wenn man bei der ersten Ziehart 7 Kugeln mit einem Griff gezogen hätte?

Aufgabe 57: Ziehen aus einer Urne (S. 271)

a. Wahrscheinlichkeit von E_1.

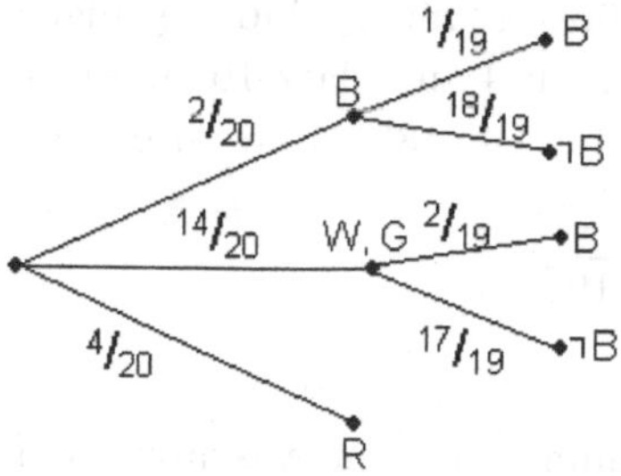

Abb. A.10. Teilbaum

1. Argument

Statt eines vollständigen Baumes wie in Abb. 3.23 kann hier ein vereinfachter Baum wie in Abb. A.10 verwendet werden. Es seien

$$A_1: \text{1. Zug nicht Rot}\,,$$

$$A_2: \text{2. Zug nicht Blau}\,.$$

$$P(A_1 \cap A_2) = \frac{2}{20} \cdot \frac{18}{19} + \frac{14}{20} \cdot \frac{17}{19} = \frac{274}{20 \cdot 19},$$

$$P(A_1) = \frac{16}{20}$$

$$P(E_1) = P(A_2|A_1) = \frac{P(A_1 \cap A_2)}{P(A_1)} = \frac{\frac{274}{20 \cdot 19}}{\frac{16}{20}} = \frac{274}{16 \cdot 19} = \frac{137}{152} \approx 0{,}90$$

2. Argument

Man betrachte die $20 \cdot 19$ Zweier-Permutationen, die für die beiden Plätze beim Ziehen möglich sind. Wenn beim ersten Zug keine rote Kugel gezogen worden sein darf, gibt es nur 16 Möglichkeiten auf Platz 1, aber in jedem Fall dazu jeweils noch 19 Möglichkeiten für Platz 2. Es gibt also $16 \cdot 19$ mögliche Fälle, bei denen die zweite Kugel nicht blau ist. Ist die erste Kugel blau, wofür es 2 Möglichkeiten gibt, so bleiben für den 2. Platz noch 18 nicht blaue Kugeln. Ist der erste Platz nicht blau (und nicht rot), so gibt es hierfür 14 Möglichkeiten, dann bleiben für den 2. Platz noch jeweils 17 nicht blaue Kugeln. Also gibt es $2 \cdot 18 + 14 \cdot 17 = 274$ günstige Fälle. Dies führt wieder zu

$$P(E_1) = \frac{274}{16 \cdot 19} = \frac{137}{152}.$$

b. Wahrscheinlichkeit von E_2.

1. Argument

Beim Ziehen der 16 Kugeln ist sicher eine blaue Kugel weg, alle anderen Kugeln haben die gleiche Chance; 4 davon sind rot, also gilt $P(E_2) = \frac{4}{19}$.

2. Argument

Ohne Nebenbedingung gibt es 20! Möglichkeiten, alle Kugeln zu ziehen. „Mögliche" sind diejenigen, bei denen auf Platz 13 eine blaue Kugel ist, das sind genau $2 \cdot 19 \cdot 18 \cdot 17 \cdot \ldots \cdot 1 = 2 \cdot 19!$ Stück. „Günstig" für E_2 sind diejenigen Möglichkeiten, bei denen auf Platz 13 eine blaue und auf Platz 16 eine rote Kugel liegt, das sind genau $2 \cdot 4 \cdot 18 \cdot 17 \cdot \ldots \cdot 1 = 2 \cdot 4 \cdot 18!$ Stück. Also gilt

$$P(E_2) = \frac{2 \cdot 4 \cdot 18!}{2 \cdot 19!} = \frac{4}{19}.$$

3. Argument

Man könnte auch hier einen vereinfachten Baum zeichnen, was aber sehr umfangreich wäre.

Es sind natürlich auch andere Argumente zur Bestimmung der Wahrscheinlichkeiten denkbar!

Aufgabe 58: Gewinne beim Keno (S. 276)
Im Folgenden soll $m|n$ das Ereignis bedeuten, dass man m Richtige beim Kenotyp n hat. Im Keno-Gewinnplan ist aufgelistet, für welche m richtig getippte Zahlen beim Kenotyp n man welchen Gewinn erhält. Genau gewinnt man bei

n	10	9	8	7	6	5	4	3	2
m	10, 9, 8, 7, 6, 5, 0	9, 8, 7, 6, 5, 0	8, 7, 6, 5, 0	7, 6, 5, 4	6, 5, 4, 3	5, 4, 3	4, 3, 2	3, 2	2

Die Gewinnwahrscheinlichkeit $P(8|10)$ für 8 Richtige beim Kenotyp 10 berechnet sich wie folgt: Die 70 Kenozahlen zerfallen in die 20 Gewinnzahlen $g_1, g_2, \ldots, g_{20}$ und die 50 Nieten $a_1, a_2, \ldots, a_{50}$. Es gibt insgesamt $\binom{70}{10}$ Möglichkeiten, 10 Zahlen anzukreuzen. Damit man genau 8 Richtige hat, müssen 8 Zahlen unter den g_i und 2 Zahlen unter den a_j angekreuzt sein. Dafür sind $\binom{20}{8} \cdot \binom{50}{2}$ Fälle günstig. Der Laplace-Ansatz ergeht

$$P(8|10) = \frac{\binom{20}{8} \cdot \binom{50}{2}}{\binom{70}{10}} \approx 0{,}00039\,.$$

Die Chance, dass von den 10 angekreuzten Zahlen keine einzige richtig ist, ist

$$P(0|10) = \frac{\binom{50}{10}}{\binom{70}{10}} \approx 0{,}0259\,,$$

wofür man mit dem doppelten Einsatz gelohnt wird! Man hat also dann „netto" einen Einsatz gewonnnen. Allgemein wird die Wahrscheinlichkeit $P(m|n)$, dass man beim Kenotyp n genau $m(\leq n)$ Richtige hat, analog bestimmt. Es gibt $\binom{70}{n}$ Tipp-Möglichkeiten. Es müssen m Kreuze unter den Zahlen g_i, $n-m$ Kreuze unter den Zahlen a_j sein. Es gibt also $\binom{20}{m} \cdot \binom{50}{n-m}$

günstige Fälle, und wir erhalten

$$P(m|n) = \frac{\binom{20}{m} \cdot \binom{50}{n-m}}{\binom{70}{n}}.$$

Die größte Einzelgewinnwahrscheinlichkeit hat man für 2 Richtige beim Kenotyp 3 mit $P(2|3) \approx 0{,}174$. Allerdings erhält man nur den einfachen Einsatz, so dass das Spiel „±0" aufgeht. Beim festen Kenotyp n ist die Wahrscheinlichkeit, dass man überhaupt gewinnt, die Summe

$$\sum_{\substack{m=0 \\ m \text{ bringt Gewinn}}}^{n} P(n|m)$$

Die höchste Gewinnchance von etwa 0,321 hat man beim Kenotyp 4, die niedrigste mit etwa 0,079 beim Kenotyp 2.

Aufgabe 59: Induzierte Wahrscheinlichkeitsverteilung (S. 279)
Da jedem ω genau eine Zahl $Z(\omega)$ zugeordnet wird, gilt

$$\begin{aligned} Z^{-1}(\emptyset) &= \emptyset\,, \quad \text{also } P_Z(\emptyset) = P(\emptyset) = 0 \quad \text{und} \\ P_Z(Z(\Omega)) &= P(Z^{-1}(Z(\Omega))) = P(\Omega) = 1\,. \end{aligned}$$

Es seien $A, B \subseteq Z(\Omega)$ und $A \cap B = \emptyset$. Also gilt auch $Z^{-1}(A), Z^{-1}(B) \subseteq \Omega$ und ebenfalls $Z^{-1}(A) \cap Z^{-1}(B) = \emptyset$. Damit folgt

$$\begin{aligned} P_Z(A \cup B) &= P(Z^{-1}(A \cup B)) = P(Z^{-1}(A) \cup Z^{-1}(B)) \\ &= P(Z^{-1}(A)) + P(Z^{-1}(B)) = P_Z(A) + P_Z(B)\,. \end{aligned}$$

Also gelten die Kolmogorov-Axiome.

Aufgabe 60: Eigenschaften der Verteilungsfunktion (S. 281)
Es gilt $F(x) = P(Z \leq x) = \sum_{\substack{a \in Z(\omega) \\ a \leq x}} P(Z = a)$. Zum Nachweis der Monotonie sei $x < y$. Da jetzt zur $P(Z \leq y)$ definierenden Summe höchstens positive Summanden hinzu kommen, ist F monoton steigend. Weiter gilt:

$$\begin{aligned} F(b) = \sum_{\substack{x \in Z(\Omega) \\ x \leq b}} P(Z = x) &= \sum_{x \leq a} P(Z = x) + \sum_{a < x \leq b} P(Z = x) = F(a) \\ &+ P(a < Z \leq b) \end{aligned}$$

$$
\begin{aligned}
1 &= \sum_{x \in Z(\Omega)} P(Z=x) = \sum_{x \le a} P(Z=x) + \sum_{x>a} P(Z=x) \\
&= P(Z \le a) + P(Z > a) = F(a) + P(Z > a)
\end{aligned}
$$

$$
\begin{aligned}
F(x_i) &= \sum_{j=1}^{i} P(Z=x_j) = \sum_{j=1}^{i-1} P(Z=x_j) + P(Z=x_i) \\
&= F(x_{i-1}) + P(Z=x_i)
\end{aligned}
$$

Aufgabe 61: Die Martingale-Strategie (S. 287)

a. Zur einfacheren Analyse nehmen wir an, dass der Einsatz auch bei Zero verloren ist. In Wirklichkeit ist die Regel für Zero bei Einsätzen auf einfache Chancen etwas anders, z. B. dass die Einsätze stehen bleiben und erst bei einem sofort folgenden Zero verloren sind. Dies ändert die folgende Analyse nicht wesentlich. Das Spiel möge also enden, wenn zum ersten Mal Rot erscheint. Ähnlich wie bei Beispiel „Warten auf die erste Sechs" auf S. 215 warten wir hier auf die erste rote Zahl und setzen $\Omega = \mathbb{N}$. Das Ereignis n bedeutet also, dass $(n-1)$-mal keine rote und beim n-ten mal eine rote Zahl gekommen ist. Es sei $Z\colon \Omega \to \mathbb{R}$, $n \mapsto$ Gewinn y (in €) bei Ergebnis n, also

$$
\begin{aligned}
Z(n) &= -10 + 2 \cdot (-10) + \ldots + 2^{n-1} \cdot (-10) + 2^n \cdot 10 \\
&= 10 \cdot (-(1 + 2 + \ldots + 2^{n-1}) + 2^n) = 10 \cdot (-(2^n - 1) + 2^n) = 10\,.
\end{aligned}
$$

Da Z für alle Ergebnisse n die Werte 10 annimmt, ist der Erwartungswert $E(Z)$ auch gleich 10. Dies kann man auch formal nachrechnen: Es gilt $P(n) = \left(\frac{19}{37}\right)^{n-1} \cdot \frac{18}{37}$. Damit folgt

$$
\begin{aligned}
E(Z) &= \sum_{n=1}^{\infty} 10 \cdot \left(\frac{19}{37}\right)^{n-1} \cdot \frac{18}{37} = 10 \cdot \frac{18}{37} \cdot \sum_{i=0}^{\infty} \left(\frac{19}{37}\right)^{i} \\
&= 10 \cdot \frac{18}{37} \cdot \frac{1}{1 - \frac{19}{37}} = 10\,.
\end{aligned}
$$

Also ist diese „theoretische" Martingale-Variante durchaus sinnvoll. Da Erwartungswert und alle Werte, die Z annimmt, gleich 10 sind, ist die Varianz, also auch die Standardabweichung $V(Z) = \sigma_Z = 0$.

b. In Wirklichkeit gibt es aber stets ein Tischlimit, das hier mit 2000 € angenommen sei. Wegen $2^7 \cdot 10 = 1\,280, 2^8 \cdot 10 = 2\,560$ besteht jetzt Ω aus den sieben Ereignissen $1, 2, \ldots, 7$ wie bei a. und dem achten Ereignis $N :=$ „7-mal erscheint keine rote Zahl". Damit gilt für den Erwartungswert des

Gewinns Z:

$$\begin{aligned} E(Z) &= \sum_{n=1}^{7} 10 \cdot \left(\frac{19}{37}\right)^{n-1} \cdot \frac{18}{37} + (2^8 - 1) \cdot (-10) \cdot \left(\frac{19}{37}\right)^7 \\ &= 10 \cdot \frac{18}{37} \cdot \frac{1 - \left(\frac{19}{37}\right)^7}{1 - \frac{19}{37}} - (2^8 - 1) \cdot 10 \cdot \left(\frac{19}{37}\right)^7 \\ &= 10 \cdot \left(1 - \left(\frac{19}{37}\right)^7 - 2^8 \cdot \left(\frac{19}{37}\right)^7\right) = 10 \cdot \left(1 - 2^8 \cdot \left(\frac{19}{37}\right)^7\right) \\ &\approx -14{,}10\,. \end{aligned}$$

Der Erwartungswert ist negativ. Man verliert, wenn mindestens eine 7er Serie von „nicht Rot" auftritt. Das hat auf längere Sicht die Wahrscheinlichkeit 1, und man weiß vorher nicht, wann eine solche Serie beginnt. Im Verlustfall hat man dann immerhin 2550 € verloren! Um das Verlustrisiko abzuschätzen, berechnen wir noch die Varianz zu

$$\begin{aligned} V(Z) = \sum_{n=0}^{6} &(10 - E(Z))^2 \cdot \left(\frac{19}{37}\right)^{n-1} \cdot \frac{18}{37} \\ &+ \left((2^8 - 1) \cdot (-10) - E(Z)\right)^2 \cdot \left(\frac{19}{37}\right)^7 \approx 61127\,. \end{aligned}$$

Hieraus resultiert die sehr hohe Standardabweichung $\sigma_Z \approx 247$.

Aufgabe 62: Lage- und Streumaße (S. 290)
Die Wahrscheinlichkeiten für den Münzenwurf wurden auf S. 170, die für den Riemerquader in Tabelle 3.3 auf S. 178 angesetzt. Damit erhält man

	$P(Z=1)$	$P(Z=2)$	$P(Z=3)$	$P(Z=4)$	$P(Z=5)$	$P(Z=6)$	$E(Z)$	σ_Z^2	σ_Z
Laplace-Würfel	$\frac{1}{6}$	$\frac{1}{6}$	$\frac{1}{6}$	$\frac{1}{6}$	$\frac{1}{6}$	$\frac{1}{6}$	3,5	2,92	1,71
Münzenwurf	$\frac{1}{32}$	$\frac{5}{32}$	$\frac{10}{32}$	$\frac{10}{32}$	$\frac{5}{32}$	$\frac{1}{32}$	3,5	1,25	1,12
Riemerquader	0,16	0,08	0,26	0,26	0,08	0,16	3,5	2,49	1,58

Der Erwartungswert ist jedes Mal 3,5, wobei die Ergebnisse beim Würfel am stärksten, beim Münzenwurf am wenigsten um den Erwartungswert streuen.

Aufgabe 63: Gemeinsame Verteilung (S. 293)
Die Wahrscheinlichkeitsverteilung von X steht in Tabelle 3.10 auf S. 281, die von Y ist klar. Damit folgt für die gemeinsame Verteilung

b \ a	-1	1	2	3	$P(Y=b)$
1	$\frac{25}{216}$	$\frac{10}{216}$	$\frac{1}{216}$	0	$\frac{1}{6}$
2	0	$\frac{25}{216}$	$\frac{10}{216}$	$\frac{1}{216}$	$\frac{1}{6}$
3	$\frac{25}{216}$	$\frac{10}{216}$	$\frac{1}{216}$	0	$\frac{1}{6}$
4	$\frac{25}{216}$	$\frac{10}{216}$	$\frac{1}{216}$	0	$\frac{1}{6}$
5	$\frac{25}{216}$	$\frac{10}{216}$	$\frac{1}{216}$	0	$\frac{1}{6}$
6	$\frac{25}{216}$	$\frac{10}{216}$	$\frac{1}{216}$	0	$\frac{1}{6}$
$P(X=a)$	$\frac{125}{216}$	$\frac{75}{216}$	$\frac{15}{216}$	$\frac{1}{216}$	$\frac{1}{6}$

Aus der Tabelle ergeben sich die Verteilungen von $X - Y$ und $\frac{1}{2} \cdot X \cdot Y$:

$X-Y=a$	-7	-6	-5	-4	-3	-2	-1	0	1
$P(X-Y=a)$	$\frac{25}{216}$	$\frac{25}{216}$	$\frac{35}{216}$	$\frac{36}{216}$	$\frac{11}{216}$	$\frac{36}{216}$	$\frac{26}{216}$	$\frac{20}{216}$	$\frac{2}{216}$

$\frac{1}{2}\cdot X\cdot Y=a$	-3	$-2{,}5$	-2	$-1{,}5$	$-0{,}5$	$0{,}5$	1	$1{,}5$	2
$P(\frac{1}{2}\cdot X\cdot Y=a)$	$\frac{25}{216}$	$\frac{25}{216}$	$\frac{25}{216}$	$\frac{25}{216}$	$\frac{25}{216}$	$\frac{10}{216}$	$\frac{26}{216}$	$\frac{10}{216}$	$\frac{20}{216}$

$\frac{1}{2}\cdot X\cdot Y=a$	$2{,}5$	3	4	5	6
$P(\frac{1}{2}\cdot X\cdot Y=a)$	$\frac{10}{216}$	$\frac{12}{216}$	$\frac{1}{216}$	$\frac{1}{216}$	$\frac{1}{216}$

Aufgabe 64:
Erwartungswert und Varianz bei den Glücksrädern (S. 297)
Aus Tabelle 3.12 liest man die Wahrscheinlichkeiten ab, daraus ergeben sich die gewünschten Werte

Glücksrad I

$X+Y=a$	1	2	$E(X+Y)$	$V(X+Y)$	σ_{X+Y}
$P(X+Y=a)$	$\frac{1}{2}$	$\frac{1}{2}$	1,5	0,25	0,5

$X\cdot Y=a$	0	$E(X\cdot Y)$	$V(X\cdot Y)$	$\sigma_{X\cdot Y}$
$P(X\cdot Y=a)$	1	1	0	0

Glücksrad II

$X+Y=a$	0	1	2	3	$E(X+Y)$	$V(X+Y)$	σ_{X+Y}
$P(X+Y=a)$	$\frac{1}{4}$	$\frac{1}{4}$	$\frac{1}{4}$	$\frac{1}{4}$	1,5	1,25	1,12

$X \cdot Y=a$	0	2	$E(X \cdot Y)$	$V(X \cdot Y)$	$\sigma_{X \cdot Y}$
$P(X \cdot Y=a)$	$\frac{3}{4}$	$\frac{1}{4}$	0,5	0,625	0,79

Aufgabe 65: Gewinnchancen für einen „Lotto-Sechser" (S. 321)

Wir betrachten die 120 Millionen Lotto-Tips als binomial verteilt mit $n = 120 \cdot 10^6$ und $p = \frac{1}{\binom{49}{6}}$. Die Binomialverteilung schätzen wir mit Hilfe der Poisson-Verteilung mit Parameter $\mu = n \cdot p \approx 8{,}58$ ab. Damit gilt

$$
\begin{aligned}
P(\text{höchstens 3 Treffer}) &\approx \sum_{k=0}^{3} \frac{\mu^k}{k!} \mathrm{e}^{-\mu} \\
&= (1 + 8{,}58 + \frac{8{,}58^2}{2} + \frac{8{,}58^3}{6}) \cdot \mathrm{e}^{-8{,}58} \approx 0{,}03 .
\end{aligned}
$$

Es ist ziemlich unwahrscheinlich, dass nur so wenige Gewinner dabei sind. Der Erwartungswert ist schließlich zwischen 8 und 9!

Aufgabe 66: Bomben auf London (S. 321)

Wir versuchen zu begründen, dass die Raketen zufällig irgendwo einschlagen, also eine sehr geringe Treffgenauigkeit haben. Betrachten wir also ein spezielles der 576 Quadrate, so ist die Wahrscheinlichkeit, dass eine spezielle V2 dort einschlägt, gerade $p = \frac{1}{576}$. Die einzelnen V2-Abschüsse betrachten wir als unabhängig voneinander. Damit ist die Wahrscheinlichkeit, dass unser spezielles Quadrat von genau k der 535 abgeschossenen V2 getroffen wird, gerade

$$P(k \text{ Treffer}) = B(535, p, k) \approx \frac{\mu^k}{k!} \cdot \mathrm{e}^{-\mu} ,$$

wobei wir die Binomialverteilung $B(535, p)$ durch die Poisson-Verteilung mit Parameter $\mu = n \cdot p = \frac{535}{576} \approx 0{,}2988$ angenähert haben. Nun betrachten wir die $N = 576$ Quadrate simultan. Wir werden also

$$m_k := N \cdot P(k \text{ Treffer}) \approx 576 \cdot \frac{\mu^k}{k!} \cdot \mathrm{e}^{-\mu}$$

Quadrate mit k Treffern erwarten. Die Auswertung dieser Formel liefert

k	0	1	2	3	4	5	6	≥ 7
m_k	227,53	211,34	98,15	30,39	7,06	1,31	0,20	0,03

Die wirklichen Daten entsprechen diesem theoretischen Modell sehr gut, so dass man davon ausgehen kann, dass die Treffgenauigkeit der V2 sehr gering war.

Aufgabe 67: Explizite Formeln im Fall von zwei Zuständen (S. 326)
Wir gehen hier gleich vom allgemeinen Fall aus: Wir haben die Rekursionsformeln

$$\begin{aligned} p_{n+1} &= \alpha \cdot p_n + \beta \cdot q_n \\ q_{n+1} &= (1-\alpha) \cdot p_n + (1-\beta) \cdot q_n \end{aligned}$$

mit $0 \leq \alpha, \beta \leq 1$ und mit den Startwerten p_0 (und $q_0 = 1 - p_0$). Wir wollen p_n durch α, β und p_0 ausdrücken (damit ist dann auch q_n ausgedrückt). Zunächst folgt aus den Rekursionsformeln

$$p_{n+1} = \alpha \cdot p_n + \beta \cdot q_n = \alpha \cdot p_n + \beta \cdot (1 - p_n) = (\alpha - \beta) \cdot p_n + \beta\,.$$

Damit berechnen wir der Reihe nach

$$\begin{aligned} p_1 &= (\alpha - \beta) \cdot p_0 + \beta \\ p_2 &= (\alpha - \beta) \cdot p_1 + \beta = (\alpha - \beta) \cdot ((\alpha - \beta) \cdot p_0 + \beta) + \beta \\ &= (\alpha - \beta)^2 \cdot p_0 + (\alpha - \beta) \cdot \beta + \beta \\ p_3 &= (\alpha - \beta) \cdot \big((\alpha - \beta)^2 \cdot p_0 + (\alpha - \beta) \cdot \beta + \beta\big) + \beta \\ &= (\alpha - \beta)^3 \cdot p_0 + (\alpha - \beta)^2 \cdot \beta + (\alpha - \beta) \cdot \beta + \beta \\ &\vdots \\ p_n &= (\alpha - \beta)^n \cdot p_0 + \big((\alpha - \beta)^{n-1} + (\alpha - \beta)^{n-2} + \ldots + 1\big) \cdot \beta \\ &= (\alpha - \beta)^n \cdot p_0 + \frac{1 - (\alpha - \beta)^n}{1 - (\alpha - \beta)} \cdot \beta \end{aligned}$$

Wenn $0 \leq |\alpha - \beta| < 1$ gilt, existiert also stets eine Grenzverteilung. Für $|\alpha - \beta| = 1$ gilt entweder $\alpha = 1$ und $\beta = 0$ oder $\alpha = 0$ und $\beta = 1$. Im ersten Fall ist die p_n-Folge konstant; im zweiten Fall ist sie alternierend und es gibt keine Grenzverteilung. Im Spezialfall des Palio mit $\alpha = 0{,}3$ und $\beta = 1$ reduziert sich die Formel zu

$$p_n = (-0{,}7)^n \cdot p_0 + \frac{1 - (-0{,}7)^n}{1{,}7} = \begin{cases} \frac{1-(-0{,}7)^{n+1}}{1{,}7} & \text{für } p_0 = 1 \\ \frac{1-(-0{,}7)^n}{1{,}7} & \text{für } p_0 = 0 \end{cases}$$

Diese Darstellung erklärt auch die Folgen in Abb. 3.97 auf S. 325.

Aufgabe 68: Wanderung der Euro-Münzen (S. 338)

Nach einer Idee von *Kratz* (2004, 2006) betrachten wir eine deutsche Euro-Münze mit dem Zustandsraum $\Omega = \{D, A\}$, wobei D bedeutet, dass die Münze in Deutschland ist, und A, dass sie im Euro-Ausland ist. Die Wanderung der Münze verfolgen wir in Monatsabständen, d. h. die Zufallsvariablen Z_n, $n \geq 0$, nehmen die Werte 1 für „Münze ist in Deutschland" und 2 für „Münze ist im Euro-Ausland" an. $n = 0$ steht für den Starttermin (Einführung des Euro am 1. Januar 2002), $n = t$ ist dann der Zeitpunkt n Monate nach der Einführung des Euro. p_n ist die Wahrscheinlichkeit dafür, dass die Münze zum Zeitpunkt n in Deutschland ist, und entsprechend q_n dafür, dass sie im Euro-Ausland ist. Die Startverteilung zum 1. Januar 2002 ist $p_0 = 1$, $q_0 = 0$. Wir modellieren den Diffusionsprozess als Markov-Kette, deren Übergangsmatrix die folgenden Wahrscheinlichkeiten hat: $p_{2,1} =: p$ ist die Wahrscheinlichkeit dafür, dass die Münze innerhalb des Monatsschritts ins Ausland wandert, also ist $p_{1,1} = 1 - p$ die Wahrscheinlichkeit für einen Verbleib der Münze in Deutschland. Entsprechend ist $p_{1,2} =: r$ die Wahrscheinlichkeit dafür, dass eine im Ausland befindliche deutsche Münze nach Deutschland zurückkommt, und $p_{2,2} = 1 - r$ dafür, dass sie im Ausland bleibt. Diese Modellierung als Markov-Kette setzt voraus, dass Übergangswahrscheinlichkeiten p und r zu jedem Zeitpunkt konstant sind. Wenn man Tourismus als einen wichtigen Faktor für den Mischungsprozess ansieht, ist dies eine etwas vereinfachende Annahme. Auch Nachprägungen von Münzen in den einzelnen Ländern können verfälschen. Im Mittel dürfte diese beiden Faktoren auf längere Sicht aber keine große Abweichung von den angenommen Übergangswahrscheinlichkeiten ergeben. Unsere Markov-Kette wird durch den gerichteten Graphen in Abb. A.11 beschrieben.

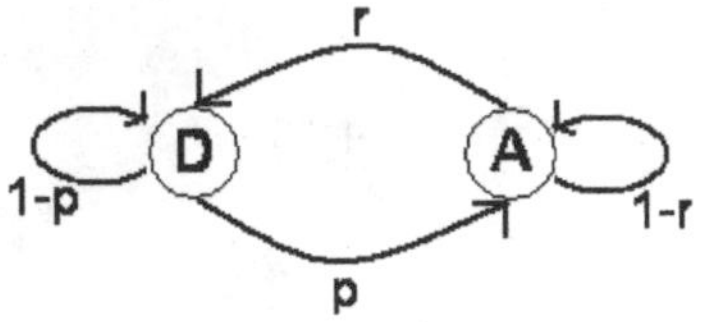

Abb. A.11. Münzwanderung

Um die Parameter abschätzen zu können, machen wir folgende weitere Annahme: In einem Monatsintervall, also von $t = n$ nach $t = n + 1$, wandert der Anteil p aller in Deutschland befindlichen deutschen 1 €-Münzen ins Ausland. Den selben Prozentsatz p müssen wir sinnvoller Weise auch für alle in Deutschland befindliche 1 €-Münzen ansetzen. Das Gleiche gilt für die Rückwanderung. Die Gesamtzahl aller 1 €-Münzen bleibt in jedem Land (praktisch) gleich, was auch eine sinnvolle Modellannahme[1] ist. Damit wechseln $p \cdot 32{,}9\%$ aller 1 €-Münzen von Deutschland ins Ausland, $r \cdot (100\% - 32{,}9\%)$ aller 1 €-Münzen wandern vom Ausland nach Deutschland. Wegen der angenommenen Kon-

[1] Wir berücksichtigen also nicht die Münzen, die z. B. verloren gehen oder durch die Münzensammler dem Markt entzogen werden.

stanz der Münzzahlen in den einzelnen Ländern gilt also

$$p \cdot 0{,}329 = r \cdot (1 - 0{,}329), \text{ d. h. } r \approx 0{,}49 \cdot p\,.$$

Wir benötigen folglich nur noch einen guten Schätzwert für den Parameter p, und können dann im Markov-Modell arbeiten. Hierzu kann man Daten von der zitierten Webseite (oder aus anderen Quellen) verwenden. Im *Landrat-Lucas-Gymnasium* in Leverkusen wurde in Monatsabständen ab Beginn der Euro-Zeit Stichproben verschiedener Münzwerte von jeweils 500 Münzen ausgezählt. Für eine sehr grobe Schätzung von p nehmen wir die Daten von Ende Januar 2002 (491 deutsche, 9 ausländische 1 €-Münzen) und Ende Juli 2002 (470 deutsche, 30 ausländische 1 €-Münzen). Den prozentualen Zuwachs an ausländischen Münzen zwischen diesen zwei Zeitpunkten schätzen wir als das Sechsfache von p. Dies ergibt den Schätzwert

$$p = \frac{21}{500 \cdot 6} = 0{,}007\,.$$

Jetzt können wir die zeitliche Entwicklung (mithilfe eines CAS) prognostizieren und mit weiteren Stichproben vergleichen. Zum Beispiel sagt die MAPLE-Rechnung nach drei Jahren ($t = 36$) die Verteilung

$$\begin{pmatrix} p_{36} \\ q_{36} \end{pmatrix} \approx \begin{pmatrix} 0{,}79 \\ 0{,}21 \end{pmatrix}$$

voraus. Eine im Landrat-Lucas-Gymnasium gezogene Stichprobe vom Januar 2005 ergab 386 deutsche und 114 ausländische 1 €-Münzen, d. h. einen Anteil von 77% deutscher Münzen!

Wenn die Gleichverteilungshypothese zutrifft, müsste unser Markov-Prozess eine Grenzverteilung $\begin{pmatrix} p_\infty \\ q_\infty \end{pmatrix} = \begin{pmatrix} 0{,}329 \\ 0{,}671 \end{pmatrix}$ haben. Wieder berechnet MAPLE einige Werte, wobei wir die Zeit n in Jahren angeben, d. h. die Zeitschritte als Vielfache von 12 wählen:

n	5	10	15	20	25	30	35	40	45
p_n	0,69	0,52	0,43	0,38	0,36	0,34	0,34	0,33	0,33

Die Gleichverteilungshypothese wird durch diese Modellrechnung unterstützt, allerdings wird es noch sehr lange bis zur Gleichverteilung dauern!

Aufgabe 69: Varianten des kühnen Spiels (S. 344)

Die folgenden Abb. A.12 und A.13 zeigt die Übergangsgraphen der beiden Varianten:

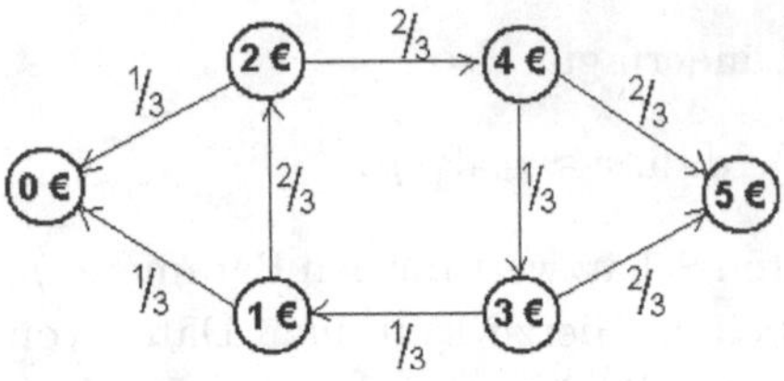

Abb. A.12. Variante Andreas

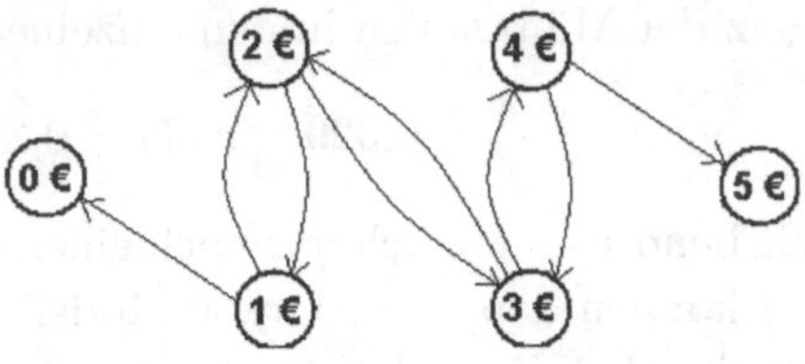

Abb. A.13. Variante Beate

Wir bestimmen wie beim Beispiel „Kühnes Spiel" mithilfe der Mittelwertregeln die Gewinnwahrscheinlichkeit p_1 und die mittlere Spieldauer m_1:

Spielvariante a:

Es gilt $p_0 = 0$ und $p_5 = 1$. Die erste Mittelwertregel liefert das lineare Gleichungssystem

$$p_1 = \frac{1}{3} \cdot 0 + \frac{2}{3} \cdot p_2, \; p_2 = \frac{1}{3} \cdot 0 + \frac{2}{3} \cdot p_4,$$
$$p_4 = \frac{1}{3} \cdot p_3 + \frac{2}{3} \cdot 1, \; p_3 = \frac{1}{3} \cdot p_1 + \frac{2}{3} \cdot 1,$$

woraus $p_1 = \frac{32}{77} \approx 0{,}42$ folgt. Weiter gilt $m_0 = m_5 = 0$. Die zweite Mittelwertregel ergibt das LGS

$$m_1 = 1 + \frac{1}{3} \cdot 0 + \frac{2}{3} \cdot m_2, \; m_2 = 1 + \frac{1}{3} \cdot 0 + \frac{2}{3} \cdot m_4,$$
$$m_4 = 1 + \frac{1}{3} \cdot m_3 + \frac{2}{3} \cdot 0, \; m_3 = 1 + \frac{1}{3} \cdot m_1 + \frac{2}{3} \cdot 0 .$$

Es folgt $m_1 = \frac{182}{77} \approx 2{,}4$. Diese Spielvariante hat eine deutlich größere Gewinnchance und wird im Mittel etwas länger dauern.
Um diese Variante mit dem Wahrscheinlichkeitsabakus zu spielen, braucht man etwas mehr Geduld. Auf einem Platz müssen 3 Steine liegen, damit man ziehen kann. Insgesamt muss man 182-mal ziehen und hat dabei 77 neue Steine ins Spiel gebracht, bis das Spiel mit 45 Steinen bei 0 € und 32 Steinen bei 5 € beendet ist.

Spielvariante b:

Es gilt $p_0 = 0$ und $p_5 = 1$. Die erste Mittelwertregel liefert das lineare Gleichungssystem

$$p_1 = \frac{1}{2} \cdot 0 + \frac{1}{2} \cdot p_2, \; p_2 = \frac{1}{2} \cdot p_1 + \frac{1}{2} \cdot p_3,$$
$$p_3 = \frac{1}{2} \cdot p_2 + \frac{1}{2} \cdot p_4, \; p_4 = \frac{1}{2} \cdot p_3 + \frac{1}{2} \cdot 1,$$

woraus wie in der ursprünglichen Spielvariante $p_1 = \frac{1}{5}$ folgt. Weiter gilt $m_0 = m_5 = 0$. Die zweite Mittelwertregel ergibt das LGS

$$m_1 = 1 + \frac{1}{2} \cdot 0 + \frac{1}{2} \cdot m_2, \; m_2 = 1 + \frac{1}{2} \cdot m_1 + \frac{1}{2} \cdot m_3,$$
$$m_3 = 1 + \frac{1}{2} \cdot m_2 + \frac{1}{2} \cdot m_4, \; m_4 = 1 + \frac{1}{2} \cdot m_3 + \frac{1}{2} \cdot 0\,.$$

Hieraus folgt $m_1 = 4$. Diese Spielvariante hat die gleiche Gewinnchance wie die ursprüngliche Variante, wird aber im Mittel doppelt so lange dauern. Wenn man diese Variante mit dem Wahrscheinlichkeitsabakus ohne Vorladung der inneren Plätze 2 €, 3 € und 4 € spielt, wird man nie mehr auf den Ausgangszustand kommen; das Spiel wird mit anderen inneren Ladungen periodisch. Man kann aber die inneren Plätze z. B. mit je einem Stein vorladen. Dann ist nach 20 Zügen mit 5 neuen eingebrachten Steinen das Spiel beendet, vier Steine liegen bei 0 €, ein Stein bei 5 €.

Aufgabe 70:
Tschebyscheff'sche Ungleichung für Zufallsvariable (S. 345)
Mit $A = [\mu - \varepsilon, \mu + \varepsilon]$ und $B = \mathbb{R} \setminus A$ (vgl. Abb. A.14) gilt

$$\begin{aligned}\sigma^2 &= \sum_{x \in \mathbb{R}} P(Z = x) \cdot (x - \mu)^2 = \sum_{x \in A} P(Z = x) \cdot (x - \mu)^2 \\ &\quad + \sum_{x \in B} P(Z = x) \cdot (x - \mu)^2 \\ &\geq \sum_{x \in B} P(Z = x) \cdot (x - \mu)^2 > \sum_{x \in B} P(Z = x) \cdot \varepsilon^2 = P(|Z - \mu| > \varepsilon) \cdot \varepsilon^2\end{aligned}$$

Also gilt

$$P(|Z - \mu| \leq \varepsilon) = 1 - P(|Z - \mu| > \varepsilon) > 1 - \frac{\sigma^2}{\varepsilon^2}\,.$$

Speziell für $\varepsilon = k \cdot \sigma$ erhalten wir

$$P(|Z - \mu| \leq k \cdot \sigma) > 1 - \frac{1}{k^2}\,.$$

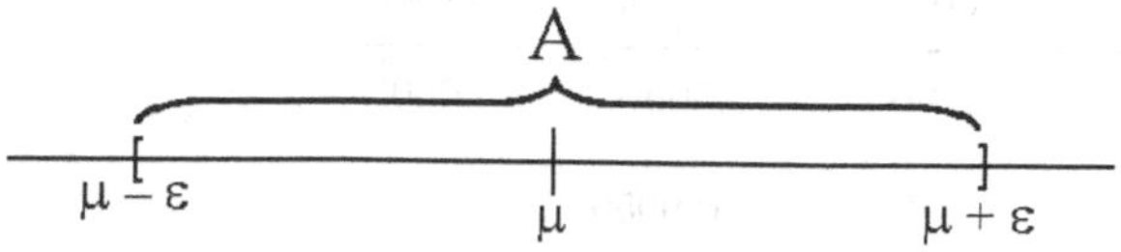

Abb. A.14.

Aufgabe 71: Wahrscheinlichkeiten beim Riemer-Quader (S. 349)
1 000 Würfe sind ja schon viel, aber um die Wahrscheinlichkeit auf mindestens $\varepsilon = 1\%$ mit einer Sicherheit von 99% zu schätzen, benötigt man nach dem Bernoulli'schen Gesetz der großen Zahlen mindestens n Würfe mit $1 - \frac{1}{4 \cdot n \cdot \varepsilon^2} = 0{,}99$, was gleichbedeutend mit $n = 250\,000$ ist. Eine so große Zahl von Würfen ist praktisch nicht realisierbar.
Betrachten wir also die Sicherheit, die wir aufgrund der 1000 Würfe gewonnen haben. Abb. A.15 zeigt den Graphen der Funktion

$$P\colon [0;1] \to [0;1]\,, \quad \varepsilon \mapsto \frac{1}{4 \cdot 1\,000 \cdot \varepsilon^2}\,.$$

Für eine gewünschte „Güteschranke" ε können wir die Sicherheit $P(\varepsilon)$ ablesen, dass die durch die relative Häufigkeit geschätzte Wahrscheinlichkeit sich um höchstens ε von der wahren unterscheidet. Erst bei etwa $\varepsilon = 0{,}016$ wird $P(\varepsilon)$ positiv, erst ab etwa $\varepsilon = 0{,}022$ wird $P(\varepsilon)$ größer als 50%. Für eine genaue Schätzung sind 1 000 Würfe also viel zu klein. Erst ab etwa $\varepsilon = 0{,}05$ wird $P(\varepsilon)$ größer als 90%. Eine mindestens 99%ige Sicherheit erhalten wir ab etwa $\varepsilon = 0{,}158$.

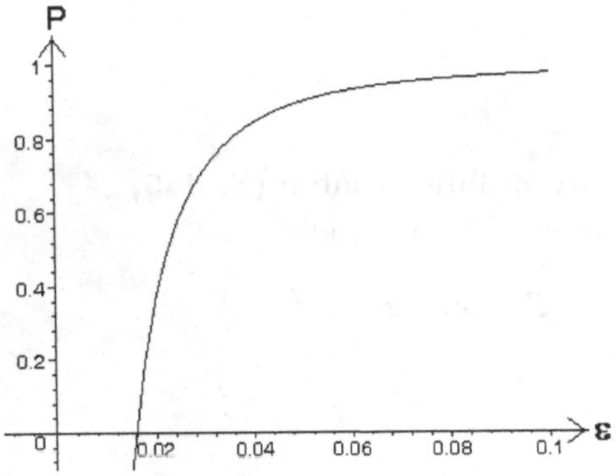

Abb. A.15. Sicherheit bei 1000 Würfen

A.3

A.3 Aufgaben aus Kapitel 4

Aufgabe 72: Berechnung des Korrekturfaktors (S. 406)
Die folgende Tabelle mit verschiedenen Konstellationen für N, n und den Faktor der Endlichkeitskorrektur zeigen, dass sein Einfluss für $N \geq 100 \cdot n$ vernachlässigbar ist:

N	5 000	5 000	100 000	100 000	100 000
n	30	50	100	500	1 000
$\frac{N-n}{N-1}$	$\approx 0{,}9942$	$\approx 0{,}9902$	$\approx 0{,}9990$	$\approx 0{,}9950$	$\approx 0{,}9900$

Aufgabe 73:
Maximum-Likelihood-Schätzung für die Poisson-Verteilung (S. 412)
Rutherford und *Geiger* haben die Vermutung aufgestellt, dass ihre Messergebnisse sich gut durch eine Poisson-Verteilung erklären lassen. Aber für welchen Parameter μ sind die Messergebnisse am wahrscheinlichsten? Die beiden Wissenschaftler stellten maximal 14 Zerfälle in einem Zeitintervall fest. Wir untersuchen, für welches μ das 15-Tupel

$$x = (57|203|383|525|532|408|273|139|45|27|10|4|0|1|1)\,,$$

also ihr Messergebnis, am wahrscheinlichsten ist. Dazu bilden wir die Likelihood-Funktion L_x, indem wir uns überlegen, dass die Anzahlen der Zerfälle für jedes Zeitintervall unabhängig von den Anzahlen der Zerfälle der anderen Zeitintervalle ist. Damit hat die konkrete Messreihe von Rutherford und Geiger in Abhängigkeit vom tatsächlichen Parameter μ die Wahrscheinlichkeit:

$$\begin{aligned} L_x(\mu) &= P(Z=0)^{57} \cdot P(Z=1)^{203} \cdot P(Z=2)^{383} \cdot \ldots \cdot P(Z=14)^1 \\ &= \prod_{i=0}^{14} P(Z=i)^{x_{i+1}}\,, \end{aligned}$$

wobei Z die Poisson-verteilte Zufallsvariable „Anzahl der Zerfälle pro Zeitintervall" ist und x_i der i-te Werte des 15-Tupels x. Wenn eine bestimmte Anzahl an Zerfällen pro Zeitintervall gar nicht aufgetreten ist, dann spielen diese Terme hierbei keine Rolle, da sich als Faktor dann $P(Z = i)^0 = 1$ ergibt. Mit den Poisson-Termen erhält man :

$$\begin{aligned} L_x(\mu) &= \prod_{i=0}^{14} \left(\frac{\mu^i}{i!} \cdot \mathrm{e}^{-\mu}\right)^{x_{i+1}} = \underbrace{\prod_{i=0}^{14} \frac{1}{i!^{x_{i+1}}}}_{=:a} \cdot \prod_{i=0}^{14} \mu^{i \cdot x_{i+1}} \cdot \prod_{i=0}^{14} \mathrm{e}^{-\mu \cdot x_{i+1}} \\ &= a \cdot \mu^{\sum_{i=0}^{14} i \cdot x_{i+1}} \cdot \mathrm{e}^{-\mu \cdot \sum_{i=0}^{14} x_{i+1}} = a \cdot \mu^{10\,097} \cdot \mathrm{e}^{-2\,608 \cdot \mu}\,, \end{aligned}$$

da die Summe im Exponenten von μ die Anzahl der Zerfälle ist und die Summe im Exponenten von e die Anzahl der Zeitintervalle. Die Maximumstelle vom L_x erhält man durch Ableiten nach μ und Suchen von Nullstellen der ersten Ableitung:

$$\begin{aligned} \frac{\partial L_x(\mu)}{\partial \mu} &= a \cdot (10\,097 \cdot \mu^{10\,096} \cdot \mathrm{e}^{-2\,608 \cdot \mu} + \mu^{10\,097} \cdot (-2\,608) \cdot \mathrm{e}^{-2\,608 \cdot \mu}) \\ &= a \cdot \mu^{10\,096} \cdot \mathrm{e}^{-2\,608 \cdot \mu}(10\,097 + \mu \cdot (-2\,608)) = 0 \\ &\Leftrightarrow 10\,097 + \mu \cdot (-2\,608) = 0 \Leftrightarrow \mu = \frac{10\,097}{2\,608} \approx 3{,}87\,. \end{aligned}$$

Man erhält also genau das arithmetische Mittel der Anzahlen der Zerfälle pro Zeitintervall als Maximum-Likelihood-Schtäzung für μ. Dies ist auch plausibel, da μ der Erwartungswert der Poisson-Verteilung ist.

Aufgabe 74: Hinreichendes Kriterium für die Konsistenz (S. 414)
Sei T_n eine erwartungstreue Schätzfunktion für den Parameter η, also gilt $E(T_n) = \eta$. Wenn man in dieser Situation die Tschebyscheff'sche Ungleichung anwendet, erhält man:

$$P(|T_n - \eta| \leq \varepsilon) > 1 - \frac{V(T_n)}{\varepsilon^2}.$$

Wenn die Varianz für größer werdende n gegen Null geht, also $\lim_{n\to\infty} V(T_n) = 0$, dann ist $\lim_{n\to\infty} P(|T_n - \eta| \leq \varepsilon) = 1$ und T_n eine konsistente Schätzfunktion.

Aufgabe 75: Maß der Effizienz (S. 414)
Für zwei Schätzfunktionen T_n und Y_n für denselben Parameter einer Verteilung möge $\frac{V(T_n)}{V(Y_n)} = 0{,}83$ gelten. Dann soll T_n mit mit 83% des Stichprobenumfangs von Y_n die gleiche Wirkung, im Sinne der gleichen Genauigkeit der Schätzung, erzielen. Dieses Ergebnis ist nach Satz 34 plausibel, da dort die Genauigkeit einer Schätzung des arithmetischen Mittels μ in der Grundgesamtheit, gemessen durch den Standardfehler $\sigma_{\bar{X}}$, gleich dem Quotienten aus der Varianz in der Grundgesamtheit σ_X und der Wurzel des Stichprobenumfangs war. Also ist die Varianz der entsprechenden Schätzfunktion $\sigma^2_{\bar{X}}$ gleich dem Quotienten aus der Varianz in der Grundgesamtheit σ^2_X und dem Stichprobenumfang.
Wenn die Varianz einer Schätzfunktion umgekehrt proportional zum Stichprobenumfang n ist und die Varianz von T_n nur 83% der Varianz von Y_n beträgt, so haben Y_k und $T_{0{,}83 \cdot k}$ die gleiche Varianz.

Aufgabe 76: Nichtsymmetrische Konfidenzintervalle (S. 420)
Ein nicht symmetrisches Vorgehen kann dann sinnvoll sein, wenn ein Schätzfehler, der prinzipiell immer auftreten kann, in eine Richtung gravierendere Konsequenzen hat als in die andere Richtung. Denken Sie z. B. an die industrielle Qualitätssicherung. Ein Hersteller sichert seinen Kunden eine bestimmte Qualität zu. Dies kann bei einem Nudelhersteller neben qualitativen Aspekten der Ware auch die Einhaltung der Füllmenge betreffen. Daher schätzt der Hersteller das arithmetische Mittel der Masse pro Paket der in seiner Abfüllanlage verpackten Nudeln, um möglicherweise sein Maschine neu einzustellen. Die Kunden werden sich nur beklagen, wenn zu wenig Nudeln im Paket sind. Möglicherweise hat eine Supermarkt-Kette für diesen Zweck eine

hohe Vertragsstrafe vereinbart. Also ist wird der Hersteller das Anwenden der entsprechenden Klausel durch Einhalten der zugesicherten Qualität vermeiden wollen. Andererseits ist es für ihn ungünstig, wenn er dauerhaft mehr Nudeln abpackt als ihm vergütet werden. Dieser Fall ist allerdings weniger gravierend.
Rein rechnerisch lässt sich das geforderte Intervall z. B. durch die folgenden Bedingung realisieren:

$$P\left(-2\cdot k \leq \frac{\bar{X}-\mu_{\bar{X}}}{\sigma_{\bar{X}}} \leq k\right) \approx \int\limits_{-2\cdot k}^{k} \varphi(x)\,\mathrm{d}x = \int\limits_{-2\cdot k}^{k} \frac{1}{\sqrt{2\pi}}\,\mathrm{e}^{-\frac{1}{2}x^2}\,\mathrm{d}x \geq \delta\,.$$

Aufgabe 77:
Intervallschätzung mit Bernoullis Gesetz der großen Zahlen (S. 422)
Von den drei Parametern im Bernoulli'schen Gesetz der großen Zahlen, die variiert werden können, sind die Untergrenze für die Wahrscheinlichkeit als Konfidenzniveau 0,9 und $\varepsilon = 0{,}02$ vorgegeben. Damit kann die Mindestzahl der Versuche wie folgt bestimmt werden:

$$P(|Z-p| \leq 0{,}02) > 1 - \frac{1}{4\cdot n\cdot 0{,}02^2} \geq 0{,}9 \Leftrightarrow 0{,}1 \geq \frac{1}{4\cdot n\cdot 0{,}02^2}$$
$$\Leftrightarrow 4\cdot n\cdot 0{,}02^2 \geq 10 \Leftrightarrow n \geq \frac{1}{0{,}4\cdot 0{,}0004} \approx 6\,250\,.$$

Wenn also 25 Schülerinnen und Schüler in diesem Kurs wären, so müsste jeder 250-mal werfen und das Ergebnis notieren (das hört sich viel an, geht aber in zehn Minuten – probieren Sie es aus!).

Aufgabe 78:
Intervallschätzung für den Anteil defekter Glühbirnen (S. 427)
Im Beispiel „Glühbirnen" waren von 100 zufällig ausgewählten Glühbirnen drei defekt. Der Anteil betrug also 0,03. Da in der Aufgabenstellung nicht festgelegt ist, wie das „Schätzrisiko" 0,05 aufzuteilen ist, kann hier eine beliebige Aufteilung vorgenommen werden. Wir wählen wie beim Beispiel im Text eine symmetrische Aufteilung. Für die Bestimmung der oberen und unteren Grenze eines Schätzintervalls soll das Verfahren von Clopper-Pearson angewendet werden. Gesucht ist also eine möglichst große untere Schranke u und eine möglichst kleine obere Schranke o, für die gilt:

$$\sum_{i=4}^{100}\binom{100}{i}\cdot u^i\cdot(1-u)^{100-i} \leq 0{,}025 \quad \text{und}$$
$$\sum_{i=0}^{2}\binom{100}{i}\cdot o^i\cdot(1-o)^{100-i} \leq 0{,}025\,.$$

Mit dem Computer-Algebra-Systems DERIVE haben wir als Näherungswerte $u \approx 0{,}011$ und $o \approx 0{,}070$ bestimmt. Das Intervall $[0{,}011; 0{,}070]$ ist also eine Intervallschätzung nach dem Verfahren von Clopper-Pearson für den unbekannten Anteil defekter Glühbirnen in der Grundgesamtheit von 15 000 Glühbirnen zum Konfidenzniveau 0,95.

Aufgabe 79:
Stichprobenumfang und Fehler „nicht verwerfen" (S. 438)

Um entsprechend dem Vorgehen im Text eine Regel für das Verwerfen der Hypothese „$p = 0{,}5$" für den Stichprobenumfang n $(= 200, 500, 1000 \ldots)$ zu erhalten, muss ein möglichst großer Wert $k_1(n)$ und ein möglichst kleiner Wert $k_2(n)$ gefunden werden, für die gilt:

$$P(Z \le k_1(n)|p = 0{,}5) = \sum_{i=0}^{k_1(n)} \binom{n}{i} \cdot 0{,}5^i \cdot 0{,}5^{n-i}$$

$$= 0{,}5^n \cdot \sum_{i=0}^{k_1(n)} \binom{n}{i} \le \frac{\alpha}{2} = 0{,}045 \quad \text{und}$$

$$P(Z \ge k_2(n)|p = 0{,}5) = 0{,}5^n \cdot \sum_{i=k_2(n)}^{n} \binom{n}{i} \le \frac{\alpha}{2} = 0{,}045\,.$$

n	$k_1(n)$	$k_2(n)$	$\frac{k_2(n)}{n}$
200	87	113	0,565
500	230	270	0,540
1000	472	528	0,528

Die Bestimmung von $k_1(n)$ und $k_2(n)$ führt man wieder mithilfe des Computers durch. Mit dem Programm STOCHASTIK haben wir für die drei genannten n-Werte die in der ersten Tabelle dargestellten „kritischen Werte" bestimmt. Es fällt auf, dass diese relativ zum Stichprobenumfang näher an den Erwartungswert der jeweiligen Binomialverteilung rücken. Zur Verdeutlichung haben wir eine vierte Spalte mit dem Quotienten des oberen „kritischen Werts" und dem Stichprobenumfang ergänzt. Für $n = 100$ lag dieser relative Wert bei 0,590.

Analog zur Tabelle 4.2 bestimmen wir in der beiden anderen Tabellen einige Wahrscheinlichkeiten für den Fehler „nicht verwerfen" – hier für die Werte $\dot{p} = 0{,}55$ und $\dot{p} = 0{,}60$ – und vergleichen diese wiederum für die unterschiedlichen Stichprobenumfänge. Für größer werdende n werden diese Werte bei gleichem $\dot{p}$ sehr schnell geringer. Dies passt zu den Aussagen der Gesetze der gro-

n	$P(k_1(n) < Z < k_2(n)|p = 0{,}55)$
100	$\approx 0{,}7551$
200	$\approx 0{,}6373$
500	$\approx 0{,}3101$
1000	$\approx 0{,}0765$

n	$P(k_1(n) < Z < k_2(n) \mid p = 0{,}60)$
100	$\approx 0{,}3774$
200	$\approx 0{,}1397$
500	$\approx 0{,}0028$
1000	$\approx 0{,}0000$

ßen Zahlen: Für größer werdende n stabilisiert sich die relative Häufigkeit bei der zugrunde liegenden Wahrscheinlichkeit (empirisches Gesetz der großen Zahlen) bzw. Abweichungen um mehr als einen festen Wert ε werden immer unwahrscheinlicher (Bernoulli'sches Gesetz der großen Zahlen). Ein zufälliges Abweichen um 0,05 ($\dot{p} = 0{,}55$) bzw. 0,1 ($\dot{p} = 0{,}60$), d. h. ein Ergebnis das rein zufällig aufgrund der Entscheidungsregel zum Verwerfen der Hypothese führt, wird immer unwahrscheinlicher.

Auf die grafische Darstellung der Funktionen für „nicht verwerfen" verzichten wir hier. Qualitativ ist nach den ersten Ergebnissen dieser Aufgabe klar, dass sie „schmaler" werden. Sie finden entsprechen grafische Darstellungen auf der in der Einleitung genannten Homepage zu diesem Buch.

Aufgabe 80: Inhaltliche Bedeutung des α-Fehlers (S. 441)

Nach der ersten Auseinandersetzung mit diesem Fragenkatalog mag man es kaum glauben: Alle Aussagen sind *falsch* – und das obwohl einige so plausibel klingen. Falls Sie auch mit Ihren Einschätzungen daneben lagen, ist dies kein Grund zur Besorgnis, dies passiert auch Professorinnen und Professoren, die Hypothesentests in Methodenveranstaltungen der Anwendungsdisziplinen lehren (vgl. *Gigerenzer* & *Krauss* 2001). Es sollte aber Anlass genug sein, noch einmal über die Bedeutung des α-Fehlers nachzudenken. Zu den einzelnen Aussagen:

a. Es ist prinzipiell unbekannt, ob die Nullhypothese falsch oder richtig ist. Der α-Fehler gibt nur eine Obergrenze für die Wahrscheinlichkeit an, dass die Nullhypothese verworfen wird, obwohl sie gilt. Sie kann aber auch bei einem sehr kleinen α-Fehler verworfen werden. Dies ist nur sehr unwahrscheinlich, wenn sie gilt.
b. Im Sinne des beschriebenen Hypothesentests ist es nicht sinnvoll, der Nullhypothese eine Wahrscheinlichkeit zuzuordnen. Entweder sie gilt oder sie gilt nicht.
c. Wie bei Aussage a. kann eine solche generelle Aussage über die Gültigkeit der Nullhypothese oder der Alternativhypothese nicht getroffen werden.
d. Hier wird für die Alternativhypothese eine Wahrscheinlichkeit angegeben. Das ist die gleiche Situation wie in b., wo für die Nullhypothese eine Wahrscheinlichkeit angegeben wurde.
e. Auch diese Wahrscheinlichkeit lässt sich nicht bestimmen. Diese Aussage klingt zwar fast so wie die inhaltliche Erläuterung des α-Fehlers, aber eben nur fast. Der α-Fehler ist eine Obergrenze für die Wahrscheinlichkeit, den

entsprechenden Fehler zu begehen, wenn vorausgesetzt wird, die Nullhypothese gilt, also eine bedingte Wahrscheinlichkeit der Art „$P(\text{Fehler}|\text{gültig})$“. In der Aussage wird aber eine Wahrscheinlichkeit „$P(\text{Fehler})$“ betrachtet.

f. Wie bei e. kann man höchstens sagen „in 99% der Fälle, wenn die Nullhypothese gilt“.

Aufgabe 81: Intervallschätzung und Hypothesentest (S. 449)

Zunächst führen wir mit den angegebenen Werten eine linksseitige Intervallschätzung nach dem Verfahren von Clopper-Pearson durch. Dazu muss eine möglichst kleine obere Grenze o gefunden werden, für die gilt:

$$\sum_{i=0}^{2} \binom{100}{i} \cdot o^i \cdot (1-o)^{100-i} \leq 0{,}04\,.$$

Mit dem Computer-Algebra-Systems DERIVE haben wir als Näherungswert $o \approx 0{,}064$ bestimmt. Das Intervall $[0; 0{,}064]$ ist also eine linksseitige Intervallschätzung nach dem Verfahren von Clopper-Pearson für den unbekannten Anteil defekter Glühbirnen in der Grundgesamtheit von 15 000 Glühbirnen zum Konfidenzniveau 0,96.

Wie lässt sich diese Ergebnis im Hinblick auf einen einfachen Hypothesentest interpretieren? Die in der obigen Ungleichung auftretende Summe berücksichtigt 0 bis 2 defekte Glühbirnen in einer Stichprobe von 100 Glühbirnen. In Abhängigkeit von der Wahrscheinlichkeit o für eine defekte Glühbirne soll diese Summe nicht größer als 0,04 werden. Das heißt, wenn man einen Hypothesentest durchführen würde, bei dem für Werte größer als 2 die Nullhypothese verworfen würde, dann würde der β-Fehler für Wahrscheinlichkeiten für defekte Glühbirnen, die größer oder gleich 0,064 sind, maximal 0,04 betragen. Bei der durchgeführten Intervallschätzung wird nicht von vorneherein eine Nullhypothese aufgestellt und ein Verwerfungsbereich bestimmt, sondern es wird aufgrund eines Stichprobenergebnisses eine Parameterschätzung zu einem bestimmten Konfidenzniveau durchgeführt. 0,065 liegt gerade außerhalb des geschätzten Bereichs. Dieser Wert wird als auf dem Konfidenzniveau 0,96 für unwahrscheinlich gehalten. Wie groß wäre der β-Fehler für diese Wert bei dem tatsächlich durchgeführten Test der Nullhypothese H_0: „$p \leq 0{,}01$“ mit dem Verwerfungsbereich $\{4; \ldots; 100\}$? Man berechnet:

$$P(T \leq 3|p = 0{,}065) = \sum_{i=0}^{3} \binom{100}{i} \cdot 0{,}065^i \cdot 0{,}935^{100-i} \approx 0{,}1040\,.$$

Aufgabe 82: Zufallszahlen und χ^2-Test (S. 463)

a. Wir testen die Ziffernfolge $z_1, z_2, \ldots, z_n, z_i \in \{0, \ldots, 9\}$ auf Zufälligkeit. Zuerst verwenden wir die *Ziffernmethode*: Als Nullhypothese gehen wir von einer zufälligen Verteilung aus mit $\pi_i = \frac{1}{10}$ für jede Ziffer i. Für die konkret vorgelegte Ziffenfolge (z_i) mögen die Ziffer i mit der absoluten Häufigkeit a_i vertreten sein. Die entsprechende Testgröße ist also

$$\chi_1^2 := \chi^2(a_0, \dots, a_9) = \sum_{i=0}^{9} \frac{(a_i - \frac{n}{10})^2}{\frac{n}{10}}.$$

Für die zugehörige Dichtefunktion mit $s = 10 - 1 = 9$ Freiheitsgraden gilt

$$f_9(t) = K \cdot e^{-\frac{t}{2}} \cdot t^{\frac{7}{2}},$$

wobei K durch die bekannte Integralbedingung festgelegt ist. Mit Hilfe von MAPLE berechnen wir $K \approx 0{,}0038$, zeichnen den Graphen von f_9 (Abb. A.16) und bestimmen den fraglichen Parameter $c \approx 16{,}9$ für einen Test auf dem Niveau $\alpha = 5\%$. Die Entscheidungsregel lautet also „verwerfe die Annahme, dass die Ziffern zufällig verteilt sind, wenn die Prüfgröße $\chi^2 > 16{,}9$ ist".

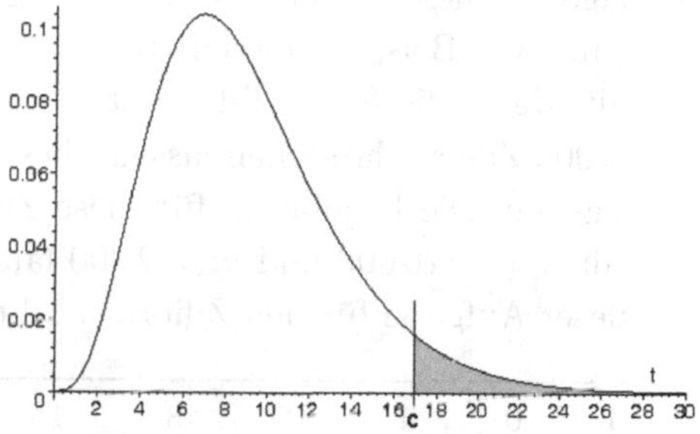

Abb. A.16. χ^2-Verteilung mit 9 Freiheitsgraden

Als zweite Methode verwenden wir den *Pokertest*: Als Nullhypothese gehen wir von einer zufälligen Verteilung aus, bei der die Fünferblöcke die Wahrscheinlichkeiten $\pi_1 = P(T_1) \approx 0{,}3024, \pi_2 = P(T_2) \approx 0{,}5040$, $\pi_3 = P(T_3) \approx 0{,}1080, \pi_4 = P(T_4) \approx 0{,}0720, \pi_5 = P(T_5) \approx 0{,}0090$, $\pi_6 = P(T_6) \approx 0{,}0045$ und $\pi_7 = P(T_7) \approx 0{,}0010$ haben. Für die konkret vorgelegte Ziffenfolge (z_i) mögen die $m = [\frac{n}{5}]$ Ziffernblöcke mit der absoluten Häufigkeit $b_i, i = 1, \dots, 7$, vertreten sein. Die entsprechende Testgröße ist also

$$\chi_2^2 := \chi^2(b_1, \dots, b_7) = \sum_{i=1}^{7} \frac{(b_i - m \cdot \pi_i)^2}{m \cdot \pi_i}.$$

Für die zugehörige Dichtefunktion mit $s = 7 - 1 = 6$ Freiheitsgraden gilt

$$f_6(t) = K \cdot e^{-\frac{t}{2}} \cdot t^2,$$

wobei K durch die bekannte Integralbedingung festgelegt ist. Mit Hilfe von MAPLE berechnen wir $K \approx 0{,}0625$, zeichnen den Graphen von f_6 (Abb. A.17) und bestimmen den fraglichen Parameter $c \approx 12{,}6$ für einen Test auf dem Niveau $\alpha = 5\%$. Die Entscheidungsregel lautet jetzt

„verwerfe die Annahme, dass die Ziffern zufällig verteilt sind, wenn die Prüfgröße $\chi^2 > 12{,}6$ ist".

b. Um die nötigen Zahlen a_i und b_j für eine vorgelegte Zufallsfolge (z_i) zu bestimmen, können Sie das Java-Applet „Zufallstest" auf der in der Einleitung genannten Homepage zu diesem Buch verwenden. Als Beispiel haben wir mit Maple die Kreiszahl π mit 10 000 Ziffern darstellen lassen, diese Zahl kopiert und in das Applet eingegeben. Die Ergebnisse für diese Ziffernfolge $3, 1, 4, 1, 5, \ldots$ mit den Anzahlen $n = 10\,000$ und $m = 2\,000$ lauten in den Bezeichnungen von Teil a. dieser Aufgabe für den Ziffern- und den Pokertest: 100 €

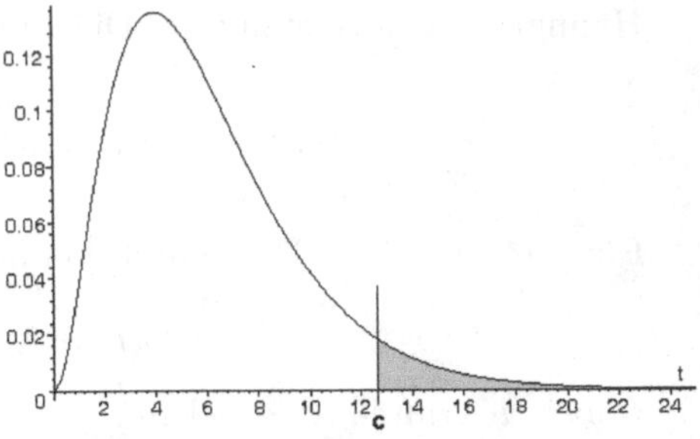

Abb. A.17. χ^2-Verteilung mit 6 Freiheitsgraden

i	0	1	2	3	4	5	6	7	8	9
a_i	968	1026	1021	975	1012	1046	1021	969	948	1014

i	1	2	3	4	5	6	7
b_i	589	1040	212	134	20	5	0

Hieraus berechnen sich die Testgrößen $\chi_1^2 = 8{,}304$ beim Zifferntest und $\chi_2^2 \approx 6.20$ beim Pokertest. Unsere π-Ziffernfolge besteht also beide Tests!

Aufgabe 83: Bayes'scher Hypothesentest für das Beispiel „Glühbirnen" (S. 474)

Bei dieser Aufgabe muss man zunächst a-priori-Dichtefunktionen für die beiden Kontrahenten festlegen, wofür es prinzipiell beliebig viele Möglichkeiten gibt. Daher ist die folgende Lösung nur *eine* Beispiellösung. Da der Lieferant von der Qualität seiner Ware überzeugt ist, geht er von geringen Wahrscheinlichkeiten für defekte Glühbirnen aus. Da a priori alle Wahrscheinlichkeiten p zwischen 0 und 1 auftreten können, setzt er eine a-priori-Dichtefunktion an, die streng monoton fallend ist. *Jede* Dichtenfunktion muss normiert sein. Daher entscheidet er sich für eine Funktion mit der Gleichung $f_L(p) := \frac{e}{e-1} \cdot \mathrm{e}^{-x}$. Der Faktor $\frac{e}{e-1}$ dient der Normierung. Der Großhändler setzt dem eine a-priori-Dichtefunktion entgegen, die ihren größten Wert bei 0,5 annimmt. Er hält es also für sehr wahrscheinlich, dass etwa jede zweite Glühbirne defekt

ist. Er entscheidet sich für die aus dem „Münztest“ bekannte Funktion mit der Funktionsgleichung $f_G(p) := 140 \cdot (1-p)^3 \cdot p^3$.
Die Durchführung des Tests ergibt drei defekte Glühbirnen unter 100 zufällig ausgewählten. Als a-posteriori-Dichtefunktionen erhalten die Beiden damit:

$$f_L(p|T=3) = \frac{\frac{e}{e-1} \cdot e^{-p} \cdot \binom{100}{3} \cdot p^3 \cdot (1-p)^{97}}{\int\limits_0^1 \frac{e}{e-1} \cdot e^{-x} \cdot \binom{100}{3} \cdot x^3 \cdot (1-x)^{97}\,dx}$$

$$= \frac{e^{-p} \cdot p^3 \cdot (1-p)^{97}}{\int\limits_0^1 e^{-x} \cdot x^3 \cdot (1-x)^{97}\,dx} \approx 1{,}698 \cdot 10^7 \cdot e^{-p} \cdot p^3 \cdot (1-p)^{97}$$

$$f_G(p|T=3) = \frac{140 \cdot (1-p)^3 \cdot p^3 \cdot \binom{100}{3} \cdot p^3 \cdot (1-p)^{97}}{\int\limits_0^1 140 \cdot (1-x)^3 \cdot x^3 \cdot \binom{100}{3} \cdot x^3 \cdot (1-x)^{97}\,dx}$$

$$= \frac{p^6 \cdot (1-p)^{100}}{\int\limits_0^1 x^6 \cdot (1-x)^{100}\,dx} \approx 1{,}825 \cdot 10^{11} \cdot p^6 \cdot (1-p)^{100}\,.$$

Die Funktionsgraphen der a-priori- und a-posteriori-Dichtefunktionen sind jeweils für den Lieferanten und den Großhändler in einem Schaubild auf der in der Einleitung genannten Homepage zu diesem Buch dargestellt. Wir berechnen hier noch die zu den a-posteriori-Dichten gehörigen Wahrscheinlichkeiten dafür, dass die fragliche Wahrscheinlichkeit p im Intervall $[0; 0{,}02]$ bzw. im Intervall $[0{,}02; 0{,}04]$ liegt:

$$\int\limits_0^{0{,}02} f_L(p|T=3)\,dp \approx 0{,}1482\,; \qquad \int\limits_0^{0{,}02} f_G(p|T=3)\,dp \approx 0{,}0057\,;$$

$$\int\limits_{0{,}02}^{0{,}04} f_L(p|T=3)\,dp \approx 0{,}4376\,; \qquad \int\limits_{0{,}02}^{0{,}04} f_G(p|T=3)\,dp \approx 0{,}1317\,.$$

Sowohl für die Ausgangsvermutung des Lieferanten als auch für die Ausgangsvermutung des Großhändlers ergeben sich nach Durchführung des Tests und dem entsprechenden *Lernen aus Erfahrung* deutlich größere Wahrscheinlichkeiten für einen p-Wertebereich zwischen 0,02 und 0,04 als für einen solchen zwischen 0 und 0,02. Das ist plausibel, da die Maximum-Likelihood-Schätzung (vgl. Abschnitt 4.1.2, S. 406) aufgrund des Stichprobenergebnisses 0,03 als „wahrscheinlichsten“ Wert ergeben hat. Ebenso ist plausibel, dass die Wahrscheinlichkeit für die beiden Intervalle für die Ausgangsvermutung des

Großhändlers jeweils kleiner sind als die für die entsprechenden Intervalle für die Ausgangsvermutung des Lieferanten. Der Großhändler hatte schließlich a priori Werte in der Nähe von 0,5 favorisiert, während der Lieferant natürlich von sehr kleine p-Werten ausgegangen ist.
In jedem Fall spricht sehr wenig dafür, dass der Lieferant seine Zusage (weniger als ein Prozent defekte Glühbirnen) eingehalten hat.

Aufgabe 84: Bedingungen für die Eindeutigkeit des geschätzten Intervalls (S. 478)

Sowohl für das Verfahren von Clopper-Pearson, als auch für das numerische Verfahren der „abwärts wandernden waagerechten Schnitte“ (vgl. Abb. 4.27), als auch für das weiter formalisierte Verfahren für eine Intervallschätzung lässt sich eine hinreichende Bedingung für die Eindeutigkeit des nach dem jeweiligen Verfahren geschätzten Intervalls angeben: Die jeweils betrachteten Verteilungen bzw. Dichtefunktionen müssen eingipflig sein und bis zu ihrem Maximum streng monoton steigen und anschließend streng monoton fallen. Beim Verfahren von Clopper-Pearson handelt es sich bei den infrage stehenden Verteilungen um die jeweiligen Verteilungen mit den verschiedenen möglichen Parametern, bei den Schätzverfahren der Bayes-Statistik um die a-posteriori-Dichtefunktion. In den im Text behandelten Beispielen ist diese Bedingung immer erfüllt. Die „normalen“ auftretenden Verteilungen und Dichtefunktionen führen eigentlich immer dazu, dass diese hinreichende Bedingung erfüllt ist. Verteilungen bzw. Dichtefunktionen, bei denen diese Bedingung nicht erfüllt ist, treten in der Anwendungspraxis nicht auf, sondern sind Konstrukte der mathematischen Forschung, die der Entwicklung der Stochastik dienen.

Aufgabe 85: Parameterschätzung für das Beispiel „Glühbirnen“ (S. 478)

Für die Punkt- und Intervallschätzung mit den Verfahren der Bayes-Statistik können wir auf die Ergebnisse aus Aufgabe 83 zurückgreifen. Dort wurden aus den a-priori-Dichtefunktionen für den Lieferanten f_L und den Großhändler f_G aufgrund des Stichprobenergebnisses von drei defekten Glühbirnen unter 100 zufällig ausgewählten jeweils die a-posteriori-Dichtefunktionen bestimmt:

$$f_L(p|T=3) \approx 1{,}698 \cdot 10^7 \cdot \mathrm{e}^{-p} \cdot p^3 \cdot (1-p)^{97}\,,$$
$$f_G(p|T=3) \approx 1{,}825 \cdot 10^{11} \cdot p^6 \cdot (1-p)^{100}\,.$$

Zunächst führen wir beide vorgestellten Möglichkeiten einer Punktschätzung durch. Bei der ersten Möglichkeit wurde analog zur Maximum-Likelihood-Schätzung die Maximumstelle der a-posteriori-Dichtefunktion bestimmt. Da

beide infrage stehenden a-posteriori-Dichtefunktionen differenzierbar sind, lässt sich diese Maximumstelle mithilfe der ersten Ableitung finden. Unter Verwendung von DERIVE haben wir für den Lieferanten $m_L \approx 0{,}0297$ und für den Großhändler $m_G \approx 0{,}0566$ als entsprechende Punktschätzung bestimmt. Der Einfluss der a-priori-Einschätzungen ist also noch deutlich sichtbar, wenngleich sich beide dem Anteil 0,03 defekter Glühbirnen in der Stichprobe angenähert haben.
Die andere dargestellte Möglichkeit der Parameterschätzung im Rahmen der Bayes-Statistik war die Bildung des Erwartungswerts der a-posteriori-Funktionen. Hier gilt:

$$E(f_L(p|T=3)) = \int_0^1 p \cdot f_L(p|T=3)\,\mathrm{d}p \approx 0{,}0388 \quad \text{und}$$

$$E(f_G(p|T=3)) = \int_0^1 p \cdot f_G(p|T=3)\,\mathrm{d}p \approx 0{,}0648\,.$$

Gegenüber der ersten Punktschätzung ergeben sich bei der Erwartungswertbildung leichte, aber nicht gravierende Veränderungen. Beide Möglichkeiten der Parameterschätzung liefern Werte, die mit der Zusage des Lieferanten (weniger als ein Prozent defekte Glühbirnen) nicht gut vereinbar sind.
Für die Intervallschätzung wählen wir als Konfidenzniveau 0,95. Jetzt suchen wir für die Ausgangsvermutungen der beiden Kontrahenten möglichst kleine Intervalle („Bereiche größter Dichte"), für die gilt:

$$P_L(p \in [a;b]) = \int_a^b f_L(x|T=3)\,\mathrm{d}x = 0{,}95 \quad \text{bzw.}$$

$$P_G(p \in [c;d]) = \int_c^d f_G(x|T=3)\,\mathrm{d}x = 0{,}95\,.$$

Mit dem numerischen Verfahren der waagerechten Schnitte (eine Visualisierung finden Sie auf der in der Einleitung genanten Homepage zu diesen Buch) haben wir für den Lieferanten $I_L \approx [0{,}005; 0{,}075]$ und für den Großhändler $I_G \approx [0{,}023; 0{,}112]$ als Intervallschätzung gefunden. Mit der Intervallschätzung auf Basis der Ausgangsvermutung des Lieferanten wäre die Zusage des Lieferanten (weniger als ein Prozent defekte Glühbirnen) noch so gerade eben verträglich, auch wenn 0,01 sehr nah am linken Rand liegt. Mit der Schätzung auf Basis der Ausgangsvermutung des Großhändlers wäre die Zusage nicht mehr verträglich.

Literaturverzeichnis

Basieux, P. (2001). *Roulette. Die Zähmung des Zufalls.* Geretsried: Printal.

Bass, Th. A. (1991). *Der Las Vegas Coup.* Basel: Birkhäuser.

Baumert, J. & Lehmann, R. u. a. (1997). *TIMSS. Mathematisch-naturwissenschaftlicher Unterricht im internationalen Vergleich. Deskriptive Befunde.* Opladen: Leske + Budrich.

Beck-Bornholdt, H.-P. & Dubben, H.-H. (1997). *Der Hund, der Eier legt. Erkennen von Fehlinformationen durch Querdenken.* Reinbek bei Hamburg: Rowohlt.

Becker, J. P. & Shimada, S. (1997). *The open-ended approach. A new proposal for teaching mathematics.* Reston, VA: National Council of Teachers of Mathematics.

Berresford, G. (1980). The uniformity assumption in the birthday problem. *Mathematics Magazine*, 53 (5), S. 286–288.

Blum, W. & Kirsch, A. (1991). Preformal proving: examples and reflections. *Educational Studies in Mathematics*, 22 (2), S. 183–203.

Borovcnik, M. (1986). Zum Teilungsproblem. *Journal für Mathematik-Didaktik, 7 (1)*, S. 45–70.

Bortz, J. (1999). *Statistik für Sozialwissenschaftler.* 5. Auflage. Berlin: Springer.

Bortz, J. & Döring, N. (2002): *Forschungsmethoden und Evaluation für Human- und Sozialwissenschaftler.* 3., überarbeitete Auflage. Berlin u. a.: Springer.

Bosch, K. (1996). *Großes Lehrbuch der Statistik.* München: Oldenbourg.

Bosch, K. (2004). *Das Lottobuch.* München: Oldenbourg

Büchter, A. (2004). Die Wissenschaft hat festgestellt ...! Wie man sich vor Fehlschlüssen (nicht nur) in der Bildungsforschung wappnet. In G. Eikenbusch & T. Leuders, (Hrsg.). *Lehrer-Kursbuch Statistik* (S. 103–107). Berlin: Cornelsen Scriptor.

Büchter, A. (2006). Daten und Zufall entdecken. Aspekte eines zeitgemäßen Stochastikunterrichts. *mathematik lehren, Heft 138*, S. 4-11.

Büchter, A. & Henn, H.-W. (2004). Stochastische Modellbildung aus unterschiedlichen Perspektiven – Von der Genueser Lotterie über Urnenaufgaben zur Keno Lotterie. *Stochastik in der Schule, 24 (3)*, S. 28–41.

Büchter, A. & Leuders, T. (2004). Führt mehr Taschengeld zu besseren Leistungen? Wie man Zusammenhänge statistisch begründen kann und wie nicht. In G. Eikenbusch & T. Leuders (Hrsg.): *Lehrer-Kursbuch Statistik* (S. 108–126). Berlin: Cornelsen Scriptor.

Childs, J. R. (1977). *Casanova. Eine Biographie.* München: Blanvalet.

Clausen, M. (2002). Unterrichtsqualität: *Eine Frage der Perspektive? Empirische Analysen zur Übereinstimmung, Konstrukt- und Kriteriumsvalidität.* Münster: Waxmann.

Clopper, C. J. & Pearson, E. S. (1934). The Use of Confidence or Fiducial Limits. Illustrated in the case of Binomial. *Biometrika*, 26, S. 404–413.

Czuber, E. (1908): *Wahrscheinlichkeitsrechnung. Erster Band.* 2. Auflage. Leipzig: Teubner. (Reprint 1968)

Czuber, E. (1910). *Wahrscheinlichkeitsrechnung. Zweiter Band.* 2. Auflage. Leipzig: Teubner. (Reprint 1968)

Deutsches PISA-Konsortium (Hrsg.) (2001a). *PISA 2000. Basiskompetenzen von Schülerinnen und Schülern im internationalen Vergleich.* Opladen: Leske + Budrich.

Deutsches PISA-Konsortium (Hrsg.) (2001b). *PISA 2000. Zusammenfassung zentraler Befunde.* Berlin: Max-Planck-Institut für Bildungsforschung. (Im Internet verfügbar unter http://www.mpib-berlin.mpg.de/pisa/ergebnisse.pdf)

Deutsches PISA-Konsortium (Hrsg.) (2002). *PISA 2000. Die Länder der Bundesrepublik im Vergleich.* Opladen: Leske + Budrich.

Deutsches PISA-Konsortium (Hrsg.) (2003). *Pisa 2000 - Ein differenzierter Blick auf die Länder der Bundesrepublik Deutschland.* Opladen: Leske + Budrich.

Dudley, R. M. (1989). *Real Analysis and Probability.* Monterey: Wadsworth & Brooks.

Eastaway, R. & Wyndham, J. (1998). *Why do buses come in threes.* London: Robson Books.

Eichelsbacher, P. (2001). Eine Diskussion der Faustregel von Laplace. *Stochastik in der Schule, 21 (1)*, S. 22–27.

Eichelsbacher, P. (2002). Mit RUNS den Zufall besser verstehen. *Stochastik in der Schule, 22 (1)*, S. 2–8.

Engel, A. (1973). *Wahrscheinlichkeitsrechnung und Statistik.* Band 1. Stuttgart: Klett-Verlag.

Engel, A. (1975). Der Wahrscheinlichkeitsabakus. *Der Mathematikunterricht, 21(2)*, S. 70–93.

Engel, A. (1976). Why does the problistic abacus work? *Educational Studies in Mathematics, 7*, S. 59–69.

Engel, A. (1976). *Wahrscheinlichkeitsrechnung und Statistik.* Band 2. Stuttgart: Klett-Verlag.

Engel, A. (1987). *Stochastik.* Stuttgart: Ernst Klett.

Engel, A. (2006). Der Stochastische Abakus. *Stochastik in der Schule, 26 (2)*, S. 28–37.

Engel, J. (2004). Mathematik und Kriegsverbrechen: Wie viele Tote im Kosovo-Krieg? *Mathematische Semesterberichte, 51*, S. 117–130.

Fisher, R. A. (1925). *Statistical Methods for Research Workers.* Edinburgh: Oliver and Boyd.

Fisher, R. A. (1935). *The Design of Experiments.* Edinburgh: Oliver and Boyd.

Fisz, M. (1966). *Wahrscheinlichkeitsrechnung und mathematische Statistik.* 4. Auflage. Berlin: VEB Deutscher Verlag der Wissenschaften.

Freudenthal, H. (1973): *Mathematik als pädagogische Aufgabe.* 2 Bände. Stuttgart: Klett.

Freudenthal, H. (1975): *Wahrscheinlichkeit und Statistik.* 3. Auflage. München: Oldenbourg.

Freudenthal, H. (1983): *Didactical phenomenology of mathematical structures.* Dordrecht: Reidel.

Freudenthal, H. & Steiner, H. G. (1966). Aus der Geschichte der Wahrscheinlichkeitsrechnung und der mathematischen Statistik. In H. Behnke, G. Bertram & R. Sauer (Hrsg.). *Grundzüge der Mathematik IV* (S. 149–195). Göttingen: Vandenhoeck &Ruprecht.

Gigerenzer, G. (1993). Über den mechanischen Umgang mit statistischen Methoden. In E. Roth (Hrsg.): *Sozialwissenschaftliche Methoden* (S. 607–618). München: Oldenbourg.

Gigerenzer, G. & Krauss, S. (2001). Statistisches Denken oder statistische Rituale: Was sollte man unterrichten. In M. Borovcnik, J. Engel & D. Wickmann (Hrsg.): *Anregungen zum Stochastikunterricht. Die NCTM-Standards 2000. Klassische und Bayessche Sichtweise im Vergleich* (S. 53–63). Hildesheim: Franzbecker.

Gigerenzer, G, Swijtink, Z., Porter, Th., Daston, L., Beatty, J. & Krüger, L. (1999). *Das Reich des Zufalls. Wissen zwischen Wahrscheinlichkeiten, Häufigkeiten und Unschärfen.* Heidelberg: Spektrum Akademischer Verlag.

Glaser, B. G. & *Strauss* A. L. (1967): *The discovery of grounded theory.* Chicago: Aldine.

Glaser, B. G. & *Strauss* A. L. (1998*): Grounded Theory. Strategien qualitativer Forschung.* Bern: Huber.

Heilmann, W.-R. (1980). Ein Gegenbeispiel aus der Theorie der Markov-Ketten. *Didaktik der Mathematik, 1*, S. 75–78.

Henn, H.-W. (1996). DAX und Dow Jones. *Mathematik lehren* 74, S. 59–63.

Henn, H.-W. (2003). *Elementare Geometrie und Algebra.* Wiesbaden: Vieweg.

Henn, H.-W. & Jock, W. (2000). Gruppen-Screening. In: F. Förster, H.-W. Henn & J. Meyer: *Materialien für einen realitätsbezogenen Mathematikunterricht. Band 6* (S. 123–137). Hildesheim: Franzbecker.

Henze, N. (2000). *Stochastik für Einsteiger.* 3. Auflage. Wiesbaden: Vieweg.

Henze, N. & Last, G. (2003). *Mathematik für Wirtschaftsingenieure.* Band 1. Wiesbaden: Vieweg.

Henze, N. & Last, G. (2004). *Mathematik für Wirtschaftsingenieure.* Band 2. Wiesbaden: Vieweg.

Henze, N. & Riedwyl, H. (1998). *How to win more. Strategies for increasing a lottery win.* Wellesley, MA: A.K. Peters.

Herget, W. & Scholz, D. (1998). *Die etwas andere Aufgabe – aus der Zeitung.* Seelze: Kallmeyer.

Heuser, H. (1990). *Lehrbuch der Analysis.* Teil 1. 7. Auflage. Stuttgart: Teubner.

Heuser, H. (2002). *Lehrbuch der Analysis.* Teil 2. 12. Auflage. Stuttgart: Teubner.

Hischer, H. & Lambert, A. (2004) (Hrsg.). Mittelwerte und weitere Mitten. *Der Mathematikunterricht* 50 (5).

Hogben, L. (1953). *Mathematik für alle.* Köln: Kiepenheuer & Witsch.

Humenberger, H. (2002). Der PALIO, das Pferderennen von Siena. *Stochastik in der Schule, 22,* S. 2–13.

Jahnke, Th. (1997). Drei Türen, zwei Ziegen und eine Frau. *Mathematik lehren* 85, S. 47–51.

Janssen, K., Klinger, H. & Meise, R. (2004). Markovketten: Theoretische Grundlagen, Beispiele und Simulationen mit MAPLE. *Mathematische Semesterberichte, 51,* S. 69–93.

Klein, F. (1908/1909). *Elementarmathematik vom höheren Standpunkte aus. Teil I: Arithmetik, Algebra, Analysis, Teil II: Geometrie.* Leipzig: Teubner.
(Im Internet verfügbar unter
http://www.ubka.uni-karlsruhe.de/ausstellung/wasbleibt/buecher.html)

Kolmogorov, A. (1933). *Grundbegriffe der Wahrscheinlichkeitsrechnung.* Berlin: Springer.

Krämer, W. (1994). *So überzeugt man mit Statistik.* Frankfurt: Campus.

Krämer, W. (1998). *So lügt man mit Statistik.* 8. Auflage. Frankfurt: Campus.

Krämer, W. (1999). *Denkste! Trugschlüsse aus der Welt des Zufalls und der Zahlen.* München: Piper

Krämer, W. (2002): *Statistik verstehen. Eine Gebrauchsanweisung.* 3. Auflage. Frankfurt: Campus.

Kratz, H. (2004). Ein einfaches Modell für die Diffusion des Euro. In K. Reiss (Hrsg.). *Beiträge zum Mathematikunterricht 2004* (S. 313–316). Hildesheim: Franzbecker.

Kratz, H. (2006). Ein offener Einstieg in den Themenbereich Austauschprozesse. In J. Meyer (Hrsg.). *Anregungen zum Stochastikunterricht.* Band 3 (S. 47–113). Hildesheim: Franzbecker.

Krätz, O. & Merlin, H. (1995). *Casanova. Liebhaber der Wissenschaften.* München: Callwey.

Krengel, U. (2003). *Einführung in die Wahrscheinlichkeitstheorie und Statistik. Für Studium, Berufspraxis und Lehramt.* 7. Auflage. Wiesbaden: Vieweg.

Krengel, U. (2006). Von der Bestimmung der Planetenbahnen zur modernen Statistik. *Mathematische Semesterberichte, 53 (1),* S. 1–16.

Krickeberg, K. & Ziezold, H. (1995). *Stochastische Methoden.* 4. Auflage. Berlin: Springer.

Kroll, W. & Vaupel, J. (1986). *Grund- und Leistungskurs Analysis. Integralrechung und Differentialrechnung.* Band 2. Bonn: Dümmler.

Krüger, K. (2003). Ehrliche Antworten auf indiskrete Fragen. Anonymisierung von Umfragen mit der Randomized Response Technik. In H.-W. Henn & K. Maaß (Hrsg.). *Materialien für einen realitätsorientierten Mathematikunterricht. Band 8* (S. 118–127). Hildesheim: Franzbecker.

Kuhn, Th. S. (1967). *Die Struktur wissenschaftlicher Revolutionen.* Frankfurt a. M.: Suhrkamp.

Kütting, H. (1994). *Beschreibende Statistik im Schulunterricht.* Mannheim: BI-Wissenschaftsverlag.

Kütting, H. (1999). *Elementare Stochastik.* Heidelberg: Spektrum Akademischer Verlag.

Linke, A. (2003). Spam oder nicht Spam? *c't* 17/2003, S. 150–153.

Leuders, T. (2004). Mathe und Physik für die Welt von morgen: Warum Schülerinnen und Schüler nicht mit den Weltbildern des vorletzten Jahrhunderts ins einundzwanzigste geschickt werden sollten. *forum schule*, Heft 2/2004, S. 18–26.

Mehlhase, U. (1993). Stochastikprojekte zur Einführung in die Beurteilende Statistik / Testen. In: W. Blum (Hrsg.). *Anwendungen und Modellbildung im Mathematikunterricht* (S. 85–99). Hildesheim: Franzbecker.

Meyer, D. (1998). Markoff-Ketten. *Mathematik in der Schule, 36 (12),* S. 661–680.

Meyer, J. (2004). *Schulnahe Beweise zum zentralen Grenzwertsatz.* Hildesheim: Franzbecker.

Neymann, J. (1937). Outline of a theory of statistical estimation based on the classical theory of probability. *Philosophical Transactions of the Royal Society, Series A, 236,* S. 333–380.

Paul, W. (1978). *Erspieltes Glück. 500 Jahre Geschichte der Lotterien und des Lotto.* Berlin: Deutsche Klassenlotterie.

Paulos, J. A. (1990). *Zahlenblind. Mathematisches Analphabetentum und seine Konsequenzen.* München: Heyne.

Peitgen, H.O., Jürgens, H. & Saupe, D. (1994). *Chaos: Bausteine der Ordnung.* Berlin: Springer.

Plachky, D. (1981). *Stochastik II.* Wiesbaden: Akademische Verlagsgesellschaft.

Polley, W. J. (2005). A revolving door birthday problem. *The UMAP Journal, 26 (4),* S. 413–424.

Randow, G. v. (1999). *Das Ziegenproblem.* Reinbek bei Hamburg: Rowohlt.

Rasfeld, P. (2004). Das Teilungsproblem - mit Schülern auf den Spuren von Pascal und Fermat. In K. Reiss (Hrsg.), *Beiträge zum Mathematikunterricht 2004* (S. 445–448). Hildesheim: Franzbecker.

Reichel, H.-C., Hanisch, G. & Müller, R. (1992). *Wahrscheinlichkeitsrechnung und Statistik.* Wien: Hölder-Pichler-Tempsky.

Riehl, G. (2004). Wer tauscht – gewinnt nicht. *Stochastik in der Schule,* 24 (3), S. 45–51.

Riemer, W. (1985). *Neue Ideen zur Stochastik.* Mannheim: BI Wissenschaftsverlag.

Riemer, W. (1991). *Stochastische Probleme aus elementarer Sicht.* Mannheim: BI Wissenschaftsverlag.

Rutherford, E. & Geiger, H. (1910). The Probability Variations in the Distribution of α Particles. *The London, Edinburgh, and Dublin Philosophical Magazin and Journal of Science,* 20, S. 698–707.

Schechter, B. (1999). *Mein Geist ist offen.* Basel: Birkhäuser.

Schneider, I. (1988). *Die Entwicklung der Wahrscheinlichkeitstheorie von den Anfängen an bis 1933.* Darmstadt: Wissenschaftliche Buchgesellschaft.

Schrage, G. (1980). Schwierigkeiten mit der stochastischen Modellbildung. Zwei Beispiele aus der Praxis. *Journal für Mathematikdidaktik, 1,* S. 86–101.

Schreiber, A. (2003). Mittelwerte – zwischen Wahrheit und Lüge. Oder: Wie sich aus einem mathematischen Lehrsatz Kapital für die Werbung schlagen lässt. *Mitteilungen der Deutschen Mathematiker-Vereinigung (DMV-Mitteilungen),* 2/2003, S. 43.

Schupp, H., Büchter, A., Henn, H.-W. (2005). Elementare Stochastik. Eine Einführung in die Mathematik der Daten und des Zufalls. *Zentralblatt für Didaktik der Mathematik 37(6)*, S. 510–513.

Simpson, E. H. (1951). The Interpretation of Interaction in Contingency Tables. *Journal of the Royal Statistical Society, Series B, 13*, S. 238–241.

Singh, S. (1997). *Fermats letzter Satz.* München: Hanser.

Steinbring, H. (1980). *Zur Entwicklung des Wahrscheinlichkeitsbegriffs – das Anwendungsproblem in der Wahrscheinlichkeitstheorie aus didaktischer Sicht.* Bielefeld: IDM.

Szekely, Gabor J. (1986): *Paradoxes in probability theory and mathematical statistics.* Dordrecht: Reidel.

Tiede, M. (2001). *Beschreiben mit Statistik – Verstehen.* München: Oldenbourg.

Tiede, M. & Voß, W. (2000). *Schließen mit Statistik – Verstehen.* München: Oldenbourg.

Topsøe, F. (1990). *Spontane Phänomene.* Wiesbaden: Vieweg.

Tukey, John W. (1977). *Exploratory data analysis.* Reading, MA: Addison-Wesley Publishing Company.

Wallis, W. A. & H. V. Roberts (1975). *Methoden der Statistik.* Reinbek bei Hamburg: Rowohlt.

Wickmann, D. (1990). *Bayes-Statistik. Einsicht gewinnen und entscheiden bei Unsicherheit.* Mannheim: BI-Wissenschaftsverlag.

Wickmann, D. (1998). Zur Begriffsbildung im Stochastikunterricht. *Journal für Mathematikdidaktik, 19 (1)*, S. 46–80.

Wickmann, D. (2001a). Der Theorieeintopf ist zu beseitigen. Ereignis- und Zustandswahrscheinlichkeit – Versuch einer Klärung des Wahrscheinlichkeitsbegriffs zum Zwecke einer Methodenbereinigung. In M. Borovcnik, J. Engel & D. Wickmann (Hrsg.): *Anregungen zum Stochastikunterricht. Die NCTM-Standards 2000. Klassische und Bayessche Sichtweise im Vergleich* (S. 123–132). Hildesheim: Franzbecker.

Wickmann, D. (2001b). Inferenzstatistik ohne Signifikanztest. In M. Borovcnik, J. Engel & D. Wickmann (Hrsg.): *Anregungen zum Stochastikunterricht. Die NCTM-Standards 2000. Klassische und Bayessche Sichtweise im Vergleich* (S. 133–138). Hildesheim: Franzbecker.

Wickmann. D. (2006). *VisualBayes. Ein Rechnerprogramm zur Einführung in die Bayes-Statistik.* Hildesheim: Franzbecker.

Winter, H. (1981). Zur Beschreibenden Statistik in der Sekundarstufe I. In W. Dörfler & R. Fischer (Hrsg.). *Stochastik im Schulunterricht. Beiträge zum 3. Internationalen Symposium für „Didaktik der Mathematik" vom 29.9.-3.10.1980* (S. 279–304). Wien: Hölder-Pichler-Tempsky.

Winter, H. (1985a). Mittelwerte. Eine grundlegende mathematische Idee. *Mathematik lehren*, 8, S. 4–6.

Winter, H. (1985b). Minimumseigenschaft von Zentralwert und arithmetischem Mittel. *Mathematik lehren*, 8, S. 7–15.

Winter, H. (1985c). Die Gauss-Aufgabe als Mittelwertaufgabe. *Mathematik lehren*, 8, S. 20–24.

Winter, H. (1985d). Dreieck und Dreiklang - woher das harmonische Mittel seinen Namen hat. *Mathematik lehren*, 8, S. 48.

Winter, H. (1992). Zur intuitiven Aufklärung probabilistischer Paradoxien. *Journal für Mathematikdidaktik, 13 (1)*, S. 23–53.

Winter, H. (1995/2004). Mathematikunterricht und Allgemeinbildung. *Mitteilungen der Gesellschaft für Didaktik der Mathematik*, 61, S. 37–46. (Überarbeitete Fassung in: H.-W. Henn & K. Maaß (Hrsg.): *Materialien für einen realitätsorientierten Mathematikunterricht. Band 8* (S. 6–15). Hildesheim: Franzbecker.)

Wirths, H. (1999). Die Geburt der Statistik. *Stochastik in der Schule,* 19 (3), S. 3–30.

Wittmann, E. (1981). *Grundfragen des Mathematikunterrichts.* 6. Auflage. Wiesbaden: Vieweg.

Wollring, B. (1992). Ein Beispiel zur Konzeption von Simulationen bei der Einführung des Wahrscheinlichkeitsbegriffs. *Stochastik in der Schule,* 12 (3), S. 2–25.

Zseby, S. (1994). Lernziel Risiko. In H. Hischer & M. Weiß (Hrsg): *Fundamentale Ideen zur Zielorientierung eines künftigen Mathematikunterrichts und Berücksichtigung der Informatik* (S. 108–113). Hildesheim: Franzbecker.

Index